Anatomie der menschlichen Destruktivität

Erich Fromm

Anatomie der menschlichen Destruktivität

Deutsche Verlags-Anstalt

Die Originalausgabe erschien unter dem Titel
„The Anatomy of Human Destructiveness“ bei
Holt, Rinehart and Winston, New York, Chicago, San Francisco

Vom Autor autorisierte Übersetzung aus dem Amerikanischen
von Liselotte und Ernst Mickel

Gesamtherstellung: Deutsche Verlags-Anstalt GmbH,
Grafischer Großbetrieb, Stuttgart
Printed in Germany
ISBN 3 421 **01686** 0

INHALT

VORWORT

Diese Untersuchung ist der erste Band einer umfassenden Arbeit über die psychoanalytische Theorie. Ich habe mit der Untersuchung der Aggression und Destruktivität nicht nur deshalb angefangen, weil sie zu den grundlegenden theoretischen Problemen der Psychoanalyse gehört, sondern weil die Welle der Destruktivität, die die Welt überschwemmt, diese Untersuchung auch auf praktischem Gebiet höchst bedeutungsvoll erscheinen läßt.

Als ich mit der Niederschrift dieses Buches vor über sechs Jahren anfing, habe ich die Schwierigkeiten, auf die ich stoßen würde, weit unterschätzt. Es stellte sich bald heraus, daß ich die menschliche Destruktivität nicht adäquat behandeln konnte, wenn ich innerhalb der Grenzen meines eigentlichen Fachgebietes, der Psychoanalyse, blieb. Obwohl diese Untersuchung in erster Linie eine psychoanalytische sein soll, brauchte ich doch auch gewisse Kenntnisse auf anderen Gebieten, besonders auf dem der Neurophysiologie, der Tierpsychologie, der Paläontologie und der Anthropologie, um nicht in einem zu engen und daher verzerrenden Bezugsrahmen arbeiten zu müssen. Zumindest mußte ich meine eigenen Schlußfolgerungen mit den wichtigsten Daten aus anderen Wissensgebieten vergleichen, um sicherzugehen, daß meine Hypothesen nicht im Widerspruch zu ihnen standen, und um feststellen zu können, ob diese – wie ich hoffte – meine Hypothesen bestätigten.

Da bis dahin keine Arbeit existierte, die über die Ergebnisse der Aggressionsforschung auf all diesen Gebieten berichtete und Zusammenhänge herstellte oder sie auch nur auf einem Spezialgebiet zusammenfassend behandelte, mußte ich selbst diesen Versuch unternehmen. Ich gedachte auch meinen Lesern einen Dienst zu erweisen, wenn ich ihnen die Möglichkeit bot, mit mir zusammen das Problem der Destruktivität von einem globalen Standpunkt anstatt vom Standpunkt einer einzigen Disziplin aus zu betrachten. Ein solcher Versuch hat natürlich seine Gefahren. Es ist klar, daß ich mir nicht auf all diesen Gebieten die nötige Kompetenz erwerben konnte, am wenigsten auf dem der Neurologie, für das ich nur geringe Kenntnisse mitbrachte. Ein gewisses Maß an Wissen auf diesem Gebiet konnte ich mir aneignen, nicht nur durch eigene Studien, sondern auch durch die freundliche Unterstützung einiger Neurologen, die mir nützliche Hinweise gaben, meine vielen Fragen beantworteten und von denen einige den betreffenden Teil des Manuskripts durchgesehen haben. Es ist kaum nötig hinzuzufügen, daß, besonders auf dem Gebiet der Paläontologie und Anthropologie, häufig keine Einigkeit unter den Spezialisten besteht. Ich habe mich, nach angemessenem Studium aller Meinungen, auf diejenigen gestützt, die entweder von den meisten Autoren anerkannt sind oder die mich durch ihre Logik am meisten überzeugten, und endlich diejenigen, die am wenigsten von den herrschenden Vorurteilen beeinflußt zu sein scheinen. Die Kontroversen ausführlich darzustellen und zu belegen, hätte den Rahmen dieses Buches gesprengt; aber ich habe versucht, soweit als möglich widersprechende Ansichten zu zitieren und mich mit ihnen kritisch auseinanderzusetzen. Wenn Spezialisten feststellen sollten, daß ich ihnen auf ihrem Fachgebiet nichts Neues zu bieten habe, so werden sie vielleicht doch die Gelegenheit begrüßen, anhand der Daten aus anderen Forschungsgebieten über einen Gegenstand von so zentralem Interesse besser informiert zu werden.

Ein unlösbares Problem sind die Wiederholungen und Überschneidungen mit meinen früheren Arbeiten. Ich arbeite an den Problemen der Analyse des einzelnen und der Gesellschaft nun schon seit über 40 Jahren und habe mich immer wieder auf neue Gebiete konzentriert, während ich gleichzeitig meine Einsichten in ältere Forschungsgebiete vertiefte und erweiterte. Es ist mir unmöglich, über die menschliche Destruktivität zu schreiben, ohne auf Gedanken zurückzugreifen, die ich schon früher geäußert habe, die aber für das Verständnis der neuen Konzeptionen, die in diesem Buch entwickelt werden, unentbehrlich sind. Ich habe versucht, Wiederholungen nach Möglichkeit auszuschalten, indem ich auf die ausführlichere Behandlung in früheren Veröffentlichungen verwies; doch waren solche Wiederholungen trotzdem nicht ganz zu vermeiden. Ein besonderes Problem stellt in dieser Hinsicht mein Buch *The Heart of Man* dar, in dem einige meiner neuen Ergebnisse über Nekrophilie und Biophilie bereits im Kern enthalten sind. Ich habe im vorliegenden Buch die Darstellung dieser Ergebnisse sowohl auf theoretischem Gebiet als auch hinsichtlich der klinischen Beispiele stark erweitert. Auf gewisse Unterschiede zwischen den hier und in früheren Veröffentlichungen vertretenen Ansichten bin ich nicht weiter eingegangen, da eine solche Diskussion zuviel Raum beansprucht hätte und für die meisten Leser nicht interessant genug sein dürfte.

Es bleibt mir nur noch die angenehme Aufgabe, all denen zu danken, die mir geholfen haben, dieses Buch zu schreiben, vor allem Dr. Jerome Brams, dem ich besonders verpflichtet bin, da er mir bei der theoretischen Klarstellung der Probleme des Behaviorismus und bei der Suche nach relevanter Literatur unermüdlich half.

Dr. Juan de Dios Hernández danke ich für seine Hilfe, die meine neurophysiologischen Studien erleichterte. In stundenlangen Diskussionen klärte er viele Probleme, informierte mich über die umfangreiche Literatur und hat die Teile meines Manuskripts, die sich mit den Problemen der Neurophysiologie befassen, kommentiert.

Bei folgenden Neurologen möchte ich mich bedanken, die mir durch zum Teil ausgedehnte persönliche Unterhaltungen und Briefe halfen: bei dem verstorbenen Dr. Raul Hernández Peón, bei Dr. Robert B. Livingston, Dr. Robert G. Heath, Dr. Heinz von Foerster und Dr. Theodore Melnechuk, der die neurophysiologischen Teile meines Manuskripts ebenfalls durchgelesen hat. Bei Dr. Francis O. Schmitt möchte ich mich dafür bedanken, daß er eine Konferenz mit den Mitgliedern des Neurosciences Research Program des Massachusetts Institute of Technology für mich arrangierte, auf der die Mitglieder die Fragen diskutierten, die ich an sie richtete. Ich danke Albert Speer, der mündlich und schriftlich viel zur Bereicherung meines Bildes von Hitler beitrug. Auch Dr. Robert M. W. Kempner bin ich für Informationen verbunden, die er sich im Verlauf seiner Tätigkeit als einer der amerikanischen Ankläger bei den Nürnberger Prozessen erwarb.

Ich möchte ferner Dr. David Schecter, Dr. Michael Maccoby und Gertrud Hunziker-Fromm dafür danken, daß sie das Manuskript lasen, ebenso für ihre wertvolle Kritik und ihre konstruktiven Vorschläge, Dr. Ivan Illich und Dr. Ramon Xirau für ihre hilfreichen Anregungen auf philosophischem Gebiet, Dr. W. A. Mason für seine Bemerkungen auf dem Gebiet der Tierpsychologie; Dr. Helmuth de Terra für seine hilfreichen Kommentare zu den Problemen der Paläontologie, Max Hunziker für seine wertvollen Anregungen bezüglich des Surrealismus und Heinz Brandt für seine wichtigen Informationen und Hinweise über die Praktiken des Naziterrors. Auch Dr. Kalinkowitz bin ich für sein aktives und ermutigendes Interesse an meiner Arbeit verbunden. Ferner bedanke ich mich bei Dr. Illich und Miß Valentina Boresman für ihre freundliche Unterstützung bei der Benutzung der bibliographischen Einrichtungen des Center for Intercultural Documentation in Cuernavaca, Mexiko. Ich möchte bei dieser Gelegenheit auch Mrs. Beatrice H. Mayer meinen warmen Dank aussprechen. Sie hat über 20 Jahre lang die vielen Versionen meiner verschiedenen Manuskripte einschließlich des gegenwärtigen immer wieder neu getippt und hat sie außerdem mit großem Einfühlungsvermögen, Verständnis und einer höchst gewissenhaften Behandlung der sprachlichen Formulierungen mit vielen eigenen wertvollen Anregungen redigiert.

Während der Monate, die ich im Ausland verbrachte, hat Mrs. Joan Hughes sich auf höchst kompetente und konstruktive Weise meines Manuskriptes angenommen, wofür ich ihr meinen Dank aussprechen möchte.

Auch Mr. Joseph Cunneen von Holt, Rinehart & Winston möchte ich für seine vorzügliche und gewissenhafte Arbeit als Lektor und seine konstruktiven Vorschläge danken. Ich danke außerdem der verantwortlichen Lektorin, Mrs. Lorraine Hill, und den Herstellungsleitern, Mr. Wilson R. Gathings und Miß Cathie Fallin, für die geschickte und sorgfältige Koordination der Manuskripte in ihren verschiedenen Stadien. Schließlich bin ich noch Marion Odomirok für ihre gewissenhafte und kompetente Redaktionsarbeit zu großem Dank verpflichtet.

Diese Forschungsarbeit wurde zum Teil unterstützt vom Public Health Service Grant No. MH 13144-01, MH 13144-02 des National Institute of Mental Health. Ich möchte mich auch für die Unterstützung durch die Albert and Mary Lasker Foundation bedanken, die mir die Einstellung eines Assistenten ermöglichte.

New York, Mai 1973 E. F.

TERMINOLOGIE

Der vieldeutige Gebrauch des Wortes »Aggression« hat in der umfangreichen Literatur zu diesem Thema große Verwirrung hervorgerufen. Man wandte diesen Ausdruck auf das Verhalten eines Menschen an, der sein Leben gegen einen Angriff verteidigt, auf einen Räuber, der sein Opfer tötet, um zu Geld zu kommen, auf einen Sadisten, der einen Gefangenen foltert. Ja, die Verwirrung geht noch weiter: Man benutzte diesen Begriff für das sexuelle Verhalten des männlichen Geschlechtspartners, für die vorwärtsdrängenden Impulse des Bergsteigers oder Kaufmanns und für den Bauern, der seinen Acker pflügt. Vielleicht ist diese Verwirrung auf den Einfluß des behavioristischen Denkens in der Psychologie und Psychiatrie zurückzuführen. Wenn man sämtliche »schädigenden« Akte als Aggression bezeichnet, das heißt alle Akte, die sich schädigend oder zerstörend auf ein lebloses Objekt, auf eine Pflanze, ein Tier oder einen Menschen auswirken – dann ist natürlich die Art des hinter dem schädigenden Akt stehenden Impulses völlig irrelevant. Wenn Akte, die auf Zerstörung gerichtet sind, Akte, die beschützen sollen, und Akte, deren Absicht konstruktiv ist, mit ein und demselben Wort bezeichnet werden, kann man freilich alle Hoffnung aufgeben, ihre »Ursache« zu verstehen; sie haben keine gemeinsame Ursache, da es sich um völlig verschiedenartige Phänomene handelt, und man befindet sich in einer theoretisch hoffnungslosen Position, wenn man versucht, hinter die Ursache der »Aggression« zu kommen.[1]

Nehmen wir zum Beispiel Lorenz; er verstand ursprünglich unter Aggression einen biologisch notwendigen, im Laufe der Evolution entwickelten Impuls, der im Dienste des Überlebens des Einzelwesens und der Art steht. Aber da er den Begriff »Aggression« auch auf Blutdurst und Grausamkeit anwandte, folgt daraus, daß diese irrationalen Leidenschaften *ebenfalls* angeboren sind. Da angenommen wird, daß die Ursache der Kriege die

[1] Es ist allerdings zu beachten, daß Freud eine Idee von den verschiedenen Formen der Aggression hatte (vgl. Anhang). Außerdem faßt Freud das der Aggression zugrunde liegende Motiv kaum im behavioristischen Sinn auf; wahrscheinlicher ist, daß er dem üblen Sprachgebrauch folgte und außerdem einen möglichst breiten Begriff wählte, in dem seine eigenen breiten Begriffe, wie zum Beispiel der des Todestriebes, am besten unterzubringen waren.

Lust am Töten ist, so ist die weitere Konsequenz, daß die Kriege durch einen der menschlichen Natur angeborenen destruktiven Trieb verursacht werden. Das Wort »Aggression« dient dabei als bequeme Brücke, die die biologisch notwendige Aggression (die nicht böse ist) mit der zweifellos bösen menschlichen Destruktivität verbindet. Im Grunde läuft diese »Argumentation« auf folgende Schlußfolgerung hinaus:

Biologisch notwendige Aggression = angeboren
Destruktivität und Grausamkeit = Aggression
Destruktivität und Grausamkeit = angeboren, q. e. d.

Ich habe in diesem Buch den Begriff »Aggression« für Reaktionen und Abwehr gegen Angriffe benutzt, die ich zusammenfassend als »gutartige Aggression« bezeichne. Die spezifisch menschliche Leidenschaft zu zerstören und absolute Kontrolle über ein Lebewesen zu haben (die »bösartige Aggression«) dagegen bezeichne ich als »Destruktivität« und »Grausamkeit«. An Stellen, an denen ich es für nötig hielt, in einem bestimmten Kontext den Begriff »Aggression« in einem anderen Sinn als dem der reaktiven und Verteidigungs-Aggression zu verwenden, habe ich dies zur Vermeidung von Mißverständnissen ausdrücklich angegeben.
Ich habe ganz allgemein, wenn vom Menschen die Rede ist, nicht »er und sie«, sondern »er« gesagt, da mir dies weniger umständlich scheint. Ich spreche zwar dem einzelnen Wort große Bedeutung zu, doch meine ich andererseits, daß man keinen Fetisch daraus machen und sich auch nicht mehr für das Wort als für die dahinter stehende Idee interessieren sollte. Daß ich nicht aus Zuneigung zum patriarchalischen Prinzip so formuliere, sollte aus dem Inhalt dieses Buches zweifelsfrei hervorgehen.
Im Interesse einer sorgfältigen Dokumentation sind bei Zitaten grundsätzlich der Name des Autors und das Erscheinungsjahr angegeben. Hierdurch soll der Leser in die Lage versetzt werden, weitere Informationen in der Bibliographie zu finden. Daher beziehen sich die angegebenen Daten auch nicht in allen Fällen auf die Erstveröffentlichung eines Werkes, wie zum Beispiel bei dem Spinoza-Zitat (1927).

Die sich ablösenden Generationen werden immer schlechter. Es wird die Zeit kommen, in der sie so böse geworden sind, daß sie die Macht anbeten; Macht wird dann Recht für sie sein, und die Ehrfurcht vor dem Guten wird aufhören. Zuletzt, wenn niemand sich mehr über Untaten empört oder angesichts der Unglücklichen Scham empfindet, wird Zeus auch sie vernichten. Und doch könnte selbst dann noch etwas dagegen getan werden, wenn sich nur das einfache Volk erheben und die Tyrannen stürzen würde, die es unterdrücken.

Griechischer Mythos über das Eiserne Zeitalter

Wenn ich mir die Geschichte ansehe, bin ich Pessimist . . .,
aber wenn ich mir die Vorgeschichte ansehe, bin ich Optimist.

J. C. Smuts

Einerseits ist der Mensch mit vielen Tierarten insofern verwandt, als er mit seinen eigenen Artgenossen kämpft. Andererseits jedoch ist er unter den Tausenden von Arten, die Kämpfe ausfechten, der einzige, bei dem diese Kämpfe zerstörend wirken. Die menschliche Spezies ist als einzige eine Spezies von Massenmördern, und der Mensch ist das einzige Wesen, das seiner eigenen Gesellschaft nicht angepaßt ist.

N. Tinbergen

EINLEITUNG:

DIE INSTINKTE UND DIE MENSCHLICHEN LEIDENSCHAFTEN

Die ständig zunehmende Gewalttätigkeit und Destruktivität auf der ganzen Welt lenkte die Aufmerksamkeit der Fachwelt wie der breiten Öffentlichkeit auf die theoretische Erforschung des Wesens und der Ursachen der Aggression. Ein solches Interesse ist nicht erstaunlich; erstaunlich ist nur, daß es so neuen Datums ist, besonders da ein so überragender Forscher wie Freud nach der Revision seiner früheren Theorie, in deren Mittelpunkt der Sexualtrieb stand, seit den Zwanzigern eine neue Theorie aufgestellt hatte, in welcher der leidenschaftliche Drang zu zerstören (»Todestrieb«) als ebenso mächtig angesehen wurde wie die Leidenschaft zu lieben (»Lebenstrieb«, »Sexualität«). Die Öffentlichkeit jedoch sah auch weiterhin in der Freudschen Schule die Richtung, welche die Libido als die zentrale Leidenschaft des Menschen darstellt, die nur vom Selbsterhaltungstrieb in Schranken gehalten wird.

Diese Situation änderte sich erst Mitte der sechziger Jahre. Einer der Gründe für diesen Wandel dürfte darin zu suchen sein, daß das Ausmaß der Gewalt und der Angst vor dem Krieg in aller Welt eine gewisse Schwelle überschritten hatte. Aber auch die Veröffentlichung einiger Bücher, die sich mit der menschlichen Aggression befassen, hat dazu beigetragen, besonders *Das sogenannte Böse* von Konrad Lorenz (1963). Lorenz, ein prominenter Gelehrter auf dem Gebiet der tierischen Verhaltensforschung[1], besonders im Bereich des Verhaltens von Fischen und Vögeln, beschloß, sich auf ein Gebiet vorzuwagen, auf dem er wenig Erfahrung und Kompetenz besaß, auf das des *menschlichen* Verhaltens. Obwohl die meisten Psychologen und Neurologen es ablehnten, wurde *Das sogenannte*

[1] Lorenz gab der Erforschung tierischer Verhaltensweisen den Namen »Ethologie«, was eine seltsame Terminologie ist, denn Ethologie bedeutet wörtlich »Wissenschaft vom Verhalten« (vom griechischen *ethos* »Verhalten«, »Norm«). Richtiger hätte er die Erforschung tierischer Verhaltensweisen mit »Tier-Ethologie« bezeichnet. Der Tatsache, daß er diese Qualifizierung nicht vornimmt, liegt seine Idee zugrunde, daß menschliches Verhalten unter die tierischen Verhaltensformen zu subsumieren sei. Es ist eine interessante Tatsache, daß John Stuart Mill schon lange vor Lorenz den Ausdruck »Ethologie« als Wissenschaft vom *Charakter* geprägt hat. Wenn ich die Hauptabsicht dieses Buches auf den kürzesten Nenner bringen wollte, würde ich sagen, daß es sich mit »Ethologie« im Sinne von Mill und nicht von Lorenz befaßt.

Böse ein Bestseller und hinterließ bei einem großen Teil des gebildeten Publikums einen tiefen Eindruck. Viele sahen in den Ansichten von Lorenz die endgültige Lösung des Problems.

Der große Erfolg der Ideen von Lorenz war nicht zuletzt durch frühere Veröffentlichungen eines Autors ganz anderer Art vorbereitet worden, Robert Ardrey (*African Genesis,* 1961, deutscher Titel: *Adam kam aus Afrika,* 1967; und *The Territorial Imperative,* 1967, deutscher Titel: *Adam und sein Revier,* 1968). Ardrey, ein begabter Bühnenautor, aber kein Wissenschaftler, verflocht eine Fülle von Daten über die Anfänge des Menschen zu einem beredten, aber höchst tendenziösen Plädoyer für die angeborene Aggressivität des Menschen. Auf dieses Buch folgten Bücher anderer Tier-Verhaltensforscher, wie zum Beispiel *The Naked Ape,* 1967, deutscher Titel: *Der nackte Affe,* 1968, von Desmond Morris und *Liebe und Haß,* 1969, von dem Lorenzschüler Irenäus Eibl-Eibesfeld.

Alle diese Werke enthalten im Grunde die gleiche These: Das aggressive Verhalten des Menschen, wie es sich in Krieg, Verbrechen, persönlichen Streitigkeiten und in allen Arten destruktiven und sadistischen Verhaltens manifestiert, entspringt einem phylogenetisch programmierten, angeborenen Instinkt, der sich zu entladen sucht und auf den geeigneten Anlaß wartet, sich Ausdruck zu verschaffen.

Vielleicht hatte Lorenz mit seinem Neo-Instinktivismus nicht deshalb soviel Erfolg, weil seine Argumente so stichhaltig sind, sondern weil die Leute so empfänglich für sie sind. Was könnte für Menschen, die sich fürchten und die sich unfähig fühlen, den zur Zerstörung führenden Lauf der Dinge zu ändern, willkommener sein als eine Theorie, die uns versichert, daß die Gewalt aus unserer tierischen Natur kommt, einem unzähmbaren Trieb zur Aggression entspringt und daß wir – wie Lorenz behauptet – nichts Besseres tun können, als das Evolutionsgesetz zu verstehen, auf das die Macht dieses Triebes zurückzuführen ist. Diese *Theorie* von einer angeborenen Aggressivität wird leicht zur *Ideologie,* die uns hilft, die Angst vor dem zu beschwichtigen, was zu geschehen droht, und das Gefühl der Machtlosigkeit zu rationalisieren.

Es gibt noch andere Gründe, dieser simplifizierenden Lösung einer instinktivistischen Theorie den Vorzug zu geben vor einer Untersuchung der Ursachen der Destruktivität. Für eine solche Untersuchung müßten wir die grundlegenden Prämissen gängiger Ideologie in Frage stellen. Wir kämen nicht umhin, die Irrationalität unseres gesellschaftlichen Systems zu analysieren und Tabus zu verletzen, die sich hinter hochheiligen Begriffen wie »Verteidigung«, »Ehre« und »Patriotismus« verbergen. Nur eine in die Tiefe gehende Analyse unseres gesellschaftlichen Systems kann die Ursachen für die Zunahme der Destruktivität erschließen und Mittel und Wege zeigen, sie zu reduzieren. Die instinktivistische Theorie erbietet sich, uns die schwere Aufgabe einer solchen Analyse zu ersparen. Sie besagt, daß wir – selbst wenn wir alle zugrunde gehen müssen – dies wenigstens in der Überzeugung tun können, daß unsere »Natur« uns dieses Schicksal aufgezwungen hat, und daß wir verstehen, wieso alles kommen mußte wie es kam.

Bei der derzeitigen Ausrichtung des psychologischen Denkens erwartet man von einer Kritik an Lorenz' Theorie von der menschlichen Aggression, daß sie sich in den Behaviorismus einfügt, die andere Theorie, die in der Psychologie eine dominierende Stellung einnimmt. Im Gegensatz zum Instinktivismus interessiert sich die behavioristische Theorie nicht für die subjektiven Kräfte, die den Menschen dazu treiben, sich in einer bestimmten

Weise zu verhalten; sie befaßt sich nicht mit dem, was er fühlt, sondern nur mit der Art, wie er sich verhält, und mit der sozialen Konditionierung, die sein Verhalten formt.

Erst in den zwanziger Jahren vollzog sich die radikale Umorientierung der Psychologie vom *Fühlen* auf das *Verhalten*, wobei die Emotionen und Leidenschaften in der Folgezeit von vielen Psychologen als – wenigstens vom wissenschaftlichen Standpunkt aus – irrelevante Daten aus ihrem Blickfeld verbannt wurden. Gegenstand der vorherrschenden Richtung innerhalb der Psychologie wurde das Verhalten und nicht der sich verhaltende Mensch: die »Wissenschaft von der Psyche« wurde in die Wissenschaft von der Manipulation tierischen und menschlichen Verhaltens umgewandelt. Diese Entwicklung erreichte ihren Höhepunkt im Neo-Behaviorismus Skinners, der heute die auf den Universitäten der Vereinigten Staaten am weitesten anerkannte psychologische Theorie ist.

Der Grund für diesen Umschwung innerhalb der Psychologie ist leicht zu finden. Wer sich mit der Erforschung des Menschen befaßt, steht mehr als jeder andere Wissenschaftler unter dem Einfluß der gesellschaftlichen Atmosphäre. Das kommt daher, daß nicht nur – wie in den Naturwissenschaften – seine Denkweise, seine Interessen und die von ihm gestellten Fragen sämtlich zum Teil gesellschaftlich determiniert sind, sondern in seinem Fall auch der Forschungsgegenstand selbst, der Mensch. Immer wenn ein Psychologe vom Menschen spricht, sind die Menschen seiner Umgebung sein Modell – vor allem aber ist er es selbst. In der heutigen Industriegesellschaft sind die Menschen zerebral orientiert, sie fühlen wenig; Emotionen sind für sie unnützer Ballast – sowohl die Emotionen der Psychologen als auch die ihrer Forschungsobjekte. Die behavioristische Theorie scheint das Richtige für sie zu sein.

Die derzeitige Alternative zwischen Instinktivismus und Behaviorismus ist dem theoretischen Fortschritt nicht förderlich. Beide Positionen sind »monoexplanatorisch«, sie gründen sich auf dogmatisch vorgefaßte Meinungen, und von den Forschern wird verlangt, ihre Befunde entweder der einen oder der anderen Theorie einzupassen. Aber stehen wir wirklich vor der Alternative, entweder die instinktivistische oder die behavioristische Theorie akzeptieren zu müssen? Sind wir gezwungen, zwischen Lorenz und Skinner zu wählen? Gibt es keine anderen Möglichkeiten? In diesem Buch wird die Meinung vertreten, daß es noch eine weitere Möglichkeit gibt, und es wird untersucht, worin sie besteht.

Wir müssen beim Menschen *zwei völlig verschiedene Arten der Aggression* unterscheiden. Die erste Art, die er mit allen Tieren gemein hat, ist ein phylogenetisch programmierter Impuls anzugreifen (oder zu fliehen), sobald lebenswichtige Interessen bedroht sind. Diese *defensive*, »gutartige« Aggression dient dem Überleben des Individuums und der Art; sie ist biologisch angepaßt und erlischt, sobald die Bedrohung nicht mehr vorhanden ist. Die andere Art, die »bösartige« Aggression, das heißt die *Destruktivität und Grausamkeit*, ist spezifisch für den Menschen und fehlt praktisch bei den meisten Säugetieren; sie ist nicht phylogenetisch programmiert und nicht biologisch angepaßt; sie dient keinem Zweck, und ihre Befriedigung ist lustvoll. Der größte Teil der früheren Diskussion über dieses Thema war dadurch beeinträchtigt, daß versäumt wurde, zwischen diesen beiden Arten von Aggression zu unterscheiden, die verschiedener Herkunft sind und verschiedene Merkmale haben.

Die defensive Aggression gehört tatsächlich zur menschlichen Natur, wenn es sich dabei auch nicht um einen »angeborenen«[2] Instinkt handelt, als welchen man sie zu klassifizieren pflegte. Soweit Lorenz von Aggression als Verteidigung spricht, hat er recht mit seiner Annahme, daß es sich um einen aggressiven Instinkt handelt (wenngleich die Theorie von der Spontaneität des Triebs und seiner Eigenschaft, sich selbst aufzuladen, unhaltbar ist). Aber Lorenz geht weiter. Mit Hilfe einer Reihe scharfsinniger Konstruktionen betrachtet er *jede* menschliche Aggression, einschließlich des Drangs zu töten und zu quälen, als Auswirkung einer biologisch vorgegebenen Aggression, die sich aufgrund einer Reihe verschiedener Faktoren aus einer nützlichen in eine destruktive Kraft verwandelt hat. Es sprechen jedoch so viele empirische Daten gegen diese Hypothese, daß sie praktisch unhaltbar wird. Das Studium von Tieren zeigt, daß die Säugetiere – und besonders die Primaten – zwar ein gutes Maß defensiver Aggression besitzen, aber keine Mörder und Folterer sind. Die Paläontologie, die Anthropologie und die Geschichte liefern zahlreiche Beweise gegen die instinktivistische These: 1.) menschliche Gruppen unterscheiden sich in bezug auf den Grad ihrer Destruktivität grundlegend voneinander, ein Tatbestand, den man kaum mit der Annahme erklären kann, daß Destruktivität und Grausamkeit angeboren sind; 2.) verschiedene Grade von Destruktivität können mit jeweils anderen psychischen Faktoren und mit Unterschieden in der jeweiligen Sozialstruktur in Korrelation gebracht werden, und 3.) wächst der Grad der Destruktivität mit der fortschreitenden Entwicklung der Zivilisation und nicht umgekehrt. Tatsächlich paßt das Bild von der angeborenen Destruktivität viel besser zur Geschichte als zur Vorgeschichte. Wäre der Mensch nur mit der biologisch adaptiven Aggression ausgestattet, die er mit seinen tierischen Vorfahren gemein hat, so wäre er ein relativ friedliches Wesen; wenn es unter den Schimpansen Psychologen gäbe, würden diese in der Aggression kaum ein beunruhigendes Problem sehen, über das sie Bücher schreiben sollten.

Der Mensch unterscheidet sich jedoch vom Tier dadurch, daß er ein Mörder ist. Er ist der einzige Primat, der seine Artgenossen ohne biologischen oder ökonomischen Grund tötet und quält und der dabei Befriedigung empfindet. Es ist diese biologisch nicht angepaßte und nicht phylogenetisch programmierte »bösartige« Aggression, die das wirkliche Problem und die Gefahr für das Fortleben der Spezies Mensch ist, und das hauptsächliche Ziel dieses Buches ist es, das Wesen und die Bedingungen dieser destruktiven Aggression zu analysieren.

Die Unterscheidung zwischen gutartig-defensiver und bösartig-destruktiver Aggression verlangt nach einer weiteren, grundsätzlicheren Unterscheidung, nämlich der zwischen *Instinkt*[3] und *Charakter* oder – genauer gesagt – zwischen den in physiologischen Bedürfnissen verwurzelten (organischen) Trieben und jenen spezifisch menschlichen Leidenschaften, die in seinem Charakter verwurzelt sind (»charakterbedingte oder menschliche Leidenschaften«). Die Unterscheidung zwischen Instinkt und Charakter wird im weiteren ausführlich behandelt. Ich werde zu zeigen versuchen, daß der Charakter die »zweite Natur« des Menschen ist, der Ersatz für seine nur schwach entwickelten Instinkte; daß die menschlichen Leidenschaften Antworten auf »existentielle Bedürfnisse« sind, die

[2] Lorenz schränkte den Begriff »angeboren« inzwischen dadurch ein, daß er zugab, der Lernfaktor spiele gleichzeitig eine Rolle. (K. Lorenz, 1965.)

[3] Ich bediene mich hier provisorisch des Ausdrucks »Instinkt«, obwohl er etwas veraltet ist. Später habe ich ihn durch »organische Triebe« ersetzt.

ihrerseits in den spezifischen Bedingungen der menschlichen Existenz begründet sind. Kurz, daß *Instinkte* Antworten auf die *physiologischen* Bedürfnisse des Menschen sind, daß aber seine im Charakter verwurzelten Leidenschaften (wie der Drang nach Liebe, Zärtlichkeit, Freiheit, Zerstörungslust, Sadismus, Masochismus, die Gier nach Macht und Besitz), Antworten auf seine *existentiellen* Bedürfnisse und *spezifisch menschlich* sind. Während die existentiellen *Bedürfnisse* die gleichen für alle Menschen sind, unterscheiden sich Individuen und Gruppen in bezug auf die in ihnen jeweils vorherrschenden Leidenschaften. Um ein Beispiel zu geben: Der Mensch kann von der Liebe oder von der Leidenschaft getrieben werden, zu zerstören; in beiden Fällen befriedigt er eines seiner existentiellen Bedürfnisse: das Bedürfnis, etwas zu »bewirken«, jemand zu bewegen. Ob die beherrschende Leidenschaft eines Menschen Liebe oder Zerstörungsdrang ist, hängt weitgehend von den sozialen Umständen ab; diese Umstände wirken jedoch auf die biologisch vorgegebene existentielle Situation des Menschen und auf die daraus entstehenden Bedürfnisse ein und nicht, wie die Vertreter der Milieu-Theorie behaupten, auf eine unbegrenzt formbare undifferenzierte Psyche.

Wenn wir jedoch erkennen wollen, welches die Bedingungen der menschlichen Existenz sind, erheben sich weitere Fragen: Was ist das Wesen des Menschen? Wodurch ist der Mensch Mensch? Es braucht kaum gesagt zu werden, daß der gegenwärtige Trend in den Sozialwissenschaften für die Diskussion solcher Probleme nicht sehr günstig ist. Man hält sie weithin für Themen, die Philosophie und Religion angehen; das positivistische Denken behandelt sie als rein subjektive Spekulationen ohne jeden Anspruch auf objektive Gültigkeit. Da es nicht zweckmäßig wäre, an dieser Stelle die komplexe Argumentation vorwegzunehmen, die auf Fakten beruht, die ich später anführe, will ich mich auf wenige Hinweise beschränken. Der Standpunkt, von dem aus ich diese Probleme hier erörtere, ist ein soziobiologischer. Die Grundvoraussetzung ist, daß, da die Spezies *Homo sapiens* anatomisch, neurologisch und physiologisch definiert werden kann, wir auch in der Lage sein sollten, den Menschen psychisch als Gattungswesen zu definieren. In dem Versuch, das Wesen des Menschen zu bestimmen, beziehen wir uns nicht auf eine Abstraktion, zu der man auf dem Wege metaphysischer Spekulationen gelangt, wie etwa die Heideggers und Sartres. Wir beziehen uns vielmehr auf die realen Bedingungen der Existenz wie sie dem Menschen als solchem eigen ist, so daß das *Wesen* jedes Individuums identisch ist mit der *Existenz* der Gattung. Wir gelangen zu diesem Konzept durch die empirische Analyse der menschlichen anatomischen und neurophysiologischen Struktur und ihrer seelischen Entsprechungen. Wir ersetzen so Freuds physiologisches Erklärungsprinzip der menschlichen Leidenschaften durch ein sozialbiologisch-evolutionäres, historisches Prinzip.

Von dieser theoretischen Grundlage aus wird es möglich, die verschiedenen Formen der charakterbedingten bösartigen Aggression eingehend zu diskutieren, insbesondere die des *Sadismus* – des leidenschaftlichen Dranges nach unbeschränkter Macht über ein anderes empfindendes Wesen – und die der *Nekrophilie* – des Dranges, Leben zu zerstören, und des Hingezogenseins zu allem, was tot, verfault und rein mechanistisch ist. Das Verständnis dieser Charakterstrukturen wird, wie ich hoffe, erleichtert werden durch die Charakteranalyse einiger für ihren Sadismus und ihre Destruktivität bekannten Gestalten der jüngsten Vergangenheit: Stalin, Himmler und Hitler.

Damit wäre der Aufbau der vorliegenden Untersuchung skizziert, und es scheint sinnvoll, kurz auf einige Prämissen und Schlußfolgerungen hinzuweisen, die der Leser in den folgenden Kapiteln finden wird: 1.) Wir wollen uns nicht mit Verhalten an sich, also losgelöst vom sich verhaltenden Menschen befassen; unser Gegenstand werden die menschlichen Triebe sein, gleichgültig, ob sie sich in unmittelbar beobachtbarem Verhalten äußern oder nicht. Dies bedeutet im Hinblick auf das Phänomen der Aggression, daß wir Ursprung und Intensität der aggressiven Impulse, und nicht aggressives Verhalten unabhängig von seiner Motivation untersuchen werden. 2.) Diese Impulse können bewußt sein, aber in der Mehrzahl der Fälle sind sie unbewußt. 3.) Sie sind meist in eine relativ stabile Charakterstruktur integriert. 4.) Im weiteren Sinn basiert diese Untersuchung auf der psychoanalytischen Theorie. Daraus folgt, daß wir uns der psychoanalytischen Methode bedienen werden, die die unbewußte innere Realität durch die Deutung der beobachtbaren und oft scheinbar unbedeutenden Daten aufdeckt. Der Ausdruck »Psychoanalyse« wird hier jedoch nicht im Sinn der klassischen Freudschen Theorie gebraucht, sondern im Sinn einer bestimmten Weiterentwicklung. Auf wesentliche Aspekte dieser Weiterentwicklung werde ich später eingehen; hier sei nur gesagt, daß es nicht eine auf der Libido-Theorie basierende Psychoanalyse ist, weshalb sie ohne die instinktivistischen Vorstellungen auskommt, die nach allgemeiner Ansicht gerade das Wesen der Freudschen Theorie ausmachen.

Die Gleichsetzung der Freudschen Theorie mit dem Instinktivismus ist ohnehin äußerst fragwürdig. Freud war in Wirklichkeit der erste moderne Psychologe, der – im Gegensatz zum damals herrschenden Trend – das Reich der menschlichen Leidenschaften erforschte – Liebe, Haß, Ehrgeiz, Habgier, Eifersucht und Neid; Leidenschaften, mit denen sich bis dahin nur Dramatiker und Romanciers befaßt hatten, wurden dank Freud zum Gegenstand wissenschaftlicher Forschung.[4] Das erklärt vielleicht, weshalb sein Werk bei Künstlern eine viel wärmere und verständnisvollere Aufnahme fand als bei Psychiatern und Psychologen – wenigstens bis hin zu der Zeit, in der man sich seiner Methode bediente, um dem wachsenden Bedürfnis nach psychotherapeutischer Behandlung gerecht zu werden. Die Künstler hatten das Gefühl, daß hier zum erstenmal ein Wissenschaftler auftauchte, der sich mit ihrem ureigensten Thema, der menschlichen »Seele« in ihren geheimsten und subtilsten Äußerungen befaßte. Im Surrealismus zeigte sich der Einfluß Freuds auf das künstlerische Denken am deutlichsten. Im Gegensatz zu älteren Kunstformen tat der Surrealismus die »Realität« als irrelevant ab und kümmerte sich nicht um Verhaltensweisen – was einzig zählte, war die subjektive Erfahrung; es war daher nur logisch, daß Freuds Traumdeutung zu einem der wichtigsten Entwicklungsfaktoren für diese Bewegung wurde.

Freud blieb in der Formulierung seiner neuen Einsichten zwangsläufig der Begriffs- und Ausdruckswelt seiner Zeit verhaftet. Da er sich nie vom Materialismus seiner Lehrer löste, mußte er nach einer Möglichkeit suchen, wie er die menschlichen Leidenschaften als Triebäußerungen tarnen konnte. Dies gelang ihm glänzend mit einer theoretischen *tour de force;* er erweiterte den Begriff der Sexualität (Libido) derart, daß alle menschlichen Leidenschaf-

[4] Die meisten älteren Psychologien, zum Beispiel in den buddhistischen Schriften, bei den Griechen, die mittelalterliche und die moderne Psychologie bis Spinoza, behandelten die menschlichen Leidenschaften als ihr wichtigstes Forschungsobjekt, wobei sie in ihrer Methodik sorgfältige Beobachtung (wenn auch ohne Experimente) mit kritischem Denken verbanden.

ten (außer dem Selbsterhaltungstrieb) als Erscheinungsformen eines einzigen Triebes verstanden werden konnten. Liebe, Haß, Habgier, Eitelkeit, Ehrgeiz, Geiz, Eifersucht, Grausamkeit und Zärtlichkeit – sie alle wurden in die Zwangsjacke dieses Schemas gepreßt und theoretisch als Sublimierungen – oder Reaktionsbildungen – der verschiedenen Formen narzißtischer, oraler, analer, und genitaler Libido behandelt.

In der zweiten Periode seines Wirkens versuchte Freud jedoch dieses Schema zu durchbrechen und stellte eine neue Theorie auf, die einen entscheidenden Fortschritt für das Verständnis der Destruktivität bedeutet. Er erkannte, daß das Leben nicht von zwei egoistischen Trieben, dem des Hungers und dem der Sexualität, beherrscht wird, sondern von zwei Leidenschaften – Liebe und Destruktivität –, die beide nicht im gleichen Sinn wie Hunger und Sexualität dem physiologischen Überleben dienen. Da er jedoch nach wie vor in seinen theoretischen Voraussetzungen befangen war, bezeichnete er sie als »Lebenstrieb« und als »Todestrieb«; er verlieh damit der menschlichen Destruktivität die Bedeutung, eine der beiden fundamentalen Leidenschaften des Menschen zu sein.

Die vorliegende Untersuchung befreit Leidenschaften wie das Streben nach Liebe und nach Freiheit, den Drang zu zerstören, zu quälen, zu beherrschen und zu unterwerfen aus ihrer Zwangsehe mit den Instinkten. Die Instinkte sind eine rein natürliche Kategorie, während die im Charakter verwurzelten Leidenschaften eine soziobiologische, historische Kategorie sind.[5] Obwohl sie nicht dem physischen Überleben dienen, sind sie genauso stark – und oft sogar stärker – als die Triebe. Sie bilden die Grundlage für das Interesse des Menschen am Leben, für seine Fähigkeit zu Begeisterung und freudiger Erregung; sie sind der Stoff, aus dem nicht nur seine Träume, sondern auch Kunst, Religion, Mythos und Drama geschaffen werden – kurz alles, was das Leben lebenswert macht.

Der Mensch kann nicht als bloßer »Gegenstand« leben, als Würfel, der aus einem Becher rollt; er nimmt ernstlich Schaden, wenn man ihn auf das Niveau eines Fütterungs- und Fortpflanzungsautomaten reduziert, selbst wenn er dabei jede Sicherheit erhält, die er braucht. Der Mensch strebt nach Spannung und Erregung; wenn er auf höherer Ebene keine Befriedigung findet, schafft er sich selbst das Drama der Zerstörung. Das heutige Denkklima begünstigt das Axiom, ein Motiv könne nur dann intensiv sein, wenn es einem organischen Bedürfnis dient – daß also nur Instinkte eine intensive Motivationskraft besitzen. Gibt man diesen mechanistischen, reduktionistischen Standpunkt auf und geht von einer ganzheitlichen Prämisse aus, so beginnt man zu verstehen, daß die Leidenschaften des Menschen im Zusammenhang mit ihrer Funktion für den Lebensprozeß des ganzen Organismus gesehen werden müssen. Ihre Intensität beruht nicht auf spezifischen physiologischen Bedürfnissen, sondern auf dem Bedürfnis des Gesamtorganismus, weiterzuleben und körperlich wie geistig zu wachsen.

Diese Leidenschaften werden nicht erst mächtig in uns, *nachdem* unsere physiologischen Bedürfnisse befriedigt sind. Sie wurzeln im Grund menschlicher Existenz und sind keineswegs nur eine Art Luxus, den wir uns gestatten können, nachdem unsere normalen, »niedrigeren« Bedürfnisse befriedigt sind. Menschen haben Selbstmord begangen, weil sie

[5] Vgl. R. B. Livingston (1967) zur Frage, wie weit einige in der Gehirnstruktur verankert sind, was in Kapitel 10 behandelt wird.

ihren leidenschaftlichen Drang nach Liebe, Macht, Ruhm oder Rache nicht befriedigen konnten. Fälle von Selbstmord wegen mangelnder sexueller Befriedigung kommen praktisch nicht vor. Diese nicht triebbedingten Leidenschaften erregen den Menschen, feuern ihn an, machen ihm das Leben lebenswert, wie von Holbach, der Philosoph der französischen Aufklärung, einmal gesagt hat: »Un homme sans passions et désirs cesserait d'être homme.« (»Ein Mensch ohne Leidenschaften und Wünsche würde aufhören, Mensch zu sein.«) (P. H. D. von Holbach, 1822). Sie sind eben deshalb so intensiv, weil der Mensch ohne sie kein Mensch wäre.[6]

Die menschlichen Leidenschaften verwandeln den Menschen aus einem bloßen Gegenstand in einen Helden, in ein Wesen, das gewaltigen Hindernissen zum Trotz seinem Leben einen Sinn zu geben versucht. Er will sein eigener Schöpfer sein, sein Nicht-fertig-Sein umwandeln in ein Sein, das ein Ziel und einen Sinn hat und es ihm ermöglicht, einen optimalen Grad von Integration zu erreichen. Die Leidenschaften des Menschen sind keine banalen psychologischen Komplexe, die aus Kindheitstraumata hinreichend zu erklären sind. Man begreift sie nur, wenn man über den Bereich der reduktionistischen Psychologie hinausgeht und sie als das erkennt, was sie sind: *der Versuch des Menschen, seinem Leben einen Sinn zu geben und das Äußerste an Intensität und Kraft zu erleben, was unter den gegebenen Verhältnissen möglich ist (oder was er für möglich hält)*. Sie sind seine Religion, sein Kult, sein Ritual, die er (sogar vor sich selbst) verbergen muß, soweit seine Gruppe sie mißbilligt. Durch Bestechung und Erpressung (das heißt durch eine geschickte Konditionierung) kann er freilich dazu gebracht werden, seine »Religion« aufzugeben und sich zu dem allgemeinen Kult des Nicht-Selbst, des Roboters zu bekehren. Aber diese psychische Behandlung beraubt ihn des Besten, was er besitzt; ein Mensch zu sein und nicht ein Ding.

In Wahrheit sind alle menschlichen Leidenschaften, die »guten« wie die »schlechten«, nur als Versuch des Menschen zu verstehen, die banale Existenz der reinen Fristung des Lebens zu transzendieren. Wandel der Persönlichkeit ist nur dann möglich, wenn es ihm gelingt, sich zu einer neuen Art, dem Leben Sinn zu geben zu »bekehren«, indem er seine lebensfördernden Leidenschaften mobilisiert, und auf diese Weise eine stärkere Vitalität und Integration erfährt, als er sie zuvor besaß. Solange dies nicht geschieht, kann er zwar gezähmt, aber nicht geheilt werden. Aber obwohl die lebensfördernden Leidenschaften zu einem erhöhten Kraftgefühl, zu größerer Lebensfreude und einer stärkeren Integration und Vitalität führen als Destruktivität und Grausamkeit, sind diese doch ebenso eine Antwort auf das Problem der menschlichen Existenz wie jene. Auch der sadistischste und destruktivste Mensch ist ein Mensch, so menschlich wie der Heilige. Man kann ihn als

[6] Diese Behauptung von Holbachs ist natürlich im Kontext des philosophischen Denkens seiner Zeit zu verstehen. In der buddhistischen Philosophie oder bei Spinoza finden wir eine völlig andere Auffassung von den Leidenschaften; von ihrem Standpunkt aus gesehen, wäre von Holbachs Definition für die meisten Menschen empirisch zutreffend, obwohl sie in Wirklichkeit in diametralem Gegensatz zu dem steht, was sie als Ziel der menschlichen Entwicklung ansehen. Um den Unterschied verständlich zu machen, möchte ich auf den Unterschied zwischen »irrationalen Leidenschaften«, wie Ehrgeiz und Begehren, und »rationalen Leidenschaften«, wie Liebe und liebevolle Fürsorge für alle fühlenden Wesen, hinweisen (worauf ich später näher eingehe). Wichtig für die Überlegung hier ist jedoch nicht dieser Unterschied, sondern die Idee, daß ein Leben, das ausschließlich auf seine eigene Erhaltung bedacht ist, unmenschlich wäre.

verkrüppelten und kranken Menschen bezeichnen, der keine bessere Antwort auf die Herausforderung finden konnte, als Mensch geboren zu sein, und man hätte recht damit; man kann ihn auch als einen Menschen bezeichnen, der auf der Suche nach seinem Heil den falschen Weg eingeschlagen hat.[7]

Diese Erwägungen sollen jedoch keineswegs besagen, daß Destruktivität und Grausamkeit keine Laster wären; sie besagen nur, daß das Laster menschlich ist. Sie wirken sich in der Tat zerstörerisch auf das Leben, auf Körper und Geist aus, und dies nicht nur für das Opfer, sondern auch für den destruktiv Handelnden selbst. Sie stellen ein Paradoxon dar: In ihnen kommt zum Ausdruck, daß *das Leben im Bestreben, sich einen Sinn zu geben, sich gegen sich selbst kehrt.* Sie sind die einzige echte Perversion. Sie zu verstehen, heißt nicht, sie zu verzeihen. Doch solange wir sie nicht verstehen, haben wir nicht die Möglichkeit zu beurteilen, wie sie einzudämmen sind und welche Faktoren die Tendenz haben, sie zu verstärken.

Ein solches Verständnis ist in unserer heutigen Zeit besonders wichtig, in der das Gefühl für Destruktivität und Grausamkeit zusehends schwindet und die Nekrophilie, das Sichangezogenfühlen von allem, was tot, verfault, leblos und rein mechanisch ist, in immer stärkerem Maß zunimmt. Literarischen Niederschlag fand der Geist der Nekrophilie zum erstenmal in F. T. Marinettis *Futuristischem Manifest* von 1909. Die gleiche Tendenz kann man in weiten Bereichen der Kunst und Literatur der letzten Jahrzehnte feststellen, in denen eine besondere Faszination durch alles, was verrottet, unlebendig, destruktiv und mechnistisch ist, zum Ausdruck kommt. Der Wahlspruch der Falangisten »Lang lebe der Tod« droht zum geheimen Prinzip einer Gesellschaft zu werden, in der der Sieg der Maschine über die Natur den Inbegriff des Fortschritts auszumachen scheint und in der der lebendige Mensch zum Anhängsel der Maschine wird.

Die vorliegende Untersuchung will das Wesen dieser nekrophilen Leidenschaft und die sozialen Bedingungen sichtbar machen, die ihr Vorschub leisten. Die Schlußfolgerung ist, daß Abhilfe in einem umfassenden Sinn nur durch radikale Veränderungen unserer gesellschaftlichen und unserer politischen Struktur möglich ist, Veränderungen, die dem Menschen seine herrschende Rolle in der Gesellschaft wiedergeben. Der Ruf nach »Gesetz und Ordnung« (anstatt nach Leben und Struktur) und nach einer strengeren Bestrafung von Verbrechern, wie auch die Gewaltbesessenheit und Zerstörungswut gewisser »Revolutionäre« sind nur weitere Beispiele für den starken Hang zur Nekrophilie in der heutigen Welt. Wir müssen die Bedingungen dafür schaffen, daß die Entwicklung des Menschen, jenes unvollendeten Wesens – wie es einzig in der Natur vorhanden ist – zum obersten Ziel aller sozialen Bestrebungen gemacht wird. Echte Freiheit und Unabhängigkeit und das Ende aller Formen ausbeuterischer Herrschaft könnten die Liebe zum Leben wirksam werden lassen, jene Kraft, die allein die Liebe zum Tod besiegen kann.

[7] Das englische Wort »salvation« (= Heil) ist von der lateinischen Wurzel *sal* »Salz« (in spanisch *salud* »Gesundheit«) abgeleitet. Diese Bedeutung geht darauf zurück, daß Salz Fleisch vor Verwesung schützt; »salvation« (= Heil) schützt den Menschen vor Auflösung. In diesem Sinn ist jeder Mensch (im nicht-theologischen Sinn) heilsbedürftig.

ERSTER TEIL

Instinktivismus, Behaviorismus, Psychoanalyse

1

INSTINKT- UND TRIEBLEHREN

Ältere Instinkt- und Triebforscher

Ich verzichte darauf, dem Leser eine Geschichte der Instinkt- und Triebtheorien zu geben, da er sie in zahlreichen Lehrbüchern nachlesen kann.[1] Die Anfänge dieser Geschichte liegen weit zurück im philosophischen Denken, doch geht unser modernes Denken auf das Werk von Charles Darwin zurück. Die gesamte Instinkt- und Triebforschung nach Darwin gründet auf dessen Evolutionstheorie.

William James (1890), William McDougall (1913, 1932) und andere stellten lange Listen auf, auf denen von jedem einzelnen Instinkt und Trieb angenommen wurde, daß er entsprechende Verhaltensweisen motiviere. So unterscheidet James einen Nachahmungstrieb, einen Kampf-, einen Mitgefühls-, Jagd-, Angst-, Erwerbs-, Kleptomanietrieb, einen Trieb der Schöpferkraft, einen Spiel-, Neugier-, Geselligkeits-, Verheimlichungs-, einen Sauberkeits-, Bescheidenheits-, Liebes- und Eifersuchtstrieb – eine merkwürdige Mischung von allgemein menschlichen Eigenschaften und spezifisch sozial konditionierten Charakterzügen (J. J. McDermott, ed., 1967). Obwohl uns derartige Trieblisten heute etwas naiv vorkommen, sind die Arbeiten dieser Instinkt- und Triebforscher doch höchst differenziert und reich an theoretischen Konstruktionen, und sie beeindrucken uns noch immer durch das hohe Niveau ihres theoretischen Denkens; sie sind keineswegs einfach überholt. So war sich zum Beispiel James durchaus darüber im klaren, daß sogar schon bei der ersten Instinkthandlung ein Lernelement beteiligt sein könnte, und McDougall übersah nicht den formenden Einfluß unterschiedlicher Erfahrungen und kultureller Hintergründe. Seine Trieblehre bildet eine Brücke zu Freuds Theorie. Wie Fletcher betont hat, setzte McDougall Trieb nicht gleich mit einer »mechanischen Motorik« und einer starr fixierten motorischen Reaktion. Für ihn war ein Trieb im Grunde eine *»Neigung«* zu etwas, ein »Verlangen« nach etwas, und dieser affektiv-konnative Kern eines jeden Triebes »scheint

[1] Ich möchte besonders die scharfsinnige Geschichte der Instinkt- und Triebtheorien von R. Fletcher (1968) empfehlen.

relativ unabhängig vom kognitiven und vom motorischen Teil der gesamten Trieb-Disposition funktionieren zu können« (W. McDougall, 1932).
Bevor wir uns den beiden bekanntesten modernen Vertretern der Instinkt- und Triebforschung, Sigmund Freud und Konrad Lorenz, zuwenden, wollen wir den Blick auf ein Charakteristikum richten, das sie beide mit den älteren Instinkt- und Triebforschern gemeinsam haben: die mechanistisch-hydraulische Konzeption des Triebmodells. McDougall stellte sich vor, daß die Energie von »Schleusentoren« zurückgehalten würde und unter bestimmten Bedingungen »überwallt« (W. McDougall, 1913). Später bediente er sich einer Analogie, in der er jeden Trieb mit einer »Kammer« verglich, »in welcher ständig Gas frei wird« (W. McDougall, 1923). Auch Freud folgte in seiner Libidotheorie einem hydraulischen Schema. Die Libido nimmt zu → die Spannung steigt → die Unlust nimmt zu; der Sexualakt vermindert die Spannung und die Unlust, bis die Spannung wieder zu steigen beginnt. Ähnlich dachte auch Lorenz bei reaktionsspezifischer Energie an »ein Gas, das ständig in einen Behälter gepumpt wird«, oder an eine Flüssigkeit in einem Behälter, die durch ein am Boden sitzendes, federbelastetes Ventil abgelassen werden kann (K. Lorenz, 1950. Übersetzt aus dem Amerikanischen.). R. A. Hinde wies darauf hin, daß diese und andere Instinkt- und Triebmodelle trotz einiger Unterschiede »die Idee einer Substanz gemeinsam haben, die die Fähigkeit besitzt, Verhaltensweisen, die in einem Gefäß zurückgehalten werden und später in die Aktion eingehen, mit Energie zu laden« (R. A. Hinde, 1960).

Neuere Instinkt- und Triebforscher: Sigmund Freud und Konrad Lorenz

Freuds Aggressionsbegriff[2]

Der große Fortschritt Freuds gegenüber den älteren Triebforschern und besonders McDougall gegenüber bestand darin, daß er alle »Triebe« in zwei Kategorien zusammenfaßte – den Sexualtrieb und den Selbsterhaltungstrieb. Daher kann man Freuds Theorie als die letzte Stufe in der Geschichte der Entwicklung der Triebtheorie ansehen. Ich werde darauf zurückkommen, daß gerade diese vereinheitlichende Zusammenfassung der Triebe in einen einzigen (mit Ausnahme des Ich-Triebs) gleichzeitig der erste Schritt zur Überwindung der älteren Trieblehren war, wenngleich Freud selbst sich dessen nicht bewußt war. Im folgenden möchte ich mich nur mit Freuds Auffassung von der Aggression befassen, da seine Libidotheorie vielen Lesern bekannt sein dürfte und sie sich in anderen Werken über sie informieren können, am besten in seinen *Vorlesungen zur Einführung in die Psychoanalyse* (1915–16, 1916–17 und 1933).
Freud hatte dem Phänomen der Aggression relativ wenig Beachtung geschenkt, solange er die Sexualität (Libido) und den Selbsterhaltungstrieb für die beiden Kräfte gehalten hatte, die den Menschen beherrschten. Seit den zwanziger Jahren änderte sich dieses Bild jedoch völlig. In *Das Ich und das Es* (1923) und in seinen späteren Schriften stellte er eine neue

[2] Eine detaillierte Geschichte und Analyse von Freuds Aggressionsbegriff findet sich im Anhang.

Dichotomie auf: die des Lebenstriebs beziehungsweise der Lebenstriebe (Eros) und des Todestriebs beziehungsweise der Todestriebe. Freud beschrieb die neue theoretische Phase folgendermaßen: »Ausgehend von Spekulationen über den Anfang des Lebens und von biologischen Parallelen zog ich den Schluß, es müsse außer dem Trieb, die lebende Substanz zu erhalten und zu immer größeren Einheiten zusammenzufassen, einen anderen, ihm gegensätzlichen, geben, der diese Einheiten aufzulösen und in den uranfänglichen anorganischen Zustand zurückzuführen strebe. Also außer dem Eros einen Todestrieb.« (S. Freud, Das Unbehagen in der Kultur.)

Der Todestrieb richtet sich gegen den Organismus selbst und ist daher ein selbstzerstörerischer Trieb, oder er ist nach außen gerichtet und tendiert in diesem Fall eher dazu, andere zu zerstören als sich selbst. Verbindet sich Sexualität mit dem Todestrieb, so verwandelt er sich in harmlosere Impulse, wie sie im Sadismus oder im Masochismus zum Ausdruck kommen. Obwohl Freud wiederholt darauf hinwies, daß die Macht des Todestriebes reduziert werden könne (S. Freud, 1927), blieb seine grundsätzliche Auffassung doch: Der Mensch wird beherrscht von einem Impuls, entweder sich selbst oder andere zu zerstören, und er kann dieser tragischen Alternative kaum entrinnen. Aus dieser Annahme des Todestriebes folgt, daß die Aggression ihrem Wesen nach keine Reaktion auf Reize ist, sondern ein ständig fließender Impuls, der in der Konstitution des menschlichen Organismus wurzelt.

Während sich die Psychoanalytiker in allen anderen Punkten an Freud halten, haben sich die meisten von ihnen geweigert, die Theorie des Todestriebes zu übernehmen; vielleicht deshalb, weil diese Theorie über den alten mechanistischen Bezugsrahmen hinausgeht und ein biologisches Denken verlangt, wie es den meisten unannehmbar war, da für sie »biologisch« mit der Physiologie der Triebe identisch war. Trotzdem haben sie Freuds neue Auffassung nicht ganz verworfen. Sie schlossen einen Kompromiß, indem sie die Existenz eines »Zerstörungstriebes« als Gegenpol zum Sexualtrieb anerkannten. Dies machte es ihnen möglich, Freuds neuerliche Betonung der Aggression zu akzeptieren, ohne sich einer völlig neuen Art des Denkens zu unterwerfen.

Freud hatte einen wichtigen Schritt vorwärts getan, indem er von einer rein physiologisch-mechanistischen Auffassung zu einer biologischen überging, die den Organismus als Ganzes nimmt und die biologischen Ursprünge von Liebe und Haß analysiert. Seine Theorie weist jedoch schwere Mängel auf. Sie gründet sich auf recht abstrakte Spekulationen und hat kaum einen überzeugenden *empirischen Beweis* aufzuweisen. Hinzu kommt, daß Freud zwar einen brillanten Versuch unternahm, *menschliche* Impulse mit seiner neuen Theorie zu erklären, daß seine Hypothese jedoch auf tierische Verhaltensweisen nicht anwendbar ist. Für ihn ist der Todestrieb eine biologische Kraft, die in allen lebenden Organismen wirkt: Dies würde bedeuten, daß auch die Tiere ihren Todestrieb entweder gegen sich selbst oder gegen andere Tiere zum Ausdruck bringen müßten. Folglich müßte man mehr Krankheiten oder einen häufigeren frühen Tod bei nach außen hin weniger aggressiven Tieren finden und umgekehrt; aber natürlich gibt es keine Tatsachen, die diese Annahme unterstützen.

Daß Aggression und Destruktivität keine biologischen Gegebenheiten und keine spontan strömenden Impulse sind, werde ich im nächsten Kapitel darlegen. Hier sei nur gesagt, daß Freud die Analyse des Phänomens Aggression undurchsichtig gemacht hat, da er, wie es üblich war, diesen Ausdruck auf die verschiedensten Arten von Aggression anwandte, um auf diese Weise alle leichter aus *einem* Instinkt heraus erklären zu können. Da er ganz sicher nicht zum Behaviorismus neigte, dürfen wir annehmen, daß der Grund hierfür seine Neigung war, zu einer dualistischen Auffassung zu gelangen, in der zwei Grundkräfte einander gegenüberstehen. Bei dieser Dichotomie handelte es sich zunächst um die zwischen Selbsterhaltungstrieb und Libido und später um die zwischen Lebens- und Todestrieb. Freud bezahlte die Eleganz dieser Auffassung damit, daß er jede Leidenschaft einem der beiden Pole zuordnen mußte und daß er auf diese Weise zusammenbrachte, was in Wirklichkeit nichts miteinander zu tun hatte.

Die Aggressionstheorie von Konrad Lorenz

Während Freuds Aggressionstheorie einflußreich war und es auch heute noch ist, war sie andererseits vielschichtig und schwierig und wurde nie in dem Sinn populär, daß sie von einem breiten Publikum gelesen und von diesem mit besonderem Interesse aufgenommen worden wäre. Im Gegensatz dazu wurde das Buch von Konrad Lorenz, *Das sogenannte Böse* (K. Lorenz, 1963) schon kurz nach seiner Veröffentlichung zu einem der meistgelesenen Bücher auf dem Gebiet der Sozialpsychologie.

Die Gründe für diese Popularität liegen auf der Hand. Vor allem liest sich *Das sogenannte Böse* ähnlich wie Lorenz' frühere reizende Geschichtensammlung *Er redete mit dem Vieh, den Vögeln und den Fischen* (1949) ungeheuer leicht, ganz im Gegensatz zu Freuds schwerfälligen Abhandlungen über den Todestrieb, übrigens auch im Gegensatz zu Lorenz' eigenen Abhandlungen und Büchern, die er für die Fachwelt schrieb. Außerdem spricht er damit, wie bereits in der Einleitung erwähnt, heute viele Menschen an, die lieber glauben, daß unser Hang zur Gewalt und zur atomaren Auseinandersetzung auf biologische Faktoren zurückzuführen ist, die sich unserer Kontrolle entziehen, als daß sie die Augen aufmachen und erkennen, daß die von uns selbst verursachten sozialen, politischen und ökonomischen Umstände daran schuld sind.

Für Lorenz[3] ist die menschliche Aggressivität genau wie für Freud ein Trieb, der von einer ständig fließenden Energiequelle gespeist wird und nicht notwendigerweise das Resultat einer *Reaktion* auf äußere Reize ist. Lorenz vertritt den Standpunkt, daß die für einen triebhaften Akt spezifische Energie sich ständig in den Nervenzentren ansammelt, die auf dieses Verhaltensmuster bezogen sind, und daß mit einer *Explosion* zu rechnen ist, sobald sich genug Energie gestaut hat, dies auch dann, wenn kein Reiz vorhanden ist. Allerdings finden Tier und Mensch im allgemeinen Reize, welche die aufgestaute Trieb-Energie freisetzen; sie brauchen nicht passiv abzuwarten, bis der geeignete Reiz auftaucht. Sie suchen nach Reizen und erzeugen sie sogar selbst. Im Anschluß an W. Craig bezeich-

[3] Eine detaillierte und inzwischen klassisch gewordene Abhandlung über die Instinkttheorie von Lorenz (und von N. Tinbergen) findet sich bei D. S. Lehrman (1953). Kritisch besprochen wurde *Das sogenannte Böse* von L. Berkowitz (1967) und K. E. Boulding (1967); vgl. auch N. Tinbergens kritische Auseinandersetzung mit der Theorie von Lorenz (1968), außerdem die Sammlung kritischer Aufsätze über die Theorie von Lorenz von M. F. A. Montagu (1968) und L. Eisenbergs kurze scharfsinnige Kritik (1972).

net Lorenz dies als »Appetenz-Verhalten«. Der Mensch, so sagt er, gründet politische Parteien, um sich Stimuli zur Ableitung angestauter Energie zu verschaffen, aber die politischen Parteien sind nicht die Ursache der Aggression. In Fällen jedoch, in denen kein äußerer Reiz gefunden oder hervorgebracht werden kann, ist die Energie des gestauten Aggressions-Triebes so groß, daß es gleichsam zu einer Explosion kommt und daß der Trieb sich *in vacuo* auswirkt, das heißt »ohne nachweisbaren äußeren Reiz . . ., wobei die ohne ein Objekt ablaufende Aktivität im Vakuum mit dem normalen Ablauf der betreffenden motorischen Funktionen eine geradezu fotografische Ähnlichkeit zeigt . . . Dies beweist aber, daß die motorischen Koordinationsmuster des instinktiven Verhaltens bis ins kleinste Detail erblich determiniert sind.« (K. Lorenz, 1970; ursprünglich in deutscher Sprache, 1931–42.)[4]

Demnach ist Aggression für Lorenz primär *keine* Reaktion auf äußere Reize, sondern eine »eingebaute« innere Erregung, die nach Abfuhr verlangt und sich äußert ohne Rücksicht darauf, ob der äußere Reiz geeignet ist oder nicht. *»Die Spontaneität des Instinktes ist es, die ihn so gefährlich macht.«* (K. Lorenz, 1963. Im Original nicht kursiv.) Man hat das Aggressionsmodell von Lorenz ebenso wie das Libidomodell von Freud zu Recht ein *hydraulisches* Modell genannt in Analogie zu dem Druck, der von gestautem Wasser oder Dampf in einem geschlossenen Behälter ausgeübt wird.

Dieser hydraulische Aggressionsbegriff ist sozusagen der eine Pfeiler, auf dem Lorenz' Theorie ruht; er bezieht sich auf den *Mechanismus,* durch den Aggression entsteht. Der andere Pfeiler ist der Gedanke, daß Aggression im Dienste des Lebens steht, daß sie dem Überleben des Individuums und der Art dient. Allgemein gesagt, nimmt Lorenz an, daß die intraspezifische Aggression (Aggression gegen Angehörige der gleichen Art) die Funktion hat, dem Überleben der Art zu dienen. Lorenz stellt die Theorie auf, daß die Aggression diese Funktion erfüllt, indem sie die einzelnen Vertreter einer Spezies über den zur Verfügung stehenden Lebensraum verteilt, indem sie die Selektion des »besseren Männchens« bewirkt, was hinsichtlich der Verteidigung des Weibchens von Bedeutung ist, und indem sie eine soziale Rangordnung errichtet (K. Lorenz, 1964). Die Aggression kann diese arterhaltende Funktion um so besser erfüllen, als im Evolutionsprozeß sich die tödliche Aggression in eine Verhaltensform verwandelte, die aus symbolischen und rituellen Drohungen besteht, welche die gleiche Funktion erfüllen, ohne der Art zu schaden.

Aber Lorenz argumentiert weiter, daß der bei den Tieren der Arterhaltung dienende Trieb beim Menschen »ins Groteske und Unzweckmäßige übersteigert« und »aus dem Gleise geraten« ist. Die Aggression verwandelte sich aus einem hilfreichen, dem Überleben dienenden Trieb in eine Bedrohung.

Es hat den Anschein, daß Lorenz selbst mit diesen Erklärungen der menschlichen Aggressionen nicht ganz zufrieden war und daß er das Bedürfnis hatte, noch eine weitere hinzuzufügen, die jedoch aus dem Bereich der Ethologie hinausführt. Er schreibt:

> Vor allem aber ist es mehr als wahrscheinlich, daß das verderbliche Maß an Aggressionstrieb, das uns Menschen heute noch als böses Erbe in den Knochen sitzt, durch

[4] Unter dem Einfluß der Kritik verschiedener amerikanischer Psychologen und N. Tinbergens änderte Lorenz diese Behauptung später dahingehend ab, daß er den Einfluß des Lernens einräumte (K. Lorenz, 1965).

> einen Vorgang der intraspezifischen Selektion verursacht wurde, der durch mehrere Jahrzehntausende, nämlich durch die ganze Frühsteinzeit, auf unsere Ahnen eingewirkt hat. Als die Menschen eben gerade so weit waren, daß sie kraft ihrer Bewaffnung, Bekleidung und ihrer sozialen Organisation die von außen drohenden Gefahren des Verhungerns, Erfrierens und Gefressenwerdens von Großraubtieren einigermaßen gebannt hatten, so daß diese nicht mehr die wesentlichen selektierenden Faktoren darstellten, muß eine böse intraspezifische Selektion eingesetzt haben. Der nunmehr Auslese treibende Faktor war der Krieg, den die feindlichen benachbarten Menschenhorden gegeneinander führten. Er muß eine extreme Herauszüchtung aller sogenannten »kriegerischen Tugenden« bewirkt haben, die leider noch heute vielen Menschen als wirklich erstrebenswerte Ideale erscheinen. (K. Lorenz, 1963)

Diese Vorstellung von ständigem Krieg zwischen den »wilden« Jägern und Sammlern seit dem vollen Auftauchen des »modernen Menschen« um 40000 oder 50000 v. Chr. ist ein weitverbreitetes Klischee, das Lorenz übernimmt, ohne auf die Forschung Bezug zu nehmen, die zeigt, daß es keine Grundlagen hat.[5] Lorenz' Annahme von 40000 Jahren organisierter Kriegführung ist nichts weiter als das alte Klischee Hobbes' vom Krieg als dem natürlichen Zustand des Menschen, das hier als Argument dient, mit dem die angeborene menschliche Aggressivität bewiesen werden soll. Die logische Folgerung aus Lorenz' Annahme ist, daß der Mensch aggressiv *ist,* weil er aggressiv *war,* und daß er aggressiv *war,* weil er aggressiv *ist.*

Selbst wenn Lorenz mit seiner These von der ständigen Kriegführung in der Jungsteinzeit recht hätte, bleiben seine genetischen Schlußfolgerungen fragwürdig. Wenn ein bestimmter Wesenszug einen selektiven Vorteil besitzen soll, muß dieser sich auf die vermehrte Erzeugung fruchtbarer Nachkommen des Trägers dieses Wesenszuges gründen. Angesichts der Tatsache jedoch, daß aggressive Individuen in Kriegen eher umkommen, ist es zweifelhaft, ob man ein häufiges Vorkommen dieses Wesenszuges tatsächlich auf Selektion zurückführen kann. In Wirklichkeit sollte die Häufigkeit dieses Erbfaktors eher abnehmen, wenn man die höheren Verluste als negative Selektion auffaßt.[6] Tatsächlich war die Bevölkerungsdichte in jener Zeit äußerst gering, und viele der Stämme nach dem vollen Auftauchen des *Homo sapiens* hatten es kaum nötig, zu konkurrieren und um Nahrung und Lebensraum miteinander zu kämpfen.

Lorenz verband in seiner Theorie zwei Elemente miteinander. Das erste lautet, daß Tiere wie Menschen eine angeborene Aggression besitzen, welche dem Überleben des Individuums und der Art dient. Wie ich noch zeigen werde, geht aus neurophysiologischen Erkenntnissen hervor, daß diese defensive Aggression eine Reaktion auf eine Bedrohung der vitalen Interessen des betreffenden Lebewesens ist und daß sie nicht spontan und ständig strömt. Das andere Element, der hydraulische Charakter der gestauten Aggression, dient Lorenz zur Erklärung der mörderischen und grausamen Impulse des Menschen; doch bringt er nur wenige Beweise, die diese Annahme stützen. Sowohl die dem Leben dienende als auch die destruktive Aggression werden unter einer Kategorie subsumiert, und das einzige, was beide verbindet, ist das Wort »Aggression«. Im Gegensatz zu

[5] Die Frage der Aggression bei den Sammlern und Jägern wird ausführlich in Kapitel 8 behandelt.
[6] Ich bin Professor Kurt Hirschhorn für seinen Hinweis auf das genetische Problem zu Dank verpflichtet, dem ich im Text gefolgt bin.

Lorenz hat Tinbergen das Problem in voller Klarheit dargelegt: »Einerseits ist der Mensch mit vielen Tierarten darin verwandt, daß er gegen seine eigenen Artgenossen kämpft. Andererseits ist er unter Tausenden von Arten, die kämpfen, die einzige, bei der das Kämpfen destruktiv ist ... Der Mensch ist als einzige Spezies eine Spezies von Massenmördern, die einzige, die der eigenen Gesellschaft nicht angepaßt ist. Warum ist das so?« (N. Tinbergen, 1968)

Freud und Lorenz: Ähnlichkeiten und Unterschiede

Die Beziehung zwischen den Theorien von Lorenz und Freud ist recht kompliziert. Gemeinsam ist ihnen die hydraulische Konzeption der Aggression, auch wenn sie den Ursprung dieses Triebes unterschiedlich erklären. In anderer Hinsicht jedoch scheinen ihre Auffassungen diametral entgegengesetzt. Freud stellte die Hypothese des Destruktionstriebes auf, eine Annahme, die Lorenz aus biologischen Gründen für unhaltbar erklärt. Sein Aggressionstrieb dient dem Leben, Freuds Todestrieb ist der Diener des Todes.
Freilich verliert dieser Unterschied seine Bedeutung größtenteils dadurch, daß Lorenz von den Veränderungen der ursprünglich defensiven und lebenserhaltenden Aggression spricht. Mit Hilfe komplizierter und oft fragwürdiger Konstruktionen soll die Annahme gestützt werden, daß sich die defensive Aggression beim Menschen in einen ständig strömenden und sich selbst verstärkenden Trieb umwandelt, der Umstände herbeizuführen sucht, welche die Entladung der Aggression erleichtern, oder daß es sogar zu einer Explosion kommt, wenn keine Reize gefunden oder geschaffen werden können. Hieraus folgt, daß selbst in einer Gesellschaft, die vom sozioökonomischen Standpunkt aus so organisiert wäre, daß keine geeigneten Reize für eine heftigere Aggression vorkämen, der Druck des Instinkts selbst so stark würde, daß die Mitglieder dieser Gesellschaft gezwungen wären, diese zu verändern, oder daß es – wenn sie sich hierzu nicht bereit fänden – auch ohne jeden Anreiz zu einer Aggressionsexplosion kommen würde. Daher ist auch die Schlußfolgerung, zu der Lorenz kommt, daß der Mensch von einem angeborenen Zerstörungsdrang getrieben ist, in ihren praktischen Konsequenzen die gleiche wie die Freuds. Freud stellt jedoch den Zerstörungstrieb dem ebenso starken Trieb des Eros (Lebens-, Sexualtrieb) gegenüber, während für Lorenz die Liebe ein Produkt aggressiver Instinkte ist.
Freud und Lorenz stimmen darin überein, daß es ungesund ist, wenn die Aggression sich nicht in Aktion umsetzen kann. Freud hatte in der früheren Periode seines Schaffens das Postulat aufgestellt, daß Unterdrückung der Sexualität zu seelischer Erkrankung führen kann; später wandte er denselben Grundsatz auf den Todestrieb an und lehrte, daß die Unterdrückung nach außen gerichteter Aggression ungesund sei. Lorenz stellt fest, daß »der heutige Zivilisierte überhaupt unter ungenügendem Abreagieren aggressiver Triebhandlungen leidet« (K. Lorenz, 1963). Beide gelangen auf verschiedenen Wegen zu einem Bild des Menschen, bei dem aggressiv-destruktive Energie ständig entsteht und auf die Dauer nur sehr schwer, wenn überhaupt, unter Kontrolle zu halten ist. Das sogenannte Böse in den Tieren wird zu einem wirklich Bösen im Menschen, obgleich nach Lorenz seine Wurzeln nicht böse sind.

»Beweis« durch Analogie

Diese Ähnlichkeiten zwischen den entsprechenden Aggressionstheorien von Freud und Lorenz sollten jedoch nicht über ihren Hauptunterschied hinwegtäuschen. Freud studierte die Menschen. Er war ein scharfsinniger Beobachter ihres faktischen Verhaltens und der unterschiedlichen Manifestationen ihres Unbewußten. Seine Theorie vom Todestrieb mag falsch oder unvollständig oder auch nicht genügend bewiesen sein, aber Freud erarbeitete sie sich im Prozeß ständiger Beobachtung des Menschen. Lorenz dagegen ist ein Beobachter von Tieren, besonders von niederen Tieren, und auf diesem Gebiet zweifellos kompetent. Aber sein Wissen über den Menschen geht nicht über das eines Durchschnittsbürgers hinaus. Er hat es weder durch systematische Beobachtungen noch durch eine zureichende Kenntnis der einschlägigen Literatur ausgebaut.[7] Er nimmt naiverweise an, daß Beobachtungen an sich selbst oder an Bekannten auf alle Menschen anwendbar seien. Seine hauptsächliche Methode ist jedoch nicht einmal die Selbstbeobachtung, sondern Analogieschlüsse vom Verhalten gewisser Tiere auf das Verhalten von Menschen. Vom wissenschaftlichen Standpunkt aus beweisen solche Analogien nichts; sie sind anregend und gefallen den Leuten, die Tiere gern haben. Hand in Hand damit geht eine hochgradige Anthropomorphisierung, in der Lorenz schwelgt. Gerade weil diese Analogien die angenehme Illusion wecken, daß man »versteht«, was das Tier »fühlt«, werden sie sehr populär. Wer möchte nicht gern mit dem Vieh, den Vögeln und den Fischen reden?
Lorenz gründet seine Theorien über die hydraulische Natur der Aggression auf Experimente mit Tieren – hauptsächlich Fischen und Vögeln in der Gefangenschaft. Die Frage, um die es hier geht, lautet: Wirkt derselbe aggressive Trieb – den Lorenz bei bestimmten Fischen und Vögeln beobachtete – und der, falls ihm nicht eine andere Richtung gegeben wird, zum Töten führt – auch im Menschen?
Da Lorenz diese Hypothese in bezug auf den Menschen und die nicht-menschlichen Primaten nicht direkt beweisen kann, bringt er eine Anzahl von Argumenten vor, die seine Behauptung untermauern sollen. Er tut dies hauptsächlich auf dem Wege der *Analogie;* er entdeckt Ähnlichkeiten zwischen menschlichem Verhalten und dem Verhalten der von ihm studierten Tiere und schließt daraus, daß beide Verhaltensweisen die gleiche Ursache haben. Diese Methode ist von vielen Psychologen kritisiert worden. Schon 1948 hat N. Tinbergen, Lorenz' namhafter Kollege, die Gefahren erkannt, *»welche in dem Verfahren liegen, physiologische Erscheinungen auf einer niedrigeren Evolutionsebene, auf einem niedrigeren Niveau der neuralen Organisation und bei einfacheren Verhaltensformen als Analogien zu benutzen, um damit physiologische Theorien über Verhaltensmechanismen auf höheren und komplexeren Ebenen zu stützen«* (N. Tinbergen, 1948. Im Original nicht kursiv.).
Ich möchte mit ein paar Beispielen den »Analogiebeweis« von Lorenz illustrieren.[8] Lo-

[7] Wenigstens zum Zeitpunkt, als Lorenz *Das sogenannte Böse* schrieb, scheint er Freuds Werk überhaupt nicht aus erster Hand gekannt zu haben. Er bezieht sich nirgends direkt auf dessen Schriften, und wenn er doch einmal darauf verweist, dann beziehen sich diese Verweise auf das, was ihm Psychoanalytiker unter seinen Freunden über Freuds Theorie gesagt haben. Leider haben diese nicht immer recht, oder er hat sie nicht richtig verstanden.
[8] Bereits 1940 zeigte Lorenz seine Neigung, völlig unzulässige Analogien zwischen biologischen

renz berichtet über seine Beobachtung bei Buntbarschen (Cichliden) und Brasilianischen Perlmutterfischen, daß ein Fisch sein Weibchen dann nicht angreift, wenn er seinen gesunden Zorn an einem gleichgeschlechtigen Nachbarn abreagieren kann (»umorientierte Aggression«)[9]. Sein Kommentar dazu lautet:

> Analoges kann man am Menschen beobachten. In der guten alten Zeit, da die Donaumonarchie noch bestand und es noch Dienstmädchen gab, habe ich an meiner verwitweten Tante folgendes beobachtet. Sie hatte ein Dienstmädchen nie länger als etwa acht bis zehn Monate. Von der neu eingestellten Hausgehilfin war sie regelmäßig aufs höchste entzückt, lobte sie in allen Tönen als eine sogenannte Perle und schwor, jetzt endlich die Richtige gefunden zu haben. Im Laufe der nächsten Monate kühlte ihr Urteil ab, sie fand erst kleine Mängel, dann Tadelnswertes und gegen das Ende der erwähnten Periode ausgesprochen hassenswerte Eigenschaften an dem armen Mädchen, das dann schließlich, regelmäßig unter ganz großem Krach, fristlos entlassen wurde. Nach dieser Entladung war die alte Dame bereit, in dem nächsten Dienstmädchen wieder einen wahren Engel zu erblicken.
>
> Ich bin weit davon entfernt, mich über meine längstverstorbene und im übrigen sehr liebe Tante überheblich lustig zu machen. Ich habe an ernsten und aller nur denkbaren Selbstbeherrschung fähigen Männern, und selbstverständlich auch an mir selbst, genau die gleichen Vorgänge beobachten können oder – besser gesagt – müssen, und zwar in Kriegsgefangenschaft. Die sogenannte Polarkrankheit, auch Expeditionskoller genannt, befällt bevorzugt kleine Gruppen von Männern, wenn diese in den durch obige Namen angedeuteten Situationen ganz aufeinander angewiesen und damit verhindert sind, sich mit fremden, nicht zum Freundeskreis gehörigen Personen auseinanderzusetzen. Aus dem Gesagten wird bereits verständlich sein, daß der Stau der Aggression um so gefährlicher wird, je besser die Mitglieder der betreffenden Gruppe einander kennen, verstehen und lieben. In solcher Lage unterliegen, wie ich aus eigener Erfahrung versichern kann, alle Reize, die Aggression und innerartliches Kampfverhalten auslösen, einer extremen Erniedrigung ihrer Schwellenwerte. Subjektiv drückt sich dies darin aus, daß man auf kleine Ausdrucksbewegungen seiner besten Freunde, darauf, wie sich einer räuspert oder sich schneuzt, mit Reaktionen anspricht, die adäquat wären, wenn einem ein besoffener Rohling eine Ohrfeige hingehauen hätte. (K. Lorenz, 1963)

Lorenz scheint nicht auf den Gedanken zu kommen, daß die persönlichen Erfahrungen seiner Tante, seiner Kriegsgefangenen-Kameraden und seine eigenen Erlebnisse nicht notwendigerweise etwas über die Allgemeingültigkeit derartiger Reaktionen aussagen. Auch scheint er nicht zu bedenken, daß man anstelle der hydraulischen Interpretationsmöglichkeit, die besagt, ihr aggressives Potential steige alle acht bis zehn Monate so hoch, daß es zu einer Entladung kommt, eine komplexere psychologische Deutung benötigen könnte.

Vom psychoanalytischen Standpunkt aus würde man annehmen, daß die Tante eine sehr narzißtische Person war, die dazu neigte, andere Menschen auszunutzen. Sie verlangte von ihrem Dienstmädchen, daß es ihr ganz und gar »ergeben« war, keine eigenen Interessen hatte und freudig die Rolle einer Kreatur annahm, die ihr Glück darin sah, ihr dienen

und sozialen Phänomenen aufzustellen, in einem unglücklichen Aufsatz (K. Lorenz, 1940), in dem er argumentiert, daß Staatsgesetze an die Stelle der Prinzipien der natürlichen Selektion treten müssen, wenn letztere den biologischen Bedürfnissen der Rasse nicht mehr genügend Rechnung tragen.

[9] Der Terminus stammt von N. Tinbergen.

zu dürfen. Bei jedem neuen Dienstmädchen bildete sie sich ein, dieses werde nun ganz bestimmt ihre Erwartungen erfüllen. Nach kurzen »Flitterwochen«, während denen ihre Phantasie noch stark genug war, um sie blind dafür zu machen, daß dieses Dienstmädchen doch wieder nicht »die Richtige« war – und vielleicht auch mit deswegen, weil das Mädchen zu Anfang sich besonders anstrengte, es ihrer Dienstherrin recht zu machen –, wachte die Tante auf und erkannte, daß das Dienstmädchen nicht bereit war, die ihm zugedachte Rolle zu spielen. Ein derartiger Prozeß des Aufwachens dauert natürlich einige Zeit, bis er abgeschlossen ist. Dann aber empfindet die Tante eine intensive Enttäuschung und Wut, wie es bei jedem narzißtisch-ausbeuterisch veranlagten Menschen im Falle einer Frustration zu beobachten ist. Da sie sich nicht klar macht, daß die Ursache für ihren Zorn ihre unmöglichen Ansprüche sind, rationalisiert sie ihre Enttäuschung, indem sie ihrem Dienstmädchen die Schuld gibt. Da sie auf die Erfüllung ihrer Wünsche nicht verzichten kann, wirft sie das Mädchen hinaus und hofft, daß die Neue »die Richtige« sein wird. Der gleiche Mechanismus wiederholt sich, bis sie stirbt oder kein Dienstmädchen mehr finden kann. Eine derartige Entwicklung findet man keineswegs nur im Verhältnis von Arbeitgebern zu Dienstboten. Oft verlaufen Ehekonflikte genau so. Da es jedoch einfacher ist, ein Dienstmädchen hinauszuwerfen als sich scheiden zu lassen, kommt es in der Ehe oft zu einem lebenslänglichen Kampf, bei dem jeder Partner den anderen für Kränkungen zu strafen versucht, die sich immer mehr anhäufen. Wir stehen hier einem Problem gegenüber, das ein spezifisch menschlicher Charakter, nämlich der narzißtisch-ausbeuterische, stellt, und nicht gestauter Triebenergie.

In seinem Kapitel über »Der Moral analoge Verhaltensweisen« stellt Lorenz die folgende Behauptung auf: »Dennoch kann auch derjenige, der diese Zusammenhänge wirklich durchschaut, sich einer immer wiederkehrenden neuen Bewunderung nicht entschlagen, wenn er physiologische Mechanismen am Werke sieht, die Tieren ein selbstloses, auf das Wohl der Gemeinschaft abzielendes Verhalten aufzwingen, wie es uns Menschen durch das moralische Gesetz in uns befohlen wird« (K. Lorenz, 1963).

Wie erkennt man aber »selbstloses« Verhalten bei Tieren? Was Lorenz beschreibt, ist ein instinktiv determiniertes Verhaltensmuster. Der Ausdruck »selbstlos« ist der Humanpsychologie entnommen, und er bezieht sich auf die Tatsache, daß ein menschliches Wesen sich selbst (korrekter würde man sagen: sein Ich) bei seinem Wunsch, anderen zu helfen, vergessen kann. Aber hat eine Graugans oder ein Fisch oder ein Hund ein Selbst (oder ein Ich), das sie vergessen können? Hängt Selbstbewußtsein von der neurophysiologischen Struktur ab, worauf es beruht? Diese Frage stellt man sich auch noch bei vielen anderen Ausdrücken, deren Lorenz sich bedient, um tierische Verhaltensweisen zu beschreiben, wie zum Beispiel »Grausamkeit«, »Trauer«, »Verlegenheit«.

Zu den wichtigsten und interessantesten ethologischen Daten von Lorenz gehört das »Band«, das sich zwischen Tieren (sein Hauptbeispiel sind Graugänse) als Reaktion auf Drohungen bildet, die sich von außen gegen die Gruppe richten. Aber die Analogien, die er zur Erklärung menschlicher Verhaltensweisen anwendet, sind gelegentlich verblüffend: »Die diskriminative Aggression gegen Fremde und das Band zwischen den Mitgliedern einer Gruppe steigern sich gegenseitig. Der Gegensatz von »wir« und »sie« kann stark kontrastierende Einheiten aneinander binden. Angesichts des heutigen China scheinen sich die Vereinigten Staaten und die Sowjetunion gelegentlich als »wir« zu empfinden.

Das gleiche Phänomen, das übrigens auch gewisse Kennzeichen des Kampfes aufweist, kann man bei der Zeremonie des Triumph-Geschnatters der Graugänse beobachten.« (K. Lorenz, zitiert nach der amerikanischen Ausgabe 1966.) Ist die amerikanisch-sowjetische Haltung durch Instinktmodelle determiniert, die wir von der Graugans ererbt haben? Geht es dem Verfasser um eine amüsante Formulierung, oder möchte er uns tatsächlich glauben machen, daß zwischen dem Verhalten der Gans und dem der amerikanischen und sowjetischen politischen Führer eine Beziehung besteht?

Lorenz geht mit seinen Analogien zwischen tierischem Verhalten (oder seiner Interpretation dieses Verhaltens) und seinen naiven Vorstellungen vom menschlichen Verhalten sogar noch weiter, wie aus seinen Äußerungen über menschliche Liebe und menschlichen Haß hervorgeht: »Ein persönliches Band, eine individuelle Freundschaft finden wir *nur* bei Tieren mit hoch entwickelter intraspezifischer Aggression, ja, dieses Band ist um so fester, je aggressiver die betreffende Tierart ist.« (K. Lorenz, 1963.) So weit, so gut; nehmen wir einmal an, daß Lorenz das richtig beobachtet hat. Aber an diesem Punkt springt er über in den Bereich der Humanpsychologie. Nachdem er festgestellt hat, daß die intraspezifische Aggression Millionen Jahre älter sei als die persönliche Freundschaft und Liebe, schließt er daraus: *»Es gibt . . . keine Liebe ohne Aggression.«* (K. Lorenz, 1963. Im Original nicht kursiv.) Diese verallgemeinernde Feststellung, für die – soweit es sich um die menschliche Liebe handelt – keinerlei Tatsachen sprechen und der ganz im Gegenteil höchst augenfällige Tatsachen widersprechen, wird durch eine weitere Behauptung ergänzt, die sich nicht auf die intraspezifische Aggression, sondern auf den »häßlichen kleinen Bruder der großen Liebe«, den »Haß«, beziehen: »Anders als gewöhnliche Aggression, richtet er sich gegen ein Individuum, ganz wie die Liebe es tut, und wahrscheinlich *hat er deren Vorhandensein zur Voraussetzung:* Man kann wohl nur dort richtig hassen, wo man geliebt hat und es, wenn man das auch ableugnen möchte, immer noch tut.« (K. Lorenz, 1963. Im Original nicht kursiv.) Daß die Liebe sich gelegentlich in Haß verwandelt, ist schon oft gesagt worden, wenn es auch korrekter wäre, zu sagen, daß nicht die Liebe diese Wandlung erfährt, sondern der verletzte Narzißmus des Liebenden, das heißt, daß die Nicht-Liebe den Haß verursacht. Zu behaupten, man hasse nur, wo man geliebt habe, verwandelt dagegen das Element von Wahrheit, das in der Behauptung enthalten ist, in eine reine Absurdität. Haßt der Unterdrückte den Unterdrücker, haßt die Mutter des ermordeten Kindes dessen Mörder, haßt der Gefolterte seinen Folterer, weil sie ihn einmal geliebt haben oder ihn noch immer lieben?

Ein weiterer Analogieschluß bezieht sich auf das Phänomen der *»kämpferischen Begeisterung«*. Es handelt sich dabei um »eine spezialisierte Form der gemeinschaftlichen Aggression, die sich deutlich von den primitiveren Formen der weniger bedeutenden individuellen Aggression unterscheidet, mit ihr jedoch funktionell verwandt ist« (K. Lorenz, zitiert nach der amerikanischen Ausgabe 1966). Es ist ein »heiliger Brauch«, der seine Motivationskraft phylogenetisch entwickelten Verhaltensmustern verdankt. Lorenz versichert, daß »nicht der geringste Zweifel bestehen kann, daß die kämpferische Begeisterung des Menschen sich aus einer gemeinschaftlichen Verteidigungsreaktion unserer vormenschlichen Ahnen entwickelt hat« (K. Lorenz, zitiert nach der amerikanischen Ausgabe 1966). Es handelt sich um die von allen geteilte Begeisterung der Gruppe, die sich gegen einen gemeinsamen Feind verteidigt.

> Jeder einigermaßen gefühlsstarke Mann kennt das subjektive Erleben, das mit der in Rede stehenden Reaktion einhergeht. Es besteht in erster Linie in der als Begeisterung bekannten Gefühlsqualität, dabei läuft einem ein »heiliger« Schauer über den Rücken und, wie man bei genauer Beobachtung feststellt, auch über die Außenseite der Arme. Man fühlt sich aus allen Bindungen der alltäglichen Welt heraus- und emporgehoben, man ist bereit, alles liegen und stehen zu lassen, um dem Rufe der heiligen Pflicht zu gehorchen. Alle Hindernisse, die ihrer Erfüllung im Wege stehen, verlieren an Bedeutung und Wichtigkeit, die instinktiven Hemmungen, Artgenossen zu schädigen und zu töten, verlieren leider viel von ihrer Macht. Vernunftmäßige Erwägungen, alle Kritik sowohl wie die Gegengründe, die gegen das von der mitreißenden Begeisterung diktierte Verhalten sprechen, werden dadurch zum Schweigen gebracht, daß eine merkwürdige Umwertung aller Werte sie nicht nur haltlos, sondern geradezu niedrig und entehrend erscheinen läßt. Kurz, wie ein ukrainisches Sprichwort so wunderschön sagt: »Wenn die Fahne fliegt, ist der Verstand in der Trompete!« (K. Lorenz, 1963)

Lorenz drückt »die begründete Hoffnung« aus, »daß unser moralisches Verantwortungsgefühl den ursprünglichen Trieb unter Kontrolle bekommen kann, »doch beruht unsere einzige Hoffnung, daß dies jemals geschehen wird, auf der demütigen Erkenntnis der Tatsache, daß die kämpferische Begeisterung eine instinktive Reaktion mit einem phylogenetisch determinierten Auslösemechanismus ist und daß der einzige Punkt, an dem eine intelligente und verantwortungsbewußte Erkenntnis sich diese Kontrolle verschaffen kann, in der Konditionierung der Reaktion auf ein Objekt liegt, das sich, wenn man es einer gründlichen kategorischen Prüfung unterzieht, als echter Wert erweist« (K. Lorenz, zitiert nach der amerikanischen Ausgabe 1966).

Lorenz' Beschreibung des normalen menschlichen Verhaltens ist verblüffend. Natürlich kommt es vor, daß »Menschen sich völlig im Recht fühlen, selbst wenn sie Greueltaten begehen« – oder, um es adäquater in der psychologischen Terminologie auszudrücken, viele begehen gerne Greueltaten, ohne alle moralischen Hemmungen und ohne das geringste Schuldgefühl dabei zu empfinden. Aber es ist wissenschaftlich nicht zu vertreten, daß man, ohne auch nur den Versuch zu machen, Beweise dafür beizubringen, die Behauptung aufstellt, es handele sich dabei um eine universale menschliche Reaktion oder es liege in der »menschlichen Natur«, im Krieg Greueltaten zu begehen und diese Behauptung mit einem angeblichen Trieb oder Instinkt zu begründen, der aus einer fragwürdigen Analogie mit Fischen und Vögeln hergeleitet wird.

Tatsache ist, daß Individuen und Gruppen sich ganz erheblich in ihrer Neigung unterscheiden, Greueltaten zu begehen, wenn sie gegen eine andere Gruppe aufgehetzt sind. Im Ersten Weltkrieg mußte die britische Propaganda die Geschichten von deutschen Soldaten, die belgische Babys aufgespießt haben sollen, erfinden, weil zu wenig wirkliche Greueltaten vorgefallen waren, die den Haß gegen den Feind hätten nähren können. Entsprechend berichteten die Deutschen nur von wenigen Greueltaten ihrer Feinde aus dem einfachen Grunde, weil nur so wenige sich ereignet hatten. Selbst während des Zweiten Weltkrieges blieben trotz der zunehmenden Brutalisierung der Menschheit die Greueltaten im allgemeinen auf spezielle Nazi-Formationen beschränkt. Im allgemeinen begingen die regulären Truppen auf beiden Seiten keine Kriegsverbrechen in einem Maß, wie man es nach der Beschreibung von Lorenz vermuten sollte. Was er als Greueltaten beschreibt, ist das Verhalten von sadistischen oder blutrünstigen Charaktertypen. Seine

»kämpferische Begeisterung« ist nichts anderes als eine nationalistische und emotional etwas primitive Reaktion. Zu behaupten, die Bereitschaft, Greueltaten zu begehen, sobald die Fahne weht, sei ein instinktiv bedingter Teil der menschlichen Natur, wäre die klassische Verteidigung gegen Beschuldigung, die Prinzipien der Genfer Konvention verletzt zu haben. Wenn ich auch sicher bin, daß Lorenz nicht die Absicht hat, Greueltaten zu verteidigen, so läuft sein Argument doch praktisch auf eine solche Verteidigung hinaus. Seine Methode verhindert ein Verständnis der Charaktersysteme, in denen diese Greueltaten wurzeln, und der individuellen und sozialen Bedingungen, die ihre Entwicklung verursachen.

Lorenz geht aber noch weiter, wenn er behauptet, daß ohne diese kämpferische Begeisterung (diese »echte autonome Instinkthandlung«) »weder Kunst noch Wissenschaft noch überhaupt irgendwelche großen Bestrebungen der Menschheit zustande gekommen wären« (K. Lorenz, zitiert nach der amerikanischen Ausgabe 1966). Wie ist dies möglich, wenn die erste Bedingung für die Manifestation dieses Instinktes es ist, daß »eine soziale Gruppierung, mit der der einzelne sich identifiziert, durch eine Gefahr von außen bedroht zu sein scheint« (K. Lorenz, zitiert nach der amerikanischen Ausgabe 1966)? Gibt es irgendeinen Beleg dafür, daß Kunst und Wissenschaft nur dann blühen, wenn eine Bedrohung von außen existiert?

Lorenz erklärt die Liebe zum Nächsten, die darin zum Ausdruck kommt, daß man bereit ist, sein Leben für ihn aufs Spiel zu setzen, als »etwas Selbstverständliches, wenn es sich um unseren besten Freund handelt und er auch unser Leben mehrmals gerettet hat; dann tut man es, ohne darüber nachzudenken« (K. Lorenz, zitiert nach der amerikanischen Ausgabe 1966). Beispiele für ein solches »anständiges Verhalten« in kritischen Situationen sind leicht zu finden, »vorausgesetzt, sie kamen in der paläolithischen Periode oft genug vor, so daß sich phylogenetisch angepaßte soziale Normen entwickeln konnten, die es erlaubten, mit der Situation fertig zu werden« (K. Lorenz, zitiert nach der amerikanischen Ausgabe 1966).

Eine solche Auffassung von der Liebe zum Nächsten ist eine Mischung aus Instinktivismus und Utilitarismus. Man rettet den Freund, weil er das eigene Leben schon mehrmals gerettet hat; wie, wenn er es nur einmal oder überhaupt noch nie getan hätte? Außerdem tut man es nur, weil es sich schon im Paläolithikum oft genug ereignet hat!

Schlußfolgerungen über den Krieg

Am Schluß seiner Analyse des Aggressionsinstinkts beim Menschen befindet sich Lorenz in einer Position, die der Freuds in seinem Brief an Einstein zum Thema *Warum Krieg?* (1933) ähnlich ist. Niemand ist glücklich darüber, wenn er zu Schlußfolgerungen gelangt, die offenbar darauf hinweisen, daß der Krieg nicht ausgerottet werden kann, weil er das Resultat eines Instinktes ist. Während Freud sich jedoch in einem sehr weiten Sinn als »Pazifist« bezeichnen konnte, würde Lorenz kaum in diese Kategorie hineinpassen, wenn er sich auch klar darüber ist, daß ein Atomkrieg eine Katastrophe von nie dagewesenem Ausmaß sein würde. Er sucht nach Mitteln, die der Gesellschaft helfen könnten, die tragischen Auswirkungen des Aggressionsinstinktes zu vermeiden; nach Möglichkeiten, den Frieden zu erhalten, da er seine Theorie von der angeborenen Destruktivität des Menschen annehmbar machen will. Einige seiner Vorschläge ähneln denen Freuds, doch besteht ein beträchtlicher Unterschied. Freud macht seine Vorschläge mit Skepsis und Bescheidenheit, während Lorenz erklärt: »Im Gegensatz zu Faust bilde ich mir ein, ich könnte was lehren, die Menschen zu bessern und zu bekehren. Mir scheint diese Meinung nicht überheblich . . .« (K. Lorenz, 1963)

Es wäre in der Tat nicht überheblich, wenn Lorenz wirklich etwas Wichtiges zu lehren hätte. Leider nur gehen seine Behauptungen kaum über abgenutzte Klischees hinaus, über »einfache Anweisungen« gegen die Gefahr, daß »die Gesellschaft durch das falsche Funktionieren der sozialen Verhaltensmuster völlig desintegriert wird«.

1. »Die erste und selbstverständliche Vorschrift ist . . . ›Erkenne dich selbst‹«, worunter er »die Forderung nach Vertiefung unserer Einsicht in die Ursachenketten unseres eigenen Verhaltens« – das heißt in die Gesetze der Evolution – versteht (K. Lorenz, 1963). Ein Element dieser Einsicht, das von Lorenz besonders hervorgehoben wird, ist »die objektiv-physiologische Erforschung der Möglichkeit, die Aggression in ihrer ursprünglichen Form an Ersatzobjekten abzureagieren« (K. Lorenz, 1963).

2. »Die zweite ist die Untersuchung der sogenannten Sublimierung.«

3. ». . . persönliche Bekanntschaft zwischen Menschen verschiedener Nationen und Parteien.«

4. Die vierte und vielleicht wichtigste Maßnahme, »die sofort ergriffen werden könnte und müßte, . . . ist die einsichtige und kritische Beherrschung« der im vorangehenden Kapitel besprochenen Begeisterung, das heißt, man müßte »der jüngeren Generation helfen, . . . echte Ziele zu finden, denen zu dienen sich in der modernen Welt lohnt«.

Wir wollen uns dieses Programm Punkt für Punkt näher ansehen.

Lorenz wendet die klassische Forderung »Erkenne dich selbst« falsch an – und zwar nicht nur im Hinblick auf ihre griechische Bedeutung, sondern auch im Hinblick darauf, was Freud darunter versteht, der seine ganze Wissenschaft und die gesamte psychoanalytische Therapie auf die Selbsterkenntnis aufbaut. Für Freud bedeutet Selbsterkenntnis, daß der Mensch sich dessen bewußt wird, was unbewußt ist; es ist dies ein äußerst schwieriger Prozeß, weil man dabei auf den Widerstand stößt, der sich einer Bewußtmachung des Unbewußten entgegenstellt. Selbsterkenntnis im Sinne von Freud ist nicht nur ein intellektueller Prozeß, sondern gleichzeitig ein affektiver, wie er dies bereits für Spinoza war. Es ist nicht nur eine intellektuelle Erkenntnis, sondern auch eine Erkenntnis des Herzens. Sich selbst zu erkennen, bedeutet, sich eine größere intellektuelle *und* affektive Einsicht in bis dahin verborgene Teile der Psyche zu erwerben. Es ist ein Prozeß, der bei einem Kranken, der von seinen Symptomen geheilt werden möchte, Jahre in Anspruch nehmen und ein ganzes Leben lang andauern kann, wenn jemand ernsthaft er selbst werden möchte. Er wirkt sich in einer Verstärkung der Energie aus, da diese jetzt von der Aufgabe befreit wird, Verdrängungen aufrechtzuerhalten; daher wird der Mensch um so wacher und freier, je mehr er mit seiner inneren Realität in Kontakt kommt. Was Lorenz dagegen unter »erkenne dich selbst« versteht, ist etwas ganz anderes; es ist das *theoretische* Wissen um die Tatsachen der Evolution und speziell um den instinktiven Charakter der Aggression. Eine Analogie zu der Lorenzschen Vorstellung von Selbsterkenntnis wäre etwa die theoretische Kenntnis von Freuds Theorie des Todestriebes. Nach den Argumenten von Lorenz zu urteilen, könnte sich die Psychoanalyse als Therapie praktisch auf die Lektüre der gesammelten Werke von Freud beschränken. Dabei fällt einem unwillkürlich der Ausspruch von Marx ein, daß das Wissen um die Gravitationsgesetze einen nicht vorm Ertrinken rettet, wenn man ins Wasser fällt, ohne schwimmen zu können. »Ärztliche Verordnungen zu lesen, macht niemand gesund«, sagt ein chinesischer Weiser.

Lorenz geht auf seine zweite Vorschrift, die Sublimierung, nicht näher ein. Was seinen dritten Vorschlag betrifft, die »Förderung von persönlichen Bekanntschaften zwischen Menschen verschiedener Nationen und Parteien«, so räumt Lorenz ein, daß es offensichtlich auf der Hand liege – selbst Fluggesellschaften machen für ihre internationalen Reisen damit Reklame, daß sie der Sache des Friedens dienten. Leider stimmt die Vorstellung nicht, nach der die persönliche Bekanntheit die Funktion hat, Aggression zu verringern. Hierfür gibt es zahlreiche Beispiele. Die Engländer und die Deutschen kannten sich vor 1914 recht gut, und doch waren sie, als der Krieg ausbrach, von wildem gegenseitigem Haß erfüllt. Es gibt einen noch überzeugenderen Beweis. Bekanntlich löst kein Krieg zwischen verschiedenen Völkern so viel Haß und Grausamkeit aus wie ein Bürgerkrieg, in dem sich die beiden kriegführenden Parteien besonders gut kennen. Wird der Haß unter Familienmitgliedern etwa dadurch geringer, daß sie sich gut kennen?

Es ist nicht zu erwarten, daß »Bekanntschaft« und »Freundschaft« die Aggression mindert, weil es sich dabei nur um oberflächliches Wissen *über* einen anderen Menschen handelt, um die Kenntnis eines »Objektes«, das ich von außen betrachte. Es ist dies etwas völlig anderes als das in die Tiefe dringende, empathische Erkennen, bei dem ich das, was der andere erlebt, dadurch verstehe, daß ich Erfahrungen in mir mobilisiere, die – wenn sie auch nicht die gleichen sind – diesen doch ähneln. Ein Erkennen dieser Art erfordert, daß die meisten Verdrängungen in uns selbst so viel an Intensität verlieren, daß wir dem Bewußtwerden neuer Aspekte unseres Unbewußten nur noch geringen Widerstand entgegensetzen. Wird ein solches, nicht rein verstandesmäßig beurteilendes Verstehen erreicht, kann dies die Aggressivität herabsetzen oder ganz beseitigen; es hängt davon ab, bis zu welchem Grade der Betreffende seine eigene Unsicherheit, seine Habsucht und seinen Narzißmus überwunden hat, und nicht davon, wie viele Informationen er über andere besitzt.[10]

Die letzte der vier Maßnahmen, die Lorenz vorschlägt, ist die »Neu-Orientierung der kämpferischen Begeisterung«. Zu seinen speziellen Empfehlungen gehört der Sport.

[10] Es ist eine interessante Frage, warum Bürgerkriege tatsächlich viel grausamer sind und weshalb sie viel mehr destruktive Impulse auslösen als internationale Kriege. Es scheint plausibel, den Grund darin zu suchen, daß im allgemeinen, wenigstens soweit es sich um moderne internationale Kriege handelt, diese nicht die Zerstörung oder Auslöschung des Feindes zum Ziel haben. Ihr Ziel ist begrenzt: Man will den Gegner zwingen, Friedensbedingungen anzunehmen, die ihm zwar schaden, aber keineswegs die Existenz der Bevölkerung des besiegten Landes bedrohen. (Nichts könnte dies besser illustrieren als die Tatsache, daß es Deutschland, das zwei Weltkriege verloren hat, nach jeder Niederlage besser ging als zuvor.) Ausnahmen von der Regel bilden Kriege, welche die physische Auslöschung oder Versklavung der gesamten feindlichen Bevölkerung zum Ziel haben, wie einige – keineswegs alle – Kriege, die die Römer führten. In Bürgerkriegen haben beide Gegner das Ziel, sich – wenn nicht physisch, so doch mindestens wirtschaftlich, sozial und politisch – zugrunde zu richten. Trifft diese Hypothese zu, so würde dies bedeuten, daß der Grad der Destruktivität im allgemeinen von der Schwere der Bedrohung abhängt.

Tatsache ist jedoch, daß der Kampfsport gerade sehr viel Aggression hervorruft. Wie intensiv diese Aggression ist, zeigte sich kürzlich, als der Gefühlsüberschwang bei einem internationalen Fußballspiel in Lateinamerika einen kleinen Krieg entfachte.

Wenn es keinen Beweis dafür gibt, daß Sport die Aggression herabsetzt, sollte man jedoch gleichzeitig darauf hinweisen, daß es auch keinen Beweis dafür gibt, daß Sport durch Aggression motiviert wird. Was oft beim Sport Aggression hervorruft, ist der Wettkampfcharakter der Veranstaltung, der in einem sozialen Wettbewerbsklima kultiviert und durch eine allgemeine Kommerzialisierung noch gesteigert wird, wo es nicht in erster Linie um den Stolz auf die Leistung, sondern um Geld und Publicity geht. Viele einsichtige Beobachter der unglückseligen Olympischen Spiele in München 1972 haben erkannt, daß sie nicht den guten Willen und den Frieden, sondern konkurrierende Aggressivität und Nationalstolz gesteigert haben.[11]

Es lohnt sich, einige weitere Äußerungen von Lorenz über Krieg und Frieden zu zitieren, da sie gute Beispiele für seine zwiespältige Haltung auf diesem Gebiet sind. Er sagt: »Angenommen, ich liebte mein Vaterland (was ich tue) und ich fühlte eine ungehemmte Feindseligkeit gegen ein anderes Land (was ich ganz gewiß nicht tue), so könnte ich trotzdem nicht *von ganzem Herzen* seine Vernichtung wünschen, *wenn* ich mir klarmachte, daß Menschen darin leben, die wie ich selbst begeistert auf dem Gebiet der induktiven Naturwissenschaft arbeiten, oder die Charles Darwin verehren und die Richtigkeit seiner Entdeckungen begeistert propagieren, oder noch andere, die meine Bewunderung für Michelangelos Kunst teilen oder meine Begeisterung für Goethes *Faust* oder für die Schönheit eines Korallenriffs oder für die Erhaltung des Lebens in der freien Natur oder für noch ein paar andere, weniger bedeutsame Dinge, die ich benennen könnte. Ich würde es ganz unmöglich finden, *uneingeschränkt* einen Feind zu hassen, wenn er nur eine meiner Identifikationen mit kulturellen und moralischen Werten teilte.« (K. Lorenz, zitiert nach der amerikanischen Ausgabe 1966. Im Original nicht kursiv.)

Lorenz schränkt seine Feststellung, er sei dagegen, daß man ein ganzes Land zerstöre, mit den Worten »von ganzem Herzen« ein und außerdem dadurch, daß er den Haß als »uneingeschränkt« qualifiziert. Aber was ist ein »halbherziger« Wunsch nach Zerstörung oder ein »eingeschränkter« Haß? Wichtiger noch ist, daß die Bedingung, unter der er die Zerstörung eines anderen Landes ablehnt, die ist, daß andere Menschen darin leben, die seine Vorlieben und seine Begeisterung für bestimmte Dinge teilen (unter denen, die Darwin verehren, scheinen nur jene qualifiziert zu sein, die auch seine Entdeckungen begeistert propagieren): daß es sich um menschliche Wesen handelt, genügt nicht. Mit anderen Worten: Die totale Vernichtung eines Feindes ist nur dann nicht wünschenswert, wenn und weil er Lorenz' eigener Kultur nahesteht und spezieller seinen eigenen Interessen und Wertbegriffen.

Am Charakter dieser Feststellungen ändert sich nichts, wenn Lorenz eine »humanistische Erziehung« fordert – das heißt eine Erziehung, die ein Optimum an gemeinsamen Idealen bietet, mit denen sich der einzelne identifizieren kann. Es war dies die auf den deutschen

[11] Wie dürftig das ist, was Lorenz über die Um-Orientierung der kämpferischen Begeisterung zu sagen hat, wird besonders deutlich, wenn man William James' klassische Abhandlung *The Moral Equivalents of War* (1911) liest.

Gymnasien vor dem Ersten Weltkrieg übliche Art der Erziehung, doch waren wohl die meisten Lehrer an diesen »humanistischen Gymnasien« gerade durch ihre nationalistische und militaristische Haltung charakterisiert. Nur ein sehr andersartiger und radikaler Humanismus, einer, in dessen Zentrum das Leben, die menschliche Würde und das Wachstum des Individuums steht, kann sich gegen den Krieg auswirken.

Die Vergötzung der Evolution

Man kann die Einstellung von Lorenz nicht völlig verstehen, wenn man sich nicht seine quasi-religiöse Haltung dem Darwinismus gegenüber klarmacht. Seine diesbezügliche Haltung ist keine Seltenheit und verdient daher eine genauere Untersuchung als wichtiges soziopsychologisches Phänomen unserer gegenwärtigen Kultur. Das tiefe Bedürfnis des Menschen, sich in der Welt nicht einsam und verlassen zu fühlen, ist früher durch die Vorstellung gestillt worden, daß da ein Gott ist, der diese Welt geschaffen hat und sich um jede einzelne Kreatur kümmert. Als die Evolutionstheorie das Bild von Gott als dem obersten Schöpfer zerstörte, ging auch das Vertrauen in Gott als dem allmächtigen Vater des Menschen verloren, wenn auch viele den Glauben an Gott mit der Annahme der darwinistischen Theorie vereinbaren konnten. Bei vielen jedoch, für die Gott entthront war, blieb das Bedürfnis nach einer gottähnlichen Figur bestehen. Einige von ihnen verkündeten einen neuen Gott, die Evolution, und verehrten Darwin als seinen Propheten. Für Lorenz und viele andere wurde die Evolutionsidee zum Kern eines ganzen Systems, das ihre Orientierung bestimmte und dem ihre Verehrung galt. Darwin hatte die letzte Wahrheit über den Ursprung des Menschen enthüllt; alle menschlichen Phänomene, die man mit ökonomischen, religiösen, moralischen oder politischen Erwägungen angehen und erklären konnte, waren vom Standpunkt der Evolution aus zu verstehen. Diese quasi-religiöse Haltung dem Darwinismus gegenüber zeigt sich auch in dem Ausdruck »die großen Konstrukteure«, mit dem Lorenz die Selektion und die Mutation bezeichnet. Er spricht von den Methoden und Zielen dieser »großen Konstrukteure« ganz ähnlich, wie ein Christ von den Werken Gottes spricht. Er gebraucht das Wort sogar im Singular und spricht vom »großen Konstrukteur«, womit er der Analogie zu Gott noch näher kommt. Nirgends dürfte dieser Götzendienst im Denken von Lorenz deutlicher zum Ausdruck kommen als im letzten Abschnitt seines Buches *Das sogenannte Böse:*

> Als in der Stammesgeschichte mancher Wesen die Aggression gehemmt werden mußte, um das friedliche Zusammenwirken zweier oder mehrerer Individuen zu ermöglichen, entstand das Band der persönlichen Liebe und Freundschaft, auf dem auch unsere menschliche Gesellschaftsordnung aufgebaut ist. Die heute neu auftretende Lebenslage der Menschheit macht unbestreitbar einen Hemmungsmechanismus nötig, der tätliche Aggressionen nicht nur gegen unsere persönlichen Freunde, sondern gegen alle Menschen verhindert. Daraus leitet sich die selbstverständliche, ja geradezu der Natur abgelauschte Forderung ab, alle unsere Menschenbrüder, ohne Ansehen der Person, zu lieben. Die Forderung ist nicht neu, unsere Vernunft vermag ihre Notwendigkeit, unser Gefühl ihre hehre Schönheit voll zu erfassen, aber dennoch vermögen wir sie, *so wie wir beschaffen sind, nicht zu erfüllen.* Das volle und warme Gefühl von Liebe und Freundschaft können wir nur für Einzelmenschen empfinden, daran kann der beste

und stärkste Wille nichts ändern! *Doch die großen Konstrukteure können es. Ich glaube, daß sie es tun werden,* denn *ich glaube* an die Macht der menschlichen Vernunft, *ich glaube* an die Macht der Selektion und *ich glaube,* daß die Vernunft vernünftige Selektion treibt. *Ich glaube,* daß dies unseren Nachkommen in einer nicht allzu fernen Zukunft die Fähigkeit verleihen wird, jene größte und schönste Forderung wahren Menschentums zu erfüllen. (K. Lorenz, 1963. Im Original nicht kursiv.)

Die großen Konstrukteure werden den Endsieg davontragen, wo Gott und die Menschen versagt haben. Das Gebot der brüderlichen Liebe wird unwirksam bleiben müssen, wenn nicht die großen Konstrukteure es zu neuem Leben erwecken. Die Erklärung endet mit einem echten Glaubensbekenntnis: Ich glaube, ich glaube, ich glaube . . .
Der soziale und moralische Darwinismus[12], wie ihn Lorenz predigt, ist ein romantisches, nationalistisches Heidentum, das ein echtes Verständnis der biologischen, psychologischen und sozialen Faktoren, die für die menschliche Aggression verantwortlich sind, zu verdunkeln neigt. Hierin liegt der fundamentale Unterschied zwischen Lorenz und Freud, ungeachtet der Ähnlichkeiten in ihren Ansichten über Aggression. Freud war einer der letzten Vertreter der philosophischen Anschauungen der Aufklärung. Er glaubte aufrichtig an die Vernunft als die einzige Kraft, über die der Mensch verfügt und die allein ihn vor geistiger Verwirrung und Verfall retten kann. Er stellte die echte Forderung nach Selbsterkenntnis durch Aufdeckung der unbewußten Regungen des Menschen. Er überwand den Verlust Gottes, indem er sich der Vernunft zuwandte – und er war sich dabei seiner Schwäche schmerzlich bewußt. Aber er wandte sich nicht neuen Göttern zu.

[12] Die »Religion« des Sozial-Darwinismus gehört zu den gefährlichsten Elementen im Denken des letzten Jahrhunderts. Sie verhilft dem rücksichtslosen nationalen und Rassenegoismus zum Sieg, indem sie ihn zur moralischen Norm macht. Insofern Hitler überhaupt an etwas glaubte, so waren es die Gesetze der Evolution, die sein Handeln und speziell jede Grausamkeit rechtfertigten und heiligten.

2

DIE VERTRETER DER MILIEUTHEORIE UND DIE BEHAVIORISTEN

Die Milieutheorie der Aufklärung

Eine diametral entgegengesetzte Einstellung zu der der Instinkt- und Triebforscher nehmen die Vertreter der Milieutheorie ein. Nach ihnen wird das menschliche Verhalten einzig und allein durch den Einfluß der Umwelt geformt, das heißt durch soziale und kulturelle Faktoren im Gegensatz zu den »angeborenen«. Dies trifft hauptsächlich auf die Aggression zu, eines der Haupthindernisse für den menschlichen Fortschritt.
In ihrer radikalsten Form wurde diese Auffassung bereits von den Philosophen der Aufklärung vertreten. Man stand auf dem Standpunkt, daß der Mensch »gut« und vernünftig geboren werde. Wenn er böse Neigungen entwickelte, so war dies auf schlechte Einrichtungen, schlechte Erziehung und schlechte Beispiele zurückzuführen. Manche waren der Ansicht, daß es zwischen den Geschlechtern keine psychischen Unterschiede gebe *(l'âme n'a pas de sex)*, und meinten, die tatsächlich bestehenden Unterschiede seien – von den anatomischen abgesehen – ausschließlich auf Erziehung und soziale Umstände zurückzuführen. Im Gegensatz zum Behaviorismus jedoch interessierten sich diese Philosophen nicht für die Methoden des »human engineering« und die Manipulation des Menschen, sondern für soziale und politische Veränderungen. Sie glaubten, die »gute Gesellschaft« werde auch den guten Menschen erzeugen oder es ermöglichen, daß sein natürliches Gutsein zum Vorschein komme.

Der Behaviorismus

Der Behaviorismus wurde von J. B. Watson (1914) begründet. Er basiert auf der Prämisse, daß »der Gegenstand der Humanpsychologie *das Verhalten oder die Tätigkeit des Menschen*« ist. Wie der logische Positivismus klammerte er alle »subjektiven« Faktoren, die nicht unmittelbar zu beobachten waren, wie »Empfindung, Wahrnehmung, Vorstellung, Begehren, ja sogar das Denken und Fühlen«, aus (J. B. Watson, 1958).

Von den etwas naiven Formulierungen Watsons bis zu den brillanten neobehavioristischen von Skinner hat der Behaviorismus eine bemerkenswerte Entwicklung durchgemacht. Doch handelt es sich dabei mehr um eine elegantere Formulierung der ursprünglichen These als um ihre Vertiefung oder um wirklich originelle Gedanken.

B. F. Skinners Neobehaviorismus

Skinners Neobehaviorismus[1] gründet sich auf dasselbe Prinzip wie Watsons Konzeptionen: Die Psychologie als Wissenschaft muß und darf sich nicht mit Gefühlen oder Impulsen oder irgendwelchen anderen subjektiven Vorkommnissen befassen;[2] er lehnt jeden Versuch ab, von der »Natur« des Menschen zu sprechen oder ein Modell des Menschen zu konstruieren oder auch die verschiedenen Leidenschaften zu analysieren, die das menschliche Verhalten motivieren. Wollte man menschliches Verhalten als von Absichten, Zwecken und Zielen getrieben sehen, so wäre dies eine vorwissenschaftliche und nutzlose Art der Betrachtung. Die Psychologie hat sich mit der Untersuchung zu beschäftigen, *welche* »reinforcements« (Verstärkerwirkungen) menschliches Verhalten formen und *wie* diese am wirksamsten anzuwenden sind. Skinners »Psychologie« ist die Wissenschaft der Manipulation des Verhaltens; ihr Ziel ist, die richtigen »reinforcements« herauszufinden, um ein erwünschtes Verhalten hervorzurufen.

Anstelle der einfachen Konditionierung im Pawlowschen Modell spricht Skinner von der »operanten« Konditionierung. Kurz gesagt bedeutet dies, daß ein unkonditioniertes Verhalten, sofern es vom Standpunkt des Experimentators wünschenswert ist, belohnt wird, das heißt Lustgefühle hervorruft. (Skinner hält »reinforcement« durch Belohnung für weit wirksamer als durch Bestrafung.) Das Ergebnis ist, daß der Betreffende schließlich sich auch weiterhin in der gewünschten Weise verhalten wird. Zum Beispiel mag

[1] Da eine volle Würdigung der Theorie Skinners von unserem Hauptproblem zu weit abführen würde, werde ich mich im folgenden auf die Darlegung der allgemeinen Prinzipien des Neobehaviorismus und auf eine detaillierte Diskussion einzelner Punkte beschränken, die mir für unser Thema relevant erscheinen. Für ein gründliches Studium von Skinners System empfehle ich die Lektüre von B. F. Skinner (1953). Eine Kurzfassung findet sich in B. F. Skinner (1963). In seinem jüngsten Buch (1971) behandelt er die allgemeinen Prinzipien seines Systems, besonders hinsichtlich ihrer Bedeutung für die Kultur. Vgl. auch die kurze Diskussion zwischen Carl R. Rogers und B. F. Skinner (1956) und B. F. Skinner (1961). Eine kritische Beurteilung von Skinners Position gibt Noam Chomsky (1959). Vgl. auch das Gegenargument von K. MacCorquodale (1970) und von N. Chomsky (1971). Chomskys Besprechungen sind gründlich und weitreichend und erreichen, was sie wollen, so glänzend, daß ich sie hier nicht zu wiederholen brauche. Nichtsdestoweniger unterscheiden sich Chomskys Auffassung und meine eigenen psychologischen Anschauungen so stark, daß ich in diesem Kapitel doch Teile meiner Kritik vorlegen muß.

[2] Im Gegensatz zu vielen Behavioristen räumt Skinner sogar ein, daß man »private Ereignisse« nicht gänzlich aus den wissenschaftlichen Erwägungen ausklammern müsse, und fügt hinzu, daß »eine behavioristische Theorie des Wissens die Ansicht vertritt, daß die private Welt, wenn sie nicht überhaupt völlig unzugänglich ist, so doch mindestens nicht gut bekannt sein dürfte« (B. F. Skinner, 1963). Diese Qualifikation macht Skinners Konzession zu wenig mehr als einer höflichen Verbeugung vor der Seele oder Psyche, dem Gegenstand der Psychologie.

Johnny Spinat nicht besonders; er ißt ihn trotzdem, die Mutter belohnt ihn dafür, indem sie ihn lobt, ihm einen freundlichen Blick schenkt oder ein Extrastück Kuchen gibt, je nachdem, was bei Johnny die größte nachhaltige Wirkung hat – das heißt, seine Mutter übt positives »reinforcement« aus. Johnny wird schließlich so weit kommen, daß er Spinat gern ißt, und dies besonders dann, wenn »reinforcement« wirksam, weil planmäßig, angewandt wird. Skinner und andere haben die Techniken für diese operante Konditionierung in Hunderten von Experimenten entwickelt. Skinner hat nachgewiesen, daß durch die richtige Anwendung positiven »reinforcements« das Verhalten von Tieren und Menschen in einem erstaunlichen Grad verändert werden kann, und dies selbst im Gegensatz zu dem, was einige etwas vage als »angeborene« Neigungen bezeichnen.

Dies aufgezeigt zu haben, ist zweifellos das große Verdienst von Skinners experimenteller Arbeit. Es stützt auch die Ansichten derer, die glauben, daß die soziale Struktur (oder »Kultur«, wie sich die meisten amerikanischen Anthropologen ausdrücken) den Menschen formt, wenn auch nicht unbedingt durch operante Konditionierung. Wichtig ist es, hinzuzufügen, daß Skinner eine genetische Veranlagung nicht ausschließt. Um seine Position korrekt anzugeben, sollte man sagen, daß das Verhalten – abgesehen von der genetischen Veranlagung – völlig durch »reinforcements« bestimmt wird.

»Reinforcement« kann auf zweierlei Weise erfolgen: Entweder erfolgt sie nach Skinner im normalen Kulturprozeß. Oder sie kann geplant werden und so zu einem »Kulturplan« führen (B. F. Skinner, 1961, 1971).

Ziele und Werte

Skinners Experimente befassen sich nicht mit den *Zielen* der Konditionierung. Versuchstier oder die menschliche Versuchsperson werden konditioniert, daß sie sich auf bestimmte Weise verhalten. Wozu sie konditioniert werden, hängt von der Entscheidung des Versuchsleiters ab, der die Ziele für die Konditionierung festlegt. Im allgemeinen interessiert sich der Versuchsleiter bei diesen Laboratoriumssituationen nicht dafür, *wozu* er das Versuchstier beziehungsweise die Versuchsperson konditioniert, sondern vielmehr für die Tatsache, daß er sie für das von ihm gewählte Ziel konditionieren *kann,* und dafür, wie er dies am besten erreicht. Wenn wir uns jedoch vom Laboratorium den wirklichen Lebensbedingungen im individuellen oder sozialen Leben zuwenden, erheben sich ernste Schwierigkeiten. In diesem Fall lauten die ausschlaggebenden Fragen: *Wozu* werden die Menschen konditioniert, und wer setzt diese Ziele fest?

Man hat den Eindruck, daß Skinner, wenn er von Kultur spricht, immer noch sein Laboratorium im Sinn hat, in dem der Psychologe, der ohne Werturteile verfährt, dies deshalb ohne Schwierigkeiten tun kann, weil das Ziel der Konditionierung kaum von Belang ist. Wenigstens dürfte das eine Erklärung dafür sein, daß Skinner mit dem Problem von Zielen und Werten nicht zu Rande kommt. So schreibt er zum Beispiel: »Wir bewundern Menschen, die sich auf originelle oder außergewöhnliche Weise verhalten, nicht deshalb, weil ein solches Verhalten an und für sich bewundernswert ist, sondern weil wir nicht wissen, wie wir ein originelles oder außergewöhnliches Verhalten auf andere Weise ermutigen könnten« (C. R. Rogers und B. F. Skinner, 1956). Das ist nichts weiter als ein

Denken im Kreis: Wir bewundern die Originalität, weil wir sie nur dadurch konditionieren können, daß wir sie bewundern.

Aber warum wollen wir sie überhaupt konditionieren, wenn sie an und für sich kein wünschenswertes Ziel ist? Skinner stellt sich diese Frage nicht, obgleich sie mit einem geringen Maß an soziologischer Analyse zu beantworten wäre. Der in den verschiedenen Klassen und Berufsgruppen einer bestimmten Gesellschaft wünschenswerte Grad an Originalität und Kreativität ist verschieden. Die Wissenschaftler und die Führungskräfte in der Industrie zum Beispiel brauchen in einer technologisch-bürokratischen Gesellschaft wie der unseren diese Eigenschaften in hohem Maß. Für Fabrikarbeiter dagegen wäre eine so hochgradige Kreativität ein Luxus – oder eine Gefahr für das reibungslose Funktionieren des Gesamtsystems.

Ich glaube nicht, daß diese Analyse das Problem der Originalität und Kreativität erschöpfend beantwortet. Psychologisch spricht viel dafür, daß das Streben nach Kreativität und Originalität im Menschen tiefverwurzelte Impulse sind, und auch auf neurophysiologischem Gebiet gibt es Anzeichen, die für die Annahme sprechen, daß das Streben nach Kreativität und Originalität in das System des Gehirns »eingebaut« ist (R. B. Livingston, 1967). Ich möchte lediglich betonen, daß Skinner mit seiner Position deshalb an einem toten Punkt ankommt, weil er derartigen Spekulationen oder den Spekulationen der psychoanalytischen Soziologie keine Beachtung schenkt und daher glaubt, Fragen seien nicht zu beantworten, nur weil sie vom Behaviorismus nicht zu beantworten sind.

Auch folgendes Beispiel zeugt von Skinners verschwommenem Denken über Werte:

> Die meisten Menschen würden der Behauptung zustimmen, daß in der Entscheidung, wie eine Atombombe herzustellen ist, kein Werturteil enthalten ist, sie würden dagegen der Behauptung widersprechen, daß die Entscheidung, eine solche zu bauen, kein Werturteil enthält. Der signifikanteste Unterschied dürfte hierbei darin liegen, daß die wissenschaftlichen Praktiken, die den Konstrukteur der Bombe leiten, klar vor Augen liegen, während dies bei dem Konstrukteur der Kultur, welche die Bombe baut, nicht der Fall ist. Wir können den Erfolg oder Mißerfolg einer kulturellen Erfindung nicht mit derselben Genauigkeit voraussagen, wie wir das bei einer physikalischen Erfindung können. Deshalb heißt es, daß wir im zweiten Fall unsere Zuflucht zu Werturteilen nehmen. Wozu wir aber unsere Zuflucht nehmen, sind Vermutungen. Nur in diesem Sinne greifen Werturteile den Faden auf, wo die Wissenschaft ihn fallen läßt. Wenn wir die kleinen sozialen Interaktionen und möglicherweise auch ganze Kulturen erst einmal mit dem gleichen Maß an Sicherheit vorplanen können, wie wir es der physikalischen Technologie gegenüber besitzen, wird sich die Frage nach dem Wert gar nicht mehr stellen (B. F. Skinner, 1961).

Skinners Hauptargument ist: Die Tatsache ist, daß weder bei dem technischen Problem der Konstruktion der Bombe noch bei der Entscheidung, sie zu bauen, ein Werturteil vorliegt. Der einzige Unterschied liegt darin, daß die Motive für die Konstruktion der Bombe nicht »klar« sind. Vielleicht sind sie für Professor Skinner nicht klar, aber für viele Historiker sind sie klar. Tatsächlich hat es mehr als einen Grund für die Entscheidung gegeben, die Atombombe (und ebenso die Wasserstoffbombe) zu bauen: Die Angst, daß Hitler die Bombe bauen würde; vielleicht auch der Wunsch, gegenüber der Sowjetunion bei späteren Konflikten über eine überlegene Waffe zu verfügen (dies gilt besonders für die Wasserstoffbombe); ferner die innere Logik eines Systems, das gezwungen ist, seine

Rüstung ständig zu verstärken, um sich gegen konkurrierende Systeme behaupten zu können.

Ganz abgesehen von diesen militärischen, strategischen und politischen Gründen gibt es aber, glaube ich, noch einen anderen, nicht weniger wichtigen Grund. Ich meine die Maxime, die zu den axiomatischen Normen der kybernetischen Gesellschaft gehört: »Etwas *muß* getan werden, weil es technisch *möglich* ist.« Wenn die Möglichkeit besteht, Kernwaffen herzustellen, dann müssen sie gebaut werden, selbst wenn sie uns alle vernichten könnten. Wenn es möglich ist, zum Mond oder zu den Planeten zu reisen, dann muß dies geschehen, selbst auf Kosten der vielen auf unserer Erde unerfüllten Bedürfnisse. Dieses Prinzip bedeutet die Negation aller humanistischen Werte, aber es repräsentiert trotzdem einen Wert, vielleicht sogar die höchste Norm der »technotronischen« Gesellschaft.[3]

Skinner macht sich nicht die Mühe zu untersuchen, aus welchen Gründen man die Bombe gebaut hat, und er verlangt von uns, daß wir abwarten, bis der Behaviorismus in seiner weiteren Entwicklung das Geheimnis lösen wird. In seinen Ansichten über die sozialen Prozesse zeigt er dieselbe Unfähigkeit, die verborgenen, nicht verbalisierten Motive zu verstehen, wie dies auch bei seiner Behandlung der psychischen Prozesse zu beobachten ist. Da das meiste, was die Leute über ihre Motive im politischen wie in ihrem persönlichen Leben sagen, notorisch fiktiv ist, wird das Verständnis für die sozialen und psychischen Prozesse blockiert, wenn man sich allein auf das verläßt, was *sprachlich* geäußert wird.

In anderen Fällen schmuggelt Skinner Wertbegriffe ein, ohne daß er es offenbar selber merkt. So schreibt er beispielsweise in der gleichen Abhandlung: »Ich bin sicher, daß niemand neue Herr-Knecht-Beziehungen entwickeln oder den Willen des Volkes mit neuen Methoden despotischen Machthabern unterwerfen möchte. Dies sind Kontrollmuster, die in eine Welt ohne Wissenschaft passen« (B. F. Skinner, 1961). In welcher Epoche lebt Professor Skinner eigentlich? Gibt es keine Systeme, die effektiv den Willen des Volkes Diktatoren beugen möchten? Und sind diese Systeme tatsächlich nur in Kulturen »ohne Wissenschaft« zu finden? Skinner glaubt offenbar noch immer an die veraltete Ideologie vom »Fortschritt«: Das Mittelalter war eine »dunkle« Zeit, weil es damals keine Wissenschaft gab, während die Wissenschaft notwendigerweise zur Freiheit des Menschen

[3] Ich habe diesen Gedanken in meinem Buch *The Revolution of Hope* (E. Fromm, 1968; deutscher Titel: *Die Revolution der Hoffnung. Für eine humanisierte Technik*. Stuttgart 1971) behandelt. Unabhängig davon formuliert H. Ozbekhan dasselbe Prinzip in seiner Abhandlung *The Triumph of Technology: »Can« Implies »Ought«* (H. Ozbekhan, 1966).

Dr. Michael Maccoby lenkte meine Aufmerksamkeit auf einige seiner Forschungsergebnisse auf dem Gebiet des Managements hochentwickelter Industrien, die darauf hinweisen, daß das Prinzip des »Können impliziert Müssen« mehr auf Industrien zutrifft, die für das militärische Establishment arbeiten, als auf die übrigen, mehr wettbewerbsorientierten Industrien. Aber selbst wenn dieses Argument richtig ist, sind zwei Faktoren mit zu berücksichtigen: einmal der Umfang der Industrie, die direkt oder indirekt für die Rüstung arbeitet, und zweitens die Tatsache, daß das Prinzip auch von den Gedanken vieler Menschen Besitz ergriff, die unmittelbar mit der Industrieproduktion nichts zu tun haben. Ein gutes Beispiel war die anfängliche Begeisterung für die Raumfahrt; ein weiteres Beispiel ist die Tendenz in der Medizin, Apparate zu konstruieren und sie ohne Rücksicht darauf, ob sie für einen bestimmten Fall wirklich von Nutzen sind, auch zu benutzen.

führen muß. Tatsache ist, daß kein politischer Führer und keine Regierung mehr ausdrücklich die Absicht zugeben werden, den Willen des Volkes zu beugen; man bedient sich da neuer Worte, die das Gegenteil der alten auszudrücken scheinen. Kein Diktator bezeichnet sich selbst als Diktator, und jedes System nimmt für sich in Anspruch, den Willen des Volkes zum Ausdruck zu bringen. Andererseits sind in den Ländern der »freien Welt« die »anonyme Autorität« und die Manipulation an die Stelle der offenen Autorität in Erziehung, Arbeit und Politik getreten.

Skinners Werturteile kommen auch in folgender Feststellung zum Ausdruck: »Wenn wir unseres demokratischen Erbes *wert* sind, werden wir natürlich bereit sein, uns jeder tyrannischen Benutzung der Wissenschaft zu unmittelbaren oder egoistischen Zwecken zu widersetzen. Aber wenn wir die Errungenschaften und Ziele der Demokratie hoch *werten,* dürfen wir uns nicht weigern, die Wissenschaft dazu zu verwenden, Kulturmodelle zu entwerfen und aufzubauen, selbst dann nicht, wenn wir uns dabei in gewissem Sinn in der Position von Kontrolleuren befinden.« (B. F. Skinner, 1961. Im Original nicht kursiv.)

Was liegt diesem Wertbegriff in der neobehavioristischen Theorie zugrunde?

Was hat es mit den Kontrolleuren auf sich?

Skinners Antwort lautet, daß »alle Menschen kontrollieren und alle Menschen kontrolliert werden« (C. R. Rogers und B. F. Skinner, 1956). Dies klingt recht beruhigend für einen Menschen mit demokratischer Gesinnung, aber es handelt sich um eine vage und ziemlich bedeutungslose Formulierung, wie sich bald herausstellt:

> Wenn wir feststellen, wie der Herr den Sklaven oder der Arbeitgeber den Arbeiter kontrolliert, übersehen wir meist die reziproken Wirkungen, und dadurch, daß wir die Aktion nur in einer Richtung beurteilen, gelangen wir dazu, Kontrolle als Ausbeutung oder wenigstens als die Erringung eines einseitigen Vorteils anzusehen; aber die Kontrolle wird in Wirklichkeit gegenseitig ausgeübt. *Der Sklave kontrolliert den Herrn ebenso vollständig wie der Herr den Sklaven* (im Original nicht kursiv) in dem Sinn, daß die Bestrafungsmethoden, die der Herr anwendet, durch das Verhalten des Sklaven, der sich ihnen unterwirft, ausgewählt wurden. Dies bedeutet nicht, daß der Begriff der Ausbeutung ohne Bedeutung ist oder daß wir nicht mit Recht fragen, *cui bono?* Wenn wir dies jedoch tun, gehen wir über die Feststellung der *sozialen Episode selbst* hinaus (im Original nicht kursiv) und erwägen die Wirkungen auf lange Sicht, die, klar ersichtlich, mit Werturteilen verbunden sind. Eine ähnliche Erwägung drängt sich auf bei der Analyse aller Verhaltensweisen, die eine kulturelle Praxis verändern (B. F. Skinner, 1961).

Ich finde diese Behauptung empörend; wir sollen glauben, daß die Beziehung zwischen Herr und Sklave eine reziproke ist, und dies, obwohl die Idee der Ausbeutung nicht »ohne Bedeutung« ist. Für Skinner ist die Ausbeutung *nicht* Teil der sozialen Episode selbst; nur die Kontrollmethoden sind es. Dies ist die Ansicht eines Mannes, der das soziale Leben so ansieht, als ob es sich um eine Episode in seinem Laboratorium handelte, wo es dem Experimentator allein auf seine Methode und nicht auf die »Episoden« selbst ankommt, da es ja in dieser künstlichen Welt völlig irrelevant ist, ob die Ratte friedlich oder aggressiv ist. Und als ob das noch nicht genügte, stellt Skinner weiter fest, daß der Begriff der Ausbeutung durch den Herrn »klar ersichtlich« mit Werturteilen verbunden ist. Glaubt Skinner, daß Ausbeutung oder schließlich auch Raub, Folter und Mord keine »Tatsachen« sind, weil sie klar ersichtlich mit Wertbegriffen verbunden sind? Dies würde bedeuten, daß alle sozialen und psychologischen Phänomene, wenn sie auch nach ihrem Wert beurteilt werden können, damit aufhören, Tatsachen zu sein, die wissenschaftlich zu untersuchen sind.[4]

Man kann sich Skinners Behauptung, Sklave und Sklavenhalter stünden in einer reziproken Beziehung, nur damit erklären, daß er das Wort »Kontrolle« in einem zwiespältigen Sinn verwendet. In dem Sinn, wie es im wirklichen Leben verwendet wird, kann kein Zweifel darüber bestehen, daß der Sklavenhalter den Sklaven kontrolliert und daß bei dieser Kontrolle von »reziprok« nicht die Rede sein kann, außer in dem Sinn, daß der Sklave unter Umständen über ein Minimum an Gegenkontrolle verfügt – zum Beispiel durch die Drohung mit Rebellion. Aber das meint Skinner nicht. Er meint Kontrolle im höchst abstrakten Sinn des Laboratoriumexperiments, das nichts mit dem wirklichen Leben zu tun hat. Er wiederholt tatsächlich in vollem Ernst, was oft als Witz erzählt wird: Die Geschichte von der Ratte, die einer anderen Ratte erzählt, wie gut sie ihren Experimentator konditioniert habe: Immer, wenn sie einen bestimmten Hebel niederdrücke, müsse der Mann sie füttern.

Da der Neobehaviorismus über keine Theorie des Menschen verfügt, kann er nur das Verhalten sehen und nicht die sich verhaltende Person. Ob jemand mich anlächelt, weil er seine Feindseligkeit verbergen möchte, oder ob eine Verkäuferin lächelt, weil man ihr das Lächeln (in den besseren Geschäften) beigebracht hat, oder ob ein Freund mir zulächelt, weil er sich freut, mich wiederzusehen, all das bedeutet für den Neobehaviorismus keinen Unterschied, denn »ein Lächeln ist ein Lächeln«. Daß es für Professor Skinner als Person keinen Unterschied macht, ist nur schwer zu glauben, außer er wäre ein so entfremdeter Mensch, daß die Realität wirklicher Menschen für ihn bedeutungslos geworden wäre. Wenn ihm aber der Unterschied etwas ausmacht, wie kann dann eine Theorie, die keine Notiz davon nimmt, Gültigkeit haben?

Der Neobehaviorismus kann auch nicht erklären, wieso nicht wenige Personen, die darauf konditioniert sind, Verfolger und Folterer zu sein, geisteskrank werden, obwohl die »positiven reinforcements« weiterlaufen. Warum hindert positives »reinforcement« viele andere nicht daran, aus der Kraft ihrer Vernunft, ihres Gewissens oder ihrer Liebe heraus aufzubegehren, wenn die gesamte Konditionierung in entgegengesetzter Richtung wirkt? Und warum sind viele der am meisten angepaßten Menschen, die Star-Zeugen für den Erfolg der Konditionierung sein sollten, oft tief unglücklich, und warum leiden sie unter seelischen Störungen oder Neurosen? Es muß Impulse im Menschen geben, die der Macht der Konditionierung Grenzen setzen; das Versagen der Konditionierung zu untersuchen, dürfte vom Standpunkt der Wissenschaft aus genauso wichtig sein wie ihr Erfolg. Natürlich ist der Mensch auf nahezu jede gewünschte Weise zu konditionieren, aber eben nur »nahezu«. Er reagiert auf diese Konditionierung, die mit grundlegenden menschlichen Erfordernissen in Konflikt stehen, auf verschiedene und feststellbare Weise. Er kann dazu konditioniert werden, ein Sklave zu sein, aber er wird mit Aggression darauf reagieren oder eine Einbuße seiner Vitalität erleiden; oder er kann konditioniert werden, sich als

[4] Aufgrund der gleichen Logik ist die Beziehung zwischen dem Folterer und dem Gefolterten »reziprok«, weil der Gefolterte durch seine Manifestation des Schmerzes den Folterer dahingehend konditioniert, sich der wirksamsten Folterinstrumente zu bedienen.

Teil einer Maschine zu fühlen, und er wird darauf mit Überdruß, Aggression und Unglücklichsein reagieren.
Im Grunde ist Skinner ein naiver Rationalist, der die menschlichen Leidenschaften unbeachtet läßt. Im Gegensatz zu Freud läßt er sich von der Macht der Leidenschaften nicht beeindrucken, sondern glaubt, der Mensch verhalte sich stets so, wie es sein Eigennutz verlange. Tatsächlich besteht das gesamte Prinzip des Neobehaviorismus darin, daß der Eigennutz als so mächtig angesehen wird, daß das Verhalten eines Menschen völlig dadurch zu determinieren ist, daß man an diesen Eigennutz appelliert – und dies hauptsächlich in der Form, daß die Umgebung den Betreffenden dafür belohnt, daß er sich im gewünschten Sinn verhält. Letzten Endes *gründet sich der Neobehaviorismus auf die Quintessenz des bürgerlichen Axioms vom Primat des Egoismus und Eigennutzes gegenüber allen anderen menschlichen Leidenschaften.*

Die Gründe für Skinners Popularität

Skinners außergewöhnliche Popularität läßt sich damit erklären, daß es ihm gelungen ist, die Elemente des traditionellen, optimistischen liberalen Denkens mit der sozialen und geistigen Wirklichkeit der kybernetischen Gesellschaft zu verschmelzen.
Skinner glaubt, daß der Mensch formbar und den sozialen Einflüssen unterworfen ist und daß in seiner »Natur« nichts vorhanden ist, was man als endgültiges Hindernis für die Entwicklung auf eine friedliche und gerechte Gesellschaft hin ansehen könnte. So zieht sein System all jene Psychologen an, die zu den Liberalen gehören und die in Skinners System ein Argument finden, mit dem sie ihren politischen Optimismus verteidigen können. Er appelliert an all die, welche glauben, daß wünschenswerte soziale Ziele wie Frieden und Gleichheit nicht nur Ideale im luftleeren Raum sind, sondern daß sie sich verwirklichen lassen. Die ganze Idee, daß man eine bessere Gesellschaft auf wissenschaftlicher Basis »konstruieren« kann, spricht viele an, die früher Sozialisten geworden wären. Wollte nicht auch Marx eine bessere Gesellschaft konstruieren? Hat er nicht seine Art von Sozialismus als »wissenschaftlich« im Gegensatz zum »utopischen« Sozialismus bezeichnet? Ist Skinners Methode nicht in einem geschichtlichen Augenblick besonders attraktiv, in dem politische Lösungen versagt zu haben scheinen und die revolutionären Hoffnungen auf einem Tiefpunkt angekommen sind?
Aber Skinners Optimismus allein hätte seine Ideen nicht so attraktiv gemacht, wenn er die traditionellen liberalen Ideen nicht mit ihrer ausgesprochenen Negation kombiniert hätte.
Im kybernetischen Zeitalter wird der einzelne immer mehr Gegenstand der Manipulation. Seine Arbeit, sein Konsum und seine Freizeit werden durch die Reklame, durch Ideologien und durch das, was Skinner als »positives reinforcement« bezeichnet, manipuliert. Der Einzelne verliert seine aktive, verantwortliche Rolle im sozialen Prozeß; er wird völlig »angepaßt« und lernt, daß jedes Verhalten, jeder Akt, jeder Gedanke und jedes Gefühl, das nicht in das allgemeine Schema hineinpaßt, sich für ihn höchst nachteilig auswirkt; er *ist* effektiv das, *was man von ihm erwartet*. Wenn er sich darauf versteift, er selbst zu sein, riskiert er in Polizeistaaten seine Freiheit oder sogar sein Leben; in einigen Demokratien riskiert er, nicht befördert zu werden, oder, seltener, riskiert er seine Stelle,

und – was vielleicht das Wichtigste ist – er riskiert, sich isoliert, ohne Kommunikation mit anderen zu fühlen. Während sich die meisten Menschen ihres inneren Unbehagens nicht klar bewußt sind, haben sie doch ein unbestimmtes Gefühl der Lebensangst, sie fürchten sich vor der Zukunft und vor dem Überdruß, den das Einerlei und die Sinnlosigkeit ihres Tuns hervorrufen. Sie fühlen, daß eben die Ideale, an die sie gerne glauben möchten, ihre Verankerung in der sozialen Wirklichkeit verloren haben. Welche Erleichterung bedeutet es für sie, wenn sie erfahren, daß die Konditionierung die beste, progressivste und wirksamste Lösung ist. Skinner empfiehlt die Hölle des isolierten, manipulierten Menschen des kybernetischen Zeitalters als das Paradies des Fortschritts. Er beschwichtigt unsere Angst davor, wohin wir treiben, indem er uns sagt, wir brauchten keine Angst zu haben; die Richtung, die unser industrielles System eingeschlagen habe, sei die gleiche, die die großen Humanisten sich erträumt hätten, nur daß jetzt alles wissenschaftlich unterbaut sei. Überdies klingt Skinners Theorie wahr, da sie auf den entfremdeten Menschen der kybernetischen Gesellschaft (fast) zutrifft. Kurz, der Skinnerismus ist die Psychologie des Opportunismus, der sich als wissenschaftlicher Humanismus auftakelt.

Ich will damit nicht sagen, daß Skinner diese Apologetenrolle für das »technotronische« Zeitalter spielen *möchte*. Im Gegenteil veranlaßt ihn seine politische und soziale Naivität gelegentlich dazu, Dinge zu schreiben, die überzeugender (und verwirrter) sind, als das möglich wäre, wenn er sich dessen bewußt wäre, wozu er uns da zu konditionieren versucht.

Behaviorismus und Aggression

Die behavioristische Methode ist für das Problem der Aggression so wichtig, weil in den Vereinigten Staaten die meisten Forscher, die sich mit ihr beschäftigt haben, behavioristisch orientiert sind. Ihre Argumentation lautet kurz gesagt: Wenn Johnny entdeckt, daß, wenn er sich aggressiv verhält, sein kleinerer Bruder (oder seine Mutter usw.) ihm das gibt, was er will, so wird er zu einem Menschen, der dazu neigt, sich aggressiv zu verhalten; das gleiche würde auch für ein unterwürfiges, mutiges oder liebevolles Verhalten zutreffen. Die Formel lautet, daß man so handelt, fühlt und denkt, wie es sich als erfolgreiche Methode zur Erlangung dessen, was man haben möchte, erwiesen hat. Die Aggression ist wie alle anderen Verhaltensformen nur angelernt und beruht darauf, daß man sich einen möglichst großen Vorteil zu erringen sucht.

Die behavioristische Ansicht über die Aggression hat A. H. Buss definiert als »Reaktion, die Reize liefert, welche anderen Organismen schaden«. Er schreibt:

> Es gibt zwei Gründe dafür, daß man den Begriff der Absicht aus der Definition der Aggression ausklammert. Einmal impliziert er eine Teleologie, einen zweckgerichteten Akt, der auf ein zukünftiges Ziel ausgerichtet ist, und diese Ansicht verträgt sich nicht mit der in diesem Buch vertretenen behavioristischen Auffassung. Zweitens, was noch wichtiger ist, ist es schwierig, diesen Begriff auf Geschehen im behavioristischen Sinn anzuwenden. Absicht ist ein privates Geschehen, das verbalisiert werden kann oder auch nicht, das mit einer verbalen Feststellung genau wiedergegeben werden kann oder nicht. Man könnte »Absicht« aus der Konditionierungsgeschichte eines Organismus ableiten. Wenn eine aggressive Reaktion durch eine spezifische Konsequenz, wie zum

> Beispiel durch die Flucht des Opfers, systematisch verstärkt wurde, könnte man sagen, daß die Wiederholung der aggressiven Reaktion »die Absicht, Flucht hervorzurufen«, enthält. Eine derartige Schlußfolgerung ist jedoch bei der Analyse des Verhaltens überflüssig; fruchtbarer ist, die Beziehung zwischen der Entwicklungsgeschichte einer aggressiven Reaktion und der unmittelbaren Situation, welche die Reaktion auslöst, zu untersuchen.
> Im ganzen gesehen ist die *Absicht* bei der Analyse des aggressiven Verhaltens nur hinderlich und überflüssig; worum es geht, ist vielmehr das Wesen der »reinforcement« ausübenden Konsequenzen, welche das Auftauchen und die Stärke der aggressiven Reaktionen beeinflussen. Mit anderen Worten fragt es sich, welche Arten von »reinforcement« das aggressive Verhalten beeinflussen (A. H. Buss, 1961).

Unter »Absicht« versteht Buss eine bewußte Absicht. Aber Buss lehnt die psychoanalytische Auffassung nicht völlig ab: »Wenn der Zorn nicht *der* Antrieb für die Aggression ist, ist es dann fruchtbar, in ihm einen Antrieb zu sehen? Die hier vertretene Position lautet, daß es nicht fruchtbar ist« (A. H. Buss, 1961).[5]

So hervorragende behavioristische Psychologen wie A. H. Buss und L. Berkowitz haben ein weit größeres Einfühlungsvermögen in das Phänomen des menschlichen Fühlens als Skinner, doch bekennen auch sie sich zu Skinners Grundsatz, daß die Tat und nicht der Täter Objekt der wissenschaftlichen Beobachtung ist. Hierdurch legen sie nicht genügend Gewicht auf die fundamentalen Entdeckungen Freuds: die Entdeckung, daß psychische Kräfte das Verhalten determinieren, daß diese Kräfte weitgehend unbewußt sind und daß die Bewußtwerdung (»Einsicht«) ein Faktor ist, der Veränderungen in der Energieladung und Richtung dieser Kräfte bewirken kann.

Die Behavioristen erheben den Anspruch, ihre Methode sei »wissenschaftlich«, weil sie sich mit dem befassen, was sichtbar ist, das heißt mit beobachtbaren Verhaltensweisen. Aber sie machen sich nicht klar, daß man das »Verhalten« selbst, getrennt von der sich verhaltenden Person, nicht adäquat beschreiben kann. Ein Mann feuert einen Revolver ab und tötet eine andere Person; der Verhaltensakt an sich – das Abfeuern des Schusses, der die Person tötet – bedeutet psychologisch, vom »Aggressor« isoliert, wenig. Tatsächlich wäre eine behavioristische Feststellung nur bezüglich des Revolvers adäquat; hinsichtlich *des Revolvers* ist das Motiv des Mannes, der abgedrückt hat, irrelevant. Aber das Verhalten *des Mannes* kann man nur ganz verstehen, wenn wir seine bewußten *und* unbewußten Motive kennen, die ihn veranlaßten, abzudrücken. Wir finden dabei nicht nur eine *einzige* Ursache für sein Verhalten, sondern wir sind in der Lage, die innere psychische Struktur des Mannes zu entdecken – seinen Charakter – und die vielen bewußten und unbewußten Faktoren, die ihn an einem bestimmten Punkt veranlaßten, den Revolver abzufeuern. Wir stellen fest, daß wir seinen *Impuls,* den Revolver abzufeuern, damit erklären können, daß er von vielen Faktoren in seinem Charakter-System determiniert war, daß aber der *Akt* des Schießens selbst der am meisten dem Zufall unterworfene aller Faktoren und daher am wenigsten vorauszusagen ist. Er hängt von vielen zufälligen situationsbedingten Elementen ab, wie zum Beispiel davon, ob dem Betreffenden gerade ein Revolver zur

[5] L. Berkowitz nimmt einen Standpunkt ein, der in vielen Punkten dem von A. H. Buss ähnlich ist; auch er lehnt die Idee motivierender Emotionen nicht ab, hält sich jedoch im wesentlichen im Rahmen der behavioristischen Theorie; er modifiziert die Frustrations-Aggressions-Theorie, verwirft sie jedoch nicht (L. Berkowitz, 1962 und 1969).

Hand war, ob andere Leute in der Nähe waren, ferner vom augenblicklichen Grad seines Stresses und dem allgemeinen Zustand seines psychophysischen Systems.

Die behavioristische Maxime, daß beobachtbares Verhalten eine wissenschaftlich zuverlässige Größe sei, stimmt einfach nicht. Tatsache ist, daß das Verhalten selbst Unterschiede aufweist, die vom motivierenden Impuls abhängen, selbst dann, wenn der Unterschied bei oberflächlicher Beobachtung nicht sichtbar ist.

Ein einfaches Beispiel kann dies zeigen: Zwei Väter von verschiedener Charakterstruktur schlagen ihren Sohn, weil sie glauben, das Kind brauche diese Strafe für seine gesunde Entwicklung. Die beiden Väter verhalten sich scheinbar identisch. Sie verhauen ihren Sohn mit der Hand. Wenn wir jedoch das Verhalten eines liebenden, fürsorglichen Vaters mit dem eines sadistischen vergleichen, finden wir, daß das Verhalten der beiden in Wirklichkeit nicht das gleiche ist. Die Art, wie sie das Kind halten und wie sie vor und nach der Strafe mit ihm reden, ihr Gesichtsausdruck, all das bewirkt, daß sich das Verhalten des einen stark von dem des anderen unterscheidet. Entsprechend unterscheidet sich auch die Reaktion der Kinder. Das eine Kind fühlt die destruktive oder sadistische Qualität der Strafe; das andere hat keinen Grund, an der Liebe seines Vaters zu zweifeln. Das gilt um so mehr, als dieses Einzelbeispiel für das Verhalten des Vaters nur eine unter zahllosen Verhaltensweisen darstellt, die das Kind zuvor erlebt hat und die sein Bild vom Vater und seine Reaktionen auf ihn geformt haben. Die Tatsache, daß beide Väter überzeugt sind, daß sie das Kind zu seinem eigenen Besten strafen, ändert daran kaum etwas, außer daß diese moralistische Überzeugung unter Umständen Hemmungen beseitigt, die der sadistische Vater sonst vielleicht hätte. Wenn der sadistische Vater andererseits sein Kind nie schlägt, weil er vielleicht Angst vor seiner Frau hat oder weil es im Widerspruch zu seinen progressiven Erziehungsideen stünde, wird sein »gewaltloses« Verhalten trotzdem die gleiche Reaktion hervorrufen, weil sein Blick dem Kind denselben sadistischen Impuls mitteilt, den seine Hände ihm vermitteln würden, wenn sie zuschlagen würden. Da Kinder in der Regel sensibler sind als Erwachsene, reagieren sie auf den Impuls ihres Vaters und nicht auf ein isoliertes Teilstück seines Verhaltens.

Nehmen wir ein anderes Beispiel: Wir sehen einen Mann, der brüllt und ein rotes Gesicht hat. Wir beschreiben sein Verhalten so, daß wir sagen, er sei »wütend«. Wenn wir fragen, warum er wütend ist, kann die Antwort lauten: »Weil er Angst hat.« – »Warum hat er Angst?« – »Weil er unter einem tiefen Gefühl der Impotenz leidet.« – »Woher kommt das?« – »Weil er seine Mutterbindung nie lösen konnte und emotional noch ein kleines Kind ist.« (Diese Folgerung ist natürlich nicht die einzig mögliche.) Jede dieser Antworten ist »wahr«. Der Unterschied liegt nur darin, daß sie sich auf ein immer tieferes und gewöhnlich weniger bewußtes Erlebnisniveau beziehen. Je tiefer das Niveau liegt, auf das die Antwort sich bezieht, um so relevanter ist sie für das Verständnis seines Verhaltens. Nicht nur für das Verständnis seiner Motivationen, sondern dafür, daß man sein Verhalten in allen Einzelheiten durchschaut. In einem Fall wie diesem wird ein Beobachter mit Einfühlungsvermögen zum Beispiel auf seinem Gesicht eher den Ausdruck erschrockener Hilflosigkeit als nur den der Wut wahrnehmen. In einem anderen Fall kann das augenfällige Verhalten eines Mannes genau das gleiche sein, und doch wird sein Gesicht, wenn man es mit diesem Einfühlungsvermögen betrachtet, Härte und einen intensiven Zerstörungsdrang offenbaren. Sein zorniges Verhalten ist nur der unter Kontrolle gehaltene

Ausdruck seiner destruktiven Impulse. Die beiden ähnlichen Verhaltensweisen sind effektiv ganz unähnlich, und man kann, abgesehen von dem intuitiven Einfühlungsvermögen, die Unterschiede wissenschaftlich nur verstehen, wenn man auch die Motivation – das heißt die jeweilige Charakterstruktur – versteht.

Ich habe nicht die übliche Antwort gegeben: »Er ist wütend, weil er beleidigt wurde – oder sich beleidigt fühlt.« Eine solche Erklärung legt allen Nachdruck auf den auslösenden Impuls und übersieht, daß die Fähigkeit des Reizes, eine Reaktion auszulösen, auch von der Charakterstruktur der stimulierten Person abhängt. Eine Gruppe von Personen wird je nach dem Charakter des einzelnen auf den gleichen Reiz verschieden reagieren. A kann von dem Reiz angezogen werden; B kann davon abgestoßen werden; C kann davor erschrecken; D wird ihn ignorieren.

Buss hat recht, wenn er sagt, daß die Absicht ein privates Vorkommnis ist, das sich in Worte fassen läßt oder nicht. Aber gerade darin liegt das Dilemma des Behaviorismus: Da er keine Methode besitzt, nichtverbalisierte Daten zu untersuchen, muß er seine Untersuchungen auf Daten beschränken, mit denen er fertig wird und die gewöhnlich zu grob sind, um einer subtilen theoretischen Analyse zu genügen.

Über psychologische Experimente

Wenn ein Psychologe sich die Aufgabe stellt, menschliches Verhalten zu verstehen, so muß er Untersuchungsmethoden wählen, die dem Studium menschlicher Wesen *in vivo* gerecht werden, während praktisch alle behavioristischen Untersuchungen *in vitro* vorgenommen werden. (Ich meine dieses Wort nicht im Sinne des physiologischen Laboratoriums, sondern in einem äquivalenten Sinn, nämlich daß der Betreffende unter kontrollierten, künstlich herbeigeführten Bedingungen und nicht im »realen« Lebensprozeß beobachtet wird.) Es hat den Anschein, als ob sich die Psychologie Respektabilität verschaffen wollte, indem sie die Methoden der Naturwissenschaft nachahmte, allerdings solche, die vor fünfzig Jahren ihre Gültigkeit hatten, und nicht die »wissenschaftlichen« Methoden, die in den fortgeschrittensten Zweigen der Naturwissenschaft üblich sind.[6] Fernerhin versteckt sich der Mangel an theoretischer Bedeutung oft hinter eindrucksvoll wirkenden mathematischen Formeln, die nichts mit den Daten zu tun haben und ihren Wert in keiner Weise erhöhen.

Eine Methode für die Beobachtung und Analyse menschlichen Verhaltens außerhalb des Laboratoriums auszuarbeiten, ist ein schwieriges Unterfangen, jedoch ist es eine notwendige Voraussetzung für ein Verständnis des Menschen. Grundsätzlich gibt es zwei Beobachtungsbereiche für das Studium des Menschen:

1. Die eine Methode besteht in der direkten und detaillierten Beobachtung einer anderen Person. Die bestentwickelte und fruchtbarste Situation dieser Art ist die psychoanalytische, das »psychoanalytische Laboratorium«, wie Freud es ausgearbeitet hat. Es gibt dem Patienten die Möglichkeit, seine unbewußten Impulse zum Ausdruck zu bringen, und

[6] Vgl. J. Robert Oppenheimers Vortrag (1955) und ähnliche Äußerungen namhafter Naturwissenschaftler.

erlaubt gleichzeitig, ihren Zusammenhang mit seinem nach außen sichtbaren »normalen« und »neurotischen« Verhalten zu untersuchen.[7] Weniger intensiv, aber auch recht fruchtbar ist ein Interview oder besser eine Reihe von Interviews, zu denen möglichst auch die Untersuchung einiger Träume und einige projektive Tests gehören sollten. Man sollte jedoch auch die tiefenpsychologischen Erkenntnisse nicht unterschätzen, die ein geübter Beobachter schon allein dadurch gewinnen kann, daß er einen Menschen eine Zeitlang genau beobachtet (natürlich einschließlich seiner Gesten, seiner Stimme, seiner Haltung, seines Gesichtsausdrucks, seiner Hände usw.). Selbst dann, wenn man den Betreffenden nicht persönlich kennt und keine Tagebücher und Briefe und keine detaillierte Lebensgeschichte zur Verfügung hat, kann diese Art der Beobachtung doch eine wichtige Quelle für ein tiefenpsychologisches Verständnis seines Charakters sein.

2. Eine weitere Methode zur Untersuchung des Menschen *in vivo* besteht darin, daß man, anstatt das Leben in das psychologische Laboratorium hereinzuholen, bestimmte, im Leben gegebene Situationen in ein »natürliches Laboratorium« umwandelt. Anstatt daß man eine künstliche soziale Situation konstruiert, wie der Experimentator das in seinem psychologischen Laboratorium tut, studiert man die Experimente, die uns das Leben selbst bietet. Man wählt sich *gegebene soziale Situationen* aus, die vergleichbar sind, und verwandelt sie durch die Methode der Untersuchung in entsprechende Experimente. Dadurch, daß man bestimmte Faktoren konstant und andere variabel hält, erlaubt dieses natürliche Laboratorium auch die Überprüfung verschiedener Hypothesen. Es gibt viele vergleichbare Situationen, und man kann testen, ob eine Hypothese allen diesen Situationen gerecht wird, und – falls das nicht der Fall ist – ob sich eine ausreichende Erklärung für diese Ausnahme finden läßt, ohne daß man die Hypothese ändert. Zu den einfachsten Formen solcher »natürlichen Experimente« gehören die Erhebungen (unter Benutzung langer, offener Fragebögen beziehungsweise persönlicher Interviews) mit ausgewählten Vertretern gewisser Gruppen, wie Alters- oder Berufsgruppen, Gefangenen, Krankenhausinsassen und so weiter. (Die Anwendung der üblichen psychologischen Testreihen genügt meiner Ansicht nach jedoch nicht zu einem Verständnis des Charakters in seinen tieferen Schichten.)

Selbstverständlich können wir mit diesen »natürlichen Experimenten« nicht die »Exaktheit« der Laboratoriumsexperimente erreichen, da nie zwei soziale Konstellationen identisch sind. Aber wenn man keine »Versuchspersonen«, sondern Menschen, keine Artefakte, sondern das Leben beobachtet, so braucht man für eine angebliche (und oft zweifelhafte) Exaktheit nicht den Preis zu zahlen, daß bei diesen Experimenten triviale Ergebnisse herauskommen. Ich meine, daß, was die Analyse des Verhaltens betrifft, die Erforschung der Aggression entweder im Laboratorium des psychoanalytischen Interviews oder in einem sozial gegebenen »Laboratorium« vom wissenschaftlichen Standpunkt aus den Methoden des psychologischen Laboratoriums weit vorzuziehen ist. Allerdings erfordert es ein weit höheres Niveau komplexen theoretischen Denkens als selbst sehr scharfsinnig ausgedachte Laboratoriumsexperimente[8].

[7] Ich setze die beiden Ausdrücke in Anführungszeichen, weil sie oft vage angewandt und manchmal mit sozial angepaßt beziehungsweise sozial nichtangepaßt gleichgesetzt werden.

[8] Ich habe gefunden, daß »interpretative Fragebogen« bei der Untersuchung zugrundeliegender und weitgehend unbewußter Motivationen von Gruppen ein wertvolles Werkzeug sind. Ein

Zur Veranschaulichung des eben Gesagten wollen wir uns eine interessante Untersuchung näher ansehen, die Stanley Milgram in seinem »Interaktions-Laboratorium« an der Yale-University durchführte, nämlich seine »Behavioral Study of Obedience«; sie gehört zu den Untersuchungen auf dem Gebiet der Aggression, die große Beachtung gefunden haben (S. Milgram, 1963)[9].

> Die Versuchspersonen waren 40 Männer zwischen 20 und 50 Jahren aus New Haven und den umliegenden Gemeinden. Wir verschafften uns die Versuchspersonen durch eine Zeitungsanzeige und direkte Aufforderung durch die Post. Wer auf unsere Aufforderung einging, tat dies in der Meinung, an einer Gedächtnis- und Lernuntersuchung an der Yale-University teilzunehmen. Das Sample umfaßte einen weiten Bereich von Berufsgruppen. Typische Versuchspersonen waren Postangestellte, Highschool-Lehrer, Verkäufer, Ingenieure und Arbeiter. Ihrem Bildungsniveau nach rangierten sie von einem Teilnehmer, der die Grundschule nicht fertig absolviert hatte, bis zu Inhabern des Doktorgrades und anderer akademischer Grade. Sie erhielten für ihre Teilnahme am Experiment 4,50 Dollar. Man teilte ihnen jedoch mit, daß sie das Geld nur für ihr Erscheinen im Laboratorium erhielten und daß das Geld ihnen gehören würde, ganz gleich, was nach ihrer Ankunft sich dort ereigne.
>
> An jedem Experiment waren eine nichtsahnende Versuchsperson und ein »Opfer« (eine vom Versuchsleiter eingeweihte Person) beteiligt. Wir mußten uns einen Vorwand ausdenken, um die Verabreichung eines Elektroschocks durch die nichtsahnende Versuchsperson zu rechtfertigen.[10] Dies geschah mit Hilfe einer entsprechenden Deckgeschichte. Nach einer allgemeinen Einführung in die mutmaßliche Beziehung zwischen Strafe und Lernen sagten wir zu unseren Versuchspersonen:
>
> »Wir wissen nur *sehr wenig* über die Wirkung der Strafe auf das Lernen, weil hierüber bei Menschen noch fast keine wissenschaftlichen Untersuchungen vorliegen.
>
> So wissen wir zum Beispiel nicht, wieviel Strafe für das Lernen am vorteilhaftesten ist – und welchen Unterschied es macht, wer die Strafe verabreicht, ob ein Erwachsener besser von jemand lernt, der jünger oder der älter ist als er selbst – und noch vieles mehr.
>
> Deshalb haben wir hier in diesem Raum eine Anzahl von Erwachsenen aus verschiedenen Berufen und verschiedenen Altersgruppen zusammengeholt. Und wir wollen annehmen, daß die einen von Ihnen die Lehrer und die anderen die Lernenden sind.
>
> Wir möchten herausfinden, welche Wirkung die verschiedenen Personen als Lehrer und Lernende aufeinander ausüben, und außerdem, welche Wirkung die Strafe in dieser Situation auf das Lernen hat.

interpretativer Fragebogen analysiert die nicht beabsichtigte Bedeutung einer Antwort (auf eine offene Frage) und deutet die Antwort im charakterologischen Sinne, anstatt sie für bare Münze zu nehmen. Ich wandte diese Methode zum ersten Mal 1932 bei einer Untersuchung im Institut für Sozialforschung der Universität Frankfurt an und in den sechziger Jahren dann wiederum in einer Untersuchung des sozialen Charakters eines kleinen mexikanischen Dorfes. Zu meinen Hauptmitarbeitern bei der erstgenannten Untersuchung gehörten Ernst Schachtel, die verstorbene Anna Hartoch-Schachtel und Paul Lazarsfeld (als statistischer Berater). Ich schloß diese Untersuchung Mitte der dreißiger Jahre ab, doch wurden nur der Fragebogen und Stichproben aus den Antworten veröffentlicht (M. Horkheimer, Hrsg., 1936). Die zweite Untersuchung ist ganz veröffentlicht (E. Fromm und M. Maccoby, 1970). Zusammen mit Maccoby habe ich auch einen Fragebogen ausgearbeitet, um festzustellen, welche Faktoren den nekrophilen Charakter kennzeichnen, und Maccoby wandte diesen Fragebogen mit befriedigenden Ergebnissen auf verschiedene Gruppen an (M. Maccoby, 1972).

[9] Sämtliche folgenden Zitate stammen aus S. Milgram (1963).

[10] In Wirklichkeit wurde kein Elektroschock verabreicht, doch war dies den Lehrer-Versuchspersonen nicht bekannt.

Daher werde ich jetzt einen von Ihnen bitten, heute abend hier der Lehrer zu sein, und jeweils einen anderen, den Lernenden abzugeben.
Möchte jemand lieber die eine als die andere Rolle spielen?«
Die Versuchspersonen zogen dann Papierstreifen aus einem Hut, um festzulegen, wer bei dem Experiment Lehrer und wer Lernender sein sollte. Das Ziehen der Lose wurde so eingerichtet, daß die nichtsahnende Versuchsperson stets der Lehrer und die Komplizen immer die Lernenden waren. (Auf beiden Papierstreifen stand das Wort »Lehrer«.) Unmittelbar nach dem Ziehen der Lose wurden Lehrer und Lernender in einen angrenzenden Raum gebracht, wo der Lernende auf einem »elektrischen Stuhl« festgeschnallt wurde.
Der Versuchsleiter erklärte, die Riemen sollten verhindern, daß der Lernende während des Schocks sich zu heftig bewege. Es solle ihm auf diese Weise unmöglich gemacht werden, sich der Situation durch Flucht zu entziehen. Dann wurde eine Elektrode am Handgelenk des Lernenden angebracht, und er wurde an dieser Stelle mit Elektrodensalbe eingeschmiert, »um Blasen und Verbrennungen zu vermeiden«. Den Versuchspersonen wurde gesagt, die Elektrode sei an den Schockgenerator angeschlossen, der im angrenzenden Raum stehe.
... Die Versuchsperson erhält den Auftrag, dem Lernenden jedesmal, wenn er eine falsche Antwort gibt, einen Schock zu verabreichen. Außerdem – und auf diesen Befehl kam es an – wurde der Versuchsperson gesagt, sie solle »bei jeder falschen Antwort des Lernenden auf dem Schock-Generator einen Strich höher gehen«. Auch solle sie jedesmal, bevor sie den Schock gebe, die Voltzahl laut angeben. Auf diese Weise sollten sich die Versuchspersonen stets der wachsenden Intensität der Schocks bewußt sein, die sie dem Lernenden verabreichten ... In allen Fällen gibt der Lernende eine vorher festgelegte Reihe von Antworten zu einem Wortpaar-Test nach einem Plan, wonach etwa drei falsche Antworten auf eine richtige kommen. Unter diesen Versuchsbedingungen ist von dem Lernenden keine Laut-Reaktion oder ein anderes Zeichen des Protests zu hören, bis das Schockniveau 300 Volt erreicht hat. Sobald jedoch der Schock von 300 Volt gegeben wird, hämmert der Lernende mit den Fäusten gegen die Wand des Raumes, in dem er an den elektrischen Stuhl gebunden ist. Die Versuchsperson kann dieses Hämmern hören. Von nun an erfolgen die Antworten des Lernenden nicht mehr nach dem Vier-Antworten-Plan ... Wenn die Versuchsperson ein Zeichen gab, daß sie nicht mehr weiter machen wollte, antwortete der Versuchsleiter mit einer Reihe von »Aufforderungen«, wobei er so viele anwandte, wie notwendig waren, um die Versuchsperson zum Weitermachen zu veranlassen.

Aufforderung 1: Bitte machen Sie weiter, *oder:* bitte fortfahren!
Aufforderung 2: Das Experiment erfordert, daß Sie weitermachen.
Aufforderung 3: Es ist unbedingt erforderlich, daß Sie weitermachen.
Aufforderung 4: Es bleibt Ihnen keine andere Wahl. Sie müssen weitermachen.
Diese Aufforderungen wurden stets der Reihe nach angewandt. Nur wenn Aufforderung 1 keinen Erfolg hatte, durfte Aufforderung 2 benutzt werden. Wenn die Versuchsperson sich auch noch nach Aufforderung 4 weigerte, dem Versuchsleiter zu gehorchen, war das Experiment beendet. Der Versuchsleiter sprach stets in bestimmtem, jedoch nicht unhöflichem Ton. Mit der Reihe wurde immer wieder von vorn angefangen, wenn die Versuchsperson stockte oder zögerte, den Befehlen nachzukommen.
Spezielle Aufforderungen: Wenn die Versuchsperson fragte, ob der Lernende einen dauernden körperlichen Schaden davontragen würde, sagte der Versuchsleiter:
»Wenn die Schocks auch vielleicht schmerzhaft sind, so erleidet das Muskelgewebe doch keinen Dauerschaden, machen Sie also ruhig weiter.« (Gefolgt von Aufforderung 2, 3 und 4, falls notwendig.)
Sagte die Versuchsperson, der Lernende wolle aber nicht weitermachen, so erwiderte der Versuchsleiter:
»Ob der Lernende es will oder nicht, Sie müssen weitermachen, bis er alle Wortpaare

richtig gelernt hat. Fahren Sie bitte fort!« (Gefolgt von Aufforderung 2, 3 und 4, falls notwendig).

Welches waren die Ergebnisse dieses Experiments? »Viele Teilnehmer bekundeten Anzeichen von Nervosität in der Versuchssituation, besonders bei der Verabreichung der stärkeren Schocks. In sehr vielen Fällen *erreichte die Spannung Grade, wie sie selten bei soziopsychologischen Laborversuchen zu beobachten sind.* (Im Original nicht kursiv.) Es wurde beobachtet, daß die Versuchspersonen schwitzten, zitterten, stotterten, sich auf die Lippen bissen, stöhnten und sich die Fingernägel ins Fleisch gruben. Dies waren eher charakteristische als ausnahmsweise beobachtete Reaktionen auf das Experiment.

> Ein Zeichen von Spannung war das regelmäßige Auftreten nervöser Lachanfälle. Bei vierzehn der vierzig Versuchspersonen war dieses nervöse Lachen und Lächeln deutlich zu beobachten. Das Lachen schien völlig fehl am Platz, ja sogar bizarr. Bei drei Versuchspersonen wurden regelrechte, unbeherrschbare Lachanfälle beobachtet. In einem Fall beobachteten wir einen Anfall, der so heftig und konvulsiv war, daß wir das Experiment unterbrechen mußten. Die Versuchsperson, ein sechsundvierzigjähriger Vertreter für eine Enzyklopädie, wurde richtig verlegen wegen seines unangemessenen und unbeherrschten Verhaltens. In den Interviews nach dem Experiment beteuerten die Versuchspersonen, sie seien keine Sadisten und ihr Lachen hätte nicht bedeutet, daß es ihnen Spaß gemacht hätte, ihr Opfer zu schocken.

Im Gegensatz zu den ursprünglichen Erwartungen des Versuchsleiters hörte keine der vierzig Versuchspersonen auf, bevor das Schockniveau 300 erreicht war, bei dem das Opfer gegen die Wand zu hämmern begann und die Fragen des Lehrers mit ihren verschiedenen Beantwortungsmöglichkeiten nicht mehr beantwortete. Nur fünf der vierzig Versuchspersonen weigerten sich, den Befehlen des Versuchsleiters über das 300-Volt-Niveau hinaus zu gehorchen. Weitere vier verabreichten noch einen weiteren Schock, zwei hörten bei 330 Volt auf und je einer bei 345, 360 und 375 Volt. So widersetzten sich im Ganzen vierzehn Versuchspersonen (= 35 Prozent) dem Versuchsleiter. Die »gehorsamen« Versuchspersonen

> gehorchten oft unter extremem Streß . . . und zeigten eine ähnliche Angst wie die, welche sich dem Versuchsleiter widersetzten; dennoch gehorchten sie. Nachdem die höchsten Schocks ausgeteilt waren und der Versuchsleiter das Experiment für beendet erklärte, stießen viele gehorsame Versuchspersonen Seufzer der Erleichterung aus, rieben sich die Stirn, strichen sich mit den Fingern über die Augen oder griffen nervös nach einer Zigarette. Einige schüttelten offenbar bedauernd den Kopf. Einige Versuchspersonen blieben während des ganzen Experiments ruhig und zeigten von Anfang bis zum Ende nur minimale Anzeichen von Spannung.

In der Diskussion des Experimentes stellt der Autor fest, daß sich daraus zwei erstaunliche Feststellungen ergaben:

> Die erste Feststellung betrifft die ungebrochene Stärke der Gehorsamstendenzen, die sich in dieser Situation manifestierten. Die Versuchspersonen hatten von Kindheit an gelernt, daß es ein fundamentales moralisches Vergehen ist, wenn man einen anderen Menschen gegen seinen Willen verletzt. Trotzdem wichen 26 Versuchspersonen von

> diesem Grundsatz ab und folgten den Anweisungen einer Autoritätsperson, die über keine spezielle Macht verfügte, ihren Befehlen Geltung zu verschaffen ... Der zweite nicht vorausgesehene Effekt war die außergewöhnliche Spannung, welche dieses Verfahren hervorrief. Man hätte erwarten sollen, daß die Versuchspersonen einfach aufgehört oder weitergemacht hätten, je nachdem, wie es ihnen ihr Gewissen befahl. Aber etwas völlig anderes geschah. Es kam zu auffallenden Spannungsreaktionen und zu einer heftigen emotionalen Belastung. Ein Beobachter berichtet:
> »Ich habe beobachtet, wie ein ursprünglich gelassen wirkender Geschäftsmann mittleren Alters lächelnd und selbstsicher ins Laboratorium kam. Innerhalb von 20 Minuten wurde er zu einem zuckenden, stammelnden Wrack, das einem Nervenzusammenbruch nahe war. Er zerrte ständig an seinem Ohrläppchen und rang die Hände. Einmal stieß er sich mit der Faust gegen die Stirn und murmelte: ›O Gott, wenn das nur aufhörte!‹ Und trotzdem hörte er weiter auf jedes Wort des Versuchsleiters und gehorchte ihm bis zum Schluß.«

Das Experiment ist in der Tat nicht nur als Untersuchung über Gehorsam und Konformität, sondern auch über Grausamkeit und Destruktivität höchst interessant. Fast scheint es sich um die gleiche Situation zu handeln, wie sie sich im wirklichen Leben ereignet, wo man sich nach der Schuld der Soldaten fragt, die schreckliche Grausamkeiten und Greueltaten begingen, indem sie die Befehle ihrer Vorgesetzten (oder das, was sie dafür hielten) ohne zu fragen ausführten. Gilt dies auch für die deutschen Generäle, die in Nürnberg als Kriegsverbrecher verurteilt wurden, oder für Leutnant Calley und einige seiner Untergebenen in Vietnam?
Ich glaube, daß sich aus dem Experiment auf die meisten Situationen im wirklichen Leben nicht schließen läßt. Der Psychologe war nicht nur eine Autorität, der man Gehorsam schuldig ist, sondern ein Vertreter der *Wissenschaft* und repräsentierte eines der angesehensten Institute des höheren Bildungswesens in den Vereinigten Staaten. In Anbetracht der Tatsache, daß die Wissenschaft in der heutigen Industriegesellschaft weitgehend als der höchste Wert angesehen wird, ist es für den Durchschnittsbürger schwer zu glauben, daß das, was die Wissenschaft befiehlt, falsch oder unmoralisch sein könnte. Wenn Gott Abraham nicht befohlen hätte, seinen Sohn nicht zu töten, hätte er es getan, wie Millionen von Eltern, die im Laufe der Geschichte Kindesopfer dargebracht haben. Für den Gläubigen kann weder Gott noch sein modernes Äquivalent, die Wissenschaft, etwas befehlen, was unrecht ist. Aus diesem Grund, und aus anderen von Milgram erwähnten Gründen, ist der hochgradige Gehorsam nicht erstaunlicher, als daß 35 Prozent der Gruppe an einem gewissen Punkt den Gehorsam verweigerten. Tatsächlich könnte man diesen Ungehorsam von mehr als einem Drittel als erstaunlicher – und ermutigend – ansehen.
Ungerechtfertigt erscheint auch, wenn man sich darüber wundern wollte, daß soviel Spannung entstand. Der Versuchsleiter erwartete, »daß die Versuchspersonen einfach aufgehört oder weitergemacht hätten, je nachdem, wie es ihnen ihr Gewissen befahl«. Ist das tatsächlich die Art und Weise, wie die Menschen im wirklichen Leben ihre Konflikte lösen? Liegt die Besonderheit – und das Tragische – des menschlichen Handelns nicht gerade darin, daß der Mensch versucht, sich seinen Konflikten *nicht* zu stellen; das heißt, daß er *nicht* bewußt die Wahl trifft zwischen dem, was er – aus Habgier oder Angst – tun möchte, und dem, was ihm sein Gewissen verbietet? Tatsache ist, daß er mit Hilfe von

Rationalisierungen die Erkenntnis des Konfliktes von sich wegschiebt und daß sich der Konflikt lediglich im Unbewußten in Form von verstärktem Streß, neurotischen Symptomen oder von Schuldgefühlen aus falschen Gründen manifestiert. In dieser Hinsicht verhielten sich Milgrams Versuchspersonen durchaus normal.

Bei dieser Gelegenheit stellen sich noch einige weitere interessante Fragen. Milgram nimmt an, daß seine Versuchspersonen in einer Konfliktsituation sind, weil sie sich in einem ausweglosen Widerstreit zwischen dem Autoritätsgehorsam und Verhaltensmustern befinden, die sie von Kindheit an gelernt haben, nämlich anderen Menschen keinen Schaden zuzufügen.

Aber stimmt das wirklich? Haben wir gelernt, »anderen Menschen keinen Schaden zuzufügen?« Vielleicht lehrt man das im Religionsunterricht. In der realistischen Schule des Lebens dagegen lernen die Kinder, daß sie ihren eigenen Vorteil wahrnehmen müssen, selbst wenn sie damit anderen Menschen Schaden zufügen. Offenbar ist der Konflikt in dieser Hinsicht doch nicht so heftig, wie Milgram annimmt.

Ich glaube, daß die wichtigste Erkenntnis aus Milgrams Untersuchung die Stärke der Reaktionen *gegen* ein grausames Verhalten ist. Sicher konnten 65 Prozent der Versuchspersonen dazu »konditioniert« werden, daß sie sich grausam *verhielten,* aber bei den meisten war doch eine Reaktion der Empörung oder des Widerwillens gegen ihr sadistisches Verhalten deutlich vorhanden. Leider gibt uns der Autor keine genauen Daten über die Anzahl der »Versuchspersonen«, die während des ganzen Experiments ruhig blieben. Für ein Verständnis menschlichen Verhaltens wäre es höchst interessant, mehr über sie zu erfahren. Offenbar fühlten sie kaum oder nur wenig Widerstreben gegen die grausamen Handlungen, die sie vollzogen. Die nächste Frage lautet, warum dies so war. Eine mögliche Antwort wäre, daß das Leiden der anderen sie befriedigte und daß sie keine Gewissensbisse fühlten, wenn ihr Verhalten von der Autorität sanktioniert wurde. Eine andere Möglichkeit wäre die, daß es sich bei ihnen um so stark entfremdete oder narzißtische Menschen handelte, daß sie gegen alles, was in anderen Leuten vorging, unempfindlich waren; oder vielleicht waren es auch »Psychopathen«, die moralisch überhaupt nicht reagierten. Diejenigen, bei denen sich der Konflikt in verschiedenen Symptomen von Streß und Angst manifestierte, dürften Menschen gewesen sein, die keinen sadistischen oder destruktiven Charakter hatten. (Wenn man ein tiefenpsychologisches Interview gemacht hätte, hätte man die Charakterunterschiede feststellen können, und man hätte sogar begründete Vermutungen anstellen können, wie sich die Leute verhalten würden.)

Das wichtigste Ergebnis aus Milgrams Untersuchung dürfte ein Resultat sein, auf das er selbst nicht besonders hinwies: Das Vorhandensein eines Gewissens bei den meisten Versuchspersonen und ihr Schmerz darüber, daß der Gehorsam sie zwang, gegen ihr Gewissen zu handeln. Während man daher das Experiment als neuen Beweis dafür interpretieren kann, wie leicht der Mensch zu entmenschlichen ist, weisen die Reaktionen der Versuchspersonen eher auf das Gegenteil hin – auf das Vorhandensein starker innerer Kräfte, die ein grausames Verhalten unerträglich finden. Das legt nahe, daß es bei der Untersuchung der Grausamkeit im realen Leben wichtig ist, nicht nur das grausame *Verhalten,* sondern auch das – oft unbewußte – schlechte Gewissen derer, die der Autorität gehorchen, zu berücksichtigen. (Die Nazis mußten ein ausgeklügeltes Verschleierungssystem für ihre Greueltaten anwenden, um mit dem Gewissen des Durchschnittsbürgers fertigzuwerden.) Milgrams Experiment veranschaulicht gut den Unterschied zwischen den bewußten und den unbewußten Aspekten des Verhaltens, selbst wenn er ihn nicht bei der Untersuchung berücksichtigte.

Noch ein weiteres Experiment ist in diesem Zusammenhang besonders relevant, da es sich direkt mit dem Problem der Ursachen der Grausamkeit befaßt.

Der erste Bericht über dieses Experiment wurde in einer kurzen Mitteilung veröffentlicht (P. G. Zimbardo, 1972), bei der es sich, wie der Verfasser mir schrieb, um einen Auszug aus einem mündlichen Bericht handelt, den er vor einem Unterausschuß des Kongresses über die Gefangenenreform gab. Dr. Zimbardo hält diesen Auszug, seiner Kürze wegen, nicht für eine faire Basis zur Beurteilung seiner Arbeit. Ich respektiere seinen Wunsch, obwohl ich es bedauere, da gewisse Diskrepanzen zwischen der ersten und der späteren Veröffentlichung (C. Haney, C. Banks und P. Zimbardo, im Druck)[11] bestehen, auf die ich gern eingegangen wäre. Ich werde nur ganz kurz auf zwei entscheidende Punkte in seiner ersten Mitteilung eingehen: a) auf die Haltung der Wärter und b) auf die zentrale These der Verfasser.

Zweck dieses Experimentes war, das Verhalten normaler Menschen in einer bestimmten Situation zu untersuchen, nämlich wenn sie in einem »Schein-Gefängnis« die Rollen von Gefangenen und deren Aufsehern spielten. Die allgemeine These, von der die Verfasser glauben, daß sie durch das Experiment bestätigt wurde, lautet, daß es kaum etwas gibt, wozu die meisten Menschen nicht durch den Einfluß einer bestimmten Situation gebracht werden könnten, und dies ohne Rücksicht auf ihre moralische Einstellung, auf ihre persönlichen Überzeugungen und Wertbegriffe (P. H. G. Zimbardo, 1972): genauer gesagt, daß in diesem Experiment die Gefängnissituation die meisten Versuchspersonen, die die Rolle der »Wärter« spielten, in brutale Sadisten und die meisten von denen, welche die Rolle der Gefangenen spielten, in jämmerliche, verängstigte und unterwürfige Menschen verwandelte, von denen einige so ernste psychische Symptome entwickelten, daß sie nach ein paar Tagen wieder entlassen werden mußten. Tatsächlich waren die Reaktionen beider Gruppen so intensiv, daß das ursprünglich für zwei Wochen geplante Experiment nach sechs Tagen abgebrochen werden mußte.

Ich bezweifle, daß das Experiment diese behavioristische These beweist, und werde die Gründe für meine Zweifel anführen. Doch muß ich den Leser zunächst mit den Einzelheiten des Experimentes bekannt machen, wie sie im zweiten Bericht geschildert werden. Studenten bewarben sich auf eine Zeitungsanzeige, die nach männlichen Freiwilligen suchte, welche bereit waren, sich an einer psychologischen Untersuchung über das Leben im Gefängnis zu beteiligen, und zwar gegen ein Entgelt von 15 Dollar pro Tag. Die Studenten, die sich bewarben,

> mußten einen ausführlichen Fragebogen ausfüllen über ihre Familienverhältnisse, ihren körperlichen und geistigen Gesundheitszustand, über ihre früheren Erlebnisse und psychopathologischen Tendenzen (einschließlich eigener Straffälligkeit). Jeder, der den Fragebogen über sein Milieu und seinen Werdegang ausfüllte, wurde von einem der beiden Versuchsleiter interviewt. Schließlich wurden 24 Versuchspersonen ausgewählt,

[11] Falls nicht anders vermerkt, stammen die folgenden Zitate aus der gemeinsamen Veröffentlichung, deren Manuskript Dr. Zimbardo mir freundlicherweise zur Verfügung stellte.

> die man für die körperlich und geistig stabilsten und reifsten hielt und von denen man annahm, daß sie am wenigsten in anti-soziale Aktionen verwickelt waren. Die Hälfte der Versuchspersonen wurde aufs Geratewohl für die Rolle des »Wärters« und die andere Hälfte für die des »Gefangenen« bestimmt.

Das letzte Sample der Versuchspersonen mußte sich am Tag vor Beginn der Simulation noch einer Reihe von psychologischen Tests unterziehen; um jedoch eine selektive Voreingenommenheit von seiten der Versuchsleiter und Beobachter auszuschalten, wurden die Punkte erst nach Beendigung der Untersuchung in Tabellen eingetragen. Nach eigenen Äußerungen der Verfasser hatten sie ein Sample von Personen ausgewählt, die von der Normalbevölkerung nicht abwichen und die keine sadistische oder masochistische Prädisposition erkennen ließen.

Das »Gefängnis« wurde in einem 35 Fuß langen Teil des Korridors im Untergeschoß des Psychologiegebäudes der Stanford-Universität eingerichtet. Allen Versuchspersonen wurde mitgeteilt, daß

> sie, wie der Zufall es wolle, für die Rolle eines Wärters oder eines Gefangenen bestimmt würden, und alle hatten sich freiwillig bereit erklärt, eine dieser beiden Rollen zwei Wochen lang für 15 Dollar am Tag zu spielen. Sie unterzeichneten einen Vertrag, in dem ihnen eine angemessene minimale Ernährung, Bekleidung, Unterkunft und medizinische Betreuung sowie das finanzielle Entgelt zugesagt wurde dafür, daß sie ihrerseits ihre »Absicht« bekundeten, auf die Dauer des Experiments die ihnen zugeteilte Rolle zu spielen.
>
> Im Vertrag war ausdrücklich festgelegt, daß die zu Gefangenen Bestimmten damit rechnen mußten, unter Bewachung zu stehen (daß sie kaum oder nie allein gelassen würden) und daß gewisse bürgerliche Grundrechte während ihrer Gefangenschaft aufgehoben wären, aber mit Ausschluß körperlicher Mißhandlung. Weitere Informationen darüber, was sie zu erwarten hatten, oder Instruktionen darüber, wie sie sich in ihrer Gefangenenrolle zu verhalten hätten, erhielten sie nicht. Den endgültig Ausgewählten wurde telefonisch mitgeteilt, sie hätten sich an einem bestimmten Sonntag, an dem wir mit dem Experiment beginnen wollten, in ihrer Wohnung zur Verfügung zu halten.

Die Versuchspersonen, die zu Aufsehern bestimmt waren, nahmen an einer Besprechung mit dem »Gefängnisdirektor« (einem nichtgraduierten Hochschulassistenten) und mit dem »Inspektor« (dem Hauptversuchsleiter) teil. Man sagte ihnen, ihre Aufgabe bestehe darin, »im Gefängnis einigermaßen Ordnung zu halten, so daß alles richtig funktioniere«. Wichtig ist zu wissen, was die Autoren unter »Gefängnis« verstehen. Sie gebrauchen das Wort nicht in seinem allgemeinen Sinn als einen Ort, wo Gesetzesübertreter interniert werden, sondern in einem spezifischen Sinn, in dem sich die Verhältnisse in gewissen amerikanischen Gefängnissen spiegeln.

> Unsere Absicht war nicht eine buchstäbliche Simulierung eines amerikanischen Gefängnisses, sondern vielmehr die funktionelle Darstellung eines solchen. Aus ethischen, moralischen und pragmatischen Gründen konnten wir unsere Versuchspersonen nicht für längere oder unbestimmte Zeit einsperren, wir konnten ihnen auch nicht mit schweren körperlichen Strafen drohen oder solche in Aussicht stellen, wir konnten keine homosexuellen oder rassistischen Praktiken zulassen und gewisse andere spezifische Aspekte des Lebens im Gefängnis nicht simulieren. Trotzdem glaubten wir eine Situation hervorrufen zu können, die den Verhältnissen in der realen Welt so ähnlich

> war, daß ihr Rollenspiel über die oberflächlichen Anforderungen hinaus, welche diese Rolle an sie stellte, uns die Möglichkeit geben würde, einen Einblick in die Tiefenstruktur der Charaktere zu bekommen, die sie darstellten. Zu diesem Zweck sorgten wir für funktionale Äquivalente der verschiedenen Tätigkeiten und Erlebnisse im tatsächlichen Gefängnisleben, von denen wir annahmen, daß sie bei unseren Versuchspersonen qualitativ ähnliche psychologische Reaktionen hervorrufen würden – wie Gefühle der Macht oder Ohnmacht, der Herrschaft oder Unterdrückung, der Befriedigung oder Frustration, der willkürlichen Befehlsgewalt oder des Widerstandes gegen die Autorität, des Status oder der Anonymität, des Masochismus oder der Kastration.

Wie der Leser sogleich aus der Beschreibung der in diesem Gefängnis angewandten Methoden ersehen wird, ist diese Beschreibung eine beträchtliche Untertreibung der im Experiment angewandten Behandlung, auf die mit den letzten Worten nur vage angespielt wird. Die tatsächlich angewandten Methoden liefen auf eine strenge und systematische Demütigung und Degradierung hinaus, und dies nicht nur aufgrund des Verhaltens der »Wärter«, sondern auch durch die »Gefängnisordnung«, die die Versuchsleiter aufgestellt hatten.

Durch die Anwendung des Wortes »Gefängnis« wird unterstellt, daß wenigstens in den Vereinigten Staaten – und praktisch auch in jedem anderen Land – Gefängnisse diesen Typ repräsentieren. Diese stillschweigende Voraussetzung läßt die Tatsache unberücksichtigt, daß es auch andere Gefängnisse gibt, wie zum Beispiel einige der Bundesstrafanstalten in den Vereinigten Staaten und die entsprechenden Anstalten in anderen Ländern, die nicht im selben Grade unmenschlich sind, wie es die Autoren in ihrem Scheingefängnis dargestellt haben.

Wie wurden die »Gefangenen« behandelt? Man hatte ihnen gesagt, sie sollten sich für den Beginn des Experiments bereithalten.

> Unter Mitwirkung der städtischen Polizei von Palo Alto wurden alle Versuchspersonen, die Gefangene abgeben sollten, ohne Vorankündigung in ihren Wohnungen »verhaftet«. Ein Polizeibeamter teilte ihnen mit, sie stünden unter dem Verdacht, einen Diebstahl oder einen bewaffneten Raubüberfall begangen zu haben. Er unterrichtete sie über ihre gesetzlichen Rechte, legte ihnen Handschellen an, durchsuchte sie gründlich (oft während neugierige Nachbarn zuschauten), luden sie hinten in ein Polizeiauto und fuhren mit ihnen zum Polizeirevier. Dort mußten sie sich den routinemäßigen Prozeduren unterziehen, es wurden ihre Fingerabdrücke abgenommen, eine Erkennungskarte wurde vorbereitet, und anschließend wurden sie in eine Arrestzelle gebracht. Jedem Gefangenen wurden die Augen verbunden. Dann wurde er von einem der Versuchsleiter und einem »Wärter« in unser Schein-Gefängnis gefahren. Während der ganzen Verhaftungsprozedur nahmen die Polizeibeamten eine offizielle, ernste Haltung ein und beantworteten grundsätzlich keine Fragen, mit denen die Betroffenen herauszubekommen versuchten, in welcher Beziehung diese Verhaftung zu dem Experiment des Schein-Gefängnisses stand.
>
> Nach der Ankunft in unserem Versuchs-Gefängnis wurde jeder Gefangene bis auf die Haut ausgezogen, mit einem Entlausungsmittel (einem Deodorant-Spray) besprüht, worauf man ihn eine Weile nackt im Gefängnishof stehen ließ. Dann mußte er die Gefängniskleidung anziehen, sein Erkennungsfoto wurde aufgenommen, und er wurde in seine Zelle gebracht, wobei man ihm den Befehl erteilte, sich ruhig zu verhalten.

Da die »Verhaftungen« von der wirklichen Polizei vorgenommen wurden (man fragt sich, wieweit deren Beteiligung bei der Prozedur überhaupt legal war), mußten die Versuchs-

personen annehmen, daß sie tatsächlich eines Vergehens beschuldigt wurden, besonders da die Beamten ihre Fragen unbeantwortet ließen, ob die Verhaftung mit dem Experiment in Verbindung stand. Was sollten sich die Versuchspersonen dabei denken? Woher sollten sie wissen, daß ihre »Verhaftung« keine Verhaftung war, daß die Polizeibeamten sich dazu hergegeben hatten, die falschen Beschuldigungen zu erheben und Gewalt anzuwenden, nur um dem Experiment etwas Farbe zu geben?
Die Bekleidung der »Gefangenen« war recht eigenartig. Sie bestand aus

> einem losen Baumwollkittel, der vorn und hinten eine Kennummer hatte. Unter diesem »Anzug« trugen sie keine Unterwäsche. Um das eine Fußgelenk war eine leichte Kette mit Schloß geschlungen. An den Füßen hatten sie Gummisandalen, und das Haar wurde ihnen mit einem zu einer Kappe geschlungenen Nylonstrumpf bedeckt . . . Diese Bekleidung sollte den Gefangenen nicht nur ihre Individualität nehmen, sie sollte sie auch demütigen und ein Symbol ihrer Abhängigkeit und Degradierung sein. Die Kette um den Knöchel erinnerte sie ständig (selbst im Schlaf noch, wenn sie mit ihrem anderen Knöchel in Berührung kam) an das Bedrückende ihrer Umgebung. Die Strumpfkappe beseitigte jedes Unterscheidungsmerkmal bezüglich Haarlänge und -farbe und Frisur (wie dies in einigen »wirklichen« Gefängnissen und beim Militär dadurch erreicht wird, daß man dem Betreffenden den Kopf schert). In den schlechtsitzenden Kitteln fühlten sich die Gefangenen in ihren Bewegungen behindert, da die Kleider überdies ohne Unterwäsche getragen wurden, zwangen sie sie, eine ungewohnte Haltung einzunehmen, die der einer Frau ähnlicher war als der eines Mannes – was ebenfalls zu dem Entmannungsprozeß beitrug, der mit dem Gefangenendasein Hand in Hand ging.

Welche Reaktionen zeigten die »Gefangenen« und die »Wärter« auf diese Situation während der sechs Tage, die das Experiment dauerte?

> Am dramatischsten kam die Einwirkung dieser Situation auf die Teilnehmer in den schweren Reaktionen von fünf Gefangenen zum Ausdruck, die man wegen außerordentlich heftiger emotionaler Depressionen, Schreien, Wutanfällen und akuten Angstzuständen entlassen mußte. Bei vier dieser Teilnehmer zeigten sich ganz ähnliche Symptome, und zwar begannen diese bereits am zweiten Tag der Einkerkerung. Die fünfte Versuchsperson wurde entlassen, nachdem man sie wegen eines psychosomatischen Hautausschlags hatte behandeln müssen, der ganze Teile des Körpers erfaßte. Von den übrigen Gefangenen sagten nur zwei, sie wollten sich das verdiente Geld nicht dadurch verscherzen, daß man sie »vorzeitig entließ«. Als das Experiment nach sechs Tagen vorzeitig beendet wurde, waren alle übrigen Gefangenen über dieses unverhoffte Glück höchst erfreut . . .

Während die Reaktion der »Gefangenen« ziemlich einheitlich war und nur Gradunterschiede aufwies, bot die Reaktion der »Aufseher« ein komplexeres Bild:

> Im Gegensatz dazu machten die Wärter den Eindruck, als ob sie über unsere Entscheidung, mit dem Experiment Schluß zu machen, unglücklich wären, und wir hatten das Gefühl, daß sie so sehr in ihre Rolle hineingewachsen waren, daß es ihnen jetzt Spaß machte, eine so unumschränkte Kontrolle und Macht ausüben zu können, und daß sie es nur ungern wieder aufgaben.

Die Autoren beschreiben die Haltung der »Wärter« folgendermaßen:

> Keiner der Wärter kam jemals zur Ablösung zu spät, und es kam sogar mehrmals vor, daß Wärter freiwillig weiter Dienst machten, ohne sich über die Überstunden zu beschweren, die sie nicht extra bezahlt bekamen.
> Die hochgradig pathologischen Reaktionen, die bei beiden Gruppen der Versuchspersonen auftraten, beweisen die Macht der sozialen Kräfte, die am Werk waren. Trotzdem gab es individuelle Unterschiede in der Art, wie die einzelnen mit der neuen Erfahrung fertig zu werden versuchten und wieweit ihnen eine erfolgreiche Anpassung gelang. Die Hälfte der Gefangenen hielt die bedrückende Atmosphäre aus, und nicht alle Wärter nahmen eine feindselige Haltung ein. Einige Wärter waren streng aber fair (»sie hielten sich an die Regeln«), einige gingen weit über die Befugnisse ihrer Rolle hinaus, benahmen sich grausam und quälten die Gefangenen, während einige wenige passiv blieben und nur selten Zwangsmaßnahmen gegenüber den Gefangenen anwandten.

Schade, daß wir nicht genauere Informationen erhalten als »einige« und »einige wenige«. Dies scheint mir ein unnötiger Mangel an Genauigkeit, wäre es doch ein Leichtes gewesen, Zahlen anzugeben. Dies ist umso verwunderlicher, als in der früheren Veröffentlichung in *Trans-Action* etwas genauere und erheblich abweichende Feststellungen gemacht wurden. Der Prozentsatz der aktiv sadistischen »Wärter«, die »recht erfinderisch in ihren Methoden, die Gefangenen klein zu kriegen«, waren, wird dort mit etwa *einem Drittel* geschätzt. Der Rest wird in zwei andere Kategorien unterteilt, die als (1) »streng aber fair« und (2) als »gute Wärter vom Standpunkt der Gefangenen« beschrieben wurden, »da sie ihnen kleine Gefälligkeiten erwiesen und freundlich zu ihnen waren«. Diese Charakterisierung unterscheidet sich erheblich von der, daß einige wenige »passiv blieben und nur selten Zwangsmaßnahmen gegenüber den Gefangenen anwandten«, wie es im späteren Bericht heißt.

Derartige Beschreibungen lassen einen gewissen Mangel an Genauigkeit in der Formulierung der Daten erkennen, was um so bedauerlicher ist, wenn es im Zusammenhang mit der entscheidenden These des Experimentes zu verzeichnen ist. Die Autoren glauben, es beweise, daß die Situation allein innerhalb weniger Tage normale Personen in jämmerliche, unterwürfige Wesen oder in erbarmungslose Sadisten verwandeln könne. Mir scheint, daß das Experiment eher das Gegenteil beweist – wenn es überhaupt etwas beweist. Wenn trotz der Gesamtatmosphäre dieses Scheingefängnisses, die nach dem Konzept des Experiments entwürdigend und demütigend sein sollte (was die »Wärter« offenbar sofort begriffen), zwei Drittel der »Wärter« keine sadistischen Handlungen zu ihrem persönlichen Vergnügen begingen, so scheint mir das Experiment eher zu beweisen, daß man die Leute *nicht* so leicht nur mit Hilfe einer geeigneten Situation in Sadisten verwandeln kann.

In diesem Zusammenhang kommt es sehr stark auf den Unterschied zwischen Verhalten und Charakter an. Es ist etwas anderes, ob man sich entsprechend den sadistischen Vorschriften *verhält* oder ob man zu anderen Leuten grausam sein möchte und daran *Gefallen findet*. Daß bei diesem Experiment diese Unterscheidung nicht gemacht wurde, nimmt ihm viel von seinem Wert, wie es auch Milgrams Experiment beeinträchtigt.

Diese Unterscheidung ist auch für die andere Seite der These relevant, nämlich dafür, daß die vorausgegangene Testreihe ergeben hatte, daß die Versuchspersonen keine Neigung zu sadistischem oder masochistischem Verhalten zeigten, das heißt, daß die Tests auf keine sadistischen oder masochistischen Charakterzüge hinwiesen. Soweit dies die Psychologen angeht, für die das manifeste Verhalten das Wichtigste ist, mag diese Feststellung korrekt sein. Für den Psychoanalytiker ist es jedoch aufgrund seiner Erfahrungen nicht sehr überzeugend. Charakterzüge sind oft völlig unbewußt, und sie lassen sich außerdem nicht mit den konventionellen psychologischen Tests aufdecken. Was die projektiven Tests betrifft, wie zum Beispiel den T. A. T. oder den Rorschach-Test, so werden nur Forscher mit einer beträchtlichen Erfahrung im Studium der unbewußten Prozesse mit ihrer Hilfe viel unbewußtes Material entdecken.

Die Daten über die »Wärter« sind noch aus einem anderen Grunde fragwürdig. Diese Versuchspersonen wurden gerade deshalb ausgewählt, weil sie mehr oder weniger durchschnittliche, normale Menschen waren und man keine sadistischen Neigungen bei ihnen fand. Dieses Ergebnis widerspricht aber der Tatsache, daß der Prozentsatz unbewußter Sadisten in einer Durchschnittsbevölkerung nicht gleich Null ist. Einige Untersuchungen (E. Fromm, 1936; E. Fromm und M. Maccoby, 1970) haben dies gezeigt, und ein erfahrener Beobachter kann es auch ohne Benutzung von Fragebogen und ohne Tests feststellen. Aber wie hoch der Prozentsatz an sadistischen Charakteren in einer normalen Bevölkerung auch immer sein mag, das vollkommene Fehlen dieser Kategorie spricht nicht dafür, daß man Tests anwandte, die sich für dieses Problem eigneten.

Einige verwirrende Resultate des Experiments dürften durch einen anderen Faktor zu erklären sein. Die Verfasser stellen fest, daß es den Versuchspersonen schwergefallen sei, die Wirklichkeit von der Rolle, die sie spielten, zu unterscheiden, und sie nehmen an, daß dies aus der Situation resultiere. Das ist natürlich richtig, aber die Versuchsleiter haben diese Resultate in ihr Experiment eingebaut. Zunächst wurden die »Gefangenen« durch mehrere Umstände in Verwirrung gebracht. Die Bedingungen, die man ihnen mitteilte und unter denen sie sich auf den Vertrag einließen, unterschieden sich drastisch von denen, die sie dann vorfanden. Sie konnten unmöglich darauf gefaßt sein, sich in einer entwürdigenden, demütigenden Atmosphäre wiederzufinden. Noch wichtiger für das Zustandekommen der Verwirrung ist aber die Mitarbeit der Polizei. Da es höchst ungewöhnlich ist, daß die Polizeibehörde sich zu einem derartigen experimentellen Spiel hergibt, war es für die »Gefangenen« äußerst schwierig, zwischen der Wirklichkeit und ihrer Rolle zu unterscheiden.

Aus dem Bericht geht hervor, daß sie nicht einmal wußten, ob ihre Verhaftung etwas mit dem Experiment zu tun hatte, und daß die Beamten sich weigerten, ihnen ihre Fragen zu beantworten, ob ein Zusammenhang bestand. Wäre nicht jeder Durchschnittsmensch hierdurch durcheinandergebracht worden und wäre nicht jeder mit dem verwirrten, hilflosen Gefühl an das Experiment herangegangen, daß man ihn hereingelegt hatte?

Warum haben die »Gefangenen« nicht sofort oder nach ein oder zwei Tagen Schluß gemacht? Die Verfasser geben uns kein klares Bild davon, was den »Gefangenen« über die Bedingungen gesagt wurde, unter denen sie wieder aus ihrem Scheingefängnis heraus konnten. Ich selbst habe wenigstens keinen einzigen Hinweis darauf gefunden, daß man ihnen überhaupt gesagt hatte, sie hätten das Recht, aufzuhören, wenn sie es nicht länger aushielten. Tatsächlich hinderten die »Wärter« einige, die ausbrechen wollten, mit Gewalt daran. Scheinbar war ihnen der Eindruck vermittelt worden, daß sie von der Entlassungskommission die Erlaubnis erhalten konnten, das Gefängnis zu verlassen. Aber die Verfasser sagen:

> Einer der bemerkenswertesten Vorfälle bei dem Experiment ereignete sich während einer Vernehmung durch die Entlassungskommission, bei der fünf Gefangene, die um Entlassung nachgesucht hatten, vom Hauptverfasser (des Aufsatzes) gefragt wurden, ob sie denn auf das gesamte Geld, das sie sich als Gefangene verdient hätten, bei ihrer Entlassung (aus dem Experiment) verzichten wollten. Drei der fünf Gefangenen sagten »ja«, das wollten sie. Man beachte, daß der ursprüngliche Beweggrund für ihre Teilnahme am Experiment die Geldzusage gewesen war, und daß sie trotzdem – schon nach vier Tagen – bereit waren, völlig darauf zu verzichten. Noch erstaunlicher war, daß jeder dieser Gefangenen ruhig aufstand und sich vom Aufseher in seine Zelle zurückführen ließ, als man ihnen mitteilte, man müsse diese Möglichkeit erst mit den anderen Leitern besprechen, bevor man darüber entscheiden könne. Hätten sie sich nur als »Versuchspersonen« betrachtet, die sich für Geld an einem Experiment beteiligten, so hätte für sie kein Anlaß mehr bestanden, an dem Experiment weiter teilzunehmen, und sie hätten sich einer Situation, die ihnen so widerwärtig geworden war, leicht dadurch entziehen können, daß sie einfach gegangen wären. Aber so stark war inzwischen die Kontrolle geworden, die die Situation über sie hatte, und die simulierte Umgebung war für sie so sehr zur Wirklichkeit geworden, daß sie nicht mehr erkennen konnten, daß ihr ursprüngliches und einziges Motiv, dazubleiben, nicht mehr zutraf, und so kehrten sie in ihre Zelle zurück, um dort darauf zu warten, daß ihre Kerkermeister sich entschließen würden, sie vorzeitig zu entlassen.

Hätten sie sich der Situation wirklich so leicht entziehen können? Warum sagte man ihnen nicht bei der Vernehmung: »Wer von Ihnen gehen will, kann sofort weggehen, nur verliert er dann das Geld.« Wenn sie nach dieser Bekanntgabe noch geblieben wären, wäre der Hinweis der Verfasser auf ihre Fügsamkeit tatsächlich gerechtfertigt. Indem sie aber sagten, »man müsse diese Möglichkeit erst mit den anderen Leitern besprechen, bevor man darüber entscheiden könne«, gab man ihnen die typische bürokratische Antwort, die sich vor der Verantwortung drückt; sie besagte unausgesprochen, daß die »Gefangenen« *nicht das Recht hatten* zu gehen.

»Wußten« die »Gefangenen« wirklich, daß es sich bei all dem nur um ein Experiment handelte? Es hängt davon ab, was hier unter »wissen« zu verstehen ist und welche Wirkung es auf die Denkprozesse des »Gefangenen« hat, wenn man ihn von Anfang an absichtlich verwirrt, so daß er schließlich nicht mehr weiß, was ist was und wer ist wer.

Abgesehen von dem Mangel an Genauigkeit und an einer selbstkritischen Auswertung der Resultate, weist das Experiment noch einen weiteren Mangel auf: daß man die Resultate nicht an realen Gefängnissituationen gleicher Art überprüfte. Ist die Mehrzahl der Gefangenen in den schlimmsten amerikanischen Gefängnissen wirklich sklavisch unterwürfig, und sind die meisten Aufseher tatsächlich brutale Sadisten? Die Verfasser zitieren nur einen einzigen früheren Sträfling und einen Gefängnisgeistlichen als Zeugen für ihre These, daß die Resultate des Scheingefängnisses denen in den wirklichen Gefängnissen entsprechen. Da es sich hier um eine Frage handelt, die für die Hauptthese des Experiments von ausschlaggebender Bedeutung ist, hätten sie weit mehr Vergleiche anstellen müssen – zum Beispiel durch systematische Befragung vieler früherer Gefangener. Auch hätten sie, anstatt einfach nur von »Gefängnissen« zu reden, genauere Angaben über den Prozentsatz der Gefängnisse in den Vereinigten Staaten machen müssen, die dem entwürdigenden Typ eines Gefängnisses entsprechen, den sie zu simulieren versuchten.

Daß es die Verfasser versäumten, ihre Schlußfolgerungen an einer realistischen Situation zu überprüfen, ist um so bedauerlicher, als reiches Material vorhanden ist über eine weit brutalere Gefängnissituation, als sie in den schlimmsten amerikanischen Gefängnissen zu finden ist: Ich meine Hitlers Konzentrationslager.

Was die spontane Grausamkeit der SS-Wärter betrifft, so ist dieses Problem noch nicht systematisch untersucht worden. Bei meinen eigenen nur beschränkten Möglichkeiten, Daten über das Vorkommen eines spontanen Sadismus bei den Wärtern aufzutreiben – das heißt über ein sadistisches Verhalten, das über die Routinevorschriften hinausging und von individueller sadistischer Lust motiviert war –, habe ich Schätzungen von früheren Häftlingen erhalten, die zwischen 10 und 90 Prozent liegen, wobei die niedrigeren Schätzungen häufiger von früheren politischen Häftlingen stammen.[12] Um sicherzugehen, wäre es notwendig, eine gründliche Untersuchung des Sadismus der Wärter im Konzentrationslager-System der Nazis durchzuführen. Eine derartige Untersuchung könnte sich verschiedener Methoden bedienen. Zum Beispiel:

1. Systematische Interviews mit früheren Insassen von Konzentrationslagern, wobei man ihre Aussagen mit ihrem Alter, den Gründen für ihre Inhaftierung, der Dauer ihrer Gefangenschaft und anderen relevanten Daten in Beziehung bringen müßte, sowie ähnlichen Interviews mit früheren Wärtern in Konzentrationslagern.[13]

2. »Indirekte« Daten, wie etwa die folgenden: das (wenigstens 1939) angewandte System, neue Gefangene während der langen Eisenbahnfahrt ins Konzentrationslager »kirre zu machen«, indem man ihnen heftige körperliche Schmerzen zufügte (Schläge, Bajonettwunden) oder indem man sie hungern ließ oder sie äußersten Demütigungen aussetzte. Die SS-Wärter führten diese sadistischen Befehle aus, ohne das geringste Mitleid zu zeigen. Später dagegen, wenn die Gefangenen mit der Bahn von einem Lager in ein anderes transportiert wurden, rührte sie niemand an, da sie jetzt »alte Gefangene« waren (B. Bettelheim, 1960). Wenn die Wärter sich mit ihrem sadistischen Verhalten ein Vergnügen hätten machen wollen, so hätten sie das gewiß tun können, ohne eine Bestrafung befürchten zu müssen.[14] Daß dies nicht häufiger vorkam, könnte zu gewissen Schlußfolgerungen über den individuellen Sadismus der Wärter Anlaß geben. Was die Haltung der Gefangenen betrifft, so dürften die Daten aus den Konzentrationslagern die Hauptthese von Haney, Banks und Zimbardo widerlegen, die dahingehend lautet, daß individuelle Werte, Moral und Überzeugungen, verglichen mit dem überwältigenden Einfluß der Umgebung, keinerlei Unterschiede bewirken. Ganz im Gegenteil beweisen die Unterschiede in der Haltung von apolitischen Gefangenen aus der Mittelklasse (meist Juden)

[12] Persönliche Mitteilungen von H. Brandt und Professor H. Simonson, die beide viele Jahre in Konzentrationslagern als politische Häftlinge verbracht haben, sowie von anderen, die nicht genannt sein möchten. Vgl. auch H. Brandt (1970).

[13] Ich weiß von Dr. J. M. Steiner, daß er für die Presse eine Studie, die sich auf solche Interviews gründet, vorbereitet; dies dürfte ein wichtiger Beitrag werden.

[14] Damals mußte ein Wärter nur dann schriftlich Bericht erstatten, wenn er einen Gefangenen getötet hatte.

einerseits und von Gefangenen mit einer echten politischen oder religiösen Überzeugung oder beidem andererseits, daß die Wertbegriffe und Überzeugungen der Gefangenen tatsächlich einen entscheidenden Unterschied in ihrer Reaktion auf die Bedingungen des Konzentrationslagers, die für alle gleich waren, bewirkten.

Bruno Bettelheim gibt eine höchst lebendige, tiefgründige Analyse dieses Unterschiedes:

> *Unpolitische, dem Mittelstand angehörende Häftlinge* (eine kleine Gruppe in den Konzentrationslagern) waren am wenigsten imstande, den ersten Schock auszuhalten. Sie konnten gar nicht begreifen, was ihnen zugestoßen war und warum es geschehen war. Noch mehr als vorher klammerten sie sich an das, was ihnen bis dahin Selbstachtung gegeben hatte. Noch während sie mißhandelt wurden, versicherten sie, nie gegen den Nationalsozialismus gewesen zu sein. Sie konnten nicht verstehen, warum sie, die sich immer vorbehaltlos an die Gesetze gehalten hatten, verfolgt wurden. Nicht einmal, nachdem sie ungerechterweise inhaftiert worden waren, wagten sie es auch nur in Gedanken, sich gegen ihre Unterdrücker aufzulehnen, obwohl ihnen das die Selbstachtung verliehen hätte, die sie so dringend brauchten. Sie verlegten sich aufs Bitten, und viele krochen vor der SS zu Kreuze. Da für sie Gesetz und Polizei unanfechtbar waren, nahmen sie alles, was die Gestapo tat, als gerecht hin. Sie wandten sich lediglich dagegen, daß ausgerechnet sie selbst Opfer einer Verfolgung geworden waren, die sie an sich als gerecht betrachteten, da sie ja von der Obrigkeit veranlaßt war. Sie versuchten das alles zu erklären, indem sie sagten, es müsse sich um einen »Irrtum« handeln. Die SS-Leute machten sich über sie lustig und mißhandelten sie schwer; sie hatten Gefallen an Situationen, in denen sich ihre Überlegenheit zeigte. Die Gruppe als ganze war besonders darauf bedacht, in irgendeiner Weise ihren sozialen Stand respektiert zu sehen. Am meisten bedrückte es sie, »wie gemeine Verbrecher« behandelt zu werden.
>
> Das Verhalten dieser Menschen zeigte, wie wenig der unpolitische deutsche Mittelstand in der Lage war, sich gegen den Nationalsozialismus zu behaupten. Sie besaßen keinerlei ideellen Rückhalt – ethischer, politischer oder sozialer Natur –, der ihre Integrität geschützt oder ihnen die Stärke gegeben hätte, sich innerlich gegen den Nationalsozialismus aufzulehnen. Sie hatten keine oder nur geringe innere Kraftreserven, auf die sie hätten zurückgreifen können, als der Schock der Verhaftung sie überraschte. Ihr Selbstbewußtsein hatte auf ihrem sozialen Stand und der Achtung beruht, die ihnen ihre Stellung einbrachte, auf ihrem Beruf, auf der Tatsache, daß sie Familienväter waren, oder auf anderen äußerlichen Faktoren.
>
> Fast alle diese Menschen verloren die ihrer Klasse wünschenswert erscheinenden typischen Eigenschaften, wie etwa Selbstachtung und das Gefühl für das, was »sich schickt«. Statt dessen wurden sie völlig hilflos, und die unangenehmen Eigenschaften ihrer Klasse traten deutlich hervor: Kleinlichkeit, Streitsucht, Selbstbemitleidung. Viele von ihnen litten unter Depressionen und Rastlosigkeit und beschwerten sich über alles und jedes. Andere entwickelten sich zu Betrügern und bestahlen ihre Mithäftlinge. (Die SS zu bestehlen oder zu betrügen galt als ebenso ehrenhaft, wie der Kameradendiebstahl als verabscheuungswürdig betrachtet wurde.) Sie schienen nicht mehr in der Lage zu sein, nach ihrer eigenen Fasson zu leben, und richteten sich in ihrem Verhalten nach anderen Häftlingsgruppen. Einige folgten dem Beispiel der kriminellen Häftlinge.
>
> Nur sehr wenige eigneten sich die Verhaltensweisen der politischen Häftlinge an, die in der Regel am angenehmsten, wenn auch fragwürdig waren. Wieder andere versuchten sich im Gefängnis so zu verhalten, wie sie es auch vorher im Leben getan hatten: Sie unterwarfen sich vorbehaltlos denen, die zu sagen hatten. Einige wenige versuchten, sich den der Oberklasse entstammenden Häftlingen anzuschließen und deren Verhalten nachzuahmen. Viel größer war die Zahl derer, die sich selbst zu Sklaven der SS machten; einige wurden sogar zu Spitzeln, wozu sich sonst nur kriminelle Häftlinge hergaben. Das nützte ihnen aber auch nichts, denn die Gestapo wollte zwar den Verrat, verachtete aber den Verräter (B. Bettelheim, 1964).

Bettelheim gibt hier eine tiefschürfende Analyse des Identitätsgefühls und der Selbstachtung des durchschnittlichen Vertreters der Mittelklasse: Seine soziale Stellung, sein Prestige, seine Befehlsgewalt sind die Stützen, auf denen seine Selbstachtung ruht. Werden ihm diese Stützen genommen, sinkt er moralisch in sich zusammen wie ein Ballon, aus dem man die Luft abläßt. Bettelheim zeigt, *warum* diese Menschen demoralisiert wurden und warum viele von ihnen zu erbärmlichen Sklaven und sogar zu Spionen der SS wurden. Auf ein wichtiges Element unter den Ursachen dieser Wandlung ist noch hinzuweisen: Diese nichtpolitischen Häftlinge konnten die Situation nicht begreifen; sie konnten nicht verstehen, weshalb sie im Konzentrationslager waren, weil sie in ihrem konventionellen Glauben verhaftet waren, daß nur »Verbrecher« bestraft werden – und *sie* waren doch keine Verbrecher. Dieses Nicht-Begreifen und die daraus resultierende Verwirrung haben viel zu ihrem Zusammenbruch beigetragen.
Die *politischen* und *religiösen* Häftlinge reagierten völlig anders auf die gleichen Bedingungen.

> Für die *politischen* Häftlinge, die eine Verfolgung durch die SS erwartet hatten, war die Inhaftierung nicht ein derart großer Schock, weil sie psychologisch darauf vorbereitet waren. Sie haßten ihr Schicksal, nahmen es aber als etwas hin, das nach ihrer Meinung in den Gang der Ereignisse zu passen schien. Sie machten sich zwar zu Recht und verständlicherweise Sorgen über ihre Zukunft und das Schicksal ihrer Angehörigen und Freunde, aber fühlten sich ohne Zweifel durch die Inhaftierung nicht erniedrigt, wenn sie auch ebensosehr wie andere unter den Verhältnissen im Lager litten.
> Da die *Zeugen Jehovas* Wehrdienstverweigerer waren, kamen sie alle ins Konzentrationslager. Ihnen machte die Inhaftierung noch weniger aus als den politischen Häftlingen, und sie bewahrten sich ihre Integrität, weil sie starke religiöse Überzeugungen besaßen. Da ihr einziges Verbrechen in den Augen der SS darin bestand, daß sie sich weigerten, Dienst mit der Waffe zu tun, wurde ihnen häufig Entlassung angeboten, wenn sie sich bereit erklären würden, Wehrdienst zu leisten. Sie blieben standhaft und lehnten ab.
> Die Angehörigen dieser Gruppe hatten in der Regel einen begrenzten Horizont und bemühten sich, andere zu ihrem Glauben zu bekehren. Andererseits waren sie beispielhafte Kameraden, hilfsbereit, korrekt, verläßlich. Zu Auseinandersetzungen und Streitereien ließen sie sich nur dann hinreißen, wenn jemand ihre Glaubenswahrheiten anzweifelte. Weil sie gewissenhafte Arbeiter waren, wurden sie oft als Kapos ausgewählt. Wenn sie das geworden waren und die SS-Leute ihnen einen Befehl gaben, bestanden sie darauf, daß die Häftlinge die Arbeit gut und in der dafür vorgesehenen Zeit verrichteten. Sie waren zwar die einzige Gruppe von Häftlingen, die andere Lagerinsassen nie beschimpften oder mißhandelten (im Gegenteil, sie waren in der Regel recht höflich gegenüber ihren Mithäftlingen), aber die SS-Leute bevorzugten sie dennoch als Kapos, weil sie arbeitsam, geschickt und zurückhaltend waren. Im Gegensatz zu dem ständigen mörderischen Kleinkrieg zwischen den anderen Häftlingsgruppen mißbrauchten die Zeugen Jehovas die Tatsache, daß sie mit den SS-Leuten zu tun hatten, nie dazu, sich eine Vorzugsstellung im Lager zu verschaffen (B. Bettelheim, 1964).

Wenn auch Bettelheims Beschreibung der politischen Häftlinge nur sehr skizzenhaft ist,[15] geht doch ganz klar daraus hervor, daß die Insassen der Konzentrationslager, die eine

[15] Eine viel ausführlichere Beschreibung findet sich in H. Brandt (1970).

Überzeugung hatten und an sie glaubten, auf dieselben Umstände völlig anders reagierten als die Gefangenen, die keine derartigen Überzeugungen hatten. Diese Tatsache widerspricht der behavioristischen These, die Haney et al. mit ihrem Experiment zu beweisen versuchten.

Man fragt sich unwillkürlich nach dem Wert solcher »künstlicher« Experimente, da für »natürliche« Experimente so viel Material zur Verfügung steht. Diese Frage drängt sich um so mehr auf, weil derartige Experimente nicht nur die angebliche Genauigkeit vermissen lassen, aufgrund derer sie natürlichen Experimenten vorzuziehen seien, sondern auch, weil das künstliche Arrangement dahin tendiert, die gesamte experimentelle Situation im Vergleich zu der des »wirklichen Lebens« zu verzerren.

Was ist hier unter »wirklichem Leben« zu verstehen?

Vielleicht ist es besser, wenn ich den Ausdruck anhand einiger Beispiele statt mit einer formalen Definition erkläre, die nur philosophische und epistemologische Fragen heraufbeschwören würde, deren Diskussion von unserem Hauptthema zu weit abführt.

Bei Manövern wird erklärt, daß eine bestimmte Anzahl Soldaten »getötet« und eine gewisse Anzahl Geschütze »zerstört« wurde. Das geschieht entsprechend den Spielregeln, doch hat es für die Soldaten als Person oder für die Geschütze als Gegenstand keinerlei Konsequenzen; der »tote« Soldat ist froh, daß er sich ein wenig ausruhen kann, und das »zerstörte« Geschütz wird auch weiterhin seinem Zweck dienen. Das Schlimmste, was der verlierenden Seite passieren könnte, ist, daß ihr kommandierender General bei seiner weiteren Karriere Schwierigkeiten bekommt. Mit anderen Worten hat das, was beim Manöver geschieht, keinerlei Folgen für die reale Situation der meisten Beteiligten.

Auch das Glücksspiel gehört hierher. Die meisten Leute, die sich an Glücksspielen mit Karten, am Roulette oder auch an Pferdewetten beteiligen, sind sich der Grenze zwischen »Spiel« und »Wirklichkeit« sehr wohl bewußt; sie spielen nur um Summen, deren Verlust ihre wirtschaftliche Situation nicht ernstlich beeinträchtigen, das heißt, keine schwerwiegenden Folgen nach sich ziehen würde.

Die Minorität der wirklichen »Spieler« riskiert dagegen Beträge, deren Verlust ihre wirtschaftliche Lage effektiv bis zum Ruin beeinträchtigen würde. Aber der »Spieler« *»spielt«* nicht im eigentlichen Sinn; er praktiziert eine sehr realistische, oft dramatische Lebensform. Die gleiche Konzeption von »Spiel« und »Realität« gilt für einen Sport wie das Fechten; keiner der beiden Partner riskiert dabei sein Leben. Wird die Situation so eingerichtet, daß er dies doch tut, so sprechen wir von einem Duell und nicht von Sport.[16]

Wenn die »Versuchspersonen« sich bei psychologischen Experimenten völlig klar darüber wären, daß das Ganze nur ein Spiel ist, wäre alles sehr einfach. Aber bei vielen Experimenten – wie auch bei dem von Milgram – werden sie falsch informiert und angelogen; was das Gefängnis-Experiment angeht, so wurde da alles so eingerichtet, daß die Versuchspersonen möglichst wenig oder überhaupt nicht erkennen konnten, daß es sich nur um ein Experiment handelte. Gerade die Tatsache, daß viele dieser Experimente, um überhaupt durchführbar zu sein, mit der Vorspiegelung falscher Tatsachen arbeiten

[16] M. Maccobys Untersuchungen über die Bedeutung der Spielhaltung im sozialen Charakter der Amerikaner schärfte meinen Blick für die Dynamik der »Spiel«-Haltung. (M. Maccoby, Veröffentlichung demnächst. Vgl. auch M. Maccoby, 1972.)

müssen, beweist ihre besondere Unwirklichkeit; das Gefühl der Teilnehmer für die Wirklichkeit wird in Verwirrung gebracht, und ihr kritisches Urteilsvermögen wird stark reduziert.[17]

Im »wirklichen Leben« wissen wir, daß unser Verhalten Konsequenzen nach sich zieht. Jemand mag in seiner Phantasie den Wunsch haben, einen Menschen zu töten, aber diese Phantasie führt nur selten zur Tat. Viele drücken derartige Phantasien in Träumen aus, weil Phantasien im Schlafzustand keine Konsequenzen haben. Experimente, bei denen die Versuchspersonen nicht unbedingt das Gefühl haben, daß es sich um die Wirklichkeit handelt, können eher Reaktionen hervorrufen, die unbewußte Tendenzen repräsentieren, als daß sie zeigen, wie sich der Betreffende in Wirklichkeit verhalten würde.[18] Ob ein Ereignis real oder ein Spiel ist, ist aber auch noch aus einem anderen Grund von entscheidender Wichtigkeit. Bekanntlich mobilisiert eine *reale* Gefahr eine »Notstandsenergie«, um mit ihr fertig zu werden, und dies oft in einem Ausmaß, daß der Betreffende es nie für möglich gehalten hätte, daß er über so viel physische Kraft, Geschicklichkeit und Ausdauer verfügen würde. Aber diese Notstandsenergie wird nur dann mobilisiert, wenn der ganze Organismus mit einer realen Gefahr konfrontiert ist, und dies aus guten neurophysiologischen Gründen; Gefahren, die man in Tagträumen erlebt, stimulieren dagegen den Organismus nicht auf diese Weise, sondern führen nur zu Angst und Besorgnis. Das gleiche gilt nicht nur für Notstandsreaktionen angesichts der Gefahr, sondern auch für den Unterschied zwischen Phantasie und Wirklichkeit in anderer Hinsicht, zum Beispiel für die Mobilisierung von moralischen Hemmungen und Gewissensreaktionen, die nicht aufkommen, wenn man das Gefühl hat, daß die Gesamtsituation keine reale ist.

Außerdem ist bei derartigen Laboratoriumsexperimenten auch die Rolle des Versuchsleiters zu bedenken. Er herrscht über eine fiktive Realität, die er selbst konstruiert hat und die er kontrolliert. In gewissem Sinn repräsentiert *er selbst* für die Versuchsperson die Realität; aus diesem Grund übt er einen hypnoiden Einfluß auf sie aus, der dem des Hypnotiseurs auf sein Objekt ähnlich ist. Der Versuchsleiter befreit seine Versuchsperson bis zu einem gewissen Grad von ihrer Verantwortung und dem eigenen Willen und macht sie daher weit eher geneigt, sich seinen Anordnungen zu fügen, als sie dies in einer nicht hypnoiden Situation tun würde.

Schließlich ist der Unterschied zwischen den Schein-Gefangenen und den wirklichen Gefangenen so groß, daß es praktisch unmöglich ist, aus der Beobachtung der ersteren gültige Analogien abzuleiten. Für einen Gefangenen, der wegen einer bestimmten Hand-

[17] Man wird unwillkürlich an ein wesentliches Merkmal des Werbefernsehens erinnert, in dem eine Atmosphäre geschaffen wird, die den Unterschied zwischen Phantasie und Wirklichkeit verwischt und die der suggestiven Beeinflussung durch die zu vermittelnde »Botschaft« dient. Der Zuschauer »weiß«, daß der Gebrauch einer bestimmten Seife in seinem Leben keine wunderbare Wandlung bewirken wird, trotzdem glaubt ein anderer Teil seines Ichs daran. Statt zwischen Wirklichkeit und Phantasie zu unterscheiden, denkt er weiter im Zwielicht, in dem man zwischen Wirklichkeit und Illusion nicht unterscheiden kann.

[18] Aus diesem Grund erlaubt ein gelegentlicher Traum von einem Mord nur die qualitative Feststellung, daß derartige Impulse vorhanden sind, und keine quantitative Feststellung über deren Intensität. Nur eine häufige Wiederholung würde auch eine quantitative Analyse rechtfertigen.

lung ins Gefängnis gekommen ist, ist die Situation äußerst real; er kennt die Gründe – ob seine Bestrafung gerecht ist oder nicht, ist ein anderes Problem –, er kennt seine Hilflosigkeit und die wenigen Rechte, die er hat, er kennt seine Chancen für eine frühzeitige Entlassung. Ob jemand weiß, daß er (selbst unter den schlimmsten Bedingungen) nur zwei Wochen im Gefängnis bleiben muß, oder ob es sich um zwei Monate, zwei Jahre oder um zwanzig Jahre handelt, ist ganz offensichtlich ein Faktor, der seine Haltung entscheidend beeinflussen muß. Dieser Faktor ist entscheidend für seine Hoffnungslosigkeit, seine Demoralisierung und gelegentlich (wenn auch nur ausnahmsweise) auch für die Mobilisierung neuer Energien – mit guten oder schlechten Zielen. Außerdem ist ein Gefangener nicht schlechthin »ein Gefangener«. Gefangene sind Individuen und reagieren auf individuelle Weise, je nach ihrer unterschiedlichen Charakterstruktur. Das besagt jedoch nicht, daß ihre Reaktion *nur* die Funktion ihres Charakters und nicht auch die ihrer Umgebung ist. Es wäre sehr naiv, annehmen zu wollen, daß sie entweder das eine oder das andere sein müßte. Das komplexe, schwierige Problem ist, bei jedem einzelnen – und bei jeder Gruppe – herauszufinden, welche spezifische Interaktion zwischen einer gegebenen Charakterstruktur und einer gegebenen sozialen Struktur besteht. Erst an diesem Punkt beginnt eine wirkliche Forschung, die durch die Annahme, daß die Situation der einzige Faktor sei, der menschliches Verhalten erklärt, nur gehemmt wird.

Die Frustrations-Aggressions-Theorie

Es existieren noch viele andere behavioristisch orientierte Untersuchungen über Aggression,[19] von denen jedoch keine eine allgemeine Theorie über die Ursprünge von Aggression und Destruktivität entwickelt, mit Ausnahme der Frustrations-Aggressions-Theorie von J. Dollard u. a. (1939), welche den Anspruch erhebt, die Ursache der Aggression gefunden zu haben. Genauer gesagt lautet diese Theorie: »Das Auftreten aggressiven Verhaltens setzt stets das Vorhandensein von Frustration voraus, und umgekehrt führt das Vorhandensein von Frustration stets zu irgendeiner Form von Aggression« (J. Dollard u. a., 1939). Zwei Jahre später gab einer der Verfasser, N. E. Miller, den zweiten Teil der Hypothese wieder auf und räumte ein, daß die Frustration auch eine Anzahl andersartiger Reaktionen hervorrufen könne und daß die Aggression nur eine der möglichen Reaktionen sei (N. E. Miller, 1941).

Wie Buss feststellt, wurde diese Theorie mit nur sehr wenigen Ausnahmen von fast allen Psychologen anerkannt. Buss selbst kommt zu dem kritischen Ergebnis: »Der Nachdruck, der auf die Frustration gelegt wurde, hat leider dazu geführt, daß man die andere große Klasse der Antezedenzien (schädliche Reize) ebenso vernachlässigte, wie die Aggression als instrumentale Reaktion. Die Frustration ist nur ein Antezedens der Aggression und nicht das wirksamste« (A. H. Buss, 1961).

Eine gründliche Diskussion der Frustrations-Aggressions-Theorie ist im Rahmen dieses Buches wegen der umfangreichen einschlägigen Literatur, die zu behandeln wäre, nicht

[19] Vgl. die ausgezeichnete Übersicht der psychologischen Studien über die Destruktivität (E. J. Megargee, 1969).

möglich.[20] Ich werde mich daher im folgenden auf ein paar grundlegende Gesichtspunkte beschränken.

Die Einfachheit der ursprünglichen Formulierung der Theorie wird stark durch die Vieldeutigkeit dessen beeinträchtigt, was man unter Frustration versteht. Grundsätzlich gibt es zwei Bedeutungen: a) die Unterbrechung einer begonnenen, zielgerichteten Aktivität. (Beispiele dafür wären etwa, wenn ein Junge die Hand in der Keksbüchse hat und die Mutter ins Zimmer kommt und ihm Einhalt gebietet; oder wenn jemand im Zustand sexueller Erregung im Coitus unterbrochen wird.) b) Frustration als Negation eines Begehrens oder eines Wunsches – »Versagung« nach Buss. (Beispiele hierfür wären, wenn der Junge seine Mutter um ein Keks bittet und sie es ihm versagt oder wenn ein Mann einer Frau einen Antrag macht und sie ihn zurückweist.)

Ein Grund für die Vieldeutigkeit des Begriffes »Frustration« liegt darin, daß Dollard et. al. sich nicht mit der nötigen Klarheit ausdrücken. Ein weiterer Grund ist wahrscheinlich der, daß das Wort »Frustration« in der Umgangssprache meist im zweiten Sinn gebraucht wird und daß psychoanalytische Gedankengänge hierzu auch beigetragen haben dürften. (Zum Beispiel wird das Verlangen eines Kindes nach Liebe von seiner Mutter »frustriert«.)

Je nach der Bedeutung des Wortes »Frustration« haben wir es mit zwei völlig verschiedenen Theorien zu tun. Frustration im ersteren Sinn dürfte relativ selten sein, da die Voraussetzung dafür ist, daß die beabsichtigte Aktivität bereits begonnen hat. Das dürfte nicht häufig genug vorkommen, um damit alle Aggression oder auch nur einen beträchtlichen Teil erklären zu können. Andererseits könnte aber die Erklärung der Aggression als Folge der Unterbrechung einer Aktivität der einzige stichhaltige Teil der Theorie sein. Neue neurophysiologische Daten könnten für einen Beweis oder eine Widerlegung dieser Theorie von entscheidender Bedeutung sein.

Andererseits hat es den Anschein, daß sich die Theorie, die sich auf die zweite Bedeutung des Wortes »Frustration« gründet, nicht gegen das Gewicht empirischer Tatsachen behaupten kann. Vor allem müssen wir eine grundlegende Tatsache des Lebens bedenken: daß nichts Wichtiges erreicht werden kann, ohne Frustration zu akzeptieren. Die Idee, man könne ohne Mühe, das heißt ohne Frustration, lernen, mag als Werbeslogan gut sein, doch stimmt sie ganz gewiß nicht, wenn es darum geht, wichtigere Fertigkeiten zu erlangen. Wenn der Mensch nicht die Fähigkeit besessen hätte, sich mit Frustrationen abzufinden, hätte er sich vermutlich überhaupt nicht weiterentwickelt. Und zeigt uns nicht unsere Alltagserfahrung, daß immer wieder Menschen Versagungen erleiden, ohne daß sie darauf mit Aggression reagieren? Was dagegen eine wichtige Rolle spielt, ist die *Bedeutung,* welche die Frustration für den Betreffenden hat, und diese psychologische Bedeutung der Frustration ist je nach der Gesamtkonstellation, in der sie auftritt, sehr unterschiedlich.

Wenn man zum Beispiel einem Kind verbietet, Süßigkeiten zu essen, so wird diese Fru-

[20] Zu den wichtigsten Diskussionen der Frustrations-Aggressions-Theorie gehört neben dem Werk von A. H. Buss, L. Berkowitz, *Frustration-Aggression Hypothesis Revisited* (1969). Berkowitz nimmt eine kritische, jedoch im ganzen positive Haltung ein. Auch zitiert er eine Reihe neuerer Untersuchungen.

strierung keine Aggression mobilisieren, falls die Eltern dem Kind gegenüber eine liebevolle Haltung einnehmen, die nicht aufs Befehlen aus ist. Ist jedoch dieses Verbot nur eine von vielen Manifestationen des elterlichen Wunsches, das Kind zu beherrschen, oder bekommt beispielsweise das kleine Geschwisterchen ein Keks, so mag das einen beträchtlichen Zornausbruch zur Folge haben. Was diese Aggression hervorruft, ist nicht die Frustration als solche, sondern die in der Situation enthaltene Ungerechtigkeit oder Zurückweisung.

Der wichtigste Faktor bei der Feststellung von Frustration und der Beurteilung ihrer Intensität ist der *Charakter* des Betreffenden. Ein gieriger Mensch zum Beispiel wird mit Zorn reagieren, wenn er nicht so viel zu essen bekommt, wie er haben möchte, und ein geiziger Mensch wird aggressiv, wenn sein Wunsch, etwas billig einzukaufen, frustriert wird. Ein narzißtischer Mensch fühlt sich frustriert, wenn er nicht das Lob und die Anerkennung findet, die er erwartet. Vom Charakter eines Menschen hängt in erster Linie ab, *was* ihn frustriert, und in zweiter Linie die Intensität seiner Reaktion auf die Frustration.

So wertvoll wie viele der behavioristisch orientierten psychologischen Forschungsarbeiten über die Aggression sind, was ihre speziellen Ziele betrifft, so ist ihnen doch keine Formulierung einer globalen Hypothese über die Ursachen der destruktiven Aggression gelungen. »Nur wenige der von uns untersuchten Arbeiten«, sagt Megargee am Ende seines vorzüglichen Überblicks über die psychologische Literatur, »haben den Versuch gemacht, die Theorien über die menschliche Gewaltsamkeit zu überprüfen. Die empirischen Untersuchungen, die sich mit ihr beschäftigen, *dienten im allgemeinen nicht der Überprüfung von Theorien.* Forschungsarbeiten, die sich mit wichtigen theoretischen Problemen befassen, untersuchten meist mildere Formen aggressiven Verhaltens, oder sie bedienen sich inframenschlicher Versuchsobjekte.« (E. I. Megargee, 1969. Im Original nicht kursiv.) Angesichts der Begabung dieser Forscher, des ihnen zur Verfügung stehenden Materials und der zahlreichen Studenten, die sich wissenschaftlich auszeichnen möchten, bestätigen diese mageren Resultate die Annahme, daß die behavioristische Psychologie sich nicht für die Entwicklung einer systematischen Theorie über die Quellen der destruktiven Aggression eignet.

3

TRIEBTHEORIEN UND BEHAVIORISMUS: IHRE UNTERSCHIEDE UND ÄHNLICHKEITEN

Gemeinsamkeiten

Der Mensch der Triebtheorien lebt die Vergangenheit der Art, der Mensch der Behavioristen die Gegenwart des sozialen Systems. Ersterer ist eine Maschine, die nur die ererbten Muster der Vergangenheit, letzterer ist eine Maschine[1], die nur die sozialen Muster der Gegenwart produzieren kann. Trieblehren und Behaviorismus haben eine Grundprämisse gemeinsam: daß der Mensch keine Psyche mit eigener Struktur und eigenen Gesetzen besitzt.

Für die Instinktforschung im Sinne von Lorenz gilt dasselbe, was am radikalsten von einem seiner früheren Schüler, Paul Leyhausen, formuliert wurde. Er kritisiert all jene Psychologen, die sich mit menschlichen Wesen befassen (die Humanpsychologen) und behaupten, alles Psychische könne nur psychologisch, das heißt auf der Basis psychologischer Prämissen erklärt werden. (Das »nur« ist eine leichte Übertreibung ihrer Position der besseren Argumentation zuliebe.) Leyhausen behauptet im Gegenteil:

> Wenn wir irgendwo die Erklärung für psychisches Geschehen und Erleben ganz bestimmt *nicht* finden, dann ist es im Psychischen selbst, und zwar aus dem gleichen Grunde, weshalb wir die Erklärung für die Verdauung nicht in den Verdauungsvorgängen finden, sondern in jenen besonderen ökologischen Verhältnissen, die vor etwa einer Milliarde Jahren eine Anzahl von Organismen einem Selektionsdruck aussetzten, der sie dazu brachte, statt nur anorganische Nährstoffe zu assimilieren, nun auch solche organischer Natur aufzunehmen. Die psychischen Vorgänge sind ganz ebenso unter Selektionsdruck entstandene Leistungen von lebens- und arterhaltendem Wert, und die Erklärung für sie liegt in jedem Sinne *vor* ihnen (K. Lorenz, P. Leyhausen, 1968).

Einfacher ausgedrückt, behauptet Leyhausen, man könne psychologische Fakten allein aus dem Evolutionsprozeß erklären. Das Ausschlaggebende hierbei ist, was man unter »erklären« versteht. Wenn man beispielsweise wissen möchte, wie der Angsteffekt

[1] Im Sinne von H. von Foersters »Trivial machine« (1970).

sich als Ergebnis der Gehirnentwicklung von den niedrigsten bis zu den höchsten Lebewesen entwickeln *konnte,* so ist dies Aufgabe jener Wissenschaftler, die die Evolution des Gehirns erforschen. Will man dagegen erklären, *warum* ein Mensch Angst hat, werden die Daten der Evolution kaum viel zur Beantwortung beitragen. Die Erklärung ist dann notwendigerweise im wesentlichen eine psychologische. Vielleicht fühlt sich der Betreffende von einem stärkeren Feind bedroht, oder er versucht mit seiner eigenen unterdrückten Aggression fertig zu werden, oder er leidet unter einem Gefühl der Machtlosigkeit, oder ein paranoides Element in seinem Inneren bewirkt, daß er sich verfolgt fühlt, und es gibt noch viele andere Faktoren, aus denen allein oder aus deren Zusammenspiel sich die Angst erklären läßt. Der Versuch, die Angst einer bestimmten Person aus einem Evolutionsprozeß zu erklären, ist von vornherein aussichtslos.

Leyhausens Prämisse, der einzig mögliche Weg zur Erforschung menschlicher Phänomene sei der evolutionäre, bedeutet, daß wir den psychischen Prozeß im Menschen ausschließlich aufgrund unseres Wissens erklären können, wie er im Verlauf der Evolution zu dem wurde, was er ist. Ähnlich behauptet er, man könne die Verdauungsprozesse nur aus Bedingungen erklären, wie sie vor Millionen Jahren existierten. Könnte ein Arzt, der sich mit den Störungen des Verdauungstrakts bei einem Patienten befaßt, diesem helfen, wenn er sich um die Evolution der Verdauung kümmerte, anstatt um die Ursachen des speziellen Symptoms bei diesem speziellen Patienten? Für Leyhausen wird die Evolution zur einzigen Wissenschaft, die alle anderen Wissenschaften, welche sich mit dem Menschen befassen, absorbiert. Meines Wissens hat Lorenz selbst dieses Prinzip nie so drastisch formuliert, doch gründet sich seine Theorie auf dieselbe Prämisse. Er behauptet, der Mensch könne sich nur *hinreichend* verstehen, wenn er den Evolutionsprozeß verstehe, der ihn zu dem gemacht hat, was er heute ist.[2]

Trotz ihrer großen Unterschiede besitzen die Trieb- und die behavioristische Theorie eine gemeinsame Grundorientierung. Sie entfernen beide die *Person*, den sich verhaltenden Menschen aus ihrem Gesichtsfeld. Ob der Mensch das Produkt der Konditionierung oder das Produkt der Evolution der Lebewesen ist, er wird in beiden Fällen ausschließlich durch Bedingungen determiniert, die außerhalb seiner selbst liegen. Er hat keinen Teil an seinem Leben, keine Verantwortung und keine Spur von Freiheit. Der Mensch ist eine Marionette, kontrolliert von den Trieben oder der Konditionierung.

Neuere Auffassungen

Trotz – oder vielleicht auch wegen – der Tatsache, daß die Instinkt- und Triebforscher und die Behavioristen gewisse Züge in ihrem Menschenbild und ihrer philosophischen Orientierung gemeinsam haben, bekämpften sie sich mit einem bemerkenswerten Fanatismus. »Nature OR nurture« (»Trieb ODER Umgebung«) wurden zu Flaggen, unter denen sich die jeweilige Seite sammelte, von denen keine bereit war, Gemeinsamkeiten zu sehen.

[2] Die Position von Lorenz-Leyhausen besitzt eine Parallele in einer verzerrten Form der Psychoanalyse, die annimmt, die Psychoanalyse sei identisch mit einem Verständnis der Geschichte des Patienten, ohne daß man sich um ein Verständnis der gegenwärtigen Dynamik seines psychischen Prozesses bemühen müsse.

In den letzten Jahren existiert eine wachsende Tendenz, die scharfen Alternativen im Krieg zwischen Trieblehren und Behaviorismus zu überwinden. Eine Lösung bestand darin, daß man die Terminologie änderte. Einige wollten den Terminus »Instinkt« für die niedrigeren Tiere reserviert wissen und bei menschlichen Motivationen von »organischen Trieben« sprechen. Auf diese Weise kamen Formulierungen zustande wie: »Das Verhalten des Menschen ist *größtenteils* erlernt, während das Verhalten eines Vogels *größtenteils* nicht erlernt ist« (W. C. Alee, H. W. Nissen und M. F. Nimkoff, 1953). Diese Formulierung ist charakteristisch für die neue Tendenz, das alte »entweder-oder« durch eine »mehr-oder-weniger«-Formulierung zu ersetzen, um auf diese Weise der allmählichen Veränderung im Gewicht der betreffenden Faktoren Rechnung zu tragen. Das Modell für diese Auffassung ist ein Kontinuum, an dessen einem Ende die (fast) vollständige angeborene Determination liegt, während am anderen Ende das (fast) vollständige Lernen steht.
F. A. Blach, ein namhafter Gegner der Instinkt-Theorie, schreibt:

> Eine vielleicht noch ernster zu nehmende Schwäche in der gegenwärtigen psychologischen Behandlung des Instinktes liegt in der Annahme, ein Zwei-Klassen-System sei für die Klassifizierung eines komplexen Verhaltens adäquat. Die stillschweigende Voraussetzung, alles Verhalten müsse durch Lernen oder Vererbung determiniert sein, wobei beide Begriffe nur zum Teil verstanden werden, ist völlig ungerechtfertigt. Die endgültige Form einer Reaktion wird von einer Vielzahl von Variablen beeinflußt, von denen nur zwei genetisch oder erfahrungsbedingt sind. Die Psychologie sollte sich mit der Identifikation und Analyse aller dieser Faktoren befassen. Wenn diese Aufgabe richtig verstanden und durchgeführt wird, wird es überflüssig, noch weiter über die unklaren Auffassungen des instinktiven Verhaltens zu disputieren (F. A. Beach, 1955).

Ähnlich schreiben auch N. R. F. Maier und T. C. Schneirla:

> Da das Lernen für das Verhalten höherer Lebewesen eine wichtigere Rolle spielt als für die niedrigeren Formen, werden die angeborenen Verhaltensmuster der höheren Formen viel weitgehender durch die Erfahrung modifiziert als die der niedrigeren Formen. Durch eine solche Modifikation kann sich das Tier an eine andere Umgebung anpassen und aus der engen Begrenzung ausbrechen, die ihm die optimale Bedingung aufzwingt. Höhere Formen sind daher für ihr Überleben weniger abhängig von spezifischen äußeren Umweltbedingungen als die niedrigeren Formen.
> Wegen der Interaktion erworbener und angeborener Verhaltensfaktoren ist es unmöglich, viele Verhaltensmuster zu klassifizieren. Jeder Verhaltenstyp muß getrennt untersucht werden (N. R. F. Maier und T. C. Schneirla, 1964).

Die in diesem Buch vertretene Anschauung ist in mancher Hinsicht der der oben erwähnten Autoren und der anderer Forscher ähnlich, die sich weigern, noch länger unter der Flagge der »Instinkte« gegen die Vertreter des »Lernens« zu kämpfen. Ich werde jedoch im Dritten Teil zeigen, daß das wichtigere Problem vom Standpunkt dieser Untersuchung aus ist, daß man unterscheidet zwischen »organischen Trieben« (Nahrung, Kampf, Flucht, Sexualität), deren Funktion es ist, das Überleben des Individuums und der Art zu gewährleisten, und den »nichtorganischen Trieben« (im Charakter wurzelnde Leidenschaften)[3],

[3] »Nichtorganisch« bedeutet natürlich nicht, daß sie kein neurophysiologisches Substrat besitzen, sondern daß sie nicht durch organische Bedürfnisse stimuliert werden und daß sie nicht im Dienst organischer Bedürfnisse stehen.

welche nicht phylogenetisch programmiert und nicht allen Menschen gemeinsam sind, wozu das Streben nach Liebe und Freiheit sowie die Destruktivität, der Narzißmus, der Sadismus und der Masochismus gehören.

Diese nichtorganischen Triebe, welche die zweite Natur des Menschen ausmachen, werden oft mit den organischen Trieben verwechselt. Ein solcher Fall ist der Sexualtrieb. Es ist eine psychoanalytisch wohlbegründete Beobachtung, daß die Intensität dessen, was subjektiv als Sexualwunsch erlebt wird (einschließlich seiner entsprechenden physiologischen Manifestationen), oft auf nichtsexuelle Leidenschaften zurückzuführen ist, wie zum Beispiel auf Narzißmus, Sadismus, Masochismus, Machtstreben und sogar auf Angst, Einsamkeit und Langeweile.

Für einen narzißtischen Mann kann zum Beispiel der Anblick einer Frau deshalb sexuell erregend wirken, weil er durch die Möglichkeit, sich selbst seine Attraktivität beweisen zu können, erregt wird. Oder ein sadistischer Mensch kann dadurch sexuell erregt werden, daß er die Chance hat, eine Frau (oder je nachdem einen Mann) zu erobern und zu beherrschen. Viele sind durch eben dieses Motiv jahrelang emotional aneinander gebunden, besonders dann, wenn der Sadismus des einen Partners dem Masochismus des anderen entspricht. Bekanntlich machen Ruhm, Macht und Reichtum ihren Besitzer sexuell attraktiv, wenn bestimmte körperliche Voraussetzungen gegeben sind. In allen diesen Fällen wird das körperliche Begehren durch nichtsexuelle Leidenschaften mobilisiert, die auf diese Weise befriedigt werden. Es bleibt jedem überlassen zu schätzen, wie viele Kinder ihre Existenz der Eitelkeit, dem Sadismus und Masochismus und nicht einer echten körperlichen Anziehung verdanken, von Liebe ganz zu schweigen. Aber die Leute, besonders Männer, halten sich lieber für »besonders leicht sexuell erregbar« als für »übertrieben eitel«.[4]

Das gleiche Phänomen hat man in Fällen zwangsweisen Essens gründlich klinisch untersucht. Dieses Symptom ist nicht durch »physiologischen«, sondern durch »psychischen« Hunger motiviert, der durch Gefühle von Depression, Angst und »Leere« hervorgerufen wird.

Meine These – die in den folgenden Kapiteln zu beweisen ist – lautet, daß Destruktivität und Grausamkeit keine instinktiven Triebe sondern Leidenschaften sind, die in der Gesamtexistenz des Menschen wurzeln. Sie gehören zu den Möglichkeiten, dem Leben einen Sinn zu geben; sie sind beim Tier kaum zu finden, sie können dies auch nicht sein, weil sie ihrer Natur nach im »Menschsein« verwurzelt sind. Der Hauptirrtum von Lorenz und anderen Instinktforschern ist der, daß sie die beiden Arten von Trieben, die im *Instinkt* verwurzelten und die im *Charakter* verwurzelten, durcheinander brachten. Ein sadistischer Mensch, der gleichsam auf eine Gelegenheit wartet, seinem Sadismus Ausdruck verleihen zu können, erweckt den Eindruck, als ob auf ihn das hydraulische Modell des aufgestauten Instinktes paßte. Aber nur Menschen mit sadistischem Charakter warten auf die Gelegenheit, sich sadistisch betätigen zu können, genau so wie Menschen mit liebevollem Charakter auf die Gelegenheit warten, ihrer Liebe Ausdruck zu verleihen.

[4] Dies kommt besonders deutlich bei dem Phänomen des »Machismo« (lateinamerikanischer Ausdruck für männliche Protzerei), zum Ausdruck. (A. Aramoni, 1955; vgl. auch E. Fromm und M. Maccoby, 1970.)

Der politische und soziale Hintergrund beider Theorien

Es ist instruktiv, den sozialen und politischen Hintergrund der Fehde zwischen den Vertretern der Milieutheorie und der Instinktlehre etwas genauer zu untersuchen.

Die Milieutheorie ist gekennzeichnet vom Geist der politischen Revolution des Bürgertums im achtzehnten Jahrhundert. Der Feudalismus stützte sich auf die Annahme, daß seine Ordnung die *natürliche* war. Bei dem Kampf gegen diese »natürliche« Ordnung, die das Bürgertum stürzen wollte, lag die Theorie nahe, daß der Status eines Menschen in keiner Weise von irgendwelchen angeborenen oder natürlichen Faktoren, sondern einzig und allein von den gesellschaftlichen Verhältnissen abhing, deren Verbesserung sich die Revolution zum Ziel gesetzt hatte. Alle Laster und alle Torheiten wurden nicht aus der menschlichen Natur, sondern aus den schlechten und lasterhaften Einrichtungen der Gesellschaft erklärt. Daher stand einem absoluten Optimismus in bezug auf die Zukunft der Menschheit nichts im Wege.

Während so die Milieutheorie eng mit den revolutionären Hoffnungen des aufstrebenden Bürgertums im achtzehnten Jahrhundert verknüpft war, spiegeln sich in den auf Darwins Lehren basierenden Instinkt- und Trieblehren die Grundauffassung des Kapitalismus des neunzehnten Jahrhunderts. Der Kapitalismus als ein System, bei dem durch rücksichtslosen Konkurrenzkampf aller gegen alle Harmonie entsteht, würde als *natürliche* Ordnung erscheinen, wenn man beweisen könnte, daß das komplexeste und erstaunlichste aller Phänomene, der Mensch, das Produkt dieses Konkurrenzkampfes aller Lebewesen seit dem Beginn des Lebens ist. Die Entwicklung des Lebens vom einzelligen Organismus bis zum Menschen würde dann als das großartigste Beispiel freien Unternehmertums erscheinen, bei dem die Besten durch den Konkurrenzkampf gewinnen und bei dem alle diejenigen ausgemerzt werden, die nicht die Fähigkeiten haben in dem sich weiterentwickelnden ökonomischen System überleben zu können.[5]

Die Gründe für die siegreich gegen die Instinkt- und Trieblehre gerichtete Revolution, die in den zwanziger Jahren von K. Dunlap, Zing Yang Kuo und L. Bernard angeführt wurde, sind im unterschiedlichen Charakter des Kapitalismus des zwanzigsten und des neunzehnten Jahrhunderts zu suchen. Ich möchte hier nur auf einige in diesem Zusammenhang relevante Punkte eingehen. Der Kapitalismus des neunzehnten Jahrhunderts war ein verbissener Konkurrenzkampf unter den Kapitalisten, der zur Ausmerzung der schwächeren und weniger tüchtigen führte. Im Kapitalismus des zwanzigsten Jahrhunderts ist an die Stelle des Konkurrenzkampfes bis zu einem gewissen Grade die Kooperation der großen Konzerne getreten. Man mußte daher nicht mehr den Beweis erbringen, daß der rücksichtslose Konkurrenzkampf einem Naturgesetz entsprach. Ein weiterer wichtiger Unterschied liegt in der veränderten Methode der Herrschaft. Im Kapitalismus des neunzehnten Jahrhunderts gründet sich Herrschaft im großen und ganzen auf die Ausübung streng patriarchalischer Prinzipien, die moralisch durch die Autorität Gottes und des Königs gestützt wurden. Der kybernetische Kapitalismus mit seinen gigantischen

[5] Diese historische Interpretation hat mit der Gültigkeit der Darwinschen Theorie nichts zu tun, wenn sie auch vielleicht mit der Vernachlässigung gewisser Tatsachen wie der Rolle der Kooperation und mit der Popularität der Theorie zusammenhängt.

zentralisierten Industrien und seiner Fähigkeit, die Arbeiter mit Brot *und* Spielen zu versorgen, ist in der Lage, durch psychologische Manipulation und »human engineering« die Menschen zu kontrollieren. Er braucht einen Menschen, der besonders formbar und leicht zu beeinflussen ist, und nicht so sehr einen, dessen »Instinkte« von der Angst vor Autorität beherrscht werden. Schließlich hat unsere heutige Industriegesellschaft auch eine andere Auffassung vom Ziel des Lebens als das vorige Jahrhundert. Damals war das Ideal – wenigstens beim Bürgertum – Unabhängigkeit und private Initiative. Man wollte »sein eigener Herr« sein. Heute dagegen ist das ersehnte Ziel uneingeschränkter Konsum und uneingeschränkte Beherrschung der Natur. Die Menschheit wird angefeuert durch den Traum, eines Tages die Natur vollständig zu beherrschen und wie Gott zu sein; warum sollte etwas in der *menschlichen* Natur sein, was nicht unter Kontrolle zu bringen ist?

Aber wenn im Behaviorismus die Stimmung des Industrialismus des zwanzigsten Jahrhunderts zum Ausdruck kommt, wie erklärt sich dann das Wiederaufleben der Instinktlehren in den Schriften von Lorenz und seine Popularität bei der breiten Öffentlichkeit? Wie bereits angedeutet, ist ein Grund dafür das Gefühl der Angst und Hoffnungslosigkeit, das viele wegen der ständig wachsenden Gefahren erfüllt, gegen die nichts unternommen wird. Viele, die an den Fortschritt geglaubt und darauf gehofft hatten, daß sich das Schicksal der Menschen grundsätzlich ändern würde, nehmen jetzt ihre Zuflucht zu der Erklärung, daß die menschliche Natur an diesem Versagen schuld sein muß, anstatt daß sie den gesellschaftlichen Prozeß, der zu ihrer Enttäuschung geführt hat, sorgfältig analysieren. Schließlich sind noch die persönlichen und politischen Standpunkte der Autoren zu berücksichtigen, die sich zu Befürwortern des neuen Instinktivismus gemacht haben.

Einige Schriftsteller auf diesem Gebiet sind sich der politischen und philosophischen Konsequenzen ihrer diesbezüglichen Theorien nur vage bewußt. Auch die Kommentatoren ihrer Theorien haben diesen Zusammenhängen kaum Beachtung geschenkt. Es gibt jedoch Ausnahmen. N. Pastore (1949) hat die sozialpolitischen Ansichten von vierundzwanzig Psychologen, Biologen und Soziologen hinsichtlich des Nature-nurture-Problems miteinander verglichen. Von den zwölf »Liberalen« oder Radikalen waren elf Vertreter der Milieutheorie und nur einer ein Anhänger der Vererbungslehre; von den zwölf »Konservativen« waren elf Vertreter der Vererbungslehre und nur einer ein Vertreter der Milieutheorie. Selbst wenn man die geringe Anzahl der Beteiligten in Betracht zieht, ist dieses Ergebnis recht aufschlußreich.

Andere Autoren sind sich auch über die emotionalen Faktoren klar, wenn auch gewöhnlich nur in den Hypothesen ihrer Gegner. Ein gutes Beispiel für diese einseitige Erkenntnis ist die Feststellung eines der namhaftesten Vertreter der orthodoxen Psychoanalyse, R. Waelder:

> Ich beziehe mich hierbei auf eine Gruppe von Kritikern, die entweder regelrechte Marxisten waren oder zu jener Richtung der westlichen liberalen Tradition gehörten, deren Ableger der Marxismus war, nämlich der Denkrichtung, die leidenschaftlich davon überzeugt war, daß der Mensch von Natur aus »gut« ist und daß alle Übel und Mißstände in den menschlichen Angelegenheiten auf die verdorbenen Institutionen zurückzuführen sind – etwa auf die Einrichtung des Privateigentums oder – in einer neueren und gemäßigteren Version – auf die sogenannte »neurotische Kultur« . . .

> Aber ganz gleich ob man Vertreter der Evolutionstheorie oder Revolutionär ist, ob man in seinen Anschauungen gemäßigt oder radikal oder einseitig orientiert ist, niemand, der an die fundamentale Güte des Menschen glaubt und der davon überzeugt ist, daß für das menschliche Leiden ausschließlich äußere Ursachen verantwortlich sind, wird umhin können, durch die Theorie von einem Destruktions- oder Todestrieb in Verwirrung zu geraten. Denn wenn diese Theorie stimmt, dann sind die Möglichkeiten für Konflikte und für Leiden dem menschlichen Dasein inhärent und die Versuche, Leiden abzuschaffen oder zu mildern, scheinen, wenn nicht überhaupt ein hoffnungsloses Unterfangen, mindestens weit komplizierter zu sein, als es sich die sozialen Revolutionäre vorgestellt haben (R. Waelder, 1956).

So scharfsinnig Waelders Bemerkungen sind, man sollte doch nicht übersehen, daß er nur die Einstellung der Gegner der Trieb- und Instinktlehren berücksichtigt und nicht die derjenigen, die seine eigene Auffassung teilen.

4

DER PSYCHOANALYTISCHE WEG ZUM VERSTÄNDNIS DER AGGRESSION

Ist die psychoanalytische Methode ein Weg zum Verständnis der Aggression auf dem die Nachteile des Behaviorismus und der Instinktlehren vermieden werden? Auf den ersten Blick hat man den Eindruck, daß die Psychoanalyse diese Nachteile nicht ausschaltet, sondern im Gegenteil, daß sie mit den Nachteilen beider Richtungen belastet ist. Die psychoanalytische Theorie ist gleichzeitig ihren allgemeinen theoretischen Vorstellungen nach in den Instinktlehren verwurzelt[1] und umweltorientiert in ihrem therapeutischen Bezug.

Daß Freuds Theorie[2] in den Instinkttheorien wurzelt, da sie das menschliche Verhalten aus dem Widerstreit von Selbsterhaltungstrieb und Sexualtrieb (und in seiner späteren Theorie von Lebens- und Todestrieb) erklärt, ist zu allgemein bekannt, als daß ich es hier noch im einzelnen belegen müßte. Daß der Begriffsrahmen gleichzeitig milieuorientiert ist, ist ebenfalls leicht zu erkennen, wenn man bedenkt, daß die analytische Therapie die Entwicklung der Persönlichkeit aus der spezifischen Umweltkonstellation der frühen Kindheit, das heißt dem Einfluß der Familie, zu erklären versucht. Dieser Aspekt verträgt sich jedoch insofern mit den Instinktlehren, als angenommen wird, daß der modifizierende Einfluß der Umgebung über den Einfluß der libidinösen Struktur erfolgt.

In der Praxis jedoch erweisen häufig Patienten, Öffentlichkeit und auch die Analytiker selbst dem spezifischen Einfluß des Sexualtriebs nur einen Lippendienst (wobei dessen Auswirkungen oft auf Grund von »Funden« rekonstruiert werden und diese »Funde« selbst oft nur eine Konstruktion darstellen, die sich auf das System theoretischer Erwartungen gründet); oft vertritt man eine Stellung, die völlig der Milieutheorie entspricht. Das Axiom lautet, daß jede negative Entwicklung beim Patienten als Resultat schädigen-

[1] Freud bedient sich des Ausdrucks »Trieb«, der im englischen meist mit *instinct* übersetzt wird, doch bezieht er sich damit auf den Instinkt in einem umfassenderen Sinn als einem somatisch verwurzelten Trieb, der das Gesamtverhalten, wenn auch nicht im strengen Sinn, determiniert, so doch weitgehend beeinflußt.

[2] Eine detaillierte Analyse der Entwicklung der Freudschen Aggressionstheorie findet sich im Anhang.

der Einflüsse in seiner frühen Kindheit zu verstehen ist. Dies hat oft zu unberechtigten Selbstanklagen der Eltern geführt, die glaubten, an jedem unerwünschten oder pathologischen Charakterzug schuld zu sein, der bei ihrem Kind nach dessen Geburt auftauchte, während die Patienten in der Analyse dazu neigten, ihre Eltern für alle Störungen verantwortlich zu machen, wodurch sie es sich ersparten, sich mit dem Problem ihrer eigenen Verantwortlichkeit auseinanderzusetzen.

Angesichts dieser Tatsachen könnte es nur legitim erscheinen, wenn die Psychologen die Psychoanalyse als *Theorie* in die Kategorie der Instinktlehren einreihten, und so sind ihre Argumente gegen Lorenz *eo ipso* Argumente gegen die Psychoanalyse. Doch ist hier Vorsicht geboten. Die Frage lautet: wie ist die Psychoanalyse zu definieren? Stellt sie die Gesamtsumme von Freuds Theorien dar, oder kann man auch bei ihm zwischen den ursprünglichen und schöpferischen und den nebensächlichen, zeitbedingten Teilen seines Systems unterscheiden, eine Unterscheidung, welche man im Werk aller großen Pioniere des Denkens machen kann? Wenn eine solche Unterscheidung legitim ist, müssen wir uns fragen, ob die Libidotheorie zum Kern von Freuds Werk gehört oder ob es sich dabei nur um die Form handelt, in die er seine neuen Einsichten gefaßt hat, weil er angesichts seiner philosophischen und wissenschaftlichen Umwelt seine Grunderkenntnisse nicht anders konzipieren und ausdrücken konnte (E. Fromm, 1970a).

Freud selbst hat nie den Anspruch erhoben, daß seine Libidotheorie wissenschaftlich gesichert sei. Er bezeichnete sie als »unsere Mythologie« und ersetzte sie dann durch seine Theorie vom Eros und dem Todes-»Trieb«. Ebenso bedeutungsvoll ist, daß er die Psychoanalyse als eine Theorie definierte, die sich auf Widerstand und Übertragung gründet – und nicht auf die Libidotheorie, was daraus zu schließen ist, daß er sie in diesem Zusammenhang nicht erwähnt.

Noch wichtiger als Freuds eigene Äußerungen ist jedoch, daß man sich vor Augen hält, was seinen Entdeckungen ihre einzigartige historische Bedeutung verleiht: ganz sicher nicht seine Triebtheorien als solche. Instinkt- und Triebtheorien waren seit dem neunzehnten Jahrhundert recht verbreitet. Daß er den *Sexual*trieb (neben dem Selbsterhaltungstrieb) als die Quelle aller Leidenschaften heraushob, war neu und revolutionär in einer Zeit, in der noch immer die Moral des Viktorianischen Bürgertums herrschte. Aber selbst diese spezielle Version der Trieb- und Instinkttheorie hätte wahrscheinlich nicht diesen mächtigen dauernden Eindruck hinterlassen. Meiner Ansicht nach beruht Freuds historische Bedeutung auf der Entdeckung der unbewußten Prozesse, und zwar nicht auf philosophischem oder spekulativem, sondern auf empirischem Wege, wie er in einigen seiner Einzelfallstudien und besonders in seinem grundlegenden Werk, der *Traumdeutung* (1900) dargelegt hat. Wenn man beispielsweise zeigen kann, daß ein bewußt friedlicher und gewissenhafter Mensch mächtige Impulse hat zu töten, so ist es von sekundärer Bedeutung, ob man diese Impulse auf den »ödipalen« Haß gegen seinen Vater zurückführt oder ob man erklärt, sie seien eine Manifestation des Todestriebes oder das Ergebnis seines verletzten Narzißmus oder sie hätten noch andere Gründe. Freuds Revolution bestand darin, daß er uns den unbewußten Aspekt des menschlichen Denkens und die Energie erkennen ließ, die der Mensch darauf verwendet, das Bewußtwerden unerwünschter Begierden zu unterdrücken. Er zeigte, daß gute Absichten bedeutungslos sind, wenn sich hinter ihnen unbewußte Wünsche verstecken. Er entlarvte die »ehrliche« Unehrlichkeit, indem er zeigte, daß es nicht genügt, *bewußt* »in guter Absicht« zu handeln. Er war der erste Wissenschaftler, der die Tiefe, die Unterwelt im Menschen erforschte, und aus diesem Grund hatten seine Ideen einen so starken Einfluß auf Künstler und Schriftsteller zu einer Zeit, als die meisten Psychiater sich noch weigerten, seine Theorien ernst zu nehmen.

Aber Freud ging noch weiter. Er zeigte nicht nur, daß im Menschen Kräfte wirksam sind, deren er sich nicht bewußt ist, und daß er sich mit Rationalisierungen gegen deren Bewußtwerden schützt; er erklärte auch, daß diese unbewußten Kräfte in ein System integriert sind, dem er den Namen »Charakter« in einem neuen, dynamischen Sinn gab.[3]

Freud begann diese Auffassung in seiner ersten Abhandlung über den »analen Charakter« (S. Freud, 1908) zu entwickeln. Gewisse Charakterzüge, wie Eigensinn, Ordnungsliebe und Sparsamkeit traten, wie er ausführt, sehr oft gemeinsam als ein Syndrom von Charakterzügen auf. Außerdem waren – immer wenn dieses Syndrom vorhanden war – Besonderheiten bei der Erziehung des Kindes zur Sauberkeit, das heißt zur Beherrschung des Schließmuskels festzustellen und gewisse Verhaltensweisen zu beobachten, die mit der Kotentleerung in Beziehung standen. So bestand der erste Schritt Freuds darin, daß er ein Syndrom von Verhaltensweisen entdeckte und daß er diese mit der Art und Weise in Verbindung brachte, wie sich das Kind (teilweise als Reaktion auf die Anforderungen seiner Erzieher) bei der Stuhlentleerung verhielt. Sein brillanter und kreativer nächster Schritt war, daß er diese beiden Gruppen von Verhaltensmustern durch eine theoretische Erwägung zueinander in Beziehung brachte, wobei er sich auf eine frühere Annahme über die Entwicklung der Libido stützte. Diese Annahme lautete, daß in einer frühen Phase der Kindheitsentwicklung, nachdem der Mund aufgehört hat, das Hauptorgan der Lust und Befriedigung zu sein, der Anus zu einer wichtigen erogenen Zone wird und daß die meisten libidinösen Wünsche sich auf den Prozeß der Zurückhaltung und Entleerung der Exkremente beziehen. Seine Schlußfolgerung war, das Syndrom der Verhaltensweisen als Sublimierung oder als Reaktionsbildung aufzufassen. Eigensinn und Sparsamkeit werden als Sublimierung der ursprünglichen Weigerung angesehen, auf die Lust zu verzichten, den Stuhl zurückzuhalten; peinliche Ordnungsliebe gilt als Reaktionsbildung gegenüber dem ursprünglichen Wunsch des Kindes, sich ganz nach eigenem Belieben zu entleeren. Freud hat gezeigt, daß diese drei ursprünglichen Merkmale des Syndroms, von denen man bis dahin angenommen hatte, sie seien völlig unabhängig voneinander, Teile einer Struktur oder eines Systems sind, da sie alle drei ihren Ursprung in der analen Libido haben, welche sich in diesen Charakterzügen ausdrückt, und zwar hauptsächlich als Reaktions-

[3] Man kann Freuds Charaktertheorie leichter mit Hilfe der »System-Theorie« verstehen, die seit Beginn der zwanziger Jahre entwickelt wurde und dem naturwissenschaftlichen Denken, besonders auf dem Gebiet der Biologie und Neurophysiologie, sowie in einigen Bereichen der Soziologie sehr förderlich war. Der Mangel an Verständnis für systematisches Denken könnte sehr wohl dafür verantwortlich sein, daß man für Freuds Charakterologie und auch für die Soziologie von Marx, die ja die Gesellschaft als ein System sieht, so wenig Verständnis hatte. P. Weiss stellte eine allgemeine Systemtheorie des tierischen Verhaltens auf (P. Weiss, 1925). In zwei neueren Abhandlungen gibt er einen kurzen, prägnanten Überblick über seine Auffassung vom Wesen des Systems, der meines Wissens die beste Einführung in diesen Gegenstand darstellt (P. Weiss, 1967, 1970). Vgl. auch L. von Bertalanffy (1968) und C. W. Churchman (1968).

bildung oder Sublimierung. So konnte Freud erklären, wieso diese Charakterzüge mit Energie geladen sind und sich nur schwer ändern lassen.[4]

Eine der wichtigsten Ergänzungen war der Begriff des »oral-sadistischen« Charakters (den ich als ausbeuterischen Charakter bezeichne). Es gibt noch weitere Begriffe der Charakterbildung, je nachdem, welche Aspekte man besonders hervorheben möchte: zum Beispiel den autoritären[5] (sadomasochistischen), den rebellischen und den revolutionären, den narzißtischen und den inzestuösen Charakter. Letztere Begriffe, die zum größten Teil nicht zum klassischen psychoanalytischen Gedankengut gehören, sind untereinander verwandt und überschneiden sich; durch ihre Kombination kann man zu einer noch vollständigeren Beschreibung eines bestimmten Charakters gelangen.

Freuds theoretische Erklärung der Charakterstruktur gründete sich darauf, daß die Libido (die orale, anale und genitale) die Quelle sei, welche die verschiedenen Charakterzüge mit Energie speist. Aber selbst wenn man von der Libidotheorie absieht, büßt seine Entdeckung nichts von ihrer Bedeutung für die klinische Beobachtung der Syndrome ein, und die Tatsache bleibt bestehen, daß sie aus einer gemeinsamen Energiequelle gespeist werden. Ich habe zu zeigen versucht, daß die Charaktersyndrome in bestimmten Formen der Bezogenheit des Individuums auf die Außenwelt und auf sich selbst wurzeln und von ihnen gespeist werden; ferner, daß – insofern die soziale Gruppe eine gemeinsame Charakterstruktur aufweist (den »sozialen Charakter«) – die allen Mitgliedern der Gruppe gemeinsamen sozioökonomischen Bedingungen den sozialen Charakter formen (E. Fromm, 1932, 1936, 1941, 1947, 1970; E. Fromm und M. Maccoby, 1970)[6].

Der Begriff des Charakters ist deshalb von so außerordentlicher Wichtigkeit, weil er die alte Dichotomie von Trieb und Umwelt transzendiert. Der Sexualinstinkt in Freuds System wurde von ihm als sehr formbar angesehen, und zwar großenteils durch Einflüsse der Umwelt. So nahm man an, daß der Charakter das Ergebnis der Interaktion von Instinkt und Umgebung sei. Diese Auffassung war nur deshalb möglich, weil Freud alle Triebe unter einem einzigen, nämlich dem Sexualtrieb (neben dem Selbsterhaltungstrieb), subsummierte. Die vielen Triebe, die wir auf den Listen der älteren Trieb- und Instinktforscher finden, waren relativ starr fixiert, da jedes Verhaltensmotiv einem speziellen angeborenen Trieb zugeschrieben wurde. In Freuds Schema dagegen wurden die Unterschiede zwischen den verschiedenen Motivationskräften aus dem Einfluß der Umwelt auf

[4] Später wurden dem ursprünglichen Syndrom noch weitere Züge hinzugefügt: übertriebene Reinlichkeit und Pünktlichkeit. Auch diese sind als Reaktionsbildungen auf die ursprünglichen analen Impulse zu verstehen.

[5] Ich habe diese Auffassung in einer Untersuchung über deutsche Arbeiter und Angestellte entwikkelt (E. Fromm, 1936), siehe die Fußnote auf S. 32; vgl. auch E. Fromm (1932, 1941, 1970). T. W. Adorno u. a. (1950) haben in gewisser Hinsicht das gleiche Thema behandelt wie ich in meiner früheren Untersuchung über den autoritären Charakter der Arbeiter und Angestellten, jedoch ohne die psychoanalytische Problemstellung und ohne die dynamische Auffassung des Charakters.

[6] Erik H. Erikson (1964), in der späteren Entwicklung seiner Theorie, gelangte zu einer ähnlichen Auffassung, wenn er von den »Modalitäten« der Verhaltensweisen spricht, ohne jedoch den Unterschied zu Freud so klar herauszustellen. An den Yurok-Indianern demonstrierte er, daß der Charakter nicht durch libidinöse Fixierung determiniert wird, und er verwirft einen wesentlichen Teil der Libidotheorie zugunsten sozialer Faktoren.

die Libido erklärt. Paradoxerweise gab so die Erweiterung des Begriffs der Sexualität Freud die Möglichkeit, das Tor für die Einbeziehung der Umwelteinflüsse viel weiter zu öffnen, als dies für die Vor-Freudsche-Triebtheorie möglich war. Liebe, Zärtlichkeit, Sadismus, Masochismus, Ehrgeiz, Neugier, Angst, Rivalität – diese und noch viele andere Triebe – wurden nicht länger einem speziellen Trieb zugeschrieben, sondern auf den Einfluß der Umgebung (besonders der signifikanten Personen der frühen Kindheit) via Libido zurückgeführt. Bewußt blieb Freud der Weltanschauung seiner Lehrer treu, doch ist er durch die Annahme eines Supertriebes über seinen eigenen instinktivistischen Standpunkt hinausgewachsen. Allerdings behinderte er seine Ideen dadurch, daß er die Libidotheorie so sehr in den Vordergrund rückte, immer noch stark, und es ist an der Zeit, diese Belastung durch die Trieblehre endlich ganz abzuschütteln. Worauf ich hier besonders hinweisen möchte, ist die Tatsache, daß sich Freuds »Trieblehre« stark von der traditionellen Triebforschung unterscheidet.

Aus unserer Beschreibung geht bis jetzt hervor, daß »der Charakter das Verhalten bestimmt«, daß ein Charakterzug, ob er nun liebevoll oder destruktiv ist, den Menschen dazu treibt, sich in einer bestimmten Weise zu verhalten, und daß der Mensch sich befriedigt fühlt, wenn er sich seinem Charakter entsprechend verhält. Tatsächlich können wir aus dem betreffenden Charakterzug schließen, wie jemand sich gern verhalten *möchte.* Freilich ist als wichtige Qualifikation hinzuzufügen: *wenn er könnte.*

Was bedeutet dieses »wenn er könnte«?

Wir müssen hier noch einmal auf einen der grundlegendsten Begriffe Freuds zurückkommen, nämlich das »Realitätsprinzip«, das sich auf den Selbsterhaltungstrieb gründet, gegenüber dem »Lustprinzip«, das auf dem Sexualtrieb basiert. Ob wir vom Sexualtrieb oder von einer nicht-sexuellen Leidenschaft, in der ein bestimmter Charakterzug verwurzelt ist, getrieben werden, immer bleibt der Konflikt zwischen dem, was wir tun möchten, und den Anforderungen unseres Selbstinteresses von ausschlaggebender Bedeutung. Wir können uns nicht immer so verhalten, wie es uns unsere Leidenschaften eingeben, da wir unser Verhalten bis zu einem gewissen Grade modifizieren müssen, um am Leben zu bleiben. Der Durchschnittsmensch bemüht sich um einen Kompromiß zwischen dem, was er seinem Charakter entsprechend gerne tun möchte, und dem, was er tun muß, um nicht mehr oder weniger peinliche Konsequenzen auf sich nehmen zu müssen. Natürlich gibt es Gradunterschiede, wieweit jemand den Geboten seines Selbsterhaltungstriebes (seines Selbstinteresses) folgt. Beim einen Extrem ist das Gewicht der Selbstinteressen gleich Null; dies gilt für den Märtyrer und den Typ des Mörders aus Fanatismus. Das andere Extrem bildet der »Opportunist«, dessen Selbstinteresse alles umfaßt, was ihn erfolgreicher oder beliebter machen oder was seiner Bequemlichkeit förderlich sein könnte. Zwischen diesen beiden Extremen kann man alle Menschen einordnen, die durch eine spezifische Mischung von Selbstinteresse und im Charakter verwurzelten Leidenschaften gekennzeichnet sind.

Wie weit jemand seine leidenschaftlichen Wünsche unterdrückt, hängt nicht nur von inneren Faktoren, sondern auch von der jeweiligen Situation ab; ändert sich die Situation, so werden verdrängte Wünsche bewußt und verschaffen sich Ausdruck. Dies gilt zum Beispiel für einen Menschen von sado-masochistischem Charakter. Wir alle kennen diesen Typ, der sich seinem Chef völlig unterordnet und seine Frau und seine Kinder sadistisch tyrannisiert. Ein anderer Fall, der hierher gehört, ist eine Charakteränderung, die eintritt, wenn die soziale Gesamtsituation sich ändert. Der sadistische Charakter, der sich als unterwürfiger, ja sogar liebenswürdiger Mensch gegeben haben mag, kann in einer terroristischen Gesellschaft, in welcher der Sadismus nicht verurteilt, sondern geschätzt wird, zu einem wahren Teufel werden. Ein anderer kann seinen sadistischen Charakter in allen nach außen sichtbar werdenden Verhaltensweisen unterdrücken, doch wird dieser in gewissen Feinheiten seines Mienenspiels oder in scheinbar harmlosen Bemerkungen zum Ausdruck kommen.

Auch bei den edelsten Impulsen kann es zu einer Unterdrückung von Charakterzügen kommen. Obwohl die Lehren Jesu noch immer zu unserer moralischen Ideologie gehören, wird ein Mensch, der sie befolgt, in der Regel als Narr oder »Neurotiker« angesehen. Daher rationalisieren viele ihre Impulse der Nächstenliebe als vom eigenen Interesse motiviert.

Diese Erwägungen zeigen, daß die Motivationskraft von Charakterzügen in unterschiedlichem Grad vom Selbstinteresse beeinflußt wird. Sie zeigen ferner, daß in erster Linie der Charakter das menschliche Verhalten motiviert, jedoch durch die Anforderungen des Selbstinteresses unter unterschiedlichen Bedingungen eingeschränkt und modifiziert. Es ist die große Leistung Freuds, daß er die dem Verhalten zugrunde liegenden Charakterzüge nicht nur entdeckte, sondern daß er auch Mittel und Wege aufzeigte, wie man sie zum Beispiel mit Hilfe der Traumdeutung, der freien Assoziation und anhand von Fehlleistungen untersuchen kann.

Hier liegt der fundamentale Unterschied zwischen dem Behaviorismus und der psychoanalytischen Charakterologie. Die Konditionierung wirkt dadurch, daß sie an das eigene Interesse appelliert, wie zum Beispiel an das Bedürfnis nach Nahrung, Sicherheit und Anerkennung und an die Vermeidung von Schmerz. Bei Tieren erweist sich dieses eigene Interesse als so stark, daß sich bei wiederholten, in optimalen Abständen angewandten Belohnungen oder Strafen das Selbstinteresse als stärker erweist als andere Instinkte wie Sexualität oder Aggression. Natürlich verhält sich auch der Mensch so, wie es seinem Selbstinteresse entspricht, doch tut er dies nicht immer und nicht notwendigerweise. Er handelt oft auch nach seinen Leidenschaften, seinen niedrigsten und seinen edelsten, und ist oft bereit – und fähig – sein Selbstinteresse, seinen Besitz, seine Freiheit und sein Leben für seine Liebe, für die Wahrheit und für seine Integrität – oder auch für seinen Haß, seine Habgier, seinen Sadismus und seine Destruktivität – aufs Spiel zu setzen. Dieser Unterschied ist der Grund, weshalb die Konditionierung keine ausreichende Erklärung für das menschliche Verhalten ist.

Zusammenfassung

Epochemachend an Freuds Entdeckungen war, daß er den Schlüssel zum Verständnis des Systems von Kräften, welche das menschliche Charaktersystem ausmachen, sowie zu den in diesem System vorhandenen Widersprüchen gefunden hat. Die Entdeckung der unbewußten Prozesse und der dynamischen Charakterauffassung war *radikal,* weil sie bis zu den Wurzeln menschlichen Verhaltens vordrang. Sie war *beunruhigend,* weil fortan niemand sich mehr hinter seinen guten Absichten verstecken konnte; sie war *gefährlich,* weil die Gesellschaft bis in ihre Grundfesten erschüttert wurde, wenn jeder wissen *würde,* was er über sich und andere wissen *könnte.*

In dem Maße wie die Psychoanalyse erfolgreich und respektabel wurde, gab sie ihren radikalen Kern auf und legte den Nachdruck auf das, was allgemein akzeptabel war. Sie behielt den Teil des Unbewußten bei, auf den Freud den Nachdruck gelegt hatte, den Sexualtrieb. Die Konsumgesellschaft räumte mit vielen der viktorianischen Tabus auf (nicht durch den Einfluß der Psychoanalyse, sondern aus zahlreichen anderen Gründen, die sich aus ihrer Struktur ergaben). Man geriet nicht mehr außer Fassung, wenn man seine eigenen inzestuösen Wünsche, die »Kastrationsangst« oder den »Penisneid« entdeckte. Aber die Aufdeckung verdrängter Charaktereigenschaften wie Narzißmus, Sadismus, Streben nach Allmacht, Unterwürfigkeit, Entfremdung, Gleichgültigkeit, unbewußten Verrat an der eigenen Integrität, die illusorische Natur des Realitätsbegriffs, das alles in sich selbst, im Gesellschaftssystem, in Führern zu entdecken, das war »soziales Dynamit«. Freud hat sich nur mit dem triebhaft gesteuerten Es befaßt; er konnte sich in einer Zeit, die die menschliche Leidenschaft nur mit den Trieben zu erklären wußte, hiermit durchaus zufrieden geben. Aber was damals revolutionär war, ist heute konventionell. Anstatt die Triebtheorie als Hypothese anzusehen, die man in einer bestimmten Epoche brauchte, wurde sie zum Mittelpunkt und zur Zwangsjacke der orthodoxen psychoanalytischen Lehre. Auf diese Weise hemmte sie die weitere Entwicklung des Verständnisses für die menschlichen Leidenschaften, denen Freuds Hauptinteresse gehörte.

Aus diesem Grunde meine ich, daß die Klassifizierung der Psychoanalyse als Triebtheorie, die in einem formalen Sinne korrekt ist, nicht die Substanz der Psychoanalyse tatsächlich kennzeichnet. Die Psychoanalyse ist im wesentlichen eine Theorie der unbewußten Impulse, des Widerstandes, der Verfälschung der Realität je nach den eigenen subjektiven Bedürfnissen und Erwartungen (»Übertragung«), des Charakters und der Konflikte zwischen leidenschaftlichen Wünschen, wie sie in den Charakterzügen verkörpert sind, und den Anforderungen der Selbsterhaltung. In diesem revidierten Sinn (der den Kern von Freuds Entdeckungen unangetastet läßt) bedient sich dieses Buch bei der Untersuchung des Problems der menschlichen Aggression und Destruktivität der psychoanalytischen Methode und nicht der Instinkttheorie oder der behavioristischen Methode.

Eine wachsende Zahl von Psychoanalytikern gab inzwischen Freuds Libidotheorie auf, wenn sie sie auch oft nicht durch ein ebenso präzises und systematisches theoretisches System ersetzten; die »Triebe«, mit denen sie arbeiten, sind weder in der Physiologie, noch in den Bedingungen der menschlichen Existenz, noch in einer adäquaten Gesellschaftsauffassung genügend verankert. Oft bedient man sich etwas oberflächlicher Kategorien, die sich von den cultural patterns der amerikanischen Anthropologie kaum unterscheiden. (Ich denke dabei beispielsweise an Karen Horneys Begriff der »Konkurrenz«.) Im Gegensatz dazu haben eine Anzahl von Psychoanalytikern – viele unter dem Einfluß von Adolf Meyer – Freuds Libidotheorie aufgegeben und eine neue Theorie entwickelt, die meiner Ansicht nach zu den vielversprechendsten und kreativsten Entwicklungen in der psychoanalytischen Theorie gehört. Hauptsächlich von der Untersuchung schizophrener Patienten ausgehend, gelangten sie zu einem immer tieferen Verständnis der unbewußten Prozesse in den zwischenmenschlichen Beziehungen. Da sie durch die Libidotheorie –

insbesondere hinsichtlich der Begriffe von Ich, Es und Überich – nicht länger in ihrer Bewegungsfreiheit gehemmt sind, können sie uneingeschränkt alles beschreiben, was sich in der Beziehung zwischen zwei Menschen und in einem jeden von ihnen in seiner Rolle als Partner abspielt. Zu den hervorragendsten Vertretern dieser Schule gehören – neben Adolf Meyer – Harry Stack Sullivan, Frieda Fromm-Reichmann und Theodore Lidz. Meiner Ansicht nach sind R. D. Laing die scharfsinnigsten Analysen gelungen, nicht nur deshalb, weil er radikal die persönlichen und subjektiven Faktoren untersucht, sondern auch, weil seine Analyse der sozialen Situation ebenso radikal ist und frei von der unkritischen Akzeptierung unserer heutigen Gesellschaft als einer seelisch gesunden. Außer den bereits Genannten repräsentieren Namen wie Winnicot, Fairbairn, Balint und Guntrip die Entwicklung der Psychoanalyse von einer Theorie und Therapie der Triebfrustration und -kontrolle in eine »Theorie und Therapie, welche die Wiedergeburt und das Wachstum eines echten Selbst in einer echten Beziehung zum Ziel hat« (H. Guntrip, 1971). Ihnen gegenüber läßt die Arbeit einiger »Existentialisten« wie L. Binswanger eine präzise Beschreibung der zwischenmenschlichen Prozesse vermissen, da sie genaue klinische Daten durch etwas vage philosophische Begriffe ersetzen.

ZWEITER TEIL

Befunde, die gegen die Thesen der Instinkt- und Triebforscher sprechen

5

NEUROPHYSIOLOGIE

In den Kapiteln dieses Abschnitts soll gezeigt werden, daß die relevanten Daten auf dem Gebiet der Neurophysiologie, der Tier-Psychologie, der Paläontologie und der Anthropologie die Hypothese nicht stützen, daß dem Menschen ein spontaner, sich selbst antreibender Aggressionstrieb angeboren sei.

Die Beziehung zwischen Psychologie und Neurophysiologie

Bevor wir in die Diskussion der neurophysiologischen Daten eintreten, sind ein paar Worte zur Beziehung zwischen der Psychologie, der Wissenschaft von der Seele, und der neurologischen Wissenschaft, der Wissenschaft vom Nervensystem, zu sagen.

Jede Wissenschaft besitzt ihren eigenen Forschungsgegenstand und ihre eigenen Methoden, und die Richtung, die sie einschlägt, wird durch die Anwendbarkeit ihrer Methoden auf ihre Daten bestimmt. Man kann nicht erwarten, daß der Neurophysiologe den Weg einschlägt, der vom Standpunkt des Psychologen aus als der wünschenswerteste erscheint, und umgekehrt. Doch kann man erwarten, daß beide Wissenschaften in engem Kontakt miteinander bleiben und sich gegenseitig unterstützen. Dies ist aber nur dann möglich, wenn beide Seiten einige elementare Kenntnisse voneinander besitzen, die es ihnen zumindest ermöglichen, die Sprache des anderen zu verstehen und grundlegende Erkenntnisse zu beurteilen. Wenn die Forscher beider Wissensgebiete in so engem Kontakt miteinander stünden, würden sie finden, daß es Bereiche gibt, in denen die Erkenntnisse des einen zu denen des anderen in Beziehung gebracht werden können; dies trifft zum Beispiel für das Problem der defensiven Aggression zu.

In den meisten Fällen jedoch liegen die psychologischen und die neurophysiologischen Forschungen und ihr jeweiliger Bezugsrahmen weit auseinander, und der Neurologe ist gegenwärtig nicht in der Lage, den Wunsch des Psychologen nach Information über Probleme wie das neurophysiologische Äquivalent zu Leidenschaften wie Destruktivität, Sadismus, Masochismus oder Narzißmus zu erfüllen,[1] und auch der Psychologe kann

dem Neurophysiologen kaum weiterhelfen. Anscheinend ist es am besten, wenn jede Wissenschaft auf ihre Weise vorgeht und sich um die Lösung ihrer eigenen Probleme kümmert, bis beide – was zu vermuten ist – sich eines Tages so weit entwickelt haben, daß sie ein und dieselben Probleme mit ihren verschiedenen Methoden in Angriff nehmen und dann ihre Ergebnisse zueinander in Beziehung setzen. Sicher wäre es absurd, wenn jede Wissenschaft zuwarten wollte, bis die andere positive oder negative Belege für ihre Hypothesen erbracht hätte. Solange eine psychologische Theorie nicht durch klare neurophysiologische Belege widerlegt ist, braucht der Psychologe seinen Erkenntnissen nur das normale wissenschaftliche Mißtrauen entgegenzubringen, wobei immer vorauszusetzen ist, daß sie sich auf eine adäquate Beobachtung und Interpretation der Daten gründen.
R. B. Livingston äußert sich folgendermaßen zu der Beziehung zwischen beiden Wissenschaften:

> Eine echte Verbindung zwischen Psychologie und Neurophysiologie wird zustande kommen, wenn eine große Anzahl von Wissenschaftlern in beiden Disziplinen beheimatet ist. Wie stabil und wie nützlich eine solche Verbindung sein wird, bleibt abzuwarten. Indessen sind neue Forschungsbereiche aufgetaucht, innerhalb derer Verhaltensforscher zusätzlich zu ihrer Untersuchung der Umwelt das Gehirn manipulieren und Hirnforscher sich die Vorstellungen und Methoden der Verhaltensforscher zunutze machen können. Vieles von den traditionellen Identifizierungen beider Wissensbereiche ist verloren gegangen. Wir sollten uns bemühen, alle noch verbleibenden Provinzialismen und alle Empfindlichkeiten bezüglich des Zuständigkeitsbereiches sowie jede Rivalität zwischen beiden Disziplinen fallenzulassen. Gegen wen wehren wir uns? Doch nur gegen unsere eigene Unwissenheit.
> Trotz der in jüngster Zeit erreichten Fortschritte stehen bis jetzt überall auf der Welt nur relativ wenig Mittel für die Grundlagenforschung in der Psychologie und Neurophysiologie zur Verfügung. Es gibt überwältigend viele Probleme, die zu lösen sind. Wir können nur zu einem größeren Verständnis gelangen, wenn wir unsere gegenwärtigen Konzeptionen ändern. Dies wiederum kann aber nur durch einfallsreiche experimentelle und theoretische Arbeit geschehen (R. B. Livingston, 1962).

Viele Leute sind der irrtümlichen Meinung, die gelegentlich von populärwissenschaftlichen Berichten hervorgerufen wird, die Neurophysiologen hätten für das Problem des menschlichen Verhaltens viele Antworten gefunden. Die meisten Forscher auf dem Gebiet der Neurologie stehen dagegen auf einem völlig anderen Standpunkt. T. H. Bullock, ein Experte auf dem Gebiet der Nervensysteme wirbelloser Tiere, elektrischer Fische und Meeressäugetiere, beginnt seine Abhandlung *Evolution of Neurophysiological Mechanism* (Die Entwicklung neurophysiologischer Mechanismen) »mit der Verneinung unserer Fähigkeit, im gegenwärtigen Augenblick Entscheidendes zur Lösung des tatsächlichen

[1] Diese allgemeine Feststellung ist zu qualifizieren durch einen Hinweis auf die Versuche des verstorbenen Raúl Hernández Peón, der sich um die Entdeckung des neurophysiologischen Äquivalents der Traumaktivität bemühte, ferner auf die neurophysiologischen Untersuchungen von R. G. Heath über Schizophrenie und Langeweile sowie auf die Versuche von P. D. MacLean, neurophysiologische Erklärungen für die Paranoia zu finden. Freuds eigener Beitrag zur Neurophysiologie wurde von K. Pribram (1962) besprochen. Vgl. auch P. Ammacher (1962) über die Bedeutung von Freuds neurologischem Hintergrund; siehe auch R. R. Holt (1965).

Problems beizutragen«, und stellt fest, daß wir »im Grunde kaum eine dunkle Ahnung von dem die Neuronen betreffenden Mechanismus des Lernprozesses, von dem physiologischen Substrat instinktiver Verhaltensweisen oder von irgendwelchen komplexen Verhaltensmanifestationen überhaupt haben« (T. H. Bullock, 1962).[2]
Ähnlich stellt Birger Kaada fest:

> Unser Wissen und unsere Vorstellungen von der Organisation des aggressiven Verhaltens im Zentralnervensystem sind dadurch begrenzt, daß die meisten unserer Informationen aus Tierexperimenten gewonnen wurden, weshalb wir fast nichts über die Beziehung des Zentralnervensystems zu den »gefühlsmäßigen« oder »affektiven« Aspekten der Emotionen wissen. Wir sind ausschließlich auf die Beobachtung und die experimentelle Analyse der Ausdrucks- und Verhaltensphänomene und die objektive Feststellung der peripheren körperlichen Veränderungen angewiesen. Offensichtlich sind auch diese Verfahren nicht zuverlässig, und es ist trotz ausgedehnter Untersuchungen schwer, Verhalten allein anhand dieser Anhaltspunkte zu interpretieren (B. Kaada, 1967).

Einer der namhaftesten Neurologen, W. Penfield, kommt zum gleichen Schluß:

> Wer das Problem der Neurophysiologie der Seele und des Geistes zu lösen hofft, ist wie jemand, der am Fuße eines Berges steht. Man steht in der Lichtung, die man im Vorgebirge gehauen hat, und blickt zum Berg hinauf, den man zu erklimmen hofft. Aber der Gipfel ist in ewigen Wolken verborgen, und viele sind der Ansicht, daß er nie erobert werden kann. Wenn freilich einmal der Tag dämmert, an dem der Mensch zu einem vollen Verständnis seines eigenen Gehirns und Geistes gelangt, so könnte dies seine größte Eroberung und seine endgültige Leistung sein.
> Für den Forscher gibt es bei seiner wissenschaftlichen Arbeit nur eine Methode: Die Beobachtung der Naturphänomene, der die vergleichende Analyse folgen muß, die durch Experimente aufgrund einer wohldurchdachten Hypothese zu ergänzen ist. Neurophysiologen, die sich an die Regeln der wissenschaftlichen Methode halten, werden – wenn sie aufrichtig sind – kaum behaupten, daß sie aufgrund ihrer eigenen wissenschaftlichen Arbeit diese Fragen beantworten können (W. Penfield, 1960).[3]

[2] Neuerdings hat jedoch Bullock diese Feststellung, an der er grundsätzlich festhält, durch eine etwas optimistischere Anmerkung präzisiert: »Seit 1958 hat die Neurologie einen weiten Weg zum Verständnis einiger höherer Funktionen, wie des Wiedererkennens und der Kontrolle von Emotionen, zurückgelegt, und sie hat beträchtliche Fortschritte zu einem Verständnis der Assoziationsmechanismen – wenn auch noch nicht des Lernprozesses selbst – erzielt. Wir sind auf dem besten Wege zu relevanten Einsichten, das heißt, daß wir sagen können, was die biologischen Grundlagen der Aggression sein könnten und ob es sich dabei um einen hydraulischen Mechanismus handelt und ob dieser angeboren ist.« (Persönliche Mitteilung an Dr. T. Melnechuk, der mir darüber berichtete.)

[3] Nicht nur die Neurologen und die Psychologie, sondern noch viele andere Wissensgebiete müssen integriert werden, wenn wir eine *Wissenschaft vom Menschen* schaffen wollen – Gebiete wie Paläontologie, Anthropologie, Geschichte, Religionsgeschichte (Mythen und Rituale), Biologie, Physiologie und Genetik. Gegenstand der »Wissenschaft vom Menschen« ist der *Mensch:* der Mensch als ein ganzheitliches, biologisch und historisch sich entwickelndes Wesen, das nur zu verstehen ist, wenn wir die Verflochtenheit all dieser Aspekte erkennen, wenn wir dieses Wesen als einen Prozeß ansehen, der innerhalb eines komplexen Systems mit vielen Subsystemen abläuft. Die »Verhaltenswissenschaften« (Psychologie und Soziologie) – ein Begriff, den das Programm der Rockefeller Foundation populär gemacht hat – interessieren sich hauptsächlich dafür, *was* der

Einige Neurologen haben sich mehr oder weniger pessimistisch über die Möglichkeit einer Annäherung von Neurologie und Psychologie im allgemeinen und zum Wert des Beitrages der heutigen Neurophysiologie zur Erklärung des menschlichen Verhaltens im besonderen geäußert. Diesen Pessimismus brachten H. von Foerster und T. Melnechuk,[4] H. R. Maturana sowie F. C. Varela (im Druck)[5] zum Ausdruck. Kritisch äußert sich auch F. G. Worden, wenn er schreibt: »Es werden Beispiele aus der neurologischen Forschung angeführt, um zu illustrieren, wie man nach besseren Begriffssystemen sucht in dem Maße, wie einzelne Forscher sich allmählich direkter mit den Bewußtseinsphänomen beschäftigen und wie ihnen die Unzulänglichkeiten der materialistischen Doktrin immer hinderlicher werden.« (F. G. Worden, demnächst veröffentlicht.)[6] Aus einer Anzahl mündlicher und schriftlicher Mitteilungen von Neurologen habe ich den Eindruck gewonnen, daß diese nüchterne Auffassung von immer mehr Forschern geteilt wird. Das Gehirn wird als ein *Ganzes* verstanden, als ein System, so daß Verhalten nicht erklärt werden kann, indem man auf einzelne Gehirnpartien verweist. Eindrucksvolle Daten, die diese Ansicht stützen, hat E. Valenstein (1968) beigesteuert, der zeigte, daß die angeblichen hypothalamischen »Zentren« für Hunger, Durst, Sexualität usw., wenn sie überhaupt existieren, nicht so rein vorhanden sind, wie man einmal angenommen hat – daß die Stimulation eines »Zentrums« für ein bestimmtes Verhalten ein Verhalten auslösen kann, das einem anderen Zentrum zugehörig ist, vorausgesetzt, daß die Umgebung Reize liefert, die mit dem zweiten Zentrum in Einklang stehen. D. Ploog (1970) zeigte, daß die »Aggression« (genauer gesagt die nichtverbale Kommunikation einer Drohung) eines Totenkopfäffchens von einem anderen Affen nicht ernst genommen wird, wenn die Drohung von einem Affen ausgeht, der sozial unter dem zweiten Affen steht. Diese Tatsachen befinden sich in Übereinstimmung mit der holistischen Ansicht, daß das Gehirn bei seiner Überlegung, welcher Befehl bezüglich des Verhaltens auszugeben ist, nicht nur einen Strang der eintreffenden Stimulation berücksichtigt, sondern daß der Gesamtzustand der augenblicklichen physischen und sozialen Umgebung die Bedeutung des spezifischen Reizes modifiziert.

Freilich bedeutet dieser Skeptizismus hinsichtlich der Fähigkeit der Neurophysiologie, menschliches Verhalten adäquat zu erklären, nicht, daß damit die *relative* Gültigkeit vieler experimenteller Entdeckungen im Verlauf der letzten Jahrzehnte bestritten wird. Diese Entdeckungen sind gültig genug, um uns wichtige Hinweise zum Verständnis einer bestimmten Art der Aggression, nämlich der *defensiven Aggression,* zu liefern, wenn sie auch neu formuliert und in eine umfassendere Struktur integriert werden könnten.

Mensch *tut* und *wie man ihn dazu bringen kann, das zu tun,* was er tut, nicht dafür *warum* er das tut, was er tut und *wer* er *ist*. Sie sind weitgehend zu einem Hindernis und einem Ersatz für die Entwicklung einer integrierten Wissenschaft vom Menschen geworden.

[4] Persönliche Mitteilung von H. von Foerster und von T. Melnechuk.

[5] [6] Ich möchte mich bei den Verfassern bedanken, daß sie mir Einblick in ihre Manuskripte vor deren Veröffentlichung gewährten.

Das Gehirn als Grundlage für aggressives Verhalten[7]

Die Erforschung der Beziehung zwischen Gehirnfunktionen und Verhalten wurde weitgehend durch Darwins These bestimmt, daß die Struktur und die Funktion des Gehirns vom Prinzip der Erhaltung des Individuums und der Art geprägt werden.
Seitdem haben die Neurophysiologen sich hauptsächlich darauf konzentriert, die Gehirnregionen ausfindig zu machen, welche die Träger der elementarsten Impulse und der für das Überleben unentbehrlichen Verhaltensweisen sind. Allgemein stimmt man der Feststellung von MacLean zu, der diese grundlegenden Gehirnmechanismen als die vier Fs bezeichnete: »feeding, fighting, fleeing and ... the performance of sexual activities« (essen, kämpfen, fliehen und ... die sexuelle Betätigung) (P. D. MacLean, 1958). Wie leicht einzusehen ist, sind diese vier Tätigkeiten für das physische Überleben des Individuums und der Art lebensnotwendig. (Darauf, daß der Mensch über sein körperliches Überleben hinaus Grundbedürfnisse hat, deren Realisierung für das Funktionieren als Gesamtmensch notwendig ist, wird später eingegangen.)
Was Aggression und Flucht betrifft, so weisen die Arbeiten einiger Forscher – wie die von W. R. Hess, J. Olds, R. G. Heath, J. M. R. Delgado und anderer – darauf hin, daß sie von verschiedenen Regionen im Gehirn »kontrolliert« werden.[8] Es hat sich zum Beispiel gezeigt, daß die affektive Reaktion des Zorns und das entsprechende aggressive Verhaltensmuster durch direkte elektrische Stimulation verschiedener Regionen, wie zum Beispiel der Amygdala des lateralen Hypothalamus, einiger Teile des Mittelhirns und der zentralen grauen Substanz *aktiviert* werden kann, und sie kann durch die Stimulation anderer Strukturen *gehemmt* werden, wie des Septums, der Cingulum-Windung und des Nucleus caudatus.[9] Einige Forscher haben es mit äußerster chirurgischer Raffinesse fertiggebracht, in einige bestimmte Gehirnzonen Elektroden einzupflanzen.[10] Sie konnten in zwei Richtungen beobachten. Durch die Stimulation einer Zone durch geringe elektrische Spannungen konnten sie Verhaltensänderungen bei Tieren und später auch beim Menschen beobachten. Sie konnten zum Beispiel die Erregung eines stark aggressiven Verhaltens durch die direkte elektrische Stimulation bestimmter Regionen und die Hem-

[7] Ich werde bei dieser Diskussion nur auf die wichtigsten und allgemein anerkannten Daten eingehen. Es ist auf diesem Gebiet in den letzten zwanzig Jahren eine so ungeheure Arbeit geleistet worden, daß es meine Kompetenz überschreiten würde, auf die Hunderte von Einzelproblemen einzugehen. Auch halte ich es nicht für empfehlenswert, die gesamte, entsprechend umfangreiche Literatur zu zitieren, die in einigen der von mir im Text erwähnten Arbeiten zu finden ist.

[8] Einige der angeführten Autoren stehen auf dem Standpunkt, daß der Ausdruck »kontrolliert« völlig unzureichend sei. Sie sehen die Reaktion als Reaktion auf Prozesse, welche in anderen Teilen des Gehirns ablaufen und mit der spezifischen Region, die stimuliert wird, in Interaktion stehen.

[9] Auch der Neokortex übt eine vorwiegend stimulierende Wirkung auf zorniges Verhalten aus. Vgl. K. Ackerts Experimente mit der Entfernung des Neokortex vom Temporalpol (K. Ackert, 1967).

[10] Vgl. W. R. Hess (1954), J. Olds und P. Milner (1954), R. G. Heath (ed.) (1962), J. M. R. Delgado (1967, 1969 mit umfangreicher Bibliographie). Vgl. außerdem das kürzlich erschienene Werk von V. H. Mark und F. R. Ervin (1970), das eine klare, gedrängte, auch für den Laien leicht verständliche Darstellung der wesentlichen Daten der Neurophysiologie enthält, die sich auf gewalttätiges Verhalten beziehen.

mung der Aggression durch die Stimulierung gewisser anderer Zonen demonstrieren. Gleichzeitig waren sie in der Lage, die elektrische Aktivität dieser verschiedenen Gehirnzonen zu messen, wenn Emotionen wie Zorn, Angst, Lust usw. durch Umweltreize erregt wurden. Auch konnten sie Dauerwirkungen beobachten, welche durch die Zerstörung gewisser Gehirnregionen verursacht waren.

Es ist in der Tat eindrucksvoll, wenn man Zeuge ist, wie eine relativ geringe Erhöhung der elektrischen Ladung in einer Elektrode, die einem der neuralen Träger der Aggression eingepflanzt ist, einen plötzlichen Ausbruch unkontrollierbarer mörderischer Wut hervorrufen kann und wie die Reduktion der elektrischen Stimulation bzw. die Stimulation eines der die Aggression hemmenden Zentren entsprechend plötzlich der Aggression Einhalt gebietet. Delgados spektakuläres Experiment, der einen angreifenden Stier dadurch anhielt, daß er durch Fernkontrolle eine der hemmenden Zonen stimulierte, hat in der breiten Öffentlichkeit beträchliches Interesse an derartigen Versuchen hervorgerufen (J. M. R. Delgado, 1969).

Daß eine Reaktion in gewissen Gehirnzonen aktiviert und in anderen gehemmt wird, ist kein besonderes Kennzeichen der Aggression. Die gleiche Dualität existiert auch bei anderen Impulsen. Das Gehirn ist als *duales System* organisiert. Außer bei spezifischen Reizen (äußeren oder inneren) befindet sich die Aggression im Zustand eines fließenden Gleichgewichts, da aktivierende und hemmende Regionen einander in einem relativ stabilen Gleichgewicht halten. Dies zeigt sich besonders deutlich, wenn eine aktivierende oder eine hemmende Zone zerstört wird. Heinrich Klüver und P. C. Bucy (1934) zeigten mit ihrem klassischen Experiment zum erstenmal, daß zum Beispiel die Zerstörung der Amygdala Tiere (Rhesusaffen, Vielfraße, Wildkatzen, Ratten und andere) so veränderte, daß sie – wenigstens vorübergehend – ihre Fähigkeit zu heftigen aggressiven Reaktionen – selbst bei starker Provokation – einbüßten.[11] Andererseits erzeugt die Zerstörung aggressionshemmender Regionen, wie zum Beispiel kleiner Zonen des ventromedialen Kerns des Hypothalamus, permanent aggressive Katzen und Ratten.

Angesichts der dualen Organisation des Gehirns erhebt sich die entscheidende Frage: Welches sind die Faktoren, die das Gleichgewicht stören und offene Wut und entsprechendes gewalttätiges Verhalten hervorrufen. Wir sahen, daß derartige Störungen des Gleichgewichts einerseits durch elektrische Stimulation, andererseits durch Zerstörung einer der hemmenden Zonen hervorgerufen werden können (abgesehen von hormonalen und metabolischen Veränderungen). Mark und Ervin betonen, daß eine derartige Gleichgewichtsstörung auch durch verschiedene Arten von Gehirnerkrankungen hervorgerufen werden kann, die den normalen Ablauf der Vorgänge im Gehirn verändern.

Aber welches sind die Bedingungen, die das Gleichgewicht ändern und die Aggression mobilisieren, abgesehen von jenen beiden Arten von Vorgängen, von denen die eine experimentell erzeugt und die andere pathologisch ist? Welches sind die Ursachen der »angeborenen« Aggression bei Tieren und Menschen?

[11] Vgl. V. H. Mark und F. R. Ervin (1970).

Die Defensivfunktion der Aggression

Wenn man die neurophysiologische und psychologische Literatur über die tierische und die menschliche Aggression überblickt, scheint der Schluß unumgänglich, daß das aggressive Verhalten eine Reaktion *auf jede Art der Lebensbedrohung* ist – oder, wie ich lieber in einem allgemeineren Sinne sagen möchte, *der vitalen Interessen eines Lebewesens* – als Individuum und als Mitglied seiner Art. Diese allgemeine Definition trifft auf viele verschiedenartige Situationen zu. Die offenkundigste ist die direkte Bedrohung des Lebens eines Individuums oder eine Bedrohung seiner sexuellen Bedürfnisse und seines Nahrungsbedürfnisses; eine komplexe Form ist das »Crowding«, die Beengung, die eine Bedrohung der Bewegungsfreiheit beziehungsweise der sozialen Struktur der Gruppe darstellt. Gemeinsam ist jedoch sämtlichen Bedingungen der Erregung aggressiven Verhaltens, daß sie vitale Interessen bedrohen. Die Mobilisierung der Aggression in den entsprechenden Gehirnregionen geschieht im Dienste des Lebens, als Reaktion auf eine lebensgefährdende Bedrohung des Individuums oder der Art; das heißt, die *phylogenetisch programmierte Aggression, wie sie bei Tieren und beim Menschen vorkommt, ist eine biologisch angepaßte, defensive Reaktion.* Daß dem so ist, ist nicht weiter verwunderlich, wenn wir uns an den Darwinschen Grundsatz bezüglich der Entwicklung des Gehirns erinnern. Da die Funktion des Gehirns darin besteht, den Fortbestand des Lebens sicherzustellen, so ist zu erwarten, daß es für unmittelbare Reaktionen bei jeder Bedrohung des Lebens sorgt. Die Aggression ist jedoch keineswegs die einzige Reaktion auf Drohungen. Das Tier reagiert auf eine Bedrohung seiner Existenz entweder mit Wut und Angriff oder mit Angst und Flucht. Tatsächlich hat es den Anschein, daß die Flucht die häufigere Form der Reaktion ist, außer wenn das Tier keine Möglichkeit zur Flucht hat und daher kämpft – als *ultima ratio.*

Hess entdeckte als erster, daß eine Katze bei einer elektrischen Stimulation gewisser Zonen ihres Hypothalamus entweder mit Angriff oder mit Flucht reagiert. Demzufolge subsummierte er diese beiden Verhaltensformen unter der Kategorie *»Defensivreaktion«,* um damit anzudeuten, daß beide Reaktionen dem Tier zur Verteidigung seines Lebens dienen. Die Nervenbahnen und -zentren für Angriff und Flucht liegen eng beieinander, sind jedoch deutlich getrennt. Nach der von W. R. Hess, H. W. Magoun und anderen geleisteten Pionierarbeit hat man sich viel mit dieser Frage beschäftigt, vor allem Hunsperger und seine Gruppe im Hessschen Laboratorium und Romaniuk, Levinson und Flynn.[12] Wenn auch die verschiedenen Forscher zu unterschiedlichen Ergebnissen gelangten, so haben sie doch die grundlegenden Erkenntnisse von Hess bestätigt.

Mark und Ervin fassen den gegenwärtigen Stand der Forschung zusammen:

> Jedes Tier, gleich welcher Art, reagiert auf einen lebensbedrohenden Angriff mit einer von zwei Verhaltensformen: entweder mit Flucht oder mit Aggression und Gewalttätigkeit, das heißt, es kämpft. Bei der Steuerung jeglichen Verhaltens funktioniert das Gehirn als Einheit; folglich stehen die Mechanismen im Gehirn, welche diese beiden unterschiedlichen Formen der Selbsterhaltung bewirken bzw. hemmen, in enger

[12] Vgl. die ausführliche Besprechung dieser Forschungsarbeiten in B. Kaada (1967).

Verbindung untereinander und mit allen anderen Teilen des Gehirns; und ihr richtiges Funktionieren hängt von der Synchronisierung vieler komplexer und aufs feinste ausbalancierter Subsysteme ab (V. H. Mark und F. R. Ervin, 1970).

Der »Flucht«-Instinkt

Die mit dem Kampf und der Flucht als Verteidigungsreaktionen verknüpften Daten lassen die Aggressions-Theorie der Instinkt- und Triebforscher in einem seltsamen Licht erscheinen. Der Impuls, zu fliehen, spielt – neurophysiologisch und verhaltensmäßig – die gleiche, wenn nicht eine größere Rolle beim Verhalten des Tieres als der Impuls, zu kämpfen. Neurophysiologisch sind beide Impulse völlig gleich integriert; es besteht kein Grund zur Annahme, die Aggression sei »natürlicher« als die Flucht. Warum sprechen aber die Instinktforscher von der Intensität der angeborenen Aggressionsimpulse und nicht von dem angeborenen Fluchtimpuls?

Wollte man die Überlegungen dieser Forscher bezüglich des Kampfimpulses mit Bezug auf den Fluchtimpuls übersetzen, käme man etwa zu folgender Feststellung: »Der Mensch wird von einem angeborenen Impuls angetrieben, zu fliehen; er kann versuchen, diesen Impuls zu kontrollieren, doch wird sich diese Kontrolle als relativ unwirksam erweisen, selbst wenn er Mittel und Wege findet, die Macht dieses ›Fluchtinstinktes‹ zu dämpfen.«

Angesichts der Wichtigkeit, die man der angeborenen menschlichen Aggression als einem der ernstesten Probleme des sozialen Lebens von frühen religiösen Positionen bis zu Lorenz in seiner wissenschaftlichen Arbeit beimißt, könnte einen eine Theorie, in deren Mittelpunkt der »unkontrollierbare Fluchtinstinkt« des Menschen steht, merkwürdig anmuten, und doch ist sie neurophysiologisch ebenso begründet wie die von der »unkontrollierbaren Aggression«. Tatsächlich dürfte vom biologischen Standpunkt aus die Flucht der Selbsterhaltung dienlicher sein als der Kampf. Für politische oder militärische Führer klingt dies freilich nicht merkwürdig, sondern eher einleuchtend. Sie wissen aus Erfahrung, daß der Mensch seiner Natur nach nicht zum Heroismus geneigt zu sein scheint und daß viele Maßnahmen ergriffen werden müssen, um ihn zum Kämpfen zu veranlassen und ihn daran zu hindern, wegzulaufen, damit er sein Leben rette.

Wer die Geschichte studiert, könnte sich fragen, ob der Instinkt zu fliehen sich nicht als mindestens ebenso mächtig erwiesen hat wie der Kampfinstinkt. Er könnte zu dem Ergebnis kommen, daß die Geschichte nicht so sehr vom Aggressionstrieb bestimmt wurde als von dem Versuch, den Fluchtinstinkt des Menschen zu unterdrücken. Er könnte sich Gedanken darüber machen, daß die sozialen Einrichtungen und ideologischen Bemühungen der Menschen zu einem großen Teil diesem Ziel dienten. Man mußte sie mit dem Tode bedrohen, um ihnen ein Gefühl der Ehrfurcht vor der überlegenen Weisheit ihrer Führer einzuflößen und sie an den Wert der »Ehre« glauben zu machen. Man terrorisierte sie mit der Angst, als Feigling oder Verräter bezeichnet zu werden, oder man machte sie einfach betrunken mit Alkohol oder mit der Hoffnung auf Beute und Frauen. Die historische Analyse dürfte ergeben, daß die Unterdrückung des Fluchtimpulses und das scheinbare Dominieren des Kampfimpulses großenteils auf kulturelle und nicht auf biologische Faktoren zurückzuführen ist. Ich möchte mit diesen Überlegungen nur auf die ethologischen Vorurteile zugunsten des Begriffes *Homo aggressivus* hinweisen; die fundamentale Tatsache bleibt bestehen, daß das Gehirn von Tieren und Menschen eingebaute neuronale Mechanismen besitzt, welche ein aggressives Verhalten (oder Flucht) mobilisieren als Reaktion auf eine Bedrohung des Lebens eines Individuums oder der Art und daß diese Art der Aggression biologisch angepaßt ist und dem Leben dient.

Das Verhalten von Raubtieren und die Aggression

Es gibt noch eine andere Art der Aggression, die viel Verwirrung gestiftet hat: die der landbewohnenden Raubtiere. Zoologisch sind sie klar definiert: Es gehören die Familien von Katzen, Hyänen, Wölfen und Bären dazu.[13] Experimentelle Beweise häufen sich immer mehr, die darauf hinweisen, daß die neurologische Basis für die Aggression des Raubtiers sich von der defensiven Aggression unterscheidet.[14]
Lorenz vertritt vom ethologischen Standpunkt aus die gleiche Ansicht:

> Aber die inneren, verhaltensphysiologischen Beweggründe des Jägers sind von denen des Kämpfers grundverschieden. Der Büffel, den der Löwe niederschlägt, ruft dessen Aggression so wenig hervor, wie der schöne Truthahn, den ich soeben voll Wohlgefallen in der Speisekammer hängen sah, die meine erregt. Schon in den Ausdrucksbewegungen ist die Verschiedenheit der inneren Antriebe deutlich abzulesen. Der Hund, der sich voll Jagdpassion auf einen Hasen stürzt, macht dabei genau dasselbe gespannt-freudige Gesicht, mit dem er seinen Herrn begrüßt oder ersehnten Ereignissen entgegensieht. Auch dem Gesicht des Löwen kann man, wie aus vielen ausgezeichneten Photographien zu entnehmen ist, im dramatischen Augenblick vor dem Sprunge ganz eindeutig ansehen, daß er keineswegs böse ist: Knurren, Ohrenzurücklegen und andere vom Kampfverhalten her bekannte Ausdrucksbewegungen sieht man von jagenden Raubtieren nur, wenn sie sich vor einer wehrhaften Beute erheblich fürchten – und selbst dann nur in Andeutungen (K. Lorenz, 1963).

Aufgrund der ihm zugänglichen Daten über die neurophysiologischen Grundlagen der verschiedenen Arten der Aggression unterscheidet K. E. Moyer die Aggression der Raubtiere von anderen Aggressionstypen und kommt zum Schluß, daß »immer mehr experimentelle Befunde darauf hinweisen, daß die neurologische Grundlage dieser Aggression (bei Raubtieren) sich von anderen Arten der Aggression unterscheidet« (K. E. Moyer, 1968).
Das Verhalten der Raubtiere entspringt nicht nur einem eigenen neurophysiologischen Substrat, das sich von der der defensiven Aggression unterscheidet, das Verhalten selbst

[13] Bären sind in dieser Hinsicht schwer zu kategorisieren. Einige Bären sind Allesfresser; sie töten kleinere oder verwundete Tiere und fressen ihr Fleisch, aber sie jagen nicht nach Art der Löwen. Andererseits jagt aber der Eisbär, der unter extremen klimatischen Bedingungen lebt, Robben, die er tötet und frißt, so daß er als ein echtes Raubtier anzusehen ist.

[14] Diese Auffassung vertreten Mark und Ervin (1970). Auch die Untersuchungsergebnisse von Egger und Flynn sprechen dafür. Diese stimulierten die spezifische Zone im lateralen Teil des Hypothalamus und erzeugten damit ein Verhalten, das die Beobachter an das eines Tieres erinnerte, das sich an ein Beutetier heranpirscht oder es jagt (M. D. Egger und J. P. Flynn, 1963).

ist auch anders. Das Tier zeigt keine Wut, und sein Verhalten ist nicht mit dem Kampfverhalten zu verwechseln, sondern es ist zielgerecht, genau ausgerichtet, und die Spannung endet mit dem Erreichen des Zieles – der Erlangung der Nahrung. Der Raubtierinstinkt ist kein defensiver Instinkt, wie er allen Tieren gemeinsam ist, sondern er bezieht sich auf den Nahrungserwerb und ist bestimmten Tierarten eigen, die morphologisch für diese Aufgabe ausgerüstet sind. Natürlich ist das Verhalten der Raubtiere aggressiv,[15] doch ist hinzuzufügen, daß diese Art der Aggression sich von der mit Wut einhergehenden Aggression unterscheidet, die durch eine Bedrohung hervorgerufen wird. Sie steht der Aggression nahe, die gelegentlich als »instrumentale« Aggression bezeichnet wird, das heißt als eine Aggression, die der Erreichung eines erwünschten Zieles dient. Tieren, die keine Raubtiere sind, fehlt diese Art der Aggression.

Die Unterscheidung zwischen der defensiven Aggression und der Aggression von Raubtieren ist für das Problem der menschlichen Aggression deshalb von Bedeutung, weil der Mensch phylogenetisch kein Raubtier ist und weil daher seine Aggression, soweit es sich um ihre neurophysiologischen Ursprünge handelt, sich von der des Raubtiers unterscheidet. Man sollte nicht vergessen, daß das menschliche Gebiß »den fleisch-essenden Gewohnheiten des Menschen nur schlecht angepaßt ist und daß er noch immer die Gebißform seiner früchte- und gemüseessenden Vorfahren hat. Interessant ist auch, daß das menschliche Verdauungssystem alle physiologischen Merkmale eines Vegetariers und nicht die eines Fleischfressers aufweist« (J. Napier, 1970). Die Nahrung selbst der primitiven Jäger und Sammler war wenigstens zu 75 Prozent vegetarisch und bestand nur zu 25 Prozent oder noch weniger aus Fleisch.[16] Nach I. de Vore »bestand die Nahrung sämtlicher Primaten der Alten Welt im wesentlichen aus Pflanzen. Dasselbe gilt für alle heutigen Menschen mit den primitivsten menschlichen Wirtschaftsformen, nämlich für die auf der Welt noch vorhandenen Jäger und Sammler mit Ausnahme der arktischen Eskimos . . . Wenn auch spätere Archäologen, die die heutigen Buschmänner studieren, aus den Mahlsteinen, die sie zusammen mit den Pfeilköpfen der Buschmänner finden, der Meinung sein könnten, daß sie zum Zerschmettern von Knochen benutzt worden seien, um das Mark herauszuholen, so wurden sie doch in Wirklichkeit von den Frauen dazu verwendet, die Nüsse aufzuknacken, die 80 Prozent der Wirtschaft der Buschmänner ausmachten« (I. de Vore, 1970). Trotzdem hat vielleicht nichts so sehr zu dem Bild von der Intensität der angeborenen Aggressivität der Tiere – und indirekt auch des Menschen beigetragen wie das Bild vom Raubtier. Den Grund für dieses Vorurteil brauchen wir nicht weit zu suchen. Der Mensch hat sich seit vielen tausend Jahren mit gezähmten Haustieren – wie Hund und Katze – umgeben, die zu den Raubtieren gehören. Tatsächlich war dies einer der Gründe dafür, weshalb der Mensch sie gezähmt hat. Er benutzt

[15] Es ist eine bedeutsame Tatsache, daß viele Raubtiere – zum Beispiel die Wölfe – gegen ihre eigenen Artgenossen nicht aggressiv sind. Dies gilt nicht nur in dem Sinn, daß sie sich nicht gegenseitig töten – was hinreichend damit zu erklären ist, daß sie um des Fortbestandes der Art willen den Gebrauch ihrer furchtbaren natürlichen Waffen einschränken müssen (eine Erklärung, die auch Lorenz gibt) –, sondern auch in dem Sinn, daß sie in ihrem sozialen Verkehr miteinander recht freundlich und liebenswürdig sind.

[16] Das Gesamtproblem der angeblichen Raubtiermerkmale des Menschen wird in Kapitel 7 behandelt.

den Hund dazu, andere Tiere zu jagen und Menschen anzugreifen, die ihn bedrohen. Die Katze benutzt er dazu, Mäuse und Ratten zu jagen. Andererseits war der Mensch beeindruckt von der Aggressivität des Wolfes, der der Hauptfeind seiner Schafherden war, oder von der des Fuchses, der seine Hühner fraß.[17] So waren die Tiere, die sich der Mensch für seine nächste Umgebung aussuchte, Raubtiere, und er war kaum in der Lage, zwischen der raubtierhaften und der defensiven Aggressivität einen Unterschied zu sehen, da die Wirkung beider Arten von Aggression im Töten besteht. Außerdem war er nicht imstande, diese Tiere in ihrem eigenen Habitat zu beobachten und ihre soziale und freundliche Haltung untereinander kennenzulernen.

Die Schlußfolgerung, zu der wir aufgrund der Untersuchung der neurophysiologischen Tatsachen gelangt sind, ist im wesentlichen dieselbe, die auch von zwei der hervorragendsten Erforscher der Aggression, J. P. Scott und Leonard Berkowitz, vertreten wird, obwohl ihr jeweiliger theoretischer Bezugsrahmen sich von meinem unterscheidet. Scott schreibt: »Ein Mensch, der das Glück hat, in einer Umgebung zu leben, in der keine Stimulation zu kämpfen vorhanden ist, wird keinen physiologischen oder nervlichen Schaden nehmen, weil er niemals kämpft. Es ist dies eine völlig andere Situation als die Physiologie des Essens, bei dem die inneren Prozesse des Metabolismus zu bestimmten physiologischen Veränderungen führen, die schließlich Hunger und die Stimulation zu essen hervorrufen, ohne daß sich in der äußeren Umgebung irgendeine Veränderung ereignet« (J. P. Scott, 1958). Berkowitz spricht von einem »Schaltplan«, einer »Bereitschaft«, auf gewisse Reize aggressiv zu reagieren, und nicht von einer »aggressiven Energie«, die genetisch weitergegeben werden kann (L. Berkowitz, 1967).

Die Daten der Neurophysiologie, die wir hier diskutierten, haben uns geholfen, den Begriff der einen Art der Aggression – der lebenserhaltenden, biologisch angepaßten, defensiven Aggression – zu umreißen. Wir haben sie herangezogen, um zu zeigen, daß der Mensch eine potentielle Aggression besitzt, die durch die Bedrohung seiner vitalen Interessen mobilisiert wird. Keine dieser neurophysiologischen Daten beziehen sich jedoch auf *die Form der Aggression, die nur für den Menschen kennzeichnend ist und die er nicht mit anderen Säugetieren teilt: seine Neigung zu töten und zu quälen, und zwar ohne »Ursache« rein als Selbstzweck, nicht zur Verteidigung seines Lebens, sondern als Ziel, das in sich selbst wünschenswert und lustvoll ist.*

Die Neurologie hat sich noch nicht mit diesen Leidenschaften beschäftigt (abgesehen von denen, die durch Gehirnschäden verursacht wurden), aber man kann mit Sicherheit behaupten, daß die instinktivistisch-hydraulische Interpretation von Konrad Lorenz nicht recht zum Modell des Funktionsmechanismus des Gehirns paßt, wie die meisten Neurophysiologen ihn sehen, und daß er durch die neurophysiologischen Daten nicht gestützt wird.

[17] Es dürfte kein Zufall sein, daß Hobbes, der den Menschen als »Raubtier« im Verhältnis zu seinen Mitmenschen geschildert hat, in einem Lande lebte, wo man Schafzucht betrieb. Es wäre interessant, den Ursprung und die Beliebtheit der Märchen, die vom gefährlichen Wolf handeln – wie zum Beispiel Rotkäppchen –, unter diesem Gesichtspunkt zu untersuchen.

6

DAS VERHALTEN DER TIERE

Das zweite wichtige Gebiet, auf dem empirische Daten dazu beitragen könnten, die Gültigkeit der von den Instinktforschern aufgestellten Aggressionstheorie zu beweisen, ist das *Verhalten von Tieren.* Man muß die tierische Aggression in drei verschiedene Typen unterteilen: 1. die Aggression der Raubtiere, 2. die intraspezifische Aggression (die Aggression gegen Tiere derselben Art) und 3. die interspezifische Aggression (die Aggression gegen Tiere anderer Arten).

Wie bereits angedeutet, sind sich die Verhaltensforscher im Bereich der Tierwelt (einschließlich Lorenz) darin einig, daß die Verhaltensmuster und die neurologischen Prozesse bei der Aggression der *Raubtiere* nicht mit den anderen Arten tierischer Aggression übereinstimmen und daher gesondert zu behandeln sind.

Was die *interspezifische* Aggression betrifft, so sind sich die meisten Beobachter darin einig, daß Tiere nur selten Zugehörige anderer Arten töten, außer wenn sie sich verteidigen müssen, das heißt, wenn sie sich bedroht fühlen und nicht fliehen können. Dies beschränkt das Phänomen der tierischen Aggression im großen und ganzen auf die intraspezifische Aggression, das heißt auf die Aggression zwischen Tieren der gleichen Art, auf das Phänomen, mit dem sich Lorenz ausschließlich befaßt.

Die *intraspezifische* Aggression weist folgende Merkmale auf: a) Bei den meisten Säugetieren ist sie nicht »blutrünstig«, sie hat nicht zum Ziel, den Artgenossen zu töten, zu vernichten oder zu quälen, sondern es handelt sich dabei in der Hauptsache um eine Drohgebärde, die als Warnung dienen soll. Wir finden bei den meisten Säugetieren viel Gezänk, Streiterei und Drohgebaren, aber nur wenig blutige und tödliche Kämpfe, so wie wir sie im menschlichen Verhalten finden. b) Nur bei bestimmten Insekten, Fischen, Vögeln und unter den Säugetieren bei den Ratten ist ein destruktives Verhalten an der Tagesordnung. c) Die Drohgebärde ist eine Reaktion auf das, was das Tier als Bedrohung seiner vitalen Interessen empfindet, und ist daher defensiv im Sinne des neurophysiologischen Konzepts der »defensiven Aggression«. d) Es gibt keinen Beweis dafür, daß bei den meisten Säugetieren ein spontaner aggressiver Impuls vorhanden ist, der so lange gestaut wird, bis er eine mehr oder weniger passende Gelegenheit findet, sich zu entladen. Soweit die tierische

Aggression defensiv ist, gründet sie sich auf bestimmte phylogenetisch programmierte neurale Strukturen, und es bestünde kein Grund, hier die Position von Lorenz anzufechten, außer wegen seines hydraulischen Modells und wenn er nicht behauptete, die menschliche Destruktivität und Grausamkeit sei angeboren und in der defensiven Aggression verwurzelt.

Der Mensch ist das einzige Säugetier, das in großem Maßstab ein Mörder und Sadist ist. In den nächsten Kapiteln soll versucht werden, dafür eine Erklärung zu finden. In dieser Diskussion über tierisches Verhalten möchte ich im einzelnen zeigen, daß viele Tiere gegen ihre eigenen Artgenossen kämpfen, daß sie dies aber in einer »nichtdisruptiven«, nichtdestruktiven Art tun und daß unsere Daten über das Leben der Säugetiere im allgemeinen und die vormenschlichen Primaten im besonderen nicht auf eine angeborene »Destruktivität« hinweisen, die der Mensch von ihnen geerbt haben soll. Wenn die menschliche Spezies tatsächlich nur etwa den gleichen Grad einer »angeborenen« Aggressivität besäße wie die in ihrem natürlichen Habitat lebenden Schimpansen, so würden wir in einer recht friedlichen Welt leben.

Die Aggression in der Gefangenschaft

Beim Studium der Aggression unter Tieren und besonders unter den Primaten ist es wichtig, daß man von Anfang an unterscheidet zwischen ihrem Verhalten in ihrem eigenen Habitat und ihrem Verhalten in der Gefangenschaft, das heißt im wesentlichen im zoologischen Garten. Beobachtungen zeigen, daß die Primaten in der freien Natur wenig aggressiv sind, während bei Primaten im Zoo gelegentlich ein äußerst destruktives Verhalten zu beobachten ist.

Diese Unterscheidung ist von fundamentaler Bedeutung für das Verständnis der menschlichen Aggression, weil der Mensch im Verlauf seiner Geschichte bis heute kaum jemals in seinem »natürlichen Habitat« gelebt hat, mit Ausnahme der Jäger und Sammler und der ersten Ackerbauer bis zum fünften Jahrtausend v. Chr. Der »zivilisierte« Mensch hat immer im »Zoo« gelebt – das heißt in einer nur gradmäßig unterschiedenen Gefangenschaft und Unfreiheit –, und dies gilt auch heute noch selbst für die fortgeschrittensten Gesellschaftssysteme.

Ich möchte mit einigen Beispielen von Primaten im Zoo beginnen, die man bereits gründlich untersucht hat. Die am besten erforschten sind vielleicht die Mantelpaviane, die Solly Zuckerman im Londoner Zoo im Regents Park (auf dem »Affenberg«) 1929–1930 studierte. Ihr Gehege, 30 m lang und 18 m breit, war für einen Zoo groß, aber verglichen mit dem natürlichen Umfang ihres Habitats äußerst klein. Zuckerman konnte unter diesen Tieren sehr starke Spannungen und Aggressionen beobachten. Die stärkeren Tiere unterdrückten die schwächeren brutal und erbarmungslos, und selbst die Mütter nahmen ihren Jungen das Futter weg. Die Hauptleidtragenden waren die Weibchen und die Jungen, die gelegentlich bei Kämpfen verletzt oder sogar versehentlich getötet wurden. Zuckerman beobachtete, wie ein Männchen ein Junges zweimal absichtlich angriff, wonach man das Junge abends tot wiederfand. Acht von 61 Männchen starben eines gewaltsamen Todes, und viele andere gingen durch Krankheit ein (S. Zuckerman, 1932). Auch von anderen

Forschern wurde das Verhalten von Primaten im Zoo studiert, so von Hans Kummer (1951)[1] in Zürich und von Vernon Reynolds (1961)[2] im Whipsnade Park in England. Kummer hielt die Paviane in einem 14 auf 25 m großen Gehege. Dort waren ernsthafte Beißereien, die zu bösen Wunden führten, an der Tagesordnung. Kummer stellte detaillierte Vergleiche zwischen den Tieren im Züricher Zoo und Tieren in der freien Wildnis an, die er *in Äthiopien studierte, und er hat festgestellt, daß aggressive Handlungen* im Zoo bei den Weibchen neunmal und bei den erwachsenen Männchen siebzehneinhalbmal häufiger vorkamen als bei den wild lebenden Horden. Vernon Reynolds studierte vierundzwanzig Rhesusaffen in einem achteckigen Gehege, dessen Seiten nur ca. 9 m lang waren. Obwohl der den Tieren zur Verfügung stehende Raum noch kleiner war als der auf dem *Monkey Hill,* waren die zu beobachtenden Aggressionen doch nicht so heftig. Trotzdem kam es auch hier häufiger zu Gewalttätigkeiten als in der Wildnis. Viele Tiere wurden verwundet – ein Weibchen so schwer, daß es erschossen werden mußte. Von besonderem Interesse hinsichtlich des Einflusses der ökologischen Bedingungen auf die Aggression sind verschiedene Studien über Rhesusaffen *(Macaca mulata),* besonders die von C. H. Southwick (1964) und von C. H. Southwick, M. Beg und M. Siddiqi (1965). Southwick stellte fest, daß Umwelteinflüsse und soziale Bedingungen bei gefangenen Rhesusaffen stets einen beträchtlichen Einfluß auf die Form und Häufigkeit eines »agonistischen« Verhaltens (d. h. eines Verhaltens als Reaktion auf Konflikte) haben. Seine Untersuchung ermöglicht uns, zwischen Umweltveränderungen, das heißt Veränderungen bezüglich der Zahl der Tiere in einem bestimmten Bereich, und sozialen Veränderungen, das heißt Eingliederung neuer Tiere in eine bereits bestehende Gruppe, zu unterscheiden. Er kommt zu dem Ergebnis, daß eine Verkleinerung des Lebensraums eine verstärkte Aggression zur Folge hat, daß jedoch Veränderungen in der sozialen Struktur durch die Eingliederung neuer Tiere »eine weit drastischere Vergrößerung der aggressiven Interaktion bewirkten als Umweltveränderungen« (C. H. Southwick, 1964).

Auch bei vielen anderen Säugetieren hat man beobachtet, daß eine Verkleinerung des Lebensraumes zu aggressiverem Verhalten führte. L. H. Matthews berichtet, daß ihm aus der einschlägigen Literatur und von eigenen Beobachtungen im Londoner Zoo kein einziger Fall bekannt wurde, in dem Säugetiere bis zum Tod des Gegners kämpften, außer wenn die Tiere zu eng aufeinander lebten (L. H. Matthews, 1963). Paul Leyhausen, ein hervorragender Tierverhaltensforscher, hat darauf hingewiesen, daß bei Katzen die Hierarchie durcheinandergerät, wenn die Tiere auf zu engem Raum zusammengepfercht werden. Je dichter die Käfige besetzt sind, um so weniger existiert eine relative Hierarchie. Schließlich taucht ein Despot auf, »Parias« treten in Erscheinung und werden durch die ständigen brutalen Angriffe aller anderen zur Raserei und allen möglichen unnatürlichen Verhaltensweisen veranlaßt. Die Gemeinschaft wird zu einem haßerfüllten Mob. Alle entspannen sich nur selten, man hat nie den Eindruck, daß sie sich wohl fühlen, und es kommt zu einem ständigen Zischen, Knurren und sogar zu Kämpfen (P. Leyhausen, 1956).[3]

[1] [2] Zitiert von C. und W. M. S. Russell (1968).

[3] Vgl. auch P. Leyhausens Untersuchung über die Überfüllung (crowding) (1965), besonders seine Untersuchung über den Einfluß des Zusammengepferchtseins auf den Menschen.

Selbst ein vorübergehendes Gedränge an bestimmten Futterplätzen hatte eine verstärkte Aggression zur Folge. Im Winter 1952 haben drei amerikanische Forscher, C. Cabot, N. Collias und R. C. Guttinger (zitiert von C. und W. M. S. Russell, 1968), in der Nähe des Flusses Flag in Wisconsin Hirsche beobachtet und festgestellt, daß die Häufigkeit der Streitigkeiten von der Zahl der Tiere in dem abgegrenzten Gehege, das heißt von der Populationsdichte, abhing. Waren nur fünf bis sieben Hirsche anwesend, wurde pro Stunde nur ein einziger Kampf beobachtet. Waren dagegen zwischen 23 und 30 Tiere da, betrug die Zahl der Kämpfe durchschnittlich 4,4 pro Tier und Stunde. Ähnliche Beobachtungen machte der amerikanische Biologe J. B. Calhoun (1948) an wildlebenden Ratten.

Wichtig ist die Beobachtung, daß das Vorhandensein von reichlich *Futter* bei zu engem Zusammengepferchtsein eine verstärkte Aggressivität *nicht* verhindert. Die Tiere im Londoner Zoo waren gut gefüttert, und trotzdem hatte die Überfüllung ihres Geheges eine verstärkte Aggressivität zur Folge. Interessant ist auch die Beobachtung von Southwick, daß selbst eine Herabsetzung der Futterration um 25 Prozent bei Rhesusaffen keine Änderung in ihren agonistischen Interaktionen bewirkte und daß eine Reduktion um die Hälfte sogar zu einer deutlichen Verminderung des agonistischen Verhaltens führte.[4]

Aus den Untersuchungen der verstärkten Aggressivität von Primaten in Gefangenschaft – Untersuchungen von anderen Säugetieren zeigen dasselbe Resultat – scheint hervorzugehen, daß die Überfüllung die Hauptvoraussetzung für eine verstärkte Gewalttätigkeit ist. Aber »Überfüllung« ist nur ein Etikett, und noch dazu ein ziemlich irreführendes, weil es uns nichts darüber sagt, welche Faktoren bei einer solchen Überfüllung für die verstärkte Aggression verantwortlich sind.

Besteht ein »natürliches« Bedürfnis nach einem Minimum an privatem Lebensraum?[5] Verhindert die Überfüllung das Tier daran, seinem angeborenen Bedürfnis nach Erkundung und freier Bewegung nachzugehen? Wird die Überfüllung vom Tier als körperliche Bedrohung empfunden, auf die es mit Aggression reagiert?

Diese Fragen können nur aufgrund weiterer Untersuchungen vollständig beantwortet werden, doch weisen Southwicks Ergebnisse darauf hin, daß beim Phänomen der Überfüllung mindestens zwei Elemente voneinander zu unterscheiden sind, nämlich die *Reduktion des Raumes* und die *Zerstörung der sozialen Struktur*. Die Wichtigkeit des zweiten Faktors ergibt sich klar aus Southwicks bereits erwähnter Beobachtung, daß die Eingliederung eines fremden Tieres gewöhnlich noch mehr Aggression hervorruft als die Überfüllung. Natürlich sind oft beide Faktoren vorhanden, so daß man nur schwer unterscheiden kann, welcher von beiden für das aggressive Verhalten verantwortlich ist.

Welches auch immer die spezifische Mischung dieser beiden Faktoren bei einem zu engen Aufeinanderleben von Tieren sein mag, sicher ist, daß jeder zur Aggression führen kann. Die Verengung des Lebensraumes beraubt das Tier der lebenswichtigen Funktionen der Bewegung, des Spiels und der Ausübung jener Fähigkeiten, die sich nur entwickeln können, wenn es sich seine Nahrung selber suchen muß. Daher kann das »des Lebensraums beraubte Tier« sich durch diese Reduktion seiner vitalen Funktionen bedroht fühlen und

[4] Ähnliche Erscheinungen sind auch beim Menschen zu beobachten, bei dem Hungersnot ebenfalls die Aggressivität eher herabsetzt als vermehrt.

[5] Vgl. T. E. Halls interessante Untersuchung über das Raumbedürfnis des Menschen (1963, 1966).

mit Aggressionen reagieren. Der Zusammenbruch der sozialen Struktur einer Tiergruppe stellt nach Southwick eine noch stärkere Bedrohung dar. Jede Tierart lebt in einer für ihre Spezies charakteristischen sozialen Struktur. Ob hierarchisch oder nicht, sie ist der Bezugsrahmen, dem das Verhalten des betreffenden Tieres angepaßt ist. Ein erträgliches soziales Gleichgewicht ist die unausweichliche Vorbedingung für seine Existenz. Seine Zerstörung durch das Zusammengepferchtsein bedeutet für das Tier eine massive Bedrohung seiner Existenz, und angesichts der Defensivrolle der Aggression steht zu erwarten, daß eine intensive Aggression die Folge ist, besonders dann, wenn keine Fluchtmöglichkeit besteht.

Zu einer »Überfüllung« kann es unter den Lebensbedingungen in einem Zoo kommen, wie an Zuckermans Pavianen zu sehen ist. Häufiger jedoch leben die Tiere im Zoo nicht in zu großer Menge beieinander, sondern sie leiden unter den beschränkten Raumverhältnissen an sich. Gefangene Tiere mögen noch so gut gefüttert und gehegt sein, sie haben »nichts zu tun«. Wenn man der Ansicht ist, daß die Befriedigung aller physiologischen Bedürfnisse genügt, um bei einem Tier (oder Menschen) ein Gefühl des Wohlbehagens hervorzurufen, dann müßte ihr Leben im Zoo sie höchst zufrieden machen. Aber dieses Parasitenleben beraubt sie der Reize, die es ihnen ermöglichen würden, ihren körperlichen und geistigen Fähigkeiten aktiv Ausdruck zu geben; so werden sie oft gelangweilt, teilnahmslos und apathisch. A. Kortlandt berichtet: »Anders als die *Zoo*-Schimpansen, die mit den Jahren meist immer gelangweilter und unausgefüllter aussehen, schienen die älteren Schimpansen unter den in der freien Wildnis lebenden lebhafter, an allem interessierter und menschlicher« (A. Kortlandt, 1962).[6] S. E. Glickman und R. W. Sroges (1966) äußern sich ähnlich, wenn sie von der ständigen »reizarmen Welt« in den Zookäfigen und der sich daraus ergebenden »Langeweile« sprechen.

Menschliche Aggression und Übervölkerung

Wenn das Zusammengepferchtsein eine wichtige Vorbedingung für die tierische Aggression ist, so drängt sich die Frage auf, ob es auch eine wichtige Quelle der menschlichen Aggression ist. Dieser Gedanke wird von vielen vertreten, unter anderem von P. Leyhausen, der die Ansicht vertritt, daß es für »Rebellion«, »Gewalttätigkeit« und »Neurosen« kein anderes Heilmittel gibt, als »ein zahlenmäßiges Gleichgewicht in den menschlichen Gesellschaften herzustellen und schnell wirksame Mittel zu seiner optimalen Kontrolle zu finden« (P. Leyhausen, 1965).[7]

Diese populäre Gleichsetzung von »Übervölkerung« mit »Bevölkerungsdichte« hat viel Verwirrung gestiftet. Bei seiner stark vereinfachenden und konservativen Betrachtungsweise übersieht Leyhausen die Tatsache, daß das Problem der heutigen Übervölkerung zwei Aspekte hat: die Zerstörung einer lebensfähigen sozialen Struktur (besonders in den

[6] Ein Beispiel hierfür ist der silberhaarige alte Schimpanse, der Gruppenführer blieb, obwohl er körperlich den jüngeren Affen weit unterlegen war; offensichtlich hatte das Leben in der Freiheit mit seinen vielen Stimulierungen in ihm eine Art »Weisheit« entwickelt, die ihn zum Führer qualifizierte.

[7] Die gleiche These vertreten C. und W. M. S. Russell (1968, 1968a).

industrialisierten Teilen der Welt) und das Mißverhältnis zwischen der Bevölkerungsdichte und ihrer wirtschaftlichen und sozialen Lebensgrundlage, besonders in den nichtindustrialisierten Teilen der Welt.

Der Mensch braucht ein soziales System, in dem er seinen Platz hat und in dem seine Beziehungen zu anderen relativ stabil und durch allgemein anerkannte Werte und Ideen gestützt sind. Was sich in der modernen Industriegesellschaft ereignet hat, ist, daß die Traditionen, die gemeinsamen Wertbegriffe und echten sozialen Bindungen weitgehend geschwunden sind. Der moderne Massenmensch ist isoliert und einsam, selbst dann, wenn er Teil einer Masse ist; er besitzt keine Überzeugungen, die er mit anderen teilen könnte, nur Schlagworte und Ideologien, die er aus den Kommunikationsmedien bezieht. Er ist zum A-tom geworden (was im Griechischen dem lateinischen Wort »in-dividuum« = unteilbar entspricht), und das einzige Band, das die einzelnen Individuen miteinander verbindet, sind gemeinsame, oft jedoch gleichzeitig antagonistische Interessen und die Verknüpfung durch das Geld. Emile Durkheim (1897) bezeichnete dieses Phänomen als *Anomie*, und er hat gefunden, daß es die Hauptursache für den Selbstmord war, der mit der Zunahme der Industrialisierung immer häufiger wurde. Er verstand unter Anomie die Zerstörung aller traditionellen sozialen Bindungen, die er darauf zurückführte, daß jede echte kollektive Organisation dem Staat gegenüber nur noch eine sekundäre Rolle spielte und daß alles echte soziale Leben verschwunden war. Seiner Ansicht nach waren die im modernen politischen Staat lebenden Menschen »ein disorganisierter Staub von Individuen«.[8]

Ein anderer Meister der Soziologie, F. Tönnies (1926), nahm eine ähnliche Analyse der modernen Gesellschaftssysteme vor und unterschied zwischen der traditionellen *Gemeinschaft* und der modernen *Gesellschaft*, in der alle echten sozialen Bindungen verschwunden sind.

Daß nicht große Bevölkerungsdichte an sich, sondern der Mangel an einer sozialen Struktur, an echten Bindungen und Lebensinteressen Ursache der menschlichen Aggressionen ist, kann an vielen Beispielen gezeigt werden. Ein besonders eindrucksvolles Beispiel sind die Kibuzzim in Israel, die sehr dicht bevölkert sind, in denen der einzelne wenig Raum für sich und kaum ein Privatleben hat. (Dies war vor Jahren, als die Kibuzzim noch sehr arm waren, noch in stärkerem Maße der Fall.) Trotzdem war bei den Mitgliedern eine außergewöhnlich geringe Neigung zur Aggression zu beobachten. Das gleiche gilt auch für andere Gesinnungsgemeinschaften überall auf der Welt. Ein weiteres Beispiel bilden Länder wie Belgien und Holland, zwei der am dichtesten bevölkerten Teile der Welt, deren Bevölkerung trotzdem nicht durch eine besondere Aggressivität gekennzeichnet ist. Eine größere Überfüllung als bei den Jugend-Festivals in Woodstock oder auf der Isle of Wight kann man sich kaum vorstellen, und doch war bei beiden Gelegenheiten auffällig wenig Aggressivität zu beobachten. Manhatten Island war – um noch ein weiteres Beispiel anzuführen – vor dreißig Jahren eines der am dichtesten bevölkerten Gebiete der Welt, doch war es damals nicht, so wie heute, durch ein überdurchschnittliches Maß an Gewalttätigkeiten gekennzeichnet.

Jeder, der schon einmal in einem großen Wohnblock gelebt hat, in dem mehrere hundert

[8] Eine ähnliche Ansicht äußert E. Mayo (1933).

Familien zusammenwohnen, weiß, daß es wenig Orte gibt, an denen man so gut ein Privatleben führen kann und an denen man durch die Gegenwart seines Türnachbarn so wenig gestört wird wie in einem so dicht bevölkerten Gebäude. Im Vergleich dazu kann man in einem kleinen Dorf nur viel schwerer ein Privatleben führen, obwohl dort die Häuser viel weiter verstreut sind und die Bevölkerungsdichte weit geringer ist. Hier nehmen die Menschen viel stärker Notiz voneinander, sie beobachten sich gegenseitig, klatschen über ihr Privatleben, und sie befinden sich ständig im Gesichtskreis der anderen. Das gleiche gilt – in weit geringerem Maß allerdings – für die Bewohner von Vorstädten.

Diese Beispiele zeigen, daß nicht große Bevölkerungsdichte als solche für die Aggression verantwortlich ist, sondern vielmehr die sozialen, psychologischen, kulturellen und ökonomischen Bedingungen, die mit ihr Hand in Hand gehen. Offensichtlich verursacht die Überbevölkerung, das heißt Bevölkerungsdichte, *verbunden mit Armut,* Streß und Aggression; Beispiele hierfür sind die großen Städte in Indien sowie die Slums der amerikanischen Städte. Die Überbevölkerung und das sich aus ihr ergebende enge Aufeinanderwohnen hat dann üble Folgen, wenn den Menschen durch ihre schlechte Unterbringung die elementarsten Voraussetzungen dafür fehlen, daß sie vor einer ständigen unmittelbaren Belästigung durch die anderen geschützt sind. Übervölkerung bedeutet, daß die Zahl der Menschen, die zu einer bestimmten Gesellschaft gehören, zu groß ist, als daß die ökonomische Basis ausreichte, um sie mit zureichender Nahrung zu versorgen und ihnen eine anständige Unterkunft und eine sinnvolle Freizeitbeschäftigung zu gewährleisten. Es besteht kein Zweifel, daß die Übervölkerung böse Folgen hat und daß die Zahl der Bewohner so weit reduziert werden muß, daß sie mit der wirtschaftlichen Basis zu vereinbaren ist. Besitzt jedoch eine Gesellschaft die wirtschaftliche Basis für eine dichte Bevölkerung, so beraubt diese Bevölkerungsdichte an sich den einzelnen Bürger nicht der Möglichkeit zu einem Privatleben und führt nicht dazu, daß er dauernd von anderen gestört wird.

Ein angemessener Lebensstandard ist jedoch nur die Voraussetzung dafür, daß das Privatleben des einzelnen gesichert ist und daß er vor ständiger Einmischung durch andere geschützt ist. Er löst nicht das Problem der *Anomie,* des Mangels an Gemeinschaft. Er stillt nicht das Bedürfnis des Menschen, in einer Welt mit menschlichen Proportionen zu leben, deren Mitglieder sich als Personen kennen. Die *Anomie* der Industriegesellschaft ist nur zu beseitigen, wenn die gesamte gesellschaftliche und geistige Struktur radikal geändert wird: wenn der einzelne nicht nur richtig ernährt wird und eine anständige Wohnung bekommt, sondern wenn die Interessen der Gesellschaft mit den Interessen des einzelnen identisch werden; wenn die Beziehung zu unserem Nebenmenschen und die Ausdrucksmöglichkeiten für die eigenen Kräfte und nicht der Konsum von Dingen und die Feindseligkeit gegen unsere Mitmenschen zum beherrschenden Prinzip für unser soziales und individuelles Leben werden. Dies ist auch bei einer starken Bevölkerungsdichte möglich, doch erfordert es ein radikales Überdenken unserer gesamten Prämissen und eine radikale soziale Wandlung.

Aus diesen Erwägungen folgt, daß alle Analogieschlüsse von der Übervölkerung im Tierreich auf die im menschlichen Bereich nur von beschränktem Wert sind. Das Tier besitzt ein »instinktives« Wissen, wieviel Lebensraum und welche soziale Organisation es braucht. Es reagiert instinktiv mit Aggression, um eine Störung seines Lebensraums und seiner sozialen Struktur zu beseitigen. Es besitzt kein anderes Mittel, um auf die Bedrohung seiner vitalen Interessen in diesem Bereich zu reagieren. Der Mensch jedoch hat viele andere Möglichkeiten. Er kann die soziale Struktur ändern, er kann Bindungen aufgrund gemeinsamer Werte über die instinktiv gegebenen hinaus entwickeln. Die Lösungen, die das Tier für Probleme findet, welche sich aus der zu dichten Bevölkerung ergeben, sind biologisch instinktiv begründet; die Lösungen des Menschen für die Probleme der Übervölkerung sind soziale und politische.

Die Aggression in der freien Natur

Glücklicherweise gibt es eine Anzahl neuerer Untersuchungen über Tiere in der freien Natur, aus denen klar hervorgeht, daß die in Gefangenschaft zu beobachtende Aggressivität bei den gleichen Tieren nicht vorhanden ist, wenn sie in ihrem natürlichen Habitat leben.[9]

Unter den Affen stehen die Paviane im Ruf einer gewissen Gewalttätigkeit, und S. L. Washburn und I. De Vore (1971) studierten sie gründlich. Aus Raumgründen muß ich mich darauf beschränken, nur über das Untersuchungsergebnis von Washburn und De Vore zu berichten, daß nämlich nur sehr wenig aggressives Verhalten zu beobachten ist, vorausgesetzt, daß die allgemeine soziale Struktur nicht gestört wird. Das zu beobachtende aggressive Verhalten erschöpfte sich im wesentlichen in Gebärden oder Drohhaltungen. Angesichts unserer obigen Feststellungen über die »Überfüllung« ist bemerkenswert, daß an der Wasserstelle keine Kämpfe zwischen Pavianhorden beobachtet wurden. Die Verfasser zählten über vierhundert Paviane, die sich gleichzeitig an einer einzigen Wasserstelle befanden, und trotzdem verhielten sie sich in keiner Weise aggressiv. Auch benahmen sich diese Paviane sehr wenig aggressiv gegenüber anderen Tierarten. Dieses Bild wird durch eine Untersuchung über den Bärenpavian *(Papio ursinus)* von K. R. L. Hall (1960) bestätigt und ergänzt.

[9] H. W. Nissen (1931) führte als erster an Schimpansen Felduntersuchungen über nichtmenschliche Primaten durch; es folgten H. C. Bingham (1932) mit einer Untersuchung über den Gorilla und C. R. Carpenter (1934) mit seiner Studie über den Brüllaffen. Dann ließ man die Feldstudien über Primaten fast zwanzig Jahre lang auf sich beruhen. Zwischendurch wurden zwar einige kurze Feldstudien durchgeführt, doch wurden erst Mitte der fünfziger Jahre neue sorgfältige, sich über längere Zeit erstreckende Reihenuntersuchungen vorgenommen, und zwar am neugegründeten japanischen Affenzentrum der Universität Kyoto sowie von S. A. Altman mit seiner Untersuchung über die Rhesusaffen-Kolonie auf Cayo, Santiago. Heute beschäftigen sich mehr als fünfzig einzelne Forscher mit derartigen Untersuchungen. Die beste Sammlung von Abhandlungen über das Verhalten von Primaten findet sich in I. De Vore, ed. (1965) mit einer umfangreichen Bibliographie. Unter den Abhandlungen in diesem Sammelband möchte ich besonders auf die von K. R. L. Hall und I. De Vore (1965) hinweisen; ferner auf die über »Rhesusaffen in Nordindien« von C. H. Southwick, M. Beg und M. R. Siddiqi (1965); auf *The Behavior of the Mountain Gorilla* von G. B. Schaller (1965); auf *The Chimpanzees of the Bodongo Forest* von V. und F. Reynolds (1965) und auf *Chimpanzees of the Gombe Stream Reserve* von Jane Goodall (1965). Jane Goodall hat diese Forschungen bis 1965 fortgesetzt und ihre weiteren Beobachtungen zusammen mit früheren unter ihrem späteren Namen Jane van Lawick-Goodall (1968) veröffentlicht. Bei meinen folgenden Ausführungen habe ich außerdem A. Kortlandt (1962) und K. R. L. Hall (1964) benutzt.

Besonders interessant ist die Untersuchung des aggressiven Verhaltens von Schimpansen, den menschenähnlichsten Primaten. Bis vor wenigen Jahren war über ihre Lebensweise in Äquatorialafrika fast nichts bekannt. Inzwischen sind jedoch drei getrennte Beobachtungen von Schimpansen in ihrem natürlichen Habitat vorgenommen worden, die sehr interessantes Material hinsichtlich ihres aggressiven Verhaltens ergeben haben.

V. und F. Reynolds, die die Schimpansen des Bodongo-Waldes beobachteten, berichten, daß aggressives Verhalten nur äußerst selten vorkommt. »Während 300 Beobachtungsstunden sahen wir nur 17 Streitereien, bei denen es zu richtigen Kämpfen oder zur Bekundung von Drohungen oder Wut kam, und keine dieser Auseinandersetzungen dauerte länger als ein paar Sekunden« (V. und F. Reynolds, 1965). Nur an vier dieser siebzehn Streitigkeiten waren zwei erwachsene Männchen beteiligt. Jane Goodall machte im Gombe-Strom-Reservat im wesentlichen die gleichen Beobachtungen: »Drohgebärden wurden nur bei vier Gelegenheiten beobachtet, wenn ein Männchen von untergeordneter Rangstufe vor einem übergeordneten zu fressen versuchte . . . Angriffe wurden nur selten beobachtet, und erwachsene Männchen sahen wir nur bei einer einzigen Gelegenheit kämpfen« (J. Goodall, 1965). Eine Dominanz-Hierarchie im engeren Sinn wurde bei diesen Schimpansen nicht festgestellt, wenn auch 72 Interaktionen beobachtet wurden, bei denen es eindeutig um die Rangordnung ging.

A. Kortlandt berichtet über die Beobachtung von Unsicherheit bei Schimpansen, die – wie wir noch sehen werden – für das Verständnis der Entwicklung der menschlichen »zweiten Natur«, seines Charakters, sehr wichtig ist. Er schreibt:

> Alle von mir beobachteten Schimpansen waren vorsichtige, zögernde Geschöpfe. Dies ist einer der Haupteindrücke, die man mitnimmt, wenn man Schimpansen in der freien Natur aus der Nähe beobachtet. Hinter ihren lebhaften, forschenden Augen fühlt man eine zweifelnde, kontemplative Persönlichkeit, die ständig hinter den Sinn einer verwirrenden Welt zu kommen sucht. Es ist, als ob bei den Schimpansen die Unsicherheit des Intellekts an die Stelle der Sicherheit des Instinkts getreten wäre – dies jedoch ohne die Entschiedenheit und Entschlossenheit, die den Menschen kennzeichnen (A. Kortlandt, 1962).

Kortlandt stellt fest, daß, wie aus Experimenten mit gefangenen Tieren hervorgeht, die Verhaltensmuster von Schimpansen weit weniger angeboren sind als die von kleineren Affen.[10]

Von den Beobachtungen von van Lawick-Goodall möchte ich hier nur eine besonders zitieren, weil sie Kortlandts wichtige Feststellung über das Zögern und die Unentschlossenheit im Verhalten des Schimpansen bestätigt. Der Bericht lautet:

> Eines Tages tauchte Goliath in einiger Entfernung von uns oben auf einem Abhang mit einem uns unbekannten rötlichen (läufigen) Weibchen dicht hinter ihm auf. Hugo und ich brachten schnell einen Haufen Bananen an eine Stelle, wo beide Schimpansen sie sehen konnten, und versteckten uns im Zelt, um sie zu beobachten. Als das Weibchen unser Camp sah, kletterte es flink einen Baum hinauf und starrte herunter. Goliath

[10] K. J. und C. Hayes von den Yerkes Laboratories of Primate Biology in Orange Park, Florida, die einen Schimpansen in ihrer eigenen Wohnung systematisch einer »zwangsweisen« humanisierenden Erziehung unterzogen, stellten bei ihm im Alter von zwei Jahren und acht Monaten einen I.Q. von 125 fest (C. Hayes, 1951; und K. J. Hayes und C. Hayes, 1951).

blieb ebenfalls sofort stehen und blickte zu ihr hinauf. Dann warf er einen Blick auf die Bananen. Er lief ein Stück den Abhang hinunter, blieb stehen und sah zu seinem Weibchen zurück. Sie hatte sich nicht bewegt. Langsam lief Goliath weiter den Abhang hinunter, jetzt kletterte das Weibchen schweigend vom Baum herab, und wir verloren sie im Unterholz aus den Augen. Als Goliath sich umschaute und sah, daß sie weg war, rannte er einfach zurück. Einen Augenblick später kletterte das Weibchen wieder auf einen Baum. Goliath folgte ihr mit gesträubtem Fell. Eine Zeitlang – er »lauste« sie – blickte er immer wieder zum Camp herüber. Wenn er die Bananen auch nicht mehr sehen konnte, so wußte er doch, daß sie da waren, und da er zehn Tage lang weggewesen war, wässerte ihm vermutlich das Maul. Nach einiger Zeit kletterte er herab und kam wieder auf uns zugelaufen, blieb aber alle paar Schritte stehen, um sich nach dem Weibchen umzusehen. Sie saß regungslos da, aber Hugo und ich hatten deutlich den Eindruck, daß sie Goliath am liebsten davongelaufen wäre. Als dieser ein Stückchen weiter den Abhang heruntergekommen war, nahm ihm die Vegetation offensichtlich die Sicht auf das Weibchen, denn er sah sich um und kletterte dann schnell auf einen Baum. Sie saß immer noch droben. Er kletterte wieder herunter, lief ein paar Meter weiter und schwang sich einen anderen Baum hinauf. Sie war immer noch da. Das ging etwa fünf Minuten so weiter, bis Goliath auf die Bananen zulief.
Als er bei der Camp-Lichtung anlangte, sah er sich vor einem neuen Problem – es waren keine Bäume da, auf die man hinaufklettern konnte, und vom Boden aus konnte er das Weibchen nicht sehen. Dreimal kam er auf die Lichtung heraus, drehte sich wieder um und schwang sich wieder den letzten Baum hinauf. Das Weibchen bewegte sich nicht. Plötzlich schien Goliath zu einem Entschluß gekommen zu sein, und er raste im Galopp auf die Bananen zu. Er griff sich aber nur eine, drehte sich um und raste wieder den Baum hinauf. Das Weibchen saß noch immer auf seinem Ast. Goliath fraß seine Banane auf und rannte – offenbar etwas beruhigt – zu dem Bananenhaufen zurück, nahm sich einen ganzen Armvoll und schwang sich wieder auf den Baum. Jetzt aber war das Weibchen weg; während Goliath die Bananen geholt hatte, war sie von ihrem Ast heruntergeklettert, hatte sich noch ein paarmal über die Schulter nach ihm umgesehen und war stillschweigend verschwunden. Goliaths Bestürzung war amüsant anzusehen. Er ließ die Bananen fallen, schwang sich den Baum hinauf, wo er das Weibchen zurückgelassen hatte, schaute sich nach allen Seiten um, und dann verschwand auch er im Unterholz. Die nächsten zwanzig Minuten suchte er nach dem Weibchen. Alle paar Minuten sahen wir ihn einen anderen Baum hinaufklettern und nach allen Seiten Umschau halten. Er fand sie jedoch nicht wieder und gab es schließlich auf. Ganz erschöpft kam er zum Camp zurück und aß langsam die Bananen auf. Aber immer noch drehte er sich dabei um und blickte zum Abhang zurück (J. van Lawick-Goodall, 1971).

Die Unfähigkeit des Schimpansenmännchens, sich zu entschließen, ob es erst die Bananen essen oder das Weibchen begatten solle, ist recht merkwürdig. Würden wir das gleiche Verhalten bei einem Menschen beobachten, so würden wir sagen, er litte an einer neurotischen Unsicherheit, denn der normale Mensch hätte keine Schwierigkeiten, entsprechend dem dominierenden Impuls in seiner Charakterstruktur zu handeln; der oral rezeptive Charakter würde zuerst die Banane essen und die Befriedigung seines Sexualtriebes solange hinausschieben; der »genitale Charakter« würde mit dem Essen so lange warten, bis er sexuell befriedigt wäre. In beiden Fällen würde der Mensch ohne zu zweifeln und ohne Zögern handeln. Da wir im Fall des Schimpansenmännchens kaum annehmen können, daß es an einer Zwangsneurose litt, scheint die Antwort auf die Frage, warum es sich so verhielt, in der Feststellung von Kortlandt zu suchen zu sein, auf die van Lawick-Goodall leider keinen Bezug nimmt.

Kortlandt beschreibt die bemerkenswerte Duldsamkeit der Schimpansen gegen die Jungen und ihre Ehrfurcht vor den Alten, selbst dann noch, wenn diese nicht mehr über physische Kräfte verfügen. Auch van Lawick-Goodall weist auf diesen Charakterzug hin:

> Die Schimpansen zeigen in der Regel viel Duldsamkeit in ihrem gegenseitigen Verhalten. Dies gilt besonders für die Männchen, weniger für die Weibchen. Ein typisches Beispiel für die Duldsamkeit eines sozial höherstehenden Tieres gegenüber einem untergeordneten wurde beobachtet, als das junge Männchen von dem einzigen Büschel reifer Früchte einer Palme fraß. Ein erwachsenes Männchen kletterte ebenfalls auf den Baum, machte aber keinen Versuch, das andere gewaltsam zu vertreiben; es kletterte nur zu dem jüngeren hinauf, setzte sich daneben, und beide fraßen Seite an Seite. Unter ähnlichen Umständen kann es auch vorkommen, daß ein untergeordneter Schimpanse zu einem übergeordneten hinaufklettert; bevor er dann aber zu fressen anfängt, streckt er normalerweise den Arm aus, um den anderen an den Lippen, dem Schenkel oder in der Genitalzone zu berühren. Die Duldsamkeit unter Männchen ist besonders bemerkenswert während der Paarungszeit, wie zum Beispiel bei der oben erwähnten Gelegenheit, wo beobachtet wurde, daß sieben Männchen sich nacheinander mit einem Weibchen paarten, ohne daß es dabei zu irgendwelchen Zeichen von Aggression zwischen ihnen gekommen wäre; eines der Männchen war ein noch junges Tier (J. van Lawick-Goodall, 1971).

Über in freier Natur beobachtete *Gorillas* berichtet G. B. Schaller, daß die »interaction« verschiedener Horden in der Regel friedlich war. Ein Männchen unternahm – wie oben erwähnt – aggressive Scheinangriffe, und »ich habe einmal eine leichte Aggressivität in Form der Einleitung eines Angriffs gegen Eindringlinge aus einer anderen Horde von seiten eines Weibchens, eines noch nicht erwachsenen Tieres und eines Jungen beobachtet. Die Aggressivität zwischen verschiedenen Horden erschöpfte sich meistens im Anstarren und Schnappen.« Schaller selbst hat keine ernsthaften aggressiven Angriffe bei Gorillas beobachtet. Dies ist um so bemerkenswerter, als das Revier der einen Gorillahorde sich mit dem der anderen nicht nur überschnitt, die Gorillas hatten offenbar auch ein gemeinsames Territorium, was an sich reichlich Gelegenheit zu Reibereien geboten hätte (G. B. Schaller, 1963, 1965).

Besondere Aufmerksamkeit sollte man van Lawick-Goodalls Berichten über das Verhalten der Schimpansen beim Füttern schenken, da ihre Beobachtungen von einigen Autoren als Argument für ihren Raubtier- oder fleischfressenden Charakter benutzt werden. Die Verfasserin stellt fest: ». . . die Schimpansen vom Gombe-Strom-Reservat (und vermutlich auch an den meisten anderen Orten des gesamten Verbreitungsbereichs dieser Art) sind Allesfresser . . . Der Schimpanse ist in der Hauptsache Vegetarier; das heißt, bei weitem der größte Teil seiner Gesamtnahrung ist Pflanzenkost« (J. van Lawick-Goodall, 1968). Es gab allerdings gewisse Ausnahmen von dieser Regel. Während ihrer Felduntersuchung beobachtete sie oder ihr Assistent in 28 Fällen Schimpansen, die das Fleisch anderer Säugetiere fraßen. Bei gelegentlichen Kotuntersuchungen in den ersten zweieinhalb Jahren und regelmäßigen derartigen Proben im Verlauf der letzten zweieinhalb Jahre fanden sie im Dung Überreste von 36 verschiedenen Säugetieren außer denen, welche sie die Schimpansen hatten fressen sehen. Außerdem berichtet sie von vier Fällen, die sie im Verlauf dieser Jahre beobachtete: darunter drei Fälle, in denen ein männlicher Schimpanse einen jungen Pavian fing und tötete, und ein Fall, in dem ein roter Seidenaffe, vermutlich ein Weibchen, getötet wurde. Außerdem beobachtete sie, daß von einer Gruppe von 50 Schimpansen innerhalb von 45 Monaten 68 Säugetiere (meist Primaten) gefressen wurden, also durchschnittlich knapp eineinhalb pro Monat. Diese Zahlen bestätigen die oben zitierte Feststellung der Autorin, daß die Hauptnahrung der Schimpansen aus Pflanzen besteht, daß Fleischnahrung also eine Ausnahme ist. In ihrem populären Buch *In the Shadow of Man* sagt die Verfasserin jedoch rundweg, sie und ihr Mann hätten »Schimpansen ziemlich oft Fleisch fressen sehen« (J. van Lawick-Goodall, 1971), ohne aber wie in ihren früheren Arbeiten die qualifizierenden Daten anzugeben, aus denen die relative Häufigkeit des Fleischessens zu ersehen wäre. Ich komme hierauf zu sprechen, weil in zahlreichen Veröffentlichungen nach dieser Untersuchung auf den »Raubtier«-Charakter der Schimpansen hingewiesen wird, wobei man sich auf die Angaben von Frau van Lawick-Goodall (1971) beruft. Aber Schimpansen sind, wie von vielen Autoren bestätigt wird, Allesfresser; sie leben hauptsächlich von Pflanzenkost. Daß sie gelegentlich (effektiv selten) auch Fleisch fressen, macht sie noch nicht zu Fleischfressern und ganz gewiß nicht zu Raubtieren. Aber der Gebrauch der Worte »Raubtier« und »Fleischfresser« unterstellt, daß der Mensch von Geburt an destruktiv ist.

Territorialismus und Dominanz

Das populäre Bild von der tierischen Aggressivität ist weitgehend von der Vorstellung des Territorialismus beeinflußt. Robert Ardreys *Territorial Imperative* (1967), *Adam und sein Revier* (1968) hat beim breiten Publikum den Eindruck hinterlassen, daß der Mensch durch einen Instinkt zur Verteidigung seines Territoriums beherrscht wird, den er von seinen tierischen Ahnen geerbt hat. Dieser Instinkt soll eine der Hauptquellen der tierischen und menschlichen Aggressivität sein. Man neigt stets dazu, Analogien zu ziehen, und der naheliegende Gedanke leuchtet vielen ein, daß der Krieg durch die Macht eben dieses Instinktes verursacht wird.

Der Gedanke erweist sich jedoch aus mehreren Gründen als völlig abwegig. Vor allem gibt es viele Tierarten, bei denen eine Verteidigung ihres Territoriums nicht festzustellen ist. »Die Verteidigung des Territoriums kommt nur bei höheren Tieren, wie den Wirbeltieren und Gliederfüßlern, und selbst da nur sehr sporadisch vor« (J. P. Scott, 1968a). Andere Verhaltensforscher, wie Zing Yang Kuo (1960), »neigen zu der Ansicht, daß die sogenannte ›Verteidigung des Territoriums‹ letzten Endes nur ein Phantasiename für ein Reaktionsverhalten gegenüber Fremden mit dem Beigeschmack des Anthropomorphismus und des Darwinismus des neunzehnten Jahrhunderts ist. Zur Entscheidung dieser Frage sind noch mehr und weitergehende systematische experimentelle Untersuchungen notwendig.«

N. Tinbergen macht einen Unterschied zwischen dem Territorialismus der Art und dem des Individuums: »Es scheint sicher, daß die Territorien hauptsächlich nach Merkmalen ausgewählt werden, auf die das Tier aufgrund ererbter Anlagen reagiert. Dies bewirkt, daß alle Tiere derselben Art oder wenigstens derselben Population sich ein Habitat vom gleichen allgemeinen Typ auswählen. Die persönliche Bindung eines Männchens an sein eigenes Territorium – an ein spezielles Beispiel des für die Art typischen Habitats zur Aufzucht der Jungen – ist das Resultat eines Lernprozesses« (N. Tinbergen, 1953).

Wir sahen bei der Beschreibung der Primaten, wie oft es vorkommt, daß sich die Territorien überschneiden. Wenn wir aus der Beobachtung von Menschenaffen überhaupt etwas lernen können, so ist es die Tatsache, daß verschiedene Gruppen von Primaten recht tolerant und flexibel in bezug auf ihr Territorium sind und daß sie ganz einfach kein Bild bieten, das Analogieschlüsse auf eine Gesellschaft erlaubt, die eifersüchtig ihre Grenzen bewacht und das Eindringen eines jeden »Fremden« mit Gewalt verhindert. Die Annahme, daß der Territorialismus die Grundlage der menschlichen Aggressivität sei, ist auch noch aus einem anderen Grunde irrig. Die Verteidigung des eigenen Territoriums hat die Funktion, ernsthafte Kämpfe *zu vermeiden,* die notwendig würden, wenn so viele Eindringlinge in das Territorium kämen, daß eine Überfüllung entstünde. Tatsächlich ist das Drohverhalten, worin sich die territoriale Aggression äußert, die instinktiv programmierte Art, das Gleichgewicht in der Raumverteilung und damit den Frieden zu erhalten. Die instinktive Mitgift des Tieres erfüllt die gleiche Funktion wie die gesetzlichen Regelungen beim Menschen. Daher wird der Instinkt überflüssig, sobald andere, symbolische Methoden zur Verfügung stehen, um ein bestimmtes Territorium abzugrenzen und die Warnung »Zutritt verboten« auszudrücken. Man sollte sich außerdem vor Augen halten, daß – wie wir noch sehen werden – die meisten Kriege geführt werden, um sich Vorteile irgendwelcher Art zu verschaffen, und nicht um das eigene Territorium gegen eine Bedrohung zu verteidigen – außer in der Ideologie der Kriegshetzer.

Ebenso falsch sind die populären Vorstellungen über den Begriff der *Hierarchie.* Bei vielen Arten – wenn auch keineswegs bei allen – finden wir, daß die Gruppe hierarchisch organisiert ist. Das stärkste Männchen dominiert hinsichtlich des Futters, der Sexualität und des »Lausens« über die in der Hierarchie unter ihm stehenden anderen Männchen.[11] Aber die Hierarchie ist genau wie der Territorialismus keineswegs bei allen Tieren und ebenfalls nicht regelmäßig bei den Wirbeltieren und Säugetieren zu finden. Was die Hierarchie bei den nichtmenschlichen Primaten betrifft, so finden wir große Unterschiede zwischen Affenarten wie den Pavianen und Makaken, bei denen recht gut entwickelte und strenge hierarchische Systeme zu beobachten sind, und den Menschenaffen, bei denen eine Hierarchie weit weniger deutlich ausgeprägt ist. Von den Berggorillas berichtet Schaller:

> Unverkennbare Dominanz-Interaktionen wurden 110mal beobachtet. Die übergeordnete Stellung wurde am häufigsten auf schmalen Pfaden geltend gemacht, wenn ein Tier den Vortritt verlangte, oder bei der Wahl des Sitzplatzes, wenn das dominierende Tier das untergeordnete vertrieb. Die Gorillas bekundeten ihre dominierende Stellung mit einem Minimum an Aktionen. Gewöhnlich ging ein Tier von niedriger Rangordnung einfach aus dem Weg, wenn sich ein höher rangierendes näherte oder es kurz anstarrte. Die am häufigsten beobachtete Geste, bei der es zu einer körperlichen Berührung kam, war, daß das übergeordnete Tier mit dem Handrücken leicht an den Körper des untergeordneten tippte (G. B. Schaller, 1965).

[11] Man hat seltener die Parallele von dieser Hierarchie zu den »instinktiven« Wurzeln der Diktatur gezogen als vom Territorialismus zum Patriotismus, obwohl dies mit derselben Logik möglich wäre. Der Grund hierfür ist vermutlich darin zu suchen, daß es weniger populär ist, eine instinktive Basis für die Diktatur zu konstruieren als für den »Patriotismus«.

In ihrem Bericht über die Schimpansen des Bodongo-Waldes berichten V. und F. Reynolds:

> Wenn es auch einige Hinweise auf Statusunterschiede zwischen den einzelnen Schimpansen gab, so bildeten doch die Dominanz-Interaktionen nur einen verschwindend geringen Bruchteil des beobachteten Verhaltens. Es gab kein Anzeichen dafür, daß bei Männchen oder Weibchen eine lineare Dominanz-Hierarchie existiert; wir konnten nichts beobachten, was auf Exklusivrechte auf läufige Weibchen hinwies, und es gab auch keine ständigen Gruppenführer (V. und F. Reynolds, 1965).

T. E. Rowell spricht sich in seiner Studie über Paviane gegen die Gesamtkonzeption einer Hierarchie aus und stellt fest, daß »alle Indizien darauf hindeuten, daß ein hierarchisches Verhalten mit umweltbedingtem Streß verschiedener Art Hand in Hand geht und daß in Streßsituationen das tiefer rangierende Tier als erstes physiologische Symptome zeigt (zum Beispiel einen geringeren Widerstand gegen Krankheiten). Wenn unterwürfiges Verhalten den Rang bestimmt (und nicht dominierendes Verhalten, wie gewöhnlich angenommen wird), so kann man im Streß einen Faktor sehen, der die Tiere je nach ihrer Konstitution in unterschiedlichem Grad beeinflußt und physiologische und verhaltensmäßige Veränderungen (unterwürfiges Verhalten) gleichzeitig bewirkt, wobei letztere die Entstehung einer hierarchischen sozialen Organisation bewirken« (T. E. Rowell, 1966). Rowell kommt zu dem Ergebnis, »daß die Hierarchie offenbar hauptsächlich durch Unterwürfigkeitsbekundungen und durch die in der Rangordnung tief stehenden Tiere – und nicht durch die ranghöchsten – aufrechterhalten wird« (T. E. Rowell, 1966). Auch W. A. Mason äußert sich aufgrund seiner Beobachtungen von Schimpansen mit starkem Vorbehalt:

> Ich möchte die Ansicht äußern, daß »Dominanz« und »Unterordnung« lediglich konventionelle Bezeichnungen für die Tatsache sind, daß die Schimpansen zueinander oft in der Beziehung des Einschüchternden und des Eingeschüchterten stehen. Natürlich ist zu erwarten, daß in einer Gruppe die größeren, stärkeren, ungestümeren und aggressiveren Tiere (die auch fast jeden anderen einschüchtern) eine Art von generellem Dominanz-Status innehaben. Vermutlich ist dies die Erklärung für die Tatsache, daß in der freien Natur im allgemeinen die erwachsenen Männchen den erwachsenen Weibchen gegenüber eine dominierende Stellung einnehmen und daß diese ihrerseits über die heranwachsenden und jungen Tiere dominieren. Von diesen Beobachtungen abgesehen, weist jedoch nichts darauf hin, daß eine Schimpansenhorde als Ganzes hierarchisch organisiert ist, und es gibt auch keine überzeugenden Beweise für einen autonomen Trieb zur sozialen Dominanz. Schimpansen sind eigensinnig, impulsiv und gierig, was ganz sicher eine ausreichende Basis für die Entwicklung von Dominanz und Unterordnung darstellt, ohne daß dabei spezielle soziale Motive und Bedürfnisse mit im Spiel sind.
>
> Daher sind Dominanz und Unterordnung als natürliche Nebenerscheinung des sozialen Verkehrs und nur als ein Aspekt der Beziehung zwischen zwei Individuen anzusehen . . . (W. A. Mason, 1970).

Für die Dominanz gilt – soweit sie überhaupt vorhanden ist – das gleiche, was ich auch hinsichtlich des Territorialismus geltend gemacht habe. Sie hat die Funktion, den Frieden und den Zusammenhalt der Gruppe zu gewährleisten und Reibungen zu verhindern, die zu ernsten Kämpfen führen könnten. Der Mensch, dem dieser Instinkt fehlt, ersetzt ihn durch Übereinkünfte, Anstandsregeln und Gesetze.

Man hat die bei den Tieren herrschende hierarchische Ordnung oft als grimmige *Machtanmaßung durch den Boß* interpretiert, der sich angeblich als Führer der übrigen Gruppe in seiner Macht sonnt. Es stimmt, daß sich zum Beispiel bei den Affen die Autorität des Führers oft auf die Furcht gründet, die er den anderen einflößt. Aber bei den Menschenaffen, wie zum Beispiel den Schimpansen, gründet sich die Autorität des Anführers oft nicht auf die Furcht vor den Vergeltungsmaßnahmen des stärksten Tieres, sondern auf seine Kompetenz, die Horde zu führen. Ein bereits erwähntes Beispiel ist die von Kortlandt (1962) berichtete Beobachtung, daß ein alter Schimpanse durch seine Erfahrung und Weisheit trotz seiner physischen Schwäche seine Führerrolle behielt.

Welche Rolle auch immer die Dominanz bei den Tieren spielen mag, es besteht kaum ein Zweifel, daß sich das dominierende Tier diese Rolle ständig neu verdienen muß – das heißt, daß es seine größere Körperkraft, seine Klugheit, seine Energie oder was es sonst zum anerkannten Führer macht, immer wieder neu unter Beweis stellen muß. Ein scharfsinnig ausgedachtes Experiment mit kleinen Affen, über das J. M. R. Delgado (1967) berichtet, zeigt, daß das dominierende Tier seine Führerrolle einbüßt, wenn es auch nur momentan die Eigenschaften verliert, die es vor den anderen auszeichnen. Wenn dagegen in der Menschheitsgeschichte die Dominanz institutionalisiert wird und nicht mehr – wie es noch immer in vielen primitiven Gesellschaften der Fall ist – eine Funktion der persönlichen Kompetenz ist, dann ist es nicht mehr notwendig, daß der Führer sich ständig durch hervorragende Qualitäten neu auszeichnet, ja, es ist effektiv nicht einmal nötig, daß er sie überhaupt besitzt. Das soziale System konditioniert die Menschen dazu, daß sie im Titel, in der Uniform und was es sonst immer sein mag, den Beweis sehen, daß der Führer kompetent ist, und solange diese vom ganzen System getragenen Symbole vorhanden sind, wird der Durchschnittsbürger nicht einmal wagen, sich zu fragen, ob der Kaiser tatsächlich Kleider anhat.

Die Aggressivität anderer Säugetiere

Nicht nur die Primaten zeigen eine geringe Destruktivität, auch bei allen anderen Säugetieren, bei Raubtieren wie bei Nicht-Raubtieren, ist kein so starkes aggressives Verhalten festzustellen, wie zu erwarten wäre, wenn die hydraulische Theorie von Lorenz stimmte.

Selbst bei den aggressivsten Säugetieren, den Ratten, ist die Aggressivität nicht so intensiv, wie die von Lorenz angeführten Beispiele vermuten lassen. Sally Carrighar machte auf den Unterschied aufmerksam, der zwischen dem Rattenexperiment, das Lorenz anführt, um seine Hypothese zu beweisen, und einem anderen Experiment besteht, das deutlich zeigt, daß der kritische Punkt nicht in der angeborenen Aggressivität der Ratte zu suchen ist, sondern in gewissen äußeren Umständen, die für ihre größere oder geringere Aggressivität verantwortlich sind:

> Nach Lorenz hat Steiniger Wanderratten verschiedener Herkunft in ein großes Gehege gesetzt, das ihnen völlig natürliche Lebensbedingungen bot. Zuerst sah es so aus, als ob

die einzelnen Tiere voreinander Angst hätten; sie waren in keiner Angriffsstimmung, bissen sich aber, wenn sie sich zufällig trafen, besonders dann, wenn man sie an der einen Seite des Geheges aufeinander zutrieb, so daß sie in ziemlichem Tempo aufeinanderprallten.[12]
Steinigers Ratten fingen bald an, sich gegenseitig anzugreifen, und sie kämpften, bis alle außer einem Paar tot waren. Die Nachkömmlinge dieses Paares bildeten eine Großfamilie oder eine Sozietät, die hinterher jede fremde Ratte umbrachte, die man in ihr Habitat setzte. Zur gleichen Zeit, als diese Untersuchung durchgeführt wurde, studierte John B. Calhoun in Baltimore ebenfalls das Verhalten von Ratten. Steinigers ursprüngliche Population umfaßte 15 Ratten, die Calhouns 14, die sich ebenfalls fremd waren. Aber Calhouns Käfig war 16mal so groß wie Steinigers und auch sonst günstiger: Es gab zum Beispiel »Unterschlupfe« für Ratten, die von feindlichen Gefährten verfolgt wurden (ähnliche Zufluchtsmöglichkeiten dürften auch in der freien Natur vorhanden sein), und sämtliche Ratten Calhouns waren gekennzeichnet.
27 Monate lang wurden die Bewegungen jeder einzelnen Ratte von einem Turm in der Mitte des großen Geheges aus aufgezeichnet. Nach ein paar Kämpfen in der Zeit des Eingewöhnens trennten sie sich in zwei Großfamilien, von denen keine den Versuch machte, die andere auszurotten. Es gab ein häufiges, unangefochtenes Hin und Her – bei einigen Tieren kam dies so oft vor, daß wir sie »Boten« tauften (S. Carrighar, 1968).[13]

J. P. Scott, einer der hervorragendsten Forscher auf dem Gebiet der tierischen Aggression, legte dar, daß die Aggression bei den Gliederfüßlern – im Gegensatz zu den Wirbeltieren und den niedrigen Wirbellosen – weit verbreitet ist. Es geht dies zum Beispiel aus den wütenden Kämpfen der Hummer hervor sowie aus der Tatsache, daß bei gesellig lebenden Insekten, wie bei den Wespen und bei bestimmten Spinnenarten, das Weibchen das Männchen angreift und auffrißt. Auch bei Fischen und Reptilien stoßen wir häufig auf Aggression. Scott schreibt:

> Die vergleichende Physiologie des Kampfverhaltens bei Tieren führt zu dem äußerst wichtigen Ergebnis, daß die primäre Stimulation für das Kampfverhalten von außen kommt; das heißt, es gibt keine spontane innere Stimulation, die bewirkt, daß das betreffende Tier ohne Rücksicht auf seine äußere Umgebung kämpfen muß. Die dem agonistischen Verhaltenssystem eigentümlichen physiologischen und emotionalen Faktoren unterscheiden sich demnach völlig von den am sexuellen Verhalten und an der Nahrungsaufnahme beteiligten.

Ferner stellt Scott fest:

> Unter natürlichen Bedingungen sind Feindseligkeit und Aggression im Sinne eines *destruktiven und schlechtangepaßten* agonistischen Verhaltens in Tiersozietäten nur schwer zu finden. (Im Original nicht kursiv.)

Bezüglich des spezifischen Problems der von Lorenz postulierten spontanen inneren Stimulation schreibt Scott:

[12] Die meisten Tierpsychologen würden übrigens die Bedingungen in einem Gehege nicht als »völlig natürlich« bezeichnen – besonders dann nicht, wenn dieses so klein ist, daß die Tiere aneinanderstoßen, wenn sie am Gitter entlanglaufen.
[13] Vgl. S. A. Barnett und M. M. Spencer (1951) und S. A. Barnett (1958, 1958a).

Sämtliche bisher gewonnenen Daten wiesen darauf hin, daß das Kampfverhalten bei höheren Wirbeltieren – einschließlich des Menschen – seinen Ursprung in einer äußeren Stimulation hat und daß es keine Beweise für eine spontane innere Stimulation gibt. Emotionale und physiologische Prozesse verlängern und verstärken die Wirkung der Stimulation, rufen sie jedoch nicht hervor (J. P. Scott, 1968a).[14]

Besitzt der Mensch eine Hemmung zu töten?

Einer der wichtigsten Punkte in der Kette der Erklärungen von Konrad Lorenz zur menschlichen Aggression ist seine Hypothese, daß der Mensch im Gegensatz zu den Raubtieren keine instinktiven Hemmungen gegen das Töten von Artgenossen entwickelt habe; er erklärt dies mit der Annahme, daß der Mensch wie alle Nicht-Raubtiere keine gefährlichen natürlichen Waffen wie Klauen usw. besitze und daher solche Hemmungen nicht brauche; nur dadurch, daß er künstliche Waffen besitze, sei dieser Mangel an instinktiven Hemmungen so gefährlich. Aber trifft es wirklich zu, daß der Mensch keine Hemmungen gegen das Töten besitzt?

Der Mensch hat im Verlauf seiner Geschichte so häufig getötet, daß es auf den ersten Blick unwahrscheinlich erscheint, daß er derartige Hemmungen besitzt. Diese Antwort wird jedoch fragwürdig, wenn wir unsere Frage folgendermaßen formulieren: Hat der Mensch Hemmungen, lebende Wesen – Menschen und Tiere, mit denen er sich mehr oder weniger identifiziert, das heißt, die ihm nicht völlig »fremd« sind und mit denen ihn affektive Bande verknüpfen – zu töten?

Es spricht einiges dafür, daß derartige Hemmungen vorhanden sind und daß der Akt des Tötens ein Schuldgefühl nach sich zieht.

Daß die Vertrautheit und das Einfühlungsvermögen bei der Entstehung von Hemmungen gegen das Töten von Tieren eine Rolle spielt, ist an Reaktionen, die man im täglichen Leben beobachten kann, leicht festzustellen. Viele bekunden eine unverkennbare Abneigung dagegen, ein Tier, mit dem sie vertraut waren oder das ihr Lieblingstier war – etwa ein Kaninchen oder eine Ziege – zu töten und zu essen. Es gibt sehr viele Menschen, die ein solches Tier niemals töten würden und für die der Gedanke, es aufzuessen, einfach abstoßend ist. Die gleichen Leute zögern aber in der Regel durchaus nicht, ein ähnliches Tier zu essen, wenn sie mit ihm nicht derart vertraut waren. Es besteht jedoch nicht nur dann eine Hemmung, ein Tier zu töten, wenn man zu ihm ein persönliches Verhältnis hat, sondern auch dann, wenn ein Identitätsgefühl mit dem Tier als einem lebenden Mitgeschöpf vorhanden ist.[15] Es mag sein, daß ein bewußtes oder unbewußtes Schuldgefühl mit der Zerstörung des Lebens verbunden ist, besonders dann, wenn wir zu dem betreffenden Tier ein vertrautes Verhältnis hatten. Dieses enge Verhältnis zum Tier und das Bedürfnis,

[14] Zing Yang Kuo (1960) ist bei seinen Experimenten über Tierkämpfe bei Wirbeltieren zu ähnlichen Ergebnissen gekommen.

[15] Meiner Ansicht nach ist das jüdische Ritual, kein Fleisch zusammen mit Milch zu essen, auf die gleiche Ursache zurückzuführen. Milch und ihre Produkte sind Symbole des Lebens; sie symbolisieren das lebende Tier. Das Verbot, Fleisch und Milchprodukte zusammen zu essen, scheint mir ein Hinweis auf die Tendenz, zwischen dem lebenden Tier und dem toten, zur Nahrung dienenden Tier einen scharfen Unterschied zu machen.

sich mit dem Töten abzufinden, manifestiert sich eindrucksvoll in den Ritualen des Bärenkults der paläolithischen Jäger (J. Mahringer, 1952).

Das Gefühl der Identität mit allen Lebewesen, die mit dem Menschen die Eigenschaft des *Lebens* teilen, hat als wichtiges moralisches Dogma im Denken der Indianer Ausdruck gefunden und hat im Hinduismus zum Verbot geführt, überhaupt ein Tier zu töten.

Es ist nicht unwahrscheinlich, daß Hemmungen gegen das Töten anderer Menschen existieren, vorausgesetzt, ein Gefühl der Identität und eine Art Mitgefühl sind vorhanden. Vor allem müssen wir in Betracht ziehen, daß der primitive Mensch dem »Fremden«, das heißt der Person gegenüber, die nicht zur gleichen Gruppe gehört, oft nicht das Gefühl hat, daß es sich um einen Mitmenschen, sondern um »etwas« handelt, womit man sich nicht identifiziert. Allgemein ist der Widerstand, ein Mitglied der gleichen Gruppe zu töten, größer, und die schwerste Strafe für Verbrechen in primitiven Gesellschaften war oft die Verbannung eher als der Tod. (Dies kommt noch in der Bestrafung Kains in der Bibel zum Ausdruck.)

Doch brauchen wir uns nicht auf diese Beispiele aus primitiven Gesellschaften zu beschränken. Selbst in einer hochzivilisierten Kultur wie der der Griechen wurden die Sklaven nicht im vollen Sinne als Menschen angesehen.

Das gleiche Phänomen finden wir in der modernen Gesellschaft. Im Kriegsfall versuchen alle Regierungen, in ihrem eigenen Volk das Gefühl zu wecken, daß der Feind kein Mensch ist. Man nennt ihn nicht mit seinem richtigen Namen, sondern mit einem anderen, wie im Ersten Weltkrieg, in dem die Deutschen von den Engländern als »Hunnen« bezeichnet wurden und als »Boches« von den Franzosen. Diese Zerstörung des Menschseins des Feindes erreicht ihren Höhepunkt, wenn der Feind eine andere Hautfarbe hat. Der Krieg in Vietnam bot genügend Beispiele dafür, daß viele amerikanische Soldaten wenig Einfühlungsvermögen ihren vietnamesischen Gegnern gegenüber hatten, die sie *gooks* nannten. Selbst das Wort »töten« wird ausgemerzt, indem man das Wort »beseitigen« benutzt. Leutnant Calley, der des Mordes an einer Anzahl vietnamesischer Zivilisten – Männer, Frauen und Kinder in My Lai – angeklagt und für schuldig befunden wurde, rechtfertigte sich mit dem Argument, man habe ihm nicht beigebracht, die Soldaten des NLF (»Vietkong«) als menschliche Wesen, sondern ausschließlich als »den Feind« zu betrachten. Ob dies zur Rechtfertigung genügt oder nicht, ist hier nicht die Frage. Sicher ist es ein starkes Argument, denn es ist wahr und faßt die zugrunde liegende Haltung den vietnamesischen Bauern gegenüber in Worte. Hitler tat das gleiche, wenn er »politische Feinde« als *Untermenschen* bezeichnete. Es scheint fast die Regel zu sein, daß man, um es der eigenen Seite zu erleichtern, lebende Wesen der gegnerischen Seite zu vernichten, den eigenen Soldaten das Gefühl indoktriniert, diejenigen, die sie niedermetzeln sollen, seien keine Menschen.[16]

[16] Angesichts des Massenmordes an Geiseln und Gefängnisinsassen durch das Polizeiaufgebot, das das Gefängnis in Attica, New York, stürmte, schrieb Tom Wicker einen nachdenklich stimmenden Artikel, der gerade diesen Punkt hervorhob. Er bezieht sich auf eine Erklärung des Gouverneurs des Staates New York, Nelson A. Rockefeller, nach dem Massaker in Attica, die mit dem Satz beginnt: »Unser inniges Mitgefühl gilt den Familien der Geiseln, die in Attica gestorben sind.« Wicker meint dazu: »Vieles von dem, was in Attica falsch gelaufen ist – und von dem, was in den meisten anderen amerikanischen Gefängnissen und ›Besserungsanstalten‹ nicht in Ordnung

Eine andere Möglichkeit, einen Menschen zu »entpersönlichen«, ist die, alle affektiven Bindungen zu ihm abzubrechen. Dies kommt als permanente Geistesverfassung bei bestimmten pathologischen Fällen vor, aber es kann auch vorübergehend bei jemand eintreten, der nicht krank ist. Es macht dabei keinen Unterschied, ob das Objekt der Aggression ein Fremder, ein enger Verwandter oder Freund ist; was geschieht, ist, daß der Aggressor die andere Person emotional abschneidet und ihn »einfriert«. Der andere hört auf, als Mensch empfunden zu werden, und wird zu einem »Ding auf der anderen Seite«. Unter diesen Umständen bestehen keine Hemmungen mehr selbst gegenüber den schlimmsten Formen der Destruktivität. Klinische Erfahrungen sprechen stark für die Annahme, daß destruktive Aggression zumindest in einer großen Anzahl von Fällen mit einem momentanen oder chronischen Rückzug der Gefühle verbunden ist. Immer wenn ein anderes menschliches Wesen nicht als menschlich empfunden wird, bekommt der Akt der Destruktivität oder Grausamkeit einen anderen Charakter. Ein einfaches Beispiel zeigt dies. Wenn ein Hindu oder ein Buddhist zum Beispiel, vorausgesetzt, er hat ein echtes und tiefes Mitgefühl mit allen lebenden Wesen, beobachten würde, wie ein beliebiger Zeitgenosse eine Fliege tötet, ohne auch nur im geringsten zu zögern, so könnte er dies für einen Akt von beträchtlicher Gefühllosigkeit und Destruktivität halten; aber er hätte mit seinem Urteil unrecht. Der Grund ist, daß eine Fliege von den meisten nicht als fühlendes Wesen empfunden und daher wie irgendein lästiges »Ding« behandelt wird; solche Menschen sind nicht besonders grausam, wenn auch ihre Idee von »lebenden Wesen« beschränkt ist.

ist –, findet sich in der einfachen Tatsache wieder, daß weder in diesem Satz noch in irgendeiner anderen Äußerung der Gouverneur oder eine andere offizielle Persönlichkeit ein Wort des Mitgefühls für die Familien der toten Gefangenen gefunden hat.

Es ist wahr, daß man damals noch dachte, die Gefangenen hätten die Geiseln getötet und seien nicht – wie wir heute wissen – durch die Kugeln und den Schrot derer gestorben, denen die staatlichen Behörden befohlen hatten, über die Mauer zu klettern und zu schießen. Aber selbst wenn die Gefangenen und nicht die Polizei die Geiseln getötet hätten, wären sie doch immer noch menschliche Wesen gewesen, und ganz gewiß auch ihre Mütter, Frauen und Kinder. Aber das offizielle Mitgefühl des Staates New York und seiner Behörden gehörte ihnen nicht. Die Wurzel der Sache ist die, daß Gefangene, besonders schwarze Gefangene, nur allzu oft weder als menschliche Wesen angesehen noch als solche behandelt werden. Und was auf sie zutrifft, gilt auch für ihre Familien.«

Wicker fährt fort: »Immer wieder hörten die Spezialbeobachter, die in Attica einen Vergleich auszuhandeln versuchten, die Gefangenen argumentieren, daß auch sie menschliche Wesen seien und vor allem als solche behandelt werden wollten. Bei einer Verhandlung durch eine Panzertür, welche den von den Gefangenen besetzten Bereich von dem vom Staat besetzten trennte, sagte der *Assistant Corrections Commissioner* (Assistent des Strafkommissars), Walter Dunbar, einmal zu dem Anführer der Gefangenen, Richard Clark: ›In dreißig Jahren habe ich nie einen Insassen der Strafanstalt angelogen.‹

›Und einen Menschen?‹ gab ihm Clark gelassen zur Antwort« (New York Times, 18. 9. 1971).

7

PALÄONTOLOGIE

Ist der Mensch eine Art?

Wir sollten uns erinnern, daß Lorenz sich bei seinen Tierdaten auf die intraspezifische Aggression und nicht auf die Aggression zwischen verschiedenen Tierarten bezieht. Die Frage ist nun: Können wir sicher sein, daß Menschen in ihren Beziehungen zueinander sich tatsächlich als Artgenossen erleben und daher mit genetisch programmierten Verhaltensmustern auf solche Artgenossen reagieren? Sehen wir nicht ganz im Gegenteil, daß bei vielen primitiven Völkern selbst ein Mensch aus einem anderen Stamm oder einer, der im Nachbardorf nur einige Meilen entfernt lebt, als ein vollkommen Fremder, ja nicht einmal als menschliches Wesen angesehen wird, und deshalb keine Einfühlung in ihn besteht. Erst im Prozeß der sozialen und kulturellen Evolution ist die Zahl derer, die als menschliche Wesen akzeptiert werden, größer geworden. Offenbar gibt es gute Gründe für die Annahme, daß der Mensch seinesgleichen nicht als Mitglied derselben Spezies ansieht, da ihm die Möglichkeit, den anderen als Menschen zu erkennen, nicht durch die instinktiven, reflexähnlichen Reaktionen erleichtert wird, mit deren Hilfe die Tiere anhand des Geruchs, der Gestalt, bestimmter Farben usw. sofort den Artgenossen erkennen. Aus vielen Tierexperimenten geht hervor, daß selbst das Tier bezüglich seiner Artgenossen getäuscht oder verunsichert werden kann.

Eben deshalb, weil der Mensch, was seine Instinkte betrifft, schlechter ausgerüstet ist als irgendein anderes Lebewesen, erkennt oder identifiziert er seine Artgenossen nicht so leicht, wie Tiere das tun. Für ihn bestimmen Sprache, Sitten, Kleidung und andere Kriterien, die mehr geistig als instinktiv wahrgenommen werden, wer ein Artgenosse ist und wer nicht, und jede Gruppe, die irgendwie anders ist, wird nicht derselben Gattung Mensch zugerechnet. Hieraus folgt das Paradoxon, daß dem Menschen, eben weil es ihm an Instinkt fehlt, auch das Erlebnis der Identität mit seinen Artgenossen abgeht und daß er den Fremden so erlebt, als ob er zu einer anderen Spezies gehörte; mit anderen Worten, *es ist das Menschsein, was den Menschen so unmenschlich macht.*

Wenn diese Überlegungen richtig sind, würde die Theorie von Lorenz in sich zusammenbrechen, da alle seine scharfsinnigen Konstruktionen und die Schlußfolgerungen, die er aus ihnen zieht, sich auf Aggression unter Mitgliedern der gleichen Art gründen. In diesem Fall würde ein völlig anderes Problem entstehen, nämlich das der angeborenen Aggressivität von Lebewesen gegen die Mitglieder *anderer* Arten. Was nun diese interspezifische Aggression betrifft, so geht aus den Daten über Tiere höchstens hervor, daß es wenige Hinweise darauf gibt, daß diese interspezifische Aggression genetisch programmiert ist, außer in Fällen, in denen das Tier sich bedroht fühlt, oder bei Raubtieren. Könnte man die Hypothese vertreten, daß der Mensch von einem Raubtier abstammt? Kann man annehmen, der Mensch sei des anderen Lamm, wenn er schon nicht des anderen Wolf ist?

Ist der Mensch ein Raubtier?

Gibt es einen Hinweis darauf, daß die Vorfahren des Menschen Raubtiere waren?
Der erste Hominid, der zu den Vorfahren des Menschen gehört haben könnte, ist der *Ramapithecus*, der vor etwa vierzehn Millionen Jahren in Indien lebte.[1] Die Form seines *Zahnbogens* war ähnlich der anderer Hominiden und viel menschenähnlicher als der der heutigen Menschenaffen; selbst wenn er zusätzlich zu seiner vegetarischen Hauptnahrung Fleisch verzehrt haben sollte, so wäre es doch absurd anzunehmen, er sei ein Raubtier gewesen.
Die frühesten menschenähnlichen Fossilien, die wir nach dem *Ramapithecus* kennen, sind die des *Australopithecus robustus* und des höher entwickelten *Australopithecus africanus*, der 1924 von Raymond Dart in Südafrika gefunden wurde und von dem angenommen wird, daß er etwa aus der Zeit vor zwei Millionen Jahren stammt. Dieser *Australopithecus* war Gegenstand vieler Kontroversen. Die meisten heutigen Paläoanthropologen stimmen der These zu, daß es sich bei den *Australopithecines* um Hominiden handelte, wenn auch einige Forscher, wie zum Beispiel D. R. Pilbeam und E. L. Simons (1965) annehmen, daß der *A. africanus* als der erste *Mensch* anzusehen ist.
Innerhalb der Diskussion über die *Australopithecines* spielt die Tatsache, daß sie Werkzeuge benutzt haben, eine große Rolle, da man damit beweisen will, daß es sich um

[1] Ob der *Ramapithecus* ein Hominid und direkter Vorfahr des Menschen war oder nicht, ist noch immer eine Streitfrage (vgl. die ausführliche Darstellung dieser Kontroverse in D. Pilbeam, 1970). Fast alle paläontologischen Daten gründen sich zu einem guten Teil auf Spekulationen, das heißt, es läßt sich über sie streiten. Hält man sich an die Meinung eines bestimmten Autors, kommt man zu einem anderen Bild, als wenn man einem anderen Forscher folgt. Für unseren Zweck sind jedoch die zahlreichen umstrittenen Details über die menschliche Evolution nicht wesentlich, und bezüglich der wichtigsten Punkte dieser Entwicklung habe ich mich bemüht, die Ansicht darzulegen, von der ich den Eindruck hatte, daß sie von den meisten Forschern auf diesem Gebiet geteilt wird. Aber selbst was die Hauptstufen der menschlichen Evolution betrifft, habe ich es vermieden, auf einige Kontroversen näher einzugehen, um meine Darlegung nicht zu sehr zu belasten. Für die folgende Analyse habe ich in der Hauptsache folgende Werke benutzt; D. Pilbeam (1970), J. Napier (1970), J. Young (1971), I. Schwidetzki (1971), S. Tax, ed. (1960), B. Rensch, ed. (1965), A. Roe und G. C. Simpson (1958, 1967). A. Portmann (1965), S. L. Washburn und P. Jay, eds. (1968), B. G. Campbell (1966) sowie einige andere Abhandlungen, die zum Teil im Text genannt werden.

Menschen oder wenigstens um Vorfahren des Menschen gehandelt hat. Lewis Mumford legte jedoch überzeugend dar, daß die Herstellung von Werkzeugen nicht genügt, um den Menschen als solchen zu identifizieren, und daß es sich um eine irreführende Ansicht handelt, die auf unsere heutige Überbewertung der Technik zurückzuführen ist (L. Mumford, 1967). Seit 1924 hat man neue Fossilien entdeckt, doch ist man sich über ihre Klassifizierung ebensowenig einig wie über die Frage, ob der *Australopithecus* in einem beträchtlichen Ausmaß ein Fleischfresser, ein Jäger oder ein Hersteller von Werkzeugen war.[2] Trotzdem stimmen die meisten Forscher darin überein, daß der *A. africanus* ein Allesfresser war, charakterisiert durch die Flexibilität seiner Kost. B. G. Campbell (1966) kommt zu dem Ergebnis, daß der *Australopithecus* kleine Reptilien, Vögel, kleine Säugetiere, wie zum Beispiel Nagetiere, sowie Wurzeln und Früchte gegessen hat. Er verzehrte kleine Tiere, die er ohne Waffen und ohne Fallen erwischen konnte. Das Jagen setzt dagegen Zusammenarbeit und eine adäquate Technik voraus, die erst viel später anzutreffen ist und mit dem Auftauchen des Menschen in Asien um 500000 v. Chr. zusammenfällt.

Ob nun der *Australopithecus* Jäger war oder nicht, fest steht ohne Zweifel, daß die Hominiden wie ihre Vorfahren unter den Menschenaffen keine Raubtiere mit den instinktmäßigen und morphologischen Merkmalen von fleischfressenden Raubtieren, wie Löwen und Wölfe, waren. Trotz dieser eindeutigen Hinweise hat nicht nur der zur Dramatisierung neigende Ardrey, sondern auch ein ernsthafter Forscher wie D. Freeman den Versuch unternommen, den *Australopithecus* als den paläontologischen »Adam« zu identifizieren, der die Erbsünde der Destruktivität in die menschliche Rasse gebracht habe. Freeman spricht von den *Australopithecines* als einer »fleischfressenden Adaptation« mit »raubtierhaften, mörderischen und kannibalischen Neigungen. So hat die Paläoanthropologie während der letzten zehn Jahre eine phylogenetische Grundlage für die Schlußfolgerungen gelegt, auf die die psychoanalytische Forschung bei ihrer Untersuchung der menschlichen Natur gestoßen ist.« Zusammenfassend stellt Freeman fest: »In umfassender anthropologischer Sicht kann man den Standpunkt vertreten, daß die Natur und die Fertigkeiten des Menschen und letzten Endes die menschliche Zivilisation ihre Existenz der raubtierhaften Anpassung verdanken, wie sie zuerst von den fleischfressenden *Australopidecinae* auf den Grassteppen Südafrikas im Unteren Pleistozän erreicht worden ist« (D. Freeman, 1964).

In der Diskussion, die sich dem Vortrag seiner Arbeit anschloß, schien Freeman seiner Sache nicht mehr so sicher zu sein: »Im Lichte der neuesten paläoanthropologischen Entdeckungen hat man jetzt die Hypothese aufgestellt, daß gewisse Aspekte der menschlichen Natur *(möglicherweise* einschließlich der Aggressivität und Grausamkeit) sehr wohl

[2] S. L. Washburn und F. C. Howell (1960) schreiben, es sei sehr unwahrscheinlich, daß die frühen, kleinwüchsigen *Australopithecines,* die ihre Grundnahrung aus Pflanzen mit Fleisch ergänzten, viele Tiere getötet hätten, »während die späteren und größeren Formen, die vermutlich an ihre Stelle traten, es mit kleinen oder jungen Tieren aufnehmen konnten. Es spricht nichts dafür, daß diese Geschöpfe auf die großen pflanzenfressenden Säugetiere Jagd machen konnten, die für das afrikanische Pleistozän so charakteristisch sind.« Die gleiche Ansicht äußerte Washburn bereits in einer früheren Abhandlung (1957), in der er schreibt: »Wahrscheinlich waren die *Australopithecines* selbst eher das Wild als die Jäger.« Später äußerte er jedoch die Meinung, die Hominiden, einschließlich der *Australopithecines,* seien »möglicherweise« Jäger gewesen (S. L. Washburn und C. S. Lancaster, 1968).

mit den spezifischen raubtierhaften und fleischfressenden Adaptationen in Zusammenhang stehen könnten, die für die Evolution der Hominiden während des Pleistozäns von so grundlegender Bedeutung waren. Es ist dies meiner Ansicht nach *eine Hypothese, die es verdient,* wissenschaftlich und ohne Emotionen *untersucht zu werden,* da sie die Dinge betrifft, über die wir gegenwärtig noch sehr wenig wissen.« (D. Freeman, 1964. Im Original nicht kursiv.) Was in der Abhandlung als *Tatsache* hingestellt wurde, die von der Paläoanthropologie aus Rückschlüsse auf die menschliche Aggression zuließ, wandelte sich in der Diskussion zu einer *Hypothese,* die es »verdient, untersucht zu werden«. Derartige Forschungen werden durch eine Verwirrung der Begriffe »Raubtier«, »fleischfressend« und »jagend« verunklärt, wie wir sie bei Freeman und auch in den Arbeiten zahlreicher anderer Autoren antreffen. Zoologisch sind Raubtiere klar definiert. Es sind die Familien der Katzen, Hyänen, Hunde und Bären, und zu ihren Merkmalen gehört, daß sie Klauen an den Zehen und scharfe Reißzähne haben. Das Raubtier erwirbt sich seine Nahrung, indem es andere Tiere angreift und tötet. Dieses Verhalten ist genetisch programmiert, wobei das Lernen nur eine untergeordnete Rolle spielt. Außerdem hat die Aggression des Raubtiers – wie bereits erwähnt – eine andere neurologische Basis als die Aggression als Verteidigungsreaktion. Raubtiere sind ausschließlich Fleischfresser. Aber nicht alle fleischfressenden Tiere sind Raubtiere. Daher gehören die Allesfresser, die Pflanzen *und* Fleisch fressen, nicht zur Art der *Carnivora.* Freeman ist sich darüber klar, daß »der Begriff ›fleischfressend‹, wenn er auf das Verhalten der Hominiden angewandt wird, eine *völlig andere* Bedeutung haben muß, als wenn man ihn auf die Arten anwendet, die zu den *Carnivora* gehören«. (J. D. Carthy, F. J. Ebling, 1964. Im Original nicht kursiv.) Aber warum dann die Hominiden als Fleischfresser bezeichnen und nicht statt dessen als Allesfresser? Die sich daraus ergebende Begriffsverwirrung führt nur dazu, daß sich im Kopf des Lesers folgende Gleichung festsetzt: fleischfressend = Fleischfresser = Raubtier, ergo, der hominide Ahnherr des Menschen war ein Raubtier, das mit dem Instinkt ausgerüstet war, andere Lebewesen, einschließlich anderer Menschen, anzugreifen, ergo, die menschliche Destruktivität ist angeboren, und Freud hat recht. *Quod erat demonstrandum!*

Alles, was wir aus unserem Wissen über den *A. africanus* schließen können, ist, daß er ein Allesfresser war, in dessen Nahrung Fleisch eine mehr oder weniger wichtige Rolle spielte, und daß er Tiere zu seiner Nahrung getötet hat, wenn sie klein genug waren. Fleischnahrung macht den Hominiden noch nicht zum Raubtier. Außerdem ist es eine inzwischen weitgehend akzeptierte Tatsache – der unter anderen auch Sir Julian Huxley Ausdruck verlieh –, daß die Ernährungsweise – ob Pflanzenkost oder Fleisch – nichts mit der Entstehung von Aggressionen zu tun hat.

Nichts rechtfertigt die Annahme, daß der *Australopithecus* die Instinkte eines Raubtiers hatte, die, falls »er« tatsächlich der Ahnherr des Menschen war, für »raubtierhafte« Gene im Menschen verantwortlich gemacht werden könnten.

8

ANTHROPOLOGIE

In diesem Kapitel werde ich detailliertes Material über primitive Jäger und Sammler, die neolithischen Ackerbauern und die neuen urbanen Gesellschaften vorstellen. Auf diese Weise wird der Leser in die Lage versetzt, selbst zu beurteilen, ob die Daten die herkömmliche These stützen, der Mensch sei um so aggressiver, je primitiver er ist. In vielen Fällen handelt es sich um die Entdeckungen einer jüngeren Generation von Anthropologen aus den letzten zehn Jahren, und die meisten Laien haben noch unverändert die widersprechenden älteren Ansichten im Kopf.

»Der Mensch als Jäger« – der anthropologische Adam?

Wenn der *Raubtiercharakter* der hominiden Vorfahren des Menschen nicht für seine angeborene Aggressivität verantwortlich gemacht werden kann, gibt es dann einen menschlichen Vorfahr, einen *prähistorischen Adam,* der für den »Sündenfall« der Menschheit verantwortlich ist? Das ist, was S. L. Washburn, eine der größten Autoritäten auf diesem Gebiet, und seine Mitarbeiter glauben, und für sie ist dieser »Adam« ein Mensch, es ist *»der Jäger«.*

Washburn geht von der Voraussetzung aus, wir verdankten angesichts der Tatsache, daß der Mensch 99 Prozent seiner Geschichte als Jäger verbrachte, unsere Biologie, unsere Psychologie und unsere Gewohnheiten den Jägern der Vorzeit:

> In einem sehr realen Sinn sind unser Intellekt, unsere Interessen, unsere Emotionen und die Grundlagen unseres sozialen Lebens sämtlich das evolutionäre Ergebnis der erfolgreichen Anpassung an das Jagen. Wenn die Anthropologen von der Einheit der Menschheit sprechen, so bedeutet dies, daß der Selektionsdruck des Lebens als Jäger und Sammler sich überall so ähnlich auswirkte und solchen Erfolg hatte, daß die Populationen des *Homo sapiens* immer noch im Grunde überall die gleichen sind (S. L. Washburn und C. S. Lancaster, 1968).[1]

[1] Washburn und Lancaster (1968) enthält reiches Material über sämtliche Aspekte des Lebens als Jäger. Vgl. auch S. L. Washburn und V. Avis (1958).

Die entscheidende Frage lautet demnach: Welcher Art ist diese »Psychologie des Jägers«? Washburn bezeichnet sie als »Psychologie des Fleischfressers«, die im Mittleren Pleistozän, etwa vor 500000 Jahren, oder schon früher voll entwickelt war:

> Das Weltbild des frühen menschlichen Fleischfressers muß sich sehr stark von dem seiner vegetarischen Vettern unterschieden haben. Letztere konnten ihre Interessen in einem kleinen Bereich befriedigen, und um andere Tiere kümmerten sie sich nur wenig, abgesehen von den wenigen, von denen ihnen ein Angriff drohte. Aber die Begierde nach Fleisch treibt Tiere dazu, ein größeres Gebiet zu erkunden und die Gewohnheiten vieler Tiere kennenzulernen. Die territorialen Gewohnheiten des Menschen und seine Psychologie unterscheiden sich grundsätzlich von denen der Menschenaffen und der kleineren Affenarten. Seit mindestens 300000 Jahren (vielleicht schon doppelt so lange) kam die Neugier und Aggressivität des Fleischfressers zu der Wißbegier der Menschenaffen und dem Streben nach Dominanz hinzu. Diese Psychologie des Fleischfressers war im Mittleren Pleistozän voll ausgebildet, und sie könnte mit den Raubzügen der *Australopithecines* ihren Anfang genommen haben (S. L. Washburn und V. Avis, 1958).

Washburn setzt die »Psychologie des Fleischfressers« mit einem Trieb zum Töten und der Lust am Töten gleich. Er schreibt: »Der Mensch hat Freude daran, andere Tiere zu jagen. Wenn diese natürlichen Triebe nicht durch eine sorgfältige Erziehung überdeckt werden, haben die Menschen Freude am Jagen und Töten. In den meisten Kulturen *macht man aus Folterungen und Leiden ein öffentliches Schauspiel zur Volksbelustigung.«* (S. L. Washburn und V. Avis, 1958. Im Original nicht kursiv.)

Washburn besteht darauf: »Der Mensch besitzt die Psychologie eines Fleischfressers. Es ist leicht, dem Menschen das Töten beizubringen, und es ist schwer, Gewohnheiten zu entwickeln, die das Töten vermeiden. Vielen Menschen macht es Spaß, andere menschliche Wesen leiden zu sehen, oder sie haben Freude daran, Tiere zu töten . . . Öffentliche Züchtigungen und Folterungen sind üblich in vielen Kulturen« (S. L. Washburn, 1959). In den beiden letzten Behauptungen setzt Washburn stillschweigend voraus, daß nicht nur das Töten, sondern auch die Grausamkeit zur Psychologie des Jägers gehört. Welche Argumente hat Washburn, die für die angeblich angeborene Freude am Töten und an der Grausamkeit sprechen? Eines seiner Argumente lautet: »Töten als Sport« (er spricht vom »Töten« als Sport und nicht vom »Jagen«, was korrekter wäre). Er schreibt: »Dies zeigt sich vielleicht am einfachsten daran, welche Mühe man darauf verwendet, das Töten als Sport beizubehalten. In früheren Zeiten unterhielten König und Adel Parks, in denen sie dem Sport des Tötens zu ihrem Vergnügen nachgehen konnten, und heute gibt die Regierung der Vereinigten Staaten viele Millionen Dollar aus, um den Jägern Wild zur Verfügung zu stellen« (S. L. Washburn und C. S. Lancaster, 1968). Ein ähnliches Beispiel lautet: »Leute benutzen die leichtesten Angelgeräte, um den aussichtslosen Kampf des Fisches zu verlängern und das Gefühl der eigenen Überlegenheit und Geschicklichkeit zu erhöhen« (S. L. Washburn und C. S. Lancaster, 1968).

Washburn weist auf die Beliebtheit des Krieges hin:

> Und bis vor kurzem sah man den Krieg fast genauso an wie das Jagen. Andere menschliche Wesen waren einfach das gefährlichste Wild. Der Krieg war in der Menschheitsgeschichte viel zu wichtig, als daß er für die daran beteiligten Männer nicht ein Vergnügen gewesen wäre. Erst in neuerer Zeit hat man durch die völlige Veränderung des Charakters und der Bedingungen des Krieges angefangen, gegen diese

> Institution zu protestieren und den Krieg als einen normalen Bestandteil der nationalen Politik und einen allgemein anerkannten Weg zum persönlichen sozialen Ruhm in Frage zu stellen (S. L. Washburn und C. S. Lancaster, 1968).

Im Zusammenhang hiermit stellt Washburn fest:

> Bis zu welchem Grade die biologischen Grundlagen des Tötens der menschlichen Psychologie einverleibt sind, kann man daran ermessen, wie leicht man Jungen für die Jagd, das Fischen, das Kämpfen und für Kriegsspiele interessieren kann. Es ist nicht so, als ob diese Verhaltensweisen unvermeidlich wären, aber sie sind leicht zu erlernen, gewähren Befriedigung und werden in den meisten Kulturen sozial honoriert. Die Geschicklichkeit im Töten und die Lust daran werden normalerweise im Spiel entwikkelt, und die Verhaltensmuster des Spiels bereiten die Kinder für ihre Rollen als Erwachsene vor (S. L. Washburn und C. S. Lancaster, 1968).

Washburns Behauptung, viele Menschen hätten Freude am Töten und an der Grausamkeit, stimmt bis zu einem gewissen Grad, doch bedeutet es nichts weiter, als daß es sadistische Personen und sadistische Kulturen gibt; aber es gibt auch andere, die nicht sadistisch sind. So wird man zum Beispiel feststellen, daß Sadismus sehr viel häufiger bei frustrierten Menschen und in sozialen Klassen anzutreffen ist, die sich machtlos fühlen und wenig Freude am Leben haben, wie dies beispielsweise bei der untersten Klasse in Rom der Fall war, die für ihre materielle Armut und soziale Ohnmacht mit sadistischen Schauspielen entschädigt wurde, oder auch beim Kleinbürgertum in Deutschland, aus dessen Reihen sich Hitlers fanatischste Gefolgsleute rekrutierten. Auf Sadismus trifft man auch bei herrschenden Klassen, wenn sie sich in ihrer beherrschenden Stellung und ihrem Besitz bedroht fühlen[2], oder bei unterdrückten Gruppen, die nach Rache dürsten. Die Vorstellung, das Jagen erzeuge die Lust am Quälen, ist unbegründet und wenig einleuchtend. Jägern macht in der Regel das Leiden des Tieres keine Freude, und in Wirklichkeit würde ein Sadist, der an Quälereien Gefallen findet, einen schlechten Jäger abgeben. Es trifft auch in der Regel nicht zu, daß Angler sich der von Washburn erwähnten Praktiken bedienen. Ebensowenig gibt es Hinweise darauf, daß die primitiven Jäger die Jagd aus sadistischen oder destruktiven Motiven betrieben haben. Im Gegenteil spricht manches dafür, daß die Empfindungen den getöteten Tieren gegenüber liebevolle waren und die Jäger möglicherweise wegen des Tötens ein Gefühl der Schuld hatten. Die paläolithischen Jäger redeten den Bären oft mit »Großvater« an, oder sie sahen in ihm den mythischen Ahnherrn der Menschheit. Wenn der Bär getötet war, wurde er um Verzeihung gebeten. Bevor er verzehrt wurde, fand ein heiliges Mahl statt, bei dem der Bär »Ehrengast« war, dem die besten Speisen vorgesetzt wurden; zum Schluß wurde der Bär feierlich beigesetzt (J. Mahringer, 1952).[3]

Die Psychologie der Jagd, einschließlich der des heutigen Jägers, bedarf noch gründlicher Untersuchung, doch sind einige Bemerkungen dazu selbst in diesem Kontext möglich. Vor allem ist zu unterscheiden zwischen der Jagd als Sport der herrschenden Eliten (zum Beispiel des Adels in einem Feudalsystem) und allen anderen Formen des Jagens, zum

[2] Das Gemetzel unter den französischen Kommunarden durch die siegreiche Armee von Thiers 1871 ist ein drastisches Beispiel dafür.

[3] Vgl. die von Mahringer zitierten Autoren. Eine ähnliche Einstellung kommt in den Jagdritualen der Navajo-Indianer zum Ausdruck; vgl. R. Underhill (1953).

Beispiel das der primitiven Jäger, der Bauern, die ihre Ernte oder ihre Hühner damit vor Schaden bewahren wollen, und Einzelpersonen, die die Jagd lieben.

Die »Elite-Jagd« befriedigt offenbar das Bedürnis nach Macht und Herrschaft und außerdem einen gewissen Sadismus, der für Machteliten kennzeichnend ist. Wir erfahren daraus mehr über die Psychologie der feudalen Elite als über die Psychologie des Jagens.

Was die Motive des primitiven Berufsjägers und des modernen Jägers aus Leidenschaft angeht, so muß man mindestens zwei Arten unterscheiden. Die einen sind in der Tiefe menschlichen Erlebens verwurzelt. Im Akt des Jagens wird der Mensch, wenn auch nur für kurze Zeit, wieder zu einem Teil der Natur. Er kehrt zum Naturzustand zurück, wird eins mit dem Tier und von der Last der existentiellen Gespaltenheit befreit: Teil der Natur zu sein und sie gleichzeitig kraft seines Bewußtseins zu transzendieren. Wenn der Mensch das Tier jagt, wird das Tier zu *seinesgleichen,* auch wenn der Mensch dabei schließlich durch den Gebrauch seiner Waffen seine Überlegenheit zeigt. Beim primitiven Menschen ist dieses Erlebnis durchaus bewußt. Er bringt diese Identifikation dadurch zum Ausdruck, daß er sich als Tier verkleidet und im Tier seinen Ahnherrn sieht. Dem modernen Menschen mit seiner verstandesmäßigen Orientierung fällt es schwer, dieses Einssein mit der Natur zu erleben und in Worte zu fassen; aber es ist in vielen Menschen noch lebendig.

Von mindestens gleicher Bedeutung ist für den passionierten Jäger ein völlig anderes Motiv, nämlich die Freude an der eigenen Geschicklichkeit. Es ist erstaunlich, wie viele moderne Autoren dieses Element der Freude an der eigenen Geschicklichkeit beim Jagen übersehen und ihre Aufmerksamkeit allein auf den Akt des Tötens konzentrieren. Schließlich erfordert die Jagd eine Kombination vieler Fertigkeiten und außer der Handhabung einer Waffe noch viele andere Kenntnisse.

William S. Laughlin ist ausführlich auf diesen Punkt eingegangen. Er geht von der These aus, das Jagen sei das vorbildliche Verhaltensmuster der menschlichen Spezies (W. S. Laughlin, 1968). Laughlin erwähnt jedoch nicht einmal eine Lust am Töten oder Grausamkeit als Teil dieser Verhaltensform, sondern er beschreibt sie folgendermaßen: »Das Jagen setzt einen Preis auf die Erfindungsgabe und auf die Fähigkeit, Probleme zu lösen, und wer mit den Problemen nicht fertig wird, der wird de facto bestraft. Deshalb hat es ebensoviel zur Weiterentwicklung der menschlichen Spezies wie zu ihrem Zusammenhalt innerhalb der Grenzen einer einzigen variablen Art beigetragen« (W. S. Laughlin, 1968).

Laughlin weist darauf hin, und dies sollte man als wichtigen Punkt angesichts der konventionellen Überbewertung der Bedeutung von Werkzeugen und Waffen im Auge behalten:

> »Das Jagen ist ganz offensichtlich ein instrumentales System in dem realen Sinn, daß etwas getan wird, mehrere vorgeschriebene Handlungen ausgeführt werden, die zu einem entscheidenden Ergebnis führen. Die technologischen Aspekte, die Speere, Keulen, Handäxte und all die anderen Gegenstände in den Schaukästen der Museen, sind außerhalb des Kontexts, in dem sie benutzt werden, ohne wesentliche Bedeutung. Es ist nicht angebracht, die Analyse mit ihnen zu beginnen, da ihre Stellung in der Reihenfolge weit von den verschiedenen vorangehenden Komplexen abliegt« (W. S. Laughlin, 1968).[4]

[4] Diese Beobachtung von Laughlin stützt die Hauptthese von Lewis Mumford bezüglich der Rolle der Werkzeuge in der Evolution des Menschen voll und ganz.

Der Nutzen des Jagens sollte nicht in einer Weiterentwicklung der technischen Grundlagen gesehen werden, sondern darin, daß die Fertigkeiten des Jägers sich erweitern.

> »Es gibt zahlreiche Belege, wenn auch erstaunlich wenig systematische Untersuchungen darüber, daß der primitive Mensch hervorragende Naturkenntnisse besitzt. Dieses Wissen erstreckte sich auf die gesamte makroskopische zoologische Welt der Säugetiere, Beuteltiere, Reptilien, Vögel, Fische, Insekten sowie auf die Pflanzen. Auch Kenntnisse der Gezeiten, allgemein der meteorologischen Phänomene, der Astronomie und anderer Aspekte der Natur sind gut entwickelt, wobei gewisse Unterschiede bei den einzelnen Gruppen festzustellen sind, etwa hinsichtlich der Differenziertheit und des Ausmaßes ihres Wissens und in bezug auf die Wissensgebiete, denen die besondere Aufmerksamkeit galt . . . Ich möchte hier nur auf die Bedeutung dieses hervorragenden Wissens für das Verhaltenssystem der Jäger und auf seine Bedeutung für die Evolution des Menschen hinweisen . . . Der Mensch, der jagte, lernte das Verhalten der Tiere und deren Körperbau, einschließlich seines eigenen, kennen. Er zähmte zuerst sich selbst und wandte sich dann anderen Lebewesen und Pflanzen zu. In diesem Sinne war das Jagen die Schule des Lernens, die die menschliche Spezies dazu brachte, sich selbst zu lehren« (W. S. Laughlin, 1968).

Die Motive des primitiven Jägers waren, kurz gesagt, nicht die Lust am Töten, sondern der Wunsch zu lernen und verschiedene Fertigkeiten optimal auszuüben, d. h., Motiv war die Entwicklung des Menschen selbst.[5]

Washburns Argument, daß Jungen so leicht für Jagd, Kämpfen und Kriegsspiele zu begeistern sind, übersieht die Tatsache, daß Jungen leicht für alle möglichen Tätigkeiten zu interessieren sind, die kulturell akzeptiert sind. Zu schließen, daß dieses Interesse an allgemein akzeptierten Verhaltensmustern ein Beweis dafür sei, daß die Freude am Töten angeboren ist, zeugt von einer bemerkenswert naiven Einstellung zu sozialem Verhalten. Außerdem sollte man sich vor Augen halten, daß es eine ganze Anzahl von Sportarten gibt – vom Zen-Schwertkampf bis zum Fechten, Judo und Karate –, deren Faszination ganz offensichtlich nicht in dem Vergnügen liegt zu töten, sondern in der Möglichkeit, Geschicklichkeit zu entfalten.

Ebenso unhaltbar ist Washburns und Lancasters Behauptung, fast jede menschliche Gesellschaft habe es als wünschenswert angesehen, Mitglieder bestimmter anderer menschlicher Gesellschaften zu töten (Washburn und Lancaster, 1968). Es ist dies die Wiederholung eines populären Klischees, das sich allein auf die oben erwähnte Abhandlung von D. Freemann (1964) stützt, die von Freud einseitig beeinflußt ist. Tatsache ist,

[5] Heute, wo fast alles maschinell hergestellt wird, stellt man selten fest, daß jemand Freude an den eigenen Fertigkeiten hat, ausgenommen vielleicht das Vergnügen, das manche beim Basteln haben, wie zum Beispiel bei Tischlerarbeiten, oder die Faszination des Laien, mit der er einem Goldschmied oder einem Weber bei seiner Arbeit zusehen kann. Vielleicht ist die Faszination, die ein Geiger auf uns ausübt, nicht nur auf die Schönheit der Musik, die er spielt, zurückzuführen, sondern auch auf die Vorführung seiner Fertigkeit. In Kulturen, in denen die meisten Erzeugnisse von Hand gefertigt werden und ihre Herstellung auf Geschicklichkeit beruht, ist zweifelsfrei, daß eine solche Arbeit wegen der dabei entfalteten Fertigkeiten und in dem Maße, wie diese Fertigkeiten vorhanden sind, Freude macht. Wenn man die Freude an der Jagd als Freude am Töten interpretiert und nicht als Freude an der eigenen Geschicklichkeit, so ist dies charakteristisch für den Menschen unserer Zeit, für den das *Resultat* einer Anstrengung, in diesem Fall das Töten, und nicht der Prozeß selbst das einzige ist, das zählt.

daß – wie wir noch sehen werden – Kriege unter primitiven Jägern charakteristischerweise unblutig sind und meist nicht das Töten des Gegners zum Ziel haben. Zu behaupten, die Institution des Krieges sei erst seit kurzem fragwürdig geworden, heißt natürlich in der Geschichte der Philosophie und Religion einen weiten Bereich unberücksichtigt lassen, so zum Beispiel die hebräischen Propheten.

Wenn wir Washburns Argumenten nicht zustimmen, bleibt die Frage, ob es andere Verhaltensmuster gibt, die das Jagdverhalten hervorgebracht hat. Tatsächlich sieht es so aus, als ob zwei Verhaltensmuster durch das Jagdverhalten genetisch programmiert sein könnten: Kooperation und Teilen. Kooperation unter den Mitgliedern derselben Sippe war eine praktische Notwendigkeit in den meisten Jagdsozietäten; dasselbe gilt für das Teilen der Nahrung. Da Fleisch in den meisten Klimazonen außer der arktischen leicht verdirbt, konnte man es nicht aufbewahren. Nicht alle Jäger hatten das gleiche Glück bei der Jagd; die praktische Folge war deshalb, daß diejenigen, welche an einem bestimmten Tag Glück gehabt hatten, ihre Beute mit denen teilten, die vielleicht am nächsten Tag die Glücklichen sein würden. Wenn wir annehmen, daß das Jagdverhalten zu genetischen Veränderungen geführt hat, wäre daraus zu schließen, daß der moderne Mensch eher einen angeborenen Impuls zur Kooperation und zum Teilen als zum Töten und zur Grausamkeit besitzt.

Leider zeigt die Geschichte der »Zivilisation«, daß eine Neigung zur Zusammenarbeit und zum Teilen nur recht sporadisch vorhanden ist. Man könnte das damit erklären, daß das Jagdleben keine genetischen Veränderungen bewirkt hat oder daß die Impulse, zu teilen und zusammenzuarbeiten, in Kulturen stark verdrängt worden sind, die aufgrund ihrer Organisation nicht diesen Tugenden, sondern statt dessen einem rücksichtslosen Egoismus förderlich waren. Trotz allem könnte man immer noch die Überlegung anstellen, ob die Tendenz, zusammenzuarbeiten und miteinander zu teilen, die in vielen Gesellschaften außerhalb der modernen Industriewelt zu finden ist, nicht doch ein Hinweis darauf sein könnte, daß diese Impulse angeboren sind. Selbst bei der modernen Kriegführung, bei der der einzelne Soldat im allgemeinen keinen besonderen Haß gegen den Feind empfindet und nur ausnahmsweise Grausamkeiten begeht,[6] kann man ein bemerkenswertes Maß an Zusammenarbeit und der Fähigkeit zu teilen finden. Während die meisten im zivilen Leben ihr Leben kaum für einen anderen aufs Spiel setzen oder ihre Nahrung mit ihm teilen würden, ist dies im Krieg an der Tagesordnung. Vielleicht könnte man sogar noch weitergehen und vermuten, daß einer der Faktoren, die den Krieg attraktiv machen, eben die Möglichkeit ist, tief verborgenen menschlichen Impulsen zu folgen, die unsere Gesellschaft in Friedenszeiten – effektiv, wenn auch nicht ideologisch – für töricht hält.

Washburns Ideen über die Psychologie des Jägers ist nur ein Beispiel für die Voreingenommenheit zugunsten der Theorie von einer angeborenen Destruktivität und Grausamkeit des Menschen. Im gesamten Bereich der Sozialwissenschaften kann man, wenn es um Fragen geht, die aktuelle emotionale und politische Probleme berühren, ein hohes Maß an Voreingenommenheit beobachten. Wo die Ideologie und die Interessen einer Gesellschaft im Spiel sind, räumt die Objektivität in der Regel der Voreingenommenheit das

[6] Dies ist bis zu einem gewissen Grad anders in Kriegen wie dem in Vietnam, in denen der »eingeborene« Feind nicht als menschliches Wesen angesehen wird. Vgl. S. 97.

Feld. Die moderne Gesellschaft mit ihrer fast uneingeschränkten Bereitschaft zur Vernichtung menschlichen Lebens zu politischen und wirtschaftlichen Zwecken kann sich gegen die elementare menschliche Frage nach der Berechtigung solchen Tuns am besten verteidigen mit der Behauptung, daß Destruktivität und Grausamkeit nicht erst durch unser soziales System hervorgebracht werden, sondern daß es sich dabei um angeborene Eigenschaften des Menschen handelt.

Die Aggression und die primitiven Jäger

Glücklicherweise beschränken sich unsere Kenntnisse des Jagdverhaltens nicht auf Spekulationen; wir verfügen über ein beträchtliches Informationsmaterial über noch existierende primitive Jäger und Sammler, das zeigt, daß das Jagen nicht zur Destruktivität und Grausamkeit führt und daß die primitiven Jäger relativ wenig aggressiv sind, verglichen mit ihren zivilisierten Brüdern.

Es erhebt sich die Frage, ob wir unsere Kenntnisse über diese primitiven Jäger auch auf die prähistorischen Jäger anwenden können, wenigstens auf die, die es seit dem Auftauchen des modernen Menschen gab, nämlich auf den »*Homo sapiens sapiens*«, der seit etwa 40000 oder 50000 Jahren existiert.

Tatsache ist, daß wir über den Menschen seit seinem ersten Auftauchen nur sehr wenig wissen und nicht einmal viel über den *H. sapiens sapiens* in seinem Jäger-Sammler-Stadium. Daher haben einige Autoren völlig zu Recht davor gewarnt, von modernen Primitiven Schlüsse auf ihre prähistorischen Ahnen zu ziehen (J. Deetz, 1968).[7] Trotzdem interessieren wir uns für die heutigen Jäger, »weil sie«, wie G. P. Murdock meint, »auf das Verhalten des Pleistozän-Menschen einiges Licht werfen könnten«; und auch die meisten anderen Teilnehmer am Symposium zum Thema *Mensch der Jäger* (R. B. Lee und I. De Vore, Hrsg., 1968) dürften dieser Formulierung zugestimmt haben. Auch wenn wir nicht annehmen können, daß die prähistorischen Jäger und Sammler dasselbe sind wie die primitivsten Jäger und Sammler heute, so muß man doch bedenken, daß 1. der *H. sapiens sapiens* anatomisch und neurophysiologisch sich nicht vom heutigen Menschen unterscheidet und daß 2. unsere Kenntnisse über die noch existierenden primitiven Jäger zum Verständnis wenigstens eines entscheidenden Problems bezüglich der prähistorischen Jäger beitragen dürfte: des Einflusses des Jagdverhaltens auf die Persönlichkeit und die soziale Organisation. Abgesehen hiervon geht aus den Daten über die primitiven Jäger hervor, daß Eigenschaften, die man oft der menschlichen Natur zugeschrieben hat, wie Destruktivität, Grausamkeit und unsoziales Verhalten – kurz all das, was den »natürlichen Menschen« von Hobbes ausmacht –, bei den am wenigsten »zivilisierten« Menschen bemerkenswert selten anzutreffen sind!

Bevor wir uns den noch vorhandenen primitiven Jägern zuwenden, noch ein paar Bemerkungen zum paläolithischen Jäger. M. D. Sahlins schreibt:

> Im Zuge der selektiven Anpassung an die Gefahren der Steinzeit hat die menschliche Gesellschaft den Hang der Primaten zur Selbstsucht, zur Promiskuität, zur Dominanz

[7] Vgl. auch G. P. Murdock, 1968.

und zum brutalen Wettkampf überwunden oder zurückgedrängt. An die Stelle des Kampfes trat Blutsverwandtschaft und Kooperation, die Solidarität erhielt Vorrang vor der Sexualität, die Moral vor der Macht. In ihren frühesten Tagen hat sie die größte Reform in ihrer Geschichte vollbracht, die Überwindung der menschlichen Primaten-Natur, wodurch sie die evolutionäre Zukunft der Art sicherstellte (M. D. Sahlins, 1960).

Wir besitzen einige direkte Daten über das Leben des prähistorischen Jägers in den Tierkulten, die ein Hinweis darauf sind, daß ihm die angeblich angeborene Destruktivität fehlte. Mumford hat darauf hingewiesen, daß bei den Höhlenmalereien, die das Leben der prähistorischen Jäger schildern, keinerlei Kämpfe zwischen Menschen zu finden sind.[8]

Obwohl man mit Analogien vorsichtig sein sollte, sind doch die Daten über noch existierende Jäger und Sammler am eindrucksvollsten. Colin Turnbull, ein Spezialist auf diesem Gebiet, berichtete:

»Bei den zwei mir bekannten Gruppen fehlt die emotionale oder physische Aggression fast völlig, was aus dem Fehlen von Krieg, Fehden, Hexerei und Zauberei hervorgeht. Ich bin auch nicht der Überzeugung, daß das Jagen selbst eine aggressive Tätigkeit ist. Um das zu realisieren, muß man es selbst gesehen haben. Der Akt des Jagens wird keineswegs in aggressiver Weise vollzogen. Da man sich bewußt ist, daß man die Naturreserven damit verringert, bedauert man faktisch, daß man Leben töten muß. Gelegentlich kann man bei dieser Art des Tötens sogar eine Art Mitgefühl beobachten. Ich persönlich habe bei den Jägern die Erfahrung gemacht, daß sie sehr freundliche Menschen sind, und wenn sie auch unbestreitbar ein äußerst hartes Leben führen, so bedeutet dies doch nicht, daß sie aggressiv wären« (C. M. Turnbull, 1965).[9]

Keiner der Teilnehmer an der Diskussion mit Turnbull hat ihm widersprochen.
Die umfassendste Darstellung der anthropologischen Funde über primitive Jäger und Sammler ist die von E. R. Service in *The Hunters* (Die Jäger) (E. R. Service, 1966). Seine Monographie umfaßt alle diese Sozietäten mit Ausnahme der seßhaften Gruppen an der Nordwestküste Nordamerikas, die in einer besonders ertragreichen Gegend leben, und der Sozietäten von Jägern und Sammlern, die nach dem Kontakt mit der Zivilisation so schnell ausstarben, daß wir nur sehr fragmentarische Kenntnisse über sie besitzen.[10]

Das augenfälligste und vielleicht das entscheidende Merkmal der Jäger-Sammler-Sozietäten ist ihr Nomadentum, das durch die Art ihrer Nahrungsbeschaffung bedingt ist und zu einer losen Integration von Familien in einer »Gruppen«-Sozietät führt. Was die Bedürfnisse angeht, so stehen – im Gegensatz zum heutigen Menschen, der ein Haus, einen Wagen, Kleider, Elektrizität und so weiter braucht – beim primitiven Jäger »die Nahrung

[8] Auch der Paläoanthropologe Helmuth de Terra hat mich persönlich hierauf hingewiesen.

[9] Zu dieser allgemeinen Feststellung vgl. die lebendige Schilderung, die Turnbull vom sozialen Leben einer primitiven afrikanischen Jagd-Sozietät, der Mbutu-Pygmäen, gibt (C. M. Turnbull, 1965).

[10] Die Sozietäten, mit denen sich Service befaßt, sind folgende: die Eskimos, die Algonkin- und Athabasken-Jäger von Kanada, die Schoschonen des Großen Beckens, die Indianer von Tierra del Fuego, die Australneger, die Semang auf der Malaiischen Halbinsel und die Andamaner.

und die wenigen Dinge, die er zu ihrer Beschaffung benötigt, ... in einem fundamentaleren Sinn, als dies in komplizierteren Ökonomien der Fall ist, im Mittelpunkt des ökonomischen Lebens« (E. R. Service, 1966).

Die Arbeit in den einzelnen Familien wird lediglich nach dem Alter und dem Geschlecht eingeteilt, ganzzeitliche Spezialisierungen sind dagegen nirgends zu finden. Die Nahrung besteht zum kleineren Teil aus Fleisch (vielleicht zu einem Viertel), hauptsächlich aber aus Samen, Wurzeln, Früchten, Nüssen und Beeren, die von den Frauen gesammelt werden. M. J. Meggit stellt fest: »Das Vorherrschen der Pflanzenkost scheint eines der Hauptmerkmale der Wirtschaftssysteme von Jägern, Fischern sowie Sammlern zu sein« (M. J. Meggitt, 1964). Nur die Eskimos leben ausschließlich vom Jagen und Fischen, und das Fischen besorgen meist die Eskimofrauen.

Bei der Jagd arbeiten die Männer weitgehend zusammen, was eine normale Begleiterscheinung des niedrigen Standes der technologischen Entwicklung in Gruppen-Sozietäten ist. »Aus verschiedenen Gründen, die mit der einfachen Technologie und der dürftigen Kontrolle über ihre Umgebung zusammenhängen, haben viele Jäger-Sammler-Völker im buchstäblichen Sinn unter allen Völkern der Welt die meiste freie Zeit« (E. R. Service, 1966). Die ökonomischen Beziehungen sind besonders instruktiv. Service schreibt:

> Aufgrund unseres eigenen Wirtschaftssystems haben wir uns daran gewöhnt, zu glauben, menschliche Wesen hätten eine »natürliche Neigung zu schachern und zu handeln« und die wirtschaftlichen Beziehungen zwischen den einzelnen oder den Gruppen seien gekennzeichnet durch »Haushalten«, durch die »Maximierung« des Erfolges unserer Bemühungen, dadurch, daß man »billig einkauft und teuer verkauft«. Die Primitiven tun jedoch nichts dergleichen; meist hat man vielmehr den Eindruck, daß sie das Gegenteil tun. Sie »geben Sachen weg«, sie bewundern Freigebigkeit, sie erwarten Gastfreundschaft, sie bestrafen Sparsamkeit als Egoismus.
>
> Und das Allermerkwürdigste ist, je prekärer ihre Lage ist, je knapper (oder wertvoller) die Güter sind, um so weniger »sparen« sie, und um so freigebiger scheinen sie zu sein. Wir denken hierbei natürlich an die Form des Tauschs bei Personen, die *innerhalb* einer Gesellschaft leben, und diese Personen sind in einer solchen Gruppen-Sozietät alle irgendwie verwandt. Es gibt in einer Gruppen-Sozietät wesentlich mehr Leute, die miteinander verwandt sind, als es bei uns Leute gibt, die enge soziale Beziehungen zueinander unterhalten. Aber man kann eine Analogie sehen zur Ökonomie einer modernen Familie, da auch sie direkt mit den Grundsätzen, die man der herkömmlichen Ökonomie nachsagt, kontrastiert. Wir »geben« doch unseren Kindern zu essen, nicht wahr? Wir »helfen« unseren Brüdern und »sorgen für« unsere alten Eltern. Andere tun das gleiche für uns, oder sie haben es getan oder werden es tun.
>
> Da enge soziale Beziehungen herrschen, bedingen, allgemein gesehen, liebevolle Gefühle, die Anstandsregeln des Familienlebens, und das moralische Gebot der Freigebigkeit die Art und Weise, wie man mit Gütern umgeht, und so nimmt man den Gütern gegenüber eine weniger ökonomische Haltung ein. Die Anthropologen haben gelegentlich versucht, die tatsächlichen Transaktionen mit Worten wie »reines Geschenk« oder »freiwillige Gabe« zu charakterisieren, um darauf hinzuweisen, daß es sich nicht um ein Geschäft, sondern um einen Austausch handelt und daß das der Transaktion zugrunde liegende Gefühl nicht so ist, als ob es sich um ein ausgewogenes Tauschgeschäft handelte. Aber diese Worte geben nicht den wahren Charakter dieses Aktes wieder; sie sind sogar etwas irreführend.
>
> Peter Freuchen bekam einmal von einem Eskimojäger ein Stück Fleisch und antwortete, indem er ihm herzlich dafür dankte. Der Jäger machte daraufhin einen niedergeschlagenen Eindruck, und Freuchen wurde schnell von einem alten Mann belehrt: »Sie

> dürfen sich nicht für das Fleisch bedanken. Es ist Ihr gutes Recht, Teile davon zu bekommen. Bei uns möchte niemand vom anderen abhängig sein. Deshalb macht niemand Geschenke, und keiner nimmt sie entgegen, denn dadurch wird man abhängig. Mit Geschenken macht man Sklaven, genauso wie man mit Schlägen Hunde macht.«[11]
> Das Wort »Geschenk« hat einen Unterton von Mildtätigkeit und nicht von Gegenseitigkeit. In keiner Jäger-Sammler-Sozietät bedankt man sich, und es wäre in der Tat unangebracht, jemand sogar »freigebig« zu nennen, wenn er sein Wild mit seinen Lagergenossen teilt. Bei einer anderen Gelegenheit könnte man ihn freigebig nennen, aber nicht im Hinblick auf einen bestimmten Vorfall, bei dem er mit den anderen teilt, denn dann hätte das die gleiche Bedeutung, wie wenn man sich bedankte. Man würde damit zum Ausdruck bringen, daß man nicht mit dem Teilen gerechnet hat, daß die Großzügigkeit des Gebers nicht einfach eine Selbstverständlichkeit war. Bei einer solchen Gelegenheit wäre es angebracht, den Mann wegen seiner Tüchtigkeit bei der Jagd zu loben, aber nicht wegen seiner Freigebigkeit (E. R. Service, 1966).

Von besonderer Wichtigkeit ökonomisch wie psychologisch ist die Frage des Eigentums. Eines der verbreitetsten Klischees heute ist die Ansicht, die Liebe zum Besitz sei ein angeborener Wesenszug des Menschen. Im allgemeinen verwechselt man den Besitz von Werkzeugen, die man für die Arbeit benötigt, und den Besitz gewisser privater Gegenstände wie Schmuck usw. mit Eigentum im Sinne von Besitz an Produktionsmitteln, das heißt von Dingen, durch deren Alleinbesitz wir andere dazu bringen können, für uns zu arbeiten. Solche Produktionsmittel sind in der Industriegesellschaft im wesentlichen Maschinen oder Kapital, das in die maschinelle Produktion investiert wird. In der primitiven Gesellschaft sind die Produktionsmittel Land und Jagdreviere.

> In keiner primitiven Gruppe wird jemand der Zugang zu den Ressourcen der Natur verweigert – kein einzelner besitzt sie . . .
> Die natürlichen Ressourcen, auf die die Gruppen angewiesen sind, sind kollektiver oder kommunaler Besitz in dem Sinne, daß die gesamte Gruppe im Notfall das Territorium gegen Übergriffe Fremder verteidigen würde. Innerhalb der Gruppe haben alle Familien das gleiche Recht, sich ihren Anteil zu nehmen. Überdies dürfen Sippenangehörige in benachbarten Gruppen nach Belieben jagen und sammeln, wenn sie den Wunsch äußern. Eine scheinbare Einschränkung dieses Rechts auf die natürlichen Ressourcen betrifft offenbar am häufigsten Bäume, die Nüsse oder Früchte tragen. Manchmal werden bestimmte Bäume oder Baumgruppen einzelnen Familien der Gruppe zugesprochen. Dies bedeutet jedoch praktisch mehr eine Arbeitsteilung als eine Teilung des Besitzes, denn es soll offenbar verhindern, daß Zeit und Mühe vergeudet werden, was der Fall wäre, wenn mehrere verstreut wohnende Familien sich zu demselben Terrain aufmachen müßten. Es handelt sich nur um die zur Gewohnheit gewordene Zuweisung der verschiedenen Baumgruppen, da ja die Bäume im Gegensatz zum Wild oder selbst zu wildwachsenden Gemüsen und Gräsern einen viel festeren Standort haben. Jedenfalls würde die Regel, daß man mit den anderen teilen muß, zur Anwendung kommen, wenn eine Familie einmal viele Nüsse oder Früchte ernten würde und eine andere nicht, und so müßte keiner hungern.
> Dem Privateigentum am nächsten kommen Gegenstände, die zum individuellen Gebrauch hergestellt und von Einzelpersonen benutzt werden. Waffen, Messer und Schaber, Kleider, Schmuck, Amulette und ähnliches werden bei Jägern und Sammlern oft als Privateigentum angesehen . . . Aber man könnte die Ansicht vertreten, daß in einer primitiven Gesellschaft selbst diese persönlichen Dinge kein Privateigentum im

[11] Peter Freuchen (1961)

> eigentlichen Sinne sind. Insofern der Besitz dieser Dinge durch ihren Gebrauch geboten ist, ist dieser Besitz mehr eine Funktion der Arbeitsteilung als ein Besitz an »Produktionsmitteln«. Derartige Dinge privat zu besitzen, hat nur dann Sinn, wenn einzelne sie besitzen und andere nicht – wenn sozusagen eine Ausbeutungssituation entstehen kann. Aber man kann sich nur schwer einen Fall vorstellen (und es ist nicht möglich, einen in den ethnographischen Berichten zu finden), daß jemand, der, durch irgendwelche Umstände bedingt, keine Waffen oder Kleider hätte, sich diese nicht von einem glücklicheren Sippenangehörigen leihen oder sie von ihm erhalten könnte (E. R. Service, 1966).

Die sozialen Beziehungen zwischen den Mitgliedern einer Jäger-Sammler-Sozietät sind gekennzeichnet durch das Fehlen der sogenannten »Dominanz«, wie sie bei den Tieren herrscht. Service stellt fest:

> Gruppen von Jägern und Sammlern unterscheiden sich, was diese Dominanz betrifft, mehr von den Menschenaffen als alle anderen menschlichen Gesellschaftssysteme. Es gibt keine Hackordnung, die sich auf physische Überlegenheit gründet, und es gibt auch keine hierarchische Ordnung, die ihren Ursprung in anderen Quellen der Macht hätte, wie Reichtum, ererbte Klassenprivilegien, ein militärisches oder politisches Amt. Die einzige dauernde Überlegenheit ist die des Älteren oder Weiseren, der eine Zeremonie leiten kann.
>
> Selbst wenn einzelne einen höheren Status oder ein größeres Prestige als die anderen besitzen, äußern sich dieser höhere Status und die bevorrechtigte Stellung völlig anders als in der Hierarchie der Menschenaffen. Freigebigkeit und Bescheidenheit werden von Personen von hohem Status in einer primitiven Gesellschaft erwartet, und die Belohnung, die ihnen dafür zuteil wird, ist einzig die Liebe und Aufmerksamkeit der anderen. Ein Mann kann zum Beispiel stärker, schneller, mutiger und intelligenter sein als alle anderen Mitglieder der Gruppe. Hat er dann einen höheren Status als die anderen? Nicht unbedingt. Ein höheres Prestige wird ihm nur dann zugestanden, wenn er diese Eigenschaften in den Dienst der Gruppe stellt – beim Jagen beispielsweise – und wenn er daher mehr Wild als die anderen erjagt, das er weitergeben kann, und zwar – wenn er sich richtig verhält – in aller Bescheidenheit. Etwas vereinfachend könnte man das so ausdrücken: In der Sozietät der Menschenaffen führt größere Kraft zu einer stärkeren Dominanz, was für den dominierenden Affen mehr Nahrung, mehr Weibchen und andere erwünschte Dinge zur Folge hat; in der primitiven menschlichen Gesellschaft dagegen muß die größere Kraft in den Dienst der Gemeinschaft gestellt werden, und wer nach höherem Prestige strebt, muß dafür im wahrsten Sinne des Wortes Opfer bringen, indem er für weniger Nahrung härter arbeitet. Was seine Geschlechtspartner anbetrifft, so hat er in der Regel genau wie die anderen Männer nur eine Frau.
>
> Es hat den Anschein, daß die primitivsten menschlichen Gesellschaften gleichzeitig auch die egalitärsten sind. Das dürfte damit zusammenhängen, daß diese Art von Gesellschaft durch ihre rudimentäre Technologie mehr und öfter als jede andere auf Zusammenarbeit angewiesen ist. Menschenaffen arbeiten nicht regelmäßig zusammen, und sie teilen nicht regelmäßig miteinander, Menschen tun es – darin besteht der wesentliche Unterschied (E. R. Service, 1966).

Service beschreibt die Autoritätsform, die wir bei den Jägern und Sammlern finden. In diesen Gesellschaften besteht natürlich das Bedürfnis nach einer Regelung der Gruppenaktionen:

> Autorität wird in Form von Anordnungen ausgeübt, wenn es die Probleme einer konzertierten Gruppenaktion zu lösen gilt. Es handelt sich um das, was wir für gewöhnlich unter »Führerschaft« verstehen. In einer Jäger-Sammler-Sozietät sind die

> Erfordernisse der Regelung der Gruppenaktionen und einer engen Zusammenarbeit mannigfach und zahlreich. In der Regel dürften sie sich auf alltägliche Vorkommnisse wie die Verlegung des Lagers, eine gemeinsame Treibjagd und vor allem auf Auseinandersetzungen jeder Art mit Feinden beziehen. Aber trotz der offensichtlichen Bedeutung der Führung bei solchen Aktionen unterscheidet sich eine Jäger-Sammler-Sozietät wie in anderen Dingen auch darin, daß – anders als in späteren Stadien der kulturellen Entwicklung – keine offizielle Führung vorhanden ist. Es gibt kein ständiges Amt des Häuptlings; die Führung geht aus der Hand des einen in die eines anderen über, je nach der Art der geplanten Aktion. So könnte zum Beispiel ein sehr alter Mann wegen seiner genauen Kenntnis des Rituals dazu ausersehen werden, eine Zeremonie zu planen, während ein jüngerer, der geschickter auf der Jagd ist, normalerweise den Führer bei Jagdexpeditionen abgibt.
> Vor allem aber gibt es keinen Führer oder Anführer in dem üblichen Sinn, den man mit dem Wort *Häuptling* verknüpft[12] (E. R. Service, 1966).

Daß es weder eine Hierarchie noch Häuptlinge gibt, ist um so bemerkenswerter, als sich nach einer weitverbreiteten Klischeevorstellung derartige Kontrolleinrichtungen, die praktisch in allen zivilisierten Gesellschaften zu finden sind, auf ein genetisches Erbe aus dem Tierreich gründen. Wir sahen, daß bei den Schimpansen die Dominanzbeziehungen in einer ziemlich milden Form vorhanden sind, aber sie sind doch immerhin da. Die sozialen Beziehungen der Primitiven zeigen, daß der Mensch genetisch nicht für diese Art der Dominanz-Unterwürfigkeits-Psychologie angelegt ist. Eine Analyse der historischen Entwicklung der Gesellschaft, in der fünf- oder sechstausend Jahre lang die Mehrheit von der herrschenden Minorität ausgebeutet wurde, zeigt deutlich, daß die Dominanz-Unterwürfigkeits-Psychologie eine Anpassung an die soziale Ordnung und nicht ihre Ursache ist. Für die Apologeten einer auf die Kontrolle durch eine Elite gegründeten sozialen Ordnung ist es natürlich sehr bequem zu glauben, die soziale Struktur sei die Folge eines angeborenen Bedürfnisses des Menschen und daher natürlich und unvermeidlich. Die egalitäre Gesellschaft der Primitiven zeigt aber, daß dies keineswegs so ist.

Die Frage drängt sich auf, wie der Primitive sich gegen asoziale und gefährliche Mitglieder der Gemeinschaft schützt, wenn kein autoritäres oder bürokratisch-autoritäres System vorhanden ist. Auf diese Frage gibt es mehrere Antworten. Zunächst wird das Verhalten großenteils durch Sitte und Etikette geregelt. Aber gesetzt den Fall, daß Sitte und Etikette einzelne nicht an einem asozialen Verhalten hindern, welche Sanktionen gibt es dann gegen sie? Die übliche Strafe besteht darin, daß man sich ganz allgemein von dem Schuldigen zurückzieht und ihm weniger höflich begegnet; man klatscht über ihn und macht sich über ihn lustig; im äußersten Fall wird er aus der Gemeinschaft ausgestoßen. Wenn sich jemand ständig falsch verhält und sein Verhalten nicht nur der eigenen, sondern auch noch anderen Gruppen schadet, kann seine eigene Gruppe den Beschluß fassen, ihn zu töten. Allerdings sind solche Fälle äußerst selten, und die meisten Probleme werden der Autorität der älteren und weiseren Männer in der Gruppe zur Entscheidung überlassen.

Diese Fakten sprechen deutlich gegen das von Hobbes entworfene Bild von der angeborenen Aggression des Menschen, die zum Krieg aller gegen alle führen würde, wenn sich der

[12] M. J. Meggitt (1960; zitiert von E. R. Service, 1966) ist bezüglich der Stammesältesten der Australneger zu fast den gleichen Ergebnissen gelangt. Vgl. auch den von E. Fromm (1941) gemachten Unterschied zwischen der rationalen und der irrationalen Autorität.

Staat nicht das Monopol für Gewalt und Strafe vorbehielte und so indirekt den Rachedurst gegen die Übeltäter befriedigte. Service meint dazu:

> Tatsache ist, daß die Gruppen-Sozietäten nicht auseinanderfallen, auch wenn es keine offiziellen richterlichen Körperschaften gibt, um sie zusammenzuhalten . . .
> Aber wenn auch Fehden und Kriege in Gruppen-Sozietäten relativ selten sind, so *drohen* sie doch immer auszubrechen, und es muß ein Mittel geben, ihnen Einhalt zu gebieten oder zu verhindern, daß sie sich ausbreiten. Oft fangen sie mit Streitigkeiten zwischen einzelnen an, und deshalb ist es wichtig, diesen beizeiten ein Ende zu machen. In einer gegebenen Gemeinschaft werden Streitigkeiten zwischen zwei Personen in der Regel durch einen älteren Mann geschlichtet, der mit beiden verwandt ist. Der Idealfall wäre, daß dieser Mann zu beiden Streitenden im gleichen Verwandtschaftsverhältnis stünde, denn dann sähe jeder ein, daß er wahrscheinlich keine Partei ergreifen würde. Aber natürlich ist das nicht immer der Fall, und es ist auch nicht immer jemand aus der Verwandtschaft bereit, den Streit zu schlichten. Manchmal ist der eine zweifelsfrei im Recht und der andere im Unrecht, oder der eine ist beliebt und der andere unbeliebt, so daß sich die Allgemeinheit zum Schiedsrichter macht und der Fall als entschieden gilt, sobald die öffentliche Meinung offenkundig wird.
> Wenn Streitigkeiten nicht auf eine der oben geschilderten Arten entschieden werden können, wird eine Art Wettkampf, meist in Form eines sportlichen Wettstreits, abgehalten, der an die Stelle eines regelrechten Kampfes tritt. In der Eskimo-Gesellschaft sind Ringen oder Kopf-Stoßen typische Formen derartiger duellartiger Wettkämpfe. Sie werden öffentlich ausgetragen, und die Zuschauer entscheiden, wer seinen Fall gewonnen hat. Besonders interessant ist das berühmte Gesangsduell der Eskimos. Dabei bestehen die Waffen in Worten, in »kleinen scharfen Worten, wie die Holzsplitter, die ich mit meiner Axt abhaue«.
> Gesangsduelle dienen dazu, Groll und Streitigkeiten aller Art, außer Mord, aus der Welt zu schaffen. Ein Ostgrönländer kann jedoch auch durch einen Gesangswettstreit Genugtuung für den Mord an einem Verwandten erlangen, wenn er körperlich zu schwach ist, sein Ziel zu erreichen, oder wenn er so gut singen kann, daß er sich des Sieges sicher ist. Angesichts der Tatsache, daß die Ostgrönländer sich von kunstvollem Gesang so fesseln lassen, daß sie darüber die Ursache des Grolls vergessen, ist dies zu verstehen. Bei diesen Eskimos wird Gesangskunst ebenso hoch geschätzt wie grobe körperliche Tüchtigkeit oder sogar noch höher.
> Der Stil dieser Gesänge ist weitgehend von Regeln bestimmt. Der erfolgreiche Sänger hält sich an die traditionellen Kompositionsmuster, die er so vollendet vorzutragen weiß, daß er die Zuhörer zu begeistertem Beifall hinreißt. Wem der lebhafteste Beifall gezollt wird, ist »Sieger«. Einen Gesangswettkampf zu gewinnen, bringt keine Entschädigung ein. Das einzige, was man dabei gewinnt, ist Prestige (E. A. Hoebel, 1954).
> Einer der Vorteile eines sich über längere Zeit hinziehenden Sängerwettstreits liegt darin, daß die Zuhörer sich darüber einig werden können, wer recht hat oder wer zugeben sollte, daß er bei dem Streit im Unrecht war. Im allgemeinen wissen die Leute ungefähr, auf wessen Seite sie stehen, aber man hält – wie dies in den meisten primitiven Gemeinschaften der Fall ist – die Einmütigkeit der Gemeinschaft für so wünschenswert, daß es einige Zeit dauert, bis man herausgefunden hat, für wen die Mehrheit sich entscheidet. Allmählich lachen immer mehr Zuhörer etwas lauter über die Verse des einen Kontrahenten, bis endlich klar ist, wem die Sympathie der Gemeinschaft gehört. Dann dauert es nicht mehr lange, und man ist einer Meinung, und der Verlierer zieht sich geschlagen zurück (E. R. Service, 1966).

Bei anderen Jagd-Sozietäten werden persönliche Streitigkeiten nicht auf so liebenswürdige Weise bereinigt wie bei den Eskimos, sondern es kommt zu einem Wettkampf im Speerwerfen:

Wenn es zu einem Streit zwischen einem Kläger und einem Beklagten kommt, was meist der Fall ist, so schleudert der Ankläger auf rituelle Weise seine Speere aus einer vorgeschriebenen Entfernung auf den Angeklagten, der ihnen auszuweichen sucht. Der Beifall der Zuschauer gilt entweder der Schnelligkeit, Kraft und Genauigkeit des Klägers, wenn er seine Speere schleudert, oder sie äußern ihren Beifall für die Geschicklichkeit, mit der der Beklagte ihnen ausweicht. Nach einiger Zeit wird Einmütigkeit dadurch erreicht, daß der Beifall für die Geschicklichkeit des einen oder des anderen überwiegt. Wenn der Beklagte merkt, daß die Gemeinschaft ihn endgültig für schuldig befindet, erwartet man von ihm, daß er einem Speer nicht ausweicht und sich eine Fleischwunde beibringen läßt. Im anderen Fall hört der Kläger einfach mit dem Speerwerfen auf, sobald er merkt, daß die öffentliche Meinung gegen ihn ist (C. W. M. Hart und A. R. Pilling, 1960).

Primitive Jäger – die Wohlstandsgesellschaft?

Ein sehr wichtiges Argument zum Gesamtproblem der wirtschaftlichen Armut der primitiven Jäger und zur modernen Auffassung darüber, was unter Armut zu verstehen ist, stammt von M. D. Sahlins. Es ist ein Argument, das auch für die Analyse der modernen Industriegesellschaft von Interesse ist. Sahlins wendet sich gegen die Prämisse, die zur Auffassung von der Aggressivität der primitiven Jäger führte, daß nämlich das Leben in der Altsteinzeit äußerst dürftig war und daß die Menschen ständig in Gefahr waren zu verhungern. Im Gegensatz dazu betont Sahlins, daß die Gesellschaft der primitiven Jäger die »ursprüngliche Wohlstandsgesellschaft« war.

Im allgemeinen versteht man unter einer Wohlstandsgesellschaft eine Gesellschaft, in der alle Bedürfnisse leicht zu befriedigen sind; und wenn wir auch gern diesen glücklichen Zustand als alleinige Errungenschaft der industriellen Zivilisation ansehen, so spricht mehr für die Jäger und Sammler, selbst für die Randerscheinungen unter ihnen, von denen nur die Ethnographie weiß. Denn Bedürfnisse werden entweder dadurch, daß man viel produziert, oder dadurch, daß man wenig begehrt, »leicht befriedigt«, und so gibt es zwei Wege zum Überfluß . . . – ein Volk, das sich zur Zen-Methode bekennt, kann sich eines unvergleichlichen materiellen Reichtums erfreuen, wenn auch sein Lebensstandard sehr niedrig sein mag. Meiner Ansicht nach dürfte das für die Jäger zutreffen (M. D. Sahlins, 1968).[13]

Sahlins macht noch andere sehr treffende Feststellungen:

Knappheit ist eine spezifische Zwangsvorstellung der Business-Ökonomie, eine Bedingung, mit der alle rechnen, die daran teilhaben. Der Markt hat für jeden ein Angebot von verwirrender Fülle bereit – jeder hat all diese »guten Dinge« in Reichweite –, aber er bekommt sie nie zu fassen, denn man hat nie Geld genug, alles zu kaufen. In einer Marktwirtschaft leben, heißt eine doppelte Tragödie durchleben, die mit Unzulänglich-

[13] In *»What Hunters Do for a Living: Or How to Make Out on Scarce Resources«* (Wie sich die Jäger ihren Lebensunterhalt beschaffen, oder wie man mit spärlichen Hilfsquellen auskommt) stellt auch R. B. Lee die Behauptung in Frage, daß das Leben der Jäger und Sammler ganz allgemein ein harter Kampf ums Dasein sei: »Neuere Daten über die Jäger und Sammler zeigen ein grundsätzlich anderes Bild« (R. B. Lee und I. De Vore, 1968).

keit beginnt und mit Mangel endet ... Wir sind zu einem Leben in harter Arbeit verurteilt. Von dieser unruhigen Warte aus blicken wir zurück auf den Jäger. Aber wenn der moderne Mensch mit all seinen technischen Vorteilen trotzdem nicht das nötige Kleingeld zur Verfügung hat, welche Chance hat dann der nackte Wilde mit seinem armseligen Pfeil und Bogen? Weil wir den Jäger mit bourgeoisen Impulsen und steinzeitlichen Werkzeugen ausgerüstet haben, sehen wir seine Situation von Anfang an als hoffnungslos an.[14]

Knappheit ist kein Wesensmerkmal der technischen Mittel. Es handelt sich vielmehr um eine Beziehung zwischen den Mitteln und ihrem Verwendungszweck. Wir könnten zum Beispiel als praktische Möglichkeit annehmen, daß die Jäger ihre Gesundheit als Ziel im Auge hatten und daß zur Erreichung dieses Ziels Pfeil und Bogen ausreichten. Es spricht viel dafür, daß die Jäger oft viel weniger arbeiten als wir und daß die Beschaffung der Nahrung für sie keine Plackerei, sondern eine gelegentliche Beschäftigung ist, die ihnen viel Muße läßt, und daß der einzelne tagsüber mehr Zeit zum Schlafen hat als unter den Bedingungen irgendeines anderen Gesellschaftssystems ... Man darf wohl annehmen, daß die Jäger nicht in Angst leben, sondern von einer aus dem Überfluß herrührenden Zuversicht erfüllt sind, welche den Bedingungen entspricht, unter denen die Bedürfnisse aller (so wie sie sind) im allgemeinen leicht zu befriedigen sind. Diese Zuversicht verläßt sie auch nicht in harten Zeiten. (Diese Haltung bringt die Philosophie der Punan von Borneo zum Ausdruck: »Wenn wir heute nichts zu essen haben, werden wir es morgen haben«) (M. D. Sahlins, 1968).

Sahlins Feststellungen sind deshalb wichtig, weil er einer der wenigen Anthropologen ist, die den Bezugsrahmen und die Werturteile unserer heutigen Gesellschaft nicht als notwendigerweise gültig annehmen. Er zeigt, bis zu welchem Grad die Sozialwissenschaftler das Bild der Sozietäten, die sie untersuchen, dadurch verzerren, daß sie sie danach beurteilen, was sie selbst für das Wesen der Ökonomie halten, genauso wie sie zu ihren Schlüssen über die Natur des Menschen anhand von Daten gelangen, die, wenn nicht gar vom heutigen Menschen, so doch von dem Menschen abgeleitet sind, wie wir ihn aus dem größten Teil der Geschichte der zivilisierten Menschheit kennen.

Die Kriegführung der Primitiven

Wenn auch die defensive Aggression, die Destruktivität und die Grausamkeit in der Regel nicht die Ursache des Krieges sind, so manifestieren sich diese Impulse doch in der Art der Kriegführung. Daher werden einige Daten über die Kriegführung der Primitiven das Bild von der primitiven Aggression vervollständigen helfen.

Meggitt gibt eine zusammenfassende Darstellung der Art der Kriegführung bei den

[14] Ein ähnliches Argument macht S. Piggott geltend, wenn er schreibt: »Namhafte Archäologen haben sich gelegentlich nicht klar gemacht, zu welchen Irrtümern es führen kann, wenn man die prähistorischen Gemeinschaften nach den materiellen Überresten ihrer Kultur beurteilt. Worte wie ›degeneriert‹ werden aus dem heutigen Sprachgebrauch genommen, um zum Beispiel den Platz zu bezeichnen, den nach Ansicht dieser Archäologen ein Topf in einer typologischen Reihe von Tongefäßen einnimmt, wobei sie diese Worte mit einem gefühlsmäßigen und sogar moralischen Unterton auf die Hersteller dieser Gefäße anwenden. Menschen, die nur einfache und spärliche Tongefäße hinterlassen haben, werden als ›arm‹ bezeichnet, obwohl ihre Armut möglicherweise allein darin bestand, daß sie den Archäologen nicht mit seinem Lieblingsfund beliefert haben (S. Piggott, 1960).

Walbiri in Australien, die man – wie Service feststellt – als eine treffende Charakterisierung der Kriegführung ansehen kann, wie sie ganz allgemein in Jäger-Sammler-Sozietäten anzutreffen ist:

> Die Sozietät der Walbiri war nicht betont kämpferisch – es gab keine Klasse von Kriegern und keine Berufskrieger; auch gab es keine Hierarchie der militärischen Befehlsgewalt; und es kam nur selten vor, daß Gruppen zu einem Eroberungsfeldzug auszogen. Jeder Mann war (und ist noch heute) ein potentieller Krieger, der stets bewaffnet und bereit war, seine Rechte zu verteidigen; aber er war auch Individualist, der es vorzog, unabhängig von den anderen zu kämpfen. Bei einigen Auseinandersetzungen kam es vor, daß verwandtschaftliche Bande die Männer in feindliche Lager einreihten, und einer solchen Gruppe konnten gelegentlich sämtliche Männer einer Gemeinschaft angehören. Aber es gab keine militärischen Führer, die man gewählt hätte oder deren Amt erblich gewesen wäre, die die Taktik geplant und dafür gesorgt hätten, daß sich die anderen nach diesen Plänen richteten. Wenn auch einige Männer als fähige und mutige Kämpfer respektiert wurden und ihr Rat geschätzt war, richteten sich doch die anderen Männer nicht unbedingt nach ihnen. Übrigens waren die Umstände, unter denen es zu Kämpfen kam, in Wirklichkeit so eingeschränkt, daß die Männer ohne zu zögern genau wußten, welche Kampfmethoden sie anzuwenden hatten, und sie auch anwenden konnten. Dies gilt auch heute noch selbst für junge unverheiratete Männer.
> Jedenfalls gab es kaum einen Grund, weshalb die einzelnen Gemeinschaften sich in einen umfassenden Krieg mit anderen hätten einlassen sollen. Sklaverei war unbekannt; bewegliche Güter gab es kaum, und das im Kampf eroberte Gebiet setzte die Sieger nur in Verlegenheit, da ihre spirituellen Bindungen sie mit anderen Gebieten verknüpften. Gelegentlich kam es zu kleinen Eroberungskriegen mit anderen Stämmen, doch bin ich sicher, daß sie sich nur gradmäßig von den Kämpfen innerhalb des Stammes oder sogar innerhalb der Sippengemeinschaft unterschieden. So beteiligten sich nur Waneiga-Männer und höchstens einige zwanzig an dem Angriff auf die Waringari, der zur Besetzung der Wasserlöcher im Tanami-Gebiet führte; und ich kenne keinen Fall, in dem sich solche Gemeinschaften zu einem kriegerischen Verband zusammengeschlossen hätten, um entweder andere Walbiri-Gemeinschaften oder andere Stämme anzugreifen (M. J. Meggitt, 1960).

Vom technischen Standpunkt aus kann man diese Art von Konflikten bei den primitiven Jägern als Krieg bezeichnen. In diesem Sinn kann man dann zu dem Schluß kommen, daß es von eh und je »Krieg« innerhalb der menschlichen Spezies gegeben hat und daß sich daher in ihm ein angeborener Trieb, zu töten, manifestiert. Eine derartige Schlußfolgerung übersieht jedoch die tiefgreifenden Unterschiede in der Kriegführung, wenn es sich um niedrigere oder höhere primitive Kulturen[15] handelt, und sie ignoriert die Kriegführung zivilisierter Völker. Die primitive Kriegführung war – besonders wenn es sich um niedrigere primitive Kulturen handelte – weder zentral organisiert noch gab es ständige Anführer. Die Kriege waren relativ selten, und es handelte sich dabei nicht um Eroberungskriege. Auch waren sie nicht blutig, und sie waren nicht darauf ausgerichtet, möglichst viele Feinde zu töten. Die meisten Kriege der zivilisierten Völker dagegen sind institutionalisiert, von ständigen Führern organisiert und haben Gebietseroberungen beziehungsweise den Erwerb von Sklaven oder Beute zum Ziel.

[15] Vgl. Q. Wright (1965)

Hinzu kommt, was häufig übersehen wird und was vielleicht sogar den wesentlichen Unterschied ausmacht, daß es für primitive Jäger und Sammler keinen wichtigen ökonomischen Anreiz für einen ausgewachsenen Krieg gibt.

> Der Geburtenüberschuß ist in den Jäger-Sammler-Sozietäten so gering, daß der Bevölkerungsdruck nur selten einen Teil der Bevölkerung veranlaßt, gegen andere zur Eroberung neuer Gebiete Krieg zu führen. Selbst wenn derartige Umstände einmal eintreten sollten, so würden sie doch nicht zu einer regelrechten Schlacht führen. Die kräftemäßig und zahlenmäßig stärkere Gruppe würde sich nur einfach durchsetzen – vermutlich sogar ohne Kampf –, wenn sie Jagdrechte oder Rechte auf einen Sammelplatz beanspruchte. Außerdem gibt es bei einer Jäger-Sammler-Sozietät nicht viel zu erbeuten. Alle Nomadengruppen besitzen wenig materielle Güter, und es gibt keine Standard-Tauschartikel, die als Kapital oder Wertgegenstände anzusehen sind. Schließlich wäre auf der Kulturstufe der Sammler und Jäger der Erwerb von Gefangenen zur wirtschaftlichen Ausbeutung als Sklaven – ein weitverbreiteter Kriegsgrund in moderneren Epochen – aufgrund der geringen Produktivität der Wirtschaft sinnlos. Es würde den Gefangenen und Sklaven nur schwer gelingen, die zu ihrem Unterhalt notwendige zusätzliche Nahrung zu produzieren (E. R. Service, 1966).

Das Gesamtbild, das uns Service von der Kriegführung der primitiven Jäger und Sammler gibt, wird von zahlreichen anderen Forschern bestätigt und ergänzt, auf die ich zum Teil anschließend eingehen werde.[16] D. Pilbeam weist darauf hin, daß es zwar gelegentlich Fehden, aber keine Kriege gab. Ferner betont er, daß bei den Anführern in einer Jagd-Sozietät das Beispiel wichtiger war als die Macht, daß das Prinzip der Gegenseitigkeit und Freigebigkeit herrschte und daß die Zusammenarbeit eine zentrale Rolle spielte (D. Pilbeam, 1970).

U. H. Stewart kommt zu folgenden Schlüssen bezüglich Territorialismus und Kriegführung:

> Es hat viele Kontroversen darüber gegeben, ob primitive Nomadengruppen bestimmte Gebiete oder Nahrungsquellen besitzen und zu ihrer Verteidigung Kämpfe führen. Wenn ich auch nicht dafür einstehen kann, daß dies nie der Fall ist, so dürfte es doch sehr ungewöhnlich sein. Erstens heiraten die verschiedenen Primärgruppen, aus denen umfangreiche Großgruppen bestehen, untereinander. Sie verschmelzen miteinander, wenn sie zu klein sind, oder teilen sich, wenn sie zu groß werden. Zweitens besteht in den hier erwähnten Fällen bei den Primärgruppen kaum mehr als eine Tendenz, besondere Gebiete für sich in Anspruch zu nehmen. Drittens handelt es sich bei der sogenannten »Kriegsführung« in solchen Sozietäten meist um nichts weiter als Racheaktionen für angebliche Zauberei oder um anhaltende Familienfehden. Viertens besteht der Hauptnahrungserwerb in den meisten Gebieten im Sammeln, mir ist jedoch kein Fall bekannt geworden, wo man ein Sammelterrain gegen andere verteidigt hätte. Primärgruppen haben sich nicht gegenseitig bekämpft, und es ist schwer, sich vorzustellen, wie eine Großgruppe ihre Männer hätte zusammenrufen können, um gemeinsam ihr Territorium gegen eine andere zu verteidigen, und aus welchem Grund sie dies hätte tun sollen. Es trifft zwar zu, daß gelegentlich Zibetbäume, Adlernester und einige

[16] Auf ältere Autoren wie W. J. Perry (1917, 1923, 1923a) und G. E. Smith (1924, 1924a) möchte ich nicht eingehen, weil sie inzwischen im allgemeinen von moderneren Forschern abgelehnt wurden und es zuviel Platz in Anspruch nehmen würde, den Wert ihrer Beiträge zu verteidigen.

weitere spezifische Nahrungsquellen von Einzelpersonen für sich beansprucht worden sind, aber wie jemand diese meilenweit entfernten Dinge verteidigt haben soll, ist nicht klargestellt worden (U. H. Stewart, 1968).

H. H. Turney-High (1971) kommt zu ähnlichen Schlüssen. Er betonte, daß Angst, Wut und Frustration zwar universale Erlebnisse sind, daß aber die Kunst der Kriegführung sich erst spät in der menschlichen Evolution entwickelt hat. Die meisten primitiven Sozietäten waren zur Kriegführung nicht in der Lage, weil diese ein hohes Niveau an Begrifflichkeit voraussetzt. Die meisten primitiven Sozietäten hatten keinen Begriff von einer Organisation, wie sie notwendig ist, wenn man ein Nachbargebiet erobern oder besiegen will. Die meisten Kriege unter Primitiven sind nur bewaffnete Handgemenge und überhaupt keine Kriege. Nach Rapaport haben die Anthropologen die Arbeiten von Turney-High nicht sehr freundlich aufgenommen, weil er darauf hingewiesen hat, daß Berichte von Kämpfen aus zweiter Hand, wie sie von Berufsanthropologen verfaßt worden sind, völlig unzulänglich und manchmal direkt irreführend waren. Er hielt primäre Quellen für zuverlässiger, selbst wenn sie von Amateurethnologen vergangener Generationen stammen.[17]

Quincy Wrights Monumentalwerk (1637 Seiten einschließlich einer umfangreichen Bibliographie) bringt eine gründliche Analyse der Kriegführung bei primitiven Völkern, die auf einem statistischen Vergleich der Hauptdaten basiert, die bei 653 primitiven Völkern erhoben wurden. Der Nachteil seiner Analyse liegt darin, daß er bei der Klassifizierung der primitiven Sozietäten und der verschiedenen Arten der Kriegführung mehr beschreibend als analytisch vorgeht. Trotzdem sind seine Ergebnisse von beträchtlichem Interesse, da sie statistisch eine Tendenz zeigen, die mit den Ergebnissen zahlreicher anderer Autoren übereinstimmt: »Die Sammler, primitiven Jäger und Ackerbauern sind die am wenigsten kriegerischen. Die weiter fortgeschrittenen Jäger und Ackerbauern sind kriegerischer, und die am höchsten stehenden Ackerbauern und die Hirten sind die kriegerischsten von allen« (Q. Wright, 1965). Diese Feststellung bestätigt die Annahme, daß die Kriegslust keine Funktion angeborener menschlicher Triebe ist, die sich in der primitivsten Form der menschlichen Gesellschaft manifestieren, sondern daß es sich dabei um eine Funktion seiner Entwicklung der Zivilisation handelt. Aus Wrights Daten geht hervor, daß eine Gesellschaft um so kriegerischer ist, je mehr Arbeitsteilung in ihr herrscht, und daß Gesellschaften mit einem Klassensystem die allerkriegerischsten sind. Schließlich zeigen seine Daten auch, daß die Kriegslust um so geringer ist, je ausgewogener das Gleichgewicht der verschiedenen Gruppen und das Gleichgewicht zwischen der Gruppe und ihrer physischen Umgebung ist, während häufige Störungen des Gleichgewichts zu einer erhöhten Kriegsbereitschaft führen.

Wright unterscheidet zwischen vier Arten von Krieg – dem Defensivkrieg, dem sozialen Krieg, dem Wirtschaftskrieg und dem politischen Krieg. Unter Defensivkrieg versteht er

[17] D. C. Rapaport zitiert in seinem Vorwort zu Turney-Highs Buch (H. H. Turney-High, 1971) den prominentesten Kriegshistoriker, Hans Delbrück, der meinte, »das einzige Detail, das Herodot bei seiner Rekonstruktion der Schlacht von Marathon richtig dargestellt habe, sei die Feststellung gewesen, wer die Sieger und wer die Besiegten waren«.

das Verhalten von Völkern, zu deren Sitten und Gebräuchen der Krieg nicht gehört und die nur kämpfen, wenn sie tatsächlich angegriffen werden, »in welchem Fall sie spontan nach Werkzeugen und Jagdwaffen greifen, die gerade bei der Hand sind, um sich zu verteidigen, wobei sie jedoch diese Notwendigkeit als ein Unglück ansehen«. Beim sozialen Krieg verweist er auf Völker, bei denen der Krieg in der Regel nicht sehr blutig verläuft. (Diese Kriegführung entspricht dem von Service beschriebenen Krieg unter Jägern.) Wirtschaftskriege und politische Kriege werden von Völkern geführt, denen es um die Eroberung von Frauen, Sklaven, Rohstoffen und Land geht, beziehungsweise zusätzlich dienen sie der Aufrechterhaltung der Herrschaft einer bestimmten Dynastie oder Klasse.

Fast jeder zieht den Schluß: Wenn schon zivilisierte Menschen so kriegslüstern sind, wieviel kriegslüsterner müssen dann erst die Primitiven gewesen sein.[18] Aber die Ergebnisse von Wright bestätigen die These, daß die primitivsten Menschen die am wenigsten kriegerischen sind und daß die Kriegslust mit der Zivilisation zunimmt. Wenn die Destruktivität dem Menschen angeboren wäre, müßte die entgegengesetzte Tendenz zu beobachten sein.

Auch M. Ginsberg äußerte eine ähnliche Ansicht wie Wright:

> Es hat den Anschein, daß der Krieg in diesem Sinn mit der Konsolidierung der Gruppen und mit der ökonomischen Entwicklung zunimmt. Bei den einfachsten Völkern sollten wir eher von Fehden sprechen, und zu diesen kommt es zweifellos wegen der Entführung von Frauen oder aus Ärger wegen irgendwelcher Vergehen oder wegen persönlichen Beleidigungen. Man muß zugeben, daß diese Sozietäten im Vergleich zu den weiter fortgeschrittenen primitiven Völkern friedlich sind. Aber Gewalttätigkeit und Angst vor Gewalttätigkeit sind vorhanden, und Kämpfe kommen vor, wenn auch ganz offensichtlich und notwendigerweise in kleinem Umfang. Wir wissen nicht gut genug Bescheid über die Tatsachen, und wenn sie auch nicht die Auffassung vom idyllischen Frieden unter den Primitiven unterstützen, so sind sie vielleicht mit der Ansicht derer vereinbar, die denken, daß die primäre oder nicht provozierte Aggressivität kein inhärentes Element der menschlichen Natur ist (E. Glover und M. Ginsberg, 1934).

[18] Vgl. auch S. Andreski (1964), der eine ähnliche Auffassung vertritt wie dieses Buch, sowie andere im Text erwähnte Autoren. Andreski zitiert eine sehr interessante Äußerung des chinesischen Philosophen Han Fei Tzu aus dem fünften Jahrhundert v. Chr.: »In den alten Zeiten haben die Menschen den Acker nicht bestellt; ihnen genügten die Früchte der Pflanzen und Bäume als Nahrung. Auch haben die Frauen nicht gewebt, denn das Gefieder der Vögel und die Pelze der Tiere genügten ihnen als Kleidung. Ohne daß man zu arbeiten brauchte, hatte man genug zum Leben. Es gab nur wenig Menschen, und alles Notwendige war reichlich vorhanden, und deshalb gab es keine Streitigkeiten unter den Menschen. So brauchte man weder hohe Belohnungen noch schwere Strafen, sondern die Menschen regierten sich selbst. Aber heute sehen die Leute eine Familie mit fünf Kindern nicht als groß an, und jedes Kind hat wieder selbst fünf Kinder; bevor der Großvater stirbt, kann er 25 Enkel haben. Die Folge ist, daß viele Menschen und wenig Mittel zu ihrer Versorgung da sind, daß man für mageren Lohn schwer arbeiten muß. Daher fangen die Menschen an zu streiten, und wenn man auch die Belohnungen verdoppelt und die Strafen immer mehr verschärft, so wird man doch mit der Unordnung nicht fertig.« (Zitiert nach J. J. L. Duyvendak, 1928.)

Ruth Benedict (1959) unterscheidet zwischen »sozial-letalen« und »nicht-letalen« Kriegen. Bei letzteren ist das Ziel nicht die Unterwerfung anderer Stämme unter die Sieger als deren Herren und Ausbeuter; obwohl es unter den nordamerikanischen Indianern viele Kämpfe gegeben hat.

> Der Gedanke an eine Eroberung ist den Eingeborenen Nordamerikas nie gekommen. Das hat es fast all diesen indianischen Stämmen ermöglicht, etwas sehr Außergewöhnliches zu tun, nämlich den Krieg vom Staat zu trennen. Der Staat war im Friedenshäuptling personifiziert, welcher der Sprecher der öffentlichen Meinung innerhalb der Gruppe und in seinem Rat war. Das Amt des Friedenshäuptlings war ein ständiges Amt, und wenn er auch kein autokratischer Herrscher war, so war er doch oft eine sehr wichtige Persönlichkeit. Er hatte mit dem Krieg jedoch nichts zu tun. Er ernannte nicht einmal die Anführer, und er kümmerte sich auch nicht um das Verhalten der kriegführenden Parteien. Jeder Mann, der sich eine Gefolgschaft sichern konnte, führte eine Kriegspartei an, wann und wo er wollte, und bei einigen Stämmen hatte er alleinige Kontrolle für die Dauer einer Expedition. Diese Vollmacht hatte er jedoch nur so lange, bis er vom Kriegszug zurückgekehrt war. Entsprechend dieser Auffassung vom Krieg hatte der Staat kaum ein Interesse an diesen Unternehmungen, die nur höchst erwünschte Demonstrationen eines ungezähmten Individualismus waren, der sich gegen eine Außengruppe richtete, so daß derartige Demonstrationen dem politischen System keinen Schaden zufügten (R. Benedict, 1959).

Ruth Benedicts Argument ist wichtig, weil es die Verbindung von Krieg, Staat und Privatbesitz berührt. Der sozial nicht-letale Krieg ist weitgehend Ausdruck der Abenteuerlust und des Wunsches, sich Trophäen zu erobern und bewundert zu werden, aber es lag ihm nicht der Impuls zugrunde, andere Menschen oder Gebiete zu erobern, andere menschliche Wesen zu unterjochen oder ihre Lebensgrundlage zu zerstören. R. Benedict kommt zu dem Schluß: »Das Fehlen von Kriegen ist nichts so Ungewöhnliches, wie man nach den Äußerungen politischer Theoretiker über die Prähistorie des Krieges annehmen sollte . . . Es ist ein völliges Mißverständnis, dieses Chaos [den Krieg] einem biologischen Bedürfnis des Menschen, in den Krieg zu ziehen, zuzuschreiben. Das Chaos ist Menschenwerk« (R. Benedict, 1959). Ein anderer namhafter Anthropologe, E. A. Hoebel (1958), charakterisiert die Kriegführung der frühen nordamerikanischen Indianer folgendermaßen: »Sie steht den ›Moralischen Äquivalenten des Krieges‹ von William James näher. Es handelt sich um eine harmlose Abreaktion von Aggressionen: Man verschafft sich Bewegung, Sport und Vergnügen ohne Zerstörung; und Forderungen an die Gegenpartei halten sich in bescheidenen Grenzen« (E. A. Hoebel, 1958). Hoebel kommt zu dem allgemeinen Ergebnis, daß der Hang des Menschen zum Krieg offensichtlich kein Instinkt ist, da es sich um einen hochentwickelten kulturellen Komplex handelt. Als interessantes Beispiel führt er die friedliebenden Schoschonen und die gewalttätigen Komantschen an, die 1600 noch eine kulturelle und rassische Einheit darstellten.

Die neolithische Revolution[19]

Die ausführliche Beschreibung des Lebens der primitiven Jäger und Sammler hat gezeigt, daß der Mensch – wenigstens seit seinem vollen Auftauchen vor 50000 Jahren – höchstwahrscheinlich nicht das brutale, destruktive, grausame Wesen und daher auch nicht der Prototyp »Mensch, der Mörder«, war, den wir in den fortgeschritteneren Stadien der Evolution antreffen. Freilich können wir hier nicht haltmachen. Um die allmähliche Entwicklung des Menschen als Ausbeuter und Zerstörer begreifen zu können, müssen wir uns mit der Entwicklung des Menschen in der Periode des frühen Ackerbaus und schließlich mit seiner Umwandlung in einen Städtebauer, Krieger und Händler befassen.

Vom *homo sapiens sapiens* vor etwa einer halben Million Jahren bis etwa 9000 v.Chr. hat sich der Mensch in einer Hinsicht nicht verändert: Er lebte von dem, was er sammelte oder erjagte, aber er erzeugte selbst nichts Neues. Er war völlig von der Natur abhängig und beeinflußte oder veränderte sie selbst nicht. Diese Beziehung zur Natur änderte sich radikal mit der Erfindung des Ackerbaus (und der Viehzucht), was sich etwa zu Anfang der neolithischen Periode, genauer gesagt in der »proto-neolithischen« Periode, wie die Archäologen sie heute nennen, das heißt zwischen 9000 und 7000 v.Chr. ereignete, und zwar in einem Gebiet, das sich über tausend Meilen vom westlichen Iran bis nach Griechenland erstreckte, einschließlich gewisser Teile des Irak, Syriens, des Libanon, Jordaniens und Israels sowie des Anatolischen Plateaus in der Türkei. In Mittel- und Nordeuropa setzte die neue Entwicklung erst später ein. Zum erstenmal machte sich der Mensch damals bis zu einem gewissen Grade von der Natur unabhängig, indem er seinen Erfindungsgeist und seine Geschicklichkeit dazu benutzte, etwas über das hinaus zu produzieren, was ihm die Natur bis jetzt geliefert hatte. Es wurde jetzt möglich, in dem Maße, wie die Bevölkerung sich vermehrte, mehr Getreide anzupflanzen, mehr Land umzupflügen und mehr Tiere aufzuziehen. Auch konnte man sich allmählich einen Vorrat für die Ernährung der Handwerker anlegen, die den größten Teil ihrer Zeit auf die Herstellung von Werkzeugen, Töpferwaren und Kleidern verwandten.

Die erste große Entdeckung in dieser Periode war die Kultivierung von Weizen und Gerste, die in diesem Gebiet wild wuchsen. Man entdeckte, daß neue Pflanzen wuchsen, wenn man den Samen dieser Gräser in die Erde legte, und daß man außerdem den besten Samen zum Säen auswählen konnte. Schließlich machte man die Beobachtung, daß durch zufällige Kreuzung verschiedener Arten weit größere Körner als die der wildwachsenden Gräser entstanden. Über den Entwicklungsprozeß der wildwachsenden Gräser zum ertragreichen heutigen Weizen wissen wir noch nicht in allen Einzelheiten Bescheid. Er kam unter anderem durch Genmutation, Hybridisierung und Chromosomenverdoppelung zustande, und es hat Tausende von Jahren in Anspruch genommen, bis der Mensch die künstliche Selektion auf dem Niveau der heutigen Landwirtschaft erlernte. Für den Menschen des Industriezeitalters, der sich daran gewöhnt hat, auf die nichtindustriali-

[19] Bei der folgenden Analyse stütze ich mich hauptsächlich auf V. G. Childe (1936), G. Clarke (1969), S. Cole (1967), J. Mellaart (1967) und G. Smolla (1967). Eine abweichende Hypothese stammt von C. O. Sauer (1952). Wichtige Erkenntnisse zu diesem Thema verdanke ich der Darstellung von Mumford (1961, 1967).

sierte Landwirtschaft als auf eine primitive und recht problemlose Produktionsform herabzusehen, mag es so aussehen, als ob sich die neolithischen Entdeckungen nicht mit den großen technischen Erfindungen unserer Tage vergleichen ließen, auf die er so stolz ist. Als sich jedoch die Erwartung bestätigte, daß aus dem Samen neue Pflanzen wachsen würden, entstanden völlig neue Vorstellungen: Der Mensch erkannte, daß er mit seinem Willen und seinen Absichten etwas *bewirken* konnte, anstatt daß sich die Dinge einfach nur »ereigneten«. Die Behauptung, daß die Erfindung des Ackerbaus die Grundlage alles wissenschaftlichen Denkens und der späteren technologischen Entwicklung war, dürfte kaum übertrieben sein.

Die zweite Erfindung war die der Viehzucht, die etwa gleichzeitig gemacht wurde. Im nördlichen Irak hat man bereits im neunten Jahrtausend v. Chr. zahme Schafe und seit etwa 6000 v. Chr. Rinder und Schweine gehalten. Durch die Schaf- und Rinderzucht erschloß man sich eine zusätzliche Nahrungsquelle in Form von Milch und mehr Fleisch. Diese reichlichere und beständigere Nahrungsquelle erlaubte eine seßhafte Lebensweise anstelle des Nomadenlebens und führte zur Errichtung fester Dörfer und Städte.[20]

Im Proto-Neolithikum erfanden und entwickelten Stämme von Jägern eine neue seßhafte Ökonomie, die sich auf die Kultivierung von Pflanzen und die Domestikation von Tieren gründete. Wenn auch die frühesten Überreste kultivierter Pflanzen nicht weit vor die Zeit von 7000 v. Chr. zurückreichen, »läßt doch der erreichte hohe Grad der Kultivierung und die Vielfalt der angepflanzten Getreidearten auf eine längere Vorgeschichte des Ackerbaus schließen, die bis zum Anfang des Proto-Neolithikums, etwa 9000 v. Chr., zurückreichen dürfte« (J. Mellaart, 1967).[21]

Es dauerte noch zwei- bis dreitausend Jahre, bis eine neue Erfindung gemacht wurde, die dadurch notwendig wurde, daß man die Nahrungsmittel aufbewahren mußte: die Töpferei. (Körbe wurden schon früher hergestellt.) Mit der Erfindung der Töpferkunst wurde die erste technische Erfindung gemacht, die zur Einsicht in chemische Prozesse führte. Unleugbar war »die Herstellung eines Gefäßes ein hohes Beispiel menschlicher Schöpfungskraft« (V. G. Childe, 1936).[22] So kann man innerhalb der Jungsteinzeit ein »vorke-

[20] Das soll nicht heißen, daß *alle* Jäger Nomaden und *alle* Ackerbauern seßhaft waren. Childe erwähnt einige Ausnahmen von dieser Regel.

[21] Man hat Childe kritisiert, er berücksichtige die Komplexität der neolithischen Entwicklung nicht genügend, wenn er von der »neolithischen Revolution« spreche. Diese Kritik ist zum Teil berechtigt, doch sollte man andererseits berücksichtigen, daß eine so grundsätzliche Wandlung in der Produktionsweise des Menschen stattfand, daß das Wort »Revolution« berechtigt scheint. Vgl. auch Mumfords Hinweis, daß die Datierung des großen Fortschritts im Ackerbau zwischen 9000 und 7000 v. Chr. der Tatsache nicht gerecht wird, daß wir es dabei mit einem allmählichen Prozeß zu tun haben, der sich in vier, möglicherweise fünf Stadien über einen weit längeren Zeitraum erstreckt haben muß (L. Mumford, 1967). Mumford zitiert vor allem O. Ames (1939) und E. Anderson (1952). Ich empfehle allen, die sich für ein detaillierteres und sehr eingehendes Bild der neolithischen Kultur interessieren, die Lektüre von Mumfords Untersuchung.

[22] Childe gibt zu diesem Thema einen interessanten Kommentar: »Der Lehmklumpen war vollkommen plastisch; der Mensch konnte ihn nach Belieben formen. Wenn er ein Werkzeug aus Stein oder Knochen hergestellt hatte, waren ihm dabei immer durch die Form oder die Größe des ursprünglichen Materials Grenzen gesetzt; er konnte nur etwas davon wegnehmen. Der Tätigkeit der Töpferin sind dagegen keine derartigen Grenzen gesetzt. Sie kann ihren Lehmklumpen ganz nach Belieben formen. Sie kann auch etwas hinzufügen, ohne sich Gedanken darüber zu machen,

ramisches« Stadium unterscheiden, das heißt eine Periode, in der die Töpferkunst noch nicht erfunden war, und das keramische Stadium. Einige ältere Dörfer in Anatolien, wie zum Beispiel die älteren Schichten von Hacilar, waren vorkeramisch, während Çatal Hüyük eine Stadt mit einer reichen Töpferkunst war.
Çatal Hüyük war eine der am weitesten entwickelten neolithischen Städte in Anatolien. Wenn auch seit 1961 nur ein relativ kleiner Teil ausgegraben wurde, so haben diese Ausgrabungen doch die wichtigsten Daten zum Verständnis der wirtschaftlichen, sozialen und religiösen Aspekte der Gesellschaft des Neolithikums erbracht.[23]

Seit Beginn der Ausgrabungen hat man zehn Schichten ausgehoben, von denen die älteste etwa aus dem Jahre 6500 v. Chr. stammt.

> Nach 5600 v. Chr. wurde der alte Hügel von Çatal Hüyük aus unbekannten Gründen aufgegeben, und eine neue Niederlassung wurde auf der anderen Seite des Flusses gegründet, Çatal Hüyük West. Diese scheint mindestens 700 Jahre lang bewohnt gewesen zu sein, bis auch sie aufgegeben wurde, ohne daß irgendwelche Zeichen von gewaltsamer oder absichtlicher Zerstörung zu entdecken wären (J. Mellaart, 1967).

Mit am erstaunlichsten an Çatal Hüyük ist der hohe Zivilisationsstand:

> In Çatal Hüyük konnte man sich Luxusgegenstände, wie zum Beispiel Obsidian-Spiegel, Zeremonialdolche und metallene Schmuckstücke leisten, wie sie den meisten Zeitgenossen, von denen wir wissen, unerreichbar waren. Kupfer und Blei wurden geschmolzen und zu Metallperlen, Rohren und möglicherweise auch zu kleinen Werkzeugen verarbeitet, womit die Anfänge der Metallverarbeitung bis ins siebte Jahrtausend zurückreichen. Seine Steinindustrie, die den örtlichen Obsidian und eingeführten Feuerstein verarbeitete, ist die eleganteste der Epoche; seine Holzgefäße sind mannigfaltig und fein ausgearbeitet, seine Woll-Textilindustrie war voll entwickelt (J. Mellaart, 1967).

In den Grabstätten hat man Schminkgarnituren für Frauen und sehr hübsche Armbänder für Männer und Frauen gefunden. Man verstand die Kunst, Kupfer und Blei zu schmelzen. Nach Mellaart beweist die Verwendung vielfältiger Steine und Mineralien, daß Schürfen und Handel einen wichtigen Faktor im Wirtschaftsleben der Stadt ausmachten.
Trotz dieser fortgeschrittenen Kultur scheinen in der sozialen Struktur gewisse Elemente, die viel spätere Stadien der Entwicklung kennzeichnen, nicht vorhanden gewesen zu sein. Offenbar gab es nur geringe Klassenunterschiede zwischen reich und arm. Wenn auch die Größe der Gebäude, ihre Einrichtung und die Grabbeigaben auf soziale Unterschiede hinweisen, so sind diese nach Mellaart doch »nie besonders auffällig«. Wenn man die Pläne des ausgegrabenen Teils der Stadt betrachtet, findet man, daß die Größenunterschiede der Gebäude effektiv nur sehr gering und völlig unwesentlich im Vergleich zu

ob die Nahtstellen auch halten werden. Wenn man an eine schöpferische Tätigkeit denkt, so hat man stets das freie Wirken des Töpfers vor Augen, der ›Formen schafft, wo zuvor keine Form war‹. Die Gleichnisse der Bibel, die dem Töpferhandwerk entnommen sind, illustrieren dies« (V. G. Childe, 1936).

[23] Die ausführlichste Beschreibung von Çatal Hüyük stammt von J. Mellaart (1967), dem Archäologen, der die Ausgrabungen leitete.

denen in späteren urbanen Gesellschaften sind. Childe weist darauf hin, daß wir keine definitiven Hinweise auf die Existenz eines Häuptlings in den frühen neolithischen Dörfern haben, und Mellaart erwähnt auch im Zusammenhang mit Çatal Hüyük nichts Derartiges. Offensichtlich gab es zahlreiche Priesterinnen (vielleicht auch Priester), aber nichts weist auf eine hierarchische Ordnung hin.

Während in Çatal Hüyük der durch die neuen Methoden des Ackerbaus gewonnene Nahrungsüberschuß groß genug gewesen sein muß, daß man sich die Herstellung von Luxusgütern und Handel erlauben konnte, erzeugten die früheren und weniger weit entwickelten Dörfer nach Childe nur einen kleinen Überschuß, so daß dort eine noch größere ökonomische Gleichheit vorhanden gewesen sein dürfte als in Çatal Hüyük. Er weist darauf hin, daß es sich bei den neolithischen Handwerken um Heimindustrien gehandelt haben dürfte und daß die Handwerkstradition nicht individuell, sondern kollektiv war. Die Erfahrung und Weisheit sämtlicher Gemeindemitglieder wird immer wieder ausgetauscht; es handelt sich um ein öffentliches Gewerbe, dessen Regeln das Ergebnis gemeinschaftlicher Erfahrungen sind. Die Töpfereien aus einem bestimmten neolithischen Dorf tragen den Stempel einer starken kollektiven Tradition und keine individuellen Merkmale. Außerdem wußte man damals noch nichts von Landknappheit. Wenn die Bevölkerung zu zahlreich wurde, konnten die jungen Männer losziehen und irgendwo ein eigenes Dorf gründen. Bei diesen ökonomischen Verhältnissen waren die Voraussetzungen für eine Unterteilung der Gesellschaft in verschiedene Klassen oder für die Bildung einer permanenten Führerschaft nicht gegeben, deren Funktion darin bestanden hätte, die gesamte Wirtschaft zu organisieren, und die ihren Preis für diese Leistung verlangt hätte. Dies war erst später möglich, nachdem viele andere Entdeckungen und Erfindungen gemacht worden waren, nachdem der Überschuß viel größer geworden war und in »Kapital« verwandelt werden konnte und die Eigentümer dieses Kapitals es dazu benutzen konnten, andere für sich arbeiten zu lassen.

Im Hinblick auf die Aggression sind zwei Beobachtungen besonders wichtig: Es gibt keinen Hinweis darauf, daß in den 800 Jahren, die Çatal Hüyük bestanden hat, jemals eine Plünderung oder ein Massaker vorgekommen ist, soweit dies aus den Ausgrabungen zu ersehen ist. Hinzu kommt – ein noch eindrucksvollerer Hinweis auf das Fehlen von Gewalttätigkeiten –, daß unter den Hunderten von Skeletten, die man ausgegraben hat, nicht ein einziges Spuren eines gewaltsamen Todes aufwies (J. Mellaart, 1967).

Eines der charakteristischsten Merkmale der neolithischen Siedlungen einschließlich Çatal Hüyük ist *die zentrale Rolle der Mutter* in der sozialen Struktur und Religion.

Nach der älteren Arbeitsteilung zu schließen, in der die Männer auf die Jagd gingen und die Frauen Wurzeln und Früchte sammelten, dürfte der Ackerbau die Entdeckung der Frauen und die Viehzucht die der Männer gewesen sein. (In Anbetracht der fundamentalen Rolle, die der Ackerbau in der Entwicklung der Zivilisation spielt, ist es vielleicht nicht übertrieben zu behaupten, daß die moderne Zivilisation von den Frauen begründet worden ist.) Die Fähigkeit der Erde und der Frau, Leben zu gebären – eine Fähigkeit, die dem Mann abgeht –, gab der Mutter ganz natürlich eine Vorrangstellung in der Welt der frühen Ackerbauer. (Erst seit die Männer materielle Dinge mit ihrem Intellekt, das heißt auf magische und technische Weise, erzeugen konnten, konnten sie ihrerseits Anspruch auf diese Vorrangstellung erheben.) Die Mutter wurde als Gottheit, die oft mit der Mutter

Erde identifiziert wurde, zur obersten Göttin in der religiösen Welt, während die irdische Mutter zum Mittelpunkt der Familie und des sozialen Lebens wurde.

Der einleuchtendste direkte Hinweis auf die zentrale Rolle der Mütter in Çatal Hüyük ist der Umstand, daß die Kinder stets mit ihrer Mutter und nie neben dem Vater beerdigt wurden. Die Skelette wurden unter dem Ruhebett der Mutter begraben (einer Art Plattform im Hauptraum [»main room«]), das größer war als das des Vaters und sich immer an der gleichen Stelle des Hauses befand. Daß die Kinder stets bei ihrer Mutter begraben wurden, ist ein charakteristisches matriarchalisches Merkmal: die Kinder gelten in erster Linie als mit der Mutter und nicht mit dem Vater verwandt, wie dies in patriarchalischen Gesellschaftssystemen der Fall ist.

Obwohl dieses Beerdigungssystem auf einleuchtende Weise für die Annahme einer matriarchalischen Struktur der neolithischen Gesellschaft spricht, findet diese These ihre volle Bestätigung erst durch die Daten, die wir über die Religion von Çatal Hüyük und anderen ausgegrabenen neolithischen Siedlungen in Anatolien besitzen.[24]

Diese Ausgrabungen haben unsere Vorstellung von der religiösen Entwicklung der Frühzeit revolutioniert. Das auffälligste Merkmal dieser Religion ist, daß in ihrem Mittelpunkt die Gestalt der Mutter-Gottheit stand. Mellaart zieht den Schluß: »Çatal Hüyük und Hacilar haben eine Verbindung hergestellt . . . [wodurch] eine Kontinuität der Religion nachzuweisen ist von Çatal Hüyük bis Hacilar und so weiter bis zu den großen »Mutter-Gottheiten« der archaischen und klassischen Zeit, zu den schwer zu fassenden Gestalten, die wir als Kybele, Artemis und Aphrodite kennen« (J. Mellaart, 1967).

Die zentrale Rolle der Mutter-Gottheit geht deutlich aus den Figuren, Wandmalereien und Reliefs in den zahlreichen heiligen Stätten hervor, die man ausgegraben hat. Im Gegensatz zu den Funden in anderen neolithischen Siedlungen fand man in Çatal Hüyük nicht ausschließlich Mutter-Gottheiten, sondern auch eine männliche Gottheit, die durch einen Stier oder noch häufiger durch einen Stierkopf oder durch Stierhörner symbolisiert wurde. Doch ändert dies nichts Wesentliches an der Tatsache, daß die »Große Mutter« als zentrale Gottheit an oberster Stelle stand. Unter 41 ausgegrabenen Skulpturen waren 33 Göttinnen. Die acht Skulpturen, die eine männliche Gottheit symbolisierten, sind praktisch alle in ihrer Beziehung zur Göttin zu verstehen, teilweise als ihre Söhne, teilweise als ihre Gatten. (In einer der älteren Schichten wurden ausschließlich Figurinen der Göttin gefunden.) Die zentrale Rolle, die die Mutter-Gottheit spielte, geht auch daraus hervor, daß sie entweder allein oder zusammen mit einem Mann, schwanger oder bei der Geburt, jedoch nie als einem Mann untergeordnet dargestellt ist. In einigen Heiligtümern ist dargestellt, wie die Göttin einen Stier- oder Widderkopf gebiert. (Man vergleiche dies mit dem typisch patriarchalischen Mythos von der Frau, die aus dem Mann geboren wird, wie Eva und Athene.)

Die Mutter-Göttin ist oft von einem Leoparden begleitet, mit einem Leopardenfell bekleidet oder in Gestalt von Leoparden symbolisch dargestellt, die damals die blutdürstigsten

[24] Im folgenden werde ich manchmal den Ausdruck »matrizentrisch« anstelle von matriarchalisch benutzen, da der Terminus matriarchalisch impliziert, daß die Frauen über die Männer herrschten, was in einigen Fällen offenbar zutraf – nach Mellaart zum Beispiel in Hacilar –, jedoch vermutlich nicht in Çatal Hüyük, wo die Frau (Mutter) offenbar eine dominierende Rolle spielte, aber keine Herrschaft ausübte.

und gefährlichsten Tiere in jenem Gebiet waren. Dies dürfte sie zur Herrin der wilden Tiere machen. Außerdem weist es auf ihre Doppelrolle als Göttin des Lebens und des Todes hin, die wir bei so vielen anderen Göttinnen ebenfalls finden. Die »Mutter Erde«, die ihre Kinder gebiert und sie wieder in ihren Schoß aufnimmt, wenn ihr individueller Lebenszyklus beendet ist, ist nicht notwendigerweise auch eine zerstörende Mutter. Trotzdem ist sie es gelegentlich (wie die Hindu-Göttin Kali); eine Untersuchung, wie diese Entwicklung zustande gekommen sein könnte, würde jedoch hier zuviel Raum in Anspruch nehmen.

Die Mutter-Gottheit der neolithischen Religion ist nicht nur die Herrin der wilden Tiere. Sie ist auch die Schutzherrin der Jagd, die Schutzherrin des Ackerbaus und die Schutzherrin des Pflanzenlebens.

Zusammenfassend charakterisiert Mellaart die Rolle der Frau in der neolithischen Gesellschaft, einschließlich Çatal Hüyük, folgendermaßen:

> Besonders bemerkenswert an der neolithischen Religion Anatoliens – und dies gilt für Çatal Hüyük wie für Hacilar – ist das völlige Fehlen der Sexualität in den Figurinen, Statuetten und plastischen Reliefs sowie auf den Wandmalereien. Die Geschlechtsorgane werden nie gezeigt, Darstellungen des Phallus und der Vulva sind unbekannt, was um so bemerkenswerter ist, als sie sowohl in den oberen paläolithischen als auch in den neolithischen und post-neolithischen Kulturen außerhalb Anatoliens häufig zu finden sind.[25] Offenbar gibt es eine sehr einfache Antwort auf diese scheinbar schwer zu lösende Frage, denn die Betonung des Geschlechtlichen in der Kunst geht stets auf männliche Impulse und Begierden zurück. Wenn aber die neolithische Frau die Schöpferin der neolithischen Religion war, liegt der Grund für dieses Nichtvorhandensein auf der Hand. Es entstand ein andersartiger Symbolismus, bei dem die Brust, der Nabel und die Schwangerschaft das weibliche Prinzip symbolisieren, während Hörner und gehörnte Tierköpfe für das männliche stehen. In einer frühen neolithischen Gesellschaft, wie der von Çatal Hüyük, sollte man biologisch einen höheren Prozentsatz von Frauen als von Männern erwarten, was sich tatsächlich in den Gräberfunden spiegelt. Außerdem wurden in der neuen Wirtschaftsform viele Aufgaben von Frauen ausgeführt, was sich in den anatolischen Dörfern bis heute nicht geändert hat, und darauf dürfte ihre höhere soziale Stellung zurückzuführen sein. Als einzige Quelle des Lebens wurde sie mit den Prozessen des Ackerbaus in Beziehung gebracht, mit der Domestizierung und Ernährung der Haustiere, mit der Vorstellung von Vermehrung, Fülle und Fruchtbarkeit. Daher war eine Religion, die im wahrsten Sinn auf die Erhaltung des Lebens in all seinen Formen, auf seine Fortpflanzung und die Mysterien der mit Leben und Tod, Geburt und Auferstehung zusammenhängenden Riten ausgerichtet war, Teil der Sphäre der Frau und nicht des Mannes. Höchstwahrscheinlich wurden die kultischen Handlungen im Dienst der Göttin von Frauen ausgeübt, wenn auch die Gegenwart männlicher Priester keineswegs auszuschließen ist . . . (J. Mellaart, 1967).[26]

[25] Vgl. L. Mumford (1967). Mumford betont, daß das sexuelle Element bei vielen weiblichen Figurinen eine wichtige Rolle spielt. Sicher hat er damit recht. Offenbar fehlt dieses sexuelle Element nur in der anatolischen neolithischen Kultur. Es bleibt eine offene Frage, mit der sich die Forscher noch zu beschäftigen haben, ob diese Betonung des Sexuellen in anderen neolithischen Kulturen es notwendig macht, die Vorstellung, daß alle neolithischen Kulturen matrizentrisch waren, zu qualifizieren oder zu revidieren.

[26] Die matriarchalischen Gesellschaften sind häufiger von sowjetischen Forschern als von ihren westlichen Kollegen untersucht worden. Das könnte darauf zurückzuführen sein, daß Marx und Engels (1891) stark von Bachofens und Morgans Erkenntnissen beeindruckt waren (Bachofen

Es gibt einleuchtende Daten, die dafür sprechen, daß die neolithische Gesellschaft relativ egalitär, ohne eine Hierarchie, ohne Ausbeutung und ohne ausgesprochene Aggression war. Die Hypothese, daß die neolithische Gesellschaft zumindest in Anatolien im wesentlichen nicht aggressiv und friedlich war, wird jedoch durch die Tatsache, daß die neolithischen Siedlungen Anatoliens eine matriarchalische (matrizentrische) Struktur hatten, noch um vieles wahrscheinlicher. Der Grund hierfür dürfte im Geist der Lebensbejahung zu suchen sein, der nach der Überzeugung von J. J. Bachofen ein wesentliches Merkmal aller matriarchalischen Gesellschaften war.

Die Ergebnisse der Ausgrabungen der neolithischen Siedlungen in Anatolien liefern effektiv das vollständigste Beweismaterial für die Existenz matriarchalischer Kulturen und Religionen, die J. J. Bachofen in seinem Werk *Das Mutterrecht* (erstmalig veröffentlicht 1861) postuliert hat. Durch die Analyse griechischer und römischer Mythen, Rituale, Symbole und Träume hat er etwas fertiggebracht, was nur einem Genie gelingen konnte. Mit großem analytischem Scharfsinn rekonstruierte er eine Phase der sozialen Organisation und der Religion, für die ihm fast kein Material zur Verfügung stand. (Ein amerikanischer Ethnologe, L. H. Morgan [1870, 1877], ist unabhängig von ihm bei seinen Untersuchungen über die nordamerikanischen Indianer zu ganz ähnlichen Schlüssen gekommen.) Fast alle Anthropologen – mit wenigen rühmlichen Ausnahmen – haben erklärt, Bachofens Erkenntnisse seien ohne jeden wissenschaftlichen Wert. Tatsächlich ist erst 1967 eine englische Übersetzung einer Auswahl aus seinen Schriften veröffentlicht worden (J. J. Bachofen, 1967).

Es dürfte zwei Gründe für die Ablehnung der Bachofenschen Theorie gegeben haben: Einmal war es für die in einer patriarchalischen Gesellschaft lebenden Anthropologen fast unmöglich, die Grenzen ihres sozialen und geistigen Bezugsrahmens zu überschreiten und sich vorzustellen, daß die Herrschaft des Mannes nicht »naturgegeben« war. (Freud gelangte aus dem gleichen Grunde zu seiner Auffassung von der Frau als dem kastrierten Mann.) Zweitens waren es die Anthropologen so gewohnt, nur an handgreifliches Beweismaterial wie Skelette, Werkzeuge, Waffen usw. zu glauben, daß sie nur schwer davon zu überzeugen waren, daß Mythen oder Dramen nicht weniger wirklich sind als Artefakte. Diese Einstellung hat auch dazu geführt, daß man Bachofens Kraft und die Finesse seines scharfsinnigen theoretischen Denkens ganz allgemein unterschätzte. Die folgenden Abschnitte aus Bachofens *Mutterrecht* geben eine Vorstellung von seiner Auffassung vom Geist des Matriarchats:

> Dasjenige Verhältnis, an welchem die Menschheit zuerst zur Gesittung emporwächst, das der Entwicklung jeder Tugend, der Ausbildung jeder edlern Seite des Daseins zum Ausgangspunkt dient, ist der Zauber des Muttertums, der inmitten eines gewalterfüllten Lebens als das göttliche Prinzip der Liebe, der Einigung, des Friedens wirksam wird. In der Pflege der Leibesfrucht lernt das Weib früher als der Mann seine liebende

[erstmalig veröffentlicht 1861]; Morgan [1870]). Vgl. Z. A. Abramova (1967), die die Mutter-Gottheit in ihrer Doppelrolle als Herrin von Heim und Herd und als Oberherrin der Tiere, besonders des Wildes, behandelt. Vgl. auch A. P. Okladnikow (1972). Dieser sowjetische Anthropologe weist speziell auf die Verbindung zwischen Matriarchat und Todeskult hin. Vgl. außerdem die interessante Abhandlung über paläolithische Göttinnen von A. Marshack (1972), der die Göttinnen mit dem Mond und dem Mondkalender in Zusammenhang bringt.

Sorge über die Grenzen des eigenen Ich auf andere Wesen erstrecken und alle Erfindungsgabe, die sein Geist besitzt, auf die Erhaltung und Verschönerung des fremden Daseins richten. Von ihm geht jetzt jede Erhebung der Gesittung aus, von ihm jede Wohltat im Leben, jede Hingebung, jede Pflege und jede Totenklage ... Aber nicht nur inniger, auch allgemeiner und weitere Kreise umfassend ist die aus dem Muttertum stammende Liebe ... Wie in dem väterlichen Prinzip die Beschränkung, so liegt in dem mütterlichen das der Allgemeinheit; wie jenes die Einschränkung auf engere Kreise mit sich bringt, so kennt dieses keine Schranken, so wenig als das Naturleben. Aus dem gebärenden Muttertum stammt die allgemeine Brüderlichkeit aller Menschen, deren Bewußtsein und Anerkennung mit der Ausbildung der Paternität untergeht. Die auf das Vaterrecht gegründete Familie schließt sich zu einem individuellen Organismus ab, die mutterrechtliche dagegen trägt jenen typisch-allgemeinen Charakter, mit dem alle Entwicklung beginnt, und der das stoffliche Leben vor dem höhern geistigen auszeichnet. Der Erdmutter Demeter sterbliches Bild, wird jedes Weibes Schoß den Geburten des andern Geschwister schenken, das Heimatland nur Brüder und Schwestern kennen, und dies so lange, bis mit der Ausbildung der Paternität die Einheitlichkeit der Masse aufgelöst und das Ununterschiedene durch das Prinzip der Gliederung überwunden wird.

In den Mutterstaaten hat diese Seite des Mutterprinzips vielfältigen Ausdruck, ja selbst rechtlich formulierte Anerkennung gefunden. Auf ihr ruht jenes Prinzip allgemeiner Freiheit und Gleichheit, das wir als einen Grundzug im Leben gynaikokratischer Völker öfter finden werden, auf ihr die Philoxenie [Gastfreundschaft] und entschiedene Abneigung gegen beengende Schranken jeder Art, ... auf ihr endlich das besondere Lob der verwandtschaftlichen Gesinnung und einer Sympatheia, die, keine Grenzen kennend, alle Glieder des Volkes gleichmäßig umfaßt. Abwesenheit innerer Zwietracht, Abneigung gegen Unfrieden wird gynaikokratischen Staaten besonders nachgerühmt ... Besondere Strafbarkeit körperlicher Schädigung der Mitmenschen, ja der ganzen Tierwelt tritt nicht weniger charakteristisch hervor ... Ein Zug milder Humanität, den man selbst im Gesichtsausdruck der ägyptischen Bildwerke hervortreten sieht, durchdringt die Gesittung der gynaikokratischen Welt. (J. J. Bachofen, 1954)[27]

Prähistorische Gesellschaften und die »menschliche Natur«

Dieses Bild von der Produktionsweise und der sozialen Organisation der Jäger und der neolithischen Ackerbauer ist hinsichtlich gewisser psychischer Merkmale, von denen man gemeinhin annimmt, daß sie einen wesentlichen Bestandteil der menschlichen Natur bilden, recht anregend. Die prähistorischen Jäger und Ackerbauer hatten keine Gelegenheit, ein leidenschaftliches Besitzstreben oder Neid gegenüber den »Besitzenden« zu entwickeln, weil es einen Privatbesitz, nach dem man hätte streben können, gar nicht gab und weil die wirtschaftlichen Unterschiede so geringfügig waren, daß sie kaum Neid erregen konnten. Im Gegenteil war die damalige Lebensweise dazu angetan, die Zusammenarbeit und ein friedliches Miteinanderleben zu fördern. Es war keine Grundlage vorhanden, auf der der Wunsch, andere auszubeuten hätte entstehen können. In einer Gesellschaft, in der wirtschaftlich und sozial keine Basis für eine solche Ausbeutung vorhanden ist, wäre der Gedanke absurd, die physischen oder psychischen Kräfte eines anderen Menschen für seine eigenen Zwecke ausnutzen zu wollen.

[27] Vgl. auch E. Fromm (1934, 1970e).

Auch der Impuls, andere zu beherrschen, konnte sich kaum entwickeln. Die primitiven Sippenverbände und wahrscheinlich auch die prähistorischen Jäger seit vor etwa 50000 Jahren unterschieden sich eben darin grundsätzlich von der zivilisierten Gesellschaft, daß die menschlichen Beziehungen nicht von den Prinzipien der Herrschaft und der Macht bestimmt wurden. Sie beruhten auf Gegenseitigkeit. Ein Mensch mit einem leidenschaftlichen Streben nach Herrschaft hätte auf sozialem Gebiet keinen Erfolg gehabt und wäre ohne Einfluß geblieben. Schließlich war auch für die Entwicklung der Habgier kaum ein Anreiz vorhanden, da Produktion und Konsum auf einem bestimmten Niveau stabilisiert waren.[28]

Läßt sich aus den Daten über die Jäger und Sammler und die frühen Ackerbauer schließen, daß das leidenschaftliche Streben nach Besitz und Ausbeutung, daß Habgier und Neid damals noch nicht existierten und ausschließlich ein Produkt der Zivilisation sind? Ich bin nicht der Ansicht, daß man eine so verallgemeinernde Behauptung aufstellen kann. Wir besitzen nicht genug Daten, um sie zu belegen. Auch aus theoretischen Erwägungen dürfte diese weitgehende Formulierung kaum korrekt sein, da individuelle Faktoren diese Laster selbst unter den günstigsten gesellschaftlichen Bedingungen in einigen Individuen hervorbringen werden. Aber es besteht ein großer Unterschied zwischen Kulturen, die aufgrund ihrer sozialen Struktur Habgier, Neid und Ausbeutung erzeugen, begünstigen und ermutigen, und anderen Kulturen, die eine entgegengesetzte Wirkung haben. Bei ersteren bilden diese Laster einen Bestandteil des »sozialen Charakters«, das heißt ein Syndrom, das bei der Mehrheit der Bevölkerung zu finden ist; bei letzteren handelt es sich dabei um individuelle Abweichungen von der Norm, die kaum eine Chance haben, die Gesamtgesellschaft zu beeinflussen. Diese Hypothese gewinnt an Wahrscheinlichkeit, wenn wir nun das nächste historische Stadium, die städtische Entwicklung, betrachten, mit der nicht nur eine neuartige Zivilisation, sondern auch jene Leidenschaften aufgekommen zu sein scheinen, von denen man gemeinhin annimmt, daß sie zur menschlichen Natur gehören.

Die städtische Revolution[29]

Eine neue Art von Gesellschaft hat sich im vierten und dritten Jahrtausend v. Chr. entwickelt, die sich am besten mit Mumfords brillanter Formulierung charakterisieren läßt:

[28] Nebenbei sei darauf hingewiesen, daß in vielen hochentwickelten Gesellschaften, wie etwa in der feudalen Gesellschaft des Mittelalters, die Angehörigen einer Berufsgruppe – wie zum Beispiel der Zünfte – nicht danach strebten, ihren materiellen Profit zu vergrößern, sondern den traditionellen Lebensstandard zu ermöglichen. Auch wenn sie sich bewußt waren, daß die Mitglieder der sozial über ihnen stehenden Klassen in größerem Luxus lebten, waren sie selbst nicht auf einen größeren Konsum aus. Ihre Lebensweise befriedigte sie, und ein größerer Konsum war nicht das Ziel ihrer Wünsche. Das gleiche gilt auch für die Bauern. Ihre Aufstände im sechzehnten Jahrhundert waren nicht dadurch bedingt, daß sie genausoviel konsumieren wollten wie die Klasse über ihnen, sondern sie wollten nur die Grundlage für eine menschenwürdige Existenz gesichert wissen und wollten durchsetzen, daß die Grundbesitzer ihren traditionellen Verpflichtungen ihnen gegenüber nachkamen.

[29] Den Terminus hat Childe (1936) geprägt. Er wird von Mumford (1967) angefochten.

> Aus dem Komplex des frühen Neolithikums erstand eine neue Art der sozialen Organisation: sie war nicht mehr in kleinen Einheiten im Land verteilt, sondern zu einer einzigen großen verbunden; sie war nicht mehr »demokratisch«, das heißt sie gründete sich nicht mehr auf nachbarliche Vertrautheit, hergebrachte Sitten und ein allgemeines Einverständnis, sondern sie war autoritär, zentral gelenkt und unterstand der Kontrolle einer dominierenden Minderheit; sie war nicht mehr auf ein beschränktes Territorium begrenzt, sondern sie »überschritt energisch die Grenzen«, um Rohmaterialien an sich zu reißen, um hilflose Menschen zu versklaven, um Herrschaft auszuüben und Tribute einzuziehen. Diese neue Kultur diente nicht der Förderung des Lebens, sondern der Ausdehnung kollektiver Macht. Durch die Vervollkommnung neuer Zwangsmittel hatten die Herrscher dieser Gesellschaft um das dritte Jahrtausend v. Chr. eine industrielle und militärische Macht in einem Ausmaß organisiert, das bis in unsere Tage nie mehr übertroffen werden sollte (L. Mumford, 1967).

Wie hatte sich das zugetragen?

Innerhalb kurzer Zeit – mit historischen Maßstäben gemessen – lernte der Mensch, sich die körperliche Kraft von Ochsen und die Energie der Winde nutzbar zu machen. Er erfand den Pflug, den Räderkarren und das Segelboot, und er entdeckte die chemischen Prozesse im Zusammenhang mit dem Schmelzen von Kupfererzen (eine Kenntnis, die teilweise schon früher bekannt war), er lernte die physikalischen Eigenschaften der Metalle kennen und begann einen Sonnenkalender auszuarbeiten. Hiermit war der Weg bereitet für die Kunst des Schreibens, für Standardmaßstäbe und Maßsysteme. »In keiner Periode der Geschichte bis zu den Tagen Galileis« schreibt Childe, »machte das Wissen so schnelle Fortschritte und waren weitreichende Entdeckungen so häufig.« (V. G. Childe, 1936).

Aber der soziale Wandel war nicht weniger revolutionär. Die kleinen Dörfer mit ihren unabhängigen Bauern verwandelten sich in volkreiche Städte, die sich mit weiterverarbeitender Industrie und auswärtigem Handel ernährten, und diese neuen Städte waren als Stadtstaaten organisiert. Der Mensch schuf sich buchstäblich Neuland. Die großen Städte Babyloniens erhoben sich auf einer Art Plattform aus Schilfrohr, die kreuz und quer auf den alluvialen Schlamm gelegt wurde. Man hob Kanäle zur Bewässerung der Felder und zur Trockenlegung der Sümpfe aus, man baute Deiche und warf Hügel auf, um Mensch und Vieh vor Überschwemmung zu schützen bzw. sie über die Fluthöhe zu bringen. Die Schaffung von Ackerland erforderte viel Arbeit, und dieses »Kapital in Form menschlicher Arbeit wurde in den Boden versenkt« (V. G. Childe, 1936).

Eine weitere Folge dieses Prozesses war, daß für diese Arbeit Spezialarbeiter eingesetzt werden mußten, ebenso wie für die Kultivierung des Landes, das man zur Erzeugung der Nahrungsmittel für all jene brauchte, die in den handwerklichen Berufen, bei öffentlichen Arbeiten und im Handel tätig waren. Sie alle mußten von der Gemeinschaft organisiert und von einer Elite gelenkt werden, die für die Planung, für den Schutz und die Kontrolle sorgte. Dies bedeutet aber, daß weit größere Vorräte aufgehäuft werden mußten, als dies in den Dörfern des früheren Neolithikums nötig gewesen war, und daß dieser Überschuß nicht mehr nur als Nahrungsmittelreserve für Zeiten der Not oder für die zunehmende Bevölkerung gebraucht wurde, sondern auch als Kapital Anwendung fand, das der Ausweitung der Produktion diente. Childe hat noch auf einen weiteren Faktor hingewiesen, der für die Lebensbedingungen in den Stromtälern kennzeichnend war – auf die außergewöhnliche Macht der Gesellschaft, auf ihre Mitglieder Zwang auszuüben. Die Gemeinschaft konnte einem widerspenstigen Gemeindemitglied den Zugang zum Wasser verweigern, indem sie die Kanäle sperrte, die zu seinen Feldern führten. Diese Möglichkeit zu Zwangsmaßnahmen war eine der Grundlagen, auf denen die Macht der Könige, Priester und der herrschenden Elite beruhte, nachdem es ihnen einmal gelungen war, die Stelle des sozialen Willens einzunehmen oder – ideologisch ausgedrückt – ihn zu »repräsentieren«.

Mit den neuen Produktionsformen kam es zu einer der entscheidendsten Veränderungen in der Geschichte der Menschheit. Die Erzeugnisse eines Menschen blieben nicht mehr auf das beschränkt, was er mit seiner eigenen Arbeit produzieren konnte, wie dies in Jagd-Sozietäten und beim frühen Ackerbau der Fall gewesen war. Zwar war der Mensch zu Anfang des neolithischen Ackerbaus bereits in der Lage gewesen, einen kleinen Nahrungsüberschuß zu erzeugen, doch hatte ihm dieser nur dazu gedient, seinem Leben etwas mehr Sicherheit zu geben. In dem Maße jedoch, wie dieser Überschuß wuchs, konnte er zu völlig neuen Zwecken benutzt werden. Man konnte damit Menschen ernähren, die ihre Nahrung nicht selbst erzeugten, sondern die Sümpfe entwässerten, Häuser, Städte und Pyramiden bauten oder als Krieger dienten. Natürlich war diese Verwendungsmöglichkeit erst gegeben, nachdem Technik und Arbeitsteilung einen Grad erreicht hatten, der die Möglichkeit erschloß, menschliche Arbeitskräfte so einzusetzen. Das war der Punkt, an dem der Überschuß ungeheuer anwuchs. Je mehr Felder umgepflügt wurden, je mehr Sümpfe trockengelegt wurden, umso mehr Nahrungsüberschuß konnte erzeugt werden. Diese neue Möglichkeit führte zu einer der fundamentalsten Änderungen in der Geschichte der Menschheit. *Man entdeckte, daß der Mensch als ökonomisches Werkzeug zu benutzen war, daß man ihn ausbeuten und zum Sklaven machen konnte.*

Wir wollen diesen Prozeß in seinen ökonomischen, sozialen, religiösen und psychologischen Konsequenzen noch etwas genauer verfolgen. Die grundlegenden wirtschaftlichen Fakten der neuen Gesellschaft waren – wie oben erwähnt – eine größere Spezialisierung der Arbeit, die Umwandlung des Überschusses in Kapital und das Bedürfnis nach einem zentralisierten Produktionsmodus. Die erste Folge war die Entstehung unterschiedlicher Klassen. Die privilegierten Klassen, in deren Händen die Leitung und Organisation lag, beanspruchten und erhielten für sich selbst einen unverhältnismäßig großen Anteil der Produktion, das heißt, sie erlangten einen Lebensstandard, wie er der Mehrheit der Bevölkerung versagt blieb. Unter ihnen standen die unteren Klassen der Bauern und Handwerker. Unter diesen waren die Sklaven und Kriegsgefangenen. Die privilegierten Klassen organisierten ihre eigene Hierarchie, an deren Spitze ursprünglich ständige Häuptlinge – und schließlich Könige als Repräsentanten der Götter – standen, die die Titularhäupter des gesamten Systems waren.

Als eine weitere Folge des neuen Produktionsmodus ist die *Eroberung* anzusehen, die eine wesentliche Voraussetzung für die Akkumulation von Gemeinschaftskapital war, wie man es zur Durchführung der städtischen Revolution benötigte. Aber es gab einen noch wesentlicheren Grund für die Erfindung des Krieges als Institution: den Widerspruch zwischen einem ökonomischen System, das Einigung verlangte, um optimal leistungsfähig zu sein, und der politischen und dynastischen Spaltung, die mit dieser ökonomischen Notwendigkeit im Widerspruch stand. Der Krieg als Institution war ebenso wie das Königstum und die Bürokratie eine neue Erfindung, etwa aus der Zeit um 3000 v. Chr.

Damals wie heute lagen ihm keine psychologischen Faktoren, wie etwa die menschliche Aggression, zugrunde. Abgesehen von dem Streben der Könige und ihrer Beamten nach Macht und Ruhm war der Krieg das Ergebnis objektiver Bedingungen, die ihn zu einer nützlichen Einrichtung machten, aus der dann menschliche Destruktivität und Grausamkeit entsprangen und durch die sie verstärkt wurden.[30]

Diese sozialen und politischen Veränderungen waren von einer tiefgreifenden Wandlung der Rolle der Frau in der Gesellschaft und der Mutterfigur in der Religion begleitet. Nicht länger war die Fruchtbarkeit des Bodens die Quelle allen Lebens und allen Schöpfertums, sondern es war jetzt der Verstand, der die neuen Erfindungen, die Technik, das abstrakte Denken und den Staat mit seinen Gesetzen schuf. Nicht mehr der mütterliche Schoß, sondern der Geist wurde zur schöpferischen Macht, und damit beherrschten nicht mehr die Frauen, sondern die Männer die Gesellschaft.

Diese Wandlung kommt in poetischer Form im babylonischen Schöpfungshymnus *Enuma Elis* zum Ausdruck. Dieser Mythos berichtet von der siegreichen Rebellion der männlichen Götter gegen Tiamat, die »Große Mutter«, die das Universum regierte. Sie schließen sich gegen sie zusammen und wählen Marduk zum Führer. Nach einem erbitterten Krieg wird Tiamat geschlagen, aus ihrem Körper werden Himmel und Erde geformt, und Marduk herrscht von nun an als oberster Gott.

Bevor er jedoch zum Führer gewählt wird, muß er noch eine Prüfung bestehen, die dem modernen Menschen unwesentlich oder rätselhaft erscheinen mag, aber den Schlüssel zu einem Verständnis des Mythos bildet:

Dann legten sie ein Gewand in ihre Mitte;
zu Marduk, ihrem Erstgeborenen, sagten sie:
»Wahrlich, o Herr, dein Schicksal ist über das der anderen Götter erhaben,
Befiehl ›zu zerstören und neu zu entstehen‹, (und) so wird es geschehen!

Durch das Wort deines Mundes laß das Gewand zerstört werden;
befiehl aufs neue, und laß das Gewand wieder ganz werden!«
Er befahl mit seinem Munde, und das Gewand wurde zerstört.
Und wieder befahl er, und das Gewand ward wieder heil.
Als die Götter, seine Väter, die Kraft seines Wortes erkannten,
da frohlockten sie (und) huldigten ihm (und sagten) »Marduk ist König!«
A. Heidel, 1942

Die Bedeutung dieser Prüfung liegt darin, zu zeigen, daß der Mann seine Unfähigkeit zu natürlichem Schöpfertum – einer Fähigkeit, die nur die Erde und die Frau hatten – durch eine neue Art des Schöpfertums, nämlich das des Wortes (oder Denkens) überwunden

[30] Childe meint, als das Bedürfnis nach mehr Land entstanden sei, hätten ältere Siedler von einer Gruppe von Eroberern entweder vertrieben, durch andere ersetzt oder unterjocht werden müssen. Daher sei anzunehmen, daß bereits vor der städtischen Revolution ein Art Krieg geführt worden sei. Childe räumt jedoch ein, daß dies nicht mit archäologischen Funden nachzuweisen ist. Er kommt daher zu der Ansicht, daß in der Zeit, die der städtischen Revolution voranging (nach 6000 v.Chr.), »die Möglichkeit von Kriegen eingeräumt werden muß, wenn auch nur in kleinem Umfang und nur vereinzelt.« (V. G. Childe, 1936). Wie dem auch sei, sicher ist, daß blutige Eroberungskriege nicht vor den Stadtstaaten mit ihren Königen und ihrer Hierarchie zu einer ständigen Einrichtung wurden.

hat. Marduk, der auf seine Weise etwas erschaffen kann, hat die natürliche Überlegenheit der Mutter überwunden und kann daher an ihre Stelle treten. Die biblische Geschichte beginnt dort, wo der babylonische Mythos endet: der männliche Gott erschafft die Welt durch das *Wort* (E. Fromm, 1951).

Eines der bedeutendsten Merkmale der neuen Stadt-Gesellschaft war, daß sie sich auf das Prinzip der patriarchalischen Herrschaft gründete, zu deren Wesen das Prinzip der Kontrolle gehört: das Prinzip der Herrschaft über die Natur, über die Sklaven, über Frauen und Kinder. Der neue patriarchalische Mensch »macht« die Erde im buchstäblichen Sinn. Seine Technik stellt nicht nur eine Modifikation der natürlichen Prozesse dar, sondern sie bedeutet deren Beherrschung und Kontrolle durch den Menschen, was zur Erzeugung neuer Produkte führt, die in der Natur nicht zu finden sind. Die Menschen selbst gerieten unter die Kontrolle derer, die die Arbeit in der Gemeinschaft organisierten, und von nun an mußten die Führer Macht über die haben, die sie kontrollierten.

Um die Ziele dieser neuen Gesellschaft erreichen zu können, mußte alles – Natur *und* Mensch – kontrolliert werden, und jeder mußte Macht entweder ausüben – oder fürchten. Um kontrollierbar zu werden, mußten die Menschen gehorchen und sich unterordnen lernen, und um sich unterordnen zu können, mußten sie an die überlegene Macht ihrer Herrscher glauben – sei sie nun physisch oder magisch. Während im neolithischen Dorf und bei den primitiven Jägern die Führer die Menschen lenkten und berieten, ohne sie auszubeuten, und während man ihre Führung freiwillig hinnahm, während es sich mit anderen Worten bei der prähistorischen Autorität um eine »rationale« Autorität handelte, die auf Kompetenz beruhte, gründete sich die Autorität des neuen patriarchalischen Systems auf Macht und Gewalt; sie war ausbeuterisch und wurde mit Hilfe der psychischen Mechanismen von Angst, »Ehrfurcht« und Unterwerfung ausgeübt. Es war eine »irrationale Autorität«.

Lewis Mumford hat das neue Prinzip, welches das Leben in der Stadt beherrschte, kurz folgendermaßen charakterisiert: »Machtausübung in jeglicher Gestalt war das Wesen der Zivilisation. Die Stadt fand ein Dutzend verschiedener Wege, um Kampf, Angriff, Herrschaft, Eroberung und – Knechtschaft Ausdruck zu verleihen.« Er weist darauf hin, daß die neuen Methoden der Städte »rigoros, wirksam, oft hart, ja sadistisch waren«, und daß die ägyptischen Herrscher ebenso wie die Könige von Mesopotamien auf ihren Denkmälern und Tafeln damit prahlten, »wie sie höchst eigenhändig ihre wichtigsten Gefangenen verstümmelt, gefoltert und getötet hätten« (L. Mumford, 1961).

Ich selbst bin aufgrund meiner klinischen Erfahrung in der psychoanalytischen Therapie seit langem zu der Überzeugung gekommen, daß der Sadismus seinem Wesen nach das leidenschaftliche Begehren nach unbegrenzter, gottähnlicher Beherrschung von Menschen und Dingen ist (E. Fromm, 1941).[31] Mumfords Auffassung vom sadistischen Charakter dieser Gesellschaftssysteme ist eine wichtige Bestätigung meiner eigenen Ansicht.[32]

Außer dem Sadismus scheint sich in der neuen städtischen Zivilisation auch die Leiden-

[31] Ich werde hierauf in Kapitel 11 noch ausführlich zurückkommen.

[32] Es ist dies mehr als nur ein Zufall; es ergibt sich nämlich aus unserer im wesentlichen übereinstimmenden Betonung der Wichtigkeit der fundamentalen Unterscheidung zwischen den Faktoren, die dem Leben dienen, und denen, die es ersticken.

schaft, das Leben zu zerstören, und das Angezogenwerden von allem, was tot ist, (die Nekrophilie) entwickelt zu haben. Auch Mumford spricht von dem destruktiven, auf den Tod hin orientierten Mythos, der in der neuen Ordnung zu finden ist, und er zitiert Patrick Geddes, der gesagt hat, daß jede historische Zivilisation »mit einem lebendigen städtischen Kern, der Polis« beginnt und »in einem Massengrab voll Staub und Knochen, einer Nekropolis oder Totenstadt« endet: »rauchgeschwärzte Ruinen, zertrümmerte Bauten, leere Werkstätten, Haufen sinnlosen Mülls, während die Bevölkerung ermordet oder in die Sklaverei verschleppt worden ist« (L. Mumford, 1961). Ganz gleich, ob wir die Geschichte der Eroberung Kanaans durch die Hebräer oder die Geschichte der babylonischen Kriege lesen, überall finden wir den gleichen Geist einer hemmungslosen und unmenschlichen Destruktivität. Ein gutes Beispiel dafür ist Sanheribs Steininschrift über die völlige Zerstörung Babylons:

> Die Stadt und (ihre) Häuser habe ich vom Grundstein bis zum Dach zerstört, verwüstet, mit Feuer verbrannt. Mauer und Ringmauer, Tempel und Götter, Tempeltürme aus Ziegel und Erde habe ich, so viele es gab, niedergerissen und in den Arachtu-Kanal gestürzt. Mitten durch die Stadt grub ich Kanäle, überflutete sie mit Wasser und zerstörte sie bis auf die Grundmauern. Ich schuf vollkommenere Zerstörung als eine Wasserflut« (zitiert nach L. Mumford, 1961).

Die Geschichte der Zivilisation von der Zerstörung Karthagos und Jerusalems bis zur Zerstörung von Dresden und Hiroshima und der Vernichtung der Menschen, der Erde und Bäume von Vietnam ist ein tragisches Dokument des Sadismus und der Zerstörungslust.

Die Aggressivität in primitiven Kulturen

Bisher haben wir uns nur mit der Aggression befaßt, wie sie in den prähistorischen Gesellschaften und bei noch existierenden primitiven Jägern und Sammlern zu finden ist. Was können wir in dieser Beziehung von anderen, fortgeschritteneren, aber ebenfalls noch primitiven Kulturen lernen?

Man sollte meinen, es wäre einfach, diese Frage anhand eines Werkes zu untersuchen, das sich aufgrund des großen Schatzes an anthropologischen Daten, die zusammengetragen worden sind, mit der Aggression befaßt. Es ist jedoch eine erstaunliche und etwas schokkierende Tatsache, daß ein solches Werk nicht existiert; offenbar haben die Anthropologen bis jetzt das Phänomen der Aggression nicht für wichtig genug empfunden, um ihre Daten unter diesem Gesichtspunkt zusammenzufassen und zu interpretieren. Es gibt nur eine kurze Abhandlung von Derek Freeman, in der er versucht, einen Überblick über die anthropologischen Daten über die Aggression zu geben, um damit die Freudsche These zu stützen (D. Freeman, 1964).

Ebenso kurz ist eine zusammenfassende Darstellung des Anthropologen H. Helmuth (1967). Dieser vertritt anhand anthropologischer Daten die entgegengesetzte Ansicht, nämlich daß die Aggression in primitiven Sozietäten nur in relativ geringem Maße vorhanden ist.

Auf den folgenden Seiten möchte ich mich nun mit einer Anzahl anderer Studien über die Aggression in primitiven Gesellschaften befassen. Ich beginne mit einer Analyse von Daten aus den mir am leichtesten zugänglichen anthropologischen Veröffentlichungen. Da die Untersuchungen in diesen Veröffentlichungen nicht selektiv für oder gegen die Aggression vorgenommen worden sind, kann man sie als »Random«-Samples im weitesten Sinne des Wortes ansehen. Trotzdem möchte ich damit nicht sagen, daß die Ergebnisse dieser Analyse hinsichtlich der Verteilung der Aggressivität in primitiven Kulturen im allgemeinen in irgendeiner Weise statistisch valide wären. Ich verfolge keine statistischen Absichten, sondern möchte zeigen, daß nichtaggressive Gesellschaftssysteme durchaus nicht so selten oder »belanglos« sind, wie Freeman und andere Vertreter der Freudschen Theorie behaupten. Außerdem möchte ich zeigen, daß die Aggressivität nicht nur *ein einzelner Wesenszug,* sondern Bestandteil eines *Syndroms* ist; daß wir die Aggression regelmäßig zusammen mit anderen Wesenszügen in einem System antreffen, wie einer strengen Hierarchie, Dominanz, Klassengegensätze usw. Mit anderen Worten ist die Aggression als Bestandteil des *sozialen Charakters* und nicht als isolierter Verhaltenszug anzusehen.[33]

Analyse von dreißig primitiven Stämmen

Ich habe dreißig primitive Kulturen unter dem Gesichtspunkt Aggressivität versus Friedfertigkeit untersucht. Drei davon hat Ruth Benedict (1934) beschrieben;[34] dreizehn hat Margaret Mead (1961) untersucht;[35] fünfzehn hat G. P. Murdock (1934) behandelt[36]; und eine Kultur hat C. M. Turnbull (1965) beschrieben.[37]

Bei einer Analyse dieser dreißig Gesellschaften ergeben sich drei deutlich unterscheidbare Systeme (A, B und C). Sie sind nicht nur in bezug auf mehr oder weniger Aggression oder mehr oder weniger Aggressionslosigkeit, sondern auch in bezug auf ihre Charaktersysteme, in einer Anzahl von Charakterzügen voneinander verschieden, welche das

[33] Ich möchte hier dem verstorbenen Ralph Linton, mit dem ich 1948 und 1949 ein Seminar an der Yale University über die Charakterstruktur primitiver Gesellschaften abgehalten habe, meinen Dank für all das aussprechen, was ich von ihm in diesen Seminaren und in vielen privaten Unterredungen gelernt habe. Ebenso möchte ich mich bei George P. Murdock, der an diesen Seminaren teilgenommen hat, für seine Anregungen bedanken, wenn sich unsere Auffassungen auch stark unterscheiden.

[34] Die Zuñi, Dobu und Kwakiutl.

[35] Die Arapesh, die Grönland-Eskimos, die Bachiga, Ifugao, Kwakiutl, Manus, Irokesen, Ojibwa, Samoaner, Zuñi, Batonga, Dakota und Maori.

[36] Tasmanier, Aranda, Samoaner, Semang, Toda, Kazak, Aino, Polar-Eskimos, Haida, Krähenindianer, Irokesen, Hopis, Azteken, Inka, Witoto, Nama-Hottentotten und Ganda. (Seine Beschreibung der Azteken und Inka habe ich in diesem Zusammenhang nicht mit herangezogen, da es sich bei diesen um hochentwickelte und komplexe Gesellschaften handelte, die aus diesem Grund nicht in diese kurze Analyse hineingehören.)

[37] Die Mbutu.

System bilden und von denen einige in keinem unmittelbar erkennbaren Zusammenhang mit der Aggression stehen.[38]

System A: Lebensbejahende Gesellschaften

In diesem System sind Ideale, Sitten und Institutionen vor allem darauf ausgerichtet, daß sie der Erhaltung und dem Wachstum des Lebens in allen seinen Formen dienen. Feindseligkeiten, Gewalttätigkeiten und Grausamkeiten sind in der Bevölkerung nur in minimalem Ausmaß zu finden, es gibt keine harten Strafen, kaum Verbrechen, und der Krieg als Institution fehlt ganz oder spielt nur eine äußerst geringe Rolle. Die Kinder werden freundlich behandelt, schwere körperliche Züchtigungen gibt es nicht. Die Frauen sind den Männern in der Regel gleichgestellt, oder sie werden wenigstens nicht ausgebeutet oder gedemütigt. Die Einstellung zur Sexualität ist ganz allgemein tolerant und bejahend. Man findet wenig Neid, Geiz, Habgier und Ausbeutung. Es gibt auch kaum Rivalität oder Individualismus, aber sehr viel Kooperation. Persönliches Eigentum gibt es nur in bezug auf Gebrauchsgegenstände. In der allgemeinen Haltung kommt Vertrauen und gläubige Zuversicht zum Ausdruck, und dies nicht nur den anderen gegenüber, sondern besonders auch gegenüber der Natur; ganz allgemein herrscht gute Laune, und depressive Stimmungen sind relativ selten.

Zu den Gesellschaften, die unter diese lebensbejahende Kategorie fallen, habe ich die Zuñi-Pueblo-Indianer, die Berg-Arapeshen und die Batonga, die Aranda, die Semang, die Toda, die Polar-Eskimos und die Mbutu gerechnet.

Man findet in der A-System-Gruppe sowohl Jäger (z. B. die Mbutu) als auch Ackerbauer und Schafzüchter (wie die Zuñi). Es gehören Gesellschaften mit relativ reichlicher Nahrungsversorgung dazu, und andere, bei denen relative Knappheit vorherrscht. Dies soll jedoch keineswegs besagen, daß Charakterunterschiede nicht von Unterschieden in der sozioökonomischen Struktur der betreffenden Gesellschaften abhängig oder weitgehend davon beeinflußt sind. Es ist lediglich ein Hinweis darauf, daß einfache und augenfällige ökonomische Faktoren wie Armut oder Reichtum, Jagd oder Ackerbau usw. nicht ausreichen, um die Charakterentwicklung zu erklären. Um den Zusammenhang zwischen Ökonomie und Sozialcharakter zu verstehen, müßte man die sozioökonomische Gesamtstruktur jeder Gesellschaft untersuchen.

[38] Die Zuñi und die Kwakiutl werden sowohl von R. Benedict als auch von M. Mead behandelt; die Irokesen und die Samoaner sowohl von M. Mead als auch von G. P. Murdock; ich analysiere sie hier natürlich jeweils nur einmal. Von den primitiven Jägern, die E. R. Service (1966) beschreibt, habe ich die Semang, die Eskimos und die Australneger in dieses Sample einbezogen. Die Semang und die Eskimos fallen unter System A, die Australneger unter System B. Die Hopis habe ich nicht klassifiziert, da ihre Gesellschaftsstruktur mir zu widerspruchsvoll erscheint, um eine Klassifizierung zu erlauben. Sie haben viele Züge, die sie dem System A zuordnen würden, aber ihre Aggressivität läßt Zweifel aufkommen, ob sie nicht doch ins System B gehören (vgl. D. Eggan, 1943).

System B: Nichtdestruktiv-aggressive Gesellschaften

Dieses System hat mit dem ersteren das Grundelement gemeinsam, nicht destruktiv zu sein, jedoch unterscheidet es sich von ihm insofern, als Aggressivität und Krieg zwar keine zentrale Bedeutung haben, aber doch normale Vorkommnisse sind und daß Rivalität, Hierarchie und Individualismus regelmäßig anzutreffen sind. Diese Gesellschaften sind keineswegs von Destruktivität oder Grausamkeit oder von übertriebenem Argwohn durchdrungen, aber es herrscht in ihnen auch nicht die Freundlichkeit und das Zutrauen, welche für die Gesellschaften des Systems A kennzeichnend sind. Man könnte das System B vielleicht am besten so kennzeichnen, daß man sagt, es sei vom Geist männlicher Aggressivität, vom Individualismus und vom Wunsch durchdrungen, sich Dinge zu verschaffen und Aufgaben zu erfüllen. In meiner Analyse fallen folgende vierzehn Stämme unter diese Kategorie: die Grönland-Eskimos, die Bachiga, die Ojibwa, die Ifugao, die Manus, die Samoaner, die Dakota, die Maori, die Tasmanier, die Kazaks, die Aino, die Krähenindianer, die Inka und die Hottentotten.

System C: Destruktive Gesellschaften

Die Gesellschaften vom System C haben eine sehr ausgeprägte Struktur. Diese ist gekennzeichnet durch interpersonale Gewalttätigkeit, Zerstörungslust, Aggression und Grausamkeit, sowohl innerhalb des Stammes als auch anderen gegenüber, durch Freude am Krieg, Heimtücke und Verrat. Die Gesamtatmosphäre ist erfüllt von Feindseligkeit, Spannungen und Angst. Gewöhnlich herrscht ein starkes Maß von Rivalität, das Privateigentum spielt eine wichtige Rolle (wenn nicht in bezug auf materielle Dinge, dann in bezug auf Symbole), es herrscht eine strenge Hierarchie, und Kriege sind häufig. Stämme, die zu diesem System zu rechnen sind, sind die Dobu und die Kwakiutl, die Haida, die Azteken, die Witoto und die Ganda.
Ich bin mir bewußt, daß man Einwände gegen meine Klassifizierung der jeweiligen Gesellschaft in eine dieser Kategorien erheben könnte. Aber ob man mit der Klassifizierung dieser oder jener Gesellschaft einverstanden ist oder nicht, spielt keine allzu große Rolle, da es mir nicht um statistische, sondern um qualitative Feststellungen geht. Der Hauptunterschied besteht zwischen System A und B einerseits, die beide lebensbejahend sind, und System C andererseits, das seinem Wesen nach grausam oder destruktiv, das heißt sadistisch oder nekrophil ist.

Beispiele für die drei Systeme

Um dem Leser eine bessere Vorstellung vom Wesen der drei Systeme zu geben, möchte ich jetzt je eine für jedes System charakteristische Gesellschaft im einzelnen beschreiben.

Die Zuñi-Indianer (System A)

Die Zuñi-Indianer sind von Ruth Benedict (1934), Margaret Mead, Irving Goldman, Ruth Bunzel und anderen eingehend untersucht worden. Sie leben von Ackerbau und Schafzucht im Südwesten der Vereinigten Staaten. Wie andere Gesellschaften der Pueblo-Indianer haben auch sie im zwölften und dreizehnten Jahrhundert zahlreiche Städte bewohnt, doch läßt sich ihre Geschichte noch viel weiter zurückverfolgen bis zu ihren einfachen Anfängen in einräumigen Steinhäusern, zu denen jeweils eine unterirdische Zeremonialkammer gehörte. Man kann sagen, daß sie wirtschaftlich, gemessen an ihren Bedürfnissen, im »Überfluß« leben, obwohl sie keinen großen Wert auf materielle Güter legen. Was ihre soziale Einstellung anbetrifft, so gibt es wenig Rivalitäten, obwohl bewässerbares Land nur in beschränktem Umfang zur Verfügung steht. Ihre Struktur ist matrizentrisch, doch sind ihre Priester und Beamten Männer. Wer sich aggressiv, rücksichtslos und unkameradschaftlich verhält, wird als anomal angesehen. Die Arbeit wird im wesentlichen gemeinschaftlich verrichtet, mit Ausnahme der Schafzucht, die ausschließlich Sache der Männer ist. In der ökonomischen Betätigung gibt es keinerlei Rivalität, ausgenommen auch hier die Schafzucht, wo es gelegentlich zu Reibereien, aber nicht zu ernsthaften Auseinandersetzungen kommt. Im großen und ganzen schenkt man der individuellen Leistung wenig Beachtung. Wenn es einmal zu Streitigkeiten kommt, so ist die Ursache meist sexuelle Eifersucht und nicht wirtschaftliche Interessen oder Eigentumsrechte.
Gehortet wird praktisch nicht. Es gibt zwar Reichere und Ärmere, doch sind die Grenzen zwischen ihnen fließend, und es ist kennzeichnend für die Einstellung der Zuñi zu den materiellen Gütern, daß jeder seinen Schmuck bereitwillig nicht nur seinen Freunden, sondern jedem Mitglied der Gesellschaft leihen würde, der ihn darum bittet. Wenn auch gelegentlich sexuelle Eifersucht zu beobachten ist, so sind doch die Ehen in der Regel beständig, und dies obwohl eine Scheidung leicht zu erreichen ist. Wie in einer matrizentrischen Gesellschaft nicht anders zu erwarten, sind die Frauen in keiner Weise den Männern untergeordnet. Man macht sich häufig Geschenke, aber im Gegensatz zu gewissen kompetitiven Gesellschaften, dient dies nicht dazu, seinen Reichtum hervorzukehren oder den Beschenkten zu demütigen. Auch wird nie versucht, auf Gegenseitigkeit im Geben von Geschenken zu achten. Reichtum bleibt nicht lange in einer Familie erhalten, da er durch individuelle Arbeit und Fleiß errungen wird und eine Ausbeutung anderer unbekannt ist. Es gibt privaten Grundbesitz, doch sind auch hier Streitigkeiten selten und schnell beigelegt.
Das Zuñi-System ist nur aus der Tatsache zu verstehen, daß materielle Dinge relativ gering bewertet werden und daß das Hauptinteresse im Leben religiöser Natur ist. Anders gesagt, der höchste Wert ist das Leben und das Lebendige selbst, nicht Dinge und ihr Besitz. Gesänge, Gebete, Rituale und Tänze sind das höchste und wichtigste Element in diesem System. Sie werden von Priestern geleitet, die in hohem Ansehen stehen, obwohl sie keinerlei Zensur oder Rechtsprechung ausüben. Daß das religiöse Leben weit höher gewertet wird als Besitz und wirtschaftlicher Erfolg, geht auch daraus hervor, daß Beauftragte, die die Funktion von Richtern bei Streitigkeiten über materielle Dinge haben, im Gegensatz zu den Priestern nicht in hohem Ansehen stehen.
Persönliche Autorität ist der Wesenszug, der von den Zuñi vielleicht am allergeringsten

eingeschätzt wird. Ein guter Mensch ist einer, der »freundlich zu den anderen und nachgiebig ist und der ein gutes Herz hat«. Die Männer sind nie gewalttätig. Gewalttätigkeit steht selbst dann außer Frage, wenn die Ehefrau untreu war. In der Initiationszeit werden die Knaben von den *Kachinas* geschlagen und in Schrecken gesetzt, doch sind diese Initiationsriten im Gegensatz zu vielen anderen Kulturen nie eine Quälerei. Mord kommt kaum jemals vor; wie Ruth Benedict aus eigener Anschauung berichtet, kann sich niemand an einen Mord an einem Menschen erinnern. Selbstmord ist verpönt. Die Mythen und Geschichten handeln nicht von Schrecken und Gefahren. Besonders im Zusammenhang mit der Sexualität kennt man keine Schuldgefühle, und sexueller Keuschheit begegnet man allgemein mit Mißbilligung. Sexualität gehört zu einem glücklichen Leben, doch sieht man darin keinesfalls, wie dies in gewissen anderen relativ aggressiven Gesellschaften der Fall ist, die einzige Quelle der Lust. Es hat den Anschein, als ob mit der Sexualität gewisse Angstgefühle verbunden seien, doch sind es – soweit diese Angst vorhanden ist – die Männer, die sich vor den Frauen und dem sexuellen Verkehr mit ihnen fürchten. Goldman hat auf die Bedeutung der Kastrationsangst in einer matriarchalischen Gesellschaft hingewiesen. Es handelt sich dabei eher um die Angst des Mannes vor den Frauen als – wie Freud annahm – um die Angst vor dem strafenden Vater.

Ändert sich dieses durch das Fehlen von Aggressivität und Gewalttätigkeit, durch Kooperation und Lebensfreude gekennzeichnete Bild durch die Tatsache, daß man auch Eifersucht und Streitigkeiten begegnet? Wenn man verlangt, daß eine Gesellschaft das absolute Ideal eines völligen Verzichts auf Feindseligkeiten und Streitereien verwirklicht, so könnte man wohl keine einzige als nicht-gewalttätig und friedlich bezeichnen. Aber ein derartiger Standpunkt wäre doch wohl recht naiv. Selbst im Grunde unaggressive und nicht gewalttätige Leute reagieren unter gewissen Umständen verärgert, besonders solche mit einem cholerischen Temperament. Das bedeutet aber nicht, daß ihre *Charakterstruktur* aggressiv, gewalttätig und destruktiv ist. Man könnte sogar noch weiter gehen und sagen, daß in einer Kultur, in der Äußerungen von Zorn so sehr tabu sind wie in der Zuñi-Kultur, sich manchmal eine relativ harmlose Menge an Zorn aufstauen und in einem Streit zum Ausdruck kommen wird; aber nur dann, wenn man sich dogmatisch der Auffassung von der angeborenen Aggression des Menschen verschrieben hat, wird man diese gelegentlichen Streitigkeiten als Hinweis auf tiefe und intensive verdrängte Aggressionen deuten.

Eine derartige Interpretation würde auf einer falschen Anwendung der Freudschen Entdeckung unbewußter Motivation beruhen. Man argumentiert dabei folgendermaßen: Wenn ein vermuteter Charakterzug sich manifestiert, ist seine Existenz offensichtlich und nicht zu leugnen; fehlt er jedoch völlig, so beweist gerade dieses Fehlen sein Vorhandensein; er muß verdrängt sein, und je weniger er sich manifestiert, um so intensiver muß er sein, wenn er eine so gründliche Verdrängung notwendig machte. Mit dieser Methode kann man schlechthin alles beweisen, und Freuds Entdeckung wird als Mittel zu einem leeren Dogmatismus mißbraucht. Jeder Psychoanalytiker gibt im Prinzip zu, daß man grundsätzlich nur dann annehmen kann, daß ein bestimmter Trieb verdrängt ist, wenn empirische Hinweise auf diese Verdrängung in Träumen, Phantasien, Fehlhandlungen usw. vorhanden sind. Dieses theoretische Prinzip wird jedoch oft bei der Analyse von Personen und Kulturen vernachlässigt. Man ist von der Gültigkeit der für die Theorie benötigten Prämisse, daß ein bestimmter Trieb vorhanden ist, so überzeugt, daß man sich erst gar nicht die Mühe macht, seiner empirischen Manifestation nachzuspüren. Der Analytiker, der so vorgeht, handelt in gutem Glauben, denn er macht sich nicht klar, daß er das zu finden hofft, was seine Theorie postuliert – und sonst nichts. Man sollte sich bei der Beurteilung anthropologischer Daten hüten, in diesen Fehler zu verfallen, ohne daß man jedoch darüber das Prinzip der psychoanalytischen Dialektik aus dem Auge verliert, daß eine bestimmte Neigung zu etwas vorhanden sein kann, auch wenn sie nicht bewußt ist.

Im Falle der Zuñi spricht nichts dafür, daß das Fehlen einer manifesten Feindseligkeit auf eine intensive Verdrängung der Aggression zurückzuführen ist, und daher ist kein guter Grund vorhanden, das Bild eines nichtaggressiven, lebensbejahenden, kooperativen Systems in Frage zu stellen.

Eine andere Methode, die Beweise für das Vorhandensein einer nichtaggressiven Gesellschaft zu ignorieren, besteht entweder darin, sie einfach zu ignorieren oder zu behaupten, sie seien ohne Bedeutung. So hat sich zum Beispiel Freud in seinem berühmten Brief an Einstein mit dem Problem friedlicher primitiver Gesellschaften folgendermaßen auseinandergesetzt: »Es soll in glücklichen Gegenden der Erde, wo die Natur alles, was der Mensch braucht, überreichlich zur Verfügung stellt, Völkerstämme geben, deren Leben in Sanftmut verläuft, bei denen Zwang und Aggression unbekannt sind. Ich kann es kaum glauben, möchte gern mehr über diese Glücklichen erfahren« (S. Freud, 1932). Ich weiß nicht, welche Haltung Freud eingenommen hätte, wenn er mehr über diese »glücklichen Wesen« erfahren hätte. Mir scheint, daß er nie ernsthaft versucht hat, sich über sie zu informieren.

Die Manus (System B)

Die Manus (M. Mead, 1961) sind ein Beispiel für ein System, das sich insofern deutlich vom System A unterscheidet, als das Hauptlebensziel nicht das Leben an sich und Freude, Kunst und Ritual sind, sondern der persönliche Erfolg durch ökonomische Tätigkeit. Andererseits unterscheidet sich aber das Manus-System auch stark vom System C, für das uns die Dobu als Beispiel dienen sollen. Die Manus sind im wesentlichen nicht gewalttätig, destruktiv oder sadistisch, auch sind sie nicht tückisch oder hinterlistig.

Die Manus leben am Meer. Es sind Fischer, die in Dörfern wohnen, welche auf Pfählen in den Lagunen längs der Südküste der Großen Admiralitätsinsel errichtet sind. Sie handeln den Überschuß aus ihrem Fischfang mit den in der Nähe wohnenden Ackerbauern und erhalten von diesen auch handwerklich hergestellte Gegenstände aus weiter entfernten Teilen des Archipels. Sie richten ihre gesamte Energie auf materiellen Erfolg, wobei sie sich so sehr anstrengen, daß viele Männer schon in den mittleren Jahren sterben. Tatsächlich kommt es nur selten vor, daß ein Mann die Geburt seines ersten Enkels erlebt. Dieser besessene, unerbittliche Arbeitseifer kommt nicht nur daher, daß sie im Erfolg den Hauptwert sehen, sondern auch, daß sie sich eines Mißerfolgs schämen. Wenn jemand seine Schulden nicht zurückzahlen kann, so gereicht es ihm zur Schande; wenn man wirtschaftlich nicht erfolgreich genug ist, um ein gewisses Kapital ansammeln zu können,

gehört man in die Kategorie der Menschen ohne soziales Ansehen. Sobald jemand aber nicht mehr wirtschaftlich tätig sein kann, verliert er alles Ansehen, das er sich durch seine harte Arbeit errungen hat.
Bei der Erziehung der Jugend wird der Hauptwert auf den Respekt vor dem Besitz, auf Schamgefühl und körperliche Ertüchtigung gelegt. Der Individualismus wird dadurch gefördert, daß die Verwandten miteinander wetteifern, um das Kind an sich zu binden, wodurch dieses lernt, sich als etwas Wertvolles zu empfinden. Es herrschen strenge Ehegesetze, deren Moral der unseres Bürgertums im 19. Jahrhundert entspricht. Die Hauptverbrechen sind sexuelle Vergehen, Verleumdung, Obszönitäten, Nichtbezahlen von Schulden, mangelnde Hilfsbereitschaft gegenüber Verwandten und Verwahrlosung des eigenen Hauses. Im Widerspruch zu dieser Erziehung zur harten Arbeit und zum Wettbewerb scheint nur eine bestimmte Phase im Leben der jungen Männer zu stehen, nämlich die vor ihrer Verheiratung. Die jungen, noch unverheirateten Männer bilden eine Art von Gemeinschaft, sie leben in einem besonderen Gemeinschaftshaus und teilen die Bettgenossin (meist eine Kriegsgefangene), ihren Tabak und ihren Betel miteinander. Sie führen ein recht lustiges, prahlerisches Leben am Rande der Gesellschaft. Vielleicht ist dieses Zwischenstadium notwendig, um dem Mann wenigstens in einer bestimmten Periode seines Lebens ein wenig Freude und Zufriedenheit zu verschaffen. Aber dieses idyllische Leben hat mit der Hochzeit für immer ein Ende. Um heiraten zu können, muß sich der junge Mann Geld borgen, und er kennt in den ersten Jahren seiner Ehe nur ein Ziel, nämlich seinem Geldgeber das Geborgte zurückzuerstatten. Er darf sich nicht einmal übermäßig mit seiner Frau abgeben, solange er seinem Geldgeber noch einen Teil von ihr schuldig ist. Wer im Leben nicht scheitern will, verwendet alle Kräfte darauf, selbst Besitz anzusammeln, sobald er seine erste Verpflichtung los ist, und er wird nun selbst zum Geldgeber, wenn andere sich verheiraten wollen; dies ist eine der Voraussetzungen für eine führende Stellung in der Gemeinschaft. Die Ehe selbst ist eine weitgehend ökonomische Angelegenheit, bei der persönliche Zuneigung und sexuelles Interesse nur eine untergeordnete Rolle spielen. Unter diesen Umständen ist es kaum verwunderlich, daß die Beziehung zwischen Mann und Frau – wenigstens in den ersten fünfzehn Jahren ihrer Ehe – antagonistisch ist. Erst wenn sie anfangen, die Heirat für ihre Kinder und andere Familienangehörige zuzurichten, kommt es in ihrer ehelichen Beziehung zu einer Art Zusammenarbeit. Die Energie wird so ausschließlich auf das übergeordnete Ziel, Erfolge zu erringen, verwandt, daß persönliche Motive wie Zuneigung, Loyalität, Vorlieben, Abneigung und Haß ausgeschaltet bleiben. Ausschlaggebend für ein Verständnis dieses Systems ist die Tatsache, daß darin zwar wenig Liebe und Zuneigung, aber auch wenig Destruktivität oder Grausamkeit zu finden ist. Selbst bei dem harten Konkurrenzkampf, der das gesamte Bild beherrscht, hat der einzelne kein Interesse daran, andere zu demütigen; es geht ihm einzig darum, seine eigene Stellung zu behaupten. Grausamkeiten sind relativ selten zu beobachten. Wenn einer überhaupt keinen Erfolg im Leben hat und überall scheitert, läßt man ihn beiseite stehen und macht ihn nicht zur Zielscheibe von Aggressionen. Kriege fehlen nicht völlig, im allgemeinen mißbilligt man sie jedoch, außer wenn man mit ihrer Hilfe die jungen Männer davon abzuhalten sucht, anderen Schaden anzurichten. Gelegentlich dient der Krieg der Eroberung von Frauen als Prostituierte, doch hält man ihn im großen und ganzen für einen Nachteil für den Handel und für keinen

Weg zum Erfolg. Der Idealtyp ist keineswegs der Held, sondern ein besonders strebsamer, erfolgreicher, fleißiger und leidenschaftsloser Mensch.

In den religiösen Anschauungen spiegelt sich dieses System deutlich wider. Die Religion beruht nicht auf dem Versuch, zur Ekstase zu gelangen oder mit der Natur eins zu werden, sondern sie dient rein praktischen Zwecken: Man versucht die Geister durch kleine Weihgaben günstig zu stimmen, oder es werden bestimmte Methoden angewandt, mit denen man die Ursachen von Krankheiten und Unglücksfällen zu entdecken und abzustellen sucht.

Das Leben dreht sich in diesem System um Besitz und Erfolg, man ist besessen von der Arbeit und hat vor nichts so sehr Angst wie vor dem Scheitern. Fast unumgänglich wird in einem solchen System viel Angst entstehen, doch gehört bemerkenswerterweise trotz dieser Angst eine besonders ausgeprägte Destruktivität und Feindseligkeit nicht zum sozialen Charakter dieser Menschen.

Der B-Gruppe gehört noch eine Reihe anderer Gesellschaften an, die nicht so ausschließlich auf Wettbewerb und Besitz ausgerichtet sind wie die Manus, die ich deshalb ausgewählt habe, weil man an ihrem Beispiel besonders deutlich den Unterschied zwischen einer individualistisch-aggressiven Charakterstruktur und der grausamen und sadistischen Charakterstruktur im System C darlegen kann.

Die Dobu (System C)

Die Bewohner der Dobu-Inseln (R. Benedict, 1934) sind ein gutes Beispiel für System C. Obwohl sie ganz in der Nähe der Bewohner der Trobriand-Inseln wohnen, die wir durch die Veröffentlichungen von Malinowski so gut kennengelernt haben, sind ihre Umwelt und ihr Charakter doch völlig anders. Während die Trobriander auf fruchtbaren Inseln wohnen, die ihnen leicht und reichlich Nahrung bieten, sind die Dobu-Inseln vulkanisch mit nur wenigen Flecken fruchtbaren Bodens und geringem Ertrag an Fischen.

Die Dobuaner sind bei ihren Nachbarn jedoch nicht wegen ihrer Armut, sondern wegen ihrer Gefährlichkeit berüchtigt. Sie haben keine Häuptlinge, sind aber in konzentrischen Kreisen in wohlorganisierte Gruppen eingeteilt, innerhalb welcher spezielle traditionelle Formen der Feindseligkeit zugelassen sind. Abgesehen von einer matrilinearen Gruppe, der *susu* (»Muttermilch«), in der ein gewisses Maß an Kooperation und Vertrauen zu finden ist, beruhen die zwischenpersönlichen Beziehungen der Dobuaner auf dem Prinzip, einem jeden als einem möglichen Feind zu mißtrauen. Selbst eine Heirat vermindert nicht die Feindseligkeit zwischen beiden Familien. Ein gewisses friedliches Zusammenleben wird dadurch erreicht, daß das Paar abwechselnd ein Jahr im Dorf des Mannes und im Dorf der Frau lebt. Die Beziehung zwischen Mann und Frau ist jedoch voller Argwohn und Feindseligkeit. Treue wird nicht vorausgesetzt, und kein Dobuaner wird je zugeben, daß ein Mann und eine Frau auch nur für kurze Zeit außer aus sexuellen Gründen zusammen sind.

Das System ist durch zwei Hauptmerkmale gekennzeichnet, nämlich durch die Bedeutung des Privateigentums und durch bösartige Zauberei. Das Privateigentum wird ingrimmig und rücksichtslos verteidigt, wofür Ruth Benedict zahlreiche Beispiele anführt. Das

Besitzrecht auf einen Garten als einen privaten Bereich wird so unbedingt beachtet, daß es Sitte ist, daß Mann und Frau darin Verkehr haben. Keiner darf wissen, wieviel der andere besitzt. Es wird so geheim gehalten, als ob der Besitz gestohlen wäre. Das gleiche Gefühl des Privateigentums existiert hinsichtlich des Besitzes von Beschwörungs- und Zauberformeln. Die Dobu besitzen »Krankheits-Zauber«, die Krankheiten hervorrufen und heilen, und für jede Krankheit gibt es einen besonderen Zauber. Krankheiten werden ausschließlich als Folge eines bösen Zaubers erklärt. Manche besitzen einen Zauber, der unfehlbar bestimmte Krankheiten hervorruft und heilt. Dieses Monopol für die Hervorrufung und Heilung einer Krankheit verleiht natürlich beträchtliche Macht. Das gesamte Leben wird vom Zauber beherrscht, da man auf keinem Gebiet etwas ohne ihn erreichen kann, und Zauberformeln gehören auch, abgesehen von denen, die mit Krankheiten im Zusammenhang stehen, zu den wichtigsten Bestandteilen des Privatbesitzes.

Das ganze Leben ist ein mörderischer Rivalitätskampf, und jeder Vorteil wird auf Kosten des besiegten Rivalen errungen. Aber dieser Wettkampf erfolgt nicht wie in anderen Systemen offen und frei, sondern im geheimen und hinterhältig. Das Ideal eines guten und erfolgreichen Mannes ist einer, der einen anderen heimtückisch von seinem Platz vertrieben hat.

Die am meisten bewunderte Tugend und die größte Leistung ist *»wabuwabu«*, ein System rücksichtsloser Praktiken, durch die man auf Kosten anderer Vorteile einheimst. Die Kunst besteht darin, zum Nachteil anderer sich persönliche Vorteile zu sichern. (Dieses System unterscheidet sich grundsätzlich vom Marktsystem, das – wenigstens dem Prinzip nach – auf einem fairen Austausch basiert, bei dem beide Seiten auf ihre Kosten kommen sollen.) Noch kennzeichnender für den Geist, der dieses System beherrscht, ist aber seine Heimtücke. Für gewöhnlich gibt sich der Dobuaner zuvorkommend und salbungsvoll höflich. Einer von ihnen formulierte das so: »Wenn wir jemand töten wollen, dann begeben wir uns in seine Nähe, wir essen, trinken, schlafen, arbeiten und ruhen mit ihm, vielleicht mehrere Monde lang. Wir warten den richtigen Zeitpunkt ab. Wir nennen ihn Freund« (R. Benedict, 1934). So fällt der Verdacht bei einem der nicht seltenen Mordfälle auf die, welche sich bemühten, mit dem Opfer Freundschaft zu schließen.

Vom materiellen Besitz abgesehen, äußern sich die leidenschaftlichsten Begierden auf sexuellem Gebiet. Angesichts ihrer allgemeinen Freudlosigkeit ist das Problem ihrer Sexualität kompliziert. Ihre Konventionen verbieten das Lachen und machen aus der Mürrischkeit eine Tugend. Einer meinte: »In unserem Garten spielen wir nicht, wir singen nicht, wir jodeln nicht, und wir erzählen keine Geschichten« (R. Benedict, 1934). Ruth Benedict berichtet von einem Mann, der am Rande eines Dorfes eines anderen Stammes hockte, wo die Leute tanzten, und der das Ansinnen, mitzumachen, empört von sich wies: »Meine Frau würde sagen, ich sei glücklich gewesen« (R. Benedict, 1934). Glücklichsein ist in höchstem Maße tabu. Trotzdem gehen diese Mürrischkeit und dieses Tabu auf das Glücklichsein oder auf lustvolle Tätigkeiten Hand in Hand mit Promiskuität und einer hohen Bewertung sexueller Leidenschaft und sexueller Techniken. Das wichtigste, was man jungen Mädchen vor ihrer Ehe beibringt, ist, daß man seinen Mann am besten dadurch an sich fesselt, daß man ihn in einem Zustand sexueller Erschöpfung hält.

Es hat den Anschein, daß für die Dobuaner – im Gegensatz zu den Zuñi – die sexuelle Befriedigung fast das einzige lustvolle und anregende Erlebnis ist, das sie sich gönnen.

Trotzdem ist ihr Sexualleben – wie zu erwarten – durch ihre Charakterstruktur gefärbt, und es sieht so aus, als ob ihnen ihre sexuelle Befriedigung nur wenig Freude machte und als ob sie in keiner Weise eine Basis für ein warmes, freundschaftliches Verhältnis zwischen Mann und Frau sei. Paradoxerweise sind sie sehr prüde und – wie Ruth Benedict erwähnt – in dieser Beziehung die reinen Puritaner. Es hat den Anschein, daß die Sexualität, weil Glück und Freude tabu sind, die Eigenschaft von etwas Schlechtem, obwohl höchst Begehrenswertem, annehmen muß. Tatsächlich kann ja sexuelle Leidenschaft als Kompensation für Freudlosigkeit dienen, genauso wie sie Ausdruck der Freude sein kann. Bei den Dobuanern scheint es sich eindeutig um erstere Form zu handeln.[39]
Zusammenfassend stellt R. Benedict fest:

> Das Leben in Dobu begünstigt extreme Formen von Animosität und Heimtücke, welche die meisten Gesellschaften mit ihren Institutionen auf ein Mindestmaß herabgesetzt haben. Die Institutionen der Dobuaner steigern sie dagegen im höchsten Maß. Ohne jede Verdrängung lebt der Dobuaner die schlimmsten Alpträume der Menschheit von der Bösartigkeit des Universums aus, und entsprechend dieser Weltanschauung sieht er es als Tugend an, wenn man sich ein Opfer aussucht, an dem man die Bosheit auslassen kann, die man sowohl der menschlichen Gesellschaft als auch den Naturkräften zuschreibt. Das gesamte Leben erscheint ihm als ein mörderischer Kampf, bei dem Todfeinde sich jedes Gut des Lebens gegenseitig streitig machen. Argwohn und Grausamkeit sind die Waffen, auf die er sich in diesem Kampf verläßt, und er gewährt keine Gnade, so wenig wie er sie erwartet (R. Benedict, 1934).

Hinweise auf Destruktivität und Grausamkeit

Die anthropologischen Daten haben gezeigt, daß die instinktivistische Interpretation des menschlichen Zerstörungstriebs nicht haltbar ist.[40] Während wir in allen Kulturen die

[39] Die Besessenheit von der Sexualität bei sonst freudlosen Menschen kann man auch in der heutigen westlichen Gesellschaft bei den »Swingers« beobachten, die Gruppensex betreiben und im übrigen höchst gelangweilt, unglücklich und konventionell sind und die sich an die sexuelle Befriedigung als einzige Abwechslung in ihrer ewigen Langeweile und ihrer Einsamkeit klammern. Vermutlich unterscheiden sie sich nicht allzusehr von jenen Sektoren der Konsumgesellschaft – zu denen auch viele Mitglieder der jüngeren Generation gehören –, für die der sexuellen Konsumption keine Beschränkungen auferlegt sind und für die der Sex (genau wie die Drogen) die einzige Abwechsiung in ihrer sonst gelangweilten und deprimierten seelischen Verfassung ist.

[40] S. Palmer (1955) hat sich mit der Aggressivität primitiver Völker beschäftigt, indem er die Häufigkeit der Selbstmorde und Morde in vierzig Gesellschaften ohne Schriftsprache untersuchte. Er faßt Selbstmorde und Morde unter dem Oberbegriff »destruktive Handlungen« zusammen und vergleicht ihre Häufigkeit in diesen vierzig Gesellschaften. Unter den von ihm untersuchten Gruppen befindet sich eine mit einem niedrigen Destruktionsindex (0–5); zu dieser Gruppe gehören acht Kulturen. Zu einer weiteren Gruppe mit einem mittleren Grad von Destruktivität (6–15) gehören vierzehn Sozietäten. Eine dritte Gruppe ist durch einen sehr hohen Grad der Destruktivität gekennzeichnet (16–42). Zu ihr gehören achtzehn Kulturen. Faßt man die beiden Gruppen mit der niedrigen und der mittleren Aggressivität zusammen, so bekommt man zweiundzwanzig Kulturen von niedriger oder mittlerer gegenüber achtzehn mit starker Aggressivität. Obwohl dies ein höherer Prozentsatz sehr aggressiver Gesellschaften ist, als ich selbst in meiner Analyse der dreißig primitiven Kulturen festgestellt habe, bestätigt Palmers Analyse doch denselben Trend.

Feststellung machen, daß die Menschen sich gegen eine Bedrohung ihres Lebens verteidigen, indem sie kämpfen (oder fliehen), sind Zerstörungswut und Grausamkeit in so vielen Gesellschaften so minimal, daß diese großen Unterschiede nicht zu erklären wären, wenn wir es mit einer »angeborenen« Leidenschaft zu tun hätten. Überdies spricht die Tatsache, daß die am wenigsten zivilisierten Gesellschaften wie die Jäger und Sammler und die frühen Ackerbauer weniger Destruktivität bekunden als die weiterentwickelten Gesellschaften, gegen die Auffassung, daß die Destruktivität zur menschlichen »Natur« gehört. Schließlich spricht auch die Tatsache, daß es sich bei der Destruktivität nicht um einen isolierten Faktor, sondern – wie wir sahen – um den Bestandteil eines Charaktersyndroms handelt, gegen die instinktivistische These.

Daß Destruktivität und Grausamkeit nicht wesensmäßig zur menschlichen Natur gehören, besagt freilich nicht, daß sie nicht intensiv und weit verbreitet wären. Dies bedarf keines Beweises. Viele Forscher, die sich mit den primitiven Gesellschaften beschäftigt haben, haben dies aufgezeigt,[41] wobei man sich jedoch vor Augen halten sollte, daß diese Daten sich auf weiter fortgeschrittene – oder entartete – primitive Gesellschaften und nicht auf die primitivsten unter ihnen – nämlich die Jäger und Sammler – beziehen. Wir waren – und sind noch – selbst Zeugen solcher Akte einer hemmungslosen Zerstörungswut und Grausamkeit, so daß wir uns nicht um historische Beweise zu bemühen brauchen.

Aus diesem Grunde werde ich das reiche Material über die menschliche Zerstörungswut, das allbekannt ist, hier nicht zitieren, während ich es für nötig befunden habe, die neueren Forschungsergebnisse über die Jäger und Sammler und die frühen neolithischen Ackerbauer ausgiebig zu behandeln, da sie außer unter Spezialisten noch wenig bekannt sind.

Ich möchte den Leser in zweierlei Hinsicht warnen. Einmal ist viel Verwirrung dadurch entstanden, daß man das Wort »primitiv« für vorzivilisierte Kulturen sehr unterschiedlicher Art anwendet. Gemeinsam ist ihnen, daß sie über keine Schriftsprache und keine weitentwickelte Technik verfügen und daß sie nicht mit Geld bezahlen; doch weisen die primitiven Gesellschaften untereinander hinsichtlich ihrer ökonomischen, sozialen und politischen Struktur radikale Unterschiede auf. Tatsächlich gibt es – außer in der Abstraktion – überhaupt keine »primitiven Gesellschaften« schlechthin, sondern nur verschiedene Typen von primitiven Gesellschaften. Das Fehlen von Destruktivität charakterisiert die Jäger und Sammler und einige höherentwickelte primitive Gesellschaften, während bei vielen anderen und bei zivilisierten Gesellschaften Destruktivität und nicht Friedfertigkeit das Bild beherrscht.

Ein anderer Irrtum, vor dem ich warnen möchte, besteht darin, daß man die spirituelle und religiöse Bedeutung und Motivation von Handlungen übersieht, die faktisch destruktiv und grausam sind. Betrachten wir als drastisches Beispiel hierfür die Opferung von Kindern, wie sie in Kanaan zur Zeit der hebräischen Eroberung und in Karthago bis zu seiner Zerstörung durch die Römer im dritten Jahrhundert vor Christus praktiziert wurde. Wurden diese Eltern durch eine destruktive, grausame Leidenschaft, ihre eigenen Kinder zu töten, zu ihrer Tat bewogen? Ganz gewiß ist dies höchst unwahrscheinlich. In

[41] M. R. Davie (1929) bringt zum Beispiel reiches Material über Destruktivität und Quälereien bei Primitiven. (Vgl. auch Q. Wright [1965] über die Kriegführung in der Zivilisation.)

der Geschichte von Abrahams Versuch, Isaak zu opfern – eine Geschichte, die gegen die Opferung von Kindern sprechen soll –, wird in bewegender Weise Abrahams Liebe zu Isaak hervorgehoben; trotzdem wird Abraham in seinem Entschluß, seinen Sohn zu opfern, nicht wankend. Ganz offensichtlich haben wir es hier mit einer religiösen Motivation zu tun, die stärker ist als selbst die Liebe zum eigenen Kind. In einer solchen Kultur ist der Mensch seinem religiösen System so ganz hingegeben, daß er, obwohl er grausam handelt, nicht von Grausamkeit motiviert ist.

Vielleicht wird dies verständlicher, wenn wir uns einem modernen Phänomen zuwenden, das mit der Opferung von Kindern zu vergleichen ist, dem Phänomen des Krieges. Nehmen wir zum Beispiel den Ersten Weltkrieg. Eine Mischung aus ökonomischen Interessen, Ehrgeiz und Eitelkeit von seiten der Führer und ein gutes Teil stupider Torheit auf allen Seiten hat diesen Krieg verursacht. Aber sobald er einmal ausgebrochen war (oder sogar schon etwas früher), wurde er zu einem »religiösen« Phänomen. Staat, Nation, nationale Ehre wurden zu Idolen, und beide Seiten opferten diesen Idolen freiwillig ihre Kinder. Ein großer Prozentsatz der jungen Männer aus der britischen und deutschen Oberklasse, die für den Krieg verantwortlich waren, wurde bereits in den ersten Kriegstagen vernichtet. Ganz sicher haben ihre Eltern sie geliebt. Aber gerade die, die von den traditionellen Vorstellungen am tiefsten erfüllt waren, ließen sich durch ihre Liebe nicht hindern, ihre Kinder in den Tod zu schicken, und auch die Jungen, die in den Tod gingen, zögerten keinen Augenblick. Dabei macht es bei diesem Kindesopfer kaum einen Unterschied, ob der Vater sein Kind direkt tötet oder ob – im Falle des Krieges – beide Seiten eine Vereinbarung treffen, jeweils die Kinder der anderen zu töten. Im Kriegsfall wissen die Verantwortlichen genau, was geschehen wird, aber die Macht der Idole ist größer als die Macht der Liebe zu den eigenen Kindern.

Ein Phänomen, das man oft als Beweis für die angeborene Destruktivität des Menschen zitiert hat, ist der Kannibalismus. Die Vertreter der These von der angeborenen Destruktivität des Menschen haben viel Aufhebens von Funden gemacht, aus denen hervorzugehen scheint, daß selbst die primitivste Form des Menschen, der Pekingmensch (etwa 500000 Jahre vor Christus), ein Kannibale war.

Wie sehen die Tatsachen aus?

In Chou-Kou-tiën wurden die Fragmente von vierzig Schädeln gefunden, von denen man annimmt, daß sie zum primitivsten der uns bekannten menschlichen Wesen, dem Pekingmenschen, gehörten. Andere Knochen wurden fast keine gefunden. Die Schädel waren an der Basis verstümmelt, was die Vermutung nahelegt, daß das Gehirn entfernt worden war. Der weitere Schluß lautete, daß das Gehirn verzehrt wurde und daß die Funde von Chou-Kou-tiën beweisen, daß die frühesten uns bekannten menschlichen Wesen Kannibalen waren.

Allerdings ist keine dieser Schlußfolgerungen bisher bewiesen. Wir wissen nicht einmal, wer die Menschen getötet hat, deren Schädel gefunden wurden, zu welchem Zweck dies geschah und ob es sich dabei um eine Ausnahme oder um einen typischen Fall handelte. L. Mumford (1967) hat ebenso wie K. J. Narr (1961) überzeugend dargelegt, daß es sich bei diesen Vermutungen lediglich um Spekulationen handelt. Mumford weist darauf hin, daß – wie die Tatsachen über den Pekingmenschen auch immer aussehen mögen – der weitverbreitete spätere Kannibalismus besonders in Afrika und Neu-Guinea nicht als

Beweis dafür genommen werden kann, daß der Kannibalismus auch schon bei Menschen auf einer früheren Stufe zu finden ist. (Es ist das gleiche Problem, auf das wir auch bei dem Phänomen gestoßen sind, daß die primitivsten Menschen weniger destruktiv sind als die weiterentwickelten und daß sie, nebenbei bemerkt, auch eine fortgeschrittenere Form der Religion haben als viele in der Entwicklung weiter fortgeschrittene Primitive [K. J. Narr, 1961]).

Unter den vielen Spekulationen, welche Bedeutung wohl die Extraktion des Gehirns beim Pekingmenschen haben könnte, verdient eine besondere Beachtung, nämlich die Annahme, daß wir es dabei mit einem rituellen Akt zu tun haben, bei dem das Gehirn nicht als Nahrung, sondern als heilige Speise verzehrt wurde. A. C. Blanc hat in seiner Untersuchung der Ideologien der ersten Menschen ebenso wie die oben erwähnten Autoren darauf hingewiesen, daß wir über die religiösen Ideen des Pekingmenschen fast nichts wissen, aber daß es immerhin denkbar ist, daß er der erste war, der einen rituellen Kannibalismus praktizierte (A. C. Blanc, 1961).[42] Blanc weist auf einen möglichen Zusammenhang zwischen den Funden in Chou-Kou-tiën und denen von Neandertalschädeln in Monte Circeo hin, die ebenfalls Beschädigungen der Hirnbasis zur Extraktion der Gehirnmasse aufwiesen. Er ist der Ansicht, daß wir nun genügend Hinweise darauf besitzen, daß wir es mit einem rituellen Akt zu tun haben. Er weist darauf hin, daß die Beschädigungen genauso aussehen wie die, welche von den Kopfjägern von Borneo und Melanesien stammen, wo die Kopfjagd eindeutig rituelle Bedeutung hat. Interessant ist, daß diese Stämme, wie Blanc feststellt, »nicht besonders blutdürstig oder aggressiv sind und auf einem recht hohen moralischen Niveau stehen« (A. C. Blanc, 1961).

Alle diese Daten legen den Schluß nahe, daß unser Wissen über den Kannibalismus des Pekingmenschen nichts weiter ist als eine plausible Konstruktion und daß es sich dabei – falls es sich bewahrheitet – höchstwahrscheinlich um ein rituelles Phänomen handelt, das sich von dem großenteils destruktiven, nichtrituellen Kannibalismus in Afrika, Südamerika und Neu-Guinea grundsätzlich unterscheidet (M. R. Davie, 1929). Wie selten der *prähistorische* Kannibalismus war, geht daraus hervor, daß E. Vollhard in seiner Monographie über den *»Kannibalismus«* behauptet hat, bis jetzt sei kein valider Beweis für die Existenz des prähistorischen Kannibalismus aufgetaucht, und daß er seine Auffassung erst 1942 änderte, als Blanc ihn mit dem Schädel von Monte Circeo bekannt machte (berichtet von A. C. Blanc, 1961).

Auch bei den Kopfjägern finden wir rituelle Motive wie beim rituellen Kannibalismus. Um festzustellen, bis zu welchem Grade sich die Methoden der Kopfjäger aus einem Ritual mit religiöser Bedeutung in ein sadistisches, destruktives Verhalten verwandelt haben, bedarf es noch weit gründlicherer Untersuchungen, als man bisher diesem Problem gewidmet hat. Andererseits ist die Folterung vielleicht viel seltener ein ritueller Akt

[42] Blanc weist auf die dionysischen Mysterien der alten Griechen hin und meint: »Schließlich dürfte auch der Hinweis von Bedeutung sein, daß der Apostel Paulus in seinem Brief an die Korinther die reale Gegenwart von Christi Fleisch und Blut im eucharistischen Ritual mit besonderem Nachdruck betont. Es war dies ein wirksames Mittel, das Vordringen und die Annahme des Christentums und seines Hauptrituals in Griechenland zu fördern, wo die Tradition des dionysischen symbolischen Ritualmahles besonders stark und tief erlebt wurde« (A. C. Blanc, 1961).

als Ausdruck sadistischer Impulse, ganz gleich, ob man es mit einem primitiven Stamm oder mit individuellen oder politisch organisierten Folterungen von heute zu tun hat.

Man kann alle diese Phänome der Destruktivität und Grausamkeit nur verstehen, wenn man in Betracht zieht, daß dabei nicht nur destruktive und grausame Motive, sondern auch religiöse eine Rolle spielen können. Eine solche Unterscheidung findet jedoch wenig Verständnis in einer Kultur, die sich der Intensität eines Strebens nach nichtpraktischen, nichtmateriellen Zielen und der Macht spiritueller und religiöser Motive kaum noch bewußt ist.

Aber selbst dann, wenn wir begreifen lernen, daß in vielen Fällen ein destruktives und grausames *Verhalten* nicht auf eine destruktive und grausame psychische *Motivation* zurückzuführen ist, bleibt doch die Tatsache bestehen, daß es noch genug Hinweise darauf gibt, daß der Mensch im Gegensatz zu praktisch allen Säugetieren der einzige Primat ist, der beim Töten und Quälen eine intensive Lust empfinden kann. Ich glaube in diesem Kapitel dargelegt zu haben, daß diese Destruktivität weder angeboren noch ein Bestandteil der »menschlichen Natur« ist und daß sie nicht bei allen Menschen zu finden ist. Die Frage nach der Natur und den spezifisch menschlichen Bedingungen für diese potentielle Bösartigkeit des Menschen hoffe ich – wenigstens bis zu einem gewissen Grade – in den folgenden Kapiteln beantworten zu können.

DRITTER TEIL

Die verschiedenen Arten der Aggression und Destruktivität und ihre jeweiligen Voraussetzungen

9

DIE GUTARTIGE AGGRESSION

Vorbemerkungen

Das im vorangegangenen Kapitel dargelegte Tatsachenmaterial hat zu der Schlußfolgerung geführt, daß die defensive Aggression in das tierische und menschliche Gehirn »eingebaut« ist und die Funktion hat, vitale Interessen gegen Bedrohungen zu verteidigen. Wenn die menschliche Aggression mehr oder weniger auf dem gleichen Niveau stünde wie die anderer Säugetiere – besonders wie die unseres nächsten Verwandten, des Schimpansen –, so wäre die menschliche Gesellschaft recht friedlich und wenig gewalttätig. Aber dem ist nicht so. Die Geschichte der Menschheit ist der Bericht einer außerordentlichen Destruktivität und Grausamkeit, und die Aggression des Menschen ist offenbar weit größer als die seiner tierischen Ahnen; der Mensch ist im Gegensatz zu den meisten Tieren ein wirklicher »Killer«.

Wie läßt sich diese »Hyperaggression« im Menschen erklären? Stammt sie aus derselben Quelle wie die tierische Aggression, oder ist der Mensch mit einem anderen spezifisch menschlichen Potential für Destruktivität ausgestattet?

Für erstere Annahme spricht, daß auch Tiere eine außerordentliche und bösartige Destruktivität bekunden, wenn das umweltmäßige und soziale Gleichgewicht gestört ist – obwohl dies nur ausnahmsweise vorkommt –, zum Beispiel unter den Bedingungen des »crowding«. Man könnte daraus schließen, daß der Mensch soviel destruktiver ist, weil er Bedingungen wie die Überfüllung geschaffen oder andere Aggression erzeugende Konstellationen herbeigeführt hat, die zum Normalzustand geworden sind, anstatt im Laufe seiner Geschichte eine Ausnahme zu bilden. Danach wäre die Hyperaggression des Menschen nicht auf ein größeres aggressives *Potential* zurückzuführen, sondern auf die Tatsache, daß die Aggression hervorrufenden *Bedingungen* beim Menschen weit häufiger anzutreffen sind als bei Tieren, die in ihrem natürlichen Habitat leben.[1]

Dieses Argument ist stichhaltig – soweit sich sein Geltungsbereich erstreckt. Es ist auch

[1] Diese Ansicht vertreten C. und W. M. S. Russell (1968a).

deshalb wichtig, weil es zu einer kritischen Analyse der Situation des Menschen in der Geschichte Anlaß gibt. Es legt den Gedanken nahe, daß der Mensch während des größten Teils seiner Geschichte in einem Zoo gelebt hat und nicht »in der freien Natur«, das heißt im Zustand der Freiheit, der menschlichem Wachstum und Wohlbefinden förderlich ist. Tatsächlich sind die meisten Daten über die »Natur« des Menschen im Grunde von der gleichen Art wie die von Zuckerman ermittelten Daten über die Paviane vom Monkey Hill im Londoner Zoo (S. Zuckerman, 1932).

Aber die Tatsache bleibt bestehen, daß der Mensch selbst in Situationen, bei denen keine Überfüllung vorhanden ist, oft grausam und destruktiv handelt. Destruktivität und Grausamkeit können bei ihm ein intensives Gefühl der Befriedigung hervorrufen; Menschenmassen können plötzlich von Blutdurst erfaßt werden. Individuen und Gruppen können eine Charakterstruktur besitzen, aus der heraus sie begierig auf Situationen warten – oder sie auch künstlich herbeiführen –, die es ihnen erlauben, ihrer Destruktivität Ausdruck zu geben.

Tiere dagegen haben keine Lust daran, anderen Tieren Schmerz und Leiden zuzufügen, und sie töten auch nicht »um nichts und wieder nichts«. Manchmal erwecken Tiere den Anschein, daß sie sich sadistisch verhalten – zum Beispiel wenn eine Katze mit einer Maus spielt. Es wäre jedoch eine anthropomorphe Interpretation, wollte man annehmen, daß die Katze an dem Leiden der Maus Spaß hat. Jedes sich schnell bewegende Objekt kann ihr als Spielzeug dienen, ob es sich nun um eine Maus oder um ein Wollknäuel handelt. Oder, um ein anderes Beispiel zu nennen: Lorenz berichtet von einem Vorfall, bei dem zwei Tauben in einem zu engen Käfig eingesperrt waren und die stärkere die andere Feder um Feder lebendig »geschunden« hat, bis Lorenz eingriff und sie trennte. Aber auch hier ist das, was als eine Manifestation hemmungsloser Grausamkeit erscheinen könnte, in Wirklichkeit eine Reaktion auf den Raummangel und fällt unter die Kategorie der defensiven Aggression.

Der Wunsch, zu zerstören um des Zerstörens willen, ist etwas anderes. Nur der Mensch scheint Lustgefühle zu empfinden, wenn er Leben grundlos und nur um der Zerstörung willen vernichtet. Allgemeiner ausgedrückt scheint allein der Mensch über das Ziel der Selbstverteidigung oder der Befriedigung seiner Bedürfnisse hinaus destruktiv zu sein.

Die These, die in diesem Kapitel entwickelt wird, lautet, daß die Destruktivität und Grausamkeit des Menschen nicht aus seinem tierischen Erbe oder aus einem destruktiven Instinkt zu erklären ist, sondern daß sie auf Faktoren zurückzuführen ist, durch die sich der Mensch von seinen tierischen Ahnen *unterscheidet*. Das Problem besteht darin, zu untersuchen, *inwiefern und bis zu welchem Grad die spezifischen Bedingungen der menschlichen Existenz für die Qualität und Intensität der menschlichen Lust am Morden und Quälen verantwortlich sind.*[2]

[2] L. von Bertalanffy vertritt im Prinzip eine ähnliche Einstellung. Er schreibt: »Es besteht kein Zweifel, daß in der menschlichen Psyche aggressive und destruktive Tendenzen vorhanden sind, die die Qualität von biologischen Trieben haben. Die gefährlichsten Erscheinungsformen der Aggression jedoch, die über die Selbsterhaltung und Selbstzerstörung hinausgehen, gründen sich auf einen spezifischen Charakterzug des Menschen, der über dem biologischen Niveau liegt, nämlich auf seine Fähigkeit, sich symbolische Welten des Denkens, der Sprache und des Verhaltens zu schaffen« (L. von Bertalanffy, 1956).

Selbst bis zu dem Grad, bis zu dem die menschliche Aggressivität den gleichen defensiven Charakter wie die tierische besitzt, ist sie viel häufiger anzutreffen, was in der menschlichen Situation begründet ist. Wir wollen uns in diesem Kapitel zunächst mit der defensiven Aggression befassen und anschließend darlegen, in welchen Formen sie einzig beim Menschen anzutreffen ist.

Wenn wir uns darauf einigen, als »Aggression« alle Akte zu bezeichnen, die einer anderen Person, einem Tier oder einem unbelebten Objekt Schaden zufügen oder dies zu tun beabsichtigen, dann sind die vielen verschiedenen Arten von Impulsen, die man unter der Kategorie »Aggression« zusammenfaßt, grundsätzlich daraufhin zu unterscheiden, ob es sich bei ihnen um die *biologisch adaptive, dem Leben dienende, gutartige Aggression* oder um die *biologisch nichtadaptive, bösartige Aggression* handelt.

Auf diesen Unterschied haben wir bereits bei der Besprechung der neurophysiologischen Aspekte der Aggression hingewiesen. Um noch einmal kurz zusammenzufassen: Die biologisch adaptive Aggression ist eine Reaktion auf eine Bedrohung der vitalen Interessen; sie ist phylogenetisch programmiert; sie ist Tieren und Menschen gemeinsam; sie ist nicht spontan und steigert sich nicht von selbst, sondern sie ist reaktiv und defensiv; sie zielt darauf ab, die Bedrohung zu beseitigen, indem sie sie entweder vernichtet oder ihre Ursache beseitigt.

Die biologisch nichtadaptive, bösartige Aggression, das heißt die Destruktivität und Grausamkeit, stellt keine Verteidigung gegen eine Bedrohung dar; sie ist nicht phylogenetisch programmiert; sie kennzeichnet allein den Menschen; sie ist biologisch schädlich, weil sie sozial zerstörerisch wirkt; ihre Hauptmanifestationen – Mord und Grausamkeit – sind lustvoll, ohne daß sie einem anderen Zweck zu dienen brauchen; sie ist nicht nur schädlich für denjenigen, der angegriffen wird, sondern auch für den Angreifer. Die bösartige Aggression ist zwar kein Instinkt, sie ist aber ein menschliches, in den Bedingungen der menschlichen Existenz selbst verwurzeltes Potential.

Die Unterscheidung zwischen der biologisch adaptiven und der biologisch nichtadaptiven Aggression sollte uns dabei behilflich sein, eine Begriffsverwirrung zu klären, die in der gesamten Diskussion über die menschliche Aggression festzustellen ist. Diejenigen, die die Häufigkeit und Intensität der menschlichen Aggression damit erklären, daß sie auf einen angeborenen Wesenszug der menschlichen Natur zurückzuführen sei, zwingen hierdurch oft ihre Gegner, die nicht bereit sind, alle Hoffnung auf eine friedliche Welt fahren zu lassen, das Ausmaß der menschlichen Destruktivität und Grausamkeit zu bagatellisieren. So sehen sich diese Anwälte der Hoffnung oft in die Defensive gedrängt und genötigt, eine übertrieben optimistische Auffassung vom Menschen zu vertreten. Wenn man zwischen defensiver und bösartiger Aggression unterscheidet, hat man das nicht nötig. Man impliziert dann lediglich, daß der bösartige Teil der menschlichen Aggression dem Menschen nicht angeboren und daher auch nicht unausrottbar ist, und gibt andererseits zu, daß die bösartige Aggression ein menschliches Potential und mehr als ein erlerntes Verhaltensmodell ist, das schnell verschwindet, wenn neue Modelle eingeführt werden.

Im dritten Teil wollen wir das Wesen und die Bedingungen sowohl der gutartigen als auch der bösartigen Aggression untersuchen, wobei wir uns sehr viel ausführlicher mit der letzteren befassen werden. Bevor wir jedoch darangehen, möchte ich den Leser noch einmal daran erinnern, daß die folgende Analyse der Aggression in allen ihren Spielarten im Gegensatz zur behavioristischen Theorie sich mit den aggressiven *Impulsen* befaßt ohne Rücksicht darauf, ob sie sich in einem aggressiven *Verhalten* äußern oder nicht.

Die Pseudoaggression

Unter Pseudoaggression verstehe ich aggressive Akte, die Schaden anrichten können, ohne daß eine Absicht dazu besteht.

Die unbeabsichtigte Aggression

Das augenfälligste Beispiel der Pseudoaggression ist die zufällige, unbeabsichtigte Aggression, das heißt ein aggressiver Akt, durch den ein anderer Mensch verletzt wird, ohne daß dies beabsichtigt war. Das klassische Beispiel für diese Art der Aggression ist, wenn jemand einen Revolver abfeuert und versehentlich jemand, der in der Nähe steht, verletzt oder tötet. Die Psychoanalyse hat die juristische Auslegung solcher Unglücksfälle etwas kompliziert, indem sie den Begriff der unbewußten Motivation ins Spiel brachte, so daß man sich fragen kann, ob das, was als Unfall erscheint, nicht vom Aggressor unbewußt beabsichtigt war. Diese Erwägung würde die Zahl der Fälle, die unter die Kategorie der unbeabsichtigten Aggression fallen, vermindern, aber es würde sich um eine rein dogmatische, übertriebene Vereinfachung handeln, wollte man annehmen, daß jede unbeabsichtigte Aggression auf unbewußten Motiven beruht.

Die spielerische Aggression

Die spielerische Aggression dient der Geschicklichkeitsübung. Sie bezweckt keine Zerstörung oder Verletzung und ist nicht von Haß motiviert. Während Fechten, Schwertkampf und Bogenschießen sich aus dem Bedürfnis entwickelt haben, den Feind bei der Verteidigung oder beim Angriff zu töten, haben sie heute ihre ursprüngliche Funktion fast ganz verloren und sind zu einer reinen Kunstfertigkeit geworden. Diese Kunst wird zum Beispiel beim Schwertkampf des Zen-Buddhismus ausgeübt, der große Geschicklichkeit, eine vollkommene Beherrschung des ganzen Körpers und eine vollkommene Konzentration erfordert – Eigenschaften, die er mit einer Kunst teilt, die scheinbar völlig anderer Art ist, nämlich mit der Teezeremonie. Ein Zen-Meister im Schwertkampf hat nicht den Wunsch, zu töten oder zu zerstören, und hegt keinen Haß. Er macht die richtige Bewegung, und wenn sein Gegner getötet wird, so dann, weil er »am falschen Platz stand«.[3] Ein Vertreter der klassischen Psychoanalyse könnte argumentieren, daß das unbewußte Motiv des Schwertkämpfers Haß und der Wunsch, seinen Gegner zu vernichten, gewesen sein könnte; das ist seine Sache, aber er würde damit zeigen, daß er wenig vom Geist des Zen-Buddhismus erfaßt hat.

[3] Persönliche Mitteilung des verstorbenen Dr. D. T. Suzuki.

Pfeil und Bogen waren früher einmal ebenfalls Angriffs- und Verteidigungswaffen zum Zweck der Vernichtung, aber heute ist die Kunst des Bogenschießens eine reine Geschicklichkeitsübung, wie auch aus dem so instruktiven Büchlein von E. Herrigel, *Zen in the Art of Archery* (Zen in der Kunst des Bogenschießens) (1953), hervorgeht. In der westlichen Kultur finden wir dasselbe Phänomen in bezug auf Fechten und Schwertkampf, die ebenfalls zum Sport geworden sind. Wenn hier auch die spirituellen Aspekte der Zen-Kunst fehlen mögen, sind beides doch Kampfarten, bei denen man nicht die Absicht hat, den Gegner zu verletzen. Ähnlich ist auch bei primitiven Stämmen häufig zu beobachten, daß es sich bei ihren Kämpfen weitgehend um eine Zurschaustellung der Geschicklichkeit handelt und daß sie erst in zweiter Linie ein Ausdruck von Destruktivität sind.

Aggression als Selbstbehauptung

Bei weitem die wichtigste Art der Pseudoaggression ist die, welche mehr oder weniger mit Selbstbehauptung gleichzusetzen ist. Es handelt sich dabei um Aggression im buchstäblichen Sinn der Wortwurzel – *aggredi* von *ad gradi* (*gradus* bedeutet »Schritt« und ad »auf etwas zu«, was also soviel heißt wie »sich auf etwas zu bewegen«, gehen, schreiten) –, ähnlich wie Regression von *regredi* kommt und »sich zurückbewegen« bedeutet. *Aggredi* ist genau wie die heute veraltete englische Form *»to aggress«* ein intransitives Verb. Es besteht die Möglichkeit, *»to aggress«*, das heißt sich vorwärtszubewegen, aber es ist nicht möglich, *»to aggress somebody«* in der Bedeutung von »jemand angreifen«. Das Wort *»aggress«* muß schon früh die Bedeutung »angreifen« angenommen haben, da im Krieg das Vorwärtsgehen gewöhnlich der Beginn eines Angriffs war.

Aggressiv sein in der ursprünglichen Bedeutung des Wortes heißt soviel wie *auf ein Ziel losgehen ohne unangebrachtes Zögern, Zweifel oder Furcht.*

Die Auffassung von der der Selbstbehauptung dienenden Aggression scheint sich durch bestimmte Beobachtungen zu bestätigen, die sich auf den Zusammenhang zwischen dem männlichen Hormon und der Aggression beziehen. Eine Anzahl von Experimenten hat ergeben, daß männliche Hormone die Tendenz zeigen, ein aggressives Verhalten hervorzurufen. Wenn wir die Frage beantworten wollen, weshalb dies so ist, müssen wir in Betracht ziehen, daß einer der grundlegendsten Unterschiede zwischen Mann und Frau ihre unterschiedliche Funktion während des Sexualaktes ist. Die anatomischen und physiologischen Bedingungen der Sexualfunktion des Mannes erfordern, daß der Mann fähig ist, das Hymen zu durchstoßen und daß er nicht durch Angst, Zögern oder selbst durch den eventuellen Widerstand der Frau davon abgehalten wird. Bei den Tieren muß oft das Männchen das weibliche Tier bei der Kopulation in der richtigen Stellung festhalten. Da die sexuelle Funktionsfähigkeit des männlichen Partners für das Fortleben der Art von grundlegender Bedeutung ist, sollte man erwarten, daß die Natur ihn mit einem besonders aggressiven Potential ausgestattet hat. Eine Anzahl von Daten scheint diese Erwartung zu bestätigen.

Man hat zahlreiche Experimente durchgeführt, um den Zusammenhang zwischen der Aggression und der Kastration des männlichen Tiers oder zwischen der Aggression und ihrer Beeinflussung durch eine Injektion männlicher Hormone beim kastrierten Männchen festzustellen. Grundlegende Untersuchungen auf diesem Gebiet wurden in den vierziger Jahren durchgeführt.[4] Eines der klassischen Experimente hat Beeman beschrieben. Er hat nachgewiesen, daß männliche erwachsene Mäuse (25 Tage alt), die man kastriert hatte, einige Zeit nach der Operation nicht mehr wie vor der Kastration kämpften, sondern sich friedlich verhielten. Wenn man dann aber denselben Tieren männliche Hormone einspritzte, fingen sie wieder zu kämpfen an, hörten aber wieder damit auf, wenn man ihnen das männliche Hormon entzog. Beeman konnte jedoch auch demonstrieren, daß die Mäuse nicht zu kämpfen aufhörten, wenn man ihnen nach der Operation keine Ruhe gönnte, sondern sie weiterhin darauf konditionierte, ihre täglichen Kämpfe durchzuführen (E. A. Beeman, 1947). Dies weist darauf hin, daß das männliche Hormon eine *Stimulation* des Kampfverhaltens bewirkte, daß es aber nicht die *Vorbedingung* darstellte, ohne die es nicht dazu kommen konnte.

Ähnliche Experimente sind von G. Clark und H. G. Bird (1946) auch mit Schimpansen durchgeführt worden. Das Ergebnis war, daß das männliche Hormon das Aggressionsniveau (die Dominanz) anhob und daß das weibliche Hormon es senkte. Spätere Experimente wie die, über die E. B. Sigg berichtet, bestätigen die Arbeiten von Beeman und anderen. Sigg kommt zu dem Schluß: »Man kann behaupten, daß die Verstärkung des aggressiven Verhaltens bei isolierten Mäusen vermutlich auf einer Störung des multihormonalen Gleichgewichts beruht, wodurch die Schwelle des die Aggression auslösenden Reizes herabgesetzt wird. Die männlichen Geschlechtshormone spielen bei dieser Reaktion eine entscheidende Rolle, während andere endokrine Veränderungen (adreno-kortikale, adreno-medullare und thyroide) mitspielen und sich ebenfalls auswirken können« (S. Garattini und E. B. Sigg, ed., 1969).

Von den übrigen Abhandlungen im gleichen Band, die sich mit dem Problem der Beziehung zwischen Geschlechtshormonen und Aggression befassen, möchte ich nur noch die von K. M. J. Lagerspetz erwähnen. Er berichtet über Experimente, welche die Tendenz aufweisen, daß bei Mäusen, die darauf konditioniert waren, ein stark aggressives Verhalten zu zeigen, sowohl das Bespringen als auch die Kopulation völlig gehemmt war, während bei Mäusen, die darauf konditioniert waren, sich nichtaggressiv zu verhalten, das sexuelle Verhalten nicht gehemmt war. Der Verfasser meint, daß »diese Resultate die Vermutung nahelegen, daß diese beiden Verhaltenstypen Alternativen darstellen, die selektiv gehemmt und verstärkt werden können und daß sie die Vermutung nicht stützen, daß aggressives und sexuelles Verhalten auf eine gemeinsame Stimulation zurückzuführen ist, die dann durch Umweltreize kanalisiert wird« (K. M. J. Lagerspetz, 1969). Eine solche Schlußfolgerung widerspricht der Annahme, daß aggressive Impulse an den männlichen Sexualimpulsen beteiligt sind. Ich fühle mich nicht kompetent, diesen offensichtlichen Widerspruch auszuwerten. Ich werde jedoch ein wenig später eine diesbezügliche Hypothese vorschlagen.

Die Vermutung, daß ein Zusammenhang zwischen der Männlichkeit und der Aggression besteht, könnte sich auch auf Ergebnisse und Spekulationen über das Wesen des Y-Chromosoms berufen. Das weibliche Geschlecht besitzt zwei Geschlechtschromosomen (XX); das männliche Geschlechtschromosomenpaar besteht aus einem X und einem Y

[4] Vgl. F. A. Beach (1945).

(XY). Beim Prozeß der Zellteilung können jedoch abnormale Entwicklungen auftreten, wobei vom Standpunkt der Aggression die wichtigste darin besteht, daß ein männliches Lebewesen ein X- und zwei Y-Chromosomen hat (XYY). (Es gibt auch noch andere Konstellationen, bei denen ein weiteres Geschlechtschromosom vorhanden ist, doch interessieren diese uns in diesem Zusammenhang nicht.) XYY-Individuen scheinen bestimmte körperliche Anomalien aufzuweisen. Sie sind gewöhnlich überdurchschnittlich groß, geistig etwas beschränkt, und Fälle von Epilepsie und epileptoformen Zuständen treten relativ häufig auf. Das uns hier am meisten interessierende Merkmal ist, daß sie auch ungewöhnlich aggressiv sein können. Diese Vermutung ergab sich zuerst bei der Untersuchung von geistig abnormalen (gewalttätigen und gefährlichen) Insassen einer speziellen Sicherheitsverwahrungsanstalt in Edinburgh (P. A. Jacobs u. a., 1965). Sieben der 197 männlichen Insassen hatten eine XYY-Konstitution (3,5 pro Tausend), was einen bedeutend höheren Prozentsatz ausmachen dürfte, als in der Bevölkerung im allgemeinen zu finden ist.[5] Nach der Veröffentlichung dieser Arbeit sind etwa ein Dutzend weitere Untersuchungen durchgeführt worden, deren Ergebnisse die der ersten bestätigen und erweitern.[6] Diese Untersuchungen gestatten jedoch keine definitiven Schlußfolgerungen, und auf sie begründete Annahmen müssen noch auf ihre Bestätigung warten, wozu umfangreichere Untersuchungen mit verfeinerten Methoden unerläßlich sind.[7]

In der Literatur wird gewöhnlich angenommen, daß die männliche Aggression sich nicht von dem unterscheidet, was man im allgemeinen als Aggression bezeichnet – das heißt von einem angriffslustigen Verhalten, das darauf abzielt, anderen Personen Schaden zuzufügen. Aber wenn dies tatsächlich das Wesen der männlichen Aggression ausmachte, wäre es vom biologischen Standpunkt aus höchst verwunderlich. Welche biologische Funktion könnte ein feindseliges, dem weiblichen Partner schädliches Verhalten des männlichen Partners haben? Es würde das elementare Band der männlich-weiblichen Beziehung zerstören und – was vom biologischen Standpunkt aus noch wichtiger ist – es würde die Gefahr bestehen, daß der weibliche Partner geschädigt würde, der die Aufgabe hat, die Nachkommen zu gebären und aufzuziehen.[8] Während sich unter gewissen Kon-

[5] Diese Zahlenwerte sind jedoch anfechtbar, da die Schätzungen über den Prozentsatz von XYY-Vertretern unter der Allgemeinbevölkerung zwischen 0,5 und 3,5 pro Tausend schwanken.

[6] Vgl. M. F. A. Montagu (1968) und J. Nielsen (1968), besonders die hier zitierte Literatur.

[7] Die neueste zusammenfassende Darstellung des Problems kommt zu dem Schluß, daß noch kein Beweis dafür vorliegt, daß zwischen der Aggression und der XYY-Chromosomen-Konstellation ein Zusammenhang besteht. Der Verfasser schreibt: »Die vorherrschende Meinung bei den Konferenzteilnehmern war, daß Anomalien im Verhalten, die angenommen oder festgestellt wurden, bis jetzt keinen Hinweis auf eine direkte Beziehung von Ursache und Wirkung mit der XYY-Chromosomen-Konstitution ergeben. Daher kann man im Augenblick nicht sagen, daß die XYY-Komponente definitiv und unbedingt mit verhaltensmäßigen Anomalien Hand in Hand geht ... Außerdem hat man trotz der weitverbreiteten Meinung nicht feststellen können, daß Individuen mit der XYY-Anomalie aggressiver sind als entsprechende Straffällige mit einer normalen Chromosomen-Konstitution. Es hat den Anschein, daß hier voreilige und unvorsichtige Spekulationen dazu geführt haben, daß man XYY-Personen fälschlich als außergewöhnlich aggressiv und gewalttätig im Vergleich zu anderen Straffälligen gebrandmarkt hat« (S. A. Shah, 1970).

[8] Die Kopulation bei Tieren erweckt gelegentlich den Eindruck, daß das Männchen sich dabei höchst aggressiv verhält. Beobachtungen erfahrener Fachleute haben jedoch ergeben, daß der

stellationen und besonders bei einer patriarchalischen Dominanz und einer Ausbeutung der Frau tatsächlich eine tiefe Feindschaft zwischen den Geschlechtern entwickelt, wäre es nicht zu erklären, wieso ein solcher Antagonismus vom biologischen Standpunkt aus wünschenswert sein könnte und wieso er sich als Ergebnis des Evolutionsprozesses entwickelt haben könnte. Andererseits ist es, wie bereits erwähnt, biologisch notwendig, daß das Männchen die Fähigkeit besitzt, vorzudringen und Hindernisse zu überwinden. Dabei handelt es sich jedoch nicht um ein an sich feindseliges oder angriffslustiges Verhalten; es handelt sich vielmehr um eine Aggression, die dazu dient, daß man sich durchsetzt. Daß sich diese männliche Aggression grundsätzlich von Destruktivität oder Grausamkeit unterscheidet, wird dadurch bestätigt, daß es keinerlei Hinweise gibt, die zu der Annahme führen könnten, daß Frauen weniger destruktiv oder grausam sind als Männer.

Diese Auffassung würde auch einige der Schwierigkeiten klären, die bei dem oben erwähnten Experiment von Lagerspetz auftraten, der feststellte, daß Mäuse, die ein hochgradiges Kampfverhalten zeigten, an der Kopulation kein Interesse hatten (K. M. J. Lagerspetz, 1969). Wenn die Aggression im allgemein üblichen Sinn des Wortes ein Bestandteil der männlichen Sexualität oder auch nur von ihr stimuliert wäre, so wäre das entgegengesetzte Resultat zu erwarten. Der scheinbare Widerspruch zwischen den Experimenten von Lagerspetz und denen anderer Autoren scheint seine einfache Erklärung zu finden, wenn wir zwischen feindseliger Aggression und der Aggression im Sinne des »Vorwärtsschreitens« unterscheiden. Wir dürfen annehmen, daß die kämpfenden Mäuse sich in einer feindseligen, angriffslustigen Stimmung befinden, die die sexuelle Stimulation ausschließt. Andererseits bewirkt die Zufuhr von männlichen Hormonen in den anderen Experimenten keine Feindseligkeit, sondern die Tendenz, vorwärts zu schreiten, wodurch die Hemmungen, die sich dem normalen Kampfverhalten entgegenstellen, reduziert werden.

Die These von Lagerspetz wird gestützt durch die Beobachtung normal menschlichen Verhaltens. Menschen, die sich in einem zornigen und feindseligen Zustand befinden, zeigen wenig sexuelle Begierde, und sexuelle Reize üben keinen starken Einfluß auf sie aus. Ich spreche hier von feindseligen, zornigen, angriffslustigen Tendenzen und nicht vom Sadismus, der mit sexuellen Impulsen durchaus vereinbar und oft mit ihnen vermischt ist. Kurz, *Zorn,* das heißt eine ihrem Wesen nach defensive Aggression, vermindert das sexuelle Interesse; *sadistische* und *masochistische* Impulse werden zwar nicht durch sexuelles Verhalten erzeugt, sind jedoch mit ihm vereinbar oder sie stimulieren es.

Die Aggression, die darauf abzielt, sich durchzusetzen, beschränkt sich nicht auf sexuelle Verhaltensweisen. Es ist eine Grundeigenschaft, die in vielen Situationen des Lebens erforderlich ist, wie zum Beispiel beim Verhalten eines Chirurgen oder eines Bergsteigers und bei den meisten Sportarten. Auch für den Jäger ist diese Eigenschaft unentbehrlich. Ein erfolgreicher Geschäftsmann braucht diese Art von Aggression ebenfalls, was auch darin zum Ausdruck kommt, daß man von einem »aggressiven Geschäftsmann« spricht. In all diesen Situationen ist eine erfolgreiche Leistung nur möglich, wenn der Betreffende das nötige Durchsetzungsvermögen aufweist, das heißt wenn er die Fähigkeit besitzt, sein

Schein trügt und daß wenigstens bei den Säugetieren das männliche Tier dem Weibchen keinen Schaden zufügt.

Ziel entschlossen zu verfolgen, und wenn er sich durch Hindernisse nicht davon abhalten läßt. Natürlich braucht auch jemand, der einen Feind angreift, diese Eigenschaft. Ein General, dem die Aggressivität in diesem Sinne fehlt, wird ein unentschlossener und unfähiger Offizier sein; ein Soldat, der sie bei einem Angriff nicht besitzt, wird leicht zum Rückzug bereit sein. Man muß jedoch zwischen der Aggression, die darauf abzielt, einem anderen Schaden zuzufügen, und der der Selbstbehauptung dienenden Aggression unterscheiden, die lediglich die Verfolgung eines bestimmten Zieles erleichtert, ob es sich nun darum handelt, einen anderen zu schädigen oder schöpferisch aktiv zu werden.

Bei Tierexperimenten, bei denen die Injektion männlicher Hormone die Kampffähigkeit des Tieres erneuert oder verstärkt, muß man zwischen zwei Interpretationsmöglichkeiten unterscheiden: 1. daß die Hormone Wut und Angriffslust hervorrufen und 2. daß sie den Willen des Tieres, sich durchzusetzen, intensivieren, wenn es gilt, seine bereits existierenden feindseligen Ziele zu verfolgen, die auf andere Motive zurückzuführen sind. Bei einer kritischen Überprüfung der Experimente über den Einfluß männlicher Hormone auf die Aggression habe ich den Eindruck gewonnen, daß beide Interpretationen möglich sind, jedoch scheint mir die zweite aus biologischen Gründen die wahrscheinlichere. Weitere Experimente, die sich mit diesem Unterschied beschäftigen, werden möglicherweise überzeugende Belege für die eine oder die andere Hypothese erbringen.

Der Zusammenhang zwischen Selbstbehauptung, Aggression, männlichen Hormonen und – möglicherweise – den Y-Chromosomen legt den Gedanken nahe, daß die Männer mit einer stärkeren, der Durchsetzung der eigenen Persönlichkeit dienenden Aggression ausgestattet sein könnten als die Frauen und daß sie deshalb die besseren Generäle, Chirurgen oder Jäger abgeben könnten, während die Frauen vielleicht eher Eigenschaften besitzen, die auf das Beschützen und Pflegen ausgerichtet sind, weshalb sie vielleicht die besseren Ärzte und Lehrer darstellen. Natürlich kann man aus dem Verhalten der heutigen Frauen keine diesbezüglichen Schlüsse ziehen, da es weitgehend das Resultat der bestehenden patriarchalischen Gesellschaftsordnung ist. Außerdem hätte die gesamte Frage eine rein statistische und keine individuelle Bedeutung. Vielen Männern fehlt es an jener Aggression, die der Durchsetzung der eigenen Persönlichkeit dient, und viele Frauen erfüllen die Aufgaben, bei denen sie unentbehrlich sind, ganz vorzüglich. Offensichtlich ist die Beziehung zwischen Männlichkeit und der Aggression, die der Durchsetzung der eigenen Persönlichkeit dient, keine einfache, sondern eine höchst komplexe Beziehung, über die wir im einzelnen noch fast nichts wissen. Dies ist für den Genetiker weiter nicht erstaunlich, der weiß, daß eine genetische Disposition wohl in einen bestimmten Verhaltenstyp übersetzt werden kann, daß man sie jedoch nur im Zusammenhang mit anderen genetischen Dispositionen und mit der gesamten Lebenssituation, in die ein Mensch hineingeboren ist und in der er leben muß, verstehen kann. Außerdem ist zu bedenken, daß die der eigenen Durchsetzung dienende Aggression eine für das Überleben unentbehrliche Eigenschaft ist und daß sie nicht nur für die Durchführung bestimmter, oben erwähnter Tätigkeiten notwendig ist. Daher ist es eine biologisch naheliegende Vermutung, daß alle menschlichen Wesen damit ausgestattet sind und nicht nur der Mann. Ob die spezifisch männliche Aggression nur das Sexualverhalten beeinflußt oder ob das Phänomen der inhärenten Bisexualität von Männern und Frauen für die der Selbstbehauptung dienende Aggression der Frau genügend sorgt, muß so lange eitle Spekulation bleiben.

bis sehr viel mehr empirische Daten über den Einfluß der männlichen Hormone und Chromosomen zur Verfügung stehen.

Es gibt jedoch eine wichtige Tatsache, die inzwischen klinisch ziemlich gut belegt ist. Jemand, der in bezug auf seine der Selbstbehauptung dienende Aggression keine Hemmungen hat, verhält sich im allgemeinen weniger feindselig im defensiven Sinn als jemand, dem diese Eigenschaft fehlt. Dies gilt sowohl für die defensive Aggression als auch für die bösartige, wie den Sadismus. Die Gründe hierfür liegen auf der Hand. Was die defensive Aggression betrifft, so stellt sie eine Reaktion auf eine Bedrohung dar. Ein Mensch, der bezüglich seiner der Selbstbehauptung dienenden Aggression keine Hemmungen hat, fühlt sich weniger leicht bedroht und gerät daher weniger leicht in eine Lage, wo er defensiv aggressiv reagieren muß. Ein sadistischer Mensch ist sadistisch, weil er an einer Impotenz des Herzens leidet, an der Unfähigkeit, den anderen zu bewegen, ihn zu einer Reaktion zu veranlassen und sich selbst zur geliebten Person zu machen. Er kompensiert dieses Unvermögen mit der Leidenschaft, Macht *über* andere zu haben. Da die der Selbstbehauptung dienende Aggression die Fähigkeit des Menschen, seine Ziele zu erreichen, erhöht, vermindert sie beträchtlich das Bedürfnis, den anderen auf sadistische Weise zu beherrschen.[9]

Abschließend ist über die der Selbstbehauptung dienende Aggression noch zu sagen, daß der Grad, bis zu welchem sie bei einem bestimmten Menschen entwickelt ist, für dessen gesamte Charakterstruktur und für bestimmte Formen von neurotischen Symptomen von großer Bedeutung ist. Der scheue oder gehemmte Mensch leidet genau wie der Zwangsneurotiker an Hemmungen in bezug auf diese Art der Aggression. Die therapeutische Aufgabe besteht zunächst darin, einem solchen Menschen zu helfen, sich dieser Hemmungen bewußt zu werden und ihm dann zum Verständnis zu verhelfen, wie es dazu gekommen ist, vor allem aber, ihm verständlich zu machen, welche anderen Faktoren in seinem Charaktersystem und in seiner Umwelt sie verstärkt und mit Energie versorgt haben.

Vielleicht der wichtigste Faktor, welcher zu einer Schwächung der der Selbstbehauptung dienenden Aggression führt, ist eine autoritäre Atmosphäre in Familie und Gesellschaft, wo die Selbstbehauptung mit Ungehorsam, Angriffslust und Sünde gleichgesetzt wird. Für alle irrationalen und ausbeuterischen Formen der Autorität ist der Versuch, sich durchzusetzen, die Verfolgung der wahren eigenen Ziele – die Ursünde, weil sie die Macht der Autorität bedroht. Man redet den unter dieser Autorität stehenden Menschen ein, die Ziele der Autorität seien auch ihre eigenen, und Gehorsam biete ihnen die besten Chancen zur Selbstverwirklichung.

Die defensive Aggression

Der Unterschied zwischen Mensch und Tier

Die defensive Aggression ist biologisch adaptiv aus Gründen, die wir schon bei der Besprechung der neurophysiologischen Grundlagen der Aggression erwähnt haben. Um

[9] Vgl. die Erörterung des Sadismus in Kapitel 11.

kurz zusammenzufassen: Das Gehirn der Tiere ist phylogenetisch darauf programmiert, Angriffs- oder Fluchtimpulse zu mobilisieren, wenn die vitalen Interessen des Tieres bedroht sind, wie zum Beispiel Nahrung, Lebensraum, seine Jungen und der Zugang zum Weibchen. Grundsätzlich zielt sie darauf ab, die Gefahr zu beseitigen. Dies kann dadurch geschehen, daß das Tier flieht – was meist der Fall ist – oder daß es, falls keine Fluchtmöglichkeit vorhanden ist, kämpft oder eine wirkungsvolle Drohhaltung einnimmt. Das Ziel der defensiven Aggression ist nicht Zerstörung, sondern die Erhaltung des Lebens. Ist dieses Ziel erreicht, so verschwindet die Aggression samt ihren emotionalen Äquivalenten.

Auch der Mensch ist phylogenetisch programmiert, mit Angriff oder Flucht zu reagieren, wenn seine vitalen Interessen bedroht sind. Obwohl diese angeborene Tendenz beim Menschen sich weniger strikt auswirkt als bei den niedereren Säugetieren, sprechen doch genügend Tatsachen dafür, daß der Mensch dazu neigt, sich von seiner phylogenetisch programmierten Tendenz zu einer defensiven Aggression motivieren zu lassen, wenn sein Leben, seine Gesundheit, seine Freiheit oder sein Eigentum bedroht sind (letzteres dann, wenn er in einer Gesellschaft lebt, in der ein Privateigentum existiert und hoch geschätzt wird). Natürlich kann diese Reaktion durch moralische und religiöse Überzeugungen und Erziehung überwunden werden, aber in der Praxis entspricht sie der Reaktion der meisten Individuen und Gruppen. Auf das Konto der defensiven Aggression dürften effektiv die meisten aggressiven Impulse des Menschen gehen.

Man könnte sagen, daß die neuralen Mechanismen für die defensive Aggression bei Tieren und Menschen gleich sind. Diese Behauptung ist korrekt, allerdings nur in einem begrenzten Sinn. Das rührt daher, daß diese mit der Aggression zusammenhängenden Zonen ein Teil des *Gesamthirns* sind und daß das menschliche Gehirn mit seinem großen Neokortex und seiner weit größeren Anzahl von Nervenverbindungen sich vom tierischen Gehirn unterscheidet.

Aber wenn auch die neurophysiologische Basis der defensiven Aggression nicht identisch ist mit der des Tiers, so ist sie doch ähnlich genug, daß man die Behauptung aufstellen kann, daß *diese gleiche neurophysiologische Ausrüstung beim Menschen zu einer defensiven Aggression führt, die vielmals größer ist als die beim Tier.* Der Grund für diese Erscheinung liegt in den spezifischen Bedingungen der *menschlichen* Existenz. Dabei handelt es sich hauptsächlich um folgende: 1. Das Tier faßt nur eine »klare und gegenwärtige Gefahr« als Bedrohung auf. Sicher bewirken seine instinktmäßige Ausrüstung und sein individuell erworbenes und genetisch ererbtes Gedächtnis, daß es sich der Gefahren und Bedrohungen oft deutlicher bewußt ist als der Mensch.

Aber der mit der Fähigkeit der Voraussicht und Phantasie begabte Mensch reagiert nicht nur auf gegenwärtige Gefahren und Bedrohungen, sondern auch auf Gefahren und Bedrohungen, von denen er sich vorstellen kann, daß sie in Zukunft auf ihn zukommen können. Er kann zum Beispiel zu dem Schluß kommen, daß ein benachbarter, in der Kriegführung wohl bewanderter Stamm seinen eigenen Stamm irgendwann angreifen wird, weil dieser der reichere ist. Oder er kann die Überlegung anstellen, daß ein Nachbar, dem er etwas angetan hat, sich dafür rächen wird, wenn der Zeitpunkt günstig ist. Auf politischer Ebene ist die Errechnung einer drohenden Gefahr eines der Hauptanliegen der Politiker und Generäle. Wenn ein einzelner oder eine Gruppe sich bedroht fühlt, wird der Mechanismus der defensiven Aggression auch dann mobilisiert, wenn keine unmittelbare Gefahr droht. Daher reagiert der Mensch häufiger aggressiv, weil er die Fähigkeit besitzt, zukünftige Bedrohungen vorauszusehen.

2. Der Mensch besitzt nicht nur die Fähigkeit, *wirkliche* Gefahren in der Zukunft vorauszusehen, er ist auch imstande, sich von seinen Führern dazu überreden und manipulieren zu lassen, Gefahren zu sehen, die in Wirklichkeit nicht vorhanden sind. So sind die meisten modernen Kriege durch eine systematische Propaganda dieser Art vorbereitet worden. Die Bevölkerung wurde von ihren Führern davon überzeugt, daß sie in Gefahr war, angegriffen und vernichtet zu werden, und so wurden Haßreaktionen gegen die Nationen erzeugt, von denen diese Bedrohung angeblich ausging. Oft existierte eine Bedrohung in Wirklichkeit gar nicht. Besonders seit der Französischen Revolution ist es durch das Aufkommen der großen Volksheere anstelle der relativ kleinen Heere aus Berufssoldaten für die Führer einer Nation nicht einfach, das Volk dazu zu bringen, zu töten und sich töten zu lassen, weil die Industrie billigere Rohstoffe, billigere Arbeitskräfte und neue Märkte braucht. Nur eine Minderheit wäre bereit, an einem Krieg teilzunehmen, wenn er mit derartigen Zielen gerechtfertigt würde. Wenn aber eine Regierung dem Volk einredet, daß es bedroht ist, so wird die normale biologische Reaktion gegen eine Bedrohung mobilisiert. Außerdem erfüllen sich diese Voraussagen bezüglich einer drohenden Gefahr oft ganz von selbst: Dadurch, daß der Aggressor-Staat sich auf den Krieg vorbereitet, zwingt er den Staat, der angegriffen werden soll, seinerseits zu rüsten, womit er dann den »Beweis« liefert, daß die angebliche Bedrohung tatsächlich existierte.

Die Erregung einer defensiven Aggression durch »Gehirnwäsche« ist nur beim Menschen möglich. Um die Menschen dazu zu überreden, daß ihnen eine Gefahr droht, braucht man vor allem das Medium der Sprache; ohne sie wäre eine solche Suggestion meist unmöglich. Außerdem braucht man dazu eine soziale Struktur, die eine ausreichende Basis für die Gehirnwäsche bietet. Man kann sich zum Beispiel nur schwer vorstellen, daß diese Art der Suggestion bei den Mbutu, den afrikanischen Pygmäen-Jägern, Erfolg hätte, die zufrieden im Urwald leben und keiner ständigen Autorität unterstehen. In ihrer Gesellschaft besitzt niemand so viel Macht, daß er das Unglaubwürdige glaubhaft machen könnte. Andererseits besitzt eine Gesellschaft, die über Persönlichkeiten von großer Autorität – wie Zauberer oder politische und religiöse Führer – verfügt, die für eine solche Suggestion notwendige Basis. Im großen und ganzen entspricht die Suggestionskraft, über die eine herrschende Gruppe verfügt, der Macht dieser Gruppe über die Beherrschten beziehungsweise der Fähigkeit der Herrschenden, sich eines ausgeklügelten ideologischen Systems zu bedienen, um die Fähigkeit zu einem kritischen und unabhängigen Denken herabzusetzen.

3. Eine dritte spezifisch menschliche Existenzbedingung trägt zu einer weiteren Verstärkung der defensiven Aggressivität im Vergleich zur tierischen bei. Der Mensch verteidigt sich genau wie das Tier gegen eine Bedrohung seiner vitalen Interessen. *Aber der Bereich der vitalen Interessen des Menschen ist weit größer als der des Tieres.* Der Mensch muß nicht nur physisch, sondern auch psychisch überleben. Er muß ein gewisses psychisches Gleichgewicht aufrechterhalten, wenn er sich seine Funktionsfähigkeit erhalten will. Für den Menschen ist alles, was zur Aufrechterhaltung seines psychischen Gleichgewichtes unerläßlich ist, von gleichem vitalem Interesse wie das, was seinem körperlichen Gleichgewicht dient. Vor allem hat der Mensch ein vitales Interesse daran, sich seinen Orientie-

rungsrahmen zu erhalten. Hiervon hängt seine Handlungsfähigkeit und letzten Endes sein Identitätsgefühl ab. Wenn andere ihn mit Ideen bedrohen, die seinen Orientierungsrahmen in Frage stellen, so wird er auf diese Ideen wie auf eine lebensbedrohende Gefahr reagieren. Er kann diese Reaktion auf mancherlei Weise rationalisieren. Er wird vielleicht sagen, daß die neuen Ideen ihrem Wesen nach »unmoralisch«, »unkultiviert«, »verrückt« seien, oder was er sich sonst ausdenken mag, um sein Widerstreben dagegen zum Ausdruck zu bringen; tatsächlich jedoch wird sein Antagonismus dadurch erregt, daß »er« sich bedroht fühlt.

Der Mensch braucht nicht nur einen Orientierungsrahmen, er braucht auch Objekte, denen seine Verehrung gilt und die für sein emotionales Gleichgewicht von vitaler Bedeutung sind. Worum es sich auch immer handelt – um Werte, Ideale, Ahnen, Vater, Mutter, den Boden, das Vaterland, die Klasse, die Religion und Hunderte von anderen Phänomenen – sie werden als »heilig« empfunden. Selbst Gewohnheiten können heilig werden, weil sie die bestehenden Werte symbolisieren.[10] Das Individuum – oder die Gruppe – reagiert auf einen Angriff auf das, was »heilig« ist, mit der gleichen Wut und Aggressivität, als wenn es sich um einen Angriff auf das Leben handelte.

Was über die Reaktionen auf eine Bedrohung vitaler Interessen gesagt wurde, kann man auch anders und allgemeiner ausdrücken, indem man sagt, daß die Angst entweder die Aggression oder die Tendenz zur Flucht zu mobilisieren pflegt. Letzteres ist oft der Fall, wenn jemand noch einen Ausweg sucht, bei dem er in etwa »sein Gesicht wahren« kann. Wenn er dagegen in die Enge getrieben wird und ihm keine Möglichkeit zu entrinnen bleibt, ist es wahrscheinlicher, daß es zu einer aggressiven Reaktion kommt. Eines sollte jedoch nicht übersehen werden: Die Fluchtreaktion hängt vom Zusammenwirken zweier Faktoren ab. Der erste Faktor ist die Stärke der effektiven Bedrohung, der zweite der Grad der physischen und psychischen Kraft und des Selbstvertrauens der bedrohten Person. Am einen Ende des Kontinuums stehen Ereignisse, die praktisch jedermann in Angst versetzen würden; am anderen Ende steht ein derartiges Gefühl der Hilflosigkeit und Ohnmacht, daß einen solchen verängstigten Menschen fast alles erschrecken würde. Daher wird die Angst ebensosehr von realen Gefahren bedingt wie von einem inneren Zustand, der sie auch bei einer nur geringen äußeren Stimulation hervorruft.

Angst ist genau wie der Schmerz ein höchst unangenehmes Gefühl, und der Mensch wird fast alles versuchen, um sich davon zu befreien. Es gibt viele Möglichkeiten, die Angst und Furcht loszuwerden, zum Beispiel Gebrauch von Drogen, sexuelle Erregung, Schlaf oder die Gesellschaft anderer. Eine der wirksamsten Möglichkeiten, sich von seiner Angst zu befreien, ist, aggressiv zu werden. Wenn jemand sich aus dem passiven Zustand der Angst herausfinden und zu einem Angriff übergehen kann, verschwindet das quälende Gefühl, das in der Angst liegt.[11]

[10] Für diese Erscheinung ist charakteristisch, daß das griechische Wort *ethos*, das wörtlich soviel wie Verhalten bedeutet, die Bedeutung des »Ethischen« angenommen hat, genauso wie das Wort »Norm«, das ursprünglich ein Zimmermannswerkzeug bezeichnete, im doppelten Sinn von »normal« und »normativ« angewandt wurde.

[11] Ich bin Dr. Juan de Dios Hernández für seine interessanten Anregungen vom neurophysiologischen Standpunkt aus zu Dank verpflichtet, auf die ich hier nicht näher eingehe, da dies eine längere Fachdiskussion erforderlich machen würde.

Aggression und Freiheit

Unter allen Bedrohungen vitaler Interessen des Menschen ist die Bedrohung seiner Freiheit von außerordentlicher Wichtigkeit, und zwar vom individuellen wie vom sozialen Standpunkt aus. Im Gegensatz zu der weitverbreiteten Meinung, daß dieses Verlangen nach Freiheit ein Erzeugnis der Kultur und speziell durch Lernen konditioniert sei, legt ein umfangreiches Tatsachenmaterial nahe, daß es sich beim Verlangen nach Freiheit um eine biologische Reaktion des menschlichen Organismus handelt.

Ein Phänomen, das diese Ansicht stützt, ist die Tatsache, daß im ganzen Verlauf der Geschichte Völker und Klassen gegen ihre Unterdrücker gekämpft haben, wenn nur irgendeine Aussicht auf Sieg bestand, und oft auch dann, wenn diese Aussicht nicht vorhanden war. Die Geschichte der Menschheit ist in der Tat eine Geschichte ihres Kampfes um Freiheit, eine Geschichte der Revolutionen, vom Befreiungskrieg der Israeliten gegen die Ägypter, von den nationalen Erhebungen gegen das Römische Reich und den deutschen Bauernaufständen im 16. Jahrhundert bis zur amerikanischen, französischen, deutschen, russischen, chinesischen, algerischen und vietnamesischen Revolution.[12] Nur allzu häufig bedienen sich Führer des Schlagworts, daß sie ihr Volk in den Kampf um die Freiheit führen, während sie in Wirklichkeit die Absicht haben, es zu versklaven. Daß kein Versprechen das Gefühl des Menschen mächtiger anspricht, zeigt sich daran, daß selbst Führer, welche die Freiheit unterdrücken wollen, es für nötig finden, sie zu versprechen.

Ein anderer Grund für die Annahme, daß der Mensch den angeborenen Impuls besitzt, um seine Freiheit zu kämpfen, ist darin zu suchen, daß die Freiheit die Vorbedingung dafür ist, daß die Persönlichkeit sich voll entfalten kann und daß der Mensch zur geistigen Gesundheit und zu seinem Wohlbefinden gelangt. Geht ihm diese Freiheit ab, so verkrüppelt er und wird krank. Zur Freiheit gehört nicht, daß jegliche Einschränkung fehlt, da Wachstum nur innerhalb einer Struktur möglich ist und jede Struktur Einschränkung erfordert (H. v. Foerster, 1970). Worauf es ankommt, ist, ob die Beschränkung primär einer anderen Person oder einer Institution dient oder ob sie autonomen Charak-

[12] Die Revolutionen, die sich in der Geschichte ereignet haben, sollten nicht die Tatsache verdekken, daß Kleinkinder und Kinder auch Revolutionen machen, daß sie aber infolge ihrer Machtlosigkeit ihre eigenen Methoden, nämlich sozusagen die der Guerilla-Kriegführung, anwenden müssen. Sie kämpfen gegen die Unterdrückung ihrer Freiheit mit unterschiedlichen individuellen Methoden, die von einem eigensinnigen negativen Verhalten, der Weigerung, zu essen und sich zur Sauberkeit erziehen zu lassen, vom Bettnässen bis zu den drastischeren Methoden einer autistischen Abwendung von der Außenwelt und einer Pseudodebilität reichen. Die Erwachsenen benehmen sich dabei wie jede Elite, deren Macht man den Kampf ansagt. Sie wenden physische Gewalt an, oft in Verbindung mit Bestechungsversuchen, um ihre Stellung zu behaupten. Die Folge ist, daß die meisten Kinder nachgeben und lieber kapitulieren, als sich ständig quälen zu lassen. In diesem Krieg kennt man kein Erbarmen, bis der Sieg errungen ist, und unsere Hospitäler sind voll von den Opfern dieser Methoden. Trotzdem ist es eine bemerkenswerte Tatsache, daß alle menschlichen Wesen – die Kinder der Mächtigen wie die der Machtlosen – die Erfahrung gemeinsam haben, daß sie einmal machtlos waren und um ihre Freiheit gekämpft haben. Es ist daher anzunehmen, daß jedes menschliche Wesen – von seiner biologischen Mitgift ganz abgesehen – sich in seiner Kindheit ein revolutionäres Potential erworben hat, das zwar lange schlummern, aber unter bestimmten Umständen auch wieder mobilisiert werden kann.

ter hat – das heißt, ob sie aus den Notwendigkeiten des Wachstums resultiert, die der Struktur der Persönlichkeit inhärent sind.

Als Vorbedingung für eine ungehemmte Entwicklung des menschlichen Organismus ist die Freiheit für den Menschen von vitalem biologischem Interesse,[13] und eine Bedrohung seiner Freiheit erregt die gleiche defensive Aggression wie jede andere Bedrohung vitaler Interessen. Ist es daher erstaunlich, daß Aggression und Gewalttätigkeit in einer Welt, in der die Mehrheit aller Menschen – besonders die Farbigen – ihrer Freiheit beraubt ist, immer wieder neu entsteht? Die an der Macht sind – das heißt die Weißen –, wären vielleicht weniger überrascht und empört, wenn sie sich nicht daran gewöhnt hätten, die Gelben, Braunen und Schwarzen als Nicht-Personen anzusehen und daher auch nicht von ihnen zu erwarten, daß sie wie menschliche Wesen reagieren.[14]

Aber diese Blindheit hat noch einen anderen Grund. Selbst die Weißen, so mächtig sie sind, haben ihre Freiheit aufgegeben, weil ihr eigenes System sie dazu gezwungen hat, wenn sie dies auch in einer weniger drastischen und offenen Weise getan haben. Vielleicht hassen sie die, welche heute darum kämpfen, nur um so mehr, weil sie durch sie an ihre eigene Kapitulation erinnert werden.

Die Tatsache, daß die echte revolutionäre Aggression – wie jede Aggression, die aus dem Impuls entsteht, sein Leben, seine Freiheit oder seine Würde zu verteidigen – biologisch vernünftig ist und zum normalen menschlichen Funktionsmechanismus gehört, darf uns nicht darüber hinwegtäuschen, daß eine Zerstörung von Leben immer Zerstörung bleibt, selbst wenn sie biologisch gerechtfertigt ist. Es ist Sache der religiösen, moralischen oder politischen Prinzipien eines jeden, ob er glaubt, daß sie menschlich zu rechtfertigen ist oder nicht. Aber wie unsere Prinzipien in dieser Hinsicht auch immer aussehen mögen, wir sollten uns klar darüber sein, wie leicht eine rein defensive Aggression sich mit einer (nicht-defensiven) Destruktivität und mit dem sadistischen Wunsch vermischt, die anderen zu beherrschen, statt selbst beherrscht zu werden. Wenn und sobald dies geschieht, wird die revolutionäre Aggression vergiftet und führt dazu, daß die Situation, die sie abschaffen wollte, wiederhergestellt wird.

Aggression und Narzißmus[15]

Neben den bereits besprochenen Faktoren ist eine der wichtigsten Quellen der defensiven Aggression der verletzte *Narzißmus.*

Freud hat den Begriff des Narzißmus im Rahmen seiner Libidotheorie formuliert. Da der

[13] Dies gilt nicht nur für den Menschen. Die schädliche Wirkung auf das Tierleben im Zoo wurde bereits erwähnt, und gegenteilige Ansichten selbst einer so bedeutenden Autorität wie Hediger können dies meiner Ansicht nach nicht widerlegen (H. Hediger, 1942).

[14] Die Hautfarbe hat diese Wirkung nur, wenn sie mit Machtlosigkeit kombiniert ist. Seit die Japaner zu Beginn dieses Jahrhunderts zu einer mächtigen Nation geworden sind, sind sie zu Personen geworden. Aus dem gleichen Grund hat sich auch das Bild der Chinesen erst vor wenigen Jahren geändert. Der Besitz einer fortgeschrittenen Technologie ist zum Kriterium dafür geworden, ob man ein menschliches Wesen ist oder nicht.

[15] Eine ausführliche Diskussion des Narzißmus findet sich bei E. Fromm (1964).

schizophrene Patient anscheinend keine »libidinöse« Beziehung zu Objekten (weder in der Wirklichkeit noch in seiner Phantasie) besitzt, fragte sich Freud: »Welches ist das Schicksal der den Objekten entzogenen Libido bei der Schizophrenie?« Seine Antwort lautete: »Die der Außenwelt entzogene Libido ist dem Ich zugeführt worden, so daß ein Verhalten entstand, welches wir Narzißmus heißen können.« Außerdem nahm Freud an, daß der ursprüngliche Zustand des Menschen in seiner frühen Kindheit der des Narzißmus (»primärer Narzißmus«) ist, ein Stadium, in dem noch keinerlei Beziehung zur Außenwelt vorhanden ist. Im Verlauf der normalen Entwicklung verstärkt das Kind seine libidinösen Beziehungen zur Außenwelt an Umfang und Intensität, aber unter besonderen Bedingungen (von denen die drastischste eine Geisteskrankheit ist) wird die Libido von den Objekten abgezogen und auf das Ich zurückgelenkt (»sekundärer Narzißmus«). Selbst im Falle einer normalen Entwicklung bleibt jedoch jeder Mensch während seines ganzen Lebens bis zu einem gewissen Grad narzißtisch (S. Freud, 1914).

Trotz dieser Feststellung hat der Begriff des Narzißmus in den klinischen Untersuchungen der Psychoanalytiker nicht die wichtige Rolle gespielt, die er verdient hätte. Er wurde hauptsächlich auf die frühe Kindheit und auf Psychosen angewandt,[16] doch spielt er eine viel weitreichendere Rolle, und zwar sowohl bei der normalen als auch bei der sogenannten neurotischen Persönlichkeit. Man kann diese Rolle nur ganz verstehen, wenn man den Narzißmus von dem einengenden Bezugsrahmen der Libidotheorie befreit. Dann kann man den Narzißmus als einen Erlebniszustand definieren, in dem nur die Person selbst, *ihr* Körper, *ihre* Bedürfnisse, *ihre* Gefühle, *ihre* Gedanken, *ihr* Eigentum, alles und jedes, was zu *ihr* gehört, als völlig real erlebt wird, während alles und jedes, was keinen Teil der eigenen Person bildet oder nicht Gegenstand der eigenen Bedürfnisse ist, nicht interessiert, keine volle Realität besitzt und nur intellektuell wahrgenommen wird; *affektiv* bleibt es ohne Gewicht und Farbe. In dem Maße, wie ein Mensch narzißtisch ist, hat er einen doppelten Maßstab für seine Wahrnehmungen. Nur er selbst und was zu ihm gehört, besitzt Signifikanz, während die übrige Welt mehr oder weniger ohne Gewicht und Farbe ist, und ein narzißtischer Mensch weist aufgrund dieses doppelten Maßstabs schwere Defekte in seinem Urteilsvermögen und seiner Fähigkeit zur Objektivität auf.[17]

Oft gelangt ein narzißtischer Mensch zu einem Gefühl der Sicherheit durch seine völlig subjektive Überzeugung von der eigenen Vollkommenheit, von seiner Überlegenheit über andere, von seinen außerordentlichen Qualitäten, und nicht dadurch, daß er auf andere bezogen ist, oder durch wirkliche eigene Arbeit oder Leistung. Er muß sich an seine

[16] In den letzten Jahren haben viele Analytiker den Begriff des primären Narzißmus in der frühen Kindheit in Frage gestellt und die Existenz von Objektbeziehungen schon zu einem viel früheren Zeitpunkt als Freud angenommen. Die meisten Psychoanalytiker haben überdies Freuds Vorstellung von dem ausschließlich narzißtischen Charakter der Psychosen aufgegeben.

[17] Ich werde mich im folgenden nur mit dem Narzißmus beschäftigen, der sich in dem Gefühl der eigenen Vollkommenheit manifestiert. Es gibt noch eine andere Form des Narzißmus, die – obwohl sie genau das Gegenteil zu sein scheint – doch nur eine andere Manifestation der gleichen Erscheinung ist. Ich meine den negativen Narzißmus, bei dem der Betreffende ständig ängstlich um seine Gesundheit besorgt ist, was bis zur Hypochondrie gehen kann. Diese Form des Narzißmus hat in unserem Kontext keine Bedeutung. Man sollte sich jedoch klar darüber sein, daß beide Formen oft miteinander vermischt sind, wobei wir nur an Himmlers hypochondrische Angst um seine Gesundheit zu denken brauchen.

narzißtische Vorstellung von sich selbst klammern, da sich sein Wert- und Identitätsgefühl darauf gründet. Wird sein Narzißmus bedroht, so ist *er* in einem lebenswichtigen Bereich bedroht. Wenn andere seinen Narzißmus verletzen, indem sie ihn geringschätzig behandeln, ihn kritisieren und bloßstellen, weil er etwas Falsches gesagt hat, wenn sie ihn beim Spiel schlagen oder bei zahlreichen anderen Gelegenheiten kränken, dann reagiert ein solcher narzißtischer Mensch gewöhnlich mit intensivem Zorn oder mit Wut, ob er es nun zeigt oder nicht. Es kommt sogar vor, daß er sich dessen selber nicht bewußt ist. Wie intensiv diese aggressive Reaktion oft sein kann, zeigt sich daran, daß ein solcher Mensch jemandem, der seinen Narzißmus verwundet hat, dies niemals verzeiht und daß sein Rachedurst oft größer ist, als wenn ihn jemand körperlich verwundet oder um sein Eigentum gebracht hätte.

Die meisten Menschen sind sich ihres Narzißmus nur insofern bewußt, als es sich um Manifestationen handelt, in denen er nicht offen zum Ausdruck kommt. So pflegen sie zum Beispiel eine übertriebene Bewunderung für ihre Eltern oder für die eigenen Kinder zu empfinden, und es macht ihnen auch nichts aus, diese Gefühle zum Ausdruck zu bringen, weil ein solches Verhalten gewöhnlich als kindliche Pietät, als Elternliebe oder Loyalität positiv bewertet wird. Wenn sie jedoch ihren Gefühlen Ausdruck verleihen würden, die sie über ihre eigene Person empfinden, wie zum Beispiel »Ich bin der wunderbarste Mensch auf der ganzen Welt«, »Ich bin besser als alle anderen« usw., so kämen sie nicht nur in den Verdacht, unmäßig eitel zu sein, sondern man würde sie vielleicht sogar für leicht verrückt halten. Wenn andererseits jemand etwas erreicht hat, was auf dem Gebiet der Kunst, der Wissenschaft, des Sports, im Geschäftsleben oder in der Politik Anerkennung gefunden hat, dann erscheint seine narzißtische Einstellung nicht nur als realistisch und vernünftig, sie wird durch die Bewunderung der anderen auch noch ständig genährt. In solchen Fällen kann der Betreffende seinem Narzißmus freien Lauf lassen, weil er sozial sanktioniert und anerkannt ist.[18]

In der heutigen westlichen Gesellschaft besteht ein besonderer innerer Zusammenhang zwischen dem Narzißmus der Berühmtheiten und den Bedürfnissen des Publikums. Letzteres möchte mit berühmten Leuten deshalb in enge Berührung kommen, weil das Leben des Durchschnittsmenschen so leer und langweilig ist. Die Massenmedien leben davon, daß sie den Ruhm verkaufen, und so wird jeder zufriedengestellt: der narzißtische Künstler, Schauspieler, Wissenschaftler, Dirigent usw., das Publikum und die Verkäufer des Ruhms.

Unter politischen Führern ist ein hochgradiger Narzißmus sehr häufig anzutreffen. Man kann ihn als Berufskrankheit – oder auch als Berufskapital – auffassen, besonders bei denen, die ihre Macht ihrem Einfluß auf ein Massenpublikum verdanken. Wenn der betreffende Führer von seinen außergewöhnlichen Gaben und von seiner Mission überzeugt ist, wird es ihm leichter fallen, das große Publikum zu überzeugen, das sich von Männern angezogen fühlt, die ihrer Sache absolut sicher zu sein scheinen. Aber der narzißtische Führer benutzt sein Charisma nicht nur als Mittel zum politischen Erfolg; er braucht den Erfolg und den Beifall auch zur Aufrechterhaltung seines eigenen inneren

[18] Das Problem von Narzißmus und Kreativität ist höchst komplex und müßte viel ausführlicher diskutiert werden, als es hier möglich ist.

Gleichgewichtes. Die Idee seiner Größe und Unfehlbarkeit beruht im wesentlichen auf seinem narzißtischen Größenwahn und nicht auf seinen wirklichen Leistungen als menschliches Wesen.[19] Und trotzdem kann er ohne die narzißtische »Inflation« nicht leben, weil sein menschlicher Kern – seine Überzeugungen, sein Gewissen, seine Liebe und sein Glaube – nicht sehr stark entwickelt ist. Ungewöhnlich narzißtische Personen sehen sich oft fast gezwungen, berühmt zu werden, da sie sonst unter Depressionen leiden oder sogar dem Wahnsinn anheimfallen würden. Aber man braucht schon viel Talent – und auch die passenden Gelegenheiten – um andere so stark beeinflussen zu können, daß ihr Beifall diese narzißtischen Träume bestätigt. Selbst wenn solche Menschen Erfolg haben, verspüren sie den Drang, nach weiteren Erfolgen zu streben, da ein Scheitern für sie die Gefahr eines seelischen Zusammenbruchs mit sich bringen würde. Populärer Erfolg ist sozusagen ihre Eigentherapie gegen Depressionen und Wahnsinn. Wenn sie um ihre Ziele kämpfen, kämpfen sie in Wirklichkeit um ihre geistige Gesundheit.

Wenn, wie beim Gruppennarzißmus, das Objekt nicht der einzelne, sondern die Gruppe ist, der er angehört, kann sich der einzelne dieses Narzißmus voll bewußt sein und ihn ohne Hemmungen zum Ausdruck bringen. Die Behauptung, daß »mein Vaterland« (oder meine Nation oder meine Religion) am wunderbarsten, kultiviertesten, mächtigsten, friedliebendsten usw. ist, klingt durchaus nicht verrückt. Im Gegenteil, es klingt nach Patriotismus, Glaube und Loyalität. Außerdem erscheint es als ein realistisches und vernünftiges Werturteil, da es von vielen Mitgliedern der gleichen Gruppe geteilt wird. Dieser Konsensus bringt es fertig, die Phantasie in eine Realität umzuwandeln, da Realität für die meisten Menschen durch den allgemeinen Konsensus erzeugt wird und sich nicht auf vernünftige oder kritische Überlegungen gründet.[20]

Der Gruppennarzißmus hat wichtige Funktionen. Vor allem fördert er die Solidarität und den inneren Zusammenhalt der Gruppe und erleichtert ihre Manipulation, da er an narzißtische Vorurteile appelliert. Zweitens ist er außerordentlich wichtig als ein Element, das den Mitgliedern der Gruppe Befriedigung verschafft, vor allem jenen unter ihnen, die

[19] Das bedeutet nicht, daß er blufft, was häufig genug vorkommt, jedoch nicht immer der Fall ist. Woodrow Wilson, Franklin D. Roosevelt und Winston Churchill zum Beispiel waren sehr narzißtische Menschen, die trotzdem wichtige politische Leistungen aufzuweisen hatten. Aber diese Leistungen waren nicht derart, daß sie ihr Gefühl der Selbstsicherheit und Selbstgerechtigkeit gerechtfertigt hätten, die sich oft in arroganter Weise manifestierte. Im übrigen war ihr Narzißmus noch bescheiden verglichen mit dem eines Mannes wie Hitler. Das erklärt, weshalb Churchill nicht unter schweren seelischen Folgeerscheinungen litt, als er 1948 die Wahl verlor, und ich nehme an, daß dasselbe auch für Roosevelt gegolten hätte, wenn er eine Niederlage erlitten hätte, wobei man allerdings nicht vergessen darf, daß diese Männer selbst nach einer politischen Niederlage immer noch viele Bewunderer gehabt hätten. Bei Woodrow Wilson dürfte der Fall etwas anders liegen. Es wäre ein Thema, dessen Untersuchung sich lohnte, ob seine politische Niederlage für ihn keine ernsten psychischen Probleme mit sich brachte, die mit seiner körperlichen Erkrankung in Wechselwirkung gestanden haben. Bei Hitler und Stalin scheint der Fall klar zu sein. Hitler wollte lieber sterben, als der Niederlage ins Auge sehen. Bei Stalin zeigten sich in den ersten Wochen nach der deutschen Offensive von 1941 Anzeichen einer psychischen Krise, und er dürfte in seinen letzten Lebensjahren unter paranoiden Zuständen gelitten haben, nachdem er sich so viele Feinde gemacht hatte, daß er das Gefühl bekommen haben muß, nicht mehr der geliebte Vater seiner Untertanen zu sein.

[20] Gelegentlich genügt schon der Konsensus einer kleinen Gruppe, eine Realität zu erzeugen – in den extremsten Fällen genügt sogar schon der Konsensus von zwei Personen *(folie à deux)*.

an sich wenig Grund hätten, sich stolz und schätzenswert zu finden. Wenn man das armseligste, ärmste und am wenigsten respektierte Mitglied einer Gruppe ist, wird man für seinen elenden Zustand durch das Gefühl entschädigt: »Ich bin ein Teil der wundervollsten Gruppe der Welt. Ich, der ich in Wirklichkeit ein armseliger Wurm bin, werde zum Riesen dadurch, daß ich zu dieser Gruppe gehöre.« Folglich entspricht der Grad des Gruppennarzißmus dem Mangel an wirklicher Befriedigung im Leben. Jene sozialen Klassen, die ihr Leben mehr genießen, sind weniger fanatisch (Fanatismus ist eine charakteristische Eigenschaft des Gruppennarzißmus) als die, welche wie das Kleinbürgertum an einem Mangel auf allen materiellen und kulturellen Gebieten leiden und ein Leben führen, das unerträglich langweilig ist.

Gleichzeitig ist es vom Standpunkt des Sozialbudgets aus sehr billig, den Gruppennarzißmus zu fördern. Tatsächlich kostet er fast nichts, verglichen mit den Sozialausgaben, die nötig wären, den Lebensstandard zu erhöhen. Die Gesellschaft braucht nur die Ideologen zu bezahlen, die die Schlagworte formulieren, welche den sozialen Narzißmus erzeugen. Viele soziale Funktionäre, wie Lehrer, Journalisten, Pfarrer und Professoren, sind zur Mitarbeit bereit, ohne dafür bezahlt zu werden, wenigstens was das Geld anbetrifft. Ihre Belohnung besteht darin, daß sie sich stolz und befriedigt fühlen, einer würdigen Sache zu dienen – und daß ihr Prestige und ihre Aufstiegsmöglichkeiten steigen.

Diejenigen, deren Narzißmus mehr ihre Gruppe als sie selbst betrifft, sind ebenso empfindlich wie individuelle Narzißten, und sie reagieren wütend auf jede wirkliche oder eingebildete Beleidigung, die ihrer Gruppe angetan wird. Sie reagieren womöglich nur noch intensiver und ganz gewiß bewußter darauf. Ein einzelner wird, wenn er nicht gerade geisteskrank ist, wenigstens manchmal einige Zweifel in bezug auf sein narzißtisches Selbst-Image hegen. Das Mitglied einer Gruppe kennt solche Zweifel nicht, da die Mehrheit seinen Narzißmus teilt. Im Falle eines Konfliktes zwischen verschiedenen Gruppen, die ihren kollektiven Narzißmus gegenseitig herausfordern, ruft diese Herausforderung eine intensive wechselseitige Feindschaft hervor. Das narzißtische Image der eigenen Gruppe wird aufs höchste gesteigert, während man die feindliche Gruppe möglichst herabsetzt. Die eigene Gruppe wird zum Verteidiger der menschlichen Würde, des Anstandes, der Moral und des Rechts. Die andere Gruppe wird verteufelt. Sie ist betrügerisch, skrupellos, grausam und von Grund auf unmenschlich. Die Beleidigung eines Symbols des Gruppennarzißmus – zum Beispiel der Fahne oder der Person des Kaisers, des Präsidenten oder eines Gesandten – ruft als Reaktion beim Volk eine so intensive Wut und Aggression hervor, daß es sogar bereit ist, seine Führer in ihrer Kriegspolitik zu unterstützen.

Der Gruppennarzißmus ist eine der wichtigsten Quellen der menschlichen Aggression, und trotzdem ist er – wie alle anderen Formen der defensiven Aggression – eine Reaktion auf einen Angriff auf vitale Interessen. Er unterscheidet sich von anderen Formen der defensiven Aggression nur darin, daß der intensive Narzißmus an und für sich eine halbpathologische Erscheinung ist. Wenn man nach den Ursachen und der Funktion der blutigen und grausamen Massenmassaker fragt, wie sie zwischen Hindus und Moslems zur Zeit der Teilung Indiens vorkamen, so spielte der Gruppennarzißmus ganz gewiß eine beträchtliche Rolle. Dies ist nicht weiter erstaunlich, wenn man bedenkt, daß wir es hier mit den praktisch ärmsten und elendsten Bevölkerungsgruppen der Welt zu tun haben.

Aber ganz gewiß ist der Narzißmus nicht die einzige Ursache dieser Phänomene, auf deren andere Aspekte wir noch zu sprechen kommen werden.

Aggression und Widerstand

Eine weitere wichtige Quelle der defensiven Aggression ist die Aggression als Reaktion auf jeden Versuch, verdrängte Bestrebungen und Phantasien bewußt zu machen. Diese Art der Reaktion hat Freud als »Widerstand« bezeichnet, und die Psychoanalyse hat dieses Phänomen systematisch erforscht. Freud entdeckte, daß der Patient den therapeutischen Bemühungen des Analytikers »Widerstand entgegensetzte«, sobald dieser verdrängtes Material berührte. Es handelt sich dabei nicht darum, daß der Patient sich bewußt widersetzt oder daß er unaufrichtig ist oder etwas geheimhalten möchte; er wehrt sich vielmehr gegen die Aufdeckung des unbewußten Materials, ohne daß er sich dieses Materials oder seines Widerstandes bewußt ist. Es gibt viele Gründe, weshalb ein Mensch gewisse Bestrebungen oft sein ganzes Leben lang verdrängt. Vielleicht fürchtet er bestraft, nicht geliebt oder gedemütigt zu werden, wenn seine unterdrückten Impulse anderen bekannt würden, oder auch, wenn sie ihm selbst bewußt würden, was seiner Selbstachtung und Eigenliebe Abbruch täte.

Die psychoanalytische Therapie hat die vielen verschiedenen Reaktionen aufgezeigt, die der Widerstand hervorrufen kann. Der Patient kann von dem heiklen Thema abschweifen und von etwas anderem sprechen; er kann schläfrig und müde werden; er kann einen Grund finden, nicht zur Sitzung zu erscheinen, oder er kann auf den Analytiker wütend werden und einen Grund finden, die Analyse abzubrechen. Ich will nur kurz ein Beispiel erwähnen: Ein von mir analysierter Schriftsteller, der sehr stolz darauf war, kein Opportunist zu sein, erzählte mir während einer Sitzung, er habe ein Manuskript geändert, weil er glaube, er könne durch diese Veränderung seine Botschaft an die Menschheit besser zum Ausdruck bringen. Er war überzeugt, die richtige Entscheidung getroffen zu haben, und wunderte sich darüber, daß er sich hinterher niedergeschlagen fühlte und Kopfschmerzen hatte. Ich äußerte die Vermutung, daß sein wahres Motiv wahrscheinlich darin bestünde, daß er erwarte, durch die geänderte Version populärer zu werden und mehr Geld zu verdienen als durch die ursprüngliche Fassung; seine Depressionen und seine Kopfschmerzen hätten vermutlich etwas mit diesem Selbstbetrug zu tun. Ich hatte dies kaum ausgesprochen, als er aufsprang und mich wütend anschrie, ich sei ein Sadist, der sich ein Vergnügen daraus mache, ihm von vornherein seine Freude zu verderben, ich neide ihm seinen zukünftigen Erfolg, ich sei ein Ignorant, der von der Schriftstellerei nichts verstehe, und viele andere Beleidigungen. (Hinzuzufügen ist, daß dieser Patient normalerweise ein sehr höflicher Mensch war, der vor und nach diesem Ausbruch mich mit Respekt behandelte.) Er hätte die Richtigkeit meiner Interpretation kaum besser bestätigen können. Die Erwähnung seiner unbewußten Motivation stellte für ihn eine Bedrohung seiner Vorstellung von sich selbst und seines Identitätsgefühls dar. Er reagierte auf diese Bedrohung mit einer ebenso intensiven Aggression, als wenn sein Körper oder sein Eigentum bedroht gewesen wären. Die Aggression hat in solchen Fällen nur ein Ziel: den Zeugen zu vernichten, der den Beweis in der Hand hat.

In der psychoanalytischen Therapie kann man mit großer Regelmäßigkeit beobachten, daß der Widerstand immer dann aufgebaut wird, wenn verdrängtes Material berührt wird. Aber wir müssen uns keineswegs auf die psychoanalytische Situation beschränken, um dieses Phänomen beobachten zu können. Auch im täglichen Leben gibt es reichlich Beispiele dafür. Wer hätte noch nicht miterlebt, wie eine Mutter mit Empörung reagiert, wenn jemand zu ihr sagt, sie wolle ihre Kinder nur nahe bei sich behalten, weil sie sie besitzen und beherrschen wolle – und nicht weil sie sie so sehr liebe? Oder wenn man dem Vater sagt, seine Besorgtheit um die Unberührtheit seiner Tochter sei von seinem eigenen sexuellen Interesse an ihr motiviert? Oder wenn man einen bestimmten Typus des Patrioten daran erinnert, daß hinter seinen politischen Überzeugungen sein Profitstreben steht? Oder wenn man einem bestimmten Typus des Revolutionärs vorhält, daß sich hinter seiner Ideologie persönliche destruktive Impulse verbergen? Tatsächlich verletzt dieses Fragen nach den Beweggründen anderer Menschen eines der am meisten respektierten Tabus der Höflichkeit – übrigens ein sehr wichtiges Tabu, da die Höflichkeit die Funktion hat, Aggressionen möglichst zu verhindern.

In der Geschichte ist dasselbe zu beobachten. Wer die Wahrheit über ein bestimmtes Regime sagte, ist von den Machthabern, deren Zorn er erregte, von jeher verbannt, ins Gefängnis geworfen oder umgebracht worden. Natürlich lautet die einleuchtende Erklärung dafür, daß solche Menschen dem jeweiligen System gefährlich waren und daß man den Status quo am besten schützen konnte, wenn man sie beseitigte. Dies ist nur allzu wahr, doch erklärt es nicht die Tatsache, daß diejenigen, welche die Wahrheit sagen, auch dann so verhaßt sind, wenn sie keine reale Bedrohung der etablierten Ordnung darstellen. Ich glaube, der Grund ist darin zu suchen, daß der, der die Wahrheit sagt, den Widerstand derer mobilisiert, die die Wahrheit verdrängen. Für sie ist die Wahrheit nicht nur deshalb gefährlich, weil sie ihre Macht bedroht, sondern weil sie ihr gesamtes bewußtes Orientierungssystem erschüttert, weil sie sie ihrer Rationalisierungen beraubt und sie sogar zwingen könnte, anders zu handeln. Nur wer diesen Prozeß der Bewußtwerdung wichtiger verdrängter Impulse selbst miterlebt hat, kennt das Gefühl der Bestürzung und Verwirrung, das dieses Erlebnis hervorruft. Nicht jeder ist bereit, dieses Abenteuer zu wagen und am allerwenigsten die, welche wenigstens für den Augenblick von ihrer Blindheit profitieren.

Die konformistische Aggression

Zur konformistischen Aggression gehören verschiedene Akte der Aggression, die nicht deshalb vollzogen werden, weil der Aggressor von seinem Zerstörungswillen getrieben wird, sondern weil man ihm so zu handeln vorschreibt und er es als seine Pflicht ansieht, Befehlen zu gehorchen. In allen hierarchisch strukturierten Gesellschaften ist der Gehorsam vielleicht der am tiefsten eingewurzelte Charakterzug. Gehorsam wird mit Tugend, Ungehorsam mit Sünde gleichgesetzt. Ungehorsam sein ist das Urverbrechen, aus dem alle anderen Verbrechen entspringen. Abraham war bereit, aus Gehorsam seinen Sohn zu töten. Antigone wird von Kreon wegen ihres Ungehorsams gegen die Staatsgesetze getötet. Besonders beim Militär wird der Gehorsam kultiviert, da es seinem Wesen nach auf der absoluten, reflexartigen Befolgung von Befehlen aufgebaut ist, wobei jedes Fragen ausgeschlossen ist. Der Soldat, der andere tötet und zum Krüppel macht, der Bomberpilot, der in einem einzigen Augenblick Tausende von Menschenleben vernichtet, wird nicht notwendigerweise von destruktiven oder grausamen Impulsen dazu veranlaßt, sondern vom Prinzip des Gehorsams, der keine Fragen stellt.

Die konformistische Aggression ist so weit verbreitet, daß sie verdient, daß wir uns ernsthaft mit ihr beschäftigen. Vom Verhalten von Jungen in einer Bande von Jugendlichen bis zu dem der Soldaten in einer Armee werden viele destruktive Handlungen nur deshalb begangen, weil man nicht feige sein will und aus Gehorsam. Diese Beweggründe – und nicht der menschliche Zerstörungstrieb – liegen dieser Art von aggressivem Verhalten zugrunde, von dem man oft fälschlich annimmt, es sei ein Hinweis auf die Macht angeborener aggressiver Impulse. Man könnte die konformistische Aggression ebensogut als Pseudoaggression klassifizieren. Wenn ich es nicht tue, so deshalb, weil dieser Gehorsam, der dem Bedürfnis entspringt, sich zu fügen, häufig aggressive Impulse mobilisiert, die sonst nicht in Erscheinung getreten wären. Außerdem stellt der Impuls, nicht zu gehorchen oder sich nicht zu fügen, für viele eine innere Bedrohung dar, gegen die sie sich dadurch verteidigen, daß sie die von ihnen verlangte aggressive Handlung ausführen.

Die instrumentale Aggression

Eine andere biologisch adaptive Art der Aggression ist die instrumentale Aggression, die zum Ziel hat, sich das zu verschaffen, was *notwendig* oder *wünschenswert* ist. Das Ziel ist nicht *die Zerstörung als solche;* diese dient lediglich als Mittel zur Erreichung des wirklichen Zieles. In dieser Hinsicht ist sie der defensiven Aggression ähnlich, doch unterscheidet sie sich von ihr in anderen wichtigen Aspekten. Sie scheint keine phylogenetisch programmierte neuronale Basis zu haben, wie sie die defensive Aggression programmiert. Unter den Säugetieren besitzen nur Raubtiere, deren Aggression ein Mittel zum Nahrungserwerb ist, eine angeborene neuronale Struktur, die sie motiviert, ihre Beute anzugreifen. Das Jagdverhalten der Hominiden und des *Homo* gründet sich dagegen auf Lernen und Erfahrung und ist nicht phylogenetisch programmiert.

Bei der instrumentalen Aggression liegt die Schwierigkeit in der Zweideutigkeit der Begriffe »notwendig« und »wünschenswert«.

Es liegt nahe, »notwendig« als ein unzweifelhaftes physiologisches Bedürfnis zu definieren, wie zum Beispiel die Verhütung des Hungers. Wenn jemand stiehlt oder raubt, weil ihm oder seiner Familie das zum Leben notwendige Minimum an Nahrungsmitteln fehlt, ist die Aggression unverkennbar eine durch eine physiologische Notwendigkeit motivierte Handlung. Dasselbe würde für einen primitiven Stamm zutreffen, der, im Begriff zu verhungern, einen anderen Stamm angreift, dem es besser geht. Aber diese eindeutigen Beispiele für eine Notwendigkeit sind heute relativ selten. Andere, kompliziertere Fälle sind häufiger. Die Führer einer Nation glauben, daß ihre wirtschaftliche Situation auf die Dauer ernstlich gefährdet ist, wenn sie kein Territorium erobern, das über die von ihnen benötigten Rohstoffe verfügt, oder wenn sie eine andere Nation, die mit ihnen im Konkurrenzkampf steht, nicht besiegen. Wenn solche Fälle auch oft nur eine ideologische Tarnung für den Wunsch, die eigene Macht zu vergrößern, oder für den persönlichen Ehrgeiz der Führer sind, so gibt es doch Kriege, die tatsächlich auf eine historische Notwendigkeit – wenn auch nur in einem weiten, relativen Sinn – zurückzuführen sind. Aber was ist wünschenswert? Im engeren Sinn des Wortes könnte man sagen: *Wünschenswert ist das, was notwendig ist.* In diesem Fall entspricht das, was »wünschenswert« ist, der objektiven Situation. Häufiger jedoch wird unter wünschenswert das verstanden, *was erwünscht ist.* Wenn wir das Wort in diesem Sinn gebrauchen, nimmt das Problem der instrumentalen Aggression einen anderen Aspekt an, und zwar effektiv den wichtigsten in bezug auf die Motivation der Aggression. In Wahrheit ist es nämlich so, daß die Menschen nicht nur haben wollen, was sie zum Überleben brauchen, und nicht nur das, was die materielle Grundlage für ein menschenwürdiges Leben bildet. Die meisten Menschen in unserem Kulturbereich – und in ähnlichen historischen Perioden – sind *gierig:* gierig nach Essen, Trinken, Sex, Besitz, Macht und Ruhm. Dabei kann sich ihre Gier mehr auf das eine oder auf das andere dieser Objekte richten. Was alle gemeinsam haben, ist, daß sie unersättlich und daher nie zufrieden sind. Die Gier ist eine der stärksten, nicht instinktiven Leidenschaften im Menschen, und es handelt sich dabei ganz offensichtlich um das Symptom einer psychischen Dysfunktion, einer inneren Leere und eines fehlenden Mittelpunktes der Persönlichkeit. Gier ist eine pathologische Manifestation einer nicht geglückten Entwicklung der Persönlichkeit, sie ist eine der fundamentalen Sünden in der buddhistischen, der jüdischen und der christlichen Ethik.

Ein paar Beispiele sollen den pathologischen Charakter der Gier veranschaulichen. Bekanntlich wird übermäßiges Essen und zwanghaftes Einkaufen, die eine Form der Gier darstellen, häufig durch depressive Zustände verursacht; sie sind ein Versuch, der depressiven Stimmung zu entrinnen. Das Essen oder Einkaufen ist ein symbolischer Akt, der dazu dient, eine innere Leere auszufüllen, wodurch man für den Augenblick seine Depression los wird. Gier ist eine Leidenschaft – das heißt, sie ist mit Energie geladen und treibt den Menschen unerbittlich dazu, die Objekte seiner Gier zu erlangen.

In unserer Kultur wird die Gier erheblich verstärkt durch all jene Maßnahmen, die dazu dienen, jedermann zum Konsumenten zu machen. Natürlich muß ein gieriger Mensch nicht aggressiv sein, vorausgesetzt daß er genug Geld hat, sich zu kaufen, was er haben möchte. Aber der Gierige, der nicht die nötigen Mittel besitzt, muß zum Angriff übergehen, wenn er seine Wünsche befriedigen will. Das drastischste Beispiel hierfür ist der Drogensüchtige, der von seiner Gier nach der Droge besessen ist (obwohl dieser Drang in seinem Fall in ständig zunehmendem Maß durch physiologische Ursachen verstärkt wird). Die vielen, die nicht das Geld besitzen, sich Drogen zu kaufen, rauben, machen Überfälle oder morden sogar, um an die Droge zu kommen. So destruktiv ihr Verhalten ist, ihre Aggression ist instrumental und nicht ihr Ziel. Historisch gesehen ist die Gier eine der häufigsten Ursachen der Aggression und vermutlich ein ebenso starkes Motiv für die instrumentale Aggression wie das Verlangen nach dem, was objektiv notwendig ist.

Das Verständnis dafür, was Gier ist, wird dadurch erschwert, daß sie mit Eigeninteresse gleichgesetzt wird. Letzteres ist der normale Ausdruck eines biologisch gegebenen Triebs, des Triebs zur Selbsterhaltung, der darauf ausgerichtet ist, sich das zu verschaffen, was für die Erhaltung des Lebens oder für die Aufrechterhaltung des gewohnten traditionellen Lebensstandards notwendig ist. Wie Max Weber, Tawney, von Brentano, Sombart und andere gezeigt haben, waren die Menschen des Mittelalters von dem Wunsch motiviert, ihren traditionellen Lebensstandard aufrechtzuerhalten, ganz gleich ob es sich um einen Bauer oder Handwerker handelte. Die Forderungen der aufständischen Bauern im sechzehnten Jahrhundert gingen nicht darauf aus, das zu bekommen, was die Handwerker in den Städten hatten, und die Handwerker strebten ihrerseits nicht nach dem Besitz eines Feudalherrn oder eines reichen Handelsherrn. Selbst im achtzehnten Jahrhundert treffen wir noch auf Gesetze, die es einem Kaufmann verbieten, seinem Konkurrenten Kunden dadurch abspenstig zu machen, daß er seinen Laden attraktiver ausstattete oder seine Waren zum Nachteil eines anderen Kaufmanns anpries. Erst mit der vollen Entwicklung des Kapitalismus – wie auch früher schon in vergleichbaren Gesellschaftssystemen, zum Beispiel dem des Römischen Reiches – wurde die Gier zum Hauptmotiv einer ständig wachsenden Zahl von Bürgern. Trotzdem ist die Gier – vielleicht aufgrund einer noch immer vorhandenen religiösen Tradition – ein Motiv, zu dem sich kaum jemand zu bekennen wagt. Man hat das Dilemma dadurch beseitigt, daß man Gier als Verfolgung des Selbstinteresses rationalisierte. Die logische Schlußfolgerung lautet: Die Verfolgung eigener Interessen ist ein biologisch bedingtes Streben, das in der menschlichen Natur verankert ist; Verfolgung des Selbstinteresses ist gleich Gier; folglich ist die Gier in der menschlichen Natur verwurzelt – und keine charakterbedingte menschliche Leidenschaft. Quod erat demonstrandum.

Über die Ursachen des Krieges

Der wichtigste Fall der instrumentalen Aggression ist *der Krieg*. Es ist Mode geworden, vom Krieg anzunehmen, daß er durch den destruktiven Instinkt des Menschen verursacht wird, eine Auffassung, die von Instinktivisten und Psychoanalytikern vertreten wird[21]. So vertritt zum Beispiel ein bedeutender Vertreter der psychoanalytischen Orthodoxie, E. Glover, gegenüber M. Ginsberg die Meinung, daß »das Rätsel des Krieges ... tief im Unbewußten verborgen liegt«, und er vergleicht den Krieg mit einer »unzweckmäßigen Form der Instinktadaptation (E. Glover und M. Ginsberg, 1934).[22]
Freud selbst vertrat eine weit realistischere Ansicht als seine Nachfolger. In seinem be-

[21] Vgl. A. Strachey (1957); vgl. auch E. F. M. Durbin und J. Bowlby (1939), die im Gegensatz dazu sehr geschickt argumentieren, daß die friedliche Zusammenarbeit eine ebenso natürliche und fundamentale Tendenz in den menschlichen Beziehungen ist wie das Kämpfen, und die im Krieg im wesentlichen ein psychologisches Problem sehen.

[22] Als ich diesen Teil meines Manuskripts überarbeitete, erhielt ich Berichte vom 27. Kongreß der Internationalen Psychoanalytischen Gesellschaft 1971 in Wien, die mir auf eine veränderte Einstellung zum Krieg hinzuweisen schienen. Dr. A. Mitscherlich sagte, die Geschichte werde »alle unsere Theorien hinwegfegen«, wenn die Psychoanalyse nicht auf soziale Probleme angewendet werde, und weiter sagte er: »Ich fürchte, daß uns niemand so recht ernst nehmen wird, wenn wir auch weiterhin die Meinung vertreten, daß es zum Krieg kommt, weil Väter ihre Söhne hassen und sie töten wollen, daß Krieg Sohnesmord ist. Wir müssen statt dessen eine Theorie zu finden suchen, die das Gruppenverhalten erklärt, eine Theorie, die dieses Verhalten auf die Konflikte in der Gesellschaft zurückführt, die individuelle Triebe aktivieren.« Tatsächlich sind derartige Versuche von Psychoanalytikern schon seit Anfang der dreißiger Jahre unternommen worden, sie haben jedoch zu deren Ausschluß aus der Internationalen Psychoanalytischen Gesellschaft unter

rühmten Brief an Albert Einstein, »Warum Krieg? (S. Freud, 1933) vertrat er nicht die Meinung, daß der Krieg durch die menschliche Destruktivität *verursacht* wird, sondern er sah seine Ursache in realistischen Konflikten zwischen Gruppen, die von jeher auf gewaltsame Weise gelöst wurden, da kein international verbindliches Gesetz existiere, nach dem Konflikte – wie beim bürgerlichen Recht – auf friedliche Weise hätten gelöst werden können. Dem Faktor der menschlichen Destruktivität schrieb er nur eine Nebenrolle zu. Er meinte, sie mache die Menschen eher bereit, in den Krieg zu ziehen, nachdem die Regierung diesen Krieg beschlossen habe.

Die These, daß der Krieg durch eine angeborene menschliche Destruktivität verursacht werde, ist einfach absurd für jemand, der auch nur die geringsten geschichtlichen Kenntnisse besitzt. Die Babylonier, die Griechen[23] und alle Staatsmänner bis in unsere Zeit haben ihre Kriege aus Gründen geplant, die sie für sehr realistisch hielten, und sie haben die Pros und Contras sehr sorgfältig erwogen, wenn sie sich bei ihren Berechnungen natürlich auch oft irrten. Sie hatten dabei mannigfache Motive: Land, das sie kultivieren wollten, Reichtümer, Sklaven, Rohstoffe, Märkte, Expansion – und Verteidigung. Unter besonderen Umständen gehörte auch der Wunsch sich zu rächen oder die Zerstörungswut eines kleinen Stammes zu den Faktoren, die Beweggründe für Kriege darstellten, doch sind solche Fälle nicht typisch. Die Ansicht, der Krieg werde durch die Aggression des Menschen verursacht, ist nicht nur unrealistisch sondern auch schädlich. Sie lenkt die Aufmerksamkeit von den wirklichen Ursachen ab und schwächt den Widerstand gegen diese.

Die These von der angeborenen Neigung, Kriege zu führen, wird nicht nur durch die Annalen der Geschichte widerlegt, sondern – was sehr wichtig ist – auch durch die Geschichte der Kriegführung bei den Primitiven. Wir haben im Zusammenhang mit der Aggression bei primitiven Völkern bereits darauf hingewiesen, daß sie – besonders die Jäger und Sammler – die am wenigsten kriegerischen Völkerschaften sind und daß sich ihre Kämpfe durch relativ geringe Destruktivität und das Fehlen von Blutdurst auszeichnen. Wir haben außerdem gesehen, daß mit wachsender Zivilisation die Häufigkeit und Grausamkeit der Kriege zugenommen hat. Würde der Krieg durch angeborene destruktive Impulse verursacht, so wäre das Gegenteil der Fall. Die humanitären Tendenzen im achtzehnten, neunzehnten und zwanzigsten Jahrhundert bewirkten eine Herabsetzung der Destruktivität und Grausamkeit im Krieg, was durch internationale Verträge kodifiziert und bis zum Ersten Weltkrieg einschließlich auch respektiert wurde. Von diesem fortschrittlichen Standpunkt aus hatte es den Anschein, daß der zivilisierte Mensch weniger aggressiv ist als der primitive, und die Tatsache, daß immer noch Kriege vorkamen, wurde mit der Hartnäckigkeit der aggressiven Instinkte erklärt, die dem wohltätigen Einfluß der Zivilisation nicht nachgeben wollen. Tatsächlich jedoch hat man die Destruk-

diesem oder jenem Vorwand geführt. Gegen Ende des Kongresses gab Anna Freud offiziell die Erlaubnis für diese neue »Bestrebung«, fügte jedoch vorsichtig hinzu: »Wir sollten mit der Formulierung einer Aggressionstheorie warten, bis wir sehr viel mehr aus unseren klinischen Forschungen darüber gelernt haben, worauf die Aggressivität tatsächlich beruht.« (Beide Zitate stammen aus der Pariser Ausgabe des *Herald Tribune* vom 29. und 31. Juli 1971).

[23] Ein sehr aufschlußreiches Beispiel hierfür ist Thukydides' Geschichte des Peloponnesischen Krieges.

tivität des zivilisierten Menschen in die menschliche Natur hineinprojiziert und damit Geschichte mit Biologie verwechselt.
Es würde bei weitem über den Rahmen dieses Buches hinausgehen, wollte ich versuchen, auch nur eine kurze Analyse der Ursachen des Krieges zu geben; ich muß mich daher darauf beschränken, als einziges Beispiel den Ersten Weltkrieg zu untersuchen.[24]
Die Beweggründe für den Ersten Weltkrieg waren die wirtschaftlichen Interessen und der Ehrgeiz der politischen, militärischen und industriellen Führer auf beiden Seiten und nicht das Bedürfnis der verschiedenen beteiligten Nationen, für ihre aufgestaute Aggression ein Ventil zu finden. Diese Beweggründe sind zu allgemein bekannt, als daß ich hier im einzelnen darauf eingehen müßte. Im großen und ganzen kann man sagen, daß die Kriegsziele der Deutschen im Ersten Weltkrieg auch ihre Hauptbeweggründe dafür waren: wirtschaftliche Hegemonie in West- und Mitteleuropa und Gebietszuwachs im Osten. (Dies waren effektiv auch Hitlers Kriegsziele, dessen Außenpolitik im wesentlichen eine Fortsetzung der Außenpolitik des Kaiserreichs war.) Die Ziele und Beweggründe der westlichen Alliierten waren ähnlicher Art. Frankreich wollte Elsaß-Lothringen, Rußland die Dardanellen; England wollte Teile der deutschen Kolonien und Italien wenigstens einen kleinen Anteil an der Beute. Ohne diese Kriegsziele, von denen einige in Geheimverträgen festgelegt waren, wäre der Friede schon Jahre früher geschlossen worden, und viele Millionen Menschen wären auf beiden Seiten am Leben geblieben.
Beide Seiten mußten im Ersten Weltkrieg an das Selbstverteidigungs- und Freiheitsgefühl appellieren. Die Deutschen behaupteten, eingekreist und bedroht zu sein und außerdem für die Freiheit zu kämpfen, weil sie gegen den Zaren kämpften. Ihre Feinde behaupteten, vom aggressiven Militarismus der deutschen Junker bedroht zu sein und für die Freiheit zu kämpfen, weil sie gegen den Kaiser kämpften. Anzunehmen, daß es zu diesem Krieg kam, weil das französische, deutsche, britische und russische Volk ein Ventil für seine Aggressionen brauchte, wäre ein Irrtum und diente nur dazu, die Aufmerksamkeit von den Personen und sozialen Bedingungen abzulenken, die für eines der größten Gemetzel der Weltgeschichte verantwortlich waren.
Was die Begeisterung für diesen Krieg betrifft, so muß man zwischen der anfänglichen Begeisterung und den Beweggründen unterscheiden, die die Völker bewogen weiterzukämpfen. Was die deutsche Seite angeht, so ist zwischen zwei Bevölkerungsgruppen zu unterscheiden. Die kleine Gruppe der Nationalisten – eine kleine Minderheit der Gesamtbevölkerung – rief bereits viele Jahre vor 1914 nach einem Eroberungskrieg. Sie setzte sich hauptsächlich aus Gymnasiallehrern, einigen Universitätsprofessoren, Journalisten und Politikern zusammen, die von einigen Führern der deutschen Kriegsmarine und gewissen Kreisen der Schwerindustrie unterstützt wurden. Ihre psychischen Beweggründe könnte man definieren als eine Mischung aus Gruppennarzißmus, instrumentaler Aggression und dem Wunsch, Karriere zu machen und innerhalb der nationalistischen Bewegung und mit ihrer Hilfe Macht zu gewinnen. Die große Masse der Bevölkerung bekundete nur kurz

[24] Die Literatur über die militärischen, politischen und ökonomischen Aspekte des Krieges von 1914–18 ist so umfangreich, daß selbst eine gekürzte Bibliographie viele Seiten füllen würde. Meiner Meinung nach sind die tiefgründigsten und aufschlußreichsten Werke über die Ursachen des Ersten Weltkrieges die Arbeiten zweier bedeutender Historiker: G. W. F. Hallgarten (1963) und F. Fischer (1967).

vor und kurz nach dem Ausbruch des Krieges eine erhebliche Begeisterung. Auch hier stoßen wir auf signifikante Unterschiede bezüglich der Reaktion der verschiedenen sozialen Klassen. So zeigten die Intellektuellen und Studenten eine größere Begeisterung als die Arbeiterschaft. (Eine interessante Tatsache, die einiges Licht auf diese Frage wirft, ist, daß der deutsche Reichskanzler von Bethman-Hollweg, wie aus den vom deutschen Außenministerium nach dem Krieg veröffentlichten Dokumenten hervorgeht, sich bewußt war, daß er die Zustimmung der Sozialdemokratischen Partei, der stärksten Partei im Reichstag, nur gewinnen konnte, wenn er zuerst Rußland den Krieg erklärte und damit den Arbeitern das Gefühl gab, gegen die Gewaltherrschaft und für die Freiheit zu kämpfen.) Die gesamte Bevölkerung stand unter dem systematischen suggestiven Einfluß der Regierung und der Presse, die in den wenigen Tagen vor dem Ausbruch und nach dem Beginn des Krieges alles daransetzten, sie zu überzeugen, daß Deutschland gedemütigt und angegriffen werden sollte. Auf diese Weise wurden Impulse defensiver Aggression mobilisiert. Im ganzen gesehen war die Bevölkerung jedoch nicht von starken Impulsen instrumentaler Aggression motiviert, das heißt von dem Wunsch, fremdes Territorium zu erobern. Dies geht auch daraus hervor, daß die Regierungspropaganda selbst zu Anfang des Krieges bestritt, irgendwelche Eroberungsabsichten zu haben, und daß später, als die Generäle die Außenpolitik diktierten, die Eroberungsziele als notwendig für die zukünftige Sicherheit des Deutschen Reiches hingestellt wurden. Trotzdem erlosch die anfängliche Begeisterung nach ein paar Monaten, um nie mehr zurückzukehren.

Es ist höchst bemerkenswert, daß die Begeisterung der Bevölkerung praktisch gleich Null war, als Hitler seinen Angriff gegen Polen startete, womit er den Zweiten Weltkrieg auslöste. Trotz der jahrelangen schweren militaristischen Indoktrination brachte die Bevölkerung sehr deutlich zum Ausdruck, daß sie nicht darauf aus war, diesen Krieg zu führen. (Hitler mußte sogar einen Scheinangriff auf eine schlesische Rundfunkstation inszenieren, der angeblich von polnischen Soldaten – in Wirklichkeit aber von verkleideten Nazis – durchgeführt wurde, um das Gefühl zu erregen, daß man sich gegen einen Angriff verteidigen mußte.)

Aber obwohl die deutsche Bevölkerung diesen Krieg definitiv nicht gewollt hat (auch die Generäle zögerten), zog sie, ohne Widerstand zu leisten, in den Krieg und kämpfte tapfer bis zum Ende.

Das psychologische Problem ist hier nicht, was die *Ursache* des Krieges war, sondern die Frage lautet: Welche psychologischen Faktoren machen einen Krieg *möglich,* auch wenn sie ihn nicht verursachen?

Um diese Frage zu beantworten, ist eine ganze Reihe relevanter Faktoren zu berücksichtigen. Im Ersten Weltkrieg (und mit gewissen Modifikationen auch im Zweiten) haben die deutschen (oder französischen, russischen und britischen) Soldaten, nachdem er einmal ausgebrochen war, weitergekämpft, weil sie das Gefühl hatten, daß ein verlorener Krieg für ihr ganzes Volk eine Katastrophe bedeuten würde. Der einzelne Soldat hatte das Gefühl, um sein Leben zu kämpfen und daß es für ihn darum ging, entweder zu töten oder selbst getötet zu werden. Aber auch diese Gefühle hätten nicht ausgereicht, seinen Willen, weiterzukämpfen, wachzuhalten. Er wußte auch, daß man ihn erschießen würde, wenn er davonliefe, wenn auch selbst diese Beweggründe nicht verhinderten, daß es in allen Armeen zu Meutereien großen Stils kam. 1917 und 1918 führten sie schließlich in Rußland und Deutschland zur Revolution. In Frankreich gab es 1917 fast kein Armeekorps mehr, in dem die Soldaten nicht gemeutert hatten, und es war nur dem Geschick der französischen Generäle zu verdanken, die zu verhindern wußten, daß eine militärische Einheit erfuhr, was in anderen Einheiten vorging, daß diese Meutereien durch Massenexekutionen in Verbindung mit einigen Verbesserungen in den täglichen Lebensbedingungen der Soldaten unterdrückt wurden.

Ein anderer wichtiger Faktor, der den Ausbruch eines Krieges ermöglicht, ist der tief eingewurzelte Respekt und die Ehrfurcht vor der Autorität. Man hatte dem Soldaten traditionsgemäß das Gefühl eingeflößt, daß der Gehorsam seinen Führern gegenüber eine moralische und religiöse Pflicht sei, für deren Erfüllung er willig sein Leben hinzugeben hatte. Erst durch drei oder vier Jahre des Schreckens in den Schützengräben und durch die wachsende Einsicht, von den Führern für Kriegsziele mißbraucht zu werden, die mit Verteidigung nichts mehr zu tun hatten, brach diese Haltung des unbedingten Gehorsams wenigstens bei einem beträchtlichen Teil der Armee und der Heimatbevölkerung zusammen.

Es gibt noch andere subtilere emotionale Motivationen, die einen Krieg möglich machen und mit Aggression nichts zu tun haben. Der Krieg ist aufregend, selbst wenn man dabei riskiert, sein Leben zu verlieren und große körperliche Leiden in Kauf nehmen zu müssen. In Anbetracht dessen, daß das Leben des Durchschnittsmenschen langweilig, routinemäßig und ohne jedes Abenteuer verläuft, muß man in der Bereitschaft, in den Krieg zu ziehen, auch den Wunsch sehen, dieser langweiligen Routine des täglichen Lebens ein Ende zu machen und sich in ein Abenteuer zu stürzen – in das einzige Abenteuer, das sich der Durchschnittsmensch praktisch in seinem Leben erhoffen kann.[25]

Der Krieg bewirkt bis zu einem gewissen Grad eine Umwertung aller Werte. Er bewirkt, daß tiefeingewurzelte menschliche Impulse wie Altruismus und Solidaritätsgefühl zum Ausdruck kommen – Impulse, die durch den Egoismus und den Konkurrenzkampf des modernen Menschen in Friedenszeiten unterdrückt werden. Klassenunterschiede verschwinden ganz oder doch in beträchtlichem Maß. Im Krieg ist der Mensch wieder Mensch, und er hat die Chance, sich auszuzeichnen, ohne daß ihm sein sozialer Status als Bürger Vorrechte einräumt. (Beim Offizierskorps steht es mit den Auszeichnungen natürlich anders als beim einfachen Soldaten.) Akzentuierter ausgedrückt: Der Krieg ist eine indirekte Rebellion gegen Ungerechtigkeit, Ungleichheit und Langeweile, wie sie das gesellschaftliche Leben in Friedenszeiten beherrschen, und man sollte die Tatsache nicht unterschätzen, daß der Soldat – wenn er gegen den Feind um sein Leben kämpft – nicht gegen die Mitglieder seiner eigenen Gruppe um Nahrung, ärztliche Betreuung, Unterkunft und Kleidung zu kämpfen braucht. Für all dies sorgt ein perverses sozialisiertes System. Daß der Krieg diese positiven Züge aufweist, ist ein trauriger Kommentar zu unserer Zivilisation. Wenn das bürgerliche Leben für Abenteuer, Solidarität, Gleichheit und Idealismus Raum hätte, wie sie im Krieg zu finden sind, könnte man die Menschen

[25] Man sollte diesem Faktor jedoch keine übertriebene Bedeutung beimessen. Das Beispiel von Ländern wie der Schweiz, der skandinavischen Nationen, Belgiens und der Niederlande zeigt, daß die Abenteuerlust ein Volk nicht dazu bewegen kann, einen Krieg zu wollen, wenn das betreffende Land nicht angegriffen wird und wenn die Regierung keinen Grund sieht, einen Krieg anzufangen.

vermutlich nur sehr schwer dazu bewegen, in den Krieg zu gehen. Der Regierung stellt sich im Krieg das Problem, sich die unterschwellige Rebellion zunutze zu machen, indem sie sie für ihre Kriegszwecke einspannt; gleichzeitig gilt es zu verhindern, daß sie für die Regierung zu einer Gefahr wird, was man durch strenge Disziplin und den Geist des Gehorsams gegen die Führer erreicht, die als selbstlose, weise und mutige Männer hingestellt werden, welche ihr Volk vor der Vernichtung bewahren.[26]

Zusammenfassend ist festzustellen, daß die größeren Kriege unserer Zeit genau wie die meisten Kriege zwischen den Staaten des Altertums nicht durch aufgestaute Aggression verursacht wurden, sondern durch die instrumentale Aggression der militärischen und politischen Eliten. Dies geht auch aus den Daten bezüglich der Häufigkeit der Kriege von den primitivsten bis zu den höher entwickelten Kulturen hervor. Je primitiver eine Zivilisation ist, um so weniger Kriege finden wir bei ihr (Q. Wright, 1965).[27] Die gleiche Tendenz spricht aus der Tatsache, daß die Zahl und Intensität der Kriege mit der Entwicklung der technischen Zivilisation größer geworden ist; sie ist bei mächtigen Staaten mit einer starken Regierung am größten und am niedrigsten bei primitiven Stämmen ohne einen ständigen Häuptling. Wie aus der folgenden Tabelle hervorgeht, kommt in der Zahl der von den wichtigsten europäischen Mächten in der Neuzeit geführten Schlachten die gleiche Tendenz zum Ausdruck. Die Tabelle gibt die Zahl der in jedem Jahrhundert seit 1480 geführten Schlachten an (Q. Wright, 1965):

Zeitraum	Zahl der Schlachten
1480–1499	9
1500–1599	87
1600–1699	239
1700–1799	781
1800–1899	651
1900–1940	892

Die Autoren, die erklären, der Krieg sei auf eine angeborene Aggression des Menschen zurückzuführen, betrachten den modernen Krieg als etwas Normales, da sie annehmen, daß er aus der »destruktiven« Natur des Menschen zu erklären sei. Sie suchen nach einer Bestätigung für diese Annahme in den Daten über Tiere und über unsere prähistorischen Ahnen, die sie verzerrt darstellen müssen, damit sie diesem Zweck dienen können. Diese Einstellung resultiert aus der unerschütterlichen Überzeugung von der Überlegenheit der heutigen Zivilisation über die vortechnischen Kulturen. Der logische Schluß lautet: Wenn

[26] Es ist für dieses Dilemma kennzeichnend, daß bei den internationalen Vereinbarungen über die Behandlung von Kriegsgefangenen alle Mächte der Klausel zustimmten, die es den Regierungen verbot, »ihre« Kriegsgefangenen durch eine Propaganda gegen die eigene Regierung zu beeinflussen. Kurz, man ist übereingekommen, daß jede Regierung zwar das Recht hatte, die Soldaten des Feindes zu töten, daß sie sie aber nicht zu Revolutionären machen durfte.

[27] Vgl. »Primitive Kriegführung« in Kapitel 8.

der zivilisierte Mensch schon von so vielen Kriegen und einer so starken Destruktivität heimgesucht ist, wieviel schlimmer muß dann der primitive Mensch gewesen sein, der in der Entwicklung zum »Fortschritt« hin so weit im Hintertreffen ist. Da man unsere Zivilisation nicht für die Destruktivität verantwortlich machen darf, muß man diese als durch unsere Instinkte bedingt hinstellen. Aber die Tatsachen sprechen dagegen.

Die Bedingungen für eine Reduzierung der defensiven Aggression

Da die defensive Aggression eine phylogenetisch programmierte Reaktion auf die Bedrohung vitaler Interessen ist, ist es nicht möglich, ihre biologische Basis zu ändern, wenn sie auch unter Kontrolle gebracht und modifiziert werden kann wie Impulse, die in anderen instinktiven Dispositionen verwurzelt sind. Die Hauptbedingung für eine Reduktion der defensiven Aggression ist aber eine Verminderung der realen Faktoren, die sie mobilisieren. Natürlich ist es im Rahmen dieses Buches nicht möglich, ein Programm zu entwerfen, welche sozialen Veränderungen vorgenommen werden müßten, um diese Aufgabe zu leisten.[28] Ich werde mich an dieser Stelle auf einige Bemerkungen beschränken.

Die Hauptbedingung ist natürlich, daß sich weder einzelne noch Gruppen gegenseitig bedrohen. Das hängt davon ab, daß die materiellen Grundlagen so sind, daß sie allen Menschen ein menschenwürdiges Dasein gewährleisten und die Beherrschung einer Gruppe durch eine andere unmöglich oder nicht attraktiv machen. Diese Voraussetzung könnte in absehbarer Zukunft dadurch geschaffen werden, daß wir unser Produktions-, Eigentums- und Konsumsystem durch ein besseres ersetzten; aber die Feststellung, daß dies zu erreichen wäre, bedeutet natürlich nicht, daß es auch erreicht werden wird oder daß es leicht zu erreichen wäre. Tatsächlich ist es eine so ungeheuer schwierige Aufgabe, daß schon aus diesem Grund viele, die die besten Absichten haben, es vorziehen, lieber gar nichts zu tun. Sie hoffen, die Katastrophe dadurch abzuwenden, daß sie wie ein Ritual das Lob des Fortschritts singen.

Die Einrichtung eines Systems, das eine Garantie dafür bietet, daß die Grundbedürfnisse aller befriedigt werden, bedeutet, daß herrschende Klassen verschwinden müssen. Der Mensch darf nicht mehr unter »Zoobedingungen« leben, das heißt, seine volle Freiheit muß wieder hergestellt werden, und die ausbeuterische Herrschaft in allen ihren Formen muß verschwinden. Daß der Mensch nicht ohne Führer leben kann, die ihn kontrollieren, ist ein Mythos, der von all jenen Gesellschaftssystemen widerlegt wird, die ohne Hierarchie gut funktionieren. Eine solche Veränderung würde natürlich radikale politische und soziale Veränderungen mit sich bringen, die eine Wandlung in allen menschlichen Beziehungen, einschließlich der Struktur von Familie, Erziehung und Religion und in den individuellen Beziehungen in Arbeit und Freizeit mit sich bringen würden.

Soweit die defensive Aggression eine Reaktion nicht auf reale Bedrohungen, sondern auf angebliche Gefahren ist, die durch Massensuggestion und Gehirnwäsche heraufbeschwo-

[28] Einige dieser Probleme habe ich in meinem Buch *The Sane Society* (1955; dt. Der moderne Mensch und seine Zukunft, 1960) und in *The Revolution of Hope* (1968a; dt. Die Revolution der Hoffnung, 1971) besprochen.

ren werden, würden die erwähnten fundamentalen sozialen Wandlungen auch dieser Art psychischer Gewalt die Grundlage entziehen. Da die Beeinflußbarkeit sich auf die Machtlosigkeit des einzelnen und auf seine Ehrfurcht vor den Führern gründet, würden die angeführten sozialen und politischen Änderungen zu ihrem Verschwinden führen und damit die Entwicklung eines unabhängigen kritischen Denkens möglich machen.

Um schließlich den Gruppennarzißmus zu reduzieren, müßten das Elend, die Monotonie, die Langeweile und die Machtlosigkeit, die in weiten Sektoren der Bevölkerung vorhanden sind, beseitigt werden. Das kann aber nicht einfach dadurch geschehen, daß man die materiellen Bedingungen bessert. Es kann nur das Resultat drastischer Veränderungen in der sozialen Organisation sein, von einer »Kontrolle-Eigentum-Macht«-Orientierung zu einer »Wachstum-Leben«-Orientierung; vom Primat des Habens und Hortens zum Sein und miteinander Teilen. Solche radikalen Veränderungen werden die aktivste Beteiligung und Mitbestimmung jedes Arbeiters und Angestellten in seinem Betrieb verlangen – auch die jedes Erwachsenen in seiner Rolle als Staatsbürger. Völlig neue Formen der Dezentralisation und völlig neue soziale und politische Strukturen müssen gefunden werden, die der Gesellschaft der »Anomie«, der aus Millionen von Atomen bestehenden Massengesellschaft, ein Ende machen müssen.

Keine dieser Bedingungen ist von den übrigen zu trennen. Sie alle sind Teile eines Systems, und daher kann die reaktive Aggression nur dann auf ein Minimum reduziert werden, wenn das gesamte System, wie es in den letzten 6000 Jahren der Geschichte bestanden hat, durch ein fundamental anderes ersetzt wird. Wenn es dazu kommt, werden die bei Buddha, bei den Propheten, bei Christus und den humanistischen Utopisten der Renaissance noch utopischen Visionen als vernünftige und realistische Lösungen erkannt werden, die dem grundlegenden biologischen Programm des Menschen dienen: der Erhaltung und dem Wachstum sowohl des Individuums als auch der menschlichen Spezies.

10

DIE BÖSARTIGE AGGRESSION: PRÄMISSEN

Vorbemerkungen

Die biologisch adaptive Aggression dient dem Leben. Dies wird prinzipiell sowohl vom biologischen als auch vom neurophysiologischen Standpunkt aus als sicher angenommen, wenn auch noch viel weitere Information notwendig ist. Es handelt sich um einen Instinkt, den der Mensch mit allen anderen Lebewesen teilt, unbeschadet gewisser Unterschiede, die wir bereits erwähnt haben.

Das Einzigartige beim Menschen ist, daß er von Impulsen, zu morden und zu quälen, getrieben werden kann und daß er dabei Lustgefühle empfindet. Er ist das einzige Lebewesen, das zum Mörder und Vernichter der eigenen Art werden kann, ohne davon einen entsprechenden biologischen oder ökonomischen Nutzen zu haben. Wir wollen im folgenden das Wesen dieser biologisch nicht-adaptiven, bösartigen Destruktivität untersuchen.

Dabei wollen wir uns vor Augen halten, daß die bösartige Aggression spezifisch menschlich ist und daß sie nicht aus einem tierischen Instinkt entstanden ist. Sie dient nicht dem physiologischen Überleben des Menschen und ist trotzdem ein wichtiger Bestandteil seines seelischen Haushalts. Sie ist eine der Leidenschaften, die bei gewissen Individuen und Kulturen dominant und mächtig sind, während dies bei anderen nicht der Fall ist. Ich will zu zeigen versuchen, daß die Destruktivität eine der möglichen Reaktionen auf psychische Bedürfnisse ist, die in der Existenz des Menschen verwurzelt sind, und daß sie – wie bereits erwähnt – das Ergebnis *der Interaktion verschiedener sozialer Bedingungen mit den existentiellen Bedürfnissen des Menschen ist.* Diese Hypothese erfordert eine theoretische Basis, von der aus wir versuchen können, folgende Fragen zu untersuchen: Welches sind die spezifischen Bedingungen der menschlichen Existenz? Worin besteht die Natur oder das Wesen des Menschen?

Wenn auch das heutige Denken, vor allem in der Psychologie, nicht viel für derartige Fragen übrig hat, die man meist in den Bereich der Philosophie und anderer rein »subjektiver Spekulationen« verweist, hoffe ich doch, in der folgenden Diskussion zeigen zu können, daß es sich dabei tatsächlich um Gebiete für die empirische Forschung handelt.

Die Natur des Menschen

Seit den griechischen Philosophen war es für die meisten Denker selbstverständlich, daß es so etwas wie die menschliche Natur gibt, etwas, was das Wesen des Menschen ausmacht. Es gab verschiedene Ansichten darüber, was dieses Wesen des Menschen ausmacht, aber man war sich einig darüber, daß es existiert, das heißt, daß es etwas gibt, wodurch der Mensch Mensch ist. So hat man den Menschen definiert als das vernunftbegabte Wesen, als das soziale Tier, als das Lebewesen, das Werkzeuge herstellen kann (*Homo faber*), oder auch als ein Symbole schaffendes Wesen.
Neuerdings wurde diese traditionelle Auffassung in Frage gestellt. Ein Grund für diese veränderte Auffassung war, daß man immer mehr Wert auf die historische Betrachtungsweise des Menschen legt. Die Erforschung der Geschichte der Menschheit legte den Gedanken nahe, daß der Mensch unserer Zeit sich so sehr vom Menschen früherer Epochen unterscheidet, daß die Annahme, die Menschen hätten zu jeder Zeit etwas miteinander gemeinsam gehabt, was man als »menschliche Natur« bezeichnen könnte, unrealistisch erschien. Die historische Betrachtungsweise wurde besonders in den Vereinigten Staaten durch Untersuchungen auf dem Gebiet der Kultur-Anthropologie verstärkt. Die Erforschung primitiver Völker hat derart unterschiedliche Sitten, Werte, Gefühle und Gedanken zutage gefördert, daß viele Anthropologen zu der Auffassung gelangten, der Mensch werde als unbeschriebenes Blatt geboren, auf das die Kultur ihren Text schreibe. Die Annahme einer unveränderlichen menschlichen Natur wurde vielfach auch deshalb abgelehnt, weil diese Auffassung so oft als Schild mißbraucht wurde, hinter dem die unmenschlichsten Handlungen begangen wurden. Aristoteles und die meisten Denker bis ins 18. Jahrhundert hinein haben sich zum Beispiel auf die menschliche Natur berufen, wenn sie die Sklaverei verteidigten.[1] Oder Gelehrte haben den Versuch gemacht, Gewinnsucht, Konkurrenzneid und Egoismus als angeborene menschliche Charakterzüge hinzustellen, um auf diese Weise die Vernünftigkeit und Notwendigkeit der kapitalistischen Gesellschaftsform zu beweisen. Landläufig beruft man sich zynisch auf die »menschliche Natur«, wenn man so unerwünschte Verhaltensweisen wie Gier, Mord, Betrug und Lüge als unvermeidlich hinnimmt.
Ein weiterer Grund für die Skepsis, die man dem Begriff der menschlichen Natur entgegenbringt, liegt wahrscheinlich im Einfluß, den die evolutionäre Denkweise hat. Nachdem man einmal zu der Auffassung gekommen war, daß sich der Mensch im Verlauf des Evolutionsprozesses entwickelt hat, schien die Auffassung von einer besonderen, in seinem Wesen enthaltenen »Substanz« unhaltbar geworden. Meiner Ansicht nach darf man jedoch gerade von einem evolutionären Standpunkt aus neue Einsichten in das Problem der menschlichen Natur erwarten. Neuere Beiträge in dieser Richtung stammen von Autoren wie Karl Marx, R. M. Bucke[2], Teilhard de Chardin und T. Dobzhansky; ein ähnlicher Zugang wird auch in diesem Kapitel vorgeschlagen.

[1] Ausnahmen waren bei den Griechen die Stoiker, die die Gleichheit aller Menschen verfochten, und in der Renaissance Humanisten wie Erasmus, Thomas Morus und Juan Luis Vives.

[2] Richard M. Bucke war ein kanadischer Psychiater, ein Freund Emersons und ein kühner, einfallsreicher Kopf. Zu seiner Zeit war er einer der bedeutendsten Psychiater in Nordamerika.

Das Hauptargument für die Annahme einer spezifisch menschlichen Natur ist, daß wir das Wesen des *Homo sapiens* morphologisch, anatomisch, physiologisch und neurologisch definieren können. Wir sind in der Lage, eine exakte, allgemein anerkannte Definition der Spezies Mensch zu geben, die wir mit Daten belegen können, die sich auf seine Körperhaltung, seine Gehirnbildung, seine Zähne, seine Nahrung und viele andere Faktoren beziehen, durch die er sich deutlich auch von den höchstentwickelten nicht-menschlichen Primaten unterscheidet. Wenn wir einen Rückfall in die Ansicht vermeiden wollen, die Körper und Geist als getrennte Bereiche ansieht, müssen wir mit Sicherheit annehmen, daß die Spezies Mensch sowohl psychisch als auch physisch besondere Kennzeichen aufweist.

Darwin selbst war sich der Tatsache durchaus bewußt, daß der Mensch als Mensch nicht nur durch spezifische körperliche, sondern auch durch spezifische psychische Eigenschaften gekennzeichnet ist. Die wichtigsten erwähnt er in seinem Buch *The Descent of Man* (»Notizen über die Abstammung des Menschen«, erschienen 1871).

> Seiner höheren Intelligenz entsprechend ist das Verhalten des Menschen elastischer, weniger reflexartig oder instinktiv.
> Der Mensch teilt so komplizierte Gemütserregungen wie Neugier, Nachahmungstrieb, Aufmerksamkeit, Gedächtnis und Phantasie mit anderen, relativ hochentwickelten Lebewesen, besitzt sie jedoch in höherem Maß und wendet sie auf kompliziertere Weise an.
> Der Mensch vermag – zum mindesten mehr als andere Lebewesen – vernünftig zu urteilen, und mit Hilfe dieses logischen Denkens weiß er sein Verhalten besser an die jeweiligen Verhältnisse anzupassen.
> Der Mensch bedient sich regelmäßig einer großen Zahl verschiedener Werkzeuge und stellt sie her.
> Der Mensch ist sich seiner selbst bewußt; er reflektiert über seine Vergangenheit und Zukunft, über sein Leben, seinen Tod usw.
> Der Mensch vollzieht geistige Abstraktionen und entwickelt einen entsprechenden Symbolismus; das wichtigste und komplexeste Ergebnis dieser Fähigkeit ist die Sprache.
> Manche Menschen haben ein Gefühl für Schönheit.
> Die meisten Menschen haben ein religiöses Gefühl, das Wort im weitesten Sinn genommen, so daß auch Ehrfurcht, Aberglaube, animistische Vorstellungen und der Glaube an übernatürliche oder spirituelle Kräfte darunter fallen.
> Der normale Mensch hat ein moralisches Empfinden, moderner ausgedrückt: er folgt seinem Gewissen.
> Der Mensch ist ein Kulturwesen und ein soziales Tier und hat Kulturen und Gesellschaftssysteme entwickelt, die nach Art und Vielgestaltigkeit einzigartig sind. (Zusammenfassende Darstellung von G. G. Simpson, 1949.)

Wenn wir Darwins Zusammenstellung der psychischen Wesenszüge des Menschen überprüfen, fallen uns einige Merkmale besonders auf. Er erwähnt eine Anzahl einzelner Wesenszüge, die nichts miteinander zu tun haben, von denen einige spezifisch menschlich sind, wie zum Beispiel das Selbstbewußtsein, die Erfindung von Symbolen und die Ausbil-

Obwohl er heute in der Fachwelt völlig vergessen ist, wird sein Buch *Cosmic Consciousness* (Kosmisches Bewußtsein, Neuauflage 1946) seit fast hundert Jahren von Laien viel gelesen.

dung von Kulturen, sowie ein ästhetisches, moralisches und religiöses Gefühl. Diese Liste spezifisch menschlicher Wesenszüge leidet darunter, daß sie rein deskriptiv ist, daß es sich um eine reine Aufzählung handelt, daß sie unsystematisch ist und kein Versuch unternommen wird, die gemeinsamen Voraussetzungen dieser Merkmale zu analysieren.
Darwin erwähnt in seiner Liste gewisse spezifisch menschliche Leidenschaften und Emotionen wie Zärtlichkeit, Liebe, Haß, Grausamkeit, Narzißmus, Sadismus, Masochismus usw. nicht. Andere behandelt er als Instinkte. Er glaubt, »genügend bewiesen zu haben«,

> »daß der Mensch und die höheren Tiere, besonders die Primaten, tatsächlich einige wenige Instinkte gemeinsam besitzen. Allen sind dieselben Sinne, Anschauungen und Empfindungen eigen – sie sind ähnlichen Leidenschaften, Neigungen und Gemütsbewegungen unterworfen; selbst die komplizierteren, wie Eifersucht, Argwohn, Ehrgeiz, Dankbarkeit, Großmut, treffen wir bei beiden; sie versuchen zu täuschen und kennen die Rache; sie sind manchmal für das Lächerliche empfänglich und zeigen sogar Sinn für Humor; sie fühlen Erstaunen und Neugierde; sie besitzen dieselben Fähigkeiten: die Nachahmung, die Aufmerksamkeit, die Überlegung, die Vergleichung und Wahl, das Gedächtnis, die Phantasie, die Ideenassoziation und den Verstand, wenn auch in den verschiedensten Abstufungen.« (C. Darwin: Die Abstammung des Menschen.)

Offensichtlich findet unser Versuch, die wichtigsten menschlichen Leidenschaften als spezifisch menschlich und nicht als von unseren tierischen Ahnen ererbt aufzufassen, bei Darwin keine Unterstützung.
Welche Fortschritte im Denken bei den Evolutionsforschern seit Darwin festzustellen sind, zeigt sich in der Ansicht eines der hervorragendsten zeitgenössischen Forscher auf diesem Gebiet, G. G. Simpson. Er betont, daß der Mensch wesentliche Eigenschaften besitzt, die ihn von anderen Lebewesen unterscheiden. Er schreibt: »Es ist wichtig, sich vor Augen zu halten, daß der Mensch ein Tier ist; aber noch wichtiger ist, sich darüber klar zu sein, daß das Wesen seiner einzigartigen Natur eben in jenen Merkmalen zu suchen ist, die er nicht mit irgendeinem anderen Tier teilt. Sein Platz in der Natur und seine überragende Bedeutung sind nicht durch das definiert, was er mit dem Tier gemein hat, sondern durch seine Menschlichkeit« (G. G. Simpson, 1949).
Als grundlegende Merkmale des *Homo sapiens* schlägt Simpson folgende miteinander in Interrelation stehenden Faktoren vor: Intelligenz, Wendigkeit, Individualisierung und Sozialisation. Selbst wenn seine Antwort nicht völlig befriedigt, stellt doch sein Versuch, die wesentlichen Kennzeichen des Menschen als miteinander in Wechselbeziehung stehend und in einem grundlegenden Faktor verwurzelt darzustellen, und seine Erkenntnis der Umwandlung des Quantitativen ins Qualitative einen bedeutsamen Schritt über Darwin hinaus dar (G. G. Simpson, 1944; 1953).
Von seiten der Psychologie hat Abraham Maslow einen der am bekanntesten gewordenen Versuche unternommen, die spezifischen Bedürfnisse des Menschen zu beschreiben, indem er eine Liste seiner »Grundbedürfnisse« aufstellte – seine physiologischen und ästhetischen Bedürfnisse, sein Verlangen nach Sicherheit, nach Zugehörigkeit, nach Liebe, Achtung, Selbstverwirklichung, Wissen und Verstehen (A. Maslow, 1954). Diese Liste ist eine etwas unsystematische Aufzählung, und Maslow hat leider nicht versucht, den gemeinsamen Ursprung derartiger Bedürfnisse in der Natur des Menschen zu analysieren.
Wenn wir den Versuch unternehmen wollen, die Natur des Menschen anhand der spezifi-

schen biologischen und seelischen Bedingungen der Spezies Mensch zu definieren, so sehen wir uns zunächst veranlaßt, uns mit seiner Geburt zu befassen.

Nichts scheint zunächst einfacher, als festzustellen, wann ein Mensch sein Leben beginnt, doch ist dies tatsächlich gar nicht so einfach, wie es zunächst den Anschein hat. Die Antwort könnte lauten: zur Zeit der Empfängnis, in dem Augenblick, in dem der Fötus eine definitive menschliche Form angenommen hat, beim Akt der Geburt, nach der Entwöhnung von der Mutter; oder man könnte sich sogar auf den Standpunkt stellen, daß die meisten Menschen nicht einmal zum Zeitpunkt ihres Todes ganz geboren sind. Am besten verzichten wir darauf, »die Geburt« eines Menschen auf einen bestimmten Tag oder eine bestimmte Stunde festzulegen, und sprechen lieber von einem *Prozeß,* in dessen Verlauf eine Persönlichkeit entsteht.

Wenn wir fragen, wann der Mensch *als Spezies* geboren wurde, ist die Antwort darauf noch schwieriger. Über den Evolutionsprozeß wissen wir noch viel weniger. Wir haben es dabei mit Millionen von Jahren zu tun; unsere Kenntnisse gründen sich auf zufällige Funde von Skeletten und Werkzeugen, deren Bedeutung noch immer stark umstritten ist. Trotz unserer unzulänglichen Kenntnisse besitzen wir immerhin einige Daten, die zwar vielleicht im einzelnen noch berichtigt werden müssen, uns aber ein allgemeines Bild von dem Prozeß geben, den wir als Geburt des Menschen bezeichnen könnten. Die *Empfängnis* des Menschen könnten wir an den Beginn des einzelligen Lebens zurückdatieren, etwa in die Zeit vor anderthalb Milliarden Jahren, oder an den Anfang der Existenz primitiver Säugetiere vor etwa zweihundert Millionen Jahren; wir könnten sagen, die menschliche Entwicklung beginne mit den hominiden Vorfahren des Menschen, die etwa vor vierzehn Millionen Jahren oder vielleicht auch schon früher gelebt haben. Wir könnten seine *Geburt* mit dem Auftauchen des ersten Menschen, dem *Homo erectus,* datieren, dessen verschiedene in Asien aufgefundene Exemplare aus der Zeit von vor etwa einer Million bis vor 500000 Jahren stammen (Peking-Mensch); oder aber wir könnten seine Geburt etwa 40000 Jahre zurückdatieren, als der moderne Mensch (*Homo sapiens sapiens*) auftauchte, der in allen wesentlichen biologischen Aspekten mit dem heutigen Menschen identisch ist.[3] Fassen wir die Entwicklung des Menschen in historischer statt individueller Zeit ins Auge, so könnten wir sagen, daß der Mensch im eigentlichen Sinn erst vor wenigen Minuten geboren wurde. Oder wir könnten uns sogar auf den Standpunkt stellen, daß der Prozeß seiner Geburt noch nicht beendet ist, daß die Nabelschnur noch nicht durchtrennt ist und daß Komplikationen aufgetreten sind, die es zweifelhaft erscheinen lassen, ob der Mensch je geboren werden wird oder ob es sich um eine Totgeburt handelt.

Die meisten Forscher, die sich mit der Evolution des Menschen befassen, datieren seine Geburt mit einem bestimmten Ereignis, nämlich der *Herstellung von Werkzeugen,* im Anschluß an Benjamin Franklins Definition des Menschen als *Homo faber,* als Werkzeughersteller. Marx hat diese Definition scharf kritisiert; er hielt sie für »charakteristisch für das Yankeetum«.[4] Unter den modernen Schriftstellern hat Mumford diese auf die Her-

[3] Vgl. die Diskussion bei D. Pilbeam (1970) und die bei M. F. A. Montagu (1967) sowie bei G. Smolla (1967).

[4] Bezüglich Marx' Vorstellung von der menschlichen Natur vgl. E. Fromm (1961 und 1968).

stellung von Werkzeugen begründete Orientierung am überzeugendsten kritisiert (L. Mumford, 1967).

Man sollte sich lieber nach einer Gesamtvorstellung von der menschlichen Natur, wie sie im Prozeß der menschlichen Evolution entstanden ist, umsehen, als nach isolierten Aspekten, wie der Herstellung von Werkzeugen, zu suchen, die so deutlich den Stempel der heutigen Besessenheit von der Produktion tragen. Wir müssen zu *einem Verständnis der menschlichen Natur gelangen, das sich auf die beiden, miteinander verquickten fundamentalen biologischen Bedingungen gründet, die das Auftauchen des Menschen kennzeichnen.* Dabei handelt es sich einmal um *die ständig abnehmende Determinierung des Verhaltens durch Instinkte*[5] (hier in einem etwas lockeren Sinn gebraucht, um die Diskussion zu vereinfachen).

Selbst wenn wir die vielen Kontroversen über die Natur der Instinkte berücksichtigen, ist man sich doch heute allgemein darüber einig, daß die Bedeutung der stereotypen Verhaltensmodelle, die im Gehirn streng determiniert und phylogenetisch programmiert sind, um so geringer ist, je höher ein Lebewesen auf der Stufenleiter der Entwicklung emporgestiegen ist.

Den Prozeß der ständig abnehmenden Determination des Verhaltens durch die Instinkte kann man sich als ein Kontinuum vorstellen, an dessen Nullende wir auf die niedersten Formen der Entwicklung der Lebewesen mit der hochgradigsten instinktiven Determination stoßen; diese nimmt im Laufe der weiteren Evolution ständig weiter ab und erreicht mit den Säugetieren ein bestimmtes Niveau; im Lauf der zu den Primaten hinaufführenden Entwicklung geht sie weiter zurück, und selbst hier finden wir eine große Kluft zwischen kleineren langschwänzigen Affen und Menschenaffen, wie Yerkes und Yerkes in ihrer klassischen Untersuchung nachgewiesen haben (R. M. und A. V. Yerkes, 1929). Bei der Spezies *Homo* hat die Determination durch die Instinkte ihren niedrigsten Grad erreicht.

Die andere in der Evolution der Lebewesen zu beobachtende Tendenz ist das *Wachstum des Gehirns und besonders das des Neokortex.* Auch hier können wir uns die Evolution als ein Kontinuum vorstellen, an dessen einem Ende die niedersten Tiere mit der primitivsten Nervenstruktur und einer relativ kleinen Zahl von Neuronen stehen, während am anderen Ende der Mensch mit seiner umfangreicheren und komplexeren Gehirnstruktur steht, besonders mit einem Neokortex, der dreimal so groß ist als der selbst seiner hominiden Ahnen, und mit einer wahrhaft phantastisch großen Zahl von interneuronalen Verbindungen.[6]

[5] Ich verstehe »Instinkt« nicht in dem heute überholten Sinn eines »Instinkts«, der das Lernen ausschließt, sondern im Sinn eines »organischen Triebes«.

[6] C. Judson Herrick hat versucht, uns eine annähernde Vorstellung von den phantastischen Möglichkeiten der Nervenverbindungen zu geben: »Jedes Neuron der Großhirnrinde ist in ein höchst komplexes Gewirr feinster Nervenfasern verwoben, von denen einige von weit entfernten Partien herkommen. Man darf wohl mit Sicherheit annehmen, daß die meisten kortikalen Neuronen direkt oder indirekt mit jeder kortikalen Zone verbunden sind. Es ist dies die anatomische Basis der kortikalen Assoziationsprozesse. Diese untereinander in Verbindung stehenden Assoziationsfasern bilden einen anatomischen Mechanismus, der während einer einzigen kortikalen

Angesichts dieser Daten kann man den Menschen als den Primaten definieren, der an dem Punkt der Evolution seine Entwicklung begann, an dem die Determination durch die Instinkte ein Minimum und die Entwicklung des Gehirns ein Maximum erreicht hatte. Diese Kombination einer minimalen Determination durch Instinkte und einer maximalen Entwicklung des Gehirns war nie zuvor im Verlauf der Evolution vorgekommen, und sie stellt biologisch gesehen ein völlig neues Phänomen dar.

Als der Mensch seine Entwicklung begann, war sein Verhalten bereits nur wenig von Instinkten geleitet. Von einigen elementaren Reaktionen abgesehen, wie denen auf Gefahren oder sexuelle Reize, verfügt er über kein ererbtes Programm, das ihm sagen würde, wie er sich in den meisten Fällen zu verhalten hat, in denen sein Leben von der richtigen Entscheidung abhängt. So ist anscheinend der Mensch, biologisch gesehen, das hilfloseste und schwächste aller Lebewesen.

Entschädigt ihn die außerordentliche Entwicklung seines Gehirns für sein instinktives Defizit?

Bis zu einem gewissen Grade tut sie es. Der Mensch wird von seinem Intellekt geleitet, sich für das Richtige zu entscheiden. Aber wir wissen auch, wie schwach und unzuverlässig dieses Instrument ist. Es wird leicht von seinen Wünschen und Leidenschaften beeinflußt und kapituliert vor ihrem Einfluß. Das Gehirn des Menschen ist nicht nur ein unzureichender Ersatz für seine geschwächten Instinkte, es kompliziert die Aufgabe zu leben außerordentlich. Hierbei denke ich nicht an die *instrumentale Intelligenz,* an die Benutzung des Denkens als Instrument zur Manipulation von Objekten, um die eigenen Bedürfnisse zu befriedigen; denn schließlich hat der Mensch diese Art von Intelligenz mit den Tieren, besonders den Primaten, gemeinsam. Ich meine jenen Aspekt des Denkens, bei dem der Mensch eine völlig neue Eigenschaft erworben hat, das Bewußtsein seiner selbst. Der Mensch ist das einzige Lebewesen, das nicht nur Objekte kennt, sondern das auch weiß, daß es sie kennt. Der Mensch ist das einzige Lebewesen, das nicht nur eine instrumentale Intelligenz, sondern Vernunft besitzt, die Fähigkeit, seinen Verstand dazu zu benutzen, objektiv zu *verstehen* – das heißt, das Wesen der Dinge, wie sie an und für sich sind, und nicht nur als Mittel zu seiner Befriedigung zu erkennen. Mit diesem Bewußtsein seiner selbst und mit dieser Vernunft begabt, ist sich der Mensch seiner Getrenntheit von

Assoziationskette eine ungeheure Anzahl von verschiedenen funktionalen Kombinationen der kortikalen Neuronen ermöglicht, die weit über alle Zahlenvorstellungen hinausgeht, die je von Astronomen bei der Messung der Entfernung von Sternen angegeben worden sind . . . Der praktische Wert des Systems liegt in eben dieser Fähigkeit, derartige Verbindungen und immer neue Verbindungen von Nervenelementen herzustellen . . . Wenn eine Million kortikaler Nervenzellen in Gruppen von nur je zwei Neuronen in sämtlichen möglichen Kombinationen miteinander verbunden würden, so würde die Zahl der verschiedenen interneuronalen Verbindungen, die auf diese Weise zustande käme, der Zahl $10^{2\,783\,000}$ (1 mit 2783000 Nullen) entsprechen . . . Aus dem, was wir über die Struktur der Großhirnrinde wissen . . ., läßt sich schließen, daß die Zahl der anatomisch vorhandenen und für die Verwendung zu kurzen Reihen kortikaler Neuronen zur Verfügung stehenden interzellularen Verbindungen, die im visuellen Bereich durch ein Bild auf der Netzhaut gleichzeitig erregt werden, die $10^{2\,783\,000}$, die wir als theoretisch mögliche Kombinationen bei Gruppen von nur je zwei erwähnten, noch weit übertreffen würde« (C. J. Herrick, 1928). Zum Zweck des Vergleichs fügt Livingston hinzu: »Man halte sich vor Augen, daß die Zahl der im gesamten Universum vorhandenen Atome auf etwa 10^{66} geschätzt wird.«

der Natur und von anderen Menschen bewußt; er ist sich seiner Machtlosigkeit und seiner Unwissenheit bewußt; und er ist sich seines Endes bewußt: des Todes.

Bewußtsein seiner selbst, Vernunft und Phantasie haben die »Harmonie« zerstört, welche die tierische Existenz kennzeichnet. Durch ihr Erscheinen ist der Mensch zu einer Anomalie, zu einer grotesken Laune des Universums geworden. Er ist Teil der Natur, ihren physikalischen Gesetzen unterworfen und unfähig, sie zu ändern, und doch transzendiert er die Natur. Er ist getrennt von ihr und doch ein Teil von ihr. Er ist heimatlos und doch an die Heimat gekettet, die er mit allen Kreaturen teilt. An einem zufälligen Ort und zu einem zufälligen Zeitpunkt in diese Welt geworfen, ist er gezwungen, sie, wie es der Zufall will, und gegen seinen Willen zu verlassen. Da er sich seiner selbst bewußt ist, erkennt er seine Ohnmacht und die Begrenztheit seiner Existenz. Er ist nie frei von der Dichotomie seiner Existenz. Er kann sich nicht von seiner Denkfähigkeit freimachen, selbst wenn er es wollte. Er kann sich nicht von seinem Körper freimachen, solange er lebt – und sein Körper zwingt ihm den Wunsch, zu leben, auf.

Der Mensch kann sein Leben nicht leben, indem er lediglich das Muster seiner Spezies wiederholt. *Er* muß leben. Der Mensch ist das einzige Lebewesen, das sich in der Natur nicht zu Hause fühlt, das sich aus dem Paradies vertrieben fühlen kann, das einzige Lebewesen, für das die eigene Existenz ein Problem ist, das es lösen muß und dem es nicht entrinnen kann. Er kann nicht zu dem vormenschlichen Zustand der Harmonie mit der Natur zurückkehren, und er weiß nicht, wohin er kommt, wenn er vorwärts geht. Der existentielle Widerspruch im Menschen führt zu einer ständigen Störung seines inneren Gleichgewichts. Diese Störung unterscheidet ihn vom Tier, das in »Harmonie« mit der Natur lebt. Das bedeutet natürlich nicht, daß das Tier unbedingt ein friedliches, glückliches Leben führt, aber es bedeutet, daß es seinen spezifischen ökologischen Platz hat, dem seine physischen und psychischen Eigenschaften durch den Evolutionsprozeß angepaßt worden sind. Das existentiell und daher unvermeidlich gestörte innere Gleichgewicht des Menschen kann *relativ* stabil sein, wenn er mit Hilfe der Kultur auf mehr oder weniger adäquate Weise mit seinen existentiellen Problemen fertig geworden ist. Aber diese relative Stabilität besagt nicht, daß die Dichotomie verschwunden ist. Sie schlummert nur und manifestiert sich, sowie sich die Voraussetzungen für diese relative Stabilität ändern.

Im Prozeß der Selbstwerdung des Menschen wird diese relative Stabilität immer wieder erschüttert. Der Mensch verändert im Verlauf seiner Geschichte seine Umwelt, und bei diesem Prozeß ändert er auch sich selbst. Sein Wissen nimmt zu, aber damit auch das Bewußtsein seiner Unwissenheit. Er erlebt sich als Individuum und nicht nur als Mitglied seines Stammes, und damit nimmt sein Gefühl der Abgetrenntheit und Isolierung zu. Er schafft immer größere und leistungsfähigere soziale Einheiten, die von machtvollen Führern geleitet werden, und wird furchtsam und unterwürfig. Er erreicht ein gewisses Maß von Freiheit – und bekommt Angst vor dieser Freiheit. Seine Kapazität für materielle Produktion nimmt zu, aber er selbst wird im Verlauf dieses Prozesses gierig und egoistisch, Sklave der Dinge, die er selbst geschaffen hat.

Jedesmal, wenn sein inneres Gleichgewicht wieder gestört ist, sieht er sich gezwungen, nach einem neuen Gleichgewicht zu suchen. Was man oft als angeborenen Fortschrittstrieb des Menschen angesehen hat, ist tatsächlich sein Versuch, ein neues und möglichst besseres Gleichgewicht zu finden.

Diese neuen Formen des Gleichgewichts stellen keineswegs eine gradlinige Entwicklung dar. Häufig haben neue Errungenschaften zu einer regressiven Entwicklung in der Geschichte der Menschheit geführt. Oftmals gelangt der Mensch, wenn er sich gezwungen sieht, nach einer neuen Lösung zu suchen, in eine Sackgasse, aus der er wieder einen Ausweg suchen muß, und man kann sich nur darüber wundern, daß er bis jetzt immer wieder einen solchen Ausweg gefunden hat.

Diese Erwägungen legen eine Hypothese darüber nahe, wie man das »Wesen« oder die »Natur« des Menschen definieren könnte. Ich glaube nicht, daß man die menschliche Natur mit einer bestimmten Eigenschaft positiv definieren könnte, wie etwa mit Liebe, Haß, Vernunft, dem Guten oder dem Bösen, sondern nur mit den fundamentalen *Widersprüchen,* die die menschliche Existenz charakterisieren und die letztlich auf die biologische Dichotomie zwischen den fehlenden Instinkten und dem Bewußtsein seiner selbst zurückzuführen sind. Der existentielle Konflikt im Menschen erzeugt bestimmte psychische Bedürfnisse, die allen Menschen gemeinsam sind. Er ist gezwungen, das Entsetzen vor seiner Isoliertheit, seiner Machtlosigkeit und seiner Verlorenheit zu überwinden und neue Formen des Bezogenseins zur Welt zu finden, durch die er sich in ihr zu Hause fühlen kann. Ich habe diese psychischen Bedürfnisse als »existentielle Bedürfnisse« bezeichnet, weil sie auf die Bedingungen der menschlichen Existenz selbst zurückzuführen sind. Sie werden von allen Menschen geteilt, und ihre Erfüllung ist für die Erhaltung der seelischen Gesundheit ebenso notwendig, wie die Befriedigung seiner organischen Triebe notwendig ist, um den Menschen am Leben zu erhalten. Aber jedes dieser existentiellen Bedürfnisse kann auf verschiedene Weise befriedigt werden, Verschiedenheiten, die jeweils von seiner sozialen Lage abhängen. Diese unterschiedliche Art, die existentiellen Bedürfnisse zu befriedigen, manifestiert sich in Leidenschaften wie Liebe, Zärtlichkeit, Streben nach Gerechtigkeit, Unabhängigkeit und Wahrheit; in Haß, Sadismus, Masochismus, Destruktivität und Narzißmus. Ich bezeichne sie als im Charakter verwurzelte Leidenschaften – oder einfach als menschliche Leidenschaften –, weil sie im *Charakter* des Menschen integriert sind.

Da wir uns mit dem Begriff des Charakters später noch ausführlicher beschäftigen wollen, darf ich mich hier darauf beschränken, zu sagen, daß *der Charakter ein relativ permanentes System aller nicht-instinktiven Triebe ist, durch die der Mensch sich mit der menschlichen und der natürlichen Welt in Beziehung setzt.* Man kann den Charakter als *menschlichen Ersatz für den fehlenden tierischen Instinkt verstehen;* er ist die *zweite Natur* des Menschen. Was alle Menschen gemeinsam haben, sind ihre »Instinkte«, das heißt ihre organischen Triebe (auch wenn diese durch Erfahrung stark modifizierbar sind) und ihre existentiellen Bedürfnisse. Was sie nicht miteinander gemeinsam haben, sind die verschiedenartigen Leidenschaften, die in ihrem jeweiligen Charakter dominieren – ihre im Charakter verwurzelten Leidenschaften. Charakterunterschiede sind weitgehend auf unterschiedliche soziale Bedingungen zurückzuführen (wenn auch genetisch gegebene Dispositionen die Charakterbildung beeinflussen). Aus diesem Grunde kann man die im Charakter verwurzelten Leidenschaften als eine historische Kategorie und die Instinkte als eine natürliche Kategorie bezeichnen. Freilich sind erstere auch keine rein historische Kategorie, insofern der gesellschaftliche Einfluß selbst an die biologisch gegebenen Bedingungen der menschlichen Existenz gebunden ist.[7]

Wir können jetzt dazu übergehen, uns mit den existentiellen Bedürfnissen des Menschen und den verschiedenen in seinem Charakter verwurzelten Leidenschaften zu beschäftigen, die ihrerseits jeweils verschiedene Reaktionen auf die existentiellen Bedürfnisse darstellen. Bevor wir in diese Diskussion eintreten, wollen wir noch einen Blick zurückwerfen und uns kurz mit einer methodologischen Frage befassen. Ich habe eine »Rekonstruktion« der seelischen Struktur vorgeschlagen, so wie sie zu Beginn der menschlichen Vorgeschichte beschaffen gewesen sein könnte. Der naheliegende Einwand gegen diese Methode lautet, daß es sich dabei um eine theoretische Rekonstruktion handele, für die es keinerlei Beweise gibt – wenigstens hat es zunächst diesen Anschein. Empirische Unterlagen fehlen jedoch nicht völlig bei der Formulierung solcher Hypothesen, die durch zukünftige Funde bestätigt oder widerlegt werden können.

Das Tatsachenmaterial besteht hauptsächlich in Funden, die darauf hinweisen, daß der Mensch vielleicht bereits vor einer halben Million Jahre (Peking-Mensch) Kulte und Rituale hatte, aus denen hervorgeht, daß sein Interesse sich schon damals nicht auf seine materiellen Bedürfnisse beschränkte. Die Geschichte der prähistorischen Religion und Kunst (die in jenen Zeiten noch nicht voneinander zu trennen waren) ist unsere Hauptquelle für die Erforschung der seelischen Struktur des primitiven Menschen. Natürlich kann ich innerhalb des Kontexts dieser Untersuchung nicht näher auf dieses weite und noch sehr umstrittene Gebiet eingehen. Ich möchte jedoch betonen, daß die heute – wie auch künftig – verfügbaren Daten bezüglich der primitiven Religionen und Rituale uns das Wesen der seelischen Verfassung des prähistorischen Menschen nicht enthüllen werden, es sei denn, wir verfügten über einen Schlüssel, mit dessen Hilfe wir sie enträtseln können. Dieser Schlüssel ist *unser eigenes Erleben.* Nicht unser bewußtes Denken, sondern jene Kategorien unseres Denkens und Fühlens, die in unserem Unbewußten verborgen liegen und die trotzdem den Kern aller Erfahrungen bei allen Menschen aller Kulturen ausmachen; kurz, es handelt sich um das, was ich als das »primäre menschliche Erlebnis« bezeichnen möchte. Dieses primäre menschliche Erlebnis ist in der existentiellen Situation des Menschen selbst verwurzelt. Aus diesem Grund ist es allen Menschen gemeinsam und braucht nicht als rassenmäßig ererbt erklärt zu werden.

Die erste Frage lautet natürlich, ob es möglich ist, einen solchen Schlüssel zu finden, ob wir unseren normalen seelischen Rahmen transzendieren und uns in den Geist des »Urmenschen« zurückversetzen können. Drama, Dichtung, Kunst und Mythos haben das getan, jedoch nicht die Psychologie, mit Ausnahme der Psychoanalyse. Die verschiedenen psychoanalytischen Schulen haben es auf verschiedene Weise versucht. Freuds »Urmensch« war das historische Konstrukt eines Menschen, der zum patriarchalisch organisierten Männerverband gehörte, der von einem Vater-Tyrannen beherrscht und ausgebeu-

[7] Diese Unterscheidung zwischen zwei verschiedenartigen Trieben entspricht im wesentlichen der Unterscheidung von Marx. Er spricht von zwei verschiedenen Arten der menschlichen Triebe und Begierden: von den *konstanten* oder festgelegten – wie Hunger und Sexualtrieb –, die einen integrierenden Teil der menschlichen Natur darstellen und nur der Form und Richtung nach in den verschiedenen Kulturen Änderungen erfahren können, und von den *relativen Begierden,* die ihren Ursprung bestimmten sozialen Strukturen und bestimmten Produktions- und Kommunikationsbedingungen verdanken (K. Marx und F. Engels, MEGA, Bd. 5). Einige dieser Begierden hat Marx als unmenschlich, sittlich entartet, unnatürlich und nur eingebildet bezeichnet.

tet wurde; die Söhne rebellierten gegen ihn, und seine Internalisierung wurde zur Basis für die Bildung des Überichs und einer neuen sozialen Organisation. Freuds Ziel war, dem Patienten unserer Zeit zu helfen, sein eigenes Unbewußtes dadurch zu entdecken, daß er ihn an dem teilnehmen ließ, was er für die Erlebnisse seiner frühesten Ahnen hielt.

Obwohl dieses Modell des vorzeitlichen Menschen fiktiv war und der entsprechende »Ödipuskomplex« nicht die tiefste Schicht des menschlichen Erlebens darstellt, hat Freuds Hypothese doch eine völlig neue Möglichkeit eröffnet: daß alle Menschen jeder Epoche und Kultur ein Grunderlebnis mit ihren gemeinsamen Vorfahren teilen. So hat Freud dem humanistischen Glauben, daß alle Menschen an einem gemeinsamen Kern der Humanität teilhaben, ein neues historisches Argument hinzugefügt.

C. G. Jung unternahm den gleichen Versuch auf eine andere Weise, die in vieler Hinsicht subtiler ist als die Freuds. Er interessierte sich besonders für die verschiedenen Mythen, Rituale und Religionen. Er benutzte den Mythos auf geniale Weise als Schlüssel zum Verständnis des Unbewußten und baute so eine Brücke zwischen Mythologie und Psychologie, die systematischer und weitreichender war als alle Theorien seiner Vorgänger.

Mein Vorschlag lautet, daß wir nicht nur die Urgeschichte als Schlüssel zum Verständnis des Gegenwärtigen, unseres Unbewußten, sondern auch umgekehrt unser Unbewußtes als Schlüssel zum Verständnis der Vorgeschichte benutzen. Dies erfordert Selbsterkenntnis im Sinne der Psychoanalyse: die Beseitigung eines großen Teils unseres Widerstandes gegen die Bewußtwerdung unseres Unbewußten und damit die Verringerung der Schwierigkeit, in die Tiefe unseres Erlebens vorzudringen.

Vorausgesetzt, daß wir hierzu fähig sind, können wir unsere Mitmenschen verstehen, die in der gleichen Kultur leben wie wir, und wir können auch die Menschen völlig anderer Kulturen, ja sogar einen Wahnsinnigen verstehen. Wir können auch erfühlen, welche Erlebnisse der Urmensch gehabt haben muß, welche existentiellen Bedürfnisse er hatte und auf welche Weise die Menschen (einschließlich unserer selbst) auf diese Bedürfnisse reagieren können.

Wenn wir uns Kunstwerke der Primitiven ansehen bis hinab zu den Höhlenmalereien von vor 30000 Jahren oder auch die Kunst radikal andersartiger Kulturen wie der afrikanischen oder griechischen oder der des Mittelalters, so nehmen wir als selbstverständlich an, daß wir sie auch verstehen, wenngleich diese Kulturen sich von unserer radikal unterschieden. Wir träumen Symbole und Mythen, die denen gleichen, welche jene Menschen vor Tausenden von Jahren in wachem Zustand ersonnen haben. Handelt es sich dabei nicht um eine gemeinsame Sprache der gesamten Menschheit trotz der großen Unterschiede in unserer Bewußtseinsstruktur (E. Fromm, 1951)?

Angesichts der Tatsache, daß das Denken auf dem Gebiet der menschlichen Evolution heute so einseitig auf die körperliche Entwicklung des Menschen und seine materielle Kultur hin orientiert ist, deren Hauptzeugnisse Skelette und Werkzeuge sind, ist es nicht weiter verwunderlich, daß nur wenige Forscher sich für die seelische Struktur des frühen Menschen interessieren. Dennoch wird die hier von mir vorgebrachte Auffassung von einer ganzen Anzahl namhafter Forscher geteilt, deren philosophische Gesamtauffassung sich von der der Mehrheit der Forscher unterscheidet. Ich denke hier speziell an Auffassungen, die meiner eigenen besonders nahestehen, wie die des Paläontologen F. M. Bergounioux und die des Zoologen und Genetikers T. Dobzhansky.

Bergounioux schreibt:

> Obwohl er [der Mensch] legitimerweise als Primat angesehen werden kann, dessen sämtliche anatomische und physiologische Merkmale er besitzt, bildet er doch eine biologische Gruppe für sich, deren Originalität von niemand bestritten werden wird ... Der Mensch fühlte sich brutal aus seiner Umwelt herausgerissen und inmitten einer Welt isoliert, deren Ausmaße und Gesetze er nicht kannte; er sah sich daher gezwungen, in ständiger erbitterter Anstrengung und aus den eigenen Fehlern all das zu lernen, was er wissen mußte, um zu überleben. Die Tiere seiner Umgebung kamen und gingen, während sie unermüdlich die gleichen Handlungen wiederholten: Jagen, Nahrung sammeln, nach Wasser suchen, Hakenschlagen oder Fliehen, um sich gegen ihre unzähligen Feinde zu verteidigen. Für sie folgten Perioden der Ruhe und solche der Aktivität in einem unveränderlichen Rhythmus aufeinander, der durch das Bedürfnis nach Nahrung oder Schlaf, Fortpflanzung oder Schutz bestimmt war. Der Mensch löst sich von seiner Umgebung; er fühlt sich allein, verlassen, und alles, was er weiß, ist, daß er nichts weiß ... Sein erstes Gefühl war daher existentielle Angst, die ihn sogar bis an die Grenze der Verzweiflung getrieben haben kann (F. M. Bergounioux, 1964).

Eine sehr ähnliche Ansicht äußert Dobzhansky:

> Das Bewußtsein seiner selbst und die Voraussicht brachten jedoch die furchteinflößenden Gaben der Freiheit und Verantwortung mit sich. Der Mensch fühlt die Freiheit in sich, gewisse Pläne auszuführen und andere in der Schwebe zu lassen. Er empfindet Freude daran, Herr und nicht Sklave zu sein, er freut sich an der Welt und an sich selbst. Aber das Gefühl der Verantwortung beeinträchtigt diese Freude. Der Mensch weiß, daß er für seine Handlungen verantwortlich ist. Er hat erkannt, was gut und böse ist. Diese Last ist furchtbar schwer zu tragen. Kein anderes Lebewesen muß eine derartige Belastung aushalten. In der Seele des Menschen herrscht ein tragischer Zwiespalt. Dieser Bruch in der menschlichen Natur ist weit schwerer zu ertragen als die Geburtswehen (T. Dobzhansky, 1962).

Die existentiellen Bedürfnisse des Menschen und die verschiedenen in seinem Charakter verwurzelten Leidenschaften[8]

Orientierung und Devotion

Bewußtsein seiner selbst, Vernunft und Phantasie – jene neuen Eigenschaften des Menschen, die weit über die Fähigkeit selbst der klügsten Tiere zum instrumentalen Denken hinausgehen – erfordern ein Bild von der Welt und ein Bild vom Platz des Menschen in dieser Welt, das strukturiert ist und einen inneren Zusammenhang besitzt. Der Mensch braucht eine Landkarte seiner natürlichen und sozialen Welt, ohne die er in Verwirrung geraten würde und unfähig wäre, zielgerichtet und konsequent zu handeln. Er hätte keine Möglichkeit, sich zu orientieren und einen festen Punkt zu finden, der es ihm erlaubt, alle

[8] Das Material zu den folgenden Seiten schließt sich an die Diskussion des gleichen Themas in meinem Buche *The Sane Society* an (E. Fromm, 1955; deutscher Titel: Der moderne Mensch und seine Zukunft, 1960); um Wiederholungen möglichst zu vermeiden, gebe ich hier das Material zu meinen früheren Darlegungen nur in gekürzter Form wieder.

Eindrücke, die auf ihn einstürmen, zu ordnen. Ob er dabei an Zauberei und Magie als letzte Erklärung für alle Ereignisse glaubt oder an den Geist seiner Ahnen, der sein Leben und Schicksal lenkt, oder an einen allmächtigen Gott, der ihn belohnen oder bestrafen wird, oder auch an die Macht der Wissenschaft, die eine Antwort auf alle menschlichen Probleme weiß – vom Standpunkt seines Bedürfnisses nach einem Orientierungsrahmen aus macht das kaum einen Unterschied. Seine Welt hat einen Sinn für ihn, und die Übereinstimmung mit dem Weltbild seiner Umgebung macht seine Ideen subjektiv zu Wahrheiten. Selbst wenn das Weltbild nicht stimmt, so erfüllt es doch seine psychologische Funktion. Aber das Weltbild war nie völlig falsch – und es war auch nie völlig richtig. Es war immer eine genügende Annäherung an ein »richtigeres« Weltbild, um dem Leben zu dienen. Nur in dem Maße, in dem die *Lebenspraxis* von ihren Widersprüchen und ihrer Irrationalität befreit wird, kann auch das Weltbild der Wahrheit entsprechen.

Es ist höchst bemerkenswert, daß wir keine einzige Kultur finden, in der ein solcher Orientierungsrahmen nicht vorhanden wäre. Und er fehlt auch bei keinem Individuum. Oft mag jemand bestreiten, ein solches allgemeines Weltbild zu besitzen, und glauben, er reagiere von Fall zu Fall auf die verschiedenen Phänomene und Ereignisse je nach dem, wie er sie jeweils beurteile. Aber es ist leicht zu zeigen, daß er seine eigene Philosophie nicht als solche ansieht, weil sie ihm nur dem gesunden Menschenverstand zu entsprechen scheint und er nicht bemerkt, daß alle seine Gedanken auf einem gesellschaftlich anerkannten Bezugsrahmen beruhen. Wenn er mit einer grundsätzlich anderen Lebensauffassung konfrontiert wird, hält er diese für »verrückt« oder »irrational« oder »kindisch«, während er die eigene für »logisch« hält. Das Bedürfnis nach der Bildung eines Bezugsrahmens ist bei Kindern besonders deutlich ausgeprägt. In einem gewissen Alter zeigen sie ein tiefes Bedürfnis nach einem Orientierungsrahmen, und sie stellen ihn sich oft auf erfinderische Weise unter Benutzung der wenigen ihnen zugänglichen Daten her.

Die Intensität des Bedürfnisses nach einem Orientierungsrahmen erklärt eine Tatsache, die schon viele Forscher, welche sich mit dem Menschen befaßten, in Erstaunen gesetzt hat, nämlich wie leicht es den Menschen fällt, der Faszination irrationaler Doktrinen politischer oder religiöser oder auch anderer Art zu verfallen, obwohl es sich für jemand, der nicht unter ihrem Einfluß steht, ganz offensichtlich um wertlose Konstrukte handelt. Das ist zum Teil mit dem suggestiven Einfluß von Führern und mit der Beeinflußbarkeit des Menschen zu erklären. Doch ist damit nicht alles erklärt. Der Mensch wäre vermutlich weniger leicht beeinflußbar, hätte er nicht ein so vitales Bedürfnis nach einem in sich geschlossenen Orientierungsrahmen. Je mehr eine Ideologie vorgibt, *alle* Fragen widerspruchslos beantworten zu können, um so attraktiver ist sie; hier dürfte der Grund dafür zu suchen sein, weshalb irrationale oder sogar ganz offensichtlich verrückte Gedankensysteme eine solche Anziehungskraft ausüben.

Aber eine solche orientierende »Karte« genügt nicht als Anleitung zum Handeln. Der Mensch braucht auch ein Ziel, das ihm sagt, wohin er zu gehen hat. Das Tier kennt solche Probleme nicht. Seine Instinkte versorgen es mit einer Orientierung, ebenso wie sie ihm die Ziele anzeigen. Aber der Mensch, dem eine Determination durch die Instinkte abgeht und der ein Gehirn besitzt, das ihm erlaubt, sich viele Richtungen auszudenken, die er einschlagen könnte, braucht einen Gegenstand für seine totale Hingabe. Er braucht einen Gegenstand der Verehrung als Brennpunkt all seines Strebens und als Basis seiner effektiven – und nicht nur seiner nach außen hin proklamierten – Werte. Er braucht einen solchen Gegenstand der Verehrung aus mehreren Gründen. Ein solcher integriert seine Energien in einer Richtung. Er hebt ihn über seine isolierte Existenz mit all ihren Zweifeln und Unsicherheiten hinaus und verleiht seinem Leben Bedeutung. Wenn er sich über sein isoliertes Ich hinaus einem Ziel hingibt, transzendiert er sich selbst und verläßt den Kerker seiner absoluten Ichbezogenheit.[9]

Die Gegenstände menschlicher Verehrung variieren. Der Mensch kann sich einem Idol hingeben, das von ihm verlangt, seine Kinder zu töten, oder einem Ideal, das ihn veranlaßt, Kinder zu schützen. Er kann sich dem Wachstum des Lebens oder seiner Vernichtung hingeben. Er kann sich dem Ziel hingeben, ein Vermögen anzuhäufen, Macht zu gewinnen, zu zerstören oder zu lieben und produktiv und mutig zu sein. Er kann sich den verschiedensten Zielen und Idolen hingeben; während es jedoch von ungeheurer Wichtigkeit ist, welchen Göttern seine Verehrung gilt, das Bedürfnis nach Verehrung und Hingabe selbst ist ein primäres, existentielles Bedürfnis, das auf Erfüllung drängt ohne Rücksicht darauf, *wie* es erfüllt wird.

Verwurzelung

Wenn das Kind geboren wurde, verläßt es die Sicherheit des mütterlichen Leibes, die Situation, in der es noch Teil der Natur war – wo es durch den Körper der Mutter lebte. Im Augenblick der Geburt ist es noch symbiotisch mit der Mutter verbunden, und selbst nach der Geburt bleibt es das noch länger als die meisten anderen Lebewesen. Dennoch bleibt auch nach der Trennung ein tiefes Sehnen danach, das ursprüngliche Band nicht zu verlieren, ein tiefes Sehnen, sie ungeschehen zu machen, in den Mutterleib zurückzukehren oder eine neue Situation zu finden, die absoluten Schutz und Geborgenheit garantiert.[10]

[9] Der Ausdruck »Transzendenz« wird herkömmlicherweise in einem theologischen Bezugsrahmen gebraucht. Das christliche Denken nimmt als selbstverständlich an, daß die Transzendenz des Menschen seine Transzendenz über sich selbst hinaus auf Gott hin bedeutet. So versucht die Theologie das Bedürfnis nach einem Glauben an Gott zu beweisen, indem sie auf das Bedürfnis des Menschen nach Transzendenz verweist. Diese Logik ist jedoch fehlerhaft, außer der Begriff »Gott« wird in einem rein symbolischen Sinn anstelle von »Nicht-selbst« gebraucht. Es besteht ein Bedürfnis, die narzißtische, isolierte, egozentrische Einstellung zu transzendieren, sich auf den Mitmenschen zu beziehen, sich der Welt zu öffnen und der Hölle der Ichbezogenheit und der Gefangenschaft im eigenen Ich zu entrinnen. Religiöse Systeme wie der Buddhismus haben diese Art der Transzendenz postuliert, ohne sich dabei auf einen Gott oder eine übermenschliche Macht zu beziehen; das gleiche hat Meister Eckhart in seinen kühnsten Formulierungen getan.

[10] Es gehört zu den Verdiensten Freuds, daß er die Tiefe der Mutterbindung als zentrales Problem der normalen und pathologischen Entwicklung (in Form des Ödipuskomplexes) erkannt hat. Aufgrund seiner eigenen philosophischen Prämissen sah er sich jedoch gezwungen, diese Fixierung als eine sexuelle zu interpretieren, wodurch er die Bedeutung seiner Entdeckung eingeengt hat. Erst gegen Ende seines Lebens gab er sich auch von der Existenz einer vor-ödipalen Mutterbindung Rechenschaft. Aber es waren dies mehr Randbemerkungen, und er hat seinen alten Begriff des »Inzests« nicht revidiert. Einige Analytiker, besonders S. Ferenczi und seine Schüler und in neuerer Zeit auch J. Bowlby (1958, 1959), haben das Wesentliche der Mutterbindung erkannt.

Aber der Weg zum Paradies ist durch die biologische und besonders durch die neurophysiologische Konstitution des Menschen blockiert. Er hat nur eine Alternative: Er muß entweder auf seinem Streben zu regredieren beharren und dafür mit seiner Abhängigkeit von der Mutter (und symbolischen Substituten wie Erde, Natur, Gott, Nation oder einer Bürokratie) bezahlen, oder er muß voranschreiten und aus eigener Anstrengung zu neuen Verwurzelungen in der Welt gelangen, indem er die Bruderschaft aller Menschen erlebt und sich von der Macht der Vergangenheit frei macht.

Der Mensch, sich seiner Isolierung bewußt, muß neue Bindungen an seine Mitmenschen finden; hiervon hängt seine seelisch-geistige Gesundheit ab. Ohne starke affektive Bindungen an die Welt würde er unter dem unerträglichen Erlebnis totalen Vereinsamtseins und Verlorenseins leiden. Aber er kann zu anderen in verschiedenen und nachweisbaren Formen in Beziehung treten. Er kann andere lieben, was Unabhängigkeit und Produktivität erfordert, oder er kann dies symbiotisch tun – das heißt er kann ein Teil von ihnen werden oder sie zu einem Teil seines eigenen Ich machen. In dieser symbiotischen Beziehung strebt er entweder danach, andere zu beherrschen (Sadismus) oder von ihnen beherrscht zu werden (Masochismus). Wenn weder der Weg der Liebe noch der der Symbiose offen ist, kann er das Problem dadurch lösen, daß er sich nur auf sich selbst bezieht (Narzißmus). Dann wird er sich zur Welt, und er »liebt« die Welt, indem er sich selbst »liebt«. Es ist dies eine häufig anzutreffende Form, mit dem Bedürfnis nach Bezogensein fertigzuwerden (eine Form, die gewöhnlich mit Sadismus vermischt ist), aber sie ist gefährlich. Im extremen Fall führt sie zu gewissen Formen des Wahnsinns. Eine letzte und bösartige Form, das Problem zu lösen (und gewöhnlich mit extremem Narzißmus verquickt), ist die Leidenschaft, alle anderen zu vernichten. Wenn niemand mehr außer mir existiert, brauche ich andere nicht zu fürchten, und ich brauche keine Beziehung mit ihnen einzugehen. Indem ich die Welt zerstöre, rette ich mich davor, von ihr zerschmettert zu werden.

Einheit

Die existentielle Gespaltenheit des Menschen wäre unerträglich, wenn er sich nicht ein Gefühl der Einheit in sich selbst und mit der natürlichen und menschlichen Welt außerhalb erstellen könnte. Es gibt jedoch viele Möglichkeiten, diese Einheit zu finden.

Der Mensch kann sein Bewußtsein narkotisieren, indem er sich in einen Zustand der Ekstase oder Trance versetzt, wie ihn Drogen, sexuelle Orgien, Fasten, Tanzen und all die

Neuere Experimente mit Primaten (H. R. Harlow, J. L. McGaugh und R. F. Thompson, 1971) und mit Kleinkindern (R. Spitz und G. Cobliner, 1965) haben die außerordentliche Wichtigkeit der Bindung an die Mutter klar erwiesen. Die analytischen Daten zeigen, welche Rolle die nichtsexuellen, inzestuösen Strebungen im Leben normaler und neurotischer Menschen spielen. Da ich auf diesen Punkt schon jahrelang nachdrücklich hinweise, möchte ich hier nur auf seine letzte Behandlung in meinem Buch *The Sane Society* (1955, deutscher Titel: Der moderne Mensch und seine Zukunft, 1960) und in *The Heart of Man* (1964, deutscher Titel: Das Menschliche in uns, 1968) hinweisen. Über die Symbiose vgl. E. Fromm (1941, 1955, 1964); außerdem M. S. Mahler (1968), die sich dabei auf ihre früheren Veröffentlichungen seit 1951 bezieht.

anderen Rituale vermitteln, die in den verschiedenen Kulten reichlich vorhanden sind. Er kann auch versuchen, sich mit einem Tier zu identifizieren, um auf diese Weise die verlorene Harmonie mit der Natur zurückzugewinnen. Diese Art des Suchens nach Einheit liegt vielen primitiven Religionen zugrunde, in denen der Ahnherr des Stammes ein Totemtier ist oder in denen der Mensch sich mit dem Tier dadurch identifiziert, daß er sich wie ein solches benimmt (wie dies zum Beispiel die teutonischen *Berserker* taten, die sich mit einem Bären identifizierten), oder indem er eine Tiermaske trägt. Die Einheit kann auch dadurch hergestellt werden, daß man alle seine Energien einer allverzehrenden Leidenschaft unterordnet, wie zum Beispiel der Leidenschaft nach Zerstörung, Macht, Ruhm oder Besitz.

»Sich vergessen« in dem Sinne, daß man seine Vernunft narkotisiert, ist das Ziel all dieser Versuche, die Einheit mit sich selbst wiederherzustellen. Es ist ein tragischer Versuch in dem Sinn, daß er entweder nur für den Augenblick Erfolg hat (wie im Zustand der Trance oder der Trunkenheit) oder daß er selbst dann, wenn er von Dauer ist (wie bei der Leidenschaft des Hasses oder dem leidenschaftlichen Verlangen nach Macht) den Menschen verkrüppelt, ihn anderen entfremdet, sein Urteil verzerrt und ihn von dieser speziellen Leidenschaft ebenso abhängig macht, wie ein anderer von harten Drogen abhängig sein mag.

Es gibt nur einen Weg zur Einheit, der gelingen kann, ohne den Menschen zu verkrüppeln. Dieser Versuch wurde im ersten Jahrtausend vor Christus in allen hochentwickelten Gesellschaften unternommen – in China, in Indien, in Ägypten, Palästina und Griechenland. Die großen Religionen, die dem Boden dieser Kulturen entsprungen sind, lehrten, daß der Mensch die Einheit nicht durch das tragische Bemühen erringen kann, seine innere Zerspaltenheit durch Ausschaltung der Vernunft aufzuheben, sondern allein dadurch, daß er seine Vernunft und seine Liebe voll entwickelt. So groß die Unterschiede zwischen Taoismus, Buddhismus, dem prophetischen Judaismus und dem Christentum der Evangelien sein mögen, haben diese Religionen doch das eine Ziel gemeinsam: zum Erlebnis des Einsseins zu gelangen, und zwar nicht durch Regression zur tierischen Existenz, sondern dadurch, daß man ganz Mensch wird – eins in sich selbst, eins mit dem Mitmenschen, eins mit der Natur. In der kurzen Zeit der Geschichte von zweitausendfünfhundert Jahren scheint der Mensch hinsichtlich der Erreichung des von diesen Religionen geforderten Ziels keine großen Fortschritte gemacht zu haben. Die unvermeidliche Langsamkeit der ökonomischen und sozialen Entwicklung in Verbindung mit der Tatsache, daß die Religionen mit denen, deren soziale Funktion es war, die Menschen zu beherrschen oder zu manipulieren, ein Bündnis schlossen, scheint hierfür die Ursache zu sein. Dennoch war diese neue Vision der Einheit für die psychische Entwicklung des Menschen ein ebenso revolutionäres Ereignis wie die Erfindung von Ackerbau und Industrie es für seine ökonomische Entwicklung war. Auch ist diese Vision nie völlig verloren gegangen; sie wurde in den christlichen Sekten, bei den Mystikern aller Religionen, bei den Humanisten der Renaissance und in weltlicher Form in der Philosophie von Marx zu neuem Leben erweckt.

Die Alternative, zwischen dem regressiven und dem progressiven Weg, Erlösung zu finden, ist nicht nur eine sozial-historische. Jeder einzelne Mensch ist mit derselben Alternative konfrontiert. Sein Spielraum an Freiheit, die regressive Lösung in einer Gesellschaft, die

sich für sie entschieden hat, abzulehnen, ist bestimmt klein – doch er existiert. Aber große Anstrengungen, klares Denken und die Anleitung durch die Lehren der großen Humanisten ist dabei unentbehrlich. (Die Neurose kann man am besten als den Kampf zwischen diesen beiden Tendenzen in einem Menschen verstehen; die Tiefenanalyse des Charakters, wenn sie erfolgreich ist, führt auf den Weg zur progressiven Lösung).
Eine andere Lösung für das Problem der existentiellen Zerspaltenheit des Menschen ist für die gegenwärtige kybernetische Gesellschaft recht charakteristisch. Es handelt sich darum, sich mit seiner sozialen Rolle zu identifizieren, sich klein zu fühlen, sich dadurch zu verlieren, daß man sich zu einem Ding reduziert. Man tarnt die existentielle Zerspaltenheit dadurch, daß man sich mit seiner sozialen Organisation identifiziert und vergißt, daß man eine Person ist. Der Mensch wird auf diese Weise – um sich Heideggers Terminologie zu bedienen – zu einem »man«, zu einer Nichtperson. Er befindet sich sozusagen im Zustand einer »negativen Ekstase«; er vergißt sich, indem er aufhört, »er« zu sein, indem er aufhört, eine Person zu sein, und zum Ding wird.

Das Bestreben, etwas zu bewirken

Das Bewußtsein des Menschen, in einer seltsamen, übermächtigen Welt zu leben, und sein daraus entspringendes Gefühl der Ohnmacht könnten ihn leicht überwältigen. Wenn er sich als völlig passiv, als bloßes Objekt erleben würde, so würde er seinen eigenen Willen, seine Identität nicht empfinden. Um dies zu verhindern, muß er das Gefühl erwerben, daß er fähig ist, etwas zu tun, jemand zu etwas zu bewegen, einen »Eindruck zu hinterlassen«, oder, um es mit dem treffendsten Wort auszudrücken: er muß *»effektiv«* sein, das heißt, er muß »wirken«. Heute nennt man etwas *»effektiv«*, wenn es Erfolg hat. Es ist dies jedoch eine Entartung der ursprünglichen Bedeutung des Wortes, denn *»effektiv«* sein kommt vom lateinischen *ex-facere* = tun. *Effektiv sein* heißt soviel wie zustande bringen, vollbringen, realisieren, ausführen, vollführen. Wir bezeichnen jemand als *»effektiv«*, wenn er die Fähigkeit besitzt, etwas zu tun, etwas zu bewirken, etwas zu leisten. Diese Fähigkeit bedeutet, daß man nicht schwach und hilflos ist, sondern daß man ein lebendiges, funktionierendes menschliches Wesen ist. Wirken zu können bedeutet, daß man aktiv ist und daß nicht nur andere auf uns einwirken, daß wir aktiv und nicht nur passiv sind. Letzten Endes *beweist es, daß wir sind.* Man kann dieses Prinzip auch so formulieren: *Ich bin, weil ich etwas bewirke.*
Eine ganze Reihe von Forschern vertreten diesen Standpunkt. Zu Anfang unseres Jahrhunderts hat K. Groos, der klassische Interpret des Spiels, geschrieben, ein wesentliches Motiv beim kindlichen Spiel sei *die Freude daran, etwas zu bewirken.* Es war seine Erklärung dafür, daß es dem Kind soviel Spaß macht, mit etwas zu rasseln, Dinge hinter sich her zu ziehen, in Pfützen zu spielen, und was derartiger Beschäftigungen mehr sind. Groos schließt daraus: »Wir möchten wissen, welche Wirkungen entstehen und diese Wirkungen selbst hervorbringen.« (K. Groos, 1901). Eine ähnliche Idee hat J. Piaget fünfzig Jahre später geäußert, der beobachtete, daß das Kind sich besonders für Gegenstände interessiert, auf die es durch seine eigenen Bewegungen eine Wirkung ausübt. (J. Piaget, 1952). R. W. White vertritt eine ähnliche Auffassung, wenn er eine der grundle-

genden Motivationen im Menschen als »Kompetenzmotivation« bezeichnet und vorschlägt, den motivationalen Aspekt der Kompetenz als »Effektanz« *(»effectance«)* zu bezeichnen (R. W. White, 1959).

Das gleiche Bedürfnis kommt darin zum Ausdruck, daß der erste richtige Satz (die Beobachtung bezieht sich auf den englischen Sprachbereich), den manche Kinder im Alter zwischen fünfzehn und achtzehn Monaten oft wiederholt aussprechen, eine Version von »I do – I do« ist und daß sie zum ersten Mal »me« sagen, statt »my« (D. E. Schecter, 1968).[11]

Aufgrund seiner biologischen Situation befindet sich das Kind bis zum Alter von achtzehn Monaten in einem Zustand außerordentlicher Hilflosigkeit, und selbst später noch ist es weitgehend vom Wohlwollen und dem guten Willen der anderen abhängig. Das Ausmaß der natürlichen Machtlosigkeit des Kindes ändert sich jeden Tag, während die Erwachsenen in der Regel ihre Haltung dem Kind gegenüber nur langsamer ändern. Die Wutanfälle des Kindes, sein Geschrei, seine Dickköpfigkeit, die verschiedenen Methoden, mit denen es sich über die Erwachsenen durchzusetzen versucht, gehören zu den deutlichsten Manifestationen seines Versuchs, selbst eine Wirkung auszuüben, andere zu etwas zu bewegen, die Dinge zu ändern und seinem eigenen Willen Ausdruck zu geben. Gewöhnlich muß das Kind dabei vor der überlegenen Macht der Erwachsenen kapitulieren, doch bleibt diese Niederlage nicht ohne Konsequenzen. Offenbar aktiviert sie eine Tendenz, die Niederlage dadurch zu überwinden, daß man seinerseits das aktiv ausübt, was man passiv zu erdulden hatte, daß man zu herrschen versucht, wenn man zu gehorchen hatte, daß man schlägt, wenn man geschlagen wurde – kurz, daß man das *tut,* was man *zu erdulden gezwungen war,* oder tut, was einem verboten war. Die Psychoanalyse erbringt reichlich Tatsachenmaterial, aus dem hervorgeht, daß neurotische Neigungen und sexuelle Anomalitäten, wie Voyeurismus, zwanghafte Masturbation oder ein zwanghaftes Bedürfnis nach sexuellem Verkehr, oft die Folge derartiger Verbote in der frühen Kindheit sind. Fast hat es den Anschein, als ob dieser zwanghafte Übergang von der passiven in die aktive Rolle den – wenn auch erfolglosen – Versuch darstellt, immer noch offene Wunden zu heilen. Daß »Sünde«, das Verbotene zu tun, für viele so attraktiv ist, dürfte sich vielleicht hieraus erklären.[12]

Nicht nur das, was nicht erlaubt war, übt eine Anziehungskraft aus, sondern auch das, was nicht möglich ist. Anscheinend empfindet der Mensch ein tiefes Bedürfnis, bis an die persönlichen, sozialen und natürlichen Grenzen seiner Existenz vorzudringen, gleichsam von dem Wunsch getrieben, über den engen Lebensrahmen, in den er hineingezwungen ist, hinauszublicken. Dieser Impuls mag ebenso bei großen Entdeckungen wie auch bei großen Verbrechen eine wichtige Rolle spielen.

Auch der Erwachsene hat das Bedürfnis sich selbst zu beweisen, *daß er fähig ist, eine Wirkung auszuüben.* Es gibt mannigfache Möglichkeiten, sich dieses Gefühl zu verschaffen: man kann im Säugling, der gestillt wird, einen Ausdruck der Befriedigung hervorrufen, im geliebten Menschen ein Lächeln, im Sexualpartner eine Reaktion, man kann im

[11] Persönliche Mitteilung von D. E. Schecter.

[12] Zur Vermeidung von Mißverständnissen möchte ich betonen, daß man einen einzelnen Faktor (ein Verbot) nicht aus der gesamten interpersonalen Situation, von der er einen Teil bildet, isolieren kann. Wenn ein Verbot in einer nicht-oppressiven Situation ausgesprochen wird. hat es nicht die Folgen, die es in einer Konstellation hat, in der es dazu dient, den Willen des Kindes zu brechen.

Gesprächspartner Interesse wecken. Das gleiche kann man durch materielle, intellektuelle oder künstlerische Arbeit erreichen. Aber man kann dasselbe Bedürfnis auch befriedigen, indem man *über* andere Macht gewinnt, indem man ihre Angst miterlebt, indem der Mörder die Todesangst auf dem Gesicht seines Opfers beobachtet, indem man ein Land erobert, indem man Menschen quält, und einfach dadurch, daß man zerstört, was andere aufgebaut haben. Das Bedürfnis, eine Wirkung zu erzielen, kommt in den interpersonalen Beziehungen ebenso zum Ausdruck wie in der Beziehung zu Tieren, zur unbelebten Natur und zu Ideen. In der Beziehung zu anderen besteht die grundsätzliche Alternative darin, daß man entweder die Macht in sich fühlt, Liebe hervorzurufen oder Angst und Leiden zu bewirken. In der Beziehung zu Dingen besteht die Alternative darin, entweder etwas aufzubauen oder es zu zerstören. So entgegengesetzt diese Alternativen sind, sie sind nur verschiedene Reaktionen auf das gleiche existentielle Bedürfnis: etwas zu bewirken.
Wenn man sich mit Depressionen und Langeweile beschäftigt, stößt man auf reiches Material, aus dem hervorgeht, daß das Gefühl, zur Wirkungslosigkeit verdammt zu sein – das heißt, zu einer völligen vitalen Impotenz, von der die sexuelle Impotenz nur einen kleinen Teil darstellt –, eines der schmerzlichsten und vielleicht fast unerträglichen Erlebnisse ist, und daß der Mensch fast alles versuchen wird, um es zu überwinden – von Arbeitswut oder Drogen bis zu Grausamkeit und Mord.

Erregung und Stimulation

Der russische Neurologe Ivan Sečenov hat als erster in seinem Werk *Reflexes of the Brain* (Gehirnreflexe) nachgewiesen, daß das Nervensystem das Bedürfnis hat, »in Tätigkeit gesetzt zu werden«, das heißt ein gewisses Erregungsminimum zu erfahren (I. Sečenov, 1863). Denselben Standpunkt vertritt R. B. Livingston:

> Das Nervensystem ist eine Quelle der Aktivität und Integration. Das Gehirn ist nicht nur *reaktiv* auf äußere Reize; es ist selbst spontan aktiv . . . Die Aktivität der Gehirnzelle beginnt im embryonalen Leben und trägt vielleicht zur organisatorischen Entwicklung bei. Die Entwicklung des Gehirns erfolgt am schnellsten vor der Geburt und ein paar Monate danach. Nach dieser Periode üppigen Wachstums nimmt die Entwicklungsgeschwindigkeit merklich ab; doch gibt es selbst beim Erwachsenen keinen Punkt, nach welchem die Entwicklung aufhört und nach welchem die Reorganisationsfähigkeit nach einer Krankheit oder Verletzung verschwindet.

Und weiter heißt es:

> Das Gehirn verbraucht etwa im gleichen Maß Sauerstoff wie der aktive Muskel. Der aktive Muskel kann jedoch einen so hohen Sauerstoffverbrauch nur kurze Zeit ertragen, während das Nervensystem diesen hohen Verbrauch das ganze Leben lang beibehält, im Wachen und Schlafen, von der Geburt bis zum Tode. (R. B. Livingston, 1967).

Selbst in einer Gewebekultur sind die Nervenzellen weiter biologisch und elektrisch aktiv. Ein besonderes Gebiet, auf dem man das Bedürfnis des Gehirns nach ständiger Erregung erkennen kann, ist das Traumphänomen. Es ist erwiesen, daß wir einen beträchtlichen Teil unseres Schlafes (etwa 25 Prozent) träumend verbringen, (wobei die individuellen

Unterschiede nicht darin liegen, ob jemand träumt oder nicht, sondern ob er sich hinterher noch an seine Träume erinnert); und daß Menschen, die man am Träumen hindert, offenbar halb-pathologische Reaktionen zeigen (W. Dement, 1960). Eine relevante Frage lautet, weshalb das Gehirn, das nur zwei Prozent des Körpergewichts ausmacht, (neben Herz und Lunge) das einzige Organ ist, das auch während des Schlafs aktiv bleibt, während der übrige Körper sich in einem Zustand der Ruhe befindet; oder um es neurophysiologisch auszudrücken, weshalb das Gehirn 20 Prozent der gesamten Sauerstoffaufnahme bei Tag *und* bei Nacht verbraucht. Es scheint darauf hinzudeuten, daß die Neuronen sich in einem Zustand größerer Aktivität befinden »sollten« als die Zellen in anderen Körperteilen. Bezüglich der Ursachen hierfür könnte man daran denken, daß eine genügende Sauerstoffzufuhr zum Gehirn für das Leben von so vitaler Bedeutung ist, daß das Gehirn eine Sonderzuteilung an Aktivität und Erregung erhält.

Das Bedürfnis des Kleinkindes nach Stimulation ist von vielen Forschern nachgewiesen worden. R. Spitz hat auf die pathologischen Auswirkungen eines Stimulationsmangels bei Kleinkindern hingewiesen. Die Harlows und andere haben gezeigt, daß Affen schwere psychische Schäden erleiden, wenn man sie frühzeitig des Kontaktes mit dem Muttertier beraubt.[13] Auch D. E. Schecter hat das gleiche Problem im Zusammenhang mit seiner These untersucht, daß die soziale Stimulation eine wichtige Voraussetzung für die Entwicklung des Kindes ist. Er kommt zu dem Schluß, daß »ohne adäquate soziale Stimulation (einschließlich der perzeptorischen), wie zum Beispiel bei blinden und hospitalisierten Kindern, sich Ausfallerscheinungen in den emotionalen und sozialen Beziehungen, beim Sprechen, im abstrakten Denken und der inneren Kontrolle entwickeln.« (D. E. Schecter, 1973).

Auch experimentelle Untersuchungen haben ergeben, daß ein Bedürfnis nach Stimulation und Erregung besteht. E. Tauber und F. Koffler (1966) haben bei Neugeborenen die optokinetische Nystagmusreaktion auf Bewegungen nachgewiesen. »Wolff und White (1965) haben bei drei bis vier Tage alten Kindern beobachtet, daß sie Gegenstände mit konjugierten Augenbewegungen verfolgen. Fantz (1958) hat festgestellt, daß in den ersten Wochen nach der Geburt komplexere visuelle Bilder länger mit den Augen fixiert werden als einfachere« (D. E. Schecter, 1973).[14] Schecter fügt hinzu: »Natürlich können wir nicht wissen, welcher Art das subjektive perzeptorische Erlebnis des Neugeborenen ist, sondern wir können nur in einer etwas vagen Ausdrucksweise darauf schließen, daß das Neugeborene komplexe Reizbilder ›vorzieht‹« (D. E. Schecter, 1973). Die Experimente über die sensorische Deprivation an der McGill-University[15] haben gezeigt, daß die Ausschaltung fast aller Außenreize auch dann, wenn damit eine Befriedigung aller physiologischen Bedürfnisse (mit Ausnahme der sexuellen) Hand in Hand geht und wenn eine überdurchschnittliche Bezahlung für die Teilnahme am Experiment erfolgt, zu gewissen Wahrnehmungsstörungen führt. Die Versuchspersonen zeigten sich derart irritiert, ruhelos und

[13] Ich bin Dr. R. G. Heath zu Dank verpflichtet, der mir im *Department of Psychiatry* der Tulane University, New Orleans, Louisiana, einige dieser »katatonischen« Affen gezeigt hat.

[14] Ich bin Dr. D. E. Schecter zu Dank dafür verpflichtet, daß er mir Einsicht in sein Manuskript gewährte.

[15] Vgl. die Veröffentlichungsreihen von W. H. Bexton u. a. (1954), W. Heron u. a. (1956), T. H. Scott u. a. (1959) und B. K. Doane u. a. (1959).

emotional unstabil, daß einige von ihnen ihre Teilnahme am Experiment schon nach wenigen Stunden trotz des damit verbundenen finanziellen Verlustes aufgaben.[16]

Beobachtungen aus dem täglichen Leben weisen darauf hin, daß der menschliche Organismus genau wie der tierische, ebenso wie er ein bestimmtes Minimum an Ruhe braucht, auch ein gewisses Minimum an Erregung und Stimulation nötig hat. Wir sehen, daß der Mensch begierig auf Erregungen reagiert und sie sucht. Die Liste der stimulierenden Reize ist endlos. Die einzelnen Menschen – und Kulturen – unterscheiden sich nur bezüglich der Form der jeweiligen wichtigsten, Erregung verschaffenden Stimuli. Ein Unfall, ein Mord, eine Feuersbrunst und Sex sind solche Quellen der Erregung; ebenso auch Liebe und kreative Arbeit. Das griechische Drama war für die Zuschauer sicher genauso aufregend, wie es die sadistischen Vorführungen im römischen Kollosseum waren, wenn auch auf eine andere Art. Der Unterschied ist sehr wichtig, wenn man ihm auch bis jetzt wenig Beachtung geschenkt hat. Obwohl es einen kleinen Umweg bedeutet, scheint es mir doch der Mühe wert, auf diesen Unterschied kurz einzugehen.

In der psychologischen und neurophysiologischen Literatur bezeichnet der Begriff »Stimulus« fast ausschließlich das, was ich hier einen »einfachen« Stimulus nenne. Wenn sich ein Mensch in Lebensgefahr befindet, reagiert er einfach und direkt, fast reflexartig, denn diese Reaktion beruht auf seiner neurophysiologischen Organisation. Das gleiche gilt für andere physiologische Bedürfnisse wie Hunger und bis zu einem gewissen Grade auch für die Sexualität. Der Betreffende »reagiert«, aber *er* »agiert« nicht – was heißen soll, daß er keine Reaktion aktiv integriert, die über die minimale Aktivität hinausgeht, die notwendig ist, um wegzulaufen, anzugreifen oder sexuell erregt zu werden. Man könnte auch sagen, daß bei dieser Art der Reaktion das Gehirn und der gesamte physiologische Apparat *für* den Menschen agieren.

Was man gewöhnlich übersieht, ist die Tatsache, daß es auch noch eine andere Art von Reiz gibt, der *den Betreffenden dazu stimuliert, aktiv zu werden.* Ein derartiger aktivierender Stimulus könnte zum Beispiel ein Roman, ein Gedicht, eine Idee, eine Landschaft, ein Musikstück oder eine geliebte Person sein. Keiner dieser Reize verursacht eine einfache Reaktion; sie fordern uns sozusagen auf zu reagieren, indem wir uns aktiv und teilnehmend auf diese Reize beziehen; daß wir an unserem »Objekt« aktiv *interessiert* werden und immer neue Aspekte an ihm sehen und entdecken (damit hört es auf, ein bloßes Objekt zu sein); es geschieht dadurch, daß wir immer wacher und aufmerksamer werden. Wir bleiben nicht das passive Objekt, auf das der Reiz einwirkt, nach dessen Melodie unser Körper zu tanzen hat. Statt dessen bringen wir unsere eigenen Fähigkeiten zum Ausdruck, indem wir zur Welt bezogen sind. Wir werden aktiv und produktiv. Der einfache Stimulus produziert einen *Trieb* – das heißt, der Betreffende wird davon angetrieben; der aktivierende Stimulus mobilisiert ein *Streben,* das heißt, der Betreffende strebt aktiv nach einem bestimmten Ziel.

Der Unterschied zwischen diesen beiden Arten von Reizen und Reaktionen hat sehr wichtige Konsequenzen. Reize der ersten, »einfachen« Art werden, wenn sie über eine bestimmte Schwelle hinaus wiederholt werden, nicht mehr registriert und verlieren ihre

[16] Daß sie quasi-psychotische Reaktionen zeigten, ist meiner Ansicht nach eine irrtümliche Interpretation der Daten.

stimulierende Wirkung. (Es ist dies auf ein neuro-physiologisches Sparsamkeitsprinzip zurückzuführen, das die Wahrnehmung von Reizen eliminiert, die durch ihre häufige Wiederholung anzeigen, daß sie nicht wichtig sind.) Eine fortdauernde Stimulation setzt voraus, daß der Reiz entweder an Intensität zunimmt oder sich seinem Inhalt nach ändert; ein gewisses Element der Neuheit ist erforderlich.

Aktivierende Reize haben eine andere Wirkung. Sie bleiben nicht »dieselben«. Dadurch daß sie eine produktive Reaktion hervorrufen, sind sie immer neu, ändern sie sich ständig: derjenige, der stimuliert wird (der »Stimulierte«) macht den Stimulus lebendig und verändert ihn dadurch, daß er immer neue Aspekte an ihm entdeckt. Zwischen dem Stimulus und dem »Stimulierten« besteht eine Wechselbeziehung und nicht die mechanische Einweg-Beziehung S→R.

Jeder wird diesen Unterschied durch eigene Erfahrung leicht bestätigt finden. Man kann ein griechisches Drama, ein Gedicht von Goethe, einen Roman von Kafka, eine Predigt von Meister Eckhart, eine Abhandlung von Paracelsus, Fragmente der vorsokratischen Philosophen, die Schriften von Spinoza oder Karl Marx immer wieder lesen, ohne sich jemals dabei zu langweilen. Natürlich sind diese Beispiele rein persönlich, und jeder kann sie durch andere ersetzen, die ihm näher liegen. Derartige Stimuli sind stets lebendig, sie wecken den Leser auf und erhöhen sein Wahrnehmungsvermögen. Ein billiger Roman dagegen wird beim zweiten Lesen langweilig und bringt uns zum Einschlafen.

Die aktivierenden und die einfachen Reize spielen beim Lernproblem eine wesentliche Rolle. Wenn Lernen bedeutet, daß man von der Oberfläche eines Phänomens zu dessen Wurzeln – das heißt zu seinen Ursachen – vordringt, von den trügerischen Ideologien zu den nackten Tatsachen, und so zur Wahrheit vorstößt, so ist dies ein anregender, aktiver Prozeß und eine Bedingung für menschliches Wachstum. (Ich meine damit nicht nur das Lernen aus Büchern, sondern auch die Entdeckungen, die ein Kind oder ein analphabetisches Mitglied eines primitiven Stammes in der Natur oder in seinem persönlichen Bereich macht.) Wenn man andererseits unter Lernen nur die Aneignung von durch Konditionierung vermittelten Informationen versteht, so hat man es mit einem einfachen Stimulus zu tun, bei dem die betreffende Person durch die Stimulierung ihres Bedürfnisses nach Lob, Sicherheit, Erfolg und so weiter getrieben wird.

Unser heutiges Leben in der Industriegesellschaft arbeitet fast ausschließlich mit derartigen »einfachen Reizen«. Stimuliert werden dabei Triebe wie sexuelles Begehren, Gier, Sadismus, Destruktivität und Narzißmus. Vermittelt werden diese Reize durch Filme, Fernsehen, Radio, Zeitungen, Magazine und den Gebrauchsgütermarkt. Im großen und ganzen beruht die gesamte Reklame auf der Stimulierung von Wünschen, die durch die Gesellschaft erzeugt werden. Der Mechanismus ist immer der gleiche: einfache Stimulation → direkte und passive Reaktion. Hierin liegt der Grund, weshalb die Reize sich ständig ändern müssen, um nicht ihre Wirkung zu verlieren. Ein Auto, das uns heute aufregend erscheint, wird uns in einem oder zwei Jahren langweilig vorkommen – deshalb muß man sich auf der Suche nach neuer Erregung ein anderes kaufen. Ein Ort, den man gut kennt, wird automatisch langweilig, so daß man sich Erregung nur dadurch verschaffen kann, daß man verschiedene Orte aufsucht, und zwar so viele wie möglich auf einer Reise. In einem solchen Kontext müssen die Sexualpartner ebenfalls gewechselt werden, wenn sie einen Reiz ausüben sollen.

Diese Beschreibung ist jedoch durch den Hinweis zu qualifizieren, daß es dabei nicht nur auf den Reiz allein ankommt. Das stimulierendste Gedicht oder der reizvollste Mensch werden auf jemand keinerlei Wirkung ausüben, der durch seine eigene Angst, durch seine Hemmungen, seine Faulheit und Passivität zu einer aktiven Reaktion nicht fähig ist. Der aktivierende Reiz erfordert einen »empfänglichen« Reizempfänger, wenn er eine Wirkung haben soll – empfänglich nicht in dem Sinn, daß er gebildet ist, sondern daß er menschlich reaktionsfähig ist. Andererseits braucht ein innerlich voll lebendiger Mensch zu seiner Aktivierung nicht unbedingt einen speziellen Außenreiz; er schafft sich in Wirklichkeit seine Reize selbst. Man kann diesen Unterschied deutlich bei Kindern beobachten. Bis zu einem gewissen Alter (etwa fünf Jahren) sind sie so aktiv und produktiv, daß sie sich ihre eigenen Reize »machen«. Sie schaffen sich eine ganze Welt aus Papierschnitzeln, Holz, Steinen, Stühlen und praktisch allem, was ihnen in die Hände kommt. Aber mit etwa sechs Jahren, wenn sie in die Erziehungsmühle geraten, werden sie fügsam, unspontan und passiv, und sie verlangen nach Stimulationen, bei denen sie selbst passiv bleiben können und nur zu »re-agieren« brauchen. Sie wollen jetzt kompliziertes Spielzeug haben, das ihnen nach kurzer Zeit langweilig wird. Kurz, sie benehmen sich genau so, wie es die Erwachsenen mit ihren Wagen, Kleidern, Reisezielen und Sexualpartnern machen.

Es besteht noch ein weiterer wichtiger Unterschied zwischen den einfachen und den aktivierenden Reizen. Wer von einem einfachen Reiz getrieben ist, erlebt eine Mischung von Erlösung, Kitzel und Befriedigung; sobald er befriedigt ist, »hat er genug«. Dagegen besitzt der aktivierende Reiz keinen Sättigungspunkt – das heißt, er gibt dem Betreffenden nie das Gefühl, »genug zu haben«, außer natürlich, wenn körperliche Ermüdung einsetzt.

Ich glaube, daß man ein auf neurophysiologische und psychologische Daten begründetes Gesetz in bezug auf den Unterschied zwischen den beiden Arten von Reizen aufstellen kann: je »einfacher« ein Stimulus ist, umso häufiger muß er sich in bezug auf seine Intensität bzw. Art ändern; je aktivierender er ist, umso länger bleibt seine Stimulierungsfähigkeit erhalten und umso weniger ist es notwendig, ihn nach Intensität und Inhalt zu verändern.

Ich habe mich so lange mit dem Bedürfnis des Organismus nach Stimulation und Erregung beschäftigt, weil es sich dabei um einen der vielen Faktoren handelt, die Destruktivität und Grausamkeit hervorrufen. Man wird viel leichter durch Zorn, Wut, Grausamkeit oder die Leidenschaft zu zerstören erregt als durch Liebe und produktives und aktives Interesse. Die erste Art der Erregung erfordert nicht, daß der Betreffende sich anstrengt – man braucht keine Geduld und keine Disziplin dazu, man braucht nichts zu lernen, man muß sich nicht konzentrieren, man muß auf nichts verzichten, und man braucht nicht kritisch zu denken, braucht seinen Narzißmus und seine Gier nicht zu überwinden. Für den, der in seinem seelischen Wachstum zurückgeblieben ist, sind »einfache Reize« immer zur Hand, oder er kann sie leicht produzieren. Über Stimuli wie Unfälle, Feuersbrünste, Verbrechen oder Kriege kann man in der Zeitung lesen, man kann von ihnen im Rundfunk hören, oder man kann sie sich im Fernsehen oder im Kino ansehen. Auch kann man sie selbst produzieren, indem man sich einen Grund sucht zu hassen, zu zerstören und andere zu beherrschen. (Wie stark dieses Bedürfnis ist, zeigt sich an den Millionen von Dollars, die die Massenmedien damit verdienen, daß sie diese Art der Erregung verkaufen.) Tatsache ist, daß viele Ehepaare nur deshalb beieinander bleiben, weil ihnen ihre Ehe Gelegenheit bietet, Haß, Streiterei, Sadismus und Unterwerfung zu erleben. Sie bleiben nicht *trotz* ihrer Kämpfe beieinander, sondern *wegen* dieser Kämpfe. Masochistisches Verhalten, die Lust am Leiden und Sichunterwerfen wurzelt zum Teil in diesem Bedürfnis nach Erregung. Masochistische Personen leiden darunter, daß es ihnen sehr schwer fällt, eine Erregung selbst hervorzurufen und unmittelbar auf normale Reize zu reagieren. Sie können jedoch reagieren, wenn ein Reiz sie sozusagen übermannt, wenn sie sich der ihnen aufgezwungenen Erregung hingeben können.

Langeweile und chronische Depression

Das Problem der Stimulation hängt eng mit einem Phänomen zusammen, das keinen geringen Anteil an der Erzeugung von Aggression und Destruktivität hat, nämlich der *Langeweile*. Vom logischen Standpunkt aus wäre es angebrachter gewesen, die Langeweile schon im vorigen Kapitel zusammen mit anderen Ursachen der Aggression zu behandeln; doch war dies deshalb nicht möglich, weil die Diskussion der Stimulation eine unentbehrliche Voraussetzung für das Verständnis der Langeweile ist.
Bezüglich Stimulation und Langeweile sind drei Typen von Personen zu unterscheiden: 1) Menschen, die die Fähigkeit besitzen, auf einen aktivierenden Reiz produktiv zu reagieren, langweilen sich nicht. 2) Menschen, die ständig das Bedürfnis haben, »seichte« Reize zu wechseln, sind chronisch gelangweilt; aber da sie ihre Langeweile zu kompensieren verstehen, kommt sie ihnen nicht zum Bewußtsein. 3) Menschen, die nicht in der Lage sind, sich von einem normalen Reiz in einen Zustand der Erregung versetzen zu lassen, sind krank; zuweilen sind sie sich ihres Seelenzustands akut bewußt, manchmal sind sie sich der Tatsache auch nicht bewußt, daß sie leiden. Diese Art der Langeweile unterscheidet sich grundsätzlich von der vorangehenden, behavioristisch beschriebenen, die bedeutet, daß jemand gelangweilt ist, wenn er nicht genügend stimuliert wird, während er zur Reaktion *fähig* ist, sobald seine Langeweile kompensiert wird. Im dritten Fall wird die Langeweile nicht kompensiert. Wir sprechen hier von der Langeweile in einem dynamischen, charakterologischen Sinn, und man könnte sie als einen Zustand chronischer Depression beschreiben. Aber der Unterschied zwischen der kompensierten und der nichtkompensierten chronischen Langeweile ist nur quantitativ. In beiden Fällen fehlt es dem betreffenden Menschen an Produktivität. Beim ersten kann man das Symptom – wenn auch nicht seine Ursache – mit geeigneten Reizen beseitigen; beim zweiten Typ ist sogar das Symptom nicht zu beseitigen.
Der Unterschied geht auch aus dem Anwendungsbereich des Wortes »gelangweilt« hervor. Wenn jemand sagt: »Ich bin deprimiert«, so bezieht sich das gewöhnlich auf seinen seelischen Zustand. Wenn jemand sagt: »Ich fühle mich gelangweilt«, dann will er in der Regel damit etwas über die Außenwelt sagen; er möchte damit zum Ausdruck bringen, daß diese ihn nicht mit interessanten oder amüsanten Reizen versorgt. Sprechen wir dagegen von einem »langweiligen Menschen«, dann meinen wir die Person selbst, ihren Charakter. Wir wollen damit nicht sagen, daß der Betreffende gerade heute langweilig ist, weil er uns keine interessante Geschichte erzählt hat; wenn wir von jemand sagen, er sei ein langweiliger Mensch, so meinen wir damit, daß er *als Person* langweilig ist. Er hat

etwas Totes, Unlebendiges, Uninteressantes an sich. Viele Leute würden bereitwillig zugeben, daß *sie sich langweilen;* aber kaum einer würde zugeben, daß er *langweilig ist.*

Die chronische Langeweile – ob sie nun kompensiert oder nicht kompensiert ist – stellt eines der wesentlichsten psychopathologischen Phänomene in unserer heutigen technotronischen Gesellschaft dar, wenn dies auch erst neuerdings in seiner Bedeutung einigermaßen erkannt worden ist.[17]

Bevor wir uns nun mit der depressiven Langeweile (im dynamischen Sinn) befassen, scheint es mir angebracht, noch einige Bemerkungen über die Langeweile im behavioristischen Sinn einzufügen. Menschen, die die Fähigkeit besitzen, auf »aktivierende Stimuli« produktiv zu reagieren, sind praktisch nie gelangweilt – aber sie sind die Ausnahme in unserer kybernetischen Gesellschaft. Die große Mehrheit leidet zwar nicht an einer schweren Krankheit, doch kann man behaupten, daß sie an einer leichteren pathologischen Erscheinung leidet, nämlich an einer unzureichenden inneren Produktivität. Derartige Menschen fühlen sich gelangweilt, wenn sie sich nicht stets wechselnde einfache – nicht aktivierende – Stimulationen verschaffen können.

Es dürfte mehrere Gründe dafür geben, daß die chronische, kompensierte Langeweile im allgemeinen nicht als pathologisch angesehen wird. Vielleicht ist der Hauptgrund darin zu suchen, daß in der heutigen Industriegesellschaft die meisten Menschen gelangweilt sind und daß eine so allgemeinverbreitete Krankheit – die »Pathologie der Normalität«, nicht als Krankheit erlebt wird. Außerdem ist man sich der »normalen« Langeweile gewöhnlich nicht bewußt. Den meisten gelingt es, sie dadurch zu kompensieren, daß sie an zahllosen »Aktivitäten« teilnehmen, die verhüten, daß sie sich bewußt gelangweilt fühlen. Acht Stunden am Tag sind sie eifrig damit beschäftigt, ihren Lebensunterhalt zu verdienen; wenn dann nach Geschäftsschluß die Gefahr auftaucht, daß ihnen ihre Langeweile bewußt werden könnte, verhindern sie dies mit Hilfe zahlreicher Mittel, die verhüten, daß die Langeweile manifest wird: mit Trinken, Fernsehen, Autofahren, Parties besuchen, sexueller Betätigung oder dem Einnehmen von Drogen. Schließlich überkommt sie dann ihr natürliches Schlafbedürfnis, und der Tag geht erfolgreich zu Ende, wenn ihnen in keinem Augenblick ihr Gelangweiltsein zum Bewußtsein gekommen ist. Man kann sagen, daß heutzutage eines der Hauptziele der Menschen darin besteht, »ihrer Langeweile zu entfliehen«. Nur wer die Intensität der Reaktionen auf nicht kompensierte Langeweile richtig einschätzt, kann sich eine Vorstellung von der Macht der von der Langeweile erzeugten Impulse machen.

Der Arbeiterschaft ist die Langeweile viel bewußter als dem mittleren und gehobenen Bürgertum, wie aus den Forderungen der Arbeiter bei Lohnverhandlungen immer wieder hervorgeht. Es fehlt ihnen die Befriedigung, die viele auf einem höheren sozialen Niveau Stehende erleben, denen ihre Arbeit wenigstens bis zu einem gewissen Grade die Möglichkeit zu kreativem Planen, zur Betätigung ihrer Phantasie und ihrer intellektuellen und organisatorischen Fähigkeiten gibt. Es hat sich in den letzten Jahren immer wieder sehr

[17] Vgl. A. Burton (1967), der die Depression als »Krankheit unserer Gesellschaft« bezeichnet, und W. Heron (1957). Ich habe in meinem Buch *The Revolution of Hope* (1968, deutscher Titel: *Die Revolution der Hoffnung,* 1971) und auch in meinen früheren Schriften auf die Bedeutung der Langeweile hingewiesen als einen Zustand, der unsere gesamte Gesellschaft durchdringt und Aggressionen hervorruft.

deutlich gezeigt, daß sich die Arbeiter neben ihren mehr traditionellen Beschwerden über unzureichende Löhne immer häufiger über ihre qualvolle Langeweile während ihrer Arbeitszeit beklagen. Gelegentlich bemüht sich die Industrie durch eine »Bereicherung des Arbeitsplatzes«, wie man sich ausdrückt, Abhilfe zu schaffen. Man läßt die Arbeiter nicht mehr nur einen Handgriff tun, man überläßt es ihnen, ihre Arbeit selbst zu planen und einzuteilen, und gibt ihnen ganz allgemein mehr Verantwortung. Sicher ist man dabei auf dem richtigen Weg, doch ist dies nur eine beschränkte Maßnahme im Hinblick auf den Gesamtgeist unserer Kultur. Häufig wird auch die Ansicht vertreten, daß das Problem nicht darin liegt, die Arbeit interessanter zu machen, sondern daß man die Arbeitszeit so verkürzen sollte, daß der Mensch in seiner Freizeit seine Talente und Interessen entwickeln kann. Aber die Verfechter solcher Ideen vergessen offenbar, daß auch die Freizeit von der Konsumindustrie manipuliert wird und im Grunde genauso langweilig ist wie die Arbeit, wenn uns dies auch nicht im gleichen Maße bewußt wird. Die Arbeit – der Austausch des Menschen mit der Natur – ist ein so fundamentaler Bestandteil unserer Existenz, daß sie erst ihre Entfremdung verlieren muß, bevor die Freizeit produktiv werden kann. Dabei handelt es sich jedoch nicht nur darum, das Wesen der Arbeit zu ändern, sondern es geht um eine totale gesellschaftliche und politische Veränderung, die zum Ziel hat, die Wirtschaft den wirklichen Bedürfnissen des Menschen unterzuordnen.

Das Bild, das wir bis jetzt von den beiden Arten der nicht-depressiven Langeweile entworfen haben, erweckt den Anschein, als ob ihr Unterschied lediglich in den beiden verschiedenen Arten von Reizen liege, die – ob aktivierend oder nichtaktivierend – doch beide die Langeweile bekämpfen helfen. Dieses Bild ist jedoch eine übermäßige Vereinfachung. Der Unterschied reicht viel tiefer und kompliziert unsere scheinbar einfache Formulierung beträchtlich. Die Langeweile, die man durch »aktivierende« Reize überwindet, ist damit wirklich zu Ende, oder – besser gesagt – sie war nie vorhanden, weil ein produktiver Mensch im Idealfall niemals gelangweilt ist und es ihm nicht schwerfällt, die richtigen Reize zu finden. Dagegen ist ein unproduktiver, innerlich passiver Mensch selbst dann gelangweilt, wenn seine manifeste, bewußte Langeweile für den Augenblick behoben ist.

Woher kommt das? Der Grund ist darin zu suchen, daß bei dieser oberflächlichen Behebung der Langeweile die Gesamtpersönlichkeit unberührt bleibt, besonders was ihr tieferes Gefühl, ihre Phantasie, ihre Vernunft, kurz, alle ihre wesentlichen Fähigkeiten und psychischen Möglichkeiten betrifft. Sie werden nicht zum Leben erweckt. Die Langeweile kompensierenden Mittel sind wie ein füllendes Nahrungsmittel, das keinerlei Nährwert hat. Der sie benutzende Mensch hat weiter ein Gefühl der »Leere«, und er bleibt in einer tieferen Schicht unberührt. Er »narkotisiert« das unbehagliche Gefühl durch die momentane Erregung, durch den »Nervenkitzel«, den »Spaß«, durch Alkohol oder Sex – aber *unbewußt* bleibt er gelangweilt.

Ein sehr fleißiger Rechtsanwalt, der oft zwölf Stunden am Tag oder mehr arbeitete und behauptete, er sei von seinem Beruf so in Anspruch genommen, daß er keine Langeweile kenne, hatte folgenden Traum:

> Ich sehe mich als Sträfling, der mit anderen aneinandergekettet ist, und zwar in Georgia, wohin ich aus meiner Heimatstadt im Osten wegen eines unbekannten Verbrechens ausgeliefert worden bin. Zu meiner Überraschung kann ich meine Ketten leicht ablegen, aber ich muß die vorgeschriebene Arbeit weiter ausüben, die darin besteht, daß ich

> Sandsäcke von einem Lastwagen in einen anderen verlade, der in einiger Entfernung steht, und daß ich dann die gleichen Säcke wieder in den ersten Lastwagen zurückbringe. Während dieses Traumes empfinde ich einen intensiven seelischen Schmerz und eine starke Depression, und ich wache angsterfüllt wie aus einem Alptraum auf und stelle erleichtert fest, daß es nur ein Traum war.

Während er in den ersten Wochen unserer analytischen Arbeit recht vergnügt gewesen war und mir immer wieder gesagt hatte, wie zufrieden er mit seinem Leben sei, wurde er durch diesen Traum erschüttert und fing an, sich Gedanken über seine Arbeit zu machen. Ich möchte hier nicht auf weitere Einzelheiten eingehen, sondern nur feststellen, daß er auf einmal davon sprach, was er tue, habe eigentlich keinen Sinn, es sei im Grunde immer dasselbe und diene nur dem Geldverdienen, was doch seiner Ansicht nach nicht ausreiche, das Leben lebenswert zu machen. Er sagte auch, die beruflichen Probleme, die er zu lösen habe, seien zwar recht verschiedener Art, doch im Grunde sei es immer das gleiche, oder sie seien doch mit ein paar Methoden, die sich ständig wiederholten, zu lösen.
Zwei Wochen später hatte er folgenden Traum: »Ich sah mich an meinem Schreibtisch im Büro sitzen, aber ich hatte das Gefühl, ein lebender Leichnam zu sein. Ich höre, was vorgeht, und sehe, was die Leute machen, aber ich habe das Gefühl, daß ich tot bin und daß mich alles nichts mehr angeht.«
Die Assoziationen zu diesem Traum brachten noch weiteres Material ans Licht, aus dem hervorging, daß er das Gefühl hatte, unlebendig und deprimiert zu sein. Aus einem dritten Traum berichtete er: »Das Gebäude, in dem sich mein Büro befindet, steht in Flammen, aber niemand weiß, wie es geschehen ist. Ich fühle mich nicht in der Lage zu helfen.«
Man braucht kaum zu erklären, daß in diesem Traum sein tiefer Haß gegen das Rechtsanwaltsbüro, dessen Chef er war, zum Ausdruck kam. Er war sich dessen in keiner Weise bewußt, denn es kam ihm »sinnlos« vor.[18]
Ein weiteres Beispiel für unbewußte Langeweile gibt H. D. Esler. Er berichtet von einem Patienten, einem gut aussehenden Studenten, der viele Freundinnen hatte und auf diesem Gebiet große Erfolge aufzuweisen hatte. Aber obwohl er immer wieder betonte, wie »phantastisch« das Leben sei, fühlte er sich doch gelegentlich etwas deprimiert. Als er während der Behandlung hypnotisiert wurde, sah er »einen schwarzen öden Platz mit vielen Masken«. Auf die Frage, wo dieser schwarze öde Platz denn sei, sagte er, er sei in seinem Inneren. Alles sei langweilig, langweilig, langweilig; die Masken stellten die verschiedenen Rollen dar, die er spiele, um den Leuten vorzugaukeln, daß er sich wohl fühle. Er fing an, sich über den Sinn des Lebens Gedanken zu machen, und sagte: »Ich habe ein Gefühl des Nichts.« Als der Therapeut ihn fragte, ob der Sex denn auch langweilig sei, sagte er: »Ja, aber nicht so langweilig wie andere Dinge.« Er stellte fest, daß seine drei Kinder aus einer früheren Ehe ihn langweilten, wenn sie ihm auch näher stünden als die meisten anderen Menschen; daß er in den neun Jahren seiner Ehe nur vorgegeben habe, lebendig zu sein, und daß er gelegentlich im Trinken Erlösung gefunden habe. Von seinem Vater sprach er als von »einem ehrgeizigen, langweiligen, einsamen Menschen, der nie im

[18] Dieser Traum und die analytischen Kommentare wurden mir von einem Studenten berichtet, der mir vor einigen Jahren seine Fälle vortrug.

Leben einen Freund gehabt habe«. Der Therapeut fragte ihn, ob er sich in Gegenwart seines Sohnes einsam fühle, und die Antwort lautete: »Ich habe mir große Mühe gegeben, eine Beziehung zu ihm herzustellen, aber es ist mir nicht gelungen.« Als der Patient gefragt wurde, ob er gern sterben würde, sagte er: »Ja, warum nicht?«, aber auf die Frage, ob er gerne leben wolle, antwortete er gleichfalls mit ja. Schließlich träumte er: »Es war sonnig, und es war warm, und da war Gras.« Als er gefragt wurde, ob auch Leute dagewesen seien, sagte er: »Nein, Leute waren nicht da, aber es bestand die Möglichkeit, daß welche kommen würden.« Als er aus der Hypnose aufwachte, war er erstaunt über das, was er gesagt hatte.[19]

Während diesem Patienten seine Depressionen und seine Langeweile nur gelegentlich bewußt waren, wurden sie ihm im hypnotischen Zustand voll bewußt. Durch seine aktiven und immer neuen sexuellen Abenteuer gelang es ihm, eine Kompensation für seine Langeweile zu finden, genauso wie dies dem Rechtsanwalt durch seine Arbeit gelungen war, aber diese Kompensation erfolgte nur in seinem Bewußtsein. Sie ermöglichte es dem Patienten, seine Langeweile zu verdrängen, und das ging so lange gut, wie das Kompensieren richtig funktionierte. Aber Kompensationen ändern nichts an der Tatsache, daß die Langeweile auf einem tieferen Niveau der inneren Realität nicht beseitigt und nicht einmal verringert wird.

Offenbar erfüllt der die Langeweile kompensierende Konsum, der uns über die normalen Kanäle unserer Kultur angeboten wird, seine Funktion nicht richtig, weshalb man nach anderen Mitteln sucht, seine Langeweile loszuwerden. Alkoholkonsum ist eines dieser Mittel, die der Mensch anwendet, um seine Langeweile vergessen zu können. In den letzten Jahren ist ein neues Phänomen aufgetaucht, das die Intensität der Langeweile bei Angehörigen der Mittelklasse zeigt. Ich meine die Ausübung des Gruppensex bei den sogenannten »Swingers«. Man schätzt, daß es in den Vereinigten Staaten eine bis zwei Millionen Menschen gibt, die hauptsächlich der Mittelklasse angehören und in ihren politischen und religiösen Ansichten meist konservativ sind, deren Hauptinteresse im Leben der gemeinsamen sexuellen Betätigung von mehreren Paaren gilt, die nicht miteinander verheiratet sein dürfen. Die Hauptbedingung ist dabei, daß sich keine emotionale Bindung entwickeln darf und daß die Partner ständig gewechselt werden müssen. Forscher, die diese Leute beobachtet haben (G. T. Bartell, 1971), erklären, sie seien, bevor sie dieses »Swinging« angefangen hätten, derart gelangweilt gewesen, daß ihnen selbst stundenlanges Fernsehen nicht mehr helfen konnte. Die persönlichen Beziehungen zwischen den Ehepartnern waren so, daß es nichts mehr gab, was man sich hätte mitteilen können. Diese Langeweile wird dadurch etwas behoben, daß man die sexuellen Stimuli ständig wechselt, und selbst ihre Ehen haben sich, wie sie sagen, »gebessert«, weil sie jetzt wenigstens ein Gesprächsthema haben – nämlich ihre sexuellen Erfahrungen mit anderen Männern und Frauen. Das »Swinging« ist eine etwas komplexere Version dessen, was früher eheliche Promiskuität war – die ja kaum etwas Neues ist. Neu ist vielleicht der systematische Ausschluß von Gefühlen und die Idee, Gruppensex sei ein Mittel, »müde Ehen zu retten«.

Ein anderes drastischeres Mittel, seine Langeweile loszuwerden, ist die Anwendung von

[19] Dr. H. D. Esler, persönliche Mitteilung.

Psychodrogen, womit die Teenager anfangen und was auch noch bis in spätere Altersstufen fortgesetzt wird, besonders bei Menschen, die sozial nicht festen Fuß gefaßt und keine interessante Arbeit haben. Viele Drogenbenutzer, besonders junge Leute, die eine echte Sehnsucht nach einer tieferen und echteren Form des Erlebens haben – und von denen sich viele tatsächlich durch Lebensbejahung, durch Aufrichtigkeit, Abenteuerlust und Unabhängigkeit auszeichnen –, behaupten, daß die Benutzung von Drogen sie »angeturned« habe und ihren Erlebnishorizont erweitere. Ich bezweifle das nicht. Aber das Einnehmen von Drogen ändert ihren Charakter nicht und beseitigt daher auch nicht die permanenten Wurzeln ihrer Langeweile. Der Drogengebrauch führt nicht zu einer Höherentwicklung; diese ist nur auf dem Weg einer geduldigen, angestrengten Arbeit an sich selbst zu erreichen, dadurch, daß man zur Einsicht gelangt und daß man sich zu konzentrieren und in Zucht zu nehmen lernt.

Eine besonders gefährliche Folge ungenügend kompensierter Langeweile ist Gewalttätigkeit und Destruktivität. Diese Lösung findet meist in passiver Form ihren Ausdruck, indem man sich von Berichten über Verbrechen, tödliche Unfälle und andere blutige und grausame Szenen angezogen fühlt, mit denen Presse, Rundfunk und Fernsehen die Öffentlichkeit füttern. Viele reagieren deshalb so begierig auf solche Berichte, weil man sich auf diese Weise am schnellsten in Erregung versetzen kann und so seine Langeweile ohne innere Aktivität loswird. Bei der Diskussion über die Wirkung der Darstellung von Gewalttätigkeiten wird meist übersehen, daß Langeweile die Voraussetzung dafür ist, daß solche Darstellungen eine Wirkung ausüben. Es ist allerdings nur ein kleiner Schritt von der passiven Freude an Gewalttätigkeiten und Grausamkeit bis zu den vielen Formen, aktiv Erregung durch sadistisches oder destruktives Verhalten zu erzeugen. Der Unterschied zwischen dem »unschuldigen« Vergnügen daran, einen anderen in Verlegenheit zu setzen oder zu necken, und der Beteiligung an einem Lynchmord ist nur quantitativ. In beiden Fällen schafft sich der Gelangweilte die Quelle der Erregung selbst, wenn sie ihm nicht fertig geboten wird. Oft organisiert der Gelangweilte ein »Mini-Kolosseum«, wo er im kleinen Rahmen Äquivalente der Grausamkeiten produziert, die im Kolosseum im großen Stil vorgeführt wurden. Solche Menschen interessieren sich für nichts, und sie haben mit anderen Menschen nur höchst oberflächlichen Kontakt. Jeder und alles läßt sie kalt. Sie sind affektiv erfroren, sie empfinden keine Freude – aber auch keinen Kummer und keinen Schmerz. Sie fühlen überhaupt nichts. Die Welt ist grau, für sie gibt es keinen blauen Himmel. Sie haben keine Lust zu leben und wären oft lieber tot als lebendig. Manchmal sind sie sich ihres seelischen Zustandes akut und schmerzlich bewußt, oft sind sie es auch nicht.

Diese Art der Pathologie ist nicht leicht zu diagnostizieren. Die schwersten Fälle dürften von vielen Psychiatern als psychotische, endogene Depression diagnostiziert werden. Mir scheint diese Diagnose jedoch zweifelhaft, da gewisse charakteristische Merkmale der endogenen Depression fehlen. Solche Menschen neigen nicht dazu, sich selbst anzuklagen, Schuldgefühle zu empfinden oder sich darüber Gedanken zu machen, warum sie gescheitert sind, und sie haben auch nicht den typischen Gesichtsausdruck von Patienten, die an Melancholie leiden.[20]

[20] Ich bin Dr. R. G. Heath für einige sehr interessante persönliche Mitteilungen über Patienten,

Neben dieser schwersten Art der depressiven Langeweile gibt es noch ein weit häufigeres klinisches Bild, bei dem die Diagnose einer chronischen »neurotischen Depression« am nächsten liegt (E. Bleuler, 1969). In dem heute so häufig anzutreffenden klinischen Bild sind nicht nur die Ursachen für die Depression unbewußt, sondern auch die Tatsache selbst. Solche Menschen merken oft gar nicht, daß sie deprimiert sind, doch kann man es leicht nachweisen. Neuerdings bedient man sich der Ausdrücke »maskierte Depression« oder »lächelnde Depression«, die mir das Bild gut zu charakterisieren scheinen. Das diagnostische Problem wird dadurch noch kompliziert, daß das klinische Bild auch Züge aufweist, die die Diagnose eines »schizoiden« Charakters nahelegen.

Ich möchte dieses diagnostische Problem hier nicht noch weiter verfolgen, da es doch wohl nicht viel zu einem besseren Verständnis derartiger Personen beitragen dürfte. Mit den Schwierigkeiten einer korrekten Diagnose werde ich mich später noch befassen. Vielleicht haben wir es bei diesen Personen, die an einer chronischen, nicht-kompensierten Langeweile leiden, mit einer speziellen Mischung von depressiven und schizophrenen Elementen zu tun, die in unterschiedlichem Maße bösartig ist. Für unseren Zweck ist nicht das diagnostische Etikett, sondern die Tatsache von Bedeutung, daß wir unter solchen Personen extreme Formen von Destruktivität antreffen. Häufig machen sie gar keinen gelangweilten oder deprimierten Eindruck. Sie verstehen sich ihrer Umgebung anzupassen und scheinen oft ganz glücklich zu sein; einige unter ihnen sind anscheinend so gut angepaßt, daß ihre Eltern, ihre Lehrer und Pfarrer sie als Vorbild hinstellen. Andere erregen die Aufmerksamkeit der Behörden durch eine Vielfalt krimineller Handlungen, und man betrachtet sie als »asozial« und »kriminell«, obwohl sie keinen gelangweilten oder deprimierten Eindruck machen. Gewöhnlich verdrängen sie ihre Langeweile aus ihrem Bewußtsein; sie möchten nichts lieber, als daß alle sie für völlig normal halten. Wenn sie zu einem Psychotherapeuten kommen, pflegen sie ihm mitzuteilen, es falle ihnen schwer, sich für einen bestimmten Beruf zu entscheiden oder zu studieren, aber im allgemeinen versuchen sie ein möglichst normales Bild zu bieten. Man muß schon ein interessierter und geschickter Beobachter sein, um hinter der glatten, zynischen Oberfläche die Krankheit zu erkennen.

H. D. Esler, der genau das erkannte, hat bei vielen Jugendlichen in einem Heim für schwer erziehbare Knaben einen Zustand festgestellt, den er als »unbewußte Depression« bezeichnet.[21] Ich werde im folgenden einige Beispiele anführen, aus denen ebenfalls hervorgeht, daß dieser Zustand eine der Ursachen für destruktive Handlungen ist, die in vielen Fällen die einzig mögliche Form der Erleichterung zu sein scheinen.

Ein junges Mädchen, das in einer Nervenklinik untergebracht war, hatte sich die Pulsadern aufgeschnitten und ihre Tat damit erklärt, daß sie feststellen wollte, ob sie überhaupt Blut habe. Es war dies ein junges Mädchen, das sich als nichtmenschlich empfand und das auf keinen Menschen reagierte. Sie glaubte, keinen Affekt ausdrücken oder auch nur empfinden zu können. (Eine sorgfältige klinische Untersuchung hatte ergeben, daß es

die an extremen Formen von Langeweile litten, zu Dank verpflichtet. Auch möchte ich mich bei ihm dafür bedanken, daß er mir Gelegenheit gab, zwei dieser Patienten zu interviewen. Vgl. auch R. G. Heath (1964).

[21] Vieles aus meinen folgenden Ausführungen stützt sich auf persönliche Unterhaltungen mit Dr. H. D. Esler, der sein Material in einem demnächst erscheinenden Buch veröffentlichen wird.

sich nicht um Schizophrenie handelte.) Ihr Mangel an Interesse und ihre Unfähigkeit, zu reagieren, waren so groß, daß sie sich nur dadurch davon überzeugen konnte, ein lebendiger Mensch zu sein, daß sie ihr eigenes Blut sah.

Einer der Jungen aus dem Heim für Schwererziehbare warf zum Beispiel große Steinbrokken auf das Dach seiner Garage und ließ sie von dort herunterrollen, wobei er sie mit dem Kopf aufzufangen versuchte. Seine Erklärung lautete, dies sei für ihn die einzige Möglichkeit, *überhaupt etwas* zu fühlen. Er unternahm fünf Selbstmordversuche. Er brachte sich an besonders schmerzempfindlichen Stellen Schnittwunden bei und meldete es jedesmal den Wärtern, so daß er gerettet werden konnte. Er sagte, durch die Schmerzempfindung fühle er wenigstens überhaupt etwas.

Ein anderer junger Mann erzählte, er sei in der Stadt herumgelaufen »mit einem Messer im Ärmel, mit dem ich auf die Vorübergehenden eingestochen habe«. Er empfand Vergnügen daran, die Todesangst im Gesicht des Opfers zu beobachten. Er nahm auch Hunde mit in eine Gasse und tötete sie mit seinem Messer »nur so eben zum Spaß«. Einmal sagte er mit Nachdruck: »Ich glaube, die Hunde haben es schon gespürt, wenn ich mit dem Messer in sie hineingestochen habe.« Derselbe junge Mann bekannte, er sei mit einem Lehrer und dessen Frau im Wald gewesen, um Holz zu hauen, und da habe er die Frau des Lehrers allein dastehen sehen, und es habe ihn furchtbar gereizt, ihr die Axt in den Kopf zu hauen. Glücklicherweise sah sie den merkwürdigen Ausdruck in seinem Gesicht und verlangte die Axt. Dieser Siebzehnjährige hatte das Gesicht eines kleinen Kindes; ein Assistenzarzt, der sich zum Zweck der Berufsberatung mit ihm unterhielt, sah in ihm einen reizenden Jungen, von dem er nicht begreifen konnte, wie er in die Anstalt gekommen war. Tatsächlich aber war der zur Schau getragene Charme manipulierend und höchst oberflächlich.

Ähnliche Fälle findet man heute täglich überall in der westlichen Welt, und die Zeitungen berichten gelegentlich darüber. Der folgende UPI- und AP-Bericht aus Bisbee, Arizona (1972), ist ein typisches Beispiel:

> Ein sechzehnjähriger Oberschüler, der für seine guten Leistungen Auszeichnungen erhielt und in einem Kirchenchor sang, wurde heute in ein Jugend-Erziehungsheim gebracht, nachdem er bei der Polizei angegeben haben soll, er habe seine Eltern erschossen, weil er einmal sehen wollte, wie das ist, wenn man einen umbringt.
> Die Leichen von Joseph Roth (60) und seiner Frau Gertrude (57) wurden in ihrer Wohnung im nahegelegenen Douglas von den Leuten des Sheriffs am Thanksgiving Day gefunden. Von behördlicher Seite verlautet, daß sie am Mittwochabend mit einem Jagdgewehr durch einen Schuß in die Brust getötet wurden. Roth war Lehrer an der Highschool, der Unterricht mit Lehrfilmen gab, und Mrs. Roth war Lehrerin an der Unterstufe der Highschool.
> Der Staatsanwalt von Cochise, Richard Riley, sagte, dieser Bernard J. Roth, »der netteste Junge, den man sich vorstellen könne«, sei am Donnerstag auf die Polizei gekommen, und er sei sehr gelassen und höflich gewesen, als man ihn verhört habe.
> Riley berichtet, der Junge habe gesagt: »Die Leute (seine Eltern) wurden alt. Ich habe keine Wut auf sie, ich habe nichts gegen sie.«
> Der Junge sagte, er habe schon lange mit dem Gedanken gespielt, seine Eltern zu töten. Riley meinte: »Er wollte wissen, wie das ist, wenn man einen umbringt.«[22]

[22] Plötzliche Ausbrüche von Gewalttätigkeit können auch durch eine Gehirnerkrankung, zum

Offenbar ist das Motiv für derartige Morde nicht Haß, sondern wie in den erwähnten Fällen ein unerträgliches Gefühl der Langeweile und Ohnmacht und das Bedürfnis, zu erleben, daß es doch noch jemand gibt, der reagiert, jemand, auf den man einen Eindruck machen kann, eine Tat, die der Monotonie des täglichen Lebens ein Ende machen wird. Wenn man jemand umbringt, so gibt das die Möglichkeit, zu erleben, daß man *ist* und daß man auf ein anderes Wesen eine Wirkung ausüben kann.

In dieser Diskussion der depressiven Langeweile haben wir uns bisher nur mit den psychologischen Aspekten befaßt. Dies besagt jedoch nicht, daß nicht auch neurophysiologische Anomalitäten dabei mitspielen können; aber wie bereits Bleuler betont, können sie nur eine sekundäre Rolle spielen, während die entscheidenden Voraussetzungen in der allgemeinen Umweltsituation zu suchen sind. Ich halte es für höchst wahrscheinlich, daß selbst schwere Fälle der depressiven Langeweile selbst bei der gleichen Familienkonstellation weniger häufig und weniger intensiv wären, wenn in unserer Gesellschaft die Hoffnung und die Liebe zum Leben die vorherrschende Stimmung wären. Aber in den letzten Jahrzehnten ist in wachsendem Maße das Gegenteil der Fall, wodurch für individuelle depressive Zustände ein fruchtbarer Boden entsteht.

Die Charakterstruktur

Es gibt noch ein Bedürfnis anderer Art, das ausschließlich in der menschlichen Situation verwurzelt ist – das Bedürfnis nach der Entwicklung einer *Charakterstruktur.* Dieses Bedürfnis hängt mit einem Phänomen zusammen, das wir bereits behandelt haben, nämlich mit der ständig abnehmenden Bedeutung der Instinktausrüstung im Menschen. Wenn man mit seinem Verhalten eine nachhaltige Wirkung erzielen will, so setzt dies voraus, daß man sofort handeln kann – das heißt, daß man sich nicht durch zu viele Zweifel aufhalten läßt und sich relativ integriert verhält. Dabei handelt es sich genau um das Dilemma, welches Kortlandt bei den Schimpansen beschreibt (siehe Kapitel 6), wenn er ihren Mangel an Entschlußfähigkeit und ihr zauderndes und wenig wirkungsvolles Verhalten erwähnt (A. Kortlandt, 1962).

Die Vermutung liegt nahe, daß der Mensch, der noch weniger als der Schimpanse von Instinkten determiniert ist, ein biologischer Versager wäre, wenn er für die fehlenden Instinkte keinen Ersatz entwickelt hätte. Dieser Ersatz mußte die *Funktion* der Instinkte erfüllen: Er mußte den Menschen instand setzen, so zu handeln, *als ob* er von Instinkten motiviert wäre. Dieser Ersatz ist der menschliche *Charakter.* Der Charakter ist die spezifische Struktur, in der die menschliche Energie organisiert ist, damit der Mensch seine Ziele verfolgen kann; er motiviert das Verhalten je nach seinen dominierenden Zielen: Wir sagen, daß jemand seinem Charakter entsprechend »instinktiv« reagiert. Der Charakter ist des Menschen Schicksal, um mit Heraklit zu reden. Der Geizhals grübelt nicht darüber, ob er sein Geld sparen oder ausgeben soll; er fühlt sich getrieben zu sparen und zu horten. Der ausbeuterisch-sadistische Charakter wird von seiner Leidenschaft getrie-

Beispiel durch einen Tumor, verursacht werden. Solche Fälle haben natürlich nichts mit Zuständen zu tun, die auf die depressive Langeweile zurückzuführen sind.

ben, die anderen auszubeuten, der sadistische Charakter von der Leidenschaft, sie zu beherrschen. Der liebend-produktive Charakter kann nicht anders als danach streben, andere zu lieben und mit ihnen zu teilen. Diese charakterbedingten Triebe und Bestrebungen sind für den Betreffenden jeweils so machtvoll, und sie stehen für ihn so außer Frage, daß er das Gefühl hat, es handele sich einfach um eine »natürliche« Reaktion. Es fällt ihm schwer zu glauben, daß es andere Menschen von völlig anderer Natur gibt, und wenn er nicht mehr umhin kann, sich dessen bewußt zu werden, dann vermutet er lieber, daß diese anderen an einer Art Mißbildung leiden und daß sie Abweichungen von der menschlichen Natur darstellen. Jeder, der ein gewisses Einfühlungsvermögen in andere besitzt (natürlich ist die Sache weit komplizierter, wenn es sich um die eigene Person handelt), fühlt, ob jemand einen sadistischen oder destruktiven oder einen liebevollen Charakter hat. Er sieht die bleibenden Charakterzüge hinter dem äußeren Verhalten, und er ist in der Lage, die Unaufrichtigkeit eines destruktiven Charakters zu fühlen, der sich so *benimmt,* als ob er ein liebevoller Mensch wäre.[23]

Die Frage lautet: Wieso war die Spezies Mensch im Gegensatz zum Schimpansen fähig, einen Charakter zu entwickeln? Die Antwort dürfte in verschiedenen biologischen Erwägungen zu suchen sein.

Von allem Anfang an haben menschliche Gruppen unter sehr unterschiedlichen Umweltbedingungen gelebt, sowohl hinsichtlich der von ihnen bewohnten Gebiete auf der Erde als auch in bezug auf den fundamentalen Wechsel von Klima und Vegetation innerhalb eines Gebietes. Seit dem Auftauchen des *Homo* hat nur eine relativ geringe Anpassung an diese Unterschiede stattgefunden, die durch eine Veränderung der Gene weitergegeben wurde, wenn es auch in einigen Fällen vorgekommen ist. Aber je höher der *Homo* sich entwickelte, um so weniger war seine Anpassung ein Resultat genetischer Veränderungen, und in den letzten 40000 Jahren sind praktisch überhaupt keine derartigen Veränderungen mehr vorgekommen. Dennoch machten es die unterschiedlichen Umweltbedingungen für jede Gruppe erforderlich, ihr Verhalten der jeweiligen Situation nicht nur durch Lernen, sondern auch durch die Entwicklung eines »sozialen Charakters« anzupassen. Der Begriff des sozialen Charakters gründet sich auf die Überlegung, daß jede Gesellschaftsform (oder jede soziale Klasse) sich gezwungen sieht, sich der menschlichen Energie in der spezifischen Form zu bedienen, die für das Funktionieren der betreffenden Gesellschaft notwendig ist. Ihre Mitglieder müssen das tun *wollen,* was sie tun *müssen,* wenn die Gesellschaft richtig funktionieren soll. *Dieser Prozeß der Umwandlung der allgemeinen psychischen Energie in eine spezifische psychosoziale Energie wird durch den sozialen Charakter vermittelt* (E. Fromm, 1932, 1941, 1947, 1970). Die Mittel, welche den sozialen Charakter formen, sind im wesentlichen kultureller Art. Durch die Einwirkung der Eltern übermittelt die Gesellschaft den Jungen ihre Werte, Vorschriften, Befehle usw.

[23] Ich möchte damit nicht sagen, daß Tiere *keinen* Charakter besitzen. Zweifellos haben auch sie ihre Individualität, die jedem vertraut ist, der eine Tierart gut kennt. Aber man sollte bedenken, daß diese Individualität bis zu einem gewissen Grade Sache des Temperaments, eine genetisch gegebene Disposition und kein erworbener Charakterzug ist. Außerdem führt die Frage: »Besitzen Tiere einen Charakter oder nicht?« kaum weiter als die alte Frage: »Besitzen Tiere Intelligenz oder nicht?« Es ist anzunehmen, daß wir bei einem Tier um so weniger Elemente eines Charakters finden, je mehr es durch seine Instinkte determiniert ist, und umgekehrt.

Aber da die Schimpansen keine Sprache besitzen, können sie auch keine Symbole, Werte und Ideen weitergeben; mit anderen Worten, es fehlt ihnen die Voraussetzung für die Ausbildung eines Charakters. In einem mehr als rudimentären Sinn ist der *Charakter* ein *menschliches Phänomen*. Nur der Mensch war imstande, sich einen Ersatz für seine verlorengegangene instinktive Anpassung zu schaffen.

Der Erwerb eines Charakters war im Prozeß des Überlebens der menschlichen Rasse ein sehr wichtiges und unentbehrliches Element, wenn es auch viele Nachteile und sogar Gefahren mit sich brachte. Insofern als der Charakter durch Traditionen geformt wird und den Menschen motiviert, ohne an seine Vernunft zu appellieren, ist er oft unangepaßt oder steht sogar gelegentlich in direktem Widerspruch zu neuen Bedingungen. So sind zum Beispiel Begriffe wie »absolute Souveränität« des Staates in einem älteren Typ des sozialen Charakters verwurzelt und gefährden das Überleben des Menschen im Atomzeitalter.

Der Begriff des Charakters ist für das Verständnis der Manifestationen der bösartigen Aggression von entscheidender Bedeutung. Die destruktiven und sadistischen Leidenschaften in einem Menschen sind gewöhnlich in seinem Charaktersystem organisiert. Bei einem sadistischen Menschen zum Beispiel ist der sadistische Trieb ein dominierender Bestandteil seiner Charakterstruktur, und er motiviert ihn, sich sadistisch zu verhalten, wobei er sich nur durch die Rücksicht auf seine Selbsterhaltung Schranken auferlegt. Bei diesem Menschentyp ist ein sadistischer Impuls ständig aktiv und wartet nur auf eine geeignete Situation und eine passende Rationalisierung, aktiv zu werden. Eine solche Person entspricht fast völlig dem hydraulischen Modell von Lorenz (siehe Kapitel 1) insofern, als der im Charakter verwurzelte Sadismus ein spontan strömender Impuls ist, der nur nach einer Gelegenheit sucht, um sich Ausdruck zu verschaffen, und welcher sich durch sein »Appetenzverhalten« derartige Gelegenheiten schafft, falls sie nicht unmittelbar zur Hand sind. Der entscheidende Unterschied liegt jedoch darin, daß die Quelle für die sadistische Leidenschaft im Charakter und nicht in einer phylogenetisch programmierten neuralen Zone zu suchen ist. *Daher ist sie nicht allen Menschen gemeinsam, sondern nur solchen, die den gleichen Charakter haben.* Wir wollen später noch einige Beispiele für den sadistischen und den destruktiven Charakter und die für deren Entstehung notwendigen Voraussetzungen untersuchen.

Die Voraussetzungen für die Entwicklung der charakterbedingten Leidenschaften

Die Diskussion der existentiellen Bedürfnisse des Menschen hat gezeigt, daß diese auf verschiedene Weise zu befriedigen sind. Das Bedürfnis nach einem Gegenstand der Verehrung kann durch die Hingabe an Gott, an Liebe und Wahrheit – oder durch den Götzendienst an destruktiven Idolen befriedigt werden. Das Bedürfnis nach einer Beziehung zu anderen kann durch Liebe und Freundlichkeit – oder durch Abhängigkeit, Sadismus, Masochismus und Destruktivität befriedigt werden. Das Bedürfnis nach Einheit und Verwurzeltheit kann durch leidenschaftliche Hingabe an Solidarität, Brüderlichkeit, Liebe und durch mystische Erlebnisse befriedigt werden – oder auch durch Trunkenheit, Drogenabhängigkeit oder Entpersönlichung. Das Bedürfnis nach Wirkung kann durch Liebe

und produktive Arbeit befriedigt werden – oder auch durch Sadismus und Destruktivität. Das Bedürfnis nach Stimulation und Erregung kann durch ein produktives Interesse an Menschen, Natur, Kunst und Ideen befriedigt werden – oder auch durch die gierige Jagd nach immer neuen Vergnügungen.
Welches sind nun die *Voraussetzungen* für die Entwicklung der charakterbedingten Leidenschaften?
Wir müssen uns zunächst vor Augen halten, daß es sich bei diesen Leidenschaften nicht um Einzelelemente, sondern um *Syndrome* handelt. Liebe, Solidarität, Gerechtigkeit und Vernunft stehen in Wechselbeziehung miteinander. Sie alle sind Manifestationen der gleichen produktiven Orientierung, die ich als »lebensförderndes Syndrom« bezeichnen möchte. Andererseits gehören auch Sadomasochismus, Destruktivität, Gier, Narzißmus und inzestuöses Verhalten zusammen und wurzeln in der gleichen Grundorientierung: dem »lebensfeindlichen Syndrom«. Wo man ein Element des Syndroms findet, sind auch die übrigen in verschiedenem Grade vorhanden, was jedoch nicht bedeutet, daß jemand von dem einen *oder* von dem anderen Syndrom beherrscht wird. Tatsächlich sind Menschen, bei denen dies der Fall ist, die Ausnahme. Beim Durchschnittsmenschen findet man eine Mischung beider Syndrome. Das Ausschlaggebende für das Verhalten eines Menschen und für seine Möglichkeiten, sich zu ändern, ist die relative Stärke der beiden Syndrome.

Die neurophysiologischen Voraussetzungen

Was die neurophysiologischen Voraussetzungen für die Entwicklung der beiden Arten von Leidenschaften betrifft, so müssen wir davon ausgehen, daß der Mensch unfertig und »unvollendet« ist (L. Eiseley, 1971). Nicht nur ist sein Gehirn bei der Geburt nicht voll entwickelt, der Zustand mangelnden Gleichgewichts, in dem er sich befindet, macht ihn zu einem Prozeß, für den es keine endgültige Lösung gibt.
Aber bleibt er – der Unterstützung durch die Instinkte beraubt und nur mit dem »schwankenden Rohr« seiner Vernunft ausgerüstet, die ihn so leicht in die Irre führt – ganz ohne Hilfe von seiten seiner neurophysiologischen Ausrüstung?
Wollten wir dies annehmen, so würden wir einen wichtigen Punkt übersehen. Sein Gehirn, das dem der Primaten nicht nur hinsichtlich seiner Größe, sondern auch hinsichtlich der Qualität und Struktur seiner Neuronen so hoch überlegen ist, besitzt die Fähigkeit, zu erkennen, welche Ziele zur physischen und psychischen Gesundheit und zum Wachstum führen. Es kann sich Ziele setzen, die zur Realisierung der wahren, vernünftigen Bedürfnisse führen, und der Mensch kann seine Gesellschaft so organisieren, daß diese Realisierung zustande kommt. Der Mensch ist nicht nur unfertig, unvollendet und mit Widersprüchen belastet; man kann ihn auch definieren als *ein Wesen, das aktiv nach seiner optimalen Entwicklung sucht,* wenn auch diese Suche oft scheitern muß, weil die äußeren Bedingungen zu ungünstig sind.
Die Annahme, daß der Mensch sich auf der aktiven Suche nach seiner optimalen Entwicklung befindet, wird auch durch neurophysiologische Daten gestützt. Kein geringerer als C. J. Herrick schreibt:

> Die Fähigkeit des Menschen zu einer von seiner Intelligenz gelenkten Selbstentwicklung verleiht ihm die Möglichkeit, das Modell seiner Kultur selbst zu bestimmen und so den Verlauf der menschlichen Entwicklung nach eigener Wahl zu gestalten. Diese Fähigkeit, die kein anderes Lebewesen besitzt, ist das kennzeichnendste Merkmal des Menschen und vielleicht die signifikanteste Tatsache, die die Wissenschaft kennt (C. J. Herrick, 1928).

Livingston macht einige sehr treffende Bemerkungen zu dem gleichen Problem:

> Es steht heute zweifelsfrei fest, daß die verschiedenen Organisationsebenen des Nervensystems miteinander in Wechselbeziehung stehen und interdependent sind. Irgendwie *kommt – auf immer noch geheimnisvolle Weise – zielgerichtetes Verhalten, das auf einer jeden dieser Ebenen mit integrativer Funktion organisiert wird, durch eine verkettete Folge von übergreifenden Zielen zum Ausdruck, die eine Art Schlußabrechnung über die miteinander in Wettstreit stehenden Funktionen ziehen.* Die Ziele des Gesamtorganismus treten deutlich in Erscheinung, und von einem integrierten inneren Standpunkt aus ist alles ständig auf sie ausgerichtet. (R. B. Livingston, 1967a. Im Original nicht kursiv.)

Über die Bedürfnisse, welche über die primär physiologischen hinausgehen, sagt Livingston folgendes:

> Man kann auf molekularer Ebene mit physikalisch-chemischen Methoden gewisse auf bestimmte Ziele ausgerichtete Systeme identifizieren. Andere zielgerichtete Systeme auf dem Niveau des Schaltsystems im Gehirn kann man mit neurophysiologischen Methoden identifizieren. Auf jeder dieser beiden Ebenen sind Teile der Systeme auf die Triebe gerichtet, die unser Verhalten beherrschen, und auf deren Befriedigung. Alle diese auf ein Ziel ausgerichteten Systeme haben ihren Ursprung in protoplasmischen Stoffen und sind in diesen lokalisiert. Viele derartige Systeme sind besonders spezialisiert und in besonderen Nervensystemen und endokrinen Systemen lokalisiert. Die evolutionär höherentwickelten Organismen haben Strebungen – und besitzen Möglichkeiten zu deren Befriedigung –, die sich nicht nur auf die Erfüllung vegetativer Bedürfnisse beziehen, nicht nur auf das Zusammenwirken, welches bei der sexuellen Vereinigung, der Aufzucht der Nachkommen und der Sicherstellung der Ernährung, der Familie und des Territoriums unerläßlich ist – Bedürfnisse, die sich nicht nur auf die adaptiven Verhaltensweisen beziehen, die von wesentlicher Bedeutung dafür sind, daß man den Wechselfällen der Umweltveränderungen mit Erfolg begegnen kann; sondern auch Begierden und Befriedigungsmöglichkeiten im Dienst *besonderer Energien,* Bestrebungen und weiterreichender Ziele im Dienst von *Extravaganzen, deren Funktion über die Sicherung des Überlebens hinausgeht.* (R. B. Livingston, 1967. Im Original nicht kursiv.)

Und weiter sagt Livingston:

> Das Gehirn ist ein Produkt der Evolution, genau wie Zähne und Klauen; aber wir können vom Gehirn aufgrund seiner Fähigkeiten zur konstruktiven Adaption weit mehr erwarten. Die Neurologen können es als ihr Fernziel ansehen, zu einem Verständnis auch noch der letzten Möglichkeiten der Menschheit zu gelangen, um ihr zu helfen, sich ihrer selbst voller bewußt zu werden und die edleren Möglichkeiten der Menschheit besser zu erhellen. Vor allem ist es das menschliche Gehirn mit seinen Fähigkeiten in bezug auf Gedächtnis, Lernen, Kommunikation, Phantasie, Kreativität und der Möglichkeit, zum Selbstbewußtsein zu gelangen, was die Menschheit auszeichnet (R. B. Livingston, 1967).

Livingston steht auf dem Standpunkt, daß Kooperation, Glaube, gegenseitiges Vertrauen und Altruismus in die Struktur des Nervensystems eingebaut und von der inneren Befriedigung, die damit verbunden ist, angetrieben werden.[24] Die innere Befriedigung bleibt keineswegs nur auf die Triebe beschränkt. Livingston meint dazu:

> Die innere Befriedigung steht auch im Zusammenhang mit einem positiven Gefühl der Zufriedenheit, wie es einem kraftvollen und ausgeruhten Zustand überströmender Gesundheit entspringt; sie entspringt jenem Lustgefühl, das sowohl genetisch mitgegebene als auch sozial geschaffene Werte begleitet; ferner entspringt sie freudigen Erlebnissen, dem Gefühl angenehmer Erregung, allein oder gemeinsam mit anderen erlebt, wie es die Darbietung von etwas Neuem und das Suchen nach etwas Neuem mit sich bringt. Die innere Zufriedenheit entsteht auch aus der Befriedigung der Neugier und aus der Lust des Forschens, aus der Erweiterung der individuellen und der kollektiven Freiheit. Diese positiven Seiten der inneren Befriedigung befähigen den Menschen, unglaubliche Entbehrungen auszuhalten und trotzdem am Leben zu hängen oder an Glaubensvorstellungen festzuhalten, die sich auf Werte beziehen, welche über dem Wert des Lebens selbst stehen (R. B. Livingston, 1967).

In ihrem entscheidenden Punkt unterscheidet sich Livingstons Auffassung – ebenso wie die der anderen Autoren, die ich im folgenden noch zitieren werde – grundsätzlich von der Denkweise der älteren Instinktivisten. Diese neueren Forscher stellen keine Spekulationen darüber an, welche spezielle Gehirnzone die höheren Bestrebungen, wie Solidarität, Altruismus, gegenseitiges Vertrauen und Wahrheit, »hervorbringt«, sondern sie betrachten *das Gehirnsystem als Ganzes vom Standpunkt seiner Evolution im Dienst des Überlebens.*

C. von Monakow hat eine sehr interessante Theorie aufgestellt. Er nimmt die Existenz eines *biologischen Gewissens* (syneidesis) an, dessen Funktion darin besteht, optimale Sicherheit, Befriedigung, Anpassung und Streben nach Vervollkommnung sicherzustellen. Er argumentiert, daß es *Klisis* (Freude, Lust, Glück) gewährt, wenn der Organismus so funktioniert, daß seine Entwicklung damit gefördert wird – daher der Wunsch, diese Art des Verhaltens zu wiederholen. Andererseits ergebe sich aus dem Verhalten, das der optimalen Entwicklung des Organismus entgegenstehe, *Ekklesis* (Mißvergnügen, Unbehagen), und der Betreffende fühle sich veranlaßt, dieses schmerzerzeugende Verhalten zu vermeiden (C. von Monakow, 1950).

H. von Foerster argumentiert, daß Einfühlungsvermögen und Liebe dem Gehirnsystem inhärente Eigenschaften sind. Er geht dabei von der Wahrnehmungstheorie aus und stellt die Frage, wie es möglich ist, daß zwei Menschen miteinander in Kommunikation treten, da die Sprache eine gemeinsame Erfahrung voraussetzt. Daraus, daß die Umwelt für den Menschen nicht an sich, sondern nur in ihrer Beziehung zum menschlichen Beobachter existiert, schließt Foerster, daß die Kommunikation voraussetzt, daß wir »die gleiche Vorstellung von der Umwelt in den beiden Elementen finden, die durch ihre Haut voneinander getrennt, aber in ihrer Struktur einander gleich sind. Wenn sie sich dies klarmachen

[24] Er fügt hinzu, daß Säugetiere und viele andere Lebensformen nicht eine einzige Generation lang ohne dieses eingebaute kooperative Verhalten überleben könnten, womit er die Erkenntnisse P. Kropotkins in dessen berühmtem Buch *Mutual Aid* (1902; deutscher Titel: Gegenseitige Hilfe in der Entwicklung, 1904) bestätigt.

und die Nutzanwendung daraus ziehen, dann weiß A, was A* weiß, weil A sich mit A* identifiziert, und wir haben die Gleichung Ich = Du ... Ganz offensichtlich ist die Identifikation die stärkste Koalition – und ihre tiefste Manifestation ist die Liebe« (H. von Foerster, 1963).[25]

Allen diesen Spekulationen scheint jedoch die harte Tatsache entgegenzustehen, daß der Mensch es in den 40000 Jahren seit seiner endgültigen Geburt nicht fertiggebracht hat, dieses »höhere« Streben voller zu entwickeln, sondern daß er hauptsächlich von seiner Gier und Destruktivität beherrscht scheint. Warum sind die biologisch eingebauten Bestrebungen nicht prädominant geblieben – oder warum sind sie es nicht geworden?

Bevor wir diese Frage diskutieren, müssen wir sie qualifizieren. Wir müssen zwar einräumen, daß wir nicht viele direkte Kenntnisse über die Psyche des Menschen vor dem Anfang der neolithischen Periode besitzen, aber – wie wir sahen – gibt es gute Gründe für die Annahme, daß die primitivsten Menschen, von den Sammlern und Jägern bis zu den frühen Ackerbauern, nicht durch Destruktivität oder Sadismus gekennzeichnet waren. Tatsächlich sind die negativen Eigenschaften, die man im allgemeinen der menschlichen Natur zuschreibt, mit der Entwicklung der Zivilisation mächtiger und verbreiteter geworden. Außerdem sollte man sich vor Augen halten, daß die Vision von den »höheren Zielen« schon früh in der Geschichte von den großen Lehrern verkündet worden ist, die die neuen Ziele im Protest gegen die Prinzipien ihrer jeweiligen Kultur vertreten haben; und diese Ziele haben sowohl in ihrer religiösen als auch in ihrer weltlichen Form immer wieder die Herzen der Menschen tief angesprochen, die durch ihre Gesellschaft an sich dazu konditioniert waren, das Gegenteil zu glauben. Das Streben des Menschen nach Freiheit, Würde, Solidarität und Wahrheit war ganz gewiß eine der stärksten Motivationen für historische Veränderungen.

Trotz all dieser Qualifikationen bleibt die Tatsache bestehen, daß die eingebauten höheren Tendenzen bis heute weitgehend unterlegen sind – und daß wer heute lebt, dies mit besonderer Besorgnis erlebt.

Die sozialen Bedingungen

Welches sind die Gründe für dieses Unterliegen?

Die einzig befriedigende Antwort scheint mir in den sozialen Umständen zu liegen, unter denen der Mensch lebt. Während des größten Teils seiner Geschichte waren diese Umstände zwar der intellektuellen und technischen Entwicklung des Menschen förderlich, doch waren sie der vollen Entwicklung all jener eingebauten Möglichkeiten, auf die die oben erwähnten Autoren hinweisen, abträglich.

Die elementarsten Beispiele, die den Einfluß der Umweltfaktoren auf die Persönlichkeit zeigen, sind die, aus denen der *direkte* Einfluß der Umgebung auf das Wachstum des Gehirns hervorgeht. Es ist heute eine gut belegte Tatsache, daß Unterernährung die

[25] Gemeinsame Erfahrung ist die spezifische Grundlage alles psychologischen Verstehens; daß wir das Unbewußte einer anderen Person verstehen, setzt voraus, daß wir den anderen deshalb verstehen, weil wir zu unserem eigenen Unbewußten Zugang haben und so seine Erfahrungen teilen können. (Vgl. E. Fromm, D. T. Suzuki und R. de Martino, 1960.)

normale Entwicklung des kindlichen Gehirns verhindern kann. Daß nicht nur die Nahrung, sondern auch andere Faktoren wie Bewegungsfreiheit und Spiel einen direkten Einfluß auf das Wachstum des Gehirns haben können, ist ebenfalls durch Tierexperimente nachgewiesen. Forscher haben Ratten in zwei Gruppen eingeteilt und die eine in eine »bereicherte« und die andere in eine »eingeschränkte« Umgebung gebracht. Die erste Gruppe wurde in einem großen Käfig gehalten, in dem die Tiere sich frei bewegen und mit verschiedenen Gegenständen und miteinander spielen konnten, während die »eingeengten« Tiere einzeln in kleinen Isolierkäfigen eingesperrt waren. Mit anderen Worten, die »begünstigten« Tiere hatten viel mehr Gelegenheit, sich stimulieren zu lassen und sich zu bewegen, als die »eingeengten« Tiere. Die Forscher stellten fest, daß die graue kortikale Masse bei der ersten Gruppe dicker war als bei der »eingeengten« Gruppe (obwohl ihr Körpergewicht geringer war). (E. L. Bennett u. a., 1964.)

In einer ähnlichen Untersuchung hat Altman »histologische Beweise für eine Vergrößerung in der Zone des Kortex bei Tieren in besonders günstigen Verhältnissen sowie autoradiographische Hinweise auf eine verstärkte Vermehrung der Zellen bei erwachsenen Tieren in der besonders günstigen Umgebung« festgestellt (J. Altman und G. D. Das, 1964). Vorläufige Resultate aus Altmans Institut »weisen darauf hin, daß andere Verhaltensvariablen, wie zum Beispiel die Behandlung der Ratten in ihrer ersten Lebenszeit, die Entwicklung des Gehirns, besonders in bezug auf das Zellenwachstum in Strukturen wie der Kleinhirnrinde, dem Gyrus hippocampi, und im Neokortex radikal verändern können« (J. Altman, 1967a).

Wenn man die Ergebnisse dieser Experimente auf den Menschen anwendet, so würde das nahelegen, daß das Wachstum des Gehirns nicht nur von äußeren Faktoren wie der Ernährung, sondern auch von der »Wärme« abhängt, mit der ein Kleinkind behandelt und gehalten wird, vom Grad der Stimulation, die ihm zuteil wird, sowie vom Grad seiner Bewegungsfreiheit und seiner Möglichkeiten, zu spielen und sich auszudrücken. Aber die Entwicklung des Gehirns hört mit der Kindheit nicht auf, ja nicht einmal mit der Pubertät oder dem Erreichen des Erwachsenenalters. Wie R. B. Livingston darlegt, gibt es keinen Punkt, »nach welchem die Entwicklung aufhört und nach welchem die Reorganisationsfähigkeit nach einer Krankheit oder Verletzung verschwindet« (R. B. Livingston, 1967). Anscheinend können Umweltfaktoren wie Stimulation, Ermutigung und Liebe während des ganzen Lebens einen subtilen Einfluß auf die Gehirnprozesse haben.

Bis jetzt wissen wir nur wenig über den direkten Einfluß der Umwelt auf die Entwicklung des Gehirns. Glücklicherweise wissen wir aber sehr viel mehr über die Rolle, die die sozialen Faktoren auf die Entwicklung des Charakters ausüben (wenn auch alle affektiven Prozesse natürlich ihr Substrat in Gehirnprozessen haben). Es hat den Anschein, daß wir uns in diesem Punkt mit den Hauptgedankengängen der Sozialwissenschaften treffen – der These, daß der Charakter des Menschen von der Gesellschaft, in der er lebt, oder, behavioristisch ausgedrückt, von der sozialen Konditionierung geformt wird, der er ausgesetzt ist. Dennoch besteht ein grundsätzlicher Unterschied zwischen dieser Auffassung und der hier vorgeschlagenen. Die Auffassung der Umwelttheoretiker der Sozialwissenschaften ist im wesentlichen relativistisch; nach ihr ist der Mensch ein leeres Blatt, auf das die Kultur ihren Text schreibt. Er wird von seiner Gesellschaft zum Besseren oder Schlechteren hin geformt, wobei »besser« oder »schlechter« als ethisches oder religiöses

Werturteil angesehen wird.[26] Die hier vertretene Auffassung nimmt an, daß der Mensch ein immanentes Ziel besitzt und daß seine biologische Konstitution die Quelle von Lebensnormen ist. Er hat die Möglichkeit, zu voller Entwicklung und zu vollem Wachstum zu gelangen, *vorausgesetzt, daß die gegebenen äußeren Bedingungen diesem Ziel günstig sind.* Das bedeutet, daß es spezifische Umweltbedingungen gibt, die zum optimalen Wachstum des Menschen und – sofern unsere obigen Annahmen korrekt sind – zur Entwicklung des lebensfördernden Syndroms führen. Andererseits wird der Mensch in dem Maß, wie diese Bedingungen nicht vorhanden sind, zu einem in seiner Entwicklung gehemmten Wesen, das durch das lebensfeindliche Syndrom gekennzeichnet ist.

Es ist wahrhaft erstaunlich, daß diese Ansicht von so vielen als »idealistisch« oder »unwissenschaftlich« bezeichnet wird, die es sich nicht im Traum einfallen ließen, die Beziehung zwischen Konstitution und Normen in bezug auf die körperliche Entwicklung und Gesundheit in Frage zu stellen. Es erübrigt sich, näher auf diesen Punkt einzugehen. Wir verfügen besonders auf dem Gebiet der Ernährung über eine Fülle von Daten, aus denen hervorgeht, daß gewisse Arten der Ernährung zum Wachstum und zur körperlichen Gesundheit führen, während andere für organische Dysfunktionen, Krankheiten und vorzeitigen Tod verantwortlich sind. Ebenso wohlbekannt ist, daß nicht nur die Ernährung, sondern auch andere Faktoren einen Einfluß auf die Gesundheit haben, wie körperliche Bewegung oder Streß. Der Mensch unterscheidet sich in dieser Hinsicht nicht von irgendeinem anderen Organismus. Wie jeder Bauer oder Gärtner weiß, braucht der Samen, wenn er richtig keimen und die Pflanze richtig wachsen soll, einen bestimmten Feuchtigkeitsgrad, eine bestimmte Wärme und Bodenbeschaffenheit. Sind diese Bedingungen nicht gegeben, so verfault der Samen und stirbt im Boden ab. Die Pflanze ist totgeboren. Sind die Bedingungen optimal, so wächst der Obstbaum auch optimal und trägt Früchte, die so vollkommen sind, wie sie der betreffende Baum nur hervorbringen kann. Sind die Bedingungen dagegen weniger günstig, gedeiht der Baum mitsamt seinen Früchten nur mangelhaft, oder er verkrüppelt

Die Frage, die wir uns zu stellen haben, lautet demnach: *Welches sind die Umweltbedingungen, die zur vollen Entwicklung aller Möglichkeiten des Menschen führen?*

Viele Tausende von Büchern sind über diese Frage geschrieben worden, und Hunderte von verschiedenen Antworten wurden darauf gegeben. Natürlich kann ich im Kontext dieses Buches nicht selbst eine Antwort darauf zu geben versuchen.[27] Jedoch möchte ich immerhin einige kurze allgemeine Bemerkungen dazu machen:

Ein Überblick über die Geschichte ebenso wie die Erforschung der einzelnen Individuen zeigt, daß das Vorhandensein von Freiheit und aktivierenden Reizen und das Fehlen ausbeuterischer Kontrolle sowie das Vorhandensein von auf die Entwicklung des Men-

[26] Eine aus den konventionellen Ansichten der Umwelttheoretiker herausragende Ausnahme ist die Auffassung von Marx, obwohl der vulgäre Marxismus in seiner stalinistischen oder reformistischen Version alles getan hat, dies zu verdunkeln. Marx hat den Begriff der »menschlichen Natur im allgemeinen« im Unterschied zur »menschlichen Natur, wie sie in jeder historischen Epoche abgewandelt wird«, vorgeschlagen (K. Marx, 1906). Seiner Ansicht nach führen gewisse gesellschaftliche Bedingungen, wie zum Beispiel der Kapitalismus, zu einer »Verkrüppelung« des Menschen. Der Sozialismus, so wie er ihn auffaßte, wird zur vollen Selbstverwirklichung des Menschen führen.

[27] Vgl. E. Fromm (1955).

schen ausgerichteten Produktionsmethoden dem menschlichen Wachstum förderlich sind und daß umgekehrt entgegengesetzte Bedingungen sich ungünstig auswirken. Außerdem werden sich immer mehr Menschen der Tatsache bewußt, daß nicht das Vorhandensein oder Fehlen der einen oder anderen Bedingung von Bedeutung ist, sondern daß es auf ein ganzes System von Faktoren ankommt. Das bedeutet, daß die allgemeinen Bedingungen, die zur vollsten Entfaltung des Menschen führen – und natürlich hat jedes Stadium der individuellen Entwicklung seine eigenen spezifischen Notwendigkeiten – nur in einem Gesellschaftssystem zu finden sind, in dem verschiedene günstige Bedingungen zusammenwirken und so den richtigen Boden sichern.

Die Gründe, weshalb die Sozialwissenschaftler sich nicht mit der Frage nach den optimalen gesellschaftlichen Bedingungen für die menschliche Entfaltung als einem Anliegen von primärer Bedeutung beschäftigt haben, sind leicht zu erkennen. Man braucht sich nur die traurige Tatsache vor Augen zu halten, daß, von einigen wenigen Ausnahmen abgesehen, die Sozialwissenschaftler im wesentlichen Apologeten des bestehenden Gesellschaftssystems sind und nicht seine Kritiker. Dies ist deshalb möglich, weil – im Unterschied zu den Naturwissenschaften – ihre Resultate für das Funktionieren der Gesellschaft von nur geringem Wert sind. Im Gegenteil haben fehlerhafte Resultate und eine oberflächliche Behandlung oft die erwünschte Funktion, als ideologischer »Kitt« zu dienen, während die Wahrheit wie immer »Dynamit« ist, das den Status quo bedroht.[28] Außerdem wird die Aufgabe, das Problem adäquat zu untersuchen, oft noch dadurch erschwert, daß man annimmt, was die Menschen sich wünschen, sei auch gut für sie. Man übersieht dabei, daß die Wünsche der Menschen ihnen oft schädlich sind und daß diese Wünsche selbst Symptome von Dysfunktion oder Suggestion oder auch von beidem sein können. Zum Beispiel weiß heute jeder, daß die Drogenabhängigkeit nichts Wünschenswertes ist, auch wenn viele den Wunsch haben, Drogen zu nehmen. Da unser gesamtes Wirtschaftssystem darauf ausgerichtet ist, Wünsche zu erzeugen, die der Gebrauchswarenmarkt zu seinem Profit befriedigen kann, so kann man kaum erwarten, daß eine kritische Analyse der Unvernunft dieser Wünsche populär wäre.

Aber wir können hier nicht haltmachen. Warum, so müssen wir uns fragen, benutzen nicht die meisten Menschen ihre Vernunft, um ihre wirklichen Interessen als menschliche Wesen zu erkennen? Ist es nur deshalb, weil man eine Gehirnwäsche mit ihnen vorgenommen und sie zum Gehorsam gezwungen hat? Außerdem müssen wir fragen, warum haben nicht noch mehr politische Führer erkannt, daß das System, dem sie vorstehen, ihrem eigenen Besten als menschliches Wesen nicht förderlich ist? Es nur mit ihrer Habgier und Schlauheit zu erklären, wie es die Philosophen der Aufklärung gern getan haben, heißt nicht bis zum Kern des Problems vordringen.

Wie Marx in seiner Theorie der historischen Entwicklung gezeigt hat, wird der Mensch bei seinem Versuch, die gesellschaftlichen Bedingungen zu ändern und zu verbessern, ständig durch die materiellen Faktoren seiner Umwelt, wie ökologische Bedingungen, Klima, Technik, geographische Lage und kulturelle Traditionen, begrenzt.

Wie wir sahen, lebten die primitiven Jäger und Sammler und die frühen Ackerbauer in einer relativ gut ausgewogenen Umgebung, die mehr zur Ausbildung konstruktiver als

[28] Vgl. die brillante Kritik der Sozialwissenschaften von S. Andreski (1972).

destruktiver Leidenschaften führte. Aber im Verlauf des Wachstumsprozesses ändert sich der Mensch, und er ändert auch seine Umgebung. Er macht Fortschritte auf intellektuellem und technologischem Gebiet. Durch diesen Fortschritt entstehen jedoch Situationen, die zur Entwicklung von lebensfeindlichen Charaktersyndromen führen. Wir haben diese Entwicklung – wenn auch nur skizzenhaft – bei der Beschreibung der Umwandlung der Gesellschaft von der der frühen Jäger und Sammler bis zur »städtischen Revolution« verfolgt. Um die nötige Freizeit zu schaffen, die den Menschen befähigt, Philosoph oder Gelehrter zu werden, Kunstwerke wie die ägyptischen Pyramiden zu errichten – kurz, Kultur zu schaffen –, mußte der Mensch Sklaven halten, Kriege führen und fremdes Territorium erobern. Besonders um auf gewissen Gebieten, vor allem dem intellektuellen, künstlerischen und wissenschaftlichen, zu wachsen, mußte er Umstände schaffen, die ihn verkrüppelten und die sein Wachstum in anderen Bereichen, besonders dem affektiven, verhinderten. Das lag darin begründet, daß die produktiven Kräfte nicht genügend entwickelt waren, um die Koexistenz des technischen und kulturellen Fortschritts einerseits *und* der Freiheit andererseits zu ermöglichen und allen eine unverkrüppelte Entfaltung zu gestatten. Die materiellen Bedingungen haben ihre eigenen Gesetze, und der Wunsch, sie zu ändern, genügt allein nicht. Wenn die Erde als Paradies geschaffen worden wäre, so wäre der Mensch sicher nicht durch die Sprödigkeit der materiellen Realität gebunden, und seine Vernunft hätte vielleicht genügt, die richtige Umgebung für uneingeschränktes Wachstum zu schaffen, wo alle genug zu essen hätten und gleichzeitig die Möglichkeit zur Freiheit bestünde. Aber der Mensch wurde aus dem Paradies vertrieben und kann nicht dorthin zurückkehren, um es in der Sprache des biblischen Mythos auszudrücken. Er wurde mit dem Fluch des Konfliktes zwischen sich selbst und der Natur beladen. Die Welt ist nicht für den Menschen gemacht; er ist in sie hineingeworfen und kann nur durch seine eigene Vernunft und Aktivität sich eine Welt schaffen, die zu seiner vollen Entwicklung führt und die seine menschliche Heimat wird. Seine Herrscher waren im wesentlichen die Ausführenden der historischen Notwendigkeit, auch dann, wenn es sich oft um schlechte Menschen handelte, die ihren Launen folgten und ihre historische Aufgabe verfehlten. Aber Irrationalität und persönliche Schlechtigkeit gaben nur in solchen Perioden den Ausschlag, in denen die äußeren Bedingungen so waren, daß sie einen menschlichen Fortschritt zugelassen hätten, in denen aber dieser Fortschritt durch die innere Korruption der Herrscher – und der Beherrschten – verhindert wurde.

Trotzdem hat es immer Visionäre gegeben, die die Ziele der gesellschaftlichen und individuellen Entwicklung des Menschen klar erkannt haben. Aber ihre »Utopien« waren nicht in dem Sinn »utopisch«, daß sie unrealisierbare Tagträume gewesen wären; sie fanden im »Nirgendwo« statt, aber »nirgendwo« ist nicht »nirgendwann«. Damit will ich sagen, sie waren utopisch, weil sie im Augenblick nirgends existierten und vielleicht auch nicht existieren konnten, aber »utopisch« hieß nicht, daß sie nicht in der Zeit verwirklicht werden konnten. Marx' Konzept des Sozialismus, heute noch nirgends auf der Welt (und ganz gewiß nicht in den »sozialistischen Ländern«) verwirklicht, wurde von ihm nicht als Utopie angesehen, weil er glaubte, daß die materiellen Bedingungen für seine Realisierung an jenem Punkt der historischen Entwicklung bereits gegeben waren.[29]

[29] Es ist dies der wesentliche Punkt, in dem Sartre die Gedanken von Marx nie richtig verstanden

Über die Rationalität und Irrationalität der Instinkte und Leidenschaften

Es ist eine weitverbreitete Ansicht, daß die Instinkte irrational seien, weil sie dem logischen Denken trotzen. Ist das richtig? Und kann man die charakterbedingten Leidenschaften als entweder rational oder irrational klassifizieren?

Die Ausdrücke »Vernunft« und »rational« werden gewöhnlich auf Denkprozesse angewandt; von einem »rationalen« Denken nimmt man an, daß es den Gesetzen der Logik gehorcht und nicht durch emotionale und oft pathologische Faktoren verzerrt wird. Aber »rational« und »irrational« wird manchmal auch in bezug auf Handlungen und Gefühle gebraucht. So kann ein Wirtschaftswissenschaftler die Einführung kostspieliger Maschinen, mit denen Arbeitskräfte eingespart werden, in einem Land, in dem es an Facharbeitern mangelt und wo ungelernte Arbeiter im Überfluß vorhanden sind, als »irrational« bezeichnen. Oder er kann die jährlichen Weltrüstungsausgaben von 180 Milliarden Dollar (80 Prozent davon von seiten der Supermächte) als irrational bezeichnen, weil sie der Herstellung von Dingen dienen, die in Friedenszeiten keinerlei Gebrauchswert besitzen. Oder ein Psychiater kann ein neurotisches Symptom, wie zum Beispiel einen Waschzwang oder grundlose Angst, irrational nennen, weil es die Folge einer seelischen Dysfunktion ist und zu erwarten ist, daß es zu weiteren Funktionsstörungen führt.

Ich schlage vor, *alle Gedanken, Gefühle oder Handlungen als rational zu bezeichnen, die das adäquate Funktionieren und Wachstum des Ganzen, von dem sie einen Teil bilden, fördern, und als irrational alles, was dazu tendiert, das Ganze zu schwächen oder zu zerstören.* Es ist klar, daß nur die empirische Analyse eines Systems zeigen kann, was daran rational beziehungsweise irrational ist.[30]

Wendet man diesen Begriff der Rationalität auf die Instinkte (die organischen Triebe) an, so kommt man unvermeidlich zu dem Schluß, daß diese rational sind. Vom darwinistischen Standpunkt aus besteht die Funktion der Instinkte genau darin, daß sie auf adäquate Weise das Leben erhalten und daß sie für das Überleben des Individuums und der

oder integriert hat, wenn er versuchte, seine eigene, im wesentlichen voluntaristische Theorie mit der historischen Theorie von Marx zu kombinieren. Vgl. die vorzügliche Kritik Sartres von R. Dunayevskaya (demnächst veröffentlicht).

[30] Wenn auch diese Verwendung des Begriffs »rational« nicht der heutigen herkömmlichen philosophischen Terminologie entspricht, beruht sie doch auf westlicher Tradition. Für Heraklit war *logos* (was mit dem lateinischen *ratio* zu übersetzen ist) ein dem Universum zugrunde liegendes, organisatorisches Prinzip, was damit zusammenhängt, daß im allgemeinen Sprachgebrauch seiner Zeit *logos* so viel wie »Proportion« bedeutete (W. K. Guthrie, 1962). Auch bei Heraklit heißt »dem Logos folgen« soviel wie »wach sein«. Aristoteles benutzt *logos* im Sinn von Vernunft in einem ethischen Kontext (*Ethica Nicomachea,* V, 1134a) und häufig in der Verbindung »richtige Vernunft«. Thomas von Aquin spricht von einem *appetitus rationalis* (von einer »rationalen Begierde«) und unterscheidet zwischen der Vernunft, die sich mit Handlungen und Taten beschäftigt, und der Vernunft, die sich ausschließlich mit dem Wissen befaßt. Spinoza spricht von rationalen und irrationalen Affekten, Pascal von emotioneller Vernunft. Für Kant hat die »praktische Vernunft« die Funktion zu erkennen, was der Mensch tun sollte, während die »reine Vernunft« uns erkennen läßt, *was ist.* (Vgl. auch Hegels Verwendung des Begriffs der Rationalität in bezug auf Emotionen.) Schließlich möchte ich in diesem kurzen Überblick noch Whiteheads These erwähnen, daß es »die Funktion der Vernunft ist, der Lebenskunst zu dienen« (A. N. Whitehead, 1967).

Art sorgen. Das Tier verhält sich rational gerade, weil es fast völlig von seinen Instinkten determiniert wird, und auch der Mensch würde sich rational verhalten, wenn er in der Hauptsache vom Instinkt determiniert wäre. Seine Nahrungssuche, seine defensive Aggressivität (oder Flucht) und seine sexuellen Begierden, soweit sie organisch stimuliert sind, führen nicht zu irrationalem Verhalten. *Die Irrationalität des Menschen wird dadurch verursacht, daß es ihm an Instinkten fehlt, und nicht dadurch, daß diese Instinkte vorhanden sind.*

Wie sieht es nun aber mit der Rationalität seiner charakterbedingten Leidenschaften aus? Nach unserem Kriterium der Rationalität müssen wir sie voneinander unterscheiden. Die lebensfördernden Leidenschaften sind als rational anzusehen, da sie dem Wachstum und dem Wohlbefinden des Organismus förderlich sind; die das Leben erstickenden Leidenschaften sind als irrational anzusehen, weil sie Wachstum und Wohlbefinden beeinträchtigen. Doch ist hier eine Qualifizierung notwendig. Ein destruktiver oder grausamer Mensch ist so geworden, weil ihm die Voraussetzungen für ein weiteres Wachstum fehlen. Unter den gegebenen Umständen konnte er sozusagen nicht anders. Seine Leidenschaften sind in bezug auf die *Möglichkeiten* des Menschen irrational, und doch besitzen sie im Hinblick auf die spezifischen sozialen und individuellen Umstände, in denen ein solcher Mensch lebt, ihre eigene Rationalität. Das gleiche gilt für den historischen Prozeß. Die »Megamaschinen« (L. Mumford, 1967) der Antike waren in diesem Sinne rational; selbst Faschismus und Stalinismus könnten als rational angesehen werden, wenn sie den historisch einzig möglichen Schritt unter den gegebenen Umständen dargestellt hätten. Dieses behaupten natürlich ihre Verteidiger; aber sie müßten erst noch beweisen, daß keine anderen und historisch adäquateren Möglichkeiten vorhanden waren, was ich allerdings glaube.[31]

Ich möchte noch einmal wiederholen, daß die lebensfeindlichen Leidenschaften ebenso eine Antwort auf die existenziellen Bedürfnisse des Menschen darstellen wie die lebensfördernden. Beide sind tief menschlich. Erstere entwickeln sich notwendigerweise, wenn die realistischen Voraussetzungen für die Verwirklichung letzterer nicht vorhanden sind. Der Mensch als Zerstörer kann lasterhaft genannt werden, weil die Destruktivität ein Laster ist; trotzdem ist er ein Mensch. Er ist nicht zur tierischen Existenz regrediert und wird nicht von tierischen Instinkten motiviert; er kann die Struktur seines Gehirns nicht ändern. Man könnte ihn als *existentiellen Versager* ansehen, als einen Menschen, dem es nicht gelungen ist, das zu werden, was er nach seinen Existenzmöglichkeiten hätte werden können. Jedenfalls ist es eine ebenso reale Möglichkeit, daß ein Mensch in seinem Wachstum gehemmt und lasterhaft wird, wie es eine Möglichkeit ist, daß er sich voll entwickelt und produktiv wird. Ob das eine oder das andere Ergebnis zustande kommt, hängt im wesentlichen davon ab, ob die gesellschaftlichen Bedingungen für das Wachstum gegeben sind – oder nicht.

Gleichzeitig ist noch hinzuzufügen, daß, wenn ich sage, daß die gesellschaftlichen Umstände für die Entwicklung des Menschen verantwortlich sind, ich damit nicht unterstel-

[31] Dieses Problem ist durch das Freudsche Es-Ich-Überich-Schema stark verdunkelt worden. Diese Einteilung hat die psychoanalytische Theorie gezwungen, alles zum Ich zu rechnen, was nicht dem Es oder dem Überich angehört, und diese vereinfachende (obwohl oft sehr scharfsinnige) Methode hat die Analyse des Rationalitätsproblems blockiert.

len möchte, er sei das hilflose Objekt der äußeren Umstände. Die Umweltfaktoren fördern oder hindern die Entwicklung bestimmter Charakterzüge und bestimmen die Grenzen, innerhalb derer der Mensch handelt. Trotzdem sind des Menschen Vernunft und Wille sowohl individuell als auch sozial machtvolle Faktoren in seinem Entwicklungsprozeß. Nicht die Geschichte macht den Menschen; der Mensch erschafft sich selbst im Prozeß der Geschichte. Nur ein dogmatisches Denken, die Folge einer Trägheit des Geistes und des Herzens, versucht vereinfachende Schemata des Entweder-Oder zu konstruieren, die jedes wirkliche Verständnis blockieren.[32]

Die psychische Funktion der Leidenschaften

Um zu überleben, muß der Mensch seine körperlichen Bedürfnisse befriedigen, und seine Instinkte motivieren ihn, so zu handeln, wie es seinem Überleben förderlich ist. Würde sein Verhalten hauptsächlich durch seine Instinkte determiniert, so hätte er keine besonderen Lebensprobleme und wäre »eine zufriedene Kuh«, vorausgesetzt, daß ihm reichlich Nahrung zur Verfügung stünde.[33] Was aber den Menschen angeht, so macht ihn die Befriedigung seiner organischen Triebe allein nicht glücklich, und sie garantiert auch nicht sein Wohlbefinden. Sein Problem wird auch nicht damit gelöst, daß er zunächst seine körperlichen Bedürfnisse befriedigt und dann, als eine Art Luxus, seine charakterbedingten Leidenschaften entwickelt. Letztere sind von allem Anfang an in seinem Dasein vorhanden und haben oft größere Macht als seine organischen Triebe.

Wenn wir uns individuelles Verhalten und Massenverhalten näher ansehen, so finden wir, daß das Verlangen, Hunger und Sex zu befriedigen, menschliches Verhalten nur zum kleineren Teil motiviert. Die Hauptmotivationen des Menschen sind seine rationalen und irrationalen Leidenschaften: das Streben nach Liebe[34], Zärtlichkeit, Solidarität, Freiheit

[32] Der Mensch ist nie so stark determiniert, daß nicht, beeinflußt von gewissen Ereignissen und Erlebnissen, zu irgendeinem Zeitpunkt seines Lebens eine grundsätzliche Wandlung mit ihm vorgehen könnte. Sein lebensbejahendes Potential ist nie völlig erstorben, und es läßt sich nie voraussagen, daß es nicht wieder lebendig wird. Aus diesem Grunde kann es auch zu einer echten Bekehrung (Reue) kommen. Wollte ich diese These beweisen, müßte ich ein eigenes Buch darüber schreiben. Ich will mich hier nur auf das reiche Material über die tiefgreifenden Veränderungen beziehen, die in der psychoanalytischen Therapie vorkommen können, und auf die vielen »radikalen« Wandlungen, die »spontan« erfolgen. Der eindrucksvollste Beweis dafür, daß die Umwelt zwar zu bestimmten Haltungen geneigt macht, den Menschen aber nicht *determiniert,* ist in der Geschichte zu finden.. Selbst in den lasterhaftesten Gesellschaften hat es immer hervorragende Persönlichkeiten gegeben, die die höchste Form menschlicher Existenz verkörpern. Einige von ihnen haben sich zu Sprechern der Menschheit gemacht, zu ihren »Erlösern«, ohne die der Mensch vielleicht sein Ziel aus den Augen verloren hätte; andere sind unbekannt geblieben. Es waren die, auf die sich die jüdische Legende von den 36 Gerechten in jeder Generation bezieht, deren Existenz den Fortbestand der Menschheit gewährleistet.

[33] Dieses Bild ist jedoch sogar in bezug auf die Tiere dahingehend zu qualifizieren, daß auch sie über ihre physiologischen Bedürfnisse hinaus bestimmte Bedürfnisse haben, zum Beispiel das Bedürfnis zu spielen.

[34] Natürlich brauchen auch die Jungen von Tieren »Liebe«, und vielleicht unterscheidet sich diese qualitativ nicht sehr von der, welche das menschliche Kleinkind braucht. Sie unterscheidet sich jedoch von der nicht-narzißtischen menschlichen Liebe, von der hier gesprochen wird.

und Wahrheit sowie der Trieb, zu beherrschen, zu unterwerfen, zu zerstören; Narzißmus, Gier, Neid und Ehrgeiz. Diese Leidenschaften sind seine Triebfedern und die Quelle seiner Erregung; sie sind nicht nur der Stoff, aus dem die Träume gemacht sind, sondern ihnen entstammen auch alle Religionen und Mythen, Drama und Kunst – kurz alles, was dem Leben Bedeutung verleiht und es lebenswert macht. Menschen, die von diesen Leidenschaften motiviert sind, riskieren ihr Leben. Und sie mögen Selbstmord begehen, wenn sie das Ziel ihrer Leidenschaft nicht erlangen; aber sie begehen keinen Selbstmord, weil es ihnen an sexueller Befriedigung fehlt, und noch nicht einmal, weil sie am Verhungern sind. Doch die Macht der menschlichen Leidenschaft ist dieselbe, ob nun Haß oder Liebe die Triebfeder ist.

Daß dies so ist, ist kaum anzuzweifeln. Die Frage, weshalb es so ist, ist schon schwieriger zu beantworten. Doch bieten sich immerhin einige hypothetische Spekulationen an.

Die Gültigkeit meiner ersten Vermutung kann nur von den Neurophysiologen überprüft werden. Da das Gehirn beständig das Bedürfnis nach Erregung hat – was wir bereits erwähnten –, könnte dieses Bedürfnis das Vorhandensein leidenschaftlicher Erregungen notwendig machen, da nur sie eine dauernde Erregung gewährleisten können.

Eine andere Hypothese bezieht sich auf einen Bereich, mit dem wir uns in diesem Buch schon ausführlicher befaßt haben – die Einzigartigkeit der menschlichen Erfahrung. Wie bereits erwähnt, scheint die Tatsache, daß der Mensch sich seiner selbst, seiner Machtlosigkeit und Isolierung bewußt ist, es für ihn unerträglich zu machen, nur als ein Objekt zu leben. Das war natürlich den meisten Denkern, Dramatikern und Romanschreibern im gesamten Verlauf der Geschichte sehr wohl bekannt. Könnte man sich tatsächlich vorstellen, daß der Kern des Ödipusdramas die Frustration der sexuellen Begierde des Ödipus nach seiner Mutter wäre? Oder daß Shakespeare einen *Hamlet* geschrieben hätte, bei dem es sich um die sexuelle Frustration des Hauptcharakters dreht? Aber genau das scheinen sich die klassischen Psychoanalytiker und mit ihnen andere zeitgenössische Reduktionisten vorzustellen.

Die instinktiven Triebe des Menschen sind notwendig, aber trivial; seine Leidenschaften dagegen, die seine Energie auf der Suche nach der Erreichung ihrer Ziele auf diese konzentrieren, gehören in den Bereich des »Devotionalen« oder »Heiligen«. Das System des Trivialen bezieht sich auf den »Erwerb des Lebensunterhaltes«; die Sphäre des Heiligen ist die Lebenssphäre, die über den rein körperlichen Fortbestand hinausreicht – es ist die Sphäre, in der der Mensch sein Schicksal, ja oft sogar sein Leben aufs Spiel setzt; es ist die Sphäre, in welcher seine tiefsten Motivationen, die ihm das Leben erst lebenswert machen, verwurzelt sind.[35]

[35] Der Ausdruck »heilig« ist hier ohne die traditionelle Wertsetzung gebraucht und umfaßt alles, was nicht »nützlich« ist. Von dieser Sicht her ist ein Mord, der von Rache motiviert wird, ebenso heilig wie die Liebe. Beide sind jenseits der Sphäre des Nützlichen und Banalen. Man muß ferner bedenken, daß das, was ein Mensch heilig *nennt*, dies nicht unbedingt auch zu sein braucht. Heute zum Beispiel hält man die Begriffe und Symbole des Christentums für heilig, obwohl sie für die meisten Kirchgänger kein leidenschaftliches Engagement mehr auslösen; andererseits wird das Streben nach der Eroberung der Natur, nach Ruhm, Macht und Geld, den wirklichen Objekten der Verehrung, nicht als heilig bezeichnet, weil sie nicht einem ausgesprochen religiösen System integriert sind. Nur ausnahmsweise, wenn man von einem »heiligen Egoismus« (im nationalen Sinn) oder von »heiliger Rache« spricht, hat sich das in der modernen Zeit geändert.

Bei seinem Versuch, die Trivialität seines Lebens zu transzendieren, fühlt sich der Mensch getrieben, das Abenteuer zu suchen, über die Schranken menschlicher Existenz hinauszublicken und sie sogar zu überschreiten. Das macht die großen Tugenden und die großen Laster, die schöpferische Tätigkeit wie die Zerstörung so erregend und anziehend. Ein Held ist, wer den Mut hat, Grenzen zu überschreiten, ohne dabei der Angst und dem Zweifel anheimzufallen. Der Durchschnittsmensch ist selbst noch in seinem vergeblichen Versuch, ein Held zu sein, ein Held. Er fühlt sich getrieben von dem Wunsch, seinem Leben einen Sinn zu geben, und von der Leidenschaft, so weit wie *er* es kann, bis an die Grenzen vorzudringen.

Dieses Bild bedarf noch einer wichtigen Qualifizierung. Der einzelne lebt in einer Gesellschaft, die ihn mit fertigen Modellen beliefert, die vorgeben, seinem Leben einen Sinn zu verleihen. So sagt man ihm in unserer Gesellschaft zum Beispiel, daß, wenn er »sein Brot verdiene«, eine Familie ernähre, ein guter Bürger sei und Waren und Vergnügungen konsumiere, sein Leben sinnvoll sei. Aber obgleich solche Suggestionen bei den meisten Menschen im Bewußtsein wirksam sind, so gewinnen sie doch keine echte Bedeutung für sie; und sie können nicht die fehlende innere Mitte ersetzen. Die suggerierten Modelle nützen sich ab und versagen immer häufiger. Daß dies heute in weitem Umfang der Fall ist, zeigt sich an der Zunahme des Drogenmißbrauchs, dem Mangel an echtem Interesse für irgend etwas und am Niedergang der intellektuellen und künstlerischen Kreativität sowie an der Zunahme von Gewalttätigkeit und Destruktivität.

11

DIE BÖSARTIGE AGGRESSION: GRAUSAMKEIT UND DESTRUKTIVITÄT

Scheinbare Destruktivität

Von der Destruktivität unterscheiden sich erheblich gewisse tief verschüttete archaische Erlebnisse, die dem modernen Beobachter oft als Beweis für die angeborene Destruktivität des Menschen erscheinen. Eine eingehendere Analyse zeigt jedoch, daß sie zwar zu destruktiven Handlungen führen, aber nicht von der Leidenschaft zu zerstören motiviert sind.

Ein Beispiel ist das leidenschaftliche Verlangen, Blut zu vergießen, das oft als »Blutdurst« bezeichnet wird. Praktisch bedeutet das Blut eines Menschen vergießen, daß man ihn tötet, daher sind »töten« und »Blut vergießen« synonym. Es erhebt sich jedoch die Frage, ob es nicht eine archaische Lust am Blutvergießen geben könnte, die etwas anderes ist als die Lust am Töten.

Auf einer tiefen archaischen Erlebnisebene ist Blut »ein ganz besonderer Saft«. Ganz allgemein hat man es mit dem Leben und der Lebenskraft gleichgesetzt, und Blut ist eine der drei heiligen Substanzen, die dem Körper entstammen. Die beiden anderen sind der Samen und die Milch. Der Samen ist der Ausdruck des Männlichen, die Milch der weiblichen und »mütterlichen« Schöpferkraft. Beides galt in vielen Kulten und Ritualen als heilig. Im Blut ist der Unterschied zwischen männlich und weiblich aufgehoben. In den tiefsten Erlebnisschichten bemächtigt man sich auf magische Weise der Lebenskraft selbst, indem man Blut vergießt.

Die Verwendung von Blut zu religiösen Zwecken ist wohlbekannt. Die Priester des Tempels in Jerusalem verspritzten das Blut der geschlachteten Tiere als gottesdienstliche Handlung. Die Priester der Azteken brachten ihren Göttern die noch klopfenden Herzen ihrer Opfer dar. In vielen rituellen Gebräuchen wird die Bruderschaft dadurch bekräftigt, daß man das Blut der Beteiligten miteinander vermischt.

Da Blut der »Saft des Lebens« ist, wird das Trinken von Blut häufig als eine Steigerung der eigenen Lebenskraft erlebt. In den Bacchusorgien wie auch in den Riten zu Ehren der Göttin Ceres gehörte es zu den Mysterien, das rohe Fleisch von Tieren zu essen und ihr

Blut zu trinken. Bei den dionysischen Festen auf Kreta riß man mit den Zähnen das Fleisch vom Körper lebender Tiere herunter. Derartige Riten finden sich auch in den Kulten vieler chthonischer Götter und Göttinnen (J. Bryant, 1775). J. G. Bourke erwähnt, daß die Arier, als sie in Indien eindrangen, die eingeborenen Dasyu-Inder verachtet hätten, weil diese ungekochtes Fleisch von Menschen und Tieren aßen, und daß sie ihren natürlichen Abscheu dadurch zum Ausdruck brachten, daß sie sie »Rohesser« nannten.[1] Sehr eng verwandt mit diesem Trinken von Blut und Essen von rohem Fleisch sind Gebräuche, die von noch heute lebenden primitiven Stämmen berichtet werden. Bei gewissen religiösen Zeremonien müssen die Hamatsa-Indianer Nordwest-Kanadas ein Stück vom Arm, vom Bein oder von der Brust eines Menschen abbeißen.[2] Daß das Trinken von Blut als gesundheitsfördernd angesehen wird, ist selbst heute noch zu finden. In Bulgarien war es Sitte, einem Menschen, der einen heftigen Schrecken erlitten hatte, das noch zuckende Herz einer frischgeschlachteten Taube zu essen zu geben, um ihm auf diese Weise seinen Schrecken überwinden zu helfen (J. G. Bourke, 1913). Selbst in einer so hoch entwickelten Religion wie dem Römischen Katholizismus finden wir noch den archaischen Brauch, den zu Christi Blut geweihten Wein zu trinken; und es wäre eine reduktionistische Entstellung, annehmen zu wollen, daß dieser Ritus ein Ausdruck destruktiver Impulse und nicht ein Bekenntnis zum Leben und ein Ausdruck des Gemeinschaftsgefühls wäre.

Dem modernen Menschen erscheint das Vergießen von Blut als reine Destruktivität. Von einem »realistischen« Standpunkt aus trifft dies gewiß auch zu; betrachtet man jedoch nicht nur den Akt selbst, sondern seine Bedeutung in den tiefsten und archaischsten Erlebnisschichten, so kann man zu einem ganz anderen Schluß kommen. Dadurch, daß man das eigene Blut oder das eines anderen vergießt, kommt man mit der Lebenskraft in Berührung. Das kann auf archaischer Ebene schon an und für sich ein berauschendes Erlebnis sein, und wenn man das Blut den Göttern darbietet, so kann dies ein Akt heiligster Verehrung sein. Der Wunsch zu zerstören braucht dabei als Motiv nicht mitzuspielen.

Ähnliche Erwägungen kann man über den Kannibalismus anstellen. Wissenschaftler, die die Theorie von der angeborenen Destruktivität des Menschen vertreten, führen oft den Kannibalismus als ihr Hauptargument an. Sie weisen darauf hin, daß in den Höhlen von Chou-Kou-tiën Schädel gefunden wurden, aus denen das Hirn durch die Basis herausgeholt worden war. Man hat vermutet, daß dies geschehen sei, um das Hirn zu essen, das den Kannibalen angeblich gemundet haben soll. Diese Möglichkeit besteht natürlich, doch dürfte sie eher der Einstellung des modernen Verbrauchers entsprechen. Wahrscheinlicher scheint mir die Erklärung, daß das Hirn zu magisch-rituellen Zwecken benutzt wurde. Wie bereits erwähnt, ist das die Ansicht von A. C. Blanc (1961), der eine starke Ähnlichkeit zwischen den Schädeln des Peking-Menschen und den in Monte Circeo gefundenen festgestellt hat, die fast eine halbe Million Jahre später datiert werden.

[1] Wie lange der Ritus, das Fleisch lebendiger Tiere zu essen, schon bestanden haben muß, geht aus einer talmudischen Tradition hervor, die besagt, daß zu den sieben ethischen Normen, zu denen sich bereits Noah (und mit ihm die gesamte Menschheit) bekannte, das Verbot gehörte, das Fleisch lebender Tiere zu essen.

[2] Bericht über die Indianer Nordwest-Kanadas in den Tagungsberichten der *British Association for the Advancement of Science* auf dem Kongreß in Newcastle-upon-Tyne, 1889 (zitiert von J. G. Bourke, 1913).

Stimmt diese Interpretation, so ist das gleiche auch für den rituellen Kannibalismus und das rituelle Trinken und Vergießen von Blut anzunehmen.

Sicher war der nicht-rituelle Kannibalismus bei den »primitiven« Stämmen in den letzten Jahrhunderten weit verbreitet. Aber nach allem, was wir über den Charakter der noch heute lebenden Jäger und Sammler wissen oder von den prähistorischen vermuten können, waren sie keine Mörder, und es ist sehr unwahrscheinlich, daß sie Kannibalen waren. Mumford äußert sich dazu sehr klar: »Genau wie der primitive Mensch zu unseren massiven Demonstrationen von Grausamkeit, Folterung und Ausrottung nicht fähig war, dürfte er sich auch des Menschenmordes zu seiner Ernährung nicht schuldig gemacht haben« (L. Mumford, 1967).

Ich wollte mit diesen Hinweisen nur davor warnen, jedes destruktive Verhalten voreilig als Folge eines destruktiven Instinktes zu interpretieren, anstatt sich klarzumachen, wie häufig hinter einem solchen Verhalten religiöse und nichtdestruktive Motive stehen. Ausbrüche echter Grausamkeit und Destruktivität, denen wir uns nunmehr zuwenden wollen, sollten damit keineswegs bagatellisiert werden.

Spontane Formen

Die Destruktivität[3] kommt in zwei verschiedenen Formen vor: spontan und an die Charakterstruktur gebunden. Mit ersterer Form meine ich den Ausbruch schlummernder (nicht unbedingt verdrängter) destruktiver Impulse, die durch außergewöhnliche Umstände aktiviert werden, im Gegensatz zu destruktiven Charakterzügen, die dauernd vorhanden sind, wenn sie auch nicht immer zum Ausdruck kommen.

Geschichtlicher Überblick

Die reichhaltigste – und entsetzlichste – Dokumentation für die scheinbar spontanen Formen der Destruktivität bilden die Annalen der zivilisierten Völker. Die Geschichte des Krieges ist eine Chronik des erbarmungslosen und wahllosen Hinmordens und der Folterung, wobei die Opfer Männer, Frauen und Kinder waren. Oft gewinnt man den Eindruck von Orgien der Zerstörung, bei denen weder konventionelle noch echte moralische Bedenken hemmend wirkten. Das Töten war noch die mildeste Manifestation der Destruktivität. Aber die Orgien machten dabei nicht Halt: Männer wurden kastriert, Frauen wurde der Bauch aufgeschlitzt, Gefangene wurden gekreuzigt oder den Löwen vorgeworfen. Es gibt kaum eine destruktive Handlung, die menschliche Phantasie sich ausdenken könnte, die nicht immer und immer wieder vollführt worden wäre. Wir selbst haben miterlebt, wie sich während der Teilung Indiens Hunderttausende von Hindus und Moslems gegenseitig in ihrer Raserei hingemordet haben, während in Indonesien bei der antikommunistischen »Säuberungsaktion« des Jahres 1965 nach verschiedenen Quellen

[3] Ich benutze den Ausdruck »Destruktivität« hier sowohl für die eigentliche Destruktivität (»Nekrophilie«) als auch für den Sadismus, eine Unterscheidung, die ich später erklären werde.

400000 bis eine Million tatsächlicher oder angeblicher Kommunisten zusammen mit vielen Chinesen niedergemetzelt wurden (M. Caldwell, 1968). Ich brauche die Manifestationen menschlicher Destruktivität nicht weiter im einzelnen zu schildern. Sie sind uns allen wohlbekannt und sind außerdem von all jenen oft zitiert worden, die beweisen wollen, daß die Destruktivität angeboren ist, wie zum Beispiel D. Freeman (1964).
Auf die Ursachen der Destruktivität möchte ich später bei der Diskussion des Sadismus und der Nekrophilie eingehen. Ich habe diese Ausbrüche hier erwähnt, um einige Beispiele für die Destruktivität zu geben, die nicht an die Charakterstruktur gebunden ist, wie dies beim sadistischen und nekrophilen Charakter der Fall ist. Aber diese destruktiven Explosionen sind nicht in dem Sinn spontan, daß sie ohne jeden Grund zum Ausbruch kommen. Vor allem sind immer äußere Umstände vorhanden, die sie stimulieren, wie zum Beispiel Kriege, religiöse oder politische Konflikte, Armut, extreme Langeweile und das Gefühl individueller Bedeutungslosigkeit. Zweitens gibt es auch subjektive Gründe: extremer Gruppennarzißmus auf nationalem oder religiösem Gebiet, wie in Indien, und eine gewisse Neigung zu Trancezuständen, wie in bestimmten Teilen Indonesiens. Es ist nicht die menschliche Natur, die plötzlich zum Vorschein kommt, sondern das destruktive Potential, das durch gewisse permanente Bedingungen genährt und durch plötzliche traumatische Ereignisse mobilisiert wird. Ohne diese provozierenden Faktoren scheinen die destruktiven Energien in diesen Völkern zu schlummern. Anscheinend handelt es sich dabei nicht um eine ständig strömende Energiequelle wie beim destruktiven *Charakter*.

Rachsüchtige Destruktivität

Die rachsüchtige Destruktivität ist eine spontane Reaktion auf intensive und ungerechtfertigte Leiden, die einer Person oder den Mitgliedern einer Gruppe zugefügt wurden, mit denen sich die betreffende Person identifiziert. Sie unterscheidet sich von der normalen defensiven Aggression in zweierlei Hinsicht: 1. Sie entwickelt sich, *nachdem* der Schaden zugefügt wurde, und es handelt sich daher nicht um eine Verteidigung gegen eine *drohende* Gefahr. 2. Sie ist sehr viel intensiver und oft grausam, lustbetont und unersättlich. Die Sprache bringt diese besonderen Eigenschaften der Rache in dem Wort »Rachedurst« zum Ausdruck.
Ich brauche kaum zu betonen, wie weitverbreitet die rachsüchtige Aggression sowohl bei Einzelpersonen als auch bei Gruppen ist. Wir finden sie in Form der Blutrache als einer Institution, die praktisch über die ganze Welt verbreitet ist: in Ost- und Nordostafrika, im Oberen Kongo, in Westafrika, bei vielen Grenzstämmen Nordost-Indiens, in Bengalen, Neu-Guinea, Polynesien und (bis vor kurzem) auf Korsika. Auch unter der nordamerikanischen Urbevölkerung war sie weitverbreitet (M. R. Davie, 1929). Die Blutrache ist eine heilige Pflicht, die dem Angehörigen einer Familie, eines Clans oder eines Stammes obliegt. Ist ein Mitglied seiner eigenen Gruppe ermordet worden, so muß er seinerseits ein Mitglied der Gruppe umbringen, die sich dieses Mordes schuldig gemacht hat. Im Gegensatz zu der einfachen Strafe, bei der das Verbrechen mit der Bestrafung des Mörders und seiner Helfershelfer gesühnt ist, ist im Falle der Blutrache das Blutvergießen mit der

Bestrafung des Aggressors nicht beendet. Die Bestrafung des Übeltäters stellt einen neuen Mord dar, der nun die Mitglieder der bestraften Gruppe ihrerseits verpflichtet, den Bestrafenden zu bestrafen, und so weiter ad infinitum. Theoretisch ist die Blutrache eine endlose Kette, und sie führt tatsächlich gelegentlich zur Ausrottung ganzer Familien oder größerer Gruppen. Man findet die Blutrache – wenn auch nur ausnahmsweise – sogar unter sehr friedliebenden Völkern, zum Beispiel bei den Grönländern, die nicht wissen, was Krieg ist. Doch findet sich nach Davie die Blutrache bei ihnen nur in leichter Form, »und die Verpflichtung dazu scheint die Überlebenden in der Regel nicht schwer zu belasten« (M. R. Davie, 1929).

Nicht nur die Blutrache, sondern alle Formen der Bestrafung – von den primitiven bis zu den modernen – sind ein Ausdruck der Rache (K. A. Menninger, 1968). Das klassische Beispiel dafür ist die *lex talionis* des Alten Testaments. Die Drohung, eine Missetat bis ins dritte und vierte Glied heimzusuchen, ist ebenfalls als ein Ausdruck der Rache eines Gottes anzusehen, dessen Gebote übertreten wurden, wenn auch anscheinend der Versuch gemacht wurde, diese traditionelle Auffassung dadurch abzumildern, daß man hinzufügte: ». . . und tue Barmherzigkeit an Tausenden, und vergebe Laster, Sünde und Frevel.« Den gleichen Gedanken findet man bei vielen primitiven Gesellschaften – zum Beispiel in dem Gesetz der Jakuten, das besagt: »Das Blut eines Menschen, das vergossen wurde, verlangt Sühne.« Bei den Jakuten übernahmen die Nachkommen des Ermordeten die Rache an den Nachkommen des Mörders bis in die neunte Generation (M. R. Davie, 1929).

Es ist nicht zu bestreiten, daß die Blutrache und das Strafgesetz – schlecht wie sie sind – auch eine bestimmte soziale Funktion besitzen, indem sie der Stabilität der Gesellschaft dienen. Die ganze Macht des Rachedurstes kann man sehen, wenn diese Funktion nicht vorhanden ist. So waren viele Deutsche wegen des verlorenen Kriegs von 1914–1918 von dem Wunsch nach Rache erfüllt, oder, genauer gesagt, sie waren es wegen der ungerechten materiellen Friedensbedingungen des Versailler Vertrags und vor allem wegen der Forderung, die deutsche Regierung solle die Alleinschuld Deutschlands am Ausbruch des Krieges auf sich nehmen. Es ist wohlbekannt, daß tatsächliche oder angebliche Greueltaten die intensivste Wut und den heftigsten Rachedurst auslösen können. Hitler machte die angebliche Mißhandlung der deutschen Minderheiten in der Tschechoslowakei zum Mittelpunkt seiner Propaganda, bevor er das Land angriff. Das Massenblutbad in Indonesien 1965 wurde ursprünglich durch den Bericht über die Verstümmelung einiger Generäle, die Gegner Sukarnos waren, ausgelöst. Ein Beispiel für Rachedurst, das fast 2000 Jahre überdauert hat, ist die Reaktion auf die Kreuzigung Jesu, die angeblich durch die Juden erfolgte. Der Ruf »Christusmörder« war traditionellerweise eine der Hauptursachen des leidenschaftlichen Antisemitismus.

Weshalb ist die Rache eine so tiefverankerte und intensive Leidenschaft? Ich kann nur einige Spekulationen darüber anstellen. Zunächst wollen wir bedenken, daß es sich bei der Rache in gewissem Sinn um einen magischen Akt handelt. Wenn man denjenigen vernichtet, der die Untat vollbracht hat, so wird seine Tat damit auf magische Weise ungeschehen gemacht. Dies kommt noch heute in der Redensart zum Ausdruck, »der Verbrecher hat seine Schuld bezahlt«. Wenigstens theoretisch ist er nach der Verbüßung der Strafe jemand gleich, der nie ein Verbrechen begangen hat. Man kann in der Rache eine magische Wiedergutmachung sehen. Aber selbst wenn dies zutrifft, stellt sich die Frage, warum dieses Verlangen nach Wiedergutmachung so intensiv ist. Vielleicht besitzt der Mensch ein elementares Gerechtigkeitsgefühl, das aus einem tief eingewurzelten Gefühl für die existentielle Gleichheit aller Menschen stammt: wir alle sind ja von Müttern geboren, wir alle waren einmal machtlose Kinder, und wir alle werden sterben.[4] Wenn der Mensch sich auch oft nicht gegen das Leid wehren kann, das andere ihm antun, so versucht er doch in seinem Rachedurst reinen Tisch zu machen, indem er auf magische Weise leugnet, daß ihm jemals ein Schaden zugefügt wurde. (Offenbar hat der Neid[5] die gleiche Wurzel. Kain konnte es nicht ertragen, daß er verworfen wurde, während sein Bruder angenommen wurde. Die Ablehnung geschah willkürlich, und es lag nicht in seiner Macht, daran etwas zu ändern. Diese fundamentale Ungerechtigkeit erweckte in ihm einen solchen Neid, daß er die Rechnung nur dadurch begleichen konnte, daß er Abel tötete.) Aber die Rache muß noch andere Ursachen haben. Offenbar nimmt der Mensch die Gerechtigkeit selbst in die Hand, wenn Gott oder die menschlichen Instanzen versagen. In seinem leidenschaftlichen Verlangen nach Rache erhebt er sich gleichsam selbst zur Rolle Gottes und der Racheengel. Aufgrund eben dieser Selbsterhöhung kann der Akt der Rache seine größte Stunde sein.

Wir können noch einige weitere Spekulationen anstellen. Grausamkeiten wie körperliche Verstümmelung, Kastration und Folter verletzen die Minimalforderungen, die das Gewissen an alle Menschen stellt. Wird das leidenschaftliche Verlangen nach Rache an denen, die solche unmenschliche Handlungen begehen, durch dieses elementare Gewissen mobilisiert? Oder könnte es außerdem sein, daß man sich dagegen wehrt, daß einem die eigene Destruktivität bewußt wird, indem man sie auf andere projiziert nach der Methode: Sie – nicht ich – sind destruktiv und grausam?

Um diese Fragen zu beantworten, bedarf es weiterer Untersuchungen des Phänomens der Rache.

Die bisher vorgetragenen Erwägungen scheinen jedoch die Ansicht zu stützen, daß der Rachedurst so tief sitzt, daß man annehmen muß, daß er in allen Menschen vorhanden ist. Dieser Annahme entsprechen jedoch die Tatsachen nicht. Während das Bedürfnis nach Rache effektiv weit verbreitet ist, gibt es doch Gradunterschiede, die so groß sind, daß in gewissen Kulturen[6] und bei gewissen Menschen offenbar nur minimale Spuren davon vorhanden sind. Es muß bestimmte Faktoren geben, aus denen sich dieser Unterschied erklären läßt. Ein solcher Faktor ist das Vorhandensein von Mangel oder von Überfluß. Ein Mensch – oder eine Gruppe –, die Vertrauen zum Leben haben und sich am Leben erfreuen, die vielleicht nicht über große materielle Reichtümer verfügen, aber die doch so viel besitzen, daß sie nicht geizig werden müssen, werden weniger auf eine Wiedergutmachung des Schadens aus sein als ein ängstlich hortender Mensch, der fürchtet, seinen Verlust nie wieder gutmachen zu können.

So viel kann man mit einem gewissen Grad von Wahrscheinlichkeit behaupten: Man

[4] Im *Kaufmann von Venedig*, Akt 3, Szene 1, verleiht Shylock diesem elementaren Gefühl der Gleichheit einen schönen und ergreifenden Ausdruck.

[5] Vgl. G. M. Foster (1972).

[6] Vgl. z. B. den Gegensatz zwischen den Kulturen von System A und System C, die im Kapitel behandelt sind.

kann den Rachedurst auf einer Linie auftragen, an deren einem Ende Menschen stehen, bei denen nichts den Wunsch nach Rache erregt; es sind dies Menschen, die eine Entwicklungsstufe erreicht haben, die dem buddhistischen und christlichen Ideal für alle Menschen entspricht. Am anderen Ende stehen die, welche einen ängstlichen, hortenden, extrem narzißtischen Charakter haben und bei denen selbst ein kleiner Schaden, der ihnen zugefügt wurde, den intensiven Wunsch nach Rache hervorruft. Diesem Typus entspräche etwa ein Mensch, dem ein Dieb ein paar Dollar gestohlen hat, und der verlangt, daß er streng bestraft wird; oder ein Professor, der von einem Studenten gekränkt worden ist und ihm aus diesem Grund ein negatives Zeugnis ausstellt, wenn er gebeten wird, ihn für eine gute Stelle zu empfehlen; oder auch ein Kunde, der sich von einem Verkäufer »schlecht behandelt« fühlt und sich bei der Geschäftsleitung beschwert und verlangt, daß der Betreffende entlassen wird. In diesen Fällen haben wir es mit einem Charakter zu tun, bei dem die Rachsucht einen ständig gegenwärtigen Charakterzug darstellt.

Ekstatische Destruktivität

Wenn ein Mensch unter dem Bewußtsein seiner Machtlosigkeit und Isolierung leidet, kann er seine existentielle Last dadurch zu überwinden suchen, daß er sich in einen tranceartigen Zustand der Ekstase versetzt (einen Zustand des »Außer-sich-Seins«) und so zur Einheit mit sich selbst und der Natur zurückfindet. Hierzu gibt es viele Möglichkeiten. Eine sehr vorübergehende liefert die Natur mit dem Sexualakt. Man kann dieses Erlebnis als den natürlichen Prototyp einer vollkommenen Konzentration und einer momentanen Ekstase bezeichnen; dabei kann der Sexualpartner mit inbegriffen sein, doch bleibt es nur allzu oft für beide Partner bei einem narzißtischen Erlebnis, wobei sie sich vielleicht gegenseitig für die Lust dankbar sind, zu der sie sich verholfen haben (gewöhnlich als Liebe empfunden).

Auf andere symbiotische, dauerhaftere und intensivere Arten zur Ekstase zu gelangen, wurde bereits hingewiesen. Wir finden sie in religiösen Kulten, zum Beispiel bei ekstatischen Tänzen, beim Drogengebrauch, bei wilden sexuellen Orgien oder bei Trancezuständen, in die sich der Betreffende selbst versetzt. Ein besonders gutes Beispiel für einen solchen Trancezustand sind die zur Trance führenden Zeremonien auf Bali. Sie sind in Hinsicht auf das Aggressionsphänomen von besonderem Interesse, weil die Teilnehmer bei einem dieser Zeremonialtänze[7] einen Kris (einen malaiischen Dolch) benutzen, mit dem sie sich auf dem Höhepunkt ihres Trancezustandes Stichwunden beibringen (gelegentlich verwunden sie sich dabei auch gegenseitig). (J. Below, 1960, und V. Monteil, 1970.)

Es gibt noch andere Formen der Ekstase, bei denen Haß und Destruktivität im Mittelpunkt des Erlebnisses stehen. Ein Beispiel hierfür ist das »zum Berserker werden«, das bei den germanischen Stämmen zu finden war. (Friedrich Kluge in seinem Etymologischen Wörterbuch gibt an: Altnordisch *berserkr* aus *beri* »Bär« und *serkr* »Gewand« bezeichnet

[7] Diese Tänze haben hohen künstlerischen Wert, und ihre Funktion geht weit über die hier angegebene hinaus.

den in Bärenfelle gehüllten Krieger.) Es handelte sich um einen Initiationsritus, bei dem der junge Mann in einen Zustand versetzt wurde, in dem er sich mit einem Bären identifizierte. Der so Eingeweihte pflegte die anderen anzugreifen. Er versuchte sie zu beißen, und anstatt zu sprechen, stieß er Laute wie ein Bär aus. Sich in diesen Trancezustand zu versetzen, war die schwierigste Aufgabe bei diesem Ritus; wenn man sie bestanden hatte, so bedeutete dies den Beginn des unabhängigen Mannestums. In dem Ausdruck *furor teutonicus* kommt die Heiligkeit dieses besonderen Zustandes der Raserei zum Ausdruck. Mehrere Merkmale dieses Rituals sind bemerkenswert. Zunächst handelt es sich um eine Raserei um der Raserei willen, die sich nicht gegen einen Feind richtet oder durch einen Schaden oder eine Beleidigung provoziert wird. Sie hat einen tranceähnlichen Zustand zum Ziel, in dessen Mittelpunkt in diesem Fall das alldurchdringende Gefühl der Wut steht. Es ist möglich, daß man zur Herbeiführung dieses Zustandes mit Drogen nachgeholfen hat (H. D. Fabing, 1956). Um dieses Erlebnis der Ekstase zu erreichen, bedarf es der einigenden Kraft der absoluten Wut. Fernerhin handelt es sich um einen auf Tradition, auf der Leitung durch Medizinmänner und auf der Wirkung der Gruppenpartizipation begründeten kollektiven Zustand. Endlich ist es ein Versuch, zur tierischen Existenz zu regredieren, in diesem Fall zu der des Bären; der Eingeweihte benimmt sich wie ein Raubtier. Schließlich handelt es sich um einen vorübergehenden und nicht um einen chronischen Zustand von Wut.

Ein anderes Ritual, bei dem ebenfalls ein Trancezustand der Wut und Destruktivität zu beobachten ist, hat sich bis zum heutigen Tag in einer kleinen spanischen Stadt erhalten. Dort kommen jedes Jahr die Männer an einem bestimmten Tag auf dem Hauptplatz zusammen, ein jeder mit einer großen oder kleinen Trommel. Genau um die Mittagsstunde fangen sie an, auf die Trommeln zu schlagen, und hören erst nach 24 Stunden wieder damit auf. Nach einiger Zeit geraten sie in einen Zustand der Raserei, der sich unter ständigem Trommeln bis zu einem Trancezustand steigert. Nach genau 24 Stunden ist das Ritual beendet. Die Felle vieler Trommeln sind geplatzt, die Hände der Trommler sind geschwollen, und oft bluten sie. Das Bemerkenswerteste sind die Gesichter der Teilnehmer: Es sind die Gesichter von Männern, die sich in einem Trancezustand befinden und in denen sich eine rasende Wut ausdrückt.[8] Ganz offensichtlich kommen im Trommeln mächtige destruktive Impulse zum Ausdruck. Während der Rhythmus zu Beginn des Rituals wahrscheinlich den tranceähnlichen Zustand herbeiführen hilft, nimmt die Leidenschaft schließlich von jedem Trommler völlig Besitz. Die Leidenschaft erfüllt alle, und nur durch ihre Intensität sind die Männer in der Lage, trotz ihrer schmerzenden Hände und ihrer wachsenden körperlichen Erschöpfung mit dem Trommeln 24 Stunden lang fortzufahren.

Die Anbetung der Destruktivität

Der ekstatischen Destruktivität in vieler Hinsicht ähnlich ist die chronische Hingabe eines Menschen an Haß und Destruktivität während seines ganzen Lebens. Es handelt sich

[8] Diese Stadt heißt Calanda. Ich habe einen Film über dieses Ritual gesehen und habe den außerordentlichen Eindruck, den diese Orgie des Hasses auf mich gemacht hat, nie vergessen.

dabei nicht um einen momentanen Zustand wie bei der Ekstase, sondern um einen chronischen, in dem schließlich die Gesamtpersönlichkeit davon ergriffen wird, so daß alle ihre Kräfte auf das eine Ziel gerichtet sind: zu zerstören. Dieser Zustand ist ein permanenter Dienst am Götzen der Zerstörung; sein Anbeter hat ihm sein ganzes Leben geweiht.

Kern, von Salomon
Ein klinischer Fall des Götzendienstes an der Zerstörung

Ein besonders gutes Beispiel für dieses Phänomen bietet der autobiographische Roman von Ernst von Salomon (1930), der 1922 am Mord an Walter Rathenau, dem liberalen und begabten deutschen Außenminister, beteiligt war.
Von Salomon wurde 1902 als Sohn eines Rittmeisters geboren. Als 1918 die Revolution in Deutschland ausbrach, war er Kadett. Er war von einem brennenden Haß gegen die Revolutionäre, aber auch gegen den bürgerlichen Mittelstand erfüllt, der, wie er glaubte, sich mit einer behaglichen materiellen Existenz zufriedengab und Opferbereitschaft und Hingabe an die Nation verloren hatte. (Zeitweise sympathisierte er mit dem radikalsten Flügel der linken Revolutionäre, weil auch sie die bestehende Ordnung zerstören wollten.)
Von Salomon schloß Freundschaft mit einer gleichgesinnten fanatischen Gruppe ehemaliger Offiziere, zu denen auch Kern gehörte, der später Rathenau ermordet hat. Von Salomon wurde schließlich verhaftet und zu fünf Jahren Zuchthaus verurteilt.[9]
Wie seinen Helden Kern kann man von Salomon als den Prototyp des Nazis ansehen, doch waren er und seine Gruppe im Gegensatz zu den meisten Nazis frei von Opportunismus, es ging ihnen nicht um die Annehmlichkeiten des Lebens.
In seinem autobiographischen Roman sagt von Salomon von sich selbst: »Von jeher hatte ich an der Zerstörung meine besondere Lust. So konnte ich im täglichen Schmerz wohl das beobachtende Vergnügen durchfühlen, wie sich allmählich das Lager schnell gewonnener Vorstellungen und Gefühlswerte verringerte, wie das Arsenal voll Idealismen und Forderungen Stück für Stück zermahlen wurde, wie sich die Wünsche, Träume und Hoffnungen verflüchtigten, bis nichts mehr übrigblieb als ein Bündel Fleisch mit bloßgelegten Nerven, die gleich straffgespannten Saiten nun jeden verlorenen Ton schwirrend wiederzugeben, in der dünnen Luft der Isolierung doppelt stark zu vibrieren vermochten.«
Salomon hatte sich nicht immer der Zerstörung verschrieben, wie man aus diesem Bekenntnis schließen könnte. Wahrscheinlich haben ihn einige seiner Freunde, besonders Kern, der einen ungeheuren Eindruck auf ihn machte, mit ihrer fanatischen Einstellung beeinflußt. Eine sehr interessante Unterredung zwischen von Salomon und Kern zeigt, in welchem Maße dieser sich der absoluten Destruktivität und dem Haß verschrieben hatte.
Von Salomon beginnt das Gespräch mit den Worten: »Ich will mehr. Ich will nicht bloßes Opfer sein. Ich will das Reich liegen sehn, für das ich streite. Ich will Macht. Ich will ein

[9] Ich weiß nicht, ob sich seine Persönlichkeit im späteren Leben geändert hat beziehungsweise welcher Art diese Veränderungen waren. Ich beschränke mich bei meiner Analyse streng auf das, was er über sich selbst und seine Freunde zu jener Zeit, über die er schreibt, sagt, und setze voraus, daß der Roman selbst streng autobiographisch ist.

Ziel, das meinen Tag erfüllt. Ich will das Leben ganz, mit aller Süße dieser Welt. Ich will wissen, daß der Einsatz lohnt.«

Kern antwortet ihm heftig: ». . . Verdammt, hör mit dem Fragen auf. Sage mir, wenn du es weißt, ein größeres Glück, wenn du schon nach dem Glück gierst, als jenes, in uns, in uns allein und gerade nur in uns und gerade nur durch die Gewalt, in der wir dienend vor die Hunde gehn, zu erfahren, was unser Leben glühend macht.«

Ein paar Seiten weiter sagt Kern: »Ich könnte es nicht ertragen, wenn aus dem zerbröckelnden, aus dem verruchten Bestande dieser Zeit noch einmal Größe wüchse . . . Wir fechten nicht, damit das Volk glücklich werde. Wir fechten, um es in seine Schicksalslinie zu zwingen. Aber wenn dieser Mann [Rathenau] dem Volke noch einmal einen Glauben schenkte, wenn er es noch einmal emporrisse zu einem Willen, zu einer Form, die Willen und Form sind einer Zeit, die im Kriege starb, die tot ist, dreimal tot ist, das ertrüge ich nicht.«

Auf die Frage, wie er als kaiserlicher Offizier den Tag der Revolution habe überstehen können, sagt er: »Ich überstand ihn nicht. Ich habe mir, wie es die Ehre befahl, am neunten November 1918 eine Kugel in den Kopf gejagt. Ich bin tot; was an mir lebt, bin nicht ich. Ich kenne kein Ich mehr seit jenem Tage . . . Ich starb für die Nation, so lebt in mir alles nun einzig für die Nation. Wie könnte ich es ertragen, wäre es anders! Ich tue, was ich muß. Weil ich sterben konnte, sterbe ich jeden Tag. Weil, was ich tue, der einzigen Kraft gegeben ist, ist alles, was ich tue, Ausfluß dieser Kraft. *Diese Kraft will Vernichtung, und ich vernichte.* . . . Ich weiß, daß ich zerrieben werde, fallen werde, wenn mich die Kraft aus ihrem Dienst entläßt.« (Im Original nicht kursiv.)

Wir erkennen in Kerns Erklärungen den intensiven Masochismus, durch den er sich zum willigen Objekt einer höheren Macht machte. Aber das Interessanteste ist in diesem Zusammenhang die allumfassende Kraft des Hasses und des Wunsches nach Zerstörung, die dieser Mann anbetet und für die er ohne Zögern bereit ist, sein Leben hinzugeben.

Ob es unter dem Einfluß von Kerns Selbstmord geschah, mit dem dieser sich der Verhaftung entzog, oder ob es auf das Scheitern seiner politischen Ideen zurückzuführen war – es hat den Anschein, daß die Hoffnung auf Macht und ihre Süßigkeit bei von Salomon dem absoluten Haß und der Bitterkeit Platz machte. Im Zuchthaus fühlte er sich so einsam, daß er es nicht ertragen konnte, wenn der Direktor sich ihm »mit menschlichem Bemühen« zu nähern versuchte. An den ersten warmen Frühlingstagen konnte er die heimlichen Fragen seiner Mitgefangenen nicht ertragen: »Ich verkroch mich in die Zelle, die mir feindlich war, . . . [ich] haßte den Beamten, der die Tür öffnete, und den Kalfakter, der die Suppe brachte, und die Hunde, die vor dem Fenster sich balgten. *Ich erschrak vor der Freude.*« (Im Original nicht kursiv.) Er beschreibt dann, wie ihm der blühende Mandelbaum im Hof ein Ärgernis war. Er berichtet von seiner Reaktion auf das dritte Weihnachten im Gefängnis, als der Direktor den Gefangenen den Tag möglichst angenehm zu machen versuchte, um ihnen vergessen zu helfen:

> Ich aber, ich will nicht vergessen. Ich will verdammt sein, wenn ich vergesse. Ich will mir stets und immer jeden Tag und jede Stunde vor Augen halten. Das gibt einen kräftigen Haß. Ich will keine Kränkung vergessen, keinen schiefen Blick, keine hochmütige Gebärde. Ich will denken an jede Gemeinheit, die mir widerfuhr, an jedes Wort, das peinigte und peinigen sollte. Ich will mir jedes Gesicht im Gedächtnis halten und

jedes Erlebnis und jeden Namen. *Ich will mich mein Leben lang belasten mit dem ganzen widerwärtigen Schmutz, mit dieser aufgetürmten Masse ekelhafter Erfahrung.* Ich will nicht vergessen; *doch, das geringe Gute, das mir geschah, das will ich vergessen.* (Im Original nicht kursiv.)

In gewissem Sinn könnte man von Salomon, Kern und ihren kleinen Kreis als Revolutionäre ansehen. Sie wollten die totale Zerstörung der bestehenden sozialen und politischen Struktur und wollten sie durch eine nationalistische, militaristische Ordnung ersetzen – von der sie kaum eine konkrete Vorstellung hatten. Aber ein Revolutionär im charakterologischen Sinn ist nicht nur durch den Wunsch, die alte Ordnung umzustürzen, gekennzeichnet. Wenn sein Motiv nicht die Liebe zum Leben und zur Freiheit ist, ist er ein destruktiver Rebell. (Das gilt auch für jene, die sich an einer echten revolutionären Bewegung beteiligen, aber von Destruktivität dazu angetrieben werden.) Wenn wir die psychische Realität solcher Menschen analysieren, finden wir, daß es Zerstörer und keine Revolutionäre waren. Sie haben nicht nur ihre Feinde gehaßt, sie haben das Leben selbst gehaßt. Das geht sehr klar aus Kerns Erklärung und aus von Salomons Beschreibung seiner Reaktion auf die Menschen im Gefängnis, auf die Bäume und Tiere hervor. Er fühlte sich völlig beziehungslos und war zu einer Reaktion auf irgend jemand oder auf irgend etwas Lebendiges unfähig.

Das Besondere an seiner Haltung fällt vor allem in die Augen, wenn man an die Haltung vieler echter Revolutionäre in ihrem Privatleben und besonders im Gefängnis denkt. Man erinnert sich unwillkürlich an Rosa Luxemburgs berühmte Briefe aus dem Gefängnis, in denen sie mit poetischer Zärtlichkeit den Vogel beschreibt, den sie von ihrer Zelle aus beobachten kann, Briefe, in denen keine Spur von Bitterkeit zu finden ist. Aber man braucht gar nicht an eine so außergewöhnliche Persönlichkeit wie Rosa Luxemburg zu denken. Es gab und gibt Tausende und Abertausende von Revolutionären in den Gefängnissen der ganzen Welt, in denen die Liebe zu allem Lebendigen während ihrer Gefängnisjahre niemals nachgelassen hat.

Um zu begreifen, weshalb Menschen wie Kern und von Salomon ihre Erfüllung in Haß und Zerstörung suchten, müßten wir mehr über ihre Lebensgeschichte wissen. Leider verfügen wir nicht über dieses Wissen, und wir müssen uns daher damit zufrieden geben, daß wir wenigstens *eine* Voraussetzung für ihre Anbetung des Hasses kennen. Ihre ganze moralische und gesellschaftliche Welt war zusammengebrochen. Ihre Werte des Nationalismus, ihre feudalen Vorstellungen von Ehre und Gehorsam, all das hatte bei der Zerstörung der Monarchie seine Grundlage verloren. (Obwohl es letzten Endes nicht die militärische Niederlage durch die Alliierten, sondern der siegreiche Vormarsch des Kapitalismus innerhalb Deutschlands war, was ihre halbfeudale Welt zerstörte.) Was sie als Offiziere gelernt hatten, hatte jetzt seinen Wert verloren, obwohl ihre Berufschancen vierzehn Jahre später wieder ausgezeichnet gewesen wären. Ihr Durst nach Rache, die Bedeutungslosigkeit ihrer gegenwärtigen Existenz, ihre soziale Entwurzelung erklären ihre Verehrung des Hasses weitgehend. Aber wir wissen nicht, bis zu welchem Ausmaß ihre Destruktivität auch Ausdruck einer Charakterstruktur war, die sich schon viele Jahre vor dem Ersten Weltkrieg ausgebildet hatte. Dies dürfte noch wahrscheinlicher bei Kern der Fall gewesen sein, während ich annehme, daß von Salomons Haltung vielleicht vorübergehender und durch Kerns eindrucksvolle Persönlichkeit stark beeinflußt war. Offenbar gehört Kern tatsächlich in die Kategorie des nekrophilen Charakters, den wir später besprechen wollen. Ich habe ihn schon an dieser Stelle behandelt, weil er ein gutes Beispiel für die Anbetung des Götzen Haß ist.

Eine weitere Beobachtung könnte für diese wie für viele andere Beispiele der Destruktivität besonders bei Gruppen von Bedeutung sein. Ich meine den »Auslösungseffekt« für ein destruktives Verhalten. Jemand kann auf eine Drohung zunächst mit defensiver Aggression reagieren; hierdurch hat er einige der konventionellen Hemmungen, die sich dem aggressiven Verhalten entgegenstellen, abgeschüttelt. Das erleichtert es, daß andere Arten der Aggressivität, wie Zerstörung und Grausamkeit, entfesselt werden. Dies kann dann zu einer Art Kettenreaktion führen, in der die Destruktivität so intensiv wird, daß in dem Augenblick, in dem eine »kritische Masse« erreicht ist, bei der betreffenden Person und besonders in einer Gruppe ein ekstatischer Zustand eintritt.

Der destruktive Charakter: Sadismus

Das Phänomen spontaner, vorübergehender Ausbrüche von Destruktivität hat so viele Aspekte, daß noch viele weitere Untersuchungen nötig wären, um zu einem definitiveren Verständnis zu gelangen, als es bei den Deutungsversuchen auf den vorhergehenden Seiten möglich war. Andererseits verfügen wir über reichhaltigere und definitivere Daten über die Destruktivität in ihren charakterlichen Formen. Dies ist nicht weiter verwunderlich, wenn wir bedenken, daß sie aus Beobachtungen von Einzelpersonen in der Psychoanalyse und aus Beobachtungen des täglichen Lebens gewonnen sind, die sich über längere Zeiträume erstreckten, und daß die Bedingungen, die diese Charakterformen erzeugen, außerdem relativ stabil und von langer Dauer sind.

Es gibt zwei konventionelle Auffassungen über das Wesen des Sadismus, die manchmal voneinander getrennt, manchmal aber auch miteinander verbunden vertreten werden. Die eine Auffassung kommt in dem Begriff Algolagnie (von *algos*, »Schmerz«, und *lagneia* »Lust«) zum Ausdruck, den Schrenk-Notzing zu Anfang des Jahrhunderts geprägt hat. Er unterscheidet zwischen der aktiven Algolagnie (dem Sadismus) und der passiven Algolagnie (dem Masochismus). Nach dieser Auffassung besteht das Wesen des Sadismus in dem Wunsch, Schmerz zuzufügen ohne Rücksicht darauf, ob ausgesprochen sexuelle Motive dabei mitspielen oder nicht.[10]

Die andere Auffassung sieht im Sadismus im wesentlichen ein sexuelles Phänomen im Freudschen Sinn, einen Partialtrieb der Libido (wie Freud sie im ersten Stadium seines Denkens auffaßte), und sie erklärt sadistische Begierden, die mit sexuellen Trieben in keinem offenen Zusammenhang stehen, damit, daß sie unbewußt von ihnen motiviert seien. Beträchtlicher analytischer Scharfsinn ist darauf verwandt worden, den Beweis zu erbringen, daß die Libido die treibende Kraft für die Grausamkeit ist, selbst wenn derartige sexuelle Motivationen mit bloßem Auge nicht zu erkennen sind.

Ich bestreite natürlich nicht, daß der sexuelle Sadismus zusammen mit dem Masochismus

[10] Vgl. J. P. de River (1956). Das Buch enthält eine Sammlung interessanter Kriminalfälle, die sich mit sadistischen Handlungen befassen, doch leidet es darunter, daß der Begriff »Sadismus« unterschiedslos für verschiedenartige Impulse, anderen Schaden zuzufügen, verwandt wird.

eine der häufigsten und am besten bekannten sexuellen Perversionen darstellt. Bei Männern, die an dieser Perversion leiden, ist sie eine Voraussetzung dafür, daß sie zur sexuellen Erregung und Entladung gelangen können. Sie reicht von dem Wunsch, einer Frau physische Schmerzen zuzufügen – zum Beispiel, indem man sie schlägt –, bis zu dem Wunsch, sie zu demütigen, sie in Ketten zu legen oder sie auf andere Weise zu unbedingtem Gehorsam zu zwingen. Manchmal muß der Sadist dem Partner intensive Schmerzen und Leiden zufügen, manchmal hat schon eine kleine Dosis den gewünschten Effekt. Oft genügt eine sadistische Phantasie, um sexuelle Erregung hervorzurufen, und es gibt nicht wenige Männer, die mit ihrer Frau einen normalen sexuellen Verkehr haben, die aber, ohne daß ihr Partner davon weiß, eine sadistische Phantasie brauchen, um sexuell erregt zu werden. Beim sexuellen Masochismus ist die Prozedur umgekehrt: Die Erregung kommt dadurch zustande, daß man selbst geschlagen, mißhandelt und verletzt wird. Sadismus und Masochismus sind als sexuelle Perversionen häufig zu finden. Anscheinend kommt der sexuelle Sadismus bei Männern häufiger vor als bei Frauen, wenigstens in unserer Kultur. Ob der Masochismus bei Frauen häufiger ist, ist schwer festzustellen, weil wir nicht über zuverlässige Daten zu diesem Thema verfügen.

Bevor wir nun zur Diskussion des Sadismus übergehen, scheinen mir einige Bemerkungen zu der Frage angebracht, ob es sich dabei um eine Perversion handelt, und wenn ja, in welchem Sinn.

Es ist bei einigen politisch radikalen Denkern, wie zum Beispiel Herbert Marcuse, Mode geworden, den Sadismus als eine der Ausdrucksformen der sexuellen Freiheit des Menschen zu preisen. Die Schriften des Marquis de Sade werden von politisch radikalen Zeitschriften als Manifestationen dieser »Freiheit« neu abgedruckt. Man bekennt sich zu Sades Argument, daß der Sadismus eine menschliche Begierde sei und daß die Freiheit es erfordere, daß die Menschen das Recht haben, ihre sadistischen und masochistischen Wünsche genau wie alle anderen zu befriedigen, wenn es ihnen Spaß mache.

Es ist dies ein recht komplexes Problem. Wenn man – wie es gelegentlich geschieht – jede sexuelle Praktik, die nicht zur Zeugung von Kindern führt, das heißt, die nur der sexuellen Lust dient, als Perversion definiert, so werden sich natürlich alle, die diese traditionelle Einstellung ablehnen, erheben und – ganz mit Recht – die »Perversionen« verteidigen. Dies ist jedoch keineswegs die einzige Definition der Perversion, und tatsächlich ist es eine recht altmodische.

Das sexuelle Begehren ist selbst dann, wenn es nicht von Liebe begleitet ist, ein Ausdruck des Lebens, des gegenseitigen Gebens und der gemeinsamen Lust. Dagegen sind sexuelle Handlungen, die dadurch gekennzeichnet sind, daß der eine für den anderen zum Gegenstand der Verachtung und des Wunsches, zu verletzen und zu beherrschen, wird, die einzigen echten sexuellen Perversionen; nicht weil sie nicht der Zeugung dienen, sondern weil sie einen Impuls, der im Dienste des Lebens steht, in einen solchen pervertieren, der das Leben erstickt.

Wenn man den Sadismus mit einer Form des sexuellen Verhaltens vergleicht, die oft auch als Perversion bezeichnet worden ist – nämlich mit den verschiedenen Arten des oral-genitalen Kontaktes –, ist der Unterschied recht deutlich zu erkennen. Letzteres Verhalten ist sowenig eine Perversion wie das Küssen, weil es keine Kontrolle oder Demütigung einer anderen Person zum Ausdruck bringt.

Das Argument, weil es das natürliche Recht des Menschen sei, seinen Begierden zu folgen, müsse dieses Recht respektiert werden, ist von einem rationalistischen, Vor-Freudschen Standpunkt aus durchaus verständlich. Nach dieser Auffassung begehre der Mensch nur das, was für ihn gut ist, und daher sei die Lust ein geeigneter Wegweiser zu einem wünschenswerten Verhalten. Nach Freud klingt dieses Argument jedoch recht veraltet. Wir wissen heute, daß viele Begierden des Menschen eben aus dem Grunde unvernünftig sind, weil sie ihm (wenn nicht anderen) schaden und seine Entwicklung beeinträchtigen. Wer von dem Wunsch, zu zerstören, geleitet wird und beim Akt der Zerstörung Lust empfindet, könnte kaum zu seiner Entschuldigung vorbringen, er habe das Recht, sich destruktiv zu verhalten, weil es seinen Wünschen entspreche und für ihn eine Quelle der Lust sei. Die Verteidiger der sadistischen Perversion mögen hierauf antworten, daß sie nicht für die Befriedigung destruktiver, mörderischer Begierden eintreten; daß der Sadismus nur eine der vielen Manifestationen der Sexualität sei, eben »Geschmacksache« und nicht schlechter als irgendeine andere Form der sexuellen Befriedigung. Man übersieht jedoch bei diesem Argument den wichtigsten Punkt: Wer durch sadistische Praktiken sexuell erregt wird, hat einen sadistischen *Charakter* – das heißt, er *ist* ein Sadist, ein Mensch, der von dem intensiven Wunsch erfüllt ist, andere zu beherrschen, zu verletzen und zu demütigen. Die Intensität seiner sadistischen Begierden beeinflußt seine sexuellen Impulse; es ist nicht anders als bei anderen, nichtsexuellen Motivationen, wie zum Beispiel dem Trieb zur Macht, zum Reichtum oder dem Narzißmus, die alle ebenfalls sexuelle Begierde entfachen können. Tatsächlich gibt es keine Sphäre des Verhaltens, in der der Charakter eines Menschen klarer hervortritt als beim Sexualakt – eben deshalb, weil es sich dabei um das am wenigsten »erlernte« und nach einem Vorbild geformte Verhalten handelt. Die Liebe eines Menschen, seine Zärtlichkeit, sein Sadismus oder Masochismus, seine Gier, sein Narzißmus, seine Ängste – kurz, jeder seiner Charakterzüge – drückt sich in seinem sexuellen Verhalten aus.

Gelegentlich bringt man das Argument vor, die sadistische Perversion sei »gesund«, weil sie den allen Menschen innewohnenden sadistischen Tendenzen ein harmloses Ventil verschaffe. Die logische Folgerung aus diesem Argument wäre, daß die Wächter in Hitlers Konzentrationslagern die Gefangenen freundlich behandelt hätten, wenn sie ihre sadistischen Neigungen in ihren sexuellen Beziehungen hätten »abreagieren« können.

Beispiele für den sexuellen Sadismus und Masochismus

Die folgenden Beispiele für den sexuellen Sadismus und Masochismus sind dem Buch von Pauline Réage (1965), *Die Geschichte der O,* entnommen, einem Buch, das nicht ganz so viele Leser gefunden hat wie die entsprechenden klassischen Schriften des Marquis de Sade.

> Sie läutete. Pierre kettete ihre Hände über ihrem Kopf an der Kette des Bettes fest. Nachdem sie so gebunden war, küßte sie ihr Liebhaber wieder, wobei er neben ihr auf dem Bett stand. Er sagte ihr noch einmal, daß er sie liebe, dann stieg er vom Bett herunter und winkte Pierre herbei. Er sah zu, wie sie sich wehrte, so vergeblich; er hörte zu, wie ihr Stöhnen immer lauter wurde und schließlich zu Schreien anschwoll.

> Als ihre Tränen flossen, schickte er Pierre weg. Sie fand noch die Kraft, ihm zu sagen, daß sie ihn liebe. Dann küßte er ihr tränennasses Gesicht, ihren keuchenden Mund, löste ihre Fesseln, legte sie aufs Bett und verließ sie (P. Réage, 1965).

O darf keinen eigenen Willen haben. Ihr Liebhaber und seine Freunde müssen sie völlig beherrschen. Sie findet ihr Glück in ihrer Sklaverei, und sie finden ihrerseits ihr Glück in ihrer Rolle als ihre absoluten Herren. Der folgende Auszug gibt ein gutes Bild von diesem Aspekt des sadomasochistischen Verhaltens. (Zu ergänzen ist, daß ihr Liebhaber, um sie völlig zu beherrschen, unter anderem die Bedingung gestellt hat, daß sie seinen Freunden ebenso gehorsam zu Willen sein muß wie ihm. Einer davon ist Sir Stephen.)

> Schließlich richtete sie sich auf und – als ob das, was sie sagen wollte, sie erstickte – löste sie die oberen Haken ihres Gewandes, bis die Grube zwischen ihren Brüsten sichtbar wurde. Dann stand sie auf, ihre Hände und Knie zitterten.
> »Ich gehöre dir«, sagte sie schließlich zu René. »Ich will genau so sein, wie du mich haben willst.«
> »Nein«, unterbrach er sie, »uns! Sprich mir nach: Ich gehöre euch beiden. Ich will genau so sein, wie ihr beide mich haben wollt.«
> Sir Stephens durchdringende graue Augen waren fest auf sie gerichtet, ebenso wie die Renés. Sie verlor sich in ihnen und sprach ihm langsam die Sätze nach, die er ihr vorsagte, aber sie übertrug sie in die erste Person, als ob sie eine Lektion Grammatik wiederhole.
> »Sir Stephen und mir räumst du das Recht ein . . .« Das Recht, über ihren Körper ganz nach Belieben zu verfügen, das Recht, sie in Ketten zu legen, das Recht, sie wie eine Sklavin oder eine Gefangene für den geringsten Fehler oder die geringste Übertretung oder auch nur einfach zu ihrem Vergnügen auszupeitschen, das Recht, sich nicht um ihr Flehen und ihr Geschrei zu kümmern, wenn sie sie zum Schreien bringen sollten (P. Réage, 1965).

Sadismus (und Masochismus) stellen als sexuelle Perversionen nur einen Bruchteil des großen Bereichs des Sadismus dar, bei dem kein sexuelles Verhalten mit im Spiel ist. Das nichtsexuelle sadistische Verhalten, das darauf abzielt, körperlichen Schmerz bis zum äußersten, auch wenn er zum Tode führt, zuzufügen, hat ein machtloses Geschöpf, ob Mensch oder Tier, zum Objekt. Kriegsgefangene, Sklaven, besiegte Feinde, Kinder, Kranke (besonders Geisteskranke), Insassen von Gefängnissen, wehrlose Farbige, Hunde – sie alle sind Gegenstand des körperlichen Sadismus gewesen, oft auch die grausamsten Folterungen einschließend. Von den grausamen Schauspielen in Rom bis zu den Praktiken moderner Polizeieinheiten sind Folterungen immer wieder unter dem Deckmantel religiöser oder politischer Ziele angewandt worden, gelegentlich sogar ganz offen zur Belustigung der verarmten Massen. Das Kolosseum in Rom ist in der Tat eines der größten Denkmäler des menschlichen Sadismus.

Eine der am weitesten verbreiteten Manifestationen des nichtsexuellen Sadismus ist die Kindesmißhandlung. Diese Form des Sadismus ist erst in den letzten zehn Jahren durch eine Reihe von Untersuchungen in weiteren Kreisen bekannt geworden, deren Ausgangspunkt das heute klassische Werk von C. H. Kempe u. a. (1962) ist. Seither ist eine ganze Reihe anderer Arbeiten veröffentlicht worden,[11] und weitere Untersuchungen im nationa-

[11] Vgl. D. G. Gill (1970); in R. Helfner und C. H. Kempe, eds. (1968), vgl. S. X. Radhill sowie B. F. Steele und C. B. Pollock.

len Rahmen sind im Gange. Aus ihnen geht hervor, daß die Skala der Mißhandlung von Kindern von leichteren Schwellungen und nichttödlichen Verletzungen bis hin zu ihrer Tötung durch schwere Züchtigung oder absichtliches Verhungernlassen reicht. Wir wissen praktisch nichts darüber, wie häufig derartige Mißhandlungen effektiv vorkommen, da die zur Verfügung stehenden Daten aus öffentlichen Quellen stammen (zum Beispiel von der Polizei, die von Nachbarn oder Krankenhäusern gerufen wurde), aber man ist sich darüber einig, daß die Zahl der gemeldeten Fälle nur einen Bruchteil der gesamten Fälle darstellt. Die zutreffendsten Daten dürften die von Gill mitgeteilten sein, die sich auf eine Untersuchung im nationalen Rahmen beziehen. Ich will hier nur eines dieser Daten anführen: Die Altersstufen, in denen die Kinder mißhandelt werden, kann man in mehrere Perioden einteilen: 1) von eins bis zwei Jahren; 2) die Häufigkeit verdoppelt sich im Alter zwischen drei und neun; 3) von neun bis fünfzehn nimmt die Häufigkeit wieder ab, bis annähernd das Ausgangsniveau erreicht ist, um nach dem Alter von sechzehn Jahren allmählich ganz zu verschwinden (D. G. Gill, 1970). Das bedeutet, daß der Sadismus am intensivsten ist, wenn das Kind zwar noch hilflos ist, aber schon anfängt, einen eigenen Willen zu zeigen und sich gegen den Wunsch der Erwachsenen, es ganz zu beherrschen, zur Wehr zu setzen.

Die seelische Grausamkeit, der Wunsch, einen anderen Menschen zu demütigen und seine Gefühle zu verletzen, dürfte noch weiter verbreitet sein als der körperliche Sadismus. Diese Art des sadistischen Agierens ist für den Sadisten viel weniger riskant; schließlich kommen dabei ja keine physische Gewalt, sondern »nur« Worte zur Anwendung. Andererseits kann aber das so erzeugte seelische Leiden ebenso intensiv oder noch intensiver sein als das körperliche. Ich brauche keine Beispiele für diesen seelischen Sadismus anzuführen. Eltern praktizieren ihn ihren Kindern, Lehrer ihren Schülern, Vorgesetzte ihren Untergebenen gegenüber – mit anderen Worten, er wird in allen Situationen angewandt, wo jemand da ist, der sich gegen den Sadisten nicht wehren kann. (Wenn ein Lehrer hilflos ist, werden oft die Schüler ihrerseits zu Sadisten.) Der seelische Sadismus kann sich auf viele, scheinbar harmlose Weisen tarnen; eine Frage, ein Lächeln, eine Bemerkung, die den anderen verwirrt. Wer kennt nicht einen »Künstler« in dieser Art des Sadismus, der stets genau das richtige Wort oder die richtige Geste findet, um einen anderen auf diese »unschuldige« Weise in Verlegenheit zu bringen oder zu demütigen. Natürlich ist diese Art des Sadismus oft noch wirkungsvoller, wenn die Demütigung im Beisein anderer geschieht.[12]

Jossif Stalin, ein klinischer Fall von nichtsexuellem Sadismus

Eines der deutlichsten historischen Beispiele sowohl für den seelischen als auch für den physischen Sadismus war Stalin. Sein Verhalten ist geradezu ein Lehrbuch für den nichtsexuellen Sadismus, wie es die Romane des Marquis de Sade für den sexuellen Sadismus waren. Er war es, der als erster seit dem Beginn der Revolution anordnete,

[12] Im Talmud steht, daß jemand, der einen anderen vor Zeugen demütigt, als dessen Mörder anzusehen ist.

politische Gefangene zu foltern, eine Maßnahme, vor der die russischen Revolutionäre zurückgeschreckt waren, bis er den Befehl gab (R. A. Medwedew, 1971).[13] Unter Stalin haben die vom NKWD angewandten Methoden an Raffinement und Grausamkeit alles übertroffen, was die zaristische Polizei sich je ausgedacht hatte. Manchmal traf er selbst die Anordnungen, welche Art der Folterung bei einem Gefangenen anzuwenden wäre. Er bediente sich dabei hauptsächlich des seelischen Sadismus, wofür ich einige Beispiele anführen möchte. Eine spezielle Form, die Stalin besonders liebte, war, daß er den Betreffenden versicherte, sie seien völlig sicher, um sie dann ein oder zwei Tage später verhaften zu lassen. Natürlich traf diese Verhaftung das Opfer um so härter, weil es sich ja besonders sicher gefühlt hatte. Außerdem hatte Stalin ein sadistisches Vergnügen daran, daß er selbst genau wußte, was dem Betreffenden tatsächlich bevorstand, während er ihn noch seiner Gunst versicherte. Gibt es eine größere Überlegenheit und eine vollkommenere Herrschaft über einen anderen Menschen?
Hier sind einige von Medwedew angeführte Beispiele:

> Kurz bevor man den Bürgerkriegshelden D. F. Serdich verhaftete, brachte Stalin bei einem Empfang einen Trinkspruch auf ihn aus und trug ihm die Brüderschaft an. Wenige Tage vor der Liquidierung Blüchers sprach Stalin auf einer Versammlung noch in den herzlichsten Tönen von ihm. Bei einer armenischen Delegation erkundigte er sich nach dem Befinden des Dichters Tscharenz und versicherte, ihm dürfe nichts geschehen, doch wenige Monate später war Tscharenz erschossen.
> Die Frau von Ordshonikidses Stellvertreter, A. Serebrowskij, berichtet von einem unerwarteten Telefonanruf Stalins eines Abends im Jahre 1937: »Wie ich höre, gehen Sie zu Fuß umher«, sagte Stalin. »Das taugt nichts. Die Leute denken gleich dummes Zeug. Solange Ihr Wagen in der Reparatur ist, schicke ich Ihnen einen anderen.« Und wirklich, am nächsten Morgen stellte der Kreml Frau Serebrowskij einen Wagen zur Verfügung. Aber zwei Tage darauf wurde ihr Mann noch im Krankenhaus verhaftet.
> Den berühmten Historiker und Publizisten J. Steklow verstörten die zahllosen Verhaftungen so sehr, daß er sich bei Stalin anmeldete. »Aber gerne«, sagte dieser, »kommen Sie doch herüber.« Und als er eintraf, beruhigte Stalin ihn. »Was haben Sie denn nur? Die Partei kennt Sie und vertraut Ihnen, Sie haben nichts zu befürchten.« Steklow kehrte heim zu seinen Freunden und Verwandten und wurde am gleichen Abend noch vom NKWD abgeholt. Selbstverständlich war der erste Gedanke dieser Freunde und Verwandten, sich an Stalin zu wenden, der doch offenbar keine Ahnung von dem hatte, was vorging. Es war viel leichter, daran zu glauben, daß Stalin nichts wußte, als daran, daß er ein raffinierter Bösewicht war. 1938 stürzte I. A. Akulow, ehemals Prokurator der UdSSR und später Sekretär des ZK, beim Schlittschuhlaufen so schwer, daß er sich eine lebensgefährliche Gehirnerschütterung zuzog. Stalin sorgte dafür, daß hervorragende ausländische Chirurgen zugezogen wurden, die ihm das Leben retteten. Akulow kehrte nach langer, mühseliger Genesung an die Arbeit zurück, worauf man ihn erschoß.

Eine besonders raffinierte Form des Sadismus bestand darin, daß Stalin die Gewohnheit hatte, die Frauen – und manchmal auch die Kinder – höchster Sowjet- oder Parteifunktionäre zu verhaften und sie in Arbeitslager zu stecken, während die Männer weiter ihrer Arbeit nachgehen und vor Stalin zu Kreuz kriechen mußten, ohne auch nur wagen zu können, um ihre Entlassung zu bitten. So wurde die Frau von Kalinin, des Präsidenten

[13] Alle Zitate in diesem Abschnitt stammen aus dem genannten Werk.

der Sowjetunion, 1937 verhaftet.[14] Molotows Frau und die Frau und der Sohn von Otto Kuusinen, einem der führenden Komintern-Funktionäre, waren alle in Arbeitslagern. Ein ungenannter Zeuge berichtet, Stalin habe in seiner Gegenwart Kuusinen gefragt, weshalb er nicht versuche, seinen Sohn frei zu bekommen. »Offensichtlich gab es ernste Gründe für seine Verhaftung«, antwortete Kuusinen. Nach Aussage dieses Zeugen »grinste Stalin und befahl die Freilassung von Kuusinens Sohn«. Kuusinen schickte seiner Frau Pakete ins Arbeitslager, aber er schrieb nicht einmal selbst die Adresse, sondern ließ es seine Haushälterin tun. Stalin ließ die Frau seines Privatsekretärs verhaften, während ihr Mann in seiner Stellung verblieb.

Man braucht nicht viel Phantasie, um sich vorzustellen, welche Demütigung es für diese hohen Funktionäre bedeutete, daß sie ihre Stellung nicht aufgeben konnten, daß sie nicht um die Freilassung ihrer Frauen oder Söhne bitten konnten und daß sie Stalin auch noch bestätigen mußten, daß ihre Verhaftung berechtigt sei. Entweder hatten diese Männer überhaupt kein Gefühl, oder sie waren moralisch völlig gebrochen und hatten jede Selbstachtung und jedes Gefühl für Würde verloren. Ein drastisches Beispiel ist die Reaktion einer der mächtigsten Persönlichkeiten der Sowjetunion, Lasar Kaganowitschs, auf die Verhaftung seines Bruders Michail Moisejewitschs, der vor dem Krieg Minister für die Luftfahrtindustrie war:

> Er war Stalinist, verantwortlich für die Repression vieler Menschen. Doch nach dem Krieg fiel er bei Stalin in Ungnade, und etliche verhaftete Funktionäre, die angeblich im Untergrund ein »faschistisches Zentrum« errichtet hatten, benannten ihn als ihren Mithelfer. Sie stellten die offenbar suggerierte und völlig abwegige Behauptung auf, Michail Moisejewitsch (ein Jude!) sollte nach der Besetzung Moskaus durch die Deutschen einer pro-hitlerischen Regierung vorstehen. Als Stalin hörte, was er offenbar zu hören erwartete, rief er Lasar Kaganowitsch an, um ihm zu sagen, sein Bruder müsse leider verhaftet werden, weil er Verbindung zu den Faschisten gehabt habe. »Nun, wenn schon!« erwiderte Lasar. »Ist es notwendig, so lassen Sie ihn eben verhaften.« Als das Politbüro den Fall erörterte, lobte Stalin Lasar wegen seiner »Grundsätze« – er habe der Verhaftung seines Bruders zugestimmt. Dann setzte er hinzu, man solle die Verhaftung nicht überstürzen. Michail Moisejewitsch sei nun schon viele Jahre in der Partei, und man solle die Beschuldigungen noch einmal gründlich prüfen. Mikojan erhielt den Auftrag, eine Gegenüberstellung von M. M. und der Person zu arrangieren, die ihn belastet hatte. Sie fand im Büro von Mikojan statt. Man brachte einen Mann, der in Anwesenheit von Kaganowitsch seine Anschuldigung vorbrachte und noch hinzufügte, man habe absichtlich vor dem Krieg mehrere Flugzeugfabriken so nahe der Grenze gebaut, daß die Deutschen sie leicht hätten besetzen können. Als Michail Kaganowitsch diese Beschuldigungen gehört hatte, bat er um die Erlaubnis, den kleinen Waschraum benutzen zu dürfen, der zu Mikojans Büro gehörte. Gleich darauf hörte man dort einen Schuß.

Eine andere Form, in der Stalins Sadismus sich äußerte, war, daß sein Verhalten nie vorauszusagen war. Es gibt Fälle, in denen Leute, deren Verhaftung er angeordnet hatte, nach ihrer Folterung und strengen Verurteilung nach ein paar Monaten oder Jahren

[14] Medwedew berichtet, daß sie von den Untersuchungsbeamten gefoltert wurde, bis sie Behauptungen unterschrieb, die ihren Mann kompromittierten. Stalin hat diese damals ignoriert. Er wollte sich nur darauf berufen können, falls es ihm in den Sinn kommen sollte, Kalinin und andere zu verhaften.

wieder freigelassen und in hohe Ämter eingesetzt wurden – und dies oft ohne Erklärung. Ein aufschlußreiches Beispiel ist Stalins Verhalten gegenüber seinem alten Genossen Sergej Iwanowitsch Kawtaradse,

> der vor Zeiten geholfen hatte, ihn in St. Petersburg vor den Geheimpolizisten zu verbergen. In den zwanziger Jahren trat Kawtaradse der trotzkistischen Opposition bei und trennte sich erst von ihr, als das trotzkistische Zentrum seinen Mitgliedern empfahl, alle oppositionelle Tätigkeit einzustellen. Nach der Ermordung Kirows beteuerte der als Ex-Trotzkist nach Kasan verbannte Kawtaradse Stalin in einem Brief, er arbeite keineswegs gegen die Partei. Sogleich entließ ihn Stalin aus der Verbannung. Bald darauf erschien in vielen Zeitungen ein Bericht Kawtaradses, in dem er ein Vorkommnis aus der Untergrundarbeit schilderte, die er zusammen mit Stalin geleistet hatte. Stalin gefiel der Artikel gut, doch Kawtaradse schrieb keine weiteren Berichte mehr über diesen Gegenstand. Er trat nicht einmal der Partei wieder bei und fristete sein Leben von Redaktionsarbeit. Ende 1936 wurden er und seine Frau überraschend verhaftet, gefoltert und zur Erschießung verurteilt. Man beschuldigte ihn, zusammen mit Budu Mdiwani die Ermordung Stalins geplant zu haben. Bald nach der Urteilsverkündung wurde Mdiwani erschossen. Kawtaradse hingegen wurde lange Zeit in der Todeszelle gefangengehalten. Von dort wurde er eines Tages in das Büro von Berija geführt und sah dort seine Frau, die so gealtert war, daß er sie kaum erkannte. Beide wurden freigelassen. Anfangs wohnte er in einem Hotel, dann bekam er zwei Zimmer in einer Wohngemeinschaft und suchte sich Arbeit. Stalin erwies ihm plötzlich Aufmerksamkeiten – er lud ihn zum Essen ein, und einmal stattete er ihm sogar mit Berija einen Besuch ab. (Dieser Besuch versetzte die Wohngemeinschaft in helle Aufregung. Eine von Kawtaradses Nachbarinnen fiel in Ohnmacht, als sie, wie sie sich ausdrückte, plötzlich »das Porträt des Genossen Stalin auf der Schwelle stehen sah«.) War Kawtaradse bei ihm zum Essen geladen, dann schöpfte Stalin ihm eigenhändig Suppe in den Teller, erzählte Witze und erging sich in Erinnerungen. Doch bei einem solchen Essen ging Stalin plötzlich auf ihn zu und sagte: »Und doch wolltest du mich umbringen!«[15]

In Stalins Verhalten kommt in diesem Fall ein Element seines Charakters besonders deutlich zum Ausdruck – der Wunsch, den Menschen zu zeigen, daß er absolute Macht und Gewalt über sie besaß. Durch sein Wort konnte er sie töten, foltern lassen und wieder retten und belohnen; er besaß die Macht Gottes über Leben und Tod, die Macht der Natur, wachsen zu lassen und zu zerstören, Schmerz zuzufügen und zu heilen. Leben und Tod hingen von seiner Laune ab. Daraus erklärt sich vielleicht auch, weshalb er einige Leute wie Litwinow (nach dem Scheitern seiner Verständigungspolitik mit dem Westen) nicht umbringen ließ, oder auch Ehrenburg, der all das vertrat, was Stalin verhaßt war, oder Pasternak, der in entgegengesetzter Richtung wie Ehrenburg ein Abweichler war. Medwedew erklärt es damit, daß Stalin in einigen Fällen einige alte Bolschewiken am Leben halten mußte, um den Anspruch aufrechterhalten zu können, daß er Lenins Werk fortsetze. Aber sicher konnte man das nicht in Ehrenburgs Fall behaupten. Ich vermute, daß das Motiv auch hier war, daß Stalin das Gefühl genoß, nach Lust und Laune zu herrschen, von keinem Grundsatz – auch nicht dem bösartigsten – in seiner Handlungsfreiheit beschränkt.

[15] Natürlich wußte Stalin sehr genau, daß Kawtaradse nie beabsichtigt hatte, ihn zu töten, sagt Medwedew.

Das Wesen des Sadismus

Ich habe diese Beispiele für Stalins Sadismus angeführt, weil sie sich vorzüglich als Einführung des zentralen Themas, *das Wesen des Sadismus,* eignen. Bis jetzt haben wir uns der Beschreibung verschiedener Arten sadistischen Verhaltens im sexuellen, physischen und seelischen Bereich gewidmet. Diese verschiedenen Formen des Sadismus sind voneinander nicht unabhängig. Das Problem besteht darin, das gemeinsame Element, das Wesen des Sadismus zu finden. Die orthodoxe Psychoanalyse behauptete, alle diese Formen hätten einen bestimmten Aspekt der Sexualität gemeinsam. In der zweiten Phase von Freuds Theorie hieß es, der Sadismus sei eine Mischung von Eros (Sexualität) und Todestrieb, der nach außen gerichtet sei, während der Masochismus eine nach innen gerichtete Mischung von Eros und Todestrieb sei.

Im Gegensatz dazu glaube ich, daß der Kern des Sadismus, der allen seinen Manifestationen gemeinsam ist, die *Leidenschaft ist, absolute und uneingeschränkte Herrschaft über ein lebendes Wesen auszuüben, ob es sich nun um ein Tier, ein Kind, einen Mann oder eine Frau handelt.* Jemand zu zwingen, Schmerz oder Demütigung zu erdulden, ohne sich dagegen wehren zu können, ist eine der Manifestationen absoluter Herrschaft, wenn auch keineswegs die einzige. Wer ein anderes lebendes Wesen völlig beherrscht, macht dieses Wesen zu einem Ding, zu seinem Eigentum, während er selbst zum Gott dieses Wesens wird. Manchmal kann diese Herrschaft über einen anderen diesem sogar weiterhelfen, und in diesem Fall könnte man von einem wohlwollenden Sadismus reden, wie man ihn zum Beispiel in Fällen findet, in denen jemand einen anderen »zu dessen eigenem Besten« beherrscht und ihn tatsächlich in mancherlei Weise fördert – außer daß er ihn in Knechtschaft hält. Gewöhnlich ist der Sadismus jedoch bösartig. Ein anderes menschliches Wesen völlig beherrschen, bedeutet es verkrüppeln, es ersticken, es in seiner Entwicklung behindern. Eine solche Kontrolle kann alle möglichen Formen und Grade annehmen.

Albert Camus' Stück *Caligula* liefert ein Beispiel des extremen Typs der sadistischen Kontrolle, die dem Verlangen nach Allmacht gleichkommt. Wir sehen, wie Caligula, der durch die Umstände zu einer unbegrenzten Machtstellung gelangt, immer stärker von dieser Machtgier erfüllt wird. Er schläft mit den Frauen der Senatoren und genießt deren Demütigung, wenn sie so tun müssen, als wären sie seine bewundernden und katzbuckelnden Freunde. Einige von ihnen bringt er um, und die am Leben bleiben, müssen weiter lächeln und mit ihm scherzen. Aber selbst mit all dieser Macht gibt er sich nicht zufrieden. Er verlangt nach absoluter Macht, er will das Unmögliche. Camus läßt ihn sagen: »Ich will den Mond.«

Es ist sehr einfach zu sagen, Caligula sei wahnsinnig, aber sein Wahnsinn stellt eine Art zu leben dar. Er ist eine Möglichkeit, das Problem der menschlichen Existenz zu lösen, da er der Illusion der Allmacht, der Überschreitung der Grenzen menschlicher Existenz dient. Beim Versuch, absolute Macht zu gewinnen, verliert Caligula jeden Kontakt mit den Menschen. Indem er die anderen ausstößt, wird er selbst zum Ausgestoßenen. Er mußte wahnsinnig werden, weil er, als seine Sucht nach Allmacht scheiterte, als ein einsames, ohnmächtiges Individuum übrigblieb.

Natürlich ist Caligula eine Ausnahme. Nur wenige haben die Chance, so viel Macht zu gewinnen, daß sie sich selbst zu dem Glauben überreden können, ihre Macht sei absolut.

Aber es hat immerhin in der Geschichte bis in unsere Tage einige gegeben. Bleibt ihnen der Erfolg treu, so werden sie als große Staatsmänner oder Generäle gefeiert; erleiden sie eine Niederlage, so hält man sie für wahnsinnig oder für Verbrecher.

Diese extreme Lösung des Problems der menschlichen Existenz ist dem Durchschnittsmenschen verschlossen. Doch können in den meisten Gesellschaftssystemen – einschließlich dem unseren – auch Menschen auf einer unteren sozialen Ebene irgend jemand beherrschen, der ihrer Macht unterworfen ist. Es stehen immer Kinder, Ehefrauen oder Hunde dafür zur Verfügung; oder es gibt Hilflose, wie die Insassen von Gefängnissen, Krankenhauspatienten, wenn sie nicht wohlhabend sind (besonders Geisteskranke), Schüler und Angehörige der Bürokratien. Es hängt von der gesellschaftlichen Struktur ab, bis zu welchem Grade die effektive Macht der Vorgesetzten in diesen verschiedenen Fällen kontrolliert wird oder welchen Beschränkungen sie unterliegt und wie viele Möglichkeiten zur sadistischen Befriedigung diese Situationen daher bieten. Abgesehen von diesen Beispielen, bieten religiöse und rassische Minderheiten, soweit sie machtlos sind, selbst dem ärmsten Angehörigen der Majorität reichlich Gelegenheit zur sadistischen Befriedigung.

Der Sadismus ist eine der Antworten auf das Problem, als Mensch geboren zu sein, wenn keine besseren Lösungen zur Verfügung stehen. Das Erlebnis der absoluten Herrschaft über ein anderes Wesen, das Erlebnis der Allmacht gegenüber diesem Wesen schafft die Illusion, die Grenzen der menschlichen Existenz zu überschreiten besonders für jemand, dessen wirklichem Leben Schöpferkraft und Freude abgehen. Der Sadismus besitzt seinem Wesen nach kein praktisches Ziel; er ist nicht »trivial«, sondern »devotional«. *Er ist die Verwandlung der Ohnmacht in das Erlebnis der Allmacht.* Er ist die Religion der seelischen Krüppel.

Jedoch erzeugt nicht *jede* Situation, in der eine Person oder eine Gruppe unbeschränkte Macht über eine andere besitzt, Sadismus. Viele – vielleicht die meisten – Eltern, Gefängniswärter, Lehrer und Büroangestellte sind keine Sadisten. Aus den verschiedensten Gründen ist die Charakterstruktur vieler Menschen der Entwicklung des Sadismus nicht förderlich, selbst unter für die Entwicklung des Sadismus günstigen äußeren Bedingungen. Personen mit einem dominant lebensbejahenden Charakter sind nicht leicht durch Macht zu verführen. Es bedeutete jedoch eine gefährliche Vereinfachung, wollte man die Menschen in nur zwei Gruppen klassifizieren, die sadistischen Teufel und die nichtsadistischen Heiligen. Worauf es ankommt, ist die *Intensität* der sadistischen Leidenschaft in der Charakterstruktur eines jeden. Es gibt viele, in deren Charakter sadistische Elemente zu finden sind, die jedoch durch starke lebensbejahende Tendenzen ausgeglichen werden; solche Menschen sind daher nicht als sadistische Charaktere zu klassifizieren. Nicht selten führt bei ihnen der innere Konflikt zwischen den beiden Orientierungen zu einer verstärkten Sensitivität *gegen* den Sadismus und Reaktionsbildungen allergischer Art auf alle seine Abarten. (Spuren ihrer sadistischen Neigungen können sich trotzdem in unbedeutenden, marginalen Verhaltensweisen manifestieren, die so geringfügig sind, daß sie nicht auffallen.) Es gibt andere mit einem sadistischen Charakter, bei denen der Sadismus wenigstens durch Gegenkräfte ausgeglichen (nicht nur verdrängt) ist, und während solche Menschen vielleicht ein gewisses Vergnügen darin finden, Hilflose zu beherrschen, würden sie nicht bei einer tatsächlichen Folterung oder ähnlichen Greueltaten mitmachen oder

Freude daran haben (es sei denn unter außergewöhnlichen Bedingungen wie bei einer Massenhysterie). Man kann das an der Haltung des Hitlerregimes bezüglich der von ihm angeordneten Greueltaten nachweisen. So mußte die Ausrottung der Juden und der polnischen und russischen Zivilbevölkerung – über die nur eine kleine Gruppe der SS-Elite genau Bescheid wußte – vor der großen Mehrheit der deutschen Bevölkerung streng geheimgehalten werden. Himmler und andere Exekutoren dieser Greuel betonten in ihren Reden immer wieder, die Tötungen hätten auf »humane« Weise, ohne sadistische Exzesse, zu erfolgen, da sonst selbst die SS-Leute davor zurückschrecken würden. In einigen Fällen wurde Befehl gegeben, daß Angehörige der russischen und polnischen Zivilbevölkerung, die umgebracht werden sollten, zunächst einem kurzen förmlichen Verhör zu unterziehen wären, um ihren Henkern das Gefühl zu geben, ihre Erschießung wäre »legal«. Wenn auch all das in seiner Heuchelei absurd klingt, ist es trotzdem ein Beweis dafür, daß die Naziführer der Ansicht waren, daß sadistische Aktionen großen Stils auf die meisten sonst loyalen Anhänger des Regimes abstoßend wirken würden. Obwohl seit 1945 eine große Menge Material ans Licht gekommen ist, hat man noch keine systematische Untersuchung darüber angestellt, bis zu welchem Grade die Deutschen sich von den sadistischen Aktionen angezogen fühlten – auch wenn sie es vermieden, davon Kenntnis zu nehmen.

Sadistische Charakterzüge sind nie zu verstehen, wenn man sie von der Gesamtcharakterstruktur isoliert. Sie bilden einen Teil eines Syndroms, das als Ganzes zu verstehen ist. Für den sadistischen Charakter muß alles Lebendige kontrollierbar sein. Lebendige Wesen werden zu Dingen. Oder genauer gesagt, lebendige Wesen werden in lebende, zitternde, pulsierende Objekte der Herrschaft verwandelt. Ihre Reaktionen werden ihnen von dem, der sie beherrscht, aufgezwungen. Der Sadist möchte zum Herrn des Lebens werden und will daher, daß sein Opfer am Leben bleibt. Eben das unterscheidet ihn vom destruktiven Menschen. Dieser möchte sein Opfer beseitigen, eliminieren, er möchte das Leben selbst vernichten; der Sadist möchte die Empfindung haben, das Leben zu beherrschen und zu ersticken.

Ein anderer Charakterzug des Sadisten besteht darin, daß er immer nur von den Hilflosen und nicht von den Starken stimuliert wird. Zum Beispiel gewährt es keinerlei sadistisches Vergnügen, in einem Kampf zwischen gleichstarken Gegnern dem Feind eine Wunde beizubringen, weil das Zufügen einer Wunde in dieser Situation kein Ausdruck der Herrschaft über den Betreffenden ist. Für den sadistischen Charakter gibt es nur eine bewundernswerte Eigenschaft, und das ist die Macht. Er bewundert und liebt den Mächtigen und duckt sich vor ihm, und er verachtet den Machtlosen, der sich nicht wehren kann, und verlangt danach, ihn zu beherrschen.

Der sadistische Charakter hat vor allem Angst, was nicht sicher und voraussehbar ist, was Überraschungen bietet, die ihn zu spontanen und individuellen Reaktionen zwingen könnten. Aus diesem Grund hat er Angst vor dem Leben. Das Leben erschreckt ihn eben deshalb, weil es seinem Wesen nach nicht voraussagbar und ungewiß ist. Es ist wohl strukturiert, aber nicht »ordentlich«; es gibt im Leben nur eine Gewißheit: daß alle Menschen sterben müssen. Auch Liebe ist unsicher. Geliebt werden setzt die Fähigkeit voraus, daß man selbst lieben, daß man Liebe erwecken kann, und Liebe schließt stets das Risiko ein, abgelehnt zu werden und zu scheitern. Deshalb kann ein sadistischer Charakter nur »lieben«, wenn er den anderen beherrscht, das heißt, wenn er Macht *über* den Gegenstand seiner Liebe hat. Der sadistische Charakter ist gewöhnlich xenophobisch und neophobisch eingestellt – was fremd ist, stellt etwas Neues dar, und was neu ist, erregt Angst, Argwohn und Ablehnung, weil es eine spontane, lebendige, nicht routinemäßige Reaktion erfordern würde.

Ein anderes Element in dem Syndrom ist die Unterwürfigkeit und Feigheit des Sadisten. Es klingt wie ein Widerspruch, wenn man sagt, der Sadist sei ein unterwürfiger Mensch, und doch ist es kein Widerspruch – es ist, dynamisch gesehen, sogar eine Notwendigkeit. Er ist sadistisch, weil er sich impotent, unlebendig und machtlos fühlt. Er versucht, diesen Mangel dadurch zu kompensieren, daß er Macht über andere hat, daß er den Wurm, als den er sich fühlt, in einen Gott verwandelt. Aber selbst der Sadist, der Macht besitzt, leidet unter seiner menschlichen Impotenz. Er kann töten und quälen, aber er bleibt ein ungeliebter, isolierter, angstvoller Mensch, der eine höhere Macht braucht, der er sich unterwerfen kann. Für die, welche eine Stufe unter Hitler standen, war der Führer die höchste Macht; für Hitler selbst waren es die Vorsehung und die Evolutionsgesetze.

Das Bedürfnis, sich zu unterwerfen, ist im Masochismus verwurzelt. Sadismus und Masochismus, die stets miteinander verknüpft sind, sind im behavioristischen Sinn Gegensätze, in Wirklichkeit sind es jedoch nur zwei verschiedene Aspekte einer und derselben Grundsituation: des Erlebnisses der vitalen Impotenz. Sowohl der Sadist als auch der Masochist brauchen ein anderes Wesen, das sie sozusagen »vervollständigen« muß. Der Sadist macht ein anderes Wesen zu einer Erweiterung seiner selbst; der Masochist macht sich selbst zu einer Erweiterung eines anderen Wesens. Beide suchen eine symbiotische Beziehung, weil sie beide keinen Mittelpunkt in sich selbst besitzen. Während der Sadist scheinbar frei von seinem Opfer ist, braucht er dieses Opfer, wenn auch auf perverse Weise.

Wegen der engen Beziehung zwischen Sadismus und Masochismus ist es korrekter, von einem sadomasochistischen Charakter zu sprechen, auch wenn der eine oder der andere Aspekt bei einer bestimmten Person dominiert. Der Sadomasochist wird auch als »autoritärer Charakter« bezeichnet, wenn man den psychologischen Aspekt seiner Charakterstruktur in eine politische Haltung übersetzt. Diese Auffassung ist insofern gerechtfertigt, als Personen, deren politische Haltung man im allgemeinen als autoritär (im aktiven oder passiven Sinn) bezeichnen kann, in der Regel (in unserer Gesellschaft) die Merkmale des sadomasochistischen Charakters aufweisen: die Beherrschung der Untergebenen und Unterwürfigkeit gegenüber den Vorgesetzten.[16]

Man kann den sadomasochistischen Charakter nicht voll verstehen, ohne auf Freuds

[16] Der autoritäre Charakter wurde zuerst in der deutschen Untersuchung analysiert, auf die in der Fußnote 8 des 2. Kapitels hingewiesen wurde. Die Analyse der Daten ergab, daß 78 Prozent der Antwortenden weder einen autoritären noch einen antiautoritären Charakter besaßen und daß sie daher im Falle eines Sieges von Hitler nicht zu leidenschaftlichen Nazis noch auch zu Antinazis geworden wären. Etwa 12 Prozent hatten einen antiautoritären Charakter und wären überzeugte Gegner des Nazismus geblieben, während etwa 10 Prozent einen autoritären Charakter besaßen und zu leidenschaftlichen Nazis geworden wären. Dieses Ergebnis entspricht sehr grob gesehen dem, was sich nach 1933 tatsächlich ereignet hat (E. Fromm u. a., 1936). Später hat T. Adorno den autoritären Charakter untersucht. Er behandelt ihn in dieser Untersuchung jedoch behavioristisch und nicht psychoanalytisch im Sinne des sadomasochistischen Charakters (T. Adorno u. a., 1950).

Konzept des »analen Charakters« Bezug zu nehmen, das von seinen Schülern, besonders von Karl Abraham und Ernest Jones, erweitert worden ist.

Freud (1908) nahm an, daß der anale Charakter sich in einem *Syndrom* von Charakterzügen manifestiert: in Eigensinn, peinlicher Ordnungsliebe und übertriebener Sparsamkeit, wozu später noch Pünktlichkeit und Reinlichkeit hinzugefügt wurden. Freud glaubte, daß dieses Syndrom in der »analen Libido« verwurzelt sei, die ihren Ursprung in der analen erogenen Zone habe. Die Charakterzüge des Syndroms erklärte er als Reaktionsbildung oder Sublimierung der Ziele, auf die sich diese anale Libido richte.

Bei meinem Versuch, die *Art der Bezogenheit* an die Stelle der Libidotheorie zu setzen, kam ich zu der Hypothese, daß die verschiedenen Charakterzüge des Syndroms Manifestationen der distanzhaltenden, kontrollierenden, ablehnenden und hortenden Art der Bezogenheit sind (»hortender Charakter«) (E. Fromm, 1947). Das besagt nicht, daß Freuds klinische Beobachtungen bezüglich der besonderen Rolle, die alles spielt, was zum Bereich der Exkremente und des Stuhlgangs gehört, nicht richtig gewesen wären. Im Gegenteil haben meine psychoanalytischen Beobachtungen von Einzelpersonen Freuds Beobachtungen voll bestätigt. Der Unterschied liegt jedoch in der Antwort auf die Frage: Ist die anale Libido die *Ursache* der Beschäftigung mit den Exkrementen und – indirekt – des analen Charaktersyndroms, oder ist das Syndrom die *Manifestation* einer speziellen Art der Bezogenheit? In letzterem Fall ist das anale Interesse als ein anderer, aber *symbolischer* Ausdruck des analen Charakters und nicht als seine *Ursache* zu verstehen. Die Exkremente sind in der Tat ein sehr passendes Symbol: Sie repräsentieren das, was vom menschlichen Lebensprozeß eliminiert wird und nicht länger dem Leben dient.[17]

Der hortende Charakter ist ordentlich in bezug auf Dinge, Gedanken und Gefühle, aber diese Ordnungsliebe ist steril und unbeweglich. Er kann es nicht ertragen, wenn die Dinge nicht an ihrem Platz sind, und muß immer wieder Ordnung machen. Auf diese Weise hat er den Raum unter seiner Kontrolle. Durch seine irrationale Pünktlichkeit kontrolliert er die Zeit. Durch eine zwanghafte Sauberkeit hebt er den Kontakt wieder auf, den er mit der Welt hatte, die er als schmutzig und feindlich empfindet. (Manchmal allerdings, wenn sich keine Reaktionsbildung oder Sublimierung entwickelt hat, ist er nicht übertrieben sauber, sondern neigt eher dazu, schmutzig zu sein.) Der hortende Charakter erlebt sich selbst als belagerte Festung; er muß verhindern, daß irgend etwas hinausgelangt, und das zurückhalten, was sich in der Festung befindet. Sein Eigensinn und sein Starrsinn sind eine quasi-automatische Verteidigung gegen Eindringlinge.

Der hortende Mensch hat leicht das Gefühl, daß er nur eine begrenzte Menge an Kraft, Energie und geistiger Kapazität besitzt und daß dieser Vorrat durch deren Gebrauch abnimmt oder sich erschöpft, um nie mehr aufgefüllt werden zu können. Er begreift nicht, daß jede lebendige Substanz sich immer wieder selbst erneuert und daß die Aktivität und der Gebrauch unserer Kräfte unsere Stärke wachsen läßt, während Stagnation sie schwächt. Für ihn besitzen Tod und Zerstörung mehr Realität als Leben und Wachstum. Der Schöpfungsakt ist für ihn ein Wunder, von dem er hört, aber an das er nicht glaubt.

[17] Wenn man spekulieren will, könnte man erwägen, daß die Faszination durch Exkremente und Gerüche eine Art neurophysiologischer Regression auf ein Entwicklungsstadium darstellt, bei dem das Tier sich mehr nach seinem Geruchs- als nach seinem Gesichtssinn orientierte.

Seine höchsten Werte sind Ordnung und Sicherheit. Sein Motto lautet: »Es gibt nichts Neues unter der Sonne.« In seiner Beziehung zu anderen empfindet er Intimität als Bedrohung; Sicherheit erlangt man nur, indem man sich andere vom Halse hält oder indem man sie besitzt. Der Hortende neigt zum Argwohn und zu einem speziellen Gerechtigkeitssinn, der auf »Mein ist mein, und dein ist dein« hinausläuft.

Der hortende Charakter kann sich in seinem Verhältnis zur Welt nur dadurch sicher fühlen, daß er sie besitzt und unter Kontrolle hat, da er ja unfähig ist, mit ihr durch Liebe und Produktivität in Beziehung zu treten.

Daß der anal-hortende Charakter die enge Beziehung zum Sadismus besitzt, die ihm von den klassischen Psychoanalytikern zugeschrieben wird, wird in weitem Umfang von den klinischen Daten bestätigt, und es macht wenig Unterschied, ob man diesen Zusammenhang mit der Libidotheorie oder mit der Bezogenheit des Menschen zur Welt erklärt. Die enge Beziehung zwischen dem anal-hortenden Charakter und dem Sadismus zeigt sich auch darin, daß soziale Gruppen mit einem solchen Charakter meist einen beträchtlichen Grad von Sadismus aufweisen.[18]

Grob gesehen entspricht der *bürokratische Charakter*[19] in einem mehr sozialen als politischen Sinn dem sadomasochistischen Charakter. In einem bürokratischen System kontrolliert jeder die ihm Untergebenen und wird seinerseits von seinen Vorgesetzten kontrolliert. Sowohl sadistische als auch masochistische Impulse kommen bei solch einem System auf ihre Kosten. Der bürokratische Charakter verachtet die unter ihm Stehenden, und er bewundert und fürchtet die über ihm. Man braucht sich nur einmal den Gesichtsausdruck eines gewissen Bürokratentyps anzusehen und sich seine Stimme anzuhören, wenn er einen Untergebenen kritisiert oder ihn böse ansieht, wenn dieser eine Minute zu spät kommt oder wenn er von ihm ein Verhalten verlangt, in dem wenigstens symbolisch zum

[18] Vgl. E. Fromm (1941), wo ich diesen Zusammenhang beim deutschen Kleinbürgertum nachgewiesen habe.

[19] Wenn ich hier von Bürokraten spreche, so meine ich damit die altmodischen, kalten, autoritären Bürokraten, wie sie noch in vielen altmodischen Schulen, Krankenhäusern, Gefängnissen, Eisenbahnen und Postämtern zu finden sind. Die Großindustrie, die ebenfalls eine stark bürokratisierte Organisation ist, hat einen völlig anderen Charaktertyp entwickelt – den freundlichen, lächelnden, »verständnisvollen« Bürokraten, der vielleicht einen Kurs in *human relations* mitgemacht hat. Die Gründe für diese Veränderung sind im Wesen der modernen Industrie zu suchen, in ihrem Bedürfnis nach Teamwork, in ihrem Bestreben, Reibungen zu vermeiden und bessere Arbeitsbeziehungen zu schaffen, und noch in einer ganzen Reihe anderer Faktoren. Es ist nicht so, als ob die neuen liebenswürdigen Bürokraten unaufrichtig wären, als ob es sich bei ihnen in Wirklichkeit nur um Sadisten handelte, die lächeln anstatt ihr wahres Gesicht zu zeigen; tatsächlich eignet sich der altmodische Sadist aus den oben erwähnten Gründen kaum zum modernen Bürokraten. Der moderne Bürokrat ist kein plötzlich liebenswürdig gewordener Sadist, sondern er erlebt sich als Ding, so wie andere Menschen für ihn auch lediglich Dinge sind. Er empfindet wenig, weder für sie noch für sich selbst, und wenn er die Menschen freundlich behandelt, so ist das zwar keine bewußte Heuchelei, aber es geschieht so oberflächlich und obenhin, daß es schon wieder Heuchelei wird. Aber selbst das ist nicht ganz fair geurteilt, da ja im Grunde niemand von ihm erwartet, daß sein Verhalten mehr als oberflächlich ist, außer vielleicht in jenen kurzen Augenblicken, wenn beide sich anlächeln und sich der Täuschung hingeben, es sei ein menschlicher Kontakt zustande gekommen. Zwei ausführliche und gründliche Untersuchungen über den Charakter des modernen Managers werden diese Eindrücke bestätigen oder korrigieren. (Die Verfasser sind M. Maccoby und I. Millán; beide Veröffentlichungen werden 1974 erscheinen.)

Ausdruck kommt, daß er während der Bürozeit seinem Vorgesetzten »gehört«. Oder man könnte auch an den Bürokraten hinter dem Postschalter denken und sein kaum merkliches dünnes Lächeln beobachten, wenn er pünktlich um fünf Uhr dreißig seinen Schalter schließt, so daß die beiden letzten Kunden, die schon eine halbe Stunde draußen gewartet haben, unverrichteterdinge weggehen und am nächsten Tag noch einmal wiederkommen müssen. Dabei geht es nicht darum, daß er Punkt fünf Uhr dreißig aufhört, Briefmarken zu verkaufen; wichtig an seinem Verhalten ist, daß es ihm Spaß macht, die Leute zu frustrieren, ihnen zu zeigen, daß *er* sie unter seiner Kontrolle hat, eine Befriedigung, die sich deutlich auf seinem Gesicht widerspiegelt.[20]

Ich brauche nicht zu betonen, daß nicht alle altmodischen Bürokraten Sadisten sind. Nur eine tiefenpsychologische Untersuchung könnte zeigen, wie häufig der Sadismus in dieser Gruppe, verglichen mit Nichtbürokraten oder modernen Bürokraten, ist. Um nur zwei hervorragende Beispiele zu erwähnen: General Marshall und General Eisenhower, die beide zu denen gehörten, die den höchsten Rang in der militärischen Bürokratie während des Zweiten Weltkriegs innehatten, zeichneten sich durch das Fehlen von Sadismus und ihre Besorgnis um das Leben ihrer Soldaten aus. Andererseits zeichnete sich eine ganze Anzahl deutscher und französischer Generäle im Ersten Weltkrieg durch die Skrupellosigkeit und Brutalität aus, mit der sie das Leben ihrer Soldaten für taktische Ziele opferten, die in keinem Verhältnis zu den Verlusten standen.

In vielen Fällen tarnt sich der Sadismus mit Liebenswürdigkeit und einem scheinbaren Wohlwollen gegenüber gewissen Menschen und unter gewissen Umständen. Es wäre jedoch ein Irrtum, anzunehmen, daß diese Liebenswürdigkeit nur dazu dient, die anderen zu täuschen, oder daß es sich nur um eine Geste handelt, die sich auf keinerlei echtes Gefühl gründet. Um dieses Phänomen besser zu verstehen, muß man bedenken, daß die meisten seelisch normalen Menschen das Bild, das sie sich von sich selber machen und das sie wenigstens in gewisser Hinsicht als menschlich aufweist, aufrechterhalten wollen. Völlig unmenschlich zu sein bedeutet, völlig isoliert zu sein, ganz das Gefühl zu verlieren, ein Teil der Menschheit zu sein. Es ist daher kaum verwunderlich, daß vieles darauf hinweist, daß das völlige Fehlen von Liebenswürdigkeit, Freundlichkeit oder Zärtlichkeit bei jedem menschlichen Wesen auf die Dauer eine unerträgliche Angst hervorruft. Es gibt zum Beispiel Berichte[21] über Fälle von Geisteskrankheit und psychischen Störungen bei Männern, die den Spezialverbänden der Nazis angehört und Tausende von Menschen getötet hatten. Unter dem Naziregime litt eine ganze Anzahl der Funktionäre, die die Massentötungsbefehle auszuführen hatten, unter Nervenzusammenbrüchen, die man als »Funktionärskrankheit« bezeichnete.[22]

Ich habe die Worte »Kontrolle« und »Macht« im Zusammenhang mit Sadismus gebraucht, doch sollte man sich über ihre Mehrdeutigkeit klar sein. Macht kann Macht *über* Menschen bedeuten, oder man kann darunter die Macht verstehen, gewisse Dinge zu tun. Der Sadist strebt nach Macht *über* Menschen, eben weil er nicht die Macht besitzt, *zu*

[20] Es ist dies ein Beispiel für die vielen Verhaltensweisen, die dem weitmaschigen Netz der meisten psychologischen Experimente und Tests entgehen.

[21] Himmler hat das indirekt in einer Rede am 6. Oktober 1943 zugegeben. Koblenz: Nazi Archiv NS 19, H. R. 10.

[22] H. Brandt, persönliche Mitteilung.

sein. Viele Autoren machen leider Gebrauch von den Worten Macht und Kontrolle in diesem zweideutigen Sinn. Sie versuchen das Lob der »Macht über« einzuschmuggeln, indem sie diese mit der »Macht zu« gleichsetzen. Außerdem ist das Fehlen einer Kontrolle nicht gleichbedeutend mit dem Fehlen jeder Art von Organisation, sondern nur jener Formen, bei denen die Kontrolle ausbeuterisch ist und der Kontrollierte die Kontrolleure nicht kontrollieren kann. Es gibt viele Beispiele von primitiven Gesellschaften und modernen weltanschaulichen Gemeinschaften, wo eine rationale Autorität auf die reale – nicht manipulierte – Zustimmung aller gegründet ist und wo sich keine Beziehungen der »Macht über« entwickeln.

Sicher leidet jemand, der nicht die Macht hat, sich zu wehren, auch charakterologisch. Er kann unterwürfig und masochistisch anstatt sadistisch werden. Aber seine effektive Machtlosigkeit kann auch zur Entwicklung von Tugenden wie Solidarität und Mitgefühl und sogar zu Kreativität führen. Machtlos sein und daher Gefahr laufen, versklavt zu werden, oder Macht besitzen und daher Gefahr laufen, entmenschlicht zu werden, beides ist ein Übel. Welches am meisten zu scheuen ist, ist eine Sache der religiösen und moralischen oder politischen Überzeugung. Der Buddhismus, die jüdische Tradition seit den Propheten und die christlichen Evangelien treffen eine klare Entscheidung, die im Gegensatz zum heutigen Denken steht. Es ist durchaus legitim, sorgfältig zwischen Macht und Nichtmacht zu unterscheiden, aber eine Gefahr sollte man dabei vermeiden: daß man die Vieldeutigkeit gewisser Worte dazu benutzt, gleichzeitig den Dienst an Gott und dem Kaiser zu empfehlen, oder – was noch schlimmer ist – beide gleichzusetzen.

Bedingungen, die Sadismus hervorrufen

Das Problem, welche Faktoren zur Entwicklung des Sadismus führen, ist zu kompliziert, als daß es in diesem Buch adäquat beantwortet werden könnte. Eines ist jedoch von Anfang an klarzustellen: Es besteht keine einfache Beziehung zwischen Umwelt und Charakter. Das kommt daher, daß der individuelle Charakter von individuellen Faktoren, wie konstitutionell gegebenen Dispositionen, Idiosynkrasien des Familienlebens und außergewöhnlichen Ereignissen im Leben des Betreffenden, determiniert wird. Nicht nur diese individuellen Faktoren spielen eine Rolle; die Umweltfaktoren sind dazuhin viel komplexer, als man gewöhnlich annimmt. Wie bereits betont, ist eine Gesellschaft nicht schlechthin eine Gesellschaft. Eine Gesellschaft ist ein höchst komplexes System; das alte und das neue Kleinbürgertum, die neuen Mittelklassen, die Oberklassen, die zerfallenden Eliten, Gruppen mit oder ohne religiöse oder philosophisch-moralische Tradition, Kleinstädte und Großstädte – das alles sind nur einige der Kategorien, die mit zu berücksichtigen sind. Weder die Charakterstruktur noch die Struktur der Gesellschaft ist aus einem einzelnen, isolierten Faktor heraus zu verstehen. Will man daher die Gesellschaftsstruktur und den Sadismus in Korrelation bringen, so kommt man nicht um eine gründliche empirische Analyse sämtlicher Faktoren herum. Gleichzeitig ist jedoch hinzuzufügen, daß die Macht, mit deren Hilfe eine Gruppe eine andere ausbeutet und niederhält, bei der kontrollierenden Gruppe Sadismus hervorzurufen pflegt, wenn es dabei auch viele individuelle Ausnahmen geben wird. Daher wird der Sadismus (außer wenn es sich dabei um eine individuelle Erkrankung handelt) nur verschwinden, wenn die ausbeuterische Herrschaft einer Klasse, des einen Geschlechts oder einer Minderheitengruppe beseitigt ist. Mit Ausnahme der Vorgeschichte und einiger kleiner Gesellschaftssysteme ist das bisher noch nirgends in der Geschichte geschehen. Trotzdem war die Errichtung einer auf dem Gesetz basierenden Ordnung und die Verhinderung einer allzu willkürlichen Machtausübung schon ein Schritt in dieser Richtung, wenn auch diese Entwicklung neuerdings in vielen Teilen der Welt, wo sie bereits existierte, aufgehalten worden ist und selbst in den Vereinigten Staaten im Namen von *law and order* bedroht ist.

Eine Gesellschaft, die auf ausbeuterischer Herrschaft beruht, weist auch noch andere Merkmale auf, die vorauszusehen sind. Sie zeigt die Tendenz, die Unabhängigkeit, die Integrität, das kritische Denken und die Produktivität derer, die ihr unterworfen sind, zu beeinträchtigen. Das bedeutet nicht, daß sie sie nicht mit allen möglichen Vergnügungen und Stimulationen füttert, aber nur mit solchen, die die Entwicklung der Persönlichkeit mehr hemmen als fördern. Die römischen Kaiser haben dem Volk öffentliche Schauspiele hauptsächlich sadistischer Art geboten. Die heutige Gesellschaft hat Spektakel ähnlicher Art in Form von Zeitungs- und Fernsehberichten über Verbrechen, Krieg und Greueltaten anzubieten. Wo der Inhalt nicht schauerlich ist, ist er ebenso wenig nahrhaft wie die Frühstücksflocken, die von den Massenmedien zum Schaden der Gesundheit unserer Kinder propagiert werden. Diese kulturelle Nahrung bietet keine aktivierenden Reize, sondern fördert nur Faulheit und Passivität. Bestenfalls hat sie Vergnügungen und Sensationen anzubieten, jedoch fast niemals echte Freude; denn die Freude hat Freiheit zur Voraussetzung. Sie setzt voraus, daß die Kontrolle gelockert wird, und gerade das fällt dem anal-sadistischen Typus so schwer.

Was den Sadismus beim einzelnen betrifft, so entspricht er dem gesellschaftlichen Durchschnitt mit individuellen Abweichungen nach oben und unten. Individuelle Faktoren, die dem Sadismus Vorschub leisten, sind all jene Bedingungen, die dem Kind oder dem Erwachsenen ein Gefühl der Leere und Ohnmacht geben (ein nicht-sadistisches Kind kann zu einem sadistischen Jugendlichen oder Erwachsenen werden, wenn neue Umstände eintreten). Zu jenen Bedingungen gehören solche, die Angst hervorrufen, wie zum Beispiel »diktatorische« Bestrafung. Hiermit meine ich eine Art der Bestrafung, deren Intensität nicht streng begrenzt ist, die nicht in einem angemessenen Verhältnis zu einem speziellen Verhalten steht, sondern die willkürlich vom Sadismus des Bestrafenden genährt und von einer angsterregenden Intensität ist. Je nach dem Temperament des Kindes kann die Angst vor Strafe zu einem beherrschenden Motiv in seinem Leben werden, sein Integritätsgefühl kann langsam zusammenbrechen, seine Selbstachtung kann abnehmen, und es kann sich so oft verraten fühlen, daß es sein Identitätsgefühl verliert und nicht mehr »es selbst« ist.

Die andere Bedingung, die zu einem Gefühl vitaler Machtlosigkeit führt, ist eine Situation psychischer Verarmung. Wenn keine Stimulation vorhanden ist, nichts, was die Fähigkeiten des Kindes weckt, wenn es in einer Atmosphäre der Stumpfheit und Freudlosigkeit lebt, dann erfriert ein Kind innerlich. Es gibt dann nichts, worin es einen Eindruck hinterlassen könnte, niemand, der ihm antwortet oder ihm auch nur zuhört, und es wird von einem Gefühl der Ohnmacht erfaßt. Ein solches Gefühl der Machtlosigkeit muß nicht unbedingt zur Bildung eines sadistischen Charakters führen; ob es dazu kommt oder nicht, hängt von vielen anderen Faktoren ab. Es ist jedoch eine der Hauptursachen, die zur Entwicklung des Sadismus sowohl auf individueller als auch auf sozialer Ebene beitragen.

Wenn der individuelle Charakter vom sozialen Charakter abweicht, zeigt die soziale Gruppe die Tendenz, all jene Charakterelemente zu verstärken, die ihr entsprechen, während die entgegengesetzten Elemente einschlafen. Wenn zum Beispiel ein sadistischer Mensch in einer Gruppe lebt, in der die Mehrheit nicht-sadistisch ist und in der ein sadistisches Verhalten als unerwünscht und unerfreulich gilt, wird der sadistische einzelne nicht unbedingt seinen Charakter ändern, aber er wird nicht im Sinne seines Charakters handeln; sein Sadismus wird nicht verschwinden, aber er wird gleichsam aus Mangel an Nahrung »eintrocknen«. Das Leben in den Kibbuzim und anderen auf dem Glauben an eine gemeinsame Idee begründeten Gemeinschaften bietet viele Beispiele hierfür, obwohl es auch Beispiele dafür gibt, daß eine neue Atmosphäre einen echten Charakterwandel hervorrufen kann.[23]

Eine Person mit sadistischem Charakter wird in einer antisadistischen Gesellschaft im wesentlichen harmlos sein. Man wird den Betreffenden für krank halten. Er wird nie beliebt sein und kaum oder überhaupt keinen Zugang zu Stellungen finden, in denen er gesellschaftlichen Einfluß gewinnen kann. Bei der Frage, was den Sadismus eines Menschen so intensiv macht, darf man nicht nur an konstitutionsbedingte, biologische Faktoren denken (S. Freud, 1937), sondern man muß auch die psychische Atmosphäre in Betracht ziehen, die nicht nur für die Entstehung des sozialen Sadismus, sondern auch für das weitere Schicksal des individuell entstandenen, idiosynkratischen Sadismus verantwortlich ist. Aus diesem Grunde ist auch die Entwicklung eines Einzelmenschen nie hinreichend zu verstehen, wenn man nur seine Konstitution und seinen Familienhintergrund betrachtet. Wenn wir nicht die Stellung des Betreffenden und die seiner Familie innerhalb des Gesellschaftssystems und den Geist dieses Systems kennen, so können wir nicht verstehen, weshalb gewisse Charakterzüge so hartnäckig und tiefverwurzelt sind.

Heinrich Himmler, ein klinischer Fall des anal-hortenden Sadismus

Heinrich Himmler ist ein ausgezeichnetes Beispiel für einen bösartigen, sadistischen Charakter, der das illustriert, was wir über den Zusammenhang zwischen Sadismus und den extremen Formen des anal-hortenden, bürokratischen, autoritären Charakters gesagt haben.

Der »Bluthund Europas«, wie Himmler von vielen genannt wurde, war zusammen mit Hitler dafür verantwortlich, daß zwischen fünfzehn und zwanzig Millionen unbewaffneter und machtloser Russen, Polen und Juden hingemordet wurden.

Was war er für ein Mensch?[24]

[23] Dr. Moshe Budmore, persönliche Mitteilung.

[24] Bei meiner Analyse Himmlers habe ich hauptsächlich die Daten benutzt, die B. F. Smith (1971) in seiner vorzüglichen Biographie mitteilt. Smith hat alle verfügbaren Daten über Himmler benutzt, einschließlich der sechs Tagebücher Himmlers (aufgefunden 1957), die aus den Jahren

Wir können damit beginnen, daß wir uns einige Beschreibungen von Himmlers Charakter, die von verschiedenen Beobachtern stammen, ansehen. Die vielleicht zutreffendste und scharfsinnigste Charakterisierung Himmlers stammt von Carl J. Burckhardt, der damals Hoher Kommissar des Völkerbundes in Danzig war. Auf Burckhardt wirkte Himmler »unheimlich durch den Grad von konzentrierter Subalternität, durch etwas engstirnig Gewissenhaftes, unmenschlich Methodisches mit einem Element von Automatentum« (C. J. Burckhardt, 1960). Diese Beschreibung enthält die meisten wesentlichen Elemente des sadistischen, autoritären Charakters, wie wir ihn oben beschrieben haben. Sie betont Himmlers unterwürfige, subalterne Haltung, seine unmenschliche bürokratische Gewissenhaftigkeit und Pedanterie; es ist nicht die Beschreibung eines Hassers oder eines Ungeheuers, wie man ihn meist einschätzt, sondern die eines extrem entmenschlichten Bürokraten.

Andere Beobachter haben auf zusätzliche Elemente in Himmlers Charakterstruktur hingewiesen. Ein führender Nationalsozialist, Dr. Albert Krebs, der 1932 aus der Partei ausgeschlossen wurde, hat sich einmal sechs Stunden lang auf einer Eisenbahnfahrt mit Himmler unterhalten. Es war im Jahre 1929, als dieser noch wenig Macht besaß, und Dr. Krebs fiel seine Unsicherheit und sein linkisches Betragen auf. Fast unerträglich wurde die Fahrt für Krebs durch »das törichte und im Grunde gegenstandslose Geschwätz, mit dem er ununterbrochen auf mich eindrang . . . Himmlers Ausführungen waren eine merkwürdige Mischung von martialischer Großsprecherei, kleinbürgerlichem Stammtischgeschwätz und eifernder Prophetie eines Sektenpredigers.« (Zitiert von J. Ackermann, 1970.) Die Zudringlichkeit, mit der Himmler einen anderen Menschen zwang, sich sein endloses Geschwätz anzuhören, um ihn auf diese Weise zu beherrschen, ist für den sadistischen Charakter typisch.

Interessant ist auch die Charakterisierung Himmlers durch einen der begabtesten deutschen Generäle, Heinz Guderian:

> Der undurchsichtigste unter den Gefolgsleuten Hitlers war der Reichsführer-SS Heinrich Himmler. Der unscheinbare Mann, mit allen Zeichen rassischer Inferiorität behaftet, trug äußerlich ein einfaches Wesen zur Schau. Er war bemüht, höflich zu sein. Seine Lebensweise war im Gegensatz zu der Görings fast spartanisch einfach zu nennen. Um so ausschweifender war aber seine Phantasie . . . Nach dem 20. Juli plagte Himmler der militärische Ehrgeiz; dieser trieb ihn dazu, sich zum Oberbefehlshaber des Ersatzheeres, sogar zum Oberbefehlshaber einer Heeresgruppe ernennen zu lassen. Auf dem militärischen Gebiet scheiterte Himmler zuerst und vollständig. Seine Beurteilung unserer Feinde war geradezu kindisch zu nennen . . . Ich hatte mehrfach Gelegenheit, sein mangelndes Selbstbewußtsein, seine fehlende Zivilcourage in Hitlers Gegenwart festzustellen (H. Guderian, 1951).

1910–1922 stammen, ebenso wie einige lose Tagebuchseiten aus dem Jahre 1924 sowie Himmlers Liste der von ihm zwischen 1918 und 1926 empfangenen und abgeschickten Briefe, Himmlers lange, mit Anmerkungen versehene Liste seiner Lektüre mit über 270 Eintragungen, zahlreiche Familiendokumente und Himmlers eigene Sammlung offizieller Dokumente und persönlicher Erinnerungen. Außerdem habe ich die Untersuchung von J. Ackermann (1970) benutzt, die eine große Zahl von Auszügen aus Himmlers Tagebüchern enthält, sowie S. T. Angress und B. F. Smith (1959).

Ein anderer Beobachter, ein Vertreter der deutschen Bankelite, Emil Helfferich, schrieb, Himmler stelle »den Typus des grausamen Erziehers alten Schlages dar. Streng gegen sich selbst und noch strenger gegen andere.« Das manchmal gezeigte Mitgefühl und der besonders freundliche Ton in seinen Dankesbriefen kennzeichne nur ein Gehabe, das man auch sonst als unechte Erscheinung bei ausgeprägt kalten Naturen finde (E. Helfferich, 1964).

Ein weniger negatives Bild von Himmler gibt sein Adjutant Karl Wolff; er erwähnt nur seinen Fanatismus und seine Willensschwäche, nicht aber seinen Sadismus: »Er konnte ein zärtlicher Familienvater, ein korrekter Vorgesetzter und ein kameradschaftlicher Mann sein. Gleichzeitig aber war er ein besessener Fanatiker, ein verschrobener Träumer und . . . ein willenloses Werkzeug in den Händen Hitlers, dem er in einer immer stärker werdenden Haßliebe verbunden war« (K. Wolff, 1961). Wolff beschreibt zwei entgegengesetzte Persönlichkeiten – die offenbar gleich stark ausgeprägt waren –, den liebenswürdigen Menschen und den Fanatiker, und stellt die Echtheit des ersteren nicht in Frage. Himmlers älterer Bruder Gebhard schildert Heinrich nur mit positiven Worten, obgleich dieser ihn oft verletzt und gedemütigt hatte, und dies lange, bevor er politisch an der Macht war. Gebhard Himmler lobt sogar die »väterliche Freundlichkeit und Fürsorge, mit der er sich um die Sorgen und Nöte seiner Untergebenen gekümmert« habe.[25]

Diese Charakterisierungen enthalten Himmlers signifikanteste Charaktermerkmale. Seine Unlebendigkeit, seine Banalität, seinen Wunsch, andere zu beherrschen, seine Unbedeutendheit, seine Unterwürfigkeit Hitler gegenüber und seinen Fanatismus. Seine freundliche Fürsorge für andere, die Wolff und der Bruder erwähnen, waren zwar sicher ebenfalls ein Verhaltensmerkmal; wie weit es sich jedoch dabei um einen Charakterzug handelte, das heißt wieweit die Fürsorge echt war, ist schwer genau festzustellen. Wenn man Himmlers Gesamtpersönlichkeit ins Auge faßt, muß das echte Element in seiner Freundlichkeit nur sehr unbedeutend gewesen sein.

In dem Maße, wie uns die Gesamtstruktur dieses Charakters deutlicher wird, wird sich zeigen, daß er in der Tat ein Musterbeispiel für den analen (hortenden) sadomasochistischen Charakter ist, als dessen hervorragende Merkmale wir bereits übertriebene Ordnungsliebe und eine ausgesprochene Pedanterie feststellten. Seit er fünfzehn Jahre alt war, führte er eine Korrespondenzliste, in der er jeden Briefeingang und -ausgang vermerkte.

> Der Eifer, mit dem er dies betrieb, und seine Pedanterie und die Vorliebe für eine genaue Buchführung, die er dabei bekundete, verrieten eine wesentliche Seite seiner Persönlichkeit. Seine Buchhalter-Mentalität zeigte sich besonders deutlich in der Art und Weise, wie er mit der Post umging, die er von Lu und Käthe [engen Freunden] bekam. (Die Briefe, die er von seiner Familie empfing, sind nicht erhalten.) Auf jedem dieser Briefe und Postkarten vermerkte er nicht nur das Empfangsdatum, sondern auch die Uhrzeit auf Stunde und Minute genau, zu der die Post in seine Hände gelangte. Da es sich dabei vielfach um Geburtstagsglückwünsche und ähnliches handelte, war diese Pedanterie schon mehr als absurd (B. F. Smith, 1971).

Später, als Himmler Reichsführer-SS war, legte er sich eine Kartothek an, in der er jedes Geschenk vermerkte, das er irgend jemand gegeben hatte (B. F. Smith, 1971). Auf Anre-

[25] Gebhard Himmler, aus einer unveröffentlichten Skizze von Heinrich Himmlers Persönlichkeit.

gung seines Vaters führte er im Alter von vierzehn bis vierundzwanzig auch ein Tagebuch. Fast täglich erscheinen darin belanglose Eintragungen, denen er kaum jemals einen tieferen Gedanken hinzufügt.

> Himmler verzeichnete, wie lange er geschlafen habe, wann er zum Essen gegangen sei, ob er Tee getrunken oder geraucht habe, wen er tagsüber getroffen und wie lange er studiert habe, in welche Kirche er gegangen und wann er abends nach Hause gekommen sei. Weiterhin schrieb er nieder, wem er einen Besuch abgestattet habe und ob seine Gastgeber nett zu ihm gewesen seien, um wieviel Uhr er mit dem Zug zu seinen Eltern gefahren und ob der Zug verspätet oder rechtzeitig angekommen sei (B. F. Smith, 1971).

Über die Zeit vom 1. bis 16. August 1915 vermerkt er zum Beispiel in seinem Tagebuch (B. F. Smith, 1971, zitiert bei Ackermann, S. 24):

> 1. 8. 15. Sonntag . . . zum 3.mal gebadet . . . Vati, Ernsti und ich badeten nach dem Kahnfahren zum 4.ten[!]mal. Gebhard zu erhitzt . . .
> 2. 8. 15. Montag . . . Abends zum 5.mal [gebadet] . . .
> 3. VIII. Dienstag . . . zum 6.mal gebadet . . .
> 6. VIII. Freitag . . . zum 7.mal gebadet . . . zum 8.mal gebadet.
> 7. VIII. Samstag. Vorm. zum 9.mal gebadet . . .
> 8. VIII. . . . zum 10.mal gebadet . . .
> 9. VIII. Vorm. zum 11.mal gebadet . . . Nachher zum 12.mal gebadet . . .
> 12. VIII. Gespielt, dann zum 13.mal gebadet . . .
> 13. VIII. Gespielt, dann zum 14.mal gebadet . . .
> 16. VIII. . . . Dann zum 15. und letzten mal gebadet . . .

Ein anderes Beispiel: Himmler notierte in seinem Tagebuch, daß bei Gumbinnen 8000 Russen gefangengenommen worden seien (Eintragung vom 23. 8. 1914), daß es am 29. August 1914 bereits 30000 russische Gefangene in Ostpreußen gegeben habe (Eintragung vom 29. 9. 1914), daß diese »gefangenen Russen . . . nach näherer Schätzung nicht 30000, sondern 60000 Mann« (Eintragung vom 31. 8. 1914) und nach erneuter Feststellung sogar 70000 Mann gewesen sein sollen (ebenda), und kurz darauf vermerkte er, die Zahl der gefangenen Russen sei nicht 70000, sondern 90000 gewesen. Er fügte hinzu: »Die vermehren sich ja wie Ungeziefer« (Eintragung vom 4. 9. 1914). (B. F. Smith, 1971. Zitiert bei Ackermann.)
Am 26. August 1914 finden wir folgenden Eintrag:

> 26. August. Mit Falk im Garten gespielt. 1000 Russen von unseren Truppen östlich der Weichsel gefangen. Vormarsch der Österreicher. Nachmittags im Garten gearbeitet. Klavier gespielt. Nach dem Kaffee besuchten wir Kissenbarths. Wir durften bei ihnen Zwetschen vom Baum pflücken. Schrecklich viele sind gefallen. Wir haben jetzt 42-cm-Kanonen (B. F. Smith, 1971).

Smith meint dazu, es bleibe unklar, ob Himmler die heruntergefallenen Zwetschen bedauerte, die man nicht mehr essen konnte, oder die gefallenen Menschen.
Vielleicht hatte Himmler seine Pedanterie zum Teil von seinem Vater geerbt, der ein äußerst pedantischer Mann war, ein Gymnasialprofessor und späterer Direktor, dessen

Hauptstärke seine Ordnungsliebe gewesen zu sein scheint. Er war ein konservativer, im Grunde schwacher Mensch, ein altmodischer, autoritärer Vater und Lehrer.

Ein weiterer hervorstechender Zug in Himmlers Charakterstruktur ist seine *Unterwürfigkeit,* seine »Subalternität«, wie Burckhardt sie genannt hat. Wenn er anscheinend auch vor seinem Vater keine übertriebene Angst hatte, so war er ihm doch äußerst gehorsam. Er gehörte zu den Leuten, die sich nicht deshalb unterwerfen, weil ihnen die Autorität so große Angst einjagt, sondern weil *sie* solche Angst haben – nicht vor der Autorität, sondern vor dem Leben –, daß sie nach einer Autorität suchen und geradezu das Bedürfnis haben, sich ihr zu unterwerfen. Ihre Unterwürfigkeit hat sozusagen einen opportunistischen Zug, der in Himmlers Fall sehr deutlich zu erkennen ist. Seinen Vater, seine Lehrer und später seine Vorgesetzten in Armee und Partei von Gregor Strasser bis Hitler benutzte er, um Karriere zu machen und seine Konkurrenten aus dem Felde zu schlagen. Bis zu dem Zeitpunkt, als er in Strasser und den Naziführern neue und mächtigere Vaterfiguren fand, hatte er nie rebelliert. Er führte sein Tagebuch, genau wie sein Vater es ihm gesagt hatte, und er hatte ein schlechtes Gewissen, wenn er einmal an einem Tag keinen Eintrag machte. Er und seine Eltern waren römisch-katholisch. Sie gingen regelmäßig in die Kirche, während des Kriegs drei- bis viermal die Woche, und er beruhigte seinen Vater, er brauche sich keine Gedanken zu machen, daß er etwa so unmoralische Bücher wie die von Zola lese. Aber wir finden im Leben des jungen Himmler keine Hinweise auf eine leidenschaftliche Religiosität; seine religiöse Einstellung war genau wie die seiner Familie rein konventionell, wie es für seine Klasse charakteristisch war.

Daß er von seinem Vater zu Strasser und Hitler und vom Christentum zum arischen Heidentum überwechselte, spielte sich nicht als Rebellion ab. Alles vollzog sich reibungslos und vorsichtig. Er unternahm keinen neuen Schritt, bevor er es ohne Risiko tun konnte. Und als ihm schließlich sein Idol Hitler nichts mehr nützen konnte, versuchte er ihn zu verraten, indem er unter den neuen Herren, den Alliierten, den Erzfeinden von gestern und Siegern von heute, zu arbeiten versuchte. Hier liegt vielleicht der tiefste Charakterunterschied zwischen Himmler und Hitler. Hitler war ein »Rebell« (wenn auch kein »Revolutionär«); Himmler ging das Element der Rebellion völlig ab. Aus diesem Grunde ist auch die Spekulation unbegründet, daß Himmlers Wandlung zum Nazi ein Akt der Rebellion gegen seinen Vater gewesen sei. Die wahre Motivation für diese Wandlung scheint eine ganz andere gewesen zu sein. Himmler brauchte eine starke, mächtige Führerfigur, um die eigene Schwäche zu kompensieren. Sein Vater war ein schwacher Mensch, der nach der Niederlage des Kaiserreichs und der Zerstörung seiner Werte viel von seinem früheren gesellschaftlichen Prestige und Stolz eingebüßt hatte. Die junge Nazibewegung war zwar noch nicht stark, als Himmler ihr beitrat, aber sie war stark in der Heftigkeit ihrer Kritik, die sich nicht nur gegen die Linke, sondern auch gegen das bürgerliche System richtete, dem sein Vater angehörte. Diese jungen Leute spielten die Rolle von Helden, denen die Zukunft gehört, und Himmler, der schwache, unterwürfige Jüngling, fand ein geeigneteres Bild, dem er sich unterwerfen konnte, als es sein Vater war. Gleichzeitig konnte er mit einer gewissen Herablassung, wenn nicht versteckter Verachtung auf seinen Vater herabblicken; so weit und nicht weiter ging seine Rebellion.

Am weitesten ging seine Unterwürfigkeit Hitler gegenüber, wenn man auch vermuten darf, daß sein Opportunismus ihn veranlaßt haben mag, sich auch auf Schmeicheleien zu verlegen, die nicht ganz echt waren. Hitler war für ihn der Gott-Mensch, der die Bedeutung von Christus in der christlichen Religion und von Krischna im Bhagavad-Gita hatte. Er schreibt über ihn: »Er ist dazu von dem Karma des Germanentums der Welt vorbestimmt, den Kampf gegen den Osten zu führen und das Germanentum der Welt zu retten, eine der ganz großen Lichtgestalten hat in ihm ihre Inkarnation gefunden« (J. Ackermann, 1970). Er unterwarf sich dem neuen Krischna-Christus-Hitler, wie er sich dem alten Christus/Gott unterworfen hatte, jedoch noch leidenschaftlicher. Freilich ist dabei festzustellen, daß unter den gegebenen Umständen die neuen Götter größere Aussichten auf Ruhm und Macht boten.

Himmlers Unterwerfung unter eine starke Vaterfigur ging Hand in Hand mit einer tiefen und intensiven *Abhängigkeit von seiner Mutter,* die diesen Sohn liebte und verhätschelte. Himmler hat ganz bestimmt nicht unter einem Mangel an Liebe von seiten seiner Mutter gelitten – eine Klischeevorstellung, auf die man immer wieder in gewissen Büchern und Artikeln über ihn trifft. Allerdings könnte man ihre Liebe als primitiv bezeichnen. Die Einsicht und Vorstellungskraft dafür, was ein heranwachsender Junge brauchte, ging ihr ab. Ihre Liebe war die einer Mutter für ihr kleines Kind, und sie änderte sich in ihrer Qualität nicht, als der Junge größer wurde. So verdarb ihn ihre Liebe, indem sie sein Wachsen blockierte und ihn von ihr abhängig machte. Bevor ich näher auf diese Abhängigkeit eingehe, möchte ich darauf hinweisen, daß bei Himmler wie bei so vielen anderen das Bedürfnis nach einem starken Vater auf einer Hilflosigkeit beruht, die ihrerseits dadurch hervorgerufen wird, daß der Sohn ein kleiner Junge bleibt, der sich danach sehnt, von seiner Mutter (oder einer Mutterfigur) geliebt, beschützt und getröstet zu werden, einer Mutter, die keine Ansprüche an ihn stellt. So fühlt er sich nicht als Mann, sondern als Kind: schwach, hilflos und ohne Willen oder Initiative. Er wird sich daher oft nach einem starken Führer umsehen, dem er sich unterwerfen kann, der ihm ein Gefühl der Stärke gibt und der – in einer imitierenden Beziehung – zu einem Ersatz für die ihm fehlenden Eigenschaften wird.

Es war eine körperliche und geistige Schlappheit in Himmler, wie man sie oft bei derartigen »Muttersöhnchen« findet, und die er durch »Übung seiner Willenskraft« – hauptsächlich jedoch durch Härte und Unmenschlichkeit – zu überwinden suchte. Herrschaft und Grausamkeit traten für ihn an die Stelle von Stärke und Kraft. Sein Versuch mußte jedoch scheitern, da kein Schwächling durch Grausamkeit stark wird; er verbirgt seine Schwäche nur zeitweise vor sich selbst und anderen, solange er die Macht hat, sie unter seiner Kontrolle zu halten.

Es gibt viele Anzeichen dafür, daß Himmler ein typisches »Muttersöhnchen« war. Als er sich im Alter von siebzehn Jahren fern vom Elternhaus in militärischer Ausbildung befand, schrieb er im ersten Monat

> dreiundzwanzig Briefe nach Hause, und obwohl er zehn oder zwölf als Antwort erhielt, beklagte er sich ständig, daß die Familie ihm nicht oft genug schreibe. Der erste Satz seines Briefes vom 24. Januar ist typisch: »Liebe Mutti, vielen Dank für Deinen lieben Brief. Endlich habe ich Post von Dir bekommen.« Nachdem er zwei Tage später wieder Nachricht von zu Hause bekommen hatte, fängt er die alte Leier wieder an und fügt hinzu: »Ich habe schrecklich lange darauf gewartet.« Und zwei Briefe in drei Tagen hindern ihn nicht, am 29. wieder zu lamentieren: »Heute habe ich wieder nichts von Dir bekommen.«

> In seinen ersten Briefen gesellen sich zu seiner Bitte um Post Klagen über seine Lebensumstände: sein Zimmer ist kahl und kalt, und er hat unter Wanzen zu leiden; er fand das Essen knapp und wenig einladend und erbat sich Lebensmittelpakete und Geld, um in der Kantine oder in den Bierrestaurants in der Stadt essen zu können. Kleine Mißhelligkeiten, wie daß er aus Versehen im Bad die falschen Kleider erwischt hat, nehmen die Dimension kleiner Tragödien an und werden der Familie in allen Einzelheiten mitgeteilt. Zum Teil waren diese Klagen und dieses Lamento Hilferufe an die Adresse von Frau Himmler. Sie beantwortete sie damit, daß sie ihm eine Reihe von Geldanweisungen und mehrere Pakete schickte, die Lebensmittel, zusätzliches Bettzeug, Insektenpulver und saubere Wäsche enthielten. Offensichtlich waren diese Vorräte, die aus Landshut eintrafen, von vielen guten Ratschlägen und besorgten Äußerungen begleitet. Heinrich, der sich sagte, daß er die Haltung eines tapferen Soldaten einnehmen mußte, machte gelegentlich den Versuch, unter dem Eindruck dieser Briefe seine Klagen zurückzunehmen, welche die ganze Aktion in Gang gebracht hatten. Aber er wartete immer, bis er das Paket erhalten hatte, bevor er seinen Ton änderte, und seine Zurückhaltung dauerte auch nie lange. In bezug auf Eßpakete war er ganz ungeniert, und seine Briefe sind voller Lobesworte über die Kochkünste der Mutter (»der *Apfelstrudel,* den ich nach dem Unterricht gegessen habe, war wunderbar«) und voller Bitten um Leckerbissen wie Äpfel und Süßigkeiten (B. F. Smith, 1971).

Mit der Zeit wurden die Briefe nach Hause etwas seltener – obwohl die Pause nie länger als drei Wochen dauerte –, aber er bat auch weiterhin so beharrlich wie immer um Post. Manchmal konnte er sogar unangenehm werden, wenn seine Mutter ihm nicht so oft schrieb, wie er es erwartete. »Liebe Mutter«, beginnt ein Brief vom 23. März 1917, »vielen Dank für Deinen lieben Brief (den ich nicht erhalten habe). Es ist richtig häßlich von Dir, daß Du nicht geschrieben hast.«

Dieses Bedürfnis, alles mit seinen Eltern, besonders mit der Mutter, zu teilen, blieb auch bestehen, als er als Landwirtschaftspraktikant auf einem Hof arbeitete. Er war damals neunzehn Jahre alt, und er schrieb in den ersten dreieinhalb Wochen mindestens acht Briefe und Postkarten nach Hause, obwohl er oft vermerkte, er habe zu viel zu tun, um schreiben zu können. Als er an Paratyphus erkrankte, kam seine Mutter fast um vor Angst. Während seiner Rekonvaleszenz verbrachte er einen großen Teil seiner Zeit damit, daß er ihr in allen Einzelheiten über seinen Gesundheitszustand, seine Temperatur, seine Verdauung und seine Schmerzen berichtete. Gleichzeitig war er schlau genug, nicht den Eindruck zu erwecken, noch ein Wickelkind zu sein, und er versicherte in seinen Berichten immer wieder, es gehe ihm gut und seine Mutter solle sich nur keine Sorgen um ihn machen. Er begann seine Briefe sogar mit drei oder vier Bemerkungen von allgemeinem Interesse und fügte dann hinzu: »Aber ich merke schon, liebe Mutter, wie Du darauf brennst zu erfahren, wie es mir geht« (B. F. Smith, 1971). Das mag tatsächlich der Fall gewesen sein, aber dieser Satz ist ein Musterbeispiel für die Methode, die Himmler sein ganzes Leben lang anwandte – seine Wünsche und Ängste auf andere zu projizieren.

Bis jetzt haben wir einen zwanghaft ordentlichen, hypochondrischen, opportunistischen, narzißtischen jungen Mann kennengelernt, der sich noch als kleines Kind fühlte und sich nach dem mütterlichen Schutz sehnte, während er gleichzeitig den Versuch machte, einem Vaterbild zu folgen und es zu imitieren.

Zweifellos wurde Himmlers abhängige Haltung, die zum Teil auf die allzu nachsichtige

Einstellung der Mutter ihm gegenüber zurückzuführen war, noch durch gewisse wirkliche, sowohl körperliche als auch seelische Schwächen verstärkt. Körperlich war Himmler kein sehr kräftiges Kind, und ab drei Jahren war er immer wieder krank. Damals zog er sich eine ernste Erkrankung der Atmungsorgane zu, die sich offenbar in der Lunge festsetzte und an der damals viele Kinder starben. Seine Eltern waren außer sich vor Sorge und holten den Arzt, der bei seiner Geburt zugegen gewesen war, von München nach Passau, um die Behandlung zu übernehmen. Um dem Kind die denkbar beste Pflege angedeihen zu lassen, ging Frau Himmler mit ihm in einen Ort mit einem besseren Klima, und der Vater besuchte sie dort, wenn er sich von seiner Arbeit freimachen konnte. 1904 zog die ganze Familie mit Rücksicht auf die Gesundheit des Kindes wieder nach München. Es ist bemerkenswert, daß der Vater offenbar mit all diesen Maßnahmen, die kostspielig und unbequem für ihn waren, ohne dagegen zu protestieren, einverstanden war.[26]

Im Alter von fünfzehn Jahren fing er an, an Magenbeschwerden zu leiden, die ihn für den Rest seines Lebens plagen sollten. Nach dem gesamten Krankheitsbild ist es wahrscheinlich, daß ein starker psychogener Faktor dabei mit im Spiel war. Während ihm einerseits dieses Magenleiden als Symptom seiner Schwäche unangenehm war, gab es ihm andererseits die Möglichkeit, sich ständig mit sich selbst zu beschäftigen und sich mit Menschen zu umgeben, die sich seine Klagen anhörten und viel Aufhebens um ihn machten.[27]

Eine weitere Krankheit Himmlers war ein angeblicher Herzfehler, von dem es hieß, er habe ihn sich 1919 bei seiner Arbeit auf dem Gutshof zugezogen. Derselbe Münchner Arzt, der ihn bei seinem Paratyphus behandelt hatte, stellte nun die Diagnose, er leide an einer Herzhypertrophie (Herzerweiterung), die auf Überanstrengung während seines Militärdienstes zurückzuführen sei. B. F. Smith meint dazu, man habe in jenen Jahren oft die Diagnose einer Herzerweiterung gestellt und sie auf Überanstrengung im Krieg zurückgeführt, während sich die meisten heutigen Ärzte über derartige Diagnosen lustig machen. Moderne Mediziner stehen auf dem Standpunkt, daß Himmler keinen Herzfehler hatte und daß er – abgesehen von Gesundheitsstörungen, die auf Unterernährung und Nachwirkungen des Paratyphus zurückzuführen waren – »sich vermutlich einer recht guten Gesundheit erfreute« (B. F. Smith, 1971).

Wie dem auch sein mag, die Diagnose muß Himmlers hypochondrische Neigungen und seine Bindung an die Eltern noch verstärkt haben, die sich auch weiterhin um ihn Gedanken machten und sich um ihn sorgten.

Aber Himmlers körperliche Schwäche bezog sich nicht nur auf Lunge, Magen und Herz. Er sah weichlich und schlapp aus und war körperlich unbeholfen und ungeschickt. Als er zum Beispiel ein Fahrrad bekam und seinen Bruder Gebhard auf dessen Radtouren begleitete, »fiel Heinrich immer wieder vom Rad, zerriß sich die Kleider, und es passierte ihm auch sonst noch alles mögliche« (B. F. Smith, 1971). Die gleiche körperliche Ungeschicklichkeit zeigte er auch in der Schule, was noch eine größere Demütigung für ihn gewesen sein dürfte.

[26] Es ist dies ein weiterer Faktor, aufgrund dessen ich annehmen möchte, daß der Vater doch kein so barscher und angsterregender Zuchtmeister war, als der er manchmal dargestellt wird.

[27] Als Himmler an der Macht war, fand er eine solche Figur in Dr. Kersten, der einigen Einfluß auf ihn gehabt zu haben scheint, was angesichts der Tatsache, daß Kersten bei ihm die Funktion einer Mutterfigur erfüllte, nicht weiter verwunderlich ist.

Wir besitzen eine ausgezeichnete Schilderung Himmlers während seiner Schuljahre, die von seinem Mitschüler G. W. F. Hallgarten stammt, der später ein bekannter Historiker wurde.[28] In seiner Autobiographie berichtet Hallgarten, als er von Himmlers Aufstieg zur Macht gehört habe, habe er sich kaum vorstellen können, daß es sich dabei um seinen ehemaligen Mitschüler handelte.

Hallgarten beschreibt Himmler als einen »ungemein milchgesichtigen, plumpen Knaben«, der bereits eine Brille trug und oft ein »halb verlegenes, halb hämisches Lächeln« zeigte. Er sei von seinen Lehrern gern gesehen worden und während der ganzen Schulzeit Musterschüler gewesen und habe in allen wesentlichen Fächern die besten Noten gehabt. In der Klasse habe er als Streber gegolten. Nur in einem einzigen Fach habe Himmler schlechte Leistungen gezeigt, und das war Turnen. Hallgarten beschreibt im einzelnen, wie sehr es Himmler demütigte, wenn er auch relativ einfache Übungen nicht ausführen konnte und nicht nur der Lehrer, sondern auch seine Klassenkameraden sich über ihn lustig machten, die sich darüber freuten, diesen ehrgeizigen Jungen auch einmal im Hintertreffen zu sehen (G. W. F. Hallgarten, 1963).

Bei all seiner Ordentlichkeit fehlte es Himmler an Disziplin und Initiative. Er war ein Schwätzer, und er war sich dessen bewußt, schalt sich selbst deswegen und versuchte, es abzulegen. Vor allem aber ging ihm jede Willenskraft ab; daher ist es nicht weiter verwunderlich, daß er einen starken Willen und Härte als ideale Tugenden gepriesen, sie aber selbst nie erworben hat. Er kompensierte diesen Mangel an Willenskraft damit, daß er die anderen unter seine Macht zwang.

Daß er sich selbst seiner Unterwürfigkeit und seines Mangels an Willenskraft bewußt war, zeigt sein Tagebucheintrag vom 27. Dezember 1919: »Gott wird noch alles zum Guten lenken. Doch nicht willenlos werde ich mich dem Schicksal fügen, sondern selbst, so gut ich vermag, steuern« (J. Ackermann, 1970). Dieser Satz ist recht gewunden und widerspruchsvoll. Er fängt damit an, daß er Gottes Willen anerkennt (er war damals noch praktizierender Katholik); dann versichert er, er werde sich nicht »dem Schicksal fügen«, was er aber durch den Zusatz »willenlos« qualifiziert – womit er den Konflikt zwischen seiner effektiven Unterwürfigkeit und seinem Ideal eines starken Willens durch den Kompromiß löst, daß er sich zwar unterwerfen will, dies aber aus freiem Willen tun wird. Dann nimmt er sich vor, sein Schicksal selbst zu steuern, qualifiziert aber diese »Unabhängigkeitserklärung« mit dem lahmen Zusatz »so gut ich vermag«. Im völligen Gegensatz zu Hitler war und blieb Himmler ein Schwächling, und er war sich dessen bewußt. Sein Leben war ein einziger Kampf gegen diese Erkenntnis, ein ständiger Versuch, stark zu werden. Himmler war einem jungen Mann recht ähnlich, der aufhören möchte zu masturbieren und es nicht fertigbringt, der sich schuldbewußt und schwach fühlt, sich Vorwürfe wegen seiner Schwäche macht und sich immerzu zu ändern versucht, ohne daß ihm dies je gelingt. Aber die Umstände und seine Gerissenheit ermöglichten es ihm, sich eine derartige Machtstellung über andere zu erringen, daß er sich der Illusion hingeben konnte, doch noch »stark« geworden zu sein.

Himmler fühlte sich nicht nur körperlich schwach und ungeschickt, er litt auch unter dem Gefühl seiner gesellschaftlich untergeordneten Stellung. Gymnasialprofessoren standen

[28] Vgl. G. W. F. Hallgarten, 1963.

auf der untersten Stufe der monarchischen Hierarchie und waren voller Respekt vor allen, die über ihnen rangierten. Das war in Himmlers Familie um so akuter, weil sein Vater eine Zeitlang Erzieher des Prinzen Heinrich von Bayern gewesen war und auch hinterher noch in so enger persönlicher Beziehung zu ihm stand, daß er den Prinzen bitten konnte, die Patenschaft bei seinem zweiten Sohn zu übernehmen, der auf diese Weise zu seinem Vornamen Heinrich kam. Damit, daß der Prinz der Familie Himmler diese Gunst erwies, erreichte diese den Gipfel dessen, was ihrem Ehrgeiz erreichbar war; auch hätte diese Beziehung sich sicher noch weiter günstig ausgewirkt, wäre der Prinz nicht im Ersten Weltkrieg gefallen. (Übrigens war er der einzige deutsche Prinz, der damals dieses Schicksal erlitt.) Der Adel muß dem jungen Himmler, der so eifrig darauf bedacht war, sein Gefühl der Minderwertigkeit zu verbergen, wie ein gesellschaftliches Paradies vorgekommen sein, das ihm für immer versperrt war.

Und dennoch schaffte Himmlers Ehrgeiz das Unmögliche. Aus dem schüchternen jungen Mann in einer gesellschaftlich untergeordneten Stellung, der die Mitglieder des Adels bewunderte und beneidete, wurde er zum Haupt der SS, die der neue deutsche Adel werden sollte. Kein Prinz Heinrich und keine Grafen und Barone und Vons standen mehr über ihm. Er, der Reichsführer-SS mit seinen Handlangern, war der neue Adel; *er* war der Prinz; wenigstens muß das sein Wunschtraum gewesen sein. Hallgartens Erinnerungen an die gemeinsame Schulzeit weisen auf diesen Zusammenhang zwischen dem alten Adel und der SS hin. In München gab es eine Gruppe von Söhnen adliger Familien, die in einem eigenen Hause wohnten, aber zum Unterricht in das gleiche Gymnasium gingen. Hallgarten erinnert sich daran, daß sie eine Uniform trugen, die der der späteren SS ähnlich war, nur daß sie dunkelblau statt schwarz war. Seine Vermutung, daß diese Uniform als Vorbild für die spätere SS-Uniform gedient hat, erscheint sehr einleuchtend.

Himmler hat immer wieder Mut und Selbstaufopferung für die Allgemeinheit gepredigt. Daß dies nicht echt war, geht aus der etwas komplizierten Geschichte seines Wunsches, in die Armee einzutreten und 1917 an die Front zu gehen, deutlich hervor. Wie sein älterer Bruder und viele andere junge Leute, die zu den höheren Rangstufen des Establishments Beziehungen hatten, versuchte auch Heinrich ein Regiment zu finden, in dem er Offiziersanwärter, das heißt Fähnrich, werden konnte. Diese Ausbildung hatte zwei Vorteile: den augenfälligen Vorteil, daß man auf diese Weise Offizier werden konnte mit der Aussicht, später als Berufsoffizier bei der Armee bleiben zu können, und den weniger augenfälligen Vorteil, daß diese Ausbildung längere Zeit in Anspruch nahm als die Ausbildung der jungen Leute, die als einfache Soldaten eingezogen wurden oder sich freiwillig meldeten. Man konnte damit rechnen, daß man erst nach acht oder neun Monaten an die Front geschickt wurde. Der einfache Soldat wurde in jener Phase des Krieges schon viel schneller an die Front geschickt.

Himmlers Bruder Gebhard hatte seine Offiziersausbildung schon 1916 begonnen und war schließlich an die Front gekommen. Als Heinrich Himmler sah, welches Aufhebens die Familie um den älteren Bruder machte und wie immer mehr junge Leute an die Front rückten, lag er seinen Eltern in den Ohren, sie sollten ihm erlauben, die Schule zu verlassen und sich ebenfalls zum Offizier ausbilden zu lassen. Himmlers Vater versuchte alles, was in seiner Macht stand, diesen Wunsch zu erfüllen, indem er seine gesellschaftlichen Beziehungen mobilisierte. Aber trotz einer warmen Empfehlung seitens der Witwe des

Prinzen Heinrich wies ihn das Regiment, dem er empfohlen wurde, ab, da es schon genügend Offiziersanwärter hatte. Auf seine methodische Art schrieb der Vater 23 Regimenter an, nachdem er sich die Namen der maßgeblichen Offiziere eines jeden Regiments sowie die Namen wichtiger Personen, die eventuell Beziehungen zum Regimentskommandeur hatten, beschafft hatte. Trotzdem empfing er nur Ablehnungen. Aber selbst dann gab sich Professor Himmler noch nicht geschlagen. Fünf Tage später reichte er sein 24. Gesuch ein, diesmal an das 11. Infanterieregiment, an das er sich noch nicht gewandt hatte. Während sein Vater sich noch mit den Gesuchen herumschlug, gab Heinrich vorübergehend die Hoffnung auf. Offenbar glaubte er, man werde ihn als einfachen Soldaten einziehen. Da bediente er sich der Beziehungen seines Vaters und bewarb sich bei der Stadt Landshut um Verwendung beim Hilfsdienst, einer Art Kriegsersatzdienst für solche, die man nicht einberufen hatte. Er verließ die Schule und trat in diesen Hilfsdienst ein, offensichtlich in der Hoffnung, auf diese Weise seine Einberufung noch hinausziehen zu können. Als dann jedoch das Bayerische Kultusministerium einen Sondererlaß herausgab, aus dem hervorging, daß keine Gefahr bestand, eingezogen zu werden, ging Heinrich wieder auf die Schule zurück. Kurz danach hatte das 24. Gesuch – sehr zu seinem und des Vaters Erstaunen – Erfolg, und er erhielt die Aufforderung, sich beim 11. Infanterieregiment in Regensburg zu melden.

Ende der ersten Woche hörte er gerüchteweise, man werde ihn nicht in der Offiziersausbildung behalten, sondern man plane, ihn sofort an die Front zu schicken. »Diese Nachricht deprimierte ihn noch mehr und löschte seine Kampfesbegeisterung völlig aus« (B. F. Smith, 1971). Er erklärte seinen Eltern zwar, er sei nur deshalb so verzweifelt, weil er jetzt nicht Offizier werden könnte, bat sie aber gleichzeitig, sich mit einem Vetter zweiten Grades in Verbindung zu setzen, der diesem Regiment als Offizier angehörte, und ihn um seine Unterstützung zu bitten. Die Eltern, besonders seine Mutter, waren fast ebenso entsetzt wie der junge Mann selbst, und noch einen Monat später versicherte ihm Leutnant Zahle – dieser Vetter –, man werde ihn nicht an die Front schicken, er solle sich beruhigen und ruhig mit seiner Ausbildung weitermachen.

Sobald sich seine Angst, an die Front geschickt zu werden, gelegt hatte, nahm Heinrich eine selbstsichere Haltung an. Er wagte sogar zu rauchen (wenn er auch seinen Vater erst um Tabak bitten mußte), und als Kommentar zu einer Falschmeldung von Ludendorffs Rücktritt meinte er zur politischen Lage, »sie gefalle ihm nicht«. Das Jahr 1918 verbrachte er vom Jahresbeginn bis Anfang Oktober in der Ausbildung und in Erwartung des Frontbefehls. Diesmal scheint er geradezu darauf versessen gewesen zu sein, an die Front zu kommen und versucht zu haben, sich bei den Offizieren einzuschmeicheln, um zu erreichen, daß er noch vor seinem Freund Kistler an die Front käme, der dies ebenfalls wollte – für den Fall, daß man nur einen von ihnen dafür ausersehen sollte. Aber seine Bemühungen blieben erfolglos, und er nahm seinen gesellschaftlichen Verkehr und seine Theaterbesuche wieder auf.

Die Frage liegt auf der Hand, wieso er jetzt so sehr darauf aus war, an die Front zu gehen, nachdem er sich ein paar Monate zuvor doch so sehr davor gefürchtet hatte. Dieser scheinbare Widerspruch läßt sich auf verschiedene Weise erklären. Sein Bruder Gebhard war an der Front zum Portepee-Fähnrich befördert worden, und das muß Heinrich so eifersüchtig gemacht haben, daß er jetzt unbedingt zeigen wollte, daß auch er ein Held war. Vielleicht war auch die Konkurrenz mit Kistler Anreiz genug, ihn über dem Wunsch, Kistler in diesem Spielchen zu schlagen, seine Angst vergessen zu lassen. Mir scheint jedoch der Hauptgrund woanders zu liegen. Genau zu dem Zeitpunkt, als Heinrich sich so sehr darum bemühte, an die Front geschickt zu werden, schrieb er: »Ich sehe die politische Lage sehr schwarz, völlig schwarz . . . Ich werde meinen Vorsatz nie aufgeben, auch wenn es zur Revolution kommen sollte, was nicht außer Frage steht« (B. F. Smith, 1971). Himmler war schlau genug, daß er wie fast jeder in Deutschland im Oktober 1918 wußte, daß der Krieg vorbei und verloren war. Es war jetzt ziemlich gefahrlos, den Wunsch zu äußern, an die Front geschickt zu werden, wo in Deutschland sich bereits die Revolutionswelle bemerkbar machte und die Revolution drei Wochen später mit voller Macht losbrach. Tatsächlich veranlaßte die wachsende Opposition und revolutionäre Stimmung die militärischen Behörden, diese jungen Leute schließlich nicht mehr an die Front zu schicken.

Ein anderes Beispiel für Himmlers Mangel an Willensstärke und für seine Unentschlossenheit war sein Berufsleben. Sein Entschluß, Landwirtschaft zu studieren, war für alle eine Überraschung, und seine Motive sind noch immer nicht klar. Bei der humanistischen Erziehung, die er bekommen hatte, muß die Familie angenommen haben, daß er einen ähnlichen Beruf wie sein Vater ergreifen würde. Die einleuchtendste Erklärung scheint mir zu sein, daß er bezweifelte, daß seine Fähigkeiten für das Studium auf einem anspruchsvolleren intellektuellen Gebiet ausreichen würden und daß das Studium der Landwirtschaft ihm eine Möglichkeit zu bieten schien, auf leichtere Weise einen akademischen Titel zu erlangen. Man darf nicht vergessen, daß seine Entscheidung für die Landwirtschaft auf seine Enttäuschung hin erfolgte, daß er sein erstes Ziel, nämlich Berufsoffizier zu werden, nicht verwirklichen konnte. Seine landwirtschaftliche Laufbahn wurde durch seinen wirklichen oder scheinbaren Herzfehler unterbrochen, doch tat dieser seiner Absicht, damit fortzufahren, keinen Abbruch. Wenigstens etwas tat er: Er lernte Russisch, da er nach dem Osten auswandern und dort Landwirt werden wollte. Offenbar war er der Meinung, das Freikorps würde im Osten Land erobern und auch für ihn würde etwas davon abfallen. Er schrieb: »Im Augenblick weiß ich nicht, weshalb ich arbeite. Ich arbeite, weil es meine Pflicht ist, weil ich Friede in der Arbeit finde für mich und für meine deutsche Lebensgefährtin, mit der ich eines Tages im Osten leben und mich als Deutscher fern von meinem lieben Deutschland durchs Leben schlagen werde« (B. F. Smith, 1971). Und einen Monat später: »Heute habe ich mich innerlich von jedem losgerissen, und ich werde mich von jetzt ab nur noch auf mich selbst verlassen. Wenn ich kein Mädchen finde, dessen Charakter zu meinem paßt und das mich liebt, gehe ich allein nach Rußland« (B. F. Smith, 1971).

Diese Äußerungen sind recht aufschlußreich. Himmler versucht, seine Angst und Einsamkeit und Abhängigkeit dadurch abzuleugnen, daß er seinen starken Willen betont. Mit oder ohne Mädchen will er fern von Deutschland, ganz allein auf sich gestellt, leben, und mit diesem Gerede versucht er sich selbst davon zu überzeugen, daß er kein »Muttersöhnchen« mehr ist. Tatsächlich jedoch benimmt er sich wie ein kleiner Bub von sechs Jahren, der beschließt, seiner Mutter davonzulaufen, und der sich hinter der nächsten Ecke versteckt und darauf wartet, daß sie ihn zurückholt. Wenn man bedenkt, daß er damals ein junger Mann von zwanzig Jahren war, war dieser ganze Plan unter den gegebenen

Umständen eine jener unrealistischen, romantischen Phantasien, zu denen Himmler neigte, wenn er nicht gerade dabei war, unmittelbare Interessen zu verfolgen.

Als es sich herausstellte, daß keine Aussicht für ihn bestand, sich in Rußland ansiedeln zu können, fing er an, Spanisch zu lernen mit dem Gedanken, sich in Südamerika als Landwirt niederzulassen.[29] Zu anderen Zeiten zog er Länder wie Peru, Georgien (UdSSR) und die Türkei in Betracht, aber alle diese Ideen waren nichts als Tagträume. In diesem Augenblick seines Lebens wußte Himmler nicht wohin. Er konnte nicht Offizier werden. Er besaß nicht einmal Geld genug, um in Deutschland Landwirt zu werden – von Südamerika ganz zu schweigen. Es fehlte ihm nicht nur an Geld, sondern auch an Phantasie, Ausdauer und an Unabhängigkeit, die dazu erforderlich gewesen wäre. Er war in der gleichen Lage wie viele, die Nazis wurden, weil sie weder gesellschaftlich noch beruflich einen anderen Ausweg wußten und doch ehrgeizig und von dem glühenden Wunsch erfüllt waren, Karriere zu machen.

Seine Hoffnungslosigkeit in bezug auf die Erreichung eines Zieles und vermutlich auch sein Wunsch, weit weg zu sein, wo ihn niemand kannte, müssen durch seine Erlebnisse als Student in München noch gewachsen sein. Er trat einer Burschenschaft bei und tat alles, sich beliebt zu machen. Er besuchte erkrankte Bundesbrüder und hielt auf Schritt und Tritt nach Aktiven und Alten Herren seiner Verbindung Ausschau. Zu seinem Leidwesen war er jedoch bei seinen Bundesbrüdern nicht sehr beliebt, von denen einige ganz offen aussprachen, daß sie kein Vertrauen zu ihm hätten. Seine fixen Ideen, seine ständigen Organisationsversuche und sein Gerede machten ihn nur noch unbeliebter, und als er sich in seiner Verbindung um eine Charge bemühte, lehnte man ihn ab. In seinen Beziehungen zu jungen Mädchen konnte er seine vorsichtige, steife Haltung nie überwinden, und er legte »eine so große Distanz zwischen sich und das andere Geschlecht, daß kaum Gefahr bestand, daß seine Keuschheit in Gefahr geriet« (B. F. Smith, 1971).

Je verzweifelter es mit seinen Berufsaussichten aussah, um so mehr fühlte sich Himmler zu den Ideen des radikalen rechten Flügels hingezogen. Er las antisemitische Bücher, und als der deutsche Außenminister Rathenau 1922 ermordet wurde, freute er sich darüber und nannte ihn einen »Schurken«. Er trat einer etwas mysteriösen rechtsextremen Organisation, dem *Freiweg,* bei und machte dort die Bekanntschaft Ernst Röhms, eines Aktivisten in der Hitlerbewegung. Trotz all dieser neuen Sympathien und Verbindungen mit der radikalen Rechten war er immer noch vorsichtig genug, sein Schicksal nicht ganz mit dem ihren zu identifizieren, und er blieb in München und setzte sein gewohntes Leben fort. »Denn trotz seiner Hinwendung zur Politik und trotz der Sorgen, die er sich über sich selbst und seine Zukunft machte, behielt er doch viele seiner Gewohnheiten und seine alte Lebensweise bei. Er ging weiter in die Kirche, machte Besuche, tanzte in den Studentenverbindungen und schickte seine schmutzige Wäsche nach Ingolstadt [zu seiner Mutter]« (B. F. Smith, 1971). Schließlich rettete ihn ein Stellenangebot, das ihm der Bruder eines

[29] Seine Methode ist kennzeichnend für seine pedantisch methodologische Orientierung. Er lernt eine Sprache, bevor er auch nur die geringste Idee von den praktischen Möglichkeiten zur Erreichung des Zieles hat, wofür er die Sprache lernt. Aber eine Sprache lernen, schadet schließlich nichts; man braucht dazu keinen Entschluß zu fassen, und er kann sich einreden, einen großen Plan zu haben, während er sich in Wirklichkeit nur treiben läßt. Das ist genau seine Situation zu Anfang der zwanziger Jahre.

seiner Professoren machte, aus seiner mißlichen beruflichen Lage. Es handelte sich um die Stelle eines technischen Assistenten in einer Kunstdüngerfabrik, wo er in der Düngerforschung der Firma arbeitete. Der Zufall wollte es, daß eben diese Stelle ihn direkt in die aktive Politik hineinführte. Die Fabrik, in der er arbeitete, lag in Schleißheim, nördlich von München, wo eine der neuen paramilitärischen Einheiten, der *Bund Blücher,* ihr Hauptquartier hatte. Er konnte es kaum vermeiden, in dieses Aktionszentrum mit hineingezogen zu werden, und nach langem Zögern trat er schließlich Hitlers NSDAP bei, die eine der aktiveren unter den konkurrierenden Gruppen des rechten Flügels war. Es würde zu viel Platz in Anspruch nehmen, wollte ich hier die Ereignisse in Deutschland und speziell in Bayern zum damaligen Zeitpunkt beschreiben. Kurz gesagt, spielte die bayerische Regierung mit dem Gedanken, sich mit Hilfe der rechtsextremen Gruppen gegen die Reichsregierung in Berlin zu wenden, konnte sich jedoch schließlich nicht zum Handeln entschließen. In der Zwischenzeit gab Himmler seine Stelle in Schleißheim auf und trat einem Wehrverband, einer Ersatzkompagnie für ein Reichswehrregiment, bei. Seine Kompagnie wurde jedoch von der Reichswehr aufgelöst, weil es allzu viele gab, die bereit waren, bei einer Aktion gegen Berlin mitzumachen, und so war Himmlers neue militärische Karriere nach nur sieben Wochen wieder zu Ende. Aber in der Zwischenzeit hatte er enge Beziehungen zu Röhm angeknüpft, und am Tage des Münchener Putsches war es Himmler, der die alte kaiserliche Fahne trug und an Röhms Seite an der Spitze einer Abteilung marschierte, die sich des Kriegsministeriums zu bemächtigen versuchte. Röhm und seine Leute umzingelten das Kriegsministerium, wurden jedoch ihrerseits von der bayerischen Polizei eingeschlossen. Hitlers Versuch, Röhm zu befreien, endete in seinem erfolglosen Marsch gegen die regulären Truppen vor der Feldherrnhalle. Die Führer der Röhmgruppe (»Reichskriegsflagge«) wurden in Gewahrsam genommen, und Himmler und die übrigen lieferten ihre Waffen ab, wiesen sich bei der Polizei aus und gingen nach Hause.

Wenn auch Himmler immer noch stolz darauf war, daß er die Fahne getragen hatte, so hatte er doch Angst, man könnte ihn verhaften; andererseits war er enttäuscht darüber, daß die Regierung sich nicht für ihn interessierte. Er wagte nichts zu unternehmen, das zu seiner Verhaftung hätte führen können, wie zum Beispiel für die verbotenen Organisationen zu arbeiten. (Man erinnere sich, daß eine Verhaftung damals keinerlei schreckliche Konsequenzen gehabt hätte. Höchstwahrscheinlich hätte man ihn wieder entlassen oder freigesprochen, oder er wäre für kurze Zeit – wie Hitler – zu Festungshaft verurteilt worden, in einem recht behaglichen Aufenthaltsort, der alle Annehmlichkeiten bot, abgesehen davon, daß man nicht berechtigt war, ihn zu verlassen.) Aber Himmler gab sich mit Rationalisierungen zufrieden: »Als Freund und besonders als Soldat und treues Mitglied der völkischen Bewegung werde ich nie vor einer Gefahr davonlaufen, aber wir sind es uns und der Bewegung schuldig, uns für den Kampf bereitzuhalten« (B. F. Smith, 1971). Dementsprechend arbeitete er in der völkischen Bewegung, die nicht verboten war, und sah sich weiter nach einer neuen Stelle um. Auch spielte er mit dem Gedanken, sich in der Türkei eine attraktive Stelle zu suchen. Er schrieb sogar an die Sowjetische Gesandtschaft, um sich zu erkundigen, ob eine Möglichkeit bestünde, in die Ukraine zu gehen – ein merkwürdiger Schritt für diesen fanatischen Antikommunisten. Zu dieser Zeit wurde sein Antisemitismus bösartiger und bekam eine sexuelle Färbung, wahrscheinlich deshalb, weil er sich in Gedanken ständig mit sexuellen Dingen beschäftigte. Er stellte Spekulationen über die Moral der jungen Mädchen an, mit denen er bekannt wurde, und stürzte sich auf erotische Bücher, wo immer er ihrer habhaft werden konnte. Als er 1924 alte Freunde besuchte, fand er in ihrer Bibliothek C. F. Schlichtegrolls *Ein Sadist im Priesterrock*, das 1904 in Deutschland verboten worden war; er verschlang es in einem Tag. Im allgemeinen bot er das zu erwartende Bild eines gehemmten und ängstlichen jungen Mannes, der darunter litt, daß er es nicht fertigbrachte, mit Frauen Beziehungen anzuknüpfen.

Schließlich löste sich das Problem seiner Zukunft. Gregor Strasser, ein Führer der Nationalsozialistischen Freiheitsbewegung und ihr Gauleiter für Niederbayern, bot ihm eine Stelle als sein Sekretär und Assistent an. Er nahm sofort an, ging nach Landshut und stieg mit Strasser in der Partei auf. Strasser vertrat recht andere Ideen als Hitler. Er rückte die sozial-revolutionären Punkte im Naziprogramm in den Vordergrund und war zusammen mit seinem Bruder Otto und mit Joseph Goebbels Führer dieses radikaleren Flügels. Sie wollten Hitler von seiner bürgerlichen Orientierung abbringen und waren der Ansicht, die Partei solle »eine Botschaft der sozialen Revolution proklamieren, nur ein wenig mit Antisemitismus gewürzt« (B. F. Smith, 1971). Aber Hitler änderte seinen Kurs nicht. Goebbels, der merkte, welche Seite die stärkere war, gab die eigenen Ideen auf und schloß sich Hitler an. Strasser trat aus der Partei aus, und Röhm, der Chef der SA, der ebenfalls radikalere, revolutionäre Ideen vertrat, wurde später auf Anordnung Hitlers – tatsächlich von Himmlers SS-Leuten – ermordet. Der Tod Röhms und anderer Führer der SA war der Anfang und die Voraussetzung für Himmlers eigenen Aufstieg bis zur Spitze.

1925/26 war die NSDAP jedoch noch eine kleine Partei. Die Weimarer Republik schien sich stabilisiert zu haben, und Himmler kamen offenbar gewisse Zweifel. Er hatte frühere Freunde verloren, und »selbst seine Eltern machten ihm klar, daß sie seine Arbeit in der Partei nicht nur mißbilligten, sondern ihn geradezu als verlorenen Sohn betrachteten« (B. F. Smith, 1971). Sein Gehalt war gering, und er mußte sich oft Geld borgen. So ist es kaum verwunderlich, daß der alte Wunsch wieder in ihm erwachte, sich eine feste Stelle als Gutsverwalter zu suchen, und daß er wieder mit dem Gedanken spielte, in die Türkei auszuwandern. Er blieb jedoch auf seinem Parteiposten, da alle seine Versuche, eine Stelle zu finden, völlig ergebnislos blieben – und nicht etwa deshalb, weil seine Loyalität gegenüber den Ideen der Partei so stark und unerschütterlich gewesen wäre. Kurz darauf hellte sich der Himmel auf. Gregor Strasser wurde 1926 Reichspropagandaleiter der NSDAP, und Himmler wurde sein Stellvertreter.

Nur drei Jahre später kommandierte Himmler 300 Mann der Schutzstaffeln, die 1933 zu einer Armee von 50000 angewachsen waren.

In seiner Himmlerbiographie meint Smith: »Was uns so tief beunruhigt, ist nicht die Organisation der SS und auch nicht Himmlers schließliche Stellung als Chef der Reichspolizei, sondern die Marterung von Millionen menschlicher Wesen und die Ausrottung weiterer Millionen. Auf diese Fragen ist in Himmlers Kindheit und Jugend keine direkte Antwort zu finden« (B. F. Smith, 1971). Ich glaube nicht, daß er damit recht hat, und ich will versuchen zu zeigen, daß Himmlers Sadismus tief in seiner Charakterstruktur verwurzelt war, schon lange, bevor er Gelegenheit hatte, ihn in einem Rahmen zu praktizieren, der seinen Namen als den eines blutdürstigen Ungeheuers in die Geschichte eingehen ließ.

Wir sollten uns die allgemeine Definition des Sadismus als dem leidenschaftlichen Verlangen nach absoluter und uneingeschränkter Macht über ein anderes menschliches Wesen vor Augen halten. Die Zufügung von körperlichem Schmerz ist nur eine der Manifestationen dieses Wunsches nach Allmacht. Wir dürfen auch nicht vergessen, daß die masochistische Unterwürfigkeit nicht das Gegenteil des Sadismus, sondern Teil eines symbiotischen Systems ist, bei dem die vollständige Kontrolle und die vollständige Unterwerfung Manifestationen der gleichen tiefliegenden vitalen Impotenz sind.

Himmlers Freude an der boshaften Verleumdung anderer Menschen zeigte sich vielleicht mit zum erstenmal während des Krieges, als er sechzehn Jahre alt war. Einige wohlhabende Sachsen, die ihre Ferien in Bayern verbrachten, hatten dort Nahrungsmittel gehamstert und nach Hause geschickt, wo derartige Dinge nur viel schwerer zu haben waren. Sie wurden in der Zeitung denunziert, und Smith glaubt, Himmler sei so gut darüber informiert gewesen, was sie gekauft hatten, daß »einem unbedingt der Gedanke kommt, daß er bei der Anzeige mitgewirkt haben muß« (B. F. Smith, 1971). In einem kleinen Gedicht, das Himmler 1919 verfaßt hat, kommt ebenfalls seine grausame Ader zum Ausdruck (in B. F. Smith, 1971):

> Franzosen, Franzosen, o gebt nur recht acht
> Für euch wird kein Pardon gemacht.
> Uns're Kugeln pfeifen und sausen
> Und verbreiten euch Schrecken und Grauen
> Wenn wir da so unheimlich hausen.

Nachdem er 21 Jahre alt war und sich etwas unabhängiger fühlte, weil er angefangen hatte, neue Freunde und Vaterfiguren zu finden, nahm er seinem Vater gegenüber ein leicht herablassendes Benehmen an, wenn er seine Vorhaltungen auch immer in angemessener Form vorbrachte, während seine herablassenden Ermahnungen an die Adresse seines älteren Bruders Gebhard immer tückischer wurden.

Wenn wir die Entwicklung von Himmlers Sadismus verfolgen wollen, müssen wir die Bedeutung seiner Beziehung zu Gebhard verstehen.[30] Gebhard war in der Tat das Gegenteil von Heinrich; er war aufgeschlossen, beliebt, unerschrocken und anziehend für junge Mädchen. Als die beiden noch jünger waren, scheint Heinrich Gebhard bewundert zu haben, doch verwandelte sich diese Bewunderung in bitteren Neid, als Gebhard auf verschiedenen Gebieten, auf denen Heinrich scheiterte, Erfolge aufzuweisen hatte. Er ging in den Krieg, wurde an der Front befördert und bekam das Eiserne Kreuz erster Klasse. Er verliebte sich in ein hübsches Mädchen und verlobte sich mit ihr, während sein jüngerer Bruder, der weder Ruhm noch Liebe besaß, linkisch, schwächlich und unbeliebt war. Heinrich schloß sich anstelle von Gebhard an seinen Vetter zweiten Grades mit Namen Ludwig an, der ebenfalls Gründe hatte, auf Gebhard eifersüchtig zu sein. Zuerst kritisierte er nur seinen Bruder wegen dessen Mangel an Disziplin und Zielstrebigkeit; weil er nicht heldenhaft genug und zu sorglos sei – womit er, wie üblich, einen anderen wegen Untugenden kritisierte, die er selber hatte. Aber der künftige Polizeiminister trat in seiner

[30] Meine Quelle für die nachfolgende Beschreibung von Heinrichs Beziehung zu Gebhard ist B. F. Smith (1971).

Beziehung zu Gebhard erst voll in Erscheinung, als dieser sich mit Erfolg um eine entfernte und offenbar attraktive Kusine namens Paula bemühte. Das junge Mädchen entsprach nicht Heinrichs Vorstellung von einer scheuen, zurückhaltenden und keuschen Braut, und unglücklicherweise gab es zwischen Paula und Gebhard Streit, weil das junge Mädchen sich angeblich eine »Unbesonnenheit« hatte zuschulden kommen lassen. Gebhard schrieb Heinrich und bat ihn inständig, zu Paula zu gehen und ihm behilflich zu sein, die Sache wieder in Ordnung zu bringen. Diese ungewöhnliche Bitte zeigt, bis zu welchem Grad es Heinrich bereits gelungen war, sich seinen älteren Bruder gefügig zu machen, wahrscheinlich indem er bei seinen Eltern gegen ihn intrigiert hatte. Heinrich ging zu Paula, doch wissen wir nicht, was sich dabei ereignete. Der Brief, den er ihr ein paar Wochen später schrieb, nachdem sie offenbar vier Dinge, die Treue betreffend, gelobt hatte, zeigt uns jedoch etwas von seinem herrschsüchtigen Charakter:

> Ich will gern glauben, daß Du die vier Dinge auch hältst, besonders solange Gebhard durch seine persönliche Anwesenheit einen direkten Einfluß auf Dich ausübt. Aber das genügt nicht. Ein Mann muß von seiner Braut die Gewißheit haben, selbst wenn er jahrelang fern ist und sie nicht sieht und sie lange Zeit nichts voneinander hören (was in den kommenden schrecklichen Kriegsjahren nur allzu leicht der Fall sein kann), daß sie mit keinem Wort, keinem Blick, keiner Geste und keinem Gedanken ihm untreu wird ... Du hattest eine Prüfung zu bestehen, die Du hättest bestehen sollen und *müssen* (unterstrichen im Original) und die Du schändlicher Weise nicht bestanden hast ... Wenn Eure Verbindung glücklich sein soll für Euch beide und für die Gesundheit *des Volkes* – das auf gesunde, moralische Familien aufgebaut werden muß –, dann mußt Du Dich mit *barbarischer* (im Original unterstrichen) Strenge beherrschen. Da Du Dich nicht stark und fest anfaßt und Dich nur wenig beherrschst, und da Dein zukünftiger Mann, wie schon gesagt, zu gut für Dich ist und zu wenig Menschenkenntnis besitzt und sie auch nicht mehr lernen kann, da man sie in dem Alter nicht mehr lernen kann, so muß das jemand anderes in die Hand nehmen [das heißt Heinrich]. Da Ihr Euch aber beide in dieser Sache an mich gewandt und mich zugezogen habt, fühle ich mich verpflichtet, es zu tun.

Die nächsten sieben Monate vermied es Heinrich, sich direkt einzumischen, bis er im Februar 1924 etwas erfuhr, was ihn zu Recht oder zu Unrecht davon überzeugte, daß Paula wieder eine »Unbesonnenheit« begangen hatte. Diesmal informierte er nicht einmal seinen Bruder, sondern er berichtete die Geschichte unmittelbar seinen Eltern und versuchte sie davon zu überzeugen, daß die Familienehre verlangte, die Verlobung aufzulösen. Seine Mutter kapitulierte und gab weinend ihre Zustimmung, und schließlich gelang es ihm auch, den Vater zu überzeugen. Erst jetzt wandte er sich direkt an Gebhard. »Als Gebhard sich einverstanden erklärte und die Verlobung löste, triumphierte Heinrich, und gleichzeitig verachtete er seinen Bruder, weil er sich nicht mehr dagegen gewehrt hatte. Es war – so sagte er – ›als ob er [Gebhard] überhaupt kein Herz hätte‹.« Dieser 24jährige junge Mann hatte es fertiggebracht, seinen Vater, seine Mutter und seinen älteren Bruder mürbe zu machen und sich selbst praktisch zum Diktator der Familie aufzuschwingen.

Die Beendigung der Verlobung war der Familie Himmler besonders peinlich, weil Paulas Familie entfernt mit ihnen verwandt war. »Aber jedesmal, wenn seine Eltern oder Gebhard das geringste Zögern erkennen ließen, den Bruch endgültig zu machen, war Heinrich sofort bei der Hand, noch stärkeren Druck auszuüben. Er suchte gemeinsame Bekannte

auf und erklärte ihnen, weshalb die Verlobung aufgelöst werden müsse, und ruinierte dabei den Ruf des jungen Mädchens. Als von Paula ein Brief kam, lautete seine Antwort, man müsse »festbleiben und dürfe sich nicht durch Zweifel beirren lassen«. Der Wunsch, den Bruder und die Eltern zu beherrschen, nahm nun bereits Züge einer echt sadistischen Heimtücke an. Er wollte den Ruf des jungen Mädchens zerstören, und um seine Eltern, Gebhard und die Familie des Mädchens noch mehr zu demütigen, bestand er darauf, daß sämtliche Geschenke, die man ausgetauscht hatte, zurückgegeben werden müßten. Der Wunsch des Vaters, man solle die Verlobung unter gegenseitigem Einverständnis auflösen, wurde von Heinrich hintertrieben, dessen harte Linie den Sieg davontrug und der schließlich jeden Kompromiß verwarf. Himmler hatte einen totalen Sieg errungen und alle Beteiligten gründlich unglücklich gemacht.
In den meisten Fällen wäre die Geschichte damit abgetan gewesen, doch nicht für Heinrich Himmler. Er engagierte einen Privatdetektiv, um Paula zu überwachen, und beauftragte ihn, alles zu sammeln, was er über sie höre und beweisen könne. Der Detektiv schickte ihm auch eine Sammlung solcher Geschichten, die man vielleicht als kompromittierend ansehen konnte. Himmler benutzte diese Gelegenheit, Paulas Familie noch mehr zu demütigen, indem er weitere Geschenke zurückschickte, die er von der Familie erhalten hatte und die er angeblich zurückzugeben vergessen hatte, und fügte nur seine Visitenkarte bei. »Seine letzte Attacke aber erfolgte zwei Monate später in Form eines Briefes an gemeinsame Freunde. Er bat sie, Paula zu sagen, sie solle aufhören, niederträchtige Dinge über die Himmlers zu verbreiten und fügte die Warnung hinzu, er sei zwar ein netter Kerl, aber ›*Ich werde ganz andere Saiten aufziehen, wenn mich jemand dazu zwingt. Dann werde ich mich durch kein falsches Mitleid zurückhalten lassen, bis mein Gegner gesellschaftlich und moralisch aus den Reihen der Gesellschaft ausgestoßen ist.*‹« (Im Original nicht kursiv.)
Eine bösartigere Kontrolle über andere hätte Himmler unter den gegebenen Umständen kaum ausüben können. Als er später durch seine Schlauheit in der Lage war, die neue politische Lage für die eigenen Zwecke auszunutzen, hatte er die Möglichkeit, seinem Sadismus in einem historischen Rahmen freien Lauf zu lassen. Die Worte, deren sich der Reichsführer-SS bediente, unterschieden sich nicht wesentlich von denen, die der junge Himmler bei seinen Drohungen gegen Paula angewandt hatte. Das geht aus einer Ansprache hervor, die Himmler 1943 (also etwa zwanzig Jahre später) über die Moral des Schwarzen Ordens gehalten hat:

> Ein Grundsatz muß für den SS-Mann absolut gelten: Ehrlich, anständig, treu und kameradschaftlich haben wir zu Angehörigen unseres eigenen Blutes zu sein und zu sonst niemandem. Wie es den Russen geht, wie es den Tschechen geht, ist mir total gleichgültig. Das, was in den Völkern an gutem Blut unserer Art vorhanden ist, werden wir uns holen, indem wir ihnen, wenn notwendig, die Kinder rauben und sie bei uns großziehen. Ob die anderen Völker in Wohlstand leben oder ob sie verrecken vor Hunger, das interessiert mich nur soweit, als wir sie als Sklaven für unsere Kultur brauchen, anders interessiert mich das nicht. Ob bei dem Bau eines Panzergrabens 10000 russische Weiber an Entkräftung umfallen oder nicht, interessiert mich nur insoweit, als der Panzergraben für Deutschland fertig wird. *Wir werden niemals roh und herzlos sein, wo es nicht sein muß* . . . (J. Ackermann, 1970. Im Original nicht kursiv.)

In diesen Äußerungen kommt der Sadist voll zum Ausdruck. Er will anderen Menschen ihre Kinder rauben, wenn deren Blut gut ist. Er will die Älteren als »Sklaven für unsere Kultur brauchen«, und ob sie am Leben bleiben oder sterben, interessiert ihn nicht. Der Schluß der Ansprache ist typisch für die Doppelzüngigkeit Himmlers und der Nazis. Er pocht auf seine moralische Gutherzigkeit, indem er seinen Zuhörern und sich selbst versichert, daß er nur dann grausam und herzlos ist, wenn es sich nicht umgehen läßt. Es ist dies die gleiche Rationalisierung, deren er sich auch in seiner Drohung gegen Paula bediente, wenn er sagte: »Ich werde ganz andere Saiten aufziehen, wenn mich jemand dazu zwingt.«

Himmler war ein ängstlicher Mensch, und er brauchte immer eine Rationalisierung, um seinen Sadismus zu beschönigen. Wahrscheinlich mußte er sich auch dagegen abschirmen, daß er offen mit seiner Grausamkeit konfrontiert wurde. Karl Wolff berichtet, Himmler habe im Spätsommer 1941 einer Massenerschießung in Minsk beigewohnt, und es habe ihn ziemlich erschüttert. Aber er habe gesagt: »Ich halte es trotz allem für richtig, daß wir uns das angesehen haben. Wer über Leben und Tod zu entscheiden hat, muß wissen, wie das Sterben aussieht. Und was er den Erschießungskommandos zumutet!« (K. Wolff, 1961). Vielen seiner SS-Leute wurde es bei diesen Massenerschießungen schlecht; einige begingen Selbstmord, wurden wahnsinnig oder erlitten schweren seelischen Schaden.[31]

Man kann nicht von Himmlers sadistischem Charakter sprechen, ohne auf das zu sprechen zu kommen, was man oft als seine Freundlichkeit bezeichnet hat. Wir erwähnten bereits, daß er versucht hat, sich beliebt zu machen, indem er erkrankte Bundesbrüder besuchte, aber er hat Ähnliches auch bei anderen Gelegenheiten getan. Er gab einer alten Frau Kuchen und Brötchen und vermerkte in seinem Tagebuch: »Wenn ich nur mehr tun könnte, aber wir sind ja selbst arme Teufel« (was übrigens nicht stimmte, denn seine Familie gehörte dem wohlhabenden Mittelstand an, und sie waren keineswegs arme Teufel). Er organisierte eine Wohltätigkeitsveranstaltung mit seinen Freunden und gab den Erlös Wiener Kindern. Auch seinen SS-Leuten gegenüber benahm er sich »väterlich«, wie viele bestätigt haben. Aus dem Gesamtbild von Himmlers Charakter gewinne ich jedoch den Eindruck, daß die meisten dieser freundlichen Handlungen nicht Ausdruck echter Gutherzigkeit waren. Er hatte das Bedürfnis, seinen eigenen Gefühlsmangel und seine kalte Gleichgültigkeit zu kompensieren und sich und andere davon zu überzeugen, daß er nicht das war, was er tatsächlich war, oder – um es anders auszudrücken – daß er etwas empfand, was er in Wirklichkeit nicht empfand. Er mußte seine Grausamkeit und Kälte dadurch verleugnen, daß er Güte und Teilnahme nach außen hin bekundete. Selbst seine Abneigung gegen die Jagd, die er als feige bezeichnete, kann nicht sehr ernst gewesen sein, da er in einem seiner Briefe vorschlug, man solle den SS-Leuten die Jagd auf Großwild als Belohnung für gute Führung erleichtern. Er war freundlich zu Kindern und Tieren, aber selbst hier ist Skepsis angebracht, weil dieser Mann fast nichts tat, was nicht seiner Karriere dienlich war. Natürlich kann selbst ein Sadist wie Himmler auch einige positive menschliche Züge besitzen, wie zum Beispiel Freundlichkeit gegenüber gewissen

[31] Vgl. R. Höß, Kommandant des Konzentrationslagers Auschwitz (zitiert bei J. Ackermann, 1970). Vgl. auch Himmlers Ansprache an die obersten SS-Führer im Oktober 1943 über »Nervenzusammenbrüche« als mögliche Folge seines Ausrottungsfeldzugs (Koblenz: Nazi Archiv. NS 19, H. R. 10).

Personen in bestimmten Situationen; man sollte auch bei ihm solche Züge erwarten. Was es jedoch so schwer macht, bei Himmler daran zu glauben, ist seine völlige Kälte und die ausschließliche Verfolgung egoistischer Ziele.

Es gibt auch einen wohlwollenden Typ des Sadismus, bei dem die Beherrschung des anderen nicht zum Ziel hat, ihm Schaden zuzufügen, sondern seinem Besten dienen soll.[32] Es könnte sein, daß auch Himmler etwas von diesem wohlwollenden Sadismus besaß, der oft den Eindruck von Güte macht. (In seinen Briefen an die Eltern haben seine herablassenden guten Lehren vielleicht einen solchen wohlwollenden Aspekt, wie auch seine Beziehung zu seinen SS-Leuten.) Ein Beispiel dafür ist Himmlers Brief an den hohen SS-Offizier Graf Kottulinsky vom 16. September 1938: »Lieber Kottulinsky! Sie waren sehr krank und haben stark mit dem Herzen zu tun gehabt. Im Interesse Ihrer Gesundheit lege ich Ihnen für die Dauer von zwei Jahren ein völliges Rauchverbot auf. Nach Ablauf dieser zwei Jahre wollen Sie mir ein ärztliches Gesundheitszeugnis einreichen; danach werde ich entscheiden, ob das Rauchverbot aufgehoben wird oder aufrecht erhalten bleibt. Heil Hitler!« (Zitiert von H. Heiber, 1968.) Denselben schulmeisterlichen Ton finden wir in einem Brief vom 30. September 1942 an den Chefarzt der SS Grawitz, der ihm einen unbefriedigenden Bericht über medizinische Experimente an den Insassen der Konzentrationslager geschickt hatte.

> Der Brief soll nun nicht veranlassen, daß Sie stundenlang sich die Frage vorlegen, ob ich Sie als Reichsarzt-SS absetzen und ersetzen will. Er hat die einzige Absicht, Sie zu veranlassen, nunmehr nach Jahren Ihren Hauptfehler, Ihre Eitelkeit, abzulegen und wirklich ernsthaft und mit Zivilkurage an alle Ihre Aufgaben, auch an die unangenehmsten, heranzugehen und endlich die Sucht und die Meinung abzulegen, man könne durch vieles Reden und Bereden Dinge in Ordnung bringen. Wenn Sie das lernen und an sich selbst arbeiten, dann ist alles in Ordnung und dann werde ich mit Ihnen und Ihrer Arbeit auch wieder zufrieden sein. (Zitiert von H. Heiber, 1968.)

Himmlers Brief an Grawitz ist nicht nur wegen des schulmeisterlichen Tones interessant, sondern auch weil Himmler den Arzt ermahnt, eben die Fehler abzulegen, die so deutlich seine eigenen waren – seine Eitelkeit, seinen Mangel an Mut und seine Geschwätzigkeit. Die Sammlung weist zahlreiche ähnliche Briefe auf, in der er die Rolle des strengen und weisen Vaters spielt. Viele der Offiziere, an die sie sich richten, gehörten dem Adel an, und es dürfte der Wahrheit recht nahe kommen, wenn man annimmt, daß es Himmler besondere Befriedigung gewährte, ihnen seine Überlegenheit zu zeigen und sie wie Schuljungen zu behandeln. (Das kann man dann allerdings nicht mehr als wohlwollend bezeichnen.)

Himmlers Ende entsprach ebenso sehr seinem Charakter, wie sein Leben dies getan hatte. Als es klar war, daß Deutschland den Krieg verloren hatte, schickte er sich an, durch schwedische Vermittler mit den Westmächten in Verhandlungen einzutreten, wobei er darauf spekulierte, daß man ihm eine führende Rolle belassen würde, und er bot ihnen Konzessionen in bezug auf das weitere Schicksal der Juden an. Bei diesen Verhandlungen gab er die politischen Grundsätze, an die er sich so beharrlich geklammert hatte, einen

[32] Vgl. die Diskussion des »wohlwollenden« Sadismus in E. Fromm (1941).

nach dem anderen auf. Natürlich beging »der treue Heinrich«, wie man ihn genannt hatte, schon mit der Einleitung derartiger Verhandlungen an seinem Idol Adolf Hitler den letzten Verrat. Daß er glaubte, die Alliierten würden ihn als den neuen deutschen »Führer« anerkennen, war ebenso ein Zeichen für seine mittelmäßige Intelligenz und seinen Mangel an politischem Urteilsvermögen wie für seine narzißtische Eingebildetheit, die ihm das Gefühl gab, der wichtigste Mann selbst noch in einem besiegten Deutschland zu sein. Er lehnte den Vorschlag General Ohlendorfs ab, sich den Alliierten zu stellen und die Verantwortung für die SS zu übernehmen. Der Mann, der Treue und Verantwortungsbewußtsein gepredigt hatte, bewies nun – seinem wahren Charakter entsprechend – die größte Treulosigkeit und Verantwortungslosigkeit. Er floh mit einer schwarzen Augenklappe und ohne seinen Schnurrbart, mit einem falschen Ausweis und in der Uniform eines Feldwebels. Als er festgenommen und in ein Kriegsgefangenenlager gebracht wurde, konnte er es in seinem Narzißmus offenbar nicht ertragen, wie Tausende unbekannter Soldaten behandelt zu werden. Er verlangte, zum Lagerkommandanten geführt zu werden, und sagte zu ihm: »Ich bin Heinrich Himmler.« Kurz darauf zerbiß er die Kapsel mit Cyankali, die er in einer Zahnlücke gehabt hatte. Erst wenige Jahre zuvor, 1938, hatte er in einer Ansprache an seine Gruppenführer gesagt: »Ich habe kein Verständnis dafür, daß jemand sein Leben wie ein dreckiges Hemd wegwirft, weil er glaubt, irgendwelchen schwierigen Auseinandersetzungen . . . damit auszuweichen.« In solchen Fällen sei der Betreffende nicht zu »begraben«, sondern wie ein Tier zu »verscharren« (J. Ackermann, 1970).

So schloß sich der Kreis seines Lebens. Er mußte die absolute Macht an sich reißen, um sein Gefühl der Schwäche und vitalen Impotenz zu überwinden. Nachdem er dieses Ziel erreicht hatte, versuchte er sich an diese Macht zu klammern und beging dabei Verrat an seinem Idol. Als er in einem Gefangenenlager ein einfacher Soldat, einer unter Hunderttausenden war, konnte er dieses Herabsinken zu völliger Machtlosigkeit nicht ertragen. Er wollte lieber sterben, als in die Rolle eines machtlosen Menschen zurückgeworfen zu werden, die für ihn gleichbedeutend mit der eines Schwächlings war.

Zusammenfassung

Himmler ist ein typisches Beispiel für den anal-hortenden, sadistischen, autoritären Charakter. Er war schwach (und *fühlte sich* nicht nur schwach); ein gewisses Gefühl der Sicherheit verschaffte er sich durch seine Ordentlichkeit und Pedanterie, dadurch, daß er sich starken Vaterbildern unterwarf und schließlich eine Leidenschaft für die unbegrenzte Herrschaft über andere entwickelte als einzige Möglichkeit, sein Gefühl der vitalen Impotenz, der Schüchternheit und der inneren Unruhe zu überwinden. Er war außerordentlich neidisch auf andere, denen das Leben größere Kraft und mehr Selbstachtung geschenkt hatte. Seine vitale Impotenz und der daraus resultierende Neid ließen in ihm den tückischen Wunsch entstehen, jene zu demütigen und zu vernichten, ob es sich nun um die Braut seines Bruders oder um die Juden handelte. Er war ungewöhnlich kalt und erbarmungslos, was sein Gefühl des Isoliertseins noch verstärkte und seine Angst noch vergrößerte.

Himmler war auch ein absoluter Opportunist. Seine sadistische Leidenschaft war immer beherrscht von dem Gedanken, was für ihn vorteilhaft wäre. Er war treulos und ein unverbesserlicher Lügner – nicht nur anderen, sondern auch sich selbst gegenüber. Jede der Tugenden, die er ewig predigte, zeichnete sich dadurch aus, daß sie ihm selber abging. Er prägte das SS-Motto »Unsere Ehre heißt Treue« und verriet Hitler. Er predigte Kraft, Festigkeit und Mut und war doch selbst schwach, schlaff und feige. Der »treue Heinrich« war eine wandelnde Lüge. Das einzig Wahre, was er vielleicht jemals über sich selbst gesagt hat, war ein Satz, den er an seinen Vater schrieb, als er sich in der militärischen Ausbildung befand: »Mach Dir wegen mir keine Gedanken, denn ich bin schlau wie ein Fuchs« (B. F. Smith, 1971).[33]

Ein Behaviorist könnte immer noch fragen, ob Himmler nicht doch ein normaler Mensch gewesen sei, bis die Umstände es ihm vorteilhaft erscheinen ließen, sich sadistisch zu verhalten.

Ich glaube, unsere Analyse hat diese Frage bereits beantwortet. Wir sahen, daß alle Voraussetzungen für eine sadistische Entwicklung bereits in seiner früheren Entwicklung gegeben waren. Wir haben die Entwicklung seiner frühen Unsicherheit, Unmännlichkeit, Feigheit und seines Gefühls der Impotenz verfolgt, und diese Eigenschaften allein würden schon die Wahrscheinlichkeit sadistischer Kompensationen anzeigen. Außerdem haben wir die Entwicklung seines übertrieben ordentlichen, pedantischen und typisch analhortenden, autoritären Charakters gesehen. Schließlich haben wir noch seinen bösartigen Sadismus bei der Behandlung der Braut seines Bruders, lange bevor er an die Macht kam, gesehen. Wir müssen zu dem Schluß kommen, daß der Reichsführer-SS ein sadistischer Charakter war, schon bevor er Reichsführer wurde; seine Position gab ihm dann die Macht, seinen Sadismus auf der historischen Bühne voll auszuleben; aber der Sadismus war bereits vorhanden.

Diese Frage führt uns zu einer anderen, die man oft erhoben hat: Was wäre aus Himmler geworden, wenn er nicht zu dem Zeitpunkt gelebt hätte, als die Nazis an die Macht kamen, und doch den gleichen Charakter gehabt hätte, den er besaß, als er sich in die Verlobung seines Bruders einmischte? Die Antwort ist nicht allzu schwer zu finden. Da er von durchschnittlicher Intelligenz und sehr ordentlich war, hätte er wahrscheinlich

[33] Himmler bietet ein gutes Beispiel für den Widerspruch zwischen Image und Realität bei vielen politischen Führern; er ist der skrupellose Sadist und Feigling, der sich das Image eines gütigen, loyalen, mutigen Mannes aufbaut. Hitler, der »Erretter« Deutschlands, der sein Vaterland über alles »liebte«, war ein skrupelloser Vernichter nicht nur seiner Feinde, sondern auch Deutschlands selbst. Stalin, der »gute Vater seines Landes«, hätte es fast zugrunde gerichtet und moralisch vergiftet. Ein anderes prominentes Beispiel dieser Verstellungskünste war Mussolini; er, der die Rolle des aggressiven, mutigen Mannes spielte, dessen Motto lautete »Lebe gefährlich«, war von ungewöhnlicher persönlicher Feigheit. Angelica Balabanoff, die Mitherausgeberin des *Avanti* in Mailand war, als Mussolini noch Sozialist war, hat mir berichtet, der Arzt, der ihm eine Blutprobe abgenommen habe, hätte gesagt, er habe noch selten einen Menschen erlebt, der sich in dieser Situation so feige angestellt habe wie Mussolini. Mussolini wartete jeden Nachmittag auf sie im Büro, damit er mit ihr heimgehen konnte. Er sagte: »Ich fürchte mich vor jedem Schatten und jedem Baum.« (Damals war seine Sicherheit noch in keiner Weise bedroht.) Es gibt noch viele andere Beispiele für seine Feigheit; eines aus seinen letzten Lebensjahren ist, daß er, als sein Schwiegersohn Graf Ciano zum Tode verurteilt worden war, in den 24 Stunden, in denen er das Todesurteil noch hätte umwandeln können, nicht aufzufinden war.

einen Platz in einem bürokratischen System gefunden, zum Beispiel als Lehrer, als Postbeamter oder als Angestellter in einem großen Geschäftsunternehmen. Da er skrupellos auf seinen eigenen Vorteil bedacht war, hätte er mit geschickten Schmeicheleien bei seinen Vorgesetzten und mit Intrigen gegen seine Kollegen vermutlich zu einer recht hohen Stellung aufsteigen können; wahrscheinlich nicht zu einer Spitzenposition, da es ihm an konstruktiver Phantasie und gesunder Urteilskraft fehlte. Er wäre bei seinen Kollegen gründlich unbeliebt gewesen und wäre vielleicht der Liebling eines mächtigen Vorgesetzten geworden. Er hätte für Ford in den Antigewerkschaftstagen von Henry Ford einen guten Agenten abgegeben, doch wäre er in einem modernen Konzern kaum ein guter Personalchef gewesen, da seine Kälte ihn unbeliebt gemacht hätte. Bei seiner Beerdigung hätten sein Chef und der Pfarrer ihn als liebevollen Vater und Gatten und als verantwortungsbewußten Bürger gepriesen, dessen selbstlose Arbeit im Kirchenvorstand immer ein nachahmenswertes Vorbild bleiben würde.

Unter uns leben Tausende von Himmlers. Vom gesellschaftlichen Standpunkt aus richten sie im normalen Leben nur relativ geringen Schaden an, wenn man auch die Zahl derjenigen, denen sie Schaden zufügen und die sie gründlich unglücklich machen, nicht unterschätzen sollte. Aber wenn die Kräfte der Zerstörung und des Hasses die gesamte Gesellschaft zu verschlingen drohen, werden derartige Leute außerordentlich gefährlich; es sind diejenigen, die sich danach sehnen, der Regierung als Agenten des Schreckens, der Folterungen und des Mordes zu dienen. Viele begehen den folgenschweren Irrtum, zu glauben, daß man einen potentiellen Himmler schon von weitem leicht erkennen könne. Einer der Zwecke der charakterologischen Untersuchungen besteht gerade darin, zu zeigen, daß der potentielle Himmler wie alle anderen aussieht – außer für die, die gelernt haben, einen Charakter zu lesen, und nicht erst zuwarten müssen, bis die Umstände es dem »Ungeheuer« erlauben, sein wahres Gesicht zu zeigen.

Welches sind nun aber die Faktoren, die Himmler zu einem erbarmungslosen Sadisten machten? Wir könnten eine einfache Antwort auf diese Frage finden, indem wir auf das verweisen, was wir über die Faktoren gesagt haben, die dazu tendieren, den hortenden Charakter hervorzubringen. Aber das wäre keine befriedigende Antwort, denn Himmlers Charakter repräsentiert eine extreme und äußerst bösartige Form des hortenden Charakters, die viel weniger häufiger ist als der nur leicht sadistische Horter. Wenn wir die Faktoren aufzuspüren versuchen, die für die Charakterentwicklung des »Bluthundes von Europa« verantwortlich waren, stoßen wir zunächst auf seine Beziehung zu den Eltern. Er hatte eine starke Bindung an seine Mutter, die seine Abhängigkeit noch förderte, und er besaß einen autoritären, ziemlich schwachen Vater. Aber gibt es nicht Millionen, die ähnliche Eltern haben und trotzdem keine Himmlers werden? Tatsächlich kann man ja den spezifischen Charakter eines Menschen nie aus einem oder zwei isolierten Faktoren erklären; nur ein ganzes System miteinander in Wechselbeziehung stehender Faktoren kann die Charakterentwicklung mehr oder weniger vollständig erklären. In Himmler haben wir noch einige weitere Faktoren erkannt: seine körperliche Schwäche und Ungeschicklichkeit, die vielleicht auf eine Anzahl körperlicher Erkrankungen und eine schwächliche Konstitution zurückzuführen waren; das Gefühl der gesellschaftlichen Unterlegenheit, das auf seiner gesellschaftlichen Randstellung beruhte und durch die unterwürfige, ehrfurchtsvolle Haltung seines Vaters der Aristokratie gegenüber noch verstärkt wurde; seine Schüchternheit Frauen gegenüber, deren Ursache in seiner Mutterbindung zu suchen sein dürfte, die ihm das Gefühl der Hilflosigkeit und Unmännlichkeit gab, und sein extremer Narzißmus sowie die Eifersucht auf seinen älteren Bruder, der alle Eigenschaften besaß, die Himmler abgingen. Es gibt noch zahlreiche andere Faktoren, die wir zum Teil deshalb nicht berührt haben, weil es uns an Informationen fehlt, die ein vollständigeres Bild ergeben würden. Auch ist in Betracht zu ziehen, daß genetisch determinierte Faktoren mitgespielt haben könnten, die zwar nicht die Ursache des Sadismus, aber doch für eine Disposition dazu verantwortlich sind. Aber vielleicht müssen wir vor allen anderen Faktoren an den pathogenen Einfluß der trockenen, banalen, pedantischen, unaufrichtigen, unlebendigen Atmosphäre denken, in der die Familie Himmler lebte. Da gab es keine Werte außer der unaufrichtigen Bekundung von Patriotismus und Rechtschaffenheit, und das einzige, worauf man hoffen konnte, war, seine prekäre Stellung auf der gesellschaftlichen Leiter halten zu können. Es wehte kein frischer spiritueller oder geistiger Wind, der dem schwächlichen Jungen die Möglichkeit gegeben hätte, zu gedeihen und sich zu entwickeln. Und es war nicht nur diese Familie. Die Himmlers gehörten einer Gesellschaftsklasse an, die im kaiserlichen System am untersten Rand stand und unter Ressentiments, Impotenz und Freudlosigkeit litt. Das war der Boden, auf dem Himmler wuchs – und er wurde immer bösartiger, je mehr die Revolution seinen sozialen Status und seine Wertbegriffe zerstörte und je mehr ihm klar wurde, daß er in beruflicher Hinsicht keine Zukunft hatte.

12

DIE BÖSARTIGE AGGRESSION: DIE NEKROPHILIE

Der traditionelle Begriff

Der Begriff »Nekrophilie«, Liebe zum Toten,[1] wird im allgemeinen auf zwei Arten von Phänomenen angewandt: 1) auf die sexuelle Nekrophilie, die Begierde, mit einer weiblichen Leiche sexuellen Verkehr oder eine andere Art sexuellen Kontaktes zu haben, und 2) auf die nicht-sexuelle Nekrophilie, die Begierde, Leichen anzufassen, sich in ihrer Nähe aufzuhalten und sie zu betrachten, und speziell auf den Drang, sie zu zerstückeln. Aber der Begriff dient im allgemeinen nicht zur Bezeichnung einer *im Charakter verwurzelten Leidenschaft* als dem Boden, auf dem die augenfälligeren und gröberen Manifestationen der Nekrophilie wachsen. Ein Blick auf einige Beispiele von Nekrophilie im traditionellen Sinn wird es uns erleichtern, den weniger augenfälligen *nekrophilen Charakter* zu identifizieren.

Berichte über Fälle von Nekrophilie finden sich in zahlreichen Werken, besonders in solchen über sexuelle Perversionen und über Kriminologie. Die vollständigste Sammlung derartiger Fälle gibt H. von Hentig, einer der führenden deutschen Kriminologen, und zwar in einer Veröffentlichung, die sich ausschließlich mit diesem Gegenstand befaßt. (In der deutschen Strafgesetzgebung wie auch in der anderer Länder stellt die Nekrophilie eine strafbare Handlung dar.) Von Hentig führt folgende Beispiele von Nekrophilie an: 1) Akte sexuellen Kontaktes mit einer weiblichen Leiche (Koitus, Manipulation der

[1] Das griechische Wort *nekros* bezeichnet einen Leichnam, etwas Totes und die Bewohner der Unterwelt. Im Lateinischen bezeichnet *nex, necs* einen gewaltsamen Tod oder Mord. Unverkennbar bezieht sich *nekros* nicht auf den Tod, sondern auf das Tote, den Leichnam und den Ermordeten (dessen Tod man anscheinend von einem natürlichen Tod unterschieden hat). »Sterben« und »Tod« haben eine andere Bedeutung; beides bezieht sich nicht auf den Leichnam, sondern auf den Vorgang des Sterbens. Die diesbezüglichen Worte heißen im Griechischen *thanatos,* im Lateinischen *mors* und *mori.* Die englischen Worte *»die«* und *»death«* (sowie die deutschen »Tod« und »tot«) gehen auf die indogermanische Wurzel *dheu, dhou* zurück. (Ich bin Dr. Ivan Illich zu Dank verpflichtet, der mir umfangreiches Material über die Ethymologie dieser Begriffe zur Verfügung gestellt hat, aus dem ich hier nur die wichtigsten Daten zitieren kann.)

Geschlechtsorgane), 2) sexuelle Erregung beim Anblick einer weiblichen Leiche, 3) das Sichangezogenfühlen von Leichen und Gräbern und von Gegenständen, die mit Gräbern in Zusammenhang stehen, wie Blumen oder Porträts von Toten,[2] 4) Akte der Zerstückelung von Leichen und 5) die Begierde, Leichen oder irgend etwas Verwestes anzufassen oder zu riechen (H. v. Hentig, 1964).

Von Hentig ist wie auch andere Autoren – darunter T. Spoerri (1959), den er zitiert – der Meinung, daß die Nekrophilie weit häufiger ist, als man gemeinhin annimmt. Aus praktischen Gründen bieten sich jedoch nur sehr begrenzte Möglichkeiten, diese Perversion zu befriedigen. Die einzigen, die leicht Zugang zu Leichen und daher Gelegenheit haben, solche Perversionen zu befriedigen, sind Totengräber und Leichenhausangestellte. So ist es nicht verwunderlich, daß die meisten angeführten Beispiele sich auf diese Gruppe von Menschen beziehen. Natürlich besteht auch die Möglichkeit, daß diese Beschäftigungen Menschen anziehen, die schon an und für sich nekrophil sind. Mörder haben selbstverständlich auch Gelegenheit, Nekrophilie zu üben, da aber Mordfälle relativ selten vorzukommen pflegten, können wir nicht erwarten, viele Beispiele dieser Kategorie zu finden, es sei denn, daß es sich um Fälle handelt, die als »Lustmord« klassifiziert werden. Trotzdem führt von Hentig eine Anzahl von Beispielen an, bei denen Außenstehende Leichen ausgegraben, weggeschleppt und sexuell mißbraucht haben, um auf diese Weise ihre nekrophile Begierde zu befriedigen. Da die Nekrophilie bei Menschen, denen sich leicht Gelegenheit dazu bietet, relativ häufig ist, ist die Schlußfolgerung unvermeidlich, daß sie auch bei vielen anderen, denen diese Gelegenheit fehlt, wenigstens in ihren Phantasien vorhanden ist oder daß sie von ihnen auf weniger augenfällige Weise praktiziert wird.

J. P. de River schildert folgenden Fall eines 21jährigen Leichenhausangestellten. Er verliebte sich mit achtzehn Jahren in ein junges Mädchen, mit dem er nur einmal sexuellen Verkehr hatte, da sie an Lungentuberkulose erkrankt war. Der Betreffende sagte: »Ich bin nie über den Tod meiner Geliebten hinweggekommen, und jedesmal, wenn ich onanierte, vergegenwärtigte ich mir im Geiste, wie ich mit meiner toten Geliebten geschlechtlich verkehrte.« De River berichtet weiter:

> Beim Tod seiner Geliebten war er so außer sich, als er sie in einem weißen Totenhemd aufgebahrt sah, daß er in Schreikrämpfe verfiel und sich nur unter heftigem Sträuben von ihrem Sarg wegführen ließ. Er fühlte in diesem Augenblick den heftigen Drang, zu ihr in den Sarg zu springen, und er wollte tatsächlich mit seiner Geliebten begraben werden. Er machte eine richtige Szene bei dem Begräbnis, und damals glaubten alle einschließlich seiner Familie, das käme von seinem großen Kummer über ihren Verlust. Inzwischen ist ihm jedoch klar geworden, daß es sich um einen Anfall von Leidenschaft handelte und daß er beim Anblick der Toten von einer starken sexuellen Begierde ergriffen wurde. Er war damals gerade mit der High school fertig geworden, und er versuchte seine Mutter zu überreden, ihn Medizin studieren zu lassen, was jedoch aus Geldmangel nicht möglich war. Auf seinen Vorschlag hin erlaubte sie ihm jedoch, eine Leichenbestatter- und Einbalsamierschule zu besuchen, weil diese Ausbildung viel billiger und kürzer war.
>
> D. W. lernte in dieser Schule sehr fleißig, denn er merkte, daß er endlich einen Beruf gefunden hatte, in dem er außerordentlich glücklich sein würde. Im Einbalsamierraum interessierte er sich immer sehr intensiv für die weiblichen Leichen, und häufig emp-

[2] In einigen Ländern ist es Sitte, auf dem Grab das Bild des Verstorbenen anzubringen.

fand er eine heftige Begierde, mit einer weiblichen Leiche sexuellen Verkehr zu haben. Er sagte sich, das sei nicht recht, und kämpfte bei zahlreichen Gelegenheiten gegen die Begierde an, bis eines Tages gegen Ende seiner Ausbildung, als er mit der Leiche eines jungen Mädchens allein in dem Raum war, der Drang, sexuellen Verkehr mit der Leiche der Verstorbenen zu haben, so stark wurde und die Gelegenheit so günstig war, daß er nachgab. Er ergriff die günstige Gelegenheit, entblößte sich, berührte ihren Schenkel mit seinem Glied und geriet in höchste Erregung. Er verlor jede Selbstbeherrschung, sprang auf den Körper und berührte mit seinem Mund die Geschlechtsteile der Leiche. Er berichtet, dies habe ihn in eine derartige sexuelle Erregung versetzt, daß es zum Samenerguß kam. Dann ergriffen ihn heftige Gewissensbisse und Angst – die Angst, er könne von den anderen Schülern entdeckt werden. Kurz nachdem er diese Tat verübt hatte, bestand er sein Examen an der Schule und sicherte sich eine Stelle als Leichenhausangestellter in einer Stadt des Mittleren Westens. Da er der Jüngste unter den Angestellten war, fiel ihm oft die Aufgabe zu, nachts in der Leichenhalle allein zu wachen. D. W. berichtet: »Ich war froh, daß sich mir die Gelegenheit bot, allein zu sein, denn ich hatte inzwischen gemerkt, daß ich anders war als andere Menschen, insofern als ich mich danach sehnte, mit den Toten allein zu sein und mir das reichlich Gelegenheit geben würde, den Koitus mit einer Leiche zu versuchen – wonach ich mich, wie ich jetzt merkte, seit dem Tode meiner Geliebten immer gesehnt hatte.«
Während der zwei Jahre, die er in dem Bestattungsinstitut angestellt war, verging er sich an Dutzenden von weiblichen Leichen in Form verschiedener Perversionen, wobei seine Opfer von Kindern bis zu älteren Frauen reichten. In der Regel fing er damit an, daß er ihre Brüste saugte, worauf er zum Cunnilingus überging, was ihn so erregte, daß er die Leiche bestieg und mit übermenschlicher Anstrengung den Koitus vollzog. Das tat er etwa vier- bis fünfmal die Woche, je nachdem, wie viele weibliche Leichen sich in der Leichenhalle befanden.
... Einmal beeindruckte ihn die Leiche eines fünfzehnjährigen Mädchens so sehr, daß er, als er die erste Nacht nach ihrem Tod mit ihr allein war, von ihrem Blut trank. Das brachte ihn in solche sexuelle Erregung, daß er einen Gummischlauch in ihre Harnröhre einführte und mit dem Mund Urin aus ihrer Blase saugte. Dabei fühlte er immer stärker den Drang, noch weiter zu gehen. Er hatte das Gefühl, es würde ihm die größte Befriedigung gewähren, wenn er sie nur verschlingen – auffressen – und einen Teil ihres Körpers kauen könnte. Er konnte diesem Verlangen nicht widerstehen, und er drehte den Körper um und biß sie in der Nähe des Mastdarms ins Gesäß. Dann kroch er auf den Leichnam und beging Sodomie mit der Leiche (J. P. de River, 1956).

Dieser Fall ist aus mehreren Gründen besonders interessant. Zunächst und am offensichtlichsten, weil hier Nekrophilie mit Nekrophagie und Analerotik verbunden ist. Der zweite, weniger offensichtliche Grund für unser Interesse ist die Art, wie diese Perversion begann. Würden wir die Geschichte nur bis zum Tod seiner Geliebten kennen, so könnten wir geneigt sein, das Verhalten als Ausdruck seiner großen Liebe zu interpretieren. Aber der weitere Verlauf seiner Geschichte wirft auf den Anfang ein sehr anderes Licht. Man kann seine wahllosen nekrophilen und nekrophagen Begierden kaum mit der Liebe zu seiner Geliebten erklären. Man sieht sich vielmehr zu der Vermutung gezwungen, daß in seiner »Trauer« nicht seine Liebe zum Ausdruck kam, sondern daß sie das erste Symptom seiner nekrophilen Begierde war. Man dürfte ferner annehmen, daß die Tatsache, daß er mit seiner Geliebten nur ein einziges Mal Verkehr hatte, kaum mit deren Krankheit zu erklären ist. Wahrscheinlicher ist, daß er aufgrund seiner nekrophilen Neigungen nur wenig Lust zu sexuellem Verkehr mit einer lebendigen Frau hatte.
De River beschreibt noch einen weiteren Fall eines nekrophilen Leichenhausangestellten,

der weniger komplex ist. Bei dem Betreffenden handelt es sich um einen unverheirateten Mann von 43 Jahren. Dieser berichtet:

> Im Alter von elf Jahren habe ich als Friedhofsgärtner in Mailand in Italien gearbeitet. Ich habe angefangen zu onanieren, und wenn ich mit den Leichen junger, gutaussehender Frauen allein war, habe ich dabei deren Körper berührt. Später habe ich dann angefangen, meinen Penis in die toten Mädchen zu stecken. Ich bin nach Amerika gekommen und bin nach kurzem Aufenthalt an der Ostküste an die Westküste gegangen, wo ich einen Job als Leichenwäscher in einem Beerdigungsinstitut bekommen habe. Dort habe ich wieder damit angefangen, Verkehr mit toten Mädchen zu haben – manchmal in den Särgen oder auf dem Tisch, wo die Leichen gewaschen wurden.

Der Bericht geht weiter:

> Er gibt zu, mit seinem Mund die intimen Teile berührt und an der Brust der Leichen junger Mädchen gesaugt zu haben. Auf die Frage, wie viele Frauen er mißbraucht habe, sagt er: »Es sind wohl Hunderte gewesen. Seitdem ich elf Jahre alt war, ging es in einem fort« (J. P. de River, 1956).

Von Hentig führt noch viele derartige Fälle an.

Eine sehr viel mildere Form der Nekrophilie findet sich bei Menschen, die beim Anblick von Leichen sexuell erregt werden und manchmal vor ihnen onanieren. Die Zahl derartiger Personen ist jedoch kaum abzuschätzen, da sie nur selten entdeckt werden.

Die zweite Form der Nekrophilie ist anscheinend nicht mit Sexualität gemischt und äußert sich in Handlungen reinen Zerstörungsdranges. Oft zeigt sich dieser Zerstörungsdrang bereits in der Kindheit, manchmal aber auch erst in späterem Alter. Von Hentig schreibt, das Ziel der nekrophilen Destruktivität sei die Leidenschaft, lebendige Strukturen auseinanderzureißen. Diese Begier findet ihren deutlichsten Ausdruck im Drang, Körper zu zerstückeln. Ein typischer Fall, von dem Spoerri berichtet, ist der eines Mannes, der nachts mit allen notwendigen Geräten ausgerüstet auf den Friedhof ging, den Sarg ausgrub, ihn öffnete und die Leiche an einen Platz schleppte, wo er sie verstecken konnte. Er schnitt ihr dann die Beine und den Kopf ab und öffnete den Bauch (T. Spoerri, 1959). Manchmal ist auch das Objekt der Zerstückelung kein Mensch, sondern ein Tier. Von Hentig berichtet von einem Mann, der 36 Kühe und Stuten erstach und dann in einzelne Stücke zerschnitt. Aber wir brauchen uns kaum auf diese Literatur zu berufen. Es gibt genug Zeitungsberichte über Mordfälle, bei denen das Opfer zerstükkelt oder verstümmelt wurde. Derartige Fälle werden gewöhnlich als Mord klassifiziert, sie werden jedoch von nekrophilen Mördern begangen, die sich von den üblichen Mördern unterscheiden, deren Motive Gewinnsucht, Eifersucht oder Rache sind. Das wahre Motiv des nekrophilen Mörders ist nicht der Tod des Opfers – der natürlich die notwendige Voraussetzung ist –, sondern der Akt der Zerstückelung. In meiner eigenen klinischen Erfahrung habe ich reichlich Daten dafür gefunden, daß der Drang nach Zerstückelung für den nekrophilen Charakter höchst charakteristisch ist. So habe ich beispielsweise (direkt oder im Zusammenhang mit Analysen, die ich betreute), mehrere Menschen kennengelernt, die ihren Drang nach Zerstückelung in einer sehr abgemilderten Form zum Ausdruck brachten. Sie zeichneten zum Beispiel die Gestalt einer nackten Frau und schnitten dann die Arme und Beine, den Kopf usw. ab und spielten mit den Teilen der zerstückelten Zeichnung. Dieses »Spiel« diente effektiv der Befriedigung eines intensiven Dranges nach Zerstückelung, den sie in dieser harmlosen und ungefährlichen Weise befriedigten.

Bei vielen anderen nekrophilen Menschen habe ich beobachtet, daß sie viele Träume hatten, in denen sie Teile zerstückelter Körper herumschwimmen oder herumliegen sahen, manchmal in blutigem und oft zusammen mit Kot in schmutzigem Wasser. Diese Begierde, Körper zu zerstückeln, ist – wenn sie häufig in Phantasien und Träumen auftaucht – einer der zuverlässigsten Faktoren für die Diagnose des nekrophilen Charakters.

Es gibt auch noch andere, weniger drastische Formen der offenen Nekrophilie. Eine davon ist der Drang, sich in der Nähe von Leichen, Friedhöfen oder irgendwelchen Dingen aufzuhalten, die in Verwesung begriffen sind. H. J. Rauch berichtet von einem jungen Mädchen, das an dem Drang litt, sich in der Nähe von Leichen aufzuhalten, in deren Gegenwart es in eine Art Starre verfiel und sich nicht von ihnen losreißen konnte (H. J. Rauch, 1947).[3]

Stekel berichtet von einer Frau, die von sich sagte: »Ich denke oft an Friedhöfe und an die Art, wie Körper in den Gräbern verfaulen.« (Zitiert bei H. von Hentig, 1964.)

Dieses Interesse an der Verwesung zeigt sich häufig auch in dem Verlangen, den Geruch von etwas Verwesendem zu riechen. Dies kommt sehr deutlich bei folgendem Fall eines 32jährigen hochgebildeten Mannes zum Ausdruck, der fast ganz blind war. Er fürchtete sich vor lauten Geräuschen, aber die Schmerzensschreie von Frauen hörte er gern, und außerdem liebte er den Geruch von verfaulendem Fleisch. Er sehnte sich nach »den Leichen großer fetter Frauen, um ganz in sie hineinzukriechen«. Seine Großmutter fragte er, ob sie ihm nach dem Tode ihren Körper überlasse. »Er wollte in ihren verfaulenden Überresten versinken« (T. Spoerri, 1959). Von Hentig spricht von »Schnüfflern«, für die der Geruch menschlicher Exkremente und alles Verwesten erregend ist, und er sieht in diesem Zug eine Manifestation der Nekrophilie. Mit der Erwähnung von Fällen eines nekrophilen Fetischismus – mit Gegenständen, die mit Gräbern zu tun haben, wie Gras, Blumen und Bilder der Toten – können wir diesen kurzen Überblick über in der Literatur erwähnte nekrophile Praktiken abschließen.

Der nekrophile Charakter[4]

Der Ausdruck »nekrophil« zur Bezeichnung eines Charakterzuges und nicht einer perversen Handlung im herkömmlichen Sinne wurde von dem spanischen Philosophen Miguel

[3] In einer unverbürgten Geschichte über Hitler wird auch von ihm berichtet, er habe sich nicht vom Anblick des verwesten Leichnams eines Soldaten losreißen können.

[4] Um Mißverständnisse zu vermeiden, möchte ich gleich zu Anfang dieser Diskussion betonen, daß ich mit der Beschreibung des vollentwickelten »nekrophilen Charakters« nicht implizieren möchte, daß alle Menschen entweder nekrophil oder nicht-nekrophil sind. Der nekrophile Charakter ist eine extreme Charakterform, deren dominanter Zug die Nekrophilie ist. In Wirklichkeit sind viele Menschen eine Mischung von nekrophilen und biophilen Neigungen, und der Konflikt zwischen beiden ist oft die Quelle einer produktiven Entwicklung.

de Unamuno 1936[5] anläßlich einer Rede des nationalistischen Generals Millán Astray in der Universität von Salamanca gebraucht, wo Unamuno zu Beginn des Spanischen Bürgerkrieges Rektor war. Das Lieblingsmotto des Generals lautete *Viva la muerte* (»Es lebe der Tod«), und einer seiner Anhänger rief dieses Motto aus dem Hintergrunde des Saales. Als der General seine Ansprache beendet hatte, erhob sich Unamuno und sagte:

> Gerade eben habe ich einen *nekrophilen* und sinnlosen Ruf gehört: »Es lebe der Tod!« Und ich, der ich mein Leben damit verbracht habe, Paradoxe zu formulieren, die den verständnislosen Zorn anderer erregt haben, ich muß Ihnen als Fachmann sagen, daß mich dieses ausländische Paradoxon abstößt. General Millán Astray ist ein Krüppel. Ich möchte das ohne jeden abschätzigen Unterton sagen. Er ist Kriegsversehrter. Das war auch Cervantes. Leider gibt es gerade jetzt in Spanien viele Krüppel. Und bald wird es noch mehr geben, wenn uns Gott nicht zu Hilfe kommt. Es schmerzt mich, denken zu müssen, daß General Millán Astray uns die Psychologie der Massen diktieren würde. Ein Krüppel, dem die geistige Größe eines Cervantes fehlt, sucht sich gewöhnlich dadurch eine fragwürdige Erleichterung, daß er alles rings um sich her verstümmelt (M. de Unamuno, 1936).

Da konnte sich Millán Astray nicht länger zurückhalten und rief: *»Abajo la inteligencia!«* (»Nieder mit der Intelligenz!«) »Es lebe der Tod!« Und die Falangisten applaudierten begeistert.
Aber Unamuno fuhr fort:

> Es ist dies der Tempel des Intellekts. Und ich bin sein Hohepriester. Sie sind es, die diesen heiligen Bezirk entweihen. Sie werden siegen, denn Sie verfügen über mehr als genug brutale Macht. Aber sie werden niemand zu ihrer Ansicht bekehren. Denn um jemand zu seiner Ansicht zu bekehren, muß man ihn überzeugen. Und um zu überzeugen, brauchten Sie etwas, was Ihnen fehlt, nämlich Vernunft und Recht im Kampf. Ich halte es für zwecklos, Sie zu ermahnen, an Spanien zu denken. Mehr habe ich nicht zu sagen (M. de Unamuno, 1936).[6]

Ich habe diesen Begriff von Unamuno übernommen und habe das Phänomen der charakterologischen Nekrophilie seit 1961 studiert.[7] Meine theoretischen Auffassungen habe ich in der Hauptsache aus der Beobachtung von Personen in der Analyse gewonnen.[8] Die Untersuchung gewisser historischer Persönlichkeiten – Hitlers zum Beispiel –, die Beobachtung von Einzelpersonen, das Studium des Charakters und des Verhaltens sozialer Klassen haben mir zusätzliche Daten für die Analyse des nekrophilen Charakters geliefert. Aber so sehr meine klinischen Beobachtungen mich auch beeinflußt haben, so glaube

[5] Nach R. A. Medwedew (Let History Judge, New York 1971) scheint Lenin den Ausdruck »Nekrophilie« (*trupolozhestvo*) als erster im psychologischen Sinn gebraucht zu haben (R. A. Medvedev, 1971).

[6] Unamuno blieb unter Hausarrest, bis er wenige Monate später starb (H. Thomas, 1961).

[7] Ein vorläufiger Bericht findet sich in E. Fromm (1964).

[8] Ich habe dabei ältere Fälle von Patienten herangezogen, die ich selbst analysiert habe, sowie Fälle, mit denen mich jüngere Psychoanalytiker in Seminaren bekannt gemacht haben oder die ich aus ihrer Arbeit, die ich betreute, kenne.

ich doch, daß der entscheidende Impuls von Freuds Theorie des Lebens- und Todestriebes ausging. Ich war von seiner Auffassung tief beeindruckt, daß der Lebenstrieb und der Todestrieb die beiden fundamentalsten Kräfte im Menschen sind; aber mit Freuds theoretischer Erklärung dafür konnte ich mich nicht befreunden. Trotzdem hat mich Freuds Theorie veranlaßt, klinische Daten in neuem Licht zu sehen, seine Auffassung neu zu formulieren – und so zu bewahren, allerdings auf einer anderen theoretischen Grundlage, auf klinischen Daten begründet, die, wie ich später zeigen werde, die Verbindung mit Freuds früheren Befunden über den analen Charakter herstellen.
Die Nekrophilie kann man im charakterologischen Sinn definieren als *das leidenschaftliche Angezogenwerden von allem, was tot, vermodert, verwest und krank ist; sie ist die Leidenschaft, das, was lebendig ist, in etwas Unlebendiges umzuwandeln; zu zerstören um der Zerstörung willen; das ausschließliche Interesse an allem, was rein mechanisch ist. Es ist die Leidenschaft, lebendige Zusammenhänge zu zerstückeln.*

Nekrophile Träume

Das Angezogenwerden durch alles, was tot und verwest ist, kann man am deutlichsten in den Träumen nekrophiler Personen beobachten.
Traum 1. »Ich sitze auf der Toilette. Ich habe Durchfall und entleere mich mit einer explosiven Gewalt, die sich anhört, als ob eine Bombe explodierte und das ganze Haus einstürzen könnte. Ich möchte baden, aber als ich das Wasser anzudrehen versuche, merke ich, daß die Wanne bereits mit schmutzigem Wasser gefüllt ist; ich sehe Kot und ein abgeschnittenes Bein und einen Arm im Wasser umherschwimmen.«
Der Träumende war ein stark nekrophiler Mensch, der eine ganze Anzahl ähnlicher Träume hatte. Als der Analytiker ihn fragte, was er denn bei dem, was sich da abspielte, empfunden habe, berichtete er, er habe die Situation nicht als erschreckend empfunden, doch sei es ihm peinlich, den Traum dem Analytiker zu erzählen.
Dieser Traum weist mehrere Elemente auf, die für die Nekrophilie kennzeichnend sind, unter denen das Thema von den abgetrennten Körperteilen das offensichtlichste ist. Außerdem weist der Traum auf den engen Zusammenhang zwischen Nekrophilie und Analität (worauf wir noch später zu sprechen kommen) mit dem Thema der Destruktivität hin; wenn wir von symbolischer in offene Sprache übersetzen, so drückt der Träumende das Gefühl aus, daß er mit der Gewalt seiner Entleerung das ganze Haus zerstören möchte.
Traum 2. »Ich gehe einen Freund besuchen. Ich gehe in der Richtung seines Hauses, das mir wohlbekannt ist. Plötzlich verwandelt sich die Szene. Ich befinde mich in einer trockenen, wüstenartigen Szenerie; keine Pflanzen oder Bäume. Offenbar befinde ich mich noch immer auf der Suche nach dem Haus meines Freundes, aber das einzige Haus in Sicht ist ein merkwürdiges Gebäude, das keine Fenster hat. Ich gehe durch eine schmale Tür hinein; als ich sie zumache, höre ich ein seltsames Geräusch, so als ob jemand die Tür abgeschlossen und sie nicht nur zugemacht hätte. Ich drehe am Türknopf, kann ihn aber nicht aufbekommen. Voller Angst gehe ich durch einen sehr engen Gang – er ist tatsächlich so niedrig, daß ich kriechen muß – und befinde mich in einem großen, ovalen, verdunkelten Raum. Er sieht aus wie ein großes Grabgewölbe. Nachdem ich mich an das

Dunkel gewöhnt habe, sehe ich ein paar Skelette auf dem Boden liegen, und ich weiß, das ist mein Grab. Ich wache mit einem Gefühl der Panik auf.«
Dieser Traum bedarf kaum einer Interpretation. Das »Gewölbe« ist ein Grab, gleichzeitig symbolisiert es den Mutterleib. Das »Haus des Freundes« ist ein Symbol des Lebens. Anstatt zum Leben hinzugehen, seinen Freund zu besuchen, begibt sich der Träumende an die Stätte des Todes. Die wüstenartige Szenerie und das Grab sind Symbole des Toten. Ein solcher Traum ist an und für sich nicht unbedingt ein Hinweis auf Nekrophilie; er könnte auch lediglich symbolischer Ausdruck der Angst vor dem Sterben sein. Es ist jedoch etwas anderes, wenn der Betreffende – wie es bei diesem Träumenden der Fall war – viele Träume hat, in denen er Gräber, Mumien und Skelette sieht; wenn – anders ausgedrückt – die Phantasie seines Traumlebens sich hauptsächlich mit Visionen aus der Welt des Toten beschäftigt.
Traum 3. Es handelt sich dabei um den kurzen Traum einer Frau, die unter einer schweren Depression litt: »Ich entleere mich; es hört überhaupt nicht mehr auf, bis der Kot über den Toilettensitz überläuft und allmählich das ganze Badezimmer ausfüllt. Er steigt immer höher – ich ertrinke darin[9] – in diesem Augenblick wache ich mit einem unbeschreiblichen Entsetzen auf.«
Für diese Frau hat sich das ganze Leben in Schmutz verwandelt; sie kann nur noch Schmutz produzieren; ihre Welt ist zu Schmutz geworden, und ihr Tod ist die endgültige Vereinigung mit dem Schmutz. Wir finden das gleiche Thema im Mythos von Midas; alles, was er anrührt, verwandelt sich in Gold – das, wie Freud gezeigt hat, symbolisch für Schmutz und Kot steht.[10]
Traum 4. Den folgenden Traum hat Albert Speer am 12. September 1962 geträumt, als er sich noch im Spandauer Gefängnis befand.
»Hitler ist zu einer Inspektion gekommen. Ich bin noch Staatsminister und nehme einen Besen in die Hand und helfe den Schmutz in der Fabrik aufkehren. Nach der Inspektion befinde ich mich in seinem Wagen und versuche vergeblich, meinen Arm in den Ärmel meiner Jacke hineinzubekommen, die ich während dem Kehren ausgezogen hatte. Meine Hand landet immer wieder in der Tasche. Unsere Fahrt endet auf einem großen freien Platz, der von Regierungsgebäuden umgeben ist. Auf der einen Seite steht ein Kriegerdenkmal. Hitler geht darauf zu und legt einen Kranz nieder. Wir betreten das Marmorvestibül eines der Regierungsgebäude. Hitler sagt zu seinem Adjutanten: ›Wo sind die Kränze?‹ Der Adjutant zu einem Offizier: ›Wie Sie wissen, legt er jetzt überall Kränze nieder.‹ Der Offizier trägt eine helle, fast weiße Uniform aus einer Art Handschuhleder; über der Uniformjacke trägt er wie ein kleiner Ministrant ein loses Gewand, das mit Spitze und Stickerei verziert ist. Der Kranz wird gebracht. Hitler geht auf die rechte Seite der Halle, wo ein weiteres Kriegerdenkmal steht, auf dessen Sockel schon viele Kränze liegen. Er kniet nieder und stimmt einen Klagegesang im Stil eines gregorianischen Chorals an, in dem sich ständig ein langgezogenes ›Jesus Maria‹ wiederholt. An den Wänden dieser langen, hohen Marmorhalle sind zahlreiche andere Totengedenktafeln angebracht.

[9] Vgl. das oben angeführte Beispiel von dem Mann, der den bewußten Wunsch hatte, »in den verfaulenden Überresten seiner Großmutter zu versinken«.
[10] Vgl. das reiche Material über Schmutz und Kot bei J. G. Bourke (1913).

Hitler legt in immer schnellerer Aufeinanderfolge Kranz um Kranz nieder, die ihm von eifrigen Adjutanten zugereicht werden. Sein Klagegesang wird immer monotoner, die Reihe der Totengedenktafeln scheint endlos.«[11]

Dieser Traum ist aus vielen Gründen interessant. Er gehört zu den Träumen, in denen der Träumende seine Erkenntnisse über einen anderen Menschen und nicht seine eigenen Gefühle und Wünsche ausdrückt.[12] Diese Einsichten sind manchmal zutreffender als der bewußte Eindruck, den der Träumende von dem anderen hat. In diesem Fall bringt Speer in einem Chaplin-artigen Stil seine Meinung über Hitlers nekrophilen Charakter zum Ausdruck. Er sieht in ihm einen Menschen, der seine ganze Zeit darauf verwendet, dem Tod zu huldigen, aber auf merkwürdige Weise ist sein Tun völlig mechanisch, und für Gefühle bleibt dabei kein Raum. Die Kranzniederlegung wird zu einem organisierten Ritual, das bis zur Absurdität reicht. Gleichzeitig ist derselbe Hitler zum religiösen Glauben seiner Kindheit zurückgekehrt und ist völlig in den Gesang der klagenden Melodien vertieft. Der Traum endet mit einem Hinweis auf die Monotonie und die mechanisierte Art seines Trauerrituals.

Zu Anfang des Traumes bringt der Träumende eine Situation aus der Wirklichkeit, aus der Zeit, als er noch Staatsminister und ein sehr aktiver Mensch war, der die Dinge selber in die Hand nahm. Vielleicht ist der Schmutz, den er wegfegt, ein symbolischer Ausdruck für den Schmutz des Naziregimes, und seine Unfähigkeit, seinen Arm in den Jackenärmel hineinzubekommen, ist höchstwahrscheinlich symbolischer Ausdruck für sein Gefühl, bei diesem System nicht mehr mitmachen zu können; dies bildet den Übergang zum Hauptteil des Traumes, in dem er erkennt, daß nichts übriggeblieben ist als die Toten und ein nekrophiler, mechanischer, langweiliger Hitler.

Traum 5. »Ich habe eine große Erfindung gemacht, den ›Superzerstörer‹. Es ist eine Maschine, die innerhalb der ersten Stunde das gesamte Leben in Nordamerika und innerhalb der nächsten Stunde alles Leben auf der Erde zerstören kann, wenn man auf einen geheimen Knopf drückt, den nur ich kenne. – (Nächste Szene) Ich habe auf den Knopf gedrückt; ich bemerke kein Leben mehr, ich bin allein, ich bin überschwenglich glücklich.«

Dieser Traum ist ein Ausdruck reiner Destruktivität bei einem äußerst narzißtischen Menschen, der keinerlei Beziehung zu anderen Menschen und kein Bedürfnis nach irgend jemand hat. Dieser Traum kehrte bei dem Betreffenden immer wieder häufig zusammen mit anderen nekrophilen Träumen. Er litt an einer schweren Geisteskrankheit.

Traum 6. »Ich bin zu einer Party mit jungen Leuten eingeladen. Wir tanzen alle. Aber etwas Merkwürdiges ist im Gange; der Rhythmus wird immer langsamer, und es sieht so aus, als ob sich bald niemand mehr bewegen würde. In diesem Augenblick betritt ein überlebensgroßes Paar den Raum; offenbar haben sie eine Menge Sachen in zwei großen Schachteln mitgebracht. Sie nähern sich dem ersten tanzenden Paar. Der Mann nimmt ein großes Messer und schneidet dem jungen Mann in den Rücken; merkwürdigerweise fließt kein Blut, und der junge Mann scheint auch keinen Schmerz zu fühlen; der Große nimmt

[11] Albert Speer, persönliche Mitteilung.

[12] Ich habe derartige Träume in *The Forgotten Language* (1951; deutscher Titel: *Märchen, Mythen, Träume. Eine Einführung in ihre vergessene Sprache*, Zürich o.J.) zitiert.

dann etwas, was ich nicht richtig erkennen kann, etwas wie ein Kästchen, und steckt es dem Jungen in den Rücken; es ist etwas sehr Kleines. Dann steckt er eine Art kleinen Schlüssel oder vielleicht auch einen Knopf in das Kästchen (aber so, daß der Junge es erreichen kann) und macht eine Bewegung, als ob er eine Uhr aufzöge. Während der Große das mit dem Jungen macht, tut seine Partnerin das gleiche mit dem jungen Mädchen. Als sie fertig sind, tanzt das junge Paar weiter, aber jetzt schnell und energisch. Das große Paar nimmt die gleiche Operation auch noch mit den anderen neun anwesenden Paaren vor, und nachdem sie weggegangen sind, bleiben alle in einer sehr angeregten und vergnügten Stimmung zurück.«

Die Bedeutung dieses Traumes ist ziemlich klar, wenn wir ihn aus der symbolischen in eine klare Sprache übersetzen. Der Träumende hat das Gefühl, daß das Leben langsam verebbt, daß seine Energie verbraucht ist. Aber ein Apparat kann sie ersetzen. Man kann die Menschen wie Uhren aufziehen, und sie wirken dann höchst »lebendig«, obgleich sie tatsächlich zu Automaten geworden sind.

Der Träumende ist ein junger Mann von neunzehn Jahren, der Maschinenbau studiert und sich ausschließlich für alles Technische interessiert. Hätte er nur diesen einen Traum gehabt, so könnte man der Ansicht sein, daß sich seine technischen Interessen darin ausdrückten. Er hatte aber viele Träume, in welchen die anderen Aspekte der Nekrophilie vorhanden waren. Der Traum war nicht in erster Linie ein Spiegelbild seiner beruflichen Interessen; in diesen beruflichen Interessen spiegelte sich vielmehr seine nekrophile Orientierung.

Traum 7. Dieser Traum eines erfolgreichen Akademikers ist deshalb von besonderem Interesse, weil er einen Aspekt illustriert, der den nekrophilen Charakter der modernen Technik betrifft, auf den wir noch zurückkommen werden.

»Ich nähere mich langsam dem Eingang einer Höhle und kann bereits etwas in ihr wahrnehmen, was mir großen Eindruck macht; drinnen sind zwei vermenschlichte Schweine, die einen kleinen alten Karren schieben, wie man ihn in Bergwerken benutzt; sie schieben ihn auf die Schienen, die in das Innere der Höhle führen. Im Karren sehe ich normale menschliche Wesen sitzen; sie sehen aus wie tot, aber ich weiß, daß sie nur schlafen.

Ich weiß nicht, ob das folgende ein anderer Traum ist oder nur die Fortsetzung des vorigen – ich glaube, ich bin aufgewacht, aber ich bin mir nicht sicher. Der Anfang ist derselbe, ich nähere mich wieder dem Eingang zur Höhle; ich lasse die Sonne und den blauen Himmel hinter mir. Ich gehe tiefer hinein und nehme am Ende ein sehr intensives Glühen wahr; als ich hinten ankomme, erblicke ich voller Verwunderung eine höchst moderne Stadt; alles ist hell erleuchtet, und ich weiß, daß die Beleuchtung künstlich – durch Elektrizität – geschieht. Die Stadt ist ganz aus Stahl und Glas – die Zukunft. Ich gehe weiter, und es fällt mir plötzlich auf, daß ich niemand getroffen habe, weder Tier noch Mensch. Ich stehe jetzt vor einer großen Maschine, vor einer Art ungeheuer großem, hochmodernem elektrischem Transformator, der an viele dicke Kabel angeschlossen ist, wie Hochspannungskabel; sie sehen aus wie schwarze Schläuche. Der Gedanke kommt mir, daß in diesen Kabeln Blut fließt. Ich rege mich sehr darüber auf und finde in meiner Hosentasche einen Gegenstand, in dem ich sofort ein kleines Taschenmesser erkenne, das mein Vater mir geschenkt hat, als ich zwölf Jahre alt war. Ich gehe zur Maschine hin und schneide mit meinem Messerchen in eines der Kabel hinein; plötzlich spritzt etwas heraus, und ich werde davon durchnäßt. Es ist Blut. Ich wache in großer Angst und in Schweiß gebadet auf.«

Nachdem der Träumende seinen Traum erzählt hat, fügt er hinzu: »Ich weiß nicht genau, was die Maschine und das Blut zu bedeuten haben, aber das Blut steht hier für Elektrizität, denn beides ist Energie. Ich weiß nicht, warum ich mir das so denke; vielleicht denke ich, daß die Maschine den Menschen das Blut aussaugt.«

Dieser Traum ist ähnlich wie der von Speer nicht der Traum eines Nekrophilen, sondern der eines biophilen Menschen, der den nekrophilen Charakter der heutigen Welt erkennt. Die Höhle ist wie so oft ein Symbol für das Tote, zum Beispiel für ein Grab. Die Höhle ist ein Bergwerk, und die Leute, die darin arbeiten, sind Schweine oder Tote. (Die »Erkenntnis«, daß sie nicht richtig tot sind, ist eine Korrektur, die aus dem Realitätsbewußtsein stammt, das manchmal in die Phantasiewelt des Traumes eingreift.) Die Bedeutung ist folgende: Es handelt sich um einen Ort mit entarteten, leichenhaften Menschen. Die Szene des ersten Aktes des Traumes bezieht sich auf ein älteres Stadium der industriellen Entwicklung. Der zweite Akt spielt im voll entwickelten kybernetischen Zeitalter der Zukunft. Die schöne moderne Stadt ist tot; es gibt darin weder Tiere noch Menschen. Eine machtvolle Technik saugt den Menschen das Leben (Blut) aus und verwandelt es in Elektrizität. Als der Träumende versucht, in die elektrischen Kabel hineinzuschneiden (vielleicht um sie zu zerstören), wird er von dem herausspritzenden Blut durchnäßt – so als ob er einen Mord begangen hätte. Im Schlaf hat der Träumer eine Vision von der toten, völlig technisierten Gesellschaft, eine Vision von einer Klarheit und einem künstlerischen Empfinden, wie wir sie bei Blake oder auf einem surrealistischen Gemälde finden könnten. Im wachen Zustand weiß er jedoch nur wenig von dem, was er »weiß«, wenn er, wie im Schlaf, dem Lärm des *Un*sinns unseres Alltags nicht ausgesetzt ist.

»Unbeabsichtigte« nekrophile Handlungen

Träume sind eine der deutlichsten Ausdrucksformen nekrophiler Triebe, doch keineswegs die einzigen. Gelegentlich können sich nekrophile Tendenzen auch in unbeabsichtigten, »unwichtigen« Handlungen äußern, in der »Psychopathologie des Alltags«, die Freud als Ausdruck verdrängter Triebe interpretiert. Ich möchte hierfür ein Beispiel anführen, das von einer sehr komplexen Persönlichkeit, nämlich von Winston Churchill, stammt. Es handelt sich um folgendes: Feldmarschall Sir Alan F. Brooke, der Chef des Empire-Generalstabs, und Churchill saßen während des Zweiten Weltkriegs in Nord-Afrika zusammen beim Mittagessen. Der Tag war heiß, und es gab viele Fliegen. Churchill schlug so viele wie möglich tot, was vermutlich die meisten anderen Leute auch getan hätten. Aber dann tat er etwas Merkwürdiges. (Sir Alan berichtet, er sei darüber schokkiert gewesen.) Gegen Ende des Essens sammelte Churchill alle toten Fliegen und reihte sie in einer Linie auf dem Tischtuch auf wie ein aristokratischer Jäger, dessen Bediente das erlegte Wild vor ihm aufreihen (Viscount Alanbrooke, 1957).[13]

[13] Die Tatsache, daß Churchills Arzt, Lord Moran, dasselbe auch in seinem Tagebuch erwähnt (Lord Moran, 1966), läßt darauf schließen, daß Churchill das ziemlich häufig getan haben muß.

Wenn man Churchills Verhalten lediglich als eine »Angewohnheit« erklären wollte, so bliebe doch die Frage bestehen: Was *bedeutet* diese doch recht ungewöhnliche Angewohnheit? Wenn sich darin auch eine nekrophile Neigung auszudrücken scheint, muß das doch nicht unbedingt bedeuten, daß Churchill einen nekrophilen Charakter hatte, doch könnte er immerhin stark nekrophile Züge gehabt haben. (Churchills Charakter war viel zu kompliziert, als daß man ihn auf ein paar Seiten diskutieren könnte.)

Ich habe dieses Verhalten Churchills deshalb erwähnt, weil es gut verbürgt ist und weil seine Persönlichkeit wohlbekannt ist. Ähnliche marginale Verhaltensweisen kann man bei vielen Menschen beobachten. Sehr häufig findet man die Angewohnheit, kleine Gegenstände, wie etwa Streichhölzer oder Blumen, zu zerbrechen und zu zerpflücken; andere verletzen sich selbst, indem sie an ihren Wunden herumkratzen. Drastischer noch kommt diese Tendenz zum Ausdruck, wenn Leute etwas Schönes, etwa ein Gebäude oder ein Möbelstück, beschädigen – und wenn sie, in extremen Fällen, in einem Museum ein Gemälde zerschneiden oder wenn sie sich selbst Verletzungen beibringen.

Um ein nekrophiles Verhalten handelt es sich auch bei Personen – besonders Medizinstudenten und Ärzten –, die sich von Skeletten besonders angezogen fühlen. Man erklärt dies meist mit ihrem beruflichen Interesse, aber der folgende Bericht aus der Psychoanalyse zeigt, daß das nicht immer zutrifft. Ein Medizinstudent, der ein Skelett in seinem Schlafzimmer hatte, erzählte seinem Analytiker nach einiger Zeit sehr verlegen, er nehme dieses Skelett oft mit ins Bett und umarme und küsse es sogar manchmal. Der gleiche junge Mann wies auch noch eine Anzahl anderer nekrophiler Züge auf.

Eine andere Manifestation des nekrophilen Charakters ist die Überzeugung, daß sich Probleme und Konflikte nur mit Gewalt und Gewalttätigkeit lösen lassen. Die Frage lautet hier nicht, ob man unter bestimmten Umständen Gewalt anwenden sollte; für den Nekrophilen ist kennzeichnend, daß Gewalt – »die Macht, einen Menschen in einen Leichnam zu verwandeln«, um mit Simone Weil zu reden – die erste und letzte Lösung für alles darstellt; daß der gordische Knoten immer zerhauen und niemals geduldig aufgeknotet wird. Grundsätzlich besteht die Reaktion derartiger Menschen auf die Probleme des Lebens in Destruktion und niemals in dem Bemühen, anderen zu helfen, in einem konstruktiven oder beispielhaften Verhalten. Ihre Reaktion ist die der Königin von *Alice in Wonderland:* »Herunter mit ihren Köpfen!« Wer von diesem Impuls getrieben wird, ist in der Regel nicht in der Lage, andere Möglichkeiten zu erkennen, die keine Zerstörung erfordern, und er erkennt nicht, wie unwirksam sich Gewalt oft auf die Dauer erweist. Den klassischen Ausdruck für diese Haltung finden wir in König Salomons Urteil im Rechtsstreit der beiden Frauen, die beide behaupten, das Kind sei das ihre. Als der König vorschlägt, das Kind zu teilen, will es die echte Mutter lieber der anderen Frau überlassen; die Frau, welche nur vorgab, die Mutter zu sein, entscheidet sich dafür, das Kind zu teilen. Ihre Entscheidung ist typisch für einen nekrophilen, besitzbesessenen Menschen.

Einen etwas weniger drastischen Ausdruck findet die Nekrophilie in dem auffälligen Interesse an Krankheit in allen ihren Formen und am Tod. Ein Beispiel dafür ist etwa die Mutter, die sich ständig für die Krankheiten ihres Kindes und für sein Versagen interessiert und dunkle Prognosen für seine Zukunft stellt; gleichzeitig macht ihr eine günstige Veränderung keinerlei Eindruck, sie reagiert nicht auf die Freude und Begeisterung des Kindes und bemerkt nichts Neues, das in ihm wächst. Sie fügt dem Kind damit keinen

offenen Schaden zu, und doch kann sie langsam seine Lebensfreude, seinen Glauben an sein Wachstum ersticken und es mit ihrer eigenen nekrophilen Orientierung anstecken.
Jedem, der Gelegenheit hat, Unterhaltungen von Leuten aus allen Gesellschaftsklassen vom mittleren Alter aufwärts mit anzuhören, wird es auffallen, wie oft von Krankheiten und vom Tod anderer Leute die Rede ist. Sicherlich ist dafür eine ganze Anzahl von Faktoren verantwortlich. Für viele Menschen, besonders für solche, die keine anderweitigen Interessen haben, sind Krankheit und Tod die einzigen dramatischen Elemente im Leben; dieses Thema ist eines der wenigen, über die sie sich, von den Familienereignissen abgesehen, unterhalten können. Aber auch wenn man all das einräumt, gibt es doch viele, für welche diese Erklärung unzureichend ist. Gewöhnlich sind sie daran zu erkennen, daß sie plötzlich lebhaft und angeregt werden, wenn von Krankheit oder anderen traurigen Erlebnissen wie Tod, finanziellen Schwierigkeiten und so weiter die Rede ist. Das besondere Interesse nekrophiler Personen am Tod zeigt sich oft nicht nur in ihrer Unterhaltung, sondern auch in der Art, wie sie die Zeitung lesen. Am meisten interessieren sie die Todesanzeigen und Nachrufe, und die lesen sie auch *zuerst;* auch unterhalten sie sich gern über den Tod und seine verschiedenen Aspekte: woran die Leute gestorben sind und unter welchen Umständen, wer kürzlich gestorben ist, wer demnächst sterben wird und so weiter. Sie gehen gern in Krematorien und auf Friedhöfe und lassen sich meist keine Gelegenheit dazu entgehen, wenn es nur irgend gesellschaftlich angebracht erscheint. Es ist auch leicht einzusehen, daß diese Vorliebe für Beerdigungen und Friedhöfe nur eine etwas abgemilderte Form der zuvor beschriebenen groberen Manifestationen des Interesses an Leichenhallen und Gräbern darstellt.
Ein etwas weniger leicht zu identifizierender Charakterzug des Nekrophilen ist die merkwürdige Unlebendigkeit seiner Unterhaltung. Dabei geht es nicht darum, worüber er sich unterhält. Ein sehr intelligenter, hochgebildeter, nekrophiler Mensch kann über Dinge reden, die an sich sehr interessant wären, wenn nicht die Art und Weise wäre, wie der Betreffende seine Ideen vorbringt. Er bleibt steif, kalt, unbeteiligt; er stellt sein Thema pedantisch und unlebendig dar. Dagegen kann der entgegengesetzte Charaktertyp, der biophile Mensch, auch über ein Erlebnis sprechen, das an und für sich nicht besonders interessant ist, das er jedoch lebendig darstellt; er wirkt anregend, daher hört man ihm auch mit Vergnügen und Interesse zu. Ein Nekrophiler wirkt in einer Gruppe wie ein nasses Tuch und als Freudentöter; er ist langweilig und nicht anregend; er macht alles unlebendig und ermüdet die Anwesenden im Gegensatz zu einem lebensliebenden Menschen, der sie lebendiger macht.
Eine weitere Dimension nekrophiler Reaktionen ist die Einstellung zur Vergangenheit und zum Besitz. Der nekrophile Charakter erlebt nur die Vergangenheit und nicht die Gegenwart oder Zukunft als ganz real. Das, was gewesen ist, das heißt, was tot ist, beherrscht sein Leben: Institutionen, Gesetze, Eigentum, Traditionen und Besitztümer. Kurz gesagt, *die Dinge beherrschen den Menschen;* das *Haben* beherrscht das *Sein; das Tote* beherrscht *das Lebendige.* Im persönlichen, philosophischen und politischen Denken des Nekrophilen ist die Vergangenheit heilig, nichts Neues ist von Wert, eine drastische Veränderung ist ein Verbrechen gegen die »natürliche« Ordnung.[14]

[14] Für Marx waren Kapital und Arbeit nicht nur ökonomische Kategorien. Das Kapital war für

Ein weiterer Aspekt der Nekrophilie ist das Verhältnis zur Farbe. Nekrophile haben meist eine Vorliebe für dunkle, das Licht absorbierende Farben, wie schwarz oder braun, und eine Abneigung gegen helle, leuchtende Farben.[15] Man kann diese Vorliebe an ihrer Kleidung oder auch in den Farben beobachten, die sie wählen, wenn sie malen. Natürlich hat die Farbe in Fällen, wo aus Tradition dunkle Kleider getragen werden, nichts mit dem Charakter zu tun.

Wie wir schon bei dem oben angeführten klinischen Material feststellen konnten, charakterisiert den Nekrophilen seine Vorliebe für schlechte Gerüche – ursprünglich für den Geruch von verfaulendem oder verwesendem Fleisch. Das ist tatsächlich bei vielen derartigen Personen der Fall, und es zeigt sich in zweierlei Form: einmal in der offenkundigen Freude an schlechten Gerüchen; solche Leute fühlen sich vom Geruch von Kot, Urin oder Verfaulendem angezogen, und sie besuchen gern stinkende Toiletten; zweitens handelt es sich um die häufiger anzutreffende Form, daß der Wunsch, sich durch schlechte Gerüche einen Genuß zu verschaffen, verdrängt wird; diese Form führt zu der Reaktionsbildung, daß man einen schlechten Geruch zu beseitigen versucht, der in Wirklichkeit gar nicht existiert. (Eine ähnliche Erscheinung wie die übertriebene Sauberkeit des analen Charakters.) Aber ob in der einen oder in der anderen Form, nekrophile Menschen sprechen auf schlechte Gerüche an. Wie schon zuvor bemerkt, gibt diese Faszination durch schlechte Gerüche derartigen Personen das Aussehen von »Schnüfflern« (H. v. Hentig, 1964). Nicht selten ist diese Neigung zu schnüffeln auch im Gesichtsausdruck zu erkennen. Viele nekrophile Menschen sehen aus, als ob sie ständig einen schlechten Geruch riechen würden. Wer zum Beispiel die vielen Bilder von Hitler genauer betrachtet, kann leicht diesen schnüffelnden Ausdruck in seinem Gesicht erkennen. Dieser Gesichtsausdruck ist bei Nekrophilen zwar nicht immer vorhanden, wenn er aber vorhanden ist, ist er eines der zuverlässigsten Kriterien für diesen Charakterzug. Ein anderes Charakteristikum des Gesichtsausdrucks ist, daß der Nekrophile nicht richtig lachen kann. Sein Lachen ist in Wirklichkeit eine Art Grinsen; es ist unlebendig, es geht ihm das Befreiende und Fröhliche des normalen Lachens ab. Kennzeichnend für den Nekrophilen ist nicht nur diese Unfähigkeit, frei und unbeschwert zu lachen, sondern auch die allgemeine Unbewegtheit und mangelnde Ausdrucksfähigkeit des Gesichts. Beim Fernsehen kann man manchmal einen Redner beobachten, dessen Gesicht beim Sprechen völlig unbewegt bleibt; nur am Anfang und am Ende seiner Rede grinst er, weil er weiß, daß man nach amerikanischer Sitte von ihm erwartet, daß er dann lächelt. Solche Personen können nicht gleichzeitig sprechen und dabei lächeln, denn sie können ihre Aufmerksamkeit nur auf das eine oder das andere richten; ihr Lächeln erfolgt nicht spontan, sondern es ist eingeplant wie die unspontanen Gesten eines schlechten Schauspielers. Auch die Haut verrät häufig den Nekrophilen; sie macht einen leblosen, »trockenen«, fahlen Eindruck; wenn

ihn die Manifestation der Vergangenheit, der in Dinge umgewandelten und in ihnen angesammelten Arbeit; die Arbeit war die Manifestation des *Lebens*, der menschlichen Energie, auf die Natur angewandt im Prozeß, sie zu verändern. Die Wahl zwischen Kapitalismus und Sozialismus (wie er sie verstanden hat) lief darauf hinaus, wer (was) über was (wen) herrschen sollte, das Tote über das Lebendige oder das Lebendige über das Tote (vgl. E. Fromm, 1961, 1968).

[15] Diese Vorliebe für bestimmte Farben ist oft auch bei Menschen zu finden, die unter Depressionen leiden.

wir gelegentlich das Gefühl haben, daß jemand ein »schmutziges« Gesicht hat, dann meinen wir damit nicht, daß er ungewaschen ist, sondern wir reagieren damit auf seinen eigentümlichen nekrophilen Ausdruck.

Die nekrophile Sprache

Die Sprache eines nekrophilen Menschen ist dadurch gekennzeichnet, daß er vorwiegend Worte benutzt, die sich auf Zerstörung, auf Exkremente und Toiletten beziehen. Wenn auch das Wort »Scheiße« heute sehr häufig gebraucht wird, so sind doch die Leute unschwer zu erkennen, deren Lieblingswort es ist, das sie überdurchschnittlich anwenden. Ein Beispiel dafür ist ein 22jähriger Mann, für den alles »Scheiße« war: das Leben, die Menschen, die Ideen und die Natur. Der gleiche junge Mann sagte stolz von sich: »Ich bin ein Künstler der Zerstörung.« Bei unserer Analyse des an deutsche Arbeiter und Angestellte gerichteten Fragebogens (in Kapitel 2, Fußnote 8, und in Kapitel 8, Fußnote 16, erwähnt) sind wir auf viele Beispiele einer nekrophilen Ausdrucksweise gestoßen. Eine Illustration dazu sind die Antworten auf die Frage: »Was denken Sie über Frauen, die Lippenstift und Make-up benutzen?«[16] Viele antworteten: »Das ist bürgerlich« oder »Das ist unnatürlich« oder »nicht hygienisch«. Ihre Antwort entsprach einfach der vorherrschenden Ideologie. Aber eine Minderheit gab Antworten wie »Das ist giftig« oder: »Solche Frauen sehen wie Huren aus«. Diese der Wirklichkeit nicht entsprechenden Formulierungen waren höchst bezeichnend für ihre Charakterstruktur: Die Antwortenden, die sich solcher Ausdrücke bedienten, wiesen fast sämtlich auch in ihren anderen Antworten destruktive Tendenzen auf.

Um die Validität der Hypothese über die Nekrophilie zu überprüfen, haben Michael Maccoby und ich einen interpretativen Fragebogen entworfen, der im wesentlichen dem in der Frankfurter Studie benutzten entspricht, dessen zwölf Fragen jedoch alternativ festgelegt und nicht »offen« waren. Einige dieser Fragen bezogen sich auf typische Haltungen des anal-hortenden Charakters, während sich andere auf die bereits erwähnten nekrophilen Merkmale bezogen. Maccoby benutzte diesen Fragebogen zu Stichproben bei sechs verschiedenen Bevölkerungsgruppen (unterschieden nach Klasse, Rasse und Bildung). Leider fehlt hier der Raum, im einzelnen auf die angewandte Methode und die Ergebnisse einzugehen. Es möge die Feststellung genügen, daß die Analyse folgendes erbrachte: 1. das Vorhandensein eines nekrophilen Syndroms, das unser theoretisches Modell bestätigt; 2. daß biophile und nekrophile Tendenzen meßbar sind; 3. daß diese Tendenzen tatsächlich auf signifikante Weise mit soziopolitischen Belangen korrelieren. Bei einer interpretativen Analyse des Fragebogens schätzten wir, daß etwa 10 bis 15 Prozent der interviewten Personen dominant nekrophil gewesen sein dürften ... Die Interviewer stellten bei vielen derartigen Leuten und in den jeweiligen Familien eine ausgesprochene Sterilität fest. Sie lebten in einer abgestorbenen, freudlosen Atmosphäre ... (M. Maccoby, 1972).

[16] Anfang der dreißiger Jahre war das eine Streitfrage in dieser Bevölkerungsschicht, denn viele sahen in der Benutzung von Lippenstift etc. eine unnatürliche, bürgerliche Gewohnheit.

In dieser Untersuchung wurden den Befragten eine Reihe von Fragen gestellt, die es uns ermöglichten, ihre politischen Ansichten mit ihrem Charakter zu korrelieren. Ich verweise den Leser auf die zahlreichen diesbezüglichen Daten in Maccobys Veröffentlichung; hier möchte ich nur folgendes anführen: »Bei allen Stichproben fanden wir, daß die lebensfeindlichen Tendenzen auf signifikante Weise mit den politischen Ansichten korrelierten, welche für eine verstärkte Militärmacht eintraten und Unterdrückung von Abweichlern befürworteten. Personen mit dominierenden lebensfeindlichen Tendenzen hielten folgende Prioritäten für die wichtigsten: eine strengere Kontrolle von Aufrührern, eine strengere Durchführung der Antidrogengesetze, die siegreiche Beendigung des Krieges in Vietnam, die Kontrolle subversiver Gruppen, eine Verstärkung der Polizei und die Bekämpfung des Kommunismus auf der ganzen Welt (M. Maccoby, 1972).

Nekrophilie und die Vergötterung der Technik

Lewis Mumford hat den Zusammenhang aufgezeigt, der zwischen der Destruktivität und den machtzentrierten »Megamaschinen« besteht, wie sie in Mesopotamien und in Ägypten vor mehr als fünftausend Jahren existierten, in Gesellschaftssystemen, die – wie Mumford darlegt – viel mit den Megamaschinen des heutigen Europa und Nordamerika gemeinsam haben. Er schreibt:

> Ihrem Wesen nach waren die Instrumente der Mechanisierung vor fünftausend Jahren bereits losgelöst von menschlichen Funktionen und Zwecken, die nicht der ständigen Steigerung von Ordnung, Macht, Vorausbestimmbarkeit und vor allem der Kontrolle dienten. Mit dieser protowissenschaftlichen Ideologie Hand in Hand ging eine entsprechende Reglementierung und Degradierung der einst autonomen menschlichen Tätigkeiten: »Massenkultur« und »Massenkontrolle« tauchten hier zum ersten Male auf. Mit sarkastischem Symbolismus waren die größten Erzeugnisse der Megamaschine in Ägypten kolossale Gräber, die von mumifizierten Leichen bewohnt waren, während später in Assyrien – wie auch immer wieder in sämtlichen sich ausdehnenden Weltreichen – eine Wüstenei zerstörter Dörfer und Städte und vergifteter Boden das Hauptzeugnis technischer Leistungsfähigkeit war: der Prototyp ähnlicher »zivilisierter« moderner Greuel (L. Mumford, 1967).

Beginnen wir mit der Betrachtung des einfachsten und augenfälligsten Merkmals des heutigen Industriemenschen: Im Brennpunkt seines Interesses stehen nicht mehr Menschen, Natur und lebendige Strukturen, sondern mechanische, nichtlebendige Artefakte üben immer größere Anziehung auf ihn aus. Beispiele gibt es in Fülle. Überall in unserer industrialisierten Welt gibt es Männer, die für ihren Wagen zärtlichere Gefühle und ein größeres Interesse hegen als für ihre Frau. Sie sind stolz auf ihren Wagen; sie pflegen ihn; sie waschen ihn eigenhändig (oft selbst dann, wenn sie das Geld hätten, jemand anders für diese Arbeit zu bezahlen), und in manchen Ländern geben viele ihrem Wagen einen Kosenamen; sie beobachten ihn ständig und sind besorgt, wenn er die geringsten Anzeichen einer Fehlfunktion erkennen läßt. Sicher ist ein Wagen für sie kein Sexualobjekt – aber er ist ein Objekt ihrer Liebe; das Leben ohne Wagen kommt manchen unerträglicher

vor als das Leben ohne Frau. Ist diese »Liebe« zum Automobil nicht etwas merkwürdig, um nicht zu sagen pervers?
Oder ein anderes Beispiel: das Fotografieren. Jeder, der Gelegenheit hat, Touristen – oder vielleicht auch sich selbst – zu beobachten, kann feststellen, daß das Fotografieren zum Ersatz für das Sehen geworden ist. Natürlich muß man hinsehen, um sein Objektiv auf das gewünschte Objekt richten zu können; dann aber drückt man auf den Auslöser, der Film wird weitergedreht und mit nach Hause genommen. Aber *Hinsehen* ist nicht *Sehen.* Sehen ist eine menschliche Funktion, eine der größten Gaben, die der Mensch mitbekommen hat; es erfordert Aktivität, inneres Aufgeschlossensein, Interesse, Geduld und Konzentration. Einen *Schnappschuß* machen (die aggressive Bezeichnung ist aufschlußreich) bedeutet seinem Wesen nach, daß man den Akt des Sehens zu einem Objekt macht – dem Foto, das man später Bekannten als Beweis dafür zeigen will, daß »man dort war«. Das gleiche gilt für jene Musikfreunde, für die das Anhören von Musik nur ein Vorwand dafür ist, daß sie mit der Technik ihres Plattenspielers oder ihrer Stereoanlage und den speziellen technischen Verbesserungen, die sie daran angebracht haben, experimentieren. Das Anhören von Musik ist für sie zum Studium des Produktes einer technisch hochqualifizierten Darbietung geworden.
Ein anderes Beispiel ist der Apparatefan, der darauf aus ist, jede menschliche Anstrengung durch einen »handlichen«, »arbeitseinsparenden« Apparat zu ersetzen. Zu diesen Leuten gehören die Verkäufer, die selbst die einfachste Addition mit der Maschine machen, ebenso wie die, die sich weigern, auch nur einen Block weit zu Fuß zu gehen und ganz automatisch den Wagen nehmen. Viele von uns kennen vermutlich jene Heimbastler, die mechanisch betriebene Apparate konstruieren, bei denen man durch den Druck auf einen Knopf oder durch Drehen eines Schalters einen Springbrunnen anstellen, eine Tür öffnen oder noch unpraktischere, oft absurde Apparate à la Rube Goldberg in Betrieb setzen kann.
Natürlich möchte ich, wenn ich von derartigen Verhaltensweisen spreche, damit nicht sagen, daß die Benutzung eines Automobils oder das Fotografieren oder die Benutzung von Apparätchen schon an und für sich eine Manifestation nekrophiler Tendenzen sei. Aber es wird dazu, wenn es zum Ersatz für das Interesse am Leben und für die Ausübung all der reichen Funktionen wird, mit denen ein menschliches Wesen ausgestattet ist. Ich möchte damit auch nicht sagen, daß der Ingenieur, der leidenschaftlich an der Konstruktion von Maschinen aller Art interessiert ist, bereits aus diesem Grund eine nekrophile Neigung aufweist. Er kann ein sehr produktiver Mensch mit einer starken Liebe zum Leben sein, was in seiner Haltung zu anderen Menschen, zur Natur, zur Kunst und in seinen konstruktiven technischen Ideen zum Ausdruck kommt. Ich beziehe mich damit vielmehr auf all jene, deren Interesse an Artefakten das Interesse für alles Lebendige *verdrängt* hat und die sich auf eine pedantische und unlebendige Weise mit technischen Dingen befassen.
Der nekrophile Zug dieser Phänomene wird noch deutlicher sichtbar, wenn wir unmittelbare Beweise für die Verquickung von Technik und Destruktivität ins Auge fassen, für die unsere Zeit so viele Beispiele bietet. Der augenfällige Zusammenhang zwischen der Destruktion und der Vergötterung der Technik hat seinen ersten ausdrücklichen und beredten Ausdruck bei F. T. Marinetti, dem Begründer und Anführer des italienischen Futurismus

und lebenslangen Faschisten, gefunden. Sein Erstes Futuristisches Manifest (1909) verkündet die Ideale, die im Nationalsozialismus und in den zu Anfang des Zweiten Weltkriegs angewandten Methoden ihre volle Verwirklichung finden sollten.[17] Seine bemerkenswerte Sensitivität als Künstler versetzte ihn in die Lage, einer machtvollen Tendenz, die damals noch kaum erkennbar war, Ausdruck zu verleihen:

Manifest des Futurismus

1. Wir wollen die Liebe zur Gefahr besingen, die Vertrautheit mit Energie und Verwegenheit.
2. Mut, Kühnheit und Auflehnung werden die Wesenselemente unserer Dichtung sein.
3. Bis heute hat die Literatur die gedankenschwere Unbeweglichkeit, die Ekstase und den Schlaf gepriesen. Wir wollen preisen die angriffslustige Bewegung, die fiebrige Schlaflosigkeit, den Laufschritt, den Salto mortale, die Ohrfeige und den Faustschlag.
4. Wir erklären, daß sich die Herrlichkeit der Welt um eine neue Schönheit bereichert hat: die Schönheit der Geschwindigkeit. *Ein Rennwagen, dessen Karosserie große Rohre schmücken, die Schlangen mit explosivem Atem gleichen . . . ein aufheulendes Auto, das auf Kartätschen zu laufen scheint, ist schöner als die Nike von Samothrake.*
5. Wir wollen den Mann besingen, der das Steuer hält, dessen Idealachse die Erde durchquert, die selbst auf ihrer Bahn dahinjagt.
6. Der Dichter muß sich glühend, glanzvoll und freigebig verschwenden, um die leidenschaftliche Inbrunst der Urelemente zu vermehren.
7. *Schönheit gibt es nur noch im Kampf. Ein Werk ohne aggressiven Charakter kann kein Meisterwerk sein. Die Dichtung muß aufgefaßt werden als ein heftiger Angriff auf die unbekannten Kräfte, um sie zu zwingen, sich vor dem Menschen zu beugen.*
8. Wir stehen auf dem äußersten Vorgebirge der Jahrhunderte! . . . Warum sollten wir zurückblicken, wenn wir die geheimnisvollen Tore des Unmöglichen aufbrechen wollen? Zeit und Raum sind gestern gestorben. Wir leben bereits im Absoluten, denn wir haben schon die ewige, allgegenwärtige Geschwindigkeit erschaffen.
9. *Wir wollen den Krieg verherrlichen – diese einzige Hygiene der Welt –, den Militarismus, den Patriotismus, die Vernichtungstat der Anarchisten, die schönen Ideen, für die man stirbt, und die Verachtung des Weibes.*
10. *Wir wollen die Museen, die Bibliotheken und die Akademien jeder Art zerstören und gegen den Moralismus, den Feminismus und gegen jede Feigheit kämpfen, die auf Zweckmäßigkeit und Eigennutz beruht.*
11. Wir werden die großen Menschenmengen besingen, die die Arbeit, das Vergnügen oder der Aufruhr erregt; besingen werden wir die vielfarbige, vielstimmige Flut der Revolutionen in den modernen Hauptstädten; besingen werden wir die nächtliche, vibrierende Glut der Arsenale und Werften, die von grellen elektrischen Monden erleuchtet

[17] R. W. Flint (1971), der Herausgeber von Marinettis Werk, macht den Versuch, die enge Bindung Marinettis an die Faschisten zu bagatellisieren, doch sind seine Argumente meiner Ansicht nach nicht überzeugend.

werden; die gefräßigen Bahnhöfe, die rauchende Schlangen verzehren; die Fabriken, die mit ihren sich hochwindenden Rauchfäden an den Wolken hängen; die Brücken, die wie gigantische Athleten Flüsse überspannen, die in der Sonne wie Messer aufblitzen; die abenteuersuchenden Dampfer, die den Horizont wittern; die breitbrüstigen Lokomotiven, die auf den Schienen wie riesige, mit Rohren gezäumte Stahlrosse einherstampfen und den gleitenden Flug der Flugzeuge, deren Propeller wie eine Fahne im Winde knattert und Beifall zu klatschen scheint wie eine begeisterte Menge. (Erstes Futuristisches Manifest von F. T. Marinetti, 1909. In: Christa Baumgarth, 1966. In der Bibliographie siehe unter R. W. Flint, 1971. Im Original nicht kursiv.)

Hier haben wir die wesentlichen Elemente der Nekrophilie: die Anbetung der Geschwindigkeit und der Maschine; Dichtung als Mittel zum Angriff; Glorifizierung des Krieges; Zerstörung der Kultur; Haß gegen die Frauen; Lokomotiven und Flugzeuge als lebendige Kräfte.

Das Zweite Futuristische Manifest (1910) entwickelt den Gedanken der neuen »Religion der Geschwindigkeit«:

> *Die Geschwindigkeit,* deren Wesen die intuitive Synthese jeder Kraft in Bewegung ist, ist ihrem Wesen nach *rein.* Die Langsamkeit, deren Wesen die rationale Analyse jeder Art von Erschöpfung in der Ruhe ist, ist ihrem Wesen nach *unrein.* Nach der Zerstörung des veralteten Guten und des veralteten Bösen schaffen wir ein neues Gutes, die Geschwindigkeit, und ein neues Böses, die Langsamkeit.
> *Die Geschwindigkeit* = die Synthese eines jeden Mutes in Aktion. *Aggressiv und kriegerisch.*
> *Die Langsamkeit* = die Analyse jeder stagnierenden Vorsicht. Passiv und pazifistisch ...
> Wenn das Gebet die Kommunikation mit der Gottheit ist, *so ist mit hoher Geschwindigkeit rasen ein Gebet. Die Heiligkeit von Rädern und Schienen. Man muß auf den Geleisen knien, um zur göttlichen Geschwindigkeit zu beten. Man muß vor der ungeheuren Drehzahl eines Kreiselkompasses knien:* 20000 Umdrehungen pro Minute, die höchste mechanische Geschwindigkeit, die vom Menschen bisher erreicht wurde.
> *Der Rausch hoher Geschwindigkeiten in Autos ist nichts anderes als das Hochgefühl, sich mit der einzigen Gottheit zu vereinigen.* Die Sportler sind die ersten Katechumenen dieser Religion. *Zukünftige Zerstörung von Häusern und Städten, um Raum zu schaffen für große Treffplätze für Autos und Flugzeuge.* (R. W. Flint, 1971. Im Original nicht kursiv.)

Man hat von Marinetti gesagt, er sei ein Revolutionär gewesen, er habe mit der Vergangenheit gebrochen, er habe der Vision einer neuen Welt des Nietzscheschen Übermenschen die Tore geöffnet und er sei gemeinsam mit Picasso und Apollinaire eine der wichtigsten Kräfte in der modernen Kunst gewesen. Ich möchte dem entgegenhalten, daß seine revolutionären Ideen ihm einen Platz in der Nähe Mussolinis und noch näher bei Hitler zuweisen. Es ist genau diese Verquickung rhetorischer Bekenntnisse zum revolutionären Geist mit der Vergötterung der Technik und mit destruktiven Zielen, was den Nazismus kennzeichnet. Mussolini und Hitler waren vielleicht Rebellen (Hitler mehr als Mussolini), aber sie waren keine Revolutionäre. Sie hatten keine echt schöpferischen Ideen, und sie haben auch keine wesentlichen Veränderungen herbeigeführt, die den Menschen von Nutzen gewesen wären. Es fehlte ihnen das wesentliche Kriterium des revolutionären

Geistes: die Liebe zum Leben, der Wunsch, seiner Entfaltung und seinem Wachstum zu dienen, und es fehlte ihnen das leidenschaftliche Verlangen nach Unabhängigkeit.[18]

Die Verquickung von Technik und Destruktivität trat im Ersten Weltkrieg noch nicht in Erscheinung. Die Flugzeuge haben nur wenig Zerstörung angerichtet, und die Panzer waren nur eine Weiterentwicklung der traditionellen Waffen. Der Zweite Weltkrieg brachte eine entscheidende Veränderung: den Einsatz von Flugzeugen zur Massenvernichtung.[19] Die Männer, die die Bomben ausklinkten, waren sich kaum bewußt, daß sie damit Tausende von menschlichen Wesen töteten oder verursachten, daß diese in den Flammen umkamen. Die Flugzeugbesatzung war ein Team; ein Mann war der Pilot, einer der Navigator, und ein dritter klinkte die Bomben aus. Sie waren sich kaum bewußt, daß sie Menschen töteten, und dachten kaum daran, daß sie es mit einem Feind zu tun hatten. Sie sahen ihre Aufgabe darin, ihre komplizierte Maschine entsprechend einem bis ins einzelne genau festgelegten Plan richtig zu bedienen. Daß ihre Handlungen zur Folge hatten, daß viele Tausende und manchmal Hunderttausende getötet, verbrannt und verstümmelt wurden, war ihnen natürlich verstandesmäßig klar, aber gefühlsmäßig erfaßten sie es kaum; so paradox es klingen mag, es ging sie persönlich nichts an. Wahrscheinlich aus diesem Grund haben sie sich – wenigstens die meisten unter ihnen – für Handlungen nicht verantwortlich gefühlt, die zum Gräßlichsten gehören, was ein Mensch verüben kann.

Der moderne Luftkrieg folgt den Prinzipien der modernen Produktionstechnik,[20] bei der sowohl der Arbeiter als auch der Ingenieur dem Produkt seiner Arbeit völlig entfremdet ist. Nach der allgemeinen Planung des Managements führen sie technische Aufgaben aus, aber oft bekommen sie nicht einmal das Endprodukt zu Gesicht; selbst wenn sie es zu sehen bekommen, geht es sie nicht direkt etwas an, und es gehört nicht in ihren Verantwortungsbereich. Man erwartet nicht von ihnen, daß sie sich fragen, ob es sich um ein nützliches oder schädliches Produkt handelt – darüber hat das Management zu entscheiden; was aber das Management angeht, so bedeutet für dieses »nützlich« einfach soviel wie »nutzbringend«, und es hat mit dem realen Nutzwert des Produktes nichts zu tun. Im Kriege ist alles »nützlich«, was der Vernichtung des Feindes dient, und oft gründen sich die Entscheidungen darüber, was in diesem Sinne nützlich ist, auf vage Daten. Für den Ingenieur wie für den Piloten genügt es, daß er die Entscheidungen des Managements kennt, und keiner erwartet von ihm, daß er diese in Frage stellt oder sich auch nur damit

[18] Es ist hier nicht der Ort, gewisse Erscheinungen der modernen Kunst und Literatur zu analysieren, um festzustellen, ob sie nekrophile Elemente aufweisen. Auf dem Gebiet der Malerei handelt es sich um ein Problem, das außerhalb meiner Kompetenz liegt; was die Literatur betrifft, so ist sie zu komplex, um sich nur kurz mit ihr zu befassen; ich habe den Plan, dieses Thema in einem späteren Buch zu behandeln.

[19] Die Schlacht um England in der ersten Phase des Krieges wurde noch im alten Stil ausgefochten; die englischen Jägerpiloten stellten ihre deutschen Gegner zum Kampf; ihr Flugzeug war ihre individuelle Maschine; ihr Motiv war der leidenschaftliche Wunsch, ihr Land vor der deutschen Invasion zu retten. Über den Ausgang des Kampfes entschieden ihr persönliches Können, ihr Mut und ihre Entschlossenheit; im Prinzip unterschied sich ihre Kampfesweise nicht von der der Helden des Trojanischen Krieges.

[20] Lewis Mumford hat auf »die mechanisch organisierte Arbeit und die mechanisch organisierte Destruktion« als die beiden Pole der Zivilisation hingewiesen (L. Mumford, 1967).

beschäftigt. Wenn es darum geht, Hunderttausende von Menschen in Dresden oder Hiroshima umzubringen oder das Land und die Bevölkerung von Vietnam zu vernichten, so ist es nicht seine Aufgabe, sich über die militärische oder moralische Berechtigung der Befehle den Kopf zu zerbrechen; seine Aufgabe besteht lediglich darin, seine Maschine richtig zu bedienen.

Man könnte gegen diese Interpretation einwenden, daß Soldaten schon immer zum unbedingten Gehorsam verpflichtet waren. Das stimmt allerdings, aber dieser Einwand übersieht den wesentlichen Unterschied zwischen dem Infanteristen und dem Bomberpiloten. Ersterer ist der Zerstörung nahe, die er durch seine Waffen anrichtet, und er verursacht nicht mit einem einzigen Handgriff die Vernichtung großer Massen menschlicher Wesen, die er nie gesehen hat. Man könnte höchstens sagen, daß die traditionelle soldatische Disziplin und das Gefühl, seine patriotische Pflicht zu erfüllen, auch die Bereitschaft des Piloten verstärken, ohne zu fragen Befehle auszuführen; aber das dürfte für ihn nicht das Hauptmotiv sein, wie es das zweifellos für den einfachen Soldaten ist, der auf dem Boden kämpft. Diese Piloten sind sorgfältig ausgebildete, technisch denkende Leute, die diese zusätzliche Motivation kaum nötig haben, um ihren Job richtig und ohne Zögern auszuführen.

Selbst der Massenmord der Nazis an den Juden war wie ein Produktionsprozeß organisiert, wenn auch die Massentötung in den Gaskammern keine raffinierten technischen Vorrichtungen erforderte. Am einen Ende des Prozesses wurden die Opfer danach ausgesucht, ob sie noch in der Lage waren, nützliche Arbeit zu verrichten. Wer nicht in diese Kategorie fiel, wanderte in die Gaskammer und bekam gesagt, es handele sich um eine hygienische Maßnahme; das Gas wurde hineingelassen; Kleider und andere verwertbare Gegenstände wie Haare und Goldzähne wurden von den Körpern entfernt, aussortiert und »in den Produktionsprozeß wieder eingeordnet«, worauf man die Leichen verbrannte. Die »Verarbeitung« der Opfer erfolgte methodisch und rationell; die Henker brauchten den Todeskampf nicht mitanzusehen; sie arbeiteten mit am wirtschaftlich-politischen Programm des Führers, aber es lag immerhin noch ein Schritt zwischen ihnen und dem direkten, unmittelbaren Mord mit eigener Hand.[21] Sicher muß man sein Herz mehr verhärten, wenn man nicht vom Schicksal menschlicher Wesen berührt werden will, die man gesehen hat und bei deren Auswahl man zugegen war und die nur ein paar hundert Meter entfernt innerhalb der nächsten Stunde ermordet werden sollen, als dies bei Flugzeugbesatzungen der Fall ist, die Bomben ausklinken. Aber trotz dieses Unterschiedes bleibt die Tatsache bestehen, daß beide Situationen ein wesentliches Element miteinander gemeinsam haben: die Technisierung der Destruktion, wodurch die volle affektive Erkenntnis dessen, was man tut, beseitigt wird. Wenn dieser Prozeß erst voll im Gange ist,

[21] Diejenigen, die vielleicht meinen, dieser »eine Schritt« sei zuwenig gewesen, um ins Gewicht zu fallen, seien daran erinnert, daß Millionen von sonst anständigen Menschen keine Reaktion zeigen, wenn Grausamkeiten *viele* Schritte von ihnen entfernt von ihrem Staat oder ihrer Partei begangen werden. Wie viele Schritte waren all jene entfernt, die von den Grausamkeiten profitierten, die zu Beginn dieses Jahrhunderts von der belgischen Regierung an den Schwarzen in Afrika verübt wurden? Sicherlich ist ein Schritt weniger als fünf, aber es ist nur ein quantitativer Unterschied.

gibt es keine Grenze mehr für die Destruktivität, weil ja niemand *zerstört;* jeder bedient nur die Maschine zu programmierten, also scheinbar doch vernünftigen Zwecken.

Wenn diese Erwägungen über den technisch-bürokratischen Charakter der modernen Destruktivität großen Stils richtig sind, widerlegen sie dann nicht meine zentrale Hypothese vom nekrophilen Charakter des Geistes der totalen Technik? Müssen wir dann nicht einräumen, daß der heutige technische Mensch nicht von der Leidenschaft zur Zerstörung motiviert ist, und wäre es dann nicht richtiger, ihn als einen total entfremdeten Menschen zu beschreiben, dessen dominante Orientierung zerebral ist, der wenig Liebe, aber auch kaum den Wunsch, zu zerstören, empfindet und der in charakterologischer Beziehung zu einem Automaten, aber nicht zu einem Zerstörer geworden ist?

Diese Frage ist nicht leicht zu beantworten. Sicher war bei Marinetti, bei Hitler und bei Tausenden von Mitgliedern der nazistischen und stalinistischen Geheimpolizei, bei den Aufsehern der Konzentrationslager und bei den Mitgliedern der Exekutionskommandos die Leidenschaft, zu zerstören, die dominante Motivation. Aber handelte es sich dabei vielleicht nicht um »altmodische« Typen? Ist es gerechtfertigt, den Geist der »technotronischen« Gesellschaft als nekrophil zu interpretieren?

Um diese Fragen beantworten zu können, müssen wir zuvor noch einige andere Probleme klären, deren Darlegung ich mir bisher noch aufgespart habe. Das erste dieser Probleme ist der Zusammenhang zwischen dem anal-hortenden Charakter und der Nekrophilie.

Die klinischen Daten und die Beispiele aus den Träumen nekrophiler Personen haben gezeigt, daß bei ihnen anale Charakterzüge unverkennbar vorhanden sind. Die Beschäftigung mit dem Ausscheidungsprozeß und mit den Exkrementen ist, wie wir sahen, symbolischer Ausdruck für das Interesse an allem, was faul oder verwest, an allem, was nicht lebendig ist. Jedoch ist der »normale« anal-hortende Charakter zwar unlebendig, aber nicht nekrophil. Freud und seine Mitarbeiter sind noch einen Schritt weiter gegangen; sie haben entdeckt, daß der Sadismus oft ein Nebenprodukt des analen Charakters ist. Das ist nicht immer der Fall, aber es kommt bei Menschen vor, die feindseliger und narzißtischer sind als der durchschnittliche hortende Charakter. Aber selbst die Sadisten leben noch *mit* anderen; sie wollen sie zwar kontrollieren, aber nicht vernichten. Diejenigen, denen selbst diese perverse Art der Bezogenheit abgeht, die noch narzißtischer und noch feindseliger sind, das sind die Nekrophilen. Ihr Ziel ist, alles Lebendige in tote Materie zu verwandeln; sie wollen alles und jeden zerstören, oft sogar sich selbst; *ihr Feind ist das Leben selbst.*

Diese Hypothese legt die Vermutung nahe, daß die Entwicklung: normaler analer Charakter → sadistischer Charakter → nekrophiler Charakter durch einen gesteigerten Narzißmus, durch eine noch größere Unbezogenheit und Destruktivität determiniert ist (wobei in diesem Kontinuum zahllose Abstufungen zwischen beiden Polen vorhanden sind) und daß die Nekrophilie als *die bösartige Form des analen Charakters* definiert werden kann.

Wenn dieser Zusammenhang zwischen dem analen Charakter und der Nekrophilie so einfach wäre, wie ich ihn in diesem Schema dargestellt habe, wäre er übersichtlich genug, um theoretisch befriedigend zu sein. Aber die Zusammenhänge sind keineswegs so klar. Der anale Charakter, der für das Bürgertum des 19. Jahrhunderts typisch war, wird immer seltener in dem Bevölkerungssektor, der in die wirtschaftlich am meisten fortgeschrittenen Formen der Produktion integriert ist.[22] Während, statistisch gesehen, das Phänomen der totalen Entfremdung bei der Mehrheit der amerikanischen Bevölkerung vermutlich noch nicht existiert, ist es doch für den wirtschaftlich fortgeschrittensten Sektor charakteristisch, der die Richtung repräsentiert, in der die Gesamtgesellschaft sich bewegt. Tatsächlich scheint der Charakter des neuen Menschentyps nicht in eine der älteren Kategorien, nämlich den oralen, den analen und den genitalen Charaktertyp, hineinzupassen. Ich habe diesen neuen Typ als *»Marketing-Charakter«* zu verstehen gesucht (E. Fromm, 1947).

Für diesen Marketing-Charakter verwandelt sich alles in Konsumware – nicht nur die Dinge, sondern auch der Mensch selbst, seine physische Energie, seine Fertigkeiten, sein Wissen, seine Meinungen, seine Gefühle, ja sogar sein Lächeln. Dieser Charaktertyp ist historisch gesehen eine neue Erscheinung, denn er ist das Produkt eines voll entwickelten Kapitalismus, in dessen Mittelpunkt der Markt steht – der Gebrauchsgütermarkt, der Dienstleistungsmarkt und der Personalmarkt – und dessen Prinzip es ist, durch günstigen Tauschhandel einen möglichst hohen Profit zu erzielen.[23]

Der anale Charakter gehört genau wie der orale oder genitale Charakter einer Periode an, in der sich die totale Entfremdung noch nicht voll entwickelt hatte. Diese Charaktertypen sind nur so lange möglich, wie man den eigenen Körper mit seinen Funktionen und Produkten noch real sinnlich erlebt. Der kybernetische Mensch aber ist so entfremdet, daß er seinen Körper nur noch als *Instrument* für den Erfolg wahrnimmt. Sein Körper muß jugendlich und gesund aussehen; er wird auf dem Personalmarkt als ein höchst wertvoller Aktivposten narzißtisch erlebt.

An diesem Punkt wollen wir noch einmal auf die Frage zurückkommen, die uns zu diesem Umweg veranlaßt hat. Ist die Nekrophilie wirklich für den Menschen in der zweiten Hälfte des 20. Jahrhunderts in den Vereinigten Staaten und in anderen ebenso hoch entwickelten kapitalistischen oder staatskapitalistischen Gesellschaftssystemen charakteristisch?

Dieser neue Menschentyp interessiert sich ja schließlich nicht für Kot oder Leichen; er hat ganz im Gegenteil eine Phobie gegen Leichen, die er so präpariert, daß sie lebendiger aussehen als zu Lebzeiten des Verstorbenen. (Dies ist offenbar keine Reaktionsbildung, sondern es gehört zur Gesamtorientierung, welche die natürliche, nicht vom Menschen produzierte Realität verleugnet.) Aber er tut etwas noch viel Drastischeres. Er wendet sein Interesse ab vom Leben, von den Menschen, von der Natur und den Ideen – kurz, von allem, was lebendig ist; er verwandelt alles Leben in Dinge, einschließlich seiner selbst und der Manifestationen seiner menschlichen Fähigkeiten der Vernunft, des Sehens, des Hörens, des Fühlens und Liebens. Die Sexualität wird zu einer technischen Fertigkeit (zur

[22] Zu einer Bestätigung oder Infragestellung meiner Hypothese dürften folgende, demnächst erscheinende Untersuchungen zweifellos beitragen: M. Maccoby über den Charakter von Managern in den Vereinigten Staaten (im *Harvard Project of Technology, Work, and Character;* und von I. Millán über die mexikanischen Manager (*Carácter Social y Desarrollo* [Sozialer Charakter und Entwicklung], *Nationale Autonome Universität von Mexico.*

[23] Dieser Markt ist im heutigen Kapitalismus keineswegs ein völlig »freier Markt«. Der Arbeitsmarkt wird zu einem großen Teil von sozialen und politischen Faktoren bestimmt, und der Gebrauchsgütermarkt ist zu einem hohen Grade manipuliert.

»Liebesmaschine«); die Gefühle werden verflacht und manchmal durch Sentimentalität ersetzt; die Freude, Ausdruck intensiver Lebendigkeit, wird durch »Vergnügen« oder Erregung ersetzt; und viel von der Liebe und Zärtlichkeit, die ein Mensch besitzt, wendet er seinen Maschinen und Apparätchen zu. Die Welt wird zu einer Summe lebloser Artefakte; von der synthetischen Nahrung bis zu den synthetischen Organen wird der ganze Mensch zum Bestandteil der totalen Maschinerie, welche er kontrolliert und die gleichzeitig ihn kontrolliert. Er hat keinen Plan, kein Lebensziel, außer daß er das tut, wozu die Logik der Technik ihn veranlaßt. Sein Streben gilt der Herstellung von Robotern, worin man eine der größten Leistungen des technischen Geistes sieht, und es gibt Spezialisten, die uns versichern, der Roboter werde sich kaum vom lebendigen Menschen unterscheiden. Diese Leistung wird uns weniger erstaunlich vorkommen, wenn der Mensch selbst kaum noch von einem Roboter zu unterscheiden ist.

Die Welt des Lebens ist zu einer Welt des »Nichtlebendigen« geworden; Menschen sind zu »Nichtmenschen« geworden – eine Welt des Todes. Symbolisch für den Tod sind nicht mehr unangenehm riechende Exkremente oder Leichen. Die Symbole des Todes sind jetzt saubere, glänzende Maschinen; die Menschen fühlen sich nicht mehr von übelriechenden Toiletten angezogen, sondern von Strukturen aus Aluminium und Glas.[24] Aber die Wirklichkeit hinter dieser antiseptischen Fassade wird immer deutlicher sichtbar. Im Namen des Fortschritts verwandelt der Mensch die Welt in einen stinkenden, vergifteten Ort (und das *nicht* im symbolischen Sinn). Er vergiftet die Luft, das Wasser, den Boden, die Tiere – und sich selbst. Er tut dies in einem solchen Ausmaß, daß es zweifelhaft geworden ist, ob die Erde in hundert Jahren noch bewohnbar sein wird. Er kennt diese Tatsachen, aber wenn auch viele dagegen protestieren, so sind doch die Verantwortlichen auch weiterhin auf technischen »Fortschritt« aus und gewillt, alles Leben dem Götzendienst an ihrem Idol zu opfern. Auch in früheren Zeiten haben Menschen ihre Kinder oder Kriegsgefangene geopfert, aber nie zuvor in der Geschichte war der Mensch gewillt, alles Leben dem Moloch zu opfern – sein eigenes und das seiner Nachkommen. Dabei macht es kaum einen Unterschied, ob er das absichtlich tut oder nicht. Wenn er die drohende Gefahr nicht kennen würde, könnte man ihn vielleicht von der Verantwortung freisprechen. Aber es ist das nekrophile Element in seinem Charakter, das ihn hindert, aus dem, was er weiß, die Konsequenz zu ziehen.

Das gleiche gilt für die Vorbereitung des nuklearen Krieges. Die beiden Supermächte vergrößern ständig ihre Fähigkeit, sich gegenseitig und gleichzeitig mindestens große Teile der menschlichen Rasse zu vernichten. Trotzdem haben sie nichts Ernsthaftes unternommen, die Gefahr zu beseitigen – und das einzig wirklich Ernsthafte wäre die Zerstörung aller Kernwaffen. Tatsächlich waren aber die Verantwortlichen schon mehrmals nahe daran, Kernwaffen einzusetzen – und sie haben mit der Gefahr gespielt. Strategische Überlegungen – zum Beispiel in Herman Kahns Buch *On Thermonuclear War* (1960) – befassen sich gelassen mit der Frage, ob fünfzig Millionen Tote noch »vertretbar« wären. Daß wir es dabei mit dem Geist der Nekrophilie zu tun haben, kann kaum bezweifelt werden.

Phänomene, über die man sich so sehr entrüstet – wie Rauschgiftsucht, Verbrechen, der

[24] Vgl. »Traum 7« [Seite 304].

kulturelle und geistige Verfall und die Mißachtung echter ethischer Werte –, all das steht in enger Beziehung zur wachsenden Anziehungskraft von Tod und Schmutz. Wie kann man von der Jugend, von den Armen und von denen, die ohne Hoffnung sind, erwarten, daß sie sich nicht vom Verfall angezogen fühlen, wenn er von denen propagiert wird, die den Kurs der modernen Gesellschaft bestimmen?

Wir kommen notwendigerweise zu dem Schluß, daß die leblose Welt der totalen Technisierung nur eine andere Form der Welt des Todes und des Verfalls ist. Diese Tatsache ist den meisten nicht bewußt, aber – mit Freud zu reden – oft kehrt das Verdrängte zurück, und die Faszination durch Tod und Verfall wird ebenso sichtbar, wie im bösartigen analen Charakter.

Bis jetzt haben wir uns mit dem Zusammenhang: mechanisch – unlebendig – anal befaßt. Aber noch ein anderer Zusammenhang ist kaum zu übersehen, wenn wir den Charakter des total entfremdeten, kybernetischen Menschen betrachten: seine schizoiden oder schizophrenen Eigenschaften. Der auffälligste Zug in ihm ist vielleicht die Spaltung von Denken–Fühlen–Wollen. (Es war eben diese Spaltung, die E. Bleuler dazu veranlaßte, für diese Krankheit die Bezeichnung »Schizophrenie« – vom griechischen *schizo,* spalten, und *phren,* Psyche – zu wählen.) Bei der Beschreibung des kybernetischen Menschen haben wir schon einige Beispiele für dieses Gespaltensein gefunden, zum Beispiel in der Gefühllosigkeit des Bomberpiloten bei der klaren Erkenntnis, daß er mit dem Druck auf einen Knopf Hunderttausende tötet. Aber wir brauchen gar nicht derartige Extreme ins Auge zu fassen, wenn wir diese Erscheinung beobachten wollen. Wir haben sie auch schon in ihren allgemeineren Manifestationen beschrieben. Der kybernetische Mensch ist fast ausschließlich zerebral orientiert: Er ist ein *monozerebraler Mensch.* Seine Einstellung zur gesamten Umwelt – und zu sich selbst – ist intellektuell; er möchte wissen, wie die Dinge beschaffen sind, wie sie funktionieren und wie sie konstruiert sind oder manipuliert werden. Die Wissenschaft hat diese Einstellung gefördert, und sie ist seit dem Ende des Mittelalters dominant geworden. Sie macht das Wesen des modernen Fortschritts aus, sie ist die Basis der technischen Beherrschung der Welt und des Massenkonsums.

Hat diese Orientierung etwas Unheildrohendes? Es könnte den Anschein haben, daß dieser Aspekt des »Fortschritts« tatsächlich nicht unheildrohend wäre, wenn nicht einige beunruhigende Tatsachen bestünden. Vor allem ist diese »monozerebrale« Orientierung keineswegs nur bei denen zu finden, die sich mit wissenschaftlicher Arbeit beschäftigen; sie teilen sie mit einem großen Teil der Bevölkerung: mit Büroangestellten, Kaufleuten, Ingenieuren, Physikern, Managern und besonders mit vielen Intellektuellen und Künstlern[25] – vermutlich mit dem größten Teil der städtischen Bevölkerung. Sie alle sehen in der Welt ein Konglomerat von Dingen, das man verstehen muß, um es nutzbringend verwenden zu können. Zweitens – was nicht weniger wichtig ist – geht diese zerebral-

[25] Es ist bemerkenswert, daß gerade die schöpferischsten modernen Wissenschaftler, Männer wie Einstein, Born, Schrödinger oder Heisenberg, zu den am wenigsten entfremdeten und monozerebralen Personen gehören. Ihr wissenschaftliches Interesse hatte nichts von dem schizoiden Charakter der Majorität. Es ist kennzeichnend für sie, daß ihre philosophischen, moralischen und geistigen Interessen ihre ganze Persönlichkeit durchdringen. Sie haben gezeigt, daß die wissenschaftliche Einstellung als solche nicht unbedingt zur Entfremdung führt. Es ist eher das gesellschaftliche Klima, das die wissenschaftliche Einstellung zu einer schizoiden macht.

intellektuelle Einstellung Hand in Hand mit dem Fehlen einer affektiven Reaktionsfähigkeit. Man könnte eher sagen, das Gefühl sei abgestorben, als daß es verdrängt wird; sofern Gefühle noch lebendig sind, werden sie nicht gepflegt, und sie sind relativ roh; sie nehmen die Form von Leidenschaften an, wie der, den Sieg davonzutragen, sich den anderen überlegen zu zeigen, zu zerstören, oder von Erregung durch Sex, Geschwindigkeit und Lärm. Hierzu kommt noch ein weiterer Faktor. Charakteristisch für den monozerebralen Menschen ist auch noch ein anderes, höchst signifikantes Merkmal: eine spezifische Art des Narzißmus, die das eigene Ich zum Objekt hat – seinen Körper und seine Fähigkeiten – kurz, das Ich als Instrument des Erfolges. Der monozerebrale Mensch ist so sehr Teil der Maschinerie, die er gebaut hat, daß seine Maschinen ebensosehr Objekt seines Narzißmus sind wie er selbst; tatsächlich besteht zwischen beiden eine Art symbiotischer Beziehung: »Die Vereinigung eines Individuums mit anderen (oder mit irgendeiner anderen Macht außerhalb des eigenen Selbst) erfolgt in der Weise, daß jedes die Integrität des eigenen Selbst verliert und sie voneinander abhängig werden« (E. Fromm, 1941).[26] Im symbolischen Sinn ist nicht mehr die Natur die Mutter des Menschen, sondern seine Mutter ist die »zweite Natur«, die er sich konstruiert hat, die Maschinen, die ihn ernähren und beschützen.

Ein anderer Wesenszug des kybernetischen Menschen – seine Neigung, sich auf routinemäßige, stereotype, unspontane Weise zu verhalten – findet sich in besonders drastischer Form bei vielen schizophrenen und neurotischen Stereotypen. Zwischen dem schizophrenen Patienten und dem monozerebralen Menschen bestehen auffallende Ähnlichkeiten; vielleicht noch auffallender ist die Ähnlichkeit mit dem Bild – nicht identisch mit der Schizophrenie, aber ihr verwandt –, das »autistische Kinder« bieten, die L. Kanner (1944) zuerst beschrieben hat und die M. S. Mahler (1968) weiter untersucht hat. (Vgl. auch L. Benders Diskussion schizophrener Kinder [1942].) Nach Margaret Mahlers Beschreibung sind folgende Wesenszüge besonders kennzeichnend für das autistische Syndrom:
1. »ein Verlust jener ursprünglichen Differenzierung zwischen lebender und lebloser Materie . . ., den Monakow *Protodiakrise* genannt hat« (M. S. Mahler, 1968); 2. die Bindung an leblose Objekte, zum Beispiel an einen Stuhl oder ein Spielzeug, in Verbindung mit der Unfähigkeit, sich auf lebende Personen, besonders auf ihre Mütter, innerlich zu beziehen, die oft berichten, sie »könnten nicht an ihre Kinder herankommen«; 3. ein neurotischer Zwang, immer wieder das gleiche zu beobachten, das von Kanner als ein klassisches Merkmal des infantilen Autismus definiert wird; 4. der intensive Wunsch, in Ruhe gelassen zu werden (beim autistischen Kind ist »das hervorstechendste Merkmal sein spektakulärer Kampf gegen jede Forderung nach menschlichem, sozialem Kontakt« [M. S. Mahler, 1968]); 5. die Benutzung der Sprache (falls diese Kinder überhaupt sprechen) zu manipulativen Zwecken und nicht als Mittel zur interpersonalen Kommunikation (»Die autistischen Kinder befehlen dem Erwachsenen mit Signalen und Gesten, als ausführendes Organ halbbelebter oder unbelebter mechanischer Art zu dienen, etwa wie ein Schalter, ein Hebel oder eine Maschine« [M. S. Mahler, 1968].); 6. Margaret Mahler erwähnt noch einen weiteren Wesenszug, der im Hinblick auf meine obigen Kommentare

[26] Margaret S. Mahler hat in ihrer hervorragenden Untersuchung über die symbiotische Beziehung zwischen Mutter und Kind den Begriff »Symbiose« verwandt (M. S. Mahler, 1968).

zu der geringer werdenden Bedeutung des »analen« Komplexes beim monozerebralen Menschen von besonderem Interesse ist: »Die meisten autistischen Kinder zeigen eine relativ geringe libidinöse Besetzung der Körperoberfläche, was ihre hochgradig ungenügende Schmerzempfindlichkeit erklärt. Mit dieser ungenügenden Besetzung des Sensoriums geht eine mangelhafte hierarchische Schichtung und Bildung erogener Zonen mit ihren Folgeerscheinungen einher« (M. S. Mahler, 1968).[27]

Es braucht kaum besonders betont zu werden, daß diese Züge eng jenen entsprechen, die den kybernetischen Menschen kennzeichnen. Ich meine damit besonders die fehlende Unterscheidung zwischen lebendiger und unbelebter Materie, die fehlende Bezogenheit auf andere Menschen, die Benutzung der Sprache zur Manipulation anstatt zur Kommunikation und das vorwiegende Interesse am Mechanischen statt am Lebendigen. Diese Wesenszüge sind – wie bereits angedeutet – auch für den kybernetischen Menschen charakteristisch. Aber sie sind bei ihm nicht so auffällig und extrem und manifestieren sich in gemilderter Form.

So eindrucksvoll auch diese Ähnlichkeiten sein mögen, so werden doch erst ausgedehnte Untersuchungen erweisen können, ob es eine seelische Pathologie beim Erwachsenen gibt, die der des autistischen Kindes entspricht.

Vielleicht ist es weniger spekulativ, an einen Zusammenhang zwischen dem Funktionieren der kybernetischen Menschen und schizophrenen Prozessen zu denken. Aber dies ist ein außerordentlich schwieriges Problem, und zwar aus verschiedenen Gründen:

1. Die Definitionen der Schizophrenie unterscheiden sich außerordentlich in den verschiedenen psychiatrischen Schulen. Sie reichen von der traditionellen Definition der Schizophrenie als einer organisch bedingten Krankheit bis zu den verschiedenen Definitionen, welche bis zu einem gewissen Grade der Schule von Adolf Meyer (Sullivan, Lidz), Fromm-Reichmann und der radikaleren Schule von Laing gemeinsam sind und welche die Schizophrenie nicht als Krankheit, sondern als einen psychologischen Prozeß definieren, der als Reaktion auf subtile und komplexe interpersonale Beziehungen zu verstehen ist, die sich von früher Kindheit an auswirken. Soweit somatische Veränderungen festzustellen sind, würde Laing sie als Resultat, nicht als Ursache der interpersonalen Prozesse erklären.
2. Die Schizophrenie ist nicht ein einzelnes Phänomen. Der Begriff umfaßt vielmehr eine ganze Anzahl verschiedenartiger Störungen, so daß man seit E. Bleuler lieber von Schizophreni*en* als von der Schizophrenie als einer Krankheitseinheit spricht.
3. Die dynamische Erforschung der Schizophrenie ist relativ neuen Datums, und unser Wissen über die Schizophrenien wird so lange höchst unzureichend sein, bis noch weitere Forschungsarbeit geleistet ist.

Ein Aspekt, der meiner Meinung nach noch besonders zu klären ist, betrifft den Zusammenhang zwischen der Schizophrenie und andersartigen psychotischen Prozessen, besonders denen, die man gewöhnlich als endogene Depressionen bezeichnet. Sicher hat selbst ein so gut unterrichteter und fortschrittlicher Forscher wie Eugen Bleuler deutlich zwischen der psychotischen Depression und der Schizophrenie unterschieden, und man kann

[27] Ich bin David S. Schecter und Gertrud Hunziker-Fromm neben anderen zu besonderem Dank verpflichtet, daß sie mir ihre klinischen Erfahrungen und ihre Ansichten über autistische Kinder mitgeteilt haben, was mir besonders wertvoll war, weil ich selbst noch nie mit autistischen Kindern gearbeitet habe.

gewiß nicht bestreiten, daß die beiden Prozesse sich im großen und ganzen in zwei verschiedenen Formen manifestieren (wenn auch diese Unterscheidung dadurch fragwürdig werden dürfte, daß ein Bedürfnis nach vielen gemischten Bezeichnungen besteht – die sowohl schizophrene als auch depressive und paranoide Merkmale umfassen). Es erhebt sich die Frage, ob die zwei Geisteskrankheiten nicht nur verschiedene Formen des gleichen fundamentalen Prozesses sind und ob nicht andererseits die Unterschiede zwischen den verschiedenen Arten von Schizophrenien manchmal größer sind als der zwischen gewissen Manifestationen der depressiven beziehungsweise der schizophrenen Prozesse. Sollte dies der Fall sein, so müßten wir auch nicht allzusehr besorgt sein über den offensichtlichen Widerspruch zwischen der Annahme schizophrener Elemente im modernen Menschen und unserer Diagnose der chronischen Depression, die wir zuvor im Zusammenhang mit der Analyse der Langeweile gestellt haben. Wir könnten die Hypothese wagen, daß keine der beiden Bezeichnungen die Sache genau trifft – oder daß wir uns am besten nicht weiter um eine Etikettierung bemühen.[28]

Es wäre in der Tat erstaunlich, wenn der monozerebrale, kybernetische Mensch *nicht* das Bild eines leichten chronischen schizophrenen Prozesses böte – wenn wir uns um der Einfachheit willen einmal dieser Bezeichnung bedienen wollen. Er lebt in einer Atmosphäre, die nur quantitativ weniger leer ist als die, welche Laing und andere in ihrer Darstellung schizogener (Schizophrenie hervorrufender) Familien geschildert haben.

Ich glaube, daß wir legitimerweise von einer »geistesgestörten Gesellschaft« sprechen und uns mit dem Problem befassen können, was in einer solchen kranken Gesellschaft mit einem seelisch gesunden Menschen geschieht (E. Fromm, 1955). Wenn eine Gesellschaft größtenteils Menschen hervorbringen würde, die unter einer schweren Schizophrenie leiden, so unterminierte sie ihre eigene Existenz. Charakteristisch für einen voll schizophrenen Menschen ist, daß er alle Beziehungen zur Außenwelt abgebrochen hat; er hat sich in seine eigene private Welt zurückgezogen, und der Hauptgrund, weshalb man ihn für krank hält, ist ein sozialer: Er erfüllt seine soziale Funktion nicht; er ist nicht in der Lage, für sich selbst zu sorgen; auf die eine oder andere Weise ist er auf die Hilfe anderer angewiesen. (Auch das trifft nicht ganz zu, wie sich überall dort herausgestellt hat, wo man chronisch Schizophrene arbeiten oder für sich selber sorgen ließ, wobei sie allerdings von Menschen unterstützt werden müssen, die für günstige Voraussetzungen sorgen, oder der Staat wenigstens einige materielle Zuschüsse gibt.) Allerdings könnte eine Gesellschaft – ganz zu schweigen von einer großen und komplexen – nicht von schizophrenen Perso-

[28] Aufgrund derartiger Erwägungen lehnen es die Meyerschen Psychiater und Laing rundweg ab, sich überhaupt dieser nosologischen Benennungen zu bedienen. Diese veränderte Einstellung ist weitgehend auf die neue Haltung den Geisteskranken gegenüber zurückzuführen. Solange man den Patienten noch nicht psychotherapeutisch behandeln konnte, galt das Hauptinteresse der diagnostischen Bezeichnung seiner Krankheit, die wichtig war für die Entscheidung, ob man ihn in einer Anstalt für Geisteskranke internieren sollte oder nicht. Seit man aber damit begonnen hat, dem Patienten durch eine psychoanalytisch orientierte Therapie zu helfen, sind die Etikettierungen unwichtig geworden, denn das Interesse des Psychiaters konzentriert sich jetzt darauf, die Prozesse zu verstehen, die im Patienten vor sich gehen, und ihn als ein menschliches Wesen aufzufassen, das sich von dem »teilnehmenden Beobachter« nicht grundsätzlich unterscheidet. Diese neue Einstellung zum psychotischen Patienten kann man als Ausdruck eines radikalen Humanismus ansehen, der sich in unseren Tagen trotz des vorherrschenden Prozesses der Entmenschlichung entwickelt.

nen gelenkt werden. Sie kann jedoch sehr wohl von Personen geleitet werden, die nur an einer leichten Schizophrenie leiden und die völlig dazu in der Lage sind, die Dinge zu organisieren, die organisiert werden müssen, wenn eine Gesellschaft funktionieren soll. Solche Menschen mögen nicht die Fähigkeit eingebüßt haben, die Welt »realistisch« zu sehen, wenn wir darunter verstehen, daß man die Dinge verstandesmäßig so begreift, wie sie begriffen werden müssen, um sie nutzbringend handhaben zu können. Aber sie können die Fähigkeit, Dinge »persönlich«, das heißt subjektiv und mit dem Herzen zu erleben, völlig verloren haben. Der voll entwickelte Mensch kann zum Beispiel eine Rose sehen und sie als warm oder sogar als feurig empfinden (wenn er dieses Erlebnis in Worte faßt, nennen wir ihn einen Dichter), aber er weiß auch, daß die Rose – im Bereich der physikalischen Realität – nicht wärmt wie ein Feuer. Der moderne Mensch erlebt die Welt *nur* unter dem Gesichtspunkt ihrer praktischen Benutzbarkeit. Aber sein Defekt ist nicht kleiner als der des sogenannten »Kranken«, der die Welt nicht »objektiv« erleben kann, sich aber dafür die andere menschliche Fähigkeit zu einem persönlichen, subjektiven, symbolischen Erleben bewahrt hat.

Spinoza hat, soweit ich weiß, als erster in seiner *Ethik* dem Begriff der »normalen« Geistesgestörtheit Ausdruck verliehen:

> Obgleich nun die Menschen vielerlei Affekten unterworfen sind und man daher selten Menschen findet, die immer von einem und demselben Affekte bedrängt werden, so fehlt es gleichwohl an solchen nicht, denen ein und derselbe Affekt beharrlich anhaftet. Sehen wir doch, wie Menschen manchmal von einem einzigen Objekte dergestalt affiziert sind, daß sie es vor sich zu haben glauben, auch wenn es nicht gegenwärtig ist; und wenn dies einem nicht schlafenden Menschen begegnet, dann sagen wir, er sei wahnsinnig oder närrisch. Dagegen, wenn der Habgierige an nichts anderes denkt als an Gewinn und Geld, und der Ehrgeizige an Ruhm usw., so gelten diese nicht als wahnsinnig: weil sie lästig zu sein pflegen und für hassenswert erachtet werden. In Wahrheit aber sind Habgier, Ehrgeiz, Wollust usw. Arten des Wahnsinns, wenn man sie auch nicht zu den Krankheiten zählt (Baruch de Spinoza, Ethik, 1922).

Wie sehr sich die Dinge vom 17. Jahrhundert bis heute geändert haben, zeigt sich daran, daß eine Haltung, von der Spinoza sagt, daß man »sie meist verachtet«, heute nicht für verachtenswert, sondern für lobenswert gehalten wird.

Wir müssen noch einen Schritt weiter gehen. Die »Pathologie der Normalität« (E. Fromm, 1955) nimmt nur selten die schwereren Formen einer Geisteskrankheit an, weil die Gesellschaft ein Gegenmittel gegen eine derartige Verschlimmerung produziert. Wenn die pathologischen Prozesse gesellschaftlich geprägte Formen annehmen, so verlieren sie ihren individuellen Charakter. Ganz im Gegenteil fühlt sich dann das kranke Individuum bei allen ähnlich kranken Individuen in bester Gesellschaft. Die gesamte Kultur ist dann auf diese Art der Pathologie eingestellt und findet Mittel und Wege, die passenden Befriedigungen für diese Pathologie bereitzustellen. Das Resultat ist, daß durchschnittliche Individuen die Abgesondertheit und Isoliertheit nicht empfinden, die der Schizophrene erlebt. Man fühlt sich mitten unter lauter anderen, die an dem gleichen Defekt leiden, recht wohl; tatsächlich ist es der geistig völlig gesunde Mensch, der sich in einer geistesgestörten Gesellschaft isoliert fühlt – und er kann so sehr unter seiner Unfähigkeit, mit den anderen in Beziehung zu treten, leiden, daß er nun seinerseits psychotisch wird.

Im Zusammenhang dieser Arbeit ist es eine Frage von großer Bedeutung, ob die Hypothese einer quasi-autistischen oder einer leichten chronischen Schizophrenie behilflich sein kann, wenigstens zum Teil die stetig wachsende Tendenz zur Gewalttätigkeit zu erklären. Wir stehen hier noch am Punkt fast reiner Spekulation, und weitere Untersuchungen und Daten sind notwendig. Sicherlich, im Autismus finden wir recht viel Destruktivität, aber wir wissen noch nicht, ob diese Kategorie hier anwendbar ist. Soweit es die schizophrenen Prozesse anlangt, so wäre noch vor fünfzig Jahren die Antwort klar gewesen. Man nahm ganz allgemein an, daß schizophrene Patienten gewalttätig sind und daß man sie deshalb in Anstalten bringen müßte, aus denen sie nicht ausbrechen konnten. Die Erfahrungen mit chronisch Schizophrenen, die auf Bauernhöfen oder unter eigener Leitung arbeiten (wie Laing das in London eingerichtet hat), haben zweifelsfrei erwiesen, daß der Schizophrene nur selten gewalttätig ist, sofern man ihn in Ruhe läßt.[29]

Aber der »normale« leicht schizophrene Mensch wird *nicht* allein gelassen. Er wird herumgestoßen, man mischt sich in sein Leben ein, seine große Empfindsamkeit wird verletzt, viele Male jeden Tag, so daß wir in der Tat verstehen können, daß diese »normale Pathologie« in vielen Menschen Destruktivität erzeugt. Am wenigsten natürlich bei denen, die am besten an das soziale System angepaßt sind, und am meisten bei denen, die weder gesellschaftlich anerkannt sind noch auch einen sinnvollen Platz in der gesellschaftlichen Struktur gefunden haben.

Alle diese Spekulationen über den Zusammenhang von schizophrenen und autistischen Elementen mit der Nekrophilie müssen wir an diesem Punkt als ungelöst verlassen. Wir müssen uns damit begnügen, festzustellen, daß die Atmosphäre in Familien, die sich als schizogen erwiesen haben, sehr eng der gesellschaftlichen Atmosphäre gleicht, die die Entwicklung der Nekrophilie fördert.

Wie dem auch sei, eine rein zerebrale Orientierung ist nicht in der Lage, Ziele zu konzipieren, die dem Wachstum ihrer Mitglieder und ihrem eigenen Fortbestand dienen. Zur Formulierung derartiger Ziele braucht man Vernunft, und Vernunft ist mehr als manipulierende Intelligenz; sie entwickelt sich nur, wenn Gehirn und Herz vereint sind, wenn Denken und Gefühl integriert sind und wenn beide vernünftig sind.

Wenn wir hier haltmachten, wäre das Bild unvollständig und undialektisch. Hand in

[29] Das Bild, das autistische Kinder bieten, ist etwas anders. Bei ihnen scheint eine intensive Destruktivität häufiger vorzukommen. Ein Grund für diesen Unterschied könnte darin zu suchen sein, daß der schizophrene Patient alle Bindungen mit der gesellschaftlichen Realität abgebrochen hat und sich daher nicht bedroht fühlt, folglich auch nicht zur Gewalttätigkeit neigt, wenn man ihn nur in Ruhe läßt. Das autistische Kind dagegen wird nicht in Ruhe gelassen. Die Eltern versuchen es dazu zu bringen, das Spiel des normalen Lebens mitzuspielen, und sie mischen sich in seine private Welt ein. Außerdem spielt das Alter eine Rolle. Das Kind ist gezwungen, seine Bindungen an die Familie beizubehalten. Es kann es sich sozusagen noch nicht leisten, sich ganz von ihr zurückzuziehen. Diese Situation kann intensiven Haß und Destruktivität hervorrufen und könnte der Grund dafür sein, daß gewalttätige Neigungen bei autistischen Kindern relativ häufiger vorkommen als bei erwachsenen Schizophrenen, die man in Ruhe läßt. Natürlich sind diese Spekulationen weitgehend hypothetisch, und sie müßten von Spezialisten auf diesem Gebiet erst noch bestätigt oder abgelehnt werden.

Hand mit der wachsenden nekrophilen Entwicklung entwickelt sich auch die entgegengesetzte Tendenz der Liebe zum Leben. Sie manifestiert sich in vielerlei Form: im Protest gegen das Abtöten des Lebens, ein Protest, den man bei vielen Menschen aus allen Gesellschaftsschichten und in allen Altersgruppen, besonders aber bei der Jugend, findet. Der wachsende Protest gegen die Verschmutzung der Umwelt und den Krieg gibt Hoffnung. Ein Grund zur Hoffnung liegt auch im wachsenden Interesse für die *Qualität* des Lebens; in der Haltung vieler junger Angehöriger höherer Berufe, die eine sinnvolle und interessante Arbeit einem hohen Einkommen und großem Prestige vorziehen; in dem weitverbreiteten Suchen nach spirituellen Werten – so fehlgeleitet und naiv es auch oft sein mag. Diesen Protest kann man auch in der Anziehungskraft der Drogen auf junge Leute erkennen, obwohl es sich dabei um ihren mißverstandenen Versuch handelt, eine größere Lebendigkeit durch die Methoden der Konsumgesellschaft zu gewinnen. Auch in vielen politisch-menschlichen Wandlungen, die sich im Zusammenhang mit dem Vietnamkrieg ereignet haben, manifestierten sich diese antinekrophilen Tendenzen. Derartige Fälle zeigen, daß die Liebe zum Leben verdrängt sein kann – *aber was verdrängt ist, ist nicht tot.* Die Liebe zum Leben ist so sehr eine im Menschen biologisch gegebene Eigenschaft, daß man annehmen sollte, daß sie – außer bei einer kleinen Minderheit – immer wieder zum Vorschein kommen kann, wenn auch gewöhnlich nur unter besonderen persönlichen und historischen Umständen. (Auch im psychoanalytischen Prozeß kann es dazu kommen.) Das Vorhandensein und selbst das Anwachsen der antinekrophilen Tendenzen ist die einzige Hoffnung, die uns bleibt, daß das große Experiment *Homo sapiens* nicht scheitern wird. Es gibt, glaube ich, kein Land, in dem die Chance dafür, daß sich das Leben neu behauptet, größer wäre als in dem technisch am höchsten entwickelten Land, den Vereinigten Staaten, in denen die Hoffnung, daß ein weiterer »Fortschritt« den Menschen das Glück bringen wird, sich als eine Illusion für die meisten unter denen erwiesen hat, die bereits die Möglichkeit hatten, einen Vorgeschmack des neuen »Paradieses« zu bekommen. Ob es zu einer solchen fundamentalen Wandlung kommen wird, weiß niemand. Ungeheure Kräfte arbeiten dagegen, und es besteht kein Grund, optimistisch zu sein. Aber ich glaube, es besteht ein Grund zu hoffen.

Hypothese über den Inzest und den Ödipuskomplex

Unser Wissen über die Bedingungen, die zur Entwicklung der Nekrophilie führen, ist noch sehr begrenzt, und erst weitere Forschungen werden dieses Problem besser durchleuchten. Mit Sicherheit ist anzunehmen, daß eine sehr unlebendige, nekrophile Familienatmosphäre oft zur Ausbildung der Nekrophilie (ebenso wie zur Entwicklung der Schizophrenie) beiträgt. Der Mangel an anregender Stimulation, das Fehlen von Hoffnung und der destruktive Geist der Gesellschaft als Ganzes tragen bestimmt wesentlich zur Nekrophilie bei. Daß genetische Faktoren ebenfalls eine Rolle spielen, halte ich für sehr wahrscheinlich.

Im folgenden möchte ich eine Hypothese über die frühesten Wurzeln der Nekrophilie aufstellen, eine Hypothese, die spekulativ ist, auch wenn sie sich auf die Beobachtung zahlreicher Fälle stützt und durch reiches Material aus den Bereichen von Mythos und

Religion gestützt wird. Ich halte sie für wichtig genug, um ihre Darlegung zu rechtfertigen, vorausgesetzt, daß man sich ihren vorläufigen Charakter vor Augen hält.

Diese Hypothese führt uns zu einem Phänomen, das auf den ersten Blick kaum einen Zusammenhang mit der Nekrophilie aufzuweisen scheint: dem Phänomen des *Inzests,* mit dem wir durch Freuds Begriff des Ödipuskomplexes so vertraut geworden sind. Zunächst müssen wir einen kurzen Blick auf den Freudschen Begriff werfen, um die Grundlage für die folgenden Ausführungen zu schaffen.

Nach der klassischen Auffassung wählt sich der kleine Junge im Alter von fünf oder sechs Jahren seine Mutter als erstes Objekt seiner sexuellen (phallischen) Wünsche (»phallisches Stadium«). Bei der bestehenden Familiensituation macht das aus dem Vater einen verhaßten Rivalen. (Die orthodoxen Psychoanalytiker haben den Haß des kleinen Jungen gegen seinen Vater stark übertrieben. Aussprüche wie »Wenn Vater stirbt, heirate ich Mutter«, die kleine Jungen manchmal äußern und die oft als Beweis dafür angeführt werden, daß sie dem Vater den Tod wünschen, sind nicht buchstäblich zu nehmen, weil der Tod in diesem Alter noch nicht voll als Realität erlebt wird, sondern eher gleichbedeutend ist mit »nicht da sein«. Außerdem liegt der Hauptgrund für die tiefe Feindseligkeit des kleinen Jungen in seiner Rebellion gegen die patriarchalische, oppressive Autorität, wenn auch eine gewisse Rivalität zum Vater existiert [E. Fromm, 1951]. Der Anteil des »ödipalen Hasses« an der Destruktivität ist meiner Ansicht nach relativ gering.) Da er den Vater nicht beseitigen kann, bekommt er Angst vor ihm – speziell fürchtet er, der Vater werde ihn, seinen kleinen Rivalen, kastrieren. Diese »Kastrationsangst« veranlaßt den Jungen, seine sexuellen Wünsche, die sich auf die Mutter richten, aufzugeben.

Bei einer normalen Entwicklung ist der Sohn in der Lage, sein Interesse anderen Frauen zuzuwenden, besonders nachdem er seine volle sexuell-genitale Reife erlangt hat, was etwa zur Zeit der Pubertät der Fall ist. Er überwindet die Rivalität zu seinem Vater, indem er sich mit ihm und besonders mit seinen Befehlen und Verboten identifiziert. Die väterlichen Normen werden internalisiert und werden zum Überich des Sohnes. In Fällen einer pathologischen Entwicklung wird der Konflikt nicht auf diese Weise gelöst. Der Sohn gibt dann seine sexuelle Bindung an die Mutter nicht auf und fühlt sich in seinem späteren Leben von Frauen angezogen, die bei ihm die gleiche Funktion wie ehemals die Mutter erfüllen. Die Folge ist, daß er unfähig ist, sich in eine gleichaltrige Frau zu verlieben und seine Angst vor dem bedrohlichen Vater oder den Vatersubstituten beibehält. Von den Mutter-Ersatzfiguren erwartet er gewöhnlich die gleichen Eigenschaften, die seine Mutter einst ihm gegenüber bekundet hat: bedingungslose Liebe, Schutz, Bewunderung und Sicherheit.

Dieser Typ von Männern mit einer Mutterbindung ist wohlbekannt; sie sind im allgemeinen recht zärtlich und in einem bestimmten Sinn »liebevoll«; aber sie sind auch recht narzißtisch. Das Gefühl, daß sie der Mutter wichtiger sind als der Vater, gibt ihnen das Gefühl, »bewundernswert« zu sein, und da sie bereits »Vater« sind, sind sie auch schon erwachsen und haben es in Wirklichkeit gar nicht nötig, irgend etwas zu tun, um ihre Großartigkeit in der Realität zu beweisen; sie sind bewundernswert, weil – und solange – Mutter (oder ihr Ersatz) sie ausschließlich und vorbehaltlos liebt. Die Folge ist, daß sie dazu neigen, höchst eifersüchtig zu sein – sie müssen ja ihre einzigartige Stellung behaupten –, und gleichzeitig werden sie unsicher und unruhig, wenn sie eine wirkliche

Aufgabe zu erfüllen haben. Obwohl sie nicht unbedingt versagen müssen, kann ihre tatsächliche Leistung der narzißtischen Überzeugung von ihrer Überlegenheit über alle niemals gerecht werden (während sie gleichzeitig ein nagendes unbewußtes Gefühl ihrer Unterlegenheit allen anderen gegenüber haben). Der hier beschriebene Typ ist der Extremfall. Es gibt auch viele an die Mutter fixierte Männer, deren Mutterbindung weniger intensiv ist und bei denen die narzißtische Leistungsillusion mit realistischen Leistungen untermischt ist.

Freud hat angenommen, daß das Wesen der Mutterbindung darin besteht, daß der kleine Junge sich von ihr sexuell angezogen fühlt und daß der Haß gegen den Vater die logische Folge davon ist. Meine Beobachtungen über lange Jahre hin haben mich in der Überzeugung bestärkt, daß die sexuelle Bindung an die Mutter im allgemeinen nicht die Ursache für eine intensive affektive Bindung ist. Der begrenzte, mir hier verfügbare Raum erlaubt es leider nicht, meine Gründe für diese Überzeugung im einzelnen zu diskutieren, doch sollen die folgenden Bemerkungen wenigstens einige Aspekte klarstellen helfen.

Bei der Geburt und noch einige Zeit hinterher existiert die Bindung des Kindes an die Mutter in einem vorwiegend narzißtischen Bezugsrahmen (wenn auch das Kind schon bald nach der Geburt ein gewisses Interesse an Gegenständen außerhalb seiner selbst zu zeigen und auf sie zu reagieren beginnt). Wenn es auch physiologisch seine eigene unabhängige Existenz besitzt, so führt es doch auch weiterhin psychologisch in gewisser Hinsicht und bis zu einem gewissen Grad ein »intra-uterines« Leben. Es lebt noch durch die Mutter: Sie füttert es, pflegt es, stimuliert es und gibt ihm die körperliche und emotionale Wärme, welche eine Vorbedingung für seine gesunde Entwicklung ist. Im weiteren Entwicklungsprozeß des Kindes wird die Bindung an die Mutter wärmer und persönlicher; aus einer quasi intra-uterinen Behausung wird sie zu einer *Person,* zu der das Kind eine warme Zuneigung empfindet. Bei diesem Prozeß durchbricht der kleine Junge die narzißtische Schale; er liebt die Mutter, wenn auch seiner Liebe noch die Gleichheit und Gegenseitigkeit fehlt und sie noch durch seine Abhängigkeit gefärbt ist. Wenn dann der Knabe sexuell zu reagieren beginnt (in Freuds »phallischer Phase«), führt die zärtliche Zuneigung zur Mutter auch dazu, daß er sie erotisch und sexuell begehrt. Jedoch ist die sexuelle Anziehung, welche die Mutter auf das Kind ausübt, im allgemeinen nicht exklusiv. Wie Freud selbst – zum Beispiel im Fall des Kleinen Hans (S. Freud, 1909) – berichtet, sind sexuelle Wünsche kleiner Jungen im Alter von etwa fünf Jahren, die sich auf ihre Mutter richten, zwar zu beobachten, doch fühlen sie sich gleichzeitig auch von kleinen Mädchen ihres eigenen Alters angezogen. Das ist nicht verwunderlich, ist es doch eine gut fundierte Tatsache, daß der Sexualtrieb nicht eng an ein einziges Objekt gebunden, sondern recht unbeständig ist; was die Beziehung zu einer einzigen Person so intensiv und dauerhaft machen kann, ist ihre affektive Funktion. Wo die Mutterbindung auch noch nach der Pubertät und durchs ganze Leben in starkem Maße erhalten bleibt, ist der Grund in der Stärke der affektiven Bindung an die Mutter zu suchen. Sie ist deshalb so intensiv, weil sie eine der grundlegenden Reaktionen des Menschen auf seine existentielle Situation ist: auf den Wunsch, in das »Paradies« zurückzukehren, wo sich die existentiellen Dichotomien noch nicht entwickelt hatten – wo der Mensch ohne Selbstbewußtsein, ohne zu arbeiten, ohne zu leiden, in Harmonie mit der Natur, mit sich selbst und mit seinem Partner leben kann. Mit der neuen Bewußtseinsdimension (dem Baum der Erkenntnis des Guten und

Bösen) kommt der Konflikt ins Leben, und der Mensch – Mann und Weib – ist verflucht. Der Mensch wird aus dem Paradies vertrieben, und es ist ihm verwehrt, dorthin zurückzukehren. Ist es erstaunlich, daß er den Wunsch, dorthin zurückzukehren, nie verliert, obwohl er doch »weiß«, daß er es nicht kann, weil er mit seinem Menschsein belastet ist?

Daß das Kind sich zur Mutter sexuell hingezogen fühlt, ist an sich ein positives Zeichen. Es zeigt, daß die Mutter zu einer Person, zu einer Frau geworden ist und daß der Junge schon ein kleiner Mann ist. Die besondere Intensität der sexuellen Anziehung, der man gelegentlich begegnet, kann man als eine Abwehrreaktion gegen die passive Abhängigkeit der früheren Kindheit ansehen. In Situationen, in denen die inzestuöse Bindung an die Mutter in der Pubertätszeit nicht gelöst wird[30] und in der sie das ganze Leben überdauert, haben wir es mit einer neurotischen Entwicklung zu tun; ein solcher Mann bleibt dann von seiner Mutter oder von ihren Ersatzfiguren abhängig, er fürchtet sich vor Frauen, und er bleibt mehr Kind, als ein Erwachsener dies zu seinem eigenen Besten sein sollte. Eine solche Entwicklung wird oft durch eine Mutter verursacht, die aus allen möglichen Gründen – zum Beispiel weil sie ihren Mann nicht liebt oder aus einem narzißtischen Stolz auf *ihren* Sohn oder aus dem Wunsch heraus, ihn ganz zu besitzen – an ihrem kleinen Jungen in übertriebenem Maße hängt und ihn auf die verschiedenste Weise dazu verführt, sich auch in übertriebener Weise an sie zu binden (zum Beispiel dadurch, daß sie ihn verhätschelt oder allzu sehr beschützt, bewundert usw.).[31]

Diese warme, erotisch und oft sexuell gefärbte Bindung an die Mutter ist das, woran Freud gedacht hat, als er den Ödipuskomplex beschrieb. Während dieser Typ der inzestuösen Fixierung sehr häufig anzutreffen ist, gibt es doch auch noch eine andere, weit weniger häufige Art der inzestuösen Fixierung, die sehr unterschiedliche Eigenschaften besitzt und die als bösartig bezeichnet werden kann. Es ist dies der Typ der inzestuösen Fixierung, der in meiner Hypothese mit der Nekrophilie zusammenhängt; in der Tat mag diese bösartige inzestuöse Fixierung als eine der Wurzeln der Nekrophilie angesehen werden.

Ich spreche hier von Kindern, bei denen keine affektiven Bindungen an die Mutter auftauchen, welche die Schale ihrer autistischen Selbstgenügsamkeit durchbrechen. Wir kennen extreme Formen einer solchen Selbstgenügsamkeit bei den *autistischen* Kindern.[32] Diese Kinder durchbrechen niemals die Schale ihres Narzißmus. Sie erleben die Mutter nie als Liebesobjekt; sie entwickeln nie eine affektive Bindung an andere, sondern man könnte eher sagen, sie sehen durch sie hindurch, als ob es sich um leblose Gegenstände handelte, und sie zeigen oft ein besonderes Interesse an mechanischen Dingen.

[30] Initiationsriten haben die Funktion, diese Bindung abzubrechen und den Übergang ins Leben der Erwachsenen zu markieren.

[31] Freud hat in seinem Respekt vor den Konventionen des bürgerlichen Lebens die Eltern seiner kindlichen Patienten systematisch von jeder Schuld freigesprochen, etwas getan zu haben, was ihrem Kind schaden konnte. Er hat alles, einschließlich der Inzestwünsche, als unprovozierte kindliche Phantasien angesehen. (Vgl. E. Fromm, 1970b. Dieser Veröffentlichung liegt eine Diskussion zugrunde, die im *Mexican Institute of Psychoanalysis* von einer Gruppe veranstaltet wurde, der neben dem Verfasser die Doktoren F. Narváez Manzano, Victor F. Saavedra Mancera, L. Santarelli Carmelo, J. Silva García und E. Zajur Dip angehörten.)

[32] Vgl. E. Bleuler (1951); H. S. Sullivan (1953); M. S. Mahler und B. J. Gosliner (1955); L. Bender (1927); M. R. Green und D. E. Schecter (1957).

Die autistischen Kinder bilden offenbar den einen Pol eines Kontinuums, an dessen anderem Pol wir die Kinder lokalisieren können, deren Liebe zur Mutter und zu anderen Menschen besonders reich entwickelt ist. Legitimerweise dürfte anzunehmen sein, daß wir auf diesem Kontinuum Kindern begegnen, die nicht autistisch, aber doch nahe daran sind und die Züge autistischer Kinder auf weniger drastische Weise aufweisen. Es erhebt sich die Frage: Was geschieht mit der inzestuösen Fixierung an die Mutter bei solchen autistischen oder nahezu autistischen Kindern?

Offenbar entwickeln derartige Kinder niemals warme erotische und später sexuelle Gefühle zu ihrer Mutter, und sie haben offenbar nie den Wunsch, ihr nahe zu sein. Auch verlieben sie sich später nicht in Mutter-Ersatzfiguren. Für sie ist die Mutter ein Symbol: mehr ein Phantom als eine wirkliche Person. Sie ist ein Symbol der Erde, der Heimat, des Blutes, der Rasse, der Nation, des Urgrundes, aus dem das Leben entspringt und zu dem es zurückkehrt. Aber sie ist auch das Symbol von Chaos und Tod; sie ist nicht die lebenspendende, sondern die todbringende Mutter; ihre Umarmung ist der Tod, ihr Schoß ist das Grab. Die Anziehung, die von dieser Tod-Mutter ausgeht, kann nicht Zuneigung oder Liebe sein; es ist keine Anziehungskraft im üblichen psychologischen Sinn, die etwas Angenehmes und Warmes bedeutet, sondern es handelt sich um eine Anziehung in dem Sinn, wie man etwa von der magnetischen Anziehungskraft oder von der Schwerkraft sprechen würde. Jemand, der mit einer bösartigen inzestuösen Bindung an die Mutter fixiert ist, bleibt narzißtisch, kalt und reaktionsunfähig; er fühlt sich zu ihr hingezogen, wie das Eisen von einem Magneten angezogen wird; sie ist das Meer, in dem er ertrinken möchte;[33] die Erde, in der er begraben werden möchte. Der Grund für eine solche Entwicklung scheint zu sein, daß der Zustand einer ungemilderten narzißtischen Einsamkeit unerträglich ist; wenn keine Möglichkeit besteht, mit der Mutter oder ihrer Ersatzfigur durch warme, erfreuliche Bindungen in Beziehung zu treten, so muß die Beziehung zu ihr und der ganzen übrigen Welt zu einer endgültigen Vereinigung im Tode werden.

Die Doppelrolle der Mutter als Göttin der Schöpfung und Göttin der Zerstörung ist durch viele Mythen und religiöse Vorstellungen reich belegt. Die gleiche Erde, aus der der Mensch gemacht ist, der Schoß, aus dem alle Bäume und Gräser kommen, ist der Ort, dem der Leib zurückgegeben wird; der Schoß der Mutter Erde wird zum Grab. Ein klassisches Beispiel für die doppelgesichtige Muttergottheit ist die indische Göttin Kali, die Spenderin des Lebens und die Zerstörerin. Es gibt auch in der neolithischen Periode Göttinnen mit dem gleichen Doppelgesicht. Es würde hier zu weit führen, wollte ich die vielen anderen Beispiele von der Doppelrolle der Muttergottheiten zitieren. Doch sollte noch ein weiteres Beispiel nicht unerwähnt bleiben, das ebenfalls die Doppelfunktion der Mutter zeigt: das doppelte Gesicht des Mutterbildes in Träumen. Während die Mutter im Traum oft als wohlwollende, alliebende Figur erscheint, wird sie bei vielen Menschen in ihren Träumen auch als gefährliche Schlange, als schnell zuschlagendes, gefährliches Tier – zum Beispiel als Löwe, als Tiger oder als eine Hyäne – symbolisiert. Aus meiner klinischen Erfahrung habe ich den Eindruck gewonnen, daß die Angst vor der destruktiven Mutter weit intensiver ist als die vor dem strafenden, kastrierenden Vater. Es sieht so aus,

[33] Ich habe eine ganze Reihe von Menschen dieses inzestuösen Typs analysiert, die sich danach sehnten, im Meer zu ertrinken; das Meer ist ein häufiges Muttersymbol.

als ob man die vom Vater ausgehende Gefahr durch Gehorsam abwenden könnte; aber gegen die Destruktivität der Mutter gibt es keine Verteidigung; man kann sich ihre Liebe nicht verdienen, da sie keine Bedingungen stellt; ihrem Haß kann man nicht entgehen, da es auch dafür keine »Gründe« gibt. Ihre Liebe ist Gnade, ihr Haß ist Fluch, und auf keines von beiden hat der Empfangende einen Einfluß.

Abschließend sei gesagt, daß *die gutartige inzestuöse Bindung an sich ein normales Übergangsstadium in der Entwicklung ist, während die bösartige inzestuöse Bindung eine pathologische Erscheinung ist, die dann auftritt, wenn gewisse Bedingungen die Entwicklung gutartiger inzestuöser Bindungen verhindern.* Die bösartige inzestuöse Bindung möchte ich hypothetisch als eine der frühesten Wurzeln, wenn nicht als *die* Wurzel der Nekrophilie ansehen.

Dieses inzestuöse Hingezogensein zum Tode ist dort, wo es existiert, eine Leidenschaft, die mit allen anderen Impulsen, jenen, die um die Erhaltung des Lebens kämpfen, in Konflikt steht. Daher arbeitet es im Dunkeln und ist gewöhnlich völlig unbewußt. Ein Mensch mit dieser bösartigen inzestuösen Bindung wird versuchen, sich durch weniger destruktive Bindungen auf andere Menschen zu beziehen, zum Beispiel dadurch, daß er sie auf sadistische Weise beherrscht oder daß er ihre grenzenlose Bewunderung gewinnt und damit seinen Narzißmus befriedigt. Bietet ihm das Leben solche relativ befriedigende Lösungen wie Erfolg in der Arbeit, Prestige usw., so muß diese Destruktivität nie in heftiger Form offen zum Ausdruck kommen. Erleidet er dagegen Fehlschläge, so werden die bösartigen Tendenzen zum Vorschein kommen, und der Zerstörungsdrang – sich selbst und anderen gegenüber – wird sein Leben beherrschen.

Während wir eine ganze Menge über die Faktoren wissen, die den gutartigen Inzest hervorrufen, wissen wir über die Bedingungen, welche für den infantilen Autismus und folglich auch für den bösartigen Inzest verantwortlich sind, nur sehr wenig. Wir können nur nach verschiedenen Richtungen hin Spekulationen anstellen. Dabei kommen wir kaum um die Annahme herum, daß genetische Faktoren mit im Spiel sein müssen. Natürlich möchte ich damit nicht sagen, daß Gene für diese Art des Inzests verantwortlich sind, sondern daß die dem Kind genetisch mitgegebene Disposition zur Kälte dann ihrerseits dafür verantwortlich ist, daß es keine warme Bindung an die Mutter entwickeln kann. Eine zweite Voraussetzung dürfte im Charakter der Mutter zu suchen sein. Wenn sie selbst ein kalter, abweisender, nekrophiler Mensch ist, dürfte sie es dem Kind schwer machen, eine warme, liebevolle Beziehung zu ihr zu entwickeln. Dabei ist jedoch zu bedenken, daß man Mutter und Kind nur im Prozeß ihrer Interaktion betrachten kann. Ein Kind mit einer starken Anlage zur Wärme kann entweder eine Änderung in der Haltung seiner Mutter bewirken oder sich warm an eine Mutter-Ersatzfigur anschließen, etwa an eine Großmutter oder einen Großvater, einen älteren Bruder oder eine ältere Schwester, oder wer ihm sonst zur Verfügung steht. Andererseits kann ein kaltes Kind bis zu einem gewissen Grade von einer Mutter von überdurchschnittlicher Wärme und Fürsorge beeinflußt und geändert werden. Auch ist es manchmal schwer, die fundamentale Kälte einer Mutter ihrem Kind gegenüber zu erkennen, wenn sie von den konventionellen Zügen der »netten«, »lieben« Mutter überdeckt ist.

Eine dritte Möglichkeit liegt in traumatischen Erlebnissen des Kindes in seinen ersten Lebensjahren, die bei ihm Haß und Groll in einem solchen Ausmaß hervorgerufen haben, daß es innerlich »erfroren« ist und der bösartige Inzestwunsch sich auf diese Weise ent-

wickelt hat. Auch für solche Möglichkeiten muß man immer die Augen offen halten. Wenn man jedoch nach solchen traumatischen Erlebnissen sucht, so muß man sich klar darüber sein, daß sie recht außergewöhnlicher Art sein müßten.[34]
Diese Hypothese über den bösartigen Inzestwunsch und seine Rolle als frühe Ursache der Nekrophilie bedarf noch weiterer Forschungen.[35] Im folgenden Kapitel soll die Analyse Hitlers als Beispiel einer inzestuösen Mutterbindung dienen, deren Besonderheiten am besten mit dieser Hypothese zu erklären sind.

Die Beziehung von Freuds Lebens- und Todestrieb zur Biophilie und Nekrophilie

Zum Abschluß dieser Diskussion über die Nekrophilie und ihr Gegenteil, die Biophilie (Lebensliebe), dürfte es angebracht sein, kurz zu skizzieren, in welcher Beziehung diese Auffassung zu Freuds Theorie vom Todestrieb und Lebenstrieb (Eros) steht. Der Lebenstrieb ist darauf ausgerichtet, organische Substanz zu immer größeren Einheiten zusammenzuschließen, während der Todestrieb lebende Strukturen zu trennen und zu desintegrieren sucht. Die Beziehung des Todestriebes zur Nekrophilie bedarf kaum einer weiteren Erklärung, doch scheint zur Klärung der Beziehung zwischen Lebenstrieb und Biophilie eine kurze Erläuterung des letzteren Begriffes angebracht.
Die Biophilie ist die leidenschaftliche Liebe zum Leben und allem Lebendigen; sie ist der Wunsch, das Wachstum zu fördern, ob es sich nun um einen Menschen, eine Pflanze, eine Idee oder eine soziale Gruppe handelt. Der biophile Mensch baut lieber etwas Neues auf, als daß er das Alte bewahrt. Er will mehr *sein,* statt mehr zu *haben.* Er besitzt die Fähigkeit, sich zu wundern, und er erlebt lieber etwas Neues, als daß er das Alte bestätigt findet. Das Abenteuer zu leben ist ihm lieber als Sicherheit. Er hat mehr das Ganze im Auge als nur die Teile, mehr Strukturen als Summierungen. Er möchte formen und durch Liebe, Vernunft und Beispiel seinen Einfluß geltend machen – nicht durch Gewalt und dadurch, daß er die Dinge auseinanderreißt, nicht dadurch, daß er auf bürokratische Weise die Menschen behandelt, als ob es sich um tote Gegenstände handelte. Da er Freude am Leben und allen seinen Manifestationen hat, ist er kein leidenschaftlicher Konsument von frisch verpackten »Sensationen«.
Die *biophile Ethik* besitzt ihr eigenes Prinzip des Guten und Bösen. Gut ist alles, was dem Leben dient; böse ist alles, was dem Tod dient. Gut ist die Ehrfurcht vor dem Leben,[36] alles, was dem Leben, dem Wachstum, der Entfaltung förderlich ist. Böse ist alles, was das Leben erstickt, einengt und alles, was es zerstückelt.

[34] In der oben angegebenen Literatur findet sich eine ganze Anzahl sehr wertvoller Hypothesen über die Ursachen der Entwicklung des Autismus und der frühkindlichen Schizophrenie, die speziell auf die defensive Funktion des Autismus gegen eine sich ständig einmischende Mutter hinweisen. Leider erlaubt es der zur Verfügung stehende Raum nicht, hier auf diese sehr scharfsinnigen Hypothesen näher einzugehen.
[35] Ich beabsichtige noch eine längere, reicher dokumentierte Version des hier nur kurz Skizzierten zu veröffentlichen.
[36] Es ist dies die Hauptthese Albert Schweitzers, eines der großen Vertreter der Liebe zum Leben – sowohl in seinen Schriften als auch in seiner Person.

Der Unterschied zwischen Freuds Auffassung und der hier dargelegten liegt nicht in ihrer Substanz, sondern darin, daß nach Freuds Auffassung beide Tendenzen sozusagen gleichrangig sind, da sie beide biologisch gegeben sind. Jedoch ist die Biophilie als ein biologisch normaler Impuls zu verstehen, während die Nekrophilie als *psychopathologisches* Phänomen anzusehen ist. Sie tritt notwendigerweise als Folge eines gehemmten Wachstums, einer seelischen Verkrüppelung auf. Sie ist die Folge ungelebten Lebens, der Unfähigkeit, eine bestimmte Stufe jenseits des Narzißmus und der Gleichgültigkeit zu erreichen. *Die Destruktivität ist der Biophilie nicht parallel, sondern sie ist ihre Alternative. Die Liebe zum Leben oder die Liebe zum Toten ist die fundamentale Alternative, mit der jedes menschliche Wesen konfrontiert ist. Die Nekrophilie wächst in dem Maße, wie die Entwicklung der Biophilie am Wachstum gehindert wird. Der Mensch ist biologisch mit der Fähigkeit zur Biophilie ausgestattet, psychologisch aber hat er als Alternativlösung das Potential zur Nekrophilie.*

Daß sich notwendigerweise die Nekrophilie als Folge der Verkrüppelung entwickelt, ist aus der existentiellen Situation des Menschen, wie oben diskutiert, zu verstehen. Wenn der Mensch nicht schaffen oder niemanden »bewegen« kann, wenn er nicht aus dem Gefängnis seines totalen Narzißmus und seines Abgetrenntseins ausbrechen kann, so kann er doch dem unerträglichen Gefühl seiner vitalen Impotenz und Nichtigkeit dadurch entrinnen, daß er in einem Akt der Zerstörung des Lebens sich selbst bestätigt. Dazu ist weder viel Anstrengung, noch Geduld, noch Sorgfalt notwendig; zur Zerstörung braucht man nur starke Arme, ein Messer oder einen Revolver.[37]

Klinisch-methodologische Prinzipien

Ich möchte diese Diskussion der Nekrophilie mit einigen allgemeinen klinischen und methodologischen Bemerkungen abschließen.

1. Die Feststellung von einem oder zwei Charakterzügen genügt nicht zur Diagnose eines nekrophilen Charakters. Das hat verschiedene Gründe. Es kann vorkommen, daß ein

[37] Wie ich sehr ausführlich in meiner Diskussion über Freuds Aggressionstheorie im Anhang dargelegt habe, hat Freud, indem er an die Stelle seiner älteren Konzepte die neue Polarität Eros/Todestrieb setzte, damit in der Tat seine gesamte Triebauffassung geändert. In der älteren Version war die Sexualität ein physiologischer, mechanistischer Begriff. Sie wurde durch die Erregung der verschiedenen erogenen Zonen wachgerufen und fand ihre Befriedigung in der durch die wachsende Erregung hervorgerufenen Spannungsreduktion. Dagegen sind der Todes- und der Lebenstrieb nicht an eine bestimmte Körperzone gebunden; sie weisen nicht den Rhythmus Spannung → Entspannung → Spannung auf; es handelt sich bei ihnen um biologische, vitalistische Begriffe. Freud hat nie versucht, die Kluft zwischen beiden Auffassungen zu überbrücken; die semantische Einheitlichkeit der beiden Auffassungen bewahrte er durch die Gleichung: Leben = Eros = Sexualität (Libido). In der hier vorgeschlagenen Hypothese möchte ich die ältere und die spätere Phase von Freuds Theorie durch die Annahme miteinander verbinden, daß die Nekrophilie die bösartige Form des analen Charakters und die Biophilie die voll entwickelte Form des »genitalen« Charakters darstellt. Natürlich darf man nicht vergessen, daß ich, wenn ich mich der Begriffe »analer« (hortender) und »genitaler« (produktiver) Charakter bediene, zwar Freuds klinische Beschreibung beibehalten, aber die Auffassung von den physiologischen Ursprüngen dieser Leidenschaften aufgegeben habe.

bestimmtes Verhalten, das auf Nekrophilie hinzuweisen scheint, kein Charakterzug ist, sondern auf kulturelle Tradition oder ähnliche Faktoren zurückzuführen ist.

2. Andererseits müssen auch nicht alle charakterologischen nekrophilen Merkmale vorhanden sein, um diese Diagnose stellen zu können. Es gibt viele Faktoren sowohl persönlicher als auch kultureller Art, die dafür verantwortlich sind; außerdem kommt es vor, daß gewisse nekrophile Züge nur schwer zu entdecken sind, wenn einer sie gut zu verbergen weiß.

3. Besonders wichtig ist, daß man begreift, daß nur eine relativ kleine Minderheit *völlig* nekrophil ist. Man könnte derartige Menschen als schwer pathologische Fälle ansehen und nach einer genetischen Disposition für diese Erkrankung suchen. Wie aus biologischen Gründen zu erwarten, sind die allermeisten Menschen nicht ganz ohne, wenn auch nur schwach ausgebildete, biophile Neigungen. Unter ihnen dürfte es auch einen gewissen Prozentsatz geben, bei denen die Nekrophilie so dominiert, daß wir sie mit Recht als nekrophile Personen bezeichnen können. Vielleicht bei den meisten Menschen sind nekrophile Tendenzen zusammen mit biophilen Neigungen zu finden, wobei letztere stark genug sind, einen inneren Konflikt hervorzurufen, der oft sehr produktiv ist. Inwieweit das Ergebnis dieses Konfliktes die Motivation eines Menschen bestimmt, hängt von zahlreichen Variablen ab: in erster Linie von der Intensität der jeweiligen Tendenz, weiterhin von dem Vorhandensein sozialer Bedingungen, die der einen beziehungsweise der anderen Orientierung förderlich sind, ferner von bestimmten Ereignissen im Leben des Betreffenden, die ihn in die eine oder andere Richtung lenken können. Dann gibt es auch Menschen, die so vorwiegend biophil sind, daß ihre nekrophilen Impulse leicht im Zaum zu halten oder zu verdrängen sind oder dazu dienen, eine besondere Sensitivität *gegen* die nekrophilen Tendenzen in sich selbst und anderen aufzubauen. Schließlich gibt es noch eine Gruppe von Menschen – wiederum eine kleine Minderheit –, bei denen überhaupt keine Spur von Nekrophilie festzustellen ist, die reine Biophile sind, motiviert von einer höchst intensiven und reinen Liebe zu allem Lebendigen. Wohlbekannte Beispiele aus neuerer Zeit für diese Minderheit sind Menschen wie Albert Schweitzer, Albert Einstein und Papst Johannes XXIII.

Es folgt aus diesen Überlegungen, daß es keine feste Grenze zwischen der nekrophilen und der biophilen Orientierung gibt. Wie auch bei den meisten anderen Charakterzügen, gibt es ebenso viele Kombinationen, wie es Individuen gibt. In der Praxis ist es jedoch durchaus möglich, zwischen vorwiegend nekrophilen und vorwiegend biophilen Menschen zu unterscheiden.

4. Da ich die meisten Methoden bereits erwähnt habe, die man zur Aufdeckung des nekrophilen Charakters anwenden kann, möchte ich sie hier nur noch einmal kurz zusammenfassen: a) die sorgfältige Beobachtung des Verhaltens des Betreffenden, besonders soweit es unbeabsichtigt ist, einschließlich des Gesichtsausdrucks, der Wortwahl, aber auch der allgemeinen Weltanschauung und der wichtigsten Entscheidungen, die der Betreffende in seinem Leben getroffen hat; b) die Untersuchung der Träume, Witze und Phantasien; c) die Auswertung der Art und Weise, wie der Betreffende andere Menschen behandelt, wie er auf sie wirkt, welche Art von Leuten er schätzt und welche er ablehnt; d) die Anwendung projektiver Tests, wie des Rorschachtests. (M. Maccoby hat diesen Test zur Diagnose der Nekrophilie mit befriedigenden Resultaten angewandt.)

5. Man braucht kaum zu betonen, daß schwer nekrophile Personen sehr gefährlich sind. Es sind die Hasser, die Rassisten, die Befürworter von Krieg, Blutvergießen und Destruktion. Sie sind nicht nur dann gefährlich, wenn sie politische Führer sind, sondern auch als die potentiellen Kohorten eines diktatorischen Führers. Aus ihnen rekrutieren sich die Henker, die Terroristen und Folterer; ohne sie könnte kein Terrorsystem errichtet werden. Aber auch die weniger intensiv Nekrophilen sind politisch von Bedeutung; sie sind vielleicht nicht unter den ersten Anhängern eines Terrorregimes, aber sie sind für seinen Fortbestand unentbehrlich, auch wenn sie nicht die Majorität repräsentieren.

6. Wäre es in Anbetracht dieser Tatsachen nicht von großer sozialer und politischer Bedeutung zu wissen, ein wie großer Prozentsatz der Bevölkerung als überwiegend nekrophil oder als überwiegend biophil anzusehen ist? Wenn man nicht nur die relative Häufigkeit jeder der beiden Gruppen feststellen könnte, sondern auch wie sie sich bezüglich Alter, Geschlecht, Bildung, Klasse, Beruf und geographischer Verteilung zusammensetzen? Wir untersuchen die politischen Meinungen, Werturteile usw. und erzielen durch geeignete Hochrechnungsmethoden der Meinungsforschung zufriedenstellende Resultate für die gesamte amerikanische Bevölkerung. Aber aus diesen Resultaten erfahren wir nur, welche *Meinungen* die Leute haben, wir erfahren nichts über ihren *Charakter* – mit anderen Worten, wir lernen nicht die *wirksamen Überzeugungen* kennen, die sie motivieren. Wenn wir ebenso statistisch geeignete Gruppen untersuchen würden, die uns die Möglichkeit gäben, die weitgehend unbewußten Triebkräfte zu erkennen, die hinter dem manifesten Verhalten und den Meinungen stehen, so würden wir gewiß sehr viel mehr über die Intensität und die Richtung der menschlichen Energie in den Vereinigten Staaten wissen. Wir könnten uns auf diese Weise sogar vor gewissen Überraschungen schützen, die wir als unerklärlich bezeichnen, nachdem sie sich ereignet haben. Oder ist es vielleicht so, daß wir uns nur für die Energie interessieren, die wir für die materielle Produktion brauchen, und nicht für die Formen der *menschlichen* Energie, die ein so entscheidender Faktor im sozialen Prozeß ist?

13

BÖSARTIGE AGGRESSION: ADOLF HITLER, EIN KLINISCHER FALL VON NEKROPHILIE

Vorbemerkungen

Eine analytische, psychobiographische Studie versucht zwei Fragen zu beantworten: 1) Welche Triebkräfte bestimmen einen Menschen, welche Leidenschaften zwingen ihn oder machen ihn geneigt, sich so zu verhalten wie er es tut? 2) Welche inneren und äußeren Bedingungen sind für die Entwicklung gerade dieser Leidenschaften (Charakterzüge) verantwortlich? Auf die Beantwortung dieser Fragen zielt auch die folgende Analyse Hitlers ab, doch unterscheidet sie sich in bestimmten wesentlichen Punkten von der klassischen Freudschen Methode.

Ein Unterschied, der bereits besprochen wurde, so daß wir hier nur kurz daran zu erinnern brauchen, liegt darin, daß diese Leidenschaften im wesentlichen nicht instinktiver oder – genauer gesagt – sexueller Natur sind. Ein weiterer Unterschied liegt in der Annahme, daß wir uns selbst dann, wenn wir von der Kindheit des Betreffenden nichts wissen, mit Hilfe von Traumanalysen, aufgrund unbeabsichtigter Handlungen, Gesten und Äußerungen, sowie anhand von Verhaltensweisen, die rational nicht ganz zu erklären sind, ein Bild von seinen wesentlichen und großenteils unbewußten Leidenschaften machen können (»Röntgenmethode«). Die Interpretation derartiger Daten erfordert die spezielle Ausbildung und Erfahrung in der Psychoanalyse.

Der wichtigste Unterschied ist jedoch folgender: Die klassischen Psychoanalytiker gehen davon aus, daß die Charakterentwicklung im Alter von etwa fünf oder sechs Jahren abgeschlossen ist und daß später keine wesentlichen Veränderungen auftreten (außer durch den Eingriff einer therapeutischen Behandlung). Meine eigene Erfahrung hat mich zu der Überzeugung gebracht, daß diese Auffassung unhaltbar ist. Sie ist mechanistisch und übersieht, daß es sich beim gesamten Lebens- und Charakterprozeß um ein sich entwickelndes System handelt.

Wenn ein Mensch geboren wird, kommt er keineswegs ohne »Gesicht« auf die Welt. Er wird nicht nur mit genetisch determinierten Anlagen hinsichtlich seines Temperaments und anderer ererbter Dispositionen geboren, welche die Ausbildung gewisser Charakterzüge vor anderen begünstigen, auch vorgeburtliche Ereignisse und die Geburt selbst bewirken zusätzliche Dispositionen. All dies formt sozusagen das »Gesicht« des Betreffenden bei seiner Geburt. Dann kommt er mit einer speziellen Umwelt – seinen Eltern und anderen signifikanten Personen seiner Umgebung – in Kontakt und reagiert darauf, was seine weitere Charakterentwicklung beeinflußt. Mit achtzehn Monaten ist der Charakter des Kindes weit definitiver geformt und determiniert, als er es bei seiner Geburt war. Trotzdem ist er noch nicht endgültig fertig, und seine Entwicklung kann je nach den auf ihn ausgeübten Einflüssen in verschiedenen Richtungen erfolgen. Im Alter von sechs Jahren etwa ist der Charakter noch stärker determiniert und festgelegt, doch verliert er damit nicht die Fähigkeit sich zu ändern, vorausgesetzt, daß neue signifikante Umstände eintreten, die eine solche Veränderung veranlassen. Allgemeiner gesagt ist die Charakterbildung und -fixierung als eine gleitende Skala anzusehen. Der Mensch bringt gewisse Eigenschaften mit auf die Welt, die ihn für eine bestimmte Entwicklung disponieren, doch ist seine Persönlichkeit noch so formbar, daß sich der Charakter innerhalb eines gegebenen Rahmens in vielen verschiedenen Richtungen entwickeln kann. Jeder Schritt im Leben schränkt die Zahl zukünftiger möglicher Entwicklungen weiter ein. Je mehr ein Charakter fixiert ist, um so stärker muß der Eindruck der neuen Faktoren sein, wenn sie fundamentale Richtungsänderungen in der weiteren Entwicklung des Systems bewirken sollen. Schließlich wird dann die noch verbleibende Möglichkeit zu einer Änderung so minimal, daß nur noch ein Wunder eine Wandlung herbeiführen könnte.

Dies besagt nicht, daß Einflüsse aus der frühen Kindheit nicht in der Regel eine stärkere Wirkung ausüben als die späteren Erlebnisse. Aber wenn sie auch *die Richtung beeinflussen,* so *determinieren* sie eine Person doch nicht völlig. Um die größere Eindrucksfähigkeit der frühen Kindheit zu kompensieren, müssen die späteren Erlebnisse intensiver und dramatischer sein. Der Eindruck, daß sich ein Charakter niemals ändert, gründet sich weitgehend auf die Tatsache, daß das Leben der meisten Menschen so vorfabriziert und unspontan ist, daß nie etwas wirklich Neues geschieht und die späteren Erlebnisse nur die früheren bestätigen.

Die Häufigkeit realer Möglichkeiten, daß ein Charakter sich in anderen Richtungen entwickelt, steht im umgekehrten Verhältnis zur Starrheit, die das Charaktersystem angenommen hat. Aber das Charaktersystem ist grundsätzlich nie so völlig fixiert, daß neue Entwicklungen als Folge außergewöhnlicher Erlebnisse nicht eintreten könnten, wenn auch die statistische Wahrscheinlichkeit gering ist.

Praktisch gesehen laufen diese theoretischen Erwägungen darauf hinaus, daß man nicht erwarten kann, daß ein Charakter, wie er, sagen wir, mit zwanzig Jahren ist, genau der gleiche ist wie mit fünf; bei Hitler zum Beispiel können wir nicht annehmen, bei ihm schon in seiner Kindheit einen voll entwickelten nekrophilen Charakter anzutreffen, aber es steht zu vermuten, daß schon damals gewisse nekrophile Ansätze vorhanden waren, die dann – als eine unter mehreren realen Möglichkeiten – zur Entwicklung eines ausgewachsenen nekrophilen Charakters geführt haben. Aber erst wenn eine große Zahl innerer und äußerer Ereignisse zusammenkommen, wird sich das Charaktersystem so entwickeln, daß schließlich die Nekrophilie als ein (fast) nicht mehr zu veränderndes Endergebnis entsteht, und wir können sie dann in verschiedenen, sowohl offenliegenden wie versteckten Formen erkennen. Ich will nun versuchen, diese frühen Ansätze in einer Analyse von Hitlers Cha-

rakter aufzuzeigen und darzulegen, wie sich die Voraussetzungen zur Entwicklung der Nekrophilie in seinen verschiedenen Entwicklungsstadien immer mehr verstärkten, bis schließlich kaum noch eine andere Möglichkeit blieb.
In der folgenden Analyse von Hitlers Charakter habe ich hauptsächlich Hitlers Nekrophilie behandelt und nur kurz andere Aspekte wie zum Beispiel seinen ausbeuterischen (oral-sadistischen) Charakter und die Rolle von Deutschland als Muttersymbol berührt.

Hitlers Eltern und frühe Kindheit[1]

Klara Hitler

Der *Charakter* der Eltern und nicht dieses oder jenes einzelne Erlebnis übt den stärksten Einfluß auf ein Kind aus. Für jemand, der an die stark vereinfachende Formel glaubt, daß die schlechte Entwicklung eines Kindes etwa der »Schlechtigkeit« seiner Eltern proportional ist, bietet die Untersuchung des Charakters von Hitlers Eltern eine Überraschung, denn – soweit aus den uns bekannten Daten zu ersehen ist – waren sowohl sein Vater als auch seine Mutter stabile, wohlmeinende und nicht destruktive Leute.
Hitlers Mutter Klara scheint eine gut angepaßte, sympathische Frau gewesen zu sein. Sie war ein ungebildetes, einfaches Mädchen vom Lande, das im Hause ihres Onkels und späteren Gatten Alois Hitler als Dienstmädchen gearbeitet hatte. Klara wurde die Geliebte von Alois und war schwanger, als dessen Frau starb. Sie heiratete den verwitweten Alois am 7. Januar 1885. Sie war damals vierundzwanzig Jahre alt und er siebenundvierzig. Sie war arbeitsam und verantwortungsbewußt. Obwohl ihre Ehe nicht allzu glücklich war, beklagte sie sich nie. Sie kam freundlich und gewissenhaft ihren Pflichten nach.

> Der Inhalt ihres Lebens war die Führung ihres Haushaltes und die Sorge für ihren Mann und die Kinder. Sie war eine vorbildliche Hausfrau, die ihr Heim tadellos in Ordnung hielt und die es mit ihren Pflichten genau nahm. Nichts konnte sie von der Verrichtung ihrer täglichen Hausarbeit abbringen, sie erlaubte sich nicht einmal ein kleines Schwätzchen. Das einzig Wichtige für sie war ihr Haushalt und ihre Familie; durch ihr sparsames Wirtschaften brachte sie es fertig, den Besitz der Familie zu vergrößern, was ihre größte Freude war. Noch wichtiger als der Haushalt waren ihr aber die Kinder. Alle, die Klara kannten, waren sich darüber einig, daß der Mittelpunkt ihres Lebens ihre hingebungsvolle Liebe zu den Kindern war. Der einzige ernsthafte Vorwurf, den man ihr je gemacht hat, war, daß sie aufgrund dieser hingebungsvollen Liebe zu nachsichtig gegen sie war und daß sie so ihrem Sohn das Gefühl gab, etwas Besonderes zu sein – ein etwas merkwürdiger Vorwurf gegen eine Mutter! Die Kinder teilten diese Meinung nicht. Ihre Stiefkinder und ihre überlebenden eigenen Söhne liebten und achteten ihre Mutter. (B. F. Smith, 1967).

[1] Bei dieser Beschreibung von Hitlers Eltern und seiner Kindheit und Jugend habe ich mich in erster Linie an die beiden wichtigsten Arbeiten gehalten, die sich mit seiner frühen Kindheit beschäftigen, speziell die von B. F. Smith (1967) und W. Maser (1971). Außerdem habe ich A. Kubizek (1954) und A. Hitler (1943) benutzt. Hitlers Buch diente in der Hauptsache Propagandazwecken und enthält viel Unwahres; Kubizek, Hitlers Jugendfreund, der ihn sowohl in seiner Jugend als auch später, als er an der Macht war, bewundert hat, ist mit einiger Vorsicht zu benutzen. Maser ist in seiner Benutzung von Quellen oft unzuverlässig, obwohl er Historiker ist. Smith ist bei weitem die objektivste und zuverlässigste Quelle für Hitlers Jugend.

Der Vorwurf, sie sei allzu nachsichtig zu ihrem Sohn gewesen und habe ihn noch in seinem Gefühl etwas Besonderes zu sein (nämlich in seinem *Narzißmus*) bestärkt, ist nicht so abwegig, wie Smith meint – und dürfte vermutlich der Wahrheit entsprechen. Aber diese Periode der Nachsicht dauerte nur so lange, bis Hitler in die Schule kam. Die veränderte Einstellung der Mutter dürfte dadurch zustande gekommen oder doch gefördert worden sein, daß sie einen zweiten Sohn bekam, als Hitler fünf Jahre alt war. Aber ihre gesamte Haltung für den Rest ihres Lebens beweist, daß die Geburt dieses zweiten Kindes kein so traumatisches Erlebnis für den Erstgeborenen war, wie manche Psychoanalytiker annehmen. Sie verwöhnte Adolf zwar nicht weiter, aber sie ließ ihn doch auch nicht links liegen. Es wurde ihr immer klarer, daß er heranreifen, sich der Wirklichkeit anpassen mußte, und wie wir noch sehen werden, tat sie alles nur Mögliche, diesen Prozeß zu unterstützen.

Dieses Bild einer verantwortungsvollen und liebenden Mutter wirft aber ernsthafte Zweifel auf angesichts der Hypothese von Hitlers quasi-autistischer Kindheit und seiner »bösartigen Inzestuosität«. Wie könnte man Hitlers Kindheitsentwicklung unter diesen Umständen verstehen?

Wir können an verschiedene Möglichkeiten denken: 1) daß Hitler *konstitutionell* so kalt und zurückgezogen war, daß seine fast autistische Haltung sich *trotz* einer warmen und liebenden Mutter entwickelte. 2) Es ist möglich, daß ihre zu große Bindung an den Sohn, für die wir einige Beweise haben, von dem an sich schon scheuen Kind als starke Einmischung empfunden wurde, auf die er mit einem noch stärkeren inneren Sichzurückziehen reagierte.[2] Soweit wir Klaras Verhalten kennen, könnte jede der beiden Möglichkeiten zutreffen.

Eine andere Möglichkeit wäre, daß sie ein traurig gestimmter Mensch war, vielleicht deprimiert, der von Pflichtgefühl motiviert war, aber wenig Wärme und Freude ausstrahlte. In der Tat, sie hatte kein glückliches Leben. Wie es im deutsch-österreichischen Bürgertum üblich war, erwartete man von ihr, Kinder zu gebären, den Haushalt zu führen, und sich dem autoritären Ehemann unterzuordnen. Ihr Alter, ihr Mangel an Bildung, ihres Mannes gehobene gesellschaftliche Stellung und seine egoistische – wenngleich auch nicht bösartige – Veranlagung tendierten dahin, ihre traditionelle Rolle noch zu verstärken. So mag sie eine traurige, enttäuschte Frau geworden sein – eher als Resultat der Umstände als aufgrund ihres Charakters. Schließlich muß man noch an die Möglichkeit denken, daß sich hinter ihrer Fürsorge eine schizoide und zurückgezogene Haltung verbarg, obwohl dies vielleicht die am wenigsten wahrscheinliche Annahme ist. Auf jeden Fall kennen wir nicht genügend konkrete Einzelheiten über ihre Persönlichkeit, um zu entscheiden, welche dieser Hypothesen die wahrscheinlichste ist.

Alois Hitler

Alois Hitler war eine weit weniger sympathische Figur. Er war als illegitimes Kind geboren und führte zunächst den Namen seiner Mutter Schicklgruber, den er erst viel später

[2] Wie oben schon angedeutet, haben einige Forscher, die über kindlichen Autismus arbeiteten, gefunden, daß Einmischung (»intrusion«) eine Bedingung autistischer Entwicklung ist.

gegen den Namen Hitler tauschte. Ohne finanziellen Rückhalt von zu Hause war er ein echter Selfmademan. Durch hartes Arbeiten und Selbstzucht gelang es ihm, von einem kleinen Beamten im österreichisch-ungarischen Zolldienst zu der gehobenen Stellung eines »Oberoffizials« aufzusteigen – was ihm unverkennbar den Status eines geachteten Mitglieds des Bürgertums verlieh. Er war sparsam und brachte es fertig, soviel Geld zurückzulegen, daß er sich ein Haus und einen Gutshof kaufen und seiner Familie einen Besitz hinterlassen konnte, der ihr nach seinem Tode – zusammen mit seiner Pension – eine finanziell gesicherte Existenz verbürgte. Sicher war er ein egoistischer Mensch, der sich wenig um die Gefühle seiner Frau kümmerte, doch dürfte er sich hierin nicht allzusehr von anderen Durchschnittsbürgern seiner Klasse unterschieden haben.

Alois Hitler war ein Mann, der das Leben liebte – besonders Frauen und Wein. Er war kein Schürzenjäger, doch hielt er sich nicht an die engen Moralvorschriften des österreichischen Bürgertums. Außerdem trank er gern sein Glas Wein und vielleicht manchmal auch eines über den Durst, doch war er keineswegs ein Trinker, wie in einigen Artikeln behauptet wurde. Seine lebensbejahende Natur zeigte sich jedoch am deutlichsten in seinem tiefen, beständigen Interesse an Bienen und der Bienenzucht. Er pflegte den größten Teil seiner Freizeit mit dem größten Vergnügen bei seinen Bienenstöcken zu verbringen, denen sein einziges ernsthaftes und aktives Interesse außerhalb seines Berufes galt. Der Traum seines Lebens war ein eigener Bauernhof, auf dem er die Bienenzucht in größerem Maßstab betreiben konnte. Schließlich gelang es ihm, diesen Traum zu verwirklichen; es stellte sich freilich heraus, daß der erste Gutshof, den er gekauft hatte, zu groß war, und erst gegen Ende seines Lebens besaß er dann einen Hof in der richtigen Größe und hatte große Freude daran.

Man hat Alois Hitler gelegentlich als einen brutalen Tyrannen beschrieben – vermutlich deshalb, weil dies eine einfachere Erklärung für den Charakter seines Sohnes wäre. Er war aber kein Tyrann, sondern nur ein autoritärer Mensch, der an Pflicht und Verantwortungsgefühl glaubte und der Ansicht war, daß es seine Aufgabe war, das Leben seines Sohnes zu bestimmen, bis dieser mündig war. Soweit bekannt, hat er ihn nie geschlagen; er tadelte ihn, stritt mit ihm und versuchte ihm klarzumachen, was gut für ihn wäre, aber er war keine furchteinflößende Gestalt, die notwendigerweise einen Sohn in Schrecken versetzen mußte. Wie wir noch sehen werden, machte die zunehmende Verantwortungslosigkeit und Realitätsflucht seines Sohnes es für den Vater zu einer immer dringenderen Notwendigkeit, ihn zu ermahnen und zurechtzuweisen. Vieles weist darauf hin, daß Alois Hitler die Leute nicht rücksichtslos oder arrogant behandelte, daß er keineswegs ein Fanatiker und im ganzen recht tolerant war. Auch seine politische Einstellung paßt in dieses Bild. Er war antiklerikal und liberal in seinen Auffassungen und interessierte sich für Politik. Seine letzten Worte, bevor er bei der Zeitungslektüre an einem Herzanfall starb, waren Ärger über »die Schwarzen«, wie man die reaktionären Kleriker nannte.

Wie ist es zu erklären, daß diese beiden wohlmeinenden, stabilen, normalen und nicht destruktiven Menschen das spätere »Ungeheuer« Adolf Hitler zur Welt brachten?[3]

[3] Es existieren mehrere psychoanalytische Versuche, eine Erklärung für Hitlers Bösartigkeit zu finden: 1) die konventionelle orthodoxe Analyse von W. C. Langer (1972), die ursprünglich als Bericht für das *Office of Strategic Services* 1943 verfaßt und als »geheim« klassifiziert wurde; 2) die Untersuchung von J. Brosse (1972). Langer weiß in seiner Analyse einige gute Argumente

Hitlers frühe Kindheit bis zum Alter von sechs Jahren (1889–1895)

Der kleine Junge scheint der Augapfel seiner Mutter gewesen zu sein. Sie verhätschelte ihn, schalt ihn nie und bewunderte ihn. Er konnte einfach nichts falsch machen. Ihr ganzes Interesse und ihre ganze Liebe konzentrierten sich auf ihn. Ihre Haltung trug wohl sehr wahrscheinlich zur Entwicklung seines Narzißmus und seiner Passivität bei. Er war »wunderbar«, ohne daß er sich irgendwie anzustrengen brauchte, da seine Mutter ihn ohnehin bewunderte; er brauchte sich um nichts zu bemühen, da seine Mutter jeden Wunsch erfüllte. Er seinerseits beherrschte die Mutter und hatte Wutanfälle, wenn sie ihm etwas verweigerte. Aber, wie schon oben erwähnt, gerade diese übertriebene Fürsorglichkeit mag von ihm auch als Einmischung empfunden worden sein, auf die er damit reagierte, daß er sich zurückzog. Diese Konstellation wurde noch dadurch betont, daß der Vater durch die Art seines Berufes nicht viel Zeit zu Hause verbrachte. Die männliche Autorität, die vielleicht einen vorteilhaften, ausgleichenden Einfluß gehabt hätte, fehlte. Vielleicht wurde die Passivität und Unselbständigkeit des kleinen Jungen auch durch eine

vorzubringen – gut vor allem in Anbetracht der Tatsache, daß ihm damals nur wenig Material über Hitlers Leben zur Verfügung stand; allerdings erweist sich Langers theoretischer Bezugsrahmen als beträchtliches Hindernis. Er betont, daß Hitlers Bindung an die Mutter in seiner frühen Kindheit zur Ausbildung eines besonders intensiven Ödipuskomplexes führte (das heißt zu dem Wunsch, seinen Vater umzubringen) und daß Hitler überdies seine Eltern bei ihrem sexuellen Verkehr beobachtet haben muß, wodurch er gegen seinen Vater wegen dessen »Brutalität« und gegen seine Mutter wegen ihres »Verrats« aufgebracht wurde. Da man aber von allen kleinen Jungen annimmt, daß sie einen Ödipuskomplex haben und daß sie ihre Eltern beim Geschlechtsverkehr beobachtet haben (besonders in den Schichten, die weniger Wohnraum zur Verfügung haben als das gehobene Bürgertum), kann man nur schwer einsehen, wieso ein Umstand, der praktisch überall zutrifft, einen spezifischen Charakter erklären sollte, von einem so anormalen wie dem Hitlers ganz zu schweigen.

Die psychoanalytische Studie Hitlers von J. Brosse bietet mehr Material und zeigt großes Einfühlungsvermögen. Brosse hat Hitlers Haß gegen das Leben klar erkannt, und er kommt in dieser Beziehung zu ähnlichen Schlußfolgerungen wie unser vorliegendes Buch. Der einzige Nachteil von Brosses Untersuchung liegt darin, daß er sich genötigt sieht, seine Ergebnisse in die Terminologie der Libidotheorie einzukleiden. Er geht dabei noch einen Schritt weiter als die konventionelle Theorie vom Ödipuskomplex und der »Urszene«. Die tiefste unbewußte Triebkraft in Hitler »besteht in der Ermordung der phallischen Mutter, das heißt nicht nur des Vaters, sondern auch der Mutter – in der Ermordung von Vater und Mutter, die im sexuellen Akt vereinigt sind ... Was er auslöschen möchte, ist nicht so sehr seine Geburt, als seine Empfängnis, das heißt mit anderen Worten, die Urszene, den Geschlechtsverkehr seiner Eltern; und nicht die Szene, von der das Kind möglicherweise Zeuge gewesen sein könnte, sondern die, die sich absolut vor ihm abgespielt hatte, bei der er in seiner Phantasie und rückblickend zugegen war und bei der er sogar potentiell anwesend war, da sie mit seiner Empfängnis zu tun hatte ... Der Haß gegen das Leben ist nichts anderes als der Haß gegen den Akt, durch den die Eltern ihm das Leben gegeben haben ...« (J. Brosse, 1972). Als eine symbolische, surrealistische Beschreibung des totalen Hasses gegen das Leben hat diese Bildersprache ihre Verdienste. Aber als Analyse der tatsächlichen Ursachen von Hitlers Haß gegen das Leben ist sie nahezu absurd.

Ich selbst habe eine kurze Analyse von Hitlers Charakter zu geben versucht, in der ich ihn als autoritär-sadomasochistischen Charakter definiert habe, ohne mich jedoch mit seiner Kindheitsgeschichte zu befassen. (E. Fromm, 1941). Ich glaube, daß das, was ich damals geschrieben habe, noch heute Gültigkeit besitzt, doch ist Hitlers Sadismus im Vergleich zu seiner Nekrophilie, mit der ich mich im folgenden befassen werde, nur von sekundärer Bedeutung.

gewisse Kränklichkeit gefördert, die natürlich die sorgende Liebe der Mutter noch verstärkte.

Diese Phase ging zu Ende, als Hitler sechs Jahre alt wurde. Hierzu trugen mehrere Ereignisse bei.

Das augenfälligste war, wenigstens vom klassischen psychoanalytischen Standpunkt aus, die Geburt eines kleinen Bruders, als Adolf fünf Jahre alt war, der ihn aus seiner Vorzugsstellung bei der Mutter verdrängte. Tatsächlich hat ein solches Ereignis oft einen gesunden und durchaus keinen traumatischen Einfluß, da es die Gründe für die Abhängigkeit von der Mutter und die sich daraus ergebende Passivität reduziert. Im Gegensatz zu der Klischeevorstellung ergibt sich aus den uns bekannten Tatsachen, daß der kleine Hitler keineswegs unter heftiger Eifersucht litt, sondern das Jahr nach der Geburt seines Bruders von ganzem Herzen genoß.[4]

Der Grund hierfür war in erster Linie, daß der Vater eine neue Stelle in Linz annahm, während die Familie, anscheinend weil man Angst hatte, den Säugling in eine andere Umgebung zu bringen, noch ein ganzes Jahr in Passau blieb.

> Ein ganzes Jahr lang lebte Adolf im Paradies eines Fünfjährigen, und er spielte und tollte mit den Kindern aus der Nachbarschaft. Miniaturkriege und Kämpfe zwischen Cowboys und Indianern scheinen ihm am liebsten gewesen zu sein, und sie blieben noch viele Jahre lang seine Lieblingsbeschäftigung. Da Passau in Deutschland liegt – auf der deutschen Seite der deutsch-österreichischen Grenze, auf der die österreichische Zollkontrolle stattfand, haben sich bei diesen Kriegsspielen vielleicht Franzosen und Deutsche im Geist von 1870 gegenübergestanden; man kümmerte sich aber im Grunde nicht viel um die Nationalität der Opfer. Europa war voller kleiner Helden, die alle nationalen und ethnischen Gruppen ohne Unterschied massakrierten. Dieses Jahr der kindlichen Kämpfe war für Hitlers späteres Leben nicht deshalb von Bedeutung, weil er es auf deutschem Boden verbrachte und weil seine Sprache damals einen bayerischen Akzent annahm, sondern weil es für ihn ein Jahr fast völliger Freiheit war. Zu Hause fing er an, sich nachdrücklicher durchzusetzen, und vermutlich kam es zu den ersten Zornausbrüchen, wenn er seinen Willen nicht bekam. Draußen im Freien waren seinem Spiel weder in bezug auf die Betätigung noch auf die Phantasie irgendwelche Grenzen gesetzt. (B. F. Smith, 1967.)

Dieses paradiesische Leben nahm ein abruptes Ende, als der Vater in den Ruhestand trat und die Familie nach Hafeld bei Lambach zog und der nun sechsjährige Sohn in die Schule mußte. Adolf »sah sein Leben plötzlich auf einen engen Tätigkeitskreis beschränkt, der von ihm Verantwortungsgefühl und Disziplin verlangte. Zum erstenmal sah er sich ständig und systematisch gezwungen, sich einzuordnen«. (B. F. Smith, 1967.)

Was ist über die Charakterentwicklung des Kindes am Ende dieser ersten Lebensperiode zu sagen?

Es ist dies die Periode, in der nach der Freudschen Theorie die beiden Aspekte des Ödi-

[4] Natürlich könnte man dagegenhalten, daß der Augenschein nichts über seine *unbewußte* Enttäuschung und seinen *unbewußten* Kummer aussagt. Aber da keine Anzeichen hierfür erkennbar sind, läßt sich mit diesem Argument nichts anfangen. Es gründet sich lediglich auf die dogmatische Annahme, daß die Geburt eines Geschwisters eine solche Wirkung haben muß. Das führt aber zu einem Denken im Kreis, bei dem man das als Tatsache annimmt, was die Theorie fordert, um dann zu behaupten, die Tatsachen hätten die Theorie bestätigt.

puskomplexes voll entwickelt sind: die sexuelle Hinneigung zur Mutter und die Feindschaft gegen den Vater. Die Daten *scheinen* die Freudsche Annahme zu bestätigen: der kleine Hitler hing sehr an seiner Mutter und stand seinem Vater feindselig gegenüber; aber es gelang ihm nicht, den Ödipuskomplex auf dem Weg über die Identifikation mit dem Vater durch die Bildung des Über-Ichs aufzulösen und seine Bindung an die Mutter zu überwinden; da er sich von ihr durch die Geburt eines Rivalen betrogen fühlte, zog er sich von ihr zurück.

Es erheben sich jedoch ernste Bedenken, ob die Freudsche Interpretation richtig ist. Wenn die Geburt des Bruders, als Adolf fünf Jahre alt war, wirklich ein so traumatisches Erlebnis gewesen wäre, das zum Bruch der Bindung an die Mutter führte, so daß die »Liebe« zu ihr sich in Groll und Haß verwandelt hätte, wie hätte dann das diesem Ereignis unmittelbar folgende Jahr so glücklich für ihn sein können – vermutlich sogar die glücklichste Zeit seiner Kindheit überhaupt? Können wir tatsächlich seinen Haß gegen den Vater als Folge der Ödipus-Rivalität erklären, wenn wir bedenken, daß die Beziehung seiner Mutter zu ihrem Mann ja wenig intensiv und innig war? Sollte man diesen Antagonismus nicht eher als eine Reaktion auf die vom Vater geforderte Disziplin, Verantwortlichkeit und Unterordnung verstehen?[5]

Man muß ferner an die Hypothese über die oben erwähnten bösartigen inzestuösen Bindungen denken. Diese Hypothese würde zur Annahme führen, daß Hitlers Fixierung an die Mutter keine warme, liebevolle Bindung war; daß er kalt blieb und seine narzißtische Schale nicht sprengte; daß sie für ihn nicht die Rolle einer realen Person übernahm, sondern ein Symbol der unpersönlichen Macht von Erde, Schicksal – und Tod war. Jedoch, trotz seiner Kälte, mag Hitler symbiotisch an die Mutter und ihre Symbolisationen gebunden gewesen sein, eine Bindung, deren letztes Ziel die Vereinigung mit der Mutter im Tode ist. (Eine nicht seltene, perverse Form der *unio mystica.*)

Wenn dies zuträfe, so könnte man verstehen, weshalb die Geburt des Bruders kein Grund für ihn war, sich von der Mutter zurückzuziehen. Tatsächlich könnte man von einem Sichzurückziehen kaum sprechen, wenn er ihr affektiv nie nahegestanden hatte. Vor allem aber könnte man verstehen, daß der Anfang seiner späteren manifesten nekrophilen Entwicklung in der bösartig inzestuösen Bindung zu suchen ist, die seine frühe Beziehung zur Mutter charakterisiert. Deutschland wurde zum wichtigsten Muttersymbol. Seine Fixierung an die Mutter (= Deutschland) war die Grundlage seines Hasses gegen das »Gift« (Syphilis und Juden) vor dem er sie zu retten hatte; in einer tieferen und unbewußten Schicht aber war diese Bindung die Basis seines lang verdrängten Wunsches, die Mutter (= Deutschland) zu zerstören. In seinem Verhalten von 1942, als er schon wußte, daß der Krieg verloren war, bis zum Befehl der Gesamtzerstörung aller vom Feinde eroberten Gebiete 1945 setzte sich dieser Wunsch – obgleich als solcher unbewußt – in die Tat um. Gerade diese Entwicklung verstärkt die Hypothese seiner bösartigen Mutterbindung.

Hitlers Beziehung zu seiner Mutter und zu Mutterfiguren war völlig anders als die Beziehungen, die wir meist bei Männern mit einer »Mutterbindung« finden. Bei diesen Män-

[5] Zu dieser Auffassung des Ödipuskomplexes siehe E. Fromm *Märchen, Mythen, Träume,* Diana Verlag, Zürich, im Kapitel Der Ödipus-Mythus.

nern ist die Bindung an die Mutter viel wärmer, intensiver und realer, möchte man sagen. Solche Menschen haben den starken Wunsch, ihrer Mutter nahe zu sein, ihr alles mitzuteilen; sie sind effektiv in sie »verliebt« (wenn »Liebe« in diesem kindlichen Sinn richtig qualifiziert ist). Aber Hitler fühlte sich zu seiner Mutter nie auf diese Weise hingezogen, wenigstens nicht mehr, nachdem er fünf Jahre alt geworden war, und vermutlich nicht einmal vor diesem Zeitpunkt. Als Kind machte ihm nichts weiter Spaß, als das Haus zu verlassen und mit den anderen Jungen Soldaten oder Indianer zu spielen. Er interessierte sich wenig für sie und kümmerte sich nicht um sie.

Seine Mutter merkte das. Kubizek berichtet, sie habe ihm gegenüber geäußert, ihr Sohn habe kein Verantwortungsgefühl und verschwende sein kleines Erbe. Sie müsse doch für ihre kleine Tochter sorgen, »aber Adolf denkt nicht darüber nach; er geht seiner Wege, als ob er allein auf der Welt wäre«. Dieser Mangel an Rücksicht und Anteilnahme seiner Mutter gegenüber zeigte sich auch daran, wie er auf ihre Krankheit reagierte. Obwohl man ihr Leiden als Krebs diagnostizierte und sie im Januar 1907 operiert werden mußte, zog er im September nach Wien. Aus Rücksicht auf ihn versuchte seine Mutter sich nicht anmerken zu lassen, wie schlecht sie sich fühlte, was er akzeptierte. Er machte auch keinen Versuch herauszufinden, wie es ihr wirklich ging, indem er sie zum Beispiel in Linz besucht hätte – eine kleine Reise, die zeitlich und finanziell kein Problem für ihn gewesen wäre – und er schrieb ihr kaum von Wien aus, um ihr mitzuteilen, wie es ihm ging, wodurch er ihr viel Unruhe bereitete. Nach Smith kam er erst nach Hause, nachdem man ihm ihren Tod mitgeteilt hatte. Kubizek berichtet, sie habe ihn gebeten, zu kommen und sie zu pflegen, als ihre Krankheit sie völlig hilflos machte und sie sonst niemand zur Verfügung hatte. Er sei Ende November gekommen und habe sie etwa drei Wochen lang bis zu ihrem Tod gepflegt. Kubizek bemerkt, er sei sehr erstaunt gewesen, als er seinen Freund den Boden aufwischen und für seine Mutter kochen sah. Hitlers Interesse für seine elfjährige Schwester sei sogar so weit gegangen, daß er sie der Mutter versprechen ließ, sie würde in der Schule fleißig sein. Kubizek beschreibt Hitlers Haltung seiner Mutter gegenüber tief gerührt, wobei er zu zeigen versucht, wie sehr er sie liebte. Aber diese Zeugenaussage ist nicht allzu glaubwürdig. Hitler dürfte auch bei dieser Gelegenheit wie üblich versucht haben, das beste aus der Situation zu machen, um einen guten Eindruck zu hinterlassen. Er hätte der Mutter ihre Bitte um Hilfe kaum abschlagen können, und drei Wochen waren nicht allzulang, um die Rolle des liebenden Sohnes zu spielen. Die Schilderung seiner Freundlichkeit und Besorgnis um die Mutter steht im Widerspruch zu Hitlers Gesamtverhalten ihr gegenüber, so daß Kubizeks Beschreibung nicht sehr überzeugend ist.[6]

[6] Da Kubizek Hitler sowohl in seiner Jugend als auch später, als er an der Macht war, bewundert hat, kann man unmöglich sagen, ob die von ihm berichteten Fakten wahr sind, außer wenn sie durch andere Quellen bestätigt werden. Seine eigenen »Eindrücke« sind stark zu Hitlers Gunsten voreingenommen. Maser entwirft ein noch glühenderes Bild von Hitlers fürsorglicher Liebe zu seiner Mutter und von seiner Verzweiflung bei ihrem Tod. Seine Schilderung stützt sich auf ein Memorandum, das der jüdische Arzt Dr. E. Bloch, der Hitlers Mutter behandelt hatte, einunddreißig Jahre später im Jahre 1938 für die Nazibehörden schrieb. Bei allem schuldigen Respekt vor Dr. Blochs Andenken ist doch ein in Deutschland 1938 von einem Juden für die Nazis verfaßtes Memorandum kaum als objektiv, sondern eher als Versuch zu werten, sich in Gunst zu bringen. Das ist menschlich durchaus verständlich, doch nimmt es dem Dokument seinen Wert als histo-

Zusammenfassend kann man sagen, daß Hitlers Mutter für ihn nie zu einer Person geworden ist, zu der er eine liebevolle oder zärtliche Zuneigung empfand. Sie war für ihn ein Symbol der beschützenden und zu bewundernden Göttinnen, aber auch der Göttin des Todes und des Chaos. Gleichzeitig war sie für ihn aber auch Objekt seiner sadistischen Herrschsucht, und sie brachte ihn in heftige Wut, wenn sie ihm nicht völlig zu Willen war.

Hitlers Kindheit von sechs bis elf (1895–1900)

Der Übergang vom Kleinkindalter zum Schulalter erfolgte abrupt. Alois Hitler war in den Ruhestand getreten und konnte fortan seine ganze Zeit der Familie und besonders der Erziehung seines Sohnes widmen. Er erwarb ein Haus mit neun Morgen Land in Hafeld bei Lambach. Der kleine Hitler mußte in die kleine Dorfschule in Fischlam bei Hafeld gehen, wo er sich sehr gut einfügte. Wenigstens nach außen hin richtete er sich nach den Forderungen seines Vaters, aber Smith schreibt: »Er machte Vorbehalte. Immer noch verstand er es, seine Mutter bis zu einem gewissen Grade zu manipulieren, und allen gegenüber konnte es jederzeit bei ihm zu Wutausbrüchen kommen.« Dem kleinen Jungen dürfte dieses Leben kaum behagt haben, wenn es auch nicht zu heftigen Zusammenstößen mit dem Vater kam. Aber Adolf entdeckte einen Lebensbereich für sich, in dem er alle Maßregelung und alles, was er als *Mangel an Freiheit* empfand, vergessen konnte. Es waren seine Indianer- und Soldatenspiele mit anderen Jungen, denen auch weiterhin sein Interesse galt. Schon in diesem frühen Alter bedeutete »Freiheit« für Hitler Freiheit von Verantwortung und Zwang und vor allem – was das Wichtigste war »Freiheit von der Realität«; es bedeutete auch, daß man Rädelsführer war. Wenn man Bedeutung und Funktion dieser Spiele für Hitler untersucht, so entdeckt man, daß in ihnen zum erstenmal jene Züge zum Ausdruck kamen, die sich in dem Maße, wie er älter wurde, immer deutlicher bemerkbar machten: das Bedürfnis, andere zu beherrschen, und ein Mangel an Wirklichkeitssinn. Dem äußeren Anschein nach waren diese Spiele sehr harmlos und normal für dieses Alter; wir werden noch sehen, daß sie es der Intensität nach nicht waren, denn er hing noch an ihnen in einem Alter, in dem normale Jungen über diesen Zeitvertreib hinausgewachsen sind.

In den folgenden Jahren kam es in der Familie zu einigen Veränderungen. Der älteste Sohn von Alois verließ zum großen Ärger des Vaters mit vierzehn Jahren das Haus, so daß Adolf jetzt die Rolle des ältesten Sohnes übernehmen mußte. Alois verkaufte das Gut und zog in das Städtchen Lambach. Adolf ging nun in die relativ moderne Volksschule in Lambach, und auch hier kam er sehr gut voran und vermied ernsthafte Auseinandersetzungen mit seinem oft ärgerlichen und mürrischen Vater.

1898 zog die Familie abermals um, diesmal in ein Haus in Leonding in einem Außenbezirk von Linz, und Adolf besuchte in Linz seine dritte Volksschule. Alois Hitler scheint sich in seinem neuen Wohnort wohler gefühlt zu haben als je zuvor. Er konnte sich um

rische Quelle. Daß der Historiker Maser die Validität von Blochs Behauptung keinen Augenblick anzweifelt, gehört zu den schweren Fehlern seiner Methode der Quellenauswertung, auf die wir auch noch im folgenden stoßen werden.

seine Bienen auf dem halben Morgen Land kümmern und im Wirtshaus über Politik reden. Er blieb jedoch eine strenge Autorität und ließ keinen Zweifel daran, wer im Hause das Wort führte. Josef Mayerhofer, sein bester Freund in Leonding, hat später über ihn gesagt: »Er war streng mit seiner Familie, er hat sie nicht mit Glacéhandschuhen angefaßt; seine Frau hatte nichts zu lachen.« Mayerhofer betonte jedoch, daß die rauhe Schale zum Teil nur Bluff war und daß er die Kinder nicht körperlich mißhandelte. »Er hat ihn (Adolf) nie angerührt. Ich glaube nicht, daß (er ihn geschlagen hat), aber er hat ihn oft ausgescholten und angebrüllt. ›Der elende Bengel‹, pflegte er zu sagen, ›ich werde ihn noch einmal tüchtig verdreschen!‹ Aber Hunde, die viel bellen, beißen nicht. Der Junge hatte großen Respekt vor ihm.« (B. F. Smith, 1967.)

Das ist nicht das Bild eines brutalen Tyrannen, sondern das eines autoritären, etwas unnahbaren Vaters, vor dem der Sohn Angst hatte; diese Angst könnte eine der Ursachen für Hitlers Unterwürfigkeit gewesen sein, von der wir noch hören werden. Aber man darf dieses respekteinflößende Wesen des Vaters nicht außerhalb des Zusammenhangs sehen; ein Sohn, der nicht so darauf bestanden hätte, man solle ihn in Ruhe lassen, und der verantwortungsbewußter gewesen wäre, wäre vermutlich mit dieser Art von Vater zu einem freundschaftlicheren Verhältnis gekommen, da es dieser ja schließlich gut meinte und keineswegs ein destruktiver Mensch war. Das Klischee vom »Haß gegen den autoritären Vater« wird gelegentlich ebenso überstrapaziert wie das vom Ödipuskomplex.

Alles in allem brachte der Junge die fünf Jahre in der Volksschule weit besser hinter sich, als man hätte erwarten sollen. Schuld daran waren die bereits erwähnten Faktoren und die äußeren Umstände in der Schule. Er war höchstwahrscheinlich intelligenter als der Durchschnitt seiner Mitschüler, wurde von den Lehrern aufgrund der gehobenen Stellung seiner Familie gut behandelt und bekam die besten Noten, ohne sich besonders anstrengen zu müssen. So war die Schule kein Ansporn für ihn, und sein sorgsam ausbalanciertes Kompromißsystem zwischen Rebellion und Anpassung wurde nicht ernstlich gestört.

Am Ende dieser Periode ist keine auffällige Verschlechterung zu erkennen, doch zeigen sich alarmierende Züge: es war ihm nicht gelungen, den Narzißmus der ersten Kindheit zu überwinden; er war der Realität nicht nähergekommen; er hatte keine aktiven Interessen entwickelt und sich statt dessen ein magisches Reich der Freiheit und Macht aufgebaut. Die ersten Schuljahre halfen ihm nicht, über das hinauszuwachsen, was er vor seinem Schuleintritt gewesen war. Aber immer noch gab es wenig offene Konflikte, und oberflächlich gesehen hatte er sich recht gut angepaßt.

Voradoleszenz und Adoleszenz: 11 bis 17 Jahre (1900–1906)

Hitlers Eintritt in die Realschule und die Jahre unmittelbar nach dem Tod seines Vaters brachten eine entscheidende Wendung zum Schlechten und verstärkten die Voraussetzungen für seine bösartige Entwicklung.

Die entscheidenden Ereignisse in den nächsten drei Jahren bis zum Tode des Vaters im Jahre 1903 waren: 1) sein Versagen in der Realschule; 2) der Konflikt mit seinem Vater, der darauf bestand, daß er Staatsbeamter werden sollte, und 3) die Tatsache, daß er sich immer mehr in die Phantasiewelt verlor.

Hitler selbst gibt in seinem Buch *Mein Kampf* eine plausible Erklärung dafür, mit der er sich selbst rechtfertigt: er, der freie und unabhängige Mensch konnte den Gedanken nicht ertragen, ein Büromensch zu sein. Er wollte lieber Künstler werden. So rebellierte er gegen die Schule und vernachlässigte seine Aufgaben, um seinen Vater dazu zu bringen, ihn Künstler werden zu lassen.

Wenn wir aber die uns bekannten Tatsachen sorgfältig ins Auge fassen, ergibt sich ein ganz anderes Bild: 1) Daß er in der Schule schlechte Leistungen zeigte, hatte eine ganze Reihe von Gründen, auf die wir gleich eingehen wollen. 2) Seine Idee, Künstler zu werden, war im wesentlichen eine Rationalisierung seiner Unfähigkeit zu jeder Art disziplinierter Arbeit und Anstrengung. 3) Der Konflikt mit dem Vater drehte sich nicht nur um seine Weigerung, Staatsbeamter zu werden, sondern beruhte darauf, daß er sich allen Anforderungen der Realität entzog.

Daß er in der Schule scheiterte, ist nicht anzuzweifeln, dazu geschah es auf zu drastische Weise. Bereits im ersten Jahr stand er so schlecht, daß er die Klasse wiederholen mußte. Im folgenden Jahr mußte er in einigen Fächern besondere Prüfungen ablegen, um in die nächste Klasse versetzt zu werden, und selbst im dritten Jahr wurde er in Linz nur unter der Bedingung versetzt, daß er in eine andere Schule überwechselte. Aus diesem Grunde trat er in die Staatsoberrealschule in Steyr ein, entschloß sich jedoch zu Ende des vierten Jahres, auch in Steyr kein weiteres Jahr mehr bis zum Abschluß in die Schule zu gehen. Ein Ereignis am Ende seines letzten Schuljahres ist vielleicht symbolisch für seine Laufbahn in der Oberrealschule. Nachdem er sein Zeugnis bekommen hatte, ging er mit seinen Klassenkameraden in eine Wirtschaft, um Wein zu trinken, und als er nach Hause kam, stellte er fest, daß er sein Zeugnis verloren hatte. Er überlegte sich noch, welche Ausrede er gebrauchen könnte, als er zum Direktor der Schule gerufen wurde. Man hatte das Zeugnis auf der Straße gefunden; er hatte es als Toilettenpapier benutzt! Selbst wenn er mehr oder weniger betrunken gewesen sein sollte, kommt in diesem Verhalten doch symbolisch sein Haß und seine Verachtung für die Schule zum Ausdruck.

Einige Gründe für das Versagen Hitlers in der Realschule liegen mehr auf der Hand als andere. Der offensichtlichste Grund ist, daß er in der Volksschule den anderen überlegen gewesen war. Da er intelligenter war als der Durchschnitt, Talent und Redegewandtheit besaß, mußte er sich kaum anstrengen, seine Klassenkameraden zu übertreffen und vorzügliche Noten zu bekommen. In der Realschule dagegen war die Situation anders. Hier war die durchschnittliche Intelligenz höher als in der Volksschule. Seine Lehrer waren weit gebildeter und verlangten mehr. Auch machte seine soziale Herkunft auf sie keinen Eindruck, da sie nicht besser war als die der anderen Realschüler. Kurz, um in der Realschule Erfolg zu haben, mußte man wirklich arbeiten. Die erforderliche Arbeit war nicht aufreibend, aber es war mehr, als der junge Hitler zu tun gewohnt und willens oder auch fähig war. Für diesen äußerst narzißtischen Jungen, der in der Volksschule Erfolg hatte, ohne sich anstrengen zu müssen, muß die neue Situation ein Schock gewesen sein. Sie war eine Herausforderung für sein narzißtisches Verhalten und zeigte ihm, daß er mit der Wirklichkeit nicht so wie bisher fertig werden konnte.

Diese Situation, daß ein Kind nach jahrelangem erfolgreichen Besuch der Volksschule scheitert, ist nicht selten. Oft feuert sie das Kind an, sein Verhalten zu ändern, seine infantile Haltung wenigstens teilweise zu überwinden und zu lernen sich anzustrengen.

Auf Hitler hatte diese Situation jedoch nicht diese Wirkung. Statt der Wirklichkeit näherzukommen, zog er sich nur noch mehr in seine Phantasiewelt und von allen engeren Kontakten mit den Menschen zurück.

Wäre sein Versagen in der Oberrealschule darauf zurückzuführen gewesen, daß die meisten dort behandelten Fächer ihn nicht interessierten, so hätte er in denen, die ihn interessierten, fleißig gearbeitet; daß dies nicht der Fall war, geht daraus hervor, daß er sich nicht einmal in deutscher Geschichte genügend anstrengte, um eine besonders gute Note zu bekommen, obwohl dieses Fach ihn begeisterte und stark erregte. (Die einzigen guten Noten bekam er im Zeichnen – aber da er künstlerisch begabt war, mußte er sich dafür nicht besonders anstrengen.) Diese Hypothese wird eindeutig durch die Tatsache bestätigt, daß er im späteren Leben nicht einmal auf dem Gebiet zu einer ausdauernden Anstrengung fähig war, das ihn vielleicht als einziges wirklich interessierte, dem der Architektur. Mit dem Thema von Hitlers Unfähigkeit zu systematischer Arbeit, außer wenn er unter dem Eindruck der dringendsten Notwendigkeit stand oder wenn er von Leidenschaften getrieben wurde, werden wir uns noch zu beschäftigen haben. Ich erwähne es hier nur, um zu betonen, daß sein Versagen auf der Realschule nicht mit seinen »künstlerischen« Interessen zu erklären ist.

Während dieser Jahre zog sich Hitler immer mehr aus der Wirklichkeit zurück. Er interessierte sich im Grunde für niemand, weder für seine Mutter, noch für seinen Vater, noch für seine Geschwister. Er befaßte sich mit ihnen nur soweit, als es nötig war, um in Ruhe gelassen zu werden; gefühlsmäßig standen sie ihm fern. Sein einziges, leidenschaftliches Interesse galt seinen Kriegsspielen mit anderen Jungen, wobei er der Führer und Organisator war. Während diese Spiele für einen Jungen von neun, zehn oder elf Jahren durchaus angemessen waren, waren sie für einen Jungen, der die Oberrealschule besuchte, ungewöhnlich. Charakteristisch ist eine Szene bei seiner Firmung im Alter von fünfzehn Jahren. Ein Mitglied der Familie hatte freundlicherweise eine kleine Feier zu Ehren des Firmlings arrangiert, aber Hitler war verdrießlich und unfreundlich, und bei der ersten Gelegenheit lief er davon, um mit den anderen Jungen Krieg zu spielen.

Diese Spiele erfüllten mehrere Funktionen. Sie gaben ihm das befriedigende Gefühl, Anführer zu sein, und bestätigten ihn in der Überzeugung, daß er die Überredungskraft besaß, andere dazu zu veranlassen, ihm zu folgen. Sie verstärkten seinen Narzißmus; vor allem aber verlegten sie den Mittelpunkt seines Lebens in die Phantasie, wodurch sie dem Prozeß Vorschub leisteten, daß er sich immer mehr der Wirklichkeit, realen Personen, realen Leistungen und realen Kenntnissen entzog. Diese Neigung zur Welt der Phantasie kam auch in seinem leidenschaftlichen Interesse für die Romane von Karl May zum Ausdruck. In Deutschland und Österreich lasen praktisch alle Jungen die Geschichten von Karl May. Hitlers Begeisterung für sie war also für einen Jungen in den letzten Jahren der Volksschule völlig normal, aber Smith meint:

> In späteren Jahren bekam die Sache einen ernsteren Unterton. Denn Hitler hat Karl May nie aufgegeben. Er las ihn während seiner Adoleszenz und als junger Mann zwischen zwanzig und dreißig. Selbst als Reichskanzler war er immer noch von ihm fasziniert und las die ganze Serie über den amerikanischen Westen noch einmal. Auch hat er aus seiner begeisterten Bewunderung für Mays Bücher nie einen Hehl gemacht. In den *Tischgesprächen* [H. Picker, 1963] hebt er May in den Himmel und schildert,

wieviel Freude ihm seine Bücher machten. Er sprach mit fast jedem über ihn – seinem Pressechef, seiner Sekretärin, seinem Kammerdiener und seinen alten Parteifreunden. (B. F. Smith, 1967.)

Ich möchte dies jedoch anders interpretieren als Smith. Dieser ist der Ansicht, daß die Begeisterung Hitlers für die Romane von Karl May für ihn ein so beglückendes Erlebnis war, daß er sie »in eine Periode hinübernahm, in der es ihm nicht gelang, mit der Pubertät fertig zu werden«. Dies könnte zwar bis zu einem gewissen Grade zutreffen, doch glaube ich, daß es den wichtigsten Punkt außer acht läßt. Man muß Mays Romane im Zusammenhang mit Hitlers Kriegsspielen und als Ausdrucksmöglichkeit für sein Phantasieleben sehen. Sie passen zwar gut in ein bestimmtes Alter, aber daß sie ihn auch weiterhin faszinierten, legt die Vermutung nahe, daß sie für ihn eine Flucht aus der Realität darstellten, eine Manifestation einer narzißtischen Haltung, in deren Mittelpunkt das Thema: Hitler, Führer, Kämpfer und Sieger, stand. Gewiß gibt es hierfür nicht genügend überzeugende Belege. Aber wenn man Hitlers Benehmen in diesen Jugendjahren mit den Daten aus seinem späteren Leben in Beziehung bringt, dann ergibt sich ein bestimmtes Verhaltensmuster: das eines außergewöhnlich narzißtischen, introvertierten Menschen, dessen Phantasiewelt für ihn realer war als die Realität selbst. Wenn wir sehen, wie sehr der junge Hitler im Alter von sechzehn Jahren bereits ein Phantasieleben führte, so erhebt sich die Frage: Wie konnte es diesem in sich selbst versponnenen Träumer gelingen, sich zum Herrn Europas zu machen – wenn auch nur für eine kurze Zeit? Wir müssen mit der Beantwortung dieser Frage warten, bis wir in unserer Analyse der Entwicklung Hitlers ein Stück weitergekommen sind.

Was auch immer die Gründe für sein Scheitern in der Realschule gewesen sein mögen, die emotionalen Folgen für den jungen Hitler stehen außer Zweifel. Hier haben wir einen Jungen, der von seiner Mutter bewundert wurde und in der Volksschule erfolgreich war, der Rädelsführer seiner Kameraden, für den alle diese unverdienten Erfolge nur eine Bestätigung seiner narzißtischen Überzeugung waren, daß er eine außergewöhnliche Begabung besaß. Fast ohne Übergang befindet er sich dann in der Situation eines Versagers; er konnte dieses Versagen nicht vor seinem Vater und vor seiner Mutter verbergen; das muß seinen Narzißmus schwer getroffen und seinen Stolz verwundet haben. Wenn er sich hätte eingestehen können, daß sein Versagen darauf zurückzuführen war, daß er nicht fähig war, hart zu arbeiten, so hätte er vielleicht die Folgen überwinden können, da er zweifellos eine mehr als ausreichende Begabung besaß, um in der Realschule Erfolg zu haben.[7]

Aber sein unangreifbarer Narzißmus machte ihm eine solche Einsicht unmöglich. Die Folge war, daß er nicht in der Lage war, die Realität zu ändern. Er mußte sie verfälschen und ablehnen. Er verfälschte sie, indem er seine Lehrer und seinen Vater beschuldigte, an

[7] Sein Lehrer, E. Huemer, äußerte sich so über seinen ehemaligen Schüler, als er nach Hitlers gescheitertem Putsch in München als Zeuge aussagte: »Hitler war entschieden begabt, wenn auch einseitig, hatte sich aber wenig in der Gewalt, zum mindesten galt er auch für widerborstig, eigenmächtig, rechthaberisch und jähzornig, und es fiel ihm sicherlich schwer, sich in den Rahmen einer Schule zu fügen. Er war auch nicht fleißig; denn sonst hätte er bei seinen unbestreitbaren Anlagen viel bessere Erfolge erzielen können.« (W. Maser, 1971.)

seinem Versagen schuld zu sein, und indem er behauptete, in seinem Versagen komme sein leidenschaftliches Bedürfnis nach Freiheit und Unabhängigkeit zum Ausdruck. Er lehnte die Realität ab, indem er sich das Symbol des »Künstlers« schuf. Der Traum, einmal selbst ein großer Künstler zu werden, war für ihn die Realität, und doch bewies die Tatsache, daß er nicht ernsthaft dafür arbeitete, dieses Ziel zu erreichen, daß diese Idee reine Phantasie war. Das Versagen in der Schule war seine erste Niederlage und Demütigung, der noch eine Reihe anderer folgten. Man darf mit Sicherheit annehmen, daß es seine Verachtung und seinen Haß gegen alle, die Ursache oder Zeuge seiner Niederlage waren, erheblich verstärkt hat; und sein Haß könnte sehr gut den Anfang seiner Nekrophilie darstellen, wenn wir nicht Grund zur Annahme hätten, daß diese bereits in seiner bösartigen inzestuösen Bindung verwurzelt war.

Der Tod des Vaters hatte auf den Vierzehnjährigen keine merkliche Wirkung. Wenn es wahr wäre, was Hitler selbst später schrieb, daß sein Versagen in der Schule auf seinen Konflikt mit dem Vater zurückzuführen war, so hätte mit dem Tod des brutalen Tyrannen und Rivalen die Stunde seiner Befreiung geschlagen. Er hätte sich jetzt frei fühlen, realistische Pläne für seine Zukunft schmieden und hart an ihrer Verwirklichung arbeiten müssen – und vielleicht hätte er seine Zuneigung seiner Mutter zugewendet. Aber nichts dergleichen geschah. Er lebte genauso weiter wie zuvor. Er war, wie Smith sich ausdrückt, »wenig mehr als ein Konglomerat aus angenehmen Spielen und Träumen«, und er fand keinen Ausweg aus diesem Zustand.

Wir müssen jetzt Adolfs Konflikt mit dem Vater seit seinem Eintritt in die Oberrealschule noch einmal ins Auge fassen. Alois Hitler hatte beschlossen, daß sein Sohn die Oberrealschule besuchen sollte. Obwohl der Junge wenig Interesse an diesem Plan bekundete, akzeptierte er ihn. Zu einem wirklichen Konflikt kam es nach seinem eigenen Bericht in *Mein Kampf* erst, als der Vater darauf bestand, daß er Staatsbeamter werden sollte. Dieser Wunsch war an sich ganz natürlich, da der Vater unter dem Eindruck seines eigenen Erfolges in diesem Beruf stand und das Gefühl hatte, daß es auch für seinen Sohn die beste Laufbahn wäre. Als der Sohn mit dem Gegenvorschlag ankam, daß er Künstler, Maler werden wolle, soll der Vater nach Hitler gesagt haben: »Nein, solange ich lebe, niemals.« Hitler drohte daraufhin, er werde überhaupt nicht mehr für die Schule arbeiten, und als der Vater nicht nachgab, »schwieg ich künftig, setzte meine Drohung aber in die Wirklichkeit um«. (A. Hitler, 1943.) Das ist Hitlers Erklärung für sein Versagen in der Schule, doch ist sie zu bequem, um wahr zu sein.

> Sie stimmt genau mit dem Bild überein, das Hitler von sich selbst hatte, als einem harten und entschlossenen Mann, der 1924, als er *Mein Kampf* schrieb, einen langen Aufstieg hinter sich hatte und der entschlossen war, bis zum Endsieg weiterzumachen. Gleichzeitig aber bildet sie die Grundlage für das Bild eines frustrierten Künstlers, der mit dem Entschluß, Deutschland zu retten, in die Politik ging. Vor allem rechtfertigt sie seine schlechten Noten in der Realschule und seine langsame Reifung, während sie gleichzeitig seine Adoleszenz in heroischem Licht erscheinen läßt – eine schwierige Aufgabe für einen politisch bewußten Autobiographen. Tatsächlich diente diese Geschichte den späteren Zielen des Führers so ausgezeichnet, daß man sich fragen könnte, ob er nicht die ganze Episode erfunden hat. (B. F. Smith, 1967.)

Daß der Vater aus seinem Sohn einen Staatsbeamten machen wollte, kann sehr wohl zutreffen; andererseits hat er keine drastischen Maßnahmen ergriffen, um ihn dazu zu zwingen. Auch machte es Hitler nicht so, wie es sein älterer Bruder mit vierzehn Jahren gemacht hatte – er bewies nicht seine Unabhängigkeit und widersetzte sich nicht seinem Vater, indem er den drastischen Schritt tat, das Elternhaus zu verlassen. Im Gegenteil, er paßte sich der Situation an und zog sich noch mehr in sich selbst zurück.

Um den Konflikt zu verstehen, müssen wir die Lage des Vaters berücksichtigen. Er muß ebenso wie die Mutter gemerkt haben, daß der Sohn kein Verantwortungsgefühl besaß, daß er keine Lust hatte zu arbeiten und keinerlei Interesse bekundete. Da er ein intelligenter, wohlmeinender Mann war, dürfte es ihm weniger am Herzen gelegen haben, daß sein Sohn Staatsbeamter wurde, als daß er überhaupt *etwas* wurde. Er muß gefühlt haben, daß der Plan, Künstler zu werden, nur eine Ausrede war, um sich weiter treiben lassen zu können, und eine Entschuldigung für mangelnde Ernsthaftigkeit. Hätte der Sohn einen Gegenvorschlag gemacht – hätte er zum Beispiel gesagt, er wolle Architektur studieren – und hätte er durch gute Noten in der Schule bewiesen, daß es ihm damit wirklich ernst war, hätte sein Vater vielleicht ganz anders reagiert. Aber Hitler machte keinen Gegenvorschlag, der dem Vater bewiesen hätte, daß es ihm ernst war. Er bat nicht einmal darum, Zeichenunterricht nehmen zu dürfen, wenn er sich in der Schule anstrengte. Daß er nicht aus Trotz gegen den Vater so schlechte Schulleistungen zeigte, geht klar daraus hervor, wie er auf den Versuch seiner Mutter reagierte, ihn auf den Boden der Realität zurückzuführen. Als er nach dem Tode des Vaters die Realschule verlassen hatte, beschloß er zu Hause zu bleiben und »zu lesen, zu zeichnen und zu träumen. Er machte es sich in der Wohnung in der Humboldtstraße [wohin seine Mutter inzwischen gezogen war] gemütlich, wo er sich völlig gehen lassen konnte. Er duldete die Anwesenheit der jungen Paula [seiner um fünf Jahre jüngeren Schwester] und seiner Mutter in seinem Allerheiligsten, weil er sie nur hätte loswerden können, wenn er den unangenehmen Entschluß gefaßt hätte, von zu Hause wegzugehen und zu arbeiten. Allerdings durften sie ihm nicht dreinreden, obwohl die Mutter seine Rechnungen bezahlte und die Schwester hinter ihm herputzte.« (B. F. Smith, 1967.)

Die Mutter machte sich Gedanken über ihn und ermahnte ihn, das Leben etwas ernster zu nehmen. Sie bestand nicht darauf, daß er Beamter würde, doch versuchte sie, in ihm ein ernsthaftes Interesse an irgend etwas zu wecken. Sie schickte ihn nach München auf die Kunstakademie. Dort blieb er ein paar Monate lang, das war aber auch alles. Hitler kleidete sich gern elegant, und seine Mutter »bezahlte die Kleider, die ihn zu einer Art Dandy machten, vielleicht in der Hoffnung, daß es ihm bessere gesellschaftliche Perspektiven eröffnen würde. Wenn das ihr Plan war, so scheiterte er vollkommen. Die Kleider dienten ihm nur als Symbol seiner Unabhängigkeit und selbstgenügsamen Isolation.« (B. F. Smith, 1967.)

Die Mutter machte noch einen weiteren Versuch, Hitlers Interesse zu wecken. Sie gab ihm das Geld für eine vierwöchige Reise nach Wien. Er schickte ihr ein paar Postkarten, auf denen er von der »gewaltigen Majestät«, »Würde« und »Großartigkeit« der Bauten schwärmte. Seine Orthographie und Interpunktion waren jedoch weit unter dem Niveau, das man von einem Siebzehnjährigen, der vier Jahre die Realschule besucht hatte, erwarten konnte. Die Mutter erlaubte ihm Musikunterricht zu nehmen (der Vater hatte einige Jahre zuvor vorgeschlagen, er solle Gesangsunterricht nehmen), und Hitler tat es ein paar

Monate lang. Ende 1907 gab er es aber wieder auf, weil es ihm nicht paßte, Tonleitern üben zu müssen. Vielleicht hätte er aber auch ohnehin mit dem Unterricht aufhören müssen, da die fortschreitende Krankheit der Mutter die Familie zwang, sich einzuschränken.

Seine Reaktion auf die keineswegs autoritären – ja fast psychotherapeutisch zu nennenden – Versuche seiner Mutter, ihn für etwas Reales zu interessieren, zeigt, daß seine negative Reaktion auf den Vater nicht nur als Trotzreaktion auf das Ansinnen, Beamter zu werden, zu verstehen war, sondern als die Reaktion eines introvertierten, sich treiben lassenden Jungen gegen einen Mann, der Realität und Verantwortungsbewußtsein repräsentierte. Hier lag die Wurzel des Konflikts – es handelte sich nicht nur um seine Abneigung gegen den Staatsdienst und noch weniger um eine Ödipus-Rivalität.

Wir müssen nach einer Erklärung suchen für Hitlers Neigung zum Müßiggang und für seine Scheu vor harter – oder auch nicht einmal harter – Arbeit. Es hilft uns weiter, wenn wir uns die gut fundierte Beobachtung vor Augen halten, daß dieses Verhalten oft bei Kindern mit einer starken Bindung an die Mutter zu finden ist. Sie erwarten – oft unbewußt – daß Mutter schon alles für sie erledigen wird, genauso wie sie es in der ersten Kindheit getan hat. Sie haben das Gefühl, daß sie es gar nicht nötig haben sich anzustrengen, daß sie gar nicht selbst Ordnung halten müssen. Sie können ruhig alles herumliegen lassen und abwarten, bis Mutter hinter ihnen hergeräumt hat. Sie leben in einer Art »Paradies«, wo nichts von ihnen erwartet und alles für sie getan wird. Ich glaube, daß diese Erklärung auch auf den Fall Hitler zutrifft. Meiner Ansicht nach steht es nicht im Widerspruch zu der Hypothese von dem kalten und unpersönlichen Charakter seiner Bindung an die Mutter. Sie erfüllt diese Funktion *qua* Mutter obwohl er sie nicht liebte oder persönlich an ihr hing.

Die Schilderung von Hitlers Faulheit in der Schule, von seiner Unfähigkeit zu ernsthafter Arbeit und seiner Weigerung weiterzustudieren, wird manchen Leser zu der Frage veranlassen: Was ist denn so Besonderes dabei? Es gibt doch heutzutage eine ganze Menge junger Leute, die die Oberschule vorzeitig verlassen und von denen sich viele über die pedantische und sterile Arbeit in der Schule beklagen und Pläne machen für ein freies Leben, das nicht vom Vater oder anderen Autoritätspersonen behindert wird. Trotzdem handelt es sich bei ihnen nicht um nekrophile Charaktere, ganz im Gegenteil repräsentieren viele unter ihnen einen echt lebensbejahenden, unabhängigen, freimütigen Persönlichkeitstyp. Manche Leser werden sich sogar fragen, ob meine Deutung von Hitlers Versagen nicht reichlich konservativ ist.

Zu diesen Einwänden habe ich folgendes zu sagen: 1) Natürlich gibt es viele Arten von jungen Leuten, die der Schule davonlaufen, und man kann kein allgemein gültiges Urteil über sie fällen. Vielmehr muß man jeden als Typ für sich betrachten. 2) Im Gegensatz zu heute gab es sie in der Zeit, in der Hitler jung war, nur äußerst selten; daher gab es kein Verhaltensmuster, das es einem erleichtert hätte abzuspringen. 3) Noch weit entscheidender als die angegebenen Gründe ist jedoch eine Überlegung, die speziell auf Hitler zutrifft: er interessierte sich nicht nur nicht für die Schulfächer, er interessierte sich für *überhaupt nichts*. Er strengte sich für nichts an – weder damals noch später. (Wir werden dieser Abneigung gegen ernsthaftes Arbeiten auch bei seinem Architekturstudium begegnen.) Er war nicht deshalb faul, weil er ein Mensch war, dem es genügt hätte, sein Leben zu genießen, ohne daß er ein bestimmtes Ziel erreichen wollte. Ganz im Gegenteil war er von einem brennenden Ehrgeiz nach Macht getrieben. Da er von einer außergewöhnlich starken vitalen Energie erfüllt war, befand er sich in einer ständigen Spannung, und eine ruhige Fröhlichkeit war ihm fast unbekannt. Dies paßt nicht in das gewohnte Bild der meisten »dropouts«; und die unter ihnen, die in Hitlers Bild hineinpassen, die gleichzeitig von dem glühenden Wunsch nach Macht beseelt sind und keinerlei echte Zuneigung zu irgend jemand empfinden, stellen ein sehr ernstes Problem – ja, eine ernste Gefahr dar.

Was aber den Einwand betrifft, meine Einstellung sei »konservativ«, wenn ich behaupte, die Unfähigkeit zu arbeiten und der Mangel an Verantwortungsgefühl seien negative Eigenschaften, so bringt uns dies auf einen wesentlichen Punkt im Zusammenhang mit dem Radikalismus der heutigen Jugend. Es ist etwas völlig anderes, ob einer sich für bestimmte Fächer nicht interessiert und andere vorzieht oder ob er überhaupt nichts lernen will. Sich der Verantwortung und ernster Arbeit zu entziehen, bedeutet eine Fehlentwicklung im Wachstumsprozeß, eine Tatsache, die bestehen bleibt, auch wenn man der Gesellschaft die Schuld daran gibt. Und wenn einer glaubt, Bummelei qualifiziere ihn zum Revolutionär, so irrt er gründlich. Anstrengung, Hingabe, Konzentration gehören zum Wesen einer vollentwickelten Persönlichkeit – auch beim Revolutionär. Junge Leute, die anderer Ansicht sind, täten gut daran, einmal über Persönlichkeiten wie Marx, Engels, Lenin, Rosa Luxemburg und Mao Tse-tung nachzudenken – die alle zwei wesentliche Eigenschaften miteinander gemeinsam haben: die Fähigkeit zu harter Arbeit und Verantwortungsgefühl.

Wien (1907–1913)

Anfang 1907 machte Hitlers Mutter es ihm finanziell möglich, nach Wien zu übersiedeln, um an der Kunstakademie Malerei zu studieren. Damit wurde Hitler endgültig unabhängig. Nachdem er den Druck des Vaters losgeworden war, war er jetzt auch von den liebevollen Ermahnungen seiner Mutter unbehelligt und konnte tun und lassen, was er wollte. Er brauchte sich nicht einmal um seine Finanzen zu kümmern, da er von dem, was er von seinem Vater geerbt hatte, und der Pension, die der Staat den Waisen seiner Beamten zahlte, eine Zeitlang bequem leben konnte.[8] Er blieb in Wien von 1907 bis 1913, vom Ende der Adoleszenz bis zum frühen Mannesalter.

Was machte er in dieser entscheidenden Periode aus sich?

Vor allem machte er sich das Leben in Wien dadurch leichter, daß er August Kubizek, den Gefährten seiner letzten Jahre in Linz, überredete mitzugehen. Dieser selbst hatte die größte Lust dazu, aber Kubizeks Vater umzustimmen, der sich den künstlerischen Plänen seines Sohnes aufs heftigste widersetzte, war ein Meisterstück und es war eine der frühen Demonstrationen von Hitlers Überzeugungskraft. Kubizek war genau wie Hitler ein glühender Verehrer der Wagnerschen Musik. Diese gemeinsame Begeisterung hatte sie im Linzer Opernhaus zusammengeführt, und sie waren schnell Freunde geworden. Kubizek arbeitete als Lehrling im Polstergeschäft seines Vaters, aber auch er hatte große Träume:

[8] Hitlers Behauptungen über seine Armut in *Mein Kampf* sind im wesentlichen unwahr.

auch er wollte Künstler, Musiker werden. Er war verantwortungsbewußter und fleißiger als Hitler, aber eine weniger gewichtige Persönlichkeit. So geriet er bald unter Hitlers beherrschenden Einfluß. Hitler übte an ihm seine Macht, andere zu beeinflussen. Er empfing die volle Bewunderung seines Freundes, was ständig seinen Narzißmus bestärkte. Diese Freundschaft war für ihn in vieler Hinsicht ein Ersatz für die Befriedigung, die ihm die Spiele mit den Kameraden gewährt hatten: Anführer zu sein und bewundert zu werden.

Kurz nach seiner Ankunft in Wien begab sich Hitler auf die Kunstakademie und meldete sich zur jährlichen Aufnahmeprüfung. Offenbar zweifelte er nicht daran, daß er angenommen würde. Er bestand sie jedoch nicht; nachdem er den ersten Teil der Prüfung bestanden hatte, fiel er im zweiten Teil durch. (W. Maser, 1971.)

Hitler selbst schreibt in *Mein Kampf:* »Ich war vom Erfolg so überzeugt daß die mir verkündete Ablehnung mich wie ein jäher Schlag aus heiterem Himmel traf.« Er berichtet, daß einer der Professoren an der Kunstakademie ihm sagte, er sei offenbar mehr für die Architektur als für die Malerei begabt. Aber selbst wenn dies stimmen sollte, folgte Hitler dem Rat nicht. Er wäre in die Architekturschule der Akademie aufgenommen worden, wenn er die Oberrealschule noch ein weiteres Jahr besucht hätte; aber nichts weist darauf hin, daß er je im Ernst daran dachte. Hitlers eigene Angaben in *Mein Kampf* sind unaufrichtig. Er schreibt, da er keine Matura hatte, sei die Erfüllung seines Künstlertraumes »nach menschlichem Ermessen« »nicht mehr möglich« gewesen. Dann aber geht er zu Prahlereien über: »Ich wollte Baumeister werden, und Widerstände sind nicht da, daß man vor ihnen kapituliert, sondern daß man sie bricht. Und brechen wollte ich diese Widerstände . . .« Tatsächlich aber war genau das Gegenteil der Fall:

> Seine Persönlichkeit und seine Art zu leben, hinderten ihn daran, sich seine Fehler einzugestehen und die nicht bestandene Aufnahmeprüfung als ein Zeichen dafür zu nehmen, daß er sich ändern mußte. Sein Eskapismus wurde durch seinen gesellschaftlichen Hochmut und eine Verachtung jeglicher Arbeit, die er als schmutzig, degradierend oder ermüdend ansah, noch verstärkt. Er war ein wirrer, snobistischer junger Mann, der sich so lange hatte gehen lassen, daß er weder bereit war, eine unangenehme Aufgabe in Angriff zu nehmen noch an jemand anderes als sich selbst zu denken und daran, wie er sich ein angenehmes Leben machen könnte. Nach der Ablehnung durch die Akademie bestand die Lösung für ihn darin, daß er in die Stumpergasse zurückging und dort so weiterlebte, als ob nichts geschehen wäre. In seinem Allerheiligsten nahm er das wieder auf, was er großartig als seine »Studien« bezeichnete, das heißt er kritzelte gedankenlos vor sich hin, las und machte ab und zu einen Spaziergang durch die Stadt oder ging in die Oper. (B. F. Smith, 1967.)

Er behauptete allen gegenüber, er sei als Kunststudent auf der Akademie immatrikuliert, und hielt diese Lüge sogar Kubizek gegenüber aufrecht, als dieser in Wien eintraf. Als Kubizek schließlich Verdacht schöpfte, da er sich nicht vorstellen konnte, wie sein Freund in den Tag hinein schlafen und trotzdem auf der Akademie studieren konnte, sagte ihm Hitler endlich die Wahrheit, wobei er wütend auf die Professoren von der Kunstakademie schimpfte. Er schwor, er werde es ihnen schon zeigen und allein Architektur studieren. Seine »Studienmethode« bestand darin, daß er durch die Straßen lief, sich die Monumentalbauten ansah, wieder heimging und endlose Skizzen von Fassaden machte. Daß er glaubte, er könne sich auf diese Weise auf den Beruf eines Architekten vorbereiten, war ein Symptom seines Mangels an Wirklichkeitssinn. Er besprach mit Kubizek seine Pläne für eine architektonische Umgestaltung des gesamten Wiens oder für die Abfassung einer Oper. Er ging ins Parlament, um sich die Debatten im Reichsrat anzuhören. Er meldete sich zum zweiten Mal zur Aufnahmeprüfung in der Kunstakademie, wurde aber diesmal nicht einmal zu der ersten Prüfung zugelassen.

Er hatte über ein Jahr in Wien verbracht, ohne eine ernsthafte Arbeit zu verrichten, es gelang ihm zweimal nicht, die Aufnahmeprüfung zu bestehen und er behauptete immer noch, er sei auf dem Wege, ein großer Künstler zu werden. Aber trotz dieser Vortäuschung falscher Tatsachen muß er doch das Gefühl gehabt haben, in diesem Jahr versagt zu haben. Dieses Versagen war viel schlimmer als das in der Realschule, das er immerhin damit hatte erklären können, daß er Künstler werden wollte. Wenn er als Künstler versagte, so hatte er keine derartige Erklärung mehr zur Verfügung. Man hatte ihn auf eben dem Gebiet zurückgewiesen, auf dem er seiner großen Zukunft sicher war. So blieb ihm nichts anderes übrig, als die Schuld den Akademieprofessoren, der Gesellschaft, der ganzen Welt in die Schuhe zu schieben. Sein Haß gegen das Leben muß damals noch gewachsen sein. Sein Narzißmus muß ihn – noch stärker als zur Zeit seines ersten Versagens – dazu veranlaßt haben, sich von der Realität zurückzuziehen, um zu verhindern, daß sie vor seinen Augen zusammenstürzte.[9]

An diesem Punkt setzte ein Prozeß ein, in dessen Verlauf Hitler sich fast vollständig von allen Menschen zurückzog, was am auffälligsten darin zum Ausdruck kam, daß er die einzige engere Beziehung, die er unterhielt, nämlich die mit Kubizek, abrupt abbrach. Er gab das Zimmer, das sie miteinander teilten und in das Kubizek nach einem Besuch in seinem Elternhaus zurückkehren sollte, auf, ohne seine neue Adresse zu hinterlassen, und Kubizek verlor jeden Kontakt mit ihm bis zu der Zeit, als Hitler bereits Reichskanzler war.

Die angenehme Zeit, die Hitler mit Herumlungern, Reden, Spazierengehen und Skizzieren verbracht hatte, ging langsam zu Ende. Er besaß nur noch Geld für ein knappes Jahr, wenn er sparsam damit umging. Da er niemand mehr hatte, der ihm zuhörte, fing er an, mehr zu lesen. In Österreich gab es damals zahlreiche politische und ideologische Gruppen, die sich zum deutschen Nationalismus, zum Rassismus, zum »Nationalsozialismus« (in Böhmen) und zum Antisemitismus bekannten. Jede dieser Gruppen veröffentlichte ihre eigenen Pamphlete, predigte die ihr eigene Ideologie, verkündete *die* Lösung. Hitler verschlang diese Pamphlete und erwarb sich das Rohmaterial, aus dem er später seine

[9] Beim Versuch, Hitlers Ernsthaftigkeit in bezug auf sein Kunststudium möglichst zu unterstreichen, berichtet Maser, Hitler habe bei einem Bildhauer, dem Gymnasialprofessor Panholzer, Unterricht genommen. Der einzige Beleg dafür ist ein Brief der Dame, deren Wohnung Hitlers Mutter gemietet hatte, an ihre Mutter, mit dem Ersuchen, an den Bühnenbildner Professor Roller zu schreiben, um ihn zu bitten, den jungen Hitler zu empfangen und zu beraten. Maser vermutet, daß Roller ihn an Panholzer empfahl, kann es aber weder belegen, noch versucht er die Tatsache zu dokumentieren, daß er überhaupt bei Panholzer Stunden nahm. Er erwähnt lediglich, Hitler habe dreißig Jahre später Roller als seinen Lehrer bezeichnet, was offensichtlich eine Unwahrheit war. Aber woher Maser wissen konnte, daß Hitler in Panholzers Atelier »straff und konsequent« arbeiten mußte, bleibt ein Geheimnis, ebenso, weshalb der angehende Maler und Architekt den Wunsch gehabt haben sollte, bei einem Bildhauer Unterricht zu nehmen. (W. Maser, 1971.)

eigene Mischung von Rassismus, Antisemitismus und »Sozialismus« zusammenbraute. So hat er sich damals in Wien zwar nicht auf die Laufbahn eines Künstlers vorbereitet, dafür aber die Grundlage für seinen tatsächlichen zukünftigen Beruf, den des politischen Führers, gelegt.

Im Herbst 1909 ging ihm das Geld aus, und er verließ heimlich seine Wohnung, ohne die noch ausstehende Miete zu zahlen. Nun begann für ihn die schlimmste Zeit. Er schlief auf Bänken, manchmal in irgendeiner Penne, und im Dezember 1909 wurde er zum regelrechten Landstreicher und verbrachte seine Nächte in einem Obdachlosenasyl, das von einer philanthropischen Gesellschaft unterhalten wurde. Der junge Mann, der vor zweieinhalb Jahren mit der Überzeugung nach Wien gekommen war, dort ein großer Künstler zu werden, war zum obdachlosen Landstreicher geworden, der gierig nach einem Teller heißer Suppe Ausschau hielt, der keinerlei Zukunftsaussichten hatte und auch keine Anstrengung machte, für seinen Unterhalt selbst aufzukommen. In der Tat war seine Aufnahme in das Obdachlosenasyl, wie Smith schreibt, »ein Eingeständnis seiner äußersten Niederlage«.

Diese Niederlage hatte nicht nur Hitler, der Künstler, erlitten, sondern auch Hitler, der eingebildete, gutgekleidete Bürger, der für die unteren Klassen nur Verachtung übrig hatte. Jetzt war er selbst zum Strolch, zum Ausgestoßenen geworden. Er gehörte zum Abschaum der Gesellschaft. Dies wäre selbst für einen weniger narzißtisch veranlagten Angehörigen des Bürgertums eine tiefe Demütigung gewesen. Da er genügend Stabilität besaß, nicht daran zu zerbrechen, muß ihn diese Situation innerlich gefestigt haben. Das Schlimmste war eingetreten, und er ging gestärkt daraus hervor; sein Narzißmus blieb ungebrochen. Es kam nun allein darauf an, die Demütigung auszumerzen, indem er an allen seinen »Feinden« Rache nahm und sein Leben dem Ziel weihte zu beweisen, daß dieses narzißtische Bild von sich selber keine Phantasie, sondern Realität war.

Man kann diesen Prozeß besser verstehen, wenn man an die bereits erwähnten klinischen Beobachtungen über das Schicksal extrem narzißtischer Personen, die eine Niederlage erlitten haben, denkt. Meist erholen sie sich nicht. Da ihre innere, subjektive Realität und die äußere, objektive Wirklichkeit völlig auseinanderfallen, können sie psychotisch werden, oder sie leiden an schweren seelischen Störungen. Wenn sie Glück haben, finden sie vielleicht irgendeinen Unterschlupf in der Wirklichkeit – zum Beispiel eine untergeordnete Stellung, die es ihnen erlaubt, ihre narzißtischen Phantasien aufrechtzuerhalten, der Welt die Schuld zu geben und sich durchs Leben zu wursteln, ohne daß es zu einer großen Katastrophe kommt. Es gibt noch einen anderen Ausweg, aber nur für besonders Begabte. Sie können versuchen, die Realität so umzuwandeln, daß ihre grandiosen Phantasien sich als real erweisen. Das erfordert aber nicht nur, daß der Betreffende Talent hat, sondern auch, daß die historischen Umstände dies ermöglichen. Meist steht diese Lösung politischen Führern in sozialen Krisenperioden offen. Wenn sie die Begabung haben, die große Masse anzusprechen, und wenn sie geschickt genug sind, sie organisieren zu können, können sie die Realität ihren Träumen anpassen. Häufig rettet der Demagoge, der sich noch diesseits der Grenze zur Psychose befindet, sich dadurch vor dem Wahnsinn, daß er Ideen, die zunächst »verrückt« schienen, »vernünftig« erscheinen läßt. In seinem politischen Kampf wird er nicht nur von der Leidenschaft zur Macht angetrieben, sondern auch von der Notwendigkeit, sich vor dem Verrücktwerden zu retten.

Wir müssen hier noch einmal zu dem Punkt zurückkehren, an dem wir Hitler im verzweifeltsten und elendesten Augenblick seines Lebens verließen. Diese Periode dauerte nicht sehr lange – vielleicht zwei Monate – und zu keiner Zeit hat Hitler, wie er in *Mein Kampf* behauptet, mit seinen Händen gearbeitet. Seine Lage besserte sich kurz danach, als er sich mit einem älteren Landstreicher mit Namen Hanisch anfreundete. Hanisch war ein übler Charakter mit ähnlichen politischen Ansichten wie Hitler, der sich ebenfalls für die Malerei interessierte.[10] Vor allem aber hatte er einen praktischen Vorschlag zu machen, wie beide sich aus ihrer verzweifelten Lage retten könnten: Hitler sollte seine Familie um eine kleine Summe bitten, um sich Malutensilien zu kaufen. Dann könne er Postkarten malen, und er, Hanisch, wolle sie verkaufen. Hitler befolgte den Rat. Mit den fünfzig Kronen, die man ihm schickte, kaufte er das Material und einen Mantel, den er dringend brauchte, und zog mit Hanisch in das Männerheim, eine gut geführte Unterkunft für Männer, wo er im großen Gemeinschaftsraum malen durfte. Alles ging gut. Er malte Postkarten, und Hanisch verkaufte sie als Hausierer. Dann machte sich Hitler an größere Aquarelle und Ölbilder, die Hanisch an Bildergeschäfte und Kunsthändler verkaufte. Es gab nur ein Problem: Hitler arbeitete nicht fleißig genug. Sobald er ein wenig Geld hatte, hörte er mit dem Malen auf und verbrachte seine Zeit damit, mit den anderen Heiminsassen zu politisieren. Immerhin hatte er jetzt ein regelmäßiges, wenn auch schmales Einkommen. Schließlich kam es mit Hanisch zu einem Krach. Hitler beschuldigte ihn, er habe ein Bild von ihm verkauft, ohne ihm seinen Anteil (die Hälfte des Verkaufspreises) auszuhändigen. Er zeigte Hanisch bei der Polizei an, und dieser wurde festgenommen. Hitler führte dann den Handel allein weiter, er malte und verkaufte seine Bilder selbst (vor allem an zwei jüdische Kunsthändler). Er scheint jetzt systematischer gearbeitet zu haben und wurde zu einem regelrechten kleinen Geschäftsmann. Er lebte sparsam und legte etwas Geld zurück. Man kann kaum sagen, er sei ein »Maler« oder »Künstler« geworden, denn seine Kunst erschöpfte sich größtenteils darin, daß er Fotografien kopierte und Bilder, die auf dem Markt gefragt waren. Er blieb im Männerheim, doch war seine Stellung in diesem Heim jetzt eine andere. Er war jetzt ein *Dauermieter,* und das bedeutete, daß er zu der kleinen Gruppe der *Ständigen* gehörte, die auf die »Durchgangsgäste« als unter ihnen stehend herabsahen und die im System des Heims als Elite respektiert wurden.

Für Hitlers Entschluß, im Männerheim zu bleiben, dürfte es mehrere Gründe gegeben haben. Der am wenigsten wahrscheinliche ist, wie Maser richtig betont, daß es dort billiger war. Für die fünfzehn Kronen, die er monatlich im Heim zahlte, hätte er auch ein anständiges Privatzimmer finden können. Aber es bieten sich einige psychologische Gründe für sein Bleiben an. Wie viele kontaktarme Menschen hatte Hitler Angst vor dem Alleinsein. Er brauchte einen Ausgleich für seine innere Einsamkeit im oberflächlichen Kontakt mit anderen. Mehr noch brauchte er eine Zuhörerschaft, auf die er Eindruck machen konnte. Für all das war im Männerheim gesorgt, dessen Insassen großenteils am Rande der Gesellschaft standen, Einzelgänger, die es irgendwie nicht fertiggebracht hatten, ein normaleres Leben zu führen. Hitler war ihnen an Intelligenz und Vitalität eindeutig überlegen. Sie erfüllten für ihn jetzt die gleiche Funktion wie früher seine Spiel-

[10] Ich beziehe mich im folgenden Text hauptsächlich auf B. F. Smith (1967).

kameraden und Kubizek. Sie ermöglichten ihm, seine Fähigkeit, andere zu beeindrucken und zu beeinflussen, zu üben und damit sein Machtgefühl zu bestätigen. Wenn er dasaß und malte, pflegte er sich plötzlich zu unterbrechen und leidenschaftliche politische Ansprachen zu halten, sehr ähnlich denen, für die er später überall bekannt war. Das Männerheim wurde für ihn zur Übungsstätte für seine Karriere als politischer Demagoge.

Wenn wir Hitlers Existenz zu jener Zeit überdenken, so erhebt sich die entscheidende Frage: Hatte er nicht jetzt die Fähigkeit erworben, ausdauernd zu arbeiten? War er nicht aus einem Herumtreiber zu einem relativ erfolgreichen kleinen Geschäftsmann geworden? Hatte er sich nicht doch gefunden und war zu einem gesunden seelischen Gleichgewicht gelangt?

Oberflächlich gesehen könnte es diesen Anschein haben. Vielleicht handelte es sich um einen Fall späten Reifwerdens, aber kann man es als normal bezeichnen? Wenn dem so wäre, so wäre unsere eingehende Analyse seiner emotionalen Entwicklung völlig überflüssig gewesen. Es hätte die Feststellung genügt, daß Hitler nach einigen charakterbedingten Schwierigkeiten in seiner Jugend im Alter von dreiundzwanzig oder vierundzwanzig Jahren zu einem gut angepaßten, seelisch gesunden jungen Mann geworden sei.

Freilich ist diese Interpretation kaum haltbar, wenn wir die Situation genauer betrachten. Hier ist ein Mann von außergewöhnlicher Vitalität, erfüllt von dem leidenschaftlichen Wunsch nach Größe und Macht, mit dem festen Glauben, ein großer Maler oder Architekt zu werden. Wie sah die Wirklichkeit aus?

Er war in bezug auf dieses Ziel völlig gescheitert; ein kleiner Geschäftsmann war aus ihm geworden; alles was er konnte, war, daß er auf eine kleine Gruppe von Einzelgängern Eindruck machte, denen er ständig Ansprachen hielt, ohne daß es ihm indessen gelang, sie zu seiner Gefolgschaft zu machen. Wenn Hitler ein unbedeutenderer Mensch von geringerer Vitalität und weniger hochtrabenden Vorstellungen gewesen wäre, hätte ihm diese Lösung vielleicht zugesagt und er hätte sich damit zufriedengegeben, sich die ständige kleinbürgerliche Existenz eines Künstlers geschaffen zu haben, der seine eigenen Machwerke verkauft. Es wäre jedoch absurd, sich das von Hitler vorzustellen. Es hatte sich nur eines geändert: die Monate tiefster Armut hatten ihn gelehrt zu arbeiten – wenn es unumgänglich nötig war –, so mittelmäßig diese Arbeit auch ihrer Art nach sein mochte. In anderer Hinsicht hatte sich sein Charakter jedoch nicht geändert – außer vielleicht darin, daß sich einzelne Charakterzüge noch tiefer eingegraben hatten. Er blieb ein außergewöhnlich narzißtischer Mensch, der an niemandem und an nichts ein wirkliches Interesse hatte, der in einer zwielichtigen Atmosphäre zwischen Phantasie und Wirklichkeit lebte, der von dem brennenden Wunsch erfüllt war, sich die Welt zu erobern, ein Mensch voller Haß und Ressentiment. Er blieb ein Mensch ohne realistische Ziele und Pläne und ohne konkrete Vorstellungen, wie sein Ehrgeiz zu realisieren sei.

München

Diese Ziellosigkeit kam in Hitlers plötzlichem Entschluß zum Ausdruck, das Leben im Männerheim abzubrechen und nach München überzusiedeln, um sich an der dortigen Kunstakademie zu immatrikulieren. Über die damalige Lage in München wußte er fast nichts; am allerwenigsten dachte er daran, sich zu erkundigen, ob es dort überhaupt einen Absatzmarkt für seine Malereien gab, wie in Wien. Er zog einfach hin, nachdem er ein wenig Geld gespart hatte, das ihm über die ersten Monate hinweghelfen konnte. Der Entschluß erwies sich als Fehler. Sein Traum, an der Münchener Kunstakademie zugelassen zu werden, erfüllte sich nicht. Die Verkaufsmöglichkeiten für seine Malereien waren geringer, und nach Smith sah er sich gezwungen, seine Bilder in den Bierkellern feilzubieten und sie von Tür zu Tür gehend zu verkaufen. Nach Maser geht aus Hitlers Einkommensteuererklärung hervor, daß er etwa hundert Mark im Monat verdiente, was ungefähr seinem Verdienst in Wien gleichgekommen wäre. Tatsache bleibt jedoch, daß er auch in München seine Bilder selbst verkauft und meist Kopien angefertigt hat. Sein Traum, ein großer Maler zu werden, war definitiv gescheitert, und angesichts seines geringen Talents und seiner mangelhaften Ausbildung standen seine großen Hoffnungen in keinem Verhältnis zu den Aussichten, die er günstigstenfalls als Maler hatte.

Ist es da erstaunlich, daß der Ausbruch des Ersten Weltkrieges für ihn geradezu eine Fügung Gottes war und daß er dem Himmel dafür dankte, da dieses Ereignis ihn mit einem Schlage der Notwendigkeit enthob, selbst entscheiden zu müssen, was er mit seinem Leben anfangen wollte? Der Krieg brach in eben dem Augenblick aus, als er es kaum noch hätte vermeiden können, sich sein Scheitern als Künstler voll einzugestehen; an die Stelle des unvermeidlichen Gefühls der Demütigung trat ein Gefühl des Stolzes, ein »Held« zu sein. Hitler war ein pflichtbewußter Soldat, und obwohl er nicht befördert wurde (oder nur sehr geringfügig), wurde er doch für seine Tapferkeit ausgezeichnet und genoß die Achtung seiner Vorgesetzten. Er war kein Ausgestoßener mehr; er war jetzt ein Held, der für Deutschland, für seine Existenz und seinen Ruhm und für die Werte des Nationalismus kämpfte. Er konnte sich seiner Lust an Zerstörung und Sieg in vollen Zügen hingeben – aber jetzt handelte es sich um einen wirklichen Krieg und nicht mehr nur um den Phantasiekrieg kleiner Jungen; und vielleicht stand er während jener vier Jahre fester auf dem Boden der Wirklichkeit als je sonst in seinem Leben. Er war verantwortungsbewußt, diszipliniert, ein völlig anderer Mensch als der Herumtreiber aus der Wiener Zeit. Das Ende des Krieges empfand er als sein eigenes neues Scheitern: Niederlage und Revolution. Die Niederlage hätte er vielleicht noch ertragen, nicht aber die Revolution. Diese Revolutionäre griffen alles an, was Hitlers reaktionärem Nationalismus heilig war, und sie siegten; sie waren die Herren des Tages, vor allem in München, wo sie eine kurzlebige »Räterepublik« gründeten.

Der Sieg der Revolutionäre gab Hitlers Zerstörungsdrang die endgültige, unausrottbare Form. Die Revolution war ein Angriff auf ihn selbst, auf seine Werte, seine Hoffnungen und auf seine großspurige Identifikation mit Deutschland. Seine Demütigung war um so größer, als einige der Anführer des Münchener Putsches Juden waren, in denen er bereits seit vielen Jahren seine Erzfeinde sah und die ihn jetzt zwangen, der Zerstörung seiner nationalistischen, kleinbürgerlichen Ideale unglücklich und hilflos zuzuschauen. Diese äußerste Demütigung konnte nur durch die Vernichtung all derer, die er für die Verantwortlichen hielt, ausgemerzt werden. Sein Haß, sein Rachedurst richtete sich auch gegen die siegreichen Alliierten, die Deutschland zur Annahme des Versailler Vertrages zwangen, doch in geringerem Ausmaß als gegen die Revolutionäre und ganz besonders gegen die Juden.

Hitlers Versagen hatte sich stufenweise verschärft: als Realschüler, als Außenseiter des Wiener Bürgertums, als Künstler, dem die Akademie die Aufnahme verweigerte. Mit jedem Scheitern wurde seinem Narzißmus eine noch tiefere Wunde, eine noch tiefere Demütigung zugefügt, und in gleichem Maß wie sein Versagen sich verschlimmerte, intensivierten sich seine Rachephantasien, sein Ressentiment und seine Nekrophilie, deren Ursprung vielleicht in seiner bösartigen inzestuösen Bindung zu suchen ist. Es hatte zunächst den Anschein, daß mit Ausbruch des Krieges sein Versagen ein Ende nehmen würde, aber das Ende war nur eine neue Demütigung: die Vernichtung der deutschen Armeen und der Sieg der Revolutionäre. Diesmal hatte Hitler die Möglichkeit, seine persönliche Niederlage und Demütigung in eine nationale und gesellschaftliche Niederlage und Demütigung zu verwandeln, was ihn in die Lage versetzte, darüber sein persönliches Scheitern zu vergessen. Diesmal war nicht *er* gescheitert und gedemütigt worden, sondern Deutschland. Wenn er nun Deutschland rächte und rettete, rächte er sich selbst, und wenn er Deutschlands Schande auslöschte, löschte er auch seine eigene Schande aus. Sein Ziel war jetzt nicht mehr, ein großer Künstler zu werden, sondern ein großer Demagoge. Er hatte das Gebiet entdeckt, auf dem er eine wirkliche Begabung und daher auch eine reale Erfolgschance besaß.

Bis zu dieser Periode besitzen wir nicht genügend Einzelmaterial, um das Vorhandensein starker nekrophiler Züge in seinem Verhalten aufzeigen zu können. Wir haben nur die charakterlichen Voraussetzungen gesehen, die die Ausbreitung dieser Tendenzen begünstigten: seine bösartige inzestuöse Bindung, sein Narzißmus, seine Gefühlskälte, seine Interessenlosigkeit, seine Nachgiebigkeit gegen sich selbst, sein Mangel an Wirklichkeitssinn, was alles notwendigerweise zu Versagen und Demütigungen führte. Von 1918 an haben wir reichliches Material über Hitlers Leben zur Verfügung, und die Manifestationen seiner Nekrophilie werden immer deutlicher erkennbar.

Ein Kommentar zur Methodologie

Einige Leser werden vielleicht Einwände erheben und die Frage stellen: Müssen wir Hitlers Nekrophilie erst *beweisen?* Steht seine Zerstörungswut nicht außer Frage?

Natürlich brauchen wir die Realität von Hitlers außerordentlich destruktiven *Handlungen* nicht nachzuweisen. Aber destruktive Handlungen sind nicht notwendigerweise eine Manifestation eines destruktiven, nekrophilen Charakters. War Napoleon ein nekrophiler Charakter, weil er nie gezögert hat, das Leben seiner Soldaten seinem persönlichen Ehrgeiz und seiner Eitelkeit zu opfern? Waren die vielen politischen und militärischen Führer im Laufe der Geschichte, die Zerstörungen großen Umfangs angeordnet haben, alle nekrophil? Natürlich bekundet ein jeder, der Zerstörung anordnet oder billigt, eine gewisse Gefühlsverhärtung. Aber aus verschiedenen Gründen und Anlässen kann auch ein nicht-nekrophiler General oder politischer Führer unter Umständen schwere Zerstörungen anordnen. Wir haben es in diesem Buch nicht mit dem *Verhalten,* sondern mit dem *Charakter* zu tun. Genauer gesagt handelt es sich nicht darum, ob Hitler sich destruktiv *verhielt,* sondern ob er von einer intensiven Leidenschaft zu zerstören getrieben wurde, ob dieser Destruktionstrieb ein Teil seines Charakters war. Das ist zu beweisen und nicht als gegeben hinzunehmen. Eine psychologische Untersuchung muß alles daran setzen, objektiv zu sein, besonders wenn es um eine Persönlichkeit wie Hitler geht. Selbst wenn Hitler 1933 gestorben wäre, also zu einem Zeitpunkt, bevor er viele offene destruktive Handlungen großen Ausmaßes effektiv begangen hatte, hätte man bei ihm aufgrund einer eingehenden Analyse seiner Gesamtpersönlichkeit vermutlich die Diagnose auf einen nekrophilen Charakter stellen können. Das Crescendo seiner Zerstörungswut, das mit der Eroberung Polens einsetzte und sich bis zur Anordnung der Vernichtung des größten Teiles von Deutschland und seiner Bevölkerung steigerte, würde dann nur die letzte Bestätigung dieser Charakterdiagnose sein. Andererseits würden auch dann, wenn wir nichts über seine Vergangenheit bis 1933 wüßten, viele Einzelheiten seines späteren Verhaltens die Diagnose einer schweren Nekrophilie rechtfertigen, und sie wären nicht nur ein Hinweis darauf, daß er, behavioristisch gesehen, ein Mensch war, der viele Zerstörungen anrichtete. Vom behavioristischen Standpunkt aus ist diese Unterscheidung zwischen Verhalten und Motivation natürlich ohne Bedeutung; wenn man jedoch die Dynamik einer Gesamtpersönlichkeit und besonders deren unbewußten Sektor verstehen will, so ist diese Unterscheidung wesentlich. In Hitlers Fall ist die Anwendung der psychoanalytischen Methode um so wichtiger, weil er das Bewußtsein seiner nekrophilen Leidenschaft in außergewöhnlichem Maß und auf die verschiedenste Weise verdrängt hat.

Hitlers Destruktivität[11]

Die Objekte für Hitlers Zerstörungswut waren Städte und Menschen. Der große Baumeister, der begeisterte Städteplaner eines neuen Wien, Linz, München und Berlin war derselbe Mensch, der Paris zerstören, Leningrad dem Boden gleichmachen und zum Schluß ganz Deutschland vernichten wollte. Diese Absichten sind belegt. Speer berichtet, Hitler habe auf der Höhe seines Erfolges nach einer Besichtigung des eben eroberten Paris zu ihm gesagt: »War Paris nicht schön? . . . Ich habe mir früher oft überlegt, ob man Paris nicht zerstören müsse. Aber wenn wir in Berlin fertig sind, wird Paris nur noch ein Schatten sein. Warum sollen wir es zerstören?« (A. Speer, 1970.) Schließlich hat Hitler natürlich doch befohlen, Paris zu zerstören, ein Befehl, den der deutsche Kommandant von Paris nicht ausgeführt hat.

Der extremste Ausdruck seiner Manie für die Zerstörung von Gebäuden und Städten war

[11] Von der umfangreichen Literatur über Hitler und seine Zeit von 1914 bis 1946 habe ich hauptsächlich A. Speer (1970) und W. Maser (1971) benutzt, letzteres Werk allerdings mit einer gewissen Vorsicht, wie schon bezüglich seiner Quellenangaben zu Hitlers Jugend angemerkt wurde. Albert Speer bin ich für viele Informationen und Erkenntnisse und für viele persönliche Mitteilungen zu großem Dank verpflichtet. (Speer hat seine Beteiligung am Nazi-Regime aufrichtig bereut, und ich glaube seiner Versicherung, daß er inzwischen ein völlig anderer Mensch geworden ist.) Weitere wertvolle Quellen sind: P. E. Schramm (1965) und H. Krausnick u. a. (1968), die deshalb wichtig sind, weil sie viele wichtige Quellen zitieren, sowie Hitlers *Tischgespräche* (H. Picker, 1965) mit einer Einführung von Schramm, die ebenfalls eine ausgezeichnete Quelle sind. Ich habe außerdem E. Hanfstaengl (1970), allerdings mit großer Vorsicht, benutzt. Hitlers *Mein Kampf* (1925/27) ist als historische Quelle kaum zu gebrauchen. Überdies habe ich mich in vielen anderen Büchern informiert, von denen ich einige im Text zitiere.

sein Dekret »Verbrannte Erde« für Deutschland vom September 1944, in dem er im Falle einer Besetzung deutschen Bodens durch den Feind befahl:

> Nicht nur die Industrieanlagen, die Gas-, Wasser- und Elektrizitätswerke, die Telefonzentralen sollten vollständig zerstört werden, sondern alles, was sonst zur Aufrechterhaltung des Lebens notwendig sei: die Unterlagen für die Lebensmittelkarten, die Akten der Standes- und Einwohnermeldeämter, die Aufstellungen der Bankkonten; ferner sollten die Lebensmittelvorräte vernichtet, die Bauernhöfe niedergebrannt und das Vieh getötet werden. Selbst von den Werken der Kunst, die die Fliegerangriffe überstanden hatten, sollte nichts erhalten bleiben: die Baudenkmäler, die Schlösser, Burgen und Kirchen, die Theater und Opernhäuser waren ebenfalls zur Zerstörung vorgesehen. (A. Speer, 1970.)

Dies bedeutete natürlich auch, daß es kein Wasser, keine Elektrizität, keine sanitären Einrichtungen mehr geben würde, das heißt, daß Seuchen, Krankheit und Tod für Millionen, die nicht entkommen konnten, die Folge sein würden. Für Speer, der kein nekrophiler Zerstörer, sondern ein lebensbejahender Architekt ist, riß dieser Erlaß einen Abgrund zwischen ihm und Hitler auf. Er versuchte die Unterstützung einiger Generäle und Parteifunktionäre zu gewinnen, die nicht von Hitlers Zerstörungsdrang beseelt waren, und riskierte sein Leben, indem er Hitlers Befehle sabotierte. Dank seiner Bemühungen und der einiger anderer sowie durch besondere Umstände wurde Hitlers Politik der Verbrannten Erde nie durchgeführt.

Hitlers Leidenschaft, Gebäude und Städte zu zerstören, verdient insofern besondere Beachtung, weil sie zu seiner Bauleidenschaft in Beziehung stand. Man könnte sogar so weit gehen zu sagen, daß seine Pläne zum Wiederaufbau der Städte eine Entschuldigung dafür waren, daß er sie zunächst zerstörte. Aber ich glaube doch, daß es ein Irrtum wäre, wollte man sein Interesse an der Architektur *lediglich* damit erklären, daß es ihm zur Tarnung seines Zerstörungstriebs diente. Sein Interesse an der Architektur dürfte echt gewesen sein. Vermutlich war es, wie wir noch sehen werden, das einzige in seinem Leben, das ihn – neben Macht, Sieg und Zerstörung – wirklich interessierte.

Hitlers Destruktivität geht auch aus seinen Plänen für das weitere Schicksal Polens, nachdem er es besiegt hatte, hervor. Die Polen sollten kulturell kastriert werden; der Unterricht in den Schulen sollte sich auf die Unterweisung in den Verkehrszeichen, etwas Deutsch und in der Geographie auf die Kenntnis der Tatsache beschränken, daß Berlin die Hauptstadt Deutschlands war. Rechnen war völlig überflüssig. Eine Gesundheitsfürsorge sollte es nicht geben; der Lebensstandard war möglichst niedrig zu halten; das einzige, wozu die Bevölkerung gut war, war, daß sie billige Arbeitskräfte und gehorsame Sklaven lieferte. (H. Picker, 1965.)

Die ersten *menschlichen* Objekte, die Hitler töten ließ, waren Menschen mit einem *Defekt*. Bereits in *Mein Kampf* hatte Hitler geschrieben: »Die Forderung, daß defekten Menschen die Zeugung anderer ebenso defekter Nachkommen unmöglich gemacht wird, ist eine Forderung klarster Vernunft und bedeutet in ihrer planmäßigen Durchführung die humanste Tat der Menschheit. ... Denn falls nötig, werden die unheilbar Kranken erbarmungslos isoliert werden – eine barbarische Maßnahme für den Unglücklichen, der davon betroffen ist, aber ein Segen für seine Mitmenschen und die Nachwelt.« (A. Hitler, 1939.)

Er hat später diese Ideen in die Tat umgesetzt, indem er diese »defekten« Menschen umbringen ließ, anstatt sie nur zu isolieren. Eine weitere frühzeitige Manifestation seiner Destruktivität war sein Meuchelmord an Ernst Röhm (mit dem man ihn nur wenige Tage vor dessen Tod noch freundschaftlich plaudern sah), sowie an anderen SA-Führern, wobei er aus Gründen politischer Zweckmäßigkeit handelte (um die Industriellen und Generäle zu beruhigen, indem er die Anführer des »antikapitalistischen« Flügels der Bewegung ausmerzte).

Daß Hitler in Phantasien einer ungehemmten Zerstörungswut schwelgte, kommt auch in seinen Äußerungen zu den Maßnahmen zum Ausdruck, die er im Falle eines Putsches wie 1918 zu ergreifen gedachte. Er wollte alle Anführer oppositioneller politischer Bewegungen sofort töten, einschließlich derer des politischen Katholizismus und aller Insassen der Konzentrationslager. Er stellte sich vor, daß er auf diese Weise mehrere hunderttausend Menschen umbringen wollte. (H. Picker, 1965.)

Die Hauptopfer dieser Zerstörung sollten Juden, Polen und Russen sein. Wir wollen hier nur auf die Ausrottung der Juden eingehen. Die Tatsachen sind zu bekannt, als daß wir sie im einzelnen erörtern müßten. Es ist jedoch darauf hinzuweisen, daß ihre systematische Abschlachtung erst mit dem Ausbruch des Zweiten Weltkrieges begann. Bis kurz vor diesem Zeitpunkt gibt es keinen überzeugenden Hinweis darauf, daß Hitler die Ausrottung des Judentums ins Auge gefaßt hatte, wenn er seine diesbezüglichen Ideen natürlich auch geheimgehalten haben könnte; bis dahin lief seine Politik darauf hinaus, die Auswanderung aller Juden aus Deutschland zu betreiben, und die Nazi-Regierung bemühte sich sogar darum, diese Auswanderung zu erleichtern. Am 30. Januar 1939 teilte er jedoch dem tschechoslowakischen Außenminister Chvalkovský ganz offen mit, daß die Juden ausgerottet werden. Sie würden diesmal mit dem, was sie am 9. November 1918 getan hätten, nicht durchkommen. Der Tag der Abrechnung sei gekommen. (H. Krausnick u. a., 1968.)

Am gleichen Tag äußerte er sich vor dem Reichstag etwas weniger explizit: »Wenn es der internationalen jüdischen Finanz innerhalb und außerhalb Europas gelingen sollte, die Völker in einen neuen Krieg zu verstricken, wird die Folge nicht der Weltbolschewismus und damit ein Sieg des Judentums sein; es wird das Ende der Juden in Europa sein.«[12]

Die Äußerung Chvalkovský gegenüber ist vom psychologischen Standpunkt her besonders interessant. Hier versucht Hitler keine rationalisierende Rechtfertigung, wie etwa die, daß die Juden für Deutschland eine Gefahr darstellten, sondern er enthüllt sein wahres Motiv: Rache zu nehmen für das »Verbrechen«, Revolutionäre zu sein, das ein paar Juden zwanzig Jahre zuvor begangen hatten. Daß dieser Judenhaß sadistisch war, geht aus einigen Bemerkungen hervor, die er seinen engsten Mitarbeitern gegenüber nach der Parteiversammlung machte. Hinaus sollten sie aus allen Berufen und ins Getto. Einge-

[12] Handschriftliche Notizen von Hitlers früherem Vorgesetzten und späteren Adjutanten, Generalkonsul Fritz Wiedeman (im Ruhestand). Hitler machte diese Äußerungen fast am gleichen Tag, an dem Göring die Errichtung eines »Reichszentralamtes«, zuständig für die Emigration der Juden, anordnete, das unter der Leitung von Eichmann stand. Eichmann hatte schon zuvor eine Methode ausgearbeitet, wie man die Juden vertreiben könnte. H. Krausnick u. a. (1968) meinen, diese weniger extreme Lösung sei vielleicht nicht nach Hitlers Geschmack gewesen, er habe jedoch seine Zustimmung gegeben, weil sie damals »die einzige durchführbare Methode« gewesen sei.

pfercht werden irgendwo, wo sie verrecken könnten, wie sie es verdienten, während das deutsche Volk zusähe, so wie man wilde Tiere anstarrt. (H. Krausnick u.a., 1968.)

Hitler hatte das Gefühl, daß die Juden das arische Blut und die arische Seele vergifteten. Wenn wir verstehen wollen, inwiefern dieses Gefühl mit dem gesamten nekrophilen Komplex in Verbindung steht, müssen wir uns mit einem scheinbar völlig anderen Anliegen Hitlers, mit der Syphilis befassen. In *Mein Kampf* spricht er von der Syphilis als von der »wichtigsten Lebensfrage der Nation«. Er schreibt:

> Parallel der politischen, sittlichen und moralischen Verseuchung des Volkes lief schon seit vielen Jahren eine nicht minder entsetzliche gesundheitliche Vergiftung des Volkskörpers. Die Syphilis begann besonders in den Großstädten immer mehr zu grassieren, während die Tuberkulose gleichmäßig fast im ganzen Lande ihre Todesernte hielt. (A. Hitler, 1939.)

Dies traf nicht zu. Weder die Tuberkulose noch die Syphilis stellten eine Bedrohung in dem Ausmaß dar, wie Hitler behauptete. Aber es handelt sich dabei um die typische Phantasie eines Nekrophilen: die Angst vor Schmutz und Gift und vor der Gefahr sich anzustecken. Es drückt sich darin die nekrophile Haltung aus, die die Außenwelt als schmutzig und vergiftet erlebt, und stellt gleichzeitig eine Abwehrhaltung dar. Höchstwahrscheinlich war Hitlers Haß gegen die Juden in diesem Komplex verwurzelt: sein Haß gegen die Juden als Fremdlinge. Fremde sind giftig (wie die Syphilis), deshalb müssen Fremde ausgerottet werden. Daß die Juden nicht nur das Blut, sondern auch die Seele vergiften, war nur eine Ausweitung der ursprünglichen Vorstellung.

Je mehr er sich bewußt wurde, daß der Sieg zweifelhaft war, um so mehr fand sich Hitler als Zerstörer in seinem eigensten Element: bei jedem Schritt auf die Niederlage zu mußten Hekatomben sterben. Schließlich war es soweit, daß die Deutschen selbst zu vernichten waren. Bereits am 27. Januar 1942, also über ein Jahr vor Stalingrad, sagte Hitler: »Wenn das deutsche Volk nicht bereit ist, für seine Selbstbehauptung sich einzusetzen, gut! dann soll es verschwinden.« (H. Picker, 1965.) Als die Niederlage nicht mehr zu vermeiden war, sollte auf seinen Befehl hin diese angedrohte Vernichtung Deutschlands ihren Anfang nehmen, die Zerstörung seines Bodens, seiner Gebäude, seiner Fabriken, seiner Kunstwerke.

Als die Russen im Begriff waren, Hitlers Bunker zu erobern, war der Augenblick für das *große Finale* der Zerstörung gekommen. Sein Hund sollte mit ihm sterben, und seine Geliebte Eva Braun, die entgegen seiner Anweisung nach Berlin gekommen war, um mit ihm zu sterben, würde ebenfalls dort ihr Leben enden. Hitler war von ihrer Treue so gerührt, daß er sie zur Belohnung noch kurz vorher heiratete. Die Bereitschaft mit ihm zu sterben war offenbar das einzige, womit ihm eine Frau beweisen konnte, daß sie ihn liebte. Auch Goebbels blieb dem Mann treu, dem er seine Seele verkauft hatte; er ordnete an, daß seine Frau und seine sechs kleinen Kinder mit ihm starben. Wie jede normale Mutter hätte Goebbels' Frau ihre Kinder nie getötet, und am allerwenigsten aus den fadenscheinigen Propagandagründen, die ihr ihr Mann angab; aber es blieb ihr keine andere Wahl. Als Speer sie zum letztenmal besuchte, verhinderte Goebbels, daß sie auch nur eine Minute lang mit ihm alleine sprechen konnte. Alles was sie sagen konnte, war, daß sie froh sei, daß ihr ältester Sohn (aus erster Ehe) nicht auch da sei.[13]

[13] A. Speer, persönliche Mitteilung.

Hitlers Niederlage und Tod hätte, wenn es nach ihm gegangen wäre, mit dem Tod all derer, die ihm nahestanden, mit dem Tod der Deutschen, mit der Zerstörung der Welt Hand in Hand gehen müssen. Die totale Vernichtung sollte den Hintergrund abgeben für seine eigene Vernichtung.
Kehren wir zu der Frage zurück, ob man Hitlers Handlungsweise mit der traditionellen Staatsraison rechtfertigen kann: ob er sich als Mensch von jedem anderen Staatsmann oder General unterschied, der einen Krieg beginnt und Befehle gibt, durch die Millionen von Menschen getötet werden. In vieler Hinsicht unterschied sich Hitler nicht von vielen »normalen« Staatsführern von Großmächten, und es ist eine Heuchelei, will man seine Kriegspolitik für einzigartig erklären angesichts dessen, was von den Taten anderer Führer mächtiger Nationen im Laufe der Geschichte überliefert ist. Spezifisch für Hitlers Fall ist lediglich das Mißverhältnis zwischen der von ihm befohlenen Zerstörung und den realistischen Gründen dafür. Seine Handlungsweise von der Tötung von Millionen Juden, Russen und Polen bis hin zu seinem letzten Befehl, alle Deutschen zu vernichten, läßt sich nicht mit strategischen Motiven erklären, sondern nur als Ausfluß der Leidenschaft eines tief nekrophilen Menschen. Diese Tatsache wird gelegentlich dadurch verdunkelt, daß man allen Nachdruck auf seine Vernichtung der Juden legt, wobei man übersieht, daß die Juden nur eines der vielen Opfer waren, die Hitler vernichten wollte. Gewiß trifft es zu, daß er ein Judenhasser war, aber genausogut könnte man sagen, daß er ein Deutschenhasser war. Er hat die Menschheit, das Leben selbst gehaßt. Das wird noch klarer werden, wenn wir Hitler unter dem Gesichtspunkt anderer nekrophiler Manifestationen betrachten, mit denen wir uns bei unsrer vorangegangenen allgemeinen Behandlung der Nekrophilen befaßt haben.
Sehen wir uns zunächst einige spontane Äußerungen seiner nekrophilen Einstellung an. Speer berichtet über Hitlers Reaktion auf die letzte Szene einer Wochenschaudarbietung über die Bombardierung von Warschau:

> Brandwolken verdüsterten den Himmel, Sturzbomber kippten auf ihr Ziel, man konnte den Flug der ausgeklinkten Bomben, das Hochziehen der Maschinen und die ins Riesige anwachsende Explosionswolke in einer durch filmische Raffung bewirkten Steigerung verfolgen. Hitler war fasziniert. Den Abschluß des Films bildete eine Montage, auf der ein Flugzeug sich auf die Umrisse der britischen Inseln stürzte; ein Feuerschlag folgte, und die Insel flog zerfetzt in Stücke. Hitlers Begeisterung kannte keine Grenzen mehr: »So wird es ihnen gehen!« rief er hingerissen aus, »so werden wir sie vernichten!« (A. Speer, 1970.)

Hanfstaengl berichtet über eine Unterhaltung, die Mitte der zwanziger Jahre stattfand und in der er Hitler zu überreden versuchte, eine Reise nach England zu machen. Er erzählte Hitler von den interessanten Sehenswürdigkeiten und erwähnte auch Heinrich VIII. Hitler antwortete: »Sechs Frauen – hm, sechs Frauen – nicht schlecht, und zwei von diesen wurden vom Schafott ausgemerzt. Wir sollten wirklich England besuchen und zum Tower gehen, damit wir uns von dort den Platz ansehen können, wo sie hingerichtet wurden. Das würde der Mühe wert sein.« (E. Hanfstaengl, 1970.)
Charakteristisch ist auch Hitlers Reaktion auf den Film *Fridericus Rex* von 1923. In diesem Film will Friedrichs Vater sowohl seinen Sohn als auch dessen Freund wegen eines

Fluchtversuchs hinrichten lassen. Noch im Kino und später auf dem Heimweg sagte Hitler immer wieder: »Er [der Sohn] wurde also erschossen – prächtig. Das meint: Kopf ab bei jedermann, der gegen den Staat ist, sogar wenn das der eigene Sohn ist!« Er meinte weiter, diesen Geist benötige man jetzt auch, wenn man nun den Abwehrkampf gegen das französisch-belgische Militärregime (an der Ruhr) gewinnen wolle, und meinte abschließend: ». . . Was hat das zu sagen, wenn ein Dutzend von unseren Städten an Rhein und Ruhr vom Feuer vernichtet werden und ein paar hunderttausend Leute ihr Leben verlieren!« (Hanfstaengl, 1970.)

Kennzeichnend für seine nekrophile Einstellung waren auch gewisse oft von ihm wiederholte Scherze. Hitler war Vegetarier, aber seine Gäste bekamen ein normales Essen vorgesetzt. »Wenn es Fleischbrühe gab, konnte ich mich darauf verlassen, daß er von ›Leichentee‹ sprach, bei Krebsen hatte er die Geschichte einer verstorbenen Großmutter auf Lager, die von den Hinterbliebenen in den Bach geworfen wurde, um diese Tiere anzulocken, bei Aalen, daß sie am besten mittels toter Katzen gemästet und gefangen würden.« (A. Speer, 1970.)

Auch zeigte Hitlers *Gesicht* den schnüffelnden Ausdruck, den wir in unserer Diskussion der Nekrophilie erwähnten, so als ob er ständig einen schlechten Geruch in der Nase hätte; auf vielen seiner Fotografien ist dies deutlich zu erkennen. Sein Lachen war nie frei, sondern war eine Art Grinsen, wie ebenfalls auf Fotografien zu erkennen ist. Dieser Zug ist besonders deutlich auf dem Gipfel seiner Laufbahn zu bemerken, nachdem Frankreich im Eisenbahnwagen in Compiègne kapituliert hatte. In einer Wochenschau aus jener Zeit ist er zu sehen, wie er nach dem Verlassen des Abteils einen kleinen »Tanz« aufführte und sich mit einem häßlichen Grinsen auf Bauch und Hüften klatschte, so als ob er Frankreich soeben verschlungen hätte.

Ein anderes Merkmal von Hitlers Nekrophilie war seine *Langweiligkeit*. Seine Tischgespräche waren eine denkbar drastische Manifestation dieser Art der Leblosigkeit. Auf dem Obersalzberg ging er nach dem Mittagessen meist mit seinen Gästen in das Teehaus, wo Tee und Kaffee und Gebäck serviert wurde. »Hier an der Kaffeetafel, verlor sich Hitler besonders gern in endlose Selbstgespräche, deren Themen der Gesellschaft meist bekannt waren und denen sie daher mit gespielter Aufmerksamkeit unaufmerksam folgte. Gelegentlich schlief selbst Hitler über seinen Monologen ein, die Gesellschaft unterhielt sich im Flüsterton weiter und hoffte, daß er rechtzeitig zum Abendessen wieder aufwache.« (A. Speer, 1970.) Hinterher gingen sie alle zum Berghof zurück, und zwei Stunden später wurde das Abendessen serviert. Danach wurden zwei Filme vorgeführt, hinterher wurde gelegentlich auf belanglose Weise darüber geredet.

> Ab ein Uhr nachts konnte dieser oder jener trotz aller Beherrschung ein Gähnen nicht mehr unterdrücken. Aber in eintöniger, ermüdender Leere ging der Abend noch eine Stunde weiter, bis dann endlich Eva Braun mit Adolf Hitler einige Worte wechselte und in die oberen Räume entlassen wurde.[14] Hitler selbst erhob sich erst eine Viertel-

[14] Speer berichtet, die Unterhaltungen bei Tisch seien in Berlin nicht weniger trivial und langweilig gewesen, und Hitler habe auch hier nicht hinausgefunden »über den verblüffend engen Themenkreis und die voreingenommene Art der Betrachtung, die den Obersalzberger Gesprächen ihren ermüdenden Charakter verschafft hatten«. (A. Speer, 1970.)

stunde später, um sich zu verabschieden. Diesen lähmenden Stunden folgte oft ein ausgelassenes Zusammensein der wie befreit Zurückbleibenden bei Sekt und Cognac. (A. Speer, 1970.)[15]

Hitlers Destruktivität kann man in ihren hauptsächlichen Manifestationen, von denen wir einige kennengelernt haben, leicht erkennen: trotzdem haben sie Millionen von Deutschen und viele Staatsmänner und Politiker der ganzen Welt nicht wahrgenommen. Im Gegenteil hielt man ihn für einen großen Patrioten, dessen Motiv die Liebe zu seinem Vaterland war; man sah in ihm den Retter, der Deutschland vom Versailler Vertrag und aus seiner akuten wirtschaftlichen Notlage befreien sollte; er war der große Konstrukteur, der ein neues, blühendes Deutschland aufbauen würde. Wie war es möglich, daß die Deutschen und die Welt hinter der Maske des Konstrukteurs nicht den großen Zerstörer sahen?

Dafür gibt es viele Gründe. Einer ist, daß Hitler ein vollendeter Lügner und Schauspieler war. Er proklamierte seinen Wunsch nach Frieden und behauptete nach jedem neuen Erfolg, dies sei die letzte Forderung, die er stellen würde. Er wußte dies mit überzeugenden Worten und einer Stimme vorzubringen, die er völlig unter Kontrolle hatte. Aber er hat nicht nur seine späteren Feinde getäuscht. So hat er zum Beispiel in einer Unterhaltung mit seinen Generälen verkündet, daß der Mensch ein Gefühl für die Entdeckung der Schönheit habe. Wie reich sei die Welt für jemand, der dieses Gefühl nutze . . . Die Schönheit müsse Macht über die Menschen haben . . . »So fünf bis zehn Jahre möchte ich dann [nach dem Ende des Krieges] meinen Gedanken nachhängen und sie niederlegen. Kriege kommen und vergehen. Was bleibt, sind einzig die Werte der Kultur.« Er wollte eine neue Ära der Toleranz schaffen und beschuldigte die Juden, durch das Christentum die Intoleranz in die Welt gebracht zu haben. (H. Picker, 1965.)

Die Verdrängung der Destruktivität

Wahrscheinlich hat Hitler, wenn er so redete, nicht einmal bewußt gelogen. Er nahm nur wieder die alte Rolle des »Künstlers« und »Schriftstellers« an, da er ja niemals sein Scheitern auf diesen beiden Gebieten zugegeben hatte. Äußerungen dieser Art hatten jedoch noch eine weit wichtigere Funktion, die zum Kern von Hitlers Charakterstruktur in Beziehung steht, nämlich zur Verdrängung seiner Destruktivität. Zunächst in Form von *Rationalisierungen:* jede von ihm angeordnete Zerstörung rationalisierte er damit, daß sie nur dem Überleben, dem Wachstum und der Größe der deutschen Nation diene. Alles geschah zur Verteidigung gegen Feinde, die Deutschland vernichten wollten (gegen die Juden, die Russen und schließlich gegen England und Amerika); er handelte im Namen

[15] Bei den Tischgesprächen mit seinen Generälen im Hauptquartier 1941–42 gab Hitler sich offensichtlich mehr Mühe, die Gäste mit seiner Bildung und seinem Wissen zu beeindrucken. Diese Gespräche bestanden aus endlosen Monologen über alle möglichen Themen. Es war immer noch derselbe Hitler, der den Einzelgängern im Männerheim Reden gehalten hatte. Jetzt jedoch bestand sein Auditorium aus den Führern des deutschen Heeres. Sein Selbstvertrauen war nun weit größer, und der Bereich (wenn auch nicht die Tiefe) seines Wissens hatte sich durch jahrelanges Lesen erweitert. Letzten Endes jedoch war die Veränderung oberflächlich.

des biologischen Gesetzes vom Überleben. »Wenn ich an einen göttlichen Herrscher glauben sollte, dann nur an einen, der die Art bewahrt.« (H. Picker, 1965.) Mit anderen Worten war sich Hitler, wenn er seine Vernichtungsbefehle erteilte, nur seiner »Pflicht« und seiner edlen Absichten bewußt. Diese machten jene destruktiven Handlungen erforderlich, aber er verdrängte das *Bewußtsein*, daß er in Wirklichkeit nach Zerstörung *lechzte*. So vermied er es, sich seiner wahren Motivation zu stellen.

Eine noch wirksamere Form der Verdrängung sind *Reaktionsbildungen*. Es handelt sich dabei um eine klinisch gut fundierte Form der Auseinandersetzung mit verdrängten Trieben. Jemand leugnet deren Existenz, indem er Charakterzüge entwickelt, die genau das Gegenteil darstellen. Ein Beispiel für diese Reaktionsbildung war seine vegetarische Lebensweise. Nicht jede Art von vegetarischer Lebensweise hat diese Funktion. Aber bei Hitler war dies der Fall, was sich daraus ergibt, daß er erst nach dem Selbstmord seiner Nichte Geli Raubal, die seine Geliebte war, kein Fleisch mehr aß. Sein ganzes damaliges Verhalten zeigt, daß er sich an ihrem Selbstmord stark mitschuldig fühlte. Selbst wenn wir den in der Literatur gelegentlich geäußerten Verdacht, daß er sie in einem Wutanfall wegen ihres Verhältnisses mit einem jüdischen Künstler getötet habe, als unbewiesen ausschalten, könnte man ihm die Schuld an ihrem Selbstmord geben. Er hielt sie wie eine Gefangene, war außerordentlich eifersüchtig und hatte einen lebhaften Flirt mit Eva Braun angefangen. Nach Gelis Tod verfiel er in einen Zustand der Depression und begann eine Art Trauerkult (ihr Zimmer blieb, solange er in München lebte, unberührt, und er stattete ihm jedes Weihnachtsfest einen Besuch ab). Mit seiner Fleischabstinenz sühnte er seine Schuld und bewies sich, daß er nicht fähig war zu töten. Wahrscheinlich hatte seine Antipathie gegen die Jagd die gleiche Funktion.

Die deutlichsten Manifestationen dieser Reaktionsbildung lassen sich jedoch in folgenden von W. Maser (1971) zitierten Tatsachen erkennen. Hitler hat sich in den Jahren vor seiner Machtergreifung niemals selbst an tätlichen Auseinandersetzungen mit politischen Gegnern beteiligt. Nur ein einziges Mal hat er einen politischen Gegner angerührt. Er war niemals bei einem Mord oder einer Hinrichtung zugegen. (Als Röhm, bevor er umgebracht wurde, darum bat, der Führer selbst solle kommen und ihn erschießen, wußte er genau, was er sagte.) Als einige von Hitlers Kameraden bei dem Putschversuch am 9. November 1923 in München getötet wurden, ging er mit Selbstmordgedanken um und begann an einem Zucken seines linken Armes zu leiden, ein Zustand, der sich nach der Niederlage von Stalingrad wiederholte. Seine Generäle versuchten vergeblich, ihn zu einem Besuch der Front zu bewegen. »Nicht wenige Militärs und andere Personen seiner unmittelbaren Umgebung waren fest überzeugt, daß er Frontbesuchen nur auswich, weil er den Anblick Toter und Verwundeter nicht ertragen konnte.« (W. Maser, 1971.)[16] Der Grund für dieses Verhalten war nicht Mangel an physischem Mut, den er im Ersten Weltkrieg ja reichlich bewiesen hatte, und es waren auch nicht liebevolle Gefühle für die Soldaten, für die er so wenig ein Herz hatte wie für irgend jemand sonst. (W. Maser, 1971.)[17] Meiner Meinung nach handelt es sich bei dieser phobischen Reaktion auf den Anblick von Leichen um eine Defensivreaktion gegen das Bewußtwerden der eigenen

[16] Masers Behauptung wurde mir auch von Speer in einem persönlichen Gespräch bestätigt.
[17] Masers Feststellung gründet sich auf das Zeugnis von General W. Warlimont (1964).

Destruktivität. Solange er nur Befehle erteilte und unterschrieb, hatte er nur geredet und geschrieben. Mit anderen Worten, »er« hatte kein Blut vergossen, solange er es vermied, die Leichen in Wirklichkeit *zu sehen,* und er schützte sich auf diese Weise davor, sich seiner Leidenschaft für die Zerstörung bewußt zu werden. Bei dieser phobischen Verteidigungsreaktion handelt es sich im Grunde um den gleichen Mechanismus, der auch seinem von Speer erwähnten zwanghaft übertriebenen Reinlichkeitsbedürfnis zugrunde lag.[18] Dieses Symptom hat in der bei Hitler vorhandenen milden Form genauso wie in der schweren Form eines ausgewachsenen Waschzwangs gewöhnlich ein und dieselbe Funktion: den Schmutz, das Blut abzuwaschen, das symbolisch an den eigenen Händen (oder auch am ganzen Körper) klebt. Dabei wird das Bewußtsein, blutbefleckt oder schmutzig zu sein, verdrängt; bewußt ist nur das Bedürfnis nach »Sauberkeit«. Die Weigerung, Leichen zu sehen, gleicht diesem Zwang; beides dient der Leugnung der Destruktivität.

Gegen Ende seines Lebens, als Hitler seine endgültige Niederlage nahe fühlte, war er nicht mehr in der Lage, seine Destruktivität zu verdrängen. Ein drastisches Beispiel dafür ist seine Reaktion auf den Anblick der Leichen der Führer der gescheiterten Revolte vom Juli 1944. Der Mann, der den Anblick von Leichen nicht ertragen hatte, befahl, ihm den Film vorzuführen, den man von der Folterung und Exekution der Generäle und von ihren Leichen gedreht hatte, die in Gefängniskleidung an Fleischhaken hingen. Er stellte eine Fotografie dieser Szene auf seinen Schreibtisch.[19] Seine frühere Drohung, er werde Deutschland im Fall einer Niederlage zerstören, sollte jetzt in die Wirklichkeit umgesetzt werden. Es war nicht Hitlers Verdienst, daß Deutschland verschont blieb.

Andere Aspekte von Hitlers Persönlichkeit

Wir können Hitler wie auch jeden anderen Menschen nicht verstehen, wenn wir nur eine seiner Leidenschaften sehen, selbst wenn es sich um die wesentlichste handelt. Um zu begreifen, wie dieser Mann von seinem Zerstörungsdrang getrieben zum mächtigsten Mann Europas werden konnte, den viele Deutsche (und nicht wenige Angehörige anderer Nationen) bewunderten, müssen wir die *Gesamtstruktur* seines Charakters zu erfassen suchen, seine besonderen Talente und Gaben und die gesellschaftliche Situation, in der er wirkte.

Außer durch seine Nekrophilie ist das Bild Hitlers auch durch seinen Sadismus gekennzeichnet, obwohl dieser durch die Intensität seiner unverhohlenen Zerstörungslust überschattet wird. Da ich Hitlers sadomasochistischen, autoritären Charakter bereits in einer früheren Arbeit analysiert habe (E. Fromm, 1941), kann ich mich hier kurz fassen. Sowohl in seinen Schriften als auch in seinen Reden hat Hitler seine Gier nach Macht über schwächere Menschen zum Ausdruck gebracht. Daß man Massenversammlungen vorteilhafterweise abends abhält, hat er so erklärt:

> Morgens und selbst tagsüber scheinen die willensmäßigen Kräfte der Menschen sich noch in höchster Energie gegen den Versuch der Aufzwingung eines fremden Willens

[18] und [19] A. Speer, persönliche Mitteilung.

> und einer fremden Meinung zu sträuben. Abends dagegen unterliegen sie leichter der beherrschenden Kraft eines stärkeren Wollens. Denn wahrlich stellt jede solche Versammlung einen Ringkampf zweier entgegengesetzten Kräfte dar. Der überragenden Redekunst einer beherrschenden Apostelnatur wird es nun leichter gelingen, Menschen dem neuen Wollen zu gewinnen, die selbst bereits eine Schwächung ihrer Widerstandskraft in natürlichster Weise erfahren haben, als solche, die noch im Vollbesitz ihrer geistigen und willensmäßigen Spannkraft sind. (A. Hitler, 1939.)

Gleichzeitig aber bewirkte seine unterwürfige Einstellung, daß er das Gefühl hatte, im Namen einer höheren Macht, der »Vorsehung« oder des biologischen Gesetzes zu handeln. Im folgenden Satz kommt *sowohl* sein Sadismus *als auch* seine Nekrophilie zum Ausdruck: »Was sie wünscht (die breite Masse), ist der Sieg des Stärkeren und die Vernichtung des Schwachen oder seine bedingungslose Unterwerfung.« (A. Hitler, 1939.) Der Sadist würde *Unterwerfung* verlangen; nur der Nekrophile verlangt die *Vernichtung*. Das Wörtchen »oder« verbindet die sadistische und die nekrophile Seite von Hitlers Charakter; aber die Geschichte hat uns gezeigt, daß sein Vernichtungswille stärker war als der Wunsch, sich die anderen lediglich zu unterwerfen.

Drei weitere, eng miteinander verflochtene Charakterzüge waren sein Narzißmus, seine Unbezogenheit und sein absoluter Mangel an Liebe, Wärme und Mitgefühl.

Sein *Narzißmus*[20] ist der hervorstechendste Zug in diesem Bild.

Er weist alle typischen Symptome einer äußerst narzißtischen Person auf: er interessiert sich nur für sich selbst, für *seine* Begierden, *seine* Gedanken, *seine* Wünsche; er redet endlos über seine Ideen, seine Vergangenheit, seine Pläne; die Welt interessiert ihn nur, soweit sie Gegenstand seiner Pläne und Begierden ist; andere Menschen spielen für ihn nur eine Rolle, soweit sie seinen Zwecken dienen oder dafür benutzt werden können; er weiß immer alles besser als alle anderen. Diese Sicherheit bezüglich der Richtigkeit der eigenen Ideen und Pläne ist ein typisches Kennzeichen eines intensiven Narzißmus.

Hitler kam zu seinen Schlußfolgerungen hauptsächlich gefühlsmäßig und nicht als Ergebnis einer Überprüfung von Tatsachen. Bei ihm trat die *Ideologie* an die Stelle der politischen, ökonomischen und sozialen *Tatsachen*. Wenn er einmal an eine Ideologie glaubte, weil sie seine Emotionen ansprach, glaubte er auch an die Fakten, welche die Ideologie als wahr proklamierte. Das soll nicht besagen, daß er Tatsachen überhaupt keine Beachtung geschenkt hätte. Bis zu einem gewissen Grade war er ein scharfer Beobachter, der gewisse Tatsachen besser abzuschätzen verstand als viele Menschen, die weniger narzißtisch sind. Aber diese Fähigkeit, auf die ich noch näher eingehen werde, schließt nicht aus, daß es ihm in *wesentlichen* Dingen an Realismus fehlte und daß hier sein Narzißmus die Grundlage war, von der aus er sich seine Meinung bildete und seine Entschlüsse faßte. Hanfstaengl gibt uns ein anschauliches Bild von Hitlers Narzißmus: Goebbels hatte von einigen Reden Hitlers Bandaufnahmen machen lassen, und immer wenn Hitler zu ihm zu Besuch kam, spielte er sie ab. »Hitler warf sich dann in einen großen Morris-Sessel und genoß seine eigene Stimme gleichsam in einer Art von Vollnarkose – ein Ebenbild des in sich tragisch verliebten griechischen Jünglings, der in Bewunderung seines eigenen Spiegelbildes auf der Wasseroberfläche den Tod in den Wellen findet.« (E. Hanfstaengl, 1970.)

[20] Vgl. die Diskussion des Narzißmus in Kapitel 9.

P. E. Schramm spricht von Hitlers Kult des Ichs. Nach Jodl war er beherrscht durch eine fast mystische Überzeugung von seiner Unfehlbarkeit als Führer der Nation und des Krieges. (H. Picker, 1965.) Speer spricht von Hitlers »Megalomanie«, die in seinen Bauplänen zum Ausdruck kam. Sein eigener Palast in Berlin sollte die größte Residenz werden, die je gebaut worden war, einhundertfünfzig mal so groß wie die Reichskanzlei zu Bismarcks Zeit. (A. Speer, 1970.)

Mit diesem Narzißmus verwandt ist, daß Hitler *für niemand und nichts ein echtes Interesse hatte,* wenn es nicht für ihn von persönlichem Nutzen war, und seine kalte Distanz zu allen Menschen. In seinem ganzen Leben ist niemand zu entdecken, den man als seinen Freund bezeichnen könnte. Kubizek und Speer sind dem, was man unter einem »Freund« versteht, näher gekommen als irgend jemand sonst, doch hätte man sie keinesfalls echte Freunde nennen können. Der gleichaltrige Kubizek diente ihm als Auditorium, Bewunderer und Gefährte; aber Hitler war ihm gegenüber nie offen. Seine Beziehung zu Speer war anderer Art. Vermutlich repräsentierte dieser für Hitler das Bild des Architekten, das er von sich selber hatte; *er,* Hitler würde über das Medium Speer ein großer Baumeister sein. Er scheint sogar etwas wie echte Zuneigung zu Speer empfunden zu haben – es ist dies das einzige Mal, daß wir auf so etwas bei ihm stoßen, vielleicht mit Ausnahme der Beziehung zu Kubizek, und ich könnte mir vorstellen, daß einer der Gründe für dieses seltene Phänomen darin zu suchen ist, daß die Architektur das einzige Gebiet war, auf dem Hitler für etwas außerhalb seiner Person ein echtes Interesse zeigte, der einzige Bereich, in dem er wirklich lebendig war. Trotzdem war Speer nicht sein Freund. Speer hat dies im Nürnberger Prozeß selbst kurz und bündig so formuliert: »Wenn Hitler einen Freund gehabt hätte, wäre ich sein Freund gewesen.« Tatsache war jedoch, daß Hitler keine Freunde hatte; er war ein in sich verschlossener Einzelgänger, als Postkartenmaler in Wien wie als Führer des Reiches. Speer spricht von seiner »Unfähigkeit, menschliche Kontakte anzuknüpfen«. Hitler selbst war sich seiner völligen Einsamkeit bewußt. Speer berichtet, Hitler habe zu ihm gesagt, er werde, wenn er sich einmal von den Staatsgeschäften zurückgezogen habe, bald vergessen sein:

> Die Menschen würden sich schnell seinem Nachfolger zuwenden, wenn sie erst herausgefunden hätten, daß der nun die Macht habe. Dann sei er ohnehin bald vergessen. Alle würden ihn verlassen. Nicht ohne Selbstmitleid diesen Gedanken ausspielend, fuhr er fort: Vielleicht besucht mich dann gelegentlich noch einer meiner früheren Mitarbeiter. Aber ich rechne nicht damit. Außer Fräulein Braun nehme ich niemanden mit; Fräulein Braun und meinen Hund. Ich werde einsam sein. Wie soll es auch jemand freiwillig lange bei mir aushalten? Keiner wird mehr Notiz von mir nehmen. Alle laufen sie dann meinem Nachfolger nach! Vielleicht einmal im Jahr werden sie bei mir zum Geburtstag erscheinen. (A. Speer, 1970.)

In diesen Gefühlen bringt Hitler nicht nur seine Auffassung zum Ausdruck, daß niemand eine echte Zuneigung zu ihm hegt, sondern auch seine Überzeugung, daß die Menschen ihm nur deshalb anhängen, weil er Macht hat; seine einzigen Freunde waren sein Hund und die Frau, die er weder liebte noch achtete, sondern völlig beherrschte.

Hitler war kalt und ohne Mitleid. Sensitive Menschen wie H. Rauschning (1940) und Speer merkten das. Letzterer gibt ein sprechendes Beispiel dafür; er wie Goebbels versuchten Hitler dazu zu überreden, aus Propagandagründen die zerbombten Städte zu besuchen. »Hitler wich jedoch derartigen Ansinnen regelmäßig aus. Bei seinen Fahrten vom Stettiner Bahnhof zur Reichskanzlei oder in München zu seiner Wohnung in der Prinzregentenstraße ordnete er nun den kürzesten Weg an, während er es früher geliebt hatte, Umwege zu machen. Da ich ihn einige Male bei solchen Fahrten begleitete, sah ich, wie abgestumpft und unbeteiligt er die zufälligen Bilder eines riesigen Trümmerfeldes registrierte, an dem ihn die Fahrt vorbeiführte.« (A. Speer, 1970.) Das einzige lebende Wesen, das einen Funken menschlichen Gefühls in Hitler erweckte, war sein Hund. (A. Speer, 1970.) Viele andere, die weniger feinfühlig waren als Speer, wurden getäuscht. Was sie für *Wärme* gehalten hatten, war in Wirklichkeit nur *Erregung*, die immer dann in Erscheinung trat, wenn Hitler auf seine Lieblingsthemen zu sprechen kam oder wenn er in einer rachsüchtigen oder destruktiven Stimmung war. In der gesamten Literatur über Hitler habe ich keinen Hinweis darauf finden können, daß er für irgend jemand Mitgefühl empfunden hätte. Natürlich galt dies für seine Feinde, aber er hatte ebensowenig Mitgefühl für seine kämpfenden Soldaten und für die deutsche Zivilbevölkerung. Niemals wurde er in seinen taktischen Entscheidungen im Krieg, speziell in seiner unbeugsamen Ablehnung jedes Rückzugs (zum Beispiel in der Schlacht um Stalingrad), durch den Gedanken an die Zahl der Soldaten, die geopfert werden mußten, beeinflußt; es waren für ihn nur so und so viele »Gewehre«.

Zusammenfassend stellt Speer fest: »Hitler gingen alle liebenswürdigeren Tugenden des Menschen ab: Zärtlichkeit, Liebe, Poesie waren seiner Natur fremd. Oberflächlich gab er sich höflich, nett, ruhig, korrekt, liebenswürdig und beherrscht. Diese äußere Haut diente ihm offenbar dazu, die tatsächlich dominierenden Charakterzüge mit einer ununterbrochenen, wenn auch dünnen Schicht zu überdecken.« (Nachwort von A. Speer zu J. Brosse, 1972.)

Hitlers Beziehungen zu Frauen

In Hitlers Beziehungen zu Frauen kommt der gleiche Mangel an Liebe und Zärtlichkeit oder Mitgefühl zum Ausdruck wie in seinen Beziehungen zu Männern. Bei den Frauen, für die sich Hitler interessierte, können wir zwei Kategorien unterscheiden, die hauptsächlich durch ihre jeweilige gesellschaftliche Stellung charakterisiert sind: 1) »respektable« Frauen, die sich durch Reichtum oder gesellschaftliche Stellung auszeichneten oder erfolgreiche Schauspielerinnen waren, und 2) Frauen, die sozial »unter« ihm standen, wie seine Nichte Geli Raubal und Eva Braun, die viele Jahre lang seine Geliebte war. Sein Benehmen und seine Gefühle gegenüber der ersten Gruppe waren völlig anders als gegenüber der zweiten.

Zu den Frauen der ersten Gruppe gehörten einige ältere reiche Damen der Münchner Gesellschaft, die ihm Freundschaftsdienste erwiesen und ihm persönlich und der Partei beträchtliche Geschenke machten. Was noch wichtiger war, sie führten ihn in das Leben und die Gewohnheiten der Oberklasse ein. Er nahm ihre Geschenke und ihre Verehrung freundlich entgegen, verliebte sich jedoch nie in diese Mutterfiguren und fühlte sich von ihnen nie erotisch angesprochen, außer gelegentlich in rein masochistischer Weise.

Anderen Frauen gegenüber, die ihm gesellschaftlich überlegen waren, benahm er sich stets etwas scheu und verlegen. Charakteristisch für diese Haltung war seine jugendliche Schwärmerei für Stephanie, ein junges hübsches Mädchen aus der guten Gesellschaft von Linz. Er war fasziniert von ihr, und wenn wir Kubizeks Bericht Glauben schenken, pflegte er vor ihrem Haus auf und ab zu gehen und den Versuch zu machen, sie auf ihren Spaziergängen zu sehen. Er wagte jedoch niemals, sie anzureden, und versuchte auch nicht, sich durch einen Dritten ihr vorstellen zu lassen. Schließlich schrieb er ihr einen Brief, in dem er ihr mitteilte, daß er sie später, wenn er etwas geworden sei, heiraten wolle, doch ließ er diesen Brief ohne Unterschrift. Man könnte dieses durch Mangel an Wirklichkeitssinn gekennzeichnete Verhalten seiner Jugend zuschreiben, doch zeigte er nach dem Bericht vieler Augenzeugen, darunter auch Hanfstaengl und Speer, auch noch in späteren Jahren die gleiche Schüchternheit Frauen gegenüber. Offenbar blieb seine Haltung begehrenswerten Frauen gegenüber, die er bewunderte, auf die Bewunderung aus der Ferne beschränkt. In München blickte er gern hübschen Frauen nach; als er dann an der Macht war, umgab er sich gern mit schönen Frauen, besonders mit Filmschauspielerinnen, doch weist nichts darauf hin, daß er sich jemals in eine von ihnen verliebt hätte. »Diesen Frauen gegenüber benahm Hitler sich wie etwa der Absolvent einer Tanzstunde beim Abschlußball. Auch hier kam eine schüchterne Emsigkeit zum Vorschein, nichts falsch zu machen, Komplimente in genügender Zahl zu vergeben, mit dem österreichischen Handkuß zu begrüßen und zu verabschieden.« (A. Speer, 1970.)

Die zweite Gruppe von Frauen waren die, die er weder bewunderte noch respektierte, wie Geli Raubal und Eva Braun, die sich ihm aber unterordneten. Sexuelle Beziehungen scheint er vor allem zu dieser Art von Frauen gehabt zu haben.

Man hat viele Spekulationen über Hitlers Sexualleben angestellt. Oft wurde behauptet, er sei homosexuell gewesen, doch haben wir keine Hinweise dafür, und es ist auch kaum wahrscheinlich.[21]

Andererseits haben wir auch keine Belege dafür, daß seine sexuellen Beziehungen normal waren, nicht einmal dafür, daß er sexuell potent war. Das meiste, was wir über Hitlers Sexualleben wissen, stammt von Hanfstaengl, der reichlich Gelegenheit hatte, ihn während der zwanziger und frühen dreißiger Jahre in München und Berlin zu beobachten.[22]

Hanfstaengl berichtet, Geli Raubal habe einer Freundin gegenüber geäußert: »Mein Onkel ist ein Ungeheuer. Kein Mensch kann sich vorstellen, was er mir zumutet!« Diese Behauptung wird in gewisser Weise durch eine andere Geschichte bekräftigt, von der Hanfstaengl sagt, daß er sie von F. Schwartz erfahren habe, der in den zwanziger Jahren

[21] Vgl. W. Maser (1971). J. Brosse (1972), wenn er auch einräumt, daß er keine direkten Belege dafür hat, gründet seine Vermutung, daß Hitler starke latente homosexuelle Neigungen hatte, auf das gewundene Argument, dies sei deshalb wahrscheinlich, weil Hitler paranoide Neigungen gehabt habe, wobei Brosse sich auf die Freudsche Annahme bezieht, daß zwischen Paranoia und Homosexualität eine enge Beziehung bestehe.

[22] Leider ist Hanfstaengl kein zuverlässiger Gewährsmann. Seine Autobiographie dient in der Hauptsache seiner Selbstrechtfertigung. Er versucht darin, sich als einen Menschen hinzustellen, der einen guten Einfluß auf Hitler auszuüben versuchte und der nach seinem Bruch mit Hitler ein »Berater« Präsident Roosevelts wurde – eine reichlich übertriebene Behauptung. Trotzdem können wir ihm, was seine Schilderung von Hitlers Beziehungen zu Frauen angeht, im wesentlichen Glauben schenken, da dieses Thema ja nicht dazu dienen konnte, Hanfstaengls politische Bedeutung zu vergrößern.

Schatzmeister der Partei war. Dieser habe ihm berichtet, Hitler sei von einem Mann erpreßt worden, der sich in den Besitz von pornographischen Zeichnungen gebracht hatte, die Hitler von Geli angefertigt hatte und die sie in Stellungen zeigten, »wie sie jedes Berufsmodell ablehnen würde«. Hitler hatte angeordnet, dem Mann die Zeichnungen abzukaufen, doch erlaubte er nicht, daß sie vernichtet würden; sie waren im Panzerschrank des Braunen Hauses aufzubewahren. Niemand weiß, was auf diesen Zeichnungen dargestellt war, doch kann man annehmen, daß es sich nicht nur um Aktskizzen Gelis handelte, da solche im München der zwanziger Jahre kaum so kompromittierend gewesen wären, daß man Hitler damit hätte erpressen können. Wahrscheinlich stellten sie perverse Posen oder Stellungen dar, woraus zu schließen wäre, daß Hitlers sexuelle Wünsche etwas abnormal waren. Ob er völlig unfähig war, den normalen Sexualakt zu vollziehen, wie Hanfstaengl behauptet, wissen wir nicht. Aber es ist wahrscheinlich, daß die sexuellen Interessen eines kalten, schüchternen, sadistischen und destruktiven Menschen wie Hitler hauptsächlich perverser Natur waren. Da wir aber über wenig Fakten verfügen, können wir kaum versuchen, ein detailliertes Bild seines erotischen Geschmacks zu entwerfen. Meiner Ansicht nach ist höchstens zu schließen, daß seine sexuellen Wünsche bei dem sozial unterlegenen Frauentyp hauptsächlich die eines Voyeurs mit anal-sadistischen Neigungen und bei bewunderten Frauen die eines Masochisten waren.

Auch was seine sexuellen Beziehungen zu Eva Braun betrifft, besitzen wir keine Belege, doch wissen wir sehr viel mehr über seine affektive Beziehung zu ihr. Unverkennbar hat er sie ohne jede Rücksichtnahme behandelt. Seine Geburtstagsgeschenke für sie sind nur ein Beispiel dafür. Er pflegte einem Adjutanten die Anweisung zu geben, einen billigen Modeschmuck und die obligaten Blumen zu kaufen.[23]

»Im allgemeinen kümmerte er sich wenig um ihre Gefühle. Überhaupt nahm Hitler wenig Rücksicht auf ihre Anwesenheit. Ganz ungeniert sagte er in ihrer Gegenwart über seine Einstellung zur Frau: ›Sehr intelligente Menschen sollen sich eine primitive und dumme Frau nehmen.‹« (A. Speer, 1970.)

Weitere Einsicht in Hitlers Haltung gegenüber Eva Braun gewinnen wir aus ihrem Tagebuch. Ihre Schrift ist teilweise nur schwer zu entziffern, doch dürfte der Eintrag folgendermaßen lauten:

> 11. März 1935. Ich wünsche mir nur eines, schwer krank zu sein und wenigstens acht Tage von ihm nichts mehr zu wissen. Warum passiert mir nichts, warum muß ich alles das durchmachen. Hätte ich ihn doch nie gesehen. Ich bin verzweifelt. Jetzt kaufe ich mir wieder Schlafpulver, dann befinde ich mich in einem halben Traumzustand und denke nicht mehr so viel darüber nach.
> Warum holt mich der Teufel nicht? Bei ihm ist es bestimmt schöner als hier.
> Drei Stunden habe ich vor dem Carlton gewartet und mußte zusehen, wie er der . . . Blumen kaufte und sie zum Abendessen [Spätere Eintragung vom 16. März]: verrückte Einbildung!
> Er braucht mich nur zu bestimmten Zwecken, es ist anders nicht möglich [Späterer Zusatz]: Blödsinn!
> Wenn er sagt er habe mich lieb, so meint er nur in diesem Augenblick. Genau so wie seine Versprechungen, die er nie hält.

[23] A. Speer, persönliche Mitteilung.

1. April 1935. Gestern waren wir zum Abendessen in die Vier Jahreszeiten eingeladen. Ich mußte 3 Stunden neben ihm sitzen und konnte kein einziges Wort mit ihm sprechen. Zum Abschied reichte er mir, wie schon einmal, einen Umschlag mit Geld. Wie schön wäre es gewesen, wenn er mir einen Gruß oder ein liebes Wort dazu geschrieben hätte, ich hätte mich so gefreut. Aber an so was denkt er nicht.
28. Mai 1935. Eben habe ich einen für mich entscheidenden Brief an ihn gesandt, ob er . . . für so . . . hält? . . . (unleserlich).
Na, wir werden sehen. Habe ich bis heute Abend um 10 h keine Antwort, werde ich einfach meine 25 Pillen nehmen und sanft schlummern.
Ist das seine Liebe, wie er mir schon so oft versichert hat, wenn er mir 3 Monate kein gutes Wort gibt . . .
Herrgott, ich habe Angst, daß er heute keine Antwort gibt. Wenn mir nur ein Mensch helfen würde, es ist alles so schrecklich und trostlos.
Vielleicht hat ihn mein Brief in einer ungeeigneten Stunde erreicht. Vielleicht hätte ich auch nicht schreiben sollen.
Wie es auch sein wird, die Ungewißheit ist furchtbarer zu ertragen als ein plötzliches Ende . . .
Ich habe mich für 35 Stück entschlossen; es soll diesmal eine wirklich »todsichere« Angelegenheit werden.
Wenn er wenigstens anrufen lassen würde. (Eva Braun, 1935.)

Im gleichen Tagebuch beklagt sie sich, er habe ihr zum Geburtstag nichts von dem geschenkt, was sie sich so sehr gewünscht habe (einen kleinen Hund und Kleider), sondern habe ihr nur ein paar Blumen übergeben lassen; sie kaufte sich für 50 Mark Schmuck in der Hoffnung, daß sie ihm wenigstens darin gefallen würde.
Wie bereits erwähnt, gibt es einige Anhaltspunkte für Hitlers masochistische Haltung gegenüber Frauen, die er bewunderte. Hanfstaengl berichtet über einen solchen Fall, der Hitlers Haltung Hanfstaengls Frau gegenüber betrifft. Bei einem Besuch in seinem Hause verließ Hanfstaengl für ein paar Minuten das Zimmer, und Hitler fiel vor Frau Hanfstaengl auf die Knie. Er bezeichnete sich als ihren Sklaven und beklagte das Geschick, das ihm, zu spät, das bittersüße Erlebnis ihrer Bekanntschaft beschert habe. Der wesentliche Punkt in diesem Bericht, nämlich Hitlers masochistisches Verhalten, wird durch ein Dokument bestätigt, das W. C. Langer (1972) ausfindig gemacht hat. Die Filmschauspielerin Renate Müller vertraute ihrem Direktor A. Zeissler an, was sie an dem Abend, den sie in der Reichskanzlei verbrachte, erlebt hatte:

Sie war sicher gewesen, daß er Verkehr mit ihr haben würde; sie hatten sich beide ausgezogen und waren offensichtlich im Begriff ins Bett zu gehen, als er sich auf den Fußboden warf und sie aufforderte, ihn zu treten. Sie protestierte, aber er drang weiter in sie und nannte sich einen Unwürdigen, überhäufte sich mit Beschuldigungen und wand sich vor ihr in selbstquälerischer Weise. Die Szene wurde ihr unerträglich, und so gab sie schließlich seinem Begehren nach und trat ihn mit den Füßen. Das erregte ihn sehr, und er bat um mehr und mehr, wobei er ständig sagte, sogar das sei besser, als er es verdiene, und er sei nicht wert, mit ihr im gleichen Zimmer zu sein. Je mehr sie ihn trat, um so erregter wurde er. (A. Zeissler, 1943.)

Renate Müller hat kurz darauf Selbstmord begangen.
Es gibt eine ganze Reihe von Damen der Gesellschaft, von denen es heißt, sie hätten mit Hitler ein Verhältnis gehabt; es gibt jedoch keine schlüssigen Hinweise dafür, daß er

intime Beziehungen mit ihnen hatte. Bemerkenswert ist, daß eine ganze Anzahl von Frauen, die Hitler nahestanden, Selbstmord begangen oder Selbstmordversuche gemacht haben: Geli Raubal, Eva Braun (zweimal), Renate Müller und Unity Mitford. Hinzu kommen noch einige zweifelhaftere Fälle, die von Maser angeführt werden. Der Gedanke liegt nahe, daß Hitlers Destruktivität nicht ohne Einfluß auf sie war.
Aber wie Hitlers Perversion auch ausgesehen haben mag, Einzelheiten sind dabei kaum von Belang, und sein Sexualleben erklärt uns nichts an ihm, was wir nicht schon wüßten. Tatsächlich sind die spärlichen Daten, die wir darüber besitzen, hauptsächlich deshalb glaubwürdig, weil sie dem entsprechen, was wir über seinen Charakter wissen.

Gaben und Talente

Hitlers Charakteranalyse hat uns einen introvertierten, außerordentlich narzißtischen, kontaktarmen, undisziplinierten, sadomasochistischen und nekrophilen Menschen gezeigt. Ganz sicher würden diese Eigenschaften seinen Erfolg nicht erklären, wenn er nicht ein Mann von beträchtlichen Gaben und Talenten gewesen wäre.
Worin bestanden diese?
Die größte Begabung Hitlers war seine Fähigkeit, andere Menschen zu beeinflussen, zu beeindrucken und zu überzeugen. Wir sahen, daß er diese Fähigkeit sogar als Kind besaß. Er erkannte und übte sie als Rädelsführer bei den Kriegsspielen mit anderen Jungen, später in seiner Beziehung zu Kubizek, seinem ersten wirklichen Anhänger, und dann mit seinen Wohngenossen im Wiener Männerheim. Kurz nach der Revolution wurde er 1919 von seinen militärischen Vorgesetzten mit der Mission betraut, die Soldaten zu konservativ-rechten Ideen zu bekehren und sie gegen die Revolutionäre aufzuhetzen. Er trat der kleinen und unbedeutenden Gruppe der Sozialistischen Arbeiterpartei (50 Mitglieder) bei, und es gelang ihm innerhalb eines Jahres zum unbestrittenen Führer dieser Partei zu werden, die er in Nationalsozialistische Deutsche Arbeiterpartei umtaufte und deren Statuten er änderte; bald war er zu einem der populärsten Redner Münchens geworden.
Die Gründe für diese Fähigkeit, Menschen zu beeinflussen – die natürlich das wesentliche Talent aller erfolgreichen Demagogen ausmacht – sind mannigfaltiger Art.
Zunächst ist dabei an das zu denken, was man oft seinen *Magnetismus* genannt hat, der, wie die meisten Beobachter behaupten, von seinen Augen ausging. (H. Picker, 1965; W. Maser, 1971; A. Speer, 1970.) Es gibt eine ganze Reihe von Berichten, die bezeugen, daß selbst Personen, die ihm gegenüber voreingenommen waren, plötzlich zu ihm bekehrt wurden, wenn er ihnen fest in die Augen blickte. Professor A. von Müller, der in München einen Kursus über Geschichte für Soldaten im Geheimen Nachrichtendienst abhielt, beschreibt seine erste Begegnung mit Hitler folgendermaßen:

> Nach dem Schluß meines Vortrags und der folgenden lebhaften Erörterung stieß ich in dem sich leerenden Saal auf eine kleine Gruppe, die mich aufhielt. Sie schien festgebannt um einen Mann in ihrer Mitte, der mit einer seltsam gutturalen Stimme unaufhaltsam und mit wachsender Leidenschaft auf sie einsprach: Ich hatte das sonderbare Gefühl, als ob ihre Erregung sein Werk wäre und zugleich wieder ihm selbst die

> Stimme gäbe. Ich sah ein bleiches, mageres Gesicht unter einer unsoldatisch hereinhängenden Haarsträhne, mit kurzgeschnittenem Schnurrbart und auffällig großen, hellblauen, fanatisch kalt aufglänzenden Augen. (W. Maser, 1971.)

Es gibt viele Berichte, die den magnetischen Einfluß, der von Hitlers Augen ausging, erwähnen. Da ich selbst ihn nur auf Bildern gesehen habe, die nur einen höchst unzulänglichen Eindruck von dieser speziellen Eigenschaft vermitteln, kann ich lediglich Vermutungen darüber anstellen, worum es sich handelte. Diese Vermutungen werden jedoch durch die Beobachtung erleichtert, daß außerordentlich narzißtische Menschen – besonders Fanatiker – oft ein gewisses Glitzern in den Augen haben, das ihnen den Anschein einer großen Intensität und Hingabe gibt. Tatsächlich fällt es oft nicht leicht, zwischen dem Ausdruck in den Augen eines besonders aufopfernden, fast heiligen Menschen und dem in den Augen eines höchst narzißtischen, manchmal sogar halbverrückten Menschen zu unterscheiden. Eines der Unterscheidungsmerkmale ist das Vorhandensein – oder Fehlen – von Wärme, und alle Berichte stimmen darin überein, daß Hitler kalte Augen hatte, daß sein gesamter Gesichtsausdruck kalt war, daß ihm jede Wärme und jedes Mitgefühl abging. Dieser Charakterzug kann eine negative Wirkung haben – und bei vielen war dies auch der Fall – aber oft verstärkt er noch die magnetische Gewalt. Kalte Skrupellosigkeit und Mangel an menschlichem Gefühl in einem Gesicht rufen Angst hervor; man zieht es vor, den Betreffenden zu bewundern, um ihn nicht fürchten zu müssen. Furcht und Bewunderung sind miteinander vermischt.[24]

Zu dem Eindruck, den Hitler auf andere machte, trug außerdem sein Narzißmus und die unerschütterliche *Sicherheit* bei, mit der er, wie so viele Narzißten, seine Ideen für die einzig richtigen hielt. Um das zu verstehen, müssen wir uns klarmachen, daß, was unser Wissen anbetrifft, nichts sicher ist außer der Tod. Aber daß wir nichts mit Sicherheit wissen, besagt noch nicht, daß wir uns nur auf Vermutungen beschränken müssen. Von einer begründeten Vermutung bis zur Hypothese und Theorie gibt es auf dem Weg über Vernunft, realistische Beobachtung, kritisches Denken und Vorstellungskraft eine ständig zunehmende Annäherung an die Gewißheit. Für jemand, der diese Fähigkeiten besitzt, ist eine relative Ungewißheit durchaus akzeptabel, da sie das Ergebnis des aktiven Gebrauchs seiner Fähigkeiten ist, während Gewißheit etwas Langweiliges, weil Totes ist. Aber für alle, die nicht über diese Fähigkeiten verfügen, ist, besonders in einer gesellschaftlich und politisch so unsicheren Zeit wie dem Deutschland der zwanziger Jahre, ein Fanatiker, der vorgibt, seiner Sache absolut sicher zu sein, eine höchst attraktive Figur, ein »Erlöser«.

Eine andere Begabung, die, mit letzterer verwandt, Hitlers Einfluß erleichterte, war sein Talent, die Dinge zu vereinfachen. Er kannte in seinen Reden keinerlei intellektuelle oder moralische Skrupel. Er suchte sich die Tatsachen aus, die seiner These dienten, brachte Einzelheiten, die nichts miteinander zu tun hatten, in Verbindung und formte sich ein einleuchtendes Argument daraus, einleuchtend wenigstens für unkritische Geister. Außer-

[24] Im Hebräischen hat das Wort *norah* diese Doppelbedeutung; es dient als Attribut für Gott und repräsentiert eine archaische Haltung, in der Gott als gleichzeitig schrecklich und bewunderungswürdig verehrt wird. Im Englischen hat das Wort *awe* dieselbe Doppelbedeutung. *Ehrfurcht* hingegen hat einen »Innenton«, der für die Haltung zu Hitler nicht zutrifft.

dem war er ein vollendeter Schauspieler, der eine bemerkenswerte Begabung besaß, die verschiedensten Leute in ihrer Sprache und ihren Gesten nachzuahmen.[25]

Er hatte seine Stimme völlig unter Kontrolle, und er setzte sie bewußt wie ein Instrument ein, um die gewünschte Wirkung zu erzielen. Wenn er zu Studenten sprach, konnte er ruhig und vernünftig sein. Er fand auch den richtigen Ton, wenn er zu seinen robusten und ungebildeten Kumpanen aus den alten Münchener Tagen sprach oder wenn er mit einem deutschen Fürsten oder mit seinen Generälen redete. Er konnte eine zornige Szene machen, wenn er den Widerstand eines tschechoslowakischen oder polnischen Ministers brechen wollte, um sie zur Unterwerfung zu zwingen, und er konnte als Gastgeber Neville Chamberlains die Liebenswürdigkeit selber sein.

Man kann nicht von Hitlers Begabung, auf andere Eindruck zu machen, sprechen, ohne seine *Wutanfälle* zu erwähnen. Diese gelegentlichen Ausbrüche haben weitgehend zu der Klischeevorstellung über Hitler beigetragen, die besonders außerhalb Deutschlands weitverbreitet ist und die ihn als jemand darstellt, der ständig wütend war, der immerzu brüllte und unfähig war sich zu beherrschen. Dieses Bild ist keinesfalls richtig. Hitler war meist zuvorkommend, höflich und beherrscht. Seine Wutanfälle waren zwar nicht gerade selten, aber doch die Ausnahme; doch konnten sie äußerst intensiv sein. Zu diesen Wutausbrüchen kam es bei zweierlei Anlässen. Einmal bei seinen Reden, besonders gegen Ende. Dieser Zorn war durchaus echt, nährte er sich doch aus seinem leidenschaftlichen Haß und seiner Zerstörungswut, denen er an einem gewissen Punkt seiner Reden freien Lauf ließ. Es war die Echtheit seines Hasses, die diesen so eindrucksvoll und ansteckend machte. Obwohl diese Haßausbrüche in seinen Reden echt waren, waren sie doch nicht unkontrolliert. Hitler wußte sehr wohl, wann der Zeitpunkt gekommen war, die Zügel loszulassen und die Leidenschaften seiner Zuhörer aufzupeitschen, und nur dann öffnete er die Schleusen seines Hasses. Seine Wutausbrüche bei Unterhaltungen scheinen anderer Art gewesen zu sein, ähnlich denen, die er als Kind gehabt hatte, wenn er sich frustriert fühlte.[26]

Speer vergleicht sie mit den Wutanfällen eines Sechsjährigen, ein Alter, das in vieler Hinsicht Hitlers »emotionales Alter« war. Er benutzte diese Ausbrüche, um die Menschen einzuschüchtern, doch konnte er sie auch unter Kontrolle halten, wenn er es für geboten hielt.

Eine gute Illustration hierfür liefert eine Szene, die General Heinz Guderian, einer der hervorragendsten deutschen Heerführer, beschrieben hat:

> Mit zorngeröteten Wangen, mit erhobenen Fäusten stand der am ganzen Leibe zitternde Mann vor mir, außer sich vor Wut und völlig fassungslos. Er überschrie sich dabei, seine Augen quollen aus ihren Höhlen und die Adern an seinen Schläfen schwollen. Als Guderian dennoch auf seiner Meinung beharrte, lächelte Hitler plötzlich sehr liebenswürdig und bat Guderian: »Bitte, fahren Sie in Ihrem Vortrag fort. Der Generalstab hat heute eine Schlacht gewonnen.« (A. Bullock, 1965.)

[25] A. Speer, persönliche Mitteilung.

[26] Wir müssen dabei die Frage offen lassen, ob Hitlers Wutausbrüche auf organische neurophysiologische Faktoren zurückzuführen waren oder ob derartige Faktoren zumindest die Schwelle für seine Wut herabsetzten.

Speers Beurteilung von Hitlers Ausbrüchen wird von vielen Berichten von anderer Seite bestätigt:

> Selbst nach dramatischen Verhandlungen konnte Hitler sich über seine Kontrahenten lustig machen. Einmal erzählte er, wie er durch einen gespielten leidenschaftlichen Ausbruch Schuschnigg bei dessen Obersalzberger Besuch vom 12. Februar 1938 den Ernst der Situation klarmachte und ihn damit schließlich zum Nachgeben zwang. Manche hysterisch wirkenden Reaktionen, über die berichtet wird, dürften auf solche Schauspielerei zurückzuführen sein. Im allgemeinen war gerade die Selbstbeherrschung eine der bemerkenswertesten Eigenschaften Hitlers. In meiner Gegenwart verlor er damals nur wenige Male die Fassung. (A. Speer, 1970.)

Eine andere bemerkenswerte Begabung Hitlers war sein ungewöhnliches *Gedächtnis*. P. E. Schramm gibt eine lebendige Beschreibung davon:

> Eine Eigenschaft Hitlers, die alle – auch die ihm nicht Verfallenen – immer aufs neue verblüfft hat, war sein stupendes Gedächtnis, das auch Unwesentliches exakt festzuhalten vermochte und alles aufstapelte, was jemals in seinen Gesichtskreis getreten war: seine Lehrer und seine Mitschüler, die Gestalten in den Erzählungen Karl Mays, die Verfasser von Büchern, die er einmal gelesen, selbst die Marke des Fahrrads, das er 1915 benutzt hatte. Er besann sich auch genau auf die Daten seiner politischen Karriere, auf die Gasthäuser, in denen er geweilt, auf die Straßen, die er befahren hatte. (H. Picker, 1965.)

Aus vielen Berichten geht sein immenses Gedächtnis für Zahlen und technische Details hervor – für das genaue Kaliber und die Reichweite aller Geschütztypen, die Zahl der Unterseeboote auf See und in den Heimathäfen und für viele andere Details von militärischer Bedeutung. Kein Wunder, daß seine Generäle oft von seinen »gründlichen Kenntnissen« tief beeindruckt waren, bei denen es sich in Wirklichkeit nur um Meisterleistungen seines Gedächtnisses handelte.

Das bringt uns auf die sehr wichtige Frage nach Hitlers *Belesenheit* und *Wissen,* eine Frage, die heute von besonderer Bedeutung ist, da eine wachsende Tendenz besteht, das Hitlerbild aufzuwerten, und da in einigen kürzlich erschienenen Büchern, die von früheren Nazis stammen, eine unverhohlene Bewunderung seiner Größe zum Ausdruck kommt.[27]

Maser nimmt eine etwas abweichende Haltung ein. Er warnt den Leser, viele Behauptungen Hitlers über seine eigene Belesenheit seien von zweifelhaftem Wert, da objektive Belege fehlten. (So behauptete Hitler beispielsweise, er habe jede Nacht ein ernsthaftes Buch gelesen, und studiere, seit er zweiundzwanzig sei, ernsthaft Weltgeschichte, Kunstgeschichte, Kulturgeschichte, Architektur und Politische Wissenschaften.) Trotz dieser anfänglichen Warnung bestätigt Maser aber, ohne seine Quellen zu nennen, daß Hitler nach »gut beglaubigten Zeugenaussagen« in seinen letzten Schuljahren angefangen habe,

[27] Vgl. H. S. Ziegler (1965); sowie H. S. Ziegler, ed. (1970). Es gibt Hinweise darauf, daß in nächster Zeit in Deutschland, England und den Vereinigten Staaten eine ganze Reihe von Büchern und Artikeln erscheinen werden, in denen versucht wird, das Bild von Hitler, dem großen Führer, aufzupolieren.

anspruchsvollere Werke auf dem Gebiet der Naturwissenschaft und Kunst zu studieren, daß er jedoch in den Bereichen der Geschichte, von denen er selbst behauptete, er habe sie völlig beherrscht, am besten zu Hause gewesen sei. Wie unkritisch eine solche Bewertung von Hitlers Wissen ist, kann man an einem drastischen Beispiel erkennen: Maser schreibt, Hitlers Bemerkungen in den *Zwiegesprächen* hätten nur bestätigt, »was Hitler bis dahin öffentlich und im Rahmen privater Gespräche überzeugend bewiesen hatte: die bemerkenswerte Kenntnis der Bibel und des Talmud«. (W. Maser, 1971.) Der Talmud ist ein umfangreiches und schwieriges Werk, und nur jemand, der sich jahrelang seinem Studium gewidmet hat, könnte sich eine »beachtliche Kenntnis« darüber erwerben. Die Tatsachen liegen auf der Hand: in der antisemitischen Literatur, mit der Hitler recht vertraut war, werden eine Reihe von Sprüchen aus dem Talmud, manchmal verzerrt oder aus dem Zusammenhang gerissen, zitiert, um damit das unheimliche Wesen der Juden zu beweisen. Hitler hatte diese Sätze im Gedächtnis behalten und bluffte nun seine Zuhörer, indem er sie glauben machte, er beherrsche die talmudische Literatur. Daß er seine Zuhörer auf diese Weise geblufft hat, ist verständlich; daß er noch dreißig Jahre später einen Historiker damit bluffen konnte, ist zu bedauern.

Hitler konnte zweifellos gewandt und mit einem Anstrich des Wissens über fast alles unter der Sonne reden, wovon sich jeder Leser der *Tischgespräche* (H. Picker, 1965) leicht selbst überzeugen kann. Er erging sich über Paläontologie, Anthropologie und alle Aspekte von Geschichte, Philosophie, Religion, Psychologie der Frauen und Biologie.

Was ergibt eine kritische Untersuchung von Hitlers Belesenheit und Wissen?

In der Schule war er nie in der Lage, sich anzustrengen und ernsthaft zu lesen, selbst wenn es um Themen wie Geschichte ging, die ihn doch lebhaft interessierte. In seinen Wiener Jahren verbrachte er die meiste Zeit damit, daß er in den Straßen herumlief, sich Gebäude anschaute und skizzierte und redete. Die Fähigkeit zu einem beharrlichen Studium und ernster, mühsamer Lektüre könnte er nach dem Kriege erworben haben, doch haben wir außer Hitlers eigener Behauptung keinen Beweis dafür. (Es heißt, er habe im Krieg einen Band Schopenhauer mit sich herumgetragen. Wie oft er aber darin gelesen hat, wissen wir nicht.) Andererseits geht aus den *Tischgesprächen,* aus seinen Reden und aus *Mein Kampf* hervor, daß er tatsächlich ein gieriger, unersättlicher Leser gewesen sein muß, mit einer enormen Fähigkeit Tatsachen aufzulesen und im Gedächtnis zu behalten, die er dann bei jeder Gelegenheit dazu benutzte, seine vorgefaßten Meinungen zu untermauern.

Wenn man *Mein Kampf* mit einiger Objektivität liest, so erweist sich dieses Buch kaum als Arbeit eines Mannes mit soliden Kenntnissen, sondern vielmehr als ein geschickt – und unaufrichtig – konstruiertes Propagandapamphlet. Was seine Reden angeht, so waren sie gewiß ungeheuer wirkungsvoll, im übrigen aber die Reden eines Demagogen, dem es darum ging, die Massen aufzuwiegeln, und nicht die eines gebildeten Menschen, ob er sich diese Bildung nun selbst oder anderweitig erworben hat. In den *Tischgesprächen* erleben wir ihn auf der Höhe seines Konversationstalents. Aber sie entlarven ihn auch als sehr begabten, halbgebildeten Mann ohne solide Grundlage auf irgendeinem Gebiet, der von einem Wissensgebiet zum anderen schweifte, der es aber dank seines phantastischen Gedächtnisses fertigbrachte, die einzelnen Fetzen, die er bei seiner der oberflächlichen Information dienenden Lektüre aufgelesen hatte, irgendwie zu einem mehr oder weniger zusammenhängenden Ganzen zu verbinden. Manchmal unterliefen ihm schwere Schnitzer, die zeigten, daß es ihm an solidem Wissen fehlte, doch scheint er alles in allem auf seine Zuhörer, wenn auch vermutlich nicht auf alle, Eindruck gemacht zu haben.

Wenn man versucht, die Wirkung der *Tischgespräche* auf Hitlers Gäste festzustellen, muß man sich klarmachen, daß seine Zuhörer zwar gebildete und intelligente Männer waren, daß aber einige von ihm fasziniert und daher geneigt waren zu übersehen, wie wenig fundiert seine weitschweifigen Erörterungen waren. Vielleicht machte auch der ungewöhnlich weite Bereich der Themen, über die Hitler mit soviel Selbstsicherheit redete, Eindruck auf sie. Da sie in der Tradition intellektueller Ehrlichkeit aufgewachsen waren, dürfte es ihnen schwergefallen sein zu glauben, daß da ein Mann saß, der hauptsächlich bluffte.

Alles weist darauf hin, daß Hitler mit wenigen Ausnahmen nichts gelesen hat, was seine von Vorurteilen geprägten, fanatischen Prämissen in Frage gestellt oder was kritisches und objektives Nachdenken erfordert hätte. Seinem Charakter entsprechend las er nicht, um Wissen zu erwerben, sondern um neue Munition zu sammeln für seine Leidenschaft, andere – und sich selbst – zu überzeugen. Von allem, was er las, wollte er innerlich erregt werden; er suchte nach unmittelbarer emotionaler Befriedigung durch die Bestätigung seiner Vorurteile. Genau wie er sich nicht für die Musik Bachs oder Mozarts, sondern nur für die Opern Richard Wagners interessierte, interessierte er sich auch nicht für Bücher, die vom Leser Mitdenken und Geduld verlangten und deren Schönheit in ihrem Wahrheitsgehalt lag. Er verschlang gedruckte Seiten, doch tat er es mit einer rein rezeptiven Gier. Es gibt auf allen Gebieten nur wenige ernste Bücher, die man auf diese Weise lesen kann; geeignetes Material für diese Art der Lektüre sind politische Pamphlete und pseudowissenschaftliche Bücher, wie zum Beispiel die über Rassenprobleme von Gobineau oder Chamberlain oder wie die populärwissenschaftlichen Bücher über den Darwinismus und andere nicht allzu schwer verständliche Werke, aus denen Hitler aufschnappen konnte, was ihm gerade paßte. Vielleicht hat er auch Bücher über Themen gelesen, die ihn wirklich interessierten, wie zum Beispiel über Architektur und Militärgeschichte, doch wissen wir nicht, bis zu welchem Ausmaß er dies getan hat. Im großen und ganzen dürfen wir annehmen, daß Hitler Populärliteratur (einschließlich Pamphlete) las, in denen er viele Zitate aus ernsthafteren Quellen fand; diese behielt er im Gedächtnis und zitierte sie dann so, als ob er selbst das Original gelesen hätte. Das Problem liegt nicht darin, wie viele Bücher er gelesen hat, sondern ob er sich die grundlegende Eigenschaft des gebildeten Menschen erworben hat, die Fähigkeit, objektiv und vernünftig Wissen aufzunehmen. Man hat oft gesagt, Hitler sei Autodidakt gewesen, doch ist diese Bezeichnung irreführend. Hitler war nicht jemand, der *sich selbst gebildet* hat, sondern er war ein *Halbgebildeter,* und die ihm fehlende Hälfte der Bildung war das Wissen darüber, was Wissen ist.

Hitlers grundlegender Bildungsmangel zeigte sich noch auf andere Weise. Natürlich hatte er die Möglichkeit, deutsche Wissenschaftler auf allen Gebieten zu sich kommen zu lassen, um von ihnen zu lernen und seine Kenntnisse zu erweitern. Nach dem Zeugnis von Schramm und Speer hat er dies aber fast vollständig vermieden.[28]

Hitler fühlte sich auf allen Gebieten Menschen gegenüber, die ihm ebenbürtig oder sogar

[28] Einmal hat er diese Abneigung Speer gegenüber damit zu rechtfertigen versucht, daß er zu ihm sagte, die deutschen Wissenschaftler hätten wahrscheinlich keine Lust, ihn aufzusuchen. Dies traf jedoch – vielleicht leider – nicht zu, und Hitler muß es gewußt haben. (A. Speer, 1970.)

überlegen waren, unbehaglich, wie es oft bei narzißtischen und autoritären Charakteren der Fall ist. Er mußte stets in der Lage sein, die Rolle des Unfehlbaren zu spielen. War dies nicht möglich, so bedrohte eine solche Unterredung das Gesamtgebäude seines aufgeblasenen Wissens, was auch ein ernsthaftes Buch bewirkt hätte.

Hitler ging Spezialisten aus dem Wege. Die einzige Ausnahme waren seine Beziehungen zu Architekten, besonders sein Verhältnis zu Professor P. L. Troost. Dieser benahm sich Hitler gegenüber nicht unterwürfig. Wenn Hitler zum Beispiel zu ihm ins Atelier kam, ging er ihm nie auf der Treppe entgegen und begleitete ihn beim Weggehen auch nie die Treppe hinunter. Dies beeinträchtigte jedoch nicht Hitlers Bewunderung für ihn. Er war ihm gegenüber nie arrogant oder rechthaberisch, sondern benahm sich ihm gegenüber eher wie ein Student (A. Speer, 1970.) Selbst auf einer in Speers Buch veröffentlichten Fotografie ist Hitlers fast schüchterne Haltung dem Professor gegenüber zu erkennen. Meiner Ansicht nach war Hitlers Interesse an der Architektur, das ich bereits hervorgehoben habe, an dieser Haltung Troost gegenüber schuld.

Hitlers Geschmack in Musik und Malerei war genau wie im Bereich von Geschichte und Philosophie ausschließlich von seinen Leidenschaften geprägt. Auf dem Obersalzberg sah er sich jeden Abend nach dem Essen zwei Filme an; am liebsten waren ihm Operetten und Musicals; Filme über Reisen, Naturfilme oder informierende Filme wurden nicht gezeigt (A. Speer, 1970). Ich erwähnte bereits, daß ihn Filme wie Fridericus Rex begeisterten. Auf dem Gebiet der Musik interessierte er sich fast ausschließlich für Operetten und für die Musik Richard Wagners, dessen Gefühlsseligkeit eine Art Tonikum für ihn war. Hanfstaengl hat ihm oft ein paar Minuten lang Wagner vorgespielt, besonders wenn er niedergeschlagen oder bedrückt war, und das wirkte auf ihn wie stärkende Medizin.

Wir haben keinen Beleg dafür, daß der ehemalige »große Maler« sich ernsthaft für die Malerei interessierte. Museen sah er sich lieber von außen an. Ihre Architektur interessierte ihn, aber er zeigte wenig Lust hineinzugehen und sich die Gemälde anzuschauen. Hanfstaengl gibt eine anschauliche Beschreibung eines Besuchs des Kaiser-Friedrich-Museums in Berlin zu Anfang der zwanziger Jahre. Das erste Bild, vor dem Hitler stehenblieb, war Rembrandts »Mann mit dem Goldhelm«. »Schau dir das an, Fritzl!« sagte er zu dem kleinen Sohn eines Parteigenossen, den er zu diesem Museumsbesuch mitgenommen hatte. »Ist das nicht einzigartig – dieser heldische, soldatische Ausdruck. Ein Kämpfer, zum Letzten entschlossen! Hier zeigt sich halt, daß Rembrandt doch ein echter Arier und Germane war, auch wenn er gelegentlich seine Modelle aus dem Judenviertel von Amsterdam nahm.«

Hitler, der »Maler«, hat hauptsächlich Postkarten und alte Stiche kopiert; seine Gegenstände waren meist Gebäudefassaden (»Architekturzeichnungen«), aber auch Landschaften und Porträts sowie Reklamebilder. Das Prinzip, das ihn dabei leitete, war einzig die Frage, ob sich die Bilder leicht verkaufen ließen, und wie wir sahen, hat er gewisse Skizzen und Aquarelle mehrmals gemalt, wenn Nachfrage danach bestand. Die Qualität seiner Zeichnungen und Malereien war dementsprechend. Am besten gelungen scheinen noch seine Architekturskizzen. Sie sind hübsch, aber unlebendig, und es fehlt ihnen jeder persönliche Ausdruck. Aber selbst dann, wenn er – wie während des Krieges – nicht kopierte, ist sein Stil präzise, geduldig beobachtend und pedantisch. Sie sind »gut gemacht«, aber man spürt keinen persönlichen Impuls. (A. Speer, 1970.) Hitler selbst hat später eingeräumt, er habe sich mit seiner Malerei lediglich seinen Lebensunterhalt verdienen wollen, und er sei nur »ein kleiner Maler« gewesen. Zu seinem Busenfreund, dem Fotografen Hoffmann, sagte er 1944: »Ich wollte ja kein Maler werden, ich habe diese Sachen nur gemalt, damit ich meinen Lebensunterhalt bestreiten und studieren konnte . . .« (W. Maser, 1971.) Aus all dem dürfte sich ergeben, daß er ein Bilderverkäufer war, ein Kopist mit Zeichentalent; das Talent, ein großer Maler zu werden, ging ihm ab.[29]

Dieser Eindruck, daß Hitlers Bildern die Originalität abgeht, verstärkt sich noch, wenn man sich die über hundert Skizzen ansieht, die Speer in seinem Besitz hat. Wenn ich auch kein kompetenter Kunstkritiker bin, so glaube ich doch, daß kein Mensch mit auch nur etwas psychologischem Feingefühl übersehen kann, wie pedantisch und unlebendig diese Skizzen sind. So gibt es darunter zum Beispiel eine kleine Detailskizze von einem Theaterinterieur, die Hitler praktisch ohne jede Änderung mehrere Male wiederholt hat; auch die Skizze eines Obelisken hat er mehrere Male wiederholt. Manchmal spürt man seine Aggression in den harten Bleistiftstrichen, während andere Bilder ohne jeden persönlichen Ausdruck sind. Es ist nicht uninteressant, daß sich unter diesen Skizzen, die er zwischen 1925 und 1940 gemacht hat, auch kunstlose Zeichnungen von Unterseebooten, Tanks und anderem Kriegsgerät finden.[29a]

Daß Hitler sich wenig für die Malerei interessierte, sollte uns nicht zu der Annahme verleiten, sein Interesse für Architektur sei nicht echt gewesen. Es ist dies für das Verständnis von Hitlers Persönlichkeit von großer Wichtigkeit, da es sich hier offenbar um das einzig echte Interesse in seinem Leben handelt. Ich meine damit ein Interesse, das nicht in erster Linie narzißtisch und eine Manifestation seiner Destruktivität war, ein Interesse, das nicht vorgetäuscht war. Natürlich ist es nicht leicht zu beurteilen, wie echt die Interessen eines Menschen sind, der so daran gewöhnt ist, über sich selbst Lügen zu verbreiten. Ich glaube jedoch, daß es genügend Daten gibt, die für die Echtheit dieses Interesses an der Architektur sprechen. Die wichtigste Tatsache ist wohl Hitlers nimmermüder Enthusiasmus, mit dem er über Architekturpläne diskutierte, worüber Speer so anschaulich berichtet. Hier merkt man, daß ein echtes Interesse vorhanden war, das nicht

[29] Um Hitlers Talent als Maler möglichst herauszustellen, erklärt Maser seine Methode, Bilder zu kopieren, folgendermaßen: »Hitler kopierte Vorlagen, nicht weil er talentlos war . . . sondern ganz einfach weil er zu faul war, sich auf die Straße zu stellen und zu malen.« (W. Maser, 1971.) Diese Behauptung ist ein Beispiel für Masers Tendenz, Hitler größer erscheinen zu lassen, als er war. In diesem Fall ist sein Urteil mindestens in einer Hinsicht besonders falsch, denn das einzige, was Hitler *wirklich* Spaß machte, war, *ins Freie zu gehen,* und wenn er nur durch die Straßen lief. Ein anderes Beispiel für Masers übertriebene Meinung von Hitlers Maltalent ist seine Behauptung, Dr. Bloch (der jüdische Arzt, der Hitlers Mutter behandelt hatte) habe einige Aquarelle, die Hitler ihm gab, »sicher nicht deshalb bis nach 1938 aufgehoben, weil Adolf und Klara Hitler bis 1907 seine Patienten gewesen waren«. Maser unterstellt damit, der Arzt habe diese Bilder deshalb aufgehoben, weil sie künstlerischen Wert besessen hätten. Aber warum sollte sie der Arzt nicht einfach aufgehoben haben, weil die Hitlers einmal zu seinen Patienten gehört hatten? Er wäre nicht der erste Arzt, der eine Erinnerung an die Dankbarkeit seiner Patienten aufbewahrt hätte, und nach 1933 war jedes Souvenir von Hitler für einen Mann in Blochs Lage ganz bestimmt von größtem Wert.

[29a] Ich bin Herrn Speer zu besonderem Dank verpflichtet, daß er mir diese Skizzen gezeigt hat: sie liefern einen Schlüssel zu Hitlers pedantischem, unlebendigem Charakter.

nur ihn selbst betraf. Hier hielt er keine Vorträge, sondern stellte Fragen und ließ sich in eine echte Diskussion ein. Ich glaube, daß dieser machthungrige, gefühllose, destruktive Mann in seinem Interesse für die Architektur für Momente lebendig wurde, wenn er bei diesen Diskussionen Speer auch jedesmal durch den überwältigenden Druck seines Charakters bis an den Rand der Erschöpfung brachte. Ich will damit nicht sagen, daß Hitler ein anderer Mensch war, wenn er über Architektur diskutierte, sondern daß es die Situation darstellte, in der das »Ungeheuer« am menschlichsten war.

Diese Erwägungen besagen freilich nicht, daß Hitler recht hatte, wenn er behauptete, die äußeren Umstände hätten ihn gezwungen, seinen Plan Architekt zu werden aufzugeben. Wir sahen, daß es ihn relativ wenig Mühe gekostet hätte, dieses Ziel zu erreichen, aber daß er sich dieser Mühe nicht unterzog, weil sein Streben nach Allmacht und Zerstörung eine stärkere Triebkraft war als seine Liebe zur Architektur. Wenn wir annehmen, daß dieses Interesse an der Architektur tatsächlich echt war, so besagt dies nicht, daß sein Interesse nicht Züge seines Größenwahns trug, noch auch, daß er keinen schlechten Geschmack gehabt hätte. Wie Speer berichtet, galt seine Vorliebe dem Neubarock der achtziger und neunziger Jahre, und zwar in seiner dekadenten Form, wie sie Kaiser Wilhelm II. populär gemacht hat. Daß Hitlers Geschmack in der Architektur ebenso primitiv war wie auf anderen Gebieten, nimmt nicht wunder. Geschmack ist vom Charakter nicht zu trennen; ein brutaler, primitiver, gefühlloser Mensch wie Hitler, der blind ist für alles, was nicht von direktem Nutzen für ihn ist, kann kaum einen anderen als einen schlechten Geschmack haben. Doch glaube ich immerhin, daß man darauf hinweisen sollte, daß sein Interesse für die Architektur das einzige konstruktive Element in seinem Charakter war – vielleicht die einzige Brücke, die ihn mit dem Leben verband.

Die Tarnschicht

Wenn man Hitlers Persönlichkeit verstehen will, muß man sich klarmachen, daß die Maske, die das wahre Gesicht dieses ruhelos umhergetriebenen Menschen bedeckte, die eines liebenswürdigen, höflichen, beherrschten, fast scheuen Menschen war. Besonders Frauen gegenüber war er höflich, und er hat nie versäumt, ihnen bei passender Gelegenheit Blumen mitzubringen oder zu schicken. Er bot ihnen Gebäck und Tee an; er setzte sich nicht, bevor seine Sekretärinnen sich gesetzt hatten. In seiner Einführung zu den *Tischgesprächen* gibt Schramm ein anschauliches Bild davon, welchen Eindruck Hitler auf seine Umgebung machte: »Der Kreis seiner Bekannten meinte, daß der Chef an ihrem Wohlsein und Leiden teilnahm. So zum Beispiel, daß er vor ihrem Geburtstag erwäge, was ihnen wohl am meisten Freude machen würde.« Dr. H. Picker, ein junger Mann, der, bevor er zu Hitlers Tischgesellschaft gehörte, Hitler »nur als den Staatsmann kennengelernt hatte, war durch das menschliche Wesen, das Hitler in seinem engsten Kreis ausstrahlte, durch das Wohlwollen, das er Jüngeren bewies, durch seine Bereitschaft zu lachen sehr beeindruckt. Hitler, der Mann ohne Familie oder Freunde, trat in diesem Kreis als guter ›Kamerad‹ auf, der im Ersten Weltkrieg gelernt hatte, was Kameradschaft bedeutet, und der sich in seinem späteren Leben das Wissen darum bewahrt hatte. Seine Umgebung wußte auch, wie intensiv er auf schöne, gutangezogene Frauen reagierte. Sie wußten, wie gern er Kinder hatte; sie beobachteten, wie er an seinen Hunden hing und wie er sich entspannte, wenn er das Verhalten dieser Tiere beobachten konnte.« (H. Picker, 1965.)

Hitler verstand sehr gut, diese Rolle des freundlichen, liebenswürdigen, netten, fürsorglichen Mannes zu spielen; er verstand es nicht nur deshalb, weil er ein vorzüglicher Schauspieler war, sondern auch weil er die Rolle liebte. Sie war wertvoll für ihn, weil er damit seinen engsten Kreis und vor allem auch sich selbst über seine tiefe Destruktivität hinwegtäuschen konnte.[30]

Wer kann wissen, ob in Hitlers Verhalten ein echtes Element der Freundlichkeit und des guten Willens enthalten war? Man sollte annehmen, daß es vorhanden war. Es gibt nur wenige Menschen, denen jede Spur von Freundlichkeit und Zuneigung abgeht. Aber das, was wir sonst über seinen Charakter erfahren haben, läßt vermuten, daß seine Freundlichkeit in der Hauptsache Tünche war. Hitlers Interesse für Geburtstage zum Beispiel steht im Widerspruch zu seinem Verhalten Eva Braun gegenüber, der gegenüber er es nicht für nötig hielt, als Kavalier aufzutreten. Was sein Lachen angeht, so war Picker offenbar nicht feinfühlig genug, zu merken, um welche Art von Lachen es sich dabei handelte. Was Hitlers kameradschaftliche Haltung im Kriege angeht, von der Picker berichtet, so zitiert Hanfstaengl einen schriftlichen Bericht von Hitlers vorgesetztem Offizier, in dem dieser feststellt, Hitler sei zwar ein eifriger und pflichtbewußter Soldat gewesen, doch »er wurde von weiterer Beförderung ausgeschlossen wegen seiner arroganten Haltung gegenüber seinen Kameraden und wegen seiner speichelleckerischen Unterwürfigkeit unter seinen Vorgesetzten«. (E. Hanfstaengl, 1970.) Was seine Kinderliebe betrifft – ein Zug, den die meisten Politiker kultivieren – so bezweifelt Speer, daß sie echt war.[31]

Bezüglich seiner Liebe zu Hunden enthüllt uns Schramm, wie es in Wirklichkeit damit bestellt war. Er berichtet, daß Hitler in seinem Hauptquartier eine Hindernisbahn errichten ließ, ähnlich wie sie zur Ausbildung der Infanterie benutzt wurde, wo die Hunde ihren Mut und ihre Intelligenz unter Beweis stellen mußten. Der Unteroffizier, der die Hunde betreute, führte Schramm vor, wie schnell sie die abwechselnden Befehle »Auf!« und »Platz!« befolgen konnten. Schramm meint dazu: »Ich behielt den Eindruck, es nicht mit einem Hunde, sondern mit einer Maschine zu tun zu haben, und machte mir Gedanken darüber, ob Hitler bei der Dressur des Hundes nicht im Grunde von der Absicht beherrscht wurde, selbst in diesem Tier den eigenen Willen auszulöschen.« (H. Picker, 1965.)

Schramm schreibt, Hitler habe zwei Gesichter gehabt, ein freundliches und ein Angst und Schrecken einflößendes – und beide seien echt gewesen. Oft wird dies ausgedrückt, wenn man von einer Jekyll-und-Hyde-Persönlichkeit spricht, wobei impliziert ist, daß beide echt sind. Diese Ansicht ist jedoch psychologisch unhaltbar, und dies besonders seit Freud. Der wirkliche Unterschied ist der zwischen dem unbewußten Kern der Charakterstruktur und der Rolle, die der Betreffende spielt, einschließlich aller Rationalisierungen, Kompensationen und anderer Defensivmaßnahmen, welche die zugrunde liegende Realität verdekken. Von Freud ganz abgesehen, ist eine solche Sicht oft gefährlich naiv. Wer ist nicht

[30] Schramm erwähnt, Hitler habe bei diesen Tischgesprächen nicht einen der furchtbaren Befehle erwähnt, die er damals erließ.

[31] A. Speer, persönliche Mitteilung.

schon Menschen begegnet, die nicht nur mit Worten täuschen – was von geringerer Bedeutung ist – sondern mit ihrem Gesamtverhalten, ihrem Benehmen, dem Ton ihrer Stimme und ihren Gesten? Viele sind geschickt genug, daß sie den Charakter, den sie darstellen möchten, recht gut schauspielern; sie entwickeln ein solches Geschick, wenn sie ihre Rolle spielen, daß sie oft auch Menschen täuschen, die keineswegs psychologisch naiv sind. Da Hitler kein inneres Zentrum hatte, da ihm alle echten Prinzipien, Werte und Überzeugungen fehlten, konnte er den liebenswürdigen Gentleman spielen, ohne sich in dem Augenblick selbst darüber klar zu sein, daß es sich nur um eine Rolle handelte.

Hitler behagte diese Rolle nicht nur deshalb, weil er andere täuschen wollte; sein Geschmack daran hing mit seiner sozialen Herkunft zusammen. Ich meine damit nicht in erster Linie die Tatsache, daß sein Vater ein uneheliches Kind und seine Mutter eine ungebildete Frau war, sondern die besondere soziale Lage seiner Familie. Teils aufgrund seines Berufes, teils aus persönlichen Gründen hat sein Vater mit der Familie zu verschiedenen Zeiten in fünf verschiedenen Städten gewohnt. Außerdem verursachte seine Rolle als Kaiserlicher Zollbeamter in gesellschaftlicher Beziehung eine gewisse Kluft zwischen ihm und dem übrigen mittleren Bürgertum der betreffenden Stadt, wenn er auch bezüglich seines Einkommens und seiner sozialen Stellung ihresgleichen war. So war die Familie Hitler in den verschiedenen Orten, in denen sie lebte, nie ganz in das mittlere Bürgertum integriert. Außerdem war sie zwar wohlhabend, stand jedoch kulturell auf dem unteren Niveau der Bourgeoisie. Der Vater stammte aus einem sehr einfachen Milieu, interessierte sich nur für die Politik und für seine Bienen und verbrachte seine Freizeit größtenteils im Wirtshaus. Die Mutter war ungebildet und interessierte sich nur für ihre Familie. Hitler, der ein ehrgeiziger, eingebildeter junger Mann war, muß sich gesellschaftlich unsicher gefühlt und den Wunsch empfunden haben, unter die wohlhabenderen, angeseheneren Bürger gerechnet zu werden. Selbst in Linz hätte er gern noch elegantere Kleider gehabt, und er lief mit peinlicher Sorgfalt gekleidet und einem Spazierstock in der Hand in der Stadt herum. Maser berichtet, Hitler habe in München einen Frack besessen und seine Anzüge seien immer ordentlich und niemals abgetragen gewesen. Später löste die Uniform seine Kleiderprobleme, doch versuchte er sich auch weiterhin wie ein Mitglied des gebildeten Bürgertums zu benehmen. Die Blumen, sein Geschmack bezüglich der Inneneinrichtung seines Hauses und sein allgemeines Benehmen verrieten den etwas krampfhaften Versuch, zu beweisen, daß er es »zu etwas gebracht hatte«. Hitler war der echte Bourgeois-Gentilhomme; der Neureiche, der eifrig darauf bedacht ist zu zeigen, daß er ein Gentleman ist.[32]

Hitler haßte die unteren Klassen, weil er beweisen mußte, daß er nicht zu ihnen gehörte – besonders seit den Jahren in Wien, in denen er effektiv zu ihnen gehört hatte. Hitler war ein entwurzelter Mensch; er war dies nicht so sehr deshalb, weil er ein Österreicher war, der die Rolle des Deutschen spielte, sondern weil er keiner sozialen Klasse richtig angehörte. Er gehörte nicht der Arbeiterklasse an und ebensowenig der Bourgeoisie. Er war gesellschaftlich und nicht nur psychologisch ein Einzelgänger. Die einzige Verwurzelung,

[32] Chaplins Monsieur Verdoux, der liebenswürdige Ehemann aus dem mittleren Bürgertum, der sich seinen Lebensunterhalt damit erwirbt, daß er reiche Frauen ermordet, ist eine gewisse Parallele dazu.

die im Bereich seiner Möglichkeiten lag, war die allerarchaischste, die Verwurzelung in Rasse und Blut.

Hitlers Bewunderung für die oberen Klassen war keineswegs eine selten zu beobachtende Erscheinung. Wir finden dieselbe Haltung – meist tief verdrängt – auch bei manchen Sozialistenführern jener Epoche, wie zum Beispiel bei Ramsay MacDonald. Diese Männer kamen aus der unteren Mittelklasse, und sie hatten ein tiefes Verlangen danach, von der Oberklasse, den Industriellen und Generälen in ihren Kreis »aufgenommen« zu werden. Hitler war weniger bescheiden; er wollte die, welche über reale Macht verfügten, zwingen, sie mit ihm zu teilen, und schließlich, daß sie ihm gehorchten. Hitler, der Rebell, der Führer einer *Arbeiter*-Partei, war verliebt in die Reichen und ihren Lebensstil, und dies trotz der vielen Äußerungen, die er gegen sie vorbrachte, bevor er an die Macht kam. Hitler, der liebenswürdige, rücksichtsvolle Mann, war eine Rolle; sein Wunsch, »dazuzugehören« und ein »Gentleman« zu sein, war real. In gewisser Hinsicht war er eine groteske Figur: ein Mensch, der von der Leidenschaft zu zerstören getrieben war, ein Mensch ohne Mitgefühl, ein Vulkan archaischer Leidenschaften versuchte als wohlerzogener, rücksichtsvoller, ja harmloser Gentleman aufzutreten. Kein Wunder, daß er viele zu täuschen wußte, die aus den verschiedensten Gründen nichts dagegen hatten, sich von ihm täuschen zu lassen.

Ein groteskes Symbol dieser Mischung aus korrektem Bürger und Mörder ist seine Eheschließung mit Eva Braun im Bunker kurz vor ihrem Tode. Die offizielle Trauung war die höchste Auszeichnung, die Hitler, der Kleinbürger, seiner Geliebten verleihen konnte, und das Höchste, was sie erreichen konnte, denn sie kannte keine anderen Werte als die traditionellen bürgerlichen Normen. Alles wurde sehr korrekt vorgenommen. Ein Standesbeamter mußte gefunden werden, der die Trauung zu vollziehen hatte. Dies nahm viele Stunden in Anspruch, da es schwierig war, einen solchen Standesbeamten in dem kleinen Teil Berlins aufzuspüren, der noch nicht von den Sowjettruppen besetzt war. Aber der Oberste Führer fühlte sich nicht befugt, die bürokratischen Verfahrensregeln abzuändern und einen der Anwesenden zum Standesbeamten zu ernennen. Man mußte stundenlang warten, bis der offizielle Beamte eintraf. Die Trauung wurde ordnungsgemäß vollzogen, und man servierte Champagner. Hitler der »Gentleman« hatte sich korrekt verhalten – aber er hatte auch klargestellt, daß nur der unmittelbar bevorstehende Tod ihn dazu veranlassen konnte, die Beziehung zu seiner Geliebten zu legitimieren. (Wenn er nur die geringste Rücksichtnahme ihr gegenüber gekannt hätte, von Liebe ganz zu schweigen, so hätte er diese Geste schon einige Wochen zuvor machen können.) Hitler der Mörder funktionierte weiter wie zuvor. Selbst seine Heirat mit Eva hinderte ihn nicht daran, ihren Schwager wegen angeblichen Verrats hinrichten zu lassen. Kurz zuvor ließ er seinen Arzt, Dr. Karl Brandt, der seit 1934 zu seinen Anhängern gehört hatte, von einem Kriegsgericht zum Tode verurteilen, das sich aus Goebbels, SS-General Berger und dem Jugendführer Axmann zusammensetzte und bei dem er selbst als Ankläger und oberster Richter fungierte. Der Grund für das Todesurteil, auf dem Hitler bestand, war, daß Brandt seine Familie in Thüringen »von den Amerikanern hatte überrollen lassen«, anstatt sie auf den Obersalzberg zu bringen. Er hatte den Verdacht, daß Brandt seine Frau als Kurier zu den Amerikanern benutzte. (Himmler, der sich zu jenem Zeitpunkt bei den Amerikanern beliebt machen wollte, hat Brandt das Leben gerettet.)

Auch abgesehen von den persönlichen und gesellschaftlichen Gründen, die Hitler für diese äußere Tünche gehabt haben mag, war sie auch in anderer Hinsicht von großem Wert für ihn. Half sie ihm doch, die Industriellen, die Militärs und die nationalistischen politischen Führer in Deutschland ebenso wie viele ausländische Politiker hinters Licht zu führen, die sich vielleicht von seiner Brutalität und Gewalttätigkeit abgestoßen gefühlt hätten. Natürlich haben viele diese Fassade durchschaut, aber viele taten es auch nicht, und so entstand ein günstiges Klima, das es Hitler ermöglichte, seinen Weg der Zerstörung weiterzuverfolgen.

Willensdefekte und Mangel an Wirklichkeitssinn

Hitler glaubte, sein stärkster Trumpf sei sein unbeugsamer Wille gewesen. Ob er damit recht hatte, hängt davon ab, was man unter »Wille« versteht. Wenn man seine Karriere überblickt, könnte man tatsächlich auf den ersten Blick meinen, er sei ein Mensch von außergewöhnlicher Willenskraft gewesen. Das Ziel seines Strebens war, groß zu sein, und obwohl er seine Laufbahn als ein »Niemand« begann, hatte er innerhalb von nur zwanzig Jahren sein Ziel in einem Ausmaß verwirklicht, das er sich selbst niemals hätte träumen lassen. Erfordert es nicht einen ungewöhnlichen Willen, ein solches Ziel zu erreichen?

Diese Auffassung wird jedoch zweifelhaft, wenn wir uns vergegenwärtigen, wie wenig Willenskraft Hitler als Kind und Jugendlicher gezeigt hatte. Wir haben gesehen, daß er ein Faulenzer ohne Selbstdisziplin war, der keine Lust hatte sich anzustrengen. So etwas ist bei einem Menschen von starker Willenskraft kaum zu erwarten. Tatsächlich war das, was Hitler als seinen »Willen« bezeichnete, nichts anderes als seine Leidenschaften, die ihn anfeuerten und die ihn unbarmherzig antrieben, sie zu realisieren. Sein Wille war so unbeherrscht und ungehobelt wie der eines sechsjährigen Kindes, wie Speer sagte. Man könnte von einem Sechsjährigen, der keine Kompromisse macht und einen Wutanfall bekommt, wenn man ihm etwas abschlägt, sagen, er habe einen starken »Willen«, doch wäre es korrekter zu sagen, er sei von seinen Impulsen getrieben und nicht fähig, eine Frustration hinzunehmen. Wenn Hitler keine Möglichkeit sah, sein Ziel zu erreichen, trat er auf der Stelle, bummelte und tat nur eben soviel, daß er seinen Lebensunterhalt damit verdiente. Bis zum Ersten Weltkrieg hatte er nicht die leiseste Ahnung und nichts, was einem Plan gleichgekommen wäre, wie er sein Ziel erreichen könnte. Wenn ihm die politische Situation nach dem Kriege nicht zustatten gekommen wäre, so hätte er sich vermutlich weiter treiben lassen, er hätte sich vielleicht irgendeine untergeordnete Stellung verschafft, wenn ihm dies auch aufgrund seiner mangelnden Disziplin sicher recht schwergefallen wäre. Die größte Berufschance hätte er vielleicht als Händler mit irgendeiner Ware von zweifelhaftem Wert gehabt, deren Erfolg in erster Linie von seinen Überredungskünsten abgehangen hätte. Aber sein Abwarten wurde belohnt; seine phantastischen Wünsche und sein großes Überredungstalent verknüpften sich mit der gesellschaftlichen und politischen Wirklichkeit. Die reaktionären Offiziere stellten ihn nicht nur an, andere Soldaten auszuspionieren, sondern sie darüber hinaus zu reaktionären militaristischen Ideen zu bekehren. Nach diesen bescheidenen Anfängen wurde Hitler zum Superverkäufer einer Ware, für die von seiten des enttäuschten und frustrierten »kleinen Mannes« ein starker Bedarf bestand und an deren Absatz zuerst die Armee und dann andere Machtgruppen ein vitales Interesse hatten – nämlich einer nationalistischen, antikommunistischen, militaristischen Ideologie. Nachdem er sich in seinem Job erfolgreich erwiesen hatte, wurde er von einem Teil der deutschen Bankiers und Industriellen finanziell unterstützt, ein nicht unwichtiger Faktor auf dem Wege zur Machtergreifung.

Hitlers Willensschwäche zeigt sich in seinem Zögern und Zweifeln, sobald er einen Entschluß fassen mußte, was viele Beobachter bezeugen. Wie viele, denen es an einem starken Willen fehlt, neigte er dazu, die Ereignisse an sich herankommen zu lassen, bis er es sich sparen konnte, eine Entscheidung zu fällen, da diese ihm aufgezwungen wurde; doch geschah dies nicht von selbst. Hitler schürte das Feuer und versperrte sich einen Rückweg nach dem anderen. So brachte er die Situation zu einem Siedepunkt, an dem er so handeln *mußte,* wie er es dann tat. Mit dieser Methode der Selbsttäuschung ersparte er sich die Schwierigkeit, einen Entschluß fassen zu müssen. Sein »Entschluß« war die Unterwerfung unter ein unausweichliches *fait accompli,* das er jedoch selbst herbeigeführt hatte. Um nur ein Beispiel zu geben: es erscheint zweifelhaft, daß er ursprünglich die Absicht hatte, Polen zu erobern, für dessen reaktionären Führer, Oberst Beck, er eine starke Sympathie hegte. Als aber Beck Hitlers relativ milde Forderung ablehnte, wurde dieser wütend und heizte die Situation mit Polen bis zu einem Punkt auf, an dem kein anderer Ausweg mehr blieb als der Krieg.

Wenn Hitler sich einmal für einen bestimmten Kurs entschieden hatte, verfolgte er ihn mit unerschütterlicher Entschlossenheit und – man könnte sagen – mit einem »eisernen Willen«, den Sieg davonzutragen. Um diesen scheinbaren Widerspruch zu verstehen, müssen wir jedoch kurz den Begriff »Willen« untersuchen. Zunächst empfiehlt es sich, zwischen »rationalem Willen« und »irrationalem Willen« zu unterscheiden. Unter rationalem Willen verstehe ich die energische Anstrengung, ein rational wünschenswertes Ziel zu erreichen; hierzu gehört Wirklichkeitssinn, Disziplin, Geduld und die Überwindung des Sichtreibenlassens. Unter irrationalem Willen verstehe ich dagegen ein von der Energie irrationaler Leidenschaften genährtes Streben, dem die Eigenschaften abgehen, die dem rationalen Willen unentbehrlich sind.[33]

Der irrationale Wille ist wie ein Fluß, der einen Damm sprengt; er ist mächtig, doch der Mensch ist nicht Herr dieses Willens; er wird von ihm getrieben, gezwungen, er ist sein Sklave. Hitler hatte in der Tat einen starken Willen, wenn wir darunter den irrationalen Willen verstehen. Aber sein rationaler Wille war schwach.

Neben dieser Willensschwäche besaß Hitler noch eine andere Eigenschaft, die das wieder zunichte zu machen drohte, was er mit Hilfe anderer Eigenschaften erreicht hatte: sein gestörter Wirklichkeitssinn. Hitlers geringer Kontakt mit der Realität zeigte sich – wie wir gesehen haben – bereits in seiner leidenschaftlichen Hingabe an kindliche Kriegsspiele bis zum Alter von sechzehn Jahren. Diese Phantasiewelt war für ihn weit realer als die reale Welt. Sein Plan, Künstler zu werden, hatte wenig Verbindung mit der Wirklichkeit – es war hauptsächlich ein Tagtraum – und seine Tätigkeit als Bilderhändler entsprach dieser Vision in keiner Weise. Auch die Menschen waren für ihn nicht wirklich real; sie waren

[33] Vgl. die Untersuchung über rationale und irrationale Leidenschaften in Kapitel 10.

alle nur Werkzeuge; er hatte keinen Kontakt zu ihnen, wenn er auch oft ein scharfsinniger Beobachter war.[34]

Aber wenn Hitler auch die Wirklichkeit nicht voll wahrnahm, so lebte er andererseits auch nicht ausschließlich in einer Welt der Phantasie. Seine Welt war eine besondere Mischung aus Realität und Phantasie, in der nichts völlig real und nichts ganz unreal war. In gewissen Fällen, besonders in seiner Einsicht in die Motivationen seiner Gegner, bewies er einen bemerkenswerten Wirklichkeitssinn. Er beurteilte die Menschen nicht nach dem, was sie *sagten,* sondern danach, was er als ihre realen – uneingestandenen oder nicht einmal voll bewußten – Motive erkannte. Ein gutes Beispiel dafür ist seine Einschätzung des politischen Verhaltens der Engländer und Franzosen. Man kann sagen, daß Hitlers Sieg in gewissem Sinn damit anfing, daß Großbritannien nicht bereit war, sich nach dem Völkerbundbeschluß zu richten, der eine effektive Blockade Italiens vorsah, nachdem Mussolini 1935–1936 seinen Angriff gegen Äthiopien unternahm. Auf allen möglichen Umwegen erhielt Italien weiter Öl, auf das es zur Fortführung des Krieges unbedingt angewiesen war, während Äthiopien die größten Schwierigkeiten hatte, vom Ausland auch nur mit Waffen beliefert zu werden. Das nächste Ereignis, das Hitler ermutigte, war die Einstellung Großbritanniens zum Spanischen Bürgerkrieg von 1936 bis 1939. Großbritannien verhinderte, daß die verfassungsmäßige Regierung von Spanien Waffen zu ihrer Verteidigung importieren konnte, und die französische Regierung unter dem Sozialisten Blum wagte nicht ohne die Zustimmung Großbritanniens zu handeln. Das Komitee der demokratischen Nationen jedoch, das damit beauftragt war, die Nichteinmischung in Spanien zu erzwingen, unternahm nichts, Hitler oder Mussolini daran zu hindern, ihre militärische Intervention zugunsten Francos fortzusetzen.[35]

Das nächste, was sich ereignete, war, daß die Franzosen und Briten sich der Besetzung des entmilitarisierten Rheinlandes durch Hitler 1936 nicht widersetzten, und dies zu einem Zeitpunkt, an dem die deutsche Armee keineswegs auf einen Krieg vorbereitet war. (Hitler hat in seinen *Tischgesprächen* [H. Picker, 1965] die Bemerkung gemacht, die Franzosen hätten sich seiner Besetzung des Rheinlandes widersetzt, wenn Frankreich damals einen wirklichen Staatsmann gehabt hätte.) Der letzte Schritt, Chamberlains Besuch bei Hitler, um ihn zur Mäßigung zu überreden, war kaum noch notwendig, um Hitler in seiner Überzeugung zu bestärken, daß Großbritannien und Frankreich nicht vorhatten, sich an ihre Zusagen zu halten. Hier zeigte Hitler die realistische Beurteilung

[34] Speer drückt Hitlers mangelnden Kontakt zur Realität etwas anders aus. Seine intuitive und sehr zutreffende Formulierung lautet: »Er wirkte geradezu wesenlos. Vielleicht war er jedoch darin immer der gleiche geblieben. Zurückblickend frage ich mich mitunter, ob diese Ungreifbarkeit, diese Wesenlosigkeit ihn nicht von früher Jugend bis zu seinem gewaltsamen Tod gekennzeichnet hat. Um so heftiger konnte, so scheint mir dann, die Gewalttätigkeit von ihm Besitz ergreifen; denn keine menschliche Regung wirkte ihr entgegen. Niemandem konnte es gelingen, seinem Wesen nahezukommen, eben weil es tot, weil es leer war.« (A. Speer, 1970.)

[35] Sir A. Cadogan, Ständiger Untersekretär im britischen Foreign Office, ein Konservativer, der damals die britische Politik mitbestimmt hat, gibt ein vorzügliches detailliertes Bild von der englischen Einstellung zum Spanischen Bürgerkrieg, die großenteils von der Sympathie der Konservativen für Mussolini und Hitler sowie von der Bereitschaft, Hitler die Sowjetunion angreifen zu lassen, motiviert war. Hinzu kam, daß man Hitlers Absichten nicht durchschaute. (Sir A. Cadogan, 1972.)

menschlichen Verhaltens, wie sie ein durchtriebener Pferdehändler hat, der merkt, wenn die Gegenpartei blufft. Was Hitler nicht durchschaute, war die umfassendere *politische* und wirtschaftliche Realität. Er erkannte nicht das traditionelle Interesse Großbritanniens an einem Gleichgewicht der Kräfte auf dem Kontinent; er merkte nicht, daß Chamberlain und sein Kreis nicht die politischen Interessen sämtlicher Konservativen repräsentierte und noch viel weniger die öffentliche Meinung der britischen Gesamtbevölkerung. Er verließ sich auf die Meinung Joachim von Ribbentrops, der ein Mann mit einer raschen, aber höchst oberflächlichen Intelligenz war und der keinerlei Voraussetzungen für ein Verständnis der komplizierten politischen, ökonomischen und sozialen Verhältnisse des britischen Systems besaß.

Daß er keinerlei realistisches Urteil besaß, zeigte sich auch darin, daß er keine wirklichen Kenntnisse über die Vereinigten Staaten hatte und nicht einmal den Versuch machte, sich zu informieren. Alle diesbezüglichen Berichte stimmen darin überein, daß er sich mit oberflächlichen Ideen zufriedengab, wie zum Beispiel der, daß die Amerikaner zu verweichlicht seien, um gute Soldaten abzugeben, daß Amerika von den Juden regiert werde, daß die amerikanische Regierung es nicht wagen werde, in den Krieg einzutreten, da es im eigenen Land so viele Konflikte gebe, daß man Gefahr laufen würde, daß eine Revolution ausbräche.

Auch in Hitlers Strategie zeigt sich auf ähnliche Weise, daß es ihm an Wirklichkeitssinn und Objektivität fehlte. In seiner reich dokumentierten, scharfsinnigen Analyse weist P. E. Schramm (1965) auf diesen Mangel in Hitlers Strategie hin. Er versucht nicht, Hitlers Verdienste als Stratege herabzusetzen, und erwähnt drei Beispiele einer kühnen und phantasiereichen Planung, wobei er sich auf General A. Jodl beruft. Seit 1942 jedoch ließ Hitlers militärische Urteilsfähigkeit stark nach. Er machte es auf diesem Gebiet genau wie früher bei seiner Lektüre: er wählte sich aus den Wehrmachtsberichten die Daten aus, die in seine Pläne paßten, und schenkte denen, die sie in Frage gestellt hätten, keine Beachtung. Seine Befehle, den Rückzug nicht anzutreten, die zur Katastrophe von Stalingrad und zu schweren Verlusten an Soldaten an vielen anderen Teilen der Front führten, charakterisiert Schramm als »immer sinnloser«. Seine Pläne für die letzte Offensive in den Ardennen ließen wichtige Tatsachen der effektiven taktischen Situation außer acht. Schramm bemerkt, Hitlers Strategie sei eine »Prestige«- und »Propaganda«-Strategie gewesen. Durch seinen Mangel an Wirklichkeitssinn erkannte er nicht, daß Kriegsführung und Propaganda von unterschiedlichen Gesetzen und Prinzipien bestimmt werden. Noch grotesker zeigte sich Hitlers Wirklichkeitsfremdheit, als er am 24. April 1945, wenige Tage vor seinem Selbstmord, nachdem er bereits seinen Tod geplant hatte, den Befehl ausgab, Entscheidungen von grundsätzlicher Bedeutung seien dem Führer 36 Stunden vor ihrer Durchführung zur Kenntnis zu bringen. (P. E. Schramm, 1965.)

Diese Mischung von Willensschwäche und mangelndem Wirklichkeitssinn läßt uns fragen, ob Hitler tatsächlich den Krieg gewinnen wollte oder ob er unbewußt und trotz all seiner scheinbaren Anstrengungen zu siegen auf die Katastrophe zusteuerte. Mehrere Beobachter von großem Einfühlungsvermögen haben den starken Verdacht geäußert, daß letzteres der Fall sein könnte. C. Burckhardt, einer der scharfsinnigsten Beobachter Hitlers, schreibt: »Es ist keineswegs weit hergeholt, wenn man annimmt, daß der unerschütterliche Hasser, der in ihm (Hitler) lebte, in unbewußten Teilen seines Wesens die versteckte, aber stets gegenwärtige Gewißheit hatte, daß das Ende die entsetzlichste Niederlage und sein persönlicher Tod sein würde, wie es ja dann am 30. April 1945 auch tatsächlich in der Reichskanzlei geschah.« (C. Burckhardt, 1965.)

Speer berichtet, er habe in den Jahren vor dem Krieg, wenn Hitler mit ihm so begeistert über seine Baupläne sprach, das unbestimmte Gefühl gehabt, daß er an deren Verwirklichung im Grund nicht glaubte. Es sei dies keine klare Überzeugung, sondern etwas wie ein intuitives Gefühl gewesen.[36]

J. Brosse äußert die gleiche Ansicht. Er wirft die Frage auf, ob Hitler wirklich an den Endsieg geglaubt oder ihn auch nur gewünscht habe. (J. Brosse, 1972.) Ich selbst bin aufgrund meiner Analyse zu einer ähnlichen Schlußfolgerung gekommen. Ich frage mich, ob ein Mann, der von einem so intensiven, ihn ganz absorbierenden Zerstörungsdrang besessen war, in der Tiefe seines Wesens die konstruktive Arbeit, die ein Sieg mit sich gebracht hätte, wirklich wollen konnte. Die Vermutung, daß er nicht an die Verwirklichung seiner künstlerischen und politischen Träume glaubte, bezieht sich ausschließlich auf sein Unbewußtes. Es wäre in der Tat absurd, behaupten zu wollen, Hitler habe den Krieg nicht gewinnen wollen, wenn man dabei nicht seine unbewußten Beweggründe im Auge hat.[37]

Hitler war ein Spieler; er hat mit dem Leben aller Deutschen ebenso wie mit seinem eigenen Leben gespielt. Als das Spiel aus war und er verloren hatte, hatte er nicht allzuviel Grund es zu bedauern. Er hatte gehabt, was er sich immer gewünscht hatte: Macht und die Befriedigung seines Hasses und seines Zerstörungsdranges. Seine Niederlage konnte ihm diese Befriedigung nicht nehmen. Der Megalomane und Zerstörer hatte in Wirklichkeit nicht verloren. Verloren hatten nur die Millionen von Menschen – Deutsche, Angehörige anderer Nationen und die rassischen Minderheiten – für die der Tod auf dem Schlachtfeld noch die mildeste Form des Leidens gewesen war. Da Hitler mit niemand das geringste Mitgefühl hatte, verursachte ihm dieses Leiden weder Schmerz noch Gewissensbisse.

Bei unserer Analyse Hitlers sind wir auf eine Anzahl schwer pathologischer Charakterzüge gestoßen: Wir stellten die Hypothese auf, daß bereits bei dem Kind eine halbautistische Anlage zu beobachten war. Wir fanden einen extremen Narzißmus, einen Mangel an Kontakt mit anderen Menschen, Defekte in seinem Wirklichkeitssinn und eine intensive Nekrophilie. Man darf mit Recht vermuten, daß er psychotische, vielleicht schizophrene Züge aufwies. Aber war Hitler deshalb ein »Wahnsinniger«, hat er, wie gelegentlich behauptet wird, an einer Psychose oder Paranoia gelitten? Ich glaube, daß man hierauf mit Nein antworten muß. Trotz einer verrückten Ader war Hitler geistig normal genug, um seine Ziele zielbewußt und – eine Zeitlang – auch erfolgreich zu verfolgen. Trotz aller seiner Fehlurteile, die auf seinen Narzißmus und seine Destruktivität zurückzuführen waren, kann man ihm nicht absprechen, daß er ein außerordentlich geschickter Demagoge und Politiker war, der zu keiner Zeit offene psychotische Reaktionen zeigte. Selbst in seinen letzten Tagen, als körperlich und seelisch gebrochener Mann,

[36] A. Speer, persönliche Mitteilung.

[37] Zahlreiches klinisches Material weist darauf hin, daß Menschen ihre eigene Vernichtung betreiben können, obwohl ihr bewußtes Ziel genau das Gegenteil ist. Wir finden Beispiele dafür nicht nur in der Psychoanalyse, sondern auch in den großen Tragödien.

hatte er sich noch unter Kontrolle. Was seine angeblichen paranoiden Tendenzen angeht, so war sein Mißtrauen durchaus realistisch fundiert – wie mehrere Anschläge gegen ihn bewiesen haben – so daß man darin kaum eine Manifestation einer Paranoia sehen kann. Wenn Hitler vor einem Gericht – selbst einem völlig unparteiischen – gestanden hätte, hätte ein Antrag auf Freispruch wegen Geisteskrankheit kaum Aussicht auf Erfolg gehabt. Aber wenn Hitler auch im herkömmlichen Sinn kein psychotischer Mensch war, so war er doch in einem dynamischen, interpersonalen Sinn ein schwerkranker Mann. Das gesamte Problem, ob man Hitler als geistesgestört ansehen kann, wird dadurch erschwert, daß derartige psychiatrische Etiketten von zweifelhaftem Wert sind. Feststellungen über den Unterschied zwischen einer psychotischen Anlage und einer ausgewachsenen Psychose mögen bei einer Gerichtsverhandlung von Bedeutung sei, oder wenn es darum geht, ob man jemand in eine geschlossene Anstalt bringen soll (wobei ich mich in beiden Fällen auf das heute übliche Verfahren beziehe), aber wir haben es hier letzten Endes mit interpersonalen Prozessen zu tun, die sich nicht auf diese Weise etikettieren lassen. Auf keinen Fall jedoch sollte eine klinische Analyse dazu benutzt werden, das moralische Problem des Bösen zu verdunkeln. Genauso wie es bösartige und gutartige »geistig gesunde« Menschen gibt, gibt es auch bösartige und gutartige Geisteskranke. Man muß die Bösartigkeit als das nehmen, was sie ist, und unser moralisches Urteil wird durch die klinische Diagnose nicht aufgehoben. Aber auch noch der bösartigste Mensch ist ein Mensch und hat Anspruch auf unser Mitgefühl.

Zum Abschluß dieser Analyse von Hitlers Charakter dürften noch einige Worte darüber angebracht sein, was mich dazu bewogen hat, dieses umfangreiche Material – ebenso wie das über Himmler – in meine Untersuchung aufzunehmen. Außer dem naheliegenden theoretischen Zweck, den Begriff des Sadismus und der Nekrophilie anhand von klinischen Beispielen darzulegen, verfolge ich damit noch ein weiteres Ziel. Ich möchte auf die Haupttäuschung aufmerksam machen, welche die Menschen hindert, einen potentiellen Hitler zu erkennen, bevor er sein wahres Gesicht zeigt. Diese Täuschung beruht auf der Ansicht, daß ein durch und durch destruktiver und böser Mensch ein Teufel sein muß und daß man es ihm auch ansieht; daß er keinerlei positive Eigenschaften haben kann, daß er das Kainszeichen so sichtbar auf der Stirn tragen muß, daß jeder seine Destruktivität schon von weitem erkennt. Solche Teufel gibt es, aber sie sind selten. Wie ich bereits dargelegt habe, kommt es weit häufiger vor, daß ein intensiv destruktiver Mensch ein liebenswürdiges Gesicht aufsetzt; er ist höflich, bekundet seine Liebe zu seiner Familie und zu Kindern und Tieren. Er spricht von seinen Idealen und guten Absichten. Aber nicht nur dies. Es gibt kaum einen Menschen, dem jede Liebenswürdigkeit und jede gute Absicht abgeht. Wäre dies der Fall, stände er am Rande der Geisteskrankheit, wenn es sich nicht um einen Fall von angeborener »moralischer Idiotie« handelt. *Solange man daher der Meinung ist, daß ein böser Mensch Hörner hat, wird man einen bösen Menschen nicht erkennen.*

Die naive Annahme, daß ein bösartiger Mensch leicht zu erkennen ist, birgt eine schwere Gefahr in sich. Man ist nicht in der Lage, ihn als solchen zu erkennen, bevor er sein Zerstörungswerk begonnen hat. Ich glaube, daß die meisten Menschen keinen so intensiv destruktiven Charakter haben wie Hitler. Aber selbst wenn man schätzungsweise annimmt, daß derartige Personen 10 Prozent unserer Bevölkerung ausmachen, bedeutet diese Zahl eine große Gefahr, wenn sie Einfluß und Macht gewinnen. Natürlich wird nicht aus jedem destruktiven Menschen ein Hitler, da ihm Hitlers Talente abgehen werden. Er könnte nur zu einem tüchtigen Mitglied der SS werden. Aber andererseits war Hitler kein Genie, und seine Talente waren nichts Außergewöhnliches. Einzigartig war nur die soziopolitische Situation, die ihm seinen Aufstieg ermöglichte. Unter uns gibt es Hunderte von Hitlern, die hervortreten würden, wenn ihre historische Stunde gekommen wäre.

Eine Gestalt wie Hitler objektiv und leidenschaftslos zu analysieren, befiehlt uns nicht nur unser wissenschaftliches Gewissen. Es ist auch die Voraussetzung dafür, daß wir für die Gegenwart und Zukunft eine wichtige Lehre daraus ziehen können. Jede Analyse, die Hitlers Bild verzerrt, indem sie ihn seiner menschlichen Eigenschaften beraubt, würde uns nur noch blinder machen für die potentiellen Hitlers, die keine Hörner haben.

EPILOG

ÜBER DIE ZWIESPÄLTIGKEIT DER HOFFNUNG

Ich habe in dieser Untersuchung zu zeigen versucht, daß der prähistorische Mensch, der als Jäger und Sammler in Sippenverbänden lebte, durch ein Minimum an Destruktivität und ein Optimum an Bereitschaft zur Zusammenarbeit und zum Teilen mit anderen gekennzeichnet war und daß erst mit der wachsenden Produktivität und Arbeitsteilung, mit der Bildung eines großen Überschusses und der Errichtung von Staaten mit Hierarchien und Eliten Destruktivität und Grausamkeit großen Ausmaßes entstanden, Züge, die immer stärker wurden, je mehr die Zivilisation fortschritt und die Macht an Bedeutung gewann.

Hat diese Studie nun gültige Argumente für die These geliefert, daß Aggression und Destruktivität noch einmal eine nur minimale Rolle im Gewebe der menschlichen Motivationen spielen können? Ich glaube, ja – und ich hoffe, daß viele meiner Leser diese Meinung teilen.

Soweit die Aggression *biologisch* in den Genen des Menschen vorgegeben ist, ist sie nicht spontan, sondern eine Verteidigung gegen die Bedrohung vitaler Interessen des Menschen, seines Wachstums und seines Überlebens als Individuum und als Art. Diese defensive Aggression war unter bestimmten primitiven Bedingungen relativ gering – als nämlich ein Mensch für den anderen noch keine große Bedrohung darstellte. Inzwischen hat der Mensch nun aber eine außerordentliche Entwicklung durchgemacht. Es ist durchaus legitim, sich vorzustellen, daß er eines Tages den Kreis schließen und eine Gesellschaft aufbauen wird, in der sich niemand mehr bedroht fühlen muß: nicht das Kind durch die Eltern; nicht die Eltern durch die über ihnen Stehenden; keine soziale Klasse durch eine andere; keine Nation durch eine Supermacht. Dieses Ziel zu erreichen, ist aber aus ökonomischen, politischen, kulturellen und psychologischen Gründen ungeheuer schwierig. *Dazu* kommt noch die Schwierigkeit, daß die verschiedenen Nationen auf der Welt Götzen anbeten – und verschiedene Götzen – und daß sie einander daher nicht verstehen, selbst wenn sie ihre jeweilige Sprache verstehen. Es wäre Torheit, diese Schwierigkeiten ignorieren zu wollen; aber die empirische Prüfung aller Daten zeigt, daß eine reale Möglichkeit besteht, in absehbarer Zukunft eine solche Welt aufzubauen, wenn es gelingt, die

politischen und psychologischen Hindernisse zu beseitigen.
Sadismus und Nekrophilie – die *bösartigen* Formen der Aggression – sind dagegen *nicht* angeboren; daher können sie beträchtlich reduziert werden, wenn die gegenwärtigen sozioökonomischen Bedingungen durch andere ersetzt werden, die der vollen Entwicklung der echten Bedürfnisse und Fähigkeiten des Menschen günstig sind: der Entwicklung menschlicher Eigen-Aktivität und schöpferischer Kraft als Selbstzweck. Ausbeutung und Manipulation andererseits erzeugen Langeweile und Trivialität; sie verkrüppeln den Menschen, und alles, was den Menschen zu einem psychischen Krüppel macht, macht ihn auch zum Sadisten und Zerstörer.
Manche werden meine Einstellung als »überoptimistisch«, »utopisch« oder »unrealistisch« bezeichnen. Um festzustellen, wieweit eine solche Kritik berechtigt ist, scheint mir eine Diskussion über den Begriff der Zwiespältigkeit der Hoffnung und über das Wesen des Optimismus und des Pessimismus angebracht.
Nehmen wir an, ich plane einen Wochenendausflug aufs Land, und es ist zweifelhaft, ob das Wetter gut sein wird. Ich kann dann sagen: »Ich bin optimistisch«, was das Wetter betrifft. Ist jedoch mein Kind schwer krank und ist sein Leben in Gefahr, so würde es für sensible Ohren recht merkwürdig klingen, wenn ich sagte: »Ich bin optimistisch«, weil der Ausdruck in diesem Kontext gleichgültig und distanziert klingt. Trotzdem könnte ich auch nicht gut sagen: »Ich bin *überzeugt,* daß mein Kind am Leben bleibt«, weil ich unter den gegebenen Umständen keinen realistischen Grund dafür habe, davon überzeugt zu sein.
Was könnte ich dann aber sagen?
Am passendsten wäre vielleicht, wenn ich sagte: »Ich habe den Glauben, daß mein Kind am Leben bleiben wird.« Aber »Glaube« ist wegen seines theologischen Untertons heute ein fragwürdiges Wort. Trotzdem ist es immer noch das beste, was wir haben, weil es etwas ungeheuer Wichtiges in sich schließt, nämlich meinen leidenschaftlichen, intensiven Wunsch, daß mein Kind am Leben bleibt, weshalb ich alles nur Mögliche tun werde, um seine Genesung zu bewirken. Ich bleibe kein bloßer Beobachter meinem Kind gegenüber, wie ich es wäre, wenn ich nur »optimistisch« wäre. Ich bin selbst Teil der Situation, die ich beobachte; ich bin *engagiert;* mein Kind, über das ich als »Subjekt« eine Prognose stelle, ist kein »Objekt« für mich; mein Glaube ist in meiner Beziehung zu meinem Kind verwurzelt; er ist eine Mischung von Wissen und Teilnahme. Natürlich stimmt das nur, wenn man unter Glauben »rationalen Glauben« versteht (E. Fromm, 1947), der sich auf die klare Erkenntnis aller relevanten Daten gründet, und nicht auf einer auf Wünschen beruhenden Illusion, wie dies beim »irrationalen Glauben« der Fall ist.
Der Optimismus ist eine entfremdete Form des Glaubens, der Pessimismus eine entfremdete Form der Verzweiflung. Wenn man auf den Menschen und seine Zukunft echt reagiert, das heißt mit Besorgnis und mit »Ver-antwortung«, dann kann man nur mit Glauben oder mit Verzweiflung reagieren. Rationaler Glaube wie rationale Verzweiflung gründet sich auf die gründliche, kritische Kenntnis aller Faktoren, die für das Überleben des Menschen relevant sind. Die Basis für den rationalen Glauben an den Menschen ist das Vorhandensein einer realen Möglichkeit für seine Rettung; die Basis für die rationale Verzweiflung wäre die Erkenntnis, daß keine solche Möglichkeit denkbar ist.
In diesem Zusammenhang sollte man noch auf einen anderen Punkt hinweisen. Die

meisten Menschen sind schnell bereit, den Glauben an eine Vervollkommnung des Menschen als unrealistisch abzutun; aber sie erkennen nicht, daß die Verzweiflung oft genau so unrealistisch ist. Es ist einfach zu sagen: »Der Mensch war von jeher ein Mörder.« Aber diese Behauptung ist nicht richtig, denn sie versäumt, die Kompliziertheit in der Geschichte der Destruktivität zu berücksichtigen. Ebenso leicht ist es, zu sagen: »Der Wunsch, die anderen auszubeuten, entspricht eben der menschlichen Natur«; aber auch diese Behauptung übersieht (oder verzerrt) die Tatsachen. Kurz gesagt, die Behauptung »Die menschliche Natur ist böse« ist keine Spur realistischer als die Behauptung »Die menschliche Natur ist gut«. Aber es ist viel leichter, das erstere zu sagen; jeder, der die Schlechtigkeit des Menschen beweisen will, findet nämlich bereitwillig Zustimmung, weil er damit einem jeden ein Alibi für die eigenen Sünden bietet – und scheinbar damit nichts riskiert; und dennoch – irrationale Verzweiflung zu verbreiten ist destruktiv, wie es das Verbreiten jeder Unwahrheit ist; es entmutigt und verwirrt. Irrationalen Glauben zu predigen oder einen falschen Messias anzukündigen, ist kaum weniger destruktiv – es verführt und lähmt.

Die Haltung der Majorität ist weder die des Glaubens noch die der Verzweiflung, sondern leider die einer völligen Gleichgültigkeit gegenüber der Zukunft der Menschheit. Wer nicht völlig gleichgültig ist, nimmt die Haltung des »Optimismus« oder des »Pessimismus« ein. Die Optimisten sind die Gläubigen des Dogmas vom ständigen »Fortschritt«. Sie haben sich daran gewöhnt, die menschliche Leistung mit der technischen Leistung zu identifizieren, die menschliche Freiheit mit der Freiheit *vom* unmittelbaren Zwang und der Freiheit des Konsumenten *zur* Wahl zwischen vielen, angeblich unterschiedlichen Gebrauchsgütern. Die Würde, die Kooperation, die Güte des primitiven Menschen machen ihnen keinen Eindruck; technische Leistung, Besitz, Härte, das macht Eindruck. Jahrhunderte der Herrschaft über technisch rückständige Völker verschiedener Hautfarbe haben dem Geist der Optimisten ihren Stempel aufgedrückt. Wie könnte ein »Wilder« ein Mensch und gleichberechtigt oder gar überlegen sein gegenüber Menschen, die auf den Mond fliegen – oder die durch den Druck auf einen Knopf Millionen menschlicher Wesen vernichten können?

Die Optimisten führen – wenigstens im Augenblick – ein ganz behagliches Leben und können sich leisten, »Optimisten« zu sein. Wenigstens glauben sie das, weil sie so entfremdet sind, daß sogar die Bedrohung der Zukunft ihrer Enkel kaum einen Eindruck auf sie macht.

Die »Pessimisten« unterscheiden sich im Grunde kaum von den Optimisten. Sie führen ein genauso behagliches Leben und fühlen sich genauso wenig engagiert. Das Schicksal der Menschheit kümmert sie ebenso wenig wie die Optimisten. Sie sind keineswegs verzweifelt, denn wenn sie es wären, würden und könnten sie nicht so zufrieden dahinleben, wie sie es tun. Während ihr Pessimismus weitgehend die Funktion erfüllt, durch den Gedanken, daß *man nichts machen kann,* vor der inneren Forderung zu schützen, etwas zu unternehmen, verteidigen sich die Optimisten gegen die gleiche innere Forderung, indem sie sich einreden, alles gehe schon seinen rechten Weg, so daß man *nichts zu machen braucht.*

Die in diesem Buch vertretene Position ist die eines rationalen Glaubens an die Fähigkeit des Menschen, sich aus dem scheinbar verhängnisvollen Netz der Umstände, das er selbst geschaffen hat, zu befreien. Es ist die Position all jener, die weder »Optimisten« noch »Pessimisten«, sondern »Radikale« sind, die den rationalen Glauben an die Fähigkeit des Menschen haben, der endgültigen Katastrophe entrinnen zu können. Dieser humanistische Radikalismus geht an die Wurzeln und damit an die Ursachen; er versucht den Menschen von den Ketten seiner Illusionen zu befreien; er postuliert die Notwendigkeit radikaler Änderungen, und zwar nicht nur unserer ökonomischen und politischen Struktur, sondern auch unserer Werte, unserer Vorstellung von den Zielen des Menschen und unseres persönlichen Verhaltens.

Glauben heißt wagen, das Undenkbare denken und dennoch innerhalb der Grenzen des realistisch Möglichen handeln; Glauben ist die paradoxe Hoffnung, den Messias jeden Tag zu erwarten und doch nicht den Mut zu verlieren, wenn er zur festgesetzten Stunde nicht kommt. Diese Hoffnung ist nicht passiv und nicht geduldig; sie ist im Gegenteil ungeduldig und aktiv und hält Ausschau nach jeder Möglichkeit, innerhalb des Bereichs realer Möglichkeiten zu handeln. Am wenigsten ist sie passiv, wenn es um das Wachstum und die Befreiung des eigenen Selbst geht. Sicher gibt es schwerwiegende Einschränkungen für die persönliche Entwicklung, die durch die soziale Struktur bedingt sind. Aber jene angeblichen Radikalen, die meinen, innerhalb der heutigen Gesellschaft sei eine persönliche Wandlung weder möglich noch wünschenswert, benutzen ihre revolutionäre Ideologie als Ausrede für ihren persönlichen Widerstand gegen eine innere Wandlung.

Die Situation der Menschheit ist heute zu ernst, als daß wir uns erlauben könnten, auf die Demagogen zu hören – und am allerwenigsten auf alle jene Demagogen, die von der Destruktion angezogen sind –, oder auf jene Führer, die nur ihren Verstand benutzen und ihr Herz verhärtet haben. Kritisches und radikales Denken wird nur dann fruchtbar sein, wenn es mit der kostbarsten Eigenschaft des Menschen vereint ist – mit seiner Liebe zum Leben.

ANHANG

FREUDS AGGRESSIONS- UND DESTRUKTIONS-THEORIE

Die Entwicklung von Freuds Aggressions- und Destruktionsbegriff

Das Bemerkenswerteste an Freuds Untersuchung der Aggression ist vielleicht, daß er bis 1920 der menschlichen Aggression und Destruktivität kaum Beachtung geschenkt hat. Er selbst hat seiner Verwunderung darüber viele Jahre später in seiner Abhandlung *Das Unbehagen in der Kultur* (1930) Ausdruck verliehen: ». . . aber ich verstehe nicht mehr, daß wir die Ubiquität der nicht erotischen Aggression und Destruktion übersehen und versäumen konnten, ihr die gebührende Stellung in der Deutung des Lebens einzuräumen.«

Wir können diesen speziellen blinden Fleck besser verstehen, wenn wir uns in die Geisteshaltung des europäischen Bürgertums in der Zeit vor dem Ersten Weltkrieg versetzen. Seit 1871 hatte es keinen großen Krieg mehr gegeben. Das Bürgertum war sowohl politisch als auch auf sozialem Gebiet in einem ständigen Fortschritt begriffen, und die scharfen Klassengegensätze wurden durch die ständige Verbesserung der Situation der Arbeiterklasse weniger scharf. Man hatte den Eindruck einer friedlichen Welt, die immer zivilisierter wurde, besonders dann, wenn man dem größeren Teil der menschlichen Rasse, der in Asien, Afrika und Südamerika unter armseligsten und unwürdigsten Bedingungen lebte, nicht viel Beachtung schenkte. Von der menschlichen Destruktivität nahm man an, daß sie zwar im dunklen Mittelalter und viele Jahrhunderte lang vorher eine Rolle gespielt hätte, daß aber jetzt Vernunft und guter Wille an ihre Stelle getreten wären. Die psychologischen Probleme, die man neuerdings entdeckte, waren auf den überstrengen Moralkodex des Bürgertums zurückzuführen, und Freud war von den schädlichen Folgen der Verdrängung der Sexualität so beeindruckt, daß er dem Problem der Aggressivität keine Bedeutung zuschrieb, bis es durch den Ersten Weltkrieg nicht mehr zu übersehen war. Dieser stellt die Trennungslinie in der Entwicklung der Freudschen Aggressionstheorie dar.

In den *Drei Abhandlungen zur Sexualtheorie* (1905) sah Freud in der Aggression eine Komponente des Sexualtriebes. Er schrieb: »Der Sadismus entspräche dann einer selbständig gewordenen, übertriebenen, durch Verschiebung an die Hauptstelle gerückten aggressiven Komponente des Sexualtriebes« (S. Freud, 1905).[1]

Freud hatte jedoch wie so oft auch hier eine Idee, die in völligem Gegensatz zur Hauptrichtung seiner Theorie stand und in ihm schlummerte, bis er sie viel später erst zum Ausdruck brachte. In Abschnitt 4 seiner *Drei Abhandlungen* schrieb er: »... wir dürfen annehmen, daß die grausame Regung vom Bemächtigungstrieb herstammt und *zu einer Zeit im Sexualleben auftritt, da die Genitalien noch nicht ihre spätere Rolle aufgenommen haben.«* (S. Freud, 1905. Im Original nicht kursiv.)

Trotz dieses Hinweises jedoch hat Freud vier Jahre später in der Geschichte vom kleinen Hans in seiner *Analyse der Phobie eines fünfjährigen Knaben* sehr deutlich festgestellt: »Ich kann mich nicht entschließen, einen besonderen Aggressionstrieb neben und gleichberechtigt mit den uns vertrauten Selbsterhaltungs- und Sexualtrieben anzunehmen« (S. Freud, 1909). In dieser Formulierung ist ein leichtes Zögern Freuds unverkennbar. »Ich kann mich nicht entschließen ... anzunehmen«, ist keine so starke Negation, wie es eine einfache und völlige Verneinung wäre, und seine zusätzliche Qualifikation »und gleichberechtigt« läßt offenbar die Möglichkeit offen, daß es eine unabhängige, aber nicht gleichberechtigte Aggressivität geben könnte.

In *Triebe und Triebschicksale* (1915) führt Freud beide Gedankengänge weiter – über die Destruktivität als Komponente des Sexualtriebes und als eine von der Sexualität unabhängige Kraft:

> Vorstufen des Liebens ergeben sich als vorläufige Sexualziele, während die Sexualtriebe ihre komplizierte Entwicklung durchlaufen. Als erste derselben erkennen wir das sich *Einverleiben* oder *Fressen*, eine Art der Liebe, welche mit der Aufhebung der Sonderexistenz des Objekts vereinbar ist, also als ambivalent bezeichnet werden kann. Auf der höheren Stufe der prägenitalen sadistisch-analen Organisation tritt das Streben nach dem Objekt in der Form des Bemächtigungsdranges auf, dem die Schädigung oder Vernichtung des Objekts gleichgültig ist. Diese Form und Vorstufe der Liebe ist in ihrem Verhalten gegen das Objekt vom Haß kaum zu unterscheiden. Erst mit der Herstellung der Genitalorganisation ist die Liebe zum Gegensatz vom Haß geworden (S. Freud, 1915).

Aber in der gleichen Abhandlung nimmt Freud auch die andere Stellung ein, die er in den *Drei Abhandlungen* zum Ausdruck gebracht hat – wenn er sie auch 1915 änderte –, nämlich die, daß es auch eine vom Sexualtrieb *unabhängige* Aggressivität gibt. Diese alternative Hypothese nimmt an, daß die Ichtriebe die Quelle der Aggression sind. Freud schrieb:

> Der Haß ist als Relation zum Objekt älter als die Liebe, *er entspringt der uranfänglichen Ablehnung der reizspendenden Außenwelt von seiten des narzißtischen Ichs.*[2] Als Äußerung der durch Objekte hervorgerufenen Unlustreaktion *bleibt er immer in inniger*

[1] Zur Entwicklung der Freudschen Aggressionstheorie vgl. auch J. Stracheys Zusammenfassung in der Einleitung des Herausgebers zu *Civilization and its Discontents* (Freud, 1930).

[2] In dieser Behauptung kommt Freuds allgemeines Axiom von der Spannungsreduktion als dem fundamentalen Gesetz der Nervenfunktion zum Ausdruck. Vgl. die ausführliche Diskussion dieses Axioms am Ende dieses Anhangs.

> *Beziehung zu den Trieben der Icherhaltung,* so daß Ichtriebe und Sexualtriebe leicht in einen Gegensatz geraten können, der den von Hassen und Lieben wiederholt. Wenn die Ichtriebe die Sexualfunktion beherrschen wie auf der Stufe der sadistisch-analen Organisation, so leihen sie auch dem Triebziel den Charakter des Hasses. (S. Freud, 1915. Im Original nicht kursiv.)

Hier nimmt Freud an, daß der Haß älter ist als die Liebe und daß er in den Ichtrieben oder in den Selbsterhaltungstrieben verwurzelt ist, die zunächst die »reizspendende Außenwelt« ablehnen und die Antithese der Sexualtriebe sind. Es sei nebenbei darauf hingewiesen, wie wichtig diese Auffassung für Freuds Gesamtmodell des Menschen ist. Er ist der Ansicht, daß das Kleinkind zunächst Reize ablehnt und die Welt wegen ihrer Einmischung haßt. Diese Auffassung steht im Gegensatz zu neueren klinischen Erfahrungen, die zeigen, daß der Mensch – und sogar das Kleinkind bereits wenige Tage nach seiner Geburt – auf Reize aus ist, daß sie ihm unentbehrlich sind und daß er nicht immer die Welt wegen ihrer Einmischung haßt.

Freud geht in derselben Abhandlung in seiner Formulierung über den Haß sogar noch einen Schritt weiter:

> Das Ich haßt, verabscheut, verfolgt mit Zerstörungsabsichten alle Objekte, die ihm zur Quelle von Unlustempfindungen werden, gleichgültig, ob sie ihm eine Versagung sexueller Befriedigung oder der Befriedigung von Erhaltungsbedürfnissen bedeuten. Ja, man kann behaupten, daß *die richtigen Vorbilder für die Haßrelation nicht aus dem Sexualleben, sondern aus dem Ringen des Ichs um seine Erhaltung und Behauptung stammen.* (S. Freud, 1915. Im Original nicht kursiv.)

Mit der Abhandlung über *Triebe und Triebschicksale* (1915) ist die erste Phase von Freuds Ansichten über die Destruktion abgeschlossen. Wie wir sehen, vertrat er gleichzeitig zwei verschiedene Auffassungen: die Auffassung von der Aggression als einem Bestandteil des Sexualtriebes (des oralen und analen Sadismus) und die Auffassung von der Aggression als einer vom Sexualtrieb unabhängigen Eigenschaft der Ichtriebe, die sich der Einmischung der Außenweltreize und den Hindernissen, welche sich einer Befriedigung der sexuellen Bedürfnisse und der Bedürfnisse des Selbsterhaltungstriebes entgegenstellen, widersetzen und sie hassen.

1920 beginnt Freud mit *Jenseits des Lustprinzips* eine fundamentale Revision seiner gesamten Triebtheorie. In diesem Werk schreibt Freud dem »Wiederholungszwang« die Merkmale eines Triebes zu; hier postuliert er auch zum erstenmal die neue Dichotomie von Eros und Todestrieb, die er dann 1923 in *Das Ich und das Es* sowie in seinen späteren Schriften ausführlicher diskutiert. Diese neue Dichotomie von Lebenstrieb (Eros) und Todestrieb bzw. Lebenstrieben und Todestrieben[3] tritt an die Stelle der ursprünglichen Dichotomie zwischen dem Ich und den Sexualtrieben. Obwohl Freud versucht, den Eros mit der Libido zu identifizieren, stellt die neue Polarität doch ein völlig anderes Triebkonzept dar als das ältere.[4]

[3] In der weiteren Entwicklung dieses Begriffes neigt Freud mehr dazu, von *dem* Lebenstrieb (Eros) und *dem* Todestrieb zu sprechen.

[4] Wenn wir näher auf den Versuch Freuds eingehen wollten, Eros und Sexualität miteinander zu identifizieren, so würde dies ein ganzes eigenes Kapitel in Anspruch nehmen, was vermutlich nur solche Leser interessieren dürfte, die sich speziell mit der Freudschen Theorie befassen.

In *Das Unbehagen in der Kultur* (1930) gibt Freud selbst eine prägnante Darstellung seiner neuen Theorie. Er schreibt:

> So traten zuerst Ichtriebe und Objekttriebe einander gegenüber. Für die Energie der letzteren, und ausschließlich für sie, führte ich den Namen Libido ein;[5] somit lief der Gegensatz zwischen den Ichtrieben und den aufs Objekt gerichteten »libidinösen« Trieben der Liebe im weitesten Sinne . . .[6] aber man kam über diese Unstimmigkeit hinweg, der Sadismus gehörte doch offenbar zum Sexualleben, das grausame Spiel konnte das zärtliche ersetzen . . . Entscheidend wurde hier die Einführung des Begriffes Narzißmus, das heißt die Einsicht, daß das Ich selbst mit Libido besetzt ist, sogar deren ursprüngliche Heimstätte sei und gewissermaßen auch ihr Hauptquartier bleibe.[7] . . . Den nächsten Schritt machte ich in *»Jenseits des Lustprinzips«* (1920), als mir der Wiederholungszwang und der konservative Charakter des Trieblebens zuerst auffiel. Ausgehend von Spekulationen über den Anfang des Lebens und von biologischen Parallelen, zog ich den Schluß, *es müsse außer dem Trieb, die lebende Substanz zu erhalten und zu immer größeren Einheiten zusammenzufassen, einen anderen, ihm gegensätzlichen, geben, der diese Einheiten aufzulösen und in den uranfänglichen anorganischen Zustand zurückzuführen strebe. Also außer dem Eros einen Todestrieb.* (S. Freud, 1930. Im Original nicht kursiv.)

Als Freud *Jenseits des Lustprinzips* schrieb, war er keineswegs von der Validität seiner neuen Hypothese überzeugt. »Man könnte mich fragen«, so schrieb er, »ob und inwieweit ich selbst von den hier entwickelten Annahmen überzeugt bin. Meine Antwort würde lauten, daß ich weder selbst überzeugt bin noch bei anderen um Glauben für sie werbe. Richtiger: Ich weiß nicht, wie weit ich an sie glaube« (S. Freud, 1920). Nachdem er versucht hatte, ein neues theoretisches Gebäude zu errichten, das die Validität vieler früherer Konzepte bedrohte, und nachdem er eine ungeheure intellektuelle Anstrengung darauf verwandt hatte, ist diese Aufrichtigkeit Freuds, die so leuchtend sein ganzes Werk durchdringt, ganz besonders eindrucksvoll. Die nächsten achtzehn Jahre verbrachte er mit der Arbeit an seiner neuen Theorie und gelangte dabei immer mehr zu einem Gefühl der Überzeugung, wie er es zu Anfang nicht gehabt hatte. Nicht daß er seiner Hypothese neue Aspekte hinzugefügt hätte; er beschäftigte sich vielmehr damit, sie intellektuell »durchzuarbeiten«, was ihn von ihrer Richtigkeit überzeugte. Um so enttäuschender muß es für ihn gewesen sein, daß nicht viele seiner Anhänger seine Ansichten wirklich verstanden und teilten.

Er hat die neue Theorie zuerst in *Das Ich und das Es* (1923) voll ausgearbeitet. Hierbei scheint mir folgende Annahme besonders wichtig:

[5] Freud bezieht sich hier auf Abschnitt II seiner ersten Abhandlung über die Angstneurose (Freud, 1895).

[6] In dieser Formulierung wird der Grundkonflikt im Menschen offenbar im Gegensatz zwischen Egoismus und Altruismus gesehen. In Freuds Theorie von Es und Ich (Lustprinzip und Realitätsprinzip) sind beide Seiten der Polarität egoistisch: Sie dienen der Befriedigung der eigenen libidinösen Bedürfnisse und der Befriedigung der Bedürfnisse zur Selbsterhaltung.

[7] Tatsächlich schwankte Freud zwischen dieser Auffassung und der, daß das Es den Sitz oder das »Reservoir« der Libido darstelle. J. Strachey, der Herausgeber der *Standard Edition,* gibt eine ausführliche Beschreibung dieses Hin- und Herschwankens, das sich durch das gesamte Werk Freuds hindurchzieht. Vgl. Anhang B zu *The Ego and the Id* (Freud, 1923).

> Jeder dieser beiden Triebarten wäre ein besonderer physiologischer Prozeß (Aufbau und Zerfall) zugeordnet, in jedem Stück lebender Substanz wären beiderlei Triebe tätig, aber doch in ungleicher Mischung, so daß eine Substanz die Hauptvertretung des Eros übernehmen könnte.
> In welcher Weise sich Triebe der beiden Arten miteinander verbinden, vermischen, legieren, wäre noch ganz unvorstellbar; daß dies aber regelmäßig und in großem Ausmaß geschieht, ist eine in unserem Zusammenhang unabweisbare Annahme. Infolge der Verbindung der einzelligen Elementarorganismen zu mehrzelligen Lebewesen wäre es gelungen, *den Todestrieb der Einzelzelle* zu neutralisieren und *die destruktiven Regungen* durch Vermittlung eines besonderen Organs auf die Außenwelt *abzuleiten*. Dies Organ wäre die Muskulatur, und der Todestrieb würde sich nun – wahrscheinlich doch nur teilweise – als Destruktionstrieb gegen die Außenwelt und andere Lebewesen äußern. (S. Freud, 1923. Im Original nicht kursiv.)

In diesen Formulierungen enthüllt Freud die neue Richtung seines Denkens deutlicher als in *Jenseits des Lustprinzips*. Im Gegensatz zur mechanistischen, physiologischen Auffassung der älteren Theorie, die sich auf dem Modell der chemisch hervorgerufenen Spannung und dem Bedürfnis nach einer Reduzierung dieser Spannung bis zu ihrem normalen Schwellenwert (Lustprinzip) aufbaute, ist die Auffassung der neuen Theorie eine biologische, bei der von jeder lebenden Zelle angenommen wird, daß sie mit zwei grundlegenden Eigenschaften ausgestattet ist, dem Eros und dem Todestrieb. Das Prinzip der Spannungsreduktion wird jedoch in einer noch radikaleren Form beibehalten: in Form der Reduktion der Erregung auf Null (Nirwanaprinzip).
Ein Jahr später (1924) tut Freud in seiner Abhandlung *Das ökonomische Problem des Masochismus* einen weiteren Schritt zur Klarstellung der Beziehung zwischen beiden Trieben. Er schreibt:

> Sie [die Libido] hat die Aufgabe, diesen destruierenden Trieb unschädlich zu machen, und entledigt sich ihrer, indem sie ihn zum großen Teil und bald mit Hilfe eines besonderen Organsystems, der Muskulatur, nach außen ableitet, gegen die Objekte der Außenwelt richtet. Er heiße dann Destruktionstrieb, Bemächtigungstrieb, Wille zur Macht.[8] Ein Anteil dieses Triebes wird direkt in den Dienst der Sexualfunktion gestellt, wo er Wichtiges zu leisten hat. Dies ist der eigentliche Sadismus. Ein anderer Teil macht diese Verlegung nach außen nicht mit, er verbleibt im Organismus und wird dort mit Hilfe der erwähnten sexuellen Miterregung libidinös gebunden; in ihm haben wir den ursprünglichen, erogenen Masochismus zu erkennen (S. Freud, 1924).

In der *Neuen Folge der Vorlesungen zur Einführung in die Psychoanalyse* (1932) behält Freud seine frühere Auffassung bei. Er spricht hier von den erotischen Trieben, »die immer mehr lebende Substanz zu größeren Einheiten zusammenballen wollen«, und »den Todestrieben«, die sich diesem Streben widersetzen und das Lebende in den anorganischen Zustand zurückführen« (S. Freud, 1932). In denselben Vorlesungen schreibt Freud über den ursprünglichen Destruktionstrieb:

[8] Freud kombiniert hier drei verschiedene Tendenzen miteinander. Der Destruktionstrieb unterscheidet sich seinem Wesen nach vom Willen zur Macht: Im ersteren Fall will ich das Objekt zerstören; im zweiten Fall will ich es erhalten, um es zu kontrollieren; und beide Tendenzen unterscheiden sich grundsätzlich vom Bemächtigungstrieb, dessen Ziel es ist, etwas zu schaffen und hervorzubringen, was das genaue Gegenteil des Zerstörungswillens darstellt.

> ... es scheint, daß unsere Wahrnehmung seiner nur unter diesen zwei Bedingungen habhaft wird, wenn er sich mit erotischen Trieben zum Masochismus verbindet, oder wenn er sich als Aggression – mit größerem oder geringerem erotischem Zusatz – gegen die Außenwelt wendet. Nun drängt sich uns die Bedeutung der Möglichkeit auf, daß die Aggression in der Außenwelt Befriedigung nicht finden kann, weil sie auf reale Hindernisse stößt. Sie wird dann vielleicht zurücktreten, das Ausmaß der im Inneren waltenden Selbstdestruktion vermehren. Wir werden hören, daß dies wirklich so geschieht und wie wichtig dieser Vorgang ist. Verhinderte Aggression scheint eine schwere Schädigung zu bedeuten; *es sieht wirklich so aus, als müßten wir anderes und andere zerstören, um uns nicht selbst zu zerstören, um uns vor der Tendenz zur Selbstdestruktion zu bewahren. Gewiß eine traurige Eröffnung für den Ethiker!* (S. Freud, 1932. Im Original nicht kursiv.)

In den beiden letzten Abhandlungen, die Freud im letzten und vorletzten Jahr vor seinem Tod schrieb, hat er keine wichtigen Veränderungen in den Auffassungen vorgenommen, die er in den vorangegangenen Jahren entwickelt hatte. In *Die endliche und die unendliche Analyse* (1937) betont er nur noch nachdrücklicher die Macht des Todestriebes. Im *Abriß der Psychoanalyse* (geschrieben 1938, veröffentlicht 1940) gibt Freud eine systematische Bestätigung seiner früheren Ansichten, ohne relevante Veränderungen vorzunehmen.

Analyse der Wandlungen von Freud: Theorie der Aggression und eine Kritik

Unsere bisherige kurze Beschreibung von Freuds neuer Theorie über den Lebens- und den Todestrieb konnte weder deutlich genug zeigen, welch radikale Veränderung der Übergang von der alten zur neuen Theorie bedeutete, noch daß Freud selbst nicht gesehen hat, wie radikal diese Veränderung war, und dadurch in vielen theoretischen Unvereinbarkeiten und inneren Widersprüchen steckenblieb. Ich will auf den folgenden Seiten versuchen, die Bedeutung dieser Änderungen zu beschreiben und den Konflikt zwischen der alten und der neuen Theorie zu analysieren.
Nach dem Ersten Weltkrieg hatte Freud zwei neue Einsichten. Die erste bezog sich darauf, daß die Macht und Intensität der aggressiv-destruktiven Triebe im Menschen von der Sexualität unabhängig sind. Es ist nicht ganz korrekt, wenn man sagt, dies sei eine *neue* Einsicht. Ich habe bereits darauf hingewiesen, daß er die Existenz aggressiver, von der Sexualität unabhängiger Impulse nicht ganz außer acht gelassen hatte. Aber er verlieh dieser Einsicht nur sporadisch Ausdruck, und sie hat seine Hauptthypothese von der grundsätzlichen Polarität zwischen sexuellen Trieben und Ichtrieben nie geändert, wenn er auch diese Theorie später durch die Einführung des Begriffs des Narzißmus modifizierte. In seiner Theorie vom Todestrieb brach seine Erkenntnis von der menschlichen Destruktivität mit aller Macht hervor, und die Destruktivität wurde zu dem einen Pol der Existenz, der im Kampf gegen den anderen Pol, den Eros, das Wesen des Lebens selbst ausmacht. Die Destruktivität wurde zum *Urphänomen* des Lebens.
Die zweite Einsicht, die Freuds neue Theorie kennzeichnet, hat nicht nur keinerlei Vorläufer in seiner früheren Theorie, sie steht in vollem Widerspruch dazu. Es handelt sich um die Einsicht, daß der Eros, der in jeder Zelle der lebenden Substanz gegenwärtig ist, die Vereinigung und Integration aller Zellen zum Ziel hat und darüber hinaus im Dienste

der Zivilisation die Integration kleinerer Einheiten in die Einheit der Menschheit (S. Freud, 1930). Freud entdeckt die nichtsexuelle Liebe. Er nennt den Lebensinstinkt auch »Liebesinstinkt«; die Liebe wird mit Leben und Wachstum identifiziert, und im Kampf gegen den Todestrieb bestimmt sie die menschliche Existenz. In seiner älteren Theorie sah Freud im Menschen ein isoliertes System, das von zwei Impulsen angetrieben wird: einerseits vom Impuls, zu überleben (Ichtrieb), und andererseits vom Impuls, Lust zu gewinnen durch die Überwindung von Spannungen, die ihrerseits auf chemischem Weg im Körper erzeugt werden und in den »erogenen Zonen«, von welchen die genitale Zone eine ist, lokalisiert sind. In diesem Bild ist der Mensch zunächst isoliert, tritt aber dann zu Angehörigen des anderen Geschlechts in Beziehung, um sein Streben nach Lust zu befriedigen. Die Beziehungen zwischen beiden Geschlechtern faßte Freud ähnlich auf wie die menschlichen Beziehungen auf dem Markt. In beiden Fällen geht es dem Menschen nur um die Befriedigung seiner Bedürfnisse, aber eben um dieser Befriedigung willen muß er zu anderen in Beziehung treten, die ihm das anbieten, was er braucht, und die das brauchen, was er anzubieten hat.

In der Erostheorie hat sich dies völlig geändert. Der Mensch wird nicht mehr als primär isoliert und egoistisch, als *l'homme machine* angesehen, sondern als ein Wesen, das primär auf andere bezogen ist, wobei die Lebenstriebe ihn auf eine Vereinigung mit anderen hindrängen. Leben, Liebe und Wachstum sind ein und dasselbe und tiefer verwurzelt und von fundamentalerer Bedeutung als Sexualität und »Lust«.

Die Veränderung in Freuds Einstellung kommt in seiner neuen Bewertung des biblischen Gebotes »Du sollst Deinen Nächsten lieben wie Dich selbst« klar zum Ausdruck. In *Warum Krieg* (1932) schrieb er:

> Alles, was Gefühlsbindungen unter den Menschen herstellt, muß dem Krieg entgegenwirken. Diese Bindungen können von zweierlei Art sein. Erstens Beziehungen wie zu einem Liebesobjekt, wenn auch *ohne sexuelle Ziele*. Die Psychoanalyse braucht sich nicht zu schämen, wenn sie hier von Liebe spricht, denn die Religion sagt dasselbe: Liebe Deinen Nächsten wie Dich selbst. Das ist nun leicht gefordert, aber schwer zu erfüllen. Die andere Art von Gefühlsbindung ist die durch Identifizierung. Alles, was bedeutsame Gemeinsamkeiten unter den Menschen herstellt, ruft solche Gemeingefühle, Identifizierungen, hervor. Auf ihnen ruht zum guten Teil der Aufbau der menschlichen Gesellschaft. (Freud, 1932a. Im Original nicht kursiv.)

Das hat der gleiche Mann geschrieben, der nur drei Jahre zuvor seinen Kommentar zu dem gleichen biblischen Gebot mit den Worten beendet hatte: »Wozu eine so feierlich auftretende Vorschrift, wenn ihre Erfüllung *sich nicht als vernünftig empfehlen kann*?« (S. Freud, 1930. Im Original nicht kursiv.)[9]

[9] Freud ist aufgrund des folgenden Arguments zu diesem Schluß gekommen: »Eine der sogenannten Idealforderungen der Kulturgesellschaft kann uns hier die Spur zeigen. Sie lautet: Du sollst den Nächsten lieben wie Dich selbst; sie ist weltberühmt, gewiß älter als das Christentum, das sie als seinen stolzesten Anspruch vorweist, aber sicherlich nicht sehr alt; in historischen Zeiten war sie den Menschen noch fremd. Wir wollen uns naiv zu ihr einstellen, als hörten wir von ihr zum ersten Male. Dann können wir ein Gefühl von Überraschung und Befremden nicht unterdrücken. Warum sollen wir das? Was soll es uns helfen? Vor allem aber, wie bringen wir das zustande? Wie wird es uns möglich? Meine Liebe ist etwas mir Wertvolles, das ich nicht ohne Rechenschaft wegwerfen darf. Sie legt mir Pflichten auf, die ich mit Opfern zu erfüllen bereit sein muß. Wenn ich einen anderen

Es hatte sich tatsächlich eine radikale Änderung des Standpunkts vollzogen. Freud, der Feind der Religion, die er als eine Illusion bezeichnet hatte, die den Menschen daran hindert, zur Reife und Unabhängigkeit zu gelangen, zitiert jetzt eines der fundamentalsten Gebote, die in allen großen humanistischen Religionen zu finden sind, um damit seine psychologische Behauptung zu stützen. Er betont: »Die Psychoanalyse braucht sich nicht zu schämen, wenn sie hier von Liebe spricht« (Freud, 1933a),[10] aber er braucht diese Versicherung, um die Verlegenheit zu überwinden, die er empfunden haben muß, als er diesen drastischen Wechsel in seiner Auffassung der Nächstenliebe vornahm.

War sich Freud bewußt, wie drastisch diese Veränderung seiner Auffassung war? War er sich des tiefen und unversöhnlichen Widerspruchs zwischen der alten und der neuen Theorie bewußt? Ganz offensichtlich nicht. In *Das Ich und das Es* (1923) identifiziert er den Eros (den Lebenstrieb oder Liebestrieb) mit den Sexualtrieben (plus dem Selbsterhaltungstrieb). Gemäß dieser Ansicht muß man

> zwei Triebarten [...] unterscheiden [...], von denen die eine, *Sexualtriebe oder Eros,* die bei weitem auffälligere und der Kenntnis zugänglichere ist. Sie umfaßt nicht nur den eigentlichen ungehemmten Sexualtrieb und die von ihm abgeleiteten zielgehemmten und sublimierten Triebregungen, sondern auch den Selbsterhaltungstrieb, den wir dem Ich zuschreiben müssen und den wir zu Anfang der analytischen Arbeit mit guten Gründen den sexuellen Objekttrieben gegenübergestellt hatten. (S. Freud, 1923. Im Original nicht kursiv.)

Eben weil er sich des Widerspruches nicht bewußt war, machte er den Versuch, die alte und die neue Theorie miteinander zu versöhnen, so daß sich eine Art Kontinuität ohne

liebe, muß er es auf irgendeine Art verdienen. (Ich sehe von dem Nutzen, den er mir bringen kann, sowie von seiner möglichen Bedeutung als Sexualobjekt für mich ab; diese beiden Arten der Beziehung kommen für die Vorschrift der Nächstenliebe nicht in Betracht.) Er verdient es, wenn er mir in wichtigen Stücken so ähnlich ist, daß ich in ihm mich selbst lieben kann; er verdient es, wenn er so viel vollkommener ist als ich, daß ich mein Ideal von meiner eigenen Person in ihm lieben kann; ich muß ihn lieben, wenn er der Sohn meines Freundes ist, denn der Schmerz des Freundes, wenn ihm ein Leid zustößt, wäre auch mein Schmerz, ich müßte ihn teilen. Aber wenn er mir fremd ist und mich durch keinen eigenen Wert, keine bereits erworbene Bedeutung für mein Gefühlsleben anziehen kann, wird es mir schwer, ihn zu lieben. Ich tue sogar unrecht damit, denn meine Liebe wird von all den Meinen als Bevorzugung geschätzt, es ist ein Unrecht an ihnen, wenn ich den Fremden ihnen gleichstelle. Wenn ich ihn aber lieben soll mit jener Weltliebe, bloß weil er auch ein Wesen dieser Erde ist wie das Insekt, der Regenwurm, die Ringelnatter, dann wird, fürchte ich, ein geringer Betrag Liebe auf ihn entfallen, unmöglich so viel, als ich nach dem Urteil der Vernunft berechtigt bin, für mich selbst zurückzubehalten« (S. Freud, 1930). Es ist interessant zu beobachten, wie Freud die Liebe ganz im Bezugsrahmen der bürgerlichen Moral, speziell im Sinne des gesellschaftlichen Charakters des Bürgertums des neunzehnten Jahrhunderts, auffaßt. Seine erste Frage lautet: »Was soll es uns helfen?« – das Profitprinzip. Die nächste Prämisse ist, daß Liebe »verdient« sein muß (das patriarchalische Prinzip im Gegensatz zum matriarchalischen Prinzip der unbedingten und unverdienten Liebe und außerdem auf dem narzißtischen Prinzip beruhend, daß der andere meine Liebe nur insofern »verdient«, als er mir in wichtigen Stücken ähnlich ist); selbst daß man den Sohn des Freundes liebt, wird mit egoistischen Gründen erklärt: Wenn ihm ein Leid geschähe, so wäre indirekt der Kummer meines Freundes auch mein Kummer. Schließlich wird die Liebe als eine quantitativ festgelegte Menge aufgefaßt, so daß nur ein sehr kleines Quantum Liebe für jeden übrigbliebe, wenn ich alle meine Mitmenschen lieben wollte.

[10] Vgl. auch S. Freud (1908a).

einen scharfen Bruch zu ergeben schien. Dieser Versuch mußte zu vielen immanenten Widersprüchen und Unvereinbarkeiten in der neuen Theorie führen, die Freud immer wieder zu überbrücken oder zu leugnen versuchte, ohne daß ihm dies jedoch je gelungen wäre. Ich möchte nun auf den folgenden Seiten versuchen, das Hin und Her der neuen Theorie zu beschreiben, das dadurch entstand, daß Freud nicht erkannte, daß man den neuen Wein – und ich glaube, daß es in diesem Fall der bessere Wein war – nicht in die alten Schläuche füllen konnte. Bevor wir an diese Analyse herangehen, ist noch auf eine andere Änderung hinzuweisen, die ebenfalls unvermerkt vor sich ging und die Sache noch zusätzlich komplizierte. Freud hatte seine ältere Theorie auf ein wissenschaftliches Modell aufgebaut, das leicht zu verstehen ist: auf das mechanistisch-materialistische Modell, welches das wissenschaftliche Ideal seines Lehrers von Brücke und des ganzen Kreises mechanistischer Materialisten wie Helmholtz, Büchner, von Brücke und anderer gewesen war.[11] Sie sahen im Menschen eine Maschine, die durch chemische Vorgänge angetrieben wird; Gefühle, Affekte und Emotionen erklärten sie als durch spezifische und identifizierbare physiologische Prozesse bedingt. Die meisten hormonologischen und neurophysiologischen Entdeckungen der letzten Jahrzehnte waren diesen Männern noch unbekannt, trotzdem bestanden sie voll Mut und Geschicklichkeit auf der Richtigkeit ihrer Auffassung. Bedürfnisse und Interessen, für die sie keine somatische Quelle nachweisen konnten, ignorierten sie, und all jene Prozesse, die sie nicht beiseite ließen, erklärten sie nach den Grundsätzen des mechanistischen Denkens. Das Modell von Brückes Physiologie und Freuds Modell vom Menschen könnte man heute in einem entsprechend programmierten Computer wiederholen. »Er« baut ein gewisses Maß an Spannung auf, die bei einem gewissen Schwellenwert entladen und reduziert werden muß, während ein anderer Teil, das Ich, die Realität beobachtet und die Spannung hemmt, wenn sie mit den Erfordernissen seines Fortbestandes in Konflikt gerät. Dieser Freudsche Roboter ist Isaac Asimovs Science-Fiction-Roboter ähnlich, nur wäre seine Programmierung anders. Sein oberstes Gesetz wäre nicht, menschlichen Wesen nicht zu schaden, sondern zu verhindern, daß sie sich selbst verletzen oder vernichten.

Die neue Theorie folgt nicht diesem mechanistischen »physiologisierenden« Modell. Sie kreist um eine biologische Orientierung, bei der die fundamentalen Kräfte des Lebens (und seines Gegenteils, des Todes) zu den Urkräften werden, die den Menschen motivieren. Das Wesen der Zelle, das heißt das Wesen aller lebenden Substanz, wird zur theoretischen Grundlage einer Motivationstheorie, und nicht ein physiologischer Prozeß, der in einem bestimmten Körperorgan vor sich geht. Die neue Theorie stand vielleicht einer

[11] Peter Ammacher (1962) hat die Abhängigkeit der Freudschen Theoriebildung von der Denkweise seiner Lehrer beschrieben. Robert R. Holt faßt die Hauptthese dieser Arbeit zustimmend folgendermaßen zusammen: »Viele der verwirrendsten und scheinbar willkürlichen Aspekte der psychoanalytischen Theorie, die Behauptungen enthält, die so falsch sind, daß sie nicht mehr nachprüfbar sind, sind entweder versteckte biologische Annahmen, oder sie resultieren direkt aus solchen Annahmen, die Freud von seinen Lehrern während des Medizinstudiums gelernt hatte. Sie wurden zu einem grundlegenden Teil seines intellektuellen Rüstzeugs, das er ebenso ohne zu fragen hinnahm wie die Theorie des universalen Determinismus. Wahrscheinlich hat er sie nicht immer als biologisch erkannt und sie daher als notwendige Bestandteile beibehalten, als er den Versuch machte, sich von der Neurologisierung abzuwenden und ein abstraktes psychologisches Modell aufzubauen« (R. R. Holt, 1965).

vitalistischen Philosophie näher[12] als der Auffassung der deutschen Materialisten. Aber, wie schon gesagt, Freud war sich dieser Wandlung nicht klar bewußt; daher versuchte er immer wieder seine physiologisierende Methode auf die neue Theorie anzuwenden, und er mußte bei seinem Versuch, den Kreis zu quadrieren, notwendigerweise scheitern. In einer wichtigen Hinsicht jedoch haben beide Theorien eine gemeinsame Prämisse, die ein unverändertes Axiom des Freudschen Denkens blieb: die Auffassung, daß das beherrschende Gesetz des psychischen Apparates die Tendenz zur Reduktion der Spannung (oder Erregung) auf ein *konstantes* niedriges Niveau (das Konstanzprinzip – auf dem das Lustprinzip beruht) oder auf das *Nullniveau* (das Nirwanaprinzip, auf das sich der Todestrieb gründet) ist.

Wir müssen nun zu einer eingehenderen Analyse von Freuds zwei neuen Visionen zurückkehren, der Vision vom Todestrieb und der vom Lebenstrieb als den Urtrieben, die die menschliche Existenz bestimmen.[13]

Was hat Freud bewogen, den Todestrieb zu postulieren?

Der Einfluß des Ersten Weltkrieges dürfte, wie bereits erwähnt, einer der Gründe gewesen sein. Freud hatte mit vielen Menschen seiner Zeit und seiner Altersstufe die optimistische Weltanschauung geteilt, die für das europäische Bürgertum so charakteristisch war, und er sah sich nun plötzlich mit einer Raserei des Hasses und der Zerstörung konfrontiert, wie man sie vor dem 1. August 1914 kaum für möglich gehalten hätte.

Man darf vermuten, daß zu dieser historischen Tatsache noch ein persönlicher Faktor hinzukam. Wie wir aus Ernest Jones Biographie wissen (E. Jones, 1957), litt Freud unter einer fast zwanghaften Beschäftigung mit dem Tod. Nachdem er vierzig Jahre alt geworden war, dachte er jeden Tag ans Sterben; er hatte Anfälle von Todesangst, und wenn er sich verabschiedete, fügte er manchmal seinem »Auf Wiedersehen« hinzu: »Vielleicht seht ihr mich niemals wieder.« Man könnte vermuten, daß seine schwere Krankheit ihn in seiner Todesfurcht noch bestärkt und so zur Formulierung des Todestriebs beigetragen hätte. Diese Spekulation ist jedoch in dieser vereinfachten Form unhaltbar, da die ersten Anzeichen seiner Krankheit sich erst im Februar 1923 zeigten, also erst mehrere Jahre nach der Konzeption des Todestriebs (E. Jones, 1957). Aber die Annahme dürfte nicht zu weit hergeholt sein, daß sein früheres Grübeln über den Tod durch seine Krankheit noch intensiviert wurde und daß dies zu einer Auffassung führte, in welcher der Konflikt zwischen Leben und Tod Zentrum der menschlichen Existenz war, und nicht der Konflikt zwischen den beiden lebensbejahenden Trieben, dem sexuellen Begehren und den Ichtrieben. Die Auffassung, daß der Mensch sterben muß, weil der Tod das verborgene Ziel seines Lebens ist, könnte man als eine Art Trost betrachten, der die Angst vor dem Tode mildern sollte.

Diese historischen und persönlichen Faktoren bilden die eine Reihe von Motivationen für die Konstruktion des Todestriebes, doch kommt noch eine weitere Reihe von Faktoren

[12] Vgl. J. Pratt (1958).

[13] Freuds Terminologie ist nicht immer einheitlich. Er spricht manchmal von Lebens- und Todestrieben, manchmal aber auch vom Lebens- und Todestrieb (Singular). Den Todestrieb oder die Todestriebe bezeichnet er auch als Destruktionstrieb bzw. als Destruktionstriebe. Das Wort *Thanatos* (die Parallele zum Eros) als Äquivalent des Todestriebes hat Freud nicht benutzt, es wurde vielmehr erst von P. Federn in die Diskussion eingeführt.

hinzu, die ihn zur Konzeption der Theorie vom Todestrieb veranlaßt haben muß. Freud hat immer in dualistischen Begriffen gedacht. Er sah gegensätzliche Kräfte einander bekämpfen, und der Lebensprozeß war für ihn das Ergebnis dieses Kampfes. Sexualität und Selbsterhaltungstrieb waren die ursprünglichen Pole seiner dualistischen Theorie. Aber als der Begriff des Narzißmus die Selbsterhaltungstriebe in den Bereich der Libido verlegte, schien der alte Dualismus bedroht. Zwang ihn die Theorie vom Narzißmus nicht zur monistischen Theorie, daß sämtliche Instinkte libidinös waren? Und was noch schlimmer war, würde das nicht eine der Hauptketzereien Jungs bestätigen, nämlich die Auffassung, daß *die gesamte psychische Energie* als Libido zu kennzeichnen ist? Freud mußte sich unbedingt aus diesem unerträglichen Dilemma befreien – unerträglich, weil es darauf hinausgelaufen wäre, daß er Jungs Libidoauffassung hätte zustimmen müssen. Er mußte einen neuen Trieb, der im Gegensatz zur Libido stand, als Grundlage für eine neue dualistische Theorie finden. Der Todestrieb erfüllte diese Forderung. Anstelle des alten Dualismus hatte er jetzt einen neuen gefunden, und er konnte die menschliche Existenz wieder dualistisch als Schlachtfeld zweier entgegengesetzter Triebe sehen, des Lebens- und des Todestriebs.

In seinem neuen Dualismus hielt sich Freud an ein Denkmodell, zu dem später noch mehr zu sagen ist, er konstruierte nämlich zwei umfassende Begriffe, in die jedes Phänomen hineinpassen mußte. Er hatte das bereits mit seinem Sexualitätsbegriff gemacht, indem er ihn so erweiterte, daß alles, was nicht Ichtrieb war, zum Sexualtrieb gehörte. Die gleiche Methode verfolgte er nun auch mit dem Todestrieb. Er legte den Begriff so umfassend an, daß jeder Trieb, der nicht dem Eros zuzurechnen war, zum Todestrieb gehörte, und umgekehrt. Auf diese Weise wurden Aggression, Destruktivität, Sadismus, Beherrschung und sogar gewisse Arten der Produktion trotz ihrer qualitativen Unterschiede zu Manifestationen derselben Macht – des Todestriebs.

Und noch bezüglich eines anderen Aspekts folgte Freud dem gleichen Denkmodell, das ihn in der früheren Phase seines theoretischen Systems so stark in seinem Bann hatte. Er sagt vom Todestrieb, daß er ursprünglich völlig verinnerlicht sei; dann richtet sich ein Teil davon nach außen und wirkt sich als Aggression aus, während ein Teil als primärer Masochismus im Inneren verbleibt. Trifft aber der nach außen gerichtete Teil auf Hindernisse, die zu groß sind, als daß sie überwunden werden könnten, so richtet sich der Todestrieb wieder nach innen und manifestiert sich als sekundärer Masochismus. Es ist dies genau das gleiche Denkmodell, das Freud auch bei seiner Diskussion des Narzißmus anwandte. Zuerst ist die gesamte Libido im Ich (primärer Narzißmus), dann wird sie auf Objekte der Außenwelt ausgedehnt (Objektlibido), doch wendet sie sich auch oft wieder nach innen und bildet dann den sogenannten sekundären Narzißmus.

Oft benutzt Freud den Ausdruck »Todestrieb« synonym mit »Destruktionstrieb« und »Aggressionstrieb«.[14] Aber gleichzeitig macht er zwischen diesen verschiedenen Begriffen feine Unterschiede. Wie James Strachey in seiner Einführung zu *Civilization and Its Discontents* (S. Freud, 1930) dargelegt hat, ist in Freuds späteren Schriften (zum Beispiel in *Das Unbehagen in der Kultur,* 1930, in *Das Ich und das Es,* 1923, in der *Neuen Folge der*

[14] Vgl. zum Beispiel S. Freud (1930).

Vorlesungen zur Einführung in die Psychoanalyse, 1932, und im *Abriß der Psychoanalyse*, 1938) der Aggressionstrieb etwas Sekundäres und vom Selbstzerstörungstrieb abgeleitet.
Im folgenden Abschnitt möchte ich einige Beispiele für diese Beziehung zwischen Todestrieb und Aggression zitieren. In *Das Unbehagen in der Kultur* sagt Freud vom Todestrieb, »daß sich ein Anteil des Triebes gegen die Außenwelt wende und dann als Trieb zur Aggression und Destruktion zum Vorschein komme«. In der *Neuen Folge der Vorlesungen* spricht er von der Selbstzerstörung *als einem Ausdruck* eines »Todestriebes«, der in jedem vitalen Prozeß unbedingt vorhanden sei. Im gleichen Werk bringt er diesen Gedanken noch deutlicher zum Ausdruck, wenn er sagt: »So ergibt sich die Auffassung, daß der Masochismus älter ist als der Sadismus, der Sadismus aber ist nach außen gewendeter Destruktionstrieb, der damit den Charakter der Aggression erwirbt« (S. Freud, 1932). Der im Innern verbleibende Anteil des Destruktionstriebes verbindet sich »mit erotischen Trieben zum Masochismus« oder er wendet sich »mit größerem oder geringerem erotischem Zusatz gegen die Außenwelt«. Wenn aber, so fährt Freud fort, die Aggression, die sich nach außen wendet, in der Außenwelt auf zu starke Hindernisse stößt, so kehrt sie wieder ins Innere zurück und vergrößert die dort herrschende Selbstdestruktion. Freud bringt diese theoretische, etwas widerspruchsvolle Entwicklung in seinen beiden letzten Arbeiten zum Abschluß. Im *Abriß* sagt er: »In diesem Es wirken die organischen *Triebe*, selbst aus Mischungen von *zwei Urkräften* (Eros und Destruktion) in wechselnden Ausmaßen zusammengesetzt . . .« (S. Freud, 1938. Im Original nicht kursiv.) In *Die endliche und die unendliche Analyse* spricht Freud ebenfalls vom Todestrieb und vom Eros als zwei »Urtrieben« (S. Freud, 1937).
Es ist erstaunlich und eindrucksvoll, wie unerschütterlich Freud an seinem Konzept des Todestriebes trotz der ungeheuren theoretischen Schwierigkeiten festhielt, die er mit so viel Mühe – und meiner Meinung nach vergeblich – zu überwinden versuchte.
Die Hauptschwierigkeit liegt vielleicht darin, daß er die Identität zweier Tendenzen annahm, der Tendenz des Körpers, zu seinem ursprünglichen anorganischen Zustand zurückzukehren (als Folge des Prinzips des Wiederholungszwangs), und der des Destruktionstriebes, der sich gegen das eigene Selbst oder gegen andere richtet. Für erstere Tendenz wäre vielleicht die Bezeichnung *Thanatos* adäquat (die P. Federn zuerst auf den Tod angewandt hat) oder auch »Nirwanaprinzip«, eine Bezeichnung, die sich auf die Tendenz zur Reduktion der *Spannung*, der Energie, bis zum Ende alles energetischen Strebens bezieht.[15] Aber ist dieses langsame Nachlassen der Lebenskraft wirklich dasselbe wie Destruktivität? Natürlich könnte man logischerweise argumentieren – und Freud tut das implizite auch –, daß, wenn dem Organismus die Tendenz zu sterben innewohnt, auch eine aktive Kraft vorhanden sein muß, welche die Tendenz hat, zu zerstören. (Es ist dies in der Tat die gleiche Denkweise, wie wir sie bei den Instinktivisten finden, die einen

[15] Der Ausdruck »Nirwanaprinzip« scheint mir nicht glücklich gewählt, weil er den buddhistischen Nirwanabegriff falsch interpretiert. Nirwana ist nicht der Zustand der Leblosigkeit, der durch die Natur herbeigeführt wird (welche nach dem Buddhismus die entgegengesetzte Tendenz hat), sondern es wird durch die geistige Anstrengung des Menschen erreicht, der dann sein Heil und die Vollendung seines Lebens findet, wenn es ihm gelingt, alle Gier und allen Egoismus zu überwinden, und wenn er von einem tiefen Mitleid mit aller lebenden Kreatur erfüllt ist. Im Zustand des Nirwana erlebte der Buddha die höchste Freude.

speziellen Instinkt hinter jeder Art des Verhaltens postulieren.) Aber wenn wir diese kreisförmigen Überlegungen beiseite lassen, gibt es dann irgendeinen Beweis oder Grund, anzunehmen, daß die Tendenz zum Aufhören jeder Erregung und der Impuls, zu zerstören, identisch sind? Es ist kaum anzunehmen. Wenn wir uns Freuds Überlegung über die Grundlage des Wiederholungszwanges anschließen, daß nämlich das Leben die inhärente Tendenz hat, abzuklingen und schließlich zu sterben, so wäre eine solche ihm innewohnende Tendenz etwas völlig anderes als der aktive Impuls, zu zerstören. Fügen wir noch hinzu, daß diese gleiche Tendenz zu sterben, angeblich auch die Quelle der Leidenschaft zur Macht und des Beherrschens (auch im Sinne von »beherrschen einer Kunst«) und – falls mit Sexualität untermischt – auch die Quelle des Sadismus[16] und des Masochismus ist, so muß diese theoretische *Tour de force* fehlschlagen. Das »Nirwanaprinzip« und die Leidenschaft, zu zerstören, sind zwei grundverschiedene Entitäten, die man nicht in der einen Kategorie des Todestriebes unterbringen kann.

Eine weitere Schwierigkeit liegt darin, daß der Todestrieb in Freuds allgemeine Triebauffassung nicht hineinpaßt. Vor allem nimmt er nicht wie die Triebe in seiner früheren Theorie von einer speziellen Körperzone seinen Ausgang, sondern er stellt eine biologische Kraft dar, die aller lebenden Substanz innewohnt. Otto Fenichel hat dies überzeugend dargelegt:

> Dissimulation in den Zellen . . . – das heißt eine objektive Destruktion – kann nicht die Quelle eines destruktiven Triebes im gleichen Sinne sein, wie eine chemisch determinierte Sensitivierung des zentralen Organs durch die Stimulation der erogenen Zonen die Quelle des Sexualtriebes ist. Denn der Definition entsprechend zielt der Trieb darauf ab, die somatische Veränderung zu *eliminieren*, die wir als Quelle des Triebes bezeichnen; der Todestrieb aber zielt nicht darauf ab, die Dissimulation zu eliminieren. Aus diesem Grund scheint es mir nicht möglich, den »Todestrieb« als eine Triebart anderen Trieben gegenüberzustellen (O. Fenichel, 1953).

Fenichel weist hier auf eine der theoretischen Schwierigkeiten hin, die sich Freud selbst bereitet hat, wenn er sie auch sozusagen aus dem Bewußtsein verdrängt hat. Diese Schwierigkeit ist um so schwerwiegender, als Freud – wie wir noch sehen werden – zu dem Resultat kommen mußte, daß auch der Eros die theoretischen Voraussetzungen eines Triebes nicht erfüllte. Wenn Freud keine starken persönlichen Gründe dafür gehabt hätte, so hätte er nicht den Begriff »Trieb« in einem völlig anderen Sinne verwendet, als er ihn ursprünglich verstanden hatte, ohne auf diesen Unterschied selbst hinzuweisen. (Diese Schwierigkeit macht sich sogar in der Terminologie fühlbar. Eros kann man mit »Trieb« nicht zu einem Ausdruck verbinden, und logischerweise hat Freud nie vom »Erostrieb« gesprochen. Er hat jedoch das Wort »Trieb« dadurch unterzubringen gewußt, daß er »Eros« mit »Lebenstrieb« alternativ benutzte.)

Tatsächlich besteht zwischen dem Todestrieb und Freuds früherer Theorie, abgesehen von dem allgemeinen Axiom der Triebreduktion, keinerlei Verbindung. Wie wir bereits sahen, war in der früheren Theorie die Aggression entweder ein Trieb, der eine Komponente der

[16] Freud läßt die Tatsache unbeachtet, daß der Destruktionstrieb auf die Zerstörung des Objekts abzielt, während der Sadismus es erhalten will, um es unter seine Kontrolle zu bekommen, zu demütigen oder zu verletzen. Vgl. die Diskussion des Sadismus im Kapitel 11.

prägenitalen Sexualität darstellte, oder ein Ichtrieb, der sich gegen Reize der Außenwelt richtete. In der Theorie vom Todestrieb stellt Freud keinerlei Verbindung zu den früheren Quellen der Aggression her, außer daß er jetzt mit Hilfe des Todestriebs den Sadismus erklärt (als Mischung mit der Sexualität) (S. Freud, 1932).[17]

Zusammenfassend ist zu sagen, daß zwei Haupterfordernisse die Auffassung vom Todestrieb bestimmt haben: erstens die Notwendigkeit, Freuds neue Überzeugung von der Macht der menschlichen Aggression unterzubringen, und zweitens die Notwendigkeit, an der dualistischen Triebkonzeption festzuhalten. Nachdem Freud auch die Ichtriebe als libidinös ansehen mußte, mußte er eine neue Dichotomie finden, wobei sich die zwischen dem Eros und dem Todestrieb als die passendste anbot. Aber während sie vom Standpunkt der unmittelbaren Lösung einer Schwierigkeit bequem war, war sie höchst unbequem vom Standpunkt der Gesamtentwicklung von Freuds Theorie von der triebmäßigen Motivation aus gesehen. Der Todestrieb wurde zu einem Begriff, in den alles hineinpassen mußte und mit dessen Hilfe man erfolglos versuchte, unvereinbare Widersprüche aufzulösen. Vielleicht ist Freud aufgrund seines Alters und seiner Krankheit das Problem nicht frontal angegangen und hat die Widersprüche nur stellenweise behoben. Die meisten anderen Psychoanalytiker, die die Auffassung vom Eros und vom Todestrieb nicht übernahmen, haben eine einfache Lösung gefunden: Sie verwandelten den Todestrieb in einen »destruktiven Trieb« und haben ihn dem alten Sexualtrieb gegenübergestellt. Auf diese Weise konnten sie Freud gegenüber loyal bleiben, obwohl sie sich nicht in der Lage sahen, über die altmodische Triebtheorie hinauszugehen. Aber trotz der Schwierigkeiten, die der neuen Theorie innewohnten, stellte sie doch eine beachtliche Leistung dar: Sie erkannte in der Wahl des Menschen zwischen Leben und Tod den Grundkonflikt seiner Existenz und gab die alte physiologische Triebauffassung zugunsten einer vertieften biologischen Spekulation auf. Freud erlebte nicht die Befriedigung, eine Lösung zu finden, und mußte seine Triebtheorie als Torso hinterlassen. Es blieb denen, die seine Theorie weiterentwikkelten, überlassen, sich mit den ungelösten Problemen zu befassen und sich mit den Schwierigkeiten unvoreingenommen zu konfrontieren in der Hoffnung, neue Lösungen zu finden.

Bei einer Diskussion der Theorie von *Lebenstrieb* und Eros sehen wir uns womöglich vor noch größere Schwierigkeiten gestellt als beim Begriff des Todestriebes. Der Grund für diese Schwierigkeiten liegt auf der Hand. Bei der Libidotheorie wurde die Erregung auf die chemisch determinierte Sensibilisierung durch die Stimulierung der verschiedenen erogenen Zonen zurückgeführt. Im Falle des Lebenstriebs haben wir es mit einer Tendenz zu tun, die für alle lebende Substanz charakteristisch ist und für die es keine spezifische physiologische Quelle und kein spezifisches Organ gibt. Wie konnte dann der alte Sexualtrieb und der neue Lebenstrieb – wie konnten die Sexualität und der Eros dasselbe sein?

Trotzdem schrieb Freud in der *Neuen Folge der Vorlesungen,* die neue Theorie *sei an die Stelle* der Libidotheorie *getreten,* und er hat in den gleichen Vorlesungen und auch an anderer Stelle behauptet, Sexualtriebe und Eros seien identisch. Er schrieb: »Wir nehmen

[17] Ich werde noch zu zeigen versuchen, daß mit der analen Libidotheorie als Zwischenglied tatsächlich doch die Möglichkeit bestünde, eine Verbindung zwischen der Libidotheorie und der Theorie vom Todestrieb herzustellen.

an, daß es zwei wesensverschiedene Arten von Trieben gibt, die Sexualtriebe, im weitesten Sinne verstanden den Eros, wenn Sie diese Benennung vorziehen, und die Aggressionstriebe, deren Ziel die Destruktion ist« (S. Freud, 1932). Oder im *Abriß der Psychoanalyse* heißt es: ». . . die gesamte verfügbare Energie des Eros, die wir von nun an ›Libido‹ heißen werden . . .« (S. Freud, 1938). Manchmal identifiziert er den Eros mit dem Sexualtrieb *und* dem Selbsterhaltungstrieb (S. Freud, 1923), was nur logisch war, nachdem er die ursprüngliche Theorie revidiert und die beiden ursprünglichen Feinde, Selbsterhaltungstrieb und Sexualtrieb, beide als libidinös klassifiziert hatte. Aber während Freud manchmal Eros und Libido gleichsetzt, weist er in seinem letzten Werk auf einen leichten Unterschied hin. Im *Abriß der Psychoanalyse* heißt es: »Das beste, was wir vom Eros, also von seinem Exponenten, der Libido, wissen, ist durch das Studium der Sexualfunktion gewonnen worden, die sich ja in der landläufigen Auffassung, *wenn auch nicht in unserer Theorie,* mit dem Eros deckt.« (S. Freud, 1938. Im Original nicht kursiv.) Entsprechend dieser Feststellung und im Widerspruch zu dem zuvor Zitierten sind Eros und Sexualität *nicht* identisch. Offenbar hat Freud hier im Sinn, daß der Eros ein »Urtrieb« (neben dem Todestrieb) ist und daß der Sexualtrieb nur *einer seiner Exponenten* ist. Tatsächlich kehrt er hier zu einer Anschauung zurück, die er bereits in *Jenseits des Lustprinzips* zum Ausdruck gebracht hatte, wo er in einer Fußnote bemerkt, der Sexualtrieb habe sich uns zum Eros gewandelt, »der die Teile der lebenden Substanz zueinanderzudrängen und zusammenzuhalten sucht, und die gemeinhin sogenannten Sexualtriebe erschienen als der dem Objekt zugewandte Anteil dieses Eros« (S. Freud, 1920).

Einmal versucht Freud sogar anzudeuten, daß seine ursprüngliche Triebkonzeption sich keineswegs deckte »mit dem Drang nach Vereinigung der geschiedenen Geschlechter oder nach Erzeugung von Lustempfindung an den Genitalien, sondern weit eher mit dem allumfassenden und alles erhaltenden Eros des Symposions Platos« (S. Freud, 1925). Der erste Teil dieser Feststellung ist zweifellos richtig. Freud hatte die Sexualität immer weiter gefaßt als die nur genitale Sexualität. Aber es fällt schwer, einzusehen, worauf er seine Meinung gründet, daß seine ältere Auffassung von der Sexualität der Vorstellung des platonischen Eros ähnlich sei.

Seine ältere Sexualtheorie war genau das Gegenteil der platonischen Theorie. Nach Freud war die Libido männlich, und seiner Ansicht nach gab es keine entsprechende weibliche Libido. Die Frau war nach der extrem patriarchalischen Ansicht von Freud dem Manne nicht ebenbürtig, sondern ein verkrüppelter, kastrierter Mann. Das Wesen des platonischen Mythos ist dagegen, daß Mann und Frau einst eins waren und in zwei Hälften geteilt wurden, was natürlich impliziert, daß die beiden Hälften gleichwertig sind, daß sie eine Polarität bilden, der die Tendenz innewohnt, sich wieder zu vereinigen.

Der einzige Grund, weshalb Freud versuchte, seine alte Libidotheorie entsprechend Platos Eros zu interpretieren, muß der Wunsch gewesen sein, die Diskontinuität beider Phasen zu leugnen, und dies selbst auf Kosten einer offensichtlichen Verzerrung seiner älteren Theorie.

Wie beim Todestrieb geriet Freud auch bezüglich der Triebnatur des Lebenstriebes in Schwierigkeiten. Wie Fenichel nachgewiesen hat, kann man den Todestrieb nicht als Trieb im Sinn von Freuds *neuer* Triebkonzeption bezeichnen, die er in *Jenseits des Lustprinzips* zuerst entwickelt und in seinen späteren Arbeiten einschließlich des *Abriß der*

Psychoanalyse weitergeführt hat (O. Fenichel, 1953). Freud schrieb: »Obwohl letzte Ursache jeder Aktivität, sind sie [die Triebe] konservativer Natur; aus jedem Zustand, den ein Wesen erreicht hat, geht ein Bestreben hervor, diesen Zustand wieder herzustellen, sobald er verlassen worden ist« (S. Freud, 1938).

Besitzen Eros und Lebenstrieb diese konservative Eigenschaft aller Triebe, und kann man sie deshalb mit Recht als Triebe bezeichnen? Freud bemühte sich sehr um eine Lösung, die den konservativen Charakter der Lebenstriebe retten sollte.

Von den Keimzellen sagt er: »So arbeiten diese Keimzellen dem Sterben der lebenden Substanz entgegen und wissen für sie zu erringen, was uns als potentielle Unsterblichkeit erscheinen muß.« Und weiter heißt es:

> Die Triebe, welche die Schicksale dieser das Einzelwesen überlebenden Elementarorganismen in acht nehmen, für ihre sichere Unterbringung sorgen, solange sie wehrlos gegen die Reize der Außenwelt sind, ihr Zusammentreffen mit den anderen Keimzellen herbeiführen usw., bilden die Gruppe der Sexualtriebe. Sie sind in demselben Sinne konservativ wie die anderen, indem sie frühere Zustände der lebenden Substanz wiederbringen, aber sie sind es in stärkerem Maße, indem sie sich als besonders resistent gegen äußere Einwirkungen erweisen, und dann noch in einem weiteren Sinne, da sie das Leben selbst für längere Zeiten erhalten. Sie sind die eigentlichen Lebenstriebe; dadurch, daß sie der Absicht der anderen Triebe, welche durch die Funktion zum Tode führt, entgegenwirken, deutet sich ein Gegensatz zwischen ihnen und den übrigen an, den die Neurosenlehre frühzeitig als bedeutungsvoll erkannt hat. Es ist wie ein Zauderrhythmus im Leben der Organismen; die eine Triebgruppe stürmt nach vorwärts, um das Endziel des Lebens möglichst bald zu erreichen, die andere schnellt an einer gewissen Stelle dieses Weges zurück, um ihn von einem bestimmten Punkt an nochmals zu machen und so die Dauer des Weges zu verlängern. Aber wenn auch Sexualität *und Unterschied der Geschlechter zu Beginn des Lebens gewiß nicht vorhanden waren,* so bleibt es doch möglich, daß die später als sexuell zu bezeichnenden Triebe von allem Anfang an in Tätigkeit getreten sind und ihre Gegenarbeit gegen das Spiel der »Ichtriebe« nicht erst zu einem späten Zeitpunkte aufgenommen haben. (S. Freud, 1920. Im Original nicht kursiv.)

Das Interessanteste an diesem Abschnitt und auch der Grund, weshalb ich ihn in dieser Länge zitiert habe, ist, wie Freud fast verzweifelt versucht, die konservative Vorstellung von allen Trieben und also auch vom Lebenstrieb zu retten. Er mußte seine Zuflucht zu einer neuen Formulierung des Sexualtriebes nehmen als eines Triebes, der über das Schicksal der Keimzelle wacht, eine Definition, die sich von seiner Gesamtauffassung der Triebe in seinem früheren Werk unterscheidet.

Einige Jahre später macht Freud in *Das Ich und das Es* wiederum den Versuch, dem Eros den Status eines echten Triebes zu geben, indem er ihm einen konservativen Charakter zuschreibt. Er schreibt:

> Auf Grund theoretischer, durch die Biologie gestützter Überlegungen supponierten wir einen Todestrieb, dem die Aufgabe gestellt ist, das organische Lebende in den leblosen Zustand zurückzuführen, während der Eros das Ziel verfolgt, das Leben durch immer weitergreifende Zusammenfassung der in Partikel zersprengten lebenden Substanz zu komplizieren, natürlich es dabei zu erhalten. Beide Triebe benehmen sich dabei im strengsten Sinne konservativ, indem sie die Wiederherstellung eines durch die Entstehung des Lebens gestörten Zustandes anstreben. Die Entstehung des Lebens wäre also

> die Ursache des Weiterlebens und gleichzeitig auch des Strebens nach dem Tode, das Leben selbst ein Kampf und Kompromiß zwischen diesen beiden Strebungen. Die Frage nach der Herkunft des Lebens bliebe eine kosmologische, die nach Zweck und Absicht des Lebens wäre dualistisch beantwortet (S. Freud, 1923).

Eros zielt darauf ab, das Leben zu komplizieren und es zu erhalten, und daher ist auch er konservativ, denn mit dem Auftauchen des Lebens wird ein Trieb geboren, der darauf abzielt, es zu erhalten. Wenn es aber im Wesen des Triebes liegt, den frühesten Zustand der Existenz, die anorganische Materie, wieder herzustellen, so müssen wir uns fragen, wie er dann gleichzeitig darauf ausgerichtet sein kann, eine spätere Form der Existenz, nämlich das Leben, wieder herzustellen.

Nach diesen vergeblichen Versuchen, den konservativen Charakter des Lebenstriebes zu retten, gelangt Freud schließlich im *Abriß der Psychoanalyse* zu einer negativen Lösung: »Für den Eros (oder Liebestrieb) können wir eine solche Anwendung *nicht* durchführen. Es würde voraussetzen, daß die lebende Substanz einmal eine Einheit war, die dann zerrissen wurde und die nun die Wiedervereinigung anstrebt.« (S. Freud, 1938. Im Original nicht kursiv.) In einer signifikanten Fußnote fügt Freud hinzu: »Dichter haben Ähnliches phantasiert, aus der Geschichte der lebenden Substanz ist uns nichts Entsprechendes bekannt« (S. Freud, 1938). Ganz offensichtlich bezieht sich Freud hier auf Platos Erosmythos, aber er wendet dagegen ein, daß er ein Erzeugnis der dichterischen Phantasie sei. Dieser Einwand ist wirklich merkwürdig. Die platonische Antwort würde nämlich tatsächlich Freuds theoretischer Forderung von der konservativen Natur des Eros genügen. Wenn Mann und Weib am Anfang eins waren, dann voneinander getrennt wurden und nun vom Wunsch nach Wiedervereinigung getrieben sind, was könnte dann der Formel besser entsprechen, daß die Triebe die Tendenz haben, den früheren Zustand wieder herzustellen? Weshalb hat Freud diesen Ausweg nicht akzeptiert und sich damit aus der theoretischen Verlegenheit befreit, daß der Eros kein echter Trieb war?

Vielleicht fällt etwas mehr Licht auf dieses Problem, wenn wir diese Fußnote im *Abriß* mit einer weit ausführlicheren und früheren Feststellung in *Jenseits des Lustprinzips* vergleichen. Hier zitiert er Platos Mythos im *Symposion* von der ursprünglichen Einheit des Menschen, der von Zeus in zwei Hälften geteilt wurde, worauf nach dieser Teilung jede Hälfte sich nach der anderen sehnte, bis sie zusammenkamen und sich in die Arme fielen voller Sehnsucht, wieder zu einem einzigen Wesen zu werden. Freud schrieb:

> Sollen wir, dem Wink des Dichterphilosophen folgend, die Annahme wagen, daß die lebende Substanz bei ihrer Belebung in kleine Partikel zerrissen wurde, die seither durch die Sexualtriebe ihre Wiedervereinigung anstreben? Daß diese Triebe, in denen sich die chemische Affinität der unbelebten Materie fortsetzt, durch das Reich der Protisten hindurch allmählich die Schwierigkeiten überwinden, welche eine mit lebensgefährlichen Reizen geladene Umgebung diesem Streben entgegensetzt, die sie zur Bildung einer schützenden Rindenschicht nötigt? Daß diese zersprengten Teilchen lebender Substanz so die Vielzelligkeit erreichen und endlich den Keimzellen den Trieb zur Wiedervereinigung in höchster Konzentration übertragen? Ich glaube, es ist hier die Stelle, abzubrechen (Freud, 1920).[18]

[18] In einer Fußnote zitiert Freud eine ähnliche Idee aus der Brihadaranjaka-Upanischad.

Der Unterschied zwischen beiden Behauptungen ist leicht einzusehen. In der früheren Formulierung (*Jenseits des Lustprinzips*) läßt Freud die Antwort offen, während er in seiner späteren Behauptung (*Abriß der Psychoanalyse*) eine definitiv negative Antwort gibt.

Aber noch viel wichtiger ist die spezielle Formulierung, die beiden Behauptungen gemeinsam ist. In beiden Fällen spricht Freud von der »lebenden Substanz«, die in Teile auseinandergerissen wird. Im platonischen Mythos ist dagegen nicht von einer »lebenden Substanz« die Rede, die in Partikel zerrissen wurde, sondern von *Mann* und *Frau,* die voneinander getrennt wurden und nach ihrer Wiedervereinigung streben. Warum bestand Freud auf der »lebenden Substanz« als dem springenden Punkt?

Mir scheint, die Antwort dürfte in einem subjektiven Faktor zu suchen sein. Freud war tief von dem patriarchalischen Gefühl durchdrungen, daß der Mann der Frau überlegen und ihr nicht gleich ist. Daher war die Theorie von der männlich-weiblichen Polarität – die wie jede Polarität sowohl Verschiedenheit als auch Gleichheit impliziert – für ihn unannehmbar. Dieses emotionale männliche Vorurteil hatte ihn schon zu einem viel früheren Zeitpunkt zu der Theorie geführt, daß die Frau ein verkrüppelter Mann und vom Kastrationskomplex und Penisneid beherrscht sei und fernerhin dem Mann unterlegen, weil ihr Überich schwächer und dagegen ihr Narzißmus stärker sei als der des Mannes. Man kann zwar die Brillanz dieser Konstruktion bewundern, doch ist kaum zu leugnen, daß die Behauptung, die eine Hälfte der menschlichen Rasse sei eine verkrüppelte Version der anderen, ans Absurde grenzt und daß sie nur mit seinem tiefverwurzelten Vorurteil in bezug auf die Geschlechter zu erklären ist (das sich von einem rassischen oder religiösen Vorurteil nicht allzu sehr unterscheidet). Ist es dann verwunderlich, daß Freud auch blockiert war, wenn eine Übernahme von Platos Mythos ihn gezwungen hätte, seine Annahme von der Ungleichheit der Geschlechter aufzugeben? Tatsächlich sah sich Freud nicht in der Lage, diesen Schritt zu tun; so ersetzte er die Vereinigung von Mann und Weib durch die Vereinigung der »lebendigen Substanz« und wies den logischen Ausweg aus der Schwierigkeit, daß der Eros die konservative Natur der übrigen Triebe nicht besitzt, zurück.

Ich habe mich aus mehreren Gründen länger bei diesem Punkt aufgehalten. Vor allem deshalb, weil wir die immanenten Widersprüche in Freuds Theorie besser verstehen können, wenn wir die Motivationen kennen, die ihn zwangen, zu diesen widerspruchsvollen Lösungen zu gelangen. Zweitens weil das hier diskutierte Problem auch abgesehen von dem Spezialproblem der Wandlungen in Freuds Triebtheorie von Interesse ist. Wir machen hier den Versuch, Freuds bewußtes Denken als einen Kompromiß zwischen seiner neuen Anschauung und seinen älteren Denkgewohnheiten zu verstehen, die in seinem »patriarchalischen Komplex« verwurzelt waren und ihn hinderten, seine neue Auffassung in einer klaren, unzweideutigen Weise auszudrücken. Mit anderen Worten, Freud war der Gefangene der Gefühls- und Denkgewohnheiten seiner Gesellschaft, denen er nicht entrinnen konnte.[19] Wenn Freud von einer neuen theoretischen Vision erfüllt wurde, so wurde sie – oder ihre Konsequenzen – ihm nur teilweise bewußt, während ein Teil im

[19] Was beispielsweise John Stuart Mill, J. J. Bachofen, Karl Marx, Friedrich Engels und nicht wenige andere tun konnten.

Unbewußten blieb, weil er mit seinem »Komplex« und seinem früheren bewußten Denken unvereinbar war. Sein bewußtes Denken mußte versuchen, Widersprüche und Unvereinbarkeiten zu verleugnen, indem er Konstruktionen errichtete, die einleuchtend genug waren, die bewußten Denkprozesse zu befriedigen.[20]

Wie ich zu zeigen versuchte, wollte und konnte Freud sich nicht dafür entscheiden, den Eros in seine eigene Triebdefinition mit ihrem konservativen Charakter der Triebe einzugliedern. Hätte ihm eine andere theoretische Möglichkeit offengestanden? Ich glaube, ja. Er hätte eine neue Lösung finden können, seine neue Vision von der dominierenden Rolle von Liebe und Zerstörungstrieb in seine alte, traditionelle Libidotheorie einzubauen. Er hätte eine Polarität zwischen der *prägenitalen Sexualität* (dem oralen und analen Sadismus) als Quelle der Destruktivität und der *genitalen Sexualität* als Quelle der Liebe annehmen können.[21] Aber natürlich fiel es Freud aus einem bereits in anderem Zusammenhang erwähnten Grunde schwer, sich für diese Lösung zu entscheiden. Es wäre einer monistischen Weltanschauung gefährlich nahe gekommen, da *sowohl* die Destruktivität *als auch* die Liebe libidinös gewesen wären. Trotzdem, Freud hatte bereits die Grundlage dafür geschaffen, die Destruktivität mit der prägenitalen Sexualität in Verbindung zu bringen, als er zu dem Schluß kam, daß der destruktive Teil der anal-sadistischen Libido der Todestrieb sei (S. Freud, 1923, 1920). Wenn dem so ist, so kann man wohl die Spekulation wagen, daß die anale Libido selbst eine tiefe Affinität zum Todestrieb besitzen muß; es dürfte sogar der weitere Schluß gerechtfertigt sein, daß die anale Libido ihrem Wesen nach auf Zerstörung ausgerichtet ist.

Aber Freud kommt nicht zu diesem Schluß, und es ist interessant, Spekulationen darüber anzustellen, warum er es nicht tut.

Der erste Grund ist in seiner zu engen Interpretation der analen Libido zu suchen. Für

[20] Auf diesen Prozeß treffen wir bei vielen großen schöpferischen Denkern. Spinoza ist ein klares Beispiel dafür. So kann man das Problem, ob Spinoza Theist war oder nicht, nicht voll verstehen, ohne den Unterschied zwischen seinen bewußten Denkgewohnheiten (in theistischen Begriffen), seiner neuen (nicht-theistischen) Auffassung und den sich daraus ergebenden Kompromissen in der Definition Gottes in Betracht zu ziehen, die faktisch auf die Leugnung Gottes hinausläuft. Diese Methode, die Schriften eines Autors zu untersuchen, ist in wesentlicher Hinsicht eine psychoanalytische. Man muß zwischen den Zeilen des gedruckten Textes lesen, wie ein Psychoanalytiker zwischen den Zeilen der freien Assoziationen oder Träume seines Patienten liest. Ausgangspunkt ist dabei die Tatsache, daß wir im Denken eines eminenten Denkers Widersprüche finden. Da er diese Widersprüche selbst bemerkt und sie vermutlich beseitigt haben würde, wenn dies nur Sache seiner theoretischen Begabung gewesen wäre, ist anzunehmen, daß die immanenten Widersprüche durch den Konflikt zwischen zwei Strukturen verursacht werden: zwischen der alten Struktur, die immer noch den größten Teil des Bewußtseinsterritoriums einnimmt und einer radikal neuen, die sich noch nicht voll im bewußten Denken auszudrücken vermag; das heißt aber, daß sie zum Teil unbewußt bleibt. Man kann den immanenten Widerspruch wie ein Symptom oder einen Traum als Kompromiß zwischen einer älteren Struktur eines affektiv verwurzelten bewußten Denkens und einer neuen Struktur einer theoretischen Vision behandeln, die durch die Macht älterer Ideen und Gefühle nicht voll zum Ausdruck gelangen kann. Selbst wenn der Autor ein Genie ist, kann er sich der Existenz oder des Wesens dieser Widersprüche völlig unbewußt sein, während ein Außenseiter – der nicht in denselben Prämissen verfangen ist – sie sehr leicht durchschaut. Vielleicht hat Kant dies gemeint, als er feststellte, daß wir manchmal den Autor besser verstehen als er sich selbst.

[21] Genau diese Lösung hat Ernst Simmel vorgeschlagen (E. Simmel, 1944).

Freud und seine Schüler liegt der wesentliche Aspekt der Analität in der Tendenz zu kontrollieren und zu besitzen (von dem freundlichen Aspekt des Behaltenwollens abgesehen). Nun sind gewiß Kontrollieren und Besitzenwollen Tendenzen, die dem Lieben, Fördern, Befreien entgegengesetzt sind, Tendenzen, die unter sich ein Syndrom bilden. Aber »Besitz« und »Kontrolle« enthalten nicht das Wesentliche an der Destruktivität, nämlich den Wunsch, zu zerstören, die Feindschaft gegen das Leben. Zweifellos hat der anale Charakter ein tiefes Interesse und eine starke Affinität für Exkremente als Teil seiner allgemeinen Affinität für alles Nichtlebendige. Kot ist das Produkt, das der Körper endgültig eliminiert, da es ihm nicht weiter von Nutzen sein kann. Der anale Charakter fühlt sich von Exkrementen wie von allem angezogen, was für das Leben nutzlos ist, wie Schmutz, Tod und Verfall.[22] Wir können sowohl sagen, daß die Tendenz, zu kontrollieren und zu besitzen, nur ein Aspekt des analen Charakters ist, aber ein milderer und weniger bösartiger als der Haß gegen das Leben. Wenn Freud den direkten Zusammenhang erkannt hätte, der zwischen Kot und Tod besteht, so wäre er meiner Meinung nach vielleicht zu dem Schluß gekommen, daß die Hauptpolarität die zwischen der genitalen und der analen Orientierung ist, zwei klinisch gut untersuchten Entitäten, die Eros und Todestrieb äquivalent sind. Wäre Freud zu diesem Schluß gelangt, so wären ihm Eros und Todestrieb nicht als zwei biologisch gegebene und gleich starke Tendenzen erschienen, sondern er hätte im Eros das biologisch normale Ziel der Entwicklung gesehen, während er vom Todestrieb angenommen hätte, daß er auf ein Fehlschlagen der normalen Entwicklung zurückzuführen und in diesem Sinne als ein pathologischer, wenn auch tief verwurzelter, Trieb anzusehen ist. Wenn man eine biologische Spekulation anstellen will, so könnte man die Analität zu der Tatsache in Beziehung setzen, daß die Orientierung am Geruch charakteristisch für alle vierbeinigen Säugetiere ist und daß der Übergang von der Orientierung am Geruch zur Orientierung durch das Sehen dem aufrechten Gang entspricht. Der Funktionsänderung des alten olfaktorischen Gehirns würde dann die gleiche Umwandlung der Orientierung entsprechen. Dementsprechend könnte man daran denken, daß der anale Charakter eine regressive Phase der biologischen Entwicklung darstellt, die sogar eine konstitutionell-genetische Basis haben könnte. Man könnte dann annehmen, daß die Analität des Kleinkindes eine evolutionäre Wiederholung einer biologisch früheren Phase im Prozeß des Überganges zum vollentwickelten menschlichen Funktionieren wäre. (Mit Freudschen Begriffen ausgedrückt, hätte dann die Analität bzw. Destruktivität den konservativen Charakter eines Triebes, das heißt, wir hätten es mit der Regression von der Orientierung nach Genitalität–Liebe–Sehen zur Orientierung nach Analität–Destruktion–Geruch zu tun.)

Die Beziehung zwischen Todestrieb und Lebenstrieb wäre im wesentlichen die gleiche wie die zwischen prägenitaler und genitaler Libido in Freuds Entwicklungsschema. Die libidinöse Fixierung auf der analen Ebene wäre dann ein pathologisches Phänomen, jedoch eines, das tief in der psychosexuellen Konstitution verwurzelt ist, während die

[22] Die Affinität zwischen Analität und Nekrophilie habe ich in Kapitel 12 besprochen. Ich erwähnte dort, daß der typische nekrophile Traum voller Symbole wie Exkremente und Leichen – ganze oder zerstückelte – sowie Gräber und Ruinen usw. ist, und habe auch Beispiele für solche nekrophilen Träume angeführt.

genitale Ebene für das gesunde Individuum charakteristisch wäre. Nach dieser Spekulation hätte dann die anale Ebene zwei recht unterschiedliche Aspekte: einen, der auf Kontrolle, und einen, der auf Zerstörung abzielt. Wie ich zu zeigen versuchte, wäre darin der Unterschied zwischen Sadismus und Nekrophilie zu suchen.

Aber Freud hat diesen Zusammenhang nicht hergestellt, und vielleicht konnte er ihn auch nicht herstellen aus Gründen, die ich im Zusammenhang mit den Schwierigkeiten seiner Eros-Theorie erwähnt habe.

Macht und Grenzen des Todestriebs

Auf den vorangegangenen Seiten habe ich auf die immanenten Widersprüche hingewiesen, denen Freud nicht zu entgehen vermochte, als er von der Libidotheorie zu seiner Eros-Todestrieb-Theorie überging. Es gibt aber noch einen weiteren, andersartigen Konflikt in letzterer Theorie, dem wir unsere Aufmerksamkeit zuwenden müssen: den Konflikt zwischen Freud dem Theoretiker und Freud dem Humanisten. Der Theoretiker kommt zu dem Schluß, daß der Mensch nur die Alternative hat, entweder sich selbst (langsam durch Krankheit) oder andere zu zerstören; oder – anders ausgedrückt – er hat nur die Wahl, entweder sich selbst oder andere leiden zu machen. Der Humanist empört sich gegen die Idee dieser tragischen Alternative, die den Krieg zu einer rationalen Lösung für diesen Aspekt der menschlichen Existenz machen würde.

Nicht als ob Freud tragischen Alternativen aus dem Wege gegangen wäre. Ganz im Gegenteil; er hatte ja in seiner früheren Theorie eine solche tragische Alternative konstruiert: Er sah in der Verdrängung der Triebbedürfnisse (besonders der prägenitalen) die Grundlage der Zivilisation; der verdrängte Trieb wurde »sublimiert« und in wertvolle kulturelle Kanäle geleitet; dies jedoch auf Kosten eines vollen menschlichen Glücks. Andererseits führte diese Verdrängung nicht nur zu Fortschritten in der Zivilisation, sondern auch zur Entwicklung von Neurosen bei all jenen, bei denen der Verdrängungsprozeß nicht erfolgreich verlief. Die Alternative schien zu sein: Mangel an Zivilisation bei vollem Glück oder Zivilisation, verbunden mit Neurose und geringerem Glück.[23] [24]

[23] Vgl. zum Beispiel *Meine Ansichten über die Rolle der Sexualität in der Ätiologie der Neurosen*, wo Freud schrieb: ». . . darum kann man mit Recht auch unsere Zivilisation für die Verbreitung der Neurasthenie verantwortlich machen« (S. Freud, 1905).

[24] Herbert Marcuse vertritt den Standpunkt, Freud habe gesagt, volles Glück gebe es nur, wenn alle sexuellen Triebe voll ausgelebt würden (was sich in Freuds Sinn besonders auf die prägenitale Komponente beziehen würde) (H. Marcuse, 1955). Ob nun Freud mit dieser Meinung recht hat oder nicht, jedenfalls übersieht Marcuse die Tatsache, daß die tragischen Alternativen im Zentrum von Freuds Theorie standen. Daher war es keineswegs Freuds Ansicht, daß ein ungehemmtes Sichausleben aller Komponenten des Sexualtriebes anzustreben wäre. Ganz im Gegenteil stellt sich Freud auf die Seite der Zivilisation gegen die Barbarei – und er zieht daher die Verdrängung ihrem Gegenteil vor. Außerdem hat Freud stets von dem repressiven Einfluß der Zivilisation auf die Triebe gesprochen, und die Idee, daß dies nur im Kapitalismus vorkomme, im Sozialismus aber nicht vorzukommen brauche, steht in krassem Gegensatz zu seinem Denken. Marcuses Ideen zu diesem Thema leiden darunter, daß er über die Einzelheiten von Freuds Theorie nur ungenügend informiert ist.

Der Widerspruch zwischen Todestrieb und Eros stellt den Menschen vor eine echte und wahrhaft tragische Alternative. Vor eine echte Alternative deshalb, weil er sich dafür entscheiden kann, anzugreifen und Kriege zu führen, aggressiv zu sein und seine Feindseligkeit zum Ausdruck zu bringen, weil er das der Krankheit vorzieht. Daß es sich dabei um eine tragische Alternative handelt, braucht nicht besonders betont zu werden, wenigstens nicht soweit es Freud oder einen anderen Humanisten betrifft.

Freud macht keinen Versuch, das Problem zu vertuschen, indem er die Schärfe des Konflikts zu verwischen sucht. Wie bereits zitiert, schrieb er in der *Neuen Folge der Vorlesungen:*

> Nun drängt sich uns die Bedeutung der Möglichkeit auf, daß die Aggression in der Außenwelt Befriedigung nicht finden kann, weil sie auf reale Hindernisse stößt. Sie wird dann vielleicht zurücktreten, das Ausmaß der im Inneren waltenden Selbstdestruktion vermehren. Wir werden hören, daß dies wirklich so geschieht und wie wichtig dieser Vorgang ist (S. Freud, 1932).

Im *Abriß der Psychoanalyse* heißt es: »Zurückhaltung von Aggression ist überhaupt ungesund, wirkt krankmachend (Kränkung)« (S. Freud, 1938). Wir fragen uns, wie hat Freud seinem Impuls entsprochen, die menschlichen Angelegenheiten nicht bei einer so hoffnungslosen Beurteilung zu belassen, und wie hat er es vermieden, sich auf die Seite derer stellen zu müssen, die den Krieg als beste Medizin für die Menschheit empfehlen, nachdem er die Trennungslinien so scharf gezogen hatte?

Tatsächlich hat Freud mehrere theoretische Versuche unternommen, einen Ausweg aus dem Dilemma zwischen seinen theoretischen und seinen humanistischen Ansichten zu finden. Ein Versuch beruhte auf dem Gedanken, daß man den Zerstörungstrieb in das Gewissen umwandeln könne. In seiner Abhandlung *Das Unbehagen in der Kultur* stellt er die Frage: »Was geht mit ihm [dem Angreifer] vor, um seine Aggressionslust unschädlich zu machen?« und seine Antwort lautet:

> Etwas sehr Merkwürdiges, das wir nicht erraten hätten und das doch so nahe liegt. Die Aggression wird introjiziert, verinnerlicht, eigentlich aber dorthin zurückgeschickt, woher sie gekommen ist, also gegen das eigene Ich gewendet. Dort wird sie von einem Anteil des Ichs übernommen, das sich als Über-Ich dem übrigen entgegenstellt und nun als »Gewissen« gegen das Ich dieselbe strenge Aggressionsbereitschaft ausübt, die das Ich gerne an anderen, fremden Individuen befriedigt hätte. Die Spannung zwischen dem gestrengen Über-Ich und dem ihm unterworfenen Ich heißen wir Schuldbewußtsein; sie äußert sich als Strafbedürfnis. Die Kultur bewältigt also die gefährliche Aggressionslust des Individuums, indem sie es schwächt, entwaffnet und durch eine Instanz in seinem Inneren, wie durch eine Besatzung in der eroberten Stadt, überwachen läßt (S. Freud, 1930).[25]

Die Verwandlung der Destruktivität in ein sich selbst bestrafendes Gewissen scheint doch keinen so großen Vorteil zu bringen, wie Freud meint. Nach seiner Theorie müßte das Gewissen ebenso grausam sein wie der Todestrieb, da es mit dessen Energien geladen ist

[25] Freuds Konzept vom Gewissen als einer ihrem Wesen nach strafenden Instanz ist sicher sehr eng und steht in der Tradition gewisser religiöser Ideen; es ist ein »autoritäres« und kein »humanistisches« Gewissen (vgl. E. Fromm, 1947).

und kein Grund besteht, weshalb der Todestrieb »geschwächt« und »entwaffnet« sein sollte. Es hat eher den Anschein, daß eine andere Analogie die tatsächlichen Konsequenzen von Freuds Idee logischer zum Ausdruck brächte: Eine Stadt, die von einem grausamen Feind beherrscht wurde, besiegt diesen mit Hilfe eines Diktators, der dann ein System errichtet, das genauso grausam ist wie das des besiegten Feindes; und was ist damit gewonnen?

Aber diese Theorie des strengen Gewissens als einer Manifestation des Todestriebes ist nicht der einzige Versuch, den Freud unternimmt, um seine Vorstellung von der tragischen Alternative etwas zu mildern. Eine andere, weniger tragische Erklärung ist folgende: »Gemäßigt und gebändigt, gleichsam zielgehemmt, muß der Destruktionstrieb, auf die Objekte gerichtet, dem Ich die Befriedigung seiner Lebensbedürfnisse und die Herrschaft über die Natur verschaffen« (S. Freud, 1930). Mir scheint dies ein gutes Beispiel für die »Sublimierung«.[26] Das Ziel des Triebes ist dann nicht geschwächt, sondern er richtet sich auf andere, sozial wertvolle Ziele, in diesem Fall auf die »Herrschaft über die Natur«. Das klingt tatsächlich nach einer perfekten Lösung. Dem Menschen bleibt die tragische Entscheidung erspart, entweder die anderen oder sich selbst zu zerstören, da die Energie des Destruktionstriebes zur Herrschaft über die Natur benutzt wird. Aber, so müssen wir uns fragen, ist das wirklich möglich? Kann sich die Destruktivität wirklich in Konstruktivität verwandeln? Was kann »Herrschaft über die Natur« bedeuten? Tiere zähmen und aufziehen, Pflanzen sammeln und kultivieren, Stoffe weben, Hütten bauen, Töpferwaren herstellen und all die vielen anderen Tätigkeiten, einschließlich der Konstruktion von Maschinen, Eisenbahnen, Flugzeugen und Wolkenkratzern? All das sind Tätigkeiten, die der Konstruktion, dem Aufbauen, dem Zusammenfügen und der Synthese dienen, und wenn man sie dem einen der beiden Urtriebe zuordnen wollte, so könnte man sich in der Tat auf den Standpunkt stellen, daß sie vom Eros und nicht vom Todestrieb motiviert sind. Eventuell mit Ausnahme des Tötens von Tieren zum Verzehr und des Tötens von Menschen im Kriege, wovon angenommen werden könnte, daß beides in der Destruktivität verwurzelt ist, ist die materielle Produktion nicht destruktiv, sondern konstruktiv.

In seiner Antwort auf Albert Einsteins Brief zum Thema *Warum Krieg?* macht Freud noch einen weiteren Versuch, die Schärfe seiner Alternative zu mildern. Aber nicht einmal bei dieser Gelegenheit, als er sich mit der Frage über die psychologischen Ursachen des Krieges konfrontiert sah, die ihm einer der größten Wissenschaftler und Humanisten

[26] Freud hat den Ausdruck »Sublimierung« im allgemeinen nicht im Zusammenhang mit dem Todestrieb verwendet, doch scheint mir der Begriff, mit dem sich der folgende Abschnitt befaßt, der gleiche zu sein, den Freud im Zusammenhang mit der Libido Sublimierung nennt. Der Begriff der »Sublimierung« ist aber fragwürdig, selbst wenn Freud ihn auf die Sexualtriebe, und besonders auf die prägenitalen, anwendet. Ein populäres Beispiel im Sinne der älteren Theorie ist der Chirurg, der sich der sublimierten Energie seines Sadismus bedient. Aber trifft das wirklich zu? Schließlich schneidet ein Chirurg nicht nur; er repariert auch, und es ist wahrscheinlicher, daß gerade die besten Chirurgen nicht von ihrem sublimierten Sadismus, sondern von vielen anderen Faktoren motiviert sind, zum Beispiel daß sie geschickte Hände haben, daß sie vom Wunsch beseelt sind, durch direktes Eingreifen zu heilen, daß sie die Begabung zu schnellen Entschlüssen besitzen usw.

unseres Jahrhunderts gestellt hatte, versuchte Freud die Schärfe seiner früheren Alternativen zu verbergen oder abzuschwächen. Mit größter Klarheit schrieb er:

> Mit etwas Aufwand von Spekulation sind wir nämlich zu der Auffassung gelangt, daß dieser Trieb innerhalb jedes lebenden Wesens arbeitet und dann das Bestreben hat, es zum Zerfall zu bringen, das Leben zum Zustand der unbelebten Materie zurückzuführen. Er verdiente in allem Ernst den Namen eines Todestriebes, während die erotischen Triebe die Bestrebungen zum Leben repräsentieren. Der Todestrieb wird zum Destruktionstrieb, indem er mit Hilfe besonderer Organe nach außen, gegen die Objekte, gewendet wird. *Das Lebewesen bewahrt sozusagen sein eigenes Leben dadurch, daß es fremdes zerstört.* Ein Anteil des Todestriebes verbleibt aber im Innern des Lebewesens tätig, und wir haben versucht, eine ganze Anzahl von normalen und pathologischen Phänomenen von dieser Verinnerlichung des Destruktionstriebes abzuleiten. Wir haben sogar die Ketzerei begangen, die Entstehung unseres Gewissens durch eine solche Wendung der Aggression nach innen zu erklären. Sie merken, es ist gar nicht so unbedenklich, wenn sich dieser Vorgang in allzu großem Ausmaß vollzieht, es ist direkt ungesund, während die Wendung dieser Triebkräfte zur Destruktion in der Außenwelt das Lebewesen entlastet, wohltuend wirken muß. *Das diene zur biologischen Entschuldigung all der häßlichen und gefährlichen Strebungen, gegen die wir ankämpfen. Man muß zugeben, sie sind der Natur näher als unser Widerstand dagegen, für den wir auch noch eine Erklärung finden müssen.* (S. Freud, 1933a. Im Original nicht kursiv.)

Nach dieser sehr klaren und kompromißlosen Feststellung, die seine früher geäußerten Ansichten über den Todestrieb noch einmal zusammenfaßt, meint Freud, er könne den Geschichten über jene glücklichen Gegenden der Erde, wo es Völkerstämme geben soll, »bei denen Zwang und Aggression unbekannt sind«, kaum Glauben schenken; doch sucht er gegen Ende seines Briefes zu einer weniger pessimistischen Lösung zu kommen, als der Anfang vorausahnen ließ. Seine Hoffnung gründet sich auf mehrere Möglichkeiten. Er schreibt: »Wenn die Bereitwilligkeit zum Krieg ein Ausfluß des Destruktionstriebs ist, so liegt es nahe, gegen sie den Gegenspieler dieses Triebes, den Eros, anzurufen. Alles, was Gefühlsbindungen unter den Menschen herstellt, muß dem Krieg entgegenwirken« (S. Freud, 1933a).

Es ist bemerkenswert und ergreifend, wie Freud, der Humanist und der »Pazifist«, wie er sich selbst nennt, hier fast krampfhaft versucht, den logischen Konsequenzen seiner eigenen Prämissen zu entrinnen. Wenn der Todestrieb so mächtig und fundamental ist, wie Freud immer wieder behauptet, wie kann er dann dadurch beträchtlich reduziert werden, daß der Eros mit ins Spiel gebracht wird, wenn doch beide in jeder Zelle vorhanden sind und eine nicht reduzierbare Eigenschaft der lebenden Materie darstellen?

Freuds zweites Argument zugunsten des Friedens ist von noch fundamentalerer Bedeutung. Gegen Ende seines Briefes an Einstein schreibt er:

> Den psychischen Einstellungen, die uns der Kulturprozeß aufnötigt, widerspricht nun der Krieg in der grellsten Weise, darum müssen wir uns gegen ihn empören, wir vertragen ihn einfach nicht mehr, es ist nicht bloß eine intellektuelle und affektive Ablehnung, es ist bei uns Pazifisten eine konstitutionelle Intoleranz, eine Idiosynkrasie gleichsam in äußerster Vergrößerung. Und zwar scheint es, daß die ästhetischen Erniedrigungen des Krieges nicht viel weniger Anteil an unserer Auflehnung haben als seine Grausamkeiten.

> Wie lange müssen wir nun warten, bis auch die anderen Pazifisten werden? Es ist nicht zu sagen . . . (S. Freud, 1933a).

Gegen Ende dieses Briefes kommt Freud auch noch auf einen Gedanken zu sprechen, den man gelegentlich in seinem Werk findet.[27] Er spricht von der Kulturentwicklung als von einem *»organischen Prozeß«*, der mit *»körperlichen Veränderungen«* einhergehe und der zu »einer *fortschreitenden Verschiebung der Triebziele und Einschränkung der Triebregungen*« führe.

Freud hat diese Ansicht bereits viel früher in seinen *Drei Abhandlungen zur Sexualtheorie* (1905) geäußert, wo er von dem scharfen Konflikt zwischen Trieb und Kultur spricht: »Man gewinnt beim Kulturkinde den Eindruck, daß der Aufbau dieser Dämme ein Werk der Erziehung ist, und sicherlich tut die Erziehung viel dazu. In Wirklichkeit ist *diese Entwicklung eine organisch bedingte*, hereditär fixierte und kann sich gelegentlich ganz ohne Mithilfe der Erziehung herstellen.« (S. Freud, 1905. Im Original nicht kursiv.)

Im *Unbehagen in der Kultur* setzt Freud diese Gedankengänge fort, wenn er von einer »organischen Verdrängung« zum Beispiel im Zusammenhang mit dem Tabu spricht, womit die Menstruation und der anale Erotismus belegt seien, was der Zivilisation den Weg ebne. Bereits 1897 bringt er in einem Brief an Fließ (14. November 1897; Brief 75) den Gedanken zum Ausdruck, »daß bei der Verdrängung etwas Organisches mitwirkt« (S. Freud, 1897).[28]

Die verschiedenen hier zitierten Stellen zeigen, daß Freuds Vertrauen auf eine »konstitutionelle« Intoleranz gegen den Krieg nicht nur den Versuch darstellte, über die tragische Perspektive seiner Auffassung vom Todestrieb anläßlich seiner Diskussion mit Einstein sozusagen *ad hoc* hinauszugelangen, sondern daß es auch mit Gedankengängen übereinstimmte, die bei Freud zwar nie die dominierenden waren, aber doch seit 1897 im Hintergrund seines Denkens vorhanden waren.

Wenn Freuds Annahme richtig wäre, daß die Kultur »konstitutionelle« und hereditäre Verdrängungen erzeugt, das heißt, daß im Kulturprozeß gewisse triebhafte Bedürfnisse tatsächlich geschwächt werden, dann hätte er in der Tat einen Ausweg aus dem Dilemma gefunden. Dann würde der zivilisierte Mensch nicht im gleichen Maße wie der Primitive von gewissen triebhaften Bedürfnissen getrieben, die im Widerspruch zur Kultur stehen. Der Zerstörungstrieb hätte dann beim zivilisierten Menschen nicht die gleiche Intensität und Macht wie beim Primitiven. Diese Gedankengänge würden auch zu der Spekulation führen, daß sich während des Zivilisationsprozesses gewisse Hemmungen gegen das Töten aufgebaut haben könnten und hereditär fixiert worden wären. Aber auch wenn man ganz

[27] Vgl. S. Freud (1930) sowie andere Quellen, die der Herausgeber der Standard Edition in seiner Einführung zu dieser Abhandlung angibt.

[28] Ich möchte an dieser Stelle James Strachey, dem Herausgeber der *Standard Edition*, meinen Dank aussprechen für die zusammenfassende Darstellung sämtlicher Äußerungen Freuds über die »organische Verdrängung«, die er in seiner Einführung zu *Civilization and Its Discontents* (Freud, 1930) gibt und die mir von großem Nutzen war. Dasselbe gilt auch für alle seine anderen Einführungen, die auch dem mit Freuds Werk wohlvertrauten Leser die Möglichkeit geben, gesuchte Stellen schneller aufzufinden und sich vergessene, weiter abliegende Zitate ins Gedächtnis zurückzurufen. Es erübrigt sich, hinzuzufügen, daß auch der mit Freuds Werk weniger vertraute Leser hier wertvolle Hilfe findet.

allgemein derartige Erbfaktoren entdecken könnte, wäre es äußerst schwierig, ihre Existenz mit dem Todestrieb in Einklang zu bringen.

Nach Freuds Auffassung vom Todestrieb handelt es sich bei diesem um eine aller lebenden Substanz innewohnende Tendenz. Es scheint mir nun aber eine theoretisch äußerst schwierig zu vertretende Annahme zu sein, daß diese fundamentale biologische Kraft im Entwicklungsprozeß der Zivilisation geschwächt werden konnte. Mit der gleichen Logik könnte man annehmen, daß auch der Eros ständig konstitutionell geschwächt worden wäre, und eine solche Annahme würde zu der allgemeineren Annahme führen, daß die lebende Substanz ihrem Wesen nach durch den Zivilisationsprozeß durch eine »organische« Verdrängung geändert werden könnte.[29]

Wie dem auch sei, die zu diesem Problemkreis gehörenden Tatsachen festzustellen, dürfte heute einen der wichtigsten Forschungsgegenstände darstellen. Gibt es tatsächlich genügend Tatsachenmaterial, das dafür spricht, daß im Laufe der Kulturentwicklung eine konstitutionelle, organische Verdrängung gewisser Triebbedürfnisse stattgefunden hat? Unterscheidet sich diese Verdrängung von der Verdrängung im üblichen Sinne Freuds insofern, als sie die Triebbedürfnisse schwächt, anstatt sie aus dem Bewußtsein zu entfernen oder auf andere Ziele abzulenken? Und noch spezieller gesagt, sind die destruktiven Impulse des Menschen im Laufe seiner Geschichte tatsächlich schwächer geworden oder haben sich hemmende Impulse entwickelt, die jetzt erblich fixiert sind? Um eine Antwort auf diese Fragen zu finden, wären ausgedehnte Untersuchungen besonders auf dem Gebiet der Anthropologie, der Soziopsychologie und der Genetik notwendig.

Wenn wir die verschiedenen Versuche Freuds noch einmal überblicken, die Schärfe seiner fundamentalen Alternative, entweder die anderen oder sich selbst zu zerstören, etwas zu mildern, so können wir die Beharrlichkeit, mit der er nach einem Ausweg aus dem Dilemma suchte, nur bewundern; bewundernswert ist aber auch seine Ehrlichkeit, daß er sich nicht einredete, eine befriedigende Lösung gefunden zu haben. So ist im *Abriß* nicht mehr von den Faktoren die Rede, welche die Macht der Destruktivität einschränken (abgesehen von der Rolle des Über-Ichs), und Freud meint abschließend zu diesem Thema: »Es ist eine der hygienischen Gefahren, die der Mensch auf seinem Weg zur Kulturentwicklung auf sich nimmt. Zurückhaltung von Aggression ist überhaupt ungesund, wirkt krankmachend (Kränkung)« (S. Freud, 1938).[30]

Kritik der Substanz der Theorie

Nach der immanenten Kritik von Freuds Theorie des Todes- und Lebenstriebes müssen wir uns nun einer Kritik an der Substanz seiner Argumente zuwenden. Da hierüber schon sehr viel geschrieben worden ist, brauche ich nicht auf alle Punkte dieser Kritik einzuge-

[29] Gegen Freuds Vermutung spricht vor allem die Tatsache, daß der prähistorische Mensch nicht mehr, sondern weniger aggressiv war als der Kulturmensch.

[30] Ich möchte hier noch einmal auf die Änderung von Freuds Ansichten über die Beziehung zwischen Trieb und Kultur hinweisen. In der Libidotheorie führt die Kultur zur Unterdrückung der Sexualtriebe und kann eine *Neurose* hervorrufen. In der neuen Theorie führt die Kultur dazu, daß die *Aggression* zurückgehalten wird, was zur *körperlichen Erkrankung* führt.

hen. Ich möchte nur jene Punkte erwähnen, die von unserem Standpunkt aus von besonderem Interesse sind oder mit denen sich andere Autoren noch nicht in adäquater Weise beschäftigt haben.

Vielleicht liegt die größte Schwäche Freuds sowohl hier als auch in bezug auf manche andere Probleme darin, daß der Theoretiker und Systembauer in ihm den klinischen Beobachter hinter sich gelassen hat. Außerdem ließ sich Freud einseitig von seiner *intellektuellen* Phantasie und nicht von seiner »Erlebnisphantasie« leiten; wäre dies nicht der Fall gewesen, so hätte er wahrscheinlich gefühlt, daß Sadismus, Aggressivität, Destruktivität, Beherrschung anderer und Naturbeherrschung qualitativ völlig unterschiedliche Phänomene sind, wenn auch die Grenzlinien vielleicht nicht immer scharf gezogen werden können. Aber Freud dachte in abstrakten theoretischen Begriffen, wobei er stillschweigend annahm, daß alles, was nicht Liebe ist, Todestrieb ist, da jede Tendenz unter die neue Dualität zu subsumieren war. Die Folge davon, daß er verschiedenartige und zum Teil widersprüchliche psychologische Tendenzen in eine Kategorie packte, ist die, daß man keine davon richtig versteht. Wir sind gezwungen, in einer entfremdeten Sprache über Phänomene zu sprechen, über die man nur dann sinnvoll sprechen kann, wenn sich unsere Worte auf unterschiedliche, spezifische Formen unseres Erlebens beziehen.

Es zeugt jedoch von Freuds Fähigkeit, seine Festlegung auf die dualistische Triebtheorie auch gelegentlich zu transzendieren, daß er gewisse wichtige qualitative Unterschiede bei den verschiedenen Formen der Aggression erkannte, wenn er sie auch nicht durch unterschiedliche Bezeichnung differenziert hat.

Er hat folgende drei Hauptformen der Aggression unterschieden:

1. Impulse der Grausamkeit, die sich – unabhängig von der Sexualität – auf die Selbsterhaltungstriebe gründen. Ihr Ziel ist, realistische Gefahren zu erkennen und sich gegen Angriffe zu verteidigen (Freud, 1905). Die Funktion dieser Aggression ist Selbst- und Arterhaltung, das heißt Verteidigung gegen eine Bedrohung vitaler Interessen. Dieser Typ dürfte etwa dem entsprechen, was ich mit »defensiver Aggression« bezeichnet habe.
2. Im Sadismus sah Freud eine Form der Destruktivität, für die der Akt des Zerstörens, Zwingens und Quälens lustvoll ist (obwohl er die spezielle Eigenschaft dieser Form der Destruktivität als eine Mischung aus sexueller Lust und nicht-sexuellem Todestrieb erklärt hat). Dieser Typ dürfte dem »Sadismus« entsprechen.
3. Gelegentlich identifizierte Freud auch noch einen dritten Typ der Destruktivität, von dem er sagt, daß wir, selbst wo er ohne einen sexuellen Zweck auftaucht in der blindesten Wut des Zerstörungsdranges, nicht umhin können, zu erkennen, daß die Befriedigung des Triebes von einem außerordentlich hohen Grad an narzißtischer Lust begleitet ist, die daher rührt, daß das Ich hierbei die Erfüllung seiner alten Wünsche nach Allmacht erfährt.

Es ist nicht leicht zu sagen, auf welches Phänomen Freud hier anspielt, auf die reine Destruktivität eines nekrophilen Menschen oder auf die extreme Form des machttrunkenen Sadismus bei einem lynchenden oder vergewaltigenden Mob. Vielleicht liegt die Schwierigkeit ganz allgemein in dem Problem, zwischen extremen Formen sadistischer, omnipotenter Wut und reiner Nekrophilie zu unterscheiden, eine Schwierigkeit, auf die ich bereits hingewiesen habe. Aber wie die Antwort auch lauten mag, die Tatsache bleibt bestehen, daß Freud zwar unterschiedliche Phänomene erkannt hat, daß er diese Unterscheidung jedoch vernachlässigte, wenn es galt, klinische Fakten seinen theoretischen Erfordernissen anzupassen.

Wohin hat uns nun diese Analyse von Freuds Theorie vom Todestrieb geführt? Unterscheidet er sich seiner Natur nach von dem Konstrukt eines »destruktiven Triebes«, das viele Psychoanalytiker vertreten, oder von Freuds eigenem früherem Konstrukt, dem der Libido? Wir haben im Verlauf dieser Diskussion auf subtile Veränderungen und Widersprüche in der Entwicklung von Freuds Aggressionstheorie hingewiesen. Wir sahen, daß er sich in seiner Antwort an Einstein einen Augenblick lang in Spekulationen erging, die darauf abzielten, seine Position zu entschärfen und zur Rechtfertigung des Krieges weniger geeignet zu machen. Aber wenn wir Freuds theoretisches Gebäude noch einmal überblicken, so wird es uns klar, daß der Grundcharakter des Todestriebes trotz allem in gewisser Weise der Logik des hydraulischen Modells folgt, das Freud ursprünglich auf den Sexualtrieb anwandte. In jeglicher lebenden Substanz entsteht dauernd ein Streben nach dem Tode, das nur die eine Alternative läßt: entweder das stillschweigende Werk der Zerstörung des Menschen von innen zu betreiben oder diesen Trieb als »Destruktivität« nach außen abzuleiten; das heißt den Menschen dadurch vor der Selbstzerstörung zu bewahren, daß er andere zerstört. Wie Freud selber sagte: »Zurückhaltung von Aggression ist überhaupt ungesund, wirkt krankmachend (Kränkung)« (S. Freud, 1938).

Alles in allem kommt man bei einer kritischen Überprüfung von Freuds Theorie des Lebens- und Todestriebes kaum um den Schluß herum, daß er sich seit 1920 in zwei grundverschiedene Konzepte und Auffassungen verstrickte, mit denen er das Problem der menschlichen Motivation anging. Sein erstes Konzept – der Konflikt zwischen Selbsterhaltungstrieb und Sexualität – war das traditionelle Konzept von Vernunft wider Leidenschaft, Pflicht wider natürliche Neigung oder Hunger wider Liebe als den Triebkräften des Menschen. Grundverschieden davon war seine spätere Theorie, die sich auf den Konflikt zwischen der Tendenz zu leben und der zu sterben, zwischen Integration und Desintegration, zwischen Liebe und Haß gründet. Man kann zwar sagen, daß sie sich auf die populäre Vorstellung von Liebe und Haß als den beiden Triebkräften im Menschen gründet, doch war sie tatsächlich viel tiefer und origineller. Sie schließt sich an die platonische Tradition vom Eros an und sieht in der Liebe die Energie, welche alle lebende Substanz miteinander verbindet und der Garant des Lebens ist. Spezieller noch scheint sie sich an die Idee des Empedokles anzuschließen, daß die Welt der Lebewesen nur so lange bestehen kann, wie der Kampf zwischen den gegensätzlichen Kräften des Streites und der Aphrodite oder Liebe währt, wie die Anziehungs- und die Abstoßungskraft sich im Widerspiel miteinander befinden.[31]

[31] Die Entsprechungen zwischen Empedokles' und Freuds Auffassung sind vielleicht nicht ganz so real, wie dies auf den ersten Blick scheinen möchte. Für Empedokles ist die Liebe die Anziehung zwischen ungleichen Kräften; der Streit ist die Anziehung, die Gleiches auf Gleiches ausübt. Ein ernsthafter Vergleich würde eine Untersuchung des gesamten Gedankensystems des Empedokles erforderlich machen. (Vgl. W. K. C. Guthrie, 1965.)

Das Prinzip der Spannungsreduktion: die Grundlage des Lustprinzips und des Todestriebes

Man sollte jedoch über den Unterschieden zwischen Freuds alter und neuer Theorie nicht vergessen, daß beide Theorien ein Axiom gemeinsam haben, das sich Freud, seit er bei von Brücke studiert hatte, tief eingeprägt hatte. Es ist das Axiom des »Prinzips der Spannungsreduktion«, das Freuds Denken von 1888 bis zu seiner letzten Diskussion des Todestriebes zugrunde liegt.

Schon ganz zu Anfang seiner Arbeit im Jahre 1888 sprach Freud von einer konstanten Erregungsmenge. Später hat er dieses Prinzip noch ausdrücklicher formuliert, als er 1892 schrieb, daß *»das Nervensystem bestrebt ist, etwas in seinen Funktionsverhältnissen, was man die ›Erregungssumme‹ nennen mag, konstant zu erhalten, und daß es diese Bedingung der Gesundheit durchsetzt, indem es jeden sensiblen Erregungszuwachs assoziativ erledigt oder durch entsprechende motorische Reaktion abführt«* (S. Freud, 1892).

Entsprechend gelangte Freud zu folgender Definition eines psychischen Traumas, wie er sie in seiner Hysterietheorie verwendete: *»Zum psychischen Trauma wird jeder Eindruck, dessen Erledigung durch assoziative Denkarbeit oder motorische Reaktion dem Nervensystem Schwierigkeiten bereitet«* (S. Freud, 1892).

In seinem *Entwurf einer Psychologie* sprach Freud vom »Prinzip der Neuronen-Trägheit«, welches besagt, »daß Neuronen sich der Quantität zu entledigen trachten. Bau und Entwicklung sowie Leistungen der Neuronen sind hiernach zu verstehen« (S. Freud, 1895a). Was Freud dabei unter Q (Quantität) versteht, ist nicht recht klar. Er definiert es in dieser Abhandlung als das, »was Tätigkeit von Ruhe unterscheidet« (S. Freud, 1895a),[32] und er meint damit die nervöse Energie.[33]

Jedenfalls befindet man sich auf sicherem Boden, wenn man sagt, daß die Grundlage für das, was Freud später als »Konstanzprinzip« oder als das Prinzip bezeichnet hat, das bestrebt ist, die gesamte Erregungsenergie auf ein möglichst geringes Niveau zu reduzieren, bereits in jenen frühen Jahren gelegt wurde. 25 Jahre später hat Freud in *Jenseits des Lustprinzips* dieses Prinzip mit psychologischen Begriffen so gekennzeichnet, »daß es ein Bestreben des seelischen Apparates sei, die in ihm vorhandene Quantität von Erregung

[32] Eine ausführliche Diskussion über die Bedeutung von Q findet sich bei J. Strachey im 3. Bd., Appendix C, der *Standard Edition*.

[33] Vgl. J. Stracheys erläuternde Anmerkungen zu Bd. 3 der *Standard Edition*. Strachey betont, daß der Begriff der psychischen Energie im *Versuch* nirgends zu finden ist, während er in der *Traumdeutung* häufig vorkommt. Außerdem weist Strachey darauf hin, daß in Freuds Schriften Spuren dieser alten neurologischen Auffassung noch lange zu finden sind, nachdem er die Auffassung von einer »psychischen« – im Unterschied zu einer »physischen« – Energie längst übernommen hatte. Sogar noch 1915 spricht Freud in seiner Abhandlung über *Das Unbewußte* von einer »nervösen« anstatt von einer psychischen Energie. Strachey weist weiter darauf hin, daß tatsächlich »viele wichtige Merkmale von Q in völlig umgestalteter Form bis zum Schluß in Freuds Schriften anzutreffen sind« (Bd. 1, p. 345). Freud selbst kam zum Ergebnis, daß wir nicht wissen, was Q eigentlich ist. In *Jenseits des Lustprinzips* schrieb er: »Die Unbestimmtheit all unserer Erörterungen, die wir metapsychologische heißen, rührt natürlich daher, daß wir nichts über die Natur des Erregungsvorganges in den Elementen der psychischen Systeme wissen und uns zu keiner Annahme darüber berechtigt fühlen. So operieren wir also stets mit einem großen X, welches wir in jede neue Formel mit hinübernehmen« (S. Freud, 1920).

möglichst niedrig oder wenigstens konstant zu erhalten«. (S. Freud, 1920. Im Original nicht kursiv.) Freud sagt hier von dem Konstanz- oder Trägheitsprinzip, es habe zwei Versionen: Die eine besteht darin, die Erregung konstant zu halten, die andere, sie auf ein möglichst niedriges Niveau zu reduzieren. Freud hat sich abwechselnd des einen oder des anderen Ausdrucks bedient, um die eine oder andere Version dieses Grundprinzips zu kennzeichnen.[34]

Das Lustprinzip gründet sich auf das Konstanzprinzip. Die chemisch erzeugte libidinöse Erregung muß auf ihr normales Niveau reduziert werden; dieses Prinzip der Konstanterhaltung der Spannung beherrscht das Funktionieren des Nervenapparates. Spannung, die über ihr normales Niveau ansteigt, wird als »Unlust«, ihre Reduktion auf das Konstanzniveau wird als »Lust« empfunden. »Die Tatsachen, die uns veranlaßt haben, an die Herrschaft des Lustprinzips im Seelenleben zu glauben, finden auch ihren Ausdruck in der Annahme, daß es ein Bestreben des seelischen Apparates sei, die in ihm vorhandene Quantität von Erregung möglichst niedrig oder wenigstens konstant zu erhalten ... *Das Lustprinzip leitet sich aus dem Konstanzprinzip ab.*« (S. Freud, 1920. Im Original nicht kursiv.) Wenn man Freuds Axiom von der Spannungsreduktion nicht verstanden hat, wird man nie seine Einstellung begreifen, in deren Zentrum nicht das hedonistische Streben nach Lust steht, sondern vielmehr die Annahme von der physiologischen Notwendigkeit der Spannungsreduktion und damit – psychologisch gesehen – ein Unlustgefühl. Das Lustgefühl gründet sich darauf, daß die Spannung auf einem bestimmten konstanten Niveau gehalten wird. Aber das Konstanzprinzip impliziert *auch* die Tendenz, die Spannung auf einem *möglichst niedrigen* Niveau zu halten; in dieser Version wird es zur Grundlage des Todestriebes. Freud definiert das so: »Daß wir als die herrschende Tendenz des Seelenlebens, vielleicht des Nervenlebens überhaupt, das Streben nach Herabsetzung, Konstanterhaltung, Aufhebung der inneren Reizspannung erkannten (das Nirwanaprinzip nach einem Ausdruck von Barbara Law), wie es im Lustprinzip zum Ausdruck kommt, das ist ja eines unserer stärksten Motive, an die Existenz von Todestrieben zu glauben« (S. Freud, 1920).

Freud hat sich hier in eine fast unhaltbare Lage hineinmanövriert; das Konstanz-, Trägheits- und Nirwanaprinzip sind identisch; das Prinzip der Spannungsreduktion beherrscht den Sexualtrieb (im Sinne des Lustprinzips) und ist gleichzeitig das Wesen des Todestriebes. Da Freud dem Todestrieb nicht nur Selbstzerstörung, sondern auch die gegen andere gerichtete Destruktion zuschreibt, gelangt er damit zu dem Paradoxon, daß Lustprinzip und Zerstörungstrieb ihre Existenz demselben Prinzip verdanken. Natürlich konnte sich Freud mit einer solchen Idee nicht zufriedengeben, besonders deshalb nicht, weil sie einem monistischen Denkmodell und nicht dem dualistischen Modell von den miteinander im Widerstreit stehenden Kräften entsprochen hätte, das Freud nie aufgegeben hat. Vier Jahre später schreibt er im *Ökonomischen Problem des Masochismus*:

> Aber wir haben das Lust-Unlust-Prinzip unbedenklich mit diesem Nirwanaprinzip identifiziert ... das Nirwana-(und das mit ihm angeblich identische Lust-)prinzip

[34] In seiner vorzüglichen Diskussion dieses Problems stellt J. Bowlby fest, daß Freud ursprünglich das Trägheitsprinzip als primär und das Konstanzprinzip als sekundär ansah. Ich selbst komme bei der Lektüre der betreffenden Stellen zu einer anderen Ansicht, die mir mit der Interpretation von J. Strachey übereinzustimmen scheint (vgl. J. Bowlby, 1969).

> würde ganz im Dienst der Todestriebe stehen, deren Ziel die Überführung des unsteten Lebens in die Stabilität des anorganischen Zustandes ist, und würde die Funktion haben, vor den Ansprüchen der Lebenstriebe, der Libido, zu warnen, welche den angestrebten Ablauf des Lebens zu stören versuchen. *Allein diese Auffassung kann nicht richtig sein.* (S. Freud, 1924. Im Original nicht kursiv.)

Um die Unrichtigkeit dieser Auffassung zu beweisen, tut Freud einen Schritt, der an sich schon gleich zu Anfang hätte getan werden müssen. Er schreibt:

> Es scheint, daß wir Zunahme und Abnahme der Reizgrößen direkt in der Reihe der Spannungsgefühle empfinden, und es ist nicht zu bezweifeln, daß es lustvolle Spannungen und unlustige Entspannungen gibt. Der Zustand der Sexualerregung ist das aufdringlichste Beispiel einer solchen lustvollen Reizvergrößerung, aber gewiß nicht das einzige. Lust und Unlust können also nicht auf Zunahme oder Abnahme einer Quantität, die wir Reizspannung heißen, bezogen werden, wenngleich sie offenbar mit diesem Moment viel zu tun haben. Es scheint, daß sie nicht an diesem quantitativen Faktor hängen, sondern an einem Charakter desselben, den wir nur als qualitativ bezeichnen können. Wir wären viel weiter in der Psychologie, wenn wir anzugeben wüßten, welches dieser qualitative Charakter ist. Vielleicht ist es der Rhythmus, der zeitliche Ablauf in den Veränderungen, Steigerungen und Senkungen der Reizquantität; wir wissen es nicht (S. Freud, 1924).

Freud verfolgt diesen Gedanken nicht weiter, obwohl ihn diese Erklärung offensichtlich nicht befriedigt. Statt dessen gibt er eine andere Erklärung, die die Gefahr beseitigen soll, daß Lust und Destruktion miteinander identifiziert werden. Er fährt fort:

> Auf jeden Fall müssen wir inne werden, daß das dem Todestrieb zugehörige Nirwanaprinzip im Lebewesen eine Modifikation erfahren hat, durch die es zum Lustprinzip wurde, und werden es von nun an vermeiden, die beiden Prinzipien für eines zu halten ... das *Nirwana*prinzip drückt die Tendenz des Todestriebes aus, das *Lust*prinzip vertritt den Anspruch der Libido und dessen Modifikation, das *Realitäts*prinzip den Einfluß der Außenwelt (S. Freud, 1924).

Mir kommt diese Erklärung mehr wie ein theoretisches Fiat als wie eine Erklärung für die Behauptung vor, daß das Lustprinzip und der Todestrieb nicht identisch seien.

Während Freuds Versuch, sich aus einer paradoxen Position herauszumanövrieren, meiner Ansicht nach ohne Erfolg blieb, wenn es auch eine glänzende Leistung war, ist das Wesentliche hier nicht, ob sein Versuch von Erfolg begleitet war oder nicht. Es geht vielmehr darum, daß Freuds gesamtes psychologisches Denken von allem Anfang an bis zum Ende von dem Axiom beherrscht war, daß das Prinzip der Spannungsreduktion das beherrschende Prinzip des gesamten psychischen Lebens und des Nervenlebens ist.

Wir kennen die Ursprünge dieses Axioms. Freud selbst bezeichnet G. T. Fechner (1873) als den Vater dieser Idee. Er schreibt:

> Es kann uns aber nicht gleichgültig lassen, wenn wir finden, daß ein so tiefblickender Forscher wie G. Th. Fechner eine Auffassung von Lust und Unlust vertreten hat, welche im wesentlichen mit der zusammenfällt, die uns von der psychoanalytischen Arbeit aufgedrängt wird. Die Äußerung Fechners ist in seiner kleinen Schrift: *Einige Ideen zur Schöpfungs- und Entwicklungsgeschichte der Organismen,* 1873 (Abschnitt XI, Zusatz, p. 94), enthalten und lautet wie folgt: »Insofern bewußte Antriebe immer mit

> Lust oder Unlust in Beziehung stehen, kann auch Lust oder Unlust mit Stabilitäts- und Instabilitätsverhältnissen in psychophysischer Beziehung gedacht werden, und es läßt sich hierauf die anderwärts von mir näher zu entwickelnde Hypothese begründen, daß jede die Schwelle des Bewußtseins übersteigende psychophysische Bewegung nach Maßgabe mit Lust behaftet sei, als sie sich der vollen Stabilität über eine gewisse Grenze hinaus nähert, mit Unlust nach Maßgabe, als sie über eine gewisse Grenze davon abweicht, indes zwischen beiden, als qualitative Schwelle der Lust und Unlust zu bezeichnenden Grenzen eine gewisse Breite ästhetischer Indifferenz besteht . . .«[35]
> Die Tatsachen, die uns veranlaßt haben, an die Herrschaft des Lustprinzips im Seelenleben zu glauben, finden auch ihren Ausdruck in der Annahme, daß es ein Bestreben des seelischen Apparates sei, die in ihm vorhandene Quantität von Erregung möglichst niedrig oder wenigstens konstant zu erhalten. Es ist dasselbe, nur in andere Fassung gebracht, denn wenn die Arbeit des seelischen Apparates dahin geht, die Erregungsquantität niedrig zu halten, so muß alles, was dieselbe zu steigern geeignet ist, als funktionswidrig, das heißt als unlustvoll empfunden werden. Das Lustprinzip leitet sich aus dem Konstanzprinzip ab: In Wirklichkeit wurde das Konstanzprinzip aus den Tatsachen erschlossen, die uns die Annahme des Lustprinzips aufnötigten. Bei eingehenderer Diskussion werden wir auch finden, daß dies von uns angenommene Bestreben des seelischen Apparates sich als spezieller Fall dem Fechnerschen Prinzip der »Tendenz zur Stabilität« unterordnet, zu dem er die Lust-Unlust-Empfindungen in Beziehung gebracht hat (S. Freud, 1920).

Aber Fechner war keineswegs der einzige Vertreter des Prinzips der Spannungsreduktion. Die Energieauffassung der Physik machte dieses Energiekonzept und das Prinzip von der Erhaltung der Energie auch bei den Physiologen populär. Soweit Freud von diesen physikalischen Theorien beeinflußt war, schienen sie ihm zu implizieren, daß der Todestrieb nur ein besonderer Aspekt des allgemeinen physikalischen Gesetzes war. Daß dies ein Trugschluß war, wird jedoch deutlich, wenn wir den Unterschied zwischen der anorganischen und der organischen Materie ins Auge fassen. René Dubos bringt dies in prägnanter Weise zum Ausdruck, wenn er schreibt:

> Nach einem der grundlegendsten physikalischen Gesetze besteht in der Welt der Materie die universelle Tendenz, daß alles den Berg hinab strebt, einem möglichst niedrigen Spannungsniveau zu, bei einem ständigen Verlust an potentieller Energie und Struktur. Im Gegensatz dazu ist das Leben ständig schöpferisch tätig und bringt Ordnung in die Zufälligkeiten der Materie. Um die tiefe Bedeutung dieser Tatsache zu erkennen, braucht man nur daran zu denken, was mit einem lebenden Organismus – mit dem kleinsten wie mit dem größten und höchstentwickelten – geschieht, wenn er schließlich stirbt (R. Dubos, 1962).

Zwei englische Autoren, R. Kapp (1931) und L. S. Penrose (1931), haben die Versuche einiger Forscher, die physikalische Theorie mit dem Todestrieb in Verbindung zu bringen, so überzeugend widerlegt, daß »man die Idee endgültig aufgeben muß, daß zwischen der Entropie und dem Todestrieb eine Beziehung besteht«.[36]

[35] In *Das Ich und das Es* heißt es: »Wenn das Konstanzprinzip im Sinne Fechners das Leben beherrscht, welches also dann ein Gleiten in den Tod sein sollte . . .« (S. Freud, 1923). Dieses »Gleiten in den Tod« kommt in Fechners Äußerung nicht vor; es ist Freuds spezielle Version, mit der er Fechners Prinzip erweitert.

[36] E. Jones (1957). Vgl. die von Jones zitierte Literatur, besonders S. Bernfield und S. Feitelberg (1930). Vgl. auch K. H. Pribram (1962).

Ob Freud an einen Zusammenhang zwischen Entropie und Todestrieb dachte, ist nicht allzu wichtig. Selbst wenn er nicht daran dachte, beruht das ganze Prinzip von der Erregung und Reduktion der Energie auf ein möglichst niedriges Niveau auf dem fundamentalen Irrtum, auf den Dubos im oben angeführten Zitat hinweist – darauf, daß Freud den grundsätzlichen Unterschied zwischen dem Leben und dem Nichtlebendigen, zwischen »Organismen« und »Dingen« nicht beachtet hat.

Um von den nur für die organische Materie geltenden Gesetzen wegzukommen, hat man in späteren Jahren eine andere Analogie der Entropie-Analogie vorgezogen – nämlich den Begriff der »Homöostase«, wie ihn Walter B. Cannon (1963) entwickelte. Aber Jones und andere, die in diesem Begriff eine Analogie zu Freuds Nirwanaprinzip sehen, bringen die beiden Prinzipien durcheinander. Freud spricht von der Tendenz, die Erregung zu beseitigen oder sie zu reduzieren. Cannon und viele Forscher nach ihm sprechen dagegen von der Notwendigkeit, ein relativ stabiles inneres Milieu zu erhalten. Diese Stabilität impliziert, daß das innere Milieu die Tendenz hat, stabil zu bleiben, jedoch nicht, daß es dazu tendiert, die Energie auf ein Minimum zu reduzieren. Die Begriffsverwirrung ist offenbar auf die Zweideutigkeit der Worte »Stabilität« und »Konstanz« zurückzuführen. Ein einfaches Beispiel kann uns die Art dieser Verwechslung vor Augen führen. Wenn man die Temperatur in einem Zimmer mit Hilfe eines Thermostats stabil oder konstant halten will, so bedeutet dies, daß ein bestimmtes Temperaturniveau weder über- noch unterschritten werden soll; wollte man dagegen die Temperatur möglichst niedrig halten, so wäre das etwas ganz anderes. Tatsächlich steht das homöostatische Stabilitätsprinzip im Widerspruch zum Nirwanaprinzip der totalen oder relativen Energiereduktion.

Es besteht kaum ein Zweifel darüber, daß Freuds grundlegendes Axiom von der Spannungsreduktion, das der Vater sowohl des Lustprinzips als auch des Todestriebes ist, seine Existenz Gedankengängen verdankt, die für den deutschen mechanistischen Materialismus kennzeichnend sind. Es waren nicht Freuds klinische Erfahrungen, die ihn zu dieser Vorstellung brachten. Seine tiefe Bindung an die physiologischen Theorien seiner Lehrer hat ihn und die spätere Psychoanalyse mit dem »Axiom« belastet. Es hat die klinischen Beobachtungen und die sich daraus ergebende Formulierung der Theorie in den engen Rahmen der Spannungsreduktion hineingezwängt, der kaum mit den reichen Daten in Übereinstimmung gebracht werden konnte, die zeigen, daß der Mensch in allen Altersstufen nach Erregung, Stimulierung und nach Beziehungen der Liebe und Freundschaft suchend bestrebt ist, seine Beziehung zur Welt zu intensivieren; kurz gesagt, der Mensch ist offenbar ebenso sehr vom Prinzip der Spannungssteigerung als von dem der Spannungsreduktion motiviert. Aber wenn auch viele Psychoanalytiker einsahen, daß die Spannungsreduktion nur eine begrenzte Gültigkeit besitzt, so haben sie doch ihre grundsätzliche Einstellung nicht geändert und versuchen, mit einer merkwürdigen Mischung aus Freuds metapsychologischen Begriffen und dem, was sich aus ihren eigenen klinischen Beobachtungen ergibt, durchzukommen.

Vielleicht sollte man zur Erklärung der merkwürdigen Selbsttäuschung Freuds über die Gültigkeit seiner Vorstellung vom Todestrieb noch ein weiteres Element heranziehen. Jeder, der Freuds Werk sorgfältig studiert, wird merken, wie tastend und vorsichtig er mit neuen theoretischen Konstruktionen umging, wenn er sie zum erstenmal vorbrachte. Er erhob dann keinerlei Anspruch auf ihre Gültigkeit und sprach manchmal fast abschätzig über ihren Wert. Aber die mehr hypothetischen Konstrukte verwandelten sich im Laufe der Zeit in Theorien, auf die er neue Konstruktionen und Theorien aufbaute. Freud, der Theoretiker, war sich der zweifelhaften Gültigkeit vieler seiner Konstrukte sehr wohl bewußt. Aber warum vergaß er dann diese ursprünglichen Zweifel? Diese Frage ist schwer zu beantworten; vielleicht ist seine Rolle als Führer der psychoanalytischen Bewegung eine mögliche Erklärung dafür.[37] Diejenigen unter seinen Studenten, die es wagten, grundsätzliche Aspekte seiner Theorien zu kritisieren, verließen ihn, oder sie wurden auf die eine oder andere Art hinausgedrängt. Diejenigen, aus denen sich die Bewegung aufbaute, waren – was ihre theoretischen Fähigkeiten betraf – prosaisch und nüchtern, und es wäre ihnen schwer gefallen, Freud zu folgen, wenn er grundsätzliche Veränderungen an seiner Theorie vorgenommen hätte. Sie brauchten ein Dogma, an das sie glaubten und um das herum sie die Bewegung organisieren konnten.[38] So wurde Freud, der Wissenschaftler, bis zu einem gewissen Grad der Gefangene von Freud, dem Führer der Bewegung; oder anders gesagt, Freud, der Lehrer, wurde zum Gefangenen seiner treuen, aber unschöpferischen Schüler.

[37] Vgl. E. Fromm (1959).

[38] Dies geht aus der Reaktion der meisten Freudianer auf den Todestrieb hervor. Sie sahen sich nicht in der Lage, sich dieser neuen, tiefsinnigen Spekulation anzuschließen, und fanden einen Ausweg, indem sie Freuds Ideen über die Aggression im Sinne der alten Triebtheorie formulierten.

BIBLIOGRAPHIE

Aus Platzgründen wurde nicht das gesamte Material angeführt, das ich benutzt habe, sondern, mit wenigen Ausnahmen, nur die Bücher und Veröffentlichungen, auf die im Text oder in den Fußnoten verwiesen wird.

Abramova, Z. A. 1967. *Palaeolithic Art in the U.S.S.R.,* übers. v. Catherine Page. Arctic Anthropology, Bd. 4, Moskau-Leningrad: Akademiia Nauk SSSR. (Zitiert in A. Marshack, hrsg. 1972; q. v.)

Ackermann, J. 1970. *Heinrich Himmler als Ideologe*. Göttingen.

Ackert, K. 1967. (Zitiert in B. Kaada, 1967; q. v.)

Adorno, T. W.; Frenkel-Brunswik, E.; Levinson, D. F.; und Sanford, R. N. 1950. *The Authoritarian Personality*. New York: Harper & Bros.

Alanbrooke, Viscount [Alan Francis Brooke]. 1957. *The Turning of the Tide*. London: Collins.

Alee, W. C.; Nissen, H. W.; und Nimkoff, M. F. 1953. »A Reexamination of the Concept of Instinct.« *Psych. Rev.* 60 (5): 287–297.

Alexander, F. 1921. »Metapsychologische Betrachtungen.« *Intern. Ztsch. f. Psychoanalyse*. 6: 270–285. (Zitiert in E. Jones, 1957; q. v.)

Altman, J. 1967. »Effects of Early Experience on Brain Morphology.« In *Malnutrition, Learning, and Behavior*. Hrsg. N. S. Scrimshaw und J. E. Gordon. Cambridge: M.I.T. Press, 1972. (Zitiert in G. C. Quarton; T. O. Melnechuk; und F. O. Schmitt, 1967; q. v.)

–. 1967a. »Postnatal Growth and Differentiation of the Mammalian Brain, with Implications for a Morphological Theory of Memory.« In *The Neurosciences: A Study Program*. Hrsg. G. C. Quarton; T. O. Melnechuk; und F. O. Schmitt. New York: Rockefeller Univ. Press, 1967.

–, und Das, C. D. 1964. *»Autodiographic Examination of the Effects of Enriched Environment on the Rate of Ghal Multiplication in the Adult Rat Brain.« Nature*. 204: 1161–1163. (Zitiert von Altman, in G. C. Quarton; T. O. Melnechuk; und F. O. Schmitt, 1967; q. v.)

Altman, S. A. 1960. »A Field Study of the Sociobiology of Rhesus Monkeys, *Macaca mulata*.« Thesis, Harvard Univ. Unveröffentlicht.

Ames, O. 1939. *Economic Annuals and Human Cultures*. Cambridge: Botanical Museum of Harvard Univ.

Ammacher, P. 1962. »On the Significance of Freud's Neurological Background.« In *Psychological Issues*. Seattle: Univ. of Washington Press.

Anderson, E. 1967. *Plants, Man and Life*. Überarb. Ausgabe Berkeley: Univ. of California Press. (1. Ausgabe Boston: Little, Brown, 1952.)

Andreski, S. 1964. »Origins of War.« In *The Natural History of Aggression*. Hrsg. J. D. Carthy und F. J. Ebling. New York: Academic.

–. 1972. *Social Science as Sorcery*. London: A. Deutsch.

Angress, W. T., und Smith, B. F. 1959. »Diaries of Heinrich Himmler's Early Years.« *Journal of Modern History*. 51 (Sept.)

Aramoni, A. 1965. *Psicoanálisis de la Dinámica de un Pueblo (México, Tierra de Hombres)* [Psychoanalyse der Dynamik eines Volkes (Mexico, Land der Menschen)]. Mexico: B. Costa-Amic, Editorial.

Ardrey, R. 1961. *African Genesis*. New York: Atheneum (dt. *Adam kam aus Afrika*, dtv, Bd. 577).

–. 1966. *The Territorial Imperative: A Personal Inquiry into the Animal Origins of Property and Nations*. New York: Atheneum (dt. *Adam und sein Revier*, Wien 1968).

Avis, V. Siehe Washburn, S. L. 1958, Co-Autor.

Bachofen, J. J. 1967. *Myth, Religion and the Mother Right: Selected Writings of Johann Jakob Bachofen*. Hrsg. J. Campbell; übers. v. R. Manheim. Princeton: Princeton Univ. Press. (Originalausg. *Das Mutterrecht*, 1861. Zitiert nach: *Mutterrecht und Urreligion*, Stuttgart 1954.)

Banks, C. Siehe Haney, C. Im Druck, Co-Autor.

Barnett, S. A. 1958. »An Analysis of Social Behavior in Wild Rats.« *Proc. Zool. Soc. Land.* 130: 107–152.

–. 1958a. »Experiments on ›Neophobia‹ in Wild and Laboratory Rats.« *Brit. Jour. Med. Psychol.* 49: 195–201.

–, und Spencer, M. M. 1951. »Feeding, Social Behaviour and Interspecific Competition in Wild Rats.« *Behaviour*. 3: 229–242.

Bartell, G. T. 1971. *Group Sex*. New York: Peter H. Wyden.

Beach, F. A. 1945. »Bisexual Mating Behavior in the Male Rat: Effects of Castration and Hormone Administration.« *Physiol. Zool.* 18: 390.

–. 1955. »The Descent of Instinct.« *Psych. Rev.* 62 (6): 401–410.

Beeman, E. A. 1947. »The Effect of Male Hormone on Aggressive Behavior in Mice.« *Physiol. Zool.* 20: 373.

Beg. M. A. Siehe Southwick, C. H. 1965, Co-Autor.

Below, J. 1960. *Trance in Bali*. New York: Columbia Univ. Press.

Bender, L. 1942. »Childhood Schizophrenia.« *Nerv. Child.* 1: 138–140.

Benedict, R. 1934. *Patterns of Culture*. New York: New American Library, Mentor.

–. 1959. »The Natural History of War.« In *An American Anthropologist at Work*, Hrsg. M. Mead. Boston: Houghton Mifflin.

Benjamin, W. 1963. *Das Kunstwerk im Zeitalter seiner technischen Reproduzierbarkeit*. Frankfurt 1963.

Bennett, E. L.; Diamond, M. C.; Krech, D.; und Rosenzweig, M. R. 1964. »Chemical and Anatomical Plasticity of the Brain.« *Science*. 146: 610–619. (Zitiert von J. Altman in G. C. Quarton; T. O. Melnechuk; und F. O. Schmitt, 1967; q. v.)

Bergounioux, F. M. 1964. »Notes on the Mentality of Primitive Man.« In *Social Life of Early Man*, Hrsg. S. L. Washburn. Chicago: Aldine.

Berkowitz, L. 1962. »The Frustration-Aggression Theory Revisited.« In *Aggression: A Social Psychological Analysis* von L. Berkowitz. New York: McGraw-Hill.

–. 1967. »Readiness or Necessity?« *Cont. Psychol.* 12: 580–583.

–. 1969. »The Frustration-Aggression Hypothesis Revisited.« In *The Roots of Aggression: A Reexamination of the Frustration-Aggression Hypothesis*, Hrsg. L. Berkowitz. New York: Atherton.

Bernfeld, S. 1934. »Über die Einteilung der Triebe.« *Imago*. 21.

–, und Feitelberg, S. 1930. »Der Entropiesatz und der Todestrieb.« *Imago*. 17: 137–206.

Bertalanffy, L. von. 1956. »Comments on Aggression.« Bericht, 1956, beim Wintertreffen der American Psychoanalytic Association, New York City vorgelegt.

–. 1968. *General System Theory*. New York: G. Braziller.

Bettelheim, B. 1960. *The Informed Heart: Autonomy in a Mass Age*. New York: Macmillan, Free Press. Dt. *Aufstand gegen die Masse,* München 1964.

Bexton, W. H.; Heron, W.; und Scott, T. H. 1954. »Effect of Decreased Variation in the Sensory Environment.« *Can. Jour. of Psych.* 8 (2): 10–76.

Bingham, H. C. 1932. *Gorillas in Native Habitat*. Publication No. 426. Washington, D. C.: Carnegie Inst. of Washington.

Bird, H. G. Siehe Clark, G. 1946, Co-Autor.

Blanc, A. C. 1961. »Some Evidence for the Ideologies of Early Man.« In *Social Life of Early Man,* Hrsg. S. L. Washburn. Chicago: Aldine.

Bleuler, E. 1951. *Autistic Thinking, Organization and Pathology of Thought*. New York: Columbia Univ. Press.

–. 1969. *Lehrbuch der Psychiatrie*. 11. Auflage, Heidelberg: Springer-Verlag.

Bliss, E. L., hrsg. 1968. *Roots of Behavior*. New York: Hafner.

Boulding, K. E. 1967. Review in *Peace and War Report*. (Mar.): 15–17.

Bourke, J. G. 1913. *Der Unrat in Sitte, Brauch, Glauben und Gewohnheitsrecht der Völker*. Mit einer Einleitung von S. Freud. Leipzig: Ethnologischer Verlag.

Bowlby, J. 1958. »The Nature of the Child's Tie to His Mother.« *Int. Jour. of Psychoan.* 39: 350–373.

–. 1969. *Attachment and Love*. International Psychoanalytic Library. London: Hogarth.

–. Siehe Durbin, E. F. M. 1939, Co-Autor.

Brandt, H. 1970. *The Search for a Third Way*. Garden City: Doubleday. Dt. *Der Traum, der nicht ausführbar war*.

Braun, E. 1935. *Diaries*. Alexandria: Archives.

Brosse, J. 1972. *Hitler avant Hitler*. Paris: Fayard.

Bryant, J. 1775. *Mythology*. Bd. 2. London. (Zitiert in J. G. Bourke, 1913; q. v.)

Bucke, R. M. 1946. *Cosmic Consciousness,* Hrsg. G. M. Acklom. Rev. Ausg. New York: Dutton.

Bullock, A. 1965. *A Study in Tyranny*. (Zitiert in W. Maser, 1971; q. v.)

Bullock, T. H. 1961. »The Origins of Patterned Nervous Discharge.« *Behaviour*. 17: 48–59.

Burckhardt, C. 1965. (Zitiert in P. E. Schramm, 1965; q. v.)

Burckhardt, K. J. 1960. *Meine Danziger Mission,* 1937–39. (Zitiert in J. Ackermann, 1970; q. v.)

Burton, A. 1967. »The Meaning of Psychotherapy.« *Jour. of Existentialism*. 29.

Buss, A. H. 1961. *The Psychology of Aggression*. New York: Wiley.

Cabot, C. (Zitiert in C. und W. M. S. Russell, 1968; q. v.)

Cadogan, Sir A. 1972. *The Diaries of Sir Alexander Cadogan* 1938–1945, Hrsg. David Dilks. New York: Putnam.

Caldwell, M. 1968. *Indonesia*. New York: Oxford Univ. Press.

Calhoun, J. B. 1948. »Mortality and Movement of Brown Rats *(Rattus norvegicus)* in Artificially Supersaturated Populations.« *Jour. of Wildlife Management*. 12: 167–172.

Campbell, B. G. 1966. *Human Evolution*. Chicago: Aldine.

Cannon, W. B. 1963. *Wisdom of the Body*. Rev. Ausg. New York: Norton.

Carpenter, C. R. 1934. »A Field Study of the Behaviour and Social Relations of Howling Monkeys.« *Comp. Psych. Monog.* 10 (48).

Carrighar, S. 1968. »War Is Not in Our Genes.« In *Man and Aggression,* Hrsg. M. F. A. Montagu. New York: Oxford Univ. Press.

Carthy, J. D., und Ebling, F. J., hrsg. 1964. *The Natural History of Aggression*. New York: Academic.

Childe, V. G. 1936. *Man Makes Himself*. London: Watts.

Chomsky, N. 1959. Review of *Verbal Behavior* by B. F. Skinner. *Language*. 35: 26–58.

–. 1971. »The Case Against B. F. Skinner.« *The New York Review of Books*. (30 Dec.)

Churchman, C. W. 1968. *The System Approach*. New York: Dell, Delta Books.

Clark, G., and Bird, H. G. 1946. »Hormonal Modification of Social Behavior.« *Psychosom. Med. Jour*. 8: 320–331. (Zitiert in J. P. Scott, 1958; q. v.)

Clarke, G. 1969. *World Prehistory.* New York: Cambridge Univ. Press.
Clausewitz, K. von. 1833. *Vom Kriege,* Kap. 2, Abschnitt 17.
Cobliner, G. Siehe Spitz, R. 1965, Co-Autor.
Cole, S. 1967. *The Neolithic Revolution.* 7. Auflage. London: Trustees of the British Museum.
Collias, N. (Zitiert in C. und W. M. S. Russell, 1968; q. v.)

Darwin, C. 1946. *The Descent of Man.* London: Watts. (1. Aufl., 1872.) *The Origin of Species and the Descent of Man.* New York: Modern Library, 1936.
Das, G. D. Siehe Altman, J. 1964, Co-Autor.
Davie, M. R. 1929. *The Evolution of War.* Port Washington, N. Y.: Kennikat.
Deetz, J. 1968. Anmerkungen zur Diskussion. In *Man, the Hunter,* Hrsg. R. B. Lee und I. DeVore. Chicago: Aldine.
Delgado, J. M. R. 1967. »Aggression and Defense Under Cerebral Radio Control.« In *Aggression and Defense; Neural Mechanisms and Social Patterns.* Brain Function, Bd. 5, Hrsg. C. D. Clemente and D. B. Lindsley. Berkeley: Univ. of California Press.
–. 1969. *Physical Control of the Mind.* World Perspective Series, Hrsg. R. N. Anshen. New York: Harper & Row.
Dement, W. 1960. »The Effect of Dream Deprivation.« *Science.* 131: 1705–1707.
De River, J. P. 1956. *The Sexual Criminal: A Psychoanalytic Study.* 2. Aufl. Springfield, Ill.: C. C. Thomas. (Zitiert in H. von Hentig, 1964; q. v.)
DeVore, I., hrsg. 1965. *Primate Behavior: Field Studies of Primates and Apes.* New York: Holt, Rinehart & Winston.
–. 1970. (Zitiert in D. Ploog und T. O. Melnechuk, 1970; q. v.)
–. Siehe Hall, K. R. L., 1965, Co-Autor.
–. Siehe Lee, R. B. 1968, Co-Autor.
–. Siehe Washburn, S. L. 1971, Co-Autor.
Doane, B. K.; Mahatoo, W.; Heron, W.; und Scott, T. H. 1959. »Changes in Perceptual Function after Isolation.« *Can. Jour. of Psych.* 13 (3): 210–219.
Dobzhansky, T. 1962. *Mankind Evolving: The Evolution of the Human Species.* New Haven: Yale Univ. Press.
Dollard, J.; Miller, N. E.; Mowrer, O. H.; Sears, G. H.; und Sears, R. R. 1939. *Frustration and Aggression.* New Haven: Yale Univ. Press.
Dubos, R. 1962. *The Torch of Life.* Credo Series, Hrsg. R. N. Anshen. New York: Simon & Schuster.
Dunayevskaya, R. Noch nicht erschienen. *Philosophy and Revolution.* New York: Dell.
Durbin, E. F. M., und Bowlby, J. 1939. *Personal Aggressiveness in War.* New York: Columbia Univ. Press.
Durkheim, E. 1897. *Le Suicide.* Paris: Librairie Félix Alcan.
Duyvendak, J. J. L. 1928. Einleitung. In *The Book of Lord Shang,* übers. v. J. J. L. Duyvendak. London. (Zitiert in S. Andreski, 1964; q. v.)

Ebling, F. J. Siehe Carthy, J. D. 1964, Co-Autor.
Eggan, D. 1943. »The General Problem of Hopi Adjustment.« *Amer. Anthropologist.* 45: 357–373.
Egger, M. D., und Flynn, J. P. 1963. »Effects of Electrical Stimulation of the Amygdala on Hypothalamically Elicited Attack Behavior in Cats.« *Jour. Neuro. Physiol.* 26: 705–720. (Zitiert in B. Kaada, 1967; q. v.)
Eibl-Eibesfeldt, I. 1970. *Liebe und Haß,* München.
Eiseley, L. 1971. »The Uncompleted Man.« In *In the Name of Life,* Hrsg. B. Landis und E. S. Tauber. New York: Holt, Rinehart & Winston.
Eisenberg, L. 1972. »The Human Nature of Human Nature.« *Science.* 179 (14. Apr.)
Engels, F. *Der Ursprung der Familie, des Privateigentums und des Staates.* Im Anschluß an Lewis H. Morgan's Forschungen. Hottingen-Zürich 1884.
–. Siehe Marx, K., Co-Autor.

Erikson, E. H. 1964. *Childhood and Society.* Rev. Aufl. New York: Norton.
Ervin, F. R. Siehe Mark, V. H. 1970, Co-Autor.

Fabing, H. D. 1956. »On Going Berserk: A Neurochemical Enquiry.« *Science Monthly.* 83: 232–237.
Fantz, R. L. 1958. »Pattern Vision in Young Infants.« *Psych. Rec.* 8: 43–47. (Zitiert in D. E. Schecter, 1973; q. v.)
Fechner, G. T. 1873. *Einige Ideen zur Schöpfungs- und Entwicklungsgeschichte der Organismen.* Abb. 11, Anhang 94.
Fenichel, O. 1953. »A Critique of the Death Instinct.« In *Collected Papers.* New York: Norton.
Fischer, F. 1961. *Der Griff nach der Weltmacht.* Düsseldorf 1961.
Flaubert, G. La légende de St. Julien l'Hospitalier. Dt. *Die Legende von Sankt Julian dem Gastfreundlichen.* Ebenhausen b. München 1956.
Fletcher, R. 1968. *Instinct in Man.* N.Y.: Int. Univ. Press. London: Allen & Unwin (1. Aufl. 1957).
Flint, R. W., hrsg. 1971. *Selected Writings of F. T. Marinetti.* New York: Farrar, Strauss & Giroux, in der dt. Ausg. zit. nach Christa Baumgarth, *Geschichte des Futurismus,* rororo 1966.
Flynn, J. P. Siehe Egger, M. D. 1963, Co-Autor.
Foerster, H. von. 1963. »Logical Structure of Environment and Its Internal Representation.« In *Internal Design Conference, Aspen,* 1962, Hrsg. A. E. Eckerstrom. Zeeland, Mich.: Miller, Inc.
–. 1970. »Molecular Ethology.« In *Molecular Mechanisms in Memory and Learning.* New York: Plenum.
–. 1971. »Perception of the Future and the Future of Perception.« Address at the 24th Conference on World Affairs. Boulder: Univ. of Colorado. 29 Mar.
Foster, G. M. 1972. »The Anatomy of Envy.« *Current Anthropology.* 13 (2): 165–202.
Freeman, D. 1964. »Human Aggression in Anthropological Perspective.« In *Natural History of Aggression,* Hrsg. J. D. Carthy und F. J. Ebling. New York: Academic, 1964.
Freuchen, P. 1961. *Book of the Eskimos.* New York: World. (Zitiert in E. R. Service, 1966; q. v.)
Freud, S.* 1888. *Beiträge zu den »Studien über Hysterie«.* G. W., Bd. 17.
–. 1892. *Sketches for the »Preliminary Communication of 1893«.* Standard Edition of the Complete Psychological Works of Sigmund Freud, 23. Bd., ed. J. Strachey, London 1886–1939.
–. 1895. »Klinische Symptomatologie der Angstneurose«. Über die Berechtigung, von der Neurasthenie einen bestimmten Symptomenkomplex als »Angstneurose« abzutrennen, G. W., Bd. 1.
–. 1895a. *Entwurf einer Psychologie,* in: Aus den Anfängen der Psychoanalyse, London 1950.
–. 1987. Brief 75, an Fliess, in: Aus den Anfängen der Psychoanalyse, London 1950.
–. 1898. *Die Sexualität in der Ätiologie der Neurosen.* G. W., Bd. 1.
–. 1900. *Die Traumdeutung.* G. W., Bd. 2 und 3.
–. 1905. *Drei Abhandlungen zur Sexualtheorie,* G. W., Bd. 5.
–. 1908. *Charakter und Analerotik,* G. W., Bd. 7.
–. 1908a. *Die »kulturelle« Sexualmoral und die moderne Nervosität,* G. W., Bd. 7.
–. 1909. *Analyse der Phobie eines fünfjährigen Knaben,* G. W., Bd. 7.
–. 1913. *Totem und Tabu,* G. W., Bd. 9.
–. 1914. *Zur Einführung des Narzißmus,* G. W., Bd. 10.
–. 1915. *Triebe und Triebschicksale,* G. W., Bd. 10.
–. 1915a. *Das Unbewußte,* G. W., Bd. 10.
–. 1915–1917. *Vorlesungen zur Einführung in die Psychoanalyse,* G. W., Bd. 11.
–. 1920. *Jenseits des Lustprinzips,* G. W., Bd. 13.
–. 1923. *Das Ich und das Es,* G. W., Bd. 13.
–. 1924. *Das ökonomische Problem des Masochismus,* G. W., Bd. 13.

* Mit Ausnahme des Briefes an Fließ (1897), dem *Entwurf einer Psychologie* (1895) und den *Sketches for the »Preliminary Communication of 1893«* sind alle Freud-Zitate in diesem Buch den *Gesammelten Werken von Sigmund Freud* entnommen (in der Bibliographie verkürzt als »G. W.« zitiert), 18 Bde., hrsg. von Anna Freud, E. Bibring, W. Hoffer, E. Kris, O. Isakower, London 1952.

–. 1925. *Die Widerstände gegen die Psychoanalyse*, G. W., Bd. 14.
–. 1927. *Die Zukunft einer Illusion*, G. W., Bd. 14.
–. 1930. *Das Unbehagen in der Kultur*, G. W., Bd. 14.
–. 1931. *Über die weibliche Sexualität*, G. W., Bd. 14.
–. 1933. *Neue Folge der Vorlesungen . . .*, G. W., Bd. 15.
–. 1933a. *Warum Krieg?* G. W., Bd. 16.
–. 1937. *Die endliche und die unendliche Analyse*, G. W., Bd. 16.
–. 1938 (veröffentlicht 1940). *Abriß der Psychoanalyse*, G. W., Bd. 17.
Fromm, E. 1932. »Die psychoanalytische Charakterologie und ihre Bedeutung für die Sozialforschung.« *Ztsch. f. Sozialforschung*. 1: 253–277.
–. 1934. »Die Sozialpsychologische Bedeutung der Mutterrechtstheorie.« *Ztsch. f. Sozialforschung*. 3: 196–277.
–; zusammen mit E. Schachtel; A. Hartoch-Schachtel; P. Lazarsfeld, u. a. 1936. »The Authoritarian Character Structure of German Workers and Employees Before Hitler.« Unveröffentlicht.
–. 1941. *Escape from Freedom*. New York: Holt, Rinehart & Winston.
–. 1947. *Man for Himself: An Inquiry into the Psychology of Ethics*. New York: Holt, Rinehart & Winston; dt. *Psychoanalyse und Ethik*, Konstanz 1954.
–. 1950. *Psychoanalysis and Religion*. New Haven: Yale Univ. Press; dt. *Psychoanalyse und Religion*, Konstanz 1966.
–. 1951. *The Forgotten Language: An Introduction to the Understanding of Dreams, Fairytales, and Myths*. New York: Holt, Rinehart & Winston; dt. *Märchen, Mythen und Träume*, Konstanz 1956.
–. 1955. *The Sane Society*. New York: Holt, Rinehart & Winston; dt. *Der moderne Mensch und seine Zukunft*, Frankfurt 1960.
–. 1959. *Sigmund Freud's Mission*. New York: Harper & Bros.
–. 1961. *Marx's Concept of Man*. New York: Frederick Ungar; dt. *Das Menschenbild bei Marx*, Frankfurt 1963.
–. 1963. *The Dogma of Christ and Other Essays on Religion, Psychology and Culture*. New York: Holt, Rinehart & Winston; dt. *Das Christusdogma und andere Essays*, München 1965.
–. 1964. *The Heart of Man*. New York: Harper & Row; dt. *Das Menschliche in uns*, Konstanz 1968.
–. 1968. »Marx's Contribution to the Knowledge of Man.« *Social Science Information*. 7 (3): 7–17. (Siehe auch E. Fromm, 1970; q. v.)
–. 1968a. *The Revolution of Hope*. New York: Harper & Row; dt. *Die Revolution der Hoffnung*, Stuttgart 1971.
–. 1970. *The Crisis of Psychoanalysis: Essays on Freud, Marx, and Social Psychology*. New York: Holt, Rinehart & Winston; dt. *Analytische Sozialpsychologie und Gesellschaftstheorie*, Frankfurt 1970.
–. 1970a. »Freud's Model of Man and Its Social Determinants.« In *The Crisis of Psychoanalysis* by E. Fromm. New York: Holt, Rinehart & Winston.
–. 1970b. »The Oedipus Complex: Comments on the Case of Little Hans.« In *The Crisis of Psychoanalysis* von E. Fromm. New York: Holt, Rinehart & Winston.
–, und Maccoby, M. 1970. *Social Character in a Mexican Village*. Englewood Cliffs, N. J.: Prentice-Hall.
–; Suzuki, D. T.; und Martino, R. de. 1960. *Zen Buddhism and Psychoanalysis*. New York: Harper & Bros; dt. *Zen-Buddhismus und Psychoanalyse*, Frankfurt 1972.
–, und Xirau, R., hrsg. 1968. *The Nature of Man*. New York: Macmillan.

Garattini, S., und Sigg, E. B. 1969. »Relationship of Aggressive Behavior to Adrenal and Gonadal Function in Male Mice.« In *Aggressive Behavior*, Hrsg. S. Garattini und E. B. Sigg. Amsterdam: Excerpta Medica Foundation.
Gill, D. G. 1970. *Violence Against Children*. Cambridge: Harvard Univ. Press.
Ginsberg, M. Siehe Glover, E. 1934, Co-Autor.

Glickman, S. E., und Sroges, R. W. 1966. »Curiosity in Zoo Animals.« *Behaviour*. 26: 151–188.

Glover, E., und Ginsberg, M. 1934. »A Symposium on the Psychology of Peace and War.« *Brit. Jour. Med. Psych.* 14: 274–293.

Goodall, J. 1965. »Chimpanzees of the Gombe Stream Reserve.« In *Primate Behavior: Field Studies of Primates and Apes,* Hrsg. I. DeVore. New York: Holt, Rinehart & Winston.

–. Siehe auch Van Lawick-Goodall, J.

Gosliner, B. J. Siehe Mahler, H. S., 1955, Co-Autor.

Gower, G. 1968. »Man Has No Killer Instinct.« In *Man and Aggression,* Hrsg. M. F. A. Montagu. New York: Oxford Univ. Press.

Green, M. R., und Schecter, D. E. 1957. »Autistic and Symbiotic Disorders in Three Blind Children.« *Psychiat. Quar.* 31: 628–648.

Groos, K. 1901. *The Play of Man.* New York: D. L. Appleton.

Guderian, H. 1951. *Erinnerungen eines Soldaten.* Heidelberg. (Zitiert in J. Ackermann, 1970; q. v.)

Guntrip, H. 1971. »The Promise of Psychoanalysis.« In *In the Name of Life,* Hrsg. B. Landis und E. S. Tauber. New York: Holt, Rinehart & Winston.

Guthrie, W. K. 1962. *Earlier Presocratics and the Pythagoreans.* A History of Greek Philosophy; Bd. 1. New York: Cambridge Univ. Press.

–. 1965. *Presocratic Traditions from Parmenides to Democritus.* A History of Greek Philosophy, Bd. 2. New York: Cambridge Univ. Press.

Guttinger, R. C. (Zitiert in C. und W. M. S. Russell, 1968; q. v.)

Hall, K. R. L. 1960. »The Social Vigilance Behaviour of the Chacma Baboon, *Papio ursinus*.« *Behaviour.* 16: 261–294.

–. 1964. »Aggression in Monkey and Ape Societies.« In *The Natural History of Aggression,* Hrsg. J. D. Carthy und F. J. Ebling. New York: Academic.

–, und DeVore, I. 1965. »Baboon Social Behavior.« In *Primate Behavior: Field Studies of Primates and Apes,* Hrsg. I. DeVore. New York: Holt, Rinehart & Winston.

Hall, T. E. 1963. »Proxemics – A Study of Man's Spatial Relationships.« In *Man's Image in Medicine and Anthropology,* Hrsg. I. Galdston. New York: Int. Univs. Press.

–. 1966. *The Hidden Dimension.* Garden City: Doubleday.

Hallgarten, G. W. F. 1963. *Imperialismus vor 1914.* München.

–. 1969. *Als die Schatten fielen, Memoiren 1900–1968.* Berlin.

Haney, C.; Banks, C.; und Zimbardo, P. Im Druck »Interpersonal Dynamics in a Simulated Prison.« *Int. Jour. of Criminology and Penology.* 1.

Hanfstaengl, E. 1970. *Zwischen Weißem und Braunem Haus.* München.

Harlow, H. F. 1969. »William James and Instinct Theory.« In *William James, Unfinished Business,* Hrsg. B. Macleod. Washington, D. C.: Amer. Psychol. Assoc.

–; McGaugh, J. L.; und Thompson, R. F. 1971. *Psychology.* San Francisco: Albion.

Hart, C. W. M., und Pilling, A. R. 1960. »The Tiwi of North Australia.« In *Case Histories in Cultural Anthropology.* New York: Holt, Rinehart & Winston.

Hartmann, H.; Kris, E.; und Loewenstein, R. M. 1949. *The Psychoanalytic Study of the Child.* Bd. 3, 4. New York: Int. Univs. Press.

Hartoch-Schachtel, A. Siehe Fromm, E. 1936.

Hayes, C. 1951. *The Ape in Our House.* New York: Harper & Bros.

–. Siehe Hayes K. J. 1951, Co-Autor.

Hayes, K. J., und Hayes, C. 1951. »The Intellectual Development of a Home-Raised Chimpanzee.« *Proc. Amer. Phil. Soc.* 95: 105–109.

Heath, R. G. 1962. »Brain Centers and Control of Behavior.« In *Psychosomatic Medicine,* Hrsg. R. G. Heath. Philadelphia: Lea & Fabiger.

–, hrsg. 1964. *The Role of Pleasure in Behavior.* New York: Harper & Row.

Hediger, H. 1942. *Wildtiere in Gefangenschaft.* Basel.

Heiber, H., hrsg. 1968. *Reichsführer: Briefe an und von Himmler.* Stuttgart.

Heidel, A. 1942. *The Babylonian Genesis: Enuma Elish.* Chicago: Univ. of Chicago Press.

Heisenberg, W. 1958. »The Representation of Nature in Contemporary Physics.« *Daedalus*. 87 (3): 95–108.
Helfferich, E. (Zitiert in J. Ackermann, 1970; q. v.)
Helfner, R., und Kempe, C. H. Hrsg. 1968. *The Battered Child*. Chicago: Univ. of Chicago Press.
Helmuth, H. 1967. »Zum Verhalten des Menschen: die Aggression.« *Ztsch. f. Ethnologie*. 92: 265–273.
Hentig, H. von. 1964. *Der nekrotope Mensch*, Beiträge zur Sexualforschung, Heft 30, Stuttgart.
Heron, W. 1957. »The Pathology of Boredom.« *Sci. Amer*. (Jan.)
–; Doane, B. K.; und Scott, T. H. 1956. *Can. Jour. of Psych*. 10 (1): 13–18.
Herrick, C. J. 1928. *Brains of Rats and Man*. Chicago: Univ. of Chicago Press. (Zitiert von R. B. Livingston, 1967a; q. v.)
Herrigel, E. 1953. *Zen in the Art of Archery*. New York: Pantheon.
Hess, W. R. 1954. *Diencephalon Automatic and Extrapyramidal Structures*. New York: Grune & Stratton.
Hinde, R. A. 1960. »Energy Models of Motivation.« In *Readings in Animal Behavior*, Hrsg. T. E. McGill. New York: Holt, Rinehart & Winston.
–. 1967. *New Society*. 9: 302.
Hitler, A. 1925/26. *Mein Kampf*. (Zitiert wurde nach der einbändigen Ausgabe von 1939.)
Hoebel, E. A. 1954. *The Law of Primitive Man*. Cambridge: Harvard Univ. Press. (Zitiert in E. R. Service, 1966; q. v.)
–. 1958. *Man in the Primitive World*. New York; McGraw-Hill.
Holbach, P. H. D. 1822. *Système Social*. Paris. (Zitiert in *Die Heilige Familie* von K. Marx, 1844.)
Holt, R. R. 1965. »A Review of Some of Freud's Biological Assumptions and Their Influence on His Theories.« In *Psychoanalysis and Current Biological Thought*, Hrsg. N. S. Greenfield und W. C. Lewis. Madison: Univ. of Wisconsin Press.
Horkheimer, M. Hrsg. 1936. *Autorität und Familie*. Paris: Librairie Félix Alcan.
Howell, F. C. Siehe Washburn, S. L. 1960, Co-Autor.

Jacobs, P. A.; Brunton, M.; Melville, M. M.; Britain, R. P.; und McClemont, W. F. 1965. »Aggressive Behavior: Mental Subnormality and the XYY Male.« *Nature*. 208: 1351–1352.
James, W. 1890. *Principles of Psychology*. New York: Holt, Rinehart & Winston.
–. 1911. »The Moral Equivalents of War. In *Memories and Studies* von W. James. New York: Longman's Green.
–. 1923. *Outline of Psychology*. New York: Scribner's.
Jay, M. 1973. *The Dialectical Imagination*. Boston: Little, Brown.
Jay, P. Siehe Washburn, S. L., und Jay, P. 1968, Mithrsg.
Jones, E. 1957. *The Life and Work of Sigmund Freud*. Bd. 3. New York: Basic Books.

Kaada, B. 1967. *Aggression and Defense: Neural Mechanisms and Social Patterns*. Brain Function, Bd. 5, Hrsg. C. D. Clemente und D. B. Lindsley. Los Angeles: Univ. of California Press.
Kahn, H. 1960. *On Thermonuclear War*. Princeton: Princeton Univ. Press.
Kanner, L. 1944. »Early Infantile Autism.« *Jour. Pediat*. 25: 211–217.
Kapp, R. 1931. »Comments on Bernfeld and Feitelberg's ›Principles of Entropy and the Death Instinct‹.« *Int. Jour. Psychoan*. 12: 82–86.
Kempe, C. H., u. a. 1962. »The Battered Child Syndrome.« *Jour. A. M. A*. 181 (1): 17–24.
–. Siehe Helfner, R. 1968, Co-Autor.
Kempner, R. M. W. 1969. *Das Dritte Reich im Kreuzverhör*. München.
Klüver, H., und Bucy, P. C. 1934. »Preliminary Analysis of Functions of the Temporal Lobes in Monkeys.« *Arch. Neurol. Psych*. 42: 929.
Koffler, F. Siehe Tauber, E. W. 1966, Co-Autor.
Kortlandt, A. 1962. »Chimpanzees in the Wild.« *Sci. Amer*. 206 (5): 128–138.
Krausnick, H.; Buchheim, H.; Broszat, M.; und Jacobsen, H. A. 1968. *Anatomy of the SS State*. New York: Walker.

Krebs, A. (Zitiert in J. Ackermann, 1970; q. v.)
Kropotkin, P. 1904. *Gegenseitige Hilfe in der Entwicklung.*
Kubizek, A. 1953. *Adolf Hitler, Mein Jugendfreund.* Graz.
Kummer, H. 1951. »Soziales Verhalten einer Mantelpaviangruppe.« *Beiheft z. Schweizerischen Ztsch. f. Psychologie und ihre Anwendungen* 33: 1–91. (Zitiert in C. und W. M. S. Russell, 1968; q. v.)

Lagerspetz, K. M. J. 1969. »Aggression and Aggressiveness in Laboratory Mice.« In *Aggressive Behavior,* Hrsg. S. Garattini und E. B. Sigg. Amsterdam: Excerpta Medica Foundation.
Lancaster, C. S. Siehe Washburn, S. L., und Lancaster, C. S. 1968, Co-Autor.
Langer, W. C. 1972. *The Mind of Adolf Hitler.* New York: Basic Books.
Laughlin, W. S. 1968. »Hunting: An Integrating Biobehavior System and Its Evolutionary Importance.« In *Man, the Hunter,* Hrsg. R. B. Lee und I. DeVore. Chicago: Aldine.
Lazarsfeld, P. Siehe Fromm, E. 1936.
Lee, R. B. 1968. »What Hunters Do for a Living: Or How to Make Out on Scarce Resources.« In *Man, the Hunter,* Hrsg. R. B. Lee und I. DeVore. Chicago: Aldine.
–, und DeVore, I. 1968. *Man, the Hunter.* Chicago: Aldine.
Lehrman, D. S. 1953. »Problems Raised by Instinct Theory: A Critique of Konrad Lorenz's Theory of Instinctive Behavior.« *Quar. Rev. Biol.* 28 (4): 337–364.
Lenin, V. I. *Sochineniia.* 4. Aufl., Bd. 35. (Zitiert in R. A. Medwedew, 1971; q. v.)
Leyhausen, P. 1956. »Verhaltensstudien an Katzen.« *Beih. z. Ztsch. f. Tierpsychologie.* (Zitiert in C. und W. M. S. Russell, 1968; q. v.)
–. 1965. »The Communal Organization of Solitary Mammals.« *Symposia Zool. Soc. Lond.* No. 14: 249–263.
–. Siehe Lorenz, K. 1968, Co-Autor.
Lindsley, D. B. 1964. »The Ontogeny of Pleasure: Neural and Behavioral Development.« In *The Role of Pleasure in Behavior,* Hrsg. R. G. Heath. New York: Harper & Row.
Livingston, R. B. 1962. »How Man Looks at His Own Brain: An Adventure Shared by Psychology and Neurology.« In *Biologically Oriented Fields.* Psychology: A Study of a Science, Hrsg. S. Koch. New York: McGraw-Hill.
–. 1967. »Brain Circuitry Relating to Complex Behavior.« In *The Neurosciences: A Study Program,* Hrsg. G. C. Quarton; T. O. Melnechuk; und F. O. Schmitt. New York: Rockefeller Univ. Press.
–. 1967a. »Reinforcement.« In *The Neurosciences: A Study Program,* Hrsg. G. C. Quarton; T. O. Melnechuk; und F. O. Schmitt. New York: Rockefeller Univ. Press.
Lorenz, K. 1937. »Über die Bildung des Instinktbegriffes.« In *Über tierisches und menschliches Verhalten.* München 1965.
–. 1940. »Durch Domestikation verursachte Störungen arteigenen Verhaltens.« *Ztsch. z. angew. Psychol. Charakterkunde.* 59: 75.
–. 1950. »The Comparative Method in Studying Innate Behavior Patterns.« *Symp. Soc. Exp. Biol.* (Animal Behavior). 4: 221–268.
–. 1952. *Er redete mit dem Vieh, den Vögeln und den Fischen.* Wien 1951.
–. 1955. »Über das Töten von Artgenossen.« *Jahrb. d. Max-Planck-Ges.* 105–140. (Zitiert von K. Lorenz, 1966; q. v.)
–. 1964. »Ritualized Aggression.« In *The Natural History of Aggression,* Hrsg. J. D. Carthy und F. J. Ebling. New York: Academic.
–. 1965. *Über tierisches und menschliches Verhalten.* München 1965.
–. 1963. *Das sogenannte Böse, Zur Naturgeschichte der Aggression.*
–. 1970. »The Establishment of the instinct Concept.« Übers. R. Martin, from the German papers pub. 1931–42. In *Studies in Animal and Human Behavior.* Cambridge: Harvard Univ. Press.
–, und Leyhausen, P. 1968. *Antriebe tierischen und menschlichen Verhaltens.* München.

Maccoby, M. 1972. »Emotional Attitudes and Political Choices.« *Politics and Society.* (Winter): 209–239.
–. 1972a. *Technology, Work and Character.* Program on Technology and Society (a final review). Cambridge: Harvard Univ.
–. Angekündigt (1974). *Social Character, Work and Technology* (Arbeitstitel).
–. Siehe Fromm, E. 1970, Co-Autor.
MacCorquodale, K. 1970. Zu Chomsky's Besprechung von *Verbal Behavior* von B. F. Skinner. *Jour. of the Exp. Anal. of Behavior.* 13 (1): 83–99.
MacLean, P. D. 1958. »The Limbic System with Respect to Self-Preservation and the Preservation of the Species.« *Jour. Nerv. Ment. Dis.* 127: 1–11.
Mahler, M. S. 1968. *On Human Symbiosis and the Vicissitudes of Individuation.* Bd. 1. New York: Int. Univs. Press; dt. *Symbiose und Individuation,* Bd. 1. Stuttgart 1968.
–, und Gosliner, B. J. 1955. »On Symbiotic Child Psychosis.« In *Psychoanalytic Study of the Child.* New York: Int. Univs. Press.
Mahringer, J. 1952. *Vorgeschichtliche Kultur.* Verlagsanstalt Benziger & Co.
Maier, N. R. F., und Schneirla, T. C. 1964. *Principles of Animal Psychology.* New York: Dover.
Marcuse, H. 1955. *Eros and Civilization.* Boston: Beacon; dt. *Eros und Zivilisation.* Stuttgart 1957.
–. 1964. *One Dimensional Man.* Boston: Beacon; dt. *Der eindimensionale Mensch.* Neuwied und Berlin 1967.
Marinetti, F. T. 1909. *Futuristisches Manifest.* Siehe Flint, R. W., hrsg. 1971.
–. 1916. *Zweites Futuristisches Manifest.* Siehe Flint, R. W., hrsg. 1971.
Mark, V. H., und Ervin, F. R. 1970. *Violence and the Brain.* New York: Harper & Row.
Marshack, A. 1972. *The Roots of Civilization.* New York: McGraw-Hill.
Marx, K. *Das Kapital,* Bd. 1, Gesamtausgabe (MEGA) Bd. 23.
–, und Engels, F. *Gesamtausgabe* (MEGA) Bd. 5. Moskau.
Maser, W. 1971. *Adolf Hitler, Legende, Mythos, Wirklichkeit.* München.
Maslow, A. 1954. *Motivation and Personality.* New York: Harper & Bros.
Mason, W. A. 1970. »Chimpanzee Social Behavior.« In *The Chimpanzee,* Hrsg. G. H. Bourne. Bd. 2. Baltimore: Univ. Park.
Matthews, L. H. 1963. *Symposium on Aggression.* Institute of Biology.
Maturana, H. R., und Varela, F. G. Angekündigt. *Autopoietic Systems.*
Mayo, E. 1933. *The Human Problems of an Industrial Civilization.* New York: Macmillan.
McDermott, J. J. Hrsg. 1967. *The Writings of William James: A Comprehensive Edition.* New York: Random House.
McDougall, W. 1913. »The Sources and Direction of Psycho-Physical Energy.« *Amer. Jour. of Insanity.* 69.
–. 1923. *An Introduction to Social Psychology.* 7. Aufl. Boston: John W. Luce.
–. 1923a. *An Outline of Psychology.* London: Methuen.
–. 1932. *The Energies of Men: A Study of the Fundamentals of Dynamic Psychology.* New York: Scribner's.
–. 1948. *The Energies of Men.* 7. Aufl. London: Methuen.
McGaugh, J. L. Siehe Harlow, H. F. 1971, Co-Autor.
Mead, M. 1961. *Cooperation and Competition Among Primitive Peoples.* Durchges. Aufl. Boston: Beacon. (1. Aufl. New York: McGraw-Hill, 1937.)
Medvedev, R. A. 1971. *Let History Judge.* New York: Knopf; dt. *Die Wahrheit ist unsere Stärke.* Frankfurt 1973.
Megargee, E. I. 1969. »The Psychology of Violence: A Critical Review of Theories of Violence.« Im Auftrag der U.S. National Commission on the Causes and Prevention of Violence, Task Force III: Individual Acts of Violence.
Meggitt, M. J. 1960. *Desert People.* Chicago: Univ. of Chicago Press. (Zitiert in E. R. Service, 1966; q. v.)
–. 1964. *Aboriginal Food-Gatherers of Tropical Australia.* Morges, Schweiz: Int. Union for Conservation of Nature and Natural Resources. (Zitiert in E. R. Service, 1966; q. v.)

Mellaart, J. 1967. *Catal Hüyük: A Neolithic Town in Anatolia.* London: Thames & Hudson. New York: McGraw-Hill.

Melnechuk, T. O. Siehe Ploog, D. 1970, Co-Autor.

Menninger, K. A. 1968. *The Crime of Punishment.* New York: Viking.

Milgram, S. 1963. »Behavioral Study of Obedience.« *Jour. Abn. Soc. Psychol.* 67: 371–378.

Millán, I. In Vorbereitung (1974). *Caracter Social y Desarrollo.*

Miller, N. E. 1941. »Frustration-Aggression Hypothesis.« *Psych. Rev.* 48: 337–342.

Milner, P. Siehe Olds, J. 1954, Co-Autor.

Monakow, C. von. 1950. *Gehirn und Gewissen.* Zürich, Morgarten.

Montagu, M. F. A. 1967. *The Human Revolution.* New York: Bantam.

–. 1968. »Chromosomes and Crime.« *Psychology Today.* 2 (5): 42–44, 46–49.

–. 1968a. »The New Litany of Innate Depravity: Or Original Sin Revisited.« In *Man and Aggression,* Hrsg. M. F. A. Montagu. New York: Oxford Univ. Press.

Monteil, V. 1970. *Indonésie.* Paris: Horizons de France.

Moran, Lord. 1966. *Churchill: Taken from the Diaries of Lord Moran.* Boston: Houghton Mifflin.

Morgan, L. H. 1870. *Systems of Sanguinity and Affinity of the Human Family.* Publication 218. Washington, D. C.: Smithsonian Inst.

–. 1877. *Ancient Society: Or Researches in the Lines of Human Progress from Savagery Through Barbarism to Civilization.* New York: H. Holt.

Morris, D. 1967. *The Naked Ape.* New York: McGraw-Hill; dt. *Der nackte Affe,* 1968.

Moyer, K. E. 1968. »Kinds of Aggression and Their Physiological Basis.« In *Communication in Behavioral Biology.* Pt. A. Bd. 2. New York: Academic.

Mumford, L. 1961. *The City in History.* New York: Harcourt Brace Jovanovich; dt. *Die Stadt, Geschichte und Ausblick.* Köln u. Berlin 1961.

–. 1967. *The Myth of the Machine: Techniques in Human Development.* New York: Harcourt Brace Jovanovich.

Murdock, G. P. 1934. *Our Primitive Contemporaries.* New York: Macmillan.

–. 1968. Anmerkungen zur Diskussion. In *Man, the Hunter,* Hrsg. R. B. Lee und I. DeVore. Chicago: Aldine.

Napier, J. 1970. *The Roots of Mankind.* Washington, D. C.: Smithsonian Inst.

Narr, K. J. 1961. *Urgeschichte der Kultur.* Stuttgart.

Nielsen, J. 1968. »Y Chromosomes in Male Psychiatric Patients above 180 cms. Tall.« *Brit. Jour. Psychiat.* 114: 1589–1590.

Nissen, H. W. 1931. »A Field Study of the Chimpanzee.« *Comp. Psych. Monog.* 8 (36).

–. Siehe Alee, W. C. 1953, Co-Autor.

Nimkoff, M. F. Siehe Alee, W. C. 1953, Co-Autor.

Okladnikow, A. P. 1972. (Zitiert in A. Marshack, 1972; q. v.)

Olds, J., und Milner, P. 1954. »Positive Reinforcement Produced by Electrical Stimulation of the Septal Area and Other Regions of the Rat Brain.« *Jour. Comp. Physiol.* 47: 419–428.

Oppenheimer, J. R. 1955. Address at the 63rd Annual Meeting of the American Psych. Assoc. 4. Sept. 1955.

Ozbekhan, H. 1966. »The Triumph of Technology: ›Can‹ Implies ›Ought‹.« In *Planning for Diversity and Choice: Possible Futures and Their Relations to the Non-Controlled Environment,* Hrsg. S. Anderson. Cambridge: M. I. T. Press, 1968.

Palmer, S. 1955. »Crime, Law.« *Criminology and Political Science.* 66: 323–324.

Pastore, N. 1949. *The Nature-Nurture Controversy.* New York: Columbia Univ. Press, Kings Crown.

Penfield, W. 1960. Einleitung. In *Neurophysiological Basis of the Higher Functions of the Nervous System.* Handbook of Physiology. 12 Bd. Hrsg. J. Field. Abschnitt 1, Bd. 3, Hrsg. H. W. Magoun u. a. Washington, D. C.: American Physiological Soc.

Penrose, L. S. 1931. »Freud's Theory of Instinct and Other Psycho-Biological Theories.« *Inter. Jour. of Psychoan.* 12: 92.

Perry, W. J. 1917. »An Ethnological Study of Warfare.« In *Manchester Memoirs*. Bd. 61. Manchester: Manchester Literary and Philosophical Society.

–. 1923. *The Children of the Sun*. London.

–. 1923a. *The Growth of Civilization*. New York.

Piaget, J. 1969. *Das Erwachen der Intelligenz beim Kinde*. Stuttgart.

Picker, H. 1965. *Hitlers Tischgespräche im Führerhauptquartier*, hrsg. und mit einer Einleitung versehen von P. E. Schramm, Stuttgart.

Piggott, S. 1960. »Theory and Prehistory.« In *The Evolution of Man: Mind, Culture and Society*. Evolution after Darwin, Bd. 2, Hrsg. S. Tax. Chicago: Univ. of Chicago Press.

Pilbeam, D. 1970. *The Evolution of Man*. London: Thames & Hudson.

–, und Simons, E. L. 1965. »Some Problems of Hominid Classification.« *Sci. Amer*. 53: 237–259.

Pilling, A. R. Siehe Hart, C. W. M. 1960, Co-Autor.

Ploog, D. 1970. »Social Communication Among Animals.« In *Neurosciences: Second Study Program*, Hrsg. F. O. Schmitt. New York: Rockefeller Univ. Press.

–, und Melnechuk, T. O. 1970. »Primate Communication.« In *Neurosciences Research Symposium Summaries*. Bd. 4, Hrsg. F. O. Schmitt; T. O. Melnechuk; G. C. Quarton; und G. Adelman. Cambridge: M. I. T. Press.

Pollock, C. B. Siehe Steele, B. F. 1968, Co-Autor.

Portmann, A. 1965. *Vom Ursprung des Menschen*. Basel.

Pratt, J. 1958. »Epilegomena to the Study of Freudian Instinct Theory.« *Int. Jour. of Psychoan.* 39: 17.

Pribram, K. 1962. »The Neurophysiology of Sigmund Freud.« In *Experimental Foundation of Clinical Psychology*, Hrsg. A. J. Bachrach. New York: Basic Books.

Quarton, G. C.; Melnechuk, T. O.; und Schmitt, F. O. Hrsg. 1967. *The Neurosciences: A Study Program*. New York: Rockefeller Univ. Press.

Radhill, S. X. 1968. »A History of Child Abuse and Infanticide.« In *The Battered Child*, Hrsg. R. Helfner und C. H. Kempe. Chicago: Univ. of Chicago Press.

Rapaport, D. C. 1971. Vorwort. In *Primitive War* von H. H. Turney-High. 2. Aufl. Columbia: Univ. of South Carolina Press, 1971.

Rauch, H. J. 1947. *Arch. f. Psychiatrie und Nervenkrankheiten*. Berlin. (Zitiert in H. von Hentig, 1964; q. v.)

Rauschning, H. 1940. *The Voice of Destruction*. New York: Putnam.

Réage, P. 1965. *The Story of O*. New York: Grove Press.

Rensch, B. hrsg. 1965. *Homo Sapiens*. Göttingen.

Reynolds, V. 1961. »The Social Life of a Colony of Rhesus Monkeys *(Macaca mulata)*.« Ph. D. thesis, Univ. of London. (Zitiert in C. und W. M. S. Russell, 1968; q. v.)

–, und Reynolds, F. 1965. »The Chimpanzees of the Bodongo Forest.« In *Primate Behavior: Field Studies of Primates and Apes*, Hrsg. I. DeVore. New York: Holt, Rinehart & Winston.

Roe, A., und Simpson, G. C. hrsg. 1967. *Behavior and Evolution*. Durchges. Aufl. New Haven: Yale Univ. Press. (1. Aufl. 1958.)

Rogers, C. R., und Skinner, B. F. 1956. »Some Issues Concerning the Control of Human Behavior: A Symposium.« *Science*. 124: 1057–1066.

Rowell, T. E. 1966. »Hierarchy in the Organization of the Captive Baboon Group.« *Animal Behavior*. 14 (4): 430–443.

Russell, C., und Russell, W. M. S. 1968. *Violence, Monkeys and Man*. London: Macmillan.

–. 1968a. »Violence: What Are Its Roots?« *New Society*. (24. Okt. 1968) 595–600.

Sahlins, M. D. 1960. »The Origin of Society.« *Sci. Amer*. 203 (3).

–. 1968. »Notes on the Original Affluent Society.« In *Man, the Hunter*, Hrsg. R. B. Lee und I. DeVore. Chicago: Aldine.

Salomon, E. von. 1930. *Die Geächteten*. Berlin.
Sauer, C. O. 1952. *Agricultural Origins and Dispersals*. New York: American Geographic Soc.
Schachtel, E. Siehe Fromm, E. 1936.
Schaller, G. B. 1963. *The Mountain Gorilla*. Chicago: Univ. of Chicago Press.
–. 1965. »The Behavior of the Mountain Gorilla.« In *Primate Behavior: Field Studies of Primates and Apes*, Hrsg. I. DeVore. New York: Holt, Rinehart & Winston.
Schecter, D. E. 1968. »The Oedipus Complex: Considerations of Ego Development and Parental Interaction.« *Cont. Psychoan.* 4 (2): 117.
–. 1973. »On the Emergence of Human Relatedness.« In *Interpersonal Explorations in Psychoanalysis*, Hrsg. E. G. Witenberg. New York: Basic Books.
–. Siehe Green, M. R. 1957, Co-Autor.
Schneirla, T. C. 1966. *Quar. Rev. Biol.* 41: 283.
–. Siehe Maier, N. R. F. 1964, Co-Autor.
Schramm, P. W. 1965. *Hitler als militärischer Führer*. 2. Aufl. Frankfurt.
–. Siehe Picker, H. 1965.
Schwidetzki, I. 1971. *Das Menschenbild der Biologie*. Stuttgart.
Scott, J. P. 1958. *Aggression*. Chicago: Univ. of Chicago Press.
–. 1968. »Hostility and Aggression in Animals.« In *Roots of Behavior*, Hrsg. E. L. Bliss. New York: Hafner.
–. 1968a. »That Old-Time Aggression.« In *Man and Aggression*, Hrsg. M. F. A. Montagu. New York: Oxford Univ. Press.
–; Bexton, W. H.; Heron, W.; und Doane, B. K. 1959. »Cognitive Effects of Perceptual Isolation.« *Can. Jour. of Psych.* 13 (3): 200–209.
Sechenov, I. M. 1863. *Reflexes of the Brain*. Cambridge: M. I. T. Press. (Zitiert in D. B. Lindsley, 1964; q. v.)
Service, E. R. 1966. *The Hunters*. Englewood Cliffs, N. J.: Prentice-Hall.
Shah, S. A. 1970. »Report on XYY Chromosomal Abnormality.« *National Institute of Mental Health Conference Report*. Washington, D. C.: U. S. Govt. Printing Office.
Siddiqi, M. R. Siehe Southwick, C. H. 1965, Co-Autor.
Sigg, E. B. Siehe Garattini, S. 1969, Co-Autor.
Simmel, E. 1944. »Self-Preservation and the Death Instinct.« *Psychoan. Quar.* 13: 160.
Simons, E. L. Siehe Pilbeam, D. R. 1965, Co-Autor.
Simpson, G. G. 1944. *Tempo and Mode in Evolution*. New York: Columbia Univ. Press.
–. 1949. *The Meaning of Evolution*. New Haven: Yale Univ. Press.
–. 1953. *The Major Features of Evolution*. New York: Columbia Univ. Press.
–. 1964. *Biology and Man*. New York: Harcourt Brace Jovanovich.
–. Siehe Roe, A. 1967, Mithrsg.
Skinner, B. F. 1953. *Science and Human Behavior*. New York: Macmillan; dt. *Wissenschaft und menschliches Verhalten*. München 1973.
–. 1961. »The Design of Cultures.« *Daedalus*. 534–546.
–. 1963. »Behaviorism at Fifty.« *Science*. 134: 566–602. In *Behaviorism and Phenomenology*, Hrsg. T. W. Wann, Chicago: Univ. of Chicago Press, 1964.
–. 1971. *Beyond Freedom and Dignity*. New York: Knopf; dt. *Jenseits von Freiheit und Würde*. Reinbek b. Hamburg 1973.
–. Siehe Roger, C. R. 1956, Co-Autor.
Smith, B. F. 1967. *Adolf Hitler: His Familiy, Childhood and Youth*. Stanford: Hoover Inst., Stanford Univ.
–. 1971. *Heinrich Himmler: A Nazi in the Making, 1900–1926*. Stanford: Hoover Inst., Stanford Univ.
–. Siehe Angress, S. J. 1959, Co-Autor.
Smith, G. E. 1924. *Essays on the Evolution of Man*. London: Humphrey Milford.
–. 1924a. *The Evolution of Man*. New York: Oxford Univ. Press.
Smolla, G. 1967. *Studium Universale: Epochen der menschlichen Frühzeit*. München.

Southwick, C. H. 1964. »An Experimental Study of Intragroup Agonistic Behavior in Rhesus Monkeys *(Macaca mulata)*.« *Behavior*. 28: 182–209.

–; Beg, M. A.; und Siddiqi, M. R. 1965. »Rhesus Monkeys in North India.« In *Primate Behavior: Field Studies of Primates and Apes*, Hrsg. I. DeVore. New York: Holt, Rinehart & Winston.

Speer, A. 1969. *Erinnerungen*. Berlin, Frankfurt.

–. 1972. Nachwort. In *Hitler avant Hitler* von J. Brosse. Paris: Fayard.

Spencer, M. M. Siehe Barnett, S. A. 1951, Co-Autor.

Spinoza, Baruch de. *Ethik*, in: Sämtl. Werke Bd. 1, hrsg. von Carl Gebhardt, Leipzig 1922.

Spitz, R., und Cobliner, G. 1965. *The First Year of Life: A Psychoanalytic Study of Normal and Deviant Development of Object Relations*. New York: Int. Univs. Press.

Spoerri, T. 1959. *Über Nekrophilie*. Basel. (Zitiert in H. von Hentig, 1964; q. v.)

Sroges, R. W. Siehe Glickman, S. E. 1966, Co-Autor.

Steele, B. F., und Pollock, C. B. 1968. »A Psychiatric Study of Parents Who Abuse Infants and Small Children.« In *The Battered Child*, Hrsg. R. Helfner und C. H. Kempe. Chicago: Univ. of Chicago Press.

Steiner, J. M. In Vorbereitung. Studie, die auf Interviews mit ehemaligen Aufsehern in Konzentrationslagern der Nazis basiert.

Stewart, U. H. 1968. »Causal Factors and Processes in the Evolution of Prefarming Societies.« In *Man, the Hunter*, Hrsg. R. B. Lee und I. DeVore. Chicago: Aldine.

Strachey, A. 1957. *The Unconscious Motives of War*. London: Allen & Unwin.

Strachey, J. hrsg. 1886–1939. *Standard Edition of the Complete Psychological Works of Sigmund Freud*. 23 Bde. London: Hogarth.

–. 1961. Editor's Introduction. In *Civilization and Its Discontents* by S. Freud. S. E., Bd. 21.

Sullivan, H. S. 1953. *Interpersonal Theory of Psychiatry*. New York: Norton.

Tauber, E., und Koffler, F. 1966. »Optomotor Response in Human Infants to Apparent Motion: Evidence of Inactiveness.« *Science*. 152: 382–383.

Tax, S. Hrsg. 1960. *The Evolution of Man: Mind, Culture and Society*. Evolution After Darwin, Bd. 2. Chicago: Univ. of Chicago Press.

Thomas, H. 1961. *The Spanish Civil War*. New York: Harper & Bros; dt. *Der spanische Bürgerkrieg*. Berlin, Frankfurt, Wien 1962.

Thompson, R. F. Siehe Harlow, H. F. 1971, Co-Autor.

Thukydides. 1959. *Peloponnesian War: The Thomas Hobbes Translation*, Hrsg. David Grene. 2 Bd. Ann Arbor: Univ. of Michigan Press.

Tinbergen, N. 1948. »Physiologische Instinktforschung.« *Experientia*. 4: 121–133.

–. 1953. *Social Behavior in Animals*. New York: Wiley.

–. 1968. »Of War and Peace in Animals and Men.« *Science*. 160: 1411–1418.

Tönnies, F. 1926. *Gesellschaft und Gemeinschaft*. Berlin.

Turnbull, C. M. 1965. *Wayward Servants, or the Two Worlds of the African Pygmies*. London: Eyre & Spottiswoode.

Turney-High, H. H. 1971. *Primitive War*. 2. Aufl. Columbia: Univ. of South Carolina Press. (1. Aufl. New York: Columbia Univ. Press, 1949.)

Unamuno, M. de. 1936. (Zitiert in H. Thomas, 1961; q. v.)

Underhill, R. 1953. *Here Come the Navaho*. Washington, D. C.: Bur. of Indian Affairs, U. S. Dept. of the Interior.

Valenstein, E. 1968. »Biology of Drives.« *Neurosciences Research Program Bulletin*. 6: 1. Cambridge: M. I. T. Press.

Van Lawick-Goodall, J. 1968. »The Behavior of Free-Living Chimpanzees in the Gombe Stream Reserve.« *Animal Behavior Monographs*, Hrsg. J. M. Cullen und C. G. Beer. Bd. 1, 3. Teil, London: Bailliere, Tindall & Castle.

–. 1971. *In the Shadow of Man*. Boston: Houghton Mifflin.

–. Siehe auch Goodall, J.

Varela, F. C. Siehe Maturana, H. R. Angekündigt, Co-Autor.
Vollhard, E. (Zitiert in A. C. Blanc, 1961; q. v.)

Waelder, R. 1956. »Critical Discussion of the Concept of an Instinct of Destruction.« *Bul. Phil. Assoc.* 97–109.
Warlimont, W. 1964. *Im Hauptquartier der Deutschen Wehrmacht 1939–1945.* Frankfurt, Bonn.
Washburn, S. L. 1957. »Australopithecines, the Hunters or the Hunted?« *Amer. Anthropologist.* 59.
–. 1959. »Speculations of the Interrelations of the History of Tools and Biological Evolution.« In *The Evolution of Man's Capacity for Culture,* Hrsg. J. N. Spuhler. Detroit: Wayne State Univ. Press.
–, hrsg. 1961. *Social Life of Early Man.* Chicago: Aldine.
–, und Avis, V. 1958. »Evolution of Human Behavior.« In *Behavior and Evolution,* Hrsg. A. Roe und G. G. Simpson, Durchges. Aufl. New Haven: Yale Univ. Press, 1967.
–, und DeVore, I. 1961. »The Social Life of Baboons.« *Sci. Amer.* 31 (Juni): 353–359.
–, und Howell, F. C. 1960. »Human Evolution and Culture.« In *The Evolution of Man,* Hrsg. S. Tax. Chicago: Univ. of Chicago Press.
–, und Jay, P. hrsg. 1968. *Perspectives of Human Evolution.* New York: Holt, Rinehart & Winston.
–, und Lancaster, C. S. 1968. »The Evolution of Hunting.« In *Man, the Hunter,* Hrsg. R. B. Lee und I. DeVore. Chicago: Aldine.
Watson, J. B. 1914. *Behavior: An Introduction to Comparative Psychology.* New York: H. Holt.
–, 1958. *Behaviorism.* Chicago: Univ. of Chicago Press.
Weiss, P. 1925. »Tierisches Verhalten als ›Systemreaktion‹. Die Orientierung der Ruhestellungen von Schmetterlingen (Vanessa) gegen Licht und Schwerkraft.« *Biologia Generalis.* 1: 168–248.
–. 1967. »1 + 1 ≠ 2« [Wenn eins plus eins nicht gleich zwei ist]. In *The Neurosciences: A Study Program,* Hrsg. G. C. Quarton; T. O. Melnechuk; und F. O. Schmitt. New York: Rockefeller Univ. Press.
–. 1970. »The Living System.« In *Beyond Reductionism,* Hrsg. A. Koestler und L. Smithies. New York: Macmillan.
White, B. L. Siehe Wolff, P. 1965, Co-Autor.
White, R. W. 1959. »Motivation Reconsidered: The Concept of Competence.« *Psych. Rev.* 66: 297–323.
Whitehead, A. N. 1967. *The Function of Reason.* Durchges. Aufl. Boston: Beacon.
Wicker, T. 1971. »Op-Ed« section. *The New York Times.* (18. Sept.)
Wiesel, E. 1972. *Souls on Fire.* New York: Random House.
Wolff, K. 1961. »Eichmanns Chef, Heinrich Himmler.« *Neue Illustrierte.* 17 (16): 20. (Zitiert in J. Ackermann, 1970; q. v.)
Wolff, P., und White, B. L. 1965. »Visual Pursuit and Attention in Young Infants.« *Jour. Child Psychiat.* 4. (Zitiert in D. E. Schecter, 1973; q. v.)
Worden, F. G. In Vorbereitung. *Scientific Concepts and the Nature of Conscious Experience.* American Handbook of Psychiatry, Bd. 6. New York: Basic Books.
Wright, Q. 1965. *A Study of War.* 2. Aufl. Chicago: Univ. of Chicago Press.

Yerkes, R. M., und Yerkes, A. V. 1929. *The Great Apes: A Study of Anthropoid Life.* New Haven: Yale Univ. Press.
Young, J. 1971. *An Introduction to the Study of Man.* New York: Oxford Univ. Press, Clarendon.

Zeissler, A. 1943. Interview, 24. Juni. (Zitiert in W. C. Langer, 1972; q. v.)
Ziegler, H. S. 1965. *Adolf Hitler.* 3. Aufl. Göttingen.
–, hrsg. 1970. *Wer war Hitler?* Beiträge zur Hitlerforschung, herausgegeben in Verbindung mit dem Institut für Deutsche Nachkriegsgeschichte, *Deutsche Hochschullehrerzeitung.* Göttingen.

Zimbardo, P. 1972. »Pathology of Imprisonment.« *Trans-Action*. 9 (Apr.): 4–8.
–. Siehe Haney, C. Im Druck, Co-Autor.
Zing Yang Kuo. 1960. »Studies on the Basic Factors in Animal Fighting: VII, Inter-species Coexistence in Mammals.« *Jour. Gen. Psychol.* 97: 211–225.
Zuckerman, S. 1932. *The Social Life of Monkeys and Apes*. London: K. Paul, Trench, Tribner.

REGISTER

B

C

D

G

H

I

J

K

L

M

N

O

P

Q

R

S

T

W

X

Y

Z